연구실 안전관리사

1차 한권으로 끝내기

시대에듀

김찬양 교수의 연구실안전관리사
1차 한권으로 끝내기

Always **with you**

사람의 인연은 길에서 우연하게 만나거나 함께 살아가는 것만을 의미하지는 않습니다.
책을 펴내는 출판사와 그 책을 읽는 독자의 만남도 소중한 인연입니다.
시대에듀는 항상 독자의 마음을 헤아리기 위해 노력하고 있습니다.
늘 독자와 함께하겠습니다.

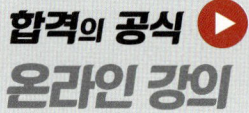

머리말

제4차 산업혁명시대를 맞아 2021년 우리나라의 국가 총 R&D 투자 규모가 100조원을 넘어섰으며 이에 따라 연구실과 연구활동종사자의 수도 매년 증가하고 있습니다. 과학기술정보통신부가 발표한 '연구실안전관리 실태조사'에 따르면 연구실 수는 2015년 69,119개에서 2021년 83,804개로, 연구활동종사자의 수는 2015년 1,293,251명에서 2020년 1,311,591명으로 증가하였습니다. 더불어 연구실 안전에 대한 위험성도 함께 증대되었는데, 3일 이상의 치료가 필요한 연구실 사고 발생 건수는 2015년 136건에서 2020년 227건으로 지속적으로 증가하고 있어 관리가 시급한 실정입니다.

연구실사고는 예측이 어려울 뿐만 아니라 그 어떤 사고보다도 큰 재산 피해를 야기합니다. 연구실에서 취급하는 분석장비, 화학물질, 생물체 등 손실에 대한 물질적 피해 외에도, 화재 · 폭발 · 중독 등의 사고로 인한 고급 기술인력(연구활동종사자)의 건강과 그동안 축적해 온 연구활동 성과 등에도 직간접적으로 큰 피해가 발생할 수 있습니다. 이에 연구실사고를 예방하기 위한 안전담당자는 단순한 안전지식뿐만 아니라 다양한 분야(화학, 생물, 기계, 전기 등)의 전문지식까지 갖추어야 합니다. 현재 연구실의 안전은 산업안전기사 등 산업현장에 특화된 인원이 그 역할을 담당하고 있는 실정이라 연구실 안전에 있어서 형식적이거나 위험요인 파악에 비전문적인 경우가 많아 연구실 안전을 담당할 전문인력이 필요합니다.

'연구실안전관리사'는 연구실과 관련된 안전법령, 기술기준 및 전공지식을 활용하여 안전활동을 할 수 있는 자로, 선제적인 연구실 사고예방활동과 연구활동종사자에게 기술적 지도 및 조언 등의 역할을 수행해 내는 연구실 맞춤형 전문가로서 활약할 것입니다. 연구실안전관리사 자격시험은 2022년 7월에 1차 필기시험을 시작으로, 11월에 2차 서술형 시험이 진행되었습니다.
본 도서는 시험과목과 출제기준에 따라 중요한 핵심이론과 연구실 안전환경 조성에 관한 법률, 산업안전보건법, 관련 법적 기준, 기술기준 등을 수록하였고, 과목별 적중예상문제와 실전모의고사를 통해 이론을 충분히 복습하고 실전에 대비할 수 있도록 구성하였습니다.

본 도서의 부족한 점은 꾸준히 수정, 보완하여 좋은 수험 대비서가 되도록 노력하겠으며, 수험생 여러분의 합격을 기원합니다. 끝으로 본 도서가 출간되기까지 애써 주신 시대에듀 임직원 여러분의 노고에 감사드립니다.

편저자 씀

시험안내

연구실안전관리사란?

2020년 6월 연구실안전법 전부개정을 통해 신설된 연구실 안전에 특화된 국가전문자격으로 취득자는 대학연구기관, 기업부설 연구기관의 연구실 등의 연구실 안전을 관리할 수 있다.

연구실안전관리사의 직무

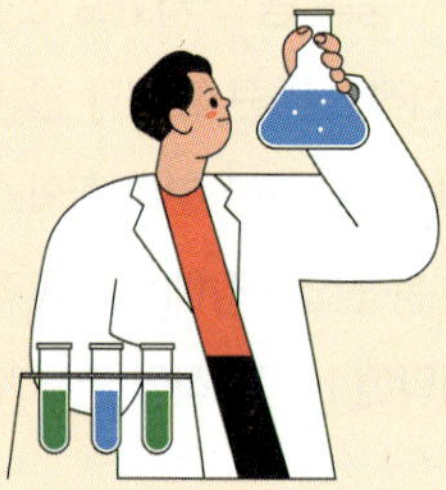

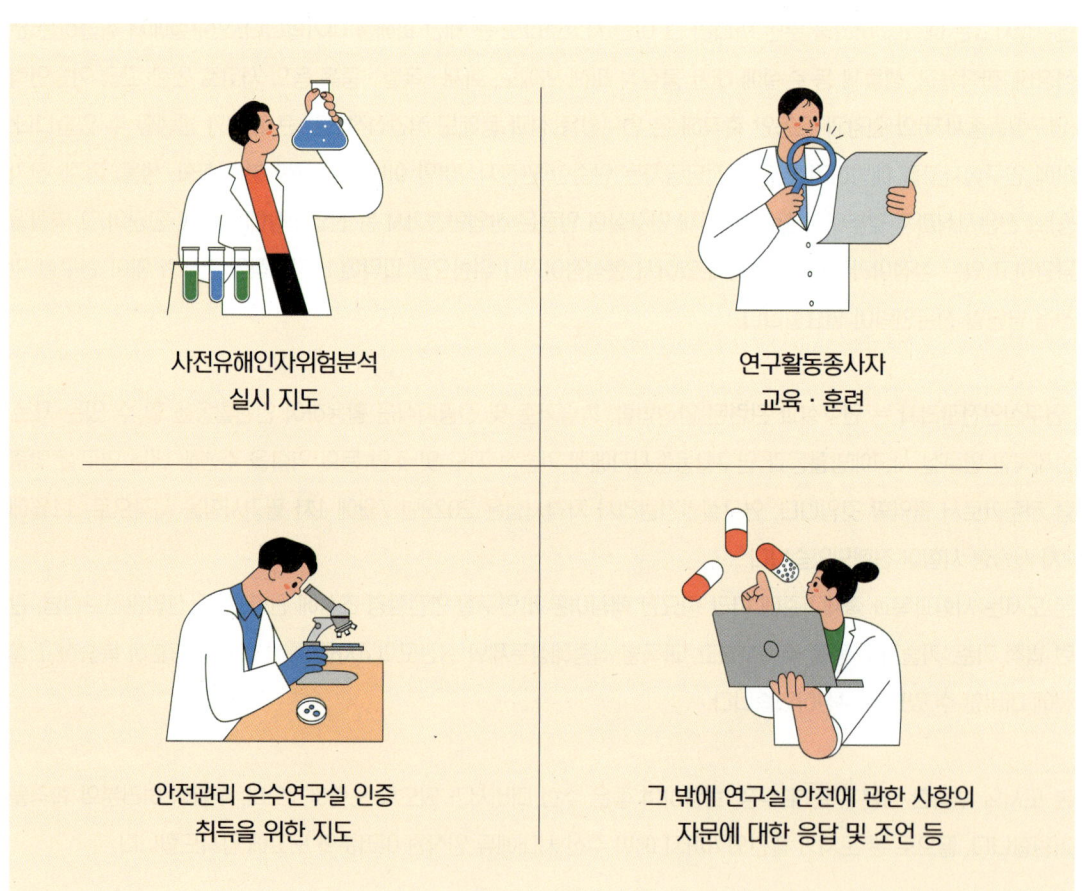

사전유해인자위험분석
실시 지도

연구활동종사자
교육 · 훈련

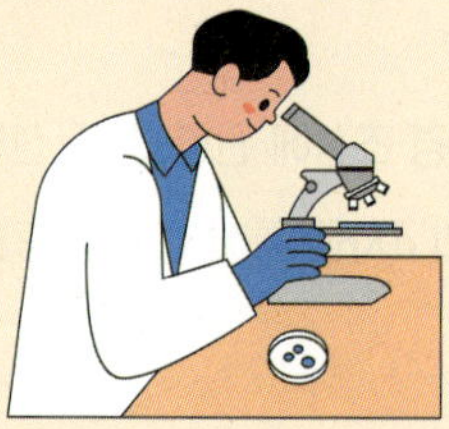

안전관리 우수연구실 인증
취득을 위한 지도

그 밖에 연구실 안전에 관한 사항의
자문에 대한 응답 및 조언 등

진로 및 전망

- 대학 · 연구기관 등
  연구실안전환경관리자 선임, 법정 안전교육 강사 등
- 점검 · 진단 대행기관 및 컨설팅 기관
  점검 · 진단 기술인력, 안전관리 컨설팅 수행 인력 등
- 안전관리 공공기관
  안전정책 기획 · 연구 수행인력, 연구실 안전관리 컨설턴트 및 인증심사 위원, 연구실 안전관리 전문수행 기관(권역별연구안전지원센터) 연구인력 등

기대효과

- 연구실에 특화된 전문인력 양성을 통한 사고예방활동 강화로 연구자 생명 보호 및 국가 연구자산 보호에 기여
- 연구실 내 위험상황을 자체 관리 및 연구현장을 지원할 수 있도록 직무수행역량 강화 및 기관 내 안전문제해결능력 제고
- 종합적인 안전관리를 수행할 수 있는 전문자격자 배출로 가스, 전기 등 전문영역 자격제도 간 교류 활성화 기대
- 이공계(화학, 생물, 기계 등) 인력의 진로 · 취업 경로 다변화 기대 및 안전 분야 전공자의 고용 확대

시험안내

응시자격

① 「국가기술자격법」에 따른 국가기술자격의 직무분야 중 안전관리분야(이하 '안전관리분야'라 한다)나 안전관리유사분야(직무분야가 기계, 화학, 전기 · 전자, 환경 · 에너지인 경우로 한정한다. 이하 '안전관리유사분야'라 한다) 기사 이상의 자격을 취득한 사람
② 안전관리분야나 안전관리유사분야 산업기사 이상의 자격 취득 후 안전업무 경력이 1년 이상인 사람
③ 안전관리분야나 안전관리유사분야 기능사 자격 취득 후 안전업무 경력이 3년 이상인 사람
④ 안전 관련 학과의 4년제 대학(「고등교육법」에 따른 대학이나 이와 같은 수준 이상의 학교를 말한다. 이하 같다) 졸업자 또는 졸업 예정자(최종 학년에 재학 중인 사람을 말한다)
⑤ 안전 관련 학과의 3년제 대학 졸업 후 안전업무 경력이 1년 이상인 사람
⑥ 안전 관련 학과의 2년제 대학 졸업 후 안전업무 경력이 2년 이상인 사람
⑦ 이공계 학과의 석사학위를 취득한 사람
⑧ 이공계 학과의 4년제 대학 졸업 후 안전업무 경력이 1년 이상인 사람
⑨ 이공계 학과의 3년제 대학 졸업 후 안전업무 경력이 2년 이상인 사람
⑩ 이공계 학과의 2년제 대학 졸업 후 안전업무 경력이 3년 이상인 사람
⑪ 안전업무 경력이 5년 이상인 사람

시험요강

- 시행기관 : 한국생산성본부
- 2025년 시험일정

시험	접수기간	시험일자	합격자발표	응시자격 증빙서류 제출
제1차	4.28.(월) 10:00 ~ 5.9.(금) 17:00	7.12.(토)	8.6.(수)	4.28.(월) 10:00 ~ 5.9.(금) 17:00 ※ 결과 통지 및 보완 완료 : ~6.13.(금)
제2차	9.15.(월) 10:00 ~ 9.26.(금) 17:00	10.25.(토)	11.24.(월)	

※ 상기 시험일정은 시행기관의 사정에 따라 변경될 수 있으니, 연구실안전관리사 자격시험 홈페이지(https://license.kpc.or.kr/)에서 확인하시기 바랍니다.

- 시험방법
  - 제1차 시험 : 선택형(4지 선다형)
  - 제2차 시험 : 단답형 · 서술형

※ 제2차 시험 답안 정정 시에는 반드시 정정 부분을 두 줄(=)로 긋고 해당 답안 칸에 다시 기재 바랍니다.

시험과목 및 시험범위

구 분	시험과목	시험범위
제1차 시험	연구실 안전 관련 법령	• 「연구실 안전환경 조성에 관한 법률」, 「산업안전보건법」 등 안전 관련 법령
	연구실 안전관리 이론 및 체계	• 연구활동 및 연구실 안전의 특성 이해 • 연구실 안전관리 시스템 구축 · 이행 역량 • 연구실 유해 · 위험요인 파악 및 사전유해인자 위험분석 방법 • 연구실 안전교육 • 연구실사고 대응 및 관리
	연구실 화학 · 가스 안전관리	• 화학 · 가스 안전관리 일반 • 연구실 내 화학물질 관련 폐기물 안전관리 • 연구실 내 화학물질 누출 및 폭발 방지대책 • 화학시설(설비) 설치 · 운영 및 관리
	연구실 기계 · 물리 안전관리	• 기계 안전관리 일반 • 연구실 내 위험기계 · 기구 및 연구장비 안전관리 • 연구실 내 레이저, 방사선 등 물리적 위험요인에 대한 안전관리
	연구실 생물 안전관리	• 생물(유전자변형생물체 포함) 안전관리 일반 • 연구실 내 생물체 관련 폐기물 안전관리 • 연구실 내 생물체 누출 및 감염 방지대책 • 생물 시설(설비) 설치 · 운영 및 관리
	연구실 전기 · 소방 안전관리	• 소방 및 전기 안전관리 일반 • 연구실 내 화재, 감전, 정전기 예방 및 방폭 · 소화 대책 • 소방, 전기 시설(설비) 설치 · 운영 및 관리
	연구활동종사자 보건 · 위생관리 및 인간공학적 안전관리	• 보건 · 위생관리 및 인간공학적 안전관리 일반 • 연구활동종사자 질환 및 인적 과실(human error) 예방 · 관리 • 안전보호구 및 연구환경 관리 • 환기시설(설비) 설치 · 운영 및 관리
제2차 시험	연구실 안전관리 실무	• 연구실 안전 관련 법령, 연구실 화학 · 가스 안전관리, 연구실 기계 · 물리 안전관리, 연구실 생물 안전관리, 연구실 전기 · 소방 안전관리, 연구활동종사자 보건 · 위생관리에 관한 사항

이 책의 구성과 특징

PART 01 연구실 안전 관련 법령

Chapter 01

연구실 안전환경 조성에 관한 법령 개요

1 법률 체계(상하위법)

(1) 연구실 안전환경 조성에 관한 법률
① 연구실 안전환경 조성에 관한 법률(국회 제정)
② 연구실 안전환경 조성에 관한 법률 시행령(대통령 제정)
③ 연구실 안전환경 조성에 관한 법률 시행규칙(과학기술정보통신부 장관 제정)

(2) 연구실 안전환경 조성에 관한 법률 행정규칙(고시 · 훈령)
① 안전관리 우수연구실 인증제 운영에 관한 규정
② 연구실 안전 및 유지관리비의 사용내역서 작성에 관한 세부기준
③ 연구실 안전점검 및 정밀안전진단에 관한 지침
④ 연구실사고에 대한 보상기준
⑤ 안전점검 및 정밀안전진단 실시결과와 실태조사 등의 검토기준 및 절차 등에 관한 고시
⑥ 연구실 사고조사반 구성 및 운영규정
⑦ 연구실 사전유해인자위험분석 실시에 관한 지침
⑧ 연구실안전심의위원회 운영규정
⑨ 연구실 설치운영에 관한 기준
⑩ 연구실 안전환경 조성 관련 위탁업무 수행기관
⑪ 연구실안전관리사 자격시험 및 교육·훈련 등에

CHAP

핵심이론

필수적으로 학습해야 하는 중요한 이론들을 각 과목별로 분류하여 수록하였습니다.

PART 01 연구실 안전 관련 법령

Part 01

적중예상문제

01 **다음 중 연구실안전법의 목적으로 옳지 않은 것은?**
① 대학 및 연구기관 등에 설치된 과학기술분야 연구실의 안전을 확보
② 연구실사고로 인한 피해를 적절하게 보상
③ 연구활동종사자의 건강과 생명을 보호
④ 연구실 종사자의 기술의 향상 및 홍보

해설 이 법은 대학 및 연구기관 등에 설치된 과학기술분야 연구실의 안전을 확보하고, 연구실사고로 인한 피해를 적절하게 보상하여 연구활동종사자의 건강과 생명을 보호하며, 안전한 연구환경을 조성하여 연구활동 활성화에 기여함을 목적으로 한다(연구실안전법 제1조).

02 **연구실안전법상 연구활동종사자에 해당하는 사람으로 거리가 가장 먼 것은?**
① 기업부설 연구소장
② 연구소 행정, 회계업무를 하고 있는 연구관리직원
③ 연구원이 아닌 회사 임원
④ 화학연구실에서 자료조사만 수행하는 연구원

해설 연구소장이 연구소 내 선임연구원인 경우 연구활동종사자에 해당하나 연구원이 아닌 회사임원(대표, 이사)이 연구소장을 할 경우에는 연구활동종사자에 해당하지 않는다(연구실안전법 제2조제8호 참조).

03 **연구실안전법상 과학기술정보통신부장관은 2년마다 연구실 안전환경 및 안전관리 현황 등에 대한 실태조사를 실시한다. 실태조사에 포함되어야할 사항으로 틀린 것은?**
① 연구실 및 연구활동종사자 현황
② 연구실 및 연구활동종사자의 연구현황
③ 연구실 안전관리 현황
④ 연구실사고 발생 현황

해설 실태조사에 포함되어야 할 사항(연구실안전법 시행령 제3조)
• 연구실 및 연구활동종사자 현황
• 연구실 안전관리 현황
• 연구실사고 발생 현황
• 그 밖에 연구실 안전환경 및 안전관리의 현황 파악을 위하여 과학기술정보통신부장관이 필요하다고 인정하는 사항

94 PART 01 연구실 안전 관련 법령

1 ④ 2 ③ 3 ② 정답

적중예상문제

핵심이론에서 시험에 출제될 만한 부분들로 만든 적중예상문제를 수록하였습니다. 각 문제에는 자세한 해설이 추가되어 핵심이론만으로는 아쉬운 내용을 보충 학습할 수 있도록 하였습니다.

제 1 회 **실전모의고사**

제1과목 연구실 안전 관련 법령

01 사전유해인자위험분석의 R&DSA에 작성해야 하는 항목이 아닌 것은?

① 위험분석
② 비상조치계획
③ 안전계획
④ 화학물질 GHS 등급

해설 R&DSA 작성항목
- 연구목적
- 연구・실험 절차
- 위험분석
- 안전계획
- 비상조치계획

02 「연구실안전법」상 용어의 정의에 대한 설명으

① 연구실사고 : 연구실 또는 연구활동이 수행되는
사자가 부상・질병・신체장해・사망 등 생명
장비 등이 훼손되는 것
② 연구실안전관리사 : 연구실안전관리사 자격
③ 연구실책임자 : 각 대학・연구기관 등에서 연
연구주체의 장을 보좌하고 연구활동종사자에
④ 유해인자 : 화학적・물리적・생물학적 위험요
종사자의 건강을 저해할 가능성이 있는 인

해설 연구실책임자 : 연구실 소속 연구활동종사자를 직

정답 1 ④ 2 ③

실전모의고사

실전모의고사를 수록하여 실력을 점검할 수 있도록 하였습니다. 핵심이론의 내용을 재점검하고 새로운 유형의 문제에 대비할 수 있도록 하였습니다.

2024년 제3회 **최근 기출문제**

제1과목
연구실 안전 관련 법령

01
〈보기〉는 「연구실 안전환경 조성에 관한 법률 시행규칙」에 따라 연구주체의 장이 가입하여야 하는 보험의 보험급여 종류 및 보상금액에 관한 내용이다. ( ) 안에 들어갈 말로 옳은 것은?

보기
- 요양급여 : 최고한도[(㉠) 이상으로 한다]의 범위에서 실제로 부담해야 하는 의료비
- 유족급여 : (㉡) 이상

	㉠	㉡
①	20억원	2억원
②	20억원	1억원
③	10억원	2억원
④	10억원	1억원

해설
보험급여별 보상금액(「연구실안전법 시행규칙」 제15조)

종류	보상금액
요양급여	최고한도 20억원 이상
장해급여	후유장해 등급별로 고시하는 금액 이상
입원급여	입원 1일당 5만원 이상
유족급여	2억원 이상
장의비	1천만원 이상

02
〈보기〉는 「연구실 안전환경 조성에 관한 법령」에서 규정하는 사전유해인자위험분석에 관한 설명이다. ( ) 안에 들어갈 말로 옳은 것은?

보기
(㉠)은/는 다음의 과정으로 이루어지는 사전유해인자위험분석을 실시해야 한다.
- 연구실 안전현황 분석
- (㉡) 유해인자 위험분석
- 연구실 안전계획 수립
- 비상조치계획 수립

	㉠	㉡
①	연구실책임자	연구활동별
②	연구주체의 장	연구활동별
③	연구실책임자	연구실별
④	연구주체의 장	연구실별

해설
사전유해인자위험분석의 실시절차
- 연구실 안전현황 분석
- 연구활동별 유해인자 위험분석
- 연구실 안전계획 수립
- 비상조치계획 수립

정답 1 ① 2 ①

2024년 제3회 최근 기출문제 957

최근 기출문제

최근에 출제된 기출문제를 수록하였습니다. 가장 최신의 출제경향을 파악한 핵심을 꿰뚫는 명쾌한 해설로 한 번에 합격할 수 있도록 하였습니다.

목 차

PART 01 연구실 안전 관련 법령

CHAPTER 01	연구실 안전환경 조성에 관한 법령 개요	003
CHAPTER 02	연구실 안전환경 조성에 관한 법률	005
CHAPTER 03	연구실 설치운영에 관한 기준	082
CHAPTER 04	산업안전보건법	085
	적중예상문제	094

PART 02 연구실 안전관리 이론 및 체계

CHAPTER 01	연구활동 및 연구실 안전의 특성 이해	107
CHAPTER 02	연구실 안전관리 구축 · 이행 역량	130
CHAPTER 03	연구실 유해 · 위험요인 파악 및 사전유해인자위험분석 방법	137
CHAPTER 04	연구실 안전교육	151
CHAPTER 05	연구실사고 대응 및 관리	155
	적중예상문제	167

PART 03 연구실 화학 · 가스 안전관리

CHAPTER 01	화학 · 가스 안전관리 일반	177
CHAPTER 02	연구실 내 화학물질 관련 폐기물 안전관리	213
CHAPTER 03	연구실 내 화학물질 누출 및 폭발 방지대책	227
CHAPTER 04	화학시설(장비) 설치 · 운영 및 관리	250
	적중예상문제	261

PART 04 연구실 기계 · 물리 안전관리

CHAPTER 01	기계 안전관리 일반	271
CHAPTER 02	연구실 내 위험기계 · 기구 및 연구장비 안전관리	285
CHAPTER 03	연구실 내 레이저, 방사선 등 물리적 위험요인에 대한 안전관리	322
	적중예상문제	336

PART 05 연구실 생물 안전관리

CHAPTER 01 생물(유전자변형생물체 포함) 안전관리 일반 347
CHAPTER 02 생물시설(설비) 설치 · 운영 및 관리 372
CHAPTER 03 연구실 내 생물체 관련 폐기물 안전관리 386
CHAPTER 04 연구실 내 생물체 누출 및 감염 방지대책 395
적중예상문제 403

PART 06 연구실 전기 · 소방 안전관리

CHAPTER 01 소방 안전관리 413
CHAPTER 02 전기 안전관리 457
CHAPTER 03 소방 · 전기 안전대책 478
적중예상문제 495

PART 07 연구활동종사자 보건 · 위생관리 및 인간공학적 안전관리

CHAPTER 01 보건 · 위생관리 및 연구활동종사자 질환 예방 · 관리 507
CHAPTER 02 인간공학적 안전관리 및 인적 과실(human error) 예방 · 관리 521
CHAPTER 03 안전보호구 및 연구환경 관리 546
CHAPTER 04 환기시설(설비) 설치 · 운영 및 관리 560
적중예상문제 578

부록 01 실전모의고사

제1회 실전모의고사 591
제2회 실전모의고사 644
제3회 실전모의고사 697
제4회 실전모의고사 752
제5회 실전모의고사 805

부록 02 과년도 + 최근 기출문제

2022년 제1회 과년도 기출문제 859
2023년 제2회 과년도 기출문제 909
2024년 제3회 최근 기출문제 957

안전보건표지의 종류와 형태

1
금지표지
출입금지
보행금지
차량통행금지
사용금지
탑승금지
금연
화기금지
물체이동금지
2
경고표지
인화성물질경고
산화성물질경고
폭발성물질경고
급성독성물질경고
부식성물질경고
방사성물질경고
고압전기경고
매달린물체경고
낙하물경고
고온경고
저온경고
몸균형상실경고
레이저광선경고
발암성·변이원성·생식독성·
전신독성·호흡기과민성 물질경고
위험장소경고
3
지시표지
보안경착용
방독마스크착용
방진마스크착용
보안면착용
안전모착용
귀마개착용
안전화착용
안전장갑착용
안전복착용
4
안내표지
녹십자표지
응급구호표시
들것
세안장치
비상용 기구
비상용 기구
비상구
좌측비상구
우측비상구

PART 01 연구실 안전 관련 법령

Chapter 01 연구실 안전환경 조성에 관한 법령 개요

Chapter 02 연구실 안전환경 조성에 관한 법률

Chapter 03 연구실 설치운영에 관한 기준

Chapter 04 산업안전보건법

적중예상문제

Chapter 01

연구실 안전환경 조성에 관한 법령 개요

1 법률 체계(상하위법)

(1) 연구실 안전환경 조성에 관한 법률

① 연구실 안전환경 조성에 관한 법률(국회 제정)

② 연구실 안전환경 조성에 관한 법률 시행령(대통령 제정)

③ 연구실 안전환경 조성에 관한 법률 시행규칙(과학기술정보통신부 장관 제정)

(2) 연구실 안전환경 조성에 관한 법률 행정규칙(고시 · 훈령)

① 안전관리 우수연구실 인증제 운영에 관한 규정

② 연구실 안전 및 유지관리비의 사용내역서 작성에 관한 세부기준

③ 연구실 안전점검 및 정밀안전진단에 관한 지침

④ 연구실사고에 대한 보상기준

⑤ 안전점검 및 정밀안전진단 실시결과와 실태조사 등의 검토기준 및 절차 등에 관한 고시

⑥ 연구실 사고조사반 구성 및 운영규정

⑦ 연구실 사전유해인자위험분석 실시에 관한 지침

⑧ 연구실안전심의위원회 운영규정

⑨ 연구실 설치운영에 관한 기준

⑩ 연구실 안전환경 조성 관련 위탁업무 수행기관 지정

⑪ 연구실안전관리사 자격시험 및 교육 · 훈련 등에 관한 규정

2 법률 연혁

제·개정일	연혁	내용
2005. 3. 31., 제정 (시행 2006. 4. 1.)	법률 제7425호	연구실안전법 제정 • 안전관리규정의 작성 및 준수 • 안전점검 및 정밀안전진단의 실시 • 안전관리비 계상 의무 • 보험가입 및 연구실 사용제한 • 연구실 안전교육 훈련 등
2011. 3. 9., 일부개정 (시행 2011. 9. 10.)	법률 10446호	법률 제4차 개정 • 연구실 안전관리 실태조사 • 연구실 안전환경관리자 지정 • 대학·연구기관 등의 지원
2014. 12. 30., 일부개정 (시행 2015. 7. 1.)	법률 제12873호	법률 제7차 개정 • 안전관리 우수연구실 인증제 • 사전유해인자위험분석 • 연구실책임자 지정·운영
2020. 6. 9., 전부개정 (시행 2020. 12. 10.)	법률 제17350호	법률 제11차 (전부)개정 • 법 구조·체계 정비 • 연구실 안전정보 공표제도 • 연구실 설치·운영 기준 준수 • 연구실안전관리사 신설 등
2023. 10. 31., 일부개정 (시행 2024. 5. 1.)	법률 제19785호	법률 제14차 개정 • 연구실사고 범위 확대 • 법 대상기관 정비 • 사고보고 주체 명확화 • 보험금 지급청구권 양도금지 • 국가전문자격제도 개선

Chapter

02 연구실 안전환경 조성에 관한 법률

1 총칙

(1) 목적(법 제1조)

대학 및 연구기관 등에 설치된 과학기술분야 연구실의 안전을 확보하고, 연구실사고로 인한 피해를 적절하게 보상하여 연구활동종사자의 건강과 생명을 보호하며, 안전한 연구환경을 조성하여 연구활동 활성화에 기여함을 목적으로 한다.

(2) 정의(법 제2조)

① 대학 · 연구기관 등 : 다음의 기관을 말한다.

㉠ 「고등교육법」 제2조에 따른 대학 · 산업대학 · 교육대학 · 전문대학 · 방송대학 · 통신대학 · 방송통신대학 · 사이버대학 및 기술대학, 같은 법 제29조에 따른 대학원, 같은 법 제30조에 따른 대학원대학, 「과학기술분야 정부출연연구기관 등의 설립 · 운영 및 육성에 관한 법률」 제33조에 따른 대학원대학, 「국민 평생 직업능력 개발법」 제39조에 따른 기능대학, 「한국과학기술원법」에 따른 한국과학기술원, 「광주과학기술원법」에 따른 광주과학기술원, 「대구경북과학기술원법」에 따른 대구경북과학기술원 및 「울산과학기술원법」에 따른 울산과학기술원

㉡ 국 · 공립연구기관

㉢ 「과학기술분야 정부출연연구기관 등의 설립 · 운영 및 육성에 관한 법률」의 적용을 받는 연구기관

㉣ 「특정연구기관 육성법」의 적용을 받는 특정연구기관

㉤ 「기초연구진흥 및 기술개발지원에 관한 법률」 제14조제1항제2호에 따른 기업부설연구소 및 연구개발전담부서

㉥ 「민법」 또는 다른 법률에 따라 설립된 과학기술분야의 법인인 연구기관

㉦ 중앙행정기관 및 지방자치단체의 소속 기관 중 직제에 연구활동 기능이 있고, 연구활동을 위한 연구실을 운영하는 기관

② **연구실** : 대학 · 연구기관 등이 연구활동을 위하여 시설 · 장비 · 연구재료 등을 갖추어 설치한 실험실 · 실습실 · 실험준비실

③ **연구활동** : 과학기술분야의 지식을 축적하거나 새로운 적용방법을 찾아내기 위하여 축적된 지식을 활용하는 체계적이고 창조적인 활동(실험 · 실습 등을 포함)

연구활동의 범위

- 사물, 기능, 현상 등에 관하여 새로운 지식을 획득하거나 기존 지식을 활용하여 새로운 방법을 찾아내기 위한 창조적인 노력 및 탐구
- 연구개발 과정에서 직접 필요한 시험·측정·분석, 동식물의 육성, 문헌조사 등의 활동
- 연구활동과 관련된 연구용 기자재 운용, 도면의 작성, 가공조립, 실험/검사/측정 등의 실험·실습 교육

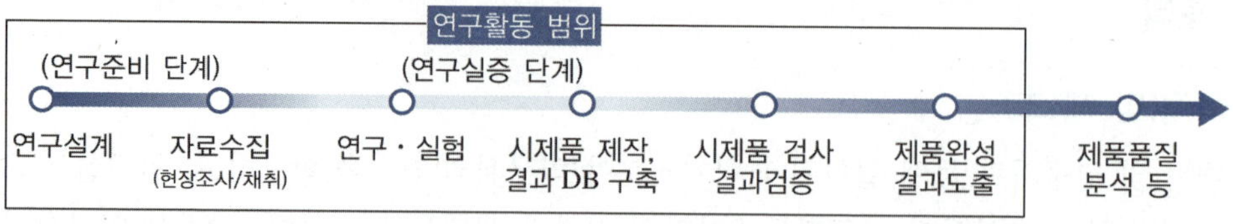

※ 대학의 교과과정에 따른 실험실습 포함

④ **연구주체의 장** : 다음의 어느 하나에 해당하는 자를 말한다.

㉠ 대학·연구기관 등(①)의 대표자

㉡ 대학·연구기관 등(①)의 연구실의 소유자

㉢ 대학·연구기관 등(①)의 ㉦에 해당하는 소속 기관의 장

⑤ **연구실안전환경관리자** : 각 대학·연구기관 등에서 연구실 안전과 관련한 기술적인 사항에 대하여 연구주체의 장을 보좌하고 연구실책임자 등 연구활동종사자에게 조언·지도하는 업무를 수행하는 사람

⑥ **연구실책임자** : 연구실 소속 연구활동종사자를 직접 지도·관리·감독하는 연구활동종사자

⑦ **연구실안전관리담당자** : 각 연구실에서 안전관리 및 연구실사고 예방 업무를 수행하는 연구활동종사자

⑧ **연구활동종사자** : 연구활동에 종사하는 사람으로서 각 대학·연구기관 등에 소속된 연구원·대학생·대학원생 및 연구보조원 등

⑨ **연구실안전관리사** : 연구실안전관리사 자격시험에 합격하여 자격증을 발급받은 사람

⑩ **안전점검** : 연구실 안전관리에 관한 경험과 기술을 갖춘 자가 육안 또는 점검기구 등을 활용하여 연구실에 내재된 유해인자를 조사하는 행위

⑪ **정밀안전진단** : 연구실사고를 예방하기 위하여 잠재적 위험성의 발견과 그 개선대책의 수립을 목적으로 실시하는 조사·평가

⑫ **연구실사고** : 연구실 또는 연구활동이 수행되는 공간에서 연구활동과 관련하여 연구활동종사자가 부상·질병·신체장해·사망 등 생명 및 신체상의 손해를 입거나 연구실의 시설·장비 등이 훼손되는 것

⑬ **중대연구실사고** : 연구실사고 중 손해 또는 훼손의 정도가 심한 사고로서 사망사고 등 과학기술정보통신부령으로 정하는 사고

> **사망사고 등 과학기술정보통신부령으로 정하는 사고**(시행규칙 제2조)
> - 사망자 또는 과학기술정보통신부장관이 정하여 고시하는 후유장해(부상 또는 질병 등의 치료가 완료된 후 그 부상 또는 질병 등이 원인이 되어 신체적 또는 정신적 장해가 발생한 것을 말한다. 이하 같다) 1급부터 9급까지에 해당하는 부상자가 1명 이상 발생한 사고
> - 3개월 이상의 요양이 필요한 부상자가 동시에 2명 이상 발생한 사고
> - 3일 이상의 입원이 필요한 부상을 입거나 질병에 걸린 사람이 동시에 5명 이상 발생한 사고
> - 법 제16조제2항 및 시행령 제13조에 따른 연구실의 중대한 결함(⑭)으로 인한 사고

⑭ **연구실의 중대한 결함**(시행령 제13조)

"연구실에 유해인자가 누출되는 등 대통령령으로 정하는 중대한 결함이 있는 경우"란 다음의 어느 하나에 해당하는 사유로 연구활동종사자의 사망 또는 심각한 신체적 부상이나 질병을 일으킬 우려가 있는 경우를 말한다.

㉠ 「화학물질관리법」에 따른 유해화학물질, 「산업안전보건법」에 따른 유해인자, 과학기술정보통신부령으로 정하는 독성가스 등 유해·위험물질의 누출 또는 관리 부실

㉡ 「전기사업법」 제2조제16호에 따른 전기설비의 안전관리 부실

㉢ 연구활동에 사용되는 유해·위험설비의 부식·균열 또는 파손

㉣ 연구실 시설물의 구조안전에 영향을 미치는 지반침하·균열·누수 또는 부식

㉤ 인체에 심각한 위험을 끼칠 수 있는 병원체의 누출

⑮ **유해인자** : 화학적·물리적·생물학적 위험요인 등 연구실사고를 발생시키거나 연구활동종사자의 건강을 저해할 가능성이 있는 인자

⑯ **고위험연구실**(연구실 설치운영에 관한 기준 제2조제1호) : 연구활동 중 연구활동종사자의 건강에 위험을 초래할 수 있는 유해인자를 취급하는 연구실을 의미하며 「연구실 안전환경 조성에 관한 법률 시행령」 제11조제2항에 해당하는 연구실

> **정기적으로 정밀안전진단을 실시해야 하는 연구실**(시행령 제11조제2항)
> - 연구활동에 「화학물질관리법」에 따른 유해화학물질을 취급하는 연구실
> - 연구활동에 「산업안전보건법」에 따른 유해인자를 취급하는 연구실
> - 연구활동에 과학기술정보통신부령(고압가스 안전관리법 시행규칙)으로 정하는 독성가스를 취급하는 연구실

⑰ 저위험연구실(연구실 설치운영에 관한 기준 제2조제2호) : 연구활동 중 유해인자를 취급하지 않아 사고발생 위험성이 현저하게 낮은 연구실을 의미하며 「연구실 안전환경 조성에 관한 법률 시행령」 별표 4의 조건을 충족하는 연구실

> **저위험연구실 : 다음의 연구실을 제외한 연구실(시행령 별표 4)**
> • 제11조제2항 각 호의 연구실(고위험연구실)
> • 화학물질, 가스, 생물체, 생물체의 조직 등 적출물, 세포 또는 혈액을 취급하거나 보관하는 연구실
> • 「산업안전보건법 시행령」 제70조, 제71조, 제74조제1항제1호, 제77조제1항제1호 및 제78조제1항에 따른 기계·기구 및 설비를 취급하거나 보관하는 연구실
> • 「산업안전보건법 시행령」 제74조제1항제2호 및 제77조제1항제2호에 따른 방호장치가 장착된 기계·기구 및 설비를 취급하거나 보관하는 연구실

⑱ 중위험연구실(연구실 설치운영에 관한 기준 제2조제3호) : 고위험연구실 및 저위험연구실에 해당하지 않는 연구실

(3) 적용범위(법 제3조, 시행령 별표 1)

① 법 : 대학·연구기관 등이 연구활동을 수행하기 위하여 설치한 연구실 및 연구활동이 수행되는 공간에 관하여 적용한다. 다만, 연구실의 유형 및 규모 등을 고려하여 대통령령으로 정하는 연구실에 관하여는 이 법의 전부 또는 일부를 적용하지 아니할 수 있다.

② 시행령

㉠ 대학·연구기관 등이 설치한 각 연구실의 연구활동종사자를 합한 인원이 10명 미만인 경우에는 각 연구실에 대하여 법의 전부를 적용하지 않는다.

㉡ 법에 따른 연구기관, 기업부설연구소 및 연구개발전담부서의 경우에는 다음 표에서 정하는 바에 따른다.

대상 연구실	적용하지 않는 법 규정
1. 상시근로자 50명 미만인 연구기관, 기업부설연구소 및 연구개발전담부서	• 법 제10조(연구실안전환경관리자의 지정) • 법 제20조제3항 및 제4항(연구실안전환경관리자의 전문교육)
2. 「통계법」에 따라 통계청장이 고시한 한국표준산업분류 대분류에 따른 농업, 임업 및 어업, 광업, 건설업, 도매 및 소매업, 운수 및 창고업, 숙박 및 음식점업, 정보통신업, 금융 및 보험업, 부동산업, 사업시설관리, 사업지원 및 임대 서비스업, 공공행정, 국방 및 사회보장 행정, 교육서비스업, 보건업 및 사회복지 서비스업, 예술, 스포츠 및 여가 관련 서비스업, 협회 및 단체, 수리 및 기타 개인 서비스업, 가구 내 고용활동 및 달리 분류되지 않은 자가소비 생산활동, 국제 및 외국기관의 업종분류에 해당하는 기업의 과학기술분야 부설연구소	• 법 제10조(연구실안전환경관리자의 지정) • 법 제20조제3항 및 제4항(연구실안전환경관리자의 전문교육) ※ 단, 연구실안전 실태조사 결과 과학기술정보통신부장관이 연구실안전환경관리자 지정이 필요하다고 인정하는 경우에는 해당 규정을 적용

㉢ 「산업안전보건법」을 적용받는 연구실의 경우에는 다음 표에서 정하는 바에 따른다.

대상 연구실	적용하지 않는 법 규정
1. 「산업안전보건법」 제17조(안전관리자)를 적용받는 연구실	법 제10조(연구실안전환경관리자의 지정)
2. 「산업안전보건법」 제24조(산업안전보건위원회)를 적용받는 연구실	법 제11조(연구실안전관리위원회)
3. 「산업안전보건법」 제25조(안전보건관리규정의 작성), 제26조(안전보건관리규정의 작성·변경 절차) 및 제27조(안전보건관리규정의 준수)를 적용받는 연구실	법 제12조(안전관리규정의 작성 및 준수 등)
4. 「산업안전보건법」 제29조(근로자에 대한 안전보건교육)를 적용받는 연구실	법 제20조(교육·훈련)
5. 「산업안전보건법」 제36조(위험성평가의 실시)를 적용받는 연구실로서 연구활동별로 위험성평가를 실시한 연구실	법 제19조(사전유해인자위험분석의 실시)
6. 「산업안전보건법」 제47조(안전보건진단)를 적용받는 연구실	법 제14조(안전점검의 실시) 법 제15조(정밀안전진단의 실시)
7. 「산업안전보건법」 제129조부터 제131조까지의 규정(건강진단)을 적용받는 연구실	법 제21조(건강검진)

㉣ 「고압가스 안전관리법」을 적용받는 연구실의 경우에는 다음 표에서 정하는 바에 따른다. 이 경우 가목부터 다목까지의 규정에 따른 연구실에 적용하지 않는 법 규정은 고압가스와 관련된 부분으로 한정하고, 라목의 연구실에 적용하지 않는 법 규정은 고압가스 안전관리에 관계된 업무를 수행하는 자로 한정한다.

대상 연구실	적용하지 않는 법 규정
가. 「고압가스 안전관리법」 제11조(안전관리규정)를 적용받는 연구실	법 제12조(안전관리규정의 작성 및 준수 등)
나. 「고압가스 안전관리법」 제13조(시설·용기의 안전유지) 또는 제20조(사용신고 등)제3항을 적용받는 연구실	• 법 제14조(안전점검의 실시) • 법 제15조(정밀안전진단의 실시)
다. 「고압가스 안전관리법」 제16조의2(정기검사 및 수시검사)를 적용받는 연구실	• 법 제14조(안전점검의 실시) • 법 제15조(정밀안전진단의 실시)
라. 「고압가스 안전관리법」 제23조(안전교육)를 적용받는 연구실	법 제20조제1항 및 제2항(연구활동종사자에 대한 교육·훈련)

㉤ 「액화석유가스의 안전관리 및 사업법」을 적용받는 연구실의 경우에는 다음 표에서 정하는 바에 따른다. 이 경우 가목부터 다목까지의 규정에 따른 연구실에 적용하지 않는 법 규정은 액화석유가스와 관련된 부분으로 한정하고, 라목의 연구실에 적용하지 않는 법 규정은 액화석유가스 안전관리에 관계된 업무를 수행하는 자로 한정한다.

대상 연구실	적용하지 않는 법 규정
가. 「액화석유가스의 안전관리 및 사업법」 제31조(안전관리규정)를 적용받는 연구실	법 제12조(안전관리규정의 작성 및 준수 등)
나. 「액화석유가스의 안전관리 및 사업법」 제32조(시설과 용기의 안전유지)를 적용받는 연구실	• 법 제14조(안전점검의 실시) • 법 제15조(정밀안전진단의 실시)
다. 「액화석유가스의 안전관리 및 사업법」 제38조(정밀안전진단 및 안전성평가) 또는 제44조(액화석유가스 사용시설의 설치와 검사 등)제1항을 적용받는 연구실	• 법 제14조(안전점검의 실시) • 법 제15조(정밀안전진단의 실시)
라. 「액화석유가스의 안전관리 및 사업법」 제41조(안전교육)를 적용받는 연구실	법 제20조제1항 및 제2항(연구활동종사자에 대한 교육·훈련)

ⓑ 「도시가스사업법」을 적용받는 연구실의 경우에는 다음 표에서 정하는 바에 따른다. 이 경우 가목의 연구실에 적용하지 않는 법 규정은 가스공급시설 또는 가스사용시설과 관련된 부분으로 한정하고, 나목의 연구실에 적용하지 않는 법 규정은 가스 안전관리에 관계된 업무를 수행하는 자로 한정한다.

대상 연구실	적용하지 않는 법 규정
가. 「도시가스사업법」 제17조(정기검사 및 수시검사)를 적용받는 연구실	• 법 제14조(안전점검의 실시) • 법 제15조(정밀안전진단의 실시)
나. 「도시가스사업법」 제30조(안전교육)를 적용받는 연구실	법 제20조제1항 및 제2항(연구활동종사자에 대한 교육·훈련)

ⓢ 「원자력안전법」을 적용받는 연구실의 경우에는 다음 표에서 정하는 바에 따른다. 이 경우 적용하지 않는 법 규정은 연구용 또는 교육용 원자로 및 관계시설, 방사성동위원소 또는 방사선발생장치, 특정핵물질 등과 관련된 부분으로 한정한다.

대상 연구실	적용하지 않는 법 규정
가. 「원자력안전법」 제30조(연구용원자로 등의 건설허가) 또는 제53조(방사성동위원소·방사선발생장치 사용 등의 허가 등)제1항 및 제3항을 적용받는 연구실	법 제12조(안전관리규정의 작성 및 준수 등)
나. 「원자력안전법」 제34조에 따라 준용되는 같은 법 제22조(검사) 또는 제56조(검사)를 적용받는 연구실	• 법 제14조(안전점검의 실시) • 법 제15조(정밀안전진단의 실시) • 법 제31조(검사)
다. 「원자력안전법」 제91조(방사선장해방지조치)를 적용받는 연구실	• 법 제14조(안전점검의 실시) • 법 제15조(정밀안전진단의 실시) • 법 제21조제1항(연구활동종사자에 대한 건강검진)
라. 「원자력안전법」 제98조(보고·검사 등)를 적용받는 연구실	법 제24조(연구실사고 조사의 실시)
마. 「원자력안전법」 제106조(교육훈련)제1항을 적용받는 연구실	법 제20조제1항 및 제2항(연구활동종사자에 대한 교육·훈련)

ⓞ 「유전자변형생물체의 국가 간 이동 등에 관한 법률」을 적용받는 연구실의 경우에는 다음 표에서 정하는 바에 따른다.

대상 연구실	적용하지 않는 법 규정
「유전자변형생물체의 국가 간 이동 등에 관한 법률」 제22조(연구시설의 설치·운영)를 적용받는 연구실로서 같은 법 시행령 별표 1에 따른 안전관리등급이 3등급 또는 4등급인 연구실	• 법 제14조(안전점검의 실시) • 법 제15조(정밀안전진단의 실시)

ⓩ 「감염병의 예방 및 관리에 관한 법률」을 적용받는 연구실의 경우에는 다음 표에서 정하는 바에 따른다.

대상 연구실	적용하지 않는 법 규정
「감염병의 예방 및 관리에 관한 법률」 제23조(고위험병원체의 안전관리 등)를 적용받는 연구실	• 법 제14조(안전점검의 실시) • 법 제15조(정밀안전진단의 실시)

(4) 국가의 책무(법 제4조)

① 국가는 연구실의 안전한 환경을 확보하기 위한 연구활동을 지원하는 등 필요한 시책을 수립·시행하여야 한다.

② 국가는 연구실 안전관리기술 고도화 및 연구실사고 예방을 위한 연구개발을 추진하고, 유형별 안전관리 표준화 모델과 안전교육 교재를 개발·보급하는 등 연구실의 안전환경 조성을 위한 지원시책을 적극적으로 강구하여야 한다.

③ 국가는 연구활동종사자의 안전한 연구활동을 보장하기 위하여 연구 안전에 관한 지식·정보의 제공 등 연구실 안전문화의 확산을 위하여 노력하여야 한다.

④ 교육부장관은 대학 내 연구실의 안전 확보를 위하여 대학별 정보공시에 연구실 안전관리에 관한 내용을 포함하여야 한다.

⑤ 국가는 대학·연구기관 등의 연구실 안전환경 및 안전관리 현황 등에 대한 실태를 대통령령으로 정하는 실시주기, 방법 및 절차에 따라 조사하고 그 결과를 공표할 수 있다.

> **실태조사(시행령 제3조)**
> - 실시주기 : 2년마다(필요한 경우 수시로 실시)
> - 방법 : 과학기술정보통신부장관은 실태조사를 하려는 경우에는 해당 연구주체의 장에게 조사의 취지 및 내용, 조사 일시 등이 포함된 조사계획을 미리 통보
> - 포함 사항
>   - 연구실 및 연구활동종사자 현황
>   - 연구실 안전관리 현황
>   - 연구실사고 발생 현황
>   - 그 밖에 연구실 안전환경 및 안전관리의 현황 파악을 위하여 과학기술정보통신부장관이 필요하다고 인정하는 사항

(5) 연구주체의 장 등의 책무(법 제5조)

① 연구주체의 장은 연구실의 안전에 관한 유지·관리 및 연구실사고 예방을 철저히 함으로써 연구실의 안전환경을 확보할 책임을 지며, 연구실사고 예방시책에 적극 협조하여야 한다.

② 연구주체의 장은 연구활동종사자가 연구활동 수행 중 발생한 상해·사망으로 인한 피해를 구제하기 위하여 노력하여야 한다.

③ 연구주체의 장은 과학기술정보통신부장관이 정하여 고시하는 연구실 설치·운영 기준에 따라 연구실을 설치·운영하여야 한다.

④ 연구실책임자는 연구실 내에서 이루어지는 교육 및 연구활동의 안전에 관한 책임을 지며, 연구실사고 예방시책에 적극 참여하여야 한다.

⑤ 연구활동종사자는 이 법에서 정하는 연구실 안전관리 및 연구실사고 예방을 위한 각종 기준과 규범 등을 준수하고 연구실 안전환경 증진활동에 적극 참여하여야 한다.

2 연구실 안전환경 기반 조성

(1) 연구실 안전환경 조성 기본계획(법 제6조)

① **주체** : 정부

② **주기** : 5년마다

③ **확정·변경** : 연구실안전심의위원회의 심의를 거쳐 확정·변경

④ **포함 사항**

㉠ 연구실 안전환경 조성을 위한 발전목표 및 정책의 기본방향

㉡ 연구실 안전관리 기술 고도화 및 연구실사고 예방을 위한 연구개발

㉢ 연구실 유형별 안전관리 표준화 모델 개발

㉣ 연구실 안전교육 교재의 개발·보급 및 안전교육 실시

㉤ 연구실 안전관리의 정보화 추진

㉥ 안전관리 우수연구실 인증제 운영

㉦ 연구실의 안전환경 조성 및 개선을 위한 사업 추진

㉧ 연구안전 지원체계 구축·개선

㉨ 연구활동종사자의 안전 및 건강 증진

㉩ 그 밖에 연구실사고 예방 및 안전환경 조성에 관한 중요사항

⑤ **수립·시행(시행령 제4조)**

㉠ 과학기술정보통신부장관은 기본계획을 수립하기 위하여 필요한 경우 관계 중앙행정기관의 장 및 지방자치단체의 장에게 필요한 자료의 제출을 요청할 수 있다.

㉡ 과학기술정보통신부장관은 기본계획의 수립 시 관계 중앙행정기관의 장, 지방자치단체의 장, 연구실 안전과 관련이 있는 기관 또는 단체 등의 의견을 수렴할 수 있다.

㉢ 과학기술정보통신부장관은 기본계획이 확정되면 지체 없이 중앙행정기관의 장 및 지방자치단체의 장에게 통보해야 한다.

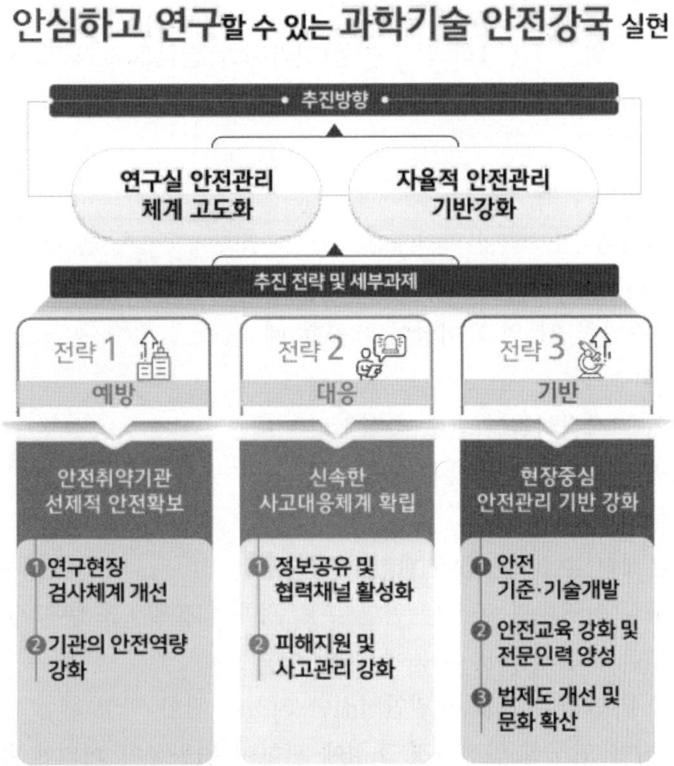

출처 : 제4차 연구실안전환경 기본계획(2023~2027). 과학기술정보통신부.

(2) 연구실안전심의위원회(법 제7조, 시행령 제5조, 연구실안전심의위원회 운영규정 제2조)

① 연구실안전심의위원회

㉠ 설치·운영 주체 : 과학기술정보통신부장관

㉡ 위원 구성 : (15명 이내)

ⓐ 당연직 위원(5명)

- 위원장 : 과학기술정보통신부 차관
- 교육부 교육안전정보국장
- 과학기술정보통신부 미래인재정책국장
- 고용노동부 산재예방보상정책국장
- 행정안전부 안전관리정책관의 국장급 이상의 공무원

ⓑ 민간 위원(10명 이내) : 연구실 안전 분야의 대학 부교수급 또는 연구기관 책임연구원급 이상으로 이 분야에 학식과 경험이 풍부한 사람 중에서 산업계·학계·연구계 및 성별을 고려하여 과학기술정보통신부 장관이 위촉

ⓒ 간사(사무 처리) : 과학기술정보통신부의 과학기술안전기반팀장

㉢ 위원 임기

ⓐ 민간 위원 : 3년, 1회 연임 가능(민간위원 결원으로 새로 위촉한 위원은 전임위원의 잔여임기를 따름)

㉣ 회의 개최

ⓐ 정기회의 : 연 2회

ⓑ 임시회의

- 위원장이 필요하다고 인정할 때
- 재적위원 3분의 1 이상이 요구할 때

㉤ 개의·의결

ⓐ 개의 : 재적의원 과반수 출석

ⓑ 의결 : 출석위원 과반수 찬성

㉥ 심의 사항

ⓐ 기본계획 수립·시행에 관한 사항

ⓑ 연구실 안전환경 조성에 관한 주요 정책의 총괄·조정에 관한 사항

ⓒ 연구실사고 예방 및 대응에 관한 사항

ⓓ 연구실 안전점검 및 정밀안전진단 지침에 관한 사항

ⓔ 그 밖에 연구실 안전환경 조성에 관하여 위원장이 회의에 부치는 사항

> **심의위원회의 심의사항(연구실안전심의위원회 운영규정)**
> - 연구실 안전환경 조성 기본계획 수립에 관한 중요사항
> - 연구실 안전환경 조성을 위한 주요 정책 및 제도개선에 관한 중요사항
> - 연구실 안전관리 표준화 모델 및 안전교육에 관한 중요사항
> - 연구실사고 예방 및 사고 발생 시 대책에 관한 중요사항
> - 연구실 안전점검 및 정밀안전진단에 관한 중요사항
> - 연구실안전관리사 자격시험 및 교육·훈련의 실시, 운영에 관한 중요사항
> - 그 밖에 연구실 안전환경 조성에 관하여 심의위원회의 위원장이 부의하는 사항

② 전문위원회(연구실안전심의위원회 운영규정 제13조)

㉠ 구성 : 심의위원회 위원 일부와 다음의 전문가로 구성

ⓐ 국가공인 자격시험이나 직업교육, 직업훈련 등에 관하여 학식과 경험이 풍부한 사람

ⓑ 연구실 안전에 관하여 학식과 경험이 풍부한 사람

㉡ 위원 구성(7명 이내)

ⓐ 위원장 : 전문위원회의 위원 중 호선하여 선출

㉢ 회의 개최

ⓐ 위원장이 필요하다고 인정할 경우

ⓑ 재적위원 과반수 이상이 요청할 경우

㉣ 기능

ⓐ 심의위원회에 상정될 안건의 발굴 및 사전검토

ⓑ 연구실안전관리사 자격시험 및 교육·훈련과 관련된 전문적인 조사·분석·연구

(3) 연구실안전정보시스템(법 제8조, 시행령 제6조)

① **구축·운영 주체** : 과학기술정보통신부장관

② **운영 주체** : 권역별연구안전지원센터

③ **목적** : 연구실 안전환경 조성 및 연구실사고 예방을 위하여 연구실사고에 관한 통계, 연구실 안전 정책, 연구실 내 유해인자 등에 관한 정보를 수집하여 체계적으로 관리한다.

④ **포함 정보**

㉠ 대학·연구기관 등의 현황

㉡ 분야별 연구실사고 발생 현황, 연구실사고 원인 및 피해 현황 등 연구실사고에 관한 통계

㉢ 기본계획 및 연구실 안전 정책에 관한 사항

㉣ 연구실 내 유해인자에 관한 정보

㉤ 안전점검지침 및 정밀안전진단지침

㉥ 안전점검 및 정밀안전진단 대행기관의 등록 현황

㉦ 안전관리 우수연구실 인증 현황

㉧ 권역별연구안전지원센터의 지정 현황

㉨ 연구실안전환경관리자 지정 내용 등 법 및 이 영에 따른 제출·보고 사항

㉩ 그 밖에 연구실 안전환경 조성에 필요한 사항

⑤ **연계** : 「재난 및 안전관리 기본법」에 따른 안전정보통합관리시스템과 연계

⑥ **공표** : 대학·연구기관 등의 연구실안전정보를 매년 1회 이상 공표할 수 있다.

⑦ **자료 요청** : 과학기술정보통신부장관은 연구실안전정보시스템 구축을 위하여 관계 중앙행정기관의 장 및 연구주체의 장에게 필요한 자료의 제출을 요청할 수 있다. 이 경우 요청을 받은 관계 중앙행정기관의 장 및 연구주체의 장은 특별한 사유가 없으면 이에 따라야 한다.

⑧ **정보 점검** : 과학기술정보통신부장관은 제출·입력된 정보의 신뢰성과 객관성을 확보하기 위하여 그 정보에 대한 확인 및 점검을 해야 한다.

⑨ **제출·보고 의무 이행**

㉠ 연구주체의 장 및 지정된 권역별연구안전지원센터의 장 등이 수시로 또는 정기적으로 과학기술정보통신부장관에게 제출·보고해야 하는 사항을 안전정보시스템에 입력한 경우에는 제출·보고 의무를 이행한 것으로 본다.

㉡ 예외 : 연구실의 중대한 결함 보고, 연구실 사용제한 조치 등의 보고

(4) 연구실책임자의 지정·운영(법 제9조, 시행령 제7조)

① 연구실책임자

㉠ 지정 주체 : 연구주체의 장

㉡ 지정 요건 : 다음의 요건을 모두 갖춘 사람 1명을 연구실책임자로 지정

ⓐ 대학·연구기관 등에서 연구책임자 또는 조교수 이상의 직에 재직하는 사람일 것

ⓑ 해당 연구실의 연구활동과 연구활동종사자를 직접 지도·관리·감독하는 사람일 것

ⓒ 해당 연구실의 사용 및 안전에 관한 권한과 책임을 가진 사람일 것

㉢ 책무

ⓐ 해당 연구실의 유해인자에 관한 교육 실시

ⓑ 연구실안전관리담당자 지정

ⓒ 연구활동에 적합한 보호구(③) 비치 및 착용 지도

> • 연구실 내에서 이루어지는 교육 및 연구활동의 안전에 관한 책임을 지며, 연구실사고 예방시책에 적극 참여하여야 한다(법 제5조).
> • 사전유해인자위험분석을 실시하고 결과를 연구주체의 장에게 보고하여야 한다(법 제19조).

② 연구실안전관리담당자

㉠ 지정 주체 : 연구실책임자

㉡ 자격 요건 : 해당 연구실의 연구활동종사자

㉢ 책무

ⓐ 연구실 내 위험물, 유해물을 취급 및 관리

ⓑ 화학물질(약품) 및 보호장구를 관리

ⓒ 물질안전보건자료(MSDS)를 작성 및 보관

ⓓ 연구실 안전관리에 따른 시설 개·보수 요구

ⓔ 연구실 안전점검표를 작성 및 보관

ⓕ 연구실 안전관리규정 비치 등 기타 연구실내 안전관리에 관한 사항 수행

③ 연구실책임자가 비치·착용 지도해야 하는 보호구(시행규칙 별표 1)

㉠ 연구실 보호구(저위험연구실은 제외)

ⓐ 실험복

ⓑ 발을 보호할 수 있는 신발

㉡ 연구활동에 따른 보호구

분야	연구활동	보호구
화학 및 가스	다량의 유기용제, 부식성 액체 및 맹독성 물질 취급	• 보안경 또는 고글 • 내화학성 장갑 • 내화학성 앞치마 • 호흡보호구
	인화성 유기화합물 및 화재·폭발 가능성 있는 물질 취급	• 보안경 또는 고글 • 보안면 • 내화학성 장갑 • 방진마스크(먼지 방지) • 방염복
	독성가스 및 발암성 물질, 생식독성 물질 취급	• 보안경 또는 고글 • 내화학성 장갑 • 호흡보호구
생물	감염성 또는 잠재적 감염성이 있는 혈액, 세포, 조직 등 취급	• 보안경 또는 고글 • 일회용 장갑 • 수술용 마스크 또는 방진마스크
	감염성 또는 잠재적 감염성이 있으며 물릴 우려가 있는 동물 취급	• 보안경 또는 고글 • 일회용 장갑 • 수술용 마스크 또는 방진마스크 • 잘림 방지 장갑 • 방진모(먼지 방지) • 신발덮개
	「생명공학육성법」의 실험지침에 따른 생물체의 위험군 분류 중 건강한 성인에게는 질병을 일으키지 않는 것으로 알려진 바이러스, 세균 등 감염성 물질 취급	• 보안경 또는 고글 • 일회용 장갑
	실험지침에 따른 생물체의 위험군 분류 중 사람에게 감염됐을 경우 증세가 심각하지 않고 예방 또는 치료가 비교적 쉬운 질병을 일으킬 수 있는 바이러스, 세균 등 감염성 물질 취급	• 보안경 또는 고글 • 일회용 장갑 • 호흡보호구
물리 (기계, 방사선, 레이저 등)	고온의 액체, 장비, 화기 취급	• 보안경 또는 고글 • 내열장갑
	액체질소 등 초저온 액체 취급	• 보안경 또는 고글 • 방한장갑
	낙하 또는 전도 가능성 있는 중량물 취급	• 보호장갑 • 안전모 • 안전화
	압력 또는 진공 장치 취급	• 보안경 또는 고글 • 보호장갑 • 안전모 • 보안면(필요한 경우만 해당)
	큰 소음(85dB 이상)이 발생하는 기계 또는 초음파기기를 취급 또는 큰 소음이 발생하는 환경에 노출	귀마개 또는 귀덮개
	날카로운 물건 또는 장비 취급	• 보안경 또는 고글 • 잘림 방지 장갑(필요한 경우만 해당)

분야	연구활동	보호구
물리 (기계, 방사선, 레이저 등)	방사성 물질 취급	• 방사선보호복 • 보안경 또는 고글 • 보호장갑
	레이저 및 자외선(UV) 취급	• 보안경 또는 고글 • 보호장갑 • 방염복(필요한 경우만 해당)
	감전위험이 있는 전기기계 · 기구 또는 전로 취급	• 절연보호복 • 보호장갑 • 절연화
	분진 · 미스트 · 흄 등이 발생하는 환경 또는 나노물질 취급	• 고글 • 보호장갑 • 방진마스크(먼지 방지)
	진동이 발생하는 장비 취급	방진장갑(진동 방지)

㉢ 보호구 비치 주의사항

ⓐ 「산업안전보건법」에서 고시하는 보호구의 안전인증기준 및 자율안전기준에 적합해야 한다.

ⓑ ㉠, ㉡에서 규정한 보호구 외에 연구실에서 취급하는 유해인자에 따라 연구활동종사자 보호를 위해 필요하다고 인정되는 보호구를 추가로 갖춰 두고 연구활동종사자가 착용하도록 해야 한다.

안전인증 대상 보호구	• 추락 및 감전 위험방지용 안전모 • 안전화 • 안전장갑 • 방진마스크 • 방독마스크 • 송기(送氣)마스크 • 전동식 호흡보호구 • 보호복 • 안전대 • 차광 및 비산물 위험방지용 보안경 • 용접용 보안면 • 방음용 귀마개 또는 귀덮개
자율안전확인 대상 보호구	• 안전모(안전인증 대상 안전모는 제외) • 보안경(안전인증 대상 보안경은 제외) • 보안면(안전인증 대상 보안면은 제외)

(5) 연구실안전환경관리자의 지정(법 제10조, 시행령 제8조)

① 연구실안전환경관리자

㉠ 지정 주체 : 연구주체의 장

㉡ 지정 인원

ⓐ 연구활동종사자가 1천명 미만인 경우 : 1명 이상

ⓑ 연구활동종사자가 1천명 이상 3천명 미만인 경우 : 2명 이상

ⓒ 연구활동종사자가 3천명 이상인 경우 : 3명 이상

㉢ 업무 전담 : 아래 요건 중 하나라도 해당될 시 연구실안전환경관리자 중 1명 이상에게 연구실안전환경관리자 업무만을 전담하도록 해야 한다.

ⓐ 상시 연구활동종사자가 300명 이상인 경우

ⓑ 연구활동종사자(상시 연구활동종사자 포함)가 1,000명 이상인 경우

㉣ 분교·분원 : 분교 또는 분원에도 별도로 연구실안전환경관리자를 지정하여야 한다.

연구실안전환경관리자 별도 지정 예외

- 분교 또는 분원의 연구활동종사자 총인원이 10명 미만인 경우
- 본교와 분교 또는 본원과 분원이 같은 시·군·구 지역에 소재하는 경우
- 본교와 분교 또는 본원과 분원 간의 직선거리가 15km 이내인 경우

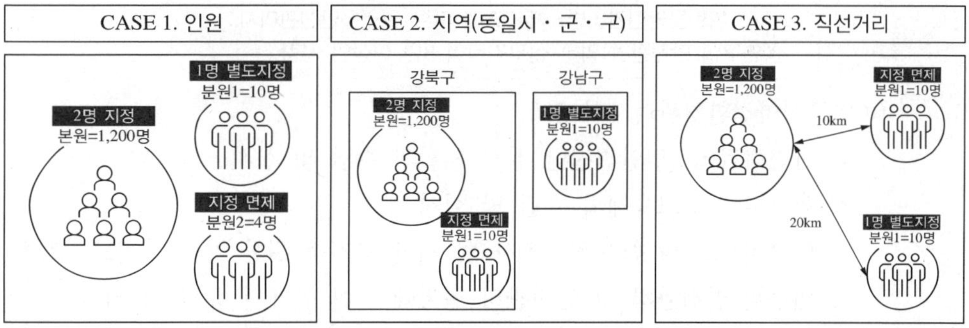

㉤ 자격 요건(법 제10조, 시행령 별표 2)

ⓐ 제34조에 따른 연구실안전관리사 자격을 취득한 사람

ⓑ 안전관리기술에 관하여 「국가기술자격법」에 따른 국가기술자격을 취득한 사람으로서 대통령령으로 정하는 요건을 갖춘 사람

ⓒ 대통령령으로 정하는 안전관리기술 관련 학력이나 경력을 갖춘 사람

> **대통령령으로 정하는 연구실안전환경관리자가 될 수 있는 사람(시행령 별표 2)**
> 1. 자격기준 : 다음의 어느 하나에 해당하는 사람
>   - 「국가기술자격법」에 따른 국가기술자격 중 안전관리 분야의 기사 이상 자격을 취득한 사람
>   - 「국가기술자격법」에 따른 국가기술자격 중 안전관리 분야의 산업기사 자격을 취득한 후 연구실 안전관리 업무 실무경력이 1년 이상인 사람
> 2. 학력·경력 기준 : 다음의 어느 하나에 해당하는 사람
>   - 「고등교육법」에 따른 전문대학 또는 이와 같은 수준 이상의 학교에서 산업안전, 소방안전 등 안전 관련 학과를 졸업한 후 또는 법령에 따라 이와 같은 수준 이상으로 인정되는 학력을 갖춘 후 연구실 안전관리 업무 실무경력이 2년 이상인 사람
>   - 「고등교육법」에 따른 전문대학 또는 이와 같은 수준 이상의 학교에서 이공계학과를 졸업한 후 또는 법령에 따라 이와 같은 수준 이상으로 인정되는 학력을 갖춘 후 연구실 안전관리 업무 실무경력이 4년 이상인 사람
>   - 「초·중등교육법」에 따른 고등기술학교 또는 이와 같은 수준 이상의 학교를 졸업한 후 연구실 안전관리 업무 실무경력이 6년 이상인 사람
>   - 다음의 어느 하나에 해당하는 안전관리자로 선임되어 연구실 안전관리 업무실무경력이 1년 이상인 사람
>   - 「고압가스안전관리법」 제15조에 따른 안전관리자
>   - 「산업안전보건법」 제17조에 따른 안전관리자
>   - 「도시가스사업법」 제29조에 따른 안전관리자
>   - 「전기안전관리법」 제22조에 따른 전기안전관리자
>   - 「화재의 예방 및 안전관리에 관한 법률」 제24조에 따른 소방안전관리자
>   - 「위험물안전관리법」 제15조에 따른 위험물안전관리자
>   - 연구실 안전관리 업무 실무경력이 8년 이상인 사람

ⓗ 연구실안전환경관리자의 업무
- ⓐ 안전점검·정밀안전진단 실시 계획의 수립 및 실시
- ⓑ 연구실 안전교육계획 수립 및 실시
- ⓒ 연구실사고 발생의 원인조사 및 재발 방지를 위한 기술적 지도·조언
- ⓓ 연구실 안전환경 및 안전관리 현황에 관한 통계의 유지·관리
- ⓔ 법 또는 법에 따른 명령이나 안전관리규정을 위반한 연구활동종사자에 대한 조치의 건의
- ⓕ 그 밖에 안전관리규정이나 다른 법령에 따른 연구시설의 안전성 확보에 관한 사항

ⓢ 지정·변경 : 해당 날로부터 14일 이내에 과학기술정보통신부장관에게 그 내용을 제출

② 연구실안전환경관리자의 대리자

㉠ 대리자의 직무대행 사유
- ⓐ 여행·질병이나 그 밖의 사유로 일시적으로 그 직무를 수행할 수 없는 경우
- ⓑ 연구실안전환경관리자의 해임 또는 퇴직과 동시에 다른 연구실안전환경관리자가 선임되지 아니한 경우

㉡ 대행기간 : 30일 초과 금지(단, 출산휴가 시 90일 초과 금지)

㉢ 자격요건

ⓐ 「국가기술자격법」에 따른 안전관리 분야의 국가기술자격을 취득한 사람

ⓑ 타법의 안전관리자로 선임되어 있는 사람(타법 : 고압가스법, 산업안전보건법, 도시가스사업법, 전기안전관리법, 화재예방법, 위험물관리법)

ⓒ 연구실 안전관리 업무 실무경력이 1년 이상인 사람

ⓓ 연구실 안전관리 업무에서 연구실안전환경관리자를 지휘·감독하는 지위에 있는 사람

(6) 연구실안전관리위원회(법 제11조, 시행규칙 제5조)

① **설치·운영 주체** : 연구주체의 장

② **위원 구성(15명 이내)** : 연구실안전환경관리자 및 다음의 사람 중에서 연구주체의 장이 지명하는 사람

㉠ 연구실책임자

㉡ 연구활동종사자(전체 위원의 2분의 1 이상)

㉢ 연구실 안전 관련 예산 편성 부서의 장

㉣ 연구실안전환경관리자가 소속된 부서의 장

③ **위원장** : 위원 중에서 호선

④ **회의**

㉠ 정기회의 : 연 1회 이상

㉡ 임시회의

ⓐ 위원장이 필요하다고 인정할 때

ⓑ 위원회의 위원 과반수가 요구할 때

⑤ **개의·의결**

㉠ 개의 : 재적의원 과반수 출석

㉡ 의결 : 출석위원 과반수 찬성

⑥ **협의 사항**

㉠ 안전관리규정의 작성 또는 변경

㉡ 안전점검 실시 계획의 수립

㉢ 정밀안전진단 실시 계획의 수립

㉣ 안전 관련 예산의 계상 및 집행 계획의 수립

㉤ 연구실 안전관리 계획의 심의

㉥ 그 밖에 연구실 안전에 관한 주요 사항

⑦ **게시·알림** : 위원장은 의결된 내용 등 회의 결과를 게시 또는 그 밖의 적절한 방법으로 연구활동종사자에게 신속하게 알려야 한다.

⑧ **처우** : 연구주체의 장은 정당한 활동을 수행한 연구실안전관리위원회 위원에 대하여 불이익한 처우를 하여서는 아니 된다.

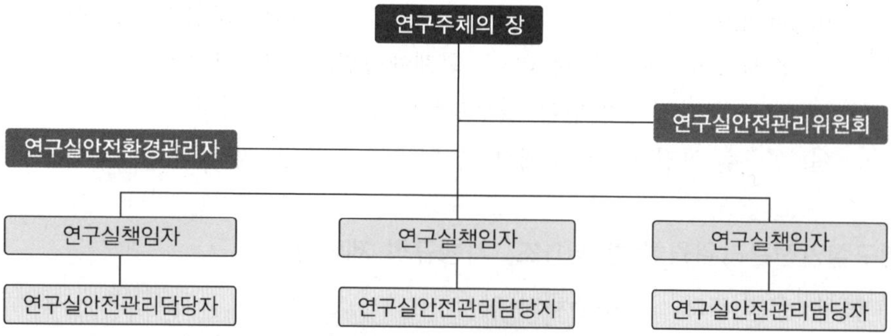

[연구실안전법의 인적 구성요소(관리체계)]

3 연구실 안전조치

(1) 안전관리규정의 작성 및 준수 등(법 제12조, 시행규칙 제6조)

① **작성 대상** : 대학·연구기관 등에 설치된 각 연구실의 연구활동종사자를 합한 인원이 10명 이상인 경우

② **연구주체의 장** : 안전관리규정 작성 및 각 연구실에 게시·비치, 연구활동종사자에게 알린다.

③ **연구주체의 장 및 연구활동종사자** : 안전관리규정을 성실히 준수하여야 한다.

④ **작성 사항**

㉠ 안전관리 조직체계 및 그 직무에 관한 사항

㉡ 연구실안전환경관리자 및 연구실책임자의 권한과 책임에 관한 사항

㉢ 연구실안전관리담당자의 지정에 관한 사항

㉣ 안전교육의 주기적 실시에 관한 사항

㉤ 연구실 안전표식의 설치 또는 부착

㉥ 중대연구실사고 및 그 밖의 연구실사고의 발생을 대비한 긴급대처 방안과 행동요령

㉦ 연구실사고 조사 및 후속대책 수립에 관한 사항

㉧ 연구실 안전 관련 예산 계상 및 사용에 관한 사항

㉨ 연구실 유형별 안전관리에 관한 사항

㉩ 그 밖의 안전관리에 관한 사항

⑤ **통합작성** : 산업안전·가스 및 원자력 분야 등의 다른 법령에서 정하는 안전관리에 관한 규정과 통합하여 작성할 수 있다.

(2) 안전점검 · 정밀안전진단 지침(법 제13조, 시행령 제9조)

① 작성대상 : 과학기술정보통신부장관(관계 중앙행정기관의 장과 미리 협의하여 작성)

② 지침 포함사항

㉠ 안전점검지침 및 정밀안전진단지침

ⓐ 안전점검 · 정밀안전진단 실시 계획의 수립 및 시행에 관한 사항

ⓑ 안전점검 · 정밀안전진단을 실시하는 자의 유의사항

ⓒ 안전점검 · 정밀안전진단의 실시에 필요한 장비에 관한 사항

ⓓ 안전점검 · 정밀안전진단의 점검대상 및 항목별 점검방법에 관한 사항

ⓔ 안전점검 · 정밀안전진단 결과의 자체평가 및 사후조치에 관한 사항

ⓕ 그 밖에 연구실의 기능 및 안전을 유지 · 관리하기 위하여 과학기술정보통신부장관이 필요하다고 인정하는 사항

㉡ 정밀안전진단지침

ⓐ 유해인자별 노출도 평가에 관한 사항

ⓑ 유해인자별 취급 및 관리에 관한 사항

ⓒ 유해인자별 사전 영향 평가 · 분석에 관한 사항

(3) 안전점검의 실시(법 제14조, 시행령 제10조)

① 실시 규정

㉠ 연구주체의 장은 연구실의 안전관리를 위하여 안전점검지침에 따라 소관 연구실에 대하여 안전점검을 실시하여야 한다.

㉡ 연구주체의 장은 안전점검을 실시하는 경우 대행기관으로 하여금 이를 대행하게 할 수 있다.

② 안전점검의 종류

㉠ 일상점검

ⓐ 정의 : 연구활동에 사용되는 기계 · 기구 · 전기 · 약품 · 병원체 등의 보관 상태 및 보호장비의 관리실태 등을 직접 눈으로 확인하는 점검

ⓑ 주기 : 연구활동 시작 전에 매일 1회 실시(단, 저위험연구실은 매주 1회 이상 실시)

ⓒ 대상 : 모든 연구실

ⓓ 점검 실시자 : 해당 연구실의 연구활동종사자(연구실안전관리담당자 등)

ⓔ 물적 장비 요건 : 별도 장비 불필요

ⓕ 보고 및 확인

- 일상점검을 실시하는 자는 사고 및 위험 가능성이 있는 사항 발견 즉시 해당 연구실책임자에게 보고하고 필요한 조치를 취하여야 한다.

- 연구실책임자는 일상점검 결과기록 및 미비사항을 매일 확인 조치하고, 지시사항을 점검일지에 기록하여야 한다(단, 연구실책임자가 휴가·질병 또는 출장 등의 사유로 불가피하게 연구실에 부재한 경우에는 예외).

ⓖ 양식 수정 : 연구실 특성에 맞게 점검 항목을 추가·수정할 수 있다.

㉡ 정기점검

ⓐ 정의 : 연구활동에 사용되는 기계·기구·전기·약품·병원체 등의 보관 상태 및 보호장비의 관리실태 등을 안전점검기기를 이용하여 실시하는 세부적인 점검

ⓑ 주기 : 매년 1회 이상 실시

ⓒ 대상 : 모든 연구실

ⓓ 점검 면제 : 다음의 어느 하나에 해당하는 연구실의 경우에는 정기점검 면제

- 저위험연구실
- 안전관리 우수연구실 인증을 받은 연구실(단, 정기점검 면제기한은 인증 유효기간의 만료일이 속하는 연도의 12월 31일까지)

ⓔ 점검 실시자 : 자격 요건 충족한 자

ⓕ 물적 장비 요건 : 장비 요건 충족 필요

ⓖ 연구 중단으로 연구실이 폐쇄되어 1년 이상 방치된 연구실의 재개

- 연구주체의 장은 연구실책임자와 함께 연구 재개 전에 연구실의 기기·시설물 전반에 대해 정기점검에 준하는 점검 실시
- 점검결과에 따라 적절한 안전조치를 취한 후 연구 재개

㉢ 특별안전점검

ⓐ 정의 : 폭발사고·화재사고 등 연구활동종사자의 안전에 치명적인 위험을 야기할 가능성이 있을 것으로 예상되는 경우에 실시하는 점검

ⓑ 주기 : 연구주체의 장이 필요하다고 인정하는 경우에 실시(안전에 치명적인 위험 우려가 있을 경우)

ⓒ 대상 : 사고 위험 예측 연구실

ⓓ 점검 실시자 : 정기점검과 동일

ⓔ 물적 장비 요건 : 정기점검과 동일

③ 정기점검·특별안전점검의 직접 실시요건(시행령 별표 3)

점검 분야	점검 실시자의 인적 자격 요건	물적 장비 요건
일반안전, 기계, 전기 및 화공	다음의 어느 하나에 해당하는 사람 • 인간공학기술사, 기계안전기술사, 전기안전기술사 또는 화공안전기술사 • 법 제34조제2항에 따른 교육·훈련을 이수한 연구실안전관리사 • 다음의 어느 하나에 해당하는 분야의 박사학위 취득 후 안전 업무(과학기술분야 안전사고로부터 사람의 생명·신체 및 재산의 안전을 확보하기 위한 업무를 말한다. 이하 같다) 경력이 1년 이상인 사람 – 안전 – 기계 – 전기 – 화공 • 다음의 어느 하나에 해당하는 기능장·기사 자격 취득 후 관련 경력 3년 이상인 사람 또는 산업기사 자격 취득 후 관련 경력 5년 이상인 사람 – 일반기계기사 – 전기기능장·전기기사 또는 전기산업기사 – 화공기사 또는 화공산업기사 • 산업안전기사 자격 취득 후 관련 경력 1년 이상인 사람 또는 산업안전산업기사 자격 취득 후 관련 경력 3년 이상인 사람 • 「전기안전관리법」 제22조에 따른 전기안전관리자로서의 경력이 1년 이상인 사람 • 연구실안전환경관리자	• 정전기 전하량 측정기 • 접지저항측정기 • 절연저항측정기
소방 및 가스	다음의 어느 하나에 해당하는 사람 • 소방기술사 또는 가스기술사 • 법 제34조제2항에 따른 교육·훈련을 이수한 연구실안전관리사 • 소방 또는 가스 분야의 박사학위 취득 후 안전 업무 경력이 1년 이상인 사람 • 가스기능장·가스기사·소방설비기사 자격 취득 후 관련 경력 1년 이상인 사람 또는 가스산업기사·소방설비산업기사 자격 취득 후 관련 경력 3년 이상인 사람 • 「화재의 예방 및 안전관리에 관한 법률」 제24조에 따른 소방안전관리자로서의 경력이 1년 이상인 사람 • 연구실안전환경관리자	• 가스누출검출기 • 가스농도측정기 • 일산화탄소농도 측정기
산업위생 및 생물	다음의 어느 하나에 해당하는 사람 • 산업위생관리기술사 • 법 제34조제2항에 따른 교육·훈련을 이수한 연구실안전관리사 • 산업위생, 보건위생 또는 생물 분야의 박사학위 취득 후 안전 업무 경력이 1년 이상인 사람 • 산업위생관리기사 자격 취득 후 관련 경력 1년 이상인 사람 또는 산업위생관리산업기사 자격 취득 후 관련 경력 3년 이상인 사람 • 연구실안전환경관리자	• 분진측정기 • 소음측정기 • 산소농도측정기 • 풍속계 • 조도계(밝기측정기)

※ 비고

1. 물적 장비 중 해당 장비의 기능을 2개 이상 갖춘 복합기능 장비를 갖춘 경우에는 개별 장비를 갖춘 것으로 본다.
2. 점검 실시자는 해당 기관에 소속된 사람으로 한다.

④ 자료 및 기록 유지(점검 · 진단 공통사항)
㉠ 안전관리계획서, 안전점검 및 정밀안전진단 결과보고서, 안전시설 보수 · 보완공사 관련 자료
㉡ 유해인자 취급 및 관리대장, 물질안전보건자료(MSDS) 단, MSDS는 기관 홈페이지에 링크한 경우 기록유지(게시 및 비치)한 것으로 갈음
㉢ 보호구 목록 및 관리대장
㉣ 기계기구 · 설비 · 장비 · 안전방호장치 명세서 및 이력카드

⑤ 실시 계획 수립(점검 · 진단 공통사항)
㉠ 안전점검 및 정밀안전진단의 실시 일정 및 예산
㉡ 안전점검 및 정밀안전진단 대상 연구실 목록
㉢ 점검 · 진단의 자체실시 또는 위탁실시(대행기관) 여부
㉣ 점검 · 진단의 항목, 분야별 기술인력 및 장비
㉤ 그 밖에 안전점검 및 정밀안전진단에 필요한 사항

⑥ 실시자의 의무(점검 · 진단 공통사항)
㉠ 해당 연구실 특성에 맞는 보호구 항시 착용 및 공공안전 확보 · 유지
㉡ 법 제18조에 따른 성실한 점검 · 진단 수행
㉢ 영 별표 3(자체점검 시), 영 별표 5(자체진단 시), 영 별표 6(위탁점검 시), 영 별표 7(위탁진단 시)에 따라 분야별 기술인력과 장비를 갖출 것
㉣ 법 제40조에 따른 비밀 유지
㉤ 그 밖에 연구실내의 안전관리 규정준수 등

⑦ 연구실책임자, 연구활동종사자의 협조(점검 · 진단 공통사항)
㉠ 연구실 개방 및 입회
㉡ 연구실 내 유해인자, 연구활동에 관한 기술적인 사항 안내
㉢ 그 밖에 실시자가 필요로 하는 사항

⑧ 실시 장비(점검 · 진단 공통사항)
㉠ 소요성능 및 측정의 정밀 · 정확도를 유지하도록 관리
㉡ 「국가표준기본법」 및 「계량에 관한 법률」에 의하여 점검 · 교정을 받아야 한다(검 · 교정 주기 : 12개월).

(4) 정밀안전진단의 실시(시행령 제11조, 법 제15조)

① 정의

㉠ 정밀안전진단 : 연구실에서 발생할 수 있는 재해를 예방하기 위하여 잠재적 위험성의 발견과 그 개선대책의 수립을 목적으로 일정 기준 또는 자격을 갖춘 자가 실시하는 조사・평가

㉡ 노출도평가 : 연구실 유해인자의 노출로 인한 유해성을 분석하여 개선대책을 수립하기 위해 연구활동종사자 또는 연구실에 대하여 노출도 측정계획을 수립한 후 시료를 채취하여 분석・평가하는 것

② 정밀안전진단의 실시주기 및 대상

㉠ 수시 : 다음의 어느 하나에 해당하는 경우

ⓐ 안전점검을 실시한 결과 연구실사고 예방을 위하여 정밀안전진단이 필요하다고 인정되는 경우

ⓑ 연구실에서 중대연구실사고가 발생한 경우

㉡ 정기(2년마다 1회 이상) : 고위험연구실

정기적으로 정밀안전진단을 실시해야 하는 연구실(시행령 제11조 제2항) • 연구활동에 「화학물질관리법」에 따른 유해화학물질을 취급하는 연구실 • 연구활동에 「산업안전보건법」에 따른 유해인자를 취급하는 연구실 • 연구활동에 과학기술정보통신부령(고압가스 안전관리법 시행규칙)으로 정하는 독성가스를 취급하는 연구실

③ 정밀안전진단 실시항목

㉠ 정기점검 실시 내용

㉡ 유해인자별 노출도평가의 적정성

㉢ 유해인자별 취급 및 관리의 적정성

㉣ 연구실 사전유해인자위험분석의 적정성

④ 유해인자별 노출도평가

㉠ 유해인자별 노출도평가 대상 연구실 선정 기준(안전점검・정밀안전진단에 관한 지침)

ⓐ 연구실책임자가 사전유해인자위험분석 결과에 근거하여 노출도평가를 요청할 경우

ⓑ 연구활동종사자(연구실책임자 포함)가 연구활동을 수행하는 중에 CMR물질(발암성 물질, 생식세포 변이원성 물질, 생식독성 물질), 가스, 증기, 미스트, 흄, 분진, 소음, 고온 등 유해인자를 인지하여 노출도평가를 요청할 경우

ⓒ 정밀안전진단 실시 결과 노출도평가의 필요성이 전문가(실시자)에 의해 제기된 경우

ⓓ 중대 연구실사고나 질환이 발생하였거나 발생할 위험이 있다고 인정되어 과학기술정보통신부장관의 명령을 받은 경우

ⓔ 그 밖에 연구주체의 장, 연구실안전환경관리자 등에 의해 노출도평가의 필요성이 제기된 경우

㉡ 노출도평가 갈음 : 「산업안전보건법」 제125조에 따라 작업환경측정을 실시한 연구실은 노출도평가를 실시한 것으로 본다.

㉢ 실시 시점 : 연구실의 노출 특성을 고려하여 노출이 가장 심할 것으로 우려되는 연구활동 시점에 실시

㉣ 결과 및 조치 : 연구주체의 장은 노출도평가 실시 결과를 연구활동종사자에게 알려야 하며, 노출기준 초과시 감소대책 수립, 연구활동종사자 건강진단의 실시 등 적절한 조치를 하여야 한다.

⑤ **유해인자별 취급 및 관리**

㉠ 유해인자 취급 및 관리대장

ⓐ 작성・게시・알림 : 연구실책임자는 정밀안전진단 실시 대상 연구실의 안전확보를 위하여 유해인자에 대한 취급 및 관리대장을 작성하고, 각 연구실에 게시 또는 비치하고, 이를 연구활동종사자에게 알려야 한다.

ⓑ 포함사항

- 물질명(장비명)
- 보관장소
- 현재 보유량
- 취급 유의사항
- 그 밖에 연구실책임자가 필요하다고 판단한 사항

ⓒ 내용 보완 : 유해인자의 구입, 사용, 폐기 등 변경사유가 발생한 경우 보완

㉡ 유해인자 교육 : 연구실책임자는 해당 연구실에 보관・사용 중인 유해인자의 특성 및 취급 주의사항에 대해 연구활동종사자에게 교육을 실시하여야 하고, 그 안전에 관한 책임을 진다.

⑥ **연구실 사전유해인자위험분석**

㉠ 평가 : 해당 연구실의 모든 연구활동(실험/실습을 포함한다) 및 유해인자에 대하여 사전유해인자위험분석을 적정하게 실시하였는지를 확인・평가

㉡ 진단 결과보고서 포함 내용 : 사전유해인자위험분석 결과의 유효성 여부와 후속조치 이행여부 등

⑦ **정밀안전진단 실시자** : 기관 자체 인력 또는 과학기술정보통신부 등록 대행기관

⑧ 정밀안전진단의 직접 실시요건(시행령 별표 5)

진단 분야	진단 실시자의 인적 자격 요건	물적 장비 요건
일반안전, 기계, 전기 및 화공	다음의 어느 하나에 해당하는 사람 • 인간공학기술사, 기계안전기술사, 전기안전기술사 또는 화공안전기술사 • 법 제34조제2항에 따른 교육·훈련을 이수한 연구실안전관리사 • 안전, 기계, 전기, 화공 중 어느 하나에 해당하는 분야의 박사학위 취득 후 안전 업무 경력이 1년 이상인 사람 • 다음의 어느 하나에 해당하는 기능장·기사 자격 취득 후 관련 경력 3년 이상인 사람 또는 산업기사 자격 취득 후 관련 경력 5년 이상인 사람 – 산업안전기사 또는 산업안전산업기사 – 일반기계기사 – 전기기능장·전기기사 또는 전기산업기사 – 화공기사 또는 화공산업기사 • 「전기안전관리법」 제22조에 따른 전기안전관리자로서의 경력이 3년 이상인 사람	• 정전기 전하량 측정기 • 접지저항측정기 • 절연저항측정기
소방 및 가스	다음의 어느 하나에 해당하는 사람 • 소방기술사 또는 가스기술사 • 법 제34조제2항에 따른 교육·훈련을 이수한 연구실안전관리사 • 소방 또는 가스 분야의 박사학위 취득 후 안전 업무 경력이 1년 이상인 사람 • 가스기능장·가스기사·소방설비기사 자격 취득 후 관련 경력 3년 이상인 사람 또는 가스산업기사·소방설비산업기사 자격 취득 후 관련 경력 5년 이상인 사람 • 「화재의 예방 및 안전관리에 관한 법률」 제24조에 따른 소방안전관리자로서 경력이 3년 이상인 사람	• 가스누출검출기 • 가스농도측정기 • 일산화탄소농도 측정기
산업위생 및 생물	다음의 어느 하나에 해당하는 사람 • 산업위생관리기술사 • 법 제34조제2항에 따른 교육·훈련을 이수한 연구실안전관리사 • 산업위생, 보건위생 또는 생물 분야의 박사학위 취득 후 안전 업무 경력이 1년 이상인 사람 • 산업위생관리기사 자격 취득 후 관련 경력 3년 이상인 사람 또는 산업위생관리산업기사 자격 취득 후 관련 경력 5년 이상인 사람	• 분진측정기 • 소음측정기 • 산소농도측정기 • 풍속계 • 조도계(밝기측정기)

※ 비고
1. 물적 장비 중 해당 장비의 기능을 2개 이상 갖춘 복합기능 장비를 갖춘 경우에는 개별 장비를 갖춘 것으로 본다.
2. 진단 실시자는 해당 기관에 소속된 사람으로 한다.

⑨ 서류 보존기간

㉠ 1년 : 일상점검표

㉡ 3년 : 정기점검, 특별안전점검, 정밀안전진단 결과보고서, 노출도평가 결과보고서

※ 단, 보존기간의 기산일은 보고서가 작성된 다음 연도의 첫날로 한다.

[별표 2]

일상점검 실시 내용

(연구실 안전점검 및 정밀안전진단에 관한 지침 제6조제4항 관련)

연구실 일상점검표

기 관 명	
연구실명	

결 재	연구실책임자

구분	점검 내용	점검 결과		
		양호	불량	미해당
일반 안전	연구실(실험실) 정리정돈 및 청결 상태			
	연구실(실험실) 내 흡연 및 음식물 섭취 여부			
	안전수칙, 안전표지, 개인보호구, 구급약품 등 실험장비(흄후드 등) 관리 상태			
	사전유해인자 위험분석 보고서 게시			
기계 기구	기계 및 공구의 조임부 또는 연결부 이상 여부			
	위험설비 부위에 방호장치(보호 덮개) 설치 상태			
	기계기구 회전반경, 작동반경 위험지역 출입금지 방호설비 설치 상태			
전기 안전	사용하지 않는 전기기구의 전원투입 상태 확인 및 무분별한 문어발식 콘센트 사용 여부			
	접지형 콘센트를 사용, 전기배선의 절연피복 손상 및 배선정리 상태			
	기기의 외함접지 또는 정전기 장애방지를 위한 접지 실시 상태			
	전기 분전반 주변 이물질 적재금지 상태 여부			
화공 안전	유해인자 취급 및 관리대장, MSDS의 비치			
	화학물질의 성질 및 상태별 분류 및 시약장 등 안전한 장소에 보관 여부			
	소량을 덜어서 사용하는 통, 화학물질의 보관함·보관용기에 경고표시 부착 여부			
	실험폐액 및 폐기물 관리 상태(폐액분류표시, 적정 용기 사용, 폐액용기덮개 체결 상태 등)			
	발암물질, 독성물질 등 유해화학물질의 격리보관 및 시건장치 사용 여부			
소방 안전	소화기 표지, 적정 소화기 비치 및 정기적인 소화기 점검 상태			
	비상구, 피난통로 확보 및 통로상 장애물 적재 여부			
	소화전, 소화기 주변 이물질 적재금지 상태 여부			
가스 안전	가스용기의 옥외 지정장소 보관, 전도방지 및 환기 상태			
	가스용기 외관의 부식, 변형, 노즐잠금 상태 및 가스용기 충전기한 초과 여부			
	가스누설검지경보장치, 역류/역화 방지장치, 중화제독장치 설치 및 작동 상태 확인			
	배관 표시사항 부착, 가스사용시설 경계/경고표시 부착, 조정기 및 밸브 등 작동 상태			
	주변 화기와의 이격거리 유지 등 취급 여부			
생물 안전	생물체(LMO 포함) 및 조직, 세포, 혈액 등의 보관 관리 상태(보관용기 상태, 보관기록 유지, 보관장소의 생물재해(Biohazard) 표시 부착 여부 등)			
	손 소독기 등 세척시설 및 고압멸균기 등 살균 장비의 관리 상태			
	생물체(LMO 포함) 취급 연구시설의 관리·운영대장 기록 작성 여부			
	생물체 취급기구(주사기, 핀셋 등), 의료폐기물 등의 별도 폐기 여부 및 폐기용기 덮개설치 상태			

※ 지시(특이) 사항 :

* 위 내용을 성실히 점검하여 기록함

점검자(연구실안전관리담당자) : (서명)

[별표 3]

정기점검 · 특별안전점검 실시 내용

(연구실 안전점검 및 정밀안전진단에 관한 지침 제7조제2항 및 제8조2항 관련)

안전분야		점검 항목	양호	주의	불량	해당 없음
일반안전	A	연구실 내 취침, 취사, 취식, 흡연 행위 여부	□	NA	□	□
		연구실 내 건축물 훼손 상태(천장파손, 누수, 창문파손 등)	□	□	□	□
		사고발생 비상대응 방안(매뉴얼, 비상연락망, 보고체계 등) 수립 및 게시 여부	□	□	NA	□
	B	연구(실험)공간과 사무공간 분리 여부	□	□	□	□
		연구실 내 정리정돈 및 청결 상태 여부	□	□	NA	□
		연구실 일상점검 실시 여부	□	□	□	□
		연구실책임자 등 연구활동종사자의 안전교육 이수 여부	□	□	□	□
		연구실 안전관리규정 비치 또는 게시 여부	□	□	NA	□
		연구실 사전유해인자 위험분석 실시 및 보고서 게시 여부	□	□	NA	□
		유해인자 취급 및 관리대장 작성 및 비치 · 게시 여부	□	□	NA	□
		기타 일반안전 분야 위험 요소	□	□	□	□
기계안전	A	위험기계 · 기구별 적정 안전방호장치 또는 안전덮개 설치 여부	□	NA	□	□
		위험기계 · 기구의 법적 안전검사 실시 여부	□	NA	□	□
	B	연구 기기 또는 장비 관리 여부	□	□	NA	□
		기계 · 기구 또는 설비별 작업안전수칙(주의사항, 작동매뉴얼 등) 부착 여부	□	□	NA	□
		위험기계 · 기구 주변 울타리 설치 및 안전구획 표시 여부	□	NA	□	□
		연구실 내 자동화설비 기계 · 기구에 대한 이중 안전장치 마련 여부	□	□	NA	□
		연구실 내 위험기계 · 기구에 대한 동력차단장치 또는 비상정지장치 설치 여부	□	□	□	□
		연구실 내 자체 제작 장비에 대한 안전관리 수칙 · 표지 마련 여부	□	□	NA	□
		위험기계 · 기구별 법적 안전인증 및 자율안전확인신고 제품 사용 여부	□	NA	□	□
		기타 기계안전 분야 위험 요소	□	□	□	□
전기안전	A	대용량기기(정격 소비 전력 3kW 이상)의 단독회로 구성 여부	□	NA	□	□
		전기 기계 · 기구 등의 전기충전부 감전방지 조치(폐쇄형 외함구조, 방호망, 절연덮개 등) 여부	□	□	□	□
		과전류 또는 누전에 따른 재해를 방지하기 위한 과전류차단장치 및 누전차단기 설치 · 관리 여부	□	□	□	□
		절연피복이 손상되거나 노후된 배선(이동전선 포함) 사용 여부	□	□	□	□

안전분야		점검 항목	양호	주의	불량	해당없음
전기안전	B	바닥에 있는 (이동)전선 몰드처리 여부	☐	☐	☐	☐
		접지형 콘센트 및 정격전류 초과 사용(문어발식 콘센트 등) 여부	☐	☐	NA	☐
		전기기계 · 기구의 적합한 곳(금속제 외함, 충전될 우려가 있는 비충전금속체 등)에 접지 실시 여부	☐	NA	☐	☐
		전기기계 · 기구(전선, 충전부 포함)의 열화, 노후 및 손상 여부	☐	☐	☐	☐
		분전반 내 각 회로별 명칭(또는 내부도면) 기재 여부	☐	☐	☐	☐
		분전반 적정 관리여부(도어개폐, 적치물, 경고표지 부착 등)	☐	☐	☐	☐
		개수대 등 수분발생지역 주변 방수조치(방우형 콘센트 설치 등) 여부	☐	☐	☐	☐
		연구실 내 불필요 전열기 비치 및 사용 여부	☐	☐	☐	☐
		콘센트 등 방폭을 위한 적절한 설치 또는 방폭전기설비 설치 적정성	☐	☐	☐	☐
		기타 전기안전 분야 위험 요소	☐	☐	☐	☐
화공안전	A	시약병 경고표지(물질명, GHS, 주의사항, 조제일자, 조제자명 등) 부착 여부	☐	☐	☐	☐
		폐액용기 성질 및 상태별 분류 및 안전라벨 부착 · 표시 여부	☐	☐	☐	☐
		폐액 보관장소 및 용기 보관 상태(관리 상태, 보관량 등) 적정성	☐	☐	☐	☐
	B	대상 화학물질의 모든 MSDS(GHS) 게시 · 비치 여부	☐	☐	☐	☐
		사고대비물질, CMR물질, 특별관리물질 파악 및 관리 여부	☐	NA	☐	☐
		화학물질 보관용기(시약병 등) 성질 및 상태별 분류 보관 여부	☐	☐	☐	☐
		시약선반 및 시약장의 시약 전도방지 조치 여부	☐	☐	NA	☐
		시약 적정기간 보관 및 용기 파손, 부식 등 관리 여부	☐	☐	☐	☐
		휘발성, 인화성, 독성, 부식성 화학물질 등 취급 화학물질의 특성에 적합한 시약장 확보 여부(전용캐비닛 사용 여부)	☐	☐	☐	☐
		유해화학물질 보관 시약장 잠금장치, 작동성능 유지 등 관리 여부	☐	☐	☐	☐
		기타 화공안전 분야 위험 요소	☐	☐	☐	☐
유해화학물질 취급시설 검사항목	B	화학물질 배관의 강도 및 두께 적절성 여부	☐	☐	NA	☐
		화학물질 밸브 등의 개폐방향을 색채 또는 기타 방법으로 표시 여부	☐	☐	NA	☐
		화학물질 제조 · 사용설비에 안전장치 설치 여부(과압방지장치 등)	☐	☐	NA	☐
		화학물질 취급 시 해당 물질의 성질에 맞는 온도, 압력 등 유지 여부	☐	☐	NA	☐
		화학물질 가열 · 건조설비의 경우 간접가열구조 여부(단, 직접 불을 사용하지 않는 구조, 안전한 장소설치, 화재방지설비 설치의 경우 제외)	☐	☐	NA	☐
		화학물질 취급설비에 정전기 제거 유효성 여부(접지에 의한 방법, 상대습도 70% 이상하는 방법, 공기 이온화하는 방법)	☐	☐	NA	☐
		화학물질 취급시설에 피뢰침 설치 여부(단, 취급시설 주위에 안전상 지장 없는 경우 제외)	☐	☐	NA	☐
		가연성 화학물질 취급시설과 화기취급시설 8m 이상 우회거리 확보 여부(단, 안전조치를 취하고 있는 경우 제외)	☐	☐	NA	☐
		화학물질 취급 또는 저장설비의 연결부 이상 유무의 주기적 확인(1회/주 이상)	☐	☐	NA	☐
		소량 기준 이상 화학물질을 취급하는 시설에 누출 시 감지 · 경보할 수 있는 설비 설치 여부(CCTV 등)	☐	☐	NA	☐
		화학물질 취급 중 비상시 응급장비 및 개인보호구 비치 여부	☐	☐	NA	☐

안전분야		점검 항목	양호	주의	불량	해당 없음
소방안전	A	취급물질별 적정(적응성 있는) 소화설비 · 소화기 비치 여부 및 관리 상태(외관 및 지시압력계, 안전핀 봉인 상태, 설치 위치 등)	□	□	□	□
		비상시 피난 가능한 대피로(비상구, 피난동선 등) 확보 여부	□	NA	□	□
		유도등(유도표지) 설치 · 점등 및 시야 방해 여부	□	□	□	□
	B	비상대피 안내정보 제공 여부	□	□	□	□
		적합한(적응성) 감지기(열, 연기) 설치 및 정기적 점검 여부	□	NA	□	□
		스프링클러 외형 상태 및 헤드의 살수분포구역 내 방해물 설치 여부	□	NA	□	□
		적정 가스소화설비 방출표시등 설치 및 관리 여부	□	NA	□	□
		화재발신기 외형 변형, 손상, 부식 여부	□	□	NA	□
		소화전 관리 상태(호스 보관 상태, 내 · 외부 장애물 적재, 위치표시 및 사용요령 표지판 부착 여부 등)	□	□	□	□
		기타 소방안전 분야 위험 요소	□	□	□	□
가스안전	A	용기, 배관, 조정기 및 밸브 등의 가스 누출 확인	□	NA	□	□
		적정 가스누출감지 · 경보장치 설치 및 관리 여부(가연성, 독성 등)	□	NA	□	□
		가연성 · 조연성 · 독성 가스 혼재 보관 여부	□	NA	□	□
	B	가스용기 보관 위치 적정 여부(직사광선, 고온 주변 등)	□	NA	□	□
		가스용기 충전기한 경과 여부	□	□	□	□
		미사용 가스용기 보관 여부	□	□	NA	□
		가스용기 고정(체인, 스트랩, 보관대 등) 여부	□	NA	□	□
		가스용기 밸브 보호캡 설치 여부	□	□	NA	□
		가스배관에 명칭, 압력, 흐름방향 등 기입 여부	□	□	NA	□
		가스배관 및 부속품 부식 여부	□	NA	□	□
		미사용 가스배관 방치 및 가스배관 말단부 막음 조치 상태	□	NA	□	□
		가스배관 충격방지 보호덮개 설치 여부	□	□	□	□
		LPG 및 도시가스시설에 가스누출 자동차단장치 설치 여부	□	NA	□	□
		화염을 사용하는 가연성 가스(LPG 및 아세틸렌 등)용기 및 분기관 등에 역화방지장치 부착 여부	□	NA	□	□
		특정고압가스 사용 시 전용 가스실린더 캐비닛 설치 여부(특정고압가스 사용 신고 등 확인)	□	NA	□	□
		독성가스 중화제독 장치 설치 및 작동 상태 확인	□	NA	□	□
		고압가스 제조 및 취급 등의 승인 또는 허가 관련 기록 유지 · 관리	□	□	□	□
		기타 가스안전 분야 위험 요소	□	□	□	□
산업위생	A	개인보호구 적정 수량 보유 · 비치 및 관리 여부	□	□	□	□
		후드, 국소배기장치 등 배기 · 환기설비의 설치 및 관리(제어풍속 유지 등) 여부	□	□	□	□
		화학물질(부식성, 발암성, 피부자극성, 피부흡수가 가능한 물질 등) 누출에 대비한 세척장비(세안기, 샤워설비) 설치 · 관리 여부	□	□	□	□

안전분야		점검 항목	양호	주의	불량	해당 없음
산업위생	B	연구실 출입구 등에 안전보건표지 부착 여부	□	□	□	□
		연구 특성에 맞는 적정 조도(밝기) 수준 유지 여부	□	□	NA	□
		연구실 내 또는 비상시 접근 가능한 곳에 구급약품(외상조치약, 붕대 등) 구비 여부	□	□	□	□
		실험복 보관장소(또는 보관함) 설치 여부	□	□	□	□
		연구자 위생을 위한 세척·소독기(비누, 소독용 알코올 등) 비치 여부	□	□	NA	□
		연구실 실내 소음 및 진동에 대한 대비책 마련 여부	□	□	NA	□
		노출도 평가 적정 실시 여부	□	□	□	□
		기타 산업위생 분야 위험 요소	□	□	□	□
생물안전	A	생물활성 제거를 위한 장치(고온/고압멸균기 등) 설치 및 관리 여부	□	□	□	□
		의료폐기물 전용 용기 비치·관리 및 일반폐기물과 혼재 여부	□	□	□	□
		생물체(LMO, 동물, 식물, 미생물 등) 및 조직, 세포, 혈액 등의 보관 관리 상태(적정 보관용기 사용 여부, 보관용기 상태, 생물위해표시, 보관기록 유지 여부 등)	□	□	□	□
생물안전	B	연구실 출입문 앞에 생물안전시설 표지 부착 여부	□	□	□	□
		연구실 내 에어로졸 발생 최소화 방안 마련 여부	□	□	NA	□
		곤충이나 설치류에 대한 관리방안 마련 여부	□	□	□	□
		생물안전작업대(BSC) 관리 여부	□	□	NA	□
		동물실험구역과 일반실험구역의 분리 여부	□	□	□	□
		동물사육설비 설치 및 관리 상태(적정 케이지 사용 여부 및 배기덕트 관리 상태 등)	□	□	□	□
		고위험 생물체(LMO 및 병원균 등) 보관장소 잠금장치 여부	□	NA	□	□
		병원체 누출 등 생물 사고에 대한 상황별 SOP 마련 및 바이오스필키트(Biological Spill Kit) 비치 여부	□	□	NA	□
		생물체(LMO 등) 취급 연구시설의 설치·운영 신고 또는 허가 관련 기록 유지·관리 여부	□	□	□	□
		기타 생물안전 분야 위험 요소	□	□	□	□

[별표 4]

정밀안전진단 실시 내용

(연구실 안전점검 및 정밀안전진단에 관한 지침 제11조제2항 관련)

구분	진단항목	비고
분야별 안전	1. 일반안전 2. 기계안전 3. 전기안전 4. 화공안전 5. 소방안전 6. 가스안전 7. 산업위생 8. 생물안전	정기점검에 준함
유해인자별 노출도평가의 적정성	1. 노출도평가 연구실 선정 사유 2. 화학물질 노출기준의 초과여부 3. 노출기준 초과 시 개선대책 수립 및 시행여부 4. 노출도평가 관련 서류 보존 여부 5. 노출도평가가 추가로 필요한 연구실 6. 기타 노출도평가에 관한 사항	
유해인자별 취급 및 관리의 적정성	1. 취급 및 관리대장 작성 여부 2. 관리대장의 연구실 내 비치 및 교육 여부 3. 기타 취급 및 관리에 대한 사항	
연구실 사전유해인자위험분석의 적정성	1. 연구실안전현황, 유해인자 위험분석 작성 및 유효성 여부 2. 연구개발활동안전분석(R&DSA, 2018. 1. 1.부터 시행) 작성여부 3. 사전유해인자위험분석 보고서 비치 및 관리대장 관리 여부 4. 기타 사전유해인자위험분석 관련 사항	

[별표 5]

유해인자 취급 및 관리대장

(제13조제4항 관련)

• 연구실명 : • 작 성 자 : (인)

• 작성일자 : 년 월 일 • 연구실책임자 : (인)

연번	물질명 (장비명)	CAS No. (사양)	보유량 (보유대수)	보관장소	유해·위험성 분류		대상여부	
					물리적 위험성	건강 및 환경 유해성	정밀 안전 진단	작업 환경 측정
1	(작성례) 벤젠	71-43-2 (액상)	700mL	시약장-1		 	O	O
2	(작성례) 아세틸렌	74-86-2 (기상)	200mL	밀폐형 시약장-3	 		O	X
3	(작성례) 원심분리기	MaxRPM : 8,000	1EA	실험대1	고속회전에 따른 사용주의(시료 균형 확보 등)	-	-	-
4	(작성례) 인화점측정기	Measuring Range (80℃ to 00℃)	1EA	실험대2	Propane Gas 이용에 따른 화재 및 폭발 주의	-	-	-
5	⋮		⋮	⋮	⋮	⋮	⋮	
6								
7								

[비고]

• 물질명/Cas No : 연구실 내 사용, 보관하고 있는 유해인자(화학물질, 연구장비, 안전설비 등)에 대해 작성(단, 화학물질과 연구장비(설비) 등은 별도로 작성·관리 가능)

• 보유량 : 보관 또는 사용하고 있는 유해인자에 대한 보유량 작성(단위기입)

• 물질보관장소 : 저장 또는 보관하고 있는 화학물질의 장소 작성

• 유해·위험성분류 : 화학물질은 MSDS를 확인하여 작성(MSDS상 2번 유해·위험성 분류 및 「화학물질 분류표시 및 물질안전보건자료에 관한 기준」 별표 1 참고)하고, 장비는 취급상 유의사항 등을 기재

• 대상여부 : 화학물질별 법령에서 정한 관리대상 여부(「연구실안전법」 시행령 제11조 정밀안전진단 대상 물질여부, 산업안전보건법 시행규칙 별표 21 작업환경측정 대상 유해인자 여부)

※ 연구실책임자의 필요에 따라 양식 변경 가능(단, 제13조제3항에서 규정하고 있는 물질명(장비명), 보관장소, 보유량, 취급상 유의사항, 그 밖에 연구실책임자가 필요하다고 판단하는 사항은 반드시 포함할 것)

(5) 안전점검 및 정밀안전진단 실시 결과의 보고 및 공표(법 제16조, 시행령 제13조)

① 점검·진단 실시 결과 보고

㉠ 결과 알림 : 정기점검, 특별안전점검 및 정밀안전진단을 실시한 자는 그 점검 또는 진단 결과를 종합하여 연구실 안전등급을 부여하고, 그 결과를 연구주체의 장에게 알려야 한다.

㉡ 결과 공표 : 연구주체의 장은 안전점검 및 정밀안전진단 실시 결과를 지체 없이 게시판, 사보, 홈페이지 등을 통해 공표하여 연구활동종사자들에게 알려야 한다.

㉢ 연구실 안전등급

안전등급	연구실 안전환경 상태
1	연구실 안전환경에 문제가 없고 안전성이 유지된 상태
2	연구실 안전환경 및 연구시설에 결함이 일부 발견되었으나, 안전에 크게 영향을 미치지 않으며 개선이 필요한 상태
3	연구실 안전환경 또는 연구시설에 결함이 발견되어 안전환경 개선이 필요한 상태
4	연구실 안전환경 또는 연구시설에 결함이 심하게 발생하여 사용에 제한을 가하여야 하는 상태
5	연구실 안전환경 또는 연구시설의 심각한 결함이 발생하여 안전상 사고발생 위험이 커서 즉시 사용을 금지하고 개선해야 하는 상태

㉣ 결함사항이 발생한 연구실의 조치

ⓐ 안전등급 평가결과 4등급 또는 5등급 연구실 : 사용제한·금지 또는 철거 등의 안전조치를 이행하고 과학기술정보통신부장관에게 즉시 보고

ⓑ 점검 또는 진단 실시결과 중대한 결함이 발견된 연구실 : 그 결함이 있음을 인지한 날부터 7일 이내 과학기술정보통신부장관에게 보고하고 안전상의 조치를 취하여야 한다.

ⓒ 정기점검, 특별안전점검 및 정밀안전진단을 실시한 날로부터 3개월 이내에 그 결함사항에 대한 보수·보강 등의 필요한 조치에 착수하여야 하며, 특별한 사유가 없는 한 착수한 날부터 1년 이내에 이를 완료하여야 한다.

② 중대한 결함 보고

㉠ 결과 보고 : 연구주체의 장은 안전점검 또는 정밀안전진단을 실시한 결과 연구실에 유해인자가 누출되는 등 대통령령으로 정하는 중대한 결함이 있는 경우에는 그 결함이 있음을 안 날부터 7일 이내에 과학기술정보통신부장관에게 보고하여야 한다.

㉡ 중대한 결함에 해당되는 사유 : 다음의 어느 하나에 해당하는 사유로 연구활동종사자의 사망 또는 심각한 신체적 부상이나 질병을 일으킬 우려가 있는 경우

ⓐ 「화학물질관리법」에 따른 유해화학물질, 「산업안전보건법」에 따른 유해인자, 과학기술정보통신부령으로 정하는 독성가스 등 유해·위험물질의 누출 또는 관리 부실

ⓑ 「전기사업법」에 따른 전기설비의 안전관리 부실

ⓒ 연구활동에 사용되는 유해·위험설비의 부식·균열 또는 파손

ⓓ 연구실 시설물의 구조안전에 영향을 미치는 지반침하·균열·누수 또는 부식

ⓔ 인체에 심각한 위험을 끼칠 수 있는 병원체의 누출

㉢ 통보 · 조치

과학기술정보통신부장관은 중대한 결함을 보고받은 경우 이를 즉시 관계 중앙행정기관의 장 및 지방자치단체의 장에게 통보하고, 연구주체의 장에게 연구실 사용제한 등 조치를 요구하여야 한다.

③ 점검 · 진단 실시결과와 실태조사 등의 검토(시행령 제12조)

㉠ 검토대상

ⓐ 연구주체의 장이 공표한 최근 2년간의 안전점검 및 정밀안전진단 실시결과

ⓑ 과학기술정보통신부장관이 직접 또는 전문가를 활용하여 실시한 최근 2년간의 실태조사 결과

ⓒ 기타 과학기술정보통신부장관이 필요하다고 인정한 사항

㉡ 검토기준

ⓐ 연구실 안전점검지침 및 정밀안전진단지침에 의해 안전점검 및 정밀안전진단을 적합하게 실시하여야 한다.

ⓑ 안전점검 및 정밀안전진단의 종합 등급이 1등급이어야 한다.

ⓒ 안전관리 조직 체계가 적절하게 구성되어 효율적으로 운영되어야 한다.

ⓓ 안전관리규정이 적절하게 규정되고 운영되어야 한다.

ⓔ 연구실 안전 및 유지관리비가 적절하게 계상 · 운영되어야 한다.

ⓕ 연구활동종사자에 대해 교육 · 훈련을 실시하여야 한다.

ⓖ 기타 과학기술정보통신부장관이 필요하다고 인정한 사항

㉢ 검토절차

ⓐ 안전점검 및 정밀안전진단 실시결과 접수 및 검토

ⓑ 안전점검 및 정밀안전진단이 적합하게 실시되고, 종합 등급이 1등급인 연구실을 대상으로 ㉡의 검토기준에 적합한지를 확인하기 위한 검토 및 조사

ⓒ 결과 종합 검토

㉣ 지원 : 과학기술정보통신부장관은 검토결과와 그 결과에 따른 우수 대학 · 연구기관 등에 대한 연구실의 안전 및 유지관리에 소요되는 비용 등을 지원할 수 있다.

(6) 안전점검 및 정밀안전진단 대행기관의 등록 등(법 제17조, 시행령 제14조)

① 대행기관 등록

㉠ 등록서류 : 등록신청서, 기술인력 보유 현황, 장비 명세서

㉡ 등록증 : 과학기술정보통신부장관은 등록이나 변경등록을 한 대행기관에 등록증을 발급하여야 한다.

㉢ 변경등록

ⓐ 기한 : 변경사유가 발생한 날부터 20일 이내

ⓑ 서류 : 대행기관 등록증, 변경사항을 증명하는 서류

② 대행기관 등록요건

안전점검 대행기관 및 정밀안전진단 대행기관으로 모두 등록하려는 자가 안전점검 및 정밀안전진단의 등록요건 중 중복되는 요건을 갖춘 경우에는 각각의 등록요건을 갖춘 것으로 본다.

㉠ 안전점검 대행기관 등록요건(시행령 별표 6)

ⓐ 기술인력 : 다음의 인력을 모두 갖추어야 한다.

• 다음의 어느 하나에 해당하는 사람 1명 이상

– 「산업안전보건법」에 따른 산업안전지도사(기계안전 · 전기안전 · 화공안전 분야로 한정) 또는 산업보건지도사, 「국가기술자격법」에 따른 가스기술사, 기계안전기술사, 산업위생관리기술사, 소방기술사, 인간공학기술사, 전기안전기술사 또는 화공안전기술사

– 안전, 기계, 전기, 화공, 소방, 가스, 산업위생, 보건위생 또는 생물 분야의 박사학위 취득 후 안전 업무 경력이 1년 이상인 사람

– 연구실안전관리사 자격을 취득하고, 연구실안전관리사 교육 · 훈련을 이수한 후 안전 업무 경력이 3년 이상인 사람

• 다음의 분야별로 해당 자격 요건을 충족하는 사람 1명 이상

분야	자격 요건
일반안전, 기계, 전기 및 화공	• 「산업안전보건법」에 따른 산업안전지도사(기계안전 · 전기안전 · 화공안전 분야로 한정) • 교육 · 훈련을 이수한 연구실안전관리사 • 산업안전기사 자격 취득 후 안전 업무 경력이 1년 이상인 사람 • 산업안전산업기사 자격 취득 후 안전 업무 경력이 3년 이상인 사람
소방	• 소방기술사 • 교육 · 훈련을 이수한 연구실안전관리사 • 소방설비기사 자격 취득 후 안전 업무 경력이 1년 이상인 사람 • 소방설비산업기사 자격 취득 후 안전 업무 경력이 3년 이상인 사람
가스	• 가스기술사 • 교육 · 훈련을 이수한 연구실안전관리사 • 가스기능장 또는 가스기사 자격 취득 후 안전 업무 경력이 1년 이상인 사람 • 가스산업기사 자격 취득 후 안전 업무 경력이 3년 이상인 사람
산업위생 및 생물	• 「산업안전보건법」에 따른 산업보건지도사 • 산업위생관리기술사 • 교육 · 훈련을 이수한 연구실안전관리사 • 산업위생관리기사 자격 취득 후 안전 업무 경력이 1년 이상인 사람 • 산업위생관리산업기사 자격 취득 후 안전 업무 경력이 3년 이상인 사람

ⓑ 장비 : 다음의 분야별 장비를 모두 갖출 것. 다만, 해당 장비의 기능을 2개 이상 갖춘 복합기능 장비를 갖춘 경우에는 개별 장비를 갖춘 것으로 본다.

• 일반안전, 기계, 전기 및 화공 : 정전기 전하량 측정기, 접지저항측정기, 절연저항측정기

• 소방 및 가스 : 가스누출검출기, 가스농도측정기, 일산화탄소농도측정기

• 산업위생 및 생물 : 분진측정기, 소음측정기, 산소농도측정기, 풍속계, 조도계(밝기 측정기)

㉡ 정밀안전진단 대행기관 등록요건(시행령 별표 7)

ⓐ 기술인력 : 다음의 인력을 모두 갖출 것

- 다음의 어느 하나에 해당하는 사람 1명 이상
  - 「산업안전보건법」에 따른 산업안전지도사(기계안전 · 전기안전 · 화공안전 분야로 한정) 또는 산업보건지도사, 「국가기술자격법」에 따른 가스기술사, 기계안전기술사, 산업위생관리기술사, 소방기술사, 인간공학기술사, 전기안전기술사 또는 화공안전기술사
  - 안전, 기계, 전기, 화공, 소방, 가스, 산업위생, 보건위생 또는 생물 분야의 박사학위 취득 후 안전 업무 경력이 1년 이상인 사람
  - 연구실안전관리사 자격을 취득하고, 연구실안전관리사 교육 · 훈련을 이수한 후 안전 업무 경력이 3년 이상인 사람
- 다음의 분야별로 해당 자격 요건을 충족하는 사람 1명 이상

분야	자격 요건
일반안전	• 교육 · 훈련을 이수한 연구실안전관리사 • 산업안전기사 자격 취득 후 안전 업무 경력이 3년 이상인 사람 • 산업안전산업기사 자격 취득 후 안전 업무 경력이 5년 이상인 사람
기계	• 「산업안전보건법」에 따른 산업안전지도사(기계안전 분야로 한정) • 기계안전기술사 • 교육 · 훈련을 이수한 연구실안전관리사 • 일반기계기사 자격 취득 후 안전 업무 경력이 3년 이상인 사람
전기	• 「산업안전보건법」에 따른 산업안전지도사(전기안전 분야로 한정) • 전기안전기술사 • 교육 · 훈련을 이수한 연구실안전관리사 • 전기기능장 또는 전기기사 자격 취득 후 안전 업무 경력이 3년 이상인 사람 • 전기산업기사 자격 취득 후 안전 업무 경력이 5년 이상인 사람
화공 및 위험물 관리	• 「산업안전보건법」에 따른 산업안전지도사(화공안전 분야로 한정) • 화공안전기술사 • 교육 · 훈련을 이수한 연구실안전관리사 • 화공기사 또는 위험물기능장 자격 취득 후 안전 업무 경력이 3년 이상인 사람 • 화공산업기사 또는 위험물산업기사 자격 취득 후 안전 업무 경력이 5년 이상인 사람
소방	• 소방기술사 • 교육 · 훈련을 이수한 연구실안전관리사 • 소방설비기사 자격 취득 후 안전 업무 경력이 3년 이상인 사람 • 소방설비산업기사 자격 취득 후 안전 업무 경력이 5년 이상인 사람
가스	• 가스기술사 • 교육 · 훈련을 이수한 연구실안전관리사 • 가스기능장 또는 가스기사 자격 취득 후 안전 업무 경력이 3년 이상인 사람 • 가스산업기사 자격 취득 후 안전 업무 경력이 5년 이상인 사람
산업위생 및 생물	• 「산업안전보건법」에 따른 산업보건지도사 • 산업위생관리기술사 • 교육 · 훈련을 이수한 연구실안전관리사 • 산업위생관리기사 자격 취득 후 안전 업무 경력이 3년 이상인 사람 • 산업위생관리산업기사 자격 취득 후 안전 업무 경력이 5년 이상인 사람

ⓑ 장비 : 안전점검 대행기관의 장비 등록요건과 동일하다.

③ **등록취소**

㉠ 등록취소 : 거짓 또는 그 밖의 부정한 방법으로 등록 또는 변경등록을 한 경우

㉡ 등록취소, 6개월 이내의 업무정지 또는 시정명령

ⓐ 타인에게 대행기관 등록증을 대여한 경우

ⓑ 대행기관의 등록기준에 미달하는 경우

ⓒ 등록사항의 변경이 있은 날부터 6개월 이내에 변경등록을 하지 아니한 경우

ⓓ 대행기관이 안전점검지침 또는 정밀안전진단지침을 준수하지 아니한 경우

ⓔ 등록된 기술인력이 아닌 사람에게 안전점검 또는 정밀안전진단 대행업무를 수행하게 한 경우

ⓕ 안전점검 또는 정밀안전진단을 성실하게 대행하지 아니한 경우

ⓖ 업무정지 기간에 안전점검 또는 정밀안전진단을 대행한 경우

ⓗ 등록된 기술인력이 교육을 받게 하지 아니한 경우

※ 과학기술정보통신부장관은 등록을 취소하려면 청문을 하여야 한다.

(7) 안전점검 및 정밀안전진단 실시자의 의무 등(법 제18조)

안전점검 또는 정밀안전진단을 실시하는 사람은 안전점검지침 및 정밀안전진단지침에 따라 성실하게 그 업무를 수행하여야 한다.

(8) 사전유해인자위험분석의 실시(법 제19조, 시행령 제15조, 연구실 사전유해인자위험분석 실시에 관한 지침)

① **정의**

㉠ 사전유해인자위험분석 : 연구활동 시작 전 유해인자를 미리 분석하는 것으로 연구실 책임자가 해당 연구실의 유해인자를 조사・발굴하고 이에 적합한 안전계획 및 비상조치계획 등을 수립・실행하는 일련의 과정

㉡ 유해인자 : 화학적・물리적 위험요인 등 사고를 발생시킬 가능성이 있는 인자[화학물질, 가스, 생물체(고위험병원체 및 제3, 4위험군), 물리적 유해인자]

㉢ 연구활동 : 과학기술분야 연구실에서 수행하는 연구, 실험, 실습 등을 수행하는 모든 행위

㉣ 개인보호구 선정 : 유해인자에 의해 발생할 수 있는 사고를 예방하고 사고 발생 시 연구활동 종사자를 보호하기 위하여 적정한 보호구를 선정하는 것

㉤ 연구개발활동안전분석(R&DSA) : 연구활동을 주요 단계로 구분하여 각 단계별 유해인자를 파악하고 유해인자의 제거, 최소화 및 사고를 예방하기 위한 대책을 마련하는 기법(Research & Development Safety Analysis)

② 사전유해인자위험분석

㉠ 실시대상 : 연구활동에 다음을 취급하는 모든 연구실(고위험연구실)

ⓐ 「화학물질관리법」에 따른 유해화학물질

ⓑ 「산업안전보건법」에 따른 유해인자

ⓒ 「고압가스 안전관리법 시행규칙」에 따른 독성가스

㉡ 실시자 : 연구실책임자(해당 연구실의 연구활동종사자 및 안전관련 전문가의 의견을 반영할 수 있다).

㉢ 실시시기

ⓐ 연구활동 시작 전

ⓑ 연구활동과 관련하여 주요 변경사항이 발생한 경우

ⓒ 연구실책임자가 필요하다고 인정하는 경우

㉣ 실시절차 및 주요 내용

연구실 안전현황 분석	• 해당 연구실이 소속되어 있는 기관명 • 연구실명, 위치, 연락처 등 연구실 개요에 관한 사항 • 연구실책임자 및 연구실안전관리담당자 정보 • 주요기관 등의 비상연락처 • 해당 연구실 전체 연구활동명(실험·실습/연구과제명) • 연구활동종사자 및 주요 기자재 현황 • 해당 연구실의 유해인자, 안전설비 및 개인보호구 보유현황에 관한 사항 • 기타(배치도 및 사진 등)
연구활동별 유해인자 위험분석	• 연구명 및 연구기간 • 연구 주요 내용 • 유해인자 및 유해인자 기본정보
연구실 안전계획	• 취급 방법 • 저장 방법 • 안전설비 및 개인보호구 활용방안
비상조치계획	• 응급조치 방법 • 누출 시 대처방법 • 화재폭발 시 대처방법

㉤ 보고 : 연구실책임자는 사전유해인자위험분석 결과를 연구활동 시작 전에 연구주체의 장에게 보고하여야 한다.

㉥ 보고서 관리

ⓐ 게시 : 연구실 출입문 등 해당 연구실의 연구활동종사자가 쉽게 볼 수 있는 장소에 게시

ⓑ 제공 : 사고발생 시 보고서 중 유해인자의 위치가 표시된 배치도 등 필요한 부분에 대해 사고대응기관에 즉시 제공

ⓒ 관리 : 사전유해인자위험분석 보고서 관리대장에 따라 문서번호를 매겨 관리·보관

ⓓ 보존기간 : 연구 종료일로부터 3년

▌연구실 사전유해인자위험분석 실시에 관한 지침 [별지 제1호서식]

연구실 안전현황표

(보존기간 : 연구종료일부터 3년)

<table>
<tr><td>①</td><td>기관명</td><td colspan="3">○○대학교</td><td>구 분</td><td colspan="3">■ 대 학 □ 연구 기관
□ 기업부설(연) □ 기 타</td></tr>
<tr><td rowspan="5">②</td><td rowspan="5">연구실 개요</td><td colspan="2">연구실명</td><td colspan="5">대기오염실험실</td></tr>
<tr><td colspan="2">연구실 위치</td><td colspan="5">E26동 4층 1호</td></tr>
<tr><td colspan="2">연구 분야
(복수선택 가능)</td><td colspan="5">□ 화 학 / 화 공 ■ 건 축 / 환 경
□ 기 계 / 물 리 □ 에너지 / 자 원
□ 전 기 / 전 자 □ 기 타
□ 의 학 / 생 물</td></tr>
<tr><td colspan="2">연구실책임자명</td><td>백○○</td><td colspan="2">연락처 (e-mail 포함)</td><td colspan="2">000-0000-0000
(@ ac.kr)</td></tr>
<tr><td colspan="2">연구실안전관리
담당자명</td><td>김○○</td><td colspan="2">연락처 (e-mail 포함)</td><td colspan="2">000-0000-0000
(@ ac.kr)</td></tr>
<tr><td>③</td><td colspan="3">비상연락처</td><td colspan="5">연구실안전환경관리자 : 000-0000-0000 병원 : 000-0000-0000
사고처리기관(소방서 등) : 000-0000-0000 기타 : 000-0000-0000</td></tr>
<tr><td>④</td><td colspan="3">연구실 수행 연구활동명
(실험/연구과제명)</td><td colspan="5">1. 도시 및 산단지역 HAPs 모니터링(Ⅰ)
2. 염색산단 등 도심산단 유해대기오염물질 정도관리
3. 대기오염공정시험법(염화수소 : 티오시안산 제이수은법)</td></tr>
<tr><td rowspan="5">⑤</td><td rowspan="5" colspan="2">연구활동종사자
현황</td><td>연 번</td><td>이 름(성별 표시)</td><td colspan="4">직 위(교수/연구원/학생 등)</td></tr>
<tr><td>1</td><td>백○○(남)</td><td colspan="4">교수</td></tr>
<tr><td>2</td><td>백○○(여)</td><td colspan="4">대학원생</td></tr>
<tr><td>3</td><td>김○○(여)</td><td colspan="4">대학원생</td></tr>
<tr><td>4</td><td>박○○(남)</td><td colspan="4">대학원생</td></tr>
<tr><td rowspan="3">⑥</td><td rowspan="3" colspan="2">주요
기자재
현황</td><td>연 번</td><td>기자재명
(연구기구·기계·장비)</td><td>규격(수량)</td><td>활용 용도</td><td colspan="2">비 고</td></tr>
<tr><td>1</td><td>건조기</td><td>1대</td><td>초자건조</td><td colspan="2">물품번호 : 06454400000
모델명 : F0600M</td></tr>
<tr><td>2</td><td>흄후드</td><td>1대</td><td>국소박이</td><td colspan="2">물품번호 : 05027
모델명 : EP-4B-2</td></tr>
</table>

연구실 유해인자

⑦	화학물질	- 보유 물질 - □ 폭발성 물질 ■ 인화성 물질 □ 물 반응성 물질 ■ 산화성 물질 □ 발화성 물질 □ 자기반응성 물질 ■ 금속부식성 물질 □ 유기과산화물
⑧	가 스	- 보유 물질 - ■ 가연성(또는 인화성)가스 □ 압축가스 □ 산화성가스 □ 액화가스 □ 독성가스 □ 고압가스 □ 기 타 (가스명) :
⑨	생물체	- 보유 물질 - □ 고위험병원체 □ 고위험병원체를 제외한 제3 위험군 □ 고위험병원체를 제외한 제4 위험군 □ 유전자변형생물체 (미생물, 동물, 식물 포함)
⑩	물리적 유해인자	□ 소음 □ 진동 □ 방사선 ■ 이상기온 □ 이상기압 □ 분진 ■ 전기 □ 레이저 □ 위험기계 · 기구 □ 기 타( )
⑪	24시간 가동여부	□ 가동 ■ 미가동
	정전 시 비상 발전설비 등 보유 여부	□ 보유 ■ 미보유

개인보호구 현황 및 수량

⑫	보안경/고글/보안면	14/6/9	안전화/내화학장화/절연장화	14/6/9	귀마개/귀덮개	3/4
	레이저 보안경	11	안전장갑	5	실험실 가운	9
	안전모/머리커버	1	방진/방독/송기마스크	34/28/-	보호복	3
	기타					

안전장비 및 설비 보유현황

⑬

■ 세안설비(Eye washer)	■ 비상샤워시설	■ 흄후드	■ 국소배기장치
■ 가스누출경보장치	□ 자동차단밸브(AVS)	□ 중화제독장치(Scrubber)	□ 가스실린더캐비넷
□ 케미컬누출대응킷	□ 유(油)흡착포	■ 안전폐액통	□ 레이저 방호장치
■ 시약보관캐비넷	□ 글러브 박스	□ 불산치료제(CGG)	■ 소화기
□ 기타(고압전기 외 16건)			

연구실 배치현황

⑭

배치도	주요 유해인자 위험설비 사진	

연구개발활동별(실험 · 실습/연구과제별) 유해인자 위험분석 보고서

(보존기간 : 연구종료일부터 3년)

①	연구명 (실험 · 실습/연구과제명)	염색산단 등 도심산단 유해대기오염물질 정도 관리	연구기간 (실험 · 실습/연구과제)	2024.03.01.~2024.08.31.
②	연구(실험 · 실습/연구과제) 주요 내용	대기 중 다환방향족탄화수소(PAH) 측정 및 실험실 간 분석 결과 비교		
③	연구활동종사자	백○○, 백○○ , 배○○ , 홍○○		

	유해인자	유해인자 기본정보					
		CAS NO. 물질명	보유수량 (제조연도)	GHS등급 (위험, 경고)	화학물질의 유별 및 성질 (1~6류)	위험 분석	필요 보호구
④	1) 화학물질	109-99-9 테트라 하이드로푸탄	4L×2병		4류	• H225 : 고인화성 액체 및 증기 • H303 : 삼키면 유해할 수 있음 • H318 : 눈에 심한 손상을 일으킴 • H335 : 호흡기계 자극을 일으킬 수 있음 • H351 : 암을 일으킬 것으로 의심됨	
		75-05-08 아세토니트릴	4L×10병		4류	• H225 : 고인화성 액체 및 증기 • H302 : 삼키면 유해함 • H319 : 눈에 심한 자극을 일으킴 • H335 : 호흡기계 자극을 일으킬 수 있음 • H402 : 수생생물에 유해함	
		67-56-1 메틸알코올	4L×11병		4류	• H225 : 고인화성 액체 및 증기 • H319 : 눈에 심한 자극을 일으킴 • H360 : 태아 또는 생식능력에 손상을 일으킬 수 있음	
	2) 가 스	해당없음					
	3) 생물체	해당없음					
	4) 물리적 유해인자	기구명	유해인자종류	크기	위험분석		필요 보호구
		건조기	전기	–	인체에 전기가 흘러 일어나는 화상 또는 불구자가 되거나 심한 경우에는 생명을 잃게 됨		

[비고]
① 연구명 및 연구기관 : 실험명 또는 연구과제명, 연구과제 기간
② 연구 주요 내용 : 과제의 목적과 주요 내용
③ 연구활동종사자 : 해당 실험에 참여하는 모든 연구활동조사자
④ 유해인자 : 해당 실험 시 취급하는 화학물질, 가스, 생물체, 물리적 유해인자의 기본 정보(CAS NO, GHS 등급, 위험분석 등)

▌연구실 사전유해인자위험분석 실시에 관한 지침[별지 제3호서식]

연구개발활동안전분석(R&DSA) 보고서

(보존기간 : 연구종료일부터 3년)

①	연구목적	도시 및 산단지역의 유해대기오염물질(HAPs) 측정 및 분석

	②	③	④	⑤
순서	연구·실험 절차	위험분석	안전계획	비상조치계획
1	실험 전 세척된 조사기구를 120℃에서 30분 동안 건조 및 운반	• 초자기구에 잔류한 화학물질에 의해 화재가 날 수 있다. [화학 화재·폭발]	• 기기에 넣기 전 초자기구에 화학물질이 남아 있지 않도록 깨끗이 세척한다.	• 화학물질 화재 발생 시 소화기로 초기진화할 시 및 2차 재해에 대비하여 안전한 지정된 장소로 대피한다. • 연기를 흡인한 경우 곧바로 신선한 공기를 마시게 한다. • 화재 발생 사고 상황신고(위치, 약품 종류 및 양, 부상자 유무 등) – 재난신고(119)
		• 전기기기에 감전될 수 있다. [감전]	• 전기기기 사용 시에는 필히 접지한다. • 전원부가 물에 닿지 않도록 주의하며 젖은 손으로 기기를 다루지 않는다.	• 감전사고 발생 시 2차 감전을 방지하기 위해 감전 부상자와 신체접촉이 안 되도록 주의하며 나무 또는 플라스틱 막대를 이용해 부상자를 구호한다. • 부상자의 상태(의식, 호흡, 맥박, 출혈 등)를 살피고 심폐소생술 등 응급처치를 한다. • 감전사고 상황 신고(부상자 유무 등)
		• 전기화재가 발생할 수 있다. [전기화재]	• 용량을 초과하는 문어발식 멀티콘센트 사용을 금지한다. • 전열기 근처에 가연물을 방치하지 않는다.	• 전기화재 발생 시 감전 위험이 있으므로 물분사를 금지하며 C급 소화기를 사용하여 초기진화한다. • 연기를 흡입한 경우 곧바로 신선한 공기를 마시게 한다. • 화재 발생 사고 상황 신고(위치, 부상자 유무 등) – 재난신고(119)
		• 건조 중 문을 열 경우 120℃의 고온에 의한 화상을 입을 수 있다. [화상]	• 온도가 떨어지지 않은 상태에서는 열지 않는다.	• 화상을 입은 경우 깨끗한 물에 적신 헝겊으로 상처 부위를 냉각하고 감염방지 응급처치를 한다. – 화상환자 : ○○병원(○○○○, ○○○○)
⋮	⋮	⋮	⋮	⋮

[비고]
① 연구 목적 : 해당 실험 또는 연구과제 수행 목적
② 연구·실험절차 : 실험 또는 연구과제 내용을 수행방법, 사용물질, 사용기구 등을 구분하여 절차 수립
③ 위험분석 : 시험에 사용하는 화학물질, 가스, 생물체 등에 의한 위험 및 물리적 유해인자에 대한 위험분석
④ 안전계획 : 실험 절차 중에서 발생될 사고를 방지하기 위한 관리방법
⑤ 비상조치계획 : 신속하게 대응하기 위한 비상조치계획(사고대응, 대피방안 등)

▌연구실 사전유해인자위험분석 실시에 관한 지침[별지 제4호서식]

사전유해인자위험분석 보고서 관리대장

(보존기간 : 연구종료일부터 3년)

문서 번호	접수일	연구실명	연구실책임자		연구활동명 (연구기간)	주요변경사항*	조치 내용** (조치 완료일)
			성명	직위			

* 사전유해인자위험분석 보고서중 변경사항에 대하여 간략하게 작성

** 사전유해인자위험분석 <u>결과 중</u> 개선이 필요한 사항에 대하여 개선이 실시되었는지 여부에 대하여 작성

- 개선사항을 간단히 작성
- 개선이 완료되었을 경우 완료날짜를 괄호를 이용하여 작성

(9) 교육 · 훈련(법 제20조, 시행령 제16조)

① 연구주체의 장의 책무

㉠ 연구실의 안전관리에 관한 정보를 연구활동종사자에게 제공하여야 한다.

㉡ 연구활동종사자에 대하여 연구실사고 예방 및 대응에 필요한 교육·훈련을 실시하여야 한다.

㉢ 지정된 연구실안전환경관리자가 전문교육을 이수하도록 하여야 한다.

② 연구활동종사자 교육

㉠ 교육·훈련 담당자

ⓐ 안전점검 실시자의 인적 자격 요건 중 어느 하나에 해당하는 사람으로서 해당 기관의 정기점검 또는 특별안전점검을 실시한 경험이 있는 사람. 단, 연구활동종사자는 제외한다.

ⓑ 대학의 조교수 이상으로서 안전에 관한 경험과 학식이 풍부한 사람

ⓒ 연구실책임자

ⓓ 연구실안전환경관리자

ⓔ 권역별연구안전지원센터에서 실시하는 전문강사 양성 교육·훈련을 이수한 사람

ⓕ 연구실안전관리사

㉡ 교육시간 및 내용(시행규칙 별표 3)

구분	교육대상		교육시간 (교육시기)	교육내용
신규 교육·훈련	근로자	1. 영 제11조제2항에 따른 연구실에 신규로 채용된 연구활동종사자(고위험연구실)	8시간 이상 (채용 후 6개월 이내)	• 연구실 안전환경 조성 관련 법령에 관한 사항 • 연구실 유해인자에 관한 사항 • 보호장비 및 안전장치 취급과 사용에 관한 사항 • 연구실사고 사례, 사고 예방 및 대처에 관한 사항 • 안전표지에 관한 사항 • 물질안전보건자료에 관한 사항 • 사전유해인자위험분석에 관한 사항 • 그 밖에 연구실 안전관리에 관한 사항
		2. 영 제11조제2항에 따른 연구실이 아닌 연구실에 신규로 채용된 연구활동종사자(중·저위험연구실)	4시간 이상 (채용 후 6개월 이내)	
	근로자가 아닌 사람	3. 대학생, 대학원생 등 연구활동에 참여하는 연구활동종사자	2시간 이상 (연구활동 참여 후 3개월 이내)	
정기 교육·훈련	1. 영 별표 3에 따른 저위험연구실의 연구활동종사자		연간 3시간 이상	• 연구실 안전환경 조성 관련 법령에 관한 사항 • 연구실 유해인자에 관한 사항 • 안전한 연구활동에 관한 사항 • 물질안전보건자료에 관한 사항 • 사전유해인자위험분석에 관한 사항 • 그 밖에 연구실 안전관리에 관한 사항
	2. 영 제11조제2항에 따른 연구실의 연구활동종사자(고위험연구실)		반기별 6시간 이상	
	3. 1 및 2에서 규정한 연구실이 아닌 연구실의 연구활동종사자(중위험연구실)		반기별 3시간 이상	
특별안전 교육·훈련	연구실사고가 발생했거나 발생할 우려가 있다고 연구주체의 장이 인정하는 연구실의 연구활동종사자		2시간 이상	• 연구실 유해인자에 관한 사항 • 안전한 연구활동에 관한 사항 • 물질안전보건자료에 관한 사항 • 그 밖에 연구실 안전관리에 관한 사항

[비고]
- "근로자"란 「근로기준법」에 따른 근로자를 말한다.
- 연구주체의 장은 신규 교육・훈련을 받은 사람에 대해서는 해당 반기 또는 연도(저위험연구실의 연구활동종사자)의 정기 교육・훈련을 면제할 수 있다.
- 정기 교육・훈련은 사이버교육의 형태로 실시할 수 있다. 이 경우 평가를 실시하여 100점을 만점으로 60점 이상 득점한 사람에 대해서만 교육을 이수한 것으로 인정한다.

③ 연구실안전환경관리자 전문교육(시행규칙 별표 4)

구분	교육시기・주기	교육시간	교육내용
신규교육	연구실안전환경관리자로 지정된 후 6개월 이내	18시간 이상	• 연구실 안전환경 조성 관련 법령에 관한 사항 • 연구실 안전 관련 제도 및 정책에 관한 사항 • 안전관리 계획 수립・시행에 관한 사항 • 연구실 안전교육에 관한 사항 • 연구실 유해인자에 관한 사항 • 안전점검 및 정밀안전진단에 관한 사항 • 연구활동종사자 보험에 관한 사항 • 안전 및 유지・관리비 계상 및 사용에 관한 사항 • 연구실사고 사례, 사고 예방 및 대처에 관한 사항 • 연구실 안전환경 개선에 관한 사항 • 물질안전보건자료에 관한 사항 • 그 밖에 연구실 안전관리에 관한 사항
보수교육	신규교육을 이수한 후 매 2년이 되는 날을 기준으로 전후 6개월 이내	12시간 이상	

※ 비고 : 법 제30조에 따라 지정된 권역별연구안전지원센터에서 위 교육을 이수하고, 교육 이수 후 수료증을 발급받은 사람에 대해서만 전문교육을 이수한 것으로 본다.

④ 대행기관 기술인력 교육(시행령 제14조, 시행규칙 별표 2)

구분	교육 시기・주기	교육시간	교육내용
신규교육	등록 후 6개월 이내	18시간 이상	• 연구실 안전환경 조성 관련 법령에 관한 사항 • 연구실 안전 관련 제도 및 정책에 관한 사항 • 연구실 유해인자에 관한 사항 • 주요 위험요인별 안전점검 및 정밀안전진단 내용에 관한 사항 • 유해인자별 노출도 평가, 사전유해인자위험분석에 관한 사항 • 연구실사고 사례, 사고 예방 및 대처에 관한 사항 • 기술인력의 직무윤리에 관한 사항 • 그 밖에 직무능력 향상을 위해 필요한 사항
보수교육	신규교육 이수 후 매 2년이 되는 날을 기준으로 전후 6개월 이내	12시간 이상	

⑤ 연구실안전관리사 교육・훈련(법 제34조, 시행령 제29조)

㉠ 교육대상 : 연구실안전관리사 제1차시험 및 제2차시험에 모두 합격하고 자격증을 발급받은 사람(단, 최종 합격 당시 연구실안전환경관리자로 지정된 자 및 안전점검・정밀안전진단 대행기관의 기술인력은 제외)

㉡ 교육과목 및 시간

구분	교육 · 훈련 과목	교육시간 (24시간 이상)
연구실안전 이론 및 안전관련 법률	1. 연구실 안전의 특성 및 이론 2. 연구실안전법의 이해 3. 실무에 유용한 국내 안전 관련 법률	6시간 이상
연구실 안전관리 실무	1. 연구실안전관리사의 소양 및 책무 2. 연구실 안전관리 일반 3. 사고대응 및 안전시스템 4. 연구실 안전점검 · 정밀안전진단	8시간 이상
위험물질 안전관리 기술	1. 화학(가스) 안전관리 2. 기계 · 물리 안전관리 3. 생물 안전관리 4. 전기 · 소방 안전관리 5. 연구실 보건 · 위생관리	10시간 이상

(10) 건강검진(법 제21조, 시행규칙 제11조, 제12조)

① 연구주체의 장은 유해인자에 노출될 위험성이 있는 연구활동종사자에 대하여 정기적으로 건강검진을 실시하여야 한다.

② 과학기술정보통신부장관은 연구활동종사자의 건강을 보호하기 위하여 필요하다고 인정할 때에는 연구주체의 장에게 특정 연구활동종사자에 대한 임시건강검진의 실시나 연구장소의 변경, 연구시간의 단축 등 필요한 조치를 명할 수 있다.

③ 연구주체의 장은 건강검진 및 임시건강검진 결과를 연구활동종사자의 건강 보호 외의 목적으로 사용하여서는 아니 된다.

④ 건강검진 종류

㉠ 일반건강검진

ⓐ 실시대상 : 「산업안전보건법 시행령」에 따른 유해물질 및 유해인자를 취급하는 연구활동종사자

ⓑ 실시주기 : 1년에 1회 이상

ⓒ 검사항목

- 문진과 진찰
- 혈압, 혈액 및 소변 검사
- 신장, 체중, 시력 및 청력 측정
- 흉부방사선 촬영

ⓓ 갈음 : 다음의 어느 하나에 해당하는 검진, 검사 또는 진단을 받은 경우에는 일반건강검진을 받은 것으로 본다.

- 「국민건강보험법」에 따른 일반건강검진
- 「학교보건법」에 따른 건강검사

• 「산업안전보건법 시행규칙」에서 정한 일반건강진단의 검사항목을 모두 포함하여 실시한 건강진단

ⓔ 서류 보존 : 5년

㉡ 특수건강검진

ⓐ 실시대상

• 「산업안전보건법 시행규칙」에 따른 유해인자를 취급하는 연구활동종사자

• 예외 : 「산업안전보건법 시행규칙」에 따른 임시 작업과 단시간 작업을 수행하는 연구활동종사자[단, 발암성 물질, 생식세포 변이원성 물질, 생식독성 물질(CMR 물질)을 취급하는 연구활동종사자는 특수건강검진이 면제되지 않는다]

 – 임시작업 : 일시적으로 하는 작업 중 월 24시간 미만인 작업을 말한다. 다만, 월 10시간 이상 24시간 미만인 작업이 매월 행하여지는 작업은 제외한다.

 – 단시간 작업 : 관리대상 유해물질을 취급하는 시간이 1일 1시간 미만인 작업을 말한다. 다만, 1일 1시간 미만인 작업이 매일 수행되는 경우는 제외한다.

ⓑ 실시시기 및 주기

구분	대상 유해인자	시기 (배치 후 첫 번째 특수건강진단)	주기
1	• N,N–디메틸아세트아미드 • 디메틸포름아미드	1개월 이내	6개월
2	벤젠	2개월 이내	6개월
3	• 1,1,2,2–테트라클로로에탄 • 사염화탄소 • 아크릴로니트릴 • 염화비닐	3개월 이내	6개월
4	석면, 면 분진	12개월 이내	12개월
5	• 광물성 분진 • 목재 분진 • 소음 및 충격소음	12개월 이내	24개월
6	제1호부터 제5호까지의 대상 유해인자를 제외한 별표22의 모든 대상 유해인자	6개월 이내	12개월

ⓒ 검사항목

검사항목	유해인자 종류
화학적 인자	• 유기화합물 : 가솔린, 글루타르알데히드, β-나프틸아민, 니트로글리세린, 니트로메탄, 니트로벤젠 등을 포함한 109종 • 금속류 : 구리, 납, 니켈, 망간, 사알킬납, 산화아연, 산화철, 삼산화비소 등을 포함한 20종 • 산 및 알칼리류 : 무수초산, 불화수소, 시안화 나트륨, 시안화칼륨, 염화수소, 질산, 트리클로로아세트산, 황산 등 8종 • 가스 상태 물질류 : 불소, 브롬, 산화에틸렌, 삼수소화비소 등을 포함한 14종 • 허가 대상 유해물질 : α-나프틸아민, 디아니시딘, 디클로로벤지딘 등을 포함한 12종 • 금속가공유 : 미네랄 오일미스트(광물성 오일)
분진	곡물 분진, 광물성 분진, 면 분진 등 7종
물리적 인자	• 소음작업, 강렬한 소음작업 및 충격소음작업에서 발생하는 소음 • 진동작업에서 발생하는 진동 • 방사선, 고기압, 저기압, 자외선, 적외선, 마이크로파 및 라디오파
야간작업	야간작업

ⓓ 특수건강검진 판정과 사후관리

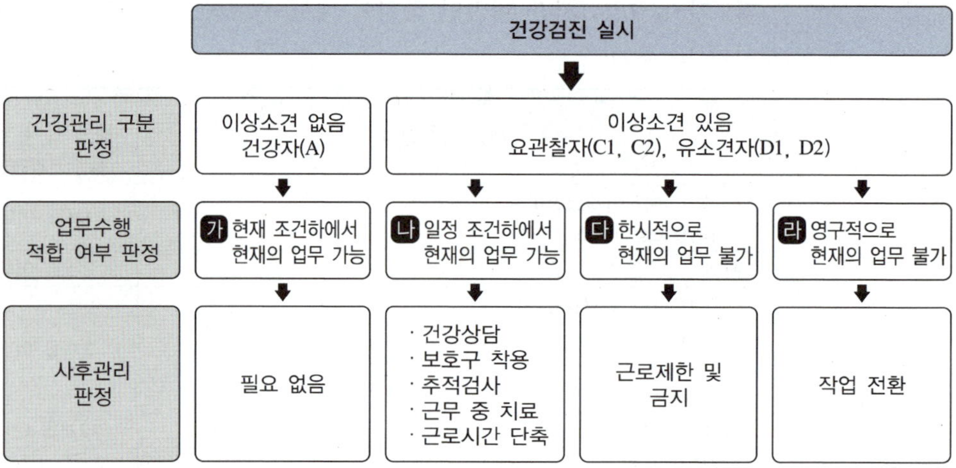

• 건강관리 구분 판정

건강관리 구분		건강관리 구분 내용
A		건강관리상 사후관리가 필요 없는 근로자(건강한 근로자)
C	C1	직업성 질병으로 진전될 우려가 있어 추적검사 등 관찰이 필요한 근로자(직업병 요관찰자)
	C2	일반 질병으로 진전될 우려가 있어 추적관찰이 필요한 근로자(일반 질병 요관찰자)
D1		직업성 질병의 소견을 보여 사후관리가 필요한 근로자(직업병 유소견자)
D2		일반 질병의 소견을 보여 사후관리가 필요한 근로자(일반 질병 유소견자)
R		건강진단 1차 검사결과 건강수준의 평가가 곤란하거나 질병이 의심되는 근로자(제2차 건강진단 대상자)

※ "U"는 2차 건강진단 대상임을 통보하고 30일을 경과하여 해당 검사가 이루어지지 않아 건강관리 구분을 판정할 수 없는 근로자. "U"로 분류한 경우에는 해당 근로자의 퇴직, 기한 내 미실시 등 2차 건강진단의 해당 검사가 이루어지지 않은 사유를 시행규칙 제105조제3항에 따른 건강진단결과표의 사후관리소견서 검진소견란에 기재하여야 함

• 업무수행 적합 여부 판정

구분	업무수행 적합 여부 내용
가	현재 조건하에서 현재의 업무 가능
나	일정 조건(환경 개선, 개인 보호구 착용, 진단주기 단축 등)하에서 현재의 업무 가능
다	한시적으로 현재의 업무 불가(건강상 또는 근로조건상의 문제를 해결한 후 작업복귀 가능)
라	영구적으로 현재의 업무 불가

• 사후관리 판정

구분	사후관리조치 내용
0	필요 없음
1	건강상담
2	보호구 지급 및 착용 지도
3	추적검사
4	근무 중 치료
5	근로시간 단축
6	작업 전환
7	근로제한 및 금지
8	산재요양신청서 직접 작성 등 해당 근로자에 대한 직업병 확진 의뢰 안내
9	기타

ⓔ 서류 보존 : 5년(단, 발암물질 취급 근로자의 검진 결과는 30년간 보존)

㉢ 임시 건강검진

ⓐ 개요 : 연구주체의 장이 임시 건강검진 대상자에 해당하는 연구활동종사자에게 임시 건강검진 실시를 명할 수 있다.

ⓑ 대상

• 연구실 내에서 유소견자(연구실에서 취급하는 유해인자로 인하여 질병 또는 장해 증상 등 의학적 소견을 보이는 사람)가 발생한 경우
  - 유소견자와 같은 연구실에 종사하는 연구활동종사자
  - 유소견자와 같은 유해인자에 노출된 해당 대학・연구기관등에 소속된 연구활동종사자로서 유소견자와 유사한 질병・장해 증상을 보이거나 유소견자와 유사한 질병・장해가 의심되는 연구활동종사자
• 연구실 내 유해인자가 외부로 누출되어 유소견자가 발생했거나 다수 발생할 우려가 있는 경우
  - 누출된 유해인자에 접촉했거나 접촉했을 우려가 있는 연구활동종사자
• 예외 : 임시건강검진의 대상자 중 건강검진기관의 의사로부터 임시건강검진이 필요하지 않다는 소견을 받은 연구활동종사자는 임시건강검진을 받지 않을 수 있다.

ⓒ 실시시기 : 필요한 경우 실시

ⓓ 검사항목

- 「산업안전보건법 시행규칙」에 따른 특수건강진단의 유해인자별 검사항목 중 연구활동종사자가 노출된 유해인자에 따라 필요하다고 인정되는 항목
- 그 밖에 건강검진 담당 의사가 필요하다고 인정하는 항목

(11) 연구실 안전 및 유지관리비(법 제22조, 제11조, 제12조, 시행령 제17조, 시행규칙 제13조)

① 연구실 안전예산 배정 · 집행

㉠ 배정 주기 : 매년

㉡ 배정 비율 : 해당 연구과제 인건비 총액의 1% 이상에 해당하는 금액

㉢ 계상 · 집행계획 수립 : 연구실안전관리위원회에서 협의

㉣ 게시 · 비치 : 연구실 안전관련 예산 계상 및 사용에 관한 사항을 안전관리규정에 작성하여 각 연구실에 게시 · 비치

㉤ 용도

ⓐ 안전관리에 관한 정보제공 및 연구활동종사자에 대한 교육 · 훈련

ⓑ 연구실안전환경관리자에 대한 전문교육

ⓒ 건강검진

ⓓ 보험료

ⓔ 연구실의 안전을 유지 · 관리하기 위한 설비의 설치 · 유지 및 보수

ⓕ 연구활동종사자의 보호장비 구입

ⓖ 안전점검 및 정밀안전진단

ⓗ 그 밖에 연구실의 안전환경 조성을 위하여 필요한 사항으로서 과학기술정보통신부장관이 고시하는 용도

안전관리비 세부기준(연구실 안전 및 유지관리비의 사용내역서 작성에 관한 세부기준)	
보험료	• 연구실안전법령에 따른 보상내용과 보상금액을 보장하는 보험료
안전관련 자료의 확보 · 전파 비용 및 교육 · 훈련비 등 안전문화 확산	• 연구실안전환경관리자 및 연구실안전관리담당자에 대한 교육 비용 • 연구활동종사자에 대한 안전교육 비용(정기, 신규채용, 연구내용 변경시) • 연구실 안전수칙 · 교육교재 · 안전관련 도서 · 학술지 등 연구실 안전관리에 필요한 자료 등의 구입 · 제작 비용 및 그 홍보 · 전파 등의 비용 • 연구실 안전 관련 행사비 및 포상비
건강검진	위험물질 및 바이러스 등에 노출될 위험이 있는 연구실안전환경관리자 및 연구활동종사자에 대한 일반건강검진 및 특수건강검진 비용
설비의 설치 · 유지 및 보수	• 연구실의 안전환경을 유지 · 관리하기 위한 시설 · 설비의 설치 · 유지 및 보수 비용. 다만, 연구실험장치의 교체, 시설공사 및 개조비용 등은 제외 • 연구실안전환경을 위한 시설 · 설비의 재배치에 필요한 비용
보호장비 구입	• 연구실험의 특성에 적합한 연구활동종사자 및 연구실안전환경관리자 등의 각종 개인 보호구 및 각종 안전장비의 구매 비용 • 구급의약품 구입에 필요한 비용 • 보호장비의 유지관리 및 보수에 필요한 비용 • 안전관리 활동에 따른 개인용 작업복 구매에 필요한 비용
안전점검 및 정밀안전진단	• 안전점검의 준비 · 실시에 필요한 비용 및 점검측정장비구입 비용 • 정밀안전진단의 준비 · 실시에 필요한 비용 및 진단측정장비구입 비용
지적사항 환경개선비	안전점검 · 정밀안전진단 결과 주요 지적사항(점검 · 진단사항)을 개선하기 위한 비용 및 개선대책의 조치에 필요한 비용
강사료 및 전문가 활용비	• 연구실 안전교육과 관련된 안전전문가 초빙 시 필요한 강사료와 전문가 활용 및 자문에 필요한 비용 • 연구실 사고 발생 시 발생원인 조사 및 분석 비용
수수료	실험실 지정폐기물 및 실험실 폐수 처리에 따른 연구실 안전을 위한 모든 수수료 및 그에 따라 필요한 비용
여비 및 회의비	연구실안전환경관리자와 연구실책임자 등이 안전관리 활동과 관련된 출장 등과 연구실 안전관리위원회를 개최하는 데에 필요한 비용
설비 안전검사비	위험기계 · 기구 및 실험설비의 안전검사 비용
사고조사 비용 및 출장비	연구실 사고 발생 시 발생원인 조사 · 분석 비용 및 사고조사에 필요한 출장비
사전유해인자위험분석 비용	사전유해인자위험분석에 따른 전문가 활용 등에 필요한 비용
연구실안전환경관리자 인건비	연구실안전환경관리자의 최소 지정 기준을 초과하여 지정된 자로서 연구실안전관리 업무를 전담으로 수행하는 연구실안전환경관리자의 인건비
안전관리 시스템	연구실 안전관리 시스템의 구축 · 유지 및 관리에 필요한 비용
기타 연구실 안전을 위해 사용된 비용	

ⓑ 명세서 제출 : 연구주체의 장은 매년 4월 30일까지 계상한 해당 연도 연구실 안전 및 유지·관리비의 내용과 전년도 사용 명세서를 과학기술정보통신부장관에게 제출해야 한다.

ⓢ 주의사항 : 안전 관련 예산을 다른 목적으로 사용해서는 아니 된다.

연구실 안전·유지관리비 계획 및 사용내역서

1. 전년도 연구실 안전·유지관리비 사용내역

가. 총괄 내역 (전년도 연구실 안전관리비 집행 내역)

(단위 : 원, %)

구분	기관자체 예산에서 확보한 연구실 안전관리비[1] 확보액 및 집행액(A)	연구비에서 확보한 연구실 안전관리비*				총계(A+D)
		연구비총액[2] (B)	인건비[3] (C)	안전관리비4) (D)	비율 (D/C)	
확보액	원	원	원	원	%	원
실집행액	원	원	원	원	%	원

나. 항목별 내역

(단위 : 원)

항목	집행 실적 (전년도)	
	확보액	실집행액
계		
보험료		
안전관련 자료 구입·전파 비용		
교육·훈련비, 포상비		
건강검진비		
실험실 설비 설치·유지 및 보수비		
안전위생 보호장비 구입비		
안전점검 및 정밀안전진단비		
지적사항 환경개선비		
강사료 및 전문가 활용비		
수수료		
여비 및 회의비		
설비 안전검사비		
사고조사 비용 및 출장비		
사전유해인자위험분석 비용		
연구실안전환경관리자 인건비		
안전관리 시스템 비용		
기타		

1) 기관자체 운영예산으로 보험료, 안전관련 교육·훈련비, 건강검진비, 연구실 유지 및 보수비, 보호장비 구입비, 안전점검 및 정밀안전진단비 등을 위해 확보 또는 실제 집행한 총예산
2) 기관자체 예산 이외의 외부 기관에서 수주한 과학기술 연구비의 총액
   예 a(국책연구), b(민간기업 연구), c(대학 연구) 3개의 외부 연구과제를 수행한 경우, (a+b+c) 연구과제의 연구비를 합한 금액
3) 기관자체 예산 이외의 외부 기관에서 수주한 연구비에서 책정된 인건비의 합
   예 a(국책연구), b(민간기업 연구), c(대학 연구) 3개의 외부 연구과제를 수행한 경우, (a+b+c) 연구과제의 인건비를 합한 금액
4) 기관자체 예산 이외의 외부 기관에서 수주한 연구비에서 책정된 안전관리비의 합
   예 a(국책연구), b(민간기업 연구), c(대학 연구) 3개의 외부 연구과제를 수행한 경우, (a+b+c) 연구과제의 안전관리비를 합한 금액

2. 당해년도 연구실 안전·유지관리비 확보내역

가. 총괄 내역 (당해년도 연구실 안전관리비 확보내역)

(단위 : 원, %)

기관자체 예산에서 확보한 연구실 안전관리비[1] 확보액(A)	연구비에서 확보한 안전관리비				총계(A+D)
	연구비 총액[2] (B)	인건비[3] (C)	안전관리비[4] (D)	비율 (D/C)	
원	원	원	원	%	원

나. 항목별 내역

(단위 : 원)

항목	당해연도 확보액(계획)
계	
보험료	
안전관련 자료 구입·전파 비용	
교육·훈련비, 포상비	
건강검진비	
실험실 설비 설치·유지 및 보수비	
안전위생 보호장비 구입비	
안전점검 및 정밀안전진단비	
지적사항 환경개선비	
강사료 및 전문가 활용비	
수수료	
여비 및 회의비	
설비 안전검사비	
사고조사 비용 및 출장비	
사전유해인자위험분석 비용	
연구실안전환경관리자 인건비	
안전관리 시스템 비용	
기타	

1) 기관자체 운영예산,으로 보험료, 안전관련 교육·훈련비, 건강검진비, 연구실 유지 및 보수비, 보호장비 구입비, 안전점검 및 정밀안전진단비 등을 위해 확보한 총예산
2) 기관자체 예산 이외의 외부 기관에서 수주한 과학기술 연구비의 총액
   예 a(국책연구), b(민간기업 연구), c(대학 연구) 3개의 외부 연구과제를 수행한 경우, (a+b+c) 연구과제의 연구비를 합한 금액
3) 기관자체 예산 이외의 외부 기관에서 수주한 연구비에서 책정된 인건비의 합
   예 a(국책연구), b(민간기업 연구), c(대학 연구) 3개의 외부 연구과제를 수행한 경우, (a+b+c) 연구과제의 인건비를 합한 금액
4) 기관자체 예산 이외의 외부 기관에서 수주한 연구비에서 책정된 안전관리비의 합
   예 a(국책연구), b(민간기업 연구), c(대학 연구) 3개의 외부 연구과제를 수행한 경우, (a+b+c) 연구과제의 안전관리비를 합한 금액

4 연구실사고에 대한 대응 및 보상

(1) 연구실사고 보고(법 제23조, 시행규칙 제14조)

① 사고 보고 주체

연구실사고가 발생한 경우 다음의 어느 하나에 해당하는 연구주체의 장은 과학기술정보통신부장관에게 보고하고 이를 공표하여야 한다.

㉠ 사고피해 연구활동종사자가 소속된 대학·연구기관 등의 연구주체의 장

㉡ 대학·연구기관 등이 다른 대학·연구기관 등과 공동으로 연구활동을 수행하는 경우 공동연구활동을 주관하여 수행하는 연구주체의 장

㉢ 연구실사고가 발생한 연구실의 연구주체의 장

② 연구실사고 보고

구분	중대연구실사고	연구실사고[1]
보고기한	지체 없이(천재지변 등 부득이한 사유가 발생한 경우에는 그 사유가 없어진 때에 지체 없이)	사고가 발생한 날부터 1개월 이내
보고방법	전화, 팩스, 전자우편이나 그 밖의 적절한 방법으로 과학기술정보통신부장관에게 보고	연구실사고 조사표를 작성하여 과학기술정보통신부장관에게 보고
보고사항	• 사고 발생 개요 및 피해 상황 • 사고 조치 내용, 사고 확산 가능성 및 향후 조치·대응 계획 • 그 밖에 사고 내용·원인 파악 및 대응을 위해 필요한 사항	• 사고 발생 개요 및 피해 현황 • 사고 조치 현황 및 향후 계획 • 재발 방지 대책 • 연구실 안전관리 현황 등
사고공표	보고한 연구실사고의 발생 현황을 대학·연구기관 등 또는 연구실의 인터넷 홈페이지나 게시판 등에 공표	

※ 비고

1) 의료기관에서 3일 이상의 치료가 필요한 생명 및 신체상의 손해를 입은 연구실사고

▌연구실 안전환경 조성에 관한 법률 시행규칙 [별지 제6호서식]

연구실사고 조사표

※ 뒤쪽의 작성방법을 읽고 작성해 주시기 바라며, [ ]에는 해당하는 곳에 √ 표시를 합니다. (앞쪽)

기관명		기관 유형	[ ]대학 [ ]연구기관 [ ]기업부설(연) [ ]그 밖의 기관
주소			

사고 발생 원인 및 발생 경위[1]	사고일시	년 월 일 시
	사고장소	학과(부서)명:
		연구실명: (연구 분야 :)
	연구활동 내용	연구활동 수행 인원, 취급 물질·기계·설비, 수행 중이던 연구활동의 개요 등 기록
	사고 발생 당시 상황	불안전한 연구실 환경, 사고자나 동료 연구자의 불안전한 행동 등 기록

		성명	성별	출생 연도	신분[2]	상해 부위	상해 유형[3]	상해·질병 코드[4]	치료 (예상)기간	상해·질병 완치 여부	후유장해여부 (1~14급)	보상 여부	보상 금액
피해 현황	인적 피해	①											
		②											
		③											
		④											
		⑤											
		※ 인적 피해가 5명을 초과하는 경우, '인적 피해 현황'부분만 별지로 추가 작성해 주시기 바랍니다.											
	물적 피해	피해물품					피해금액		약 백만원				

조치 현황 및 향후 계획	보고 시점까지 내부보고 등 조치 현황 및 향후 계획(치료 및 복구 등) 기록	
재발 방지 대책	(상세계획은 별첨)	
연구실 안전관리 현황	점검·진단	[ ] 실시(실시일:) [ ] 미실시(사유:)
	보험가입	[ ] 가입(가입일:) [ ] 미가입(사유:)
	안전교육	[ ] 실시(실시일:) [ ] 미실시(사유:)
별첨	재발 방지 대책 상세 계획 사고장소 현장 및 피해 사진 등	

관계자 확인 (년 월 일)	연구주체의 장	(서명 또는 인)
	연구실안전환경관리자	(서명 또는 인)
	연구실책임자	(서명 또는 인)

210mm×297mm[백상지 80g/m^2]

(뒤쪽)

작성방법

1) 사고 발생 원인 및 발생 경위
   ※ 연구실사고 원인을 상세히 분석할 수 있도록 사고일시[년, 월, 일, 시(24시 기준)], 사고 발생 장소, 사고 발생 당시 수행 중이던 연구활동 내용(연구활동 수행 인원, 취급 물질・기계・설비, 수행 중이던 연구활동의 개요 등), 사고 발생 당시 상황[불안전한 연구실 환경(기기 노후, 안전장치・설비 미설치 등), 사고자나 동료 연구자의 불안전한 행동(예시: 보호구 미착용, 넘어짐 등) 등]을 상세히 적는다.
2) 신분은 아래의 항목을 참고하여 작성한다.
   ※ 기관 유형이 "대학"인 경우에는 ① 교수, ② 연구원, ③ 대학원생(석사・박사), ④ 대학생(학사, 전문학사)에 해당하면 그 명칭을 적고, 그 밖의 신분에 해당할 경우에는 그 상세 명칭을 적는다.
   ※ 기관 유형이 "연구기관"인 경우에는 ① 연구자(근로자 신분을 지닌 사람), ② 학생연구원에 해당하면 그 명칭을 적고, 그 밖의 신분에 해당할 경우에는 그 상세 명칭을 적는다.
   ※ 기관 유형이 "기업부설연구소"인 경우에는 「기초연구진흥 및 기술개발지원에 관한 법률」에 따라 한국산업기술진흥협회(KOITA)에 신고된 신고서를 기준으로 ① 전담연구원, ② 연구보조원, ③ 학생연구원에 해당하면 그 명칭을 적고, 그 밖의 신분에 해당할 경우에는 그 상세 명칭을 적는다.
3) 상해 유형은 아래의 항목을 참고하여 작성합니다.
   ① 골절 : 뼈가 부러진 상태
   ② 탈구 : 뼈마디가 삐어 어긋난 상태
   ③ 찰과상 : 스치거나 문질려서 살갗이 벗겨진 상처
   ④ 찔림 : 칼, 주사기 등에 찔린 상처
   ⑤ 타박상 : 받히거나 넘어지거나 하여 피부 표면에는 손상이 없으나 피하조직이나 내장이 손상된 상태
   ⑥ 베임 : 칼 따위의 날카로운 것에 베인 상처
   ⑦ 이물 : 체외에서 체내로 들어오거나 또는 체내에서 발생하여 조직과 익숙해지지 않은 물질이 체내에 있는 상태
   ⑧ 난청 : 청각기관의 장애로 청력이 약해지거나 들을 수 없는 상태
   ⑨ 화상 : 불이나 뜨거운 열에 데어서 상함 또는 그 상처
   ⑩ 동상 : 심한 추위로 피부가 얼어서 상함 또는 그 상처
   ⑪ 전기상 : 감전이나 전기 스파크 등에 의한 상함 또는 그 상처
   ⑫ 부식 : 알칼리류, 산류, 금속 염류 따위의 부식독에 의하여 신체에 손상이 일어난 상태
   ⑬ 중독 : 음식이나 내용・외용 약물 및 유해물질의 독성으로 인해 신체가 기능장애를 일으키는 상태
   ⑭ 질식 : 생체 또는 그 조직에서 갖가지 이유로 산소의 결핍, 이산화탄소의 과잉으로 일어나는 상태
   ⑮ 감염 : 병원체가 몸 안에 들어가 증식하는 상태
   ⑯ 물림 : 짐승, 독사 등에 물려 상처를 입음 또는 그 상처
   ⑰ 긁힘 : 동물에 긁혀서 생긴 상처
   ⑱ 염좌 : 인대 등이 늘어나거나 부분적으로 찢어져 생긴 손상
   ⑲ 절단 : 예리한 도구 등으로 인하여 잘린 상처
   ⑳ 그 밖의 유형 : ①~⑲ 항목으로 분류할 수 없을 경우에는 그 상해의 명칭을 적는다.
4) 상해・질병 코드는 진단서에 표기된 상해・질병 코드(질병분류기호 등)를 적는다.

210mm×297mm[백상지 80g/m^2]

(2) 연구실사고 조사반(법 제24조, 시행령 제18조)

① **운영 주체 :** 과학기술정보통신부 장관(사고조사반 구성 · 운영에 필요한 사항을 정함)

② **사고조사반 인력 후보군(조사반원)**

㉠ 구성 : 15명 내외(과학기술정보통신부장관이 요건에 해당하는 사람 중 지명 또는 위촉한 사람으로 구성)

㉡ 임기 : 2년(연임 가능)

㉢ 요건

ⓐ 국가기술자격 법령에 따른 기계안전기술사 · 화공안전기술사 · 전기안전기술사 · 산업위생관리기술사 · 소방기술사 · 가스기술사 또는 인간공학기술사의 자격을 취득한 사람

ⓑ 연구주체의 장이 추천하는 안전분야 전문가

ⓒ 그 밖에 사고조사에 필요한 경험과 학식이 풍부한 전문가

③ **사고조사반**

㉠ 구성 : 5명 내외(과학기술정보통신부장관이 사고원인, 규모 및 발생지역 등 그 특성을 고려하여 조사반원 중 5명 내외로 해당 사고조사반을 구성)

ⓐ 연구실 안전과 관련한 업무를 수행하는 관계 공무원

ⓑ 사고조사반 후보군

㉡ 책임자(조사반장)

ⓐ 지명 · 위촉 : 과학기술정보통신부장관이 해당 사고조사반원 중 책임자를 지명 또는 위촉(그 외에는 과학기술정보통신부의 연구실 안전관리를 담당하는 부서의 장이 조사반장임)

ⓑ 역할

- 사고조사가 효율적이고 신속히 수행될 수 있도록 해당 조사반원에게 임무를 주고 조사업무를 총괄
- 현장 도착 후 즉시 사고 원인 및 피해내용, 연구실 사용제한 등 긴급한 조치의 필요여부 등에 대해 과학기술정보통신부에 우선 유 · 무선으로 보고
- 사고조사가 종료된 경우 지체 없이 아래 각 호의 내용이 포함된 사고조사보고서를 작성하여 과학기술정보통신부장관에게 제출

④ **사고조사반 수행업무**

㉠ 「연구실 안전환경 조성에 관한 법률」 이행 여부 등 사고원인 및 사고경위 조사

㉡ 연구실 사용제한 등 긴급한 조치 필요 여부 등의 검토

㉢ 그 밖에 과학기술정보통신부장관이 조사를 요청한 사항

⑤ **사고조사보고서 포함 내용**

㉠ 조사 일시

㉡ 해당 사고조사반 구성

㉢ 사고개요

㉣ 조사내용 및 결과(사고현장 사진 포함)

㉤ 문제점

㉥ 복구 시 반영 필요사항 등 개선대책

㉦ 결론 및 건의사항

⑥ **정보제공** : 조사반원은 사고조사 과정에서 업무상 알게 된 정보를 외부에 제공하고자 하는 경우 사전에 과학기술정보통신부장관과 협의 필요

(3) 연구실 사용제한 등(법 제25조)

① **긴급조치 실시**

㉠ 과학기술정보통신부장관 : 연구주체의 장으로부터 중대한 결함에 대하여 보고받은 경우 즉시 관계 중앙행정기관의 장 및 지방자치단체의 장에게 통보하고, 연구주체의 장에게 긴급조치를 요구하여야 한다(법 제16조).

㉡ 연구주체의 장 : 안전점검 및 정밀안전진단의 실시 결과 또는 연구실사고 조사 결과에 따라 연구활동종사자 또는 공중의 안전을 위하여 긴급한 조치가 필요하다고 판단되는 경우 실시한다.

㉢ 연구활동종사자 : 연구실의 안전에 중대한 문제가 발생하거나 발생할 가능성이 있어 긴급한 조치가 필요하다고 판단되는 경우 직접 실시한다(이 경우 연구주체의 장에게 그 사실을 지체 없이 보고하여야 하며, 연구주체의 장은 조치를 취한 연구활동종사자에 대하여 그 조치의 결과를 이유로 신분상 또는 경제상의 불이익을 주어서는 안 된다).

② **긴급조치 실시방법**

㉠ 정밀안전진단 실시

㉡ 유해인자의 제거

㉢ 연구실 일부의 사용제한

㉣ 연구실의 사용금지

㉤ 연구실의 철거

㉥ 그 밖에 연구주체의 장 또는 연구활동종사자가 필요하다고 인정하는 안전조치

③ **보고** : 긴급조치가 있는 경우 연구주체의 장은 그 사실을 과학기술정보통신부장관에게 즉시 보고(과학기술정보통신부장관은 이를 공고)

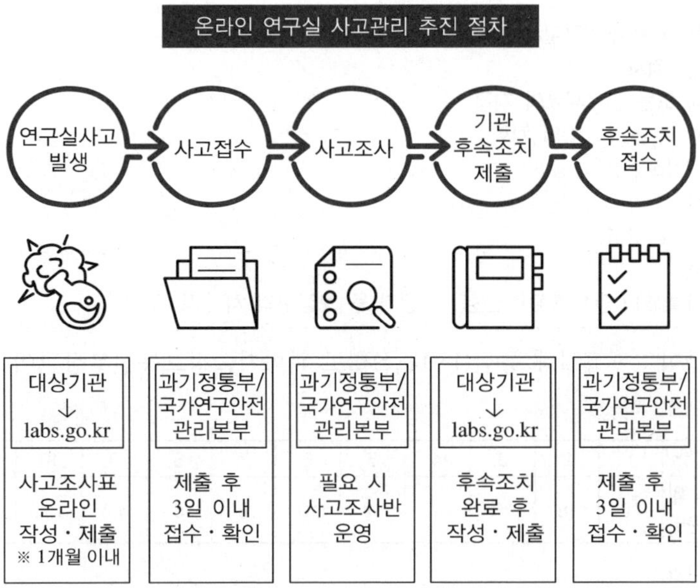

[연구실사고 보고 및 추진절차]

(4) 보험가입(법 제26조, 시행령 제19조, 시행규칙 제15조)

① 연구주체의 장의 의무

㉠ 연구활동종사자의 상해 · 사망에 대비하여 연구활동종사자를 피보험자 및 수익자로 하는 보험에 가입하여야 한다.

㉡ 매년 보험가입에 필요한 비용을 예산에 계상하여야 한다.

㉢ 보험의 보험금 지급청구권은 양도 또는 압류하거나 담보로 제공할 수 없다.

㉣ 연구주체의 장은 연구활동종사자가 보험에 따라 지급받은 보험금으로 치료비를 부담하기에 부족하다고 인정하는 경우 다음에 따라 해당 연구활동종사자에게 치료비를 지원할 수 있다.

ⓐ 치료비는 진찰비, 검사비, 약제비, 입원비, 간병비 등 치료에 드는 모든 의료비용을 포함할 것

ⓑ 치료비는 연구활동종사자가 부담한 치료비 총액에서 보험에 따라 지급받은 보험금을 차감한 금액을 초과하지 않을 것

② 종류

㉠ 요양급여

ⓐ 최고한도 : 20억원 이상

ⓑ 연구실사고로 발생한 부상 · 질병 등으로 인하여 의료비를 실제로 부담한 경우에 지급

ⓒ 긴급하거나 부득이한 사유가 있을 때에는 해당 연구활동종사자의 청구를 받아 요양급여를 미리 지급할 수 있음

> **의료비의 범위(연구실사고에 대한 보상기준)**
> - 진찰 · 검사
> - 약제 또는 진료재료의 지급
> - 처치, 수술, 그 밖의 치료
> - 재활치료
> - 입원
> - 간호 및 간병
> - 호송
> - 의지(義肢) · 의치(義齒), 안경 · 보청기 등 보장구의 처방 및 구입

㉡ 장해급여 : 후유장해 등급(1~14급)별로 과학기술정보통신부장관이 정하여 고시하는 금액 이상으로 지급

등급	1	2	3	4	5	6	7	8	9	10	11	12	13	14
보상금액 (천만원)	20	18	16	14	12	10	8	6	4.5	3.75	3	2.5	2	1.25

㉢ 입원급여

ⓐ 입원 1일당 5만원 이상

ⓑ 연구실사고로 발생한 부상 · 질병 등으로 인하여 의료기관에 입원을 한 경우에 입원일부터 계산하여 실제 입원일수에 따라 지급

ⓒ 지급기간 : 4일 이상 30일 이내(입원일수가 3일 이내이면 지급하지 않을 수 있고, 입원일수가 30일 이상인 경우에는 최소한 30일에 해당하는 금액은 지급)

㉣ 유족급여

ⓐ 1인당 2억원 이상

ⓑ 연구활동종사자가 연구실사고로 인하여 사망한 경우 일시금 지급

㉤ 장의비

ⓐ 1인당 1천만원 이상

ⓑ 장례를 실제로 지낸 자에게 지급

③ **2종 이상의 보험급여 지급 기준**

㉠ 부상 또는 질병 등이 발생한 사람이 치료 중에 그 부상 또는 질병 등이 원인이 되어 사망한 경우 : 요양급여, 입원급여, 유족급여 및 장의비를 합산한 금액

㉡ 부상 또는 질병 등이 발생한 사람에게 후유장해가 발생한 경우 : 요양급여, 장해급여 및 입원급여를 합산한 금액

㉢ 후유장해가 발생한 사람이 그 후유장해가 원인이 되어 사망한 경우 : 유족급여 및 장의비에서 장해급여를 공제한 금액

④ **보험가입 대상 제외** : 다음의 어느 하나에 해당하는 법률에 따라 기준을 충족하는 보상이 이루어지는 연구활동종사자

㉠ 「산업재해보상보험법」

㉡ 「공무원 재해보상법」
㉢ 「사립학교교직원 연금법」
㉣ 「군인 재해보상법」

(5) 보험 관련 자료 등의 제출(법 제27조, 시행규칙 제16조, 제17조)

① **제출기한** : 과학기술정보통신부장관으로부터 자료제출을 요청받은 경우 매년 4월 30일까지

② **제출서류**

㉠ 해당 보험회사에 가입된 대학·연구기관 등 또는 연구실의 현황

㉡ 대학·연구기관 등 또는 연구실별로 보험에 가입된 연구활동종사자의 수, 보험가입 금액, 보험기간 및 보상금액

㉢ 해당 보험회사가 연구실사고에 대하여 이미 보상한 사례가 있는 경우에는 보상받은 대학·연구기관 등 또는 연구실의 현황, 보상받은 연구활동종사자의 수, 보상금액 및 연구실사고 내용

(6) 안전관리 우수연구실 인증제(법 제28조, 시행령 제20조)

① **목적** : 연구실의 안전관리 역량을 강화하고 표준모델을 발굴·확산

② **인증기준**

㉠ 연구실 운영규정, 연구실 안전환경 목표 및 추진계획 등 연구실 안전환경 관리체계가 우수하게 구축되어 있을 것

㉡ 연구실 안전점검 및 교육 계획·실시 등 연구실 안전환경 구축·관리 활동 실적이 우수할 것

㉢ 연구주체의 장, 연구실책임자 및 연구활동종사자 등 연구실 안전환경 관계자의 안전의식이 형성되어 있을 것

③ **인증심의위원회**

㉠ 구성 : 연구실 안전관련 업무와 관련한 산·학·연 전문가 등 15명 이내의 위원으로 구성(위원장 : 과학기술정보통신부장관이 위원 중에서 선임)

㉡ 임기 : 2년(연임 가능, 임기 만료 후에도 후임 위촉 전까지 직무 수행 가능)

㉢ 심의·의결사항

ⓐ 인증기준에 관한 사항
ⓑ 인증심사 결과 조정 및 인증 여부 결정에 관한 사항
ⓒ 인증취소 여부 결정에 관한 사항
ⓓ 그 밖에 과학기술정보통신부장관 또는 위원회의 위원장이 회의에 부치는 사항

④ **신청 첨부 서류(과학기술정보통신부장관에게 제출)**

㉠ 기업부설연구소 또는 연구개발전담부서의 경우 인정서 사본

㉡ 연구활동종사자 현황

㉢ 연구과제 수행 현황
㉣ 연구장비, 안전설비 및 위험물질 보유 현황
㉤ 연구실 배치도
㉥ 기타 인증심사에 필요한 서류(연구실 안전환경 관리체계 및 연구실 안전환경 관계자의 안전의식 확인을 위해 필요한 서류)

⑤ 인증심사 실시방법
㉠ ⑥에 따른 인증심사 기준 적용
㉡ 인증 운영매뉴얼, 절차서 등에 대한 문서자료 및 현황 조사
㉢ 연구실 현장의 안전환경 활동 확인
㉣ 연구주체의 장 및 연구실책임자 등의 면담, 인터뷰 등의 방법

⑥ 인증심사기준
㉠ 필수 이행항목(적/부 판단)
ⓐ 연구실 안전환경 시스템 분야
- 연구실 안전환경 방침 및 목표, 추진계획이 수립되어있어야 한다.
- 연구실안전법에 따른 법적 이행사항을 준수하고 있어야 한다(연구실책임자의 지정·운영, 연구실안전관리규정의 작성 및 준수 등, 안전점검의 실시, 및 정밀안전진단의 실시, 보험가입, 교육·훈련 등).

ⓑ 연구실 안전환경 활동 수준 분야
- 연구실과 사무실이 분리되어 있어야 한다(단, 저위험연구실은 제외).
- 11개 심사항목 중 8개 이상의 항목에 대해 심사가 가능하여야 한다.

㉡ 분야별 심사항목(각 항목별 점수 부여)
ⓐ 연구실 안전환경 시스템 분야(12개 항목)
- 운영법규 등 검토
- 조직 및 업무분장
- 교육 및 훈련, 자격 등
- 문서화 및 문서관리
- 성과측정 및 모니터링
- 내부심사
- 목표 및 추진계획
- 사전유해인자위험분석
- 의사소통 및 정보제공
- 비상 시 대비·대응 관리 체계
- 시정조치 및 예방조치
- 연구주체의 장의 검토 여부

ⓑ 연구실 안전환경 활동 수준 분야(11개 항목)
- 연구실의 안전환경 일반
- 연구실 안전점검 및 정밀안전진단 상태 확인
- 연구실 안전교육 및 사고 대비·대응 관련 활동
- 개인보호구 지급 및 관리

• 화재 · 폭발 예방

• 가스안전

• 연구실 환경 · 보건 관리

• 화학안전

• 실험 기계 · 기구 안전

• 전기안전

• 생물안전

ⓒ 연구실 안전관리 관계자 안전의식 분야(4개 항목)

• 연구주체의 장

• 연구실책임자

• 연구활동종사자

• 연구실안전환경관리자

⑦ **인증서 발급**

㉠ 필수 이행항목에 적합 판정을 받고, 각 분야별로 100분의 80 이상을 득점한 경우에 한하여 인증 결정을 할 수 있다.

㉡ 유효기간 : 2년

㉢ 재인증 : 만료일 60일 전까지 과학기술정보통신부장관에게 인증 신청

⑧ **인증 취소**

㉠ 거짓이나 그 밖의 부정한 방법으로 인증을 받은 경우(반드시 인증 취소)

㉡ 정당한 사유 없이 1년 이상 연구활동을 수행하지 않은 경우

㉢ 인증서를 반납하는 경우

㉣ 인증기준에 적합하지 아니하게 된 경우

⑨ **인증패** : 우수연구실 인증서를 발급받은 자는 안전관리 우수연구실 인증패를 제작하여 해당 연구실에 게시

5 연구실 안전환경 조성을 위한 지원

(1) 대학·연구기관 등에 대한 국가지원(법 제29조, 시행령 제22조)

① 지원 대상

㉠ 대학·연구기관 등

㉡ 연구실 안전관리와 관련 있는 연구 또는 사업을 추진하는 비영리 법인 또는 단체

② 지원 사업·연구

㉠ 연구실 안전관리 정책·제도개선, 안전관리기준 등에 대한 연구, 개발 및 보급

㉡ 연구실 안전 교육자료 연구, 발간, 보급 및 교육

㉢ 연구실 안전 네트워크 구축·운영

㉣ 연구실 안전점검·정밀안전진단 실시 또는 관련 기술·기준의 개발 및 고도화

㉤ 연구실 안전의식 제고를 위한 홍보 등 안전문화 확산

㉥ 연구실사고의 조사, 원인 분석, 안전대책 수립 및 사례 전파

㉦ 그 밖에 연구실의 안전환경 조성 및 기반 구축을 위한 사업

(2) 권역별연구안전지원센터(법 제30조, 시행령 제23조)

① 지정 신청 : 다음의 서류를 첨부하여 과학기술정보통신부장관에게 제출

㉠ 사업 수행에 필요한 인력 보유 및 시설 현황

㉡ 센터 운영규정

㉢ 사업계획서

㉣ 그 밖에 연구실 현장 안전관리 및 신속한 사고 대응과 관련하여 과학기술정보통신부장관이 공고하는 서류

② 지정 요건

㉠ 기술인력 : 다음의 어느 하나에 해당하는 사람 2명 이상 갖출 것

ⓐ 기술사 자격 또는 박사학위를 취득한 후 안전 업무 경력이 1년 이상인 사람(관련분야 : 안전, 기계, 전기, 화공, 산업위생, 보건위생, 생물)

ⓑ 관련분야 중 어느 하나에 해당하는 분야의 기사 자격 또는 석사학위를 취득한 후 안전 업무 경력이 3년 이상인 사람

ⓒ 관련분야 중 어느 하나에 해당하는 분야의 산업기사 자격을 취득한 후 안전 업무 경력이 5년 이상인 사람

㉡ 센터 운영 자체 규정 마련

㉢ 업무 추진 사무실 확보

③ 수행업무

㉠ 연구실사고 발생 시 사고 현황 파악 및 수습 지원 등 신속한 사고 대응에 관한 업무

㉡ 연구실 위험요인 관리실태 점검·분석 및 개선에 관한 업무

㉢ 업무 수행에 필요한 전문인력 양성 및 대학·연구기관 등에 대한 안전관리 기술 지원에 관한 업무

㉣ 연구실 안전관리 기술, 기준, 정책 및 제도 개발·개선에 관한 업무

㉤ 연구실 안전의식 제고를 위한 연구실 안전문화 확산에 관한 업무

㉥ 정부와 대학·연구기관 등 상호 간 연구실 안전환경 관련 협력에 관한 업무

㉦ 연구실 안전교육 교재 및 프로그램 개발·운영에 관한 업무

㉧ 그 밖에 과학기술정보통신부장관이 정하는 연구실 안전환경 조성에 관한 업무

④ 지정 취소

㉠ 거짓이나 그 밖의 부정한 방법으로 지정을 받은 경우(반드시 지정 취소)

㉡ 지정요건을 충족하지 못하게 된 경우

(3) 검사(법 제31조, 제32조)

① 과학기술정보통신부 장관

㉠ 관계 공무원으로 하여금 대학·연구기관 등의 연구실 안전관리 현황과 관련 서류 등을 검사하게 할 수 있다.

㉡ 검사를 하는 경우에는 연구주체의 장에게 검사의 목적, 필요성 및 범위 등을 사전에 통보하여야 한다. 다만, 연구실사고 발생 등 긴급을 요하거나 사전 통보 시 증거인멸의 우려가 있어 검사 목적을 달성할 수 없다고 인정되는 경우에는 그러하지 아니하다.

② **연구주체의 장** : 검사에 적극 협조하여야 하며, 정당한 사유 없이 이를 거부하거나 방해 또는 기피하여서는 아니 된다.

③ **관계공무원** : 연구실사고 조사를 실시하거나 관련 서류를 검사하는 경우 관계 공무원 또는 관련 전문가는 그 권한을 표시하는 증표를 지니고 이를 관계인에게 내보여야 한다.

④ 절차

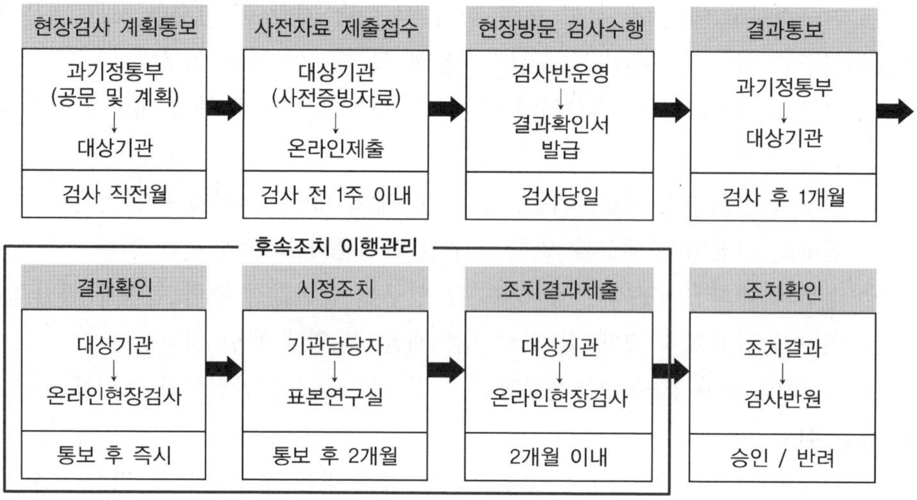

⑤ 현장검사

㉠ 대상 : 법 적용 대상 대학 및 연구기관, 기업부설연구소

㉡ 기간 : 5월~11월

㉢ 검사반 : 과학기술정보통신부(필요시 동행), 국가연구안전관리본부, 수도권연구안전센터, 분야별 안전전문가(필요시 동행) 등 2~5명으로 구성・운영

㉣ 검사 내용

ⓐ 법 이행 서류검사 : 체크리스트를 활용하여 사전자료서류 확인

※ 검사항목(8개 항목) : 안전규정, 안전조직, 교육훈련, 점검・진단, 안전예산, 건강검진, 사고조사, 보험가입

[법 이행 서류검사 관련 확인사항 및 준비사항]

구분		검사 시 확인사항	대상기관 준비사항
안전관리규정(법 제12조) 관련		• 안전관리규정 작성 확인(작성 사항 포함 여부, 최신 법령 반영 여부) • 안전관리규정 성실 준수 여부 확인 • 표본검사 시 연구실 내 안전관리규정 게시 확인	• 안전관리규정 제·개정 전문 제출 • 안전관리규정 제·개정 이력, 근거법령 등 입력
안전조직	안전환경관리자(법 제10조) 관련	• 안전환경관리자 지정 확인(지정문건, 자격요건, 전담자, 업무 성실 수행 여부, 국가연시스템 보고이력, 분원·분교에 대한 지정 현황) • 안전환경관리자 대리자 지정 현황(해당 시)	• 안전환경관리자 지정 현황 입력 및 지정문건 제출 • 안전환경관리자 대리자 지정 현황 입력(해당 시)
	연구실책임자(법 제9조) 관련	• 연구실책임자 지정 확인(연구실별 지정 여부, 지정문건, 자격 요건 등) • 연구실안전관리담당자 지정 확인(연구실별 지정 여부, 지정문건) • 사전유해인자위험분석 실시 여부 • 유해인자 취급 및 관리대장 작성 여부	연구실책임자, 안전관리담당자 지정 현황 입력 및 지정문건 제출
	안전관리위원회(법 제11조) 관련	• 안전관리위원회 구성 확인(조직도, 구성요건) • 안전관리위원회 운영 확인(정기운영, 의결내용, 결과공표 등)	• 안전관리위원회 운영 현황 입력(근거법령, 위원수, 운영실적 등) • 안전관리위원회 운영 결과 제출(구성현황, 회의결과, 공표결과)
교육·훈련(법 제20조) 관련		• 연구활동종사자 안전교육 실시 확인(계획·결과보고서, 통계 및 미이수자 관리) • 안전환경관리자 전문교육(신규·보수) 실시 확인(검사 당일 기준 교육이수 여부 확인)	• 연구활동종사자 안전교육 현황 입력(근거법령, 교육형태, 교육시간, 교육내용, 교육훈련 담당자의 자격, 참여율) • 안전환경관리자 전문교육 결과 준비(신규·보수교육 실시결과)
점검·진단	안전점검(법 제14조) 관련	• 일상점검 실시 및 책임자 서명 확인(점검항목, 실시시기, 일상점검표 적부) • 정기점검 실시 및 후속조치 확인(실시내용, 자격요건, 보고서 내용, 후속조치 이행, 점검결과 공표, 중대한 결함 보고, 조치결과 적정 여부)	• 일상·정기점검 실시 현황 입력(근거법령, 수행방법, 점검등급 등) • 일상·정기점검 결과보고서 준비(일상점검 체크리스트, 정기점검 결과보고서)
	정밀안전진단(법 제15조) 관련	정밀안전진단 실시 및 후속조치 확인(실시내용, 자격요건, 보고서 내용, 후속조치 이행, 진단결과 공표, 중대한 결함 보고, 조치결과 적정 여부)	• 정밀안전진단 실시 현황 입력(근거법령, 수행방법, 점검등급 등) • 정밀안전진단 결과보고서 준비(결과보고서 및 후속조치 자료)
안전예산(법 제22조) 관련		• 안전예산 편성 확인(예산 편성 내역, 과제 인건비 1% 이상 편성 여부, 적정항목 편성) • 안전예산 집행 확인(적정 집행 여부, 목적 외 사용 여부, 사용내역서 제출 여부)	• 안전예산 현황 입력(기관 안전예산 편성, 연구과제 안전예산 편성) • 안전관리규정 제·개정 전문 제출 • 집행내역 증빙자료 준비
건강검진(법 제21조) 관련		• 건강검진 실시 여부(수검율, 일반·특수 건강검진 결과표, 물질별 실시 시기 및 주기 적정성) • 대상자 및 대상인자 파악 적정 확인(대상자 및 대상인자 파악 조사표, 표본검사 시 대상인자 누락 여부 확인)	건강검진 실시 현황 입력 및 자료 준비(근거법령, 대상파악, 대상인원, 실시인원, 실시계획 및 결과표 등)

구분	검사 시 확인사항	대상기관 준비사항
사고보고(법 제23조) 관련	• 연구실사고 보고 이력 확인(검사 당일 기준 미보고사고 여부 확인, 보고기한 준수 여부) • 연구실사고 후속조치 확인(후속조치 이행, 사고조사결과 공표 여부, 조치결과 적정성, 사고조사보고서 기록 보관)	• 연구실사고 발생현황 입력(사고일시, 보고일시, 사고내용 등) • 연구실사고 관련 자료 준비(사고조사표, 후속조치 등)
보험가입(법 제26조) 관련	• 연구활동종사자 보험 가입 확인(모든 연구활동종사자 가입) • 보험의 보상기준 충족 여부 확인(연구실사고에 대한 보상 기준 적정성) • 보험가입 보고서 제출 여부	• 연구활동종사자 보험가입 현황 입력(근거법령, 대상인원, 가입인원 등) • 연구활동종사자 보험 가입 증빙 제출(연구활동종사자 현황, 가입 보험 증권 등)

ⓑ 표본연구실 검사 : 체크리스트를 활용하여 연구실 설치·운영 기준 등 검사(표본 연구실 20개실 내외)

※ 검사항목(8개 분야) : 일반분야, 기계분야, 전기분야, 화공분야, 소방분야, 가스분야, 위생분야, 생물분야

※ 표본연구실 검사 시 측정장비(T_{VOC} 등)를 활용할 수 있음

ⓒ 표본연구실 검사 관련 주요 지적사항 및 관리방안

• 일반분야

구분	주요 지적사항	관리방안
유해인자 취급·관리대장	• 일부 유해인자 누락 • 최신화된 이력 없음 • 미작성, 미게시	• 모든 유해인자 포함하여 작성 • 최신화 관리(6개월 이내) • 연구실 내 잘 보이는 곳 게시
연구실 일상점검	• 일상점검항목 미흡(항목 삭제) • 연구실책임자 확인·서명 누락 • 일부 미실시	• 법정 일상점검 항목 유지(추가는 가능하나 삭제 금지) • 연구실책임자 확인·서명 • 연구활동 시작 전 매일 실시
연구실 비상대응 연락망	• 작성내용 미흡 • 비상연락망 현행화 미흡 • 미작성, 미게시	• 연구실별 비상연락망 작성 • 연락처, 보고절차 등 현행화 • 연구실 내 잘 보이는 곳 게시

• 기계분야

구분	주요 지적사항	관리방안
기계·기구·설비별 안전수칙	• 안전수칙 미작성 • 안전수칙 게시 미흡	• 안전수칙 작성 • 기계·기구 주변에 게시 • 취급자 대상 교육 실시
위험기계·기구 안전구획	울타리 미설치 또는 안전구획 미흡	• 위험기계·기구별 울타리 설치 • 눈에 잘 띄는 색의 테이프 등으로 안전구획 표시 • 그 밖의 접근 제한 조치 등
위험기계·기구 방호장치	• 방호장치 또는 안전덮개 미설치 • 방호장치 임의해제 사용	• 위험기계·기구별 적정 방호장치 또는 안전덮개 설치 • 방호장치 임의해제 금지 • 안전검사 및 주기적인 성능 검사

• 전기분야

구분	주요 지적사항	관리방안
연구실 내 분전반	• 분전반 주변 적재물 비치 • 경고표지 미부착	• 분전반 주변 장애물 제거 • 경고표지 및 주의사항 부착 • 외부 분전반 시건장치 양호
분전반 회로별 명칭 기재	• 명칭 · 명판 등의 이해 불가 • 일부 회로별 명칭 미기재 • 미기재 · 미부착	• 직관적으로 이해할 수 있도록 명칭 · 명판 등 기재 · 부착 • 도면 게시 또는 비치
정격전류 초과 문어발 콘센트	• 문어발식 콘센트 사용 • 전선정리 · 관리 미흡	• 문어발식 콘센트 사용 금지 • 전선정리 · 관리(정리, 몰드 등)

• 화공분야

구분	주요 지적사항	관리방안
시약병 경고표지	• 유해화학물질 시약병 경고표지 미부착 • 제조 시약병 라벨링 미부착	• 유해화학물질 시약병 경고표지 부착(소분용기도 포함) • 제조 시약병 라벨링 부착
MSDS	• MSDS 미비치 및 종사자 미숙지(보관위치 모름) • 안전보건공단의 MSDS 또는 요약본 비치	• 모든 물질의 MSDS 게시 · 비치(전자기기를 통한 홈페이지 연결 인정) • 연구활동종사자 MSDS 교육 • 공급업체용 MSDS 게시 · 비치
특별관리물질 관리대장	• 특별관리물질 대상파악 미흡 • 관리대장 미작성	• 특별관리물질 대상파악(벤젠, 황산, DMF 등) • 관리대장 작성 및 고시

• 소방분야

구분	주요 지적사항	관리방안
비상대피 안내정보	• 비상대피안내도 최신화 미흡 • 부적절한 정보 제공 • 비상대피안내도 없음	• 비상대피안내도 최신화 • 출입구, 인접 복도, 대피동선 등 눈에 잘 보이는 곳에 비상대피안내도 부착 · 관리
소화기(소화전) 관리	• 연구실 내 소화기 미비치 • 소화기, 소화전 위치 표지 미부착 • 충전상태 불량 및 유효기간 경과 • 소화기, 소화전 앞 장애물 적치 등	• 연구실 내 적응성 소화기 비치 • 소화기, 소화전 위치 표지 부착 • 소화기 수량, 충전상태, 유효기간 양호하게 설치 • 소화기, 소화전 앞 장애물 적치금지
피난유도등 설치 · 관리	• 유도등 미설치 • 유도등 점등 상태 미약 또는 불량 • 유도등 시야확보 방해	• 연구실 출입구 상부에 피난구 유도등 설치 및 점등상태 양호 • 연구실 전 구역에서 유도등 확인 가능 • 연구실부터 건물 외부까지 유도등 설치

• 가스분야

구분	주요 지적사항	관리방안
고압가스용기 밸브 보호캡	미사용 가스용기에 밸브 보호캡 미설치	모든 미사용 가스용기에 보호캡 설치
고압가스용기 고정(체결)	• 고정장치 미체결 • 가스용기 고정장치 불량	가스용기 고정장치 체결 · 보관
미사용 가스배관 말단부 막음조치	• 미사용 가스배관 방치 • 말단부 막음조치 미실시	• 미사용 가스배관 철거 • 미사용 가스배관 말단부 막음조치 실시

• 위생분야

구분	주요 지적사항	관리방안
연구실 안전보건표지 부착	• 안전보건표지 미부착 • 안전보건표지 정보 불일치	• 연구활동에 적합한 안전보건표지 부착 • 연구실 유해인자 현황 일치
개인보호구 비치 및 관리	• 연구활동에 적합한 개인보호구 미비(개인별 관리 미흡, 필터 관리 미흡) • 개인보호구 청결상태 미흡	• 연구활동에 적합한 개인보호구 구비(개인별 관리, 필터 관리) • 개인보호구 청결 양호
세안기, 샤워설비 설치 및 관리	• 샤워설비, 세안장치 미설치 • 샤워설비, 세안장치 주변 장애물 적치 • 작동밸브, 세척장비 헤드 높이 등 설치기준 일부 부적합 • 안내표지 및 사용법 미부착	• 화학물질 취급장소로부터 약 15m 내 샤워설비, 세안장치 설치(주변 장애물 없어야 함) • 샤워설비, 세안장치 설치기준 적합 • 안내표지 및 사용법 부착

• 생물분야

구분	주요 지적사항	관리방안
의료용 폐기물 전용용기	• 전용용기 미사용 • 전용용기 폐기정보 미기입 • 의료폐기물 과다 보관(용기 70% 이상) • 폐기물 보관기간 미준수	• 폐기물 종류별 전용용기 사용 • 적정 폐기정보 기입 • 용기 내 적정량 보관 • 폐기물 보관기간 준수
에어로졸 발생 최소화	연구장비·폐기물 용기 덮개 개방 사용 등 에어로졸 발생	• 연구장비·폐기물 용기 덮개 덮음 • 에어로졸 방지 장비 사용
생물안전작업대 및 클린벤치 관리	• 적정 등급의 생물안전작업대 미사용 • 소모품(헤파필터, UV램프 등) 불량 • 작업대 내외부 청소 등 상태 미흡	• 적정 등급의 생물안전작업대 사용 • 소모품(헤파필터, UV램프 등) 교체 • 작업대 청소 등 관리상태 양호

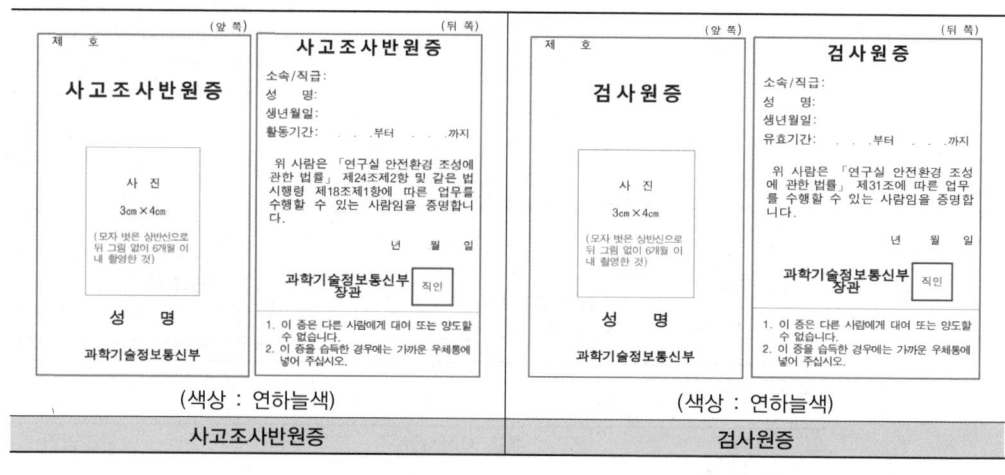

ⓜ 증표제시

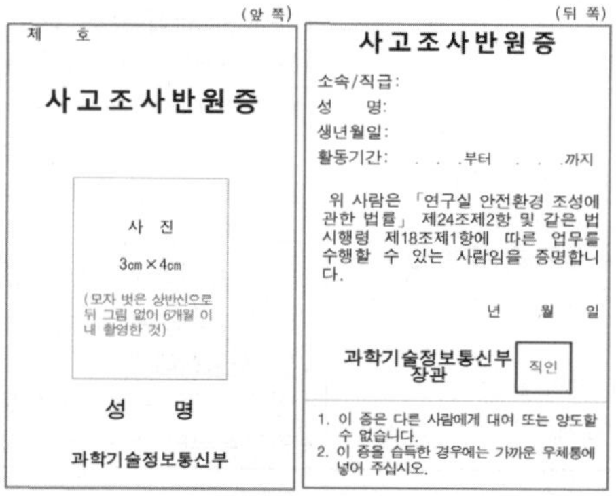

(앞 쪽)

제 호

사고조사반원증

사 진
3㎝×4㎝
(모자 벗은 상반신으로 뒤 그림 없이 6개월 이내 촬영한 것)

성 명

과학기술정보통신부

(뒤 쪽)

사고조사반원증

소속/직급:
성 명:
생년월일:
활동기간: . . .부터 . . .까지

위 사람은 「연구실 안전환경 조성에 관한 법률」 제24조제2항 및 같은 법 시행령 제18조제1항에 따른 업무를 수행할 수 있는 사람임을 증명합니다.

년 월 일

과학기술정보통신부장관 직인

1. 이 증은 다른 사람에게 대여 또는 양도할 수 없습니다.
2. 이 증을 습득한 경우에는 가까운 우체통에 넣어 주십시오.

(색상 : 연하늘색)

사고조사반원증

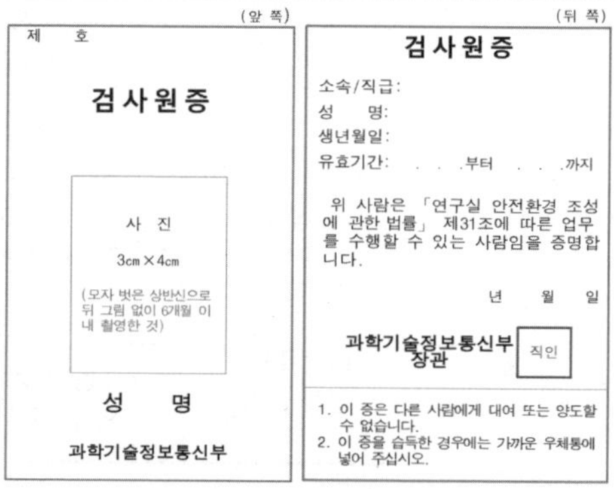

(앞 쪽)

제 호

검사원증

사 진
3㎝×4㎝
(모자 벗은 상반신으로 뒤 그림 없이 6개월 이내 촬영한 것)

성 명

과학기술정보통신부

(뒤 쪽)

검사원증

소속/직급:
성 명:
생년월일:
유효기간: . . .부터 . . .까지

위 사람은 「연구실 안전환경 조성에 관한 법률」 제31조에 따른 업무를 수행할 수 있는 사람임을 증명합니다.

년 월 일

과학기술정보통신부장관 직인

1. 이 증은 다른 사람에게 대여 또는 양도할 수 없습니다.
2. 이 증을 습득한 경우에는 가까운 우체통에 넣어 주십시오.

(색상 : 연하늘색)

검사원증

(4) 시정명령(법 제33조)

① **시정명령** : 과학기술정보통신부장관은 다음 대상에 해당하는 경우에 연구주체의 장에게 일정 한 기간을 정하여 시정을 명하거나 그 밖에 필요한 조치를 명할 수 있다.

② 대상

㉠ 연구실 설치·운영 기준에 따라 연구실을 설치·운영하지 아니한 경우

㉡ 연구실안전정보시스템의 구축과 관련하여 필요한 자료를 제출하지 아니하거나 거짓으로 제출한 경우

㉢ 연구실안전관리위원회를 구성·운영하지 아니한 경우

㉣ 안전점검 또는 정밀안전진단 업무를 성실하게 수행하지 아니한 경우

㉤ 연구활동종사자에 대한 교육·훈련을 성실하게 실시하지 아니한 경우

㉥ 연구활동종사자에 대한 건강검진을 성실하게 실시하지 아니한 경우

㉦ 안전을 위하여 필요한 조치를 취하지 아니하였거나 안전조치가 미흡하여 추가조치가 필요한 경우

㉧ 검사에 필요한 서류 등을 제출하지 아니하거나 검사 결과 연구활동종사자나 공중의 위험을 발생시킬 우려가 있는 경우

③ **시정조치** : 주어진 기간 내에 시정조치를 하고, 그 결과를 과학기술정보통신부장관에게 보고

6 연구실안전관리사

(1) 연구실안전관리사의 자격 및 시험(법 제34조, 시행령 제24~29조, 시행규칙 제21~23조)

① 연구실안전관리사

㉠ 자격 취득 : 과학기술정보통신부장관이 실시하는 연구실안전관리사 자격시험에 합격해야 한다.

㉡ 자격증 : 과학기술정보통신부장관은 안전관리사 제1차시험 및 제2차시험에 최종 합격한 사람에게 자격증을 발급해야 한다.

㉢ 안전관리사 직무 수행 조건 : 안전관리사 자격 취득 후 과학기술정보통신부장관이 실시하는 교육·훈련(연구실안전관리사 교육·훈련)을 이수해야 한다.

㉣ 금지

ⓐ 발급받은 안전관리사 자격증을 다른 사람에게 빌려주거나 다른 사람에게 자기의 이름으로 연구실안전관리사의 직무를 하게 하여서는 아니 된다.

ⓑ 자격을 취득한 연구실안전관리사가 아닌 사람은 연구실안전관리사 또는 이와 유사한 명칭을 사용하여서는 아니 된다.

② 안전관리사시험

㉠ 시험 주기 : 매년 1회 이상(단, 연구실안전관리사의 수급 상황 등을 고려하여 안전관리사시험을 실시할 필요가 없다고 인정하는 경우에는 해당 연도의 시험을 실시하지 않을 수 있다)

㉡ 시험 공고 : 과학기술정보통신부장관은 시험 일시・장소・방법・과목・응시자격 및 응시절차와 그 밖에 시험의 실시에 필요한 사항을 시험 실시 90일 전까지 관보 및 과학기술정보통신부 홈페이지에 공고해야 한다.

㉢ 공고 변경 : 공고된 내용대로 안전관리사시험을 실시할 수 없는 불가피한 사정이 발생한 경우에는 공고내용을 변경할 수 있다. 이 경우 시험 실시 10일 전까지 그 변경내용을 관보 및 과학기술정보통신부 홈페이지에 공고해야 한다.

㉣ 응시자격

ⓐ 「국가기술자격법」에 따른 국가기술자격의 직무분야 중 안전관리 분야나 안전관리 유사분야(기계, 화학, 전기・전자, 환경・에너지인 경우로 한정) 기사 이상의 자격을 취득한 사람

ⓑ 안전관리분야나 안전관리유사분야 산업기사 이상의 자격 취득 후 안전 업무 경력이 1년 이상인 사람

ⓒ 안전관리분야나 안전관리유사분야 기능사 자격 취득 후 안전 업무 경력이 3년 이상인 사람

ⓓ 안전 관련 학과의 4년제 대학 졸업자 또는 졸업예정자(최종학년에 재학 중인 사람)

ⓔ 안전 관련 학과의 3년제 대학 졸업 후 안전 업무 경력이 1년 이상인 사람

ⓕ 안전 관련 학과의 2년제 대학 졸업 후 안전 업무 경력이 2년 이상인 사람

ⓖ 이공계 학과의 석사학위를 취득한 사람

ⓗ 이공계 학과의 4년제 대학 졸업 후 안전 업무 경력이 1년 이상인 사람

ⓘ 이공계 학과의 3년제 대학 졸업 후 안전 업무 경력이 2년 이상인 사람

ⓙ 이공계 학과의 2년제 대학 졸업 후 안전 업무 경력이 3년 이상인 사람

ⓚ 안전 업무 경력이 5년 이상인 사람

(2) 연구실안전관리사의 직무(법 제35조, 시행령 제30조)

① 수행직무

㉠ 연구시설・장비・재료 등에 대한 안전점검・정밀안전진단 및 관리

㉡ 연구실 내 유해인자에 관한 취급 관리 및 기술적 지도・조언

㉢ 연구실 안전관리 및 연구실 환경개선 지도

㉣ 연구실사고 대응 및 사후 관리 지도

㉤ 그 밖에 연구실 안전에 관한 사항으로서 대통령령으로 정하는 사항

대통령령으로 정하는 사항(시행령 제30조)
- 사전유해인자위험분석 실시 지도
- 연구활동종사자에 대한 교육 · 훈련
- 안전관리 우수연구실 인증 취득을 위한 지도
- 그 밖에 연구실 안전에 관하여 연구활동종사자 등의 자문에 대한 응답 및 조언

(3) 연구실안전관리사 결격사유(법 제36조)

다음의 어느 하나에 해당하는 사람은 연구실안전관리사가 될 수 없다.

① 미성년자, 피성년후견인

② 금고 이상의 실형을 선고받고 그 집행이 끝나거나(집행이 끝난 것으로 보는 경우를 포함) 집행을 받지 아니하기로 확정된 날부터 2년이 지나지 아니한 사람

③ 금고 이상의 형의 집행유예를 선고받고 그 유예기간 중에 있는 사람

④ 연구실안전관리사 자격이 취소된 후 3년이 지나지 아니한 사람

(4) 부정행위자에 대한 제재처분(법 제37조)

과학기술정보통신부장관은 안전관리사시험에서 부정한 행위를 한 응시자에 대하여는 그 시험을 정지 또는 무효로 하고, 그 처분을 한 날부터 2년간 안전관리사시험 응시자격을 정지한다.

(5) 자격의 취소 · 정지처분(법 제38조, 시행령 제31조)

① 과학기술정보통신부장관은 자격을 취소하거나 정지하려면 청문을 하여야 한다.

② **취소 · 정지처분 사유**

㉠ 자격취소

ⓐ 거짓이나 그 밖의 부정한 방법으로 연구실안전관리사 자격을 취득한 경우

ⓑ 법 제36조의 어느 하나의 결격사유에 해당하게 된 경우

ⓒ 연구실안전관리사의 자격이 정지된 상태에서 연구실안전관리사 업무를 수행한 경우

㉡ 자격취소 또는 자격정지(2년 범위)

ⓐ 안전관리사 자격증을 다른 사람에게 빌려주거나, 다른 사람에게 자기의 이름으로 연구실안전관리사의 직무를 하게 한 경우

ⓑ 고의 또는 중대한 과실로 연구실안전관리사의 직무를 거짓으로 수행하거나 부실하게 수행하는 경우

ⓒ 직무상 알게 된 비밀을 제3자에게 제공 또는 도용하거나 목적 외의 용도로 사용한 경우

③ 가중 · 감경처분(시행령 별표 12)

㉠ 가중사유

ⓐ 위반행위가 고의나 중대한 과실에 따른 것으로 인정되는 경우

ⓑ 위반의 내용 · 정도가 중대하여 연구실 안전에 미치는 피해가 크다고 인정되는 경우

㉡ 감경사유

ⓐ 위반행위가 사소한 부주의나 오류로 인한 것으로 인정되는 경우

ⓑ 위반의 내용 · 정도가 경미하여 연구실 안전에 미치는 영향이 적다고 인정되는 경우

ⓒ 위반 행위자가 처음 위반행위를 한 경우로서 3년 이상 모범적으로 연구실안전관리사 직무를 수행해 온 사실이 인정되는 경우

㉢ 처분

ⓐ 처분권자는 위반행위의 동기 · 내용 · 횟수 및 위반의 정도 등 사유를 고려하여 행정처분을 가중하거나 감경할 수 있다.

ⓑ 처분이 자격정지인 경우에는 그 처분기준의 2분의 1의 범위에서 가중하거나 감경할 수 있다.

ⓒ 처분이 자격취소인 경우(자격취소를 해야 하는 사유는 제외)에는 6개월 이상의 자격정지 처분으로 감경할 수 있다.

7 보칙 및 벌칙

(1) 신고(법 제39조)

① 연구활동종사자는 연구실에서 이 법 또는 이 법에 따른 명령을 위반한 사실이 발생한 경우 그 사실을 과학기술정보통신부장관에게 신고할 수 있다.

② 연구주체의 장은 신고를 이유로 해당 연구활동종사자에 대하여 불리한 처우를 하여서는 아니 된다.

(2) 비밀유지(법 제40조)

① 안전점검 또는 정밀안전진단을 실시하는 사람은 업무상 알게 된 비밀을 제3자에게 제공 또는 도용하거나 목적 외의 용도로 사용하여서는 아니 된다. 다만, 연구실의 안전관리를 위하여 과학기술정보통신부장관이 필요하다고 인정할 때에는 그러하지 아니하다.

② 자격을 취득한 연구실안전관리사는 그 직무상 알게 된 비밀을 누설하거나 도용하여서는 아니 된다.

(3) 권한·업무의 위임 및 위탁(법 제41조)

① 과학기술정보통신부장관이 권역별연구안전지원센터로 위탁하는 업무

㉠ 연구실안전정보시스템 구축·운영에 관한 업무

㉡ 안전점검 및 정밀안전진단 대행기관의 등록·관리 및 지원에 관한 업무

㉢ 연구실 안전관리에 관한 교육·훈련 및 전문교육의 기획·운영에 관한 업무

㉣ 연구실사고 조사 및 조사 결과의 기록 유지·관리 지원에 관한 업무

㉤ 안전관리 우수연구실 인증제 운영 지원에 관한 업무

㉥ 검사 지원에 관한 업무

㉦ 그 밖에 연구실 안전관리와 관련하여 필요한 업무로서 대통령령으로 정하는 업무

연구실 안전환경 조성 관련 위탁업무 수행기관 지정(과기정통부고시 제2021-29호) • 위탁받는 기관 : 한국생명공학연구원 국가연구안전관리본부(권역별연구안전지원센터) • 지정일 : 2021.04.07.

② 과학기술정보통신부장관이 관계 전문기관·단체 등에 위탁할 수 있는 업무

㉠ 안전관리사 시험의 실시 및 관리

㉡ 안전관리사 교육·훈련의 실시 및 관리

(4) 벌칙 적용에서 공무원 의제(법 제42조)

다음의 어느 하나에 해당하는 사람은 「형법」 제129조부터 제132조까지의 규정을 적용할 때에는 공무원으로 본다.

① 심의위원회의 위원 중 공무원이 아닌 사람

② 위탁받은 업무에 종사하는 권역별연구안전지원센터의 임직원

③ 위탁받은 업무에 종사하는 관계 전문기관 또는 단체 등의 임직원

8 벌칙

(1) 벌칙(법 제43조)

① 5년 이하의 징역 또는 5천만원 이하의 벌금

㉠ 안전점검 또는 정밀안전진단을 실시하지 아니하거나 성실하게 실시하지 아니함으로써 연구실에 중대한 손괴를 일으켜 공중의 위험을 발생하게 한 자

㉡ 제25조제1항에 따른 조치(긴급조치)를 이행하지 아니하여 공중의 위험을 발생하게 한 자

② 3년 이상 10년 이하의 징역 : ①에 해당하는 죄를 범하여 사람을 사상에 이르게 한 자

(2) 벌칙(법 제44조)

① **1년 이하의 징역이나 1천만원 이하의 벌금** : 직무상 알게 된 비밀을 제3자에게 제공 또는 도용하거나 목적 외의 용도로 사용한 자(안전점검 · 정밀안전진단 실시자 및 연구실안전관리사)

(3) 양벌규정(법 제45조)

① 법인의 대표자나 법인 또는 개인의 대리인, 사용인, 그 밖의 종업원이 그 법인 또는 개인의 업무에 관하여 제43조제1항 또는 제44조의 위반행위를 하면 그 행위자를 벌하는 외에 그 법인 또는 개인에게도 해당 조문의 벌금형을 과한다. 다만, 법인 또는 개인이 그 위반행위를 방지하기 위하여 해당 업무에 관하여 상당한 주의와 감독을 게을리하지 아니한 경우에는 그러하지 아니하다.

② 법인의 대표자나 법인 또는 개인의 대리인, 사용인, 그 밖의 종업원이 그 법인 또는 개인의 업무에 관하여 제43조제2항의 위반행위를 하면 그 행위자를 벌하는 외에 그 법인 또는 개인에게도 1억원 이하의 벌금형을 과한다. 다만, 법인 또는 개인이 그 위반행위를 방지하기 위하여 해당 업무에 관하여 상당한 주의와 감독을 게을리하지 아니한 경우에는 그러하지 아니하다.

(4) 과태료(법 제46조)

① 2천만원 이하의 과태료
- ㉠ 정밀안전진단을 실시하지 아니하거나 성실하게 수행하지 아니한 자(벌칙 부과 시 제외)
- ㉡ 보험에 가입하지 아니한 자

② 1천만원 이하의 과태료
- ㉠ 안전점검을 실시하지 아니하거나 성실하게 수행하지 아니한 자(벌칙 부과 시 제외)
- ㉡ 교육 · 훈련을 실시하지 아니한 자
- ㉢ 건강검진을 실시하지 아니한 자

③ 500만원 이하의 과태료
- ㉠ 연구실책임자를 지정하지 아니한 자
- ㉡ 연구실안전환경관리자를 지정하지 아니한 자
- ㉢ 연구실안전환경관리자의 대리자를 지정하지 아니한 자
- ㉣ 안전관리규정을 작성하지 아니한 자
- ㉤ 안전관리규정을 성실하게 준수하지 아니한 자
- ㉥ 보고를 하지 아니하거나 거짓으로 보고한 자
- ㉦ 안전점검 및 정밀안전진단 대행기관으로 등록하지 아니하고 안전점검 및 정밀안전진단을 실시한 자
- ㉧ 연구실안전환경관리자가 전문교육을 이수하도록 하지 아니한 자

ⓩ 소관 연구실에 필요한 안전 관련 예산을 배정 및 집행하지 아니한 자
ⓒ 연구과제 수행을 위한 연구비를 책정할 때 일정 비율 이상을 안전 관련 예산에 배정하지 아니한 자
ⓚ 안전 관련 예산을 다른 목적으로 사용한 자
ⓣ 보고를 하지 아니하거나 거짓으로 보고한 자
ⓟ 자료제출이나 경위 및 원인 등에 관한 조사를 거부·방해 또는 기피한 자
ⓗ 시정명령을 위반한 자

Chapter 03

연구실 설치운영에 관한 기준

(1) 주요 구조부

구분		준수사항	연구실위험도		
			저위험	중위험	고위험
공간분리	설치	연구·실험공간과 사무공간 분리	권장	권장	필수
벽 및 바닥	설치	기밀성 있는 재질, 구조로 천장, 벽 및 바닥 설치	권장	권장	필수
		바닥면 내 안전구획 표시	권장	필수	필수
출입통로	설치	출입구에 비상대피표지(유도등 또는 출입구·비상구 표지) 부착	필수	필수	필수
		사람 및 연구장비·기자재 출입이 용이하도록 주 출입통로 적정 폭, 간격 확보	필수	필수	필수
조명	설치	연구활동 및 취급물질에 따른 적정 조도값 이상의 조명장치 설치	권장	필수	필수

(2) 안전설비

구분		준수사항	연구실위험도		
			저위험	중위험	고위험
환기설비	설치	기계적인 환기설비 설치	권장	권장	필수
		국소배기설비 배출공기에 대한 건물 내 재유입 방지 조치	권장	권장	필수
	운영	주기적인 환기설비 작동 상태(배기팬 훼손 상태 등) 점검	권장	권장	필수
가스설비	설치	조연성 가스와 가연성 가스 분리보관	–	필수	필수
		가스용기 전도방지장치 설치	–	필수	필수
		취급 가스에 대한 경계, 식별, 위험표지 부착	–	필수	필수
		가스누출검지경보장치 설치	–	필수	필수
	운영	사용 중인 가스용기와 사용 완료된 가스용기 분리보관	–	필수	필수
		가스배관 내 가스의 종류 및 방향 표시	–	필수	필수
		주기적인 가스누출검지경보장치 성능 점검	–	필수	필수
전기설비	설치	분전반 접근 및 개폐를 위한 공간 확보	권장	필수	필수
		분전반 분기회로에 각 장치에 공급하는 설비목록 표기	권장	필수	필수
		고전압장비 단독회로 구성	권장	필수	필수
		전기기기 및 배선 등의 모든 충전부 노출방지 조치	권장	필수	필수
	운영	콘센트, 전선의 허용전류 이내 사용	필수	필수	필수
소방설비	설치	화재감지기 및 경보장치 설치	필수	필수	필수
		취급 물질로 인해 발생할 수 있는 화재유형에 적합한 소화기 비치	필수	필수	필수
		연구실 내부 또는 출입문, 근접 복도 벽 등에 피난안내도 부착	필수	필수	필수
	운영	주기적인 소화기 충전 상태, 손상 여부, 압력저하, 설치불량 등 점검	필수	필수	필수

(3) 안전장비

구분		준수사항	연구실위험도		
			저위험	중위험	고위험
긴급 세척장비	설치	연구실 및 인접 장소에 긴급세척장비(비상샤워장비 및 세안장비) 설치	–	필수	필수
		긴급세척장비 안내표지 부착	–	필수	필수
	운영	주기적인 긴급세척장비 작동기능 점검	–	필수	필수
시약장[1]	설치	강제배기장치 또는 필터 등이 장착된 시약장 설치	–	권장	필수
		충격, 지진 등에 대비한 시약장 전도방지조치	–	필수	필수
	운영	시약장 내 물질 물성이나 특성별로 구분 저장(상호 반응물질 함께 저장 금지)	–	필수	필수
		시약장 내 모든 물질 명칭, 경고표지 부착	–	필수	필수
		시약장 내 물질의 유통기한 경과 및 변색여부 확인·점검	–	필수	필수
		시약장별 저장 물질 관리대장 작성·보관	–	권장	필수
국소배기 장비 등[2]	설치	흄후드 등의 국소배기장비 설치	–	필수	필수
		적합한 유형, 성능의 생물안전작업대 설치	–	권장	필수
	운영	흄, 가스, 미스트 등의 유해인자가 발생되거나 병원성미생물 및 감염성물질 등 생물학적 위험 가능성이 있는 연구개발활동은 적정 국소배기장비 안에서 실시	–	필수	필수
		주기적인 흄후드 성능(제어풍속) 점검	–	필수	필수
		흄후드 내 청결 상태 유지	–	필수	필수
		생물안전작업대 내 UV램프 및 헤파필터 점검	–	필수	필수
폐기물 저장장비	설치	「폐기물관리법」에 적합한 폐기물 보관 장비·용기 비치	–	필수	필수
		폐기물 종류별 보관표지 부착	–	필수	필수
	운영	폐액 종류, 성상별 분리보관	–	필수	필수
		연구실 내 폐기물 보관 최소화 및 주기적인 배출·처리	–	필수	필수

※ 비고
1) 연구실 내 화학물질 등 보관 시 적용
2) 연구실 내 화학물질, 생물체 등 취급 시 적용

(4) 그 밖의 연구실 설치·운영 기준

구분		준수사항	연구실위험도		
			저위험	중위험	고위험
연구·실험 장비[1]	설치	취급하는 물질에 내화학성을 지닌 실험대 및 선반 설치	권장	권장	필수
		충격, 지진 등에 대비한 실험대 및 선반 전도방지조치	권장	필수	필수
		레이저장비 접근 방지장치 설치	–	필수	필수
		규격 레이저 경고표지 부착	–	필수	필수
		고온장비 및 초저온용기 경고표지 부착	–	필수	필수
		불활성 초저온용기 지하실 및 밀폐된 공간에 보관·사용 금지	–	필수	필수
		불활성 초저온용기 보관장소 내 산소농도측정기 설치	–	필수	필수
	운영	레이저장비 사용 시 보호구 착용	–	필수	필수
		고출력 레이저 연구·실험은 취급·운영 교육·훈련을 받은 자에 한해 실시	–	권장	필수
일반적 연구실 안전수칙	운영	연구실 내 음식물 섭취 및 흡연 금지	필수	필수	필수
		연구실 내 취침 금지(침대 등 취침도구 반입 금지)	필수	필수	필수
		연구실 내 부적절한 복장 착용 금지(반바지, 슬리퍼 등)	권장	필수	필수
화학물질 취급·관리	운영	취급하는 물질에 대한 물질안전보건자료(MSDS) 게시·비치	–	필수	필수
		성상(유해 특성)이 다른 화학물질 혼재보관 금지	–	필수	필수
		화학물질과 식료품 혼용 취급·보관 금지	–	필수	필수
		유해화학물질 주변 열, 스파크, 불꽃 등의 점화원 제거	–	필수	필수
		연구실 외 화학물질 반출 금지	–	필수	필수
		화학물질 운반 시 트레이, 버킷 등에 담아 운반	–	필수	필수
		취급물질별 적합한 방제약품 및 방제장비, 응급조치 장비 구비	–	필수	필수
기계·기구 취급·관리	설치	기계·기구별 적정 방호장치 설치	–	필수	필수
	운영	선반, 밀링장비 등 협착 위험이 높은 장비 취급 시 적합한 복장 착용(긴 머리는 묶고 헐렁한 옷, 불필요 장신구 등 착용 금지 등)	–	필수	필수
		연구·실험 미실시 시 기계·기구 정지	–	필수	필수
생물체 취급·관리	설치	출입구 잠금장치(카드, 지문인식, 보안시스템 등) 설치	–	권장	필수
		출입문 앞 생물안전표지 부착	–	필수	필수
		고압증기멸균기 설치	–	권장	필수
		에어로졸의 외부 유출 방지기능이 있는 원심분리기 설치	–	권장	필수
	운영	출입대장 비치 및 기록	–	권장	필수
		연구·실험 시 기계식 피펫 사용	–	필수	필수
		연구·실험 폐기물은 생물학적 활성을 제거 후 처리	–	필수	필수

※ 비고
1) 연구실 내 해당 연구·실험장비 사용 시 적용

Chapter

04 산업안전보건법

(1) 목적

이 법은 산업 안전 및 보건에 관한 기준을 확립하고 그 책임의 소재를 명확하게 하여 산업재해를 예방하고 쾌적한 작업환경을 조성함으로써 노무를 제공하는 사람의 안전 및 보건을 유지·증진함을 목적으로 한다.

(2) 적용범위

모든 사업에 적용한다. 다만, 유해·위험의 정도, 사업의 종류, 사업장의 상시근로자 수(건설공사의 경우에는 건설공사 금액을 말한다. 이하 같다) 등을 고려하여 대통령령으로 정하는 종류의 사업 또는 사업장에는 이 법의 전부 또는 일부를 적용하지 아니할 수 있다(산업안전보건법 시행령 별표 1 참고).

(3) 중대재해

① 범위

㉠ 사망자가 1명 이상 발생한 재해

㉡ 3개월 이상의 요양이 필요한 부상자가 동시에 2명 이상 발생한 재해

㉢ 부상자 또는 직업성 질병자가 동시에 10명 이상 발생한 재해

② 사업주의 조치

㉠ 즉시 해당 작업 중지시키고 근로자를 작업장소에서 대피시키는 등 안전 및 보건에 관하여 필요한 조치 실시

㉡ 중대재해가 발생한 사실을 알게 된 경우에는 지체 없이 고용노동부장관에게 보고

연구실안전법 시행규칙(중대연구실사고의 정의)

- 사망자 또는 후유장해(1급~9급) 부상자가 1명 이상 발생한 사고
- 3개월 이상의 요양이 필요한 부상자가 동시에 2명 이상 발생한 사고
- 3일 이상의 입원이 필요한 부상을 입거나 질병에 걸린 사람이 동시에 5명 이상 발생한 사고
- 영 제13조에 따른 연구실의 중대한 결함으로 인한 사고
  - 「화학물질관리법」에 따른 유해화학물질, 「산업안전보건법」에 따른 유해인자, 과학기술정보통신부령으로 정하는 독성가스 등 유해·위험물질의 누출 또는 관리 부실
  - 「전기사업법」에 따른 전기설비의 안전관리 부실
  - 연구활동에 사용되는 유해·위험설비의 부식·균열 또는 파손
  - 연구실 시설물의 구조안전에 영향을 미치는 지반침하·균열·누수 또는 부식
  - 인체에 심각한 위험을 끼칠 수 있는 병원체의 누출

(4) 안전보건관리체계

① 안전보건관리체제

사업주	근로자를 사용하여 사업을 하는 자
안전보건 관리책임자	• 해당 사업장의 안전 · 보건에 관한 업무를 총괄하여 관리 • 안전관리자와 보건관리자를 지휘 · 감독
안전관리자	안전에 관한 기술적인 사항에 관하여 사업주 또는 안전보건관리책임자를 보좌하고 관리감독자에게 지도 · 조언
보건관리자	보건에 관한 기술적인 사항에 관하여 사업주 또는 안전보건관리책임자를 보좌하고 관리감독자에게 지도 · 조언
안전보건 관리담당자	안전 및 보건에 관하여 사업주를 보좌하고 관리감독자에게 지도 · 조언 (단, 안전관리자 또는 보건관리자가 있거나 이를 두어야 하는 경우에는 안전보건관리담당자를 두지 않음)
관리감독자	사업장의 생산과 관련되는 업무와 그 소속 직원을 직접 지휘 · 감독
산업보건의	근로자의 건강관리나 그 밖에 보건관리자의 업무를 지도 (단, 의사를 보건관리자로 둔 경우에는 산업보건의를 두지 않음)
산업안전 보건위원회	• 사업장의 안전 및 보건에 관한 중요 사항을 심의 · 의결 • 근로자위원과 사용자위원이 같은 수로 구성

② 안전보건관리규정

안전보건관리규정	• 사업장의 안전 및 보건을 유지하기 위하여 작성 • 규정을 작성하거나 변경할 때에는 산업안전보건위원회의 심의 · 의결을 거침

연구실안전법 적용 제외 사항

- 「산업안전보건법」 제17조(안전관리자)를 적용받는 연구실은 「연구실안전법」 제10조(연구실안전환경관리자의 지정)를 적용하지 않는다.
- 「산업안전보건법」 제24조(산업안전보건위원회)를 적용받는 연구실은 「연구실안전법」 제11조(연구실안전관리위원회)를 적용하지 않는다.
- 「산업안전보건법」 제25조~27조(안전보건관리규정)를 적용받는 연구실은 「연구실안전법」 제12조(안전관리규정의 작성 및 준수 등)를 적용하지 않는다.

(5) 안전보건교육

① 근로자 안전보건교육

교육과정	교육대상		교육시간
정기교육	사무직 종사 근로자		매반기 6시간 이상
	그 밖의 근로자	판매업무에 직접 종사하는 근로자	매반기 6시간 이상
		판매업무에 직접 종사하는 근로자 외의 근로자	매반기 12시간 이상
채용 시 교육	일용근로자 및 근로계약기간이 1주일 이하인 기간제근로자		1시간 이상
	근로계약기간이 1주일 초과 1개월 이하인 기간제근로자		4시간 이상
	그 밖의 근로자		8시간 이상
작업내용 변경 시 교육	일용근로자 및 근로계약기간이 1주일 이하인 기간제근로자		1시간 이상
	그 밖의 근로자		2시간 이상

교육과정	교육대상	교육시간
특별교육	일용근로자 및 근로계약기간이 1주일 이하인 기간제근로자 : 별표 5 제1호라목(제39호는 제외한다)에 해당하는 작업에 종사하는 근로자에 한정한다.	2시간 이상
	일용근로자 및 근로계약기간이 1주일 이하인 기간제근로자 : 별표 5 제1호라목제39호에 해당하는 작업에 종사하는 근로자에 한정한다.	8시간 이상
	일용근로자 및 근로계약기간이 1주일 이하인 기간제근로자를 제외한 근로자 : 별표 5 제1호라목에 해당하는 작업에 종사하는 근로자에 한정한다.	• 16시간 이상(최초 작업에 종사하기 전 4시간 이상 실시하고 12시간은 3개월 이내에서 분할하여 실시 가능) • 단기간 작업 또는 간헐적 작업인 경우에는 2시간 이상
건설업 기초안전·보건교육	건설 일용근로자	4시간 이상

② 관리감독자 안전보건교육

교육과정	교육시간
정기교육	연간 16시간 이상
채용 시 교육	8시간 이상
작업내용 변경 시 교육	2시간 이상
특별교육	16시간 이상(최초 작업에 종사하기 전 4시간 이상 실시하고, 12시간은 3개월 이내에서 분할하여 실시 가능)
	단기간 작업 또는 간헐적 작업인 경우에는 2시간 이상

③ 안전보건관리책임자 등에 대한 교육

교육대상	교육시간	
	신규교육	보수교육
• 안전보건관리책임자	6시간 이상	6시간 이상
• 안전관리자, 안전관리전문기관의 종사자	34시간 이상	24시간 이상
• 보건관리자, 보건관리전문기관의 종사자	34시간 이상	24시간 이상
• 건설재해예방전문지도기관의 종사자	34시간 이상	24시간 이상
• 석면조사기관의 종사자	34시간 이상	24시간 이상
• 안전보건관리담당자	–	8시간 이상
• 안전검사기관, 자율안전검사기관의 종사자	34시간 이상	24시간 이상

연구실안전법과의 비교
「산업안전보건법」 제29조(근로자에 대한 안전보건교육)를 적용받는 연구실은 「연구실안전법」 제20조(교육·훈련)를 적용하지 않는다.

(6) 위험성평가

① 정의

㉠ 위험성평가 : 사업주가 스스로 유해·위험요인을 파악하고 해당 유해·위험요인의 위험성 수준을 결정하여, 위험성을 낮추기 위한 적절한 조치를 마련하고 실행하는 과정

㉡ 유해·위험요인 : 유해·위험을 일으킬 잠재적 가능성이 있는 것의 고유한 특징이나 속성

㉢ 위험성 : 유해·위험요인이 사망, 부상 또는 질병으로 이어질 수 있는 가능성과 중대성 등을 고려한 위험의 정도

② 종류

㉠ 최초평가 : 사업이 성립된 날(사업 개시일, 실 착공일)로부터 1개월 내 실시

㉡ 정기평가 : 매년 위험성 평가결과의 적정성을 재검토

㉢ 수시평가 : 설비·물질 신규 도입, 방법·절차 변경 또는 산업재해 발생 시 변경되는 유해·위험요인에 대하여 작업 개시 전 실시

㉣ 상시평가 : 다음의 사항을 이행하는 경우 수시평가 및 정기평가를 갈음

ⓐ (매월) 노사합동 순회점검, 아차사고 분석, 제안제도 → 위험성 결정, 위험성 감소대책 수립·실행

ⓑ (매주) 합동안전점검회의(안전보건관리책임자, 안전관리자 등) → 이행확인 및 점검

ⓒ (매일) TBM(작업 전 안전점검회의) → 준수사항·주의사항을 근로자에게 공유·주지

③ 절차

㉠ 1단계 – 사전준비 : 최초 위험성평가시 위험성평가 실시규정을 작성, 위험성 수준과 판단기준 확정, 위험성평가에 활용할 사업장 안전보건정보를 사전에 조사

㉡ 2단계 – 유해·위험요인 파악

ⓐ 사업장 순회점검에 의한 방법(반드시 포함)

ⓑ 근로자들의 상시적 제안에 의한 방법

ⓒ 설문조사·인터뷰 등 청취조사에 의한 방법

ⓓ MSDS, 작업환경측정결과, 특수건강진단결과 등 안전보건 자료에 의한 방법

ⓔ 안전보건 체크리스트에 의한 방법

ⓕ 그 밖에 사업장의 특성에 적합한 방법

㉢ 3단계 – 위험성 결정 : 파악된 유해·위험요인이 근로자에게 노출되었을 때의 위험성을 기준에 의해 판단하고 허용 가능한 위험성의 수준인지 결정

㉣ 4단계 – 위험성 감소대책 수립 및 실행 : 허용 가능한 위험성이 아니라고 판단한 경우에는 위험성 감소를 위한 대책을 수립하여 실행

㉤ 5단계 – 위험성평가 실시내용 및 결과에 관한 기록 및 보존

ⓐ 공유

• 위험성평가를 실시한 결과 중 다음에 해당하는 사항을 근로자에게 알림(게시, 주지 등)

– 근로자가 종사하는 작업과 관련된 유해·위험요인

– 유해·위험요인의 위험성 결정 결과

– 유해·위험요인의 위험성 감소대책과 그 실행 계획 및 실행 여부

– 위험성 감소대책에 따라 근로자가 준수하거나 주의하여야 할 사항

• 중대재해로 이어질 수 있는 유해·위험요인에 대해서는 작업 전 안전점검회의(TBM : Tool Box Meeting) 등을 통해 근로자에게 상시적으로 주지

ⓑ 기록 및 보존

• 위험성평가의 결과와 조치사항에 포함되어야 하는 사항
  - 위험성평가 대상의 유해·위험요인
  - 위험성 결정의 내용
  - 위험성 결정에 따른 조치의 내용
  - 위험성평가를 위해 사전조사 한 안전보건정보
  - 그 밖에 사업장에서 필요하다고 정한 사항
• 보존기한 : 3년

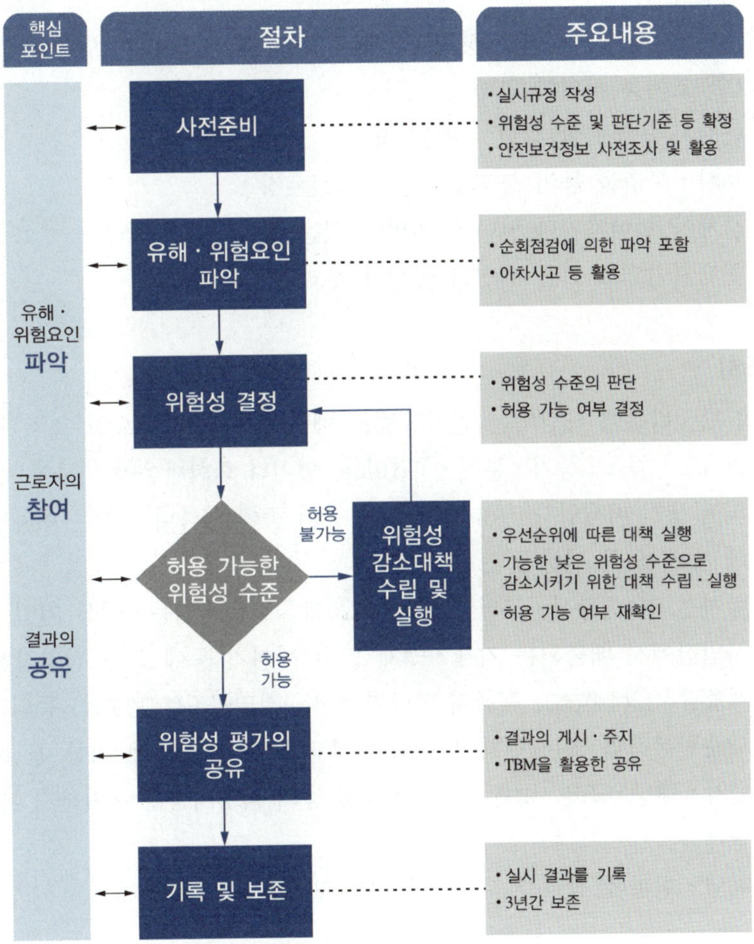

연구실안전법 적용 제외 사항

「산업안전보건법」 제36조(위험성평가의 실시)를 적용받는 연구실은 「연구실안전법」 제19조(사전유해인자위험분석의 실시)를 적용하지 않는다.

(7) 안전조치

① 사업주는 다음에 해당하는 위험으로 인한 산업재해를 예방하기 위해 필요한 조치를 하여야 한다.

㉠ 기계・기구, 그 밖의 설비에 의한 위험

㉡ 폭발성, 발화성 및 인화성 물질 등에 의한 위험

㉢ 전기, 열, 그 밖의 에너지에 의한 위험

② 사업주는 다음에 해당하는 작업으로 인한 산업재해를 예방하기 위해 필요한 조치를 하여야 한다.

㉠ 굴착, 채석, 하역, 벌목, 운송, 조작, 운반, 해체, 중량물 취급, 그 밖의 작업을 할 때 불량한 작업방법 등

③ 사업주는 다음에 해당하는 장소에서 작업을 할 때 발생할 수 있는 산업재해를 예방하기 위해 필요한 조치를 하여야 한다.

㉠ 근로자가 추락할 위험이 있는 장소

㉡ 토사・구축물 등이 붕괴할 우려가 있는 장소

㉢ 물체가 떨어지거나 날아올 위험이 있는 장소

㉣ 천재지변으로 인한 위험이 발생할 우려가 있는 장소

(8) 보건조치

① 사업주는 다음에 해당하는 건강장해를 예방하기 위해 필요한 조치를 하여야 한다.

㉠ 원재료・가스・증기・분진・흄(fume, 열이나 화학반응에 의하여 형성된 고체증기가 응축되어 생긴 미세입자)・미스트(mist, 공기 중에 떠다니는 작은 액체방울)・산소결핍・병원체 등에 의한 건강장해

㉡ 방사선・유해광선・고열・한랭・초음파・소음・진동・이상 기압 등에 의한 건강장해

㉢ 사업장에서 배출되는 기체・액체 또는 찌꺼기 등에 의한 건강장해

㉣ 계측감시(計測監視), 컴퓨터 단말기 조작, 정밀공작(精密工作) 등의 작업에 의한 건강장해

㉤ 단순반복작업 또는 인체에 과도한 부담을 주는 작업에 의한 건강장해

㉥ 환기・채광・조명・보온・방습・청결 등의 적정기준을 유지하지 아니하여 발생하는 건강장해

㉦ 폭염・한파에 장시간 작업함에 따라 발생하는 건강장해

「산업안전보건기준에 관한 규칙」 : 안전조치와 보건조치에 관한 구체적인 기술기준

(9) 안전보건진단

① 정의 : 산업재해를 예방하기 위하여 잠재적 위험성을 발견하고 그 개선대책을 수립할 목적으로 조사·평가하는 것

② 대상 : 고용노동부장관으로부터 추락·붕괴, 화재·폭발, 유해하거나 위험한 물질의 누출 등 산업재해 발생의 위험이 현저히 높아 안전보건진단 받을 것을 명 받은 사업장

③ 진단실시자 : 안전보건진단기관(고용노동부장관의 지정을 받은 기관)

④ 종류 및 내용

종류	진단내용
종합진단	가. 경영·관리적 사항에 대한 평가 • 산업재해 예방계획의 적정성 • 안전·보건 관리조직과 그 직무의 적정성 • 산업안전보건위원회 설치·운영, 명예산업안전감독관의 역할 등 근로자의 참여 정도 • 안전보건관리규정 내용의 적정성 나. 산업재해 또는 사고의 발생 원인(산업재해 또는 사고가 발생한 경우만 해당한다) 다. 작업조건 및 작업방법에 대한 평가 라. 유해·위험요인에 대한 측정 및 분석 • 기계·기구 또는 그 밖의 설비에 의한 위험성 • 폭발성·물반응성·자기반응성·자기발열성 물질, 자연발화성 액체·고체 및 인화성 액체 등에 의한 위험성 • 전기·열 또는 그 밖의 에너지에 의한 위험성 • 추락, 붕괴, 낙하, 비래(飛來) 등으로 인한 위험성 • 그 밖에 기계·기구·설비·장치·구축물·시설물·원재료 및 공정 등에 의한 위험성 • 법 제118조제1항에 따른 허가대상물질, 고용노동부령으로 정하는 관리대상 유해물질 및 온도·습도·환기·소음·진동·분진, 유해광선 등의 유해성 또는 위험성 마. 보호구, 안전·보건장비 및 작업환경 개선시설의 적정성 바. 유해물질의 사용·보관·저장, 물질안전보건자료의 작성, 근로자 교육 및 경고표시 부착의 적정성 사. 그 밖에 작업환경 및 근로자 건강 유지·증진 등 보건관리의 개선을 위하여 필요한 사항
안전진단	종합진단 내용 중 제2호·제3호, 제4호가목부터 마목까지 및 제5호 중 안전 관련 사항
보건진단	종합진단 내용 중 제2호·제3호, 제4호바목, 제5호 중 보건 관련 사항, 제6호 및 제7호

⑤ 진단결과서

㉠ 포함사항 : 산업재해 또는 사고의 발생원인, 작업조건·작업방법에 대한 평가 등

㉡ 제출 : 안전보건진단기관은 해당 사업장의 사업주 및 고용노동부장관에게 제출하여야 한다.

> **연구실안전법 적용 제외 사항**
> 「산업안전보건법」 제47조(안전보건진단)를 적용받는 연구실은 「연구실안전법」 제14조(안전점검의 실시) 및 제15조(정밀안전진단의 실시)를 적용하지 않는다.

(10) 유해·위험기계에 대한 조치

① 사업장에서 유해하거나 위험한 기계·기구를 사용 시 방호조치를 실시해야 한다.

② 안전인증대상기계등은 안전인증기준을 준수하여 고용노동부장관이 실시하는 안전인증을 받아야 한다.

③ 자율안전확인대상기계등은 자율안전기준에 맞는지 확인하여 고용노동부장관에게 신고하여야 한다.

[안전인증 및 자율안전확인표시]

[안전인증대상기계등이 아닌 유해·위험기계등의 안전인증표시]

(11) 유해·위험물에 대한 조치

① **화학물질 및 물리적 인자의 노출기준을 설정** : 화학물질, 소음, 충격소음, 고온, 라돈

② **물질안전보건자료(MSDS)에 대한 근거규정 마련** : MSDS 작성, 제출, 제공, 게시, 교육 등

③ **유해·위험물질의 제조 등 금지** : 제조 등 금지물질 설정

④ **유해·위험물질의 제조 등 허가** : 허가대상물질 설정

(12) 근로자 보건관리

① **작업환경측정** : 작업환경 실태를 파악하기 위하여 해당 근로자 또는 작업장에 대하여 사업주가 유해인자에 대한 측정계획을 수립한 후 시료(試料)를 채취하고 분석·평가하는 것

② **건강진단**

㉠ 일반건강진단

ⓐ 실시주기 : 사무직 근로자는 2년에 1회 이상, 그 밖의 근로자는 1년에 1회 이상 실시

ⓑ 검사항목

- 과거병력, 작업경력 및 자각·타각증상(시진·촉진·청진 및 문진)
- 혈압·혈당·요당·요단백 및 빈혈검사
- 체중·시력 및 청력
- 흉부방사선 촬영
- AST(SGOT) 및 ALT(SGPT), γ-GTP 및 총콜레스테롤

㉡ 특수건강진단

ⓐ 특수건강진단대상업무(유해인자에 노출되는 업무)에 종사하는 근로자를 대상으로 실시하는 건강진단

ⓑ 배치전건강진단 : 특수건강진단대상업무에 종사할 근로자의 배치 예정 업무에 대한 적합성 평가

ⓒ 수시건강진단 : 특수건강진단대상업무에 따른 유해인자로 인한 것이라고 의심되는 건강장해 증상을 보이거나 의학적 소견이 있는 근로자 중 보건관리자 등이 사업주에게 건강진단 실시를 건의하는 등 고용노동부령으로 정하는 근로자에 대하여 실시하는 건강진단

㉢ 임시건강진단 : 같은 유해인자에 노출되는 근로자들에게 유사한 질병의 증상이 발생한 경우 등 고용노동부령으로 정하는 경우에 고용노동부장관이 사업주에게 해당 근로자에 대해 실시를 명하는 건강진단

> **연구실안전법 적용 제외 사항**
> 「산업안전보건법」 제129조부터 제131조(건강진단)를 적용받는 연구실은 「연구실안전법」 제21조(건강검진)를 적용하지 않는다.

(13) 근로감독관

① 산업안전보건법에 따른 명령을 시행하기 위하여 필요한 경우 사업장 등에 출입하여 사업주, 근로자 또는 안전보건관리책임자 등에게 질문을 하고, 장부, 서류, 그 밖의 물건의 검사 및 안전보건 점검을 하며, 관계 서류의 제출을 요구할 수 있다.

② 기계・설비등에 대한 검사를 할 수 있으며, 검사에 필요한 한도에서 무상으로 제품・원재료 또는 기구를 수거할 수 있다.

③ 연구실안전법처럼 사업장의 재해예방을 위한 감독 기능을 하도록 근로감독 관련 내용을 규정한다.

적중예상문제

01 **다음 중 연구실안전법의 목적으로 옳지 않은 것은?**

① 대학 및 연구기관 등에 설치된 과학기술분야 연구실의 안전을 확보
② 연구실사고로 인한 피해를 적절하게 보상
③ 연구활동종사자의 건강과 생명을 보호
④ 연구실 종사자의 기술의 향상 및 홍보

해설 이 법은 대학 및 연구기관 등에 설치된 과학기술분야 연구실의 안전을 확보하고, 연구실사고로 인한 피해를 적절하게 보상하여 연구활동종사자의 건강과 생명을 보호하며, 안전한 연구환경을 조성하여 연구활동 활성화에 기여함을 목적으로 한다(연구실안전법 제1조).

02 **연구실안전법상 연구활동종사자에 해당하는 사람으로 거리가 가장 먼 것은?**

① 기업부설 연구소장
② 연구소 행정, 회계업무를 하고 있는 연구관리직원
③ 연구원이 아닌 회사 임원
④ 화학연구실에서 자료조사만 수행하는 연구원

해설 연구소장이 연구소 내 선임연구원인 경우 연구활동종사자에 해당하나 연구원이 아닌 회사임원(대표, 이사)이 연구소장을 할 경우에는 연구활동종사자에 해당하지 않는다(연구실안전법 제2조제8호 참조).

03 **연구실안전법상 과학기술정보통신부장관은 2년마다 연구실 안전환경 및 안전관리 현황 등에 대한 실태조사를 실시한다. 실태조사에 포함되어야할 사항으로 틀린 것은?**

① 연구실 및 연구활동종사자 현황
② 연구실 및 연구활동종사자의 연구현황
③ 연구실 안전관리 현황
④ 연구실사고 발생 현황

해설 **실태조사에 포함되어야 할 사항(연구실안전법 시행령 제3조)**
- 연구실 및 연구활동종사자 현황
- 연구실 안전관리 현황
- 연구실사고 발생 현황
- 그 밖에 연구실 안전환경 및 안전관리의 현황 파악을 위하여 과학기술정보통신부장관이 필요하다고 인정하는 사항

1 ④ 2 ③ 3 ② 정답

04 연구실안전법상 연구주체의 장 등의 책무에 관한 설명으로 옳지 않은 것은?

① 연구주체의 장은 연구실의 안전에 관한 유지·관리 및 연구실사고 예방을 철저히 함으로써 연구실의 안전환경을 확보할 책임을 지며, 연구실사고 예방시책에 적극 협조하여야 한다.

② 연구주체의 장은 연구활동종사자가 연구활동 수행 중 발생한 상해·사망으로 인한 피해를 구제하기 위하여 노력하여야 한다.

③ 연구주체의 장은 과학기술정보통신부장관이 정하여 고시하는 연구실 설치·운영 기준에 따라 연구실을 설치·운영하여야 한다.

④ 연구주체의 장은 연구실 내에서 이루어지는 교육 및 연구활동의 안전에 관한 책임을 지며, 연구실사고 예방시책에 적극 참여하여야 한다.

해설 ④는 연구실책임자의 책무이다(연구실관리법 제5조제4항).

05 정부는 연구실사고를 예방하고 안전한 연구환경을 조성하기 위하여 5년마다 연구실 안전환경 조성 기본계획을 수립·시행하여야 한다. 기본계획에 포함되어야할 사항과 거리가 먼 것은?

① 연구실 및 연구활동종사자 복지사업

② 연구실 안전관리 기술 고도화 및 연구실사고 예방을 위한 연구개발

③ 연구실 유형별 안전관리 표준화 모델 개발

④ 연구실 안전교육 교재의 개발·보급 및 안전교육 실시

해설 **기본계획에 포함되어야 할 사항(연구실안전법 제6조)**

- 연구실 안전환경 조성을 위한 발전목표 및 정책의 기본방향
- 연구실 안전관리 기술 고도화 및 연구실사고 예방을 위한 연구개발
- 연구실 유형별 안전관리 표준화 모델 개발
- 연구실 안전교육 교재의 개발·보급 및 안전교육 실시
- 연구실 안전관리의 정보화 추진
- 안전관리 우수연구실 인증제 운영
- 연구실의 안전환경 조성 및 개선을 위한 사업 추진
- 연구안전 지원체계 구축·개선
- 연구활동종사자의 안전 및 건강 증진
- 그 밖에 연구실사고 예방 및 안전환경 조성에 관한 중요사항

정답 4 ④ 5 ①

06 **연구실안전법상 연구실안전환경관리자의 지정 및 업무 등의 설명으로 옳지 않은 것은?**

① 연구주체의 장은 해당 대학・연구기관 등의 상시 연구활동종사자가 300명 이상이거나 연구활동종사자가 1,000명 이상인 경우에는 지정된 연구실안전환경관리자 중 1명 이상에게 연구실안전환경관리자 업무만을 전담하도록 해야 한다.

② 분교 또는 분원의 연구활동종사자 총인원이 10명 미만인 경우와 본교와 분교 또는 본원과 분원 간의 직선거리가 5킬로미터 이내인 경우에는 별도로 연구실안전환경관리자를 지정하여야 한다.

③ 연구실안전환경관리자가 여행・질병이나 그 밖의 사유로 일시적으로 그 직무를 수행할 수 없는 경우에는 대리자를 지정하여 연구실안전환경관리자의 직무를 대행하게 하여야 한다.

④ 대리자의 직무대행 기간은 30일을 초과할 수 없다. 다만, 출산휴가를 사유로 대리자를 지정한 경우에는 90일을 초과할 수 없다.

해설 별도로 연구실안전환경관리자를 지정하지 아니할 수 있는 경우(연구실안전법 시행령 제8조제2항)

- 분교 또는 분원의 연구활동종사자 총인원이 10명 미만인 경우
- 본교와 분교 또는 본원과 분원이 같은 시・군・구(자치구를 말한다) 지역에 소재하는 경우
- 본교와 분교 또는 본원과 분원 간의 직선거리가 15킬로미터 이내인 경우

※ 연구주체의 장은 연구실안전환경관리자를 지정하거나 변경한 경우에는 그 날부터 14일 이내에 과학기술정보통신부장관에게 그 내용을 제출해야 한다(연구실안전법 시행령 제8조제6항).

6 ② 정답

07 연구실안전법상 연구실안전환경관리자의 자격기준으로 옳지 않은 것은?

① 안전관리 분야의 기사 이상 자격을 취득한 사람

② 과학기술정보통신부장관이 실시하는 교육・훈련을 이수한 연구실안전관리사

③ 안전관리 분야의 산업기사 자격을 취득한 후 연구실 안전관리 업무 실무경력이 1년 이상인 사람

④ 위험물안전관리법에 따른 위험물안전관리자로 선임되어 연구실 안전관리 업무 실무경력이 6개월 이상인 사람

해설 연구실안전환경관리자의 자격기준(연구실안전법 시행령 제8조제3항 관련 별표 2)

- 「국가기술자격법」에 따른 국가기술자격 중 안전관리 분야의 기사 이상 자격을 취득한 사람
- 과학기술정보통신부장관이 실시하는 교육・훈련을 이수한 연구실안전관리사
- 「국가기술자격법」에 따른 국가기술자격 중 안전관리 분야의 산업기사 자격을 취득한 후 연구실 안전관리 업무 실무경력이 1년 이상인 사람
- 「고등교육법」에 따른 전문대학 또는 이와 같은 수준 이상의 학교에서 산업안전, 소방안전 등 안전 관련 학과를 졸업한 후 또는 법령에 따라 이와 같은 수준 이상으로 인정되는 학력을 갖춘 후 연구실 안전관리 업무 실무경력이 2년 이상인 사람
- 「고등교육법」에 따른 전문대학 또는 이와 같은 수준 이상의 학교에서 이공계학과를 졸업한 후 또는 법령에 따라 이와 같은 수준 이상으로 인정되는 학력을 갖춘 후 연구실 안전관리 업무 실무경력이 4년 이상인 사람
- 「초・중등교육법」에 따른 고등기술학교 또는 이와 같은 수준 이상의 학교를 졸업한 후 연구실 안전관리 업무 실무경력이 6년 이상인 사람
- 다음 각 목의 어느 하나에 해당하는 안전관리자로 선임되어 연구실 안전관리 업무 실무경력이 1년 이상인 사람
  - 「고압가스 안전관리법」 제15조에 따른 안전관리자
  - 「산업안전보건법」 제17조에 따른 안전관리자
  - 「도시가스사업법」 제29조에 따른 안전관리자
  - 「전기안전관리법」 제22조에 따른 전기안전관리자
  - 「화재의 예방 및 안전관리에 관한 법률」 제24조에 따른 소방안전관리자
  - 「위험물안전관리법」 제15조에 따른 위험물안전관리자
- 연구실 안전관리 업무 실무경력이 8년 이상인 사람

정답 7 ④

08 연구실안전법상 연구실안전관리위원회의 설명으로 옳지 않은 것은?

① 연구주체의 장은 연구실 안전과 관련된 주요사항을 협의하기 위하여 연구실안전관리위원회를 구성·운영하여야 한다.

② 연구실안전관리위원회를 구성할 경우에는 해당 대학·연구기관 등의 연구활동종사자가 전체 연구실안전관리위원회 위원의 3분의 1 이상이어야 한다.

③ 연구주체의 장은 정당한 활동을 수행한 연구실안전관리위원회 위원에 대하여 불이익한 처우를 하여서는 아니 된다.

④ 연구실안전관리위원회의 구성·운영에 관한 세부기준은 과학기술정보통신부령으로 정한다.

해설 연구실안전관리위원회를 구성할 경우에는 해당 대학·연구기관 등의 연구활동종사자가 전체 연구실안전관리위원회 위원의 2분의 1 이상이어야 한다(연구실안전법 제11조제3항).

09 연구실안전법상 안전관리규정의 작성 및 준수 등의 설명으로 옳지 않은 것은?

① 연구주체의 장은 연구실의 안전관리를 위하여 안전관리규정을 작성하여 각 연구실에 게시 또는 비치하고, 이를 연구활동종사자에게 알려야 한다.

② 연구주체의 장과 연구활동종사자는 안전관리규정을 성실히 준수하여야 한다.

③ 연구주체의 장은 안전관리규정을 산업안전·가스 및 원자력 분야 등의 다른 법령에서 정하는 안전관리에 관한 규정과 통합하여 작성할 수 있다.

④ 연구주체의 장이 안전관리규정을 작성해야 하는 연구실의 종류·규모는 각 연구실의 연구활동종사자를 합한 인원이 5명 이상인 경우로 한다.

해설 연구주체의 장이 안전관리규정을 작성해야 하는 연구실의 종류·규모는 대학·연구기관 등에 설치된 각 연구실의 연구활동종사자를 합한 인원이 10명 이상인 경우로 한다(연구실안전법 시행규칙 제6조제2항).

8 ② 9 ④ 정답

10 연구실안전법상 일반안전, 기계, 전기 및 화공분야 안점점검을 실시할 때 인적자격요건으로 틀린 것은?

① 인간공학기술사

② 화공 분야 박사학위 취득 후 안전 업무 경력이 1년 이상인 사람

③ 산업안전기사 자격 취득 후 관련 경력 3년 이상인 사람

④ 전기안전관리자로서의 경력이 1년 이상인 사람

해설 **일반안전, 기계, 전기 및 화공분야 안점점검을 실시할 때 인적자격요건[연구실 안전점검의 직접 실시요건(연구실안전법 시행령 제10조제2항 관련 별표 3)]**

- 인간공학기술사, 기계안전기술사, 전기안전기술사 또는 화공안전기술사
- 과학기술정보통신부장관이 실시하는 교육・훈련을 이수한 연구실안전관리사
- 안전, 기계, 전기, 화공 분야에 해당하는 박사학위 취득 후 안전 업무 경력이 1년 이상인 사람
- 일반기계기사, 전기기능장・전기기사 또는 전기산업기사, 화공기사 또는 화공산업기사 중 어느 하나에 해당하는 기능장・기사 자격 취득 후 관련 경력 3년 이상인 사람 또는 산업기사 자격 취득 후 관련 경력 5년 이상인 사람
- 산업안전기사 자격 취득 후 관련 경력 1년 이상인 사람 또는 산업안전산업기사 자격 취득 후 관련 경력 3년 이상인 사람
- 전기안전관리자로서의 경력이 1년 이상인 사람
- 연구실안전환경관리자

11 주기적으로 정밀안전진단을 실시해야 하는 연구실에 신규로 채용된 연구활동종사자의 교육 시간은?(단, 교육 대상자는 근로자이다)

① 채용 후 6개월 이내 8시간 이상

② 채용 후 6개월 이내 4시간 이상

③ 연구활동 참여 후 3개월 이내 2시간 이상

④ 채용 후 6개월 이내 6시간 이상

해설 **신규 교육・훈련(연구실안전법 시행규칙 제10조제1항 관련 별표 3)**

근로자	정밀안전진단을 실시해야 하는 연구실에 신규로 채용된 연구활동종사자	8시간 이상 (채용 후 6개월 이내)
	정밀안전진단을 실시해야 하는 연구실이 아닌 연구실에 신규로 채용된 연구활동종사자	4시간 이상 (채용 후 6개월 이내)
근로자가 아닌 사람	대학생, 대학원생 등 연구활동에 참여하는 연구활동종사자	2시간 이상 (연구활동 참여 후 3개월 이내)

정답 10 ③ 11 ①

12 연구실안전법상 건강검진의 설명으로 옳지 않은 것은?

① 연구주체의 장은 유해인자에 노출될 위험성이 있는 연구활동종사자에 대하여 정기적으로 건강검진을 실시하여야 한다.

② 연구주체의 장은 산업안전보건법령에 따른 유해물질 및 유해인자를 취급하는 연구활동종사자에 대하여 일반건강검진을 실시해야 한다.

③ 연구주체의 장은 건강검진 및 임시건강검진 결과를 연구활동종사자의 건강 보호 외의 목적으로 사용하여서는 아니 된다.

④ 일반건강검진은 「국민건강보험법」에 따른 건강검진기관 또는 「산업안전보건법」에 따른 특수건강진단기관에서 2년에 1회 이상 실시해야 한다.

해설 일반건강검진은 「국민건강보험법」에 따른 건강검진기관 또는 「산업안전보건법」에 따른 특수건강진단기관에서 1년에 1회 이상 다음의 검사를 포함하여 실시해야 한다(연구실안전법 시행규칙 제11조제2항).

- 문진과 진찰
- 혈압, 혈액 및 소변 검사
- 신장, 체중, 시력 및 청력 측정
- 흉부방사선 촬영

13 연구실안전법상 연구실사고 보고 기준에 대한 설명으로 옳지 않은 것은?

① 연구주체의 장은 중대연구실사고가 발생한 경우에는 지체 없이 과학기술정보통신부장관에게 전화, 팩스, 전자우편이나 그 밖의 적절한 방법으로 보고해야 한다.

② 연구주체의 장은 연구활동종사자가 의료기관에서 1주일 이상의 치료가 필요한 연구실사고가 발생한 경우 과학기술정보통신부장관에게 보고해야 한다.

③ 연구주체의 장은 보고한 연구실사고의 발생 현황을 대학·연구기관 등 또는 연구실의 인터넷 홈페이지나 게시판 등에 공표해야 한다.

④ 과학기술정보통신부장관은 연구실사고가 발생한 경우 그 재발 방지를 위하여 연구주체의 장에게 관련 자료의 제출을 요청할 수 있다.

해설 연구주체의 장은 연구활동종사자가 의료기관에서 3일 이상의 치료가 필요한 생명 및 신체상의 손해를 입은 연구실사고가 발생한 경우에는 사고가 발생한 날부터 1개월 이내에 연구실사고 조사표를 작성하여 과학기술정보통신부장관에게 보고해야 한다(연구실안전법 시행규칙 제14조제2항).

12 ④ 13 ② 정답

14 **연구실안전법상 연구주체의 장은 연구활동종사자의 상해·사망에 대비하여 연구활동종사자를 피보험자 및 수익자로 하는 보험에 가입하여야 한다. 옳지 않은 것은?**

① 요양급여는 연구활동종사자가 연구실사고로 후유장해가 발생한 경우에 지급한다.
② 연구실사고로 인한 연구활동종사자의 부상·질병·신체상해·사망 등 생명 및 신체상의 손해를 보상하는 내용이 포함된 보험이어야 한다.
③ 보상금액은 과학기술정보통신부령으로 정하는 보험급여별 보상금액 기준을 충족해야 한다.
④ 보험급여에는 요양급여, 장해급여, 입원급여, 유족급여, 장의비 등이 있다.

해설 ①은 장해급여에 해당한다. 요양급여는 연구활동종사자가 연구실사고로 발생한 부상 또는 질병 등으로 인하여 의료비를 실제로 부담한 경우에 지급한다(연구실안전법 시행규칙 제15조제2항·제3항).

15 **연구실안전법상 안전관리 우수연구실 인증제의 설명으로 옳지 않은 것은?**

① 과학기술정보통신부장관은 연구실의 안전관리 역량을 강화하고 표준모델을 발굴·확산하기 위하여 안전관리 우수연구실 인증을 할 수 있다.
② 인증을 받으려는 연구주체의 장은 과학기술정보통신부장관에게 인증을 신청하여야 한다.
③ 인증 기준에 적합한지를 확인하기 위하여 연구실 안전 분야 전문가 등으로 구성된 인증심의위원회의 심의를 거쳐 인증 여부를 결정한다.
④ 인증의 유효기간은 인증을 받은 날부터 5년으로 한다.

해설 인증의 유효기간은 인증을 받은 날부터 2년으로 한다(연구실안전법 시행령 제20조제6항).

정답 14 ① 15 ④

16 연구실안전법상 대학·연구기관 등의 연구실 안전관리 현황과 관련 서류 등 검사에 대한 설명으로 틀린 것은?

① 과학기술정보통신부장관은 관계 공무원으로 하여금 대학·연구기관 등의 연구실 안전관리 현황과 관련 서류 등을 검사하게 할 수 있다.

② 검사를 하는 경우에는 과학기술정보통신부장관에게 검사의 목적, 필요성 및 범위 등을 사전에 반드시 통보하여야 한다.

③ 연구주체의 장은 검사에 적극 협조하여야 하며, 정당한 사유 없이 이를 거부하거나 방해 또는 기피하여서는 아니 된다.

④ 검사하는 경우 관계 공무원 또는 관련 전문가는 그 권한을 표시하는 증표를 지니고 이를 관계인에게 내보여야 한다.

해설 과학기술정보통신부장관은 검사를 하는 경우에는 연구주체의 장에게 검사의 목적, 필요성 및 범위 등을 사전에 통보하여야 한다. 다만, 연구실사고 발생 등 긴급을 요하거나 사전 통보 시 증거인멸의 우려가 있어 검사 목적을 달성할 수 없다고 인정되는 경우에는 그러하지 아니하다(연구실안전법 제31조제2항).

17 연구실안전법상 연구실안전관리사의 직무로 옳지 않은 것은?

① 연구시설·장비·재료 등에 대한 안전점검·정밀안전진단 및 관리

② 연구실 내 유해인자에 관한 취급 관리 및 기술적 지도·조언

③ 안전관리규정의 작성 또는 변경

④ 연구실사고 대응 및 사후 관리 지도

해설 연구실안전관리사의 직무(연구실안전법 제35조)

- 연구시설·장비·재료 등에 대한 안전점검·정밀안전진단 및 관리
- 연구실 내 유해인자에 관한 취급 관리 및 기술적 지도·조언
- 연구실 안전관리 및 연구실 환경 개선 지도
- 연구실사고 대응 및 사후 관리 지도
- 그 밖에 연구실 안전에 관한 사항으로서 대통령령으로 정하는 사항

※ 대통령령으로 정하는 사항(연구실안전법 시행령 제30조)
  - 법 제19조제1항에 따른 사전유해인자위험분석 실시 지도
  - 법 제20조제2항에 따른 연구활동종사자에 대한 교육·훈련
  - 법 제28조에 따른 안전관리 우수연구실 인증 취득을 위한 지도
  - 그 밖에 연구실 안전에 관하여 연구활동종사자 등의 자문에 대한 응답 및 조언

16 ② 17 ③ 정답

18 **연구실안전법상 과학기술정보통신부장관의 권한을 관계 중앙행정기관의 장에게 위임 또는 권역별연구안전지원센터에 위탁할 수 있다. 권역별연구안전지원센터에 위탁할 수 있는 사항이 아닌 것은?**

① 안전점검 및 정밀안전진단 대행기관의 등록・관리 및 지원에 관한 업무
② 연구실 안전관리에 관한 교육・훈련 및 전문교육의 기획・운영에 관한 업무
③ 연구실 안전관리 현황과 관련 서류 등의 검사 지원에 관한 업무
④ 연구활동종사자에 대한 정기적인 건강검진의 업무

해설 과학기술정보통신부장관이 권역별연구안전지원센터에 위탁할 수 있는 업무(연구실안전법 제41조제2항)
- 연구실안전정보시스템 구축・운영에 관한 업무
- 안전점검 및 정밀안전진단 대행기관의 등록・관리 및 지원에 관한 업무
- 연구실 안전관리에 관한 교육・훈련 및 전문교육의 기획・운영에 관한 업무
- 연구실사고 조사 및 조사 결과의 기록 유지・관리 지원에 관한 업무
- 안전관리 우수연구실 인증제 운영 지원에 관한 업무
- 연구실 안전관리 현황과 관련 서류 등의 검사 지원에 관한 업무
- 그 밖에 연구실 안전관리와 관련하여 필요한 업무로서 대통령령으로 정하는 업무

※ 대통령령으로 정하는 업무(연구실안전법 시행령 제32조제1항)
  - 연구실 안전환경 확보・조성을 위한 연구개발 및 필요 시책 수립 지원에 관한 업무
  - 연구실 안전환경 및 안전관리 현황 등에 대한 실태조사
  - 대학・연구기관 등에 대한 지원 업무
  - 연구실안전환경관리자 지정 내용 제출의 접수

19 **연구실안전법상 1년 이하의 징역이나 1천만원 이하의 벌금에 처하는 경우는?**

① 안전점검 또는 정밀안전진단을 실시하는 사람이 직무상 알게 된 비밀을 제3자에게 제공 또는 도용하거나 목적 외의 용도로 사용한 자
② 안전점검 또는 정밀안전진단을 실시하지 아니하거나 성실하게 실시하지 아니함으로써 연구실에 중대한 손괴를 일으켜 공중의 위험을 발생하게 한 자
③ 연구실사고 조사 결과에 따른 긴급한 조치를 이행하지 아니하여 공중의 위험을 발생하게 한 자
④ 연구활동종사자가 직무상 알게 된 비밀을 제3자에게 제공 또는 도용하거나 목적 외의 용도로 사용한 자

해설 벌칙(연구실안전법 제44조)
제40조를 위반하여(안전점검 또는 정밀안전진단을 실시하는 사람, 연구실안전관리사) 직무상 알게 된 비밀을 제3자에게 제공 또는 도용하거나 목적 외의 용도로 사용한 자는 1년 이하의 징역이나 1천만원 이하의 벌금에 처한다.

정답 18 ④ 19 ①

20 연구실안전법상 500만원 이하의 과태료 부과에 해당하지 않는 경우는?

① 연구주체의 장과 연구활동종사자가 안전관리규정을 성실하게 준수하지 아니한 때

② 정밀안전진단을 실시한 결과 연구실에 유해인자가 누출되는 등 대통령령으로 정하는 중대한 결함이 있는 경우 보고를 하지 아니하거나 거짓으로 보고한 때

③ 안전점검 및 정밀안전진단 대행기관으로 등록하지 아니하고 안전점검 및 정밀안전진단을 실시한 자

④ 연구활동종사자의 상해・사망에 대비에 따른 보험에 가입하지 아니한 자

해설 ④는 2천만원 이하의 과태료 부과에 해당한다(연구실안전법 제46조제1항).

※ 500만원 이하의 과태료를 부과(연구실안전법 제46조제3항)

- 제9조제1항을 위반하여 연구실책임자를 지정하지 아니한 자
- 제10조제1항을 위반하여 연구실안전환경관리자를 지정하지 아니한 자
- 제10조제4항을 위반하여 연구실안전환경관리자의 대리자를 지정하지 아니한 자
- 제12조제1항을 위반하여 안전관리규정을 작성하지 아니한 자
- 제12조제2항을 위반하여(연구주체의 장과 연구활동종사자) 안전관리규정을 성실하게 준수하지 아니한 자
- 제16조제2항을 위반하여 보고를 하지 아니하거나 거짓으로 보고한 자
- 제17조제1항을 위반하여 안전점검 및 정밀안전진단 대행기관으로 등록하지 아니하고 안전점검 및 정밀안전진단을 실시한 자
- 제20조제3항을 위반하여 연구실안전환경관리자가 전문교육을 이수하도록 하지 아니한 자
- 제22조제2항을 위반하여 소관 연구실에 필요한 안전 관련 예산을 배정 및 집행하지 아니한 자
- 제22조제3항을 위반하여 연구과제 수행을 위한 연구비를 책정할 때 일정 비율 이상을 안전 관련 예산에 배정하지 아니한 자
- 제22조제4항을 위반하여 안전 관련 예산을 다른 목적으로 사용한 자
- 제23조를 위반하여(연구실사고가 발생한 경우 과학기술정보통신부장관에게) 보고를 하지 아니하거나 거짓으로 보고한 자
- 제24조제1항을 위반하여 자료제출이나 경위 및 원인 등에 관한 조사를 거부・방해 또는 기피한 자
- 제33조제1항에 따른 명령을 위반한 자

※ 과태료는 대통령령으로 정하는 바에 따라 과학기술정보통신부장관이 부과・징수한다(연구실안전법 제46조제4항).

20 ④ 정답

PART 02 연구실 안전관리 이론 및 체계

Chapter 01 연구활동 및 연구실 안전의 특성 이해

Chapter 02 연구실 안전관리 구축 · 이행 역량

Chapter 03 연구실 유해 · 위험요인 파악 및 사전유해인자위험분석 방법

Chapter 04 연구실 안전교육

Chapter 05 연구실사고 대응 및 관리

적중예상문제

Chapter 01

연구활동 및 연구실 안전의 특성 이해

1 연구활동의 특성

(1) 연구활동의 개념

① 정의 : 과학기술분야의 지식을 축적하거나 새로운 적용방법을 찾아내기 위하여 축적된 지식을 활용하는 체계적이고 창조적인 활동(실험·실습 등을 포함)

② 형태

㉠ 기초연구(basic research)

ⓐ 어떤 특정한 응용이나 사용을 계획하지 않고 현상들이나 관찰 가능한 사실들의 근본 원리에 대한 새로운 지식을 얻기 위해 행해진 실험적 또는 이론적 연구활동

ⓑ 가설, 이론 또는 법칙을 정립하고 시험하기 위한 목적으로 속성, 구조 및 연관성을 분석하는 것

ⓒ 목적기초연구 : 특정 목적을 향하여 연구 방향이 설정된 기초연구활동

ⓓ 순수기초연구 : 경제사회적 편익을 추구하거나, 연구 결과를 실제 문제에 적용하거나, 연구 결과의 응용을 위한 관련 부문으로의 이전 없이 지식의 진보를 위해 수행되는 기초연구활동

㉡ 응용연구(applied research)

ⓐ 기초연구의 결과로 얻어진 지식을 이용하여 주로 특수한 실용적인 목적과 목표 하에 새로운 과학적 지식을 획득하기 위하여 행해지는 독창적인 연구

ⓑ 기초연구로 얻은 지식을 응용하여 신제품, 신재료, 신공정의 기본을 만들어 내는 연구 및 새로운 용도를 개척하는 연구

ⓒ 제품, 운용, 방법 및 시스템에 응용할 수 있음을 증명하는 것을 목적으로 하는 연구

ⓓ 연구 아이디어에 운영 가능한 형태를 제공하며, 도출된 지식이나 정보는 종종 지식재산권을 통해 보호되거나 비공개 상태로 유지될 수 있음

㉢ 개발연구(experimental development)

ⓐ 기초연구, 응용연구 및 실제 경험으로부터 얻어진 지식을 이용하여 새로운 재료, 공정, 제품 장치를 생산하거나, 이미 생산 또는 설치된 것을 실질적으로 개선함으로써 추가 지식을 생산하기 위한 체계적인 활동

ⓑ 생산을 전제로 기초연구, 응용연구의 결과 또는 기존의 지식을 이용하여 신제품, 신재료, 신공정을 확립하는 기술 활동

(2) 연구활동의 특성

① 연구활동의 특성으로 인한 사고 위험성

㉠ 정형화된 생산 목적이 아니며, 연구 또는 개발을 통해 새로운 성과를 추구하므로 신규 위험인자가 끊임없이 생산되며, 위험인자 노출에 따른 안전대책 수립 여부를 통제받지 않을 수 있다.

㉡ 연구 목적을 위하여 연구 방법이나 업무순서가 바뀌기도 하므로 계획 및 관리되지 않은 위험인자가 생성된다.

㉢ 연구활동종사자가 연구장치 자체를 디자인하거나 변경할 수 있으므로 안전에 대한 전문지식 부족으로 사고가 발생될 수 있다.

㉣ 다양한 종류의 물질을 소량씩 사용하고 보관하므로 사소한 물질 관리의 실패 가능성이 존재한다.

㉤ 물질 자체의 위험성 외에도 다른 물질이나 환경과의 반응 위험성이 공존한다.

㉥ 연구활동의 안전관리가 철저하게 지켜지지 않을 경우 사고발생 가능성이 높다.

② 연구실과 사업장의 특성 비교

연구실	사업장
다품종 소량의 유해물질 취급	소품종 다량의 유해물질 취급
새로운 장치·물질 및 공정 연구개발, 융·복합 연구 활성화 등에 따른 신규 유해인자의 지속적 등장으로 위험의 범위 및 크기 예측 곤란	개발이 완료된 물질 및 공정 이용하므로 위험의 범위 및 크기 예측 가능
소규모 공간에서 다수의 연구활동종사자가 기구, 장비, 물질 등 취급	상대적으로 대규모 공간에서 근로자가 기구, 장비, 물질 등 취급

(3) SHELL 모델(Hawkins)

① SHELL 모델의 요인

SHELL	운항	연구활동
S (software)	운항규정	규정, 절차, 매뉴얼, 작업지시, 정보교환, 컴퓨터 프로그램 등 무형적인 요소
H (hardware)	항공기 장치, 좌석 등	기계, 설비, 장비, 장치, 연장 등 유형적인 요소
E (environment)	기압, 기온 등	온도, 습도, 조명 등 의도하는 결과를 얻기 위한 환경적 요소(특히 화학, 생물학, 의학 분야에 중요한 요소)
L (central liveware)	조종사	인간(본인, 주변 구성원), 의사소통, 문화, 인간관계 등 인적 요소
L (liveware)	승무원 등	

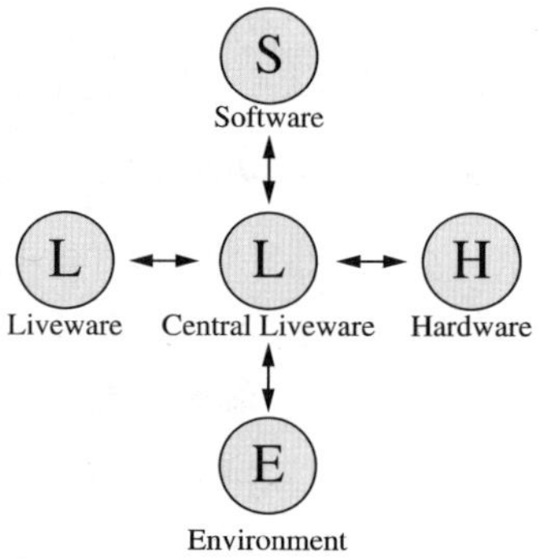

② SHELL의 의미

㉠ SHELL은 시스템의 각 구성 요소를 나타낸다.

㉡ 인간과 제반 관련 요인들 간의 최적화를 강조한다.

㉢ 연구실 사고조사 시 SHELL 모델을 이용하여 사고요인을 분류하는데, 이 요인들은 모두 연구활동 대상이 된다.

③ 각 요인별 상호작용

㉠ L↔S

ⓐ 조종사(승무원)는 운항규정을 따라야 한다.

ⓑ 인간의 행동특성을 고려하여 잘 만들어진 소프트웨어는 인간이 기계장치를 조작하는 데 발생할 수 있는 실수를 방지할 수 있다.

ⓒ 운항규정이 불합리하거나 조종사(승무원)가 규정을 준수하지 못하는 경우는 안전운항에 심각한 영향을 미칠 수 있다.

㉡ L↔H

ⓐ 조종사(승무원)는 항공기의 계기판을 주시하여 필요한 비행 업무를 수행한다.

ⓑ 항공기 좌석·조종장치 등은 인간의 심리·행동특성을 고려하여 설치한다.

ⓒ 하드웨어가 인체공학적이지 않거나 조종사(승무원)가 하드웨어에 적절히 대응하지 못할 경우 업무의 능률과 안전을 보장할 수 없어 사고가 발생할 수 있다.

㉢ L↔E : 조종사(승무원)는 항공기 내부의 환경(기압, 습도, 온도, 소음 등)을 조절하여 인간이 적응할 수 있는 환경을 맞춘다.

㉣ L↔L : 조종사(승무원)와 관제사, 객실승무원, 정비사 등이 상호협력하여 안전한 운항에 기여한다.

2 연구활동종사자(인간)의 특성

(1) 연구활동종사자의 특성

① 연구활동종사자의 특성

㉠ 연구활동종사자는 연구환경이 안전한 것을 전제로 연구 의욕을 앞세우는 경우가 많다.

㉡ 연구 성과가 우선시되거나 집단규범에 휩쓸리는 경우 연구활동종사자가 연구 결과의 부정적 측면이나 연구 과정 중의 위험성을 소홀히 하는 경우가 발생하기 쉽다.

예 에디슨 – 소년시절 흔들리는 기차에서 실험을 계속해서 화재 발생

예 퀴리 부인 – 방사선 피해 등을 불가피한 선택으로 여기고 계속해서 방사능 연구에 몰두

㉢ 연구활동종사자는 연구와 관련하여 전문성을 갖고 있으나 안전과 관련된 지식은 미흡한 경우가 많다.

② 간결성의 원리 : 인간은 입력되는 정보를 단순화, 간결화하여 판단하는 경향을 가진다.

※ 인지편향(cognitive bias) : 근거 없이 입력 정보를 왜곡하여 판단하는 전략

③ 집단동조

㉠ 동료집단(peer group) : 인간의 행동에 가장 크게 영향을 미치는 외적 요인은 동료집단의 영향이다(하인리히).

㉡ 동조(conformity)

ⓐ 어떤 사람의 특정 행동을 따라하는 것

ⓑ 동조의 이유

- 정보적 영향 : 개인적 판단보다 다수의 의견이나 행동이 더 타당할 수 있다고 생각한다. 특히, 불확실한 상황에서 더욱 다수에 동조한다.
- 집단의 규범적 영향 : 집단으로부터 인정받고 거부당하지 않고자 하는 욕망(배척 불안)

ⓒ 안전에서의 동조의 순기능 사례 : 편안하게 작업하려고 개인보호장비를 착용하지 않았는데, 주변 동료들이 개인보호장비를 모두 착용하고 작업을 한다면 혼자만 불안전하게 행동하기 어렵다.

㉢ 집단규범(group norm)

ⓐ 소속 집단이 가진 생각이나 개념

ⓑ 집단을 유지하고 목표를 달성하는 데 필수적이고, 변화가 가능하다.

㉣ 집단사고(groupthink)

ⓐ 강한 응집력을 가진 집단 내에서 의사결정 시 객관적이고 비판적인 생각을 하지 않아 획일적인 방향성만을 가지게 되는 현상

ⓑ 획일화(만장일치) 압력, 다른 대안 평가 절차 부재

ⓒ 안전을 소홀히 하는 집단 분위기가 형성되면, 그렇지 않은 사람들도 따르게 된다.

예 1960년대 미국의 쿠바 피그만 침공

예 1980년대 우주왕복선 챌린저호의 폭발사고

(2) 안전문화

① 정의

㉠ Cox & Cox, 1991 : 안전에 관하여 조직 구성원들이 공유하는 태도, 신념, 인식, 가치

㉡ Wiegman 등, 2002 : 조직 구성원 모두가 스스로의 안전과 공공의 안전을 최우선으로 하는 영속적 가치로, 개인 및 집단이 안전을 위하여 스스로의 책임을 다하고, 안전이 유지될 수 있도록 행동하고, 안전에 대한 관심을 증가시키기 위하여 관련 대화를 많이 하고, 배우기 위하여 적극적으로 노력하며, 실수를 교훈으로 삼아 행동을 수정하고, 이러한 가치, 행동들이 일관성 있게 지속될 수 있도록 보상하는 문화

② 측정 · 평가

㉠ 연구활동종사자들의 위험지각 수준과 안전의식 수준을 측정하는 방법으로 안전문화 지표가 연구실 안전관리 지표의 하나로 유용하게 활용된다.

㉡ 안전문화는 사고발생을 예측할 수 있는 하나의 선행지표(leading indicator)이다. 과거에는 재해 발생율, 사망률, 근로손실 일수와 같은 후행지표(lagging indicator)를 활용하여 안전활동 성과를 측정하였으나, 선진국에서는 안전문화 평가와 같은 선행지표를 활용하여 안전사고를 관리한다.

㉢ 안전문화 평가의 장점

ⓐ 대책을 계획, 실행하고 보완점을 파악하기 위해 사고발생까지 기다릴 필요가 없다.

ⓑ 문제 소지가 많은 곳의 안전수준을 높이기 위한 노력에 집중할 수 있다.

ⓒ 법적·강제적 안전점검과 같은 사전적 사고예방 활동에 비해 안전문화 평가는 금전적·시간적으로 부담이 적다.

③ 안전문화 성숙단계 – 파커(Parker)등이 제안한 5단계 성숙모델

㉠ 병적인 단계 : 법규제 대응 단계

ⓐ 안전을 기술적이고 절차적인 측면과 법규 준수 수준에서만 해결하려고 한다.

ⓑ 단속을 피할 수 있을 정도로만 조치하고, 사고예방을 위한 시스템적인 접근은 없다.

ⓒ 안전을 중요한 연구실 위험으로 인식하지 않으며, 연구실안전환경관리자가 안전에 대한 1차적 책임을 갖는 것으로 인식한다.

ⓓ 사고를 피할 수 없는 것으로 간주하고, 사고발생을 업무의 일부로 받아들이지 않는다.

ⓔ 대부분의 연구실책임자와 연구활동종사자는 안전에 관심을 갖지 않고, 안전은 연구성과의 방해요소라고 생각하며, 안전 프로그램을 적용해도 실천되지 않는다.

㉡ 수동적인 단계 : 반응적인 단계

ⓐ 안전을 연구실의 위험요소로 인식하고 사고예방을 위하여 시간과 노력을 투자하나, 단순히 규정과 절차를 준수하면서 기술적으로 안전을 관리하려고 한다.

ⓑ 연구실책임자가 안전이 중요하다고 천명하나, 안전리더십을 행동으로 적극 실천하지 않는다.

ⓒ 연구실 운영계획과 안전계획이 서로 다르게 진행되고, 운영계획에 안전계획이 포함되지 않거나 우선순위로 다루어지지 않는다.

ⓓ 대부분 안전교육은 법적 의무교육에만 투자한다.

ⓔ 연구실안전환경관리자는 대부분의 사고가 연구활동종사자들의 불안전한 행동으로 발생하는 것으로 생각하며, 안전관리에 수동적이다.

ⓕ 안전성과는 후행지표로만 측정하고 성과를 보상한다.

㉢ 타산적인 단계 : 계획적인 단계

ⓐ 사고예방이 연구실의 재정적인 이익에 도움이 되는 것을 알고 있다.

ⓑ 연구실책임자와 연구실안전환경관리자는 연구활동종사자의 안전 프로그램 참여가 매우 중요함을 인식하며, 연구실안전환경관리자는 사고유발 요소가 다양한 것을 인지한다.

ⓒ 연구실책임자의 의사결정이 사고예방에 가장 중요한 것을 인지한다.

ⓓ 안전보건 성과를 증가시키기 위하여 경영시스템을 구축하고 관련된 다수의 도구를 제공하고 교육을 실시하며, 안전에 대한 건의와 개선 제안에 대한 피드백을 실시한다.

ⓔ 대부분의 연구활동종사자들은 안전에 관심을 가지고 개선하기 위한 노력(아차사고 보고 등)을 한다.

ⓕ 연구활동종사자는 스스로의 안전을 책임지려는 모습이 있으나, 전반적으로 연구실책임자와 연구실안전 환경관리자의 책임이 더 크다고 인식한다.

ⓖ 안전과 관련된 별도의 관리 프로그램을 운영하고, 연구활동종사자들이 참여한다.

㉣ 능동적인 단계 : 선제적인 단계

ⓐ 대부분의 연구실책임자와 연구활동종사자들은 안전이 윤리적・경제적 관점에서 모두 중요하다는 것을 인식한다.

ⓑ 연구실안전환경관리자와 연구활동종사자들은 사고유발 요소가 다양하며, 연구실책임자의 의사결정이 사고발생에 중요한 영향을 미치는 것을 인지한다.

ⓒ 사고의 주요 원인이 운영시스템의 운영 실패에 있다고 생각하며, 사고율뿐만 아니라 아차사고와 같은 잠재적 요인까지 선행지표로 관리한다.

ⓓ 연구활동종사자들은 스스로와 동료의 안전에 대한 책임이 자신에게 있음을 인정하고 모든 연구활동 종사자들이 공평한 대우와 존중을 받는 게 중요하다고 생각한다.

ⓔ 사고를 예방하기 위하여 사전조치(안전개선 제안 등)에 많은 노력을 기울이면서 연구와 관련 없는 사고도 파악한다.

ⓕ 안전과 관련된 별도의 프로그램을 장기간 운영한다.

ⓖ 안전행동 관찰과 안전 건의 및 안전개선 제안에 대한 피드백 시스템이 운영된다.

㉤ 발전적인 단계 : 모범이 되는 단계

ⓐ 연구활동종사자에 대한 모든 상해를 예방하는 것에 매우 큰 가치를 둔다.

ⓑ 모든 의사결정에서 안전이 가장 먼저 고려되고, 핵심가치로 인정된다.

ⓒ 연구활동종사자들은 항상 주위에서 사고가 발생할 수 있다고 생각하며, 안전행동 비율, 안전관찰, 관찰참여, 안전개선 건의 등의 선행지표로 안전성과를 측정하고 안전관리를 수행한다.

ⓓ 모든 연구활동종사자가 잠재위험을 통제하기 위한 방법을 찾고 개선하기 위하여 노력하고, 안전이 업무에서 매우 중요한 부분이라고 믿고 행동한다.

ⓔ 안전보건 증진을 위한 노력을 전 구성원이 실행하며, 모든 연구활동종사자가 거리낌 없이 안전이슈를 제기하며 안전환경관리자와 연구실책임자는 이에 지원한다.

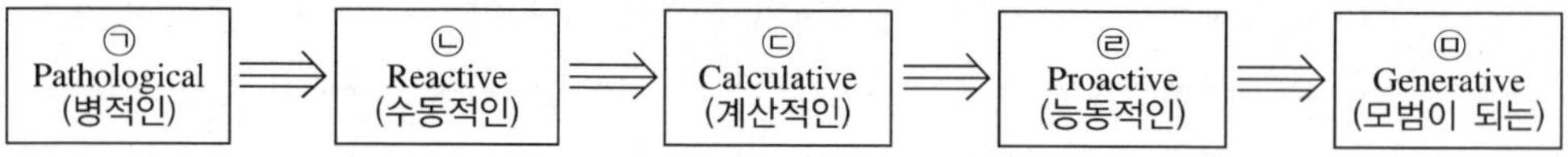

※ 출처 : 연구실책임자를 위한 안전의식(2021)

[안전문화 성숙단계]

④ 안전문화 구축

㉠ 듀폰사의 안전문화 구축 로드맵

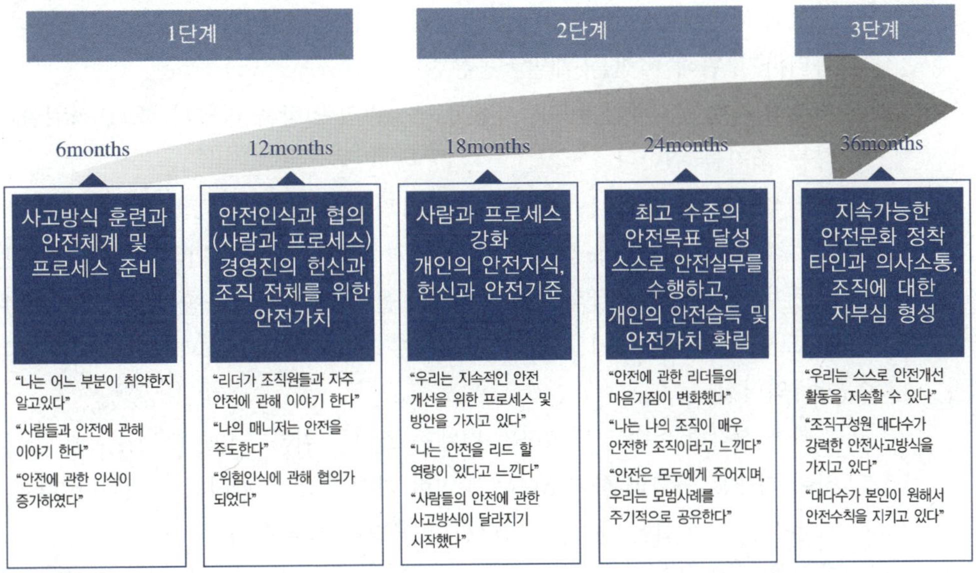

※ 출처 : 연구실책임자를 위한 안전의식(2021)

㉡ 경제협력개발기구의 원자력기구에서 제시한 안전문화 달성을 위한 가이드라인 10가지

ⓐ 안전문화의 중요성 이해

ⓑ 연구실책임자의 몰입과 관여

ⓒ 적극적인 구성원 참여

ⓓ 다른 사람의 경험에서 배우기

ⓔ 시작하기

ⓕ 초기 성공 창출

ⓖ 올바른 전문지식 사용

ⓗ 방법, 도구 및 접근법의 결합

ⓘ 계획, 모니터링 및 평가

ⓙ 지속적인 개선

(3) 안전리더십

① 정의

㉠ 안전에 대한 성과를 향상시키기 위하여 구성원들이 안전에 몰입하고 행동하게 하는 것이며, 안전에 책임감을 가지도록 동기부여를 하는 것

㉡ 현재 안전상태를 파악하고 개선하기 위한 비전을 세우고 비전을 달성하기 위한 방법을 고안하는 총체적인 과정

② 종류

㉠ 변혁적 · 거래적 리더십

ⓐ 변혁적 리더십 : 건강한 일터를 만들고, 안전에 관련된 관행에 모든 구성원이 참여하길 독려하기 위해 비전을 개발 · 공유한다.

ⓑ 거래적 리더십 : 과업의 요구사항과 구성원의 역할을 명확히 하고, 성취한 결과에 상응하는 조치를 취한다.

ⓒ 효과적인 안전리더십은 변혁적 리더십과 적극적인 거래적 리더십의 혼합 형태이다. 변혁적 리더십을 통해 안전에 대한 의견을 제시하고 주변의 안전을 챙기는 안전참여 행동이 촉진되며, 적극적 거래적 리더십을 통해 연구활동종사자의 활동에 대한 적극적인 모니터링과 보상에 기반한 안전준수 행동 증진을 효과적으로 촉진시킬 수 있다.

㉡ 수동적 리더십

ⓐ 리더가 심각한 이슈가 발생하기 전에는 조치를 취하지 않는다. 이슈에 적극적으로 개입하여 기대를 구체화 하기보다는 막연한 기대에 의한 관리의 형태이다('알아서 하겠지').

ⓑ 자유방임 리더십은 수동적 리더십의 극단적 형태이다.

ⓒ 안전과 부적 상관(negative correlation)을 갖고 있으며, 안전준수 · 참여를 감소시키고 높은 사고율과 관련된다.

㉢ 남용적 리더십

ⓐ 남용적 리더십은 자신감을 떨어뜨리는, 비인격적, 공격적, 전제군주적, 정서적으로 혹사하는 것을 특징으로 하는 관리감독 방법

ⓑ 무능한 리더십을 의미하며, 적대적인 언어 · 비언어를 많이 사용한다. 연구활동종사자를 공개적으로 조롱하고, 직접적으로 원인이 없는 실수를 비난하거나, 모욕적인 언어와 위협을 가한다.

③ 안전리더십의 구성요인

㉠ 의사소통(피드백 - 양방향적 의사소통)

㉡ 안전행동(솔선수범)

㉢ 규칙과 표준의 준수 및 안전에 대한 몰입

㉣ 참여 독려

㉤ 인정과 동기부여

④ 리더십에 대한 관리격자(managerial grid) 이론 – 블레이크(Blake)와 모튼(Mouton)

㉠ 과업 완성을 강조하는 '업무에 대한 관심도'와 조직구성원 간의 관계성을 강조하는 '사람에 대한 관심도'의 두 가지 측면에서 리더십의 유형을 5가지로 구분

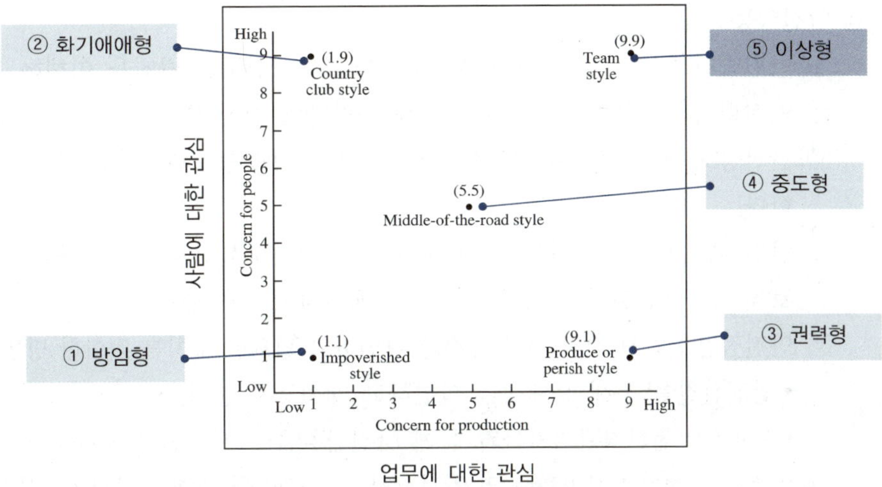

※ 출처 : 연구실책임자를 위한 안전관리 이론(2021)

⑤ 바람직한 리더로서의 연구실책임자

㉠ 역할과 책임

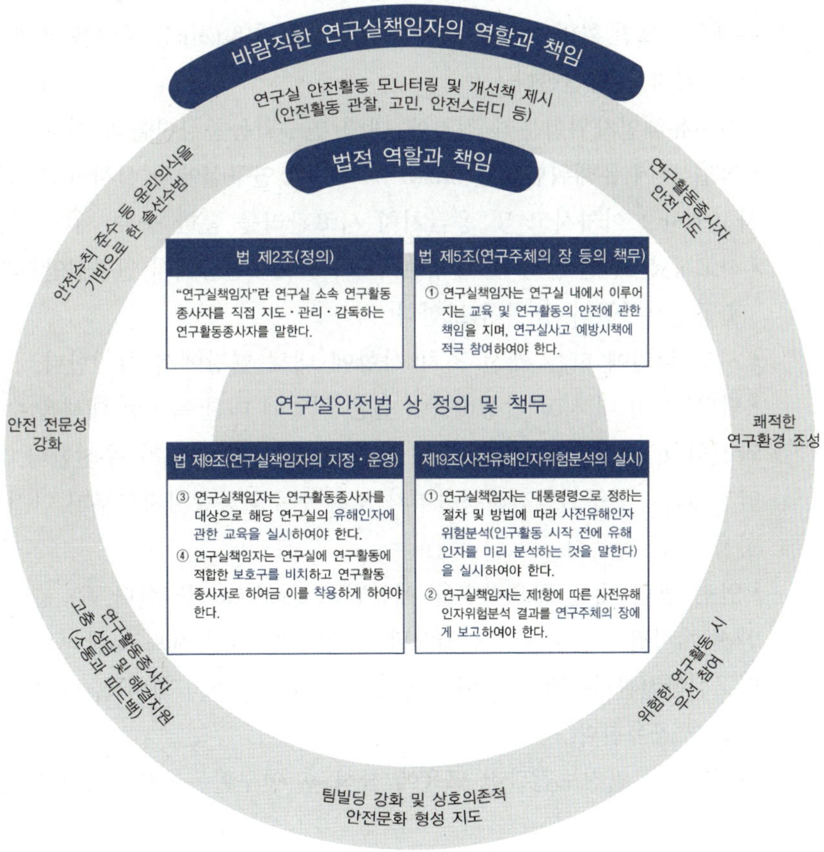

※ 출처 : 연구실책임자를 위한 안전관리 실무(1991)

Ⓛ 안전행동지침

ⓐ 안전방침 : '연구실 안전이 최우선이다.'라는 연구실 방침을 이해하고 실천한다.

ⓑ 안전회의 : 연구실별로 안전회의를 운영하고 진행한다.

ⓒ 안전성과 평가 : 연구실책임자의 평가에 안전성과를 포함시키고 세부 평가 기준을 확립한다.

ⓓ 안전 메시지 : 연구활동종사자에게 'i care(연구실책임자가 연구활동종사자의 안전, 보건, 복지에 관심을 가지고 있다는)메시지'를 전달한다.

ⓔ 안전점검 : 안전 점검 시 문제점을 확인하고 필요한 조치를 적합한 방법으로 실시한다.

- 안전관찰을 통해 문제점을 확인하고 개선조치 한다.
- 연구실안전환경관리자들과 함께 안전관찰을 실시하면서 coaching 한다.

ⓕ 안전작업 절차 : 작업표준 및 안전작업표준(SOP)에 대해 연구활동종사자들이 이해하고 활용하고 있는지 확인한다.

- 연구실안전환경관리자로부터 작업표준(SOP ; Standard of Performance) 및 안전작업절차에 대한 제/개정을 보고받고 승인한다.

ⓖ 유해위험요인 확인 : 작업 전에 유해위험요인(hazard) 확인을 위한 사전유해인자위험분석 절차를 확인한다.

- 사전유해인자위험분석 절차에 대해 연구활동종사자들의 이해도를 확인한다.
- 작업 전에 유해위험요인(hazard) 확인은 연구실에서 실시하고 있는 것을 확인한다.

ⓗ 사고조사 : 아차사고 및 응급처치 사고관리를 통한 중대 재해 예방 활동을 한다.

- 사고 근본 원인 분석 및 대책 수립 시에 사고현장에서 연구실안전환경관리자 및 연구활동종사자들과 함께 검토한다.
- 사고 원인에 따른 개선 조치 사항에 대해 현장에서 확인한다.
- 담당(부서) 내 사고 발생비율이 높은 원인에 대한 특별한 대책을 수립/적용하고 있다.

ⓘ 안전인식 : 연구실의 생산성과 안전 중에 안전 가치가 우선한다.

ⓙ 안전제안 : 연구실안전환경관리자 또는 연구활동종사자로부터 안전 관련 개선 필요사항을 제안 받는다.

- 안전 관련 개선 필요사항을 제안받고 feedback을 한다.

ⓚ 안전 게시판 : 연구실 안전게시판 등 정보가 최신 자료로 관리되고 있는지 확인한다.

ⓛ 연구실안전관리위원회 : 연구실안전관리위원회 등의 회의록, 안전회보는 연구활동종사자들과 공유한다.

ⓜ 안전교육 : 안전보건관련 교육에 참석 후 연구활동종사자에게 교육내용을 전달한다.

(4) 안전심리

① 안전과 안심

㉠ 안전(安全)

ⓐ 기준을 가지고 평가되는 객관적 상태

ⓑ 사람의 사망, 상해 또는 설비나 재산 손해 또는 상실의 원인이 될 수 있는 상태가 전혀 없는 것

㉡ 안심(安心)

ⓐ 개개인의 주관적 판단

ⓑ 모든 걱정을 떨쳐 버리고 마음을 편히 가지는 것

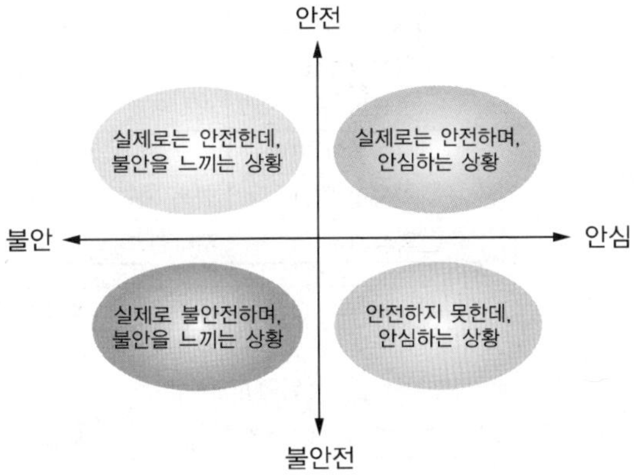

② 주의와 부주의

㉠ 주의

ⓐ 특정한 대상으로 범위를 명확히 해서 이를 선택하여 집중하는 것이다.

ⓑ 인간은 자기에게 필요한 정보만을 선택하여 집중한다.

주의의 특성	내용
선택성	한 곳에 집중하면 다른 곳에는 소홀해진다.
방향성	한쪽 방향에 집중하면 다른 방향에서 입력된 정보는 무시되기 쉽다.
변동성	주의집중의 정도는 시간에 따라 변화한다.
단속성	주의집중의 깊이가 깊을수록 오래 지속될 수 없다.
범위	시각적으로든 청각적으로든 주의가 깊어지면 범위가 줄어든다.

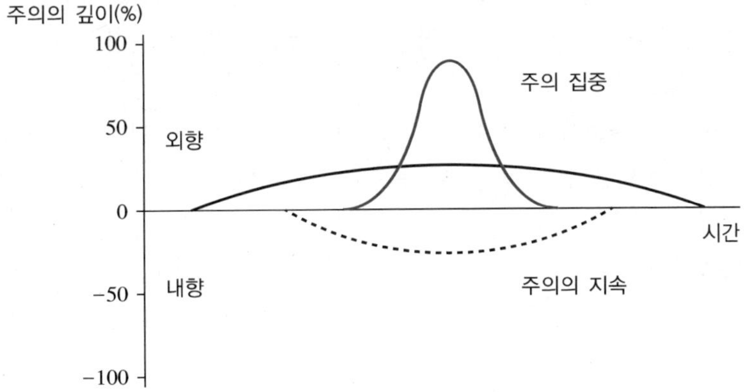

㉡ 부주의 : 주의력을 집중하지 못하는 상태로 발생하는 결과이다.

부주의의 원인	내용
의식의 중단	의식흐름에 단절이 생기고 공백이 나타나는 현상이다.
의식의 우회	의식흐름 중 다른 생각을 하게 되는 현상이다.
의식수준의 저하	피로하거나 단조로운 작업을 하여 의식이 둔화된 현상이다.
의식의 혼란	외적 자극으로 의식이 분산되는 현상이다.
의식의 과잉	지나친 의욕에 의해 생기는 과도한 집중현상이다.

의식의 중단	의식의 우회	의식수준의 저하	의식의 혼란

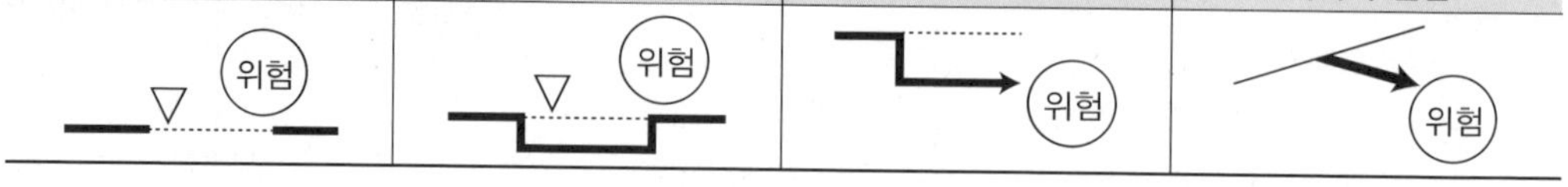

③ 인간의 의식수준 5단계

단계(phase)	의식 상태	주의 작용	행동 상태	신뢰성	뇌파
0	무의식	제로	수면, 뇌발작	0	δ파
I	의식 둔화	활발하지 않음	피로, 졸음, 취중	0.9 이하	θ파
II	정상(편안)	수동적	일상, 휴식, 정상작업	0.99~0.99999	α파
III	정상(집중)	적극적	적극적 활동	0.999999 이상	β파
IV	과긴장, 흥분	응집, 판단 정지	공포, 긴급, 당황, 패닉	0.9 이하	β파, 간질파

㉠ 의식수준 5단계의 발생과 작업

ⓐ 0단계(수면) : 작업 불가

ⓑ Ⅰ단계(과로, 야근, 단순반복작업, 휴식) : 작업 시 휴먼에러 빈발

ⓒ Ⅱ단계(숙면을 취하고 깨어남) : 작업 수행 부족

ⓓ Ⅲ단계(집중) : 작업 시 과오를 거의 발생시키지 않음(주의의 범위가 넓음)

ⓔ Ⅳ단계(과도한 긴장, 감정 흥분) : 냉정함 결여, 판단 둔화(주의가 눈앞의 한 곳에만 집중)

㉡ 휴먼에러 가능성(위험한 순서) : 4단계 > 1단계 > 2단계 > 3단계

㉢ 안전한 작업을 위해 항상 3단계를 유지하면 되지만, 무리하게 지속할 시 피로하여 1단계로 떨어진다.

④ 착오요인

㉠ 조작과정 착오 : 작업자의 기능 미숙, 작업 경험 부족

㉡ 판단과정 착오 : 능력 부족, 정보 부족, 자기합리화, 과신

㉢ 인지과정 착오 : 생리·심리적 능력의 한계, 정보량 저장의 한계, 감각 차단현상(단조로운 업무, 반복 작업), 정서 불안정 요인(불안, 공포, 과로, 수면 부족 등)

㉣ 재해 유발 소질 요인 : 성격적, 정신적 결함, 신체적 결함

⑤ 동기부여

㉠ 매슬로(Maslow)의 욕구 5단계 이론

ⓐ 인간의 욕구를 5단계로 구분하고, 인간은 본능적으로 저차원의 욕구가 충족된 후 고차원의 욕구가 나타나는 것으로 설명(생리적 욕구 → … → 자아실현의 욕구)

ⓑ 연구실 안전에 적용하기 위해서는 가장 기본적인 욕구가 충족되도록 연구환경을 제공하고, 고차원의 심리적 욕구 충족을 위하여 기본적으로 안전 욕구를 반드시 충족해야 함을 강조한다.

ⓒ '라벨링(labeling) 효과' 또는 '긍정적 착각' 이론의 등장 : 고차원적 욕구에 해당하는 연구활동종사자의 존경 욕구와 자아실현 욕구를 충족할 수 있도록 격려하고 지원하면, 그 이하의 욕구는 스스로 충족될 수 있도록 긍정적 영향을 미침. 즉, 존경 욕구, 사회적 욕구 충족을 위해 지원하면, 연구활동종사자가 그 이하의 욕구(안전 욕구 등)을 스스로 충족한다.

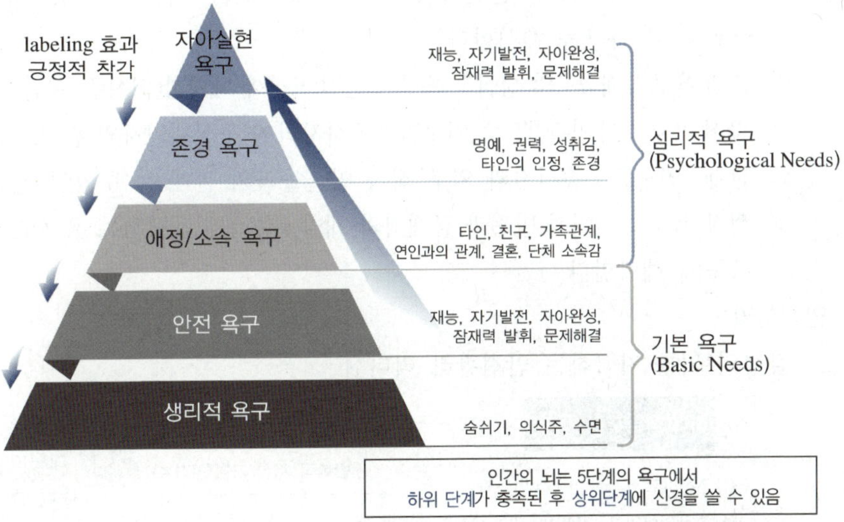

※ 출저 : 연구실책임자를 위한 안전관리 이론(2021)

ⓛ 맥그리거(McGregor)의 X, Y 이론

ⓐ 인간성을 두 가지 극단적 부류로 구분하고, 이에 대한 적절한 안전관리 대책 수립이 필요하다고 주장한다.

ⓑ X-이론 : 대부분의 사람은 남에게 지휘받기를 좋아하고 스스로 책임지는 것을 싫어하며, 무엇보다도 안전을 추구한다.

ⓒ Y-이론 : 대부분의 사람은 적절한 동기부여가 있으면, 기본적으로 직무에서 자율적·창의적으로 활동한다.

구분	X이론	Y이론
인간의 본성	• 인간에 대한 불신감 • 성악설 • 인간은 본질적으로 게으르고 태만하여 남에게 지배받기를 좋아하고 책임지기를 싫어한다. • 물질적 욕구 • 저개발국형 본성 • 동기부여는 생리적 욕구나 안전 욕구의 계층에서만 가능하다.	• 책임자(관리자)와 종사자 간 신뢰감 • 성선설 • 인간은 부지런하고 근면하여 적절한 동기부여가 되면 자율적 · 적극적 · 창의적이다. • 정신적 욕구 • 선진국형 본성 • 동기부여는 생리적 욕구나 안전욕구의 계층에서는 물론이고, 사회적, 존경, 자아실현의 욕구계층에서도 가능하다.
관리방식	• 권위주의적 리더십의 확립 • 경제적 보상 및 엄격한 감독 · 통제	• 민주주의적 리더십의 확립 • 자기주도적 목표에 의한 관리 및 권한의 위임

㉢ 알더퍼의 ERG 이론

ⓐ 인간의 동기부여와 관련하여 존재(Existence) 욕구, 관계(Relation) 욕구, 성장(Growth) 욕구를 제시한다.

ⓑ 존재 욕구 : 매슬로의 생리적 욕구나 안전 욕구에 해당함(의식주, 봉급, 안전한 연구환경 등)

ⓒ 관계 욕구 : 대인관계, 즉 연구활동종사자와 연구실책임자의 관계, 연구활동종사자 간의 관계, 연구활동종사자와 외부 접촉 인물들과의 관계 등에 있어 인정받고자 하는 욕구

ⓓ 성장 욕구 : 개인적 발전과 잠재력의 개발 · 충족에 해당하는 욕구로, 매슬로의 자아실현 욕구에 해당한다.

⑥ 안전심리

㉠ 감정의 뇌를 자극하는 안전관리 리더십

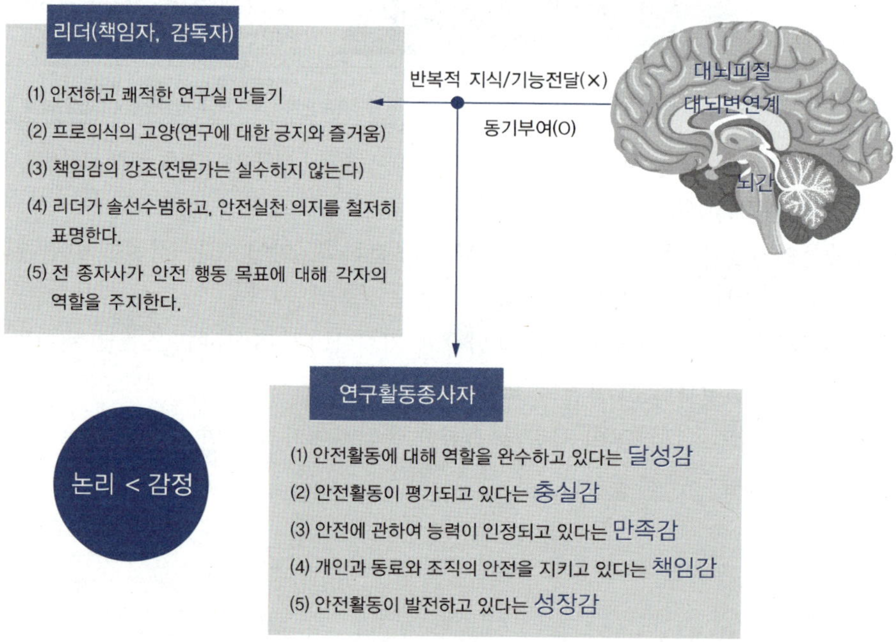

※ 출처 : 연구실책임자를 위한 안전관리 이론(2021)

㉡ 위험보상(risk compensation)

ⓐ 개인이 장비, 도구 혹은 다른 보장을 통해 보호받고 있고, 더 안전해졌다고 판단하거나 느끼면 위험 수준을 낮게 지각하여 더 위험하게 행동한다는 이론

ⓑ 제도와 장비, 시스템 구축만으로 완벽한 안전을 이룰 수 없다.

ⓒ 일부 사람들은 위험을 오히려 즐기기도 하고, 일부는 위험보상 이론에 따라 행동할 수 있고, 일부는 법이나 규칙이 있어도 이를 자발적으로 따르지 않거나 저항할 수 있다.

ⓓ 강압적인 방식으로 완벽한 안전을 이룰 수 없고, 연구활동종사자들의 자발적 참여를 이끌고 확산시킬 수 있을 때 궁극적인 안전문화를 이끌어 낼 수 있다.

(5) 불안전행동 및 불안전상태

① 인간의 행동-레빈(Lewin)의 법칙

$B=f(P,E)$	• B : 행동 • P : 연령, 경험, 심신 상태, 성격, 지능 등 인간의 심리적·생리적 요인 • E : 심리에 영향을 미치는 주변 환경(인간관계, 작업환경, 작업설비 등)

㉠ 행동(Behavior)은 그 사람이 가진 특성(Personality)과 주변 환경(Environment)과의 함수로 표현할 수 있다.

㉡ 불안전한 행동(B)의 방지를 위해서 인간적인 요소(P)뿐만 아니라 환경적인 요소(E)까지 고려해야 한다.

② **불안전행동의 예** : 위험장소 접근, 안전장치 기능 제거(안전장치 무효화), 복장·보호구의 미착용 및 오용, 기계·기구의 오용, 운전·실험 중인 장치에 접근하거나 손질·수리하는 행위, 불안전한 조작, 위험물 취급 부주의, 불안전한 상태 방치, 불안전한 자세 동작, 감독 및 연락 불충분, 기타 실험실 안전수칙 미준수 등

③ **불안전행동의 원인**

㉠ 지식 부족 : 몰라서

㉡ 기능 미숙 : 알기는 알지만 서툴러서

㉢ 태도 불량 : 알기는 알지만 하고 싶지 않아서

㉣ 휴먼에러 : 하고 싶지만 할 수 없어서

④ **안전행동 변화 4단계 - 갤러(Geller)**

㉠ 무의식적 불안전행동

ⓐ 어떤 행동이 안전한지 불안전한지에 관한 지식이 없는 경우 발생

ⓑ 안전 관련 매뉴얼이 없거나 기본적인 안전교육이나 작업 관련 교육이 부족한 상황에서 발생하므로 안전한 작업 수행을 위한 기본적인 교육과 훈련이 필요

예 2016년 휴대전화 부분 하청회사의 근로자의 메탄올 중독으로 인한 실명사고가 있었다. 근로자에게 메탄올이 위험하고, 중독될 경우 어떤 건강상으로 치명적인 위험이 발생하는지 알려주는 관리자가 없었고, 교육이 부족해서 발생한 사고

㉡ 의식적 불안전 행동

ⓐ 어떤 행동이 안전한 행동인지 알고 있으며, 매뉴얼도 있고 교육과 훈련을 받았음에도 불안전하게 행동을 한다.

ⓑ 불안전 행동은 편안하고 빠르며, 인정과 같은 긍정적인 결과를 가져오는데 반면 안전행동은 불편하고 생산성이 낮으며, 질책과 같이 부정적인 결과를 가져오는 상황에서 발생

㉢ 의식적 안전행동

ⓐ 어떤 행동이 안전한 행동인지 알고 있고, 매뉴얼도 있고, 교육과 훈련을 받았으며, 안전행동이 왜 중요하고 가치가 있는 것인지를 인식하면서 의식적으로 행동을 변화시키는 단계

ⓑ 과거의 불안전행동이 남아 있지만 의식적으로 "안전행동이 사고예방에 중요하고, 번거롭더라도 나와 동료의 안전을 위해 필요하다"라고 생각하면서 안전행동을 하는 단계

㉣ 무의식적 안전행동

ⓐ 안전행동이 습관화되어 있는 단계

ⓑ 누가 지시하거나 의식하지 않아도 자동적으로 작업 과정에서 안전절차와 규정을 준수하고, 개인 보호 장비 등을 착용하는 단계

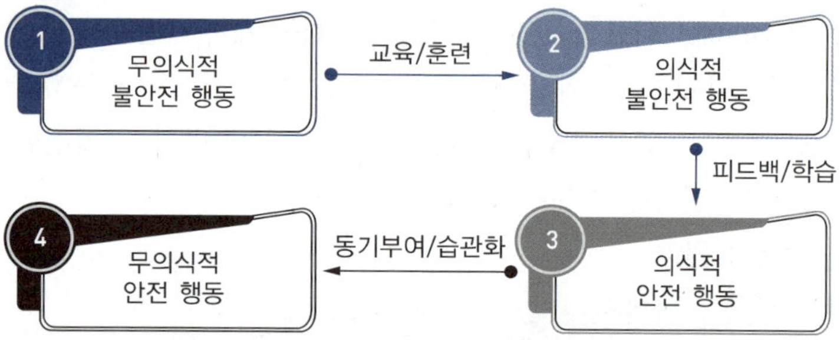

※ 출처 : 과학기술정보통신부. 연구실책임자를 위한 안전의식(2021)

⑤ **불안전행동의 심리·생리적 원인과 예방방법**

㉠ 장면행동(주의의 1점 집중 행동)

ⓐ 내용

- 돌발 위기 발생 시 주변 상황을 분별하지 못하고 그 위기에만 집중하는 것
- 특정방향으로 강한 욕구가 있으면 그 방향에만 몰두하여 행동

ⓑ 사례

- 하수구 맨홀 아래 지하 밀폐공간 작업을 하다가 유독가스 질식으로 쓰러진 동료 작업자를 보고 본인이 위험할 수 있다는 생각을 하지 못하고, 동료 작업자를 구하겠다는 생각으로 아무 조치 없이 맨홀 아래로 내려갔다가 동시에 사망하는 사고
- 뜨겁게 달아오른 시편이 바닥에 떨어지면 깨질까 봐 잡아야 한다는 생각에 개인보호구를 착용하지 않았음에도 뜨거운 시편을 잡아 화상을 입는 사고

ⓒ 예방방법

- 위험예지활동 및 사전유해인자위험분석을 통해 돌발위기에 대처할 수 있는 올바른 방법을 익혀야 한다.
- 위험한 대상에는 접근하지 못하도록 울타리, 방호막 등으로 방호하는 등의 조치를 실시해야 한다.

㉡ 주연(周緣)행동(주변적 동작)

ⓐ 내용 : 특정 작업을 하는 동안 습관적 동작으로 의식의 한쪽 구석에서 다른 행위를 하는 경우

ⓑ 사례

- 낮은 천장 혹은 눈높이에 장애물이 있는 공간에서 키가 큰 연구활동종사자가 앉아서 연구를 마친 후 무의식적으로 습관에 따라 일어서다가 머리를 부딪히는 경우
- 인체독성 물질 혹은 감염체를 취급하는 연구활동 상황에서 개인보호구를 착용하였지만, 전화벨이 울리자 무의식적으로 개인보호구를 벗고 전화를 받는 행동

ⓒ 예방방법

- 연구에 집중할 수 있도록 사전교육을 하고, 철저한 안전중심의 실험절차를 수립・이행해야 한다.
- 사전유해인자위험분석을 통해 주연행동이 일어날 수 있는 상황에 대해 미리 인지하고, 안전보건표지 등을 통해 무의식적인 행동이 습관적으로 사고로 이어지지 않도록 예방해야 한다.

㉢ 지름길 반응과 생략행위

ⓐ 내용

- 정해진 길을 따르지 않고 되도록 가까운 길을 걸어서 빨리 목적지에 도달하려고 하는 행동
- 규정된 길로 걸으면 헛수고로 인식하여 안전사고가 발생하지 않는 선에서 연구활동종사자가 스스로 허용하여 규정된 길을 미준수하거나, 실험 절차, 안전수칙 등을 생략하는 행위

ⓑ 사례 : 시약장에서 시약병을 꺼내거나 위치를 변경하는 간단한 작업을 할 때, 귀찮다는 이유로 장갑을 끼지 않는 행동

ⓒ 예방방법

- 연구실책임자의 리더십 강화가 매우 중요하다(연구실의 준법 분위기와 안전 문화를 조성하기 위해서 연구실책임자의 관심과 솔선수범이 필요).
- 지름길 반응과 생략행위는 "귀찮다"라는 생각에서 정해진 규칙과 절차를 준수하지 않는 행위이므로 규칙을 준수하고자 하는 준법정신과 도덕성의 회복이 우선적으로 필요하다.

㉣ 억측판단

ⓐ 내용 : 연구활동종사자가 주관적 판단과 희망적 관찰에 기인하여 "이 정도면 충분하겠지"라고 생각하고 안전 유무를 확인하지 않고 행동하는 경우

ⓑ 사례 : 연구실 내 높은 곳에 있는 물건이나 실험장치를 내리는 경우, 사다리를 사용하지 않고 임시방편으로 2개 이상의 책상과 의자를 겹쳐 사용하다가 미끄러져 발생한 사고

ⓒ 예방방법

- 정확하고 충분한 정보를 입수해야 하고, 안전한 연구활동이라고 확신이 들 때까지는 실행에 옮기지 않는 신중함이 필요하다.
- 개인의 선입견적인 주관적 판단보다는 객관적인 데이터나 안전 전문가 의견을 따라 연구활동을 실시해야 한다.

㉤ 착시와 착오

ⓐ 내용

- 동일한 형상의 물리적 구조를 지각(perception)적으로 오감(시각, 청각, 촉각, 후각, 미각)이 다르게 인식하는 현상
- 인간의 오감 중 안전과 관련성이 높은 감각은 시각, 청각, 촉각이다.
- 우리가 감각하는 것과 실제 현상은 어떠한 환경에 놓였느냐와 또 그것을 어떠한 과정에 따라 인간이 수용하느냐에 따라 달라질 수 있다.

ⓑ 예방방법

- 착시는 연구의 정확도를 떨어뜨릴 수 있고, 실제 연구실 안전사고의 원인이 될 수 있으므로, 연구활동 중 착오가 발생하지 않도록 연구실 환경을 개선하고, 정확한 소통을 해야 한다.
- 헷갈리거나 착오가 일어날 수 있는 배치는 지양해야 한다.
- 연구실을 정리 정돈하며, 선택의 실수를 일으키기 쉬운 경우 계통에 따라 색깔, 위치, 크기를 착오가 발생하지 않는 것으로 개선해야 한다.

㉥ 숙련

ⓐ 내용

- '원숭이도 나무에서 떨어진다'라는 속담처럼 사고의 원인이 되는 불안전한 행동은 미숙련자뿐 아니라 숙련자에게서도 일어날 수 있다.

• 숙련된 연구활동종사자는 연구절차를 일련의 행동으로서 무의식적이고 자동적으로 진행하는 경우가 많기 때문에, 경각심이 부족하여 긴장하지 않고 연구를 하기에 익숙해지는 것이 지나쳐서 실수가 일어날 수 있다.

ⓑ 예방방법 : 숙련된 연구활동종사자가 침착하고 겸손한 마음을 가질 수 있도록 연구실책임자가 중심이 되어 소통하고, 교육하며, 실험 전 긴장감을 가지고, 안전수칙을 반드시 준수할 수 있도록 안전의식을 개선해야 한다.

ⓢ 피로, 질병, 음주 등의 건강 상태

ⓐ 내용 : 피로는 단순한 육체적 피로뿐 아니라 정신적 피로까지도 포함하여 넓은 범위에서 몸이나 정신이 지친 상태를 의미한다.

ⓑ 예방방법 : 연구실책임자는 실험 전 연구활동종사자의 건강 상태를 확인하고, 피로가 크다고 판단되거나 유증상자의 경우 연구활동에서 배제하거나 휴식을 취할 수 있도록 조치해야 한다. 연구활동종사자가 자신의 몸 상태를 충분히 표현할 수 있는 분위기를 만들어야 한다.

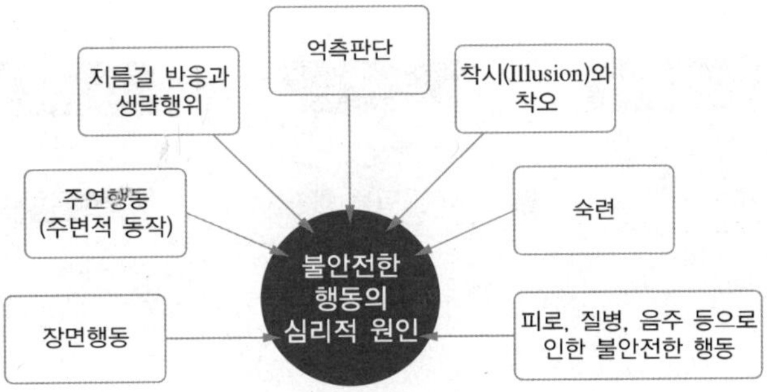

⑥ BBS(행동기반 안전관리, Behavior-Based Safety)

㉠ 개요

ⓐ 불안전행동을 안전행동으로 변화시키는 안전관리 프로그램

ⓑ 사고원인을 기계결함이나 안전의식의 결핍에서 찾지 않고, 사고와 관련이 있는 불안전행동에서 찾고, 궁극적으로 안전행동을 하게 하여 사고를 예방한다.

ⓒ 공학적인 설비의 중요성을 무시하는 것은 아니며, 안전보호 장비가 있지만 사용하지 않거나 잘못된 방식으로 사용하면 사고는 발생하므로 연구활동종사자의 행동은 중요하다.

ⓓ 불안전행동의 감소에 초점을 둔 기존의 안전관리 접근법(처벌, 질책, 비난, 벌금, 3진 아웃 등)과 달리 안전행동 증가에 초점을 맞춘 긍정적 방식을 사용한다.

ⓔ 매일 관찰한 객관적 자료를 바탕으로 안전 증진의 효과 검증에 기반한다.

㉡ 기존 안전관리와 BBS 안전관리의 비교

기존 안전관리	BBS 안전관리
불안전 행동의 감소를 강조(안전목표 달성을 확신하기는 어려움)	안전 행동의 증가를 강조(진도가 더딜 수는 있으나 연구활동종사가 긍정적인 경험을 많이 할 수 있으므로 안전목표 달성을 확신할 수 있음)
연구실책임자에 의한 설계	연구실의 모든 구성원의 참여에 의한 설계
관리 계층을 대상으로 훈련	연구실의 모든 구성원을 대상으로 훈련
간헐적인 관찰	빈번한 관찰
비일관적인 피드백	정기적인 피드백
공식적인 목표 부재	명확하고 구체적인 목표의 설정
결과 강조(사고율, 무사고 등)	과정 및 결과 강조(안전 행동 관리)

㉢ BBS 핵심요소

ⓐ 사고와 관련이 있는 핵심행동 및 조건의 도출

ⓑ 안전관찰과 자료 수집

ⓒ 관찰자료를 기반으로 한 안전 피드백, 연구활동종사자들의 안전 노력 인정과 축하

㉣ BBS 실행절차

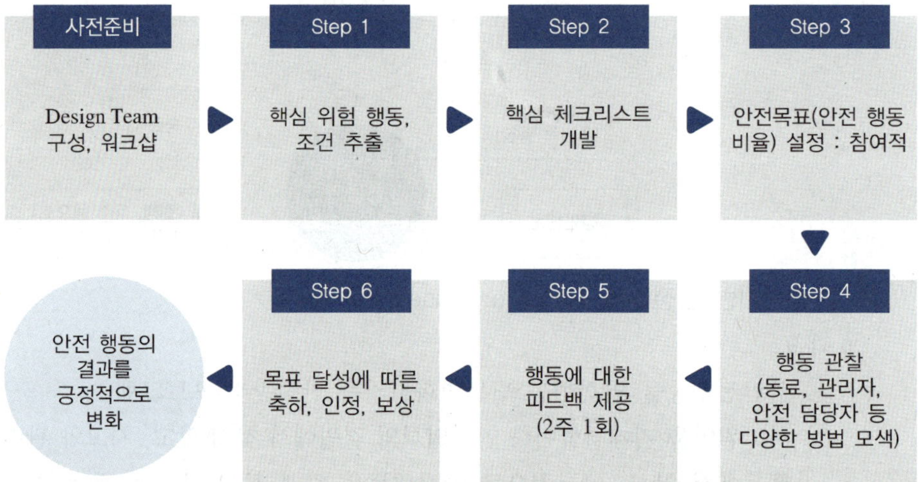

※ 출처 : 연구실책임자를 위한 안전의식(2021)

⑦ **불안전 상태** : 장비·물질 자체의 결함, 안전방호장치 결함, 복장·보호구 자체의 결함, 물체의 배치 및 작업장소 결함, 작업환경의 결함, 생산공정의 결함, 경계 표시 및 설비의 결함, 물건 적재 및 보관방법의 결함 등

3 안전관리조직

(1) 스위스 치즈모델(Reason)

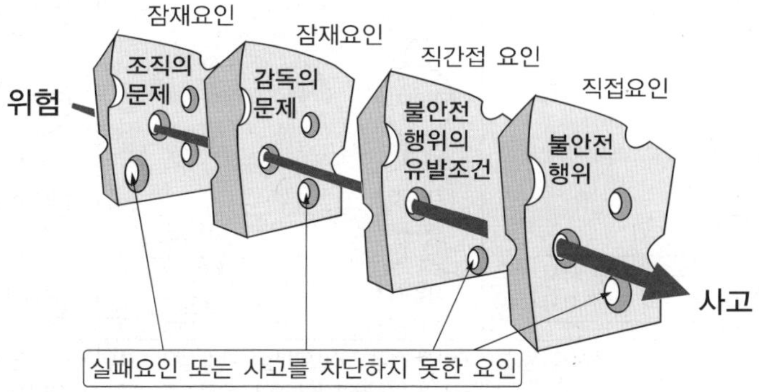

· 회전하는 치즈 낱장 : 사고예방활동
· 구멍 : 각각의 사고예방 활동이 정상적으로 기능하지 못하는 실패 요인

① 개요

㉠ 각각의 사고 요인(치즈 낱장)마다 결함(치즈의 구멍)이 있기 마련이나, 이러한 구멍들이 우연히 일렬로 정렬하게 되면 사고가 발생한다는 이론

㉡ 사고는 하나의 안전요소나 방호장치만 제대로 작동해도 막을 수 있다.

② 사고발생 4단계

㉠ 조직의 문제 : 사고가 발생하는 근본적인 문제로, 효과적인 조직구성을 통해 안전관리를 효율적으로 실시해야 한다.

예 자원관리(인원, 예산, 장비 등), 조직풍토, 운영과정

㉡ 감독의 문제 : 사고가 발생하는 잠재요인이다.

예 부적절한 감독, 부적절한 실행계획의 수립, 감독자 위반

㉢ 불안전행위의 유발조건 : 불안전행동의 전제조건으로, 사고의 직간접 요인이 된다.

예 부적절한 실행 상태(신체적, 정신적, 생리적), 부적절한 CRM, 부적절한 자기관리

㉣ 불안전행위 : 사고의 직접적인 요인이다.

예 오류(기술, 지각, 의사결정 등), 위반(통상적, 예외적)

(2) 안전관리조직의 목적 · 기본방향

① 목적 : 활용 가능한 자원이나 인력, 활동을 체계화하여 사고 예방이라는 궁극적 목적달성에 효율적으로 집중될 수 있도록 체제를 구축한다.

② 기본방향

㉠ 조직 구성원이 전원 참여할 수 있도록 한다.

㉡ 각 계층 간 종횡적 · 기능적으로 유대한다.

㉢ 조직기능이 충분히 발휘될 수 있도록 한다.

(3) 안전관리조직의 기본형태

구분	라인형(직계형)	스태프형(참모형)	라인스태프형(혼합형)
구조	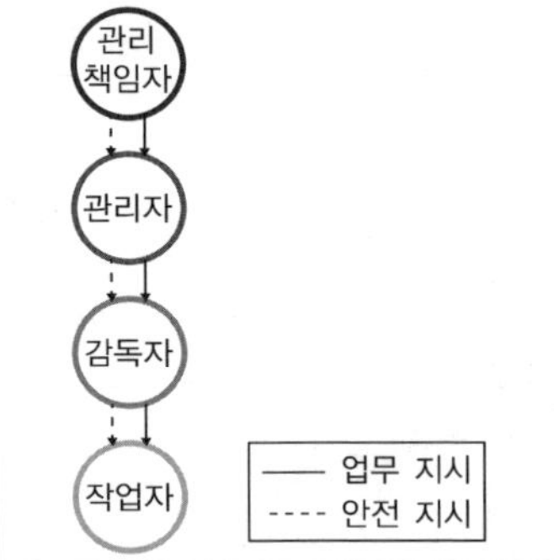	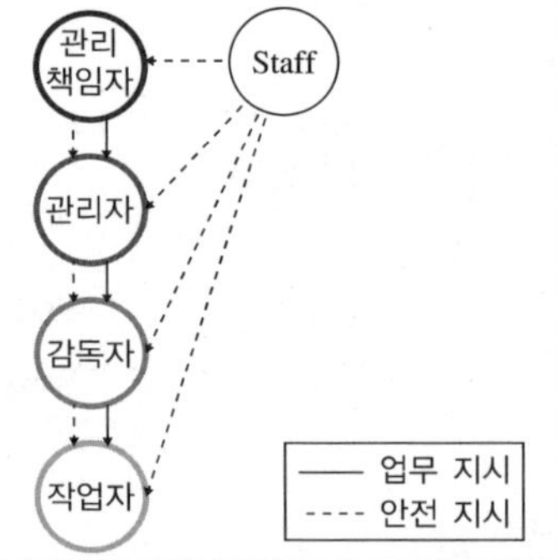	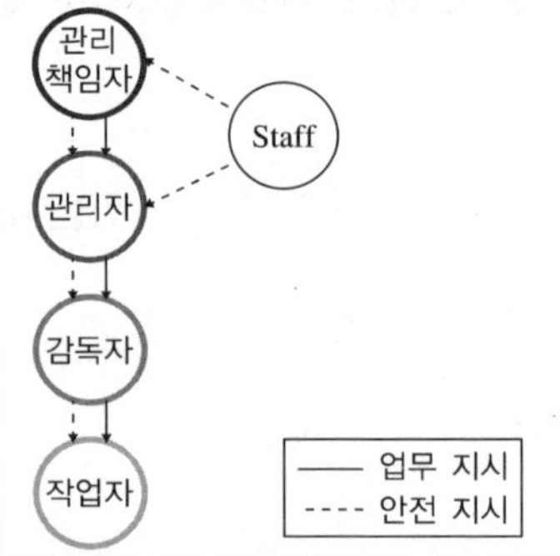
내용	• 안전관리의 모든 것을 생산조직을 통해 행함 • 생산과 안전을 동시에 지시	• 안전 전담 스태프가 안전관리 방안 모색 • 스태프가 경영자의 조언·자문 역할 수행	• 라인형과 스태프형의 장점을 취한 형태 • 스태프는 안전 계획·평가·조사하고 라인을 통해 안전대책·기술 전달
장점	• 명령·지시가 신속·정확 • 안전대책 실시가 신속	• 안전정보 수집 신속·용이 • 안전지식·기술축적 용이	• 스태프에 의해 입안된 것을 경영자가 명령하여 신속·정확 • 안전정보 수집 신속·용이 • 안전지식·기술축적 용이
단점	• 안전정보 불충분 • 라인에 과도한 책임 부여	• 안전과 생산을 별개로 취급 • 생산부문은 안전에 대한 책임·권한 없음	• 명령계통과 조언, 권고적 참여의 혼돈 우려 • 스태프의 월권행위 우려 • 라인이 스태프 미활용·미의존
규모	100명 이하의 소규모 조직	100~1,000명의 중규모 조직	1,000명 이상의 대규모 조직

※ 연구실안전관리사는 스태프의 기능을 담당

(4) 법정 연구실 안전관리 조직

① 연구실안전관리조직의 일반적 형태

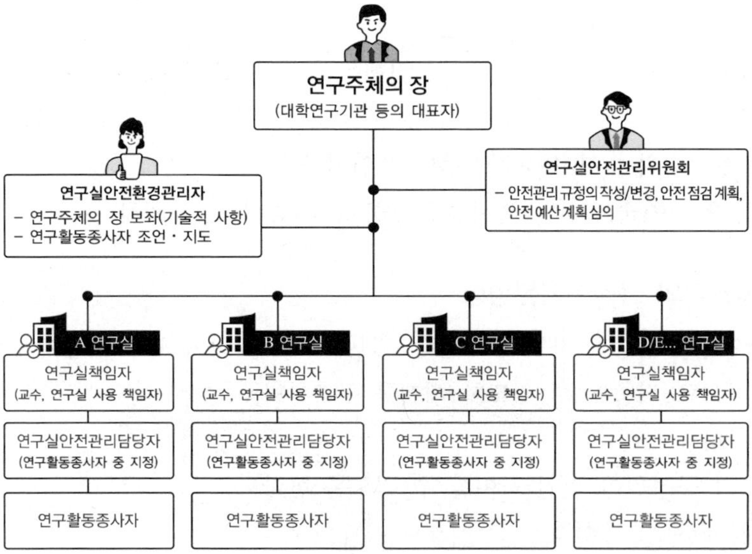

※ 출처 : 연구실책임자를 위한 안전관리이론(2021)

② 법정 연구실 안전관리 조직

㉠ 연구주체의 장 : 대학·연구기관 등의 대표자 또는 해당 연구실의 소유자

㉡ 연구실안전환경관리자 : 연구실 안전과 관련한 기술적인 사항에 대하여 연구주체의 장을 보좌하고 연구실안전관리담당자를 지도하는 자

㉢ 연구실책임자 : 연구실 소속 연구활동종사자를 직접 지도·관리·감독하는 연구활동종사자

㉣ 연구실안전관리담당자 : 각 연구실에서 안전관리 및 사고예방 업무를 수행하는 자

㉤ 연구활동종사자 : 대학·연구기관 등에서 과학기술분야 연구활동에 종사하는 연구원·대학생·대학원생 및 연구보조원 등

③ 기업부설연구소의 연구개발인력

㉠ 연구전담요원 : 연구개발업무 이외에 다른 업무를 겸직하지 않고 연구개발과제를 직접 수행하는 사람

㉡ 연구보조원 : 연구전담요원의 자격을 보유하지 않은 사람으로서 기업부설연구소, 연구개발 전담 부서 안에 근무하면서 연구개발과제의 수행을 보조하는 사람

㉢ 연구관리직원 : 연구전담요원이나 연구보조원이 아닌 사람으로서 기업부설연구소, 연구개발 전담 부서 안에 근무하면서 연구활동과 관련된 행정업무 및 관리업무를 담당하는 사람

Chapter 02

연구실 안전관리 구축 · 이행 역량

1 P-Plan, 연구실 안전관리 시스템 실행계획 수립

(1) P-D-C-A 사이클(Edwards Deming)

① P-D-C-A : Plan-Do-Check-Act(계획을 세우고, 실행하고, 평가하고, 개선한다)

② 사업 활동에서 생산 및 품질 등을 관리하는 방법

③ 1950년대 W. Edwards Deming에 의해 개발되었음

(2) 연구실 안전시스템(P-D-C-A)

① 정의

㉠ 연구주체의 장(또는 연구실책임자)이 안전환경방침을 선언하고 이를 반영한 연구실 안전관리 실행계획을 수립(Plan)하여 이를 실행 및 운영(Do), 점검 및 시정조치(Check)하며 그 결과를 연구주체의 장(또는 연구실책임자)이 검토하고 개선(Act)한다.

㉡ P-D-C-A 순환(환류)과정을 통하여 지속적인 개선이 이루어지도록 하는 체계적이고 자율적인 연구실 안전관리 활동을 말한다.

㉢ 기관의 규모, 풍토(조직문화), 연구개발 환경 등에 따라 연구실 안전관리 시스템 운영 주체를 연구주체의 장 또는 연구실책임자로 선정하여 자율적으로 운영할 수 있다.

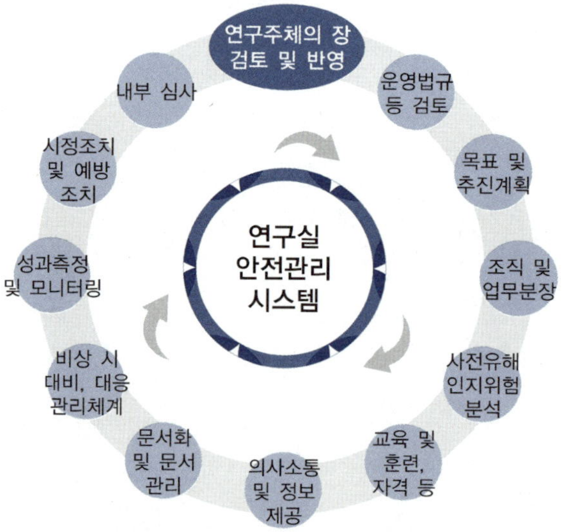

[연구실 안전관리 시스템 순환과정(예시)]

② **목적** : 연구실 안전관리 시스템을 구축하여 위험요인에 노출된 연구활동종사자와 이해관계자에 대한 위험을 제거하거나 최소화하여 연구실 안전환경 수준을 지속적으로 개선하고 향상시킨다.

③ **기대효과** : 연구실(기관)에서 자율적으로 연구실 안전관리 시스템을 구축하고 지속적으로 실행・유지・보수하여 연구실사고 예방과 안전한 연구환경 조성을 기대한다.

④ **연구실 안전시스템(P-D-C-A)**

㉠ P(Plan)

ⓐ 안전보건리스크, 안전보건 기회, 그리고 기타 리스크와 기타 기회를 결정 및 평가하고, 조직의 안전보건방침에 따라서 결과를 만들어 내는 데 필요한 안전보건 목표 및 프로세스를 수립한다.

ⓑ 운영법규 검토 및 안전환경방침 등 마련, 연간 연구실 안전환경 목표 및 추진계획 수립

㉡ D(Do)

ⓐ 연구실 안전환경방침과 목표를 실제적으로 프로세스에 적용하여 수행하는 단계로서 수립된 계획을 이행하는 과정에서 발생하는 변화 여부를 파악하고, 체계적으로 문서화한다.

ⓑ 조직 및 업무분장, 교육 및 훈련・자격 등, 의사소통 및 정보제공, 문서화 및 문서관리, 비상시 대비・대응 관리체계 구축 및 훈련 실시

㉢ C(Check)

ⓐ 실행(Do) 단계에서 수행된 일련의 과정을 모니터링하여, 계획(Plan) 단계에서 수립된 목표와 긴밀히 연계되어 수행되고 있는가를 평가하고 분석하는 단계로서 계획 단계에서 설정된 목표와 실행 단계에서의 실제 결과 간의 차이를 확인하고 평가를 실시한다.

ⓑ 성과측정 및 모니터링, 시정조치 및 예방조치, 내부심사

㉣ A(Action)

ⓐ 검토 및 개선(Action) 단계는 평가(Check) 단계에서의 평가 및 분석을 통해 피드백을 도출하는 단계로서, 연간 목표(세부목표) 결과가 성공적이지 못하다면 안전관리 계획을 수정하고, 프로세스를 재검토하여 새로운 계획을 수립할 때 반영하는 단계이다.

ⓑ 의도된 결과를 달성하기 위하여 안전보건 성과를 지속적으로 개선하기 위한 조치를 시행한다(연구주체의 장의 검토 및 반영).

(3) Plan, 실행계획 수립

① 운영 법규 검토 및 안전환경방침 등 마련

㉠ 연구실책임자의 역할

ⓐ 국・내외 관련 규정 등을 검토하여 연구실의 운영법규・안전규정・안전환경방침을 정한다.

ⓑ 운영법규 · 안전규정 · 안전환경방침을 연구활동종사자가 이해하고 준수하도록 교육한다.

ⓒ 운영법규 · 안전규정 · 안전환경방침이 연구실에 적합한지 정기적으로 확인하고, 최신의 것으로 활용할 수 있도록 한다.

㉡ 운영법규 등

ⓐ 운영법규

- 연구실, 연구 활동에 적용되는 모든 법률 · 규제 · 기타 이해관계자들의 요구사항을 파악하여 등록 · 운영 · 관리한다.
- 법규에서 요구하는 사항을 준수한다.

ⓑ 안전관리규정

- 효과적인 안전관리를 위하여 조직 내 구성원들의 계층 간, 조직 간의 책임과 역할이 명확히 이행되도록 방법과 절차를 규정한 문건이다.
- 단순한 법 적용보다는 각 조직의 실정에 맞도록 작성하고, 조직 내 모든 안전관리활동이 안전관리 규정을 중심으로 전개되도록 작성한다.
- 단순히 책임자를 지정하는 것이 아니라, 책임자의 업무 내용을 중심으로 작성한다.
- 조직 구성원의 자발적 참여를 이끌어 낼 수 있도록 작성한다.
- 유형 : 안전관리규정, 안전관리수칙, 안전관리매뉴얼, 기타 조직 내 안전기준, 지침, 표준 등

ⓒ 안전환경방침

- 유해위험의 특성과 조직규모 등을 고려한 안전환경방침을 마련한다.
- 안전한 연구환경 조성을 위한 지속적 개선 및 실행의지가 반영된 안전환경방침을 수립 · 공포하고, 연구실 안전관리 시스템 세부계획에 반영되도록 한다.

ⓓ 공표 : 운영법규 · 안전규정 · 안전환경방침에는 연구주체의 장의 정책, 목표, 성과개선에 대한 의지가 분명히 제시되고 모든 연구활동종사자에게 공표되어야 한다.

② 연간 안전환경 구축활동 목표 및 세부추진계획 수립

㉠ 연구실책임자는 안전환경 구축활동 목표 및 추진계획을 최소 연 1회 이상 검토하고, 연구실의 운영 변경 또는 새로운 계획의 추가사유가 발생할 때에는 수정한다.

㉡ 연간 목표 수립 시 반영 사항

ⓐ 연구실 안전환경 방침

ⓑ 사전유해인자위험분석 결과

ⓒ 운영법규 및 안전규정

ⓓ 연구실 안전환경 구축활동상의 필수사항(교육, 훈련, 성과측정, 내부심사)

ⓔ 해당 연구활동종사자가 동의한 그 밖의 요구사항 등

㉢ 연간 세부추진계획 수립 시 반영 사항
ⓐ 연구실의 규모 · 업무 · 연구개발활동 특성
ⓑ 연구실의 전체목표 및 세부목표와 추진 책임자 지정
ⓒ 목표달성을 위한 활동계획(수단, 방법, 일정 등)
ⓓ 목표별 성과지표 등

2 D-Do, 연구실 안전관리 시스템 실행 및 운영

(1) 조직 및 업무분장

① 연구실책임자는 연구실 안전관리시스템 업무를 효율적으로 수행하기 위하여 세부계획별로 담당자를 정하고 그의 역할, 책임과 권한을 문서화하여 연구실 구성원에게 공유해야 한다.

② 연구주체의 장은 공표한 안전환경방침, 목표 등을 달성할 수 있도록 연구실 안전관리시스템이 올바르게 실행 및 운영되고 있는가에 대하여 주기적으로 점검 · 확인해야 한다.

③ 연구주체의 장은 연구실 안전관리시스템의 실행 · 운영과 개선에 필요한 자원(인적 · 물적)을 제공해야 하며, 이를 실행하기 위하여 연구실 구성원에게 교육, 훈련 등을 실시해야 한다.

(2) 교육 · 훈련의 실시

① 연구활동종사자에게 연구실의 위험요인 · 업무수행에 필요한 지식을 교육하여 효율적인 업무수행을 돕고, 연구실 사고를 예방한다.

② 연구실안전 관련 법령의 교육이수시간을 준수한 연구실안전 교육 · 훈련 관리 기준을 수립 · 이행하고 그 실적을 보유해야 한다.

③ 연구활동종사자 교육 · 훈련 시 반영해야 하는 사항
㉠ 연구실 특성과 환경 등
㉡ 연구실에 해당하는 안전 관련 법령 사항
㉢ 사전유해인자위험분석에 따른 연구실 내 유해 · 위험요인에 관한 사항
㉣ 연구실사고 사례 및 사고 예방대책에 관한 사항(비상대응 교육 · 훈련)
㉤ 물질안전보건자료(MSDS) 및 안전표지에 관한 사항
㉥ 보호장비 및 안전장치 취급과 사용에 관한 사항
㉦ 그 밖에 연구실 안전관리에 관한 사항 등

(3) 의사소통 및 정보제공

① 연구실 안전환경방침 및 연간 연구실 안전환경 목표(추진계획)에 대한 연구실 내 · 외 이해관계자의 의사소통 과정을 정하여 연구실 안전관리 시스템을 효과적으로 추진한다.

② 의사소통 및 정보제공 절차 수립 시 포함해야 하는 사항

㉠ 안전 환경 조성을 위한 정보의 종류 및 제공방법(연구실 회의, 세미나, 전문가 자문 등)

㉡ 연구실 안전 관련 내·외부 문서(공문, 공지, 이메일 등) 접수처리 및 회신

㉢ 연구실 안전에 대한 연구활동종사자의 참여(견해, 개선 아이디어, 관심사항 등)와 검토 회신

㉣ 그 밖에 연구실 안전관리에 관한 사항 등

(4) 문서화

① **문서화** : 연구실 안전관리 시스템의 체계화와 효율적인 업무수행을 목적으로 안전환경 구축·개선 활동과 관련된 사항 등을 문서화한다.

② **문서관리**

㉠ 연구실 안전관리 시스템 관련 사항은 규정화(매뉴얼, 절차서, 지침서 등)한다.

㉡ 문서의 생산·등록·배포·폐기 등에 대한 기준을 규정화한다.

㉢ 문서는 연구실 환경 변화 및 관련 규정 개정사항 등을 반영하여 항상 최신으로 관리(현행화)한다.

[연구실 안전관리 시스템 문서 표준 분류체계(예시)]

기관명 – □□□□□ – □□ – □□

①	②	③	④
기관명	해당 연구실	분류명 : 표준 분류 CODE (표 참조)	일련번호 : 두 자리 숫자 (01–99)

구분	분류명	약호/기호
매뉴얼	연구실안전	SL
	연구실환경	SE
절차서	연구실안전	연안
	연구실환경	연환

[연구실 안전관리 시스템 문서 표준 번호부여 방법(예시)]

(5) 비상시 대비·대응 관리체계 구축 및 훈련 실시

① 연구활동 중 사고 발생 시 즉각 대응할 수 있도록 비상조치 체계를 구축하여 사고로 인한 피해를 최소화한다.

② 최악의 상황을 가정하여 비상사태별 대응 시나리오 및 대책 등 비상조치계획(사고대응 매뉴얼)을 작성하고, 정기적으로 교육·훈련을 실시한다.

③ 비상사태 대응 훈련 후에는 성과를 평가하여 필요시 비상조치계획을 개정·보완한다.

④ 연구실사고 기록을 작성·관리하며, 사고 발생 시 대책을 수립하여 이행한다.

⑤ 비상조치계획(사고대응 매뉴얼) 포함 사항

㉠ 연구실 특성(보유 유해인자(금수성·독성·폭발성 물질 보유 등), 연구실 위치(고층, 지하층 등) 등)

㉡ 사고발생 시 비상조치를 위한 연구실 구성원의 역할 및 수행 절차

㉢ 사고발생 시 각 부서·관련기관과의 비상연락체계

㉣ 비상시 대피절차와 비상대피로의 지정

㉤ 재해자에 대한 구조·응급조치 절차

㉥ 비상조치계획에 따른 연간 연구실 교육·훈련 계획 및 훈련 실시 결과서(사진자료 첨부)

㉦ 대피 전 안전조치를 취해야 할 주요 설비 및 절차

㉧ 비상사태 발생 시 통제조직 및 업무분장

㉨ 사고발생 시와 비상 대피 시의 보호구 착용 지침

㉩ 비상사태 종료 후 오염물질 제거 등 수습 절차

㉪ 주민 홍보 계획

㉫ 외부기관과의 협력 체계

3 C-Check, 연구실 안전관리 시스템 점검 및 시정조치

(1) 성과측정 및 모니터링

① 안전환경방침에 따른 연구실 안전환경 목표 및 추진계획이 계획대로 달성되고 있는지 주기적으로 측정한다.

② 안전환경방침에 따른 연구실 안전환경 목표 및 추진계획을 달성하기 위해 안전환경 구축·개선활동 계획·실적의 적정성과 이행 여부를 확인한다.

③ 연구실 안전 절차서와 연구실 안전활동의 일치성을 확인한다.

④ 연구실에 적용되는 법규의 준수 여부를 평가한다.

⑤ 연구실 안전예산 대비 집행 실적을 확인한다.

(2) 시정조치 및 예방조치

① 연구실책임자는 성과측정 및 모니터링 결과 부적합 사항, 내·외부 심사결과(정기점검, 정밀안전진단, 내부심사 등) 지적사항, 운영검토보고 지시사항, 기타 불안전 사항 등 문제점에 대해 신속하게 시정·예방조치를 실시한다.

② 시정·예방조치

㉠ 실행 전 : 성과측정 결과의 원인을 분석하여 연구실 맞춤형 계획을 마련한다.

㉡ 실행 시 : 성과측정 결과 및 사전유해인자위험분석 결과 등을 반영하여 적합한 절차에 따라 실시한다.

㉢ 실행 후 : 적합성 여부를 평가하고 변경사항은 기록·관리한다.

(3) 내부심사

① 주기적으로 내부심사를 실시하여 연구실 안전환경 구축·개선활동이 연구실 안전관리 시스템에 따라 적합하게 실행·유지·관리되는지 확인한다.

② 실시주기 : 1년에 1회 이상

③ 실시자 : 내부심사 심사팀(연구실안전환경관리자 및 해당 연구실과 이해관계가 없는 인원)

④ 내부심사 계획서 포함 사항 : 심사종류, 목적 및 범위, 대상 및 일정, 심사팀 구성

⑤ 심사 시 고려사항

㉠ 연구실 안전관리 시스템의 적합성

㉡ 연구실 안전관리 시스템을 통해 제시된 연간 연구실 안전 목표의 달성 여부

㉢ 사전유해인자위험분석 및 성과측정 결과 등에 따른 개선·시정조치 등의 이행내용

⑥ 보고서 : 연구주체의 장 및 해당 연구실 연구활동종사자 등에 전달

⑦ 시정조치 : 요구사항대로 신속히 이행

4 A-Action, 연구실 안전관리 시스템 검토 및 개선

① 연구주체의 장(경영자)이 연구실 안전관리 시스템 전반에 관하여 검토를 실시한다.

② 연구주체의 장 검토 결과로 지시된 사항을 시스템에 반영하여 사후조치·관리되어야 한다.

③ 연구주체의 장 검토자료 포함 사항

㉠ 연구실 안전관리 시스템의 전반적인 성과 및 내부심사 결과

㉡ 안전환경방침, 연구실 안전환경 연간 추진계획 및 추진실적

㉢ 내부심사 지적사항 및 시정결과

㉣ 연구실 안전점검 또는 정밀안전진단 관련 고시에 따른 실시 계획 및 결과

㉤ 사전유해인자위험분석 결과 및 개선조치사항

㉥ 기타 이해관계자의 제안 및 요구사항 등

Chapter 03

연구실 유해 · 위험요인 파악 및 사전유해인자위험분석 방법

1 유해 · 위험요인

(1) 유해 · 위험요인의 종류

① 물적 유해 · 위험요인

㉠ 화학물질 : 폭발성 물질, 인화성 물질, 물 반응성 물질, 산화성 물질, 발화성 물질, 자기반응성 물질, 금속부식성 물질, 유기과산화물 등

㉡ 가스 : 가연성 가스, 산화성 가스, 독성가스, 압축가스, 액화가스, 고압가스, 기타 가스

㉢ 생물체 : 고위험병원체, 고위험병원체를 제외한 제3, 4위험군, 유전자변형생물체(미생물, 동물, 식물 포함)

㉣ 물리적 유해인자 : 소음, 진동, 방사선, 이상기온 · 기압, 분진, 전기, 레이저, 위험 기계 · 기구 등

② 인적 유해 · 위험요인

㉠ 종류

ⓐ 개인의 선천적 · 후천적 요인 : 기질, 신경질환, 감각능력의 결함, 체력저하, 지식 및 기능의 부족 등

ⓑ 부주의 : 지시 무시, 위험장소 접근, 안전장치 점검 소홀, 공구 · 보호구 취급 부주의, 불안정한 자세 · 동작 등

ⓒ 피로와 스트레스

㉡ 구분

ⓐ 연구활동종사자 개인의 특성

- 불충분한 경험, 능력, 교육 · 훈련 수준
- 휴먼에러를 유발하기 쉬운 성격, 기호, 습관
- 적합하지 못한 신체조건, 부족한 동기와 낮은 안전윤리의식

ⓑ 교육 및 훈련상의 문제

- 안전교육 미실시 또는 부적절한 교육 수강
- 연구실책임자 및 연구실안전환경관리자의 관리 · 감독 미흡
- 매뉴얼, 체크리스트 등 안전활동 수행을 위한 체계 · 자료 미흡
- 상호소통, 정보교환의 문제

ⓒ 연구환경상 문제

- 부적절한 연구시간제 : 장기간 야간연구, 초과근무, 휴식시간 부족, 무리한 실험계획 등

• 낮은 동료 연대의식 및 팀워크 부족
• 준수하기 어려운 고난도 작업기준 및 규정
• 인적오류와 무질서에 무관심한 관리체계 및 연구실 분위기
• 의견 불일치

ⓓ 작업특성 및 환경조건 문제
• 육체에 무리가 계속되는 작업
• 제어 및 관리가 어려운 실험장치나 실험기구의 조작
• 복잡한 판단과 행동을 필요로 하는 작업
• 필요한 작업속도의 정확성에 있어 불균형성이 있는 작업
• 혼동되는 신호의 검출 및 계측, 긴장과 주의력을 지속적으로 요구하는 작업

ⓔ 인간공학적 설계상의 문제
• 상태 식별이 어려운 표시수단 및 표시기구
• 공간적으로 여유가 없는 배치 혹은 출입이 불편한 작업대상
• 인체에 무리가 있는 설계
• 오류를 자주 발생하거나, 정확도가 낮은 계측기기 혹은 실험장비
• 혼동하기 쉬운 통일된 외형을 가지는 다른 부분 혹은 조작기기

(2) 유해 · 위험요인 분석 – 4M의 원칙

① **정의** : MECE(Mutually Exclusive, Collectively Exhaustive, 상호배제와 전체포괄)방식을 적용하여 사고요인을 빠짐없이 도출될 수 있도록 하여 각 요인별로 대응되는 대책을 수립 · 실시하도록 하는 원칙

② **사용**

㉠ 사고 · 재해 발생 후 원인 분석 시

㉡ 사전유해인자위험분석

③ **4M의 4분야** : Man(인적), Machine(설비적), Media(작업적), Management(관리적) 분야

4M	유해 · 위험요인	대책
Man(인적)	• 기술적 : 자격, 면허, 숙련도, 경험도, 직종 • 생리적 : 피로, 숙취, 고령, 신체기능 저하 • 심리적 : 우울, 착오, 억측, 망각, 집착 등 • 관계적 : 인간관계, 리더십, 대화 부족, 팀워크 결여	• 위험요인 제거 및 경감 설계 • 자기관리적 측면에서 위험감소대책 수립
Machine(설비적)	• 연구시설 · 장비의 결함 • 방호장치의 불량 • 품질 수준 · 표준화 미흡 • 청소 · 정비 · 점검 미흡	• 흄후드, 시약보관장 사용 • 적절한 개인보호구 착용 • 비상샤워기 설치 등

4M	유해 · 위험요인	대책
Media(작업적)	• 연구공간 부족 • 연구환경의 부적합 • 연구 관련 정보의 미흡 • 연구방법, 실험 자세 · 태도 부적합	• 환경조건 변경 • MSDS 비치 · 숙지 • 안전한 취급방법, 자세
Management(관리적)	• 연구실 안전관리 조직 결함 • 연구실안전환경관리자/책임자의 관리 소홀 • 규정, 매뉴얼 등의 부적절한 관리	• 안전교육 • 위험물질 취급 시 유의사항에 대한 철저한 이행 감독 등 • 적합한 규정, 매뉴얼, 절차서의 구비

(3) 위험성감소대책 수립 기법

① 위험성감소대책의 우선순위 도출기법

㉠ 안전사고예방 및 재발 방지 대책 수립 시 안전확보를 위한 우선순위는 '위험제거 → 위험회피 → 자기방호 → 사고 확대 방지'의 순으로 제시하고, 적용할 수 있는 방법 중 가장 우선순위가 높은 방법을 적용한다.

㉡ 안전조치는 실험실 상황별로 다양하게 적용될 수 있기에 연구활동종사자는 물론 연구실안전환경관리자와 협업하여 위험 요인 감소대책을 마련해야 한다.

㉢ 사고확대방지 조치는 사고발생 시 인명피해를 최소화할 수 있는 마지막 대책으로 철저한 교육과 훈련을 통해 위험상황 속에서도 당황하지 않고 정확히 대처할 수 있도록 연구활동종사자에게 내재화되어 있어야 한다.

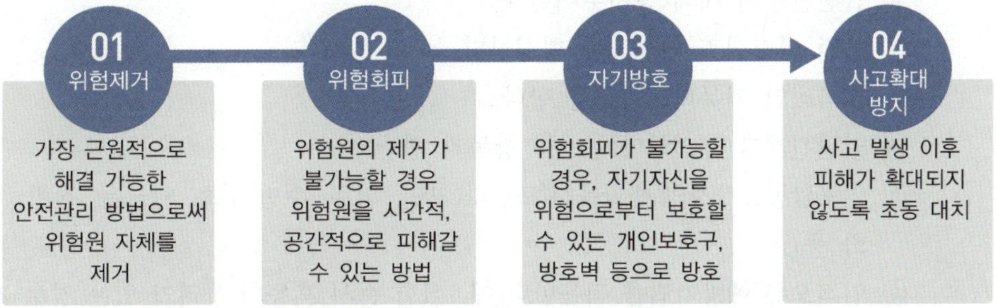

※ 출처 : 연구실책임자를 위한 안전관리 이론(2021)

② HOC(Hierarchy Of Controls) 원칙

㉠ 위험성감소대책의 우선순위는 효과가 큰 순으로 선택한다.

㉡ 제거 → 대체 → 기술적 제어 → 관리적 제어 → 개인보호구

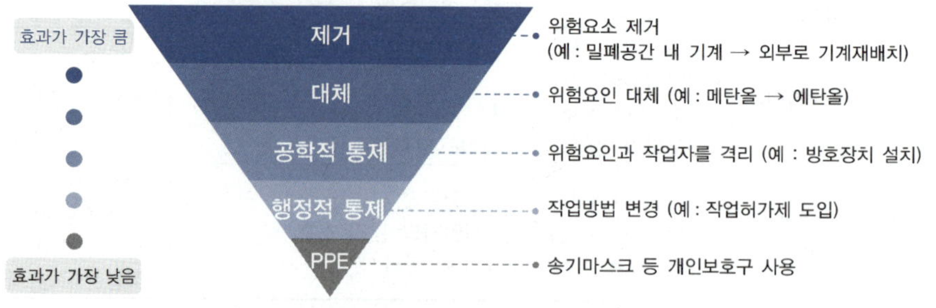

[위험감소대책(hierarchy of controls)]

③ 불안전한 행동 개선을 통한 사고방지 대책 수립 기법

㉠ 하인리히의 1 : 29 : 300 법칙에 의하면 '불안전한 행동 및 불안전한 상태'가 사고의 직접적 원인이며, '불안전한 행동'이 대부분 사고의 직간접적 원인이다.

㉡ 불안전한 행동 종류와 개선방법

발생원인	내용	개선방법
지식 부족	알지 못한다.	교육에 의해 이성적으로 개선한다.
기능 미숙	알지만 서투르다(할 수 없다).	
태도 불량	알지만 하고 싶지 않다(하지 않는다).	잠재적인 것으로 이성적 교육 실시 전에 해결되어야 한다.
휴먼에러	하고 싶지만 할 수 없다.	

㉢ 4M의 원칙 중 Man의 관점에서의 불안전한 행동 방지 대책

ⓐ 안전활동에 대해 동기부여한다.

ⓑ 안전 리더십과 팀워크를 형성한다.

ⓒ 효과적인 커뮤니케이션을 한다.

ⓓ 인간관계를 개선한다(ⓑ, ⓒ 항목과 관련).

ⓔ 연구활동종사자의 생활을 지도한다(고민, 피로, 수면 부족, 알코올, 질병, 무기력, 노령화 등).

ⓕ 인적오류 예방기법을 적용한다(예, 실험 순서 혼동의 우려가 있는 경우 지적 확인 후 실험).

ⓖ 위험예지활동을 한다(사전유해인자위험분석, 위험예지훈련, 위험성평가).

2 연구실 위험성 평가

(1) 위험성 평가 개요

※ Page. 87 참고

(2) 위험성 평가 기법(유해 · 위험요인 분석 기법)

① 결함 수 분석(FTA ; Fault Tree Analysis)

㉠ 개요

ⓐ 1962년 미국 벨전화연구소의 Watson에 의해 군용으로 고안 · 개발되었다.

ⓑ 재해현상(정상사상)으로부터 재해원인(기본사상)을 향해 연역적으로 분석하는 방법이다.

ⓒ 결함수법, 결함 관련 수법, 고장 나무 해석법 등으로도 불린다.

㉡ 특징

ⓐ top-down(연역적) 분석방법

ⓑ 정량적 평가

ⓒ 설비 · 공정의 위험성을 그래픽 기호(AND Gate, OR Gate, 부호 등)를 사용하여 나무모양의 논리표(logic diagram)로 표현

㉢ 작성시기

ⓐ 기계 · 기구 및 설비를 설치 가동할 경우

ⓑ 위험/고장의 우려가 있거나 그러한 사유가 발생하였을 경우

ⓒ 재해가 발생하였을 경우

㉣ 절차

단계	절차
1	해석의 대상이 되는 시스템 및 기구의 구성, 기능, 작동을 조사하고 조작 방법을 파악한다.
2	정상사상(top event)을 설정한다.
3	정상사상에 관련된 1차 요인을 정상사상 아래에 열거한다.
4	정상사상과 1차 요인을 논리기호로 연결한다.
5	1차 요인마다 2차 요인을 열거하고 서로 논리기호로 연결한다.
6	계속해서 3차, 4차, … n차 요인을 열거하고 각각 상위의 요인과 논리기호로 연결하여 FT도를 완성한다.
7	Boole대수를 이용하여 FT도를 간소화한다.
8	각 요인에 발생확률을 배당한다. 이때 기본사항, 비전개사상 모두에 발생확률이 배당되는지를 반드시 확인한다.
9	논리기호에 의거하여 정상사상의 발생확률을 계산한다.
10	정상사상의 발생확률이 요구수준 이하인가를 확인한다. 요구수준에 미달하면 대책을 강구한다.

㉤ 작성 시 고려사항

ⓐ 대상 공정, 프로세스 특성 파악

- 해석하려는 연구 · 실험 과정과 작업 내용을 파악한다.
- 재해와 관련된 설비 배치, 지침서 등을 준비한다.
- 예상 재해의 사례/통계와 재해 관련 실수의 원인 및 영향을 조사한다.

ⓑ 정상사상(top event) 설정

- 해석할 재해를 결정한다.
- 재해 발생확률의 목푯값을 수립한다.
- 정상사상 선정 시 고려사항
  - 명확히 정의·평가될 수 있는 사상
  - 가능한 다수의 하위 레벨 사상을 포함하는 사상
  - 설계상 또는 기술상 대처 가능한 사상

ⓒ FT도 작성

- 사건(사상) 기호와 논리기호(논리게이트)로 구분하여 작성한다.
- 정상사상부터 원인 관계를 더 이상 분해할 수 없는 기본사상까지 반복하여 분석한다.
- 1차 요인
  - 정상사상이 발생하는 직접원인 중 하나이다.
  - 서로 독립적인 사상이므로 1차 요인 중 하나 또는 둘 이상이 그 기능을 다하지 않으면 정상사상이 발생한다.
  - 1차 요인은 시스템이나 기기의 기본 기능을 달성하기 위해 필요한 기본적인 요인을 가리키며, 부수 기능을 달성하기 위해 필요한 요인은 포함하지 않으나 환경조건까지 포함한 모든 요인을 고려한다.

ⓓ FT 구조 해석

- FT도를 수학처리(Boole대수 처리)로 간소화한다.
- 미니멀 컷셋, 미니멀 패스셋을 구분한다.
- 정상사상에 영향을 주는 사상을 파악한다.

ⓔ FT 정량화(확률 계산)

- 각 요인에 발생확률을 배당하고, 정상사상의 발생확률을 계산한다.
- 과거 발생률과 현격한 차이 발생 시 재검토한다.

ⓕ 해석 결과 평가 : 정상사상의 재해 발생확률이 허용수준을 초과할 경우 감소대책을 수립한다.

ⓗ FT도 및 그래픽 기호

ⓐ FT도

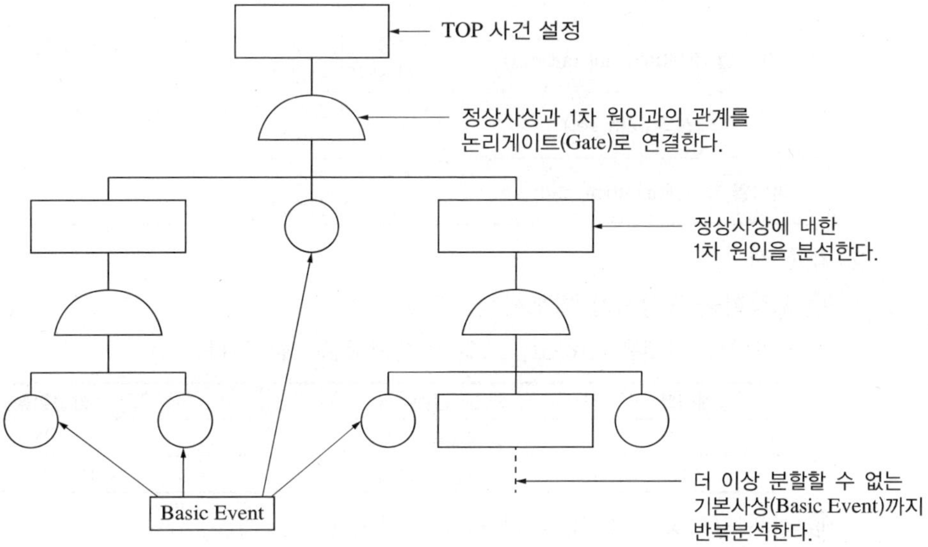

ⓑ FTA 기호

기호	명칭	설명
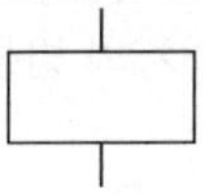	결함사상	개별적인 결함사상(top 사상, 중간사상)
	기본사상	더 이상 전개되지 않는 기본적인 결함사상(말단)
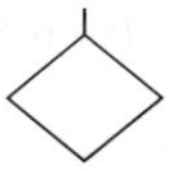	생략사상	정보 부족, 해석기술 불충분으로 더 이상 전개가 불가한 사상
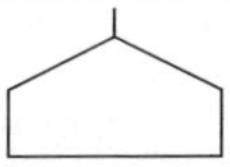	통상사상	결함사상이 아닌 통상 발생이 예상되는 사상(말단)
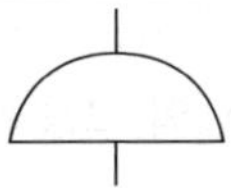	AND 게이트	모든 입력사상이 공존할 때만 출력사상이 발생
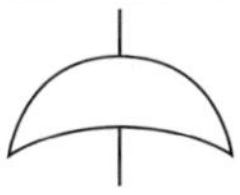	OR 게이트	입력사상 중 어느 하나라도 발생하면 출력사상이 발생

ⓢ 컷셋과 패스셋

컷셋(cut set)	• 정상사상을 발생시키는 기본사상의 집합 • 사고 원인의 집합
미니멀 컷셋(minimal cut set)	• 정상사상을 발생시키는 기본사상의 최소집합 • 시스템의 위험성
패스셋(path set)	• 시스템의 고장을 일으키지 않는 기본사상의 집합 • 대책들의 집합
미니멀 패스셋(minimal path set)	• 최소한의 패스셋 • 시스템의 신뢰성

ⓞ 확률 계산

ⓐ 고장확률(정상사상 발생확률) 계산

• 미니멀 컷셋을 구하고, 그의 발생확률을 계산한다.

게이트	관계	발생확률
AND	직렬의 관계	$X_1 \cdot X_2$
OR	병렬의 관계	$\{1-(1-X_1)(1-X_2)\}$

ⓑ 신뢰도(고장 나지 않을 확률)를 계산한다.

신뢰도 = 1 − 고장확률

참고

(예제 1) 중복사상이 없는 경우의 고장확률과 신뢰도 계산하기(단, X_1, X_2의 발생확률은 0.2이고, X_3, X_4의 발생확률은 0.3이다)

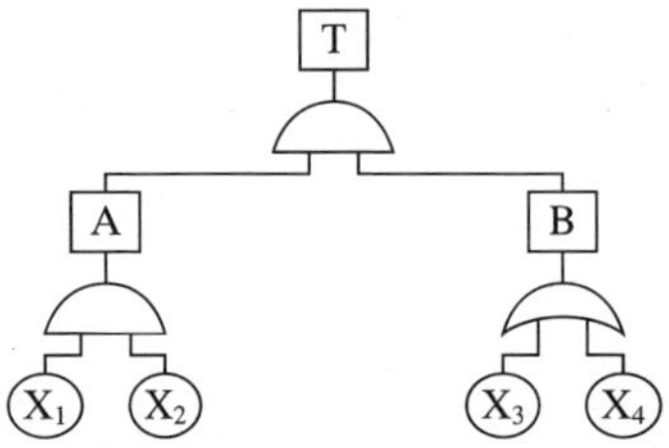

[풀이]

• 고장확률 $= (X_1 \cdot X_2) \times \{1-(1-X_3)(1-X_4)\}$
$= (0.2 \times 0.2) \times \{1-(1-0.3)(1-0.3)\}$
$= 0.0204$

• 신뢰도 $= 1 - 0.0204 = 0.9796$

(예제 2) 중복사상(X_1)이 있는 경우의 고장확률과 신뢰도 계산하기(단, X_1, X_2의 발생확률은 0.2이고, X_3의 발생확률은 0.3이다)

※ 중복사상이 있는 경우 미니멀 컷셋의 확률이 전체 시스템의 고장확률이다.

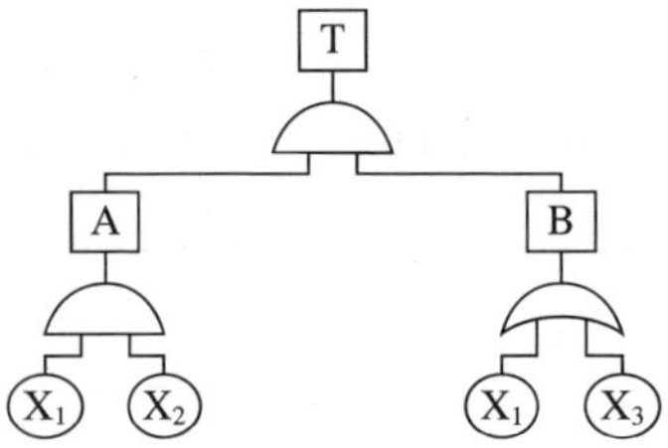

[풀이]

• $T = A \cdot B$
$= (X_1 \cdot X_2)\begin{pmatrix} X_1 \\ X_3 \end{pmatrix} = (X_1,\ X_2),\ (X_1,\ X_2,\ X_3)$

• 미니멀 컷셋 : $(X_1,\ X_2)$

• 고장확률(미니멀 컷셋의 확률) $= 0.2 \times 0.2 = 0.04$

• 신뢰도 $= 1 - 0.04 = 0.96$

(예제 3) 미니멀 패스셋 찾기

※ FT도의 AND, OR 게이트를 반대로 그린 것의 미니멀 컷셋을 구한다. 구한 미니멀 컷셋이 미니멀 패스셋이 된다.

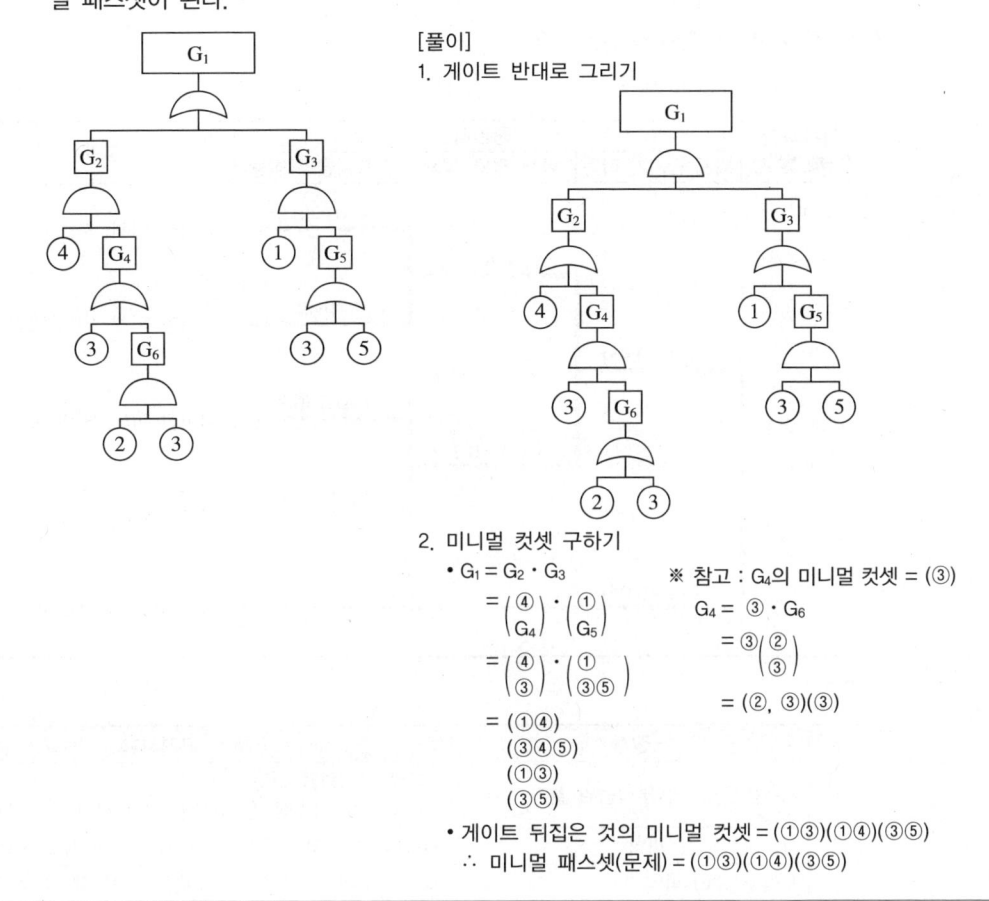

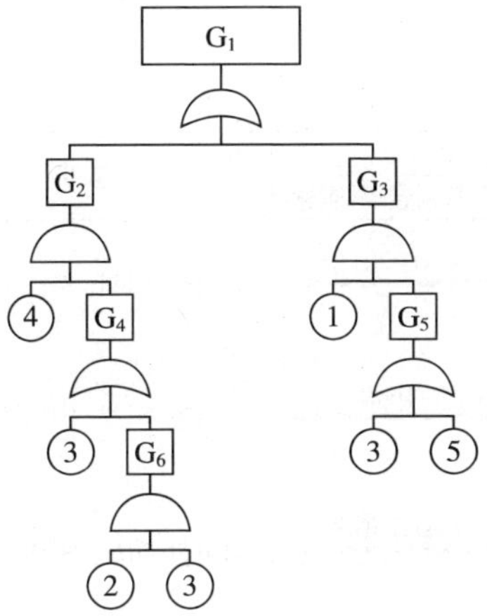

[풀이]

1. 게이트 반대로 그리기

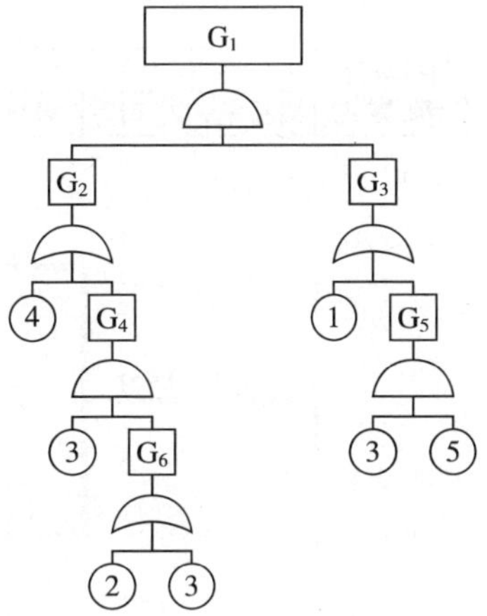

2. 미니멀 컷셋 구하기

• $G_1 = G_2 \cdot G_3$

$= \begin{pmatrix} ④ \\ G_4 \end{pmatrix} \cdot \begin{pmatrix} ① \\ G_5 \end{pmatrix}$

$= \begin{pmatrix} ④ \\ ③ \end{pmatrix} \cdot \begin{pmatrix} ① \\ ③⑤ \end{pmatrix}$

= (①④)
(③④⑤)
(①③)
(③⑤)

※ 참고 : G_4의 미니멀 컷셋 = (③)

$G_4 = ③ \cdot G_6$

$= ③\begin{pmatrix} ② \\ ③ \end{pmatrix}$

= (②, ③)(③)

• 게이트 뒤집은 것의 미니멀 컷셋 = (①③)(①④)(③⑤)

∴ 미니멀 패스셋(문제) = (①③)(①④)(③⑤)

ⓧ FTA에 의한 재해사례 연구 순서

1단계		2단계		3단계		4단계
정상사상 설정	→	재해원인 규명	→	FT도의 작성	→	개선계획의 작성

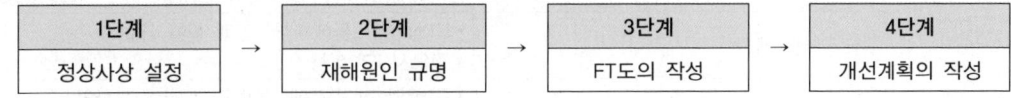

② 사건 수 분석(ETA ; Event Tree Analysis)

㉠ 개요

ⓐ FTA와 유사하게 시스템이나 기기의 인과관계를 도시하여 검토하는 데 사용하는 방법이다.

ⓑ 초기사건(원인)으로부터 결과를 찾아나가는 귀납적 분석방법이다.

ⓒ 사상계통분석, 사상의 나무 해석, 사상의 수목 분석 등으로 불린다.

㉡ 특징

ⓐ 좌에서 우 방향으로 작성

ⓑ 정량적 분석

ⓒ 사상의 안전도를 사용하는 연속된 사건들의 시스템 모델

ⓓ 성공과 실패로 나누어 가정하며 계속적으로 분지

ⓔ 재해의 확대 요인의 분석에 적합

ⓕ 각 사상의 확률의 합 = 1.0

㉢ ET(Event Tree) 예시

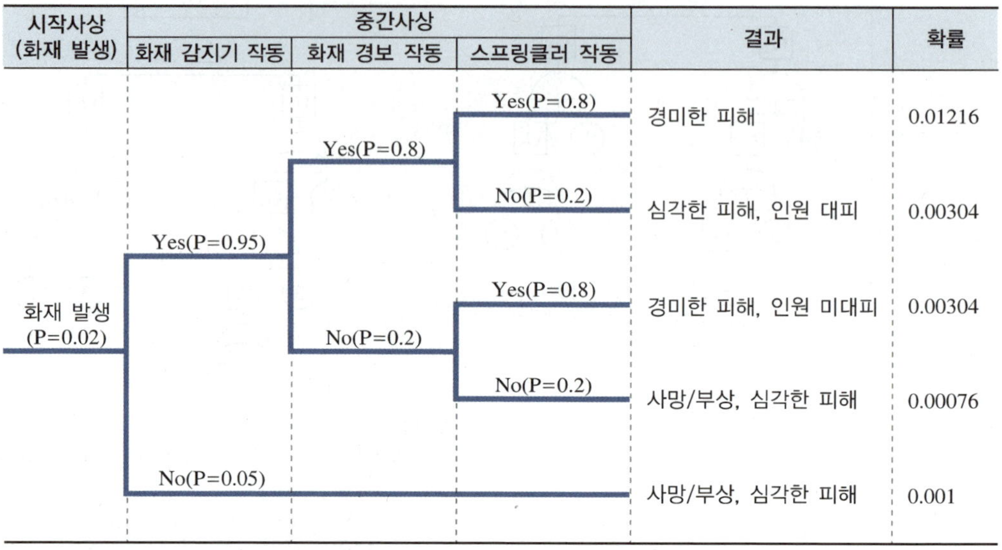

㉣ 절차

순서	절차	고려사항
1	시스템 정의 및 분석범위 결정	• 대상 시스템을 정의 • 분석 범위(시스템, 인터페이스 등) 결정
2	사고 시나리오 파악	시스템 평가 및 위험분석 → 시스템 내 사고 시나리오 파악
3	시작사상(IE) 파악	사고 시나리오의 주요 시작사상 파악(화재, 붕괴, 폭발, 누출 등)
4	중간사상(PE) 파악	특정 시나리오에서 재해의 발생을 막는 장치 및 대책 파악
5	ET(Event Tree) 작성	IE(Initial Event) → PE(Pivotal Event) → 결과 순으로 ET 작성
6	확률 계산	• ET상의 PE들에 대한 실패 확률 계산 • 필요시 FT 활용
7	결과 리스크 파악 및 평가	• ET상의 각 경로에 대한 결과 리스크 파악 • 리스크 평가 및 수용 가능 여부 판단
8	리스크 경감을 위한 설계 수정방안 제안	수용할 수 없는 리스크에 대해 리스크 경감을 위한 설계 제안
9	ETA 문서화	ETA 과정 문서화

③ THERP(Technique for Human Error Rate Prediction)

㉠ 개요

ⓐ 인간의 과오율(human error rate)을 예측하는 기법이다.

ⓑ 시스템에 있어서 휴먼에러를 정량적으로 평가하기 위해서 개발되었다.

ⓒ 최초의 인간신뢰도 분석(HRA ; Human Reliability Analysis) 도구이다.

㉡ 특징

ⓐ 100만 시간(운전시간)당 과오도수를 기본 과오율로 하여 인간의 실수를 정량적으로 분석한다.

ⓑ 인간의 동작이 시스템에 미치는 영향을 그래프적으로 나타내는 방법이다.

ⓒ ETA가 변형된 기법으로 루프(loop), 바이패스(bypass)를 가질 수 있고 인간-기계 시스템(man-machine system)의 국부적인 상세분석에 적합하다.

㉢ 수행방법 : 인간이 수행하는 작업을 상호배반(exclusive) 사건으로 나누어 ETA와 비슷하게 사건나무를 작성하고, 각 작업의 성공 혹은 실패 확률을 부여하여 각 경로의 확률을 계산한다.

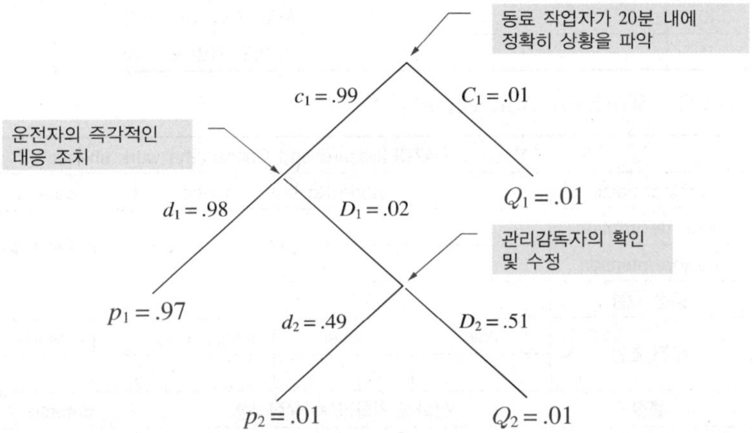

㉣ HEP(Human Error Probability, 인간실수확률기법)

ⓐ 휴먼에러의 추정기법 중 특정 직무에서 하나의 착오가 발생할 확률을 계산하는 기법

ⓑ $\text{HEP} = \dfrac{\text{오류의 수}}{\text{전체 오류발생의 기회의 수}}$

④ HAZOP(Hazard and Operability studies)

㉠ 개요

ⓐ 플랜트 또는 한 설비에 대해서 위험성과 운전성을 정해진 규칙과 설계도면에 의해 체계적으로 분석 및 평가하는 방법이다.

ⓑ 연구·실험 절차상에 존재하는 위험요인과 연구·실험 과정의 효율을 떨어트릴 수 있는 운전상의 문제점을 찾아내어 그 원인을 제거한다.

㉡ 특징

ⓐ 가이드워드(guide word)를 사용하여 그룹에 의한 브레인스토밍 분석방법으로 진행

ⓑ 장비에 대한 안전성 평가, 새로운 기술을 적용한 공정설비의 테스트 등에 사용

ⓒ 정성적 평가방법

ⓓ 진행기간이나 비용 편차가 큼

ⓒ 절차

순서	내용
1	검토할 도면의 선택
2	Node의 선택 및 필요한 부분 Marking
3	설계 목적의 확실한 정의
4	연구 · 실험의 변수 선택
5	Guide Word의 선택
6	원인 규명
7	결과 예측
8	결과의 심각성 평가
9	가능성 · 심각성을 줄이기 위한 기존의 보완책 평가
10	사고 가능성의 평가
11	위험도 서열의 기록

ⓓ HAZOP Work&Action Sheets

HAZOP(Hazard and Operability) work sheets						
project name		node No.	node#1	date		
node description				unit P&ID No.		
design intention						
공정 흐름						
운전 조건	flow	level	temperature	pressure		
물질	산화성/인화성/독성/질식성			detector		
장치(tank, reactor)						
동력기계 및 배관						
기타						

공정변수 (parameter)	가이드워드 (guide words)	원인(cause)	결과/위험성 (consequences)	현재안전조치 (safeguards)	risk ranking S(4)/F(4)/R	개선 권고사항	action No.
flow	less	1.---	1-1. ---	1-1-1. ---			
			1-2. ---	1-1-2. ---			
			1-3. ---	1-1-3. ---			

ⓔ 용어

ⓐ hazard(위험요인)

- 인적, 물적 손실 및 환경피해를 일으키는 요인(요소) 또는 이들 요인이 혼재된 잠재적 위험요인
- 기계적 고장, 시스템의 상태, 작업자의 실수 등 물리, 화학적, 생물학적, 심리적, 행동적 요인

ⓑ node description(검토 구간) : 위험성 평가를 하고자 하는 설비 구간

ⓒ design intention(설계 의도) : 설계자가 바라고 있는 운전 조건

ⓓ 공정변수(parameter) : 유량, 압력, 온도, 레벨 등 물리량이나 공정의 흐름 조건을 나타내는 변수

ⓔ 가이드 워드(guide word) : high, low, no, reverse 등 변수의 질이나 양을 표현하는 간단한 용어

no, not, none	설계의도에 완전히 반하여 변수의 양이 없는 상태
high	변수가 양적으로 증가되는 상태(정량적 증가)
less	변수가 양적으로 감소되는 상태(정량적 감소)
reverse	설계의도와 정반대로 나타나는 상태
as well as	설계의도 외에 다른 변수가 부가되는 상태(정성적 증가)
parts of	설계의도 중 일부분만 달성되고 그 외 부분은 달성되지 않은 상태
other than	설계 의도대로 설치되지 않고 다른 일이 발생한 상태

ⓕ 이탈(deviation) : 가이드워드 및 변수가 조합되어 유체 흐름의 정지 또는 과잉상태와 같이 설계 의도를 벗어난 상태로, 공정변수와 가이드워드의 조합으로 이끌어낸다.

이탈 (deviation)	=	공정변수 (process parameter)	×	가이드워드 (guide words)

no time	시간 생략, 사건 또는 조치가 이루어지지 않음
more time	시간 지연, 조작 또는 행위가 예상보다 오래 지속됨
less time	시간 단축, 조작 또는 행위가 예상보다 짧게 지속됨
action backwards	역행 조작, 전 단계 단위공정으로 역행함
action left out	조작 생략
part of action missed	부분 조작, 한 단계 조작 내에서 하나의 부수조치 생략됨
extraction included	다른 조작, 한 단계 조작 중 불필요한 다른 단계의 조작을 행함
wrong action taken	기타 오조작, 예측 불가능한 기타 오조작
action too late	조작 지연, 허용 범위(시간, 조건)보다 늦게 시작함
action too early	조기조작, 허용 범위(시간, 조건)보다 일찍 시작함

ⓖ 원인(cause) : 이탈이 일어나는 이유

ⓗ 결과/위험성(consequence) : 이탈이 일어남으로써 발생되는 상태

ⓑ HAZOP 분석 시 기본 가정

ⓐ 2개 이상의 기기가 동시에 고장 나지 않는다.

ⓑ 안전장치의 이탈은 없고 항상 정상 작동한다.

ⓒ 장치·설비는 설계 및 제작 사양에 적합하게 제작되었다.

ⓓ 작업자는 공정에 대한 충분한 숙련도가 있고, 비상상황 발생 시 적절한 조치가 가능하다.

ⓢ HAZOP 분석 시 효과

ⓐ 연구실 설치 시 설계 단계부터 안전하고 경제적인 연구실을 설치함으로써 향후 개선사항을 발견했을 때 발생할 수 있는 비용을 절감할 수 있다.

ⓑ 새로운 연구·실험 절차에 있어서 안전한 방법에 대한 체계적인 검토가 가능하다.

ⓒ 설계 시 재질, 인터록 시스템, 계기·장치 등의 적절성을 검토할 수 있다.

ⓓ 법적 요구조건, 선진국의 안전제도를 충족할 수 있다.

⑤ PHA(Preliminary Hazards Analysis, 예비위험분석)

㉠ 개요

ⓐ 모든 시스템 안전 프로그램의 최초 단계(설계, 구상 단계)에서 실시하는 분석방법

ⓑ 시스템 전체와 각 성분에 대해 고장에 의한 위험과 정도 및 개선방법을 조사

㉡ 특징

ⓐ 정성적 분석방법

ⓑ 설계 초기에 리스크를 확인하여 나중에 발견되었을 때 드는 비용을 절감

㉢ 목표

ⓐ 시스템의 모든 사고를 식별·표시할 것

ⓑ 사고 유발요인을 식별할 것

ⓒ 사고 발생을 가정하고 시스템에 생기는 결과를 식별하고 평가할 것

ⓓ 식별된 사고를 4가지 범주로 분류할 것

㉣ 유해위험요인 범주(hazard categoty)

Class 1	파국적	사망, 시스템 손상
Class 2	위기적	심각한 상해, 시스템 중대 손상
Class 3	한계적	경미한 상해, 시스템 성능 저하
Class 4	무시	경미한 상해 및 시스템 저하 없음

⑥ CIT(Critical Incident Technique, 위급사건기법)

㉠ 사고나 위험, 오류 등(위급사건)의 정보를 근로자의 직접면접, 조사 등을 통해 정보를 수집하여 인간-기계 시스템 요소들의 관계를 규명 및 중대작업 필요조건 확인을 통한 시스템 개선을 수행하는 기법

㉡ 인간 실수 확률에 대한 추정기법

⑦ TCRAM(Task Criticality Rating Analysis Method, 직무위급도분석기법)

㉠ 직무의 위급도를 파악하고, 위험요인을 최소화하기 위한 대책을 마련할 수 있다.

㉡ 인간 실수 확률에 대한 추정기법

3 사전유해인자위험분석

※ Page. 41 참고

Chapter 04

연구실 안전교육

1 안전교육 이론

(1) 개요

① 목적

㉠ 재해로부터 연구활동종사자를 보호

㉡ 재해의 발생으로 인한 직·간접적인 경제적 손실 예방

㉢ 지식, 기능, 태도의 향상으로 생산방법 개선

㉣ 안심감, 기업에 대한 신뢰감 부여

㉤ 생산성 및 품질향상에 기여

② 필요성

㉠ 생산기술의 급속한 변화

㉡ 새로운 위험요인의 등장

㉢ 망각을 예방하고, 위험에 대한 대응능력 수준을 유지

(2) 안전교육의 8원칙

① 상대방(피교육자) 입장에서 학습 지도한다.

② 관심과 흥미를 갖도록 동기부여한다.

③ 사전 능력 파악 후 쉬운 것에서 점차 어려운 것으로 지도한다.

④ 순서에 따라 한 번에 한 가지씩 지도한다.

⑤ 무의식 행동까지 학습되도록 반복 지도한다.

⑥ 학습을 기능적으로 이해시켜 오래 기억시키며 일에 적극성과 응급능력 등을 기른다.

⑦ 교보재 등을 활용하여 인상을 강화한다(보조자료 활용, 사고사례, 현장사진 제시, 견학, 중점 재강조, 그룹 토의, 속담·격언, 의견 청취 등).

⑧ 오감을 활용하여 지도한다(교육 효과 : 시각 60%, 청각 20%, 촉각 15%, 미각 3%, 후각 2%).

(3) 안전교육 3단계

실시 순서	종류	내용
1단계	지식교육	• 법규, 규정, 기준, 수칙의 숙지 • 강의, 시청각교육 등 • 재해발생원리, 잠재 위험요소 이해
2단계	기능교육	• 작업방법, 조작행위를 체득 • 실습
3단계	태도교육	• 안전수칙 · 규칙 · 표준작업방법 이행, 안전습관 형성 • 동기부여 • 안전작업 동작 지도

※ 지식 → 기능 → 태도의 순서로 되풀이하며, 특히 태도 교육에 초점을 두어야 한다.
※ 정기적 실시가 효과적이다.

(4) 안전교육의 방법

① 유형

㉠ Off-JT(Off the Job Training, 집체교육)

ⓐ 계층별, 직무별 집합교육

ⓑ 주로 이론적 교육 실시

ⓒ 체계적

ⓓ 현장감 부족, 구체성 결여, 비용 · 작업시간 소모 큼

㉡ OJT(On the Job Training, 현장교육)

ⓐ 현장 위주의 실습교육

ⓑ 현장감을 가지고 교육생의 수준에 맞게 진행

ⓒ 교육자 성향에 따라 교육의 질이 차이 남(교육준비 불충분 등)

㉢ 교육지원활동

ⓐ 인터넷 강의, 통신교육 등 자발적 학습을 지원하는 활동

ⓑ 편의성(학습 시간을 임의로 조정)

ⓒ 학습하는 사람의 의지에 따라 교육효과의 차이 존재

② 교육기법

기법	장점	단점
강의법	• 시간의 계획과 통제가 용이 • 단시간에 많은 내용을 많은 인원에게 교육 가능	하향식, 권위주의적
시청각교육법	• 흥미, 학습동기 유발 • 학습속도 빠름 • 인상적으로 각인	• 적절한 교재 확보 어려움 • 작성 시 시간과 비용 소요 • 이동 불편
실습법	• 흥미, 동기부여 • 요점파악이 쉽고 습득 빠름	• 장소 선정 어려움 • 학습과 업무수행과의 구별이 어려움 • 실수나 과오의 위험 존재
토의법	• 민주적, 협력적 • 자유로운 지식 경험 공유 • 적극적 사고, 동기 유발	• 참가자의 질에 좌우 • 지도자로서 적재 경험자 구하기 어려움 • 적정한 인원이어야 토의 가능
사례연구법	• 현실적인 문제에 대한 학습 가능 • 학습 교류 가능 • 학습 동기 유발	• 적절한 사례 확보가 어려움 • 원칙의 체계적 습득이 어려움

③ 교육 진행과정 4단계

㉠ 1단계 – 도입(왜 배워야 하는가?) : 강의 내용과 교재를 소개하여 교육의 목적, 주요 내용, 예상되는 효과 등을 설명하며 동기를 부여한다.

㉡ 2단계 – 제시/설명(무엇을, 어떻게 해야 하는가?) : 교육 내용을 전달하고 제시한다.

㉢ 3단계 – 적용/응용(어떤 업무를, 어떤 방법으로 스스로 할 수 있는가?) : 시범이나 실습을 통해 구체적 방법을 이해시킨다.

㉣ 4단계 – 확인/총괄(해야 하는 사항은?) : 교육내용을 총정리하여 이해시키고 습관화하도록 한다.

④ 학습지도의 원리

㉠ 자발성의 원리 : 학습자 자신이 자발적으로 내적 동기가 유발된 학습을 할 수 있도록 장려해야 한다.

㉡ 개별화의 원리 : 학습자를 개별적 존재로 인정하며, 각자의 요구와 능력 등에 알맞은 학습활동의 기회를 제공해야 한다.

예 지진아 · 우수아의 특별지도, 능력별 편성, 이수과정을 달리하는 지도방식 등

㉢ 사회화의 원리 : 협력적이고 우호적인 공동학습을 진행하여 사회화를 돕는다.

예 분단학습, 클럽활동, 자치회 활동 등

㉣ 통합의 원리 : 학습자의 특정 부분 발전만이 아니라 모든 능력을 조화적으로 발달시키기 위해 종합적으로 지도한다.

㉤ 직관의 원리 : 언어 위주의 설명보다는 구체적인 사물을 직접 제시하거나 경험시킴으로써 큰 효과를 볼 수 있다.

㉥ 목적의 원리 : 학습 목표를 분명하게 인식시켜 적극적인 학습활동 참여를 유발한다.

(5) 안전교육의 평가

① 평가

㉠ 교육을 실시했다고 해서 반드시 교육효과가 나타나는 것은 아니다.

㉡ 안전심리학적 측면에서 가장 중요한 것은 '안전동기 부여'이다.

㉢ 지식교육이나 기능교육의 평가는 시험이나 실습을 통해 확인할 수 있다.

㉣ 태도교육은 시험이나 실습을 통해 확인할 수 없고, 장기간에 걸쳐 모니터링해야 한다.

② 평가방법

평가방법 / 평가항목	관찰에 의한 방법			시험에 의한 방법		
	관찰법	면접법	결과평가	질문법	평정법	시험법
지식	○	○		○	◉	◉
기능	○		◉		○	◉
태도	◉	◉			○	○

※ ◉ : 효과가 매우 큼, ○ : 효과가 큼

㉠ 관찰법 : 특별한 조작이나 자극을 주지 않은 상태에서 학습자의 행동을 직접 관찰하여 행동을 측정하는 방법이다.

㉡ 면접법 : 학습자에게 질문을 하여 학습자 내적으로 가지고 있는 의견 등을 수집할 수 있는 방법이다.

㉢ 질문법 : 질문을 통해 학습자의 의견, 태도, 감정, 가치관 등을 측정한다.

㉣ 평정법(평가척도법) : 개인의 어떤 특성을 유목 혹은 숫자의 연속성 위에 분류하여 측정하는 방법이다(순위, 등급)

2 법정 안전교육(연구실안전법)

※ Page. 48 참고

Chapter

05 연구실사고 대응 및 관리

1 사고의 특성 및 관련 이론

(1) 사고 특성

① **피해의 우연성** : 같은 사고가 발생하더라도 피해 정도는 다를 수 있는 우연성이 존재한다. 따라서 피해가 무시할만한 사고가 발생하더라도 이미 사고가 발생한 것으로 판단하고 대응하여야 한다.

② **촉발사상(initiating event)** : 모든 유해인자(hazard)가 위험(danger)으로 변화하는 데에는 내부 혹은 외부 자극(stimulus)이 필요하고, 이 자극을 촉발 사상이라고 한다.

③ **직접원인(immediate cause event)** : 위험 상태라고 해서 바로 사고로 이어지지는 않지만, 직접원인이 위험을 사고로 발전시킨다.

(2) 사고 관련 이론

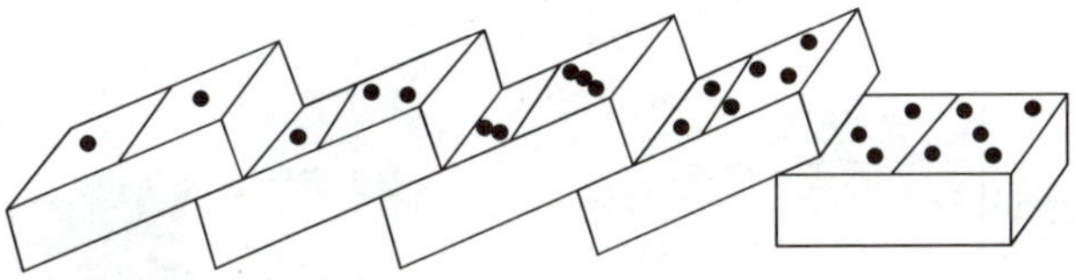

① **사고연쇄이론(도미노이론)**

㉠ 사고는 일련의 요인들이 차례로 영향을 주게 되어 발생하는 것이다.

㉡ 중간의 한 요인을 차단하는 것으로 사고를 예방할 수 있다.

② **사고연쇄이론 종류**

㉠ 고전적 사고연쇄이론(Heinrich)

1단계	2단계	3단계	4단계	5단계
사회적 환경 및 유전적 요소 →	개인적 결함 →	불안전한 행동 및 불안전한 상태 →	사고 →	재해
간접원인		직접원인		

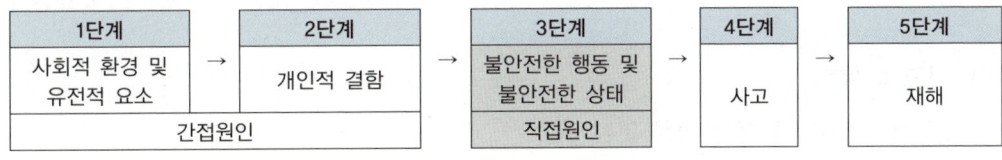

ⓐ 사고의 발단은 유전적이거나 사회적 환경이다.

ⓑ 사고 예방에 가장 효과적인 방법은 3단계(불안전행동 · 불안전상태)를 차단하는 것이다.

㉡ 수정된 사고연쇄이론(Bird)

1단계	→	2단계	→	3단계	→	4단계	→	5단계
통제의 부족 (관리의 부족)		기본원인(기원)		직접원인		사고		재해
관리조직 및 관리책임자의 관리적 결함		근본원인		불안전한 행동 및 불안전한 상태				

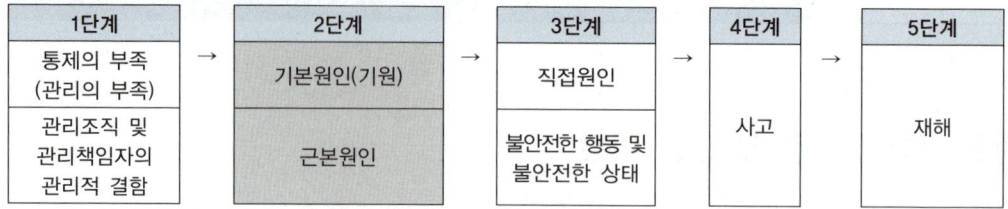

ⓐ 사고의 발단은 관리의 실패(통제의 부족)로부터 시작된다.

ⓑ 사고 예방에 가장 효과적인 방법은 2단계(기본원인)를 제거하는 것이다.

(3) 연구실사고 발생과정

① 연구실사고의 발단은 안전관리활동의 결함이다.

② 연구실사고를 예방하는 데 가장 효과적인 방법은 불안전행동·불안전상태를 차단하는 것이다.

③ 불안전행동을 예방하는 데에는 인간에 대한 이해가 필수적이다(산업·조직심리학, 인간공학 등).

④ 불안전상태를 예방하는 데에는 각 위험요인에 대한 이해가 필수적이다(과학기술 전반).

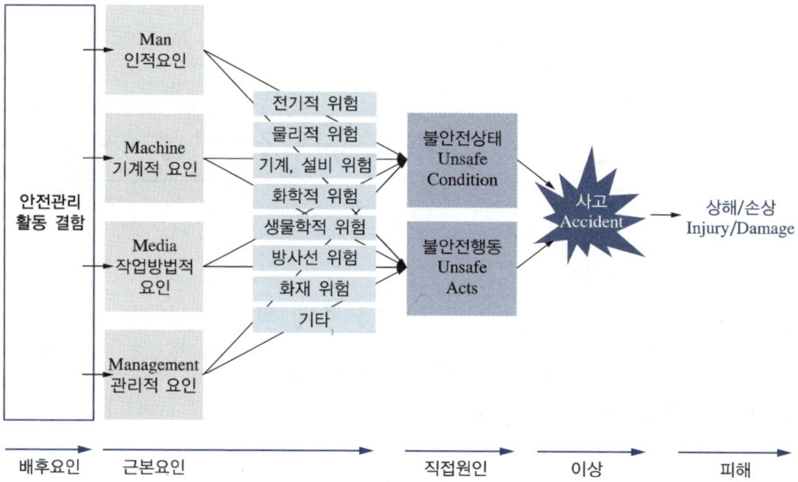

(4) 사고의 유형

① 사고요인의 관계에 따른 분류

㉠ 단순자극형(집중형) : 상호자극이 일시적으로 집중되어 사고가 발생하는 유형이다.

㉡ 연쇄형 : 하나의 사고요인이 다른 요인을 발생시키고 그 요인이 다른 요인을 발생시키는 등 연쇄적으로 발생하여 사고를 유발시키는 유형이다.

㉢ 복합형 : 단순자극형과 연쇄형이 복합된 유형으로 대부분의 사고는 이와 같이 복잡하게 얽혀있는 경우가 많다.

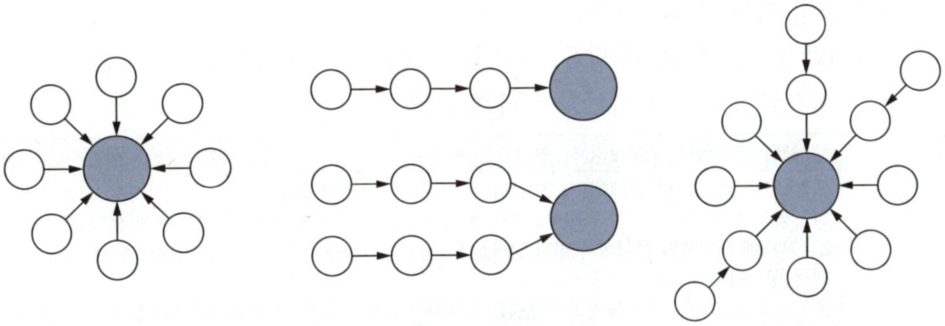

[단순자극형(집중형)]　　[단순연쇄형]　　[복합형]

② 사고 발생 형태(에너지와의 충돌·접촉 형태)에 따른 분류

㉠ 에너지 폭주형 : 폭발, 파열, 떨어짐, 무너짐 등

㉡ 에너지와의 충돌 : 부딪힘

㉢ 에너지 활동구역에 사람이 침입하여 발생 : 끼임, 감전, 화상 등

㉣ 유해물에 의한 재해 : 질식 등

③ 조직 관련성 여부에 따른 분류

㉠ 조직 사고

㉡ 개인 사고

2 연구분야별 사고 대응방안 및 행동요령

(1) 화학분야 사고

① 화학물질 누출·접촉 : 황산이 들어 있는 시약병을 옮기는 과정에서 병을 바닥에 떨어뜨려 용기가 파손되고 황산액이 바닥에 누출되어 있는 상태

해당 연구실(연구실책임자, 연구활동종사자)	안전부서(연구실안전환경관리자)
• 주변 연구활동종사자들에게 사고 전파 • 안전부서(필요시 소방서, 병원)에 약품 누출 발생사고 상황 신고(위치, 약품 종류 및 양, 부상자 유·무 등) • 유해물질에 노출된 부상자의 노출된 부위를 깨끗한 물로 20분 이상 씻어줌 • 금수성 물질이나 인 등 물과 반응하는 물질이 묻었을 경우 물로 세척 금지 • 위험성이 높지 않다고 판단되면, 안전담당부서와 함께 정화·폐기작업 실시	• 누출물질에 대한 MSDS/GHS 및 대응 장비 확보 • 사고현장에 접근금지 테이프 등을 이용하여 통제구역 설정 • 개인보호구 착용 후 사고처리(흡착제, 흡착포, 흡착 펜스, 중화제 등 사용) • 부상자 발생 시 응급조치 및 인근 병원으로 후송

② 화학물질 화재·폭발

㉠ 실험 중 톨루엔(유기화합물 등)이 들어 있던 용기 내 압력 증가로 용기가 파열되면서 톨루엔(유기화합물 등)이 비산되어 화재 발생

해당 연구실(연구실책임자, 연구활동종사자)	안전부서(연구실안전환경관리자)
• 주변 연구활동종사자들에게 사고 전파 • 위험성이 높지 않다고 판단되면 초기진화 실시 • 2차 재해에 대비하여 현장에서 멀리 떨어진 안전한 장소에서 물 분무 • 금수성 물질이 있는 경우 물과의 반응성을 고려하여 화재 진압 실시 • 유해가스 또는 연소생성물의 흡입 방지를 위한 개인보호구 착용 • 유해물질에 노출된 부상자의 노출된 부위를 깨끗한 물로 20분 이상 씻어줌 • 초기진화가 힘든 경우 지정대피소로 신속히 대피	• 방송을 통한 사고 전파로 신속한 대피 유도 • 호흡이 없는 부상자 발생 시 심폐소생술 실시 • 사고현장에 접근금지 테이프 등을 이용하여 통제구역 설정 • 필요시 전기 및 가스설비 공급 차단 • 사고물질의 누설, 유출방지가 곤란한 경우 주변의 연소방지를 중점적으로 실시 • 유해화학물질의 확산, 비산 및 용기의 파손, 전도방지 등 조치 강구 • 소화를 하는 경우 중화, 희석 등 재해조치를 병행 • 부상자 발생 시 응급조치 및 인근 병원으로 후송

㉡ 폐액용기를 들고 운반하는 중 폐액용기 파열로 운반자가 화상을 입는 사고 발생

해당 연구실(연구실책임자, 연구활동종사자)	안전부서(연구실안전환경관리자)
• 주변 연구활동종사자들에게 사고 전파 • 안전담당부서(필요시 소방서, 병원)에 사고 상황 신고(위치, 폐액 종류 및 양, 부상자 유·무 등) • 부상자의 폐액 접촉 부위를 깨끗한 물로 20분 이상 씻어줌 • 위험성이 높지 않다고 판단되면, 안전담당부서와 함께 정화작업 실시	• 누출물질에 대한 MSDS/GHS 및 대응 장비 확보 • 사고현장에 접근금지 테이프 등을 이용하여 통제구역 설정 • 개인보호구 착용 후 사고처리(흡착제, 흡착포, 흡착 펜스, 중화제 등 사용) • 부상자 발생 시 응급조치 및 인근 병원으로 후송

(2) 가스분야 사고

① **가연성 가스 누출·폭발** : 실험 중 분석 장비(GC, 가스크로마토그래피)에 연결되어 있는 가스배관 이음부에서 가연성 가스(수소)가 누출되고 있는 상황

해당 연구실(연구실책임자, 연구활동종사자)	안전부서(연구실안전환경관리자)
• 가스 누출 사실 전파 및 건물 내에 체류 중인 사람이 대피할 수 있도록 알림 • 안전이 확보되는 범위 내에서 사고확대 방지를 위하여 밸브 차단 및 환기 등 적절한 조치 취함 • 누출 규모가 커서 대응이 불가능할 경우 즉시 대피	• 방송을 통한 사고 전파로 신속한 대피 유도 • 가스농도측정기를 이용해 누출 가스농도 측정 • 사고현장에 접근금지 테이프 등을 이용하여 통제구역 설정 • 필요시 전기 및 가스설비 공급 차단 • 대량누출의 경우 폭발로 이어지지 않도록 점화원 제거(밸브 차단, 주변 점화원 제거, 충격 등 금지) • 부상자 발생 시 응급조치 및 인근 병원으로 후송

② **독성 가스 누출** : 독성 가스 보관 실린더 캐비닛에서 독성 가스(알진 · 디보레인 · 세렌화수소 · 포스핀 등) 누출로 경보음이 작동함

해당 연구실(연구실책임자, 연구활동종사자)	안전부서(연구실안전환경관리자)
• 가스 누출 사실 전파 및 건물 내에 체류 중인 사람이 대피할 수 있도록 알림 • 사고 적응성 개인보호구(방독면 등)를 신속하게 착용 • 안전이 확보되는 범위 내에서 사고확대 방지를 위하여 밸브 차단 • 유독기체 흡입 부상자의 경우 통풍이 잘 되는 곳으로 옮기고 안정을 취하게 함 • 누출 규모가 커서 대응이 불가능할 경우 즉시 대피 • 대피 시에는 출입문 및 방화문을 닫아 피해 확산 방지	• 방송을 통한 사고 전파로 신속한 대피 유도 • 가스농도측정기를 이용해 누출 가스농도 측정 • 사고현장에 접근금지 테이프 등을 이용하여 통제구역 설정 • 부상자 발생 시 응급조치 및 병원으로 이송 조치 • 적정 개인보호구(방독면 등) 착용 후 가스설비 누출 원인 제거 • 필요시 소방서 및 한국가스안전공사(1544-4500)에 신고

(3) 전기분야 사고

① **감전** : 누전차단기의 작동 불량 상태에서 절연불량의 전기기기(또는 전선피복의 노출부) 접촉으로 감전

해당 연구실(연구실책임자, 연구활동종사자)	안전부서(연구실안전환경관리자)
• 절연장갑 착용 후 해당 전기기기 전원을 신속히 차단 • 구호자의 2차 감전을 방지하기 위해 절연봉(마른 나무막대, 플라스틱 막대 등)을 이용하여 부상자를 구호하고 부상자와 신체접촉이 되지 않도록 주의 • 부상자의 상태(의식, 호흡, 맥박, 출혈 유 · 무)를 확인하여 심폐소생술 등 응급처치 • 필요 시 병원에 신고	• 사고현장 주변 접근금지 테이프 등을 이용하여 통제구역 설정 • 의식이 있는 부상자는 담요, 외투 등을 덮어서 따뜻하게 유지 • 의식이 없는 부상자는 기도를 확보하고 호흡 유 · 무를 체크하여 심폐소생술(CPR) 혹은 자동체외제세동기(AED) 실시 • 부상자를 병원으로 이송 조치 • 전원 재투입 전에 접지 확보 및 각 기기별 절연진단을 실시하여 사고원인 제거 재차 확인

② **전기화재** : 많은 플러그가 꽂혀 있어 정격용량을 초과하여 사용하고 있는 멀티콘센트의 과열(또는 단락, 스파크, 접촉불량, 누전 등)로 화재 발생

해당 연구실(연구실책임자, 연구활동종사자)	안전부서(연구실안전환경관리자)
• 사고 발생 전기기기의 전원을 신속히 차단 • 연기에 의한 피해자나 화재에 의한 화상자 발생 시 응급처치 • 화재 발생 시 해당 기기에 물을 뿌리면 감전 위험 있으므로 물 분사 금지 • 소화기는 가능하면 C급 소화기를 사용하여 초기진화 • 필요시 유관기관(소방서, 병원 등)에 신고	• 사고현장 주변 접근금지 테이프 등을 이용하여 통제구역 설정 • 사고 발생 지점 전기배선 상위단의 분전반 전원 차단 • 연기 질식 환자에 대비한 신선한 공기 확보 및 안전한 장소로 유도 및 안정 • 전원 재투입 전에 접지 확보 및 각 기기별 절연진단을 실시하여 사고원인 제거 재차 확인 • 화상 및 질식 전문병원으로 신속하게 이동 조치

(4) 생물분야 사고

① 병원성 물질 유출

㉠ 병원체, 유전자변형생물체의 유출로 인한 감염(또는 2차감염)

㉡ 병원체의 외부 유출로 오염

해당 연구실(연구실책임자, 연구활동종사자)	안전부서(연구실안전환경관리자)
• 부상자의 오염된 보호구는 즉시 탈의하여 멸균봉투에 넣고 오염 부위를 세척한 뒤 소독제 등으로 오염 부위 소독 • 부상자 발생 시 부상 부위 및 2차 감염 가능성 확인 후 기관 내 보건담당자에게 알리고, 필요시 소방서 신고 • 흡수지로 오염 부위를 덮은 뒤 그 위에 소독제를 충분히 부어 오염의 확산을 방지한 뒤 퇴실 • 2차 피해 우려 시 접근금지 표시를 하여 2차 유출확대 방지	• 사고 접수 후 응급치료 도구와 생물안전사고 대응 도구(biological spill kit)를 가지고 사고현장으로 출동 • 사고현장 출동 시 적절한 개인보호구를 착용 후 사고 수습 지원(마스크, 1회용 실험복, 안전장갑, 1회용 덧신 등) • 사고현장 접근금지 테이프 설치 및 현장 통제 • 필요시 생물안전위원회 소집 및 사고대책위원회 구성

② 동물 물림, 바늘 등에 의한 부상 : 실험 중 동물에게 손가락을 물려서 약간의 출혈이 발생한 상황

해당 연구실(연구실책임자,연구활동종사)	안전부서(연구실안전환경관리자)
• 즉시 실험을 멈추고 부상 부위에 식염수나 비상약 소독제로 소독하고 출혈 시 지혈 • 실험 중인 동물을 케이지에 넣어 보관하거나 병원체를 밀봉하고 부상자의 소독 및 지혈 등을 지원 • 생물안전관리자, 동물실관리자 등에게 경위를 설명하여 사고 대응 지시를 받음	• 부상 정도 및 병원체 특성에 따라 적절한 처치 지시 • 실험동물 사고 시 파상풍 예방 주사 유·무를 확인하고 파상풍 치료 주사 및 항생제 치료 • 병원체 사용 사고는 병원체에 의한 2차 획득감염 관찰 및 예방 치료 • 사고 발생 직후 치료 외에도 획득감염 발병 가능성을 확인하여 추가 치료 및 완전 치료를 반드시 확인

③ 생물안전작업대(BSC) 내 유출 : 실험 중 생물안전작업대 내에서 병원체가 유출된 상황

해당 연구실(연구실책임자, 연구활동종사자)	안전부서(연구실안전환경관리자)
• 생물안전작업대 내 팬을 가동하는 것을 확인하고 문을 밑까지 내린 뒤 대피 • 생물 유출사고 대응 도구(biological spill kit) 내에서 새 장갑과 1회용 보호구를 착용한 후 탈오염 작업 • 적절한 살균소독제를 생물안전작업대(BSC) 내부 벽면, 작업대 표면, 이용 도구 및 장비에 도포 • 감염성폐기물 전용 용기 또는 멸균봉투에 생물안전작업대 유출 사고 시 사용한 물질 폐기 • 유출 물질이 생물안전작업대 안에서 흘러나왔을 경우, 연구책임자, 생물안전관리자에게 통보하고 지시에 따라 사고대응	생물안전작업대 안에서 외부로 유출된 사고 신고를 접수하였을 경우 위의 생물안전 사고 매뉴얼을 따라 사고 수습 대응 및 지시

(5) 기계분야 사고

① **끼임 및 절단** : 기기를 이용한 실험 중 기계에 끼임, 물림, 접촉 등에 의해 신체 절단, 골절, 타박상, 찰과상 등의 사고 발생 상황

해당 연구실(연구실책임자, 연구활동종사자)	안전부서(연구실안전환경관리자)
• 안전이 확보된 범위 내에서 사고 발견 즉시 사고기계의 작동 중지(전원 차단) • 사고 상황 파악 및 부상자를 안전이 확보된 장소로 옮기고 적절한 응급조치 시행 • 손가락이나 발가락 등이 잘렸을 때 출혈이 심하므로 상처에 깨끗한 천이나 거즈를 두툼하게 댄 후 단단히 매어 지혈 조치 • 절단된 손가락이나 발가락은 깨끗이 씻은 후 비닐에 싼 채로 얼음을 채운 비닐봉지에 젖지 않도록 넣어 빨리 접합전문병원에서 수술을 받을 수 있도록 조치	• 2차 사고가 발생하지 않도록 전원 차단 여부 추가 확인 • 의식이 있는 부상자는 담요, 외투 등을 덮어서 따뜻하게 유지 • 의식이 없는 부상자는 기도를 확보하고 호흡 유·무를 체크하여 심폐소생술(CPR) 혹은 자동심장제세동기(AED) 실시 및 부상자를 병원으로 이송 조치 • 전원 재투입 전에 기계별 안전상태 확보 및 사고원인 제거 재차 확인

(6) 기타

① **화상** : oil bath를 이용하여 고온, 고압반응 실험을 하던 중 oil bath 내부의 반응튜브가 터지면서 고온의 기름(200℃)이 안면부 및 손등에 튀는 화상 사고 발생

해당 연구실(연구실책임자, 연구활동종사자)	안전부서(연구실안전환경관리자)
• 해당 실험장치 작동 중지 • 사고 상황 파악 및 부상자를 안전이 확보된 장소로 옮기고 적절한 응급조치 시행 • 화학물질이 액체가 아닌 고형물질인 경우 물로 씻기 전에 털어냄 • 가벼운 화상의 경우 화상 부위를 찬물에 담그거나 물에 적신 차가운 천을 대어 통증 감소 • 심한 화상인 경우 깨끗한 물에 적신 헝겊으로 상처 부위를 덮어 냉각하고 감염 방지 등 응급조치 후 병원 이송 조치 • 화상 부위나 물집은 건드리지 말고 2차 감염을 막기 위해 상처 부위를 거즈로 덮음	• 2차 사고가 발생하지 않도록 전원 차단 여부 추가 확인 • 부상자를 병원으로 이송 조치 • 전원 재투입 전에 기계별 안전상태 확보 및 사고원인 제거 재차 확인

② **상처 및 출혈**

㉠ 비커 운반 중 비커가 깨짐으로 인한 베임

㉡ 이동 중 설치된 실험기기와의 충돌에 의한 출혈

㉢ 낙하하는 실험장비에 의해 멍든 상처 발생

해당 연구실(연구실책임자, 연구활동종사자)	안전부서(연구실안전환경관리자)
• 사고 상황 파악 및 부상자를 안전이 확보된 장소로 옮기고 적절한 응급조치 시행 • 베인 경우 상처 소독보다 지혈에 신경 쓰고 작은 상처는 1회용 밴드로 감아주고 큰 상처의 경우 붕대를 감은 후 상처 부위를 심장보다 높은 곳에 위치 • 피부가 까진 경우 소독하기 전에 흐르는 깨끗한 물로 씻고 소독액 사용 • 멍이 든 부위를 얼음주머니나 찬물로 찜질하고 시간이 지나 다친 부위를 움직이지 못하면 골절이나 염좌가 의심되므로 병원 진료 실시 • 지혈 등 응급조치 시행	필요시 부상자를 병원으로 이송 조치

③ 유해광선 접촉 : 레이저 또는 용접 중 유해광선에 의한 시력 장애 발생

해당 연구실(연구실책임자, 연구활동종사자)	안전부서(연구실안전환경관리자)
• 해당 실험장치 작동 중지 • 사고 상황 파악 및 부상자를 안전이 확보된 장소로 옮기고 적절한 응급조치 시행 • 기관 내 보건소 또는 병원에 이송 조치	• 사고접수 및 사고장비(레이저, 용접기 등)의 위험성 확인 • 사고현장 출동 및 안전보호구 착용(보안경, 안전장갑 등) • 2차 사고가 발생하지 않도록 전원 차단 여부 추가 확인 • 전원 재투입 전에 해당 실험장치의 안전상태 확보 및 사고원인 제거 재차 확인

3 사고보고 및 원인조사

(1) 연구실사고의 종류와 기준

① 중대연구실사고

㉠ 사망자 또는 과학기술정보통신부장관이 정하여 고시하는 후유장해 1급부터 9급까지에 해당하는 부상자가 1명 이상 발생한 사고

㉡ 3개월 이상의 요양이 필요한 부상자가 동시에 2명 이상 발생한 사고

㉢ 3일 이상의 입원이 필요한 부상을 입거나 질병에 걸린 사람이 동시에 5명 이상 발생한 사고

㉣ 법 제16조제2항 및 시행령 제13조에 따른 연구실의 중대한 결함으로 인한 사고

② **일반연구실사고** : 중대연구실사고를 제외한 사고 중 의료기관에서 3일 이상의 치료가 필요한 생명 및 신체상의 손해를 입은 연구실사고

③ **그 밖의 연구실사고** : 인적·물적 피해가 매우 경미한 사고로 과학기술정보통신부장관에게 보고하지 않아도 되는 사고

(2) 연구실사고의 보고

① 절차

㉠ 중대/일반연구실사고의 보고 절차

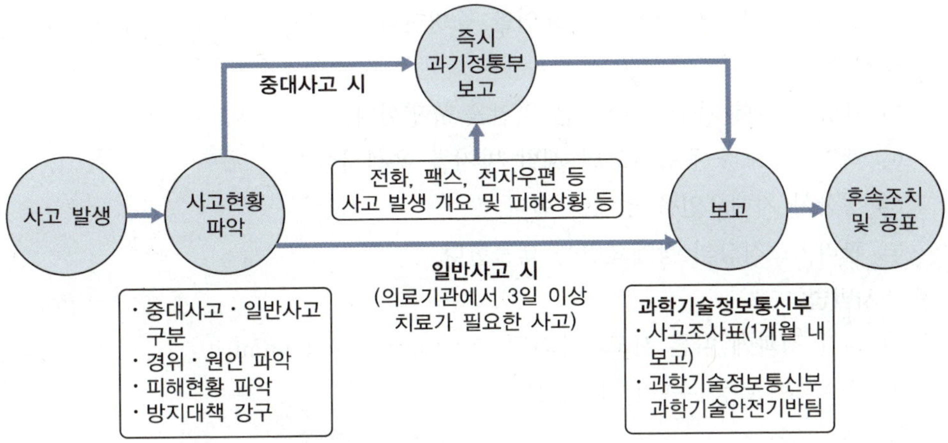

㉡ 연구실사고 시 연구안전조직의 보고 절차

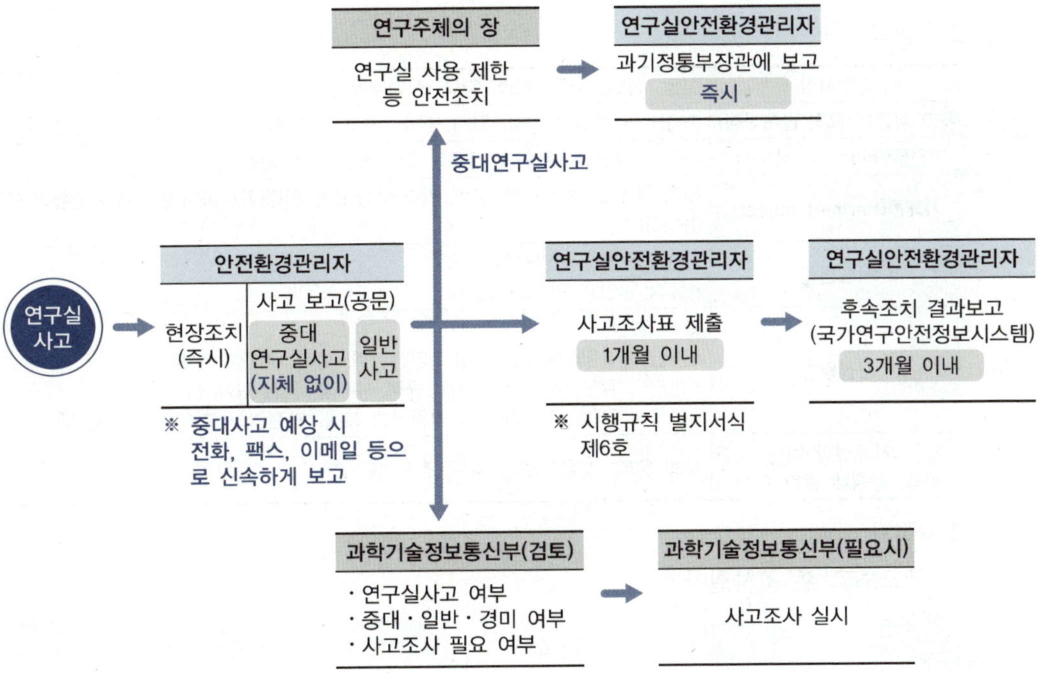

(3) 연구실 사고조사

① 목적

㉠ 해당 사고의 원인 규명을 통해 동종·유사사고의 재발을 방지한다.

㉡ 관리·조직상의 사고 영향요인을 규명한다.

② 조사 방향

㉠ 해당 사고에 대한 객관적인 원인을 규명한다.

㉡ 책임추궁보다 동종사고의 재발 방지를 우선시한다.

㉢ 생산성 저해요인을 없애야 한다.

㉣ 관리·조직상의 장애요인을 색출한다.

③ 조사방법

㉠ 시간 경과에 따른 사고전개과정 분석(accident dynamics)

㉡ FTA, ETA 등 수학적 분석방법

㉢ 특성요인도

㉣ 통계적 분석방법

④ 조사항목

일반사항	성명, 성별, 국적, 직업, 경력, 작업내용 등
사고 상황(사고의 전개과정)	5W1H 원칙(관련 인물, 일시, 장소, 사고 관련 작업유형, 사고 당시 상황 등)
기인물(initiating object)	사고의 발단이 된 기계, 장치, 기타 물질 또는 환경
가해물(harmed object)	직접 위해를 가한 기계, 장치, 기타 물질 또는 환경(가해물이 반드시 기인물이 되는 것은 아니다)
직접원인	• 인적 원인 : 불안전한 행동 • 물적 원인 : 불안전한 상태
간접원인	3E의 결함 • 기술적 결함(engineering) : 안전설계, 설비·환경개선 등 • 관리적 결함(enforcement) : 규정, 수칙을 통한 규제 등 • 교육적 결함(education) : 작업방법 교육, 안전의식 고취, 부정적인 태도 시정 등
사고결과 및 피해, 증상에 관한 사항	상해 유형, 성질, 특성, 부위, 정도 등

⑤ 조사절차

㉠ 사고보고 후 조사절차

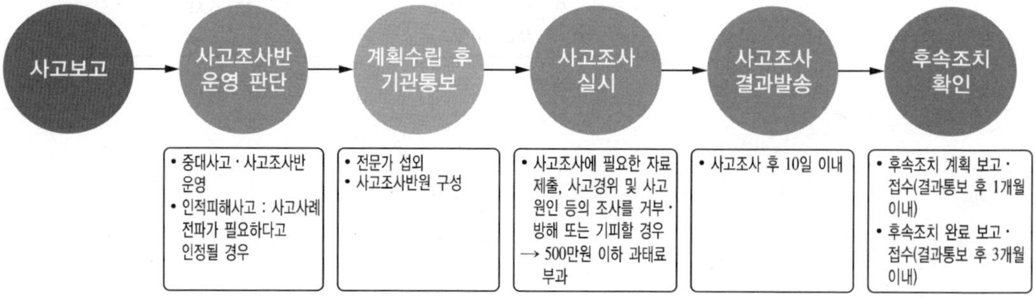

㉡ 사고조사 절차

ⓐ 1단계 : 사실확인

ⓑ 2단계 : 직접원인과 문제점의 확인

ⓒ 3단계 : 기본원인과 근본적 원인의 결정(「Ask "Why" 5Times-일본 토요타 자동차회사 품질관리 활동」의 원칙을 활용하여 가장 배후에 있는 근본적인 원인 도출)

ⓓ 4단계 : 대책수립

⑥ 사고조사 시 유의사항

㉠ 조기 착수 : 현장이 보존된 상태에서 가능한 한 빨리 착수해야 하며, 조사가 끝날 때까지 보존해야 한다.

㉡ 사실 수집 : 목격자나 현장 책임자의 도움을 얻어 당시 상황에 대한 설명을 들어야 하며, 가능한 한 피해자의 설명을 듣고 사진이나 도면을 작성하고 기록해야 한다.

㉢ 정확성 및 객관성 : 냉정하게 객관적으로 판단해야 한다.

⑦ 연구실 사고조사

※ Page. 58 참고

⑧ 연구실 사고조사반

※ Page. 61 참고

4 위험감소대책과 재발방지대책

(1) 사고예방대책 수립 절차(시스템안전 우선순위, 유해인자저감 우선순위)

1단계	유해인자의 제거 또는 최소화 설계	• 연구활동의 전반적인 시스템에서 위험이 최소화되도록 설계한다. • 위험요인을 제거하는 방안을 우선 검토하고, 불가피할 시 위험요인이 최소화되도록 설계한다.
2단계	안전장치 (공학적 대책)	1단계에서 해결하지 못한 유해인자에 대한 공학적 대책을 세운다(환기장치 설치 등 안전장치를 추가한다).
3단계	경고장치 (관리적 대책)	• 2단계에서 해결하지 못한 유해인자에 대한 경고장치(자동경보장치, 사용설명서, 작업절차서, 매뉴얼, 경고표지, 그림문자 등)를 추가한다. • 이때 연구활동종사자는 연구활동 중의 위험요인, 대응방법을 사전에 알고 대응할 수 있어야 한다.
4단계	특수절차	3단계로도 충분치 않을 경우 개인보호구, 안전교육·훈련 등을 추가한다.

※ 4단계 이상의 대응책으로도 안전확보를 장담할 수 없다면 연구실책임자가 연구 수행 시 직접 감독·지도한다.

(2) 위험성감소대책(위험제어계층구조, hierarchy of controls)

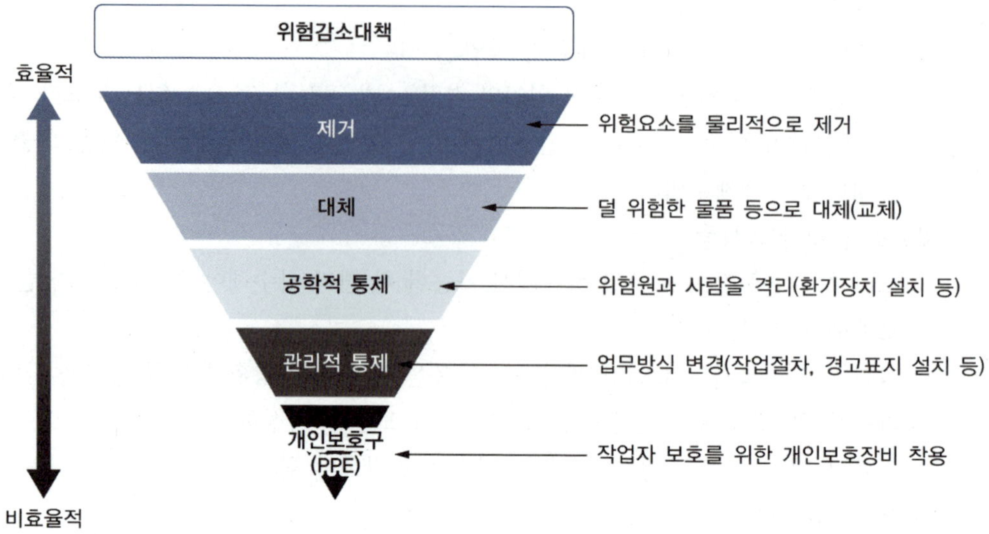

(3) 재해예방 4원칙

① **예방가능의 원칙** : 천재지변을 제외한 모든 재난은 원칙적으로 예방 가능하다.

② **손실우연의 원칙** : 사고의 결과로써 생긴 재해손실은 사고 당시 조건에 따라 우연히 발생하며, 재해방지의 대상은 우연성에 좌우되는 손실의 방지보다 사고 발생 자체의 방지가 우선시 되어야 한다.

③ **원인연계의 원칙** : 사고 발생에는 반드시 원인이 있고, 대부분 복합적으로 연계되므로 모든 원인은 종합적으로 검토되어야 한다.

④ **대책선정의 원칙** : 사고의 원인 또는 불안전한 요소가 발견되면 반드시 대책(3E 원칙 적용)을 선정・실시해야 한다. 사고 예방을 위한 안전대책은 반드시 존재한다.

(4) 3E 원칙

① **기술적 대책(Engineering)** : 안전설계, 설비개선, 작업환경 개선 등

② **관리적 대책(Enforcement)** : 규정, 수칙을 통한 규제 등

③ **교육적 대책(Education)** : 작업방법 교육, 안전의식 고취, 부정적인 태도 시정 등

Part 02

적중예상문제

01 **다음 중 사업장과 비교한 연구실의 특성으로 옳지 않은 것은?**

① 다양한 품종의 화학물질을 소량 사용한다.
② 위험 예측이 상대적으로 쉽다.
③ 소규모 공간에서 다수의 작업자가 작업한다.
④ 신규 유해인자가 지속적으로 등장한다.

해설 연구실은 새로운 장치・물질・공정・융복합연구 등에 따라 신규 유해인자가 지속적으로 등장하여 위험의 범위와 크기를 예측하기 힘들다.

02 **다음 중 Hawkins의 SHELL Model에 대한 설명 중 옳지 않은 것은?**

① Software : 작업 환경과 관련된 무형적인 요소이다.
② Hardware : 기계, 설비 등 유형적인 요소이다.
③ Environment : 온도, 습도, 조명 등 화학, 생물학, 의학 분야에 중요한 요소이다.
④ Liveware : 인간, 의사소통, 문화, 인간관계 등 인적 요소이다.

해설 Software : 규정, 절차, 매뉴얼, 작업 지시, 정보 교환, 컴퓨터 프로그램 등 무형적인 요소를 말한다.

03 **주의의 특성에 해당하지 않는 것은?**

① 선택성 ② 변동성
③ 직선성 ④ 단속성

해설 주의의 특성
• 선택성 : 한 곳에 집중하면 다른 곳에는 소홀해진다.
• 방향성 : 한쪽 방향에 집중하면 다른 방향에서 입력된 정보는 무시되기 쉽다.
• 변동성 : 주의집중의 정도는 시간에 따라 변화한다.
• 단속성 : 주의집중의 깊이가 깊을수록 오래 지속될 수 없다.
• 범위 : 시각적으로든 청각적으로든 주의가 깊어지면 범위가 줄어든다.

정답 1 ② 2 ① 3 ③

04 1980년대 우주왕복선 챌린저호의 폭발사고의 원인이라고 볼 수 있는 것은?

① 동료집단

② 이기주의

③ 집단사고

④ 집단규범

해설 집단사고는 강한 응집력을 가진 집단 내에서 의사결정 시 객관적이고 비판적인 생각을 하지 않아 획일적인 방향성만을 가지게 되는 현상이다. 챌린저호 사건은 기술자들이 안전을 문제삼아 발사 연기를 요청했으나 고위관리자들은 이들의 의견을 무시하였고, 관련자들도 고위관리자의 의견에 적극 옹호하는 행동으로 결국 챌린저호 발사를 추진하여 폭발하는 사고가 발생했다. 안전을 소홀히 하는 집단 분위기가 형성되면 그렇지 않은 사람들도 따르게 되는 집단사고로 인해 발생한 사고이다.

05 인간의 의식수준에 대한 설명으로 틀린 것은?

① Phase 0 : 신뢰성이 0.99~0.99999이다.

② Phase Ⅱ : 뇌파는 α파이다.

③ Phase Ⅲ : 또렷하게 집중 중인 상태이다.

④ Phase Ⅳ : 신뢰성이 0.9 이하이다.

해설 Phase 0은 신뢰성이 0이다.

4 ③ 5 ① 정답

06 파커(Parker)가 제안한 안전문화 성숙모델 5단계 중 3단계로 옳은 것은?

① 능동적인 단계
② 타산적인 단계
③ 수동적인 단계
④ 발전적인 단계

해설 1단계 : 병적인 단계 – 2단계 : 수동적인 단계 – 3단계 : 타산적인 단계 – 4단계 : 능동적인 단계 – 5단계 : 발전적인 단계

07 인간 실수 확률에 대한 추정기법으로 거리가 먼 것은?

① CIT
② THERP
③ TCRAM
④ HAZOP

해설 HAZOP은 연구·실험 절차상에 존재하는 위험 요인과 연구·실험 과정의 효율을 떨어트릴 수 있는 운전상의 문제점을 찾아내어 그 원인을 제거하는 분석기법이다.

08 다음 상황에 해당되는 불안전한 행동의 심리적 원인은?

A씨는 메탄올을 시약병에서 메스실린더로 따르고 있던 도중에 뒤쪽 테이블에서 화재가 발생한 것을 알게 되었다. A씨는 너무 놀라 그대로 몸이 굳었고, 따르고 있던 메탄올이 비커를 넘쳐 바닥으로까지 누출되었다.

① 주연행동　② 장면행동
③ 억측판단　④ 착오

해설 장면행동 : 돌발 위기 발생 시 주변 상황을 분별하지 못하고 그 위기에만 집중하는 것으로, 주의의 1점 집중 행동이라고도 부른다.

정답 6 ② 7 ④ 8 ②

09 Reason의 스위스 치즈 모델에서 3번째 치즈에 해당하는 내용으로 옳은 것은?

① 불안전행위
② 조직의 문제
③ 불안전행위의 유발조건
④ 감독의 문제

해설

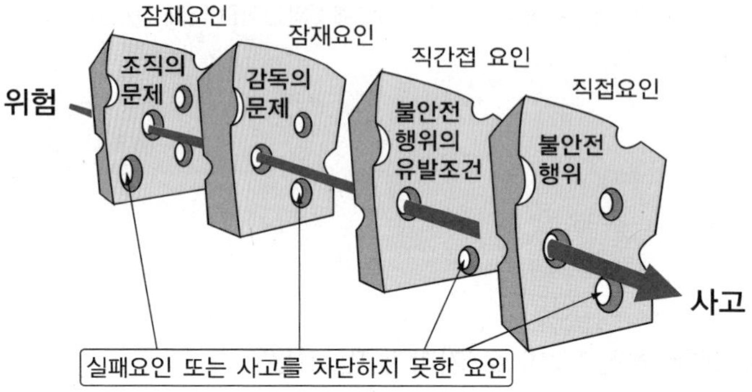

10 다음 설명에 해당하는 안전관리 조직은?

안전과 생산을 별개로 취급하고, 생산 부문은 안전에 대한 책임 및 권한이 없는 조직이다.

① 참모형 조직
② 직계형 조직
③ 라인형 조직
④ 혼합형 조직

해설 ① 스태프형(참모형) 안전관리 조직 : 안전과 생산을 별개로 취급하고, 생산부문은 안전에 대한 책임 및 권한이 없다.
②・③ 라인형(직계형) 안전관리 조직 : 안전관리를 생산조직을 통해 행하는 관리방식으로, 생산과 안전을 동시에 지시한다.
④ 라인스태프형(혼합형) 안전관리 조직 : 스태프에 의해 입안된 것을 경영자가 명령하여 신속 정확하고, 안전정보・지식・기술 축적이 빠르고 용이하다.

9 ③ 10 ① 정답

11 다음 중 연간 안전환경 구축활동 목표 수립 시 반영되어야 하는 사항으로 가장 거리가 먼 것은?

① 연구실 안전환경 방침
② 연구개발 활동 특성
③ 사전유해인자위험분석 결과
④ 운영법규

해설 연구개발 활동 특성은 구축활동 세부추진계획 수립 시 반영한다.

12 유해요인 분석 기법 중 FTA에 대한 설명으로 틀린 것은?

① Down-Top 방식으로 고장 발생의 인과관계를 논리기호로 나타내었다.
② TOP 사상의 재해 발생 확률이 허용 가능한 위험수준을 초과할 경우 감소대책을 수립한다.
③ 미국 벨전화연구소의 H.A.Watson에 의해 군용으로 개발되었다.
④ FT구조를 해석할 때 Boole 대수 처리로 간소화한다.

해설 Top-down(하향식)방법으로 고장 발생의 인과관계를 논리기호(AND Gate, OR Gate)를 사용하여 나무 모양의 논리표(Logic Diagram)로 나타내는 시스템 안전 해석 방법이다.

13 ETA의 의사결정나무가 아래와 같을 때 A, B, C, D에 해당하는 값으로 옳은 것은?

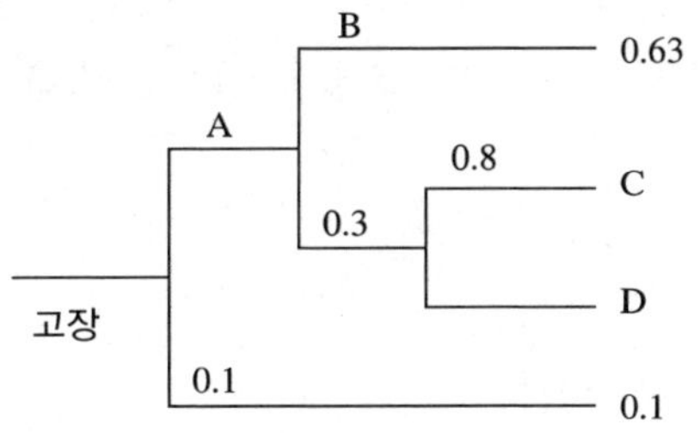

① A = 0.1
② B = 0.63
③ C = 0.2
④ D = 0.054

해설 A = 1 − 0.1 = 0.9
B = 1 − 0.3 = 0.7
C = 0.9 × 0.3 × 0.8 = 0.216
D = 0.9 × 0.3 × 0.2 = 0.054

14 다음 설명에 해당하는 교육·훈련 방법은?

현장감이 부족하고, 비용과 작업시간 소모가 큰 교육·훈련 방법이다.

① OJT　　② Off-JT

③ 인터넷 강의　　④ 독학

해설
- OJT : 현장 위주의 실습교육
- 인터넷 강의 : 교육지원활동으로 자발적인 학습을 지원한다.

15 다음에서 설명하는 교육기법으로 옳은 것은?

• 흥미, 학습동기 유발 • 학습속도 빠름 • 적절한 자료 확보 어려움

① 실습법

② 토의법

③ 시청각교육법

④ 사례연구법

해설 시청각교육법의 장·단점
- 장점
  - 흥미, 학습동기 유발
  - 학습속도 빠름
  - 인상적으로 각인
- 단점
  - 적절한 자료 확보 어려움
  - 작성 시 시간과 비용 소요
  - 이동 불편

14 ② 15 ③ 정답

16 사고 발생 형태와 그 예가 올바르게 연결된 것은?

① 에너지와의 충돌-무너짐
② 에너지 활동구역에 사람 침입-파열
③ 유해물에 의한 재해-질식
④ 에너지 폭주형-감전

해설 사고 발생 형태(에너지와의 충돌 · 접촉 형태)에 따른 분류
- 에너지 폭주형 : 폭발, 파열, 떨어짐, 무너짐 등
- 에너지와의 충돌 : 부딪힘
- 에너지 활동구역에 사람이 침입하여 발생 : 끼임, 감전, 화상 등
- 유해물에 의한 재해 : 질식 등

17 황산이 든 시약병이 바닥으로 떨어져 바닥에 누출된 경우 연구실안전환경관리자의 역할로 가장 거리가 먼 것은?

① 사고현장에 접근금지테이프 등을 이용하여 통제구역을 설정한다.
② 개인보호구 착용 후 사고처리를 한다.
③ 주변 연구활동종사자들에게 사고를 전파한다.
④ 부상자 발생 시 응급조치 및 인근 병원으로 후송한다.

해설 ③은 해당 연구실의 연구실책임자, 연구활동종사자의 역할이다.

18 톨루엔이 들어 있던 용기 내 압력 증가로 용기가 파열되어 톨루엔이 비산되어 화재가 발생하였을 때 사고 대응 단계에서 연구실책임자 및 연구활동종사자가 해야 할 일로 거리가 가장 먼 것은?

① 방송을 통한 사고 전파로 신속한 대피를 유도한다.
② 유해물질에 노출된 부상자의 노출된 부위를 깨끗한 물로 20분 이상 씻어준다.
③ 위험성이 높지 않다고 판단되면 초기 진화를 실시한다.
④ 주변 연구활동종사자들에게 사고를 전파한다.

해설 ① 연구실안전환경관리자의 역할이다.

정답 16 ③ 17 ③ 18 ①

19 사고조사의 절차의 순서대로 올바르게 나열한 것은?

> ㉠ 직접원인과 문제점의 확인
> ㉡ 대책 수립
> ㉢ 기본원인과 근본적 원인의 결정
> ㉣ 사실 확인

① ㉣-㉠-㉢-㉡　　② ㉣-㉠-㉡-㉢
③ ㉣-㉢-㉠-㉡　　④ ㉣-㉢-㉡-㉠

해설 **사고조사 절차**
- 1단계 : 사실 확인
- 2단계 : 직접원인과 문제점의 확인
- 3단계 : 기본원인과 근본적 원인의 결정(「Ask "Why" 5Times–일본 토요타 자동차회사 품질관리 활동」의 원칙을 활용하여 가장 배후에 있는 근본적인 원인 도출)
- 4단계 : 대책 수립

20 다음의 위험감소 대책 중 가장 우선적으로 고려할 사항으로 옳은 것은?

① 경고표지를 설치한다.
② 위험요소를 덜 위험한 것으로 교체한다.
③ 위험원과 사람을 격리한다.
④ 위험요소를 물리적으로 제거한다.

해설 **위험제어계층구조(NIOSH : Hierarchy of Controls)**

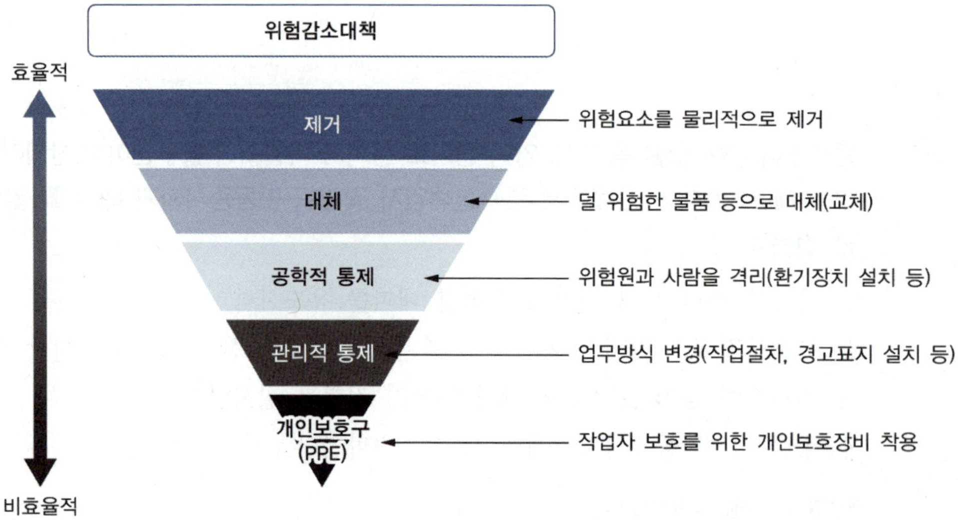

19 ① 20 ④ 정답

PART 03 연구실 화학 · 가스 안전관리

Chapter 01 화학 · 가스 안전관리 일반

Chapter 02 연구실 내 화학물질 관련 폐기물 안전관리

Chapter 03 연구실 내 화학물질 누출 및 폭발 방지대책

Chapter 04 화학시설(장비) 설치 · 운영 및 관리

적중예상문제

Chapter 01

화학 · 가스 안전관리 일반

1 화학물질의 물리 · 화학적 특성

(1) 고체 · 액체 · 기체

① 고체

㉠ 입자들이 가까이 결합되어 있어 진동운동만 하며, 일정한 모양과 부피를 가진다.

㉡ 입자가 규칙적으로 배열되어 있어 에너지 상태는 액체나 기체에 비해 낮다.

② 액체

㉠ 일정한 부피를 지니지만 입자의 위치가 고정되어 있지 않아 모양이 일정하지 않다.

㉡ 비교적 느린 병진운동과 회전 및 진동운동을 한다.

㉢ 운동에너지가 기체에 비해서는 작고 고체에 비해서는 크다.

㉣ 분자 간의 간격이 기체보다 좁아서 온도와 압력 변화에 의한 부피 변화가 크지 않다.

③ 기체

㉠ 용기에 따라 부피와 모양이 달라진다.

㉡ 분자들 사이의 인력이 아주 미약하여 병진운동, 진동운동, 회전운동이 매우 자유롭다.

㉢ 가장 잘 압축될 수 있는 물질의 상태이다.

㉣ 기체들을 같은 용기에 담으면 균일하고 완전하게 혼합된다.

㉤ 액체/고체보다 밀도가 훨씬 작다.

㉥ 이온성 화합물은 이온성 고체의 양이온과 음이온 사이에 매우 강한 정전기적 힘에 의해 서로 결합되어 있어 25℃, 1atm에서 기체로 존재하지 않는다.

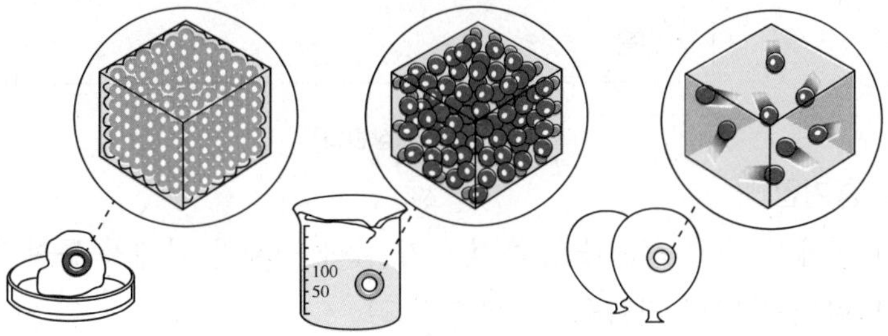

고체 액체 기체

(2) 상변화

① 증발(기화)

㉠ 액체 표면으로부터 벗어나기 위한 충분한 에너지를 가지게 되어 나타나는 상의 변화, 즉 액체가 기체로 전이되는 과정

㉡ 액체를 공기 중에 방치하여 가열하면 액체 표면의 분자 가운데 운동에너지가 큰 것은 분자 간의 인력을 이겨내어 표면에서 분자가 기체 상태로 튀어나가는 증발이 발생한다.

② 증발열

㉠ 액체 1g이 같은 온도에서 기체 1g으로 바뀔 때 외부에서 흡수하는 열량

㉡ 물의 증발열 = 539cal/g

③ 끓는점(비등점)

㉠ 액체가 표면과 내부에서 기포가 발생하면서 끓기 시작하는 온도

㉡ 액체의 증기압이 외부 압력과 같아지는 온도

㉢ 정상 끓는점 : 1atm에서 액체가 끓는 온도

④ 녹는점(어는점)

㉠ 고체가 액체로 상태변화가 일어날 때의 온도(평형상태에서 액체와 고체상이 공존하는 온도)

㉡ 정상 녹는점 : 1atm에서 고체가 녹는 온도

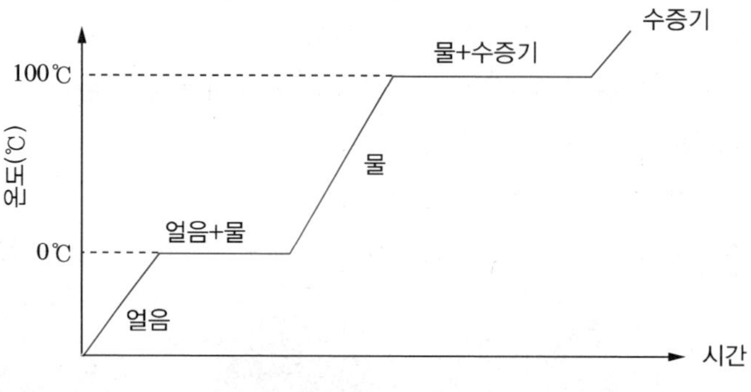

[물의 상변화]

⑤ 증기압(평형 증기압)

㉠ 액체의 표면에서 증발 속도와 응축 속도가 같아 액체와 기체가 동적 평형을 이루었을 때 증기가 나타내는 압력(기화속도 = 액화속도)

㉡ 증발에 의해 나타내는 압력으로 포화 증기 압력이라고도 한다.

㉢ 물질에 따라, 온도에 따라 증기압이 달라진다.

㉣ 액체를 가열하면 분자의 운동에너지는 커지고, 표면으로부터 증발이 점차 심하게 일어나 증기압도 커진다.

㉤ 증기압과 대기압이 같아지는 온도가 해당 물질의 끓는점이다.

ⓗ 증기압은 액체의 증기화량을 나타내며, 실온에서 증기압이 큰 물질은 휘발성 물질이다.

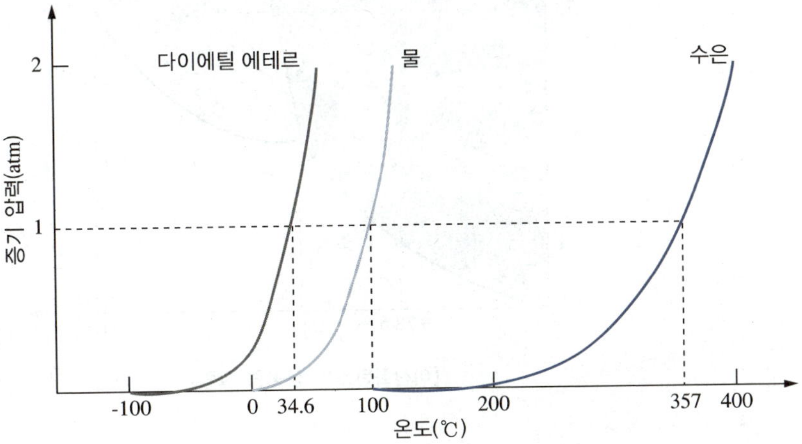

※ 출처 : 레이먼드 창 일반화학

[세 가지 액체의 온도 증가에 따른 증기압 증가]

(3) 삼중점

① 삼중점

㉠ 물질의 증기 · 액체 · 고체 상태가 평형을 이루는 점

㉡ 물질이 액체로 존재할 수 있는 가장 낮은 온도

② 임계온도

㉠ 아무리 높은 압력을 가하여도 기체가 액화될 수 없는 온도

㉡ 어떤 물질이 액체로 존재할 수 있는 가장 높은 온도

㉢ 임계온도 이상에서는 액체와 기체 사이에 근본적인 구분이 없다.

③ 임계압력 : 임계온도에서 액화시키기 위해 가해 주는 최소 압력

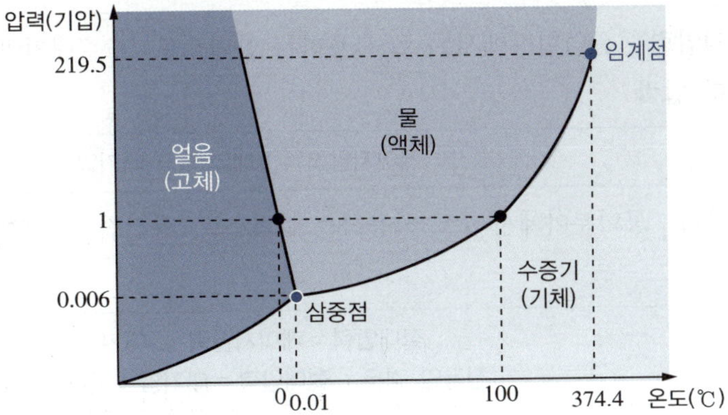

[물의 상평형 그림]

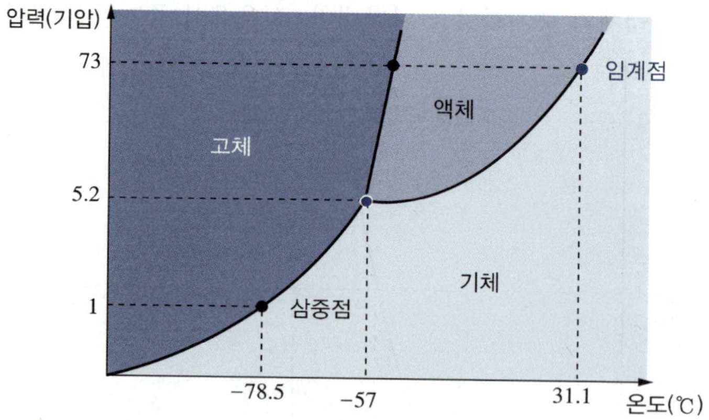

[이산화탄소의 상평형 그림]

(4) 압력

① **정의** : 단위면적에 수직으로 작용하는 힘

1Pa = 1N/m^2 1bar = 10^5Pa = 0.1MPa

② **압력의 구분**

㉠ 대기압 : 지구 대기에 의해 가해진 압력으로 대기압의 실제값은 위치, 온도, 날씨에 따라 달라진다.

㉡ 표준대기압 : 표준 중력 가속도하의 0°C에서 수은주의 높이가 760mm인 압력

1atm = 760mmHg = 76cmHg = 101,325Pa = 101.325kPa = 0.101325MPa = 1.01325bar = 10.332mH_2O = 1.0332kg/cm^2 = 14.7psi = 14.7lb/in^2

㉢ 게이지압력 : 산업현장에서 주로 사용하는 압력으로, 표준대기압을 0kg/cm^2(0MPa)으로 측정한 압력

게이지압력 = 절대압력 − 대기압

㉣ 절대압력 : 공학분야에서 주로 사용하는 압력으로, 완전진공상태를 0으로 기준하여 측정한 압력

절대압력 = 게이지압력 + 대기압 (진공인 경우 : 절대압력 = 대기압 - 진공압력)

㉤ 진공압력(진공도) : 대기압보다 낮아진 정도

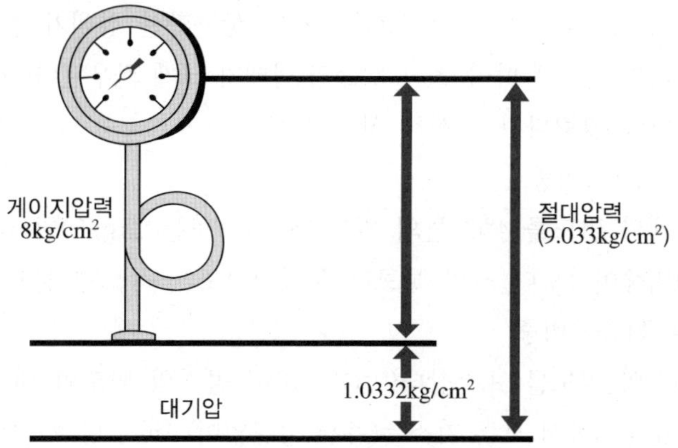

※ 출처 : 표준교재 가스안전

(5) 온도

① 물체의 차갑고 뜨거운 정도를 나타내는 물리량

② 온도의 종류

섭씨온도 (℃, 셀시우스)	표준대기압 상태에서 순수한 물의 어는점(0)과 끓는점(100)을 온도의 표준으로 정하여, 그 사이를 100등분한 온도눈금
화씨온도 (°F, 파렌하이트)	표준대기압 상태에서 순수한 물의 어는점(32)과 끓는점(212)을 온도의 표준으로 정하여, 그 사이를 180등분한 온도눈금
켈빈온도(K)	섭씨의 절대온도 0K = −273℃
랭킨온도(°R)	화씨의 절대온도 0°R = −460°F

※ 절대온도 : 열역학적으로 분자운동이 정지한 상태의 온도를 0으로 측정한 온도

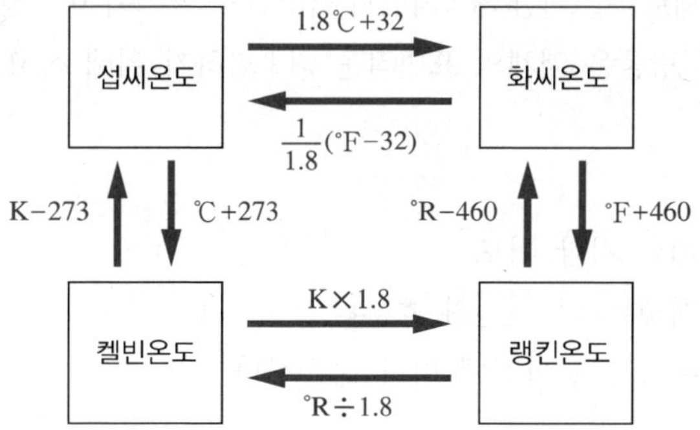

(6) 밀도

① 정의 : 물질의 단위부피당 질량

② 관련 용어

㉠ 증기밀도

ⓐ 액체・고체에서 발생된 증기가 일정한 체적에서 차지하는 증기의 질량

ⓑ 증기밀도에 따라 누출 시에 증기의 상하확산 형태가 결정

ⓒ 증기의 온도에 따라 초기 누출의 형태가 크게 좌우된다(액화암모니아의 경우 초기에는 바닥에 깔렸다가 서서히 상승한다).

㉡ 액체 비중(액비중)

ⓐ 액체의 밀도를 4°C 물의 밀도(1g/cm^3 또는 1kg/L)와 비교한 값이다.

ⓑ 액비중이 1보다 크면 물보다 무겁고 1보다 작으면 물보다 가볍다.

㉢ 가스비중(증기비중)

ⓐ 가스의 밀도를 표준상태(0°C, 1atm) 공기의 밀도와 비교한 값이다.

ⓑ 표준상태에서 모든 가스는(종류 상관없이) 1mol 당 22.4L의 부피를 가지므로, 가스와 공기의 분자량만을 비교하여 가스비중을 구할 수 있다.

ⓒ 가스비중이 1보다 크면 공기보다 무겁고 1보다 작으면 공기보다 가볍다.

$$\text{가스비중} = \frac{\text{가스(증기) 분자량}}{\text{공기 분자량(29)}}$$

(7) 표면장력

① 정의

㉠ 액체 표면의 탄성력의 척도

㉡ 분자 간의 인력으로 인해 액체의 표면에 생기는 응집력

㉢ 액체의 표면을 늘이는 데 단위길이 당 가해야 하는 힘(N/m) 또는 액체의 표면을 증가시키기 위해 필요한 단위면적 당 에너지(J/m^2)

② **표면장력의 예** : 새로 왁스칠한 자동차에서 극성인 물 분자와 비극성인 왁스 분자 사이에는 인력이 거의 없으므로 물방울은 액체의 표면적을 최소화하기 위해 작고 둥근 구슬의 형태를 가진다.

(8) 점성

① 흐름에 대한 유체의 저항 척도

② 점성이 클수록 액체는 더 천천히 흐른다.

③ 액체의 점성은 온도가 높아짐에 따라 감소한다.

(9) 점화 온도

① **인화점** : 불꽃(점화원)을 붙였을 때 점화되는 최저온도

② **발화점** : 별도의 점화원 없이 자체적으로 연소를 개시하여 화염이 발생할 수 있는 최저온도

(10) pH(수소이온농도)

산성/염기성을 나타내는 척도로, pH가 7보다 낮으면 산성, 7보다 높으면 염기성이다.

$$pH = -\log[H^+]$$

(11) 기체의 법칙

① 보일의 법칙(Boyle's law)

㉠ 온도가 일정할 때, 일정한 양의 기체에 가해진 압력은 기체의 부피에 반비례한다.

㉡ 이상 기체의 압력과 부피 간의 관계를 설명한다.

② 샤를-게이뤼삭의 법칙(Charles's and Gay-Lussac's law)

㉠ 압력이 일정할 때, 일정한 양의 기체 부피는 기체의 절대온도에 정비례한다.

㉡ 이상 기체의 온도와 부피 간의 관계를 설명한다.

③ 아보가드로 법칙(Avogadro's law)

㉠ 온도와 압력이 일정할 때, 기체의 부피는 기체의 몰수에 정비례한다.

㉡ 온도와 압력이 일정할 때, 같은 부피의 기체는 같은 수의 분자를 포함한다.

㉢ 이상 기체의 양과 부피 간의 관계를 설명한다.

④ 돌턴의 부분 압력 법칙(Dalton's law of partial pressures) : 기체 혼합물의 전체 압력은 각 기체가 그 자신만 존재할 때 나타내는 압력들의 합이다.

⑤ 그레이엄의 확산 법칙(Graham's law of diffusion) : 같은 온도, 같은 압력에서 기체의 확산속도는 물질량의 제곱근에 반비례한다.

⑥ 이상기체방정식

$PV = nRT$	• P : 압력(atm) • V : 부피(L) • n : 몰수(mol) • R : 기체상수(0.082L・atm/mol・K) • T : 온도(K)

㉠ 개요

ⓐ 이상기체의 상태량들 간의 상관 관계를 기술하는 방정식

ⓑ 아보가드로의 법칙과 보일샤를의 법칙을 조합한 방정식

㉡ 이상기체의 일반적 가정

ⓐ 기체분자가 끊임없이 여러 방향으로 직선운동을 한다.

ⓑ 입자간 상호 작용이 거의 없어 인력이 거의 작용하지 않는다.

ⓒ 분자간 충돌은 완전탄성충돌이다.

2 화학물질의 유해성·위험성 분류 및 확인방법

(1) GHS

① 화학물질에 대한 분류·표시 국제조화시스템(Globally Harmonized System of Classification and Labelling of Chemicals)

② 전세계적으로 통일된 분류 기준에 따라 화학물질의 유해성·위험성을 분류하고, 통일된 형태의 경고 표지 및 MSDS로 정보를 전달하는 제도

③ **유해성·위험성** : 물리적 위험성, 건강 및 환경 유해성을 총 28개 항목으로 구분한다.

(2) GHS에 따른 화학물질의 유해성·위험성 분류(28종)

① 물리적 위험성

㉠ 폭발성(explosives) 물질 : 자체의 화학반응에 의하여 주위 환경에 손상을 입힐 수 있는 온도, 압력 및 속도를 가진 가스를 발생시키는 고체·액체 또는 혼합물

㉡ 인화성가스(flammable gases) : 20℃, 표준압력(101.3kPa)에서 공기와 혼합하여 인화 범위에 있는 가스와 54℃ 이하 공기 중에서 자연발화하는 가스

㉢ 인화성 액체(flammable liquids) : 표준압력(101.3kPa)에서 인화점이 93℃ 이하인 액체

㉣ 인화성 고체(flammable solids) : 쉽게 연소되거나 마찰에 의하여 화재를 일으키거나 촉진할 수 있는 물질

㉤ 에어로졸(aerosols) : 재충전이 불가능한 금속·유리 또는 플라스틱 용기에 압축가스·액화가스 또는 용해가스를 충전하고, 내용물을 가스에 현탁시킨 고체나 액상 입자로, 액상 또는 가스상에서 폼·페이스트·분말상으로 배출하는 분사장치를 갖춘 것

㉥ 산화성가스(oxidizing gases) : 일반적으로 산소를 공급함으로써 공기보다 다른 물질의 연소를 더 잘 일으키거나 촉진하는 가스

㉦ 산화성 액체(oxidizing liquids) : 그 자체로는 연소하지 않더라도, 일반적으로 산소를 발생시켜 다른 물질을 연소시키거나 연소를 촉진하는 액체

㉧ 산화성 고체(oxidizing solids) : 그 자체로는 연소하지 않더라도 일반적으로 산소를 발생시켜 다른 물질을 연소시키거나 연소를 촉진하는 고체

㉨ 고압가스(gases under pressure) : 20℃, 200kPa 이상의 압력 하에서 용기에 충전되어 있는 가스 또는 냉동액화가스 형태로 충전되어 있는 가스(압축가스, 액화가스, 냉동액화가스, 용해가스로 구분)

㉩ 자기반응성 물질 및 혼합물(self-reactive substances and mixtures) : 열적인 면에서 불안정하여 산소가 공급되지 않아도 강렬하게 발열·분해하기 쉬운 액체·고체 또는 혼합물

㉪ 자연발화성 액체(pyrophoric liquids) : 적은 양으로도 공기와 접촉하여 5분 안에 발화할 수 있는 액체

ⓔ 자연발화성 고체(pyrophoric solids) : 적은 양으로도 공기와 접촉하여 5분 안에 발화할 수 있는 고체

ⓟ 자기발열성 물질 및 혼합물(self-heating substances and mixture) : 주위의 에너지 공급 없이 공기와 반응하여 스스로 발열하는 물질(단, 자기발화성 물질 제외)

ⓗ 물반응성 물질 및 혼합물(substances and mixtures which, in contact with water, emit flammable gases) : 물과의 상호작용에 의하여 자연발화하거나 인화성가스를 발생시키는 고체·액체 또는 혼합물

㉮ 유기과산화물(organic peroxides) : 2가의 -O-O- 구조를 가지고 1개 또는 2개의 수소 원자가 유기라디칼에 의하여 치환된 과산화수소의 유도체를 포함한 액체 또는 고체 유기물질

㉯ 금속부식성 물질(corrosive to metals) : 화학적인 작용으로 금속에 손상 또는 부식을 일으키는 물질 또는 그 혼합물

② 건강 유해성

㉠ 급성 독성(acute toxicity) : 입 또는 피부를 통하여 1회 또는 24시간 이내에 수회로 나누어 투여되거나 호흡기를 통하여 4시간 동안 노출시 나타나는 유해한 영향

㉡ 피부 부식성(skin corrosion)/피부 자극성(skin irritation) : 피부 부식성이란 피부에 비가역적인 손상이 생기는 것을 말하고, 피부 자극성이란 피부에 가역적인 손상이 생기는 것을 말한다.

㉢ 심한 눈 손상성(serious eye damage)/눈 자극성(eye irritation) : 심한 눈 손상성이란 눈에 시험물질을 노출했을 때 눈 조직 손상 또는 시력 저하 등이 나타나 21일의 관찰 기간 내에 완전히 회복되지 않는 경우를 말하고, 눈 자극성이란 눈에 시험물질을 노출했을 때 눈에 변화가 발생하여 21일의 관찰 기간 내에 완전히 회복되는 경우를 말한다.

㉣ 호흡기 과민성(skin respiratory)·피부 과민성(skin sensitization) : 호흡기 과민성이란 물질을 흡입한 후 발생하는 기도의 과민증을 말하고, 피부 과민성이란 물질과 피부의 접촉을 통한 알레르기성 반응을 말한다.

㉤ 발암성(carcinogenicity) : 암을 일으키거나 그 발생을 증가시키는 성질

㉥ 생식세포 변이원성(germ cell mutagenicity) : 자손에게 유전될 수 있는 사람의 생식세포에서 돌연변이를 일으키는 성질

㉦ 생식독성(reproductive toxicity) : 생식기능 및 생식능력에 대한 유해영향을 일으키거나 태아의 발생·발육에 유해한 영향을 주는 성질

㉧ 특정표적장기 독성 - 1회 노출(specific target organ toxicity - single exposure) : 1회 노출에 의하여 급성 독성, 피부 부식성·피부 자극성, 심한 눈 손상성·눈 자극성, 호흡기 과민성·피부 과민성, 생식세포 변이원성, 발암성, 생식독성, 흡인 유해성 이외의 특이적이며, 비치사적으로 나타나는 특정표적장기의 독성

㉧ 특정표적장기 독성 – 반복 노출(specific target organ toxicity – repeated exposure) : 반복 노출에 의하여 급성 독성, 피부 부식성·피부 자극성, 심한 눈 손상성·눈 자극성, 호흡기 과민성·피부 과민성, 생식세포 변이원성, 발암성, 생식독성, 흡인 유해성 이외의 특이적이며 비치사적으로 나타나는 특정표적장기의 독성

㉨ 흡인 유해성(aspiration harzard) : 액체나 고체 화학물질이 직접적으로 구강이나 비강을 통하거나 간접적으로 구토에 의하여 기관 및 하부호흡기계로 들어가 나타나는 화학적 폐렴, 다양한 단계의 폐 손상 또는 사망과 같은 심각한 급성 영향을 주는 것

CMR 물질 : 발암성 물질, 생식세포 변이원성 물질, 생식 독성물질

③ 환경 유해성

㉠ 수생환경 유해성(hazardous to the aquatic environment) : 급성 수생환경 유해성이란 단기간의 노출에 의해 수생환경에 유해한 영향을 일으키는 유해성을 말하고, 만성 수생환경 유해성이란 수생생물의 생활주기에 상응하는 기간 동안 물질 또는 혼합물을 노출시켰을 때 수생생물에 나타나는 유해성을 말한다.

㉡ 오존층 유해성(hazardous to the ozone layer) : 오존을 파괴하여 오존층을 고갈시키는 성질

참고

황산의 유해성·위험성

- 금속부식성 물질 : 구분1
- 급성 독성(흡입 : 분진/미스트) : 구분2
- 피부 부식성/피부 자극성 : 구분1
- 발암성 : 구분1A

※ 구분의 숫자가 작을수록 해당 위험성이 높다.

(3) 그림문자(9종)

GHS 그림문자		물질의 분류
	폭탄의 폭발	• 폭발성 물질 • 자기반응성 물질 및 혼합물 • 유기과산화물
	불꽃	• 인화성 가스 · 에어로졸 · 액체 · 고체 • 자기반응성 물질 및 혼합물 • 자연발화성 액체 · 고체 • 자기발열성 물질 및 혼합물 • 물반응성 물질 및 혼합물 • 유기과산화물
	원 위의 불꽃	산화성가스 · 액체 · 고체
	가스실린더	고압가스
	부식성	• 금속부식성 • 피부부식성 • 심한눈손상
	해골과 X자형 뼈	급성 독성
	건강유해성	• 생식세포변이원성 • 발암성 • 생식독성 • 호흡기 과민성 • 특정표적장기 독성(1회) • 특정표적장기 독성(반복) • 흡인유해성
	환경	수생환경유해성
	경고	• 급성 독성 • 피부자극성 • 눈 자극성 • 피부 과민성 • 특정표적장기독성(1회) • 오존층 유해성

(4) MSDS

① 개요

㉠ 물질안전보건자료(Material Safety Data Sheets)

㉡ 화학물질의 안전한 사용을 위한 설명서

㉢ 화학물질의 유해성・위험성 정보, 응급조치 요령, 취급방법 등을 비롯한 16가지 항목들로 구성

㉣ 「산업안전보건법」 제104조(유해인자의 분류기준)에 해당하는 것을 제조하거나 수입하려고 하는 자가 작성해야 하는 자료

② MSDS 구성항목(16항목)

구분	정보
1. 화학제품과 회사에 관한 정보	제품명, 제품의 권고용도와 사용상의 제한 등
2. 유해성・위험성	유해・위험성 분류, 예방조치문구를 포함한 경고표지 항목 등
3. 구성성분의 명칭 및 함유량	화학물질명, 관용명 및 이명, CAS 번호 또는 식별번호, 함유량
4. 응급조치 요령	눈에 들어갔을 때, 피부에 접촉했을 때, 흡입했을 때 등
5. 폭발・화재 시 대처방법	적절한 소화제, 화재 진압 시 착용할 보호구 및 예방조치 등
6. 누출 사고 시 대처방법	인체 보호를 위한 조치사항 및 보호구, 정화 또는 제거방법 등
7. 취급 및 저장방법	안전취급요령, 안전한 저장방법
8. 노출방지 및 개인보호구	노출기준, 적절한 공학적 관리, 개인보호구 등
9. 물리・화학적 특성	외관, 냄새, 인화점, 인화 또는 폭발한계 상・하한, 자연발화온도 등
10. 안정성 및 반응성	화학적 안정성, 유해반응의 가능성, 피해야 할 조건 등
11. 독성에 관한 정보	가능성이 높은 노출경로에 대한 정보, 단기 및 장기노출에 의한 영향 등
12. 환경에 미치는 영향	수생・육생 생태독성, 잔류성과 분해성, 생물 농축성 등
13. 폐기 시 주의사항	폐기방법, 폐기 시 주의사항
14. 운송에 필요한 정보	유엔번호(UN No.), 유엔 적정 운송명, 운송 시의 위험등급 등
15. 법적 규제현황	산업안전보건법에 의한 규제, 화학물질관리법에 의한 규제 등
16. 그 밖의 참고사항	자료의 출처, 최초 작성일자, 개정횟수 및 최종 개정일자 등

③ 작성원칙

㉠ 물질안전보건자료를 작성할 때에는 취급근로자의 건강보호 목적에 맞도록 성실하게 작성하여야 한다.

㉡ 물질안전보건자료는 국내 사용자를 위해 작성・제공되므로 한글로 작성하는 것이 원칙이다.

ⓐ 화확물질명, 외국기관명 등의 고유명사는 영어로 표기할 수 있다.

ⓑ 실험실에서 시험・연구 목적으로 사용하는 시약으로서 MSDS가 외국어로 작성된 경우는 한국어로 번역하지 않을 수 있다.

㉢ 외국어로 되어있는 물질안전보건자료를 번역하는 경우에는 자료의 신뢰성이 확보될 수 있도록 최초 작성기관명 및 시기를 함께 기재하여야 하며, 다른 형태의 관련 자료를 활용하여 물질안전보건자료를 작성하는 경우에는 참고문헌의 출처를 기재하여야 한다.

㉣ MSDSM 항목 입력값은 해당 국가의 우수실험실기준(GLP) 및 국제공인시험기관 인정(KOLAS)에 따라 수행한 시험결과를 우선적으로 고려하여야 한다.

㉤ MSDS의 16개 항목을 빠짐없이 작성한다.

※ 부득이하게 작성 불가 시 "자료 없음" 또는 "해당 없음"을 기재하며, 공란은 없어야 한다.

㉥ 화학물질 개별성분과 더불어 혼합물 전체 관련 정보를 정확히 기재한다.

※ 구성성분의 함유량 기재 시 함유량의 ±5%P(퍼센트포인트) 내에서 범위(하한값~상한값)로 함유량을 대신하여 표시할 수 있다.

㉦ 물질안전보건자료 작성에 필요한 용어, 작성에 필요한 기술지침은 한국산업안전보건공단이 정할 수 있다.

㉧ 물질안전보건자료의 작성단위는 계량에 관한 법률이 정하는 바에 의한다.

④ MSDS의 활용

상황	활용하는 MSDS 항목	
화학물질에 대한 일반정보와 물리·화학적 성질, 독성 정보를 알고 싶은 상황	• 2번 항목 • 9번 항목 • 11번 항목	• 3번 항목 • 10번 항목
사업장 내 화학물질을 처음 취급·사용하거나, 폐기 또는 타 저장소 등으로 이동시키려는 상황	• 7번 항목 • 13번 항목	• 8번 항목
화학물질이 외부로 누출되고 근로자에게 노출된 상황	• 2번 항목 • 6번 항목	• 4번 항목 • 12번 항목
화학물질로 인하여 폭발·화재사고가 발생한 상황	• 2번 항목 • 5번 항목	• 4번 항목 • 10번 항목
화학물질 규제현황 및 제조·공급자에게 MSDS에 대한 문의사항이 있을 경우	• 1번 항목 • 16번 항목	• 15번 항목

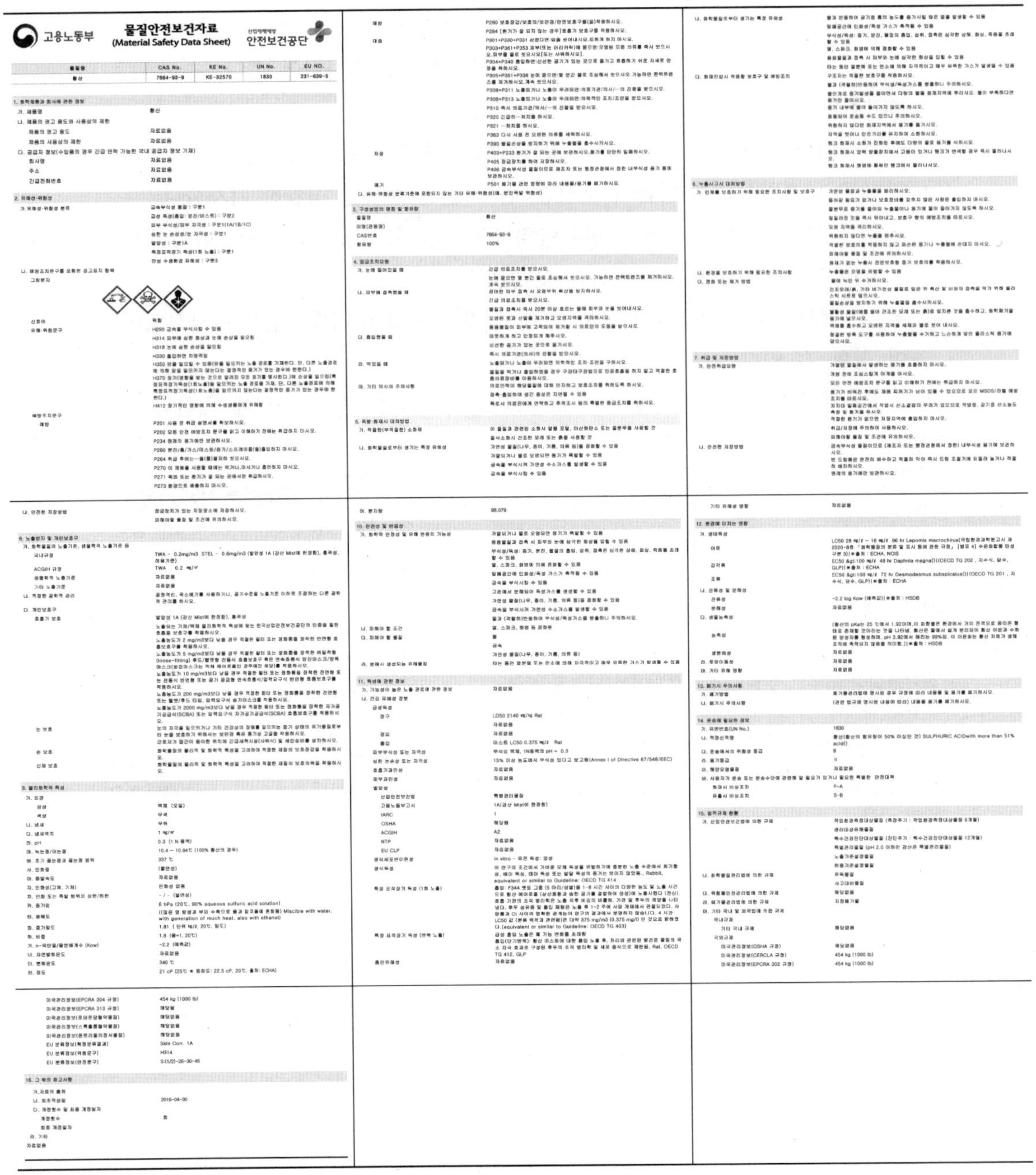
고용노동부

물질안전보건자료
(Material Safety Data Sheet)

산업재해예방 안전보건공단

물질명	CAS No.	KE No.	UN No.	EU NO.
황산	7664-93-9	KE-32570	1830	231-639-5

1. 화학제품과 회사에 관한 정보

가. 제품명	황산
나. 제품의 권고 용도와 사용상의 제한	
제품의 권고 용도	자료없음
제품의 사용상의 제한	자료없음
다. 공급자 정보(수입품의 경우 긴급 연락 가능한 국내 공급자 정보 기재)	
회사명	자료없음
주소	자료없음
긴급전화번호	자료없음

2. 유해성·위험성

가. 유해성·위험성 분류
금속부식성 물질 : 구분1
급성 독성(흡입: 분진/미스트) : 구분2
피부 부식성/피부 자극성 : 구분1(1A/1B/1C)
심한 눈 손상성/눈 자극성 : 구분1
발암성 : 구분1A
특정표적장기 독성(1회 노출) : 구분1
만성 수생환경 유해성 : 구분3

나. 예방조치문구를 포함한 경고표지 항목

[물질안전보건자료 예시(황산)]

(5) 경고표지

① **구성항목** : 제품명, 그림문자, 신호어, 유해·위험문구, 예방조치문구, 공급자정보

㉠ 제품명 : 제품명 혹은 유해화학물질명과 CAS No.

㉡ 그림문자 : 해당되는 그림문자가 5개 이상일 경우 4개의 그림문자만을 표시

※ 단, 아래 2종의 그림문자가 동시에 해당되는 경우는 우선순위인 그림문자만을 표시

㉢ 신호어 : 유해·위험의 정도에 따라 위험 또는 경고를 표시(둘 다 해당 시 "위험"만 표시)

㉣ 유해·위험문구 : 해당되는 것을 모두 표시하되 중복되는 문구는 생략·조합하여 표시

예 H2XX : 물리적 위험성 코드, H3XX : 건강 유해성 코드, H4XX : 환경 유해성 코드

㉤ 예방조치 문구 : 해당되는 것을 모두 표시하되 중복되는 문구는 생략·조합하여 표시

예 P2XX : 예방코드, P3XX : 대응코드, P4XX : 저장코드, P5XX : 폐기코드

※ 예방조치 문구가 7개 이상일 경우 6개만 표시(예방·대응·저장·폐기 각 1개 이상 포함) 및 나머지 사항은 MSDS를 참고하도록 기재함

㉥ 공급자정보 : 제품 제조자명 또는 공급자명과 전화번호 등을 작성

② **경고표지 예시**

수산화나트륨
(CAS No 1310-73-2)

- 신호어 : 위험
- 유해·위험문구
  - 금속을 부식시킬 수 있음
  - 피부와 접촉하면 유해함
  - 피부에 심한 화상과 눈에 손상을 일으킴
- 예방조치문구
  - 분신/흄/가스/미스트/증기/스프레이를(을)흡입하지 마시오.
  - 보호장갑/보호의/보안경/안면보호구를 착용하시오.
  - 피부(또는 머리카락)에 묻으면 오염된 모든 의류를 즉시 벗으시오. 피부를 물로 씻으시오[또는 샤워하시오].
  - 눈에 묻으면 몇 분간 물로 조심해서 씻으시오. 가능하면 콘택트렌즈를 제거하시오. 계속 씻으시오.
  - 잠금장치를 하여 저장하시오.
  - 폐기물 관련 법령에 따라 내용물/용기를 폐기하시오.
- 공급자정보
  - (주) OOOOOO
  - 연락처

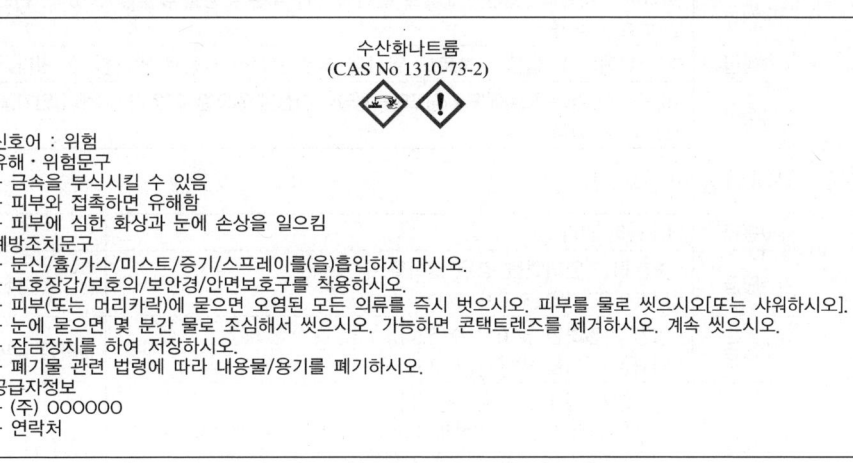

[화학물질에 대한 분류·표시(예시) 수산화나트륨]

(6) NFPA 704

① 개요

㉠ 응급 상황에서 위험 물질에 대해 신속한 대응을 하기 위해 미국화재예방협회(NFPA ; National Fire Protection Association)에서 발표한 규격의 일종

㉡ Fire Diamond, NFPA 위험 다이아몬드라도 한다.

㉢ 건강, 화재, 불안전성에 대한 정도를 각각 5개 등급(0~4등급)으로 세분화한다(숫자가 클수록 위험).

㉣ 기타위험성에 대해 특정 기호를 이용하여 나타낸다.

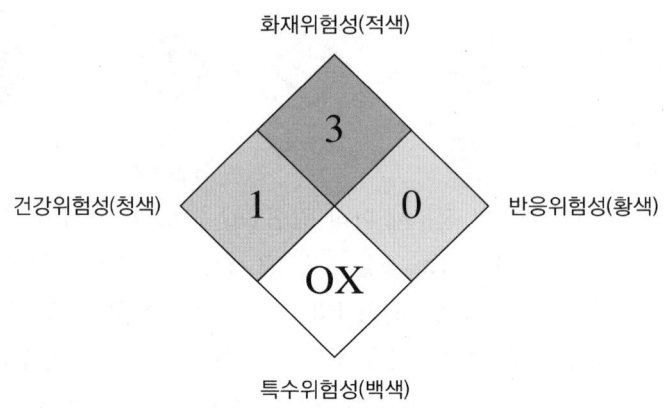

② NFPA 704 표기법

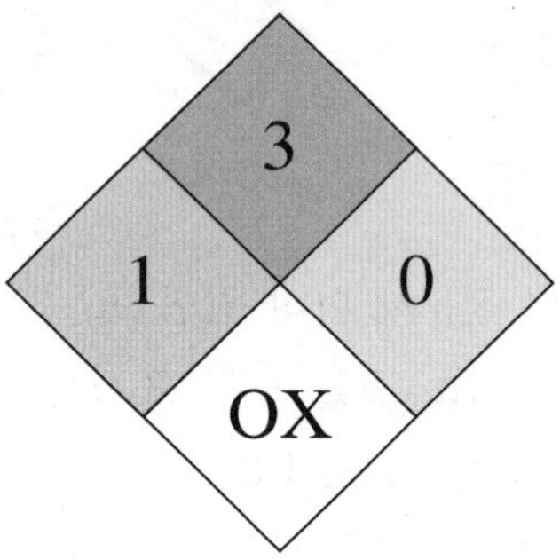

③ 위험 등급 및 기호

㉠ 건강위험성(건강위해성)

0등급	건강상 위협이 되지 않으며, 특별한 주의가 필요하지 않다.
1등급	다소 유해하다. 노출 시 경미한 부상을 유발할 수 있다. 호흡보호구 착용
2등급	유해하다. 지속적·일반적 노출로 일시적 장애 혹은 부상을 유발할 수 있다. 전면형 자급식 공기호흡기, 눈 보호구 착용
3등급	매우 유해하다. 짧은 노출로도 일시적 혹은 만성적 부상을 일으킬 수 있다. 전신보호복 착용
4등급	치명적이다. 짧은 노출에도 사망 또는 치명적 부상을 일으킬 수 있다. 기체나 연기를 한 두 모금 흡입으로도 사망할 수 있다.

㉡ 화재위험성(인화성)

0등급	연소성이 없다.	
1등급	• 충분히 가열되었을 경우 발화할 수 있다. • 대부분의 가연성 고체	인화점 섭씨 93도 이상
2등급	• 약간 가열하면 발화할 수 있다. • 인화성 증기를 방출하는 고체	인화점 섭씨 38도 이상 93도 이하
3등급	• 상온에서 쉽게 발화할 수 있다. • 비교적 입자가 큰 분진 상태의 고체, 강한 화염을 내며 탈 수 있는 섬유·분말상의 고체, 산소를 자체에 포함하는 물질로 연소가 매우 빠른 고체, 상온·상압에서 자연발화할 수 있는 고체	인화점 23도 이상 38도 이하
4등급	인화성이 큰 기체, 휘발성이 큰 인화성 액체, 공기에 분산된 분진 상태에서 폭발성이 큰 물질	인화점 섭씨 23도 이하

㉢ 반응위험성(불안정성)

0등급	화재에 노출되어도 안정적이며, 물과 반응하지 않는다.
1등급	• 물질 자체는 안전하지만 온도상승·가압 시 불안정해 질 수 있다. • 물과 반응 시 약간의 에너지 방출
2등급	• 상온/상압에서 폭발성 없다. • 온도상승, 가압, 물과 반응 시 폭발적 반응이 일어날 수 있다.
3등급	• 폭발가능성 있다(강한 기폭원 필요). • 열, 충격, 온도상승, 압력에 민감
4등급	상온상압에서 폭발성이 있다.

㉣ 특수위험성(기호)

OX or OXY	산화성
₩	물반응성(물과 반응하여 심각한 위험을 수반)
COR	부식성
ACID	산
Alkali	염기

3 화학물질의 보관·저장·취급기준

(1) 취급 시 주의사항

① 실험실 환경

㉠ 유해화학물질을 취급(보관·저장·사용)하는 실험실은 실험자의 건강 보호 및 안전을 위하여 실험공간과 연구(사무)공간으로 분리해야 한다.

㉡ 실험실 환기횟수는 10~15회/시간 정도이어야 하며, 환기장치의 높이는 바닥에서부터 약 2.5~3.0m, 공기의 기류속도는 0.5m/s 정도가 되도록 해야 한다.

㉢ 후드의 제어풍속은 개방 상태의 개구면에서 가스 상태의 경우 면속도 0.4m/s 이상, 입자상태의 경우 0.7m/s 이상 유지하고 풍속감지센서를 부착해야 한다(「산업안전보건기준에 관한 규칙」 제429조).

㉣ 환기장치 가동 시 실험자가 소음으로 인한 지장을 받지 않도록 가능한 문 안쪽 15cm 이내에서 60dBA 이하가 되도록 해야 한다.

㉤ 실험대, 실험부스 등은 항상 청결하게 유지해야 한다.

㉥ 실험실 화재사고에 대비하기 위해 소화기를 눈에 잘 띄는 위치에 비치하고 실험종사자가 소화기 사용법을 숙지해야 한다.

㉦ 세안 장치는 강산 또는 강염기 취급 바로 옆, 그 외의 경우 10초 내의 거리에 설치하고 세척용수 온도는 섭씨 40℃를 초과하지 않도록 설정하며, 노즐은 바닥으로부터 85~115cm 사이의 높이에 위치하도록 설치되어야 한다.

ⓞ 고열이 발생되는 실험기기(핫플레이트 등)에 대하여 '고열' 또는 이와 유사한 경고문을 부착한 후 취급해야 한다.

② 사고 예방·대응

㉠ 위험 물질 사용 전 재해 방호수단을 미리 생각하여 만전의 대비가 필요하다.

㉡ 실험실에서 혼자 실험하는 것은 좋지 않으며, 적절한 응급조치가 가능한 상황에서만 취급해야 한다.

㉢ 실험실 이용자는 실험 중에 자리를 이탈해서는 안 되며, 부득이한 경우 연구실담당자의 승인을 받아 안전수칙을 숙지시킨 대리인을 두어야 한다.

㉣ 미지의 물질에 대해서는 예비실험을 실시한 후 취급해야 한다.

㉤ 인화성 액체 저장용기는 사용한 후에 신속히 흄후드에서 이동시켜 흄후드에 남아있지 않도록 해야 한다.

㉥ 화학물질은 직접적인 접촉 금지 및 취급 후 노출 부위를 씻어야 한다.

㉦ 피부에 화학물질이 묻거나 화상을 입었을 경우 흐르는 물에 15분 이상 씻어야 한다.

ⓞ 화학물질이 눈에 들어갔을 경우 15분 이상 세안장치를 이용하여 깨끗이 씻어야 한다.

㉨ 약품이 엎질러졌을 때는 즉시 청결 조치해야 한다.

③ 시약 관리

㉠ 시약을 최초 개봉하는 경우 변질 여부 등을 쉽게 파악할 수 있도록 최초 개봉일자를 기재하여 관리해야 한다.

㉡ 모든 용기에는 약품의 명칭, 위험성, 예방조치, 구입일, 사용자 이름 등을 기재해야 한다(약품의 명칭 표기는 약품 사용 시 주의의 의미도 있지만, 화재·폭발이 발생하거나 용기가 넘어졌을 때 어떠한 성분인지를 알 수 있도록 하기 위함이다).

㉢ 증류수처럼 무해한 것에도 명칭을 기재해야 한다. 화학물질은 무색, 무미, 무취의 특성을 갖는 경우가 많으므로 혼동을 방지하기 위함이다.

㉣ 약품 명칭이 없는 용기의 약품 사용을 금지해야 한다.

㉤ 소분하여 사용할 경우 화학물질 특성에 맞는 적절한 용기를 사용하고, 화학물질의 정보가 기입된 라벨 부착 후 취급해야 한다.

㉥ 절대로 모든 약품에 대하여 맛 또는 냄새를 맡는 행위 및 입으로 피펫팅을 금지해야 한다.

㉦ 사용할 물질의 성상, 특히 화재·폭발·중독의 위험성을 잘 조사하기 전에는 사용을 금지해야 한다.

ⓞ 위험한 물질 사용 시 가능한 한 소량을 사용해야 한다.

④ 운반 시 주의사항

㉠ 화학물질을 손으로 운반 시, 넘어지거나 깨지는 위험을 막기 위해 운반용 용기에 넣어 운반해야 한다.

㉡ 바퀴 달린 수레로 운반 시 고르지 못한 평면에서 튀거나 갑자기 멈추지 않도록 고른 회전을 할 수 있는 바퀴가 달린 것을 사용해야 한다.

㉢ 가연성 액체 운반 시 용기를 개봉한 채로 운반을 금지해야 한다.

㉣ 가연성 액체 운반 시 증기를 발산하지 않는 내압성 보관 용기로 운반해야 한다.

⑤ 성상별 취급기준

㉠ 산 : 희석할 때는 항상 물에 산을 가하면서 희석해야 한다.

㉡ 부식성 물질 : 흄후드 등 국소배기장치 내에서 실험하며, 흄후드의 내리닫이 창(sash)의 개방 높이는 15cm 이하를 유지해야 한다.

㉢ 폭발성 물질 취급 : 화염, 불꽃 등 점화원의 접근을 차단하고 가열, 충격, 마찰 등을 피해야 한다.

㉣ 발화성 물질 : 산화성 물질, 강산류와의 혼합을 금지해야 한다.

㉤ 과염소산 : 강산의 특성을 띠며 유기화합물·무기화합물 모두와 폭발성 물질을 생성하므로 주의해야 하며, 가열·화기와의 접촉·충격·마찰·저절로 폭발에 주의해야 한다.

㉥ 강산화제 : 매우 적은 양(0.25g)으로 심한 폭발을 일으킬 수 있으므로 방화복, 가죽장갑, 안면보호대 같은 보호구를 착용해야 한다.

㉦ 물반응성 물질 : 반드시 글로브박스 내와 같은 불활성 분위기에서 취급해야 한다.

㉧ 암모니아, 염소, 불소, 염산, 황산, 이산화 황 등 : 치명적인 호흡 장애의 위험성을 가지고 있으므로 밀폐된 지역에서 많은 양을 사용하면 안 되고, 항상 후드 안에서 취급해야 한다.

㉨ 미세 금속분진 : 폐, 호흡기 질환 등을 일으킬 수 있으므로 미세 분말 취급 시 방진 마스크 등 올바른 호흡기 보호대책을 강구해야 한다.

㉩ 분말 : 실험실 오염 방지를 위해 부스나 후드 안에서 취급해야 한다.

㉪ 휘발성 물질 : 반드시 후드 안에서 취급해야 한다.

㉫ 유기용제는 휘발성이 크고 가연성이기 때문에 취급 시 주의해야 한다.

ⓐ 아세톤 : 독성과 가연성 증기를 가지므로, 적절한 환기시설에서 보호 장갑·보안경 등 보호구를 착용하고 가연성 액체 저장실에 저장해야 한다.

ⓑ 메탄올 : 현기증, 신경조직 약화, 헐떡임의 원인이 되는 해로운 증기를 가지고 있으므로 약간의 노출 시 두통, 위장장애, 시력장애가 나타나고, 심하게 노출되면 혼수상태에 이르고 결국에는 사망하는 경우도 있기 때문에 환기시설이 잘된 후드에서 사용하고 네오프렌 장갑을 착용해야 한다.

ⓒ 벤젠 : 발암물질로서 적은 양을 오랜 기간에 걸쳐 흡입 시 만성 중독이 발생하고, 피부를 통해 침투되기도 하므로 보호구를 착용해야 하며, 벤젠증기는 가연성이므로 가연성 액체와 함께 저장해야 한다.

ⓓ 에테르 : 에테르 등(에틸에테르, 이소프로필 에테르, 다이옥신, 테트라하이드로퓨란)이 증류나 증발 시 농축되거나 폭발할 수 있는 물질이 있는 혼합물과 결합 시 또는 고열·충격·마찰(병마개를 따는 것처럼 작은 마찰)에도 공기 중 산소와 결합하여 불안전한 과산화물을 형성하여 매우 격렬하게 폭발할 수 있으므로 과산화물을 생성하는 에테르는 완전히 공기를 차단하여 황갈색 유리병에 저장하여 암실이나 금속용기에 보관하는 것이 바람직하다.

⑥ 보호구

㉠ 사용할 물질의 유해성·위험성에 따른 개인보호복을 착용 후 취급해야 한다.

㉡ 개인보호구 선정

ⓐ 사고대비 물질일 경우 : 「화학물질안전원고시 제2022-7호 유해화학물질취급자의 개인보호장구 착용에 관한 규정」 별표 1을 참조하여 선정해야 한다.

ⓑ 사고대비물질이 아닐 경우 : 「산업안전보건법」 관련 법령, 「산업안전보건기준에 관한 규칙」 및 「보호구 안전인증 고시」 등의 규정을 참조하여 선정해야 한다.

㉢ 보호장갑 선정

ⓐ 모든 물질에 대해 보호할 수 있는 장갑은 없으며, 어떤 장갑도 영구적으로 보호기능을 수행할 수 없으므로 특정 물질에 대해 손을 보호하기 위해서는 반드시 보호기능이 있는 재질의 장갑을 선택해야 한다.

ⓑ 유기용제 및 특정 화학물질에 대한 보호용 장갑 선택

화학물질의 종류	보호용 장갑 재질의 선택
지방족탄화수소류	• 니트릴고무(nitrile rubber) • 바이톤(viton) • 폴리비닐알콜(polyvinyl alcohol)(단, 시클로헥산(cyclohexane) 제외)
방향족탄화수소류	• 니트릴고무(nitrile rubber) • 바이톤(viton) • 폴리비닐알콜(polyvinyl alcohol)(단, 벤젠 제외)
할로겐화탄화수소류	• 바이톤(viton)(단, 염화메틸렌(methyl chloride), 할로탄(halothane) 제외) • 폴리비닐알콜(polyvinyl alcohol)
알데히드류, 아민류, 아미드류, 에스테르류	• 부틸고무(butyl rubber)(단, 부틸라민, 트리에틸라민(triethylamine) 제외) • 부틸고무(단, 부틸아크릴산염 제외) • 폴리비닐알콜(단, di-N-octyl phthalate 제외)
무기알칼리류	• 네오프렌고무(neoprene rubber) • 니트릴고무 • 폴리비닐
유기산류	• 네오프렌고무(단, 아크릴산, 메타크릴산 제외) • 부틸고무 • 니트릴고무(단, 아크릴산, 메타크릴산, 아세트산 제외)
무기산류	• 네오프렌 고무(단, 크롬산 제외) • 염화폴리비닐(단, 30~70% 플루오린화수소산 제외) • 천연고무(단, 30~70% 크롬산, 질산, 황산 제외) • 니트릴고무(단, 30~70% 플루오르화수소산 제외) • 30~70% 질산, 황산 제외

(2) 보관 · 저장 시 주의사항

① 보관시설(보관창고)

㉠ 시약보관시설의 조명은 시약의 기재사항을 볼 수 있도록 150lx 이상을 유지해야 한다.

㉡ 직사광선을 피하고 냉소에 저장하며, 이종물질 혼입을 금지해야 한다.

㉢ 화기, 열원으로부터 격리하여 보관해야 한다.

㉣ 대부분의 인화성 액체의 증기는 공기보다 무거워서 누출된 바닥, 피트, 배수구, 하수구 등에 모이므로 이러한 장소에서 점화원 관리를 철저히 해야 한다.

㉤ 독성 물질, 방사성 물질, 감염성 물질 시약은 별도의 공간에 표기 및 보관조건 등을 기재하여 보관하고 안전장치를 반드시 설치하며 물질의 특성 및 사용에 대해 관리대장으로 작성하고 보관해야 한다.

㉥ 후드에 시약 또는 폐액 보관을 금지해야 한다.

㉦ 흄후드 내에 보관할 수 있는 인화성 액체의 최대량은 50L로 제한하고 보다 많은 양의 저장은 적절히 설계된 실내나 옥외에 보관해야 한다.

㉧ 가연성 물질을 보관 시에는 충분한 환기가 이루어지는 곳에 보관해야 한다.

㉨ 환기설비가 갖추어진 시약장이라도 건물 내부에 가연성 물질을 보관 시 500L를 초과하지 않도록 해야 한다.

㉩ 시약보관시설은 항상 통풍이 잘 되도록 설비해야 하고, 환기는 외부 공기와 원활하게 접촉할 수 있도록 설치하며 환기속도는 최소한 약 0.3~0.4m/s(단위 m^2당 18~24m^3/min) 이상이어야 한다.

㉪ 사고 대비 물질 등 위험한 약품의 분실, 도난 시는 사고가 일어날 우려가 있으므로 담당책임자에게 보고해야 한다.

㉫ 실험실 내에 가연성 및 부식성 물질의 저장을 가능한 한 최소화하고, 실험실 내 저장 시 물질에 적합하게 제작된 통풍이 되는 캐비닛에 저장해야 한다.

㉬ 실험실 내에 인화물질은 실험대 선반의 유리병으로 최대 40L, 승인된 안전용기(can)는 최대 100L, 승인된 안전 캐비닛은 최대 240L로 제한하여 보관해야 한다.

② 시약장(캐비닛)

㉠ 화학물질은 취급기준에 적합하게 관리해야 하고, 성상별로 구분하여 적합한 성능을 갖춘 시약장(밀폐형 환기식 시약장, 필터형 냉장 시약장 등)에 보관해야 한다.

㉡ 서로 반응할 수 있는 물질은 같은 시약장 내 보관을 금지해야 한다.

㉢ 알파벳순 또는 가나다순 등 물질 이름으로 분류 · 저장을 금지해야 한다.

㉣ 물질에 대한 식별이 용이하도록 큰 병은 뒤쪽에, 작은 병은 앞쪽에 보관해야 한다.

㉤ 인화성 물질과 가연성 물질은 전용 시약장에 보관해야 한다.

㉥ 인화성 액체류, 냄새가 많이 발생하는 아민류, 독성 물질 등을 보관 시에는 필터형 냉장 시약장을 사용해야 한다.

㉦ 인화성 액체를 시약장에 보관할 경우 화재·폭발사고 발생 시 시약장 내의 용기가 화염으로부터 열적 영향을 받지 않도록 시약장은 내화성능을 확보하는 것이 바람직하다.

㉧ 산, 염기 등 부식성 물질을 보관 시에는 부식성 물질 전용 시약장에 보관해야 한다.

㉨ 부식성 보관캐비닛에는 산과 염기를 따로 구분하여 저장해야 하며, 특히 강산, 강염기의 운반이 용이한 자리에 위치시켜야 한다.

㉩ 부식성 보관캐비닛은 내부식성 재질의 플라스틱 에폭시 코팅이 벗겨지지 않도록 주의해야 한다.

③ 인화성 물질 저장 캐비닛(환경실험실 운영관리 및 안전, 국립환경과학원)

㉠ UL(Underwriters Laboratories) 규격과 NFPA의 요구사항을 만족해야 한다.

㉡ 금속성 재질로 만들어져야 한다.

㉢ 벽면의 두께는 적어도 0.11mm(0.044inch) 이상이 되어야 한다.

㉣ 각 벽면은 이중구조로 하고, 벽과 벽 사이의 공간은 1.3cm(0.5inch)에서 2.54cm(1inch)이 되어야 한다.

㉤ 단단하게 조립되고 결합되어야 한다.

㉥ 바닥은 액체가 누출되지 않는 구조여야 하며, 문틀은 적어도 5cm(2inch)가 되어야 한다.

㉦ 문은 3개의 걸쇠로 지지되어야 한다.

㉧ 캐비닛 문은 저절로 닫히는 구조여야 하며, 악취를 통제하는 목적 외에는 별도의 통기구가 필요 없다.

㉨ 여러 인화성 액체의 총량으로 약 450L를 초과하지 않는 부피로 설계되어야 한다.

㉩ 30L 이상의 인화성 물질 및 연소성 물질을 실험실에서 사용하거나 저장 시에는 반드시 하나 또는 그 이상의 인화성 물질 저장 캐비닛을 사용하는 것이 좋다.

㉪ 인화성 물질 저장 캐비넷에는 '인화가능-불꽃엄금'이라는 경고문을 부착해야 한다.

㉫ 유해성이 있는 인화성 물질은 유해성에 따라 별도로 저장해야 한다(아세트산은 부식성·인화성 물질이기 때문에 다른 인화성 물질과 동일한 캐비닛에 함께 보관금지).

㉬ 에어로졸 제품, 가솔린 및 인화성 물질을 보관하는 캐비닛은 노란색으로 도장되고, 페인트, 잉크 등의 연소성 물질을 보관하는 캐비닛은 빨간색으로 도장되어야 한다.

④ 저장용기(시약병)

㉠ 모든 화학물질은 물질 이름, 소유자, 구입일, 위험성, 응급절차를 나타내는 라벨을 부착해야 한다.

㉡ 유해성·위험성 정보가 명확히 표시된 경고 표지를 부착한다.

ⓒ 무기 및 유기물질, 유기용매, 부식성 시약 등은 실험실의 안전과 오염을 방지하기 위해서 별도로 용기를 선택하여 보관해야 한다.

ⓔ 인화성 액체 용기는 밀폐하여 차가운 장소에 저장해야 한다.

ⓜ 인화성 액체는 불꽃, 스파크, 고온체 등과의 접근 또는 과열을 금지해야 한다.

ⓑ NFPA 30 ; Flammable and Combustible Liquids Code(인화성 액체를 저장할 수 있는 용기별 최대량)

등급	glass	metal	safety can	metal drum
class 1A (높은 인화성)	0.5리터	4리터	8리터	240리터
class 1B (인화성)	1리터	20리터	20리터	240리터
class 1C (인화성)	4리터	20리터	20리터	240리터
class Ⅱ (가연성)	4리터	20리터	20리터	240리터
class ⅢA (가연성)	20리터	20리터	20리터	240리터

ⓢ 저장용기의 최대 수용량(KOSHA Guide P-76-2011)

저장기 형태	인화성 액체			인화성 액체	
인화성 액체 등급주)	IA	IB	IC	Ⅱ	ⅢA
유리	500ml	1L	4L	4L	20L
(드럼과는 다른)금속이나 승인된 플라스틱	4L	20L	20L	20L	20L
안전용기	10L	20L	20L	20L	20L
금속드럼	해당 없음	20L	20L	220L	220L
폴리에틸렌	4L	20L	20L	220L	220L

주) 인화성 액체의 DOT NFEA등급

등급 1A : 발화점(ignition point)이 23℃ 이하, 비점 38℃ 이상

등급 1B : 발화점(ignition point)이 23℃ 이하, 비점 38℃ 이하

등급 1C : 발화점(ignition point)이 23℃ 이상, 비점 38℃ 이하

등급 Ⅱ : 발화점(ignition point)이 38℃ 이상, 비점 60℃ 이하

등급 ⅢA : 발화점(ignition point)이 60℃ 이상, 비점 93℃ 이하

ⓐ 교육용 실험실 내의 인화성 액체 저장용기는 수용량이 4L를 초과하지 않아야 하지만 안전용기는 8L로 수용량을 승인받아야 한다.

ⓑ 실험실 건물 내부나 실험실 작업구역에서 인화성 액체는 수용량이 20L를 초과하지 않도록 대규모 저장용기에서 작은 저장용기로 소분하여 사용하는 것이 바람직하다(소분 시 후드 내에서 작업해야 하고, 폭발하한의 25% 이상에서 공기혼합물의 축적을 방지하기 적합한 환기가 제공된 구역 내에서 인화성 액체의 소분을 위하여 특별히 설계되어 보호될 수 있는 액체 저장 구역 내부에서 작업해야 한다).

⑤ 인화성 액체·가스 취급량에 따른 실험실 위험등급(한국산업안전보건공단)

실험실에 대한 화재위험등급	인화성 액체 등급	실험실 10m²당 최소량	실험실당 최대량(L)	실험실 10m²당 최대량(L)
A 등급 (화재폭발 위험이 아주 높음)	인화성 액체와 인화성 가스를 포함	40L	1,140L	80L
	인화성 액체 인화점 23~60℃ 미만	80L	1,520L	150L
B 등급 (중간 정도의 화재폭발 위험)	인화성 액체와 인화성 가스를 포함	20L	570L	40L
	인화성 액체 인화점 23~60℃ 미만	40L	760L	80L
C 등급 (화재폭발위험도 낮음)	인화성 액체와 인화성 가스를 포함	10L	280L	15L
	인화성 액체 인화점 23~60℃ 미만	15L	380L	30L
D 등급 (최소 화재폭발위험 정도)	인화성 액체와 인화성 가스를 포함	5L	140L	10L
	인화성 액체 인화점 23~60℃ 미만	5L	140L	10L

※ 의료시설에 부속된 실험실에는 인화성 액체의 양은 D등급인 실험실에 한정된 양을 초과하지 말 것

㉠ 강의 목적으로 사용되는 실험실은 B등급의 실험실에서 취급하는 인화성 액체량의 50% 이내로 제한한다.

㉡ 실험실당 인화성 액체의 최대 허용량은 실험실 10㎡당 한정하여 계산된 양을 초과하지 않아야 하며, 이때 사무실, 실험실에 인접한 구역도 이 계산에 포함되어야 한다.

㉢ 인화점이 39~93℃ 미만인 액체가 혼합되었을 경우 인화성 액체와 인화성 가스의 최대량은 위의 표에서 제시한 최대량을 초과하지 않아야 한다.

⑥ 위험물의 혼재기준(위험물안전관리법 시행규칙 제50조, 별표19) : 유별이 다른 위험물을 함께 적재할 수 있는 기준

위험물의 구분	제1류	제2류	제3류	제4류	제5류	제6류
제1류		×	×	×	×	○
제2류	×		×	○	○	×
제3류	×	×		○	×	×
제4류	×	○	○		○	×
제5류	×	○	×	○		×
제6류	○	×	×	×	×	

비고
1. "X" 표시는 혼재할 수 없음을 표시한다.
2. "O" 표시는 혼재할 수 있음을 표시한다.
3. 이 표는 지정수량의 1/10 이하의 위험물에 대하여는 적용하지 아니한다.

참고

위험물의 유별

1류 위험물	산화성 고체
2류 위험물	가연성 고체
3류 위험물	자연발화성 물질 및 금수성 물질
4류 위험물	인화성 액체
5류 위험물	자기반응성 물질
6류 위험물	산화성 액체

⑦ 함께 보관하지 말아야 하는 물질

㉠ 엄격히 적용

acetic acid	chromic acid, Nitric acid, ethylene glycol, perchloric acid, peroxides
acetone	진한 황산, 질산혼합물
acetyl bromide	물, alcohols
acetyl chloride	물, alcohols, acetic acid, phosphorous trichloride
calcium oxide	물
chromic acid	acetic acid, naphthalene, alcohols, glycerine, ethyl acetate, 인화성 액체
chlorine	ammonia, acetylene, butane, methane, propane, benzene, hydrogen, sodium carbide
hydrogen peroxide	copper, chromium, iron, phosphorous, alcohols, acetone, aniline, nitromethane, 인화성 액체
nitric acid	acetic acid, chromic acid, hydrazine, zinc, aluminum, meganesium, aniline, hydrogen sulfide, carbon, bases, metals, sulfuric acid
oxygen	oils, grease, hydrogen, 인화성 액체
perchloric acid	sulfuric acid, acetic anhydride, alcohols
potassium	carbon tetrachloride, carbon dioxide, 물, warm alcohols
sodium	carbon tetrachloride, carbon dioxide, 물
phosphorous(white)	air, oxygen, alkali metals

㉡ 일반적 적용

강산	강알칼리
알칼리토금속	물, carbon dioxide, carbon tetrachloride
염소산염	ammonium salts, acids, metal powders, sulfur, carbon
시안화물	acids, 강알칼리
인화성 액체	ammonium nitrate, chromic acid, hydrogen peroxide, nitric acid, sodium peroxide, halogens
hydrocarbons	fluorine, chlorine, bromine, chromic acid, sodium peroxide
산화제	metal powders, ammonium salts, phosphorous, acids, sulfur, 인화성 액체

㉢ 기타 : 유해화학물질 혼합 적재 안내서(화학물질안전원), US EPA's a method for determining the compatibility of hazardous waste 등을 참조하여 보관

4 가스의 분류

(1) 상태에 의한 분류

① **압축가스** : 끓는점이 낮아 상온에서 압축하여 액화하기 어려운 가스를 상태변화 없이 일정한 압력에서 압축한 가스

예 수소, 산소, 질소, 아르곤, 헬륨 등

② **액화가스** : 끓는점이 다른 가스에 비해 높아 압력을 가하면 쉽게 액화되는 가스로서 액화시켜 용기에 충전한 가스

예 프로판, 암모니아, 탄산가스 등

③ **용해가스** : 가스의 독특한 특성 때문에 용제(아세톤 등)를 충진시킨 다공물질에 고압하에서 용해시켜 사용하는 가스

예 아세틸렌

(2) 연소성에 의한 분류

① **가연성 가스**

㉠ 조연성 가스(지연성 가스)와 반응하여 빛과 열을 내며 연소하는 가스

㉡ 폭발한계의 하한이 10% 이하인 것과 폭발한계의 상한과 하한의 차가 20% 이상인 가스

예 수소, 암모니아, 일산화탄소, 황화수소, 아세틸렌, 메탄, 프로판, 부탄 등

② **조연성 가스(지연성 가스)** : 가연성가스의 연소를 돕는 가스

예 공기, 산소, 염소 등

③ **불연성 가스** : 스스로 연소하지 못하고 다른 물질을 연소시키는 성질도 갖지 않는 가스

예 질소, 아르곤, 헬륨, 탄산가스 등

(3) 독성에 의한 분류

① **독성가스** : 공기 중에 일정량 이상 존재하는 경우 인체에 유해한 독성을 가진 가스로서 허용농도가 100만분의 5,000 이하인 것

예 일산화탄소, 염소, 불소, 암모니아, 황화수소, 아황산가스, 이황화탄소, 산화에틸렌, 포스겐, 포스핀, 시안화수소, 염화수소, 불화수소, 브롬화수소, 디보레인 등

※ 허용농도 : 해당 가스를 성숙한 흰쥐 집단에 대기 중에서 1시간 동안 계속하여 노출시킨 경우 14일 이내에 그 흰쥐의 2분의 1 이상이 죽게 되는 가스의 농도, LC50(rat, 1hr)

※ 독성가스의 허용농도(TLV-TWA)

독성가스	허용농도(ppm)
포스겐($COCl_2$), 불소(F_2)	0.1
염소(Cl_2), 불화수소(HF)	0.5
황화수소(H_2S)	10
암모니아(NH_3)	25
일산화탄소(CO)	30

② **비독성가스** : 공기 중에 어떤 농도 이상 존재하여도 유해하지 않은 가스

예 산소, 질소, 수소 등

(4) 기타 위험성에 따른 분류

① **부식성 가스** : 물질을 부식시키는 특성을 가진 가스
  예 아황산가스, 염소, 불소, 암모니아, 황화수소, 염화수소 등

② **자기발화가스** : 공기 중에 누출되었을 때 점화원 없이 스스로 연소되는 가스
  예 실란, 디보레인 등

(5) 고압가스

① **종류**

㉠ 압축가스
  ⓐ 상용의 온도에서 실제 압력(게이지 압력)이 1MPa 이상이 되는 압축가스
  ⓑ 35℃에서 압력이 1MPa 이상이 되는 압축가스(아세틸렌 제외)

㉡ 액화가스
  ⓐ 상용의 온도에서 실제압력이 0.2MPa 이상이 되는 액화가스
  ⓑ 압력이 0.2MPa이 되는 경우의 온도가 35℃ 이하인 액화가스

㉢ 아세틸렌가스 : 15℃에서 압력이 0Pa을 초과하는 아세틸렌가스

㉣ 액화시안화수소·액화브롬화메탄·액화산화에틸렌가스 : 35℃에서 압력이 0Pa을 초과하는 액화시안화수소·액화브롬화메탄·액화산화에틸렌가스

② **고압가스 해당여부 판단 절차**

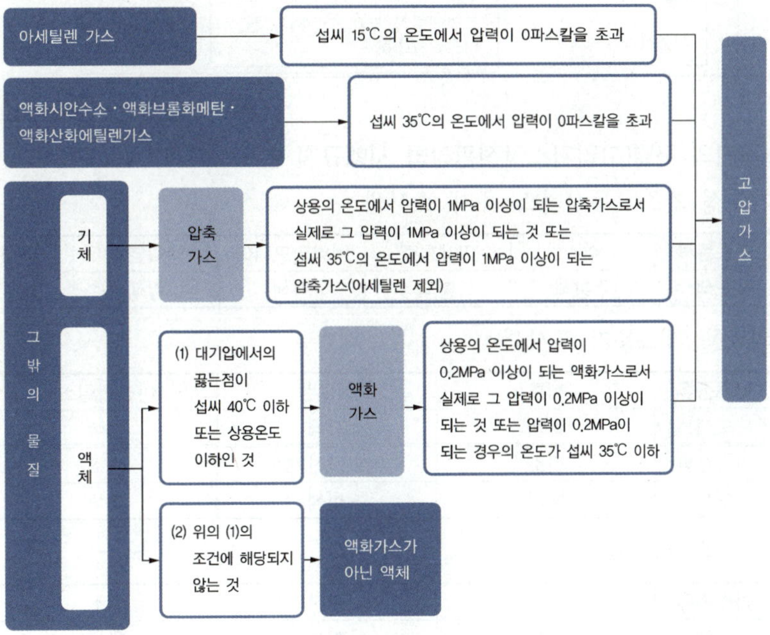

※ 출처 : (표준교재)가스안전

③ 그 외 고압가스

㉠ 특수고압가스 : 자기발화성, 자기분해성, 맹독성이 강한 반도체 제조 등에 사용되는 가스

예 실란, 디실란, 드보레인, 알진, 포스핀, 셀렌화수소, 게르만, 오불화인, 삼불화인, 삼불화질소, 삼불화붕소, 사불화규소, 사불화유황, 오불화비소

㉡ 특정고압가스 : 수소, 산소, 액화암모니아, 아세틸렌, 액화염소, 천연가스, 압축모노실란, 압축디보레인, 액화알진, 포스핀, 셀렌화수소, 게르만, 디실란, 오불화비소, 오불화인, 삼불화인, 삼불화질소, 삼불화붕소, 사불화유황, 사불화규소

㉢ 일반고압가스 : 압축 1MPa(액화 0.2MPa) 이상의 모든 가스

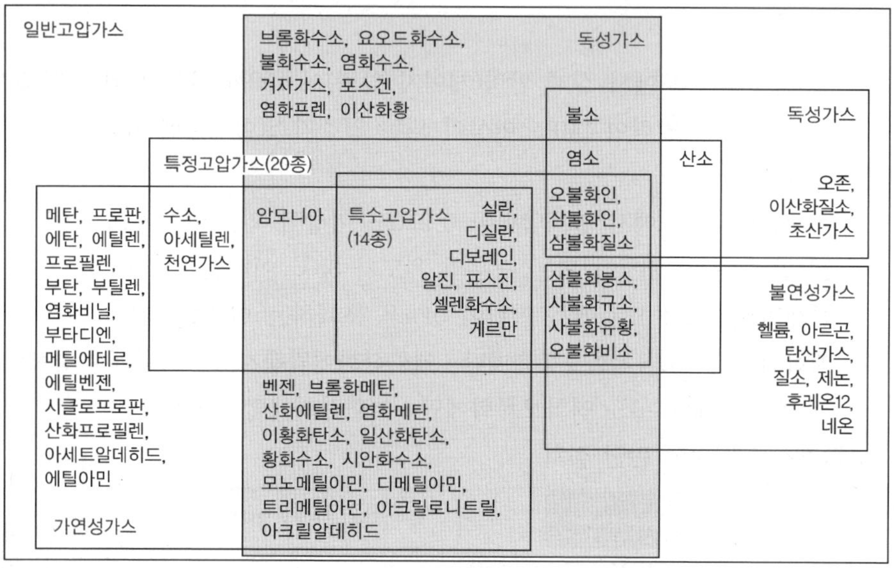

※ 출처 : (표준교재)가스안전

④ 가스용기의 구별(고압가스안전관리법 시행규칙 별표 24)

㉠ 가연성 가스·독성가스 용기 표시색

가스종류	수소	아세틸렌	액화암모니아	액화염소	액화석유가스	그 밖의 가스
도색	주황색	황색	백색	갈색	밝은 회색	회색

㉡ 의료용 가스용기 표시색

가스종류	헬륨	에틸렌	아산화질소	싸이크로프로판
도색	갈색	자색	청색	주황색
가스종류	산소	액화탄산가스	질소	그 밖의 가스
도색	백색	회색	흑색	회색

㉢ 그 밖의 가스용기 표시색

가스종류	산소	액화탄산가스	질소	그 밖의 가스
도색	녹색	청색	회색	회색

5 가스의 보관 · 저장 · 취급기준

(1) 취급 시 주의사항

① 취급 주의사항

㉠ 용기의 라벨에 기재된 가스의 종류를 확인하고 MSDS를 통해 가스의 특성과 누출 시 필요한 사항을 숙지해야 한다.

㉡ '사용하지 않는 용기/사용 중인 용기/빈 용기'를 구별하여 보관해야 한다.

㉢ 가스 사용 전 누출검사와 압력조절기의 정상 작동 여부를 확인해야 한다.

㉣ 가스용기의 검사 여부와 충전 기한을 확인하여 충전 기한이 지났거나 임박하였을 경우 가스 사용 후 중지하고 제조사에 연락하여 수거하도록 해야 한다.

② 취급시설

㉠ 옥내 독성가스 시설은 최소한 시간당 6회 이상으로 환기해야 한다.

㉡ 옥내 독성가스 설비 지역에는 옥외로 대피할 수 있는 비상구가 최소 2개소 이상 설치되어야 하며, 비상구는 상시 개방되고 항상 접근이 가능하며 신속한 대피를 위해 내부에서 밀어 외부로 여는 구조의 패닉 바와 같은형태로 설치되어 있어야 한다.

㉢ 독성가스 취급 시설의 비상구 조명과 비상문은 야광 표시를 하여 정전 시 식별 할 수 있도록 해야 한다.

③ 운반

㉠ 가스 용기 운반 시 뚜껑을 씌워 안전한 손수레를 사용한다.

㉡ 가스 용기를 이송하기 전에 반드시 압력조절기를 떼고 밸브를 잠근 후 캡을 씌워 다른 물체와의 충격으로부터 보호해야 한다.

④ 가스 실린더 캐비닛

㉠ 가스 실린더 캐비닛은 그 내부의 누출된 가스를 항상 제독 설비 등으로 이송할 수 있고 내부 압력이 외부 압력보다 항상 낮게 유지 할 수 있는 구조이어야 한다.

㉡ 가스 실린더 캐비닛의 재료는 불연성이어야 한다.

㉢ 가스 실린더 캐비닛 내부의 충전용기 또는 배관에는 외부에서 조작이 가능한 긴급차단장치가 설치되어 있어야 한다.

㉣ 가스 실린더 캐비닛에는 가스 누설을 검지하여 경보하기 위한 설비를 설치해야 한다.

㉤ 가스 실린더 캐비닛 내부 배관은 가스의 종류와 유체의 흐름 방향이 표시된 것으로 해야 한다.

㉥ 가연성가스를 가스 실린더 캐비닛에 보관 시 화재·폭발사고 발생했을 때 캐비닛 내의 가스 실린더가 화염으로부터 열적 영향을 받지 않도록 가스 실린더 캐비닛은 내화성능을 확보하는 것이 바람직하다.

㉦ 가연성 용기를 넣는 실린더 캐비닛은 해당 캐비닛에서 발생하는 정전기를 제거하는 조치가 되어 있어야 한다.

⑤ 가스 실린더

㉠ 가스 용기 사용 시 안전한 물체(벽이나 무거운 실험용 책상)에 가죽끈이나 체인으로 안전하게 고정시키고, 사용하지 않을 때는 항상 뚜껑을 씌워 놓아야 한다.

㉡ 가스 용기 옆에서는 화기를 사용하지 않아야 한다.

㉢ 가스 용기는 가열로 등과 같은 열을 내는 장비 근처에 놓지 않아야 한다.

㉣ 전기 활선을 실린더 또는 용기에 직접 접촉시켜서는 안 된다.

㉤ 용기나 실린더를 부식성 물질에 접촉시켜서는 안 된다.

㉥ 가스가 잔류된 공병의 실린더는 실병과 같이 취급해야 한다.

㉦ 가스 용기의 검사 여부와 더불어 충전 기한 또한 반드시 확인하여 충전기한이 지났거나 임박하였을 경우 가스의 사용을 중지하고 제조사에 연락하여 수거해야 한다.

㉧ 고압가스 사용 시 압력시험 합격을 확인 및 유효기간을 확인하고 사용해야 한다.

㉨ 가스 용기 및 조정기는 정기적으로 규정된 검사를 받아야 한다.

㉩ 조정기를 연결하기 위해 어댑터는 쓰지 않으며, 각 가스의 특성에 맞는 조정기를 사용하도록 해야 한다.

⑥ 독성가스 실린더

㉠ 옥내 독성가스 실린더 저장 · 취급 · 제조시설은 배출시설과 같이 설치해야 한다.

㉡ 독성가스 실린더 취급 · 저장 시에는 반입 순서에 따라 실린더를 반출해야 한다.

㉢ 독성가스 실린더 밸브를 제거하기 전에 밸브 플러그나 이음부를 천천히 제거하여 누출이 발생하는지 확인해야 하며, 이때 작업자는 밸브 진행 방향의 측면부에서 밸브 조작을 실시하여 실린더에서 밸브가 갑작스러운 고압으로 이탈 시 상해를 받지 않도록 해야 한다.

㉣ 독성가스 실린더 밸브 외면, 호스 이음부 또는 충전 배관은 상시 청결하게 유지해야 한다.

㉤ 독성가스 실린더의 모든 밸브는 천천히 개방해야 한다.

㉥ 독성가스 실린더 밸브를 과도하게 물리적으로 체결하여 발생할 수 있는 기계적 손상을 주의한다.

㉦ 독성가스 실린더 보호캡과 같은 밸브 보호 장비들을 항상 정상적으로 유지한다.

㉧ 독성가스 실린더 밸브 보호캡을 이용하여 절대로 용기 전체를 들어 올리지 않아야 한다.

㉨ 독성가스 실린더 굴려 이동하는 것을 최소화하며 실린더 이동 장비를 사용해야 한다.

㉩ 독성가스 실린더 운송, 저장 또는 사용 시 용기 또는 실린더를 항상 고정해야 한다.

㉪ 독성가스 실린더 용기에는 용접 등의 불꽃을 직접적으로 가해서는 안 된다.

㉫ 독성가스 실린더를 이송용 수단인 도르래나 바퀴의 용도로 이용 안 된다.

㉬ 독성가스 사용 후 또는 사용 중지 후에는 반드시 치환을 실시하여 타 가스 유입에 의한 반응이나 잔류 가스에 의한 독성가스 누출 영향을 제거해야 한다.

㉭ 독성가스 실린더 관련 배관은 상시 누출검사를 실시하여 정상운전압력 하에서 누출이 발생하지 않도록 관리해야 한다.

⑦ 종류별 주의사항

㉠ 산소

ⓐ 산소는 화학적으로 대단히 활발하고 과산화물의 생성으로 폭발의 원인이 되는 경우가 있기 때문에 취급 시에는 주의해야 한다.

ⓑ 산소는 밸브와 용기의 연결 부위 및 기타 가스가 직접 접촉하는 곳에 유기물질이 묻지 않도록 주의하여 취급해야 한다.

ⓒ 산소 밸브를 열 때는 천천히 열어야 한다. 가스가 고속으로 분출되면 그 전면에 충격파가 생겨 고온이 되고 다시 이 기류가 배관의 벽에 충돌하면 더욱 온도가 올라가 폭발 가능하기 때문이다.

ⓓ 산소를 사용하여 압력시험을 하거나 먼지 제거 및 청소하는 행위를 금지해야 한다.

ⓔ 산소 가스와 관련된 압력계 및 압력 조정기 등은 산소 전용을 사용해야 한다.

ⓕ 액체 산소 취급 시 가연성 물질을 옆에 두지 말고, 연결구 등에 기름성분이 묻어 있으면 발화의 위험이 있으므로 기름 묻은 장갑으로 취급하지 말아야 한다.

㉡ 질소 및 탄산가스 : 질소 및 탄산가스 사용 시에는 질식에 주의해야 한다.

㉢ 액체 가스

ⓐ 액체 가스는 초저온 액체이므로 눈 또는 피부에 접촉하지 않도록 하며 보호구를 착용해야 한다.

ⓑ 액체 가스 사용 시 별도의 기화기를 사용할 경우 액체 충전구에 유동성 호스 또는 동관으로 연결해야 한다.

ⓒ 액체 가스 사용 시 압력 밸브는 열어 놓고 사용해야 한다.

ⓓ 액체 가스 사용 시 압력계의 압력이 사용하고자 하는 압력보다 높게 표시될 경우에는 벤트밸브(vent valve)를 열어 압력을 낮추어야 한다.

ⓔ 액체 가스를 장시간 사용하지 않고 방치하면 자연 기화되어 가스 압력이 상승하므로 벤트밸브를 열어 압력을 낮추어 사용해야 한다.

ⓕ 액체 가스 사용 시 밸브 주위가 얼어 조작할 수 없을 경우에는 물을 얼음 주위에 부어 녹인 후 사용한다.

ⓖ 액화석유가스(LPG)를 사용하는 설비에는 누출된 가스를 신속히 검지하여 자동으로 가스공급을 차단 할 수 있는 가스누출경보차단장치를 설치해야 한다.

㉣ 기체 가스

ⓐ 기체 가스 사용 시에는 가스 사용 연결구에 압력조정기 또는 호스를 연결해야 한다.

ⓑ 기체 가스 사용 시에는 압력 및 가스 밸브를 열어 놓고 사용해야 한다.

㉤ 가연성가스 : 가연성가스와 일반 가스 용기의 나사선은 반대 방향으로 만들어져 있으므로 연결 시 주의해야 한다.

㉥ 인화성 가스 : 인화성의 고압가스는 역화방지장치(flashback arrestor)를 반드시 설치하여 불꽃이 연료 또는 조연제인 산소로 유입되는 것을 차단해야 한다.

(2) 보관 · 저장 시 주의사항

① 보관 주의사항

㉠ 실린더와 용기는 검사가 완료된 것만 사용해야 한다.

㉡ 반응성이 높은 가스들은 별도로 보관해야 한다.

㉢ 지연성 또는 조연성 가스와 가연성 기체는 약 6m의 거리를 두거나, 그 사이에 높이 약 1.5m의 불연성, 내화성 장애물을 설치해야 한다.

㉣ 조연성가스(산소, 이산화질소 등) 및 가연성가스(아세틸렌, LPG 수소 등) 주위에는 화기 및 가연성물질 저장을 금지해야 한다.

㉤ 용기는 40℃ 이하의 직사광선을 피하고 통풍이 가능한 곳에 세워서 보관해야 한다.

㉥ 보관캡을 씌워 밸브 목을 보호해야 한다. 넘어지면서 밸브 목에 손상을 입게 되면 내용물이 누출되어 피해가 증가할 수 있기 때문이다.

㉦ 실린더나 저장탱크의 밸브는 외부 충격 등에 대해 물리적으로 보호될 수 있도록 조치해야 하며, 실린더 밸브는 보호덮개를 설치하여 저장해야 한다.

㉧ 가스 용기 연결부는 가스의 명칭, 흐름 방향 및 공급처를 명확히 표시한다.

㉨ 밸브 등에는 그 밸브 등의 개폐방향(안전상 중대한 영향을 미치는 밸브 등에는 그 밸브 등의 개폐상태를 포함)을 표시해야 한다.

㉩ 밸브 등(조작스위치로 개폐하는 것은 제외)이 설치된 배관에는 그 밸브 등의 가까운 부분에 쉽게 알아볼 수 있는 방법으로 그 배관내의 가스, 그 밖의 유체의 종류 및 방향이 표시되도록 한다.

㉪ 가스 용기를 연결할 때는 누출을 방지하고 기밀을 위해 너트에 테프론테이프를 사용해야 한다.

㉫ 가스를 교체할 때는 약간의 압력이 남아 있어 공기가 들어가지 않도록 교체해야 하며, 누출이 없는지 확인해야 한다.

㉬ 가스 사용 전 누출 검사와 압력조절기의 정상적 작동 여부를 확인해야 한다.

㉭ 실린더나 저장탱크는 외부 부식에 의한 손상을 방지하기 위해 주기적으로 외부 육안검사를 실시해야 한다.

㉮ 발화성 · 독성 물질의 가스 용기는 환기가 잘되는 장소에 구분하여 보관하거나 가스 용기 캐비닛에 보관하고 지정된 사람만 접근하도록 해야 한다.

㉯ 조작함으로써 그 밸브 등이 설치된 저장설비에 안전상 중대한 영향을 미치는 밸브 등 중에서 항상 사용하지 않을 것(긴급 시에 사용하는 것은 제외한다)에는 자물쇠를 채우거나 봉인하는 등의 조치를 취해야 한다.

㉰ 밸브 등을 조작하는 장소에는 그 밸브 등의 기능 및 사용빈도에 따라 그 밸브 등을 확실히 조작하는 데 필요한 발판과 조명도를 확보해야 한다.

② 가스 보관시설(저장시설)

㉠ 일반적 사항

ⓐ 가연성가스, 산소, 독성가스의 용기보관실은 각각 구분해야 한다.

ⓑ 가스 상호 간의 반응을 고려하여 가스 종류별로 구분하여 보관하고, 가스 종류별 물성에 맞는 적합한 재료를 선정해야 한다.

ⓒ 충전용기와 빈 용기를 구분하여 보관하며, 다른 용기와 함께 보관하면 안 된다.

ⓓ 가스 저장장소에는 다른 물질(부식성 물질, 인화성 물질, 점화원 등)과 보관하면 안 된다.

ⓔ 용기보관장소에는 계량기 등 작업에 필요한 물건 외에는 두지 않아야 한다.

ⓕ 용기보관장소는 주위 2m 이내에 화기 또는 인화성 및 발화성 물질을 두지 않아야 한다.

ⓖ 용기보관실 및 사용 장소에는 가죽끈이나 체인으로 고정하여 넘어짐을 방지해야 한다.

ⓗ 고압가스 용기는 반드시 고정 장치 또는 쇠사슬을 이용하여 벽이나 기둥에 단단히 고정하여 보관해야 한다.

ⓘ 가스통의 유출입 상황을 반드시 기재하고 잠금장치를 설치하여 관리자가 통제해야 한다.

㉡ 보관시설 구조·설비

ⓐ 지붕과 벽은 불연 재료를 사용해야 한다.

ⓑ 조명은 독립적으로 개폐할 수 있도록 하고 최소 150lx 이상이어야 한다.

ⓒ 조명은 가능한 한 스파이크 방지등으로 설치하고 점멸스위치는 출입구 바깥 부분에 설치하는 것이 바람직하다.

ⓓ 안전 표시와 각 가스라인을 표기하고 구분하여 사용해야 한다.

ⓔ 출입문에 위험표지 등 경고문을 부착해야 한다.

ⓕ 가스저장시설의 환기는 가능한 한 자연배기방식으로 해야 한다.

ⓖ 가스저장시설에 환기구를 설치할 경우 지붕 위 또는 지상 2m 이상의 높이에서 회전식이나 루프팬 방식으로 설치해야 한다.

ⓗ 가스 용기를 야외에서 저장할 때는 열과 기후의 영향을 최소화할 수 있는 장소에 보관해야 한다.

ⓘ 가스관으로 연결하여 사용처로 배분하는 경우 가스 용기 교체 시 가스관이 다른 가스로 오염되지 않도록 주의해야 한다.

㉢ 독성가스 저장시설

ⓐ 독성가스 저장시설에는 강제배기 방식의 전체환기장치를 설치하고 독성가스가 외부로 유출되지 않고 배기처리시설에서 처리되도록 조치해야 한다.

ⓑ 독성가스 저장시설에는 그 시설로부터 독성가스가 누출될 경우 그 독성가스로 인한 중독을 방지하기 위해 제독 설비를 설치해야 한다.

ⓒ 독성가스 저장소의 전체환기장치의 환기량은 시간당 저장소 내용적의 10회 이상이 환기되도록 설치해야 한다.

ⓓ 독성가스 및 공기보다 무거운 가연성가스의 저장시설에는 가스누출검지경보장치를 설치해야 한다.

㉣ 가연성가스 저장시설 : 가연성가스 용기보관장소에는 방폭형 휴대용 손전등 외의 등화를 지니고 들어가면 안 된다.

㉤ 분석용 가스저장시설

ⓐ 가능한 한 실험실 외부공간에 배치해야 하며, 외부의 열을 차단할 수 있는 지하공간이나 음지쪽에 설치해야 한다.

ⓑ 적절한 습도를 유지하기 위해 상대습도 65% 이상 유지하도록 환기시설을 설비해야 한다.

ⓒ 최소 면적은 분석용 가스저장분의 약 1.5배 이상이어야 하며 가스별로 배관을 별도로 설비하고 가능한 한 이음매 없이 설비해야 한다.

ⓓ 채광은 불연 재료로 하고 연소의 우려가 없는 장소에 채광면적을 최소화하여 설치해야 한다.

③ 가스 실린더 캐비닛

㉠ 구조・설비

ⓐ 캐비닛은 불연성 재료를 사용해야 하며, 감시카메라를 설치해야 한다.

ⓑ 캐비닛은 배기 설비 및 정전기방지장치를 갖추어야 한다.

ⓒ 캐비닛의 배기 설비, 경보장치, 긴급차단장치 및 압력센서 등은 UPS전원이나 비상전원장치에 연동해야 한다.

㉡ 분리 보관

ⓐ 불활성가스를 제외하고 각 화학물질을 별도의 분리된 캐비닛에 보관해야 한다.

ⓑ 자극성 화학물질은 자극성이 없는 화학물질과 함께 하나의 가스 캐비닛에 보관할 수 있다.

㉢ 독성가스 등 실린더 캐비닛

ⓐ 가연성가스, 독성가스는 각각 구분하여 한국가스안전공사에서 인증한 고압가스용 실린더 캐비닛에 보관해야 하며, 누출 사고 발생 시 이를 신속히 검지하여 효과적으로 대응할 수 있는 조치를 해야 한다.

ⓑ 인화성・부식성・독성가스를 수용하고 있는 캐비닛에는 가스 감시설비를 설치해야 하고, 감시설비가 작동 시 실린더의 설치 장소에서 공정가스의 흐름을 자동으로 차단해야 하고, 비상제어설비에 경보를 발해야 한다.

ⓒ 인화성·부식성·독성가스를 수용하고 있는 가스 캐비닛 기타 방호구역 내부의 실린더의 머리 부분, 압력조절기 및 제어장치 등과 같은 모든 누설 위험성이 있는 지점에 최소 0.51m/sec 환기속도를 제공하는 환기설비를 설치해야 한다.

ⓓ 자연발화성, 인화성, 부식성, 독성 물질을 수용하고 있는 가스실린더는 자기-폐쇄식, 자기-잠금식 문과 퍼지 설비를 갖춘 금속으로 제작된 캐비닛 안에 보관해야 한다.

가스용기(가스 실린더)	가스 캡	가스 배관(흐름방향 표시)
	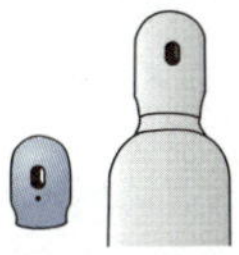	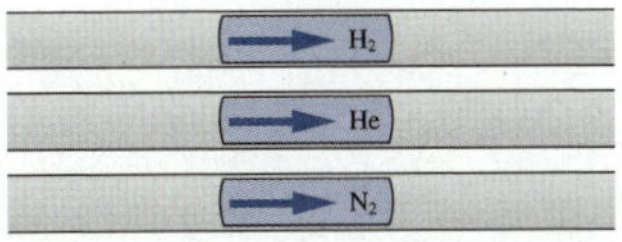
밸브 개폐 표시	**가스 전도 방지**	**가스 캐비닛**
	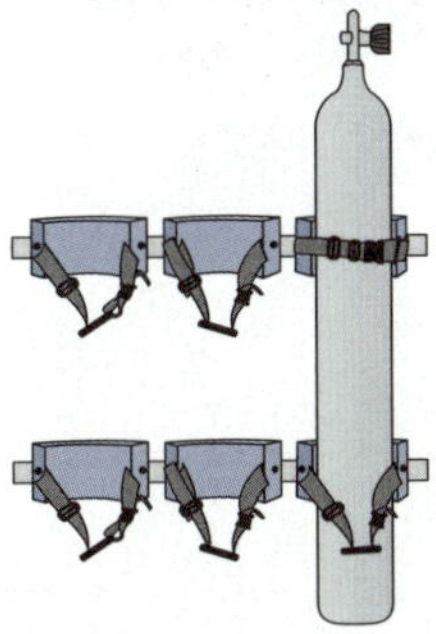	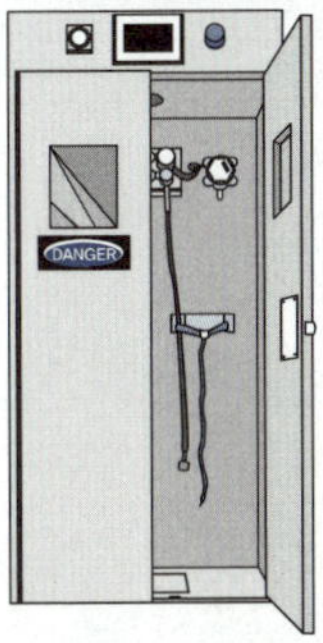

(3) 특정고압가스 취급

① 특정고압가스를 사용하려는 자로서 일정규모 이상의 저장능력을 가진 자는 사용 전에 미리 시장·군수 또는 구청장에게 신고하여야 한다.

② 특정고압가스 사용신고를 하려는 자는 사용개시 7일 전까지 특정고압가스 사용신고서를 시장·군수 또는 구청장에게 제출하여야 한다.

③ 특정고압가스 사용신고자가 특정고압가스의 사용시설의 설치나 변경공사를 완공하면 그 시설의 사용 전에 신고를 받은 관청의 완성검사를 받아야 하며, 정기적으로 신고를 받은 관청의 정기검사를 받아야 한다.

④ 특정고압가스 사용신고자는 법 제20조제4항에 따라 완성검사증명서를 발급받은 날을 기준으로 매 1년이 되는 날의 전후 15일 이내에 정기검사를 받아야 한다.

⑤ 특정고압가스 사용신고 대상

㉠ 저장능력 500kg 이상인 액화가스저장설비를 갖추고 특정고압가스를 사용하려는 자

㉡ 저장능력 $50m^3$ 이상인 압축가스저장설비를 갖추고 특정고압가스를 사용하려는 자

㉢ 배관으로 특정고압가스(천연가스는 제외한다)를 공급받아 사용하려는 자

㉣ 압축모노실란 · 압축디보레인 · 액화알진 · 포스핀 · 셀렌화수소 · 게르만 · 디실란 · 오불화비소 · 오불화인 · 삼불화인 · 삼불화질소 · 삼불화붕소 · 사불화유황 · 사불화규소 · 액화염소 또는 액화암모니아를 사용하려는 자(단, 시험용 또는 시 · 구청장 등이 지정하는 지역에서 사료용으로 볏짚 등을 발효하기 위하여 액화암모니아를 사용하려는 경우는 제외)

㉤ 자동차 연료용으로 특정고압가스를 공급받아 사용하려는 자

Chapter 02

연구실 내 화학물질 관련 폐기물 안전관리

1 폐기물 분류

(1) 폐기물

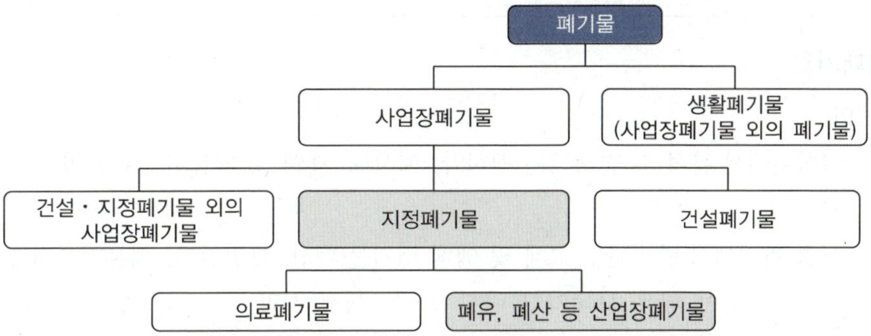

① 정의 : 쓰레기, 연소재(燃燒滓), 오니(汚泥), 폐유(廢油), 폐산(廢酸), 폐알칼리 및 동물의 사체(死體) 등으로서 사람의 생활이나 사업활동에 필요하지 아니하게 된 물질

② 분류

㉠ 사업장 폐기물 : 「대기환경보전법」, 「물환경보전법」 또는 「소음 · 진동관리법」에 따라 배출시설을 설치 · 운영하는 사업장이나 그 밖에 대통령령으로 정하는 사업장에서 발생하는 폐기물

㉡ 지정폐기물 : 사업장폐기물 중 폐유 · 폐산 등 주변 환경을 오염시킬 수 있거나 의료폐기물(醫療廢棄物) 등 인체에 위해(危害)를 줄 수 있는 해로운 물질로서 대통령령으로 정하는 폐기물

(2) 지정폐기물

특정시설에서 발생되는 폐기물	• 폐합성 고분자화합물(고체상태 제외) : 폐합성 수지, 폐합성 고무 • 오니류(수분 함량 95% 미만 또는 고형물 함량 5% 이상인 것으로 한정) : 폐수처리 오니, 공정 오니 • 폐농약(농약의 제조 · 판매업소에서 발생되는 것으로 한정)
부식성 폐기물	• 폐산 : pH 2.0 이하의 액체상태 • 폐알칼리 : pH 12.5 이상의 액체상태(수산화칼륨 및 수산화나트륨 포함)
유해물질함유 폐기물	광재, 분진, 폐주물사 및 샌드블라스트 폐사, 폐내화물 및 재벌구이 전에 유약을 바른 도자기 조각, 소각재, 안정화 또는 고형화 · 고화 처리물, 폐촉매, 폐흡착제 및 폐흡수제
폐유기용제	• 할로겐족 • 기타 폐유기용제
폐유	기름 성분 5% 이상 함유

그 외	• 폐페인트 및 폐래커 • 폐석면 • 폴리클로리네이티드비페닐(PCB) 함유 폐기물(액체 상태일 때 1L당 2mg 이상 함유, 그 외 용출액 1L당 0.003mg 이상 함유) • 폐유독물질(「화학물질관리법」 제2조제2호의 유독물) • 의료폐기물 • 천연방사성제품폐기물 • 수은폐기물(수은함유폐기물, 수은구성폐기물, 수은함유폐기물 처리잔재물 중 용출액 1L당 0.005mg 이상의 수은 및 그 화합물이 함유된 것) • 그 밖에 주변환경을 오염시킬 수 있는 유해한 물질로서 환경부장관이 정하여 고시하는 물질

(3) 실험폐기물

① 정의

㉠ 실험실에서 분석 후 발생되는 폐시약, 폐시료, 폐액 및 폐용기 등(「실험실 안전환경 조성에 관한 훈령」 제2조)

㉡ 실험 과정에서 발생되는 고체 및 액체 폐기물(폐산, 폐알칼리, 폐유기용제 등) 및 시약병과 캔 등에 남아 있는 상태가 불량한 고체·액체 시약

② 종류 : 일반폐기물, 화학폐기물, 생물폐기물, 의료폐기물, 방사능폐기물, 배기가스 등

※ 화학폐기물 : 화학실험 후 발생한 액체, 고체, 슬러지 상태의 화학물질로 더 이상 연구 및 실험활동에 필요하지 않게 된 화학물질

③ 실험폐기물의 폐기물 구분

폐기물 구분	실험폐기물의 예
폐산	불산(HF), 염산(HCl), 질산(HNO_3), 황산(H_2SO_4), 아세트산($C_2H_4O_2$)
폐알칼리	수산화나트륨(NaOH), 암모니아(NH_3) 등
유기용제(할로겐)	디클로로메탄(CH_2Cl_2), 클로로벤젠(C_6H_5Cl) 등
유기용제(비할로겐)	아세톤(C_3H_6O), 메탄올(CH_4O), 벤젠(C_6H_6), 톨루엔(C_7H_8) 등
폐유	윤활유, 연료유, 실리콘오일 등
무기물질	백금(Pt)/산화알루미늄(Al_2O_3) 폐촉매, 폐흡착제 등
폐시약	라벨이 지워진 화학약품 등
기타 폐기물	시약 공병, 오염된 장갑 등

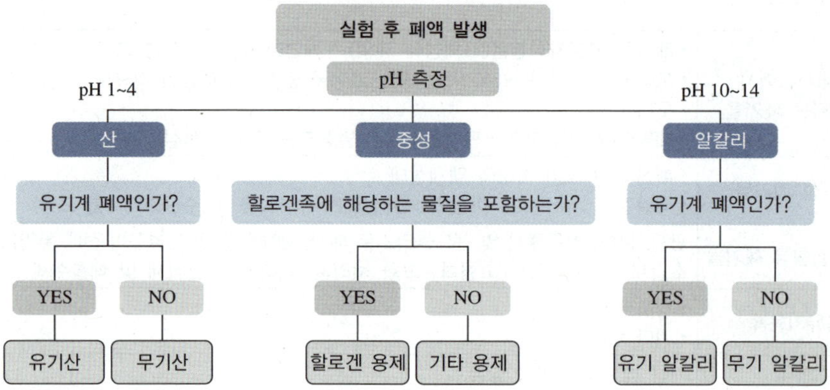

[폐액 구분 기준]

2 폐기물 안전관리

(1) 사전 주의사항

① 실험할 때 최소한의 화학약품을 사용하여 사고의 가능성을 줄이며 확산을 방지하고, 실험 시 폐기물의 최소화에 노력해야 한다.
② 처리해야 하는 폐기물에 대한 사전 유해성·위험성을 평가하고 숙지해야 한다.
③ 모든 화학물질의 처리 시에는 물질안전보건자료를 참고한다.
④ 폐기하려는 화학물질은 반응이 완결되어 안정화되어 있어야 한다.
⑤ 가스가 발생하는 경우 반응 완료 후 폐기해야 한다.
⑥ 폐기물을 장기간 보관하지 않도록 한다.
⑦ 화학폐기물 취급 및 보관 장소에는 금연, 화기취급엄금 표지와 폐기물 보관수칙을 부착해야 한다.
⑧ 폐기물을 취급하는 경우 개인보호장구를 착용해야 한다.
⑨ 폐기물의 유출·누출로 인한 사고를 방지하기 위하여 폐기물을 취급 저장하는 설비에서 누출되지 않도록 매주 1회 이상 점검해야 한다.

(2) 분리 배출 요령

① 분리 배출 요령
㉠ 화학물질을 폐기할 때는 상호반응성 여부를 고려하여 배출해야 한다.
㉡ 화학폐기물은 본래의 인화성, 부식성, 독성 등의 특성을 유지하거나 합성 등으로 새로운 화학물질이 생성되어 유해성·위험성이 실험 전보다 더 커질 수 있으므로 발생한 폐기물은 그 성질 및 상태에 따라 분리 및 수집이 필요하다.
㉢ 실험 폐기물은 절대로 반응성·폭발성 물질과 혼합하지 않는다.
㉣ 불가피하게 혼합해야 할 경우 혼합이 가능한 물질인지 아닌지 확인해야 한다.
㉤ 화학물질을 보관하던 용기(유리병, 플라스틱병), 화학물질이 묻어 있는 장갑 및 기자재(초자류) 뿐 아니라 실험기자재를 닦은 세척수도 모두 화학폐기물로 처리해야 한다.

② 혼합금지 화학물질(관련 고시 등)
㉠ 화재, 폭발 또는 유독가스 발생우려 폐기물의 종류 등에 관한 고시
ⓐ 폐산류(가)와 폐알칼리류(나)에 속하는 폐기물은 서로 혼합되지 않아야 하며, 동일한 종류에 속하는 폐기물간에도 혼합되지 않도록 하여야 한다.

폐산류(가)	폐알칼리류(나)
• 폐산(pH 2.0 이하인 것) • 폐석고(폐인산석고, 폐황산석고 등) • 무기성 공정오니(유리식각 잔재물이 포함된 것)	• 폐알칼리(pH 12.5 이상인 것, 수산화칼륨 및 수산화나트륨을 포함) • 폐석회(생석회(CaO)) • 무기성 공정오니(보오크사이트(Bauxite)가 포함된 것)

ⓑ 금속성 분진·분말(알루미늄, 구리화합물, 카보닐철, 마그네슘, 아연이 포함된 것)은 다음의 폐기물과 혼합 하지 않도록 하여야 한다.

- 폐산(액체상태의 폐기물로서 pH 2.0 이하인 것)
- 폐알칼리(액체상태의 폐기물로서 pH 12.5 이상인 것)
- 수분함량이 85퍼센트를 초과하거나 고형물함량이 15퍼센트 미만인 액체상태 폐기물
- 폐석회나 금속성 분진·분말은 지하수나 빗물, 물청소로 인한 수분과의 접촉을 하지 않도록 해야 한다.

ⓛ 실험실 안전보건에 관한 기술지침(KOSHA GUIDE G-82-2018)

ⓐ 과산화물과 유기물

ⓑ 시안화물과 황화물, 차아염소산염과 산

ⓒ 염산, 불화수소 등의 휘발성 산과 비휘발성 산

ⓓ 진한 황산, 설폰산, 옥살산, 폴리인산 등과 기타 산

ⓔ 암모늄염, 휘발성 아민과 알칼리

ⓒ 연구실 설치 운영 기준 이행 안내서

화합물	혼합할 수 없는 화합물
초산	크롬산, 질산, 수산기를 지닌 화합물, 에틸렌 글라이콜, 과염소산, 과산화물, 과망간산염
아세틸렌	염소, 브롬, 구리, 불소, 은, 수은
알칼리 및 알칼리토류금속	물, 사염화탄소 또는 그 외의 염화 탄화수소, 이산화탄소, 할로겐
무수 암모니아	수은, 염소, 칼슘 하이포아염소산, 요오드, 브롬, 불화수소산
질산암모늄	산, 금속 분말, 가연성 액체, 염소산 염, 아질산 염(nitrites), 황, 미세 유기 또는 연소성 물질
아닐린	질산, 과산화수소
브롬	염소와 동일함
뷰틸 리튬	물
활성 탄소	칼슘 하이포아염소산, 모든 산화제
염소산 염	암모늄 염, 산, 금속 분말, 황, 미세 유기 또는 연소성 물질
크롬산	초산, 나프탈렌, 캠포, 글리세린, 터펜틴, 알코올, 가연성 액체
염소	암모니아, 아세틸렌, 부타다이엔, 부탄, 메탄, 프로판(또는 그 외의 석유가스), 수소, 소듐 카바이드, 터펜틴, 벤젠, 미세 금속
이산화염소	암모니아, 메탄, 포스핀, 황화수소
구리	아세틸렌, 과산화수소
큐멘 하이드로페록사이드	유기 또는 무기산
시안화물(소듐, 포타슘)	산
가연성 액체	질산 암모늄, 크롬산, 과산화수소, 질산, 과산화소듐, 할로겐
탄화수소	불소, 염소, 브롬, 크롬산, 과산화소듐
시안화수소산	질산, 알칼리
불화수소산	수용액 또는 무수 암모니아
과산화수소	구리, 크롬, 철, 대부분의 금속 또는 금속염, 알코올, 아세톤, 유기화합물, 아닐린, 나이트로메탄, 가연성 액체, 기체 산화제

화합물	혼합할 수 없는 화합물
황화수소	발연 질산, 기체 산화제, 수용액 또는 무수 암모니아, 수소
요오드	아세틸렌, 수용액 또는 무수 암모니아, 수소
수은	아세틸렌, 풀민산(fulminic acid), 암모니아
질산	초산, 아닐린, 크롬산, 시안화수소산, 황하수소, 가연성 기체, 가연성 액체
옥살산	은, 수은
과염소산	초산 무수물, 비스무스 및 비스무스를 포함한 합금, 알코올, 종이, 나무
포타슘	사염화탄소, 이산화탄소, 물
염산 포타슘	황산 및 다른 산
과염소산 포타슘	황산 및 다른 산
과망간산 포타슘	글리세린, 에틸렌 글라이콜, 벤즈알데하이드, 황산
은	아세틸렌, 옥살산, 타르타르산, 암모늄 화합물
소듐	사염화탄소, 이산화탄소, 물
과산화소듐	에탄올 또는 메탄올, 빙초산, 초산 무수물, 벤즈알데하이드, 이황화탄소, 글리세린, 에틸렌 글라이콜, 에틸 아세테이트, 메틸 아세테이트, 푸르푸랄
황산	염산포타슘, 과염소산 포타슘, 과망간산 포타슘(또는 소듐, 리튬)
아세톤	진한 질산과 황산의 혼합물
아크롤레인	산화제, 산, 알칼리, 암모니아
아자이드	산
칼슘 옥사이드	물
하이드라진	산화제, 과산화수소, 질산, 금속 옥사이드, 강산, 다공성 물질
염산	대부분의 금속, 알칼리 또는 활성 금속
모르폴린	강산, 강산화제
질산염	황산
아질산염	산
유기용매	강산화제, 산, 강한 부식성 화합물
산소	기름, 그리이스, 수소, 가연성 액체, 기체 및 고체
유기 과산화물	유기 또는 무기산, 마찰, 열
흰 인	공기, 산소, 알칼리, 환원제
셀레나이드	환원제

구 분	Acids inorganic 무기산	Acids oxidizing 산화성 산	Acis organic 유기산	Alkalis (bases) 알칼리	Oxidizers 산화제	Poisons inorganic 무기독성	Poisons organic 유기독성	Water-reactives 물반응성	Organic solvents 유기용제
Acids inorganic 무기산			X	X		X	X	X	X
Acids oxidizing 산화성 산			X	X		X	X	X	X
Acis organic 유기산	X	X		X	X	X	X	X	
Alkalis (bases) 알칼리	X	X	X				X	X	X
Oxidizers 산화제			X				X	X	X
Poisons inorganic 무기독성	X	X	X				X	X	X
Poisons organic 유기독성	X	X	X	X	X	X			
Water-reactives 물반응성	X	X	X	X	X	X			
Organic solvents 유기용제	X	X		X	X	X			

X=서로 혼합하거나 같이 보관해서는 안 되는 물질들

㉣ 그 외 참고

ⓐ 환경부, 유해화학물질 혼합적재 안내서, 2015

ⓑ 환경부, 유해폐기물 안전관리 사고대응 가이드라인

(3) 수집 · 저장 · 운반 등

① 수집용기

㉠ 폐기물은 종류별(지정폐기물, 의료폐기물 등), 성상별(산계, 알칼리계, 유기계, 무기계 등)로 수집한다.

㉡ 화학폐기물 수집 용기는 운반 및 용량 측정이 용이한 플라스틱 용기를 사용한다(캔 용기는 장기간 보관 시 부식되어 폐액 유출 위험, 유리 용기는 장거리 운반 시 파손에 따른 위험 존재).

㉢ 폐기물 보관 용기는 20L를 초과하지 않아야 한다.

㉣ 수집 · 보관된 화학폐기물 용기는 폐액의 유출이나 악취가 발생하지 않도록 2중 마개로 닫는 등의 필요한 조치를 해야 한다.

㉤ 용기에 들어 있는 폐기물에서 증기 등이 발생하지 않도록 용기를 밀봉하여 두거나 국소배기 장치가 설치된 곳에 보관한다.

ⓗ 인화성 및 유기용매 폐액 보관용기는 보통 5cm 이상 두께의 견고한 HDPE구조를 가져야 하며, 자동 닫힘 뚜껑의 적용을 통해 휘발가스의 방출을 차단해야 하며 2~5psi 압력에서 자동 배출구로 가스를 배출시켜 폭발을 방지하도록 설계되어야 한다.

ⓢ 인화성 폐액 보관용기의 크기는 20L 이하로 제한하며, 용기는 꼭 막을 수 있는 뚜껑, 배출구 덮개를 가지고 있어야 하고 용기 내부 압력이 상승되지 않도록 서늘한 장소에 보관해야 한다.

② 폐기물 스티커

㉠ 수집 용기 외부에 폐기물 표지를 부착한다(부서명, 호실, 전화번호, 품명, 특성, 수집일 및 주의사항 등 기재).

㉡ 혼합 폐액은 과량으로 혼합된 물질을 기준으로 분류하여 폐기물 스티커에 기록해야 한다.

무기물질

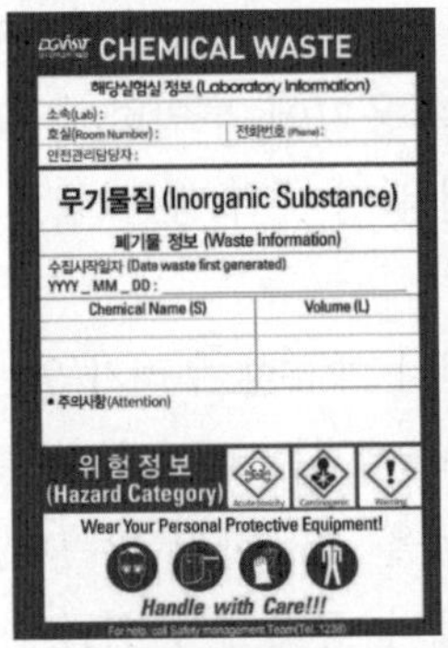

알카리

폐산

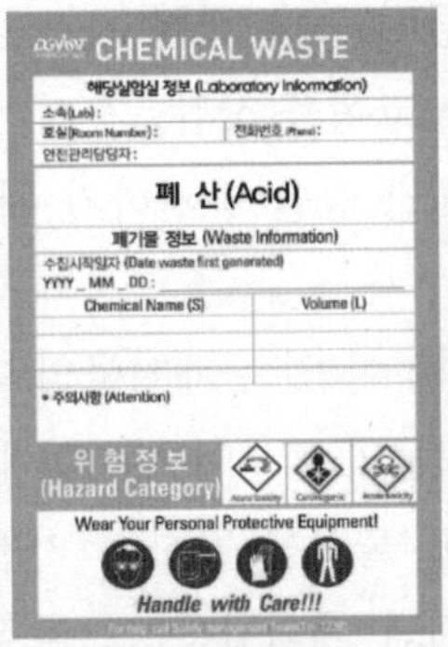

오일

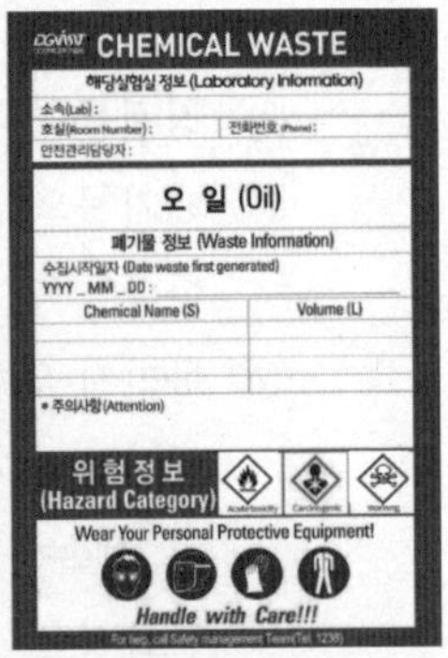

폐시약

할로겐유기용제

비할로겐유기용제

기타 폐기물

③ 폐기물저장소

㉠ 폐기물 저장시설은 재활용이 가능한 폐기물과 지정폐기물 등 종류별로 별도로 보관할 수 있도록 공간을 배치해야 한다.

㉡ 폐기물 저장시설은 실험실과는 별도로 외부에 설치해야 하며, 폐기물에 의한 오염 및 혐오감을 주지 않도록 하고 최소한 3개월 이상의 폐기물을 보관할 수 있는 공간이어야 한다.

㉢ 폐기물 저장시설은 외부와의 환기 및 통풍이 잘될 수 있도록 해야 한다(온도 10~20℃, 습도 45% 이상).

㉣ 실험 과정에서 발생되는 폐액의 저장시설은 반드시 별도의 설비를 갖추어야 하며, 1일 발생량을 기준으로 6개월 이상 저장할 수 있는 여유 공간을 마련해야 한다.

㉤ 폐액 저장시설은 가능한 한 지하나 혐오감을 주지 않는 공간에 방수처리가 완벽한 재질로 설치해 폐액의 외부 유출을 차단한다.

㉥ 가연성 폐기물은 화재가 발생하지 않도록 구분하여 저장시설 갖추는 것이 바람직하다.

㉦ 인화성 폐액은 필요시(저장공간 부족 등) 외부에 별도의 폐액 저장소를 구축해야 한다.

㉧ 유해물질 폐기물 용기는 직사광선을 피하고 통풍이 잘되는 곳을 폐기물 보관 장소로 지정하여 보관해야 하며 복도, 계단 등에 방치하지 않는다.

④ 배출

㉠ 실험 폐기물(고농도 세척수 포함)은 모든 싱크대 및 흄후드에 곧바로 배출하지 않는다.

㉡ 침전물이나 고형물(장갑, 휴지, 자석, 분필, 배지 등)은 용기에 투입하지 않는다.

㉢ 폐기물의 휘발 등을 방지하기 위해 실험 폐기물 수집 전용 용기 뚜껑은 항상 잠겨있어야 한다.

㉣ 물리적 위험성이 있는 폐기물의 액체·증기·가스가 새거나 체류할 우려가 있는 장소 또는 가연성 폐기물의 미분이 현저하게 부유할 우려가 있는 장소에서는 전선과 전선기구를 완전히 접속하고 불꽃을 발하는 기계·기구·공구·신발 등을 사용하지 않는다.

㉤ 인화성을 지닌 폐기물은 그 물질이 반응하지 않는 액체나 공기에서 취급해야 한다.

㉥ 미사용 화학물질 폐기 시에는 폐액용기에 섞지 말고 용기 채로 폐기한다.

㉦ 빈 시약병은 파손되지 않도록 기존 상자에 넣어 폐기물 보관 장소에 보관한다.

㉧ 폐기물 용기는 가득 차면(용기의 80% 정도) 즉시 실험실 외부로 반출하여 폐기물보관창고에 보관해야 한다.

㉨ 폐기물 배출·처리 시에는 반드시 2인 이상 적합한 보호구를 착용하고 진행해야 한다.

⑤ 운반

㉠ 수집된 폐기물을 운반할 때는 손수레와 같은 안전한 운반구 등을 이용해야 한다.

㉡ 폐기물 용기를 이동하면서 사용할 때는 이동설비에 고정 후 사용해야 하며 폐기물의 용기는 넘어짐 등으로 인한 충격을 방지하는 조치를 해야 한다.

3 지정폐기물 처리

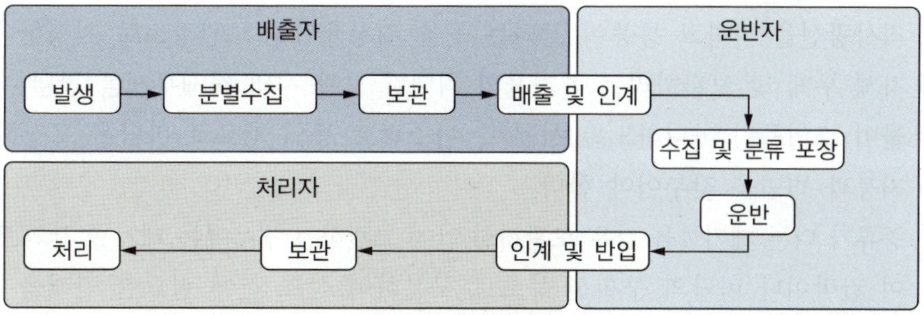

[폐기물 처리절차]

(1) 지정폐기물 수집 · 보관

① 지정폐기물 보관표지

지정폐기물 보관표지	
① 폐기물의 종류 :	② 보관가능용량 : 톤
③ 관리책임자 :	④ 보관기간 : ~ (일간)
⑤ 취급 시 주의사항 • 보관 시 : • 운반 시 : • 처리 시 :	
⑥ 운반(처리) 예정장소 :	

㉠ 표지판 설치장소

ⓐ 사람이 쉽게 볼 수 있는 위치에 설치

ⓑ 드럼 등 보관용기를 사용하는 경우 : 용기별로 용기 외부에 표지 설치

ⓒ 종류가 같은 용기가 여러 개 있는 경우 : 종류별로 표지판 설치

㉡ 규격 및 색깔

ⓐ 규격 : 가로 60cm 이상 × 세로 40cm 이상(드럼 등 소형 용기의 경우 가로 15cm × 세로 10cm 이상)

ⓑ 색깔 : 노란색 바탕에 검은색 선 및 검은색 글자

㉢ 폐기물 정보 작성 시 기재사항

ⓐ 최초 수집된 날짜

ⓑ 수집자 정보(수집자 이름 등), 연구실, 전화번호, 관리책임자

ⓒ 지정폐기물의 종류

ⓓ 보관 가능용량

ⓔ 보관기간

ⓕ 취급 시 주의사항

ⓖ 운반(처리) 예정 장소

② **지정폐기물 보관창고**

㉠ 직사광선을 피하고 통풍이 잘되는 곳을 지정폐기물 보관장소로 지정한다.

㉡ 자체 무게 및 보관하려는 폐기물의 최대량 보관 시의 적재무게를 견딜 수 있어야 한다.

㉢ 물이 스며들지 아니하도록 시멘트, 아스팔트 등의 재료로 바닥을 포장하여야 한다.

㉣ 지붕과 벽면을 갖추어야 한다.

㉤ 종류가 다른 폐기물을 같은 보관시설 안에 보관하는 경우에는 폐기물 간의 반응성을 고려하여 칸막이나 바닥의 구획선 등으로 구분하여 상호 간에 필요한 간격을 두어야 한다.

㉥ 폐기물의 유출·누출로 인한 사고를 방지하기 위하여 폐기물을 취급 저장하는 설비에서 누출되지 않도록 매주 1회 이상 점검하여야 한다.

㉦ 부식성 폐기물을 취급하는 장소에서 가까운 거리 내에 비상시를 대비하여 샤워시설 또는 세안시설을 갖추어야 한다.

㉧ 물과 반응할 수 있는 폐기물을 취급하는 경우에는 물과의 접촉을 피하도록 해당 물질을 관리하고, 보관·저장시설 주변에 설치된 방류벽, 집수시설 및 집수조 등에 물이 괴어 있지 않도록 해야 한다.

③ **지정폐기물 보관기간(보관 시작일 기준)**

㉠ 45일 초과 보관 금지 : 폐산·폐알칼리·폐유·폐유기용제·폐촉매·폐흡착제·폐흡수제·폐농약, 폴리클로리네이티드비페일 함유폐기물, 폐수처리 오니 중 유기성 오니

㉡ 60일 초과 보관 금지 : 그 밖의 지정폐기물

㉢ 1년의 기간 내에 보관 가능

ⓐ 천재지변이나 그 밖의 부득이한 사유로 장기보관할 필요성이 있다고 관할 시·도 지사나 지방환경관서의 장이 인정하는 경우

ⓑ 1년간 배출하는 지정폐기물의 총량이 3톤 미만인 사업장의 경우

㉣ 1년 단위로 보관기간 연장 가능 : 폴리클로리네이티드비페닐 함유폐기물을 보관하려는 배출자 및 처리업자가 시·도지사나 지방환경관서의 장의 승인을 받은 경우

④ **폐기물 정보 기초자료(폐기물 유해성 정보자료)**

㉠ 목적 : 폐기물의 유해 특성에 대해 파악하고, 그 내용을 폐기물 취급자와 수집·운반 및 처리업자에게 제공함으로써 안전사고를 예방한다.

㉡ 기초자료 구성항목

ⓐ 폐기물의 안정성·유해성

ⓑ 폐기물의 물리적·화학적 성상

ⓒ 폐기물의 조성·성분 정보

ⓓ 취급할 때의 주의사항, 피해야 할 조건 등

[폐기물 유해성 정보자료 항목 작성]

No.	항목	개요	정보제공의 필요성
1	제공연원일	정보제공일(유해성 정보자료 제공일)	정보제공 일을 명확히 확인
2	폐기물의 명칭	폐기물을 특정하는 구체적인 명칭, 통칭	폐기물을 특정하여 폐기물의 취급 잘못과 오인을 방지
3	배출사업자 명칭	사업자의 명칭, 주소, 전화번호, 담당자명 등	문의 위급 시의 연락처를 명확히 기재
4	폐기물 종류	사업장 일반폐기물, 지정폐기물의 구분과 법률상의 종류	반입 확인 등록확인
5	폐기물의 포장 형태	용기 형태 등	폐기물을 특정하여 폐기물의 취급 잘못과 오인을 방지
6	폐기물의 수량	1회당의 폐기물 수량	처리계획의 수립과 처리능력을 초과하는 폐기물의 반입을 방지
7	폐기물의 안정성·반응성	가열과 다른 물질과의 접촉 등에 의한 폭발유해물질 발생의 유무, 경시 변화에 의한 품질의 안정성 등	적정한 처리방법을 결정하여 사고를 방지
8	폐기물의 물리적·화화적 특성	형상, 색, 냄새, 비점, 융점, 인화점, 발화점 등	적정한 처리방법을 결정하고 사고예방에 필요한 정보 확인
9	폐기물 조성·성분 정보	함유하고 있는 위험물 및 유해물질의 유무, 함유한 경우는 그 명칭과 양	적정한 처리방법을 결정하고 사고예방에 필요한 정보 확인
10	취급 시 주의사항	처리하는데 있어서 주의사항, 안전대책, 이상 시 조치 등	사고 예방 및 안전관리
11	특별 주의사항	특별히 환기할 주의사항으로 피해야 할 처리방법, 폐기물의 성상 변화 등에 기인하는 환경오염의 가능성 포함	안전한 처리방법의 결정 및 사고예방
12	기타 정보	샘플 제공의 유무, 폐기물의 발생 공정 등	

■ 폐기물관리법 시행규칙 [별지 제14호의4서식]

폐기물 유해성 정보자료

확인필

※ 뒤쪽의 작성방법을 읽고 작성하시기 바라며, [ ]에는 해당되는 곳에 √표를 합니다.

① 관리번호	② 작성일(제공일)

제공자	③ 상호(명칭)	④ 사업자등록번호
	⑤ 성명(대표자)	⑥ 성명(담당자)
	⑦ 주소(사업장) (전화번호 :) (팩스번호 :)	

폐기물 정보	⑧ 폐기물	폐기물 종류		폐기물 분류번호 (- -)	
		[ ]단일 폐기물	[ ]혼합 폐기물		
	⑨ 포장형태	[ ]용기(재질 :)	[ ]톤백	[ ]차량직접적재	[ ]기타( )
	⑩ 발생량(톤/년)				
	⑪ 제조공정				

		항목	조사 방법	유해특성 정보	비고
안정성·반응성	⑫ 유해특성	폭발성	[ ]분석 [ ]자료( )		
		인화성	[ ]분석 [ ]자료( )		
		자연발화성	[ ]분석 [ ]자료( )		
		금수성	[ ]분석 [ ]자료( )		
		산화성	[ ]분석 [ ]자료( )		
		부식성	[ ]분석 [ ]자료( )		
		기타	[ ]분석 [ ]자료( )		

⑬ 물리적·화학적 성질	성상 및 색		악취	
	수분(%)		비중	
	수소이온농도(pH)		끓는점(℃)	
	녹는점(℃)		발열량	
	점도		시간에 따른 폐기물의 성상 등의 변화	
	기타			

	항목	조사 방법	주요 성분	비고
성분정보	⑭ 유해물질 용출독성	[ ]분석 [ ]자료( )		
	⑮ 유해물질 함량	[ ]분석 [ ]자료( )		
	⑯ 수분 등과 접촉 시 화재·폭발 또는 독성가스 발생 우려 성분	[ ]분석 [ ]자료( )		

⑰ 취급 시 주의사항	안전대책	보호구	[ ]마스크 [ ]장갑 [ ]보호안경 [ ]기타( )
	저장 및 보관방법		

⑱ 사고 발생 시 방제 등 조치방법	이상조치	응급조치	
		누설대책	
		화재시의 조치	
	약품, 장비 및 방제요령		

⑲ 특별 주의사항	

⑳ 그 외의 정보			

⑤ 지정폐기물 수집 주의사항

㉠ 지정폐기물은 지정폐기물 외의 폐기물과 구분하여 보관한다.

㉡ 지정폐기물에 의하여 부식되거나 파손되지 아니하는 재질로 된 보관시설 또는 보관 용기에 보관한다.

㉢ 유해물질의 폐기물을 수집할 때는 폐산, 폐알카리, 폐유기용제(할로겐족, 비할로겐족) 폐유 등 종류별로 구분하여 수집한다.

㉣ 폐기물의 용기를 이동하면서 사용할 때는 이동설비에 고정 후 사용해야 하며 폐기물의 용기는 넘어짐 등으로 인한 충격을 방지하는 조치를 해야 한다.

⑥ 지정폐기물 보관용기

흩날릴 우려가 없는 폐석면 (고형화)	폴리에틸렌, 그 밖에 이와 유사한 재질의 포대로 포장
흩날릴 우려가 있는 폐석면 (석면의 해체 · 제거작업에 사용된 바닥비닐시트, 방진마스크, 작업복 등)	습도 조절 등의 조치 후 고밀도 내수성 재질의 포대로 2중포장하거나 견고한 용기에 밀봉하여 흩날리지 않도록 보관
폐유기용제	휘발되지 아니하도록 밀폐된 용기 보관
지정폐기물	지정폐기물에 의하여 부식되거나 파손되지 아니하는 재질로 된 보관시설 또는 보관용기를 사용하여 보관

(2) 지정폐기물 운반 · 처리

① 운반 주의사항

㉠ 수집된 지정폐기물 운반 시 손수레와 같은 안전한 운반구 등을 이용하여 운반한다.

㉡ 지정폐기물 운반 차량의 적재함에 덮개를 씌워야 한다.

㉢ 지정폐기물 운반차량은 지정폐기물 수집 · 운반차량증을 부착해야 하며, 수집 · 운반차량 적재함의 양쪽 옆면에는 지정폐기물 수집 · 운반차량, 회사명 및 전화번호를 부착 또는 표기(가로 100cm 이상 × 세로 50cm 이상, 검은색 글자)해야 한다.

㉣ 액체 상태의 지정폐기물을 수집 · 운반하는 경우에는 흘러나올 우려가 없는 전용의 탱크 · 용기 · 파이프 또는 이와 비슷한 설비를 사용하여 혼합이나 유동으로 생기는 위험을 방지해야 한다.

② 처리 주의사항

㉠ 지정폐기물로 인한 유독가스의 발생 또는 발열, 폭발 등의 위험이 발생할 수 있으므로 처리 전에 폐기물의 성질을 충분히 조사하고, 첨가하는 약재를 소량씩 넣는 등 주의하면서 처리해야 한다.

㉡ 지정폐기물 배출자는 폐기물의 유해특성 등을 관련 법령 등을 통해 파악하고, 그 내용을 폐기물 취급자와 수집 · 운반 및 처리업자에게 제공함으로써 안전사고를 사전에 예방해야 한다(폐기물 유해성 정보자료).

Chapter 03

연구실 내 화학물질 누출 및 폭발 방지대책

1 화학사고 비상조치 및 대응

(1) 화학사고 종류 및 특징

① 누출사고

㉠ 정의 : 배관, 밸브 등 설비의 부식, 균열, 파손 등으로 인하여 화학물질이 밖으로 새어나온 것을 말한다.

㉡ 위험성

ⓐ 화학물질은 독성과 에너지에 의한 위험성을 가지고 있고, 중독·화상·환경오염 등을 수반한다.

ⓑ 유해화학물질 누출 시 가연성 유증기가 발생하여 점화원과 접촉 시에는 화재 및 폭발로 전이될 가능성이 있어 위험하다.

㉢ 특징

ⓐ 화학물질 사고 중 가장 피해의 범위가 다양하다.

ⓑ 누출사고 시 독성에 의한 영향뿐만 아니라 폭발, 화재와 같은 2차 사고로 이어질 가능성이 크다.

ⓒ 가스상 급성 독성 물질은 액상으로 취급되는 경우에도 쉽게 증발하여 확산될 수 있다.

ⓓ 증기 비중이 무거운 물질은 지면을 따라 확산되므로 특히 주의하여야 한다.

ⓔ 물질의 종류에 따라 가스의 색깔이 무색인 것도 있으므로 각각의 물질별 특성을 숙지해야 한다.

ⓕ 액상의 급성 독성 물질이 누출되어 기화될 때 온도 저하로 인해 접촉 시 심각한 상해를 유발할 수 있다.

㉣ 독성값

ⓐ TLV(Threshold Limit Values) : 미국 ACGIH에서 제시한 기준으로 매일 반복적으로 노출되어도 거의 모든 작업자가 건강상 나쁜 영향을 받지 않을 것으로 믿어지는 공기 중의 농도 혹은 조건

구분	내용
TLV-TWA (Time Weighted Average)	하루 8시간, 1주일 40시간을 기준으로 반복적으로 노출되어도 대부분의 작업자가 건강상의 악영향을 받지 않을 것으로 믿어지는 시간가중평균농도
TLV-STEL (Short Term Exposure Limits)	• 하루 8시간의 TWA가 TLV-TWA 안에 있을지라도 하루 15분 이상은 넘지 말아야 하는 TWA 농도 • TLV-TWA를 넘고 STEL 안에 있는 농도에 연속적으로 노출되는 시간은 15분을 넘어서는 안 되며, 하루에 4회를 초과해서도 안 됨
TLV-C(Ceiling)	어떤 작업시간에서도 넘어서는 안 되는 농도

ⓑ ERPG(Emergency Response Planning Guideline) : 미국산업위생협회(AIHA)에서 개발된 지수로 일반대기 중에서 화학물질에 1시간 동안 노출되었을 때를 기준으로 3단계로 구분

구분	내용
ERPG-1	인지하거나, 건강상 영향이 나타나지 않는 최대 농도
ERPG-2	• 회복이 불가능하게 되거나 심각한 영향이 나타나지 않는 최대 농도 • 통상 사고가 발생하였을 때 대피하는 범위
ERPG-3	• 사망에 이르지 않는 최대 농도 • 이 농도를 넘게 되면 인명사고가 발생할 수 있다는 것을 의미

ⓒ AEGL(Acute Exposure Guideline Level) : 미국 EPa에서 개발된 지수로 일반 대기 중에서 화학물질에 일반인이 노출되었을 경우에 대한 기준으로 5개 노출시간(10분, 30분, 1시간, 4시간, 8시간)별로 각각 3단계 농도(ppm, mg/m^3)값을 제시

구분	내용
AEGL-1	불쾌하거나 자극적인 느낌을 받는 농도(단, 일시적 영향이며 이탈시 금방 정상 회복되는 수준)
AEGL-2	회복이 불가능하거나 심각한 건강상 영향을 주거나, 대피능력에 장애를 일으키는 농도
AEGL-3	생명에 위협을 주거나 사망에 이르는 농도

ⓓ PEL(Permissible Exposure Limits) : 미국 OSHA에서 정의한 허용 폭로 기준으로, 미국에서는 법적인 효력을 가짐. 건강상의 영향과 함께 사업장에 적용할 수 있는 기술 가능성 고려하고 있으며, TLV-TWA와 매우 근삿값을 가진다.

㉢ 안전관리

ⓐ 독성 물질(암모니아, 염소, 불소, 염산, 황산, 이산화황 등) 누출 시 피부, 호흡 등을 통해 체내에 흡수되기 때문에 많은 양을 사용하지 않아야 한다.

ⓑ 독성 물질은 반응의 부산물로 생기기도 하므로 이러한 부산물이 생기지 않도록 처리하는 방법을 강구해야 한다.

ⓒ 산과 염기의 누출은 화상, 해로운 증기의 흡입, 강산이 급격하게 희석되면서 생겨나는 열에 의한 화재·폭발이 일어나는 원인이 될 수 있음을 주의한다.

ⓓ 불화수소는 가스 및 용액이 극한 독성을 나타내며 화상과 같은 즉각적인 증상 없이 피부에 흡수되므로 취급에 주의한다.

ⓔ 과염소산은 강산의 특성을 띠며 유기화합물, 무기화합물 모두와 폭발성 물질을 생성하며 가열, 화기와 접촉, 충격, 마찰 또는 저절로 폭발하므로 특히 주의가 필요하다.

ⓕ 유기용제의 누출은 해로운 증기 발생으로 인해 인체에 유해한 영향을 줄 수 있다.

ⓖ 강산화제의 누출은 매우 적은 양으로도 심한 폭발을 일으킬 수 있다.

② 폭발사고

㉠ 정의 및 특징

ⓐ 가스가 급격히 팽창하여 급격히 이동하는 압력이나 충격파를 가져오는 것을 말한다(급격한 에너지 방출로 발생).

ⓑ 가연성 물질이 대기 중에서 증기운(vapor cloud)를 형성한 상태에서 점화원에 의해 순간적으로 폭발하는 현상이다.

ⓒ 복사열 에너지와 압력파에 의해 발화 및 폭발 전파가 이루어진다.

ⓓ 에너지 발생 속도가 매우 빠르고, 착화물이 반드시 필요하지 않다.

ⓔ 폭발 발생 시 압력, 온도, 밀도 모두 증가한다.

ⓕ 탱크과압 폭발, 비등액체팽창 폭발(BLEVE ; Boiling Liquid ExPanding Vapor Explosion), 증기운 폭발(VCE ; Vapor Cloud Explosion) 등이 있다.

㉡ 물리적 폭발과 화학적 폭발

ⓐ 물리적 폭발 : 기체나 액체의 팽창, 상변화 등의 물리현상이 압력 발생의 원인

ⓑ 화학적 폭발 : 물체의 연소, 분해, 중합 등의 화학반응으로 인한 압력상승이 원인

㉢ 인화성가스/액체의 폭발 조건

ⓐ 공기 또는 산소와 혼합된 인화성가스, 증기 및 분진이 일정 농도 범위(폭발 범위)에 있을 때

ⓑ 혼합된 물질의 일부에 점화원이 존재하여 어떤 에너지(최소점화에너지) 이상의 에너지를 가할 수 있을 때

㉣ 원인 물질의 상태에 따른 분류

ⓐ 가스 폭발 : 가스가 공기와 혼합되어 있는 밀폐공간에서 가스의 부피가 크고 점화원이 있는 경우 발생한다(농도조건과 발화원이 충족되어야만 발생).

ⓑ 분진 폭발 : 가연성 고체가 미세한 분말상태로 공기 중에 현탁되어 있을 때 착화원이 존재함으로써 발생한다.

ⓒ 가스분해 폭발 : 가스 자체가 분해되는 과정에서 폭발이 일어나는 현상이다.

ⓓ 미스트 폭발 : 가연성 액체가 증기화되면서 공기와 균일하게 혼합된 다음 발화에 의해 폭발되는 현상이다.

ⓔ 고체 폭발 : 자기반응성 고체에 의한 폭발이다.

ⓕ 증기 폭발 : 액상과 기상간의 상변화가 급격히 일어날 때 체적팽창 때문에 과압이 생성되어 폭풍이 일어나는 현상이다.

ⓖ 증기운 폭발(VCE) : 대기 중에 다량의 가연성가스가 급격히 누출되거나 가연성 액체가 누출되면 그것으로부터 발생하는 증기가 공기와 혼합해서 가연성 혼합기체를 형성하고 발화원에 의하여 발생하는 폭발이다.

ⓗ 비등액체팽창증기 폭발(BLEVE) : 프로판(C_3H_8) 등 액화가스탱크의 외부에서 화재가 나면 탱크가 가열되어 내부의 액체에 높은 증기압이 발생하고, 그 증기압이 탱크의 내압을 초과하면 결국 탱크는 파열된다. 탱크 내부에 발생된 증기는 빠르게 외부로 확산되어 주변의 공기와 혼합되어 존재하는 화염에 의해 착화 폭발한다.

1. 다량의 가연성 가스(기화하기 쉬운 가연성 액체)가 지표면에 누출되며 급격히 증발한다.

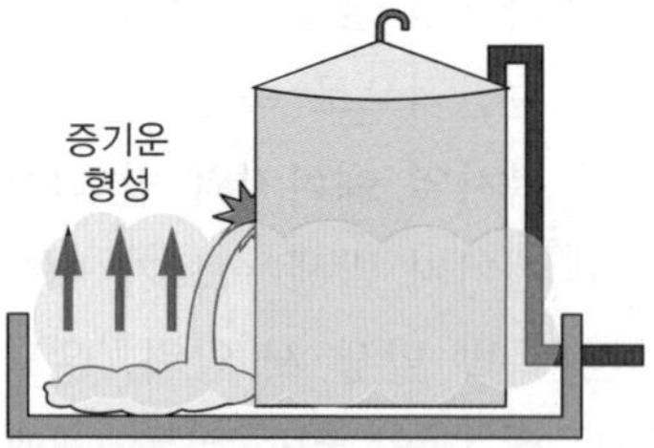

2. 누출된 가스(인화성 액체)의 증기가 공기와 혼합되며 증기운을 형성한다.

3. 외부의 점화원에 의해 연소가 시작된다.

4. 폭연에서 폭굉 과정을 거쳐 화구(fire ball)로 발전하여 폭발한다.

[증기운 폭발]

1. 액체가 들어있는 탱크 주위에서 화재가 발생하고, 화재열에 의해 탱크벽이 가열된다.

2. 탱크 액위 아래의 탱크벽은 액에 의해 냉각되지만, 액체 온도는 계속 상승하여 탱크 내부의 압력이 증가한다.

3. 탱크 내부 압력이 탱크 설계압력을 초과하면 용기의 일부분이 파열되고, 이로 인해 급속히 압력강하가 일어나면서 과열된 액체가 폭발적으로 증발한다.
   폭발적 증발로 인해 액체의 체적이 약 200배 이상으로 팽창하고, 이 팽창력으로 액체가 외부로 폭발적으로 분출된다.

4. 액체 분출과 동시에 탱크파편이 비산하고 점화원의 존재로 분출된 증기운이 착화된다. 이로써 폭발적 연소와 함께 화구(fire ball)를 형성하고 폭발한다.

[BLEVE]

ⓜ 폭연·폭굉

ⓐ 폭연 : 작은 부분의 연소로 발생한 열이 곧장 인접부분을 가열하여 충격파를 발생함이 없이 결렬한 연소가 전파되는 현상으로, 그 전파속도는 보통 연소가 전파되는 속도보다 크고 폭굉이 전파되는 속도보다 작다.

ⓑ 폭굉 : 폭발 중 폭발성 기체 및 고체 중을 음속보다 빠른 속도로 연소반응이 전하는 현상이다.

ⓑ 반응폭주 : 발열반응이 일어나는 반응기에서 냉각실패로 인해 반응속도가 급격히 증대되어 용기내부의 온도 및 압력이 비정상적으로 상승하는 이상반응이다.

③ 화재사고

㉠ 정의 및 특징

ⓐ 화학물질이 누출된 후 점화원에 의해 점화되어 지속적으로 연소되는 현상을 말한다.

ⓑ 에너지의 느린 방출로 열에너지의 이동에 따라 연소전파가 이루어지는 과정이다.

ⓒ 에너지 발생 속도가 느리며 착화물이 반드시 필요하다.

ⓓ 화재(연소)의 열에너지 방출에 따라 온도가 상승하며 밀도는 감소하는 현상이다.

ⓔ 액면 화재(pool fire), 제트 화재(jet fire), 플래시 화재(flash fire) 등이 있다.

④ 중독사고 : 화학물질의 사용 또는 노출 시 물질로부터 발생한 증기·흄의 호흡기 흡입 등으로 발생한다.

(2) 상황별 대처요령

① 독성 물질 누출

㉠ 독성가스가 누출된 지역의 사람들에게 경고해야 한다.

㉡ 호흡을 최대로 멈추어야 한다.

㉢ 마스크나 수건 등으로 입과 코를 최대한 막는다.

㉣ 얼굴은 바람이 부는 방향으로 향해야 한다.

㉤ 높은 지역으로 이동해야 한다.

㉥ 독성가스 누출을 관리자나 책임자에게 보고해야 한다.

② 화재

㉠ 실험자의 머리나 옷에 불이 붙었을 경우, 멈춰서기 – 눕기 – 구르기(stop – drop – roll)방법을 사용하거나 또는 담요, 물 등을 사용하여 옷이나 머리에 붙은 불을 끄고, 이 방법이 여의치 않을 때는 화재당사자를 바닥에 구르게 해야 한다.

㉡ 화재 원인물질의 누출을 먼저 중지시키고 진화를 시도한다.

㉢ 누출을 즉시 중단시킬 수 없는 경우 소방서에 연락하며, 위험하지 않다고 판단되면 화재 원인물질을 실외로 이동시킨다.

㉣ 가능한 한 먼 거리에서 바람을 등지고 화재 진압을 시도한다.

㉤ 화재가 진화된 후에도 용기(화학물질, 가스 등)에 다량의 물을 뿌려 용기의 온도를 내려야 한다(물반응성 물질은 제외).

③ 화상

㉠ 화염에 의한 국소 부위의 경미한 화상 시 통증과 부풀어 오르는 것을 줄이기 위해 20~30분 동안 얼음물에 화상부위를 담근다.

㉡ 중증 화상 시 응급구조대에 연락하여 즉시 전문가의 치료를 받도록 해야 한다.

㉢ 중증 화상 시 환자를 실온에서 젖은 천이나 수건으로 싸주어야 한다.

㉣ 중증 화상 시 화상 부위를 씻거나 옷이나 오염물질을 제거하지 않는다.

㉤ 눈 화상 시 즉시 응급구조대에 연락하고, 다량의 물을 흘려보낸 후 깨끗한 젖은 수건 등으로 눈을 덮어준다.

㉥ 화학약품이 묻거나 화상을 입었을 경우 즉시 흐르는 물로 15분 이상 씻도록 하고 응급조치를 한 후 전문의에게 진료를 받는다.

(3) 누출사고 비상조치

① 일반적 사항

㉠ 재해를 최소한으로 막기 위해 누출 가스 종류, 특성 및 주위 상황 등을 참고하여 신속하고 정확한 판단을 하여 행동한다.

㉡ 제독 설비와 연결된 지역이면 이송 설비의 작동 여부를 확인한다.

㉢ 독성가스일 경우 가스 특성에 적합한 안전장구를 반드시 착용한다.

㉣ 응급처치 시는 2인 이상 행한다.

㉤ 중화제, 소화기 등이 가스 특성과 적합한지 확인한다.

㉥ 설비 용기, 배관 계통 등에서 누설이 있을 경우 가스의 흐름을 통제한 후 처치한다.

㉦ 주위에 화기원이 있으면 우선 제거한다.

㉧ 누설 부근에는 로프 등으로 표시하여 관계자 외에는 접근하지 못하는 장치를 하고, 불필요한 사람의 접근을 통제한다.

㉨ 대량의 가스가 누설되는 경우는 신속히 소방서, 한국가스안전공사 등 관계 기관의 도움을 청한다.

㉩ 대량의 인화성 물질이며 급성 독성 물질이 누출되는 경우 화재폭발이 발생할 위험을 고려하여 주변 지역의 작업의 정지, 점화원이 될 우려가 있는 차량 통제, 가스농도의 측정 및 폭발위험지역 관리, 살수를 통한 가스농도의 희석 등의 조치를 한다.

㉪ 가스상 급성 독성 물질이 누출되면 주변에 소화전이 있고 해당 물질에 사용할 수 있는 경우에는 누출 지점에 다량의 물을 분사하여 확산을 감소시킨다.

ⓔ 폭발위험이 있는 경우 저장탱크, 보관용기 등에 냉각수를 살포한다.

ⓕ 액체화학물질의 경우 토사(건조된), 적재된 흙 등으로 유출범위 확대를 방지한다.

ⓖ 가스의 경우 불활성가스, 소화제, 분무 등에 의해 화염 억제 조치를 한다.

㉮ 유기화합물이 피부나 눈에 접촉된 경우에는 즉시 많은 양의 물로 씻어내고 의사의 진단을 받는다.

㉯ 환자는 즉시 통풍이 잘되는 평탄한 곳에 옮긴 후 머리를 낮추고 옆으로 눕히거나 엎드려 눕힌 후 환자의 옷을 헐겁게 풀어주고 입안에 구토물이 있는지의 유무를 확인하여 구토물이 있는 경우에는 제거하는 등 응급조치를 해야 한다.

㉰ 호흡이 정지된 환자는 구조대가 오거나 의사가 볼 때까지 지체없이 인공호흡을 실시해야 한다.

㉱ 유기화합물에 의한 사고가 어두운 곳에서 발생한 경우 성냥 등 화기 사용을 금지하고 방폭 전등을 이용해야 한다.

② 역할별 비상조치

㉠ 연구실책임자, 연구활동종사자

ⓐ 주변 연구활동종사자들에게 사고 전파 및 건물 내 체류 중인 사람이 대피할 수 있도록 알린다.

ⓑ 사고 적응성 개인보호구(방독면 등)를 신속하게 착용한다.

ⓒ 안전이 확보되는 범위 내에서 사고 확대 방지를 위하여 밸브차단 및 자연환기 등 적절한 조치를 취한다.

ⓓ 현장에서 사용가능한 건조된 흙이나 모래 등을 이용하여 누출이 확대되지 않도록 조치한다.

ⓔ 전기기구 절대 조작금지

ⓕ 유독기체 흡입 부상자의 경우 통풍이 잘 되는 곳으로 옮기고 안정을 취하게 한다.

ⓖ 누출규모가 커서 대응이 불가능할 경우 즉시 대피한다.

ⓗ 피부에 노출되지 않도록 하고 수건, 마스크 등을 이용하여 코, 입을 감싸고 최대한 멀리 대피한다.

ⓘ 대피 시 바람을 안고 이동해야 하며, 대피 방향에서 가스가 날아오는 경우 바람이 불어오는 방향의 직각방향으로 이동한다.

ⓙ 대피 시에는 출입문 및 방화문을 닫아 피해 확산을 방지한다.

ⓚ 화학물질에 노출된 부위를 흐르는 물에 15분 이상 씻는다.

ⓛ 위험성이 높지 않다고 판단되면, 안전담당부서와 함께 정화 및 폐기작업을 실시한다.

㉡ 연구실안전환경관리자

ⓐ 방송을 통한 사고 전파로 신속한 대피를 유도한다.

ⓑ 가스농도측정기를 이용해 누출 가스 농도를 측정한다.
ⓒ 사고현장에 접근금지테이프 등을 이용하여 통제구역을 설정한다.
ⓓ 필요시 전기 및 가스설비 공급 차단
ⓔ 부상자 발생 시 응급조치 및 병원으로 이송 조치한다.
ⓕ 적정 개인보호구(방독면 등) 착용 후 가스설비 누출 원인을 제거한다.
ⓖ 누출물에 대한 MSDS 정보 등을 확인 및 대응 장비를 확보한다.
ⓗ 대량 누출 시 폭발로 이어지지 않도록 점화원을 제거한다(밸브차단, 주변 점화원 제거, 충격 등 금지).
ⓘ 누출된 화학물질의 종류와 양을 확인하고 정확히 판단한 후 필요시 소방서, 화학물질안전원, 한국가스안전공사 등에 신고한다.
ⓙ 신고 시에는 언제, 어디서, 어떤 물질(CAS No.)로 인해 사고가 발생하였는지를 상세히 설명한다.
ⓚ 사고 발생 장소는 발생원을 제거 또는 제독 완료 전까지 출입을 통제한다.
ⓛ 물질 제거 작업 완료 후에는 반드시 농도를 측정하여 제거 완료 여부를 확인한다.

(4) 역할별 화재 · 폭발사고 비상조치

① 연구실책임자, 연구활동종사자

㉠ 주변 연구활동종사자들에게 사고 전파 및 건물 내 체류 중인 사람이 대피할 수 있도록 알린다.
㉡ 유해가스 흡입 방지를 위한 개인보호구를 착용한다.
㉢ 안전하다고 판단되면 진화를 실시한다.
㉣ 금수성 물질이 있는 경우 물과의 반응성을 고려하여 화재 진압을 실시한다.
㉤ 가스, 위험물질 공급 밸브류는 신속히 닫아 위험원 공급을 차단한다.
㉥ 전기기구를 절대 조작하지 않는다.
㉦ 초기 대응이 힘든 경우 지정대피소로 신속히 대피한다.
㉧ 규모가 커서 대응이 불가능할 경우 즉시 대피한다.
㉨ 대피 시에는 출입문 및 방화문을 닫아 피해 확산을 방지한다.
㉩ 화학물질에 노출된 부위를 흐르는 물에 20분 이상 씻는다.
㉪ 위험성이 높지 않다고 판단되면 안전담당부서와 함께 정화 및 폐기작업을 실시한다.

② 연구실안전환경관리자

㉠ 방송을 통한 사고 전파로 신속한 대피를 유도한다.
㉡ 사고현장에 접근 금지테이프 등을 이용하여 통제구역을 설정한다.
㉢ 필요시 전기 및 가스설비의 공급을 차단한다.

㉣ 호흡이 없는 부상자 발생 시 심폐소생술을 실시한다.
㉤ 부상자 발생 시 응급조치 및 병원으로 이송한다.
㉥ MSDS정보 등을 확인하고 대응 장비를 확보한다.
㉦ 사고 물질의 누설, 유출방지가 곤란한 경우 주변의 연소방지를 중점적으로 실시한다.
㉧ 유해화학물질의 비산, 확산 및 용기 파손, 전도 방지 등의 조치를 강구한다.
㉨ 소화를 하는 경우 중화, 희석 등 재해조치를 병행한다.
㉩ 필요시 소방서 등에 신고, 신고 시에는 언제, 어디서, 어떤 물질(CAS No.)로 인해 사고가 발생하였는지를 상세히 설명한다.

2 가스사고 비상조치 및 대응

(1) 가스사고 특성

① 가스의 위험성

㉠ 고압가스 용기 및 탱크의 파열, 고압가스의 분출에 의한 재해 위험이 있다.
㉡ 가연성 또는 조연성 가스의 경우 폭발성 혼합가스의 폭발, 분출가스의 인화에 의한 가스 화재 위험이 있다.
㉢ 가연성·불연성·불활성가스는 산소부족에 의한 질식 사고 위험이 있으므로 가스 누출 시 산소 농도 확인이 중요하다.
㉣ 부식성가스는 작업자 신체 및 장비 부식의 위험이 있다.
㉤ 독성가스는 가스 중독위험이 있다.

② 위험도

㉠ 폭발범위(연소범위)

ⓐ 연소범위(폭발범위) : 공기와 혼합되어 연소(폭발)가 가능한 가연성 가스의 농도 범위

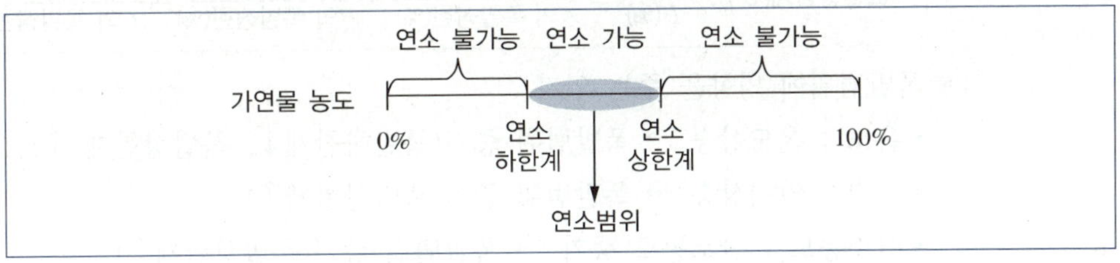

- 폭발하한계(L) : 공기 중의 산소농도에 비하여 가연성 기체의 수가 너무 적어서 폭발(연소)이 일어날 수 없는 한계(LEL : Lower Explosion Limit), 연료부족, 산소과잉
- 폭발상한계(U) : 공기 중의 산소농도에 비하여 가연성 기체의 수가 너무 많아서 폭발(연소)이 일어날 수 없는 한계(UEL : Upper Explosion Limit), 연료과잉, 산소부족

ⓑ 연소한계곡선 : 공기 중의 가연물의 농도와 온도에 따른 연소범위를 표현한 그래프

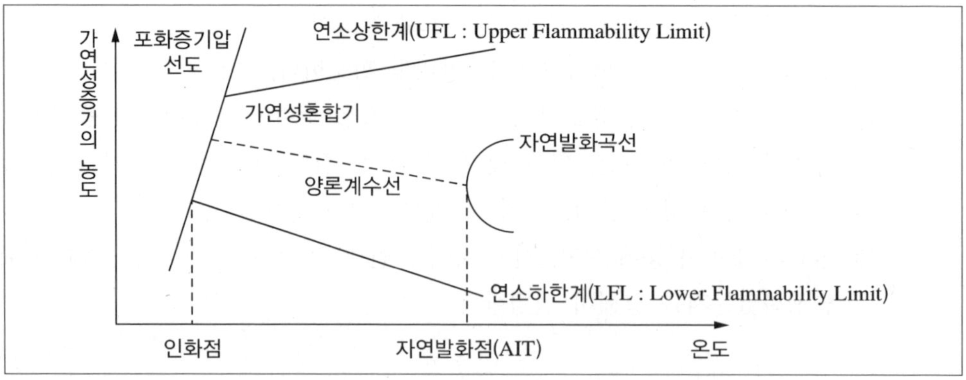

- 인화점 : LFL선과 포화증기압선도가 만나는 점의 온도(가연물이 LFL 농도로 인화할 수 있는 최소 온도)
- 자연발화점 : 별도의 점화원이 없어도 자연발화를 시작하는 온도(화학양론조성비일 때 자연발화점이 가장 낮다.)

ⓒ 최소산소농도(MOC : Minimum Oxygen Concentration)

- 연소가 진행되기 위해 필요한 최소한의 산소농도
- 산소농도를 MOC보다 낮게 낮추면 연료 농도에 관계없이 연소 및 폭발방지가 가능하다.

$MOC = LFL \times O_2$	• MOC(%) : 최소산소농도 • LFL(%) : 폭발하한계 • O_2 : 가연물 1mol 기준의 완전연소반응식에서의 산소의 계수

ⓓ 혼합가스의 폭발범위 : 르샤틀리에 공식을 이용하여 폭발범위를 계산한다.

- 폭발하한계(L) : $\dfrac{100(\%)}{L(\%)} = \dfrac{A\text{의 부피}(\%)}{A\text{의 폭발하한}(\%)} + \dfrac{B\text{의 부피}(\%)}{B\text{의 폭발하한}(\%)} + \dfrac{C\text{의 부피}(\%)}{C\text{의 폭발하한}(\%)} + \cdots$
- 폭발상한계(U) : $\dfrac{100(\%)}{U(\%)} = \dfrac{A\text{의 부피}(\%)}{A\text{의 폭발상한}(\%)} + \dfrac{B\text{의 부피}(\%)}{B\text{의 폭발상한}(\%)} + \dfrac{C\text{의 부피}(\%)}{C\text{의 폭발상한}(\%)} + \cdots$

ⓔ 폭발범위에 영향을 주는 인자

- 온도 : 온도상승 → 폭발범위 증가(폭발하한계↓, 폭발상한계 ↑)
- 압력 : 압력상승 → 폭발범위 증가(폭발상한계↑)
- 산소농도 : 산소농도 증가 → 폭발범위 증가(폭발상한계↑)
- 불활성기체 : 불활성기체농도 증가 → 폭발범위 감소(폭발하한계↑, 폭발상한계↓)

ⓕ 주요 가스의 폭발범위

가스	폭발범위(vol%)	가스	폭발범위(vol%)
메탄	5~15	수소	4~75
프로판	2.1~9.5	암모니아	15~28
부탄	1.8~8.4	황화수소	4.3~45
아세틸렌	2.5~81	시안화수소	6~41
산화에틸렌	3~80	일산화탄소	12.5~74

㉡ 위험도(H)

ⓐ 폭발가능성을 표시한 수치

ⓑ 폭발하한이 낮고, 폭발 하한과 폭발 상한의 차가 클수록 위험하다.

$$H=\frac{U-L}{L}$$

- H : 위험도
- U : 폭발상한계
- L : 폭발하한계

예 메탄(CH_4)의 $H=\frac{15-5}{5}=2$

프로판(C_3H_8)의 $H=\frac{9.5-2.1}{2.1}=3.52$

아세틸렌(C_2H_2)의 $H=\frac{81-2.5}{2.5}=31.4$

㉢ 유해성 유무의 확인

ⓐ 「고압가스 안전관리법 시행규칙」 제2조제1항제2호에 따른 독성가스

ⓑ 「산업안전보건법」 제104조에 따른 유해인자

ⓒ 「화학물질관리법」 제2조에 따른 유해화학물질

③ **가스사고 특성**

㉠ 가스 누출 시 분출화재(jet fire)의 형태로 인접설비 가열이나 손상을 초래한다.

㉡ 대부분 고압가스는 무거워서 지면을 타고 확산한다(단, 수소와 LNG 제외).

㉢ 수소 누출 시 정전기로도 점화되고 불꽃이 보이지 않는다(수소전용의 불꽃감지기를 사용).

㉣ 실린더 폭발 시 멀리, 빠른 속도로 날아갈 수 있어 위험하다.

㉤ 노출되는 부위에 주수하면 밸브가 얼어붙어 조작이 불가능할 수 있다.

(2) 가스사고 종류

① **누출사고** : 가스가 누출된 것으로써 화재 또는 폭발 등에 이르지 않는 것

② **폭발사고** : 누출된 가스가 인화하여 폭발 또는 폭발 후 화재가 발생한 것

③ **화재사고** : 누출된 가스가 인화하여 폭발 및 파열사고를 제외한 화재가 발생한 것

④ **중독사고** : 가스연소기의 연소가스 또는 독성가스에 의하여 인적 피해가 발생한 것

⑤ **질식(산소결핍)사고** : 가스시설 등에서 산소의 부족으로 인한 인적 피해가 발생한 것
⑥ **파열사고** : 가스시설, 특정설비, 가스용기, 가스용품 등이 물리적 또는 화학적인 현상 등에 의하여 파괴되는 것

(3) LPG, LNG(도시가스) 누출 시 상황별 대처요령

① LPG의 경우 공기보다 무겁기 때문에 바닥으로 가라앉으므로 침착히 빗자루 등으로 쓸어내야 한다.
② 환풍기나 선풍기 등을 사용하게 되면 스위치 조작 시 발생하는 스파크에 점화될 수 있으므로 전기기구는 절대 조작하지 않는다.
③ LPG 판매점이나 도시가스(LNG) 관리 대행업소에 연락하여 필요한 조치를 받고 안전한지 확인 후 다시 사용한다.
④ 화재 발생 시에는 가스기구의 코크와 밸브를 잠근다.
⑤ 대형 화재일 경우 도시가스회사에 전화하여 그 지역에 보내지고 있는 가스를 차단해야 한다.

(4) 비상조치

① **가스사고 시 비상조치**

㉠ 용기에서 가스 누출 시 가스 종류를 파악하고 가스의 특성과 잠재위험성을 파악한다.
㉡ 누출되는 가스가 흄으로 변하는지, 어떤 색깔인지, 증기 비중이 어떠한지(공기보다 가벼운지 또는 무거운지) 또는 특이한 냄새가 나는지 등을 파악한다.
㉢ 누출되는 가스가 독성인데 개방공간에 있다면 바람이 불어오는 방향으로 적정거리를 벗어나야 한다.
㉣ 누출되는 가스가 가연성이면 환기가 잘되는 지역에 두어야 하고, 그 주변의 점화원을 제거해야 한다.
㉤ 용기 내에서 액체 상태로 취급되는 가스는 가스 상태로 누출되도록 실린더를 움직이고, 누출량이 감소하도록 조치해야 한다.
㉥ 독성가스 누출 시 적절한 보호구를 착용하지 않고는 접근하지 않는다.
㉦ 액화가스(공기, 산소 제외)는 제한되거나 또는 환기가 불량한 장소에서 누출되면 잠재적인 질식 위험이 존재하므로 주의가 필요하다.
㉧ 가스 중독자가 발생하면 중독자를 안전한 장소(신선한 공기가 있는 곳)로 이동하여 편한 자세로 쉬게 해야 한다.
㉨ 가스 중독자는 모포 등으로 몸을 따뜻하게 유지할 필요가 있으며 필요에 따라서는 산소호흡 등의 응급처치를 해야 한다.

㉧ 적절한 개인보호구를 착용하지 않은 사람은 파악되지 않은 누출되는 용기에 접근을 금지해야 한다.

불활성, 비독성, 산화성 가스 및 초저온 액체	보안경, 전신 보호복, 안전 장갑(가죽 장갑), 안전화, 호흡용 보호구(최소 2세트)
인화성 가스	보안경, 방염복, 방열장갑, 안전화, 호흡용 보호구(최소 2세트)
부식성이 없는 독성가스	보안경, 전신 작업복, 안전 장갑(가죽 장갑), 안전화, 호흡용 보호구(최소 2세트)
부식성 있는 독성가스	보안경 및 보안면, 내산복, 내산장갑 및 내산장화, 호흡용 보호구(최소 2세트)
HF 등 특수가스	추가적인 보호구 필요

② 가스사고 시 대응방안

㉠ 가열된 용기는 폭발하거나 로켓처럼 비산할 위험이 있으므로 주의해야 한다.

㉡ 안전한 거리에서 용기에 물을 뿌려 냉각한다.

㉢ 용기에서 누출되는 가스에 붙은 불을 끄는 것이 안전하지 않다면, 용기의 냉각 시에 불이 꺼지지 않도록 주의한다.

㉣ 일부 가스(아세틸렌, 산화에틸렌, 1,3-부타디엔, 유기금속, 디보란 등)는 열적으로 불안정하여 용기 내부의 발열반응을 초래할 수 있기 때문에 용기의 내용물을 우선적으로 파악해야 한다.

㉤ 화재가 진압된 후에 적어도 24시간 동안 용기에 접근하지 말고 감시하여 냉각상태임을 확인해야 한다.

㉥ 용기에 접근해도 안전한 것으로 확인되면 해당 용기에 화재에 노출되었음을 명확히 표시하고 가스공급사의 자문을 받기 위해 별도로 보관한다.

㉦ 누출 부위가 밸브 출구측 연결부위라면 연결부 접합면을 청소하고, 손상 여부를 확인한 후 새로운 개스킷을 사용하여 재조정한다.

㉧ 누출되는 가스가 가연성이면 환기가 잘 되는 지역에 두어야 하고, 그 주변의 점화원을 제거한다.

㉨ 산소가 제한되거나 또는 환기가 불량한 장소에서 누출되면 산소 과잉 분위기를 만들어 질식을 예방한다.

㉩ 질식을 일으킬 수 있는 가스가 공간적으로 제한되거나 환기가 불량한 장소에서 누출되는 경우에는 공기호흡기가 없거나 산소농도가 부피기준 20% 이상으로 확인되지 않으면 출입을 금지한다.

㉪ 가연성 초저온가스가 공간적으로 제한되거나 환기가 불량한 장소에서 누출 시에는 모든 점화원을 엄격히 통제해야 한다.

㉫ LPG의 누출의 경우에는 공기보다 무겁기 때문에 바닥으로 가라앉으므로 침착히 빗자루 등으로 쓸어내야 한다.

㉫ LPG의 누출의 경우에는 환풍기나 선풍기 등을 사용하면 스위치 조작 시 발생하는 스파크에 의해 점화될 수 있으므로 전기기구를 절대 조작하지 않는다.

㉬ LPG 판매점이나 도시가스 관리 대행업소에 연락하여 필요한 조치를 받고 안전한지 확인한 후 다시 사용한다.

3 연구실 화학물질 · 가스 사고 예방

(1) 진단 및 점검

※ Page. 23 참고

(2) 사고예방 설비

① 사고예방설비기준(「고압가스안전관리법 시행규칙」 별표 8)

㉠ 고압가스설비에는 그 설비 안의 압력이 최고허용사용압력을 초과하는 경우 즉시 그 압력을 최고허용사용압력 이하로 되돌릴 수 있는 안전장치를 설치하는 등 필요한 조치를 할 것

㉡ 독성가스 및 공기보다 무거운 가연성가스의 저장시설에는 가스가 누출될 경우 이를 신속히 검지하여 효과적으로 대응할 수 있도록 하기 위하여 필요한 조치를 할 것

㉢ 위험성이 높은 고압가스설비(내용적 5천L 미만의 것은 제외)에 부착된 배관에는 긴급 시 가스의 누출을 효과적으로 차단할 수 있는 조치를 할 것

㉣ 가연성가스(단 암모니아, 브롬화메탄, 공기 중에서 자기 발화하는 가스는 제외)의 저장설비 중 전기설비는 그 설치장소 및 그 가스의 종류에 따라 적절한 방폭성능을 가진 것일 것

㉤ 가연성가스의 가스설비실 및 저장설비실에는 누출된 고압가스가 체류하지 아니하도록 환기구를 갖추는 등 필요한 조치를 할 것

㉥ 저장탱크 또는 배관에는 그 저장탱크가 부식되는 것을 방지하기 위하여 필요한 조치를 할 것

㉦ 가연성가스저장설비에는 그 설비에서 발생한 정전기가 점화원으로 되는 것을 방지하기 위하여 필요한 조치를 할 것

② 과압안전장치

㉠ 종류 및 선정기준

ⓐ 안전밸브 : 기체 및 증기의 압력상승을 방지하기 위해 설치

ⓑ 파열판 : 급격한 압력상승, 독성가스의 누출, 유체의 부식성 또는 반응생성물의 성상 등에 따라 안전밸브를 설치하는 것이 부적당한 경우에 설치

ⓒ 릴리프밸브 또는 안전밸브 : 펌프 및 배관에서 액체의 압력상승을 방지하기 위해 설치

ⓓ 자동압력제어장치 : 안전밸브·파열판·릴리프밸브와 병행 설치할 수 있고, 고압가스설비 등의 내압이 상용의 압력을 초과한 경우 그 고압가스설비 등으로의 가스 유입량을 줄이는 방법 등으로 그 고압가스설비 등 내의 압력을 자동적으로 제어하기 위해 설치

㉡ 설치 위치 : 과압안전장치는 고압가스설비 중 압력이 최고허용압력 또는 설계압력을 초과할 우려가 있는 다음의 구역마다 설치한다.

ⓐ 액화가스 저장능력이 300kg 이상이고 용기 집합장치가 설치된 고압가스설비

ⓑ 내·외부 요인에 따른 압력상승이 설계압력을 초과할 우려가 있는 압력용기 등

ⓒ 토출 측의 막힘으로 인한 압력상승이 설계압력을 초과할 우려가 있는 압축기(다단 압축기의 경우에는 각 단) 또는 펌프의 출구측

ⓓ 배관 내의 액체가 2개 이상의 밸브로 차단되어 외부 열원으로 인한 액체의 열팽창으로 파열이 우려되는 배관

ⓔ 압력 조절 실패, 이상 반응, 밸브의 막힘 등으로 압력상승이 설계압력을 초과할 우려가 있는 고압가스설비 또는 배관 등

㉢ 작동압력 : 고압가스설비 등 내의 내용적의 98%까지 팽창하게 되는 온도에 대응하는 해당 고압가스설비 등 내의 압력에서 작동한다.

③ 가스누출감지경보기

㉠ 설치대상 : 독성가스 및 공기보다 무거운 가연성가스의 저장설비

※ 하나의 감지 대상 가스가 가연성이면서 독성인 경우 독성가스를 기준으로 하여 감지경보장치를 선정한다.

㉡ 검출부

ⓐ 설치장소 및 개수

- 건축물 안 : 누출한 가스가 체류하기 설비군의 바닥면 둘레 10m마다 1개 이상의 비율로 계산한 수를 설치
- 건축물 밖 : 누출한 가스가 체류할 우려가 있는 설비군의 바닥면 둘레 20m마다 1개 이상의 비율로 계산한 수를 설치
- 독성가스 : 독성가스의 충전용 접속구 군의 주위에 1개 이상 설치

ⓑ 검출부 설치 높이 : 가스 비중, 주위상황, 가스설비 높이 등 조건에 따라 적절한 높이에 설치

- 가스비중 > 1 : 바닥면에서 30cm 이내의 높이에 설치
- 가스비중 < 1 : 천장면에서 30cm 이내의 높이에 설치
- 건축물 밖에 설치되는 경우 풍향, 풍속 및 가스의 비중을 고려하여 설치

㉢ 경보부(램프 전멸부)

ⓐ 설치위치 : 실험자가 상주하는 곳에 가능한 한 가스의 누출 부위 가까이 설치(경보가 울린 후 각종 조치를 하기 위함)

ⓑ 경보농도·지시계 눈금

	경보농도	지시계 눈금(명확히 지시하는 범위)
가연성 가스	폭발하한계의 4분의 1 이하	0~폭발하한계 값
독성가스	TLV-TWA 기준 농도 이하	0~TLV-TWA 기준 농도의 3배 값(암모니아를 실내에서 사용하는 경우에는 150ppm)

※ 경보설정값은 전문가, 안전보건관리자 만이 변경이 가능토록 특수공구에 의해 열 수 있는 잠금장치 또는 암호 등으로 평상시 관리해야 한다.

ⓒ 경보 정밀도

- 가연성 가스 : 경보 농도 설정치에 대하여 ±25% 이하
- 독성가스 : 경보 농도 설정치에 대하여 ±30% 이하

※ 전원의 전압 등 변동이 ±10% 정도일 때에도 저하되지 않아야 한다.

ⓓ 검지에서 발신까지 걸리는 시간

- 경보 농도의 1.6배 농도에서 30초 이내
- 단, 검지경보장치의 구조상이나 이론상 30초가 넘게 걸리는 가스(암모니아, 일산화탄소 등)에서는 1분 이내

ⓔ 경보 방식

- 경보는 램프의 점등 또는 점멸과 동시에 경보를 울리는 것이어야 한다.
- 경보는 접촉연소 방식, 격막갈바니전지 방식, 반도체 방식, 그 밖의 방식으로 검지 엘리먼트의 변화를 전기적 신호에 의해 이미 설정하여 놓은 가스농도(이하 경보농도)에서 자동적으로 울리는 것으로 한다.
- 가연성가스 경보기는 담배연기 등에 경보하지 않아야 한다.
- 독성가스용 경보기는 담배연기, 기계 세척유 가스, 등유의 증발가스, 배기가스 및 탄화수소계 가스 등 잡가스에는 경보하지 않아야 한다.
- 경보를 발신한 후에는 원칙적으로 분위기 중 가스농도가 변화하여도 계속 경보를 울리고, 그 확인 또는 대책을 조치할 때는 경보가 정지되어야 한다.

㉣ 검지경보장치 구조

ⓐ 암모니아를 제외한 가연성가스의 감지경보장치는 방폭성능을 갖는 것으로 한다.

ⓑ 수신회로가 작동상태에 있는 것을 쉽게 식별할 수 있는 것이어야 한다.

㉤ 고장신호

ⓐ 고장신호를 경보하는 경우

- 감지기의 입력전원 고장

• 회로보호 장치의 개방
• 원격감지기 헤드에 접속되는 한 개 이상의 회로 개방
• 사용 범위의 10%에 달하는 0(제로) 이하의 하강 표시

ⓑ 경보나 고장신호를 중지시키는 스위치 기준

• 감지기가 정상적인 상태로 전환되었을 때 경보, 고장신호가 자동적으로 작동해야 한다.
• 고장상태일 때 특유의 시각 또는 청각신호나 출력신호를 발생해야 한다.
• 현장 감지기의 시각경보 지시가 작동해야 한다.

④ **긴급차단장치**

㉠ 설치 위치 : 사용시설의 저장설비에 부착된 배관 주변으로 가스 누설 시 안전한 위치(외면으로부터 5m 이상 떨어진 위치)

㉡ 비상차단밸브가 자동으로 닫혀야 하는 경우

ⓐ 가스감시설비가 작동되었을 경우
ⓑ 정전이 16초 이상 지속되는 경우
ⓒ 캐비닛에 설치되어 있는 화재감지기가 작동되었을 때
ⓓ 과류방지스위치가 작동되었을 때
ⓔ 지진이 발생했을 경우

⑤ **역류방지장치** : 독성가스의 감압설비와 그 가스의 반응설비간의 배관에는 긴급 시 가스가 역류되는 것을 효과적으로 차단할 수 있는 역류방지장치를 설치한다.

⑥ **역화방지장치** : 가연성가스를 압축하는 압축기와 오토크레이브와의 사이 배관에는 가스가 역화되는 것을 효과적으로 차단할 수 있는 역화방지장치를 설치한다.

⑦ **환기설비** : 가연성가스의 저장설비실에는 누출된 가스가 체류하지 않도록 환기설비를 설치하고 환기가 잘 되지 아니하는 곳에는 강제환기시설을 설치한다.

㉠ 공기보다 가벼운 가연성가스 : 가스의 성질, 처리·저장하는 가스의 양, 설비의 특성, 실내의 넓이 등을 고려하여 충분한 면적을 가진 2방향 이상의 개구부 또는 강제환기시설을 설치하거나 이들을 병설하여 환기를 양호하게 한 구조로 한다.

㉡ 공기보다 무거운 가연성가스 : 가스의 성질, 처리·저장하는 가스의 양, 설비의 특성, 실내의 넓이 등을 고려하여 충분한 면적을 가진 바닥면에 접한 2방향 이상의 개구부 또는 바닥면 가까이에 흡입구를 갖춘 강제환기시설을 설치하거나 이들을 병설하여 주로 바닥면에 접한 부분의 환기를 양호하게 한 구조로 한다.

⑧ **부식방지설비** : 부식성 있는 가스의 수송용 배관에는 해당 가스에 침식되지 않는 재료를 사용하며 배관내면의 부식 정도에 따른 부식 여유를 두거나 코팅 등으로 내면 부식방지조치를 한다.

(3) 안전유지기준

① 안전유지기준(「고압가스안전관리법 시행규칙」 별표 8)

㉠ 고압가스설비 중 진동이 심한 곳에는 진동을 최소한도로 줄일 수 있는 조치를 할 것

㉡ 고압가스설비를 이음쇠로 접속할 때에는 그 이음쇠와 접속되는 부분에 잔류응력이 남지 않도록 조립하고 이음쇠밸브류를 나사로 조일 때에는 무리한 하중이 걸리지 않도록 해야 하며, 상용압력이 19.6MPa 이상이 되는 곳의 나사는 나사게이지로 검사한 것일 것

㉢ 안전밸브 또는 방출밸브에 설치된 스톱밸브는 그 밸브의 수리 등을 위하여 특별히 필요한 때를 제외하고는 항상 완전히 열어 놓을 것

㉣ 산소 외의 고압가스의 저장설비의 기밀시험이나 시운전을 할 때에는 산소 외의 고압가스를 사용하고, 공기를 사용할 때에는 미리 그 설비 중에 있는 가연성가스를 방출한 후에 실시해야 하며, 온도를 그 설비에 사용하는 윤활유의 인화점 이하로 유지할 것

㉤ 가연성가스 또는 산소의 가스설비의 부근에는 작업에 필요한 양 이상의 연소하기 쉬운 물질을 두지 않을 것

㉥ 석유류・유지류 또는 글리세린은 산소압축기의 내부윤활제로 사용하지 않고, 공기압축기의 내부윤활유는 재생유가 아닌 것으로서 사용 조건에 안전성이 있는 것일 것

㉦ 가연성가스 또는 독성가스의 저장탱크의 긴급차단장치에 딸린 밸브 외에 설치한 밸브 중 그 저장탱크의 가장 가까운 부근에 설치한 밸브는 가스를 송출 또는 이입하는 때 외에는 잠가 둘 것

㉧ 충전용기를 이동하면서 사용할 때는 손수레에 단단하게 묶어 사용해야 하며 사용 종료 후에는 용기보관실에 저장해 둘 것

㉨ 고압가스의 충전용기밸브는 서서히 개폐하고 밸브 또는 배관을 가열할 때에는 열습포나 40℃ 이하의 더운 물을 사용할 것

㉩ 산소를 사용할 때에는 밸브 및 사용기구에 부착된 석유류・유지류, 그 밖의 가연성물질을 제거한 후 사용할 것

㉪ 용기에 충전된 고압가스(가연성가스 및 독성가스만 해당)를 사용한 후에는 해당 용기를 공급자 또는 전문기관을 통해 처리하는 등 안전을 위해서 필요한 조치를 할 것

② 가스설비 유지관리(특정고압가스 사용의 시설・기술・검사기준)

㉠ 사용시설에 설치된 밸브 또는 콕에는 그 명칭 또는 플로시트(flow sheet)에 의한 기호, 번호 등을 표시하고 그 밸브 등의 핸들 또는 별도로 부착한 표시판에 해당 밸브 등의 개폐 방향을 명시할 것

㉡ 밸브 등이 설치된 배관에는 내부 유체의 종류를 명칭 또는 도색으로 표시하고 흐름 방향을 표시할 것

㉢ 안전상 중대한 영향을 미치는 밸브 등에는 그 개폐 상태를 명시하는 표시판을 부착하고 특히 중요한 조정밸브 등에는 개도계(開度計)를 설치할 것

㉣ 안전상 중대한 영향을 미치는 안전밸브의 주밸브 및 보통 사용하지 않는 밸브 등(단, 긴급용은 제외)은 함부로 조작할 수 없도록 자물쇠의 채움, 봉인, 조작금지 표시의 부착이나 조작 시에 지장이 없는 범위 내에서 핸들을 제거하는 등의 조치를 하고, 내압·기밀시험용 밸브 등은 플러그 등의 마감 조치로 이중차단기능이 이루어지도록 강구할 것

㉤ 계기판에 설치한 긴급차단밸브, 긴급방출밸브 등의 버튼핸들(button handle), 노칭디바이스핸들(notching device handle) 등에는 오조작 등 불시의 사고를 방지하기 위해 덮개, 캡 또는 보호장치 등의 조치를 함과 동시에 긴급차단밸브 등의 개폐상태를 표시하는 시그널램프 등을 계기판에 설치할 것

㉥ 긴급 차단밸브의 조작 위치가 2곳 이상일 경우 보통 사용하지 않는 밸브 등에는 '함부로 조작하여서는 안 된다'라는 표시와 그것을 조작할 때의 주의사항을 표시할 것

㉦ 밸브 등의 조작위치에는 그 밸브 등을 확실하게 조작할 수 있도록 필요에 따라 발판을 설치할 것

㉧ 밸브 등을 조작하는 장소는 조도가 150Lx 이상이며, 이 경우 계기판에는 비상조명장치를 설치할 것

㉨ 밸브 등의 조작에 유의해야 할 사항을 작업 기준 등에 정하여 작업원에게 주지시킬 것

㉩ 밸브 등을 조작할 때 관련된 가스설비 등에 영향을 미치는 밸브 등의 조작은 조작 전후에 관계처와 긴밀한 연락을 취하여 상호 확인하는 방법을 강구할 것

㉪ 액화가스의 밸브 등은 액봉 상태로 되지 않도록 폐지 조작할 것

㉫ 법에 따른 시설 중 계기실 이외에서 밸브 등을 직접 조작하는 경우에는 계기실에 있는 계기의 지시에 따라 조작할 필요가 있으므로 계기실과 해당 조작 장소 간에 통신시설로 긴밀한 연락을 취하면서 적절하게 대처할 것

㉬ 밸브 등에 무리한 힘을 가하지 않도록 직접 손으로 조작하는 것을 원칙으로 해야 하며, 직접 손으로 조작하기 어려운 밸브는 밸브렌치(valve wrench) 등을 사용할 것

㉭ 밸브 등의 조작에 밸브렌치 등을 사용하는 경우에는 해당 밸브 등의 재질 및 구조에 따라 안전한 개폐에 필요한 표준 토크를 조작력 등의 일정 조작 조건에서 구하여 얻은 길이의 밸브렌치 또는 토크렌치(torque wrench)로 조작해야 하며 밸브와 밸브렌치 등에도 소정의 표시를 부착해야 할 것

③ **사고예방설비 유지관리** : 정전기 제거 설비를 정상상태로 유지하기 위하여 지상에서 접지 저항치, 지상에서의 접속부의 접속 상태, 지상에서의 절선 그 밖에 손상 부분의 유무를 확인해야 할 것

(4) 가스사고 예방방법

① 일반적 사항

㉠ 표지

ⓐ 가스의 종류에 따라 적절한 경고 표지를 부착한다.

ⓑ 가스 용기는 사용 여부를 표기한다.

ⓒ 모든 가스탱크에 대해서는 내용물에 대해 또렷한 표기가 필요하다.

㉡ 보관 상의 주의사항

ⓐ 구분 보관

- 충전용기와 빈 용기를 구분하여 보관해야 하며, 다른 용기와 함께 보관하지 않아야 한다.
- 가스저장 시설에는 실험용가스 성분과 종류별로 보관한다.
- 가스의 종류별로 격리하고 구분하여 적재한다.

ⓑ 고정 보관

- 가스용기의 전도 방지를 위하여 안전하게 고정한다(브라켓 또는 안전밸브).
- 가스 실린더 보관대는 실린더 바닥으로부터 1/3, 2/3지점 2개소에 체인이나 메탈스트랩(metal strap) 등을 이용하여 고정해야 하며, 스트랩은 불연성 재질을 사용해야 한다.
- 노후한 용기는 반납하고, 넘어지지 않도록 잘 묶어서 보관한다.

ⓒ 보관 장소

- 용기는 직사광선을 피하고 통풍이 가능한 곳에 세워 40℃ 이하로 보관한다.
- 가연성 용기는 통풍이 잘 되는 옥외 장소에 설치한다.
- 독성가스용 용기는 옥외저장소 또는 실린더캐비닛 내 설치한다.
- 액체질소, 액체알곤 등 불활성 초저온가스(이산화탄소 포함) 용기는 지하실 및 밀폐공간에서 보관, 사용금지한다.

ⓓ 화재・폭발 예방

- 인화성 가스를 취급하는 가스 공급설비는 반드시 정전기 제거용 접지가 필요하다.
- 실내 가스 저장소 내 전기시설은 방폭 및 정전기 제거시설을 갖추고 있어야 한다.
- 산소나 아세틸렌 실린더는 전류가 통하고 있는 전선이나 전기기구의 접지선과의 접촉을 방지한다.
- 조연성(산소, 이산화질소 등) 및 가연성가스(아세틸렌, LPG, 수소 등) 주위에는 화기 및 물질을 가까이 두지 말아야 한다.
- 가연성・조연성・독성가스는 혼합 시 폭발의 가능성이 있으므로 항상 따로 저장하거나 방호벽을 세워 3m 이상 떨어뜨려 저장해야 한다.
- 아세틸렌 실린더를 저장하거나 사용 시에는 아세틸렌이 새어 나가는 것을 피하기 위해 항상 밸브 끝을 위로 가게 저장하거나 사용해야 한다.

ⓔ 점검

- 옥외 설치 가스 배관에 대한 부식여부 등 이상 여부를 점검한다.
- 가스저장소 등 가스설비의 주기적 점검을 실시한다.

㉢ 취급 상의 주의사항

ⓐ 사용 전 주의사항

- 가스의 사용 현황 및 유해성 정보 등 파악한다.
- 유효시간과 압력시험 합격을 확인하고 사용한다.
- 가스 사용 전 누출 검사와 압력조절기의 정상적 작동 여부를 확인한다.

ⓑ 보호구

- 실험실 내에서는 긴바지를 착용한다.
- 독성가스 특성을 고려한 호흡용 보호구 비치 및 사용관리

ⓒ 누출 확인

- 비눗물이나 점검액으로 배관, 호스 등의 연결부분을 수시로 점검, 가스의 누출 여부를 확인한다.
- 가연성 및 독성가스는 사용하는 연구실은 가스 누출을 감지할 수 있는 가스 누출감지 경보장치를 설치한다.
- 가스누출감지경보기의 작동이 잘 되고 있는지 수시로 확인한다.
- 용단 전 냉각 후 테스트 홀을 통하여 가스 누출을 감지한다.
- 상시 가스 누출 검사를 실시한다.

ⓓ 유지 관리

- 연소기는 항상 깨끗이 하여 노즐이 막히지 않도록 청소한다.
- 독성, 가연성가스 퍼지 후 가스 잔류 여부를 확인한다.
- 퇴실 전후 가스 밸브의 개폐 여부를 반드시 확인한다.

ⓔ 사용 장소 조건

- 가스 공급실 내의 온도는 23±2℃, 상대습도는 50±10%를 유지하여 정전기에 의한 스파크를 방지해야 한다.
- 밀폐된 공간에서 액체질소, 이산화탄소 등 다량의 불연성 가스를 취급·보관하는 경우 바닥으로부터 약 1.5m 위치에 산소농도측정기 설치한다.
- 독성 또는 가연성가스 실린더를 창문, 문 또는 다른 실험실 작업장의 구멍 근처에 설치하지 않는다.
- 가연성가스를 취급하는 시설 및 설비를 설계하거나 운전 절차서를 작성하는 때는 0종 장소 또는 1종 장소의 수와 범위가 최소화되도록 하고, 1차 누출등급 또는 연속 누출등급의 공정설비 사용이 불가피한 경우에는 가연성가스의 누출이 최소화되도록 해야 한다.

- 공정설비가 비정상적으로 운전되는 경우에도 대기로 누출되는 가연성가스의 양이 최소화되도록 해야 한다.
- 가연성가스 취급 시설 및 설비를 변경하거나 운전 절차서를 변경하는 때는 폭발 위험장소 구분을 다시 해야 한다.
- 위험장소 구분 작업은 가능한 한 가연성가스의 특성, 확산 원리 및 공정설비의 기술에 관한 전문지식을 보유한 방폭시설 설계사가 해야 한다.

ⓕ 점검

- 액화이산화탄소, 액화질소, 액화산소, 액화헬륨과 같은 가스를 충전한 진공 단열된 소형 초저온 용기(예 진공 보온병)는 진공 단열성능 주기적 확인이 필요하다(단열성능 상실시 초저온가스의 증발률이 증가되어 극단적인 경우에 안전밸브 또는 개방부를 통해 증기운을 방출시킬 수 있다).
- 가스 라인은 주 1회 이상 누출 시험을 실시한다.

ⓖ 안전장치

- 실험실에 있는 가스실린더는 수동 차단 밸브를 가지고 있어야 하며 최대 사용압력으로 설계한다.
- 연구 장비의 과압 발생 여부를 확인할 수 있도록 압력센서를 설치하고 상시 모니터링 해야 한다.
- 독성가스 용기는 실린더 캐비닛에 보관하고 중화 제독장치, 자동 차단밸브 등 안전설비를 갖추고 사용한다.
- 인화성 및 독성가스의 경우, 가스 흐름 자동차단장치는 평상시에는 닫혀 있어야 하고, 개방상태는 공기 압력으로 유지되어야 한다.
- 압축 및 액화가스(실란, 아르신, 포스핀, 디보란, 수소, 메탄, 디실란, 수소화게르마늄, 셀렌화수소, 황화수소 및 수소화안티몬)를 수용하고 있는 실린더에는 유량제한오리피스(RFO)를 실린더 밸브 본체에 설치한다.
- 인화성 가스의 고압가스는 역화방지장치를 반드시 설치하여 불꽃이 연료 또는 조연제인 산소로 유입되는 것을 차단하여 폭발사고를 예방해야 한다.

ⓗ 사용 상의 주의사항

- 스티로폼 등 가연물 주변, 인화성 물질 취급설비(용기, 배관 등) 근처 및 인화성 물질 취급 밀폐공간에서 화기작업(용접·용단 등)을 하지 않는다.
- 산소 밸브를 열 때는 천천히 연다(가스가 고속으로 분출되면 그 전면에 충격파가 생겨 고온이 되고 다시 기류가 배관으로 충돌하면 더욱 온도가 올라가 폭발 가능).
- 산소와 점화원은 제거가 불가능해 가연물에 대한 집중관리(격리, 제거, 방호)가 중요하다.
- 65℃를 초과하는 온도에 가열된 용기는 내부 가스 압력의 증가, 가스 자체의 불안정성으로 인해 심각한 위험을 일으킬 수 있으므로 주의가 필요하다.

• 용기가 화재 내부에 있지 않은 경우에도 복사열에 의한 가열로 위험할 수 있으므로 주의가 필요하다.
• 폭발성 가스 분위기가 존재할 가능성이 있는 경우에는 점화원 주위에서 폭발성 가스 분위기가 형성될 가능성 또는 점화원을 제거한다.
• 압력조절기의 밸브를 갑자기 열게 되면 가스 흐름이 빨라져 마찰열 또는 정전기로 인한 사고 위험이 있으므로 주의해야 한다.

ㄹ 이동 상의 주의사항

ⓐ 가스 용기를 이동할 경우 가스 용기 밸브는 닫힌 상태여야 하고, 조정기를 분리한 후에는 가스 용기의 캡을 씌워서 이동한다.

ⓑ 연구실 내에서 단거리 수평이동시킬 때는 가스용기를 양손으로 기울여 잡고, 한 손으로는 가스용기의 캡을, 다른 한 손으로는 가스용기의 중앙부를 지지하면서 용기 밑의 둘레로 굴려서 옮기도록 한다.

② 역할별 가스사고 예방방법

㉠ 가연성가스 누출·폭발

ⓐ 연구실책임자, 연구활동종사자
• 가연성가스용기는 통풍이 잘 되는 옥외장소에 설치
• 가연성가스 검지기 설치 및 관리
• 가스용기 고정 장치 설치
• 상시 가스 누출 검사 실시

ⓑ 연구실안전환경관리자
• 주요 가스 사용 현황 및 정보 파악
• 옥외 설치 가스배관에 대한 부식여부 등 이상 여부 점검
• 가스저장소 등 가스설비의 주기적 점검 실시
• 가스누출경보장치의 주기적인 검·교정 실시

㉡ 독성가스 누출

ⓐ 연구실책임자, 연구활동종사자
• 독성가스용기는 옥외저장소 또는 실린더캐비닛 내 설치
• 독성가스 특성을 고려한 호흡용 보호구 비치 및 사용 관리
• 상시 가스 누출 검사 실시

ⓑ 연구실안전환경관리자
• 주요 가스 사용 현황 및 정보 파악
• 옥외 설치 가스배관에 대한 부식여부 등 이상 여부 점검
• 독성가스저장소 등 가스설비의 주기적 점검 실시

Chapter 04 화학시설(장비) 설치 · 운영 및 관리

1 고압설비 안전관리

(1) 고압위험

① 고압 발생 원인

㉠ 설비고장, 사용자 오류, 설계 오류 및 기타 다양한 문제들로 인해 특정 압력을 벗어나 높은 압력이 발생할 수 있다.

㉡ 여러 단위 반응들이 공정조건이나 다른 요인에 의해 온도가 급상승하며 폭주반응이 일어날 수 있고 그 결과 생성된 압력으로 고압이 발생할 수 있다.

㉢ 증류 실험 시 발생된 증기의 압력이 높아져 증류기가 폭발할 수 있다.

㉣ 외부 화재, 대기온도, 설비파손, 운전 중 오작동, 냉각수 차단, 유틸리티 차단, 폭주 반응, 설비 내 이상 폭발 등에 의해 고압이 발생될 수 있다.

② 고압발생으로 인한 결과 : 공정장치의 손상이나 고장 유발, 독성 또는 인화성 물질의 누출, 폭발로 인한 장치의 파열 등 물적 · 인적 재해를 유발한다.

(2) 압력용기

① 압력용기의 종류

㉠ 저장탱크(storage tank) : 장치의 전후에 공급되거나 생산되는 원료, 중간제품, 제품 혹은 부대설비 등의 가스 상태 또는 액체를 저장하는 대형용기를 말한다. 원료유를 저장하는 원통형(storage tank)과 구형용기(ball tank) 등이 있다.

㉡ 홀더(holder) : 도시가스, 천연가스, 불활성가스 등을 가스 상태로 저장하는 대용량 저장탱크로, 일반적으로 가스 홀더(gas holder)라고 부른다. 대개는 상압 용기이지만, 최근에는 저압 혹은 중압용기로도 사용하고 있다.

㉢ 반응기(reactor) : 원료들이 그 안에서 목적하는 화합물로 전환하도록 제작된 용기로서 반응을 촉진 · 통제하여 반응조건을 유지할 수 있는 장치와 여러 가지 계측 장치가 부착된 장치가 있다. 반응제어 실패에 따라 누출, 화재, 폭발을 일으킬 수 있다.

ⓐ 조작방법에 따라 회분식 균일상 반응기, 반회분식 반응기, 연속식 반응기로 구분

ⓑ 구조방식에 따라 관형반응기, 탑형 반응기, 교반조형 반응기, 유동층형 반응기로 구분

ⓒ 접촉, 가열방식에 따라 자켓형, 코일형 등으로 구분

㉣ 증류설비(column 또는 tower) : 액체 혼합물에서 각 성분의 증기압의 차를 이용하여 고비점 성분과 저비점 성분을 분리하는 설비를 말한다. 증류탑, 충전물이 내장된 충전탑, 트레이를 갖춘 트레이 타워(tray tower) 등이 있다.

※ 증류 방식에 따라 상압증류탑(atmospheric tower), 감압증류탑(vacuum tower), 스트리퍼(stripper), 스태빌라이저(stabilizer) 등으로 구분

㉤ 열교환기(heat exchanger) : 두 개의 유체 간에 열을 주고받도록 하게 하는 장치를 말한다. 넓은 의미로는 가열기, 냉각기, 응축기 등도 포함되나 보통은 열의 회수를 목적으로 하는 장치를 말한다.

ⓐ 열교환 방식에 따라 냉각기, 가열기, 응축기, 증발기 등으로 구분

ⓑ 형태에 따라 다관형, 이중관형(double pipe type), 블록형(block type), 판형(plate type) 등으로 구분

② 압력 보호가 필요한 공정장치

㉠ 반응기, 저장탱크, 열교환기, 탑조류 및 드럼 등을 포함한 모든 용기

㉡ 열(태양열과 같은) 혹은 냉동에 노출된 차가운 액체로 충전된 폐쇄된 라인

㉢ 압력보호가 필요한 정변위펌프(positive displacement pump), 압축기 및 터빈류

㉣ 저장용기는 밀폐된 용기에 펌핑 또는 밖으로 펌핑하거나 응축에 의한 진공 생성으로부터 보호하기 위해 압력 및 진공 보호 필요

㉤ 용기형태의 수증기 재킷은 종종 저압수증기로 제어되며, 공정 운전자의 실수 또는 조절기의 고장으로 인한 초과 수증기압 발생을 억제하기 위해 재킷에 압력보호장치 설치

(3) 폭발위험장소 및 방폭구조

① 폭발위험장소의 구분

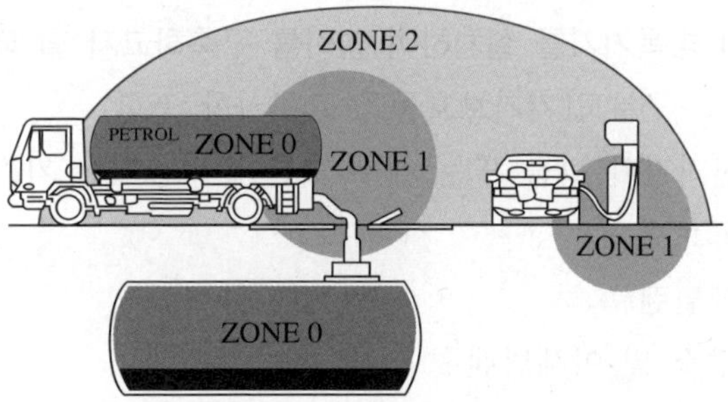

㉠ 0종 장소 : 가스, 증기 또는 미스트의 가연성 물질의 공기 혼합물로 구성되는 폭발 분위기가 장기간 또는 빈번하게 생성되는 장소

예 인화성·가연성 액체의 용기 또는 탱크 내부의 액면 상부 공간, 피트, 설비 내부 등

㉡ 1종 장소 : 가스, 증기 또는 미스트의 가연성 물질의 공기 혼합물로 구성되는 폭발 분위기가 정상작동 중에 생성될 수 있는 장소 중에 생성될 수 있는 장소

예 안전밸브 벤트 주위, 환기가 불충분한 컴프레서·펌프실 등

㉢ 2종 장소 : 가스, 증기 또는 미스트의 가연성 물질의 공기혼합물로 구성되는 폭발 분위기가 정상작동 중에는 생성될 가능성이 없으나, 만약 위험 분위기가 생성될 경우에는 그 빈도가 극히 희박하고 아주 짧은 시간 지속되는 장소

② 폭발위험장소 종별 추정 시 포함해야 하는 요소 : 누출등급, 환기유효성, 환기이용도

③ 위험장소별 방폭구조 선정기준(「산업안전보건기준에 관한 규칙」 제311조)

구분	방폭구조
0종 장소	• 본질안전방폭구조(ia) • 그 밖에 관련 공인 인증기관이 0종 장소에서 사용이 가능한 방폭구조로 인증한 방폭구조
1종 장소	• 내압방폭구조(d) • 압력방폭구조(p, px, py)(pz 사용불가) • 충전방폭구조(q) • 유입방폭구조(o) • 안전증방폭구조(e) • 본질안전방폭구조(ia, ib) • 몰드방폭구조(m) • 그 밖에 관련 공인 인증기관이 1종 장소에서 사용이 가능한 방폭구조로 인증한 방폭구조
2종 장소	• 0종 장소 및 1종 장소에서 사용가능한 방폭구조 • 비점화방폭구조(n) • 압력방폭구조(p, px, py, pz) • 그 밖에 2종 장소에서 사용하도록 특별히 고안된 비방폭형 구조

④ 방폭전기기기 성능 표시

방폭구조		폭발등급		온도등급
Ex	d	Ⅱ	C	T6

⑤ 폭발위험장소에 방폭기기를 설치하여 설비를 구축하고자 할 때 확인해야 하는 정보

㉠ 폭발위험장소 구분도(기기보호등급 요구사항 포함)

㉡ 요구되는 전기기기 그룹 또는 세부 그룹에 적용되는 가스·증기 또는 분진 등급 구분

ⓐ ⅡA : 프로판

ⓑ ⅡB : 에틸렌

ⓒ ⅡC : 수소 및 아세틸렌

ⓓ ⅢA : 가연성 부유물

ⓔ ⅢB : 비도전성 분진

ⓕ ⅢC : 도전성 분진

※ ⅡA 〈 ⅡB 〈 ⅡC : ⅡC로 표시된 기기는 ⅡA 또는 ⅡB 기기를 필요로 하는 지역에 사용할 수 있다.

※ ⅢA 〈 ⅢB 〈 ⅢC : ⅢC로 표시된 기기는 ⅢA 또는 ⅢB 기기를 필요로 하는 지역에 사용할 수 있다.

㉢ 가스나 증기의 온도등급 또는 최저발화온도

㉣ 기기의 용도

ⓐ 그룹 Ⅰ : 폭발성 갱내 가스에 취약한 광산에서의 사용

ⓑ 그룹 Ⅱ : 폭발성 갱내 가스에 취약한 광산 이외의 폭발성 가스 분위기가 존재하는 장소에서 사용

ⓒ 그룹 Ⅲ : 폭발성 갱내 가스에 취약한 광산 이외의 폭발성 분진이 존재하는 장소에서 사용

㉤ 외부 영향 및 주위온도

⑥ 폭발등급

[가연성 가스의 폭발등급 및 이에 대응하는 내압 방폭구조의 폭발등급]

최대안전틈새 범위(mm)	0.9 이상	0.5 초과 0.9 미만	0.5 이하
가연성 가스의 폭발등급	A	B	C
방폭 전기기기의 폭발등급	ⅡA	ⅡB	ⅡC

※ 비고 : 최대안전틈새는 내용적이 8L이고 틈새깊이가 25mm인 표준용기 안에서 가스가 폭발할 때 발생한 화염이 용기 밖으로 전파하여 가연성 가스에 점화되지 않는 틈새의 최댓값(안전간격, 화염일주한계)을 말한다.

※ ⅡA, ⅡB, ⅡC는 가스의 종류에 따라 구분한다(ⅡA : 프로판, ⅡB : 에틸렌, ⅡC : 수소 또는 아세틸렌).

[가연성 가스의 폭발등급 및 이에 대응하는 본질안전 방폭구조의 폭발등급]

최소점화전류비의 범위	0.8 초과	0.45 이상 0.8 이하	0.45 미만
가연성 가스의 폭발등급	A	B	C
방폭 전기기기의 폭발등급	ⅡA	ⅡB	ⅡC

※ 비고 : 최소점화전류비는 메탄의 최소점화전류값을 기준으로 한 대상이 되는 가스의 점화전류값의 비를 말한다.

⑦ 온도등급

온도등급	전기기기 최대표면온도	가연성 가스 발화도
T1	300℃ 초과 450℃ 이하	450℃ 초과
T2	200℃ 초과 300℃ 이하	300℃ 초과 450℃ 이하
T3	135℃ 초과 200℃ 이하	200℃ 초과 300℃ 이하
T4	100℃ 초과 135℃ 이하	135℃ 초과 200℃ 이하
T5	85℃ 초과 100℃ 이하	100℃ 초과 135℃ 이하
T6	85℃ 이하	85℃ 초과 100℃ 이하

※ 온도등급 : T6의 전기기기가 가장 성능이 좋은 것

예 T3 장소에서 사용할 수 있는 전기기기의 온도등급 : T3, T4, T5, T6

⑧ 방폭구조의 종류

종류	기호	그림	특징
내압방폭구조	d		• 용기 내부에서 폭발성 가스/증기가 폭발하였을 때 용기가 그 압력에 견디며, 접합면·개구부 등을 통해서 외부의 폭발성 가스/증기에 인화되지 않도록 한 구조이다. • 접합면에 패킹 대신 금속면을 사용하여 방폭 성능이 좋으나, 무겁고 비싸다. • 내부폭발에 의해 내부기기가 손상될 수 있다. • 일반적으로 큰 전류를 사용하는 전기기기의 방폭구조에 적합하다. • 개별기기 보호방식으로 전기기기 성능을 유지하기에는 적합하나 외부 전선의 보호는 불가능하여 제0종 장소에서 사용은 불가하다.
압력방폭구조	p		• 용기 내부에 보호가스(신선한 공기, 불연성 가스 등)를 압입하여 내부압력을 유지함으로써 폭발성 가스/증기가 용기 내부로 침입하지 못하도록 한 구조이다. • 내압방폭구조보다 방폭 성능이 우수한 반면, 보호기체 공급설비, 자동경보장치 등 부대설비로 인해 가격이 고가이다.
유입방폭구조	o		• 전기불꽃, 아크 또는 고온이 발생하는 부분을 기름 속에 넣고, 기름 면 위에 존재하는 폭발성 가스 또는 증기에 인화되지 않도록 한 구조이다. • 가연성 가스의 폭발등급에 관계없이 사용하여 적용범위가 넓은 반면, 기름 양 유지 및 기름 면의 온도상승을 억제해야 한다.
몰드(캡슐)방폭구조	m		• 폭발성 가스/증기에 점화시킬 수 있는 전기불꽃이나 고온 발생부분을 콤파운드로 밀폐시킨 구조 등을 말한다. • 유지보수가 필요 없는 기기를 영구적으로 보호하는 방법에 효과가 매우 크다. • 충격, 진동 등 기계적 보호효과도 매우 크다.
비점화방폭구조	n		• 정상동작 상태에서는 주변의 폭발성 가스/증기에 점화시키지 않고, 점화시킬 수 있는 고장이 유발되지 않도록 한 구조이다. • 제2종 장소 전용 방폭기구로 이용된다.
안전증방폭구조	e		• 정상운전 중에 폭발성 가스/증기에 점화원이 될 전기불꽃, 아크 또는 고온 부분 등의 발생을 방지하기 위하여 기계적, 전기적 구조상 또는 온도상승에 대해서 특히 안전도를 증가시킨 구조이다. • 구조가 튼튼하고 내부고장이 없으므로 비교적 안전성이 높은 반면, 불꽃 발생 시 방폭 성능이 보장이 안 된다. • 모터나 2종 지역에 사용 가능한 등기구에 많이 사용되는 구조이다.

종류	기호	그림	특징
본질안전방폭구조	ia/ib	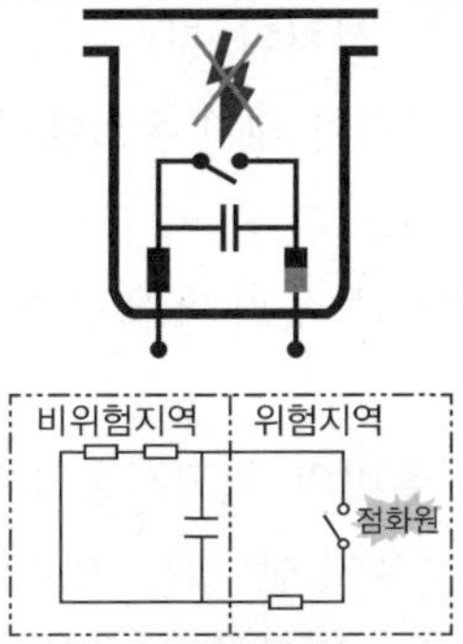	• 정상 시 및 사고 시(단선, 단락, 지락 등)에 발생하는 전기불꽃, 아크 또는 고온에 의하여 폭발성 가스/증기에 점화되지 않는 것이 점화시험 등으로 확인된 구조이다. • 경제적이며 소형, 무정전 작업이 가능한 반면, 설비가 복잡하고 케이블 허용길이가 제한된다. • 점화능력이 발생되지 못하도록 특수고장을 고려한 Ex ia와 기계설계 시 안전요소를 고려한 Ex ib 2가지로 구분한다.
충전방폭구조	q		점화원이 될 수 있는 전기불꽃, 아크 또는 고온부분을 용기 내부의 적정한 위치에 고정시키고 그 주위를 충전물질로 충전하여 내부 점화원이 폭발성 가스/증기와 접촉하는 것을 차단·밀폐하는 구조이다.

(4) 과압안전장치

① 릴리프밸브

㉠ 액체 취급 시 사용한다.

㉡ 밸브 설정 압력에 도달하면 밸브가 열리기 시작하고 열린 시트를 통해 액체가 배출된다.

㉢ 배출된 액체는 저장탱크와 펌프 흡입 측으로 되돌려지며 직접 밖으로 배출되지 않는다.

㉣ 밸브개방은 초과 압력의 증가량에 비례한다(설정압력에서 개방되고, 25% 과압에서 완전개방되며, 설정압력으로 복귀되면 닫힌다).

㉤ 스프링 작동 시 릴리프밸브는 크기, 작동 및 유지 관리가 적절하게 이루어지는 경우 가장 신뢰할 수 있다.

② 안전밸브

㉠ 정의

ⓐ 밸브의 입구 측의 압력이 상승하여 설정압력이 되었을 때 자동적으로 작동하여 밸브몸체가 열리고, 유체(증기 또는 가스)를 배출하여 압력이 정해진 값으로 강하하면 다시 밸브몸체가 닫히는 기능을 가진 밸브이다.

㉡ 안전밸브 또는 파열판 설치대상(「산업안전보건기준에 관한 규칙」 제261조)

ⓐ 압력용기(안지름이 150mm 이하인 압력용기는 제외하며, 압력용기 중 관형 열교환기의 경우에는 관의 파열로 인하여 상승한 압력이 압력용기의 최고 사용압력을 초과할 우려가 있는 경우)

ⓑ 정변위 압축기

- 정변위 펌프(토출 축에 차단밸브가 설치된 것)
- 배관(2개 이상의 밸브에 의하여 차단되어 대기 온도에서 액체의 열팽창에 의하여 파열될 우려가 있는 것)
- 해당 설비의 최고 사용압력을 초과할 우려가 있는 것

㉢ 설치기준

ⓐ 안전밸브 등을 통하여 보호하려는 설비의 최고사용압력 이하에서 작동되도록 하고, 안전밸브 등이 두 개 이상 설치된 경우에 한 개는 최고사용압력의 1.05배(외부화재를 대비한 경우에는 1.1배) 이하에서 작동되도록 설치할 수 있다.

ⓑ 안전밸브의 배출 용량은 그 작동 원인에 따라 각각의 소요 분출량을 계산하여 가장 큰 수치를 해당 안전밸브 등의 배출 용량으로 한다.

ⓒ 검사 주기마다 안전밸브가 적정하게 작동하는지 검사한 후 납으로 봉인하여 사용한다(단, 공기나 질소취급용기 등에 설치된 안전밸브 중 안전밸브 자체에 부착된 레버 또는 고리를 통하여 수시로 안전밸브가 적정하게 작동하는지를 확인할 수 있는 경우 제외).

ⓓ 납으로 봉인된 안전밸브를 해체하거나 조정할 수 없도록 조치한다.

ⓔ 안전밸브의 성능 확보를 위하여 안전밸브 등의 전단・후단에 차단밸브를 설치하지 않는다.

ⓕ 부득이하게(아래의 상황에) 안전밸브 전단・후단에 차단밸브를 설치할 경우에는 자물쇠형으로 설치할 수 있다.

- 인접한 화학설비 및 그 부속설비에 안전밸브 등이 각각 설치되어 있고, 해당 화학설비 및 그 부속설비의 연결배관에 차단밸브가 없는 경우
- 안전밸브 등의 배출용량의 2분의 1 이상에 해당하는 용량의 자동 압력조절 밸브(구동용 동력원의 공급을 차단하는 경우에는 열리는 구조인 것으로 한정)와 안전밸브 등이 병렬로 연결된 경우
- 화학설비 및 그 부속설비에 안전밸브 등이 복수방식으로 설치되어 있는 경우
- 예비용 설비를 설치하고 각각의 설비에 안전밸브 등이 설치되어 있는 경우
- 열팽창에 의하여 상승된 압력을 낮추기 위한 목적으로 안전밸브가 설치된 경우
- 하나의 플레어 스택(flare stack)에 둘 이상의 단위공정의 플레어 헤더(flare header)를 연결하여 사용하는 경우로 각각의 단위공정의 플레어 헤더에 설치된 차단밸브의 열림・닫힘 상태를 중앙제어실에서 알 수 있도록 조치한 경우

㉣ 검사주기

ⓐ 화학공정 유체와 안전밸브의 디스크 또는 시트가 직접 접촉될 수 있도록 설치된 경우 : 2년 1회 이상

ⓑ 안전밸브 전단에 파열판이 설치된 경우 : 3년마다 1회 이상

ⓒ 공정안전보고서 제출 대상으로 공정안전보고서 이행상태 평가결과가 우수한 사업장의 안전밸브의 경우 : 4년마다 1회 이상

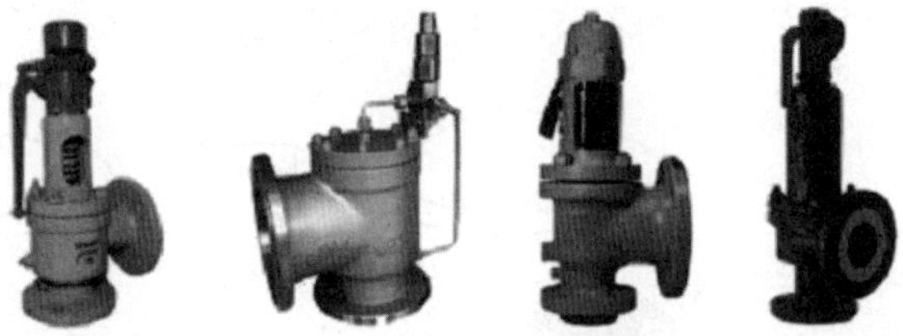

※ 출처 : 2017-교육미디어-1137 화재·폭발 누출 사고 예방 화학설비 안전장치 및 부속품

③ 파열판

㉠ 정의 : 입구 측의 압력이 설정 압력에 도달하면 판이 파열하면서 유체가 분출하도록 용기 등에 설치된 얇은 판으로 된 안전장치이다.

㉡ 파열판 설치대상(「산업안전보건기준에 관한 규칙」 제262조)

ⓐ 반응 폭주 등 급격한 압력 상승 우려가 있는 경우

ⓑ 급성 독성물질의 누출로 인하여 주위의 작업환경을 오염시킬 우려가 있는 경우

ⓒ 운전 중 안전밸브에 이상 물질이 누적되어 안전밸브가 작동되지 아니할 우려가 있는 경우

㉢ 설치기준

ⓐ 모든 파열판에는 로트번호 표시와 함께 규정된 파열판 온도에 대한 제조 설계 범위 내에서의 과열 압력 표시가 있어야 한다.

ⓑ 규정된 파열판 온도에서 파열 압력의 공차는 표시된 과열 압력이 300kPa 이하인 경우 ±15kPa, 300kPa을 초과 할 경우 ±5%를 초과하지 않아야 한다.

ⓒ 대기로 직접 방출시키는 파열판 장치의 경우 압력용기 노즐의 입구로부터 파이프 지름의 8배 내에 설치하며, 파열판 장치로부터 방출 파이프의 길이가 파이프 지름의 5배를 초과하지 않아야 하며, 입구와 방출 배관의 공칭 지름이 해당 장치의 스탬핑된 공칭 지름(DN) 이상일 경우 압력 방출 계통의 계산한 방출 용량은 여러 매체에 대한 이론적 유동 계산식에 방출계수 K = 0.62를 곱하여 구한 값을 초과하지 않아야 한다.

ⓓ 파열판과 안전밸브의 사이에 필요하지 않는 압력이 형성되지 않는 구조로 해야 한다.

ⓔ 급성 독성 물질이 지속적으로 외부에 유출될 수 있는 화학설비 및 그 부속설비에 파열판과 안전밸브를 직렬로 설치하고 그 사이에는 압력지시계 또는 자동경보장치를 설치해야 한다.

㉣ 파열판을 안전밸브 후단에 설치할 경우의 고려사항

ⓐ 파열판과 토출배관은 안전밸브의 성능에 영향을 주지 않도록 설치할 것

ⓑ 안전밸브와 파열판의 사이에는 필요하지 않은 압력이 형성되지 않는 구조로 설치할 것

ⓒ 파열 시의 온도에서 파열판의 파열압력의 최대 허용값과 토출 측에 걸리는 압력의 합은 안전밸브의 배압 제한값, 안전밸브와 파열판 사이 배관의 설계압력, 관련 기준에서 허용하는 압력을 초과하지 않도록 설치할 것

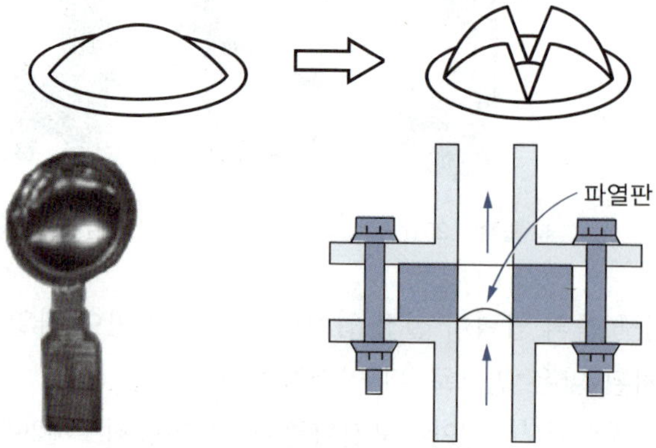

※ 출처 : 2017-교육미디어-1137 화재·폭발 누출 사고 예방 화학설비 안전장치 및 부속품

④ 통기설비(vent line)

㉠ 인화성액체를 저장·취급하는 대기압 탱크에는 통기관 또는 통기밸브(breather valve)를 설치하여 정상운전 시에 탱크 내부가 진공 또는 가압되지 않도록 외기를 흡입 또는 증기를 방출시킬 수 있다.

㉡ 인화성 액체를 저장하는 용기의 통기관 및 통기밸브에는 외부의 화염이 탱크로 유입하지 못하도록 끝단에 화염방지기를 설치한다.

㉢ 휘발성이 높아 증발손실이 많고 위험성이 높은 인화성 액체 저장탱크에는 통기밸브를 설치한다.

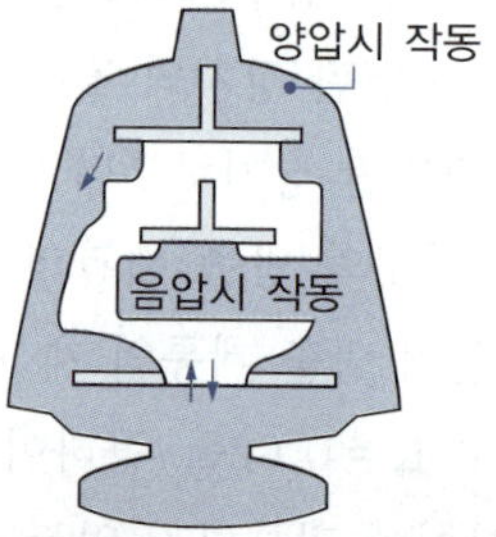

통기관

통기밸브

비상(긴급)통기설비

통기밸브와 역화염방지기

※ 출처 : 2017-교육미디어-1137 화재·폭발 누출 사고 예방 화학설비 안전장치 및 부속품

⑤ 긴급방출설비(emergency vent)

㉠ 정상운전 시에는 닫혀 있다가 저장탱크 위에서 화재가 발생한 경우에는 탱크 내부의 증기발생량이 급격하게 증가되어 탱크 내부 압력이 설정압력에 도달했을 때 자동으로 개방되면서 많은 양의 가스, 증기 등이 일시에 방출되도록 한 맨홀 또는 기계 뚜껑 등을 말한다.

㉡ 통기관과 함께 설치된 경우에는 통기관의 설정압력보다 높게 설정해야 한다.

⑥ 화염방지기(flame arrester)

㉠ 정의 : 저압 또는 상압에서 가연성 증기를 발생하는 인화성 물질 등을 저장하는 탱크에서 외부로 증기를 방출하거나 탱크 내로 외기를 흡입하는 부분에 화염이 들어가지 못하도록 설치하는 안전장치이다.

㉡ 설치방법

ⓐ 화염방지기는 가능한 보호대상 화학설비의 통기관 끝단에 설치하는 것을 권장한다.

ⓑ 화염방지기의 유지・보수 등을 위하여 배관 중간에 설치할 경우에는 인화성가스나 증기의 특성 등을 고려하여 관내 폭연방지기 또는 관내 폭굉방지기를 설치한다.

ⓒ 상온에서 저장・취급하는 액체의 인화점이 38℃ 이상이고, 60℃ 이하인 경우에는 화염방지기의 설치를 생략하고 인화방지망의 설치가 가능하다.

ⓓ 인화점이 100℃ 이하이고, 저장온도가 인화점을 초과하는 경우에는 화염방지기를 설치한다.

ⓔ 소염소자는 매년 1회 이상 막힘, 부식, 변형, 파손 등의 상태를 확인하고, 통기가 잘되도록 청소한다.

ⓕ 분진, 중합 등으로 막힘이 자주 일어날 우려가 있는 경우에는 점검주기를 단축하여 실시한다.

ⓖ 설치하는 설비의 설계압력을 초과하지 않도록 충분한 용량의 성능으로 설치한다.

ⓗ 통기관에 통기밸브(breather valve)가 있는 경우는 해당 화학설비와 통기밸브 사이에 화염방지기를 설치한다(단, 화염방지기의 성능을 갖는 통기밸브인 경우에는 화염방지기의 설치 생략이 가능).

ⓘ 화염방지기를 배관에 설치할 경우에는 관내 폭연방지기를 설치하되 배관의 길이가 길어 폭굉으로 인한 손상 등 화염방지기의 기능 상실 우려가 있는 경우에는 폭굉방지기를 설치한다(단, 사전에 폭발압력을 배출할 수 있도록 파열판을 설치하는 등 화염방지기의 손상을 방지하기 위하여 적합한 폭발압력 방산구조로 한 경우에는 제외).

ⓙ 화염방지기가 결빙, 승화, 응축 등으로 막힐 우려가 있는 경우에는 화염방지기에 보온 등 적절한 결빙 방지조치를 실시해야 한다.

⑦ 폭발방산구(explosion vent panel)

㉠ 건물, 건조로 또는 분체의 저장설비 등에 설치하는 압력방출장치로서 폭발로부터 건물, 설비 등을 보호하는 기능을 한다.

㉡ 다른 압력방출장치에 비해 구조가 간단하고 방출 면적이 넓어 방출량이 많고, 방출에 따른 2차적인 피해를 예방하기 위해 방출 방향을 안전한 장소로 향하게 해야 한다.

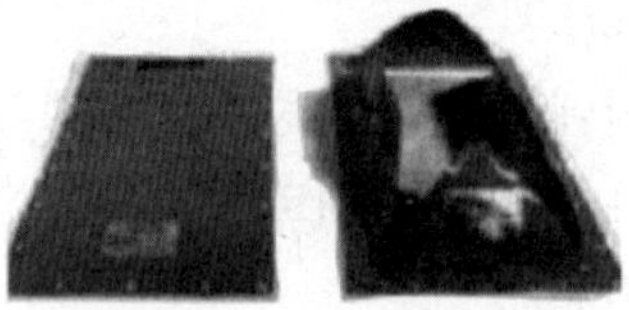

※ 출처 : 2017-교육미디어-1137 화재·폭발 누출 사고 예방 화학설비 안전장치 및 부속품

[폭발 방산구]

Part 03

적중예상문제

01 다음 중 MSDS 작성항목이 아닌 것은?

① 폭발 · 화재 시 대처방법
② 제조일자 및 유효기간
③ 운송에 필요한 정보
④ 환경에 미치는 영향

해설 MSDS 작성항목(16항목)

① 화학제품과 회사에 관한 정보
② 유해성 · 위험성
③ 구성성분의 명칭 및 함유량
④ 응급조치 요령
⑤ 폭발 · 화재 시 대처방법
⑥ 누출 사고 시 대처방법
⑦ 취급 및 저장방법
⑧ 노출방지 및 개인보호구
⑨ 물리화학적 특성
⑩ 안정성 및 반응성
⑪ 독성에 관한 정보
⑫ 환경에 미치는 영향
⑬ 폐기 시 주의사항
⑭ 운송에 필요한 정보
⑮ 법적 규제현황
⑯ 그 밖의 참고사항

02 GHS에 따른 화학물질 분류에 관한 설명 중 옳은 것은?

① 인화성 가스는 0℃, 표준압력(101.3kPa)에서 공기와 혼합하여 인화되는 범위에 있는 가스와 54℃ 이하 공기 중에서 자연발화하는 가스를 말한다.
② 자연발화성 고체는 적은 양으로도 공기와 접촉하여 15분 안에 발화할 수 있는 고체를 말한다.
③ 호흡기 과민성 물질은 액체 또는 고체 화학물질이 입이나 코를 통하여 직접적으로 또는 구토로 인하여 간접적으로, 기관 및 더 깊은 호흡기관으로 유입되어 화학적 폐렴, 다양한 폐 손상이나 사망과 같은 심각한 급성 영향을 일으키는 물질을 말한다.
④ 자기반응성 물질은 열적(熱的)인 면에서 불안정하여 산소가 공급되지 않아도 강렬하게 발열 · 분해하기 쉬운 액체 · 고체 또는 혼합물을 말한다.

해설 ① 인화성 가스는 20℃, 표준압력(101.3kPa)에서 공기와 혼합하여 인화되는 범위에 있는 가스와 54℃ 이하 공기 중에서 자연발화하는 가스를 말한다.
② 자연발화성 고체는 적은 양으로도 공기와 접촉하여 5분 안에 발화할 수 있는 고체를 말한다.
③ 호흡기 과민성 물질은 호흡기를 통하여 흡입되는 경우 기도에 과민반응을 일으키는 물질을 말한다.

정답 1 ② 2 ④

03 GHS에 따른 화학물질 분류와 그림문자 연결이 적절하지 않은 것은?

① 에어로졸 – 

② 물반응성 물질 및 혼합물 – 

③ 금속부식성 물질 – 

④ 피부 자극성 – 

해설

에어로졸 : 

04 다음 독성가스 중 노출기준이 가장 높은 물질은 무엇인가?

① 암모니아　② 불화수소
③ 불소　④ 황화수소

해설

독성가스	노출기준(ppm)
포스겐($COCl_2$), 불소(F_2)	0.1
염소(Cl_2), 불화수소(HF)	0.5
황화수소(H_2S)	10
암모니아(NH_3)	25

3 ① 4 ① 정답

05 다음의 가스 조합 중 같은 캐비닛에 보관할 수 없는 것은?

① CO, Cl_2　　② C_2H_2, H_2S
③ Cl_2, O_2　　④ CH_4, CO

해설 가연성 가스와 조연성 가스가 같은 캐비닛에 보관되지 않도록 각별히 주의한다.
- 가연성 가스 : CO, C_2H_2, H_2S, CH_4
- 조연성 가스 : Cl_2, O_2

06 다음 물질의 위험도를 계산하면?

부탄(C_4H_{10}) • 부피 : 34L

① 0.19　　② 0.79
③ 1.94　　④ 3.67

해설 위험도 계산에 부피는 사용하지 않는다.

$$H = \frac{U-L}{L} \quad \frac{8.4-1.8}{1.8} = 3.67$$

부탄의 폭발범위 : 1.8~8.4%

07 가스의 안전관리방안으로 옳지 않은 것은?

① 가스실린더 캐비닛 내부 배관에 가스종류, 유체 흐름방향을 표시하여야 한다.
② 액체가스 사용 시 압력밸브는 열어 놓고 사용하여야 한다.
③ 가스가 잔류된 공병의 실린더는 실병과 같이 취급하여야 한다.
④ 가스 사용 전 산소를 이용하여 압력시험을 실시하여 정상작동여부를 확인하여야 한다.

해설 산소를 사용하여 압력시험을 하거나 먼지 제거 및 청소하는 행위는 금지된다.

정답 5 ① 6 ④ 7 ④

08 고압가스의 용기는 가스의 내용물에 따라 용기의 색을 다르게 구분하여야 한다. 다음 중 가스의 종류와 도색의 색상이 올바르게 연결된 것은?

① 액화암모니아 – 백색

② 수소 – 백색

③ 아세틸렌 – 회색

④ 액화염소 – 회색

해설 ② 수소 : 주황색
③ 아세틸렌 : 황색
④ 액화염소 : 갈색

09 다음 중 지정폐기물이 아닌 것은?

① 고형물함량 6%의 공정 오니

② 기름 성분 7%를 함유한 폐유

③ pH 2.5 이하의 액체 화학물질

④ 폴리클로리네이티드바이페닐 함유 폐기물

해설
- 오니류(수분함량 95% 미만 또는 고형물함량 5% 이상인 것으로 한정) : 폐수처리오니, 공정 오니
- 폐유 : 기름 성분 5% 이상 함유
- 폐산 : pH 2.0 이하의 액체상태

10 지정폐기물의 처리방법에 대한 설명 중 틀린 것은?

① 흩날릴 우려가 있는 폐석면은 폴리에틸렌, 그 밖에 이와 유사한 재질의 포대로 포장하여 보관한다.

② 폐산·폐알칼리는 45일을 초과하여 보관하지 않아야 한다.

③ 폴리클로리네이티드바이페닐 함유폐기물을 보관하려는 배출자 및 처리업자는 시·도지사나 지방환경관서의 장의 승인을 받아 1년 단위로 보관기간을 연장할 수 있다.

④ 과산화물 생성물질은 개봉 후 3개월 이내에 폐기 처리하는 것이 안전하다.

해설 흩날릴 우려가 있는 폐석면은 습도 조절 등의 조치 후 고밀도 내수성 재질의 포대로 이중포장하거나 견고한 용기에 밀봉하여 흩날리지 않도록 보관한다.

8 ① 9 ③ 10 ① 정답

11 폐기물에 대한 설명으로 옳은 것은?

① 폐기물 보관표지에 수집자 이름, 전화번호, 폐기물 정보에 대해 작성한다.
② 폐기물 용기 내부의 압력으로 인해 용기가 터지지 않도록 뚜껑은 열어둔다.
③ 화학반응이 일어날 것으로 예상되는 종류가 다른 물질들은 미리 혼합·반응시킨 후 폐기물 용기에 모은다.
④ 유기물은 과산화물과 혼합하여 보관할 수 있다.

해설 ② 폐기물이 누출되지 않도록 뚜껑을 밀폐하고, 누출 방지를 위한 장치를 설치해야 한다.
③ 화학반응이 일어날 것으로 예상되는 물질은 혼합하지 않아야 한다.
④ 유기물과 과산화물은 혼합하여 보관하지 않아야 한다.

12 반응폭주 등 급격한 압력 상승의 우려가 있는 경우 설치하는 안전장치로 옳은 것은?

① 안전밸브
② 릴리프밸브
③ 글로브밸브
④ 파열판

해설 파열판의 설치기준
- 반응폭주 등 급격한 압력 상승의 우려가 있는 경우
- 독성 물질의 누출로 인하여 주위 작업환경을 오염시킬 우려가 있는 경우
- 운전 중 안전밸브에 물질이 점착되어 안전밸브의 기능을 저하시킬 우려가 있는 경우
- 유체의 부식성이 강하여 안전밸브의 재질 선정에 문제가 있는 경우

13 가스 검지·경보장치에 대한 설명으로 틀린 것은?

① 발신까지 소요되는 시간은 보통 30초 이내이다.
② 바닥 둘레 21m의 연구실 내부에 가스 검지·경보장치를 설치하려면 최소 3개는 설치해야 한다.
③ 독성가스의 경보농도는 LEL 1/4 이하로 설정한다.
④ 2개 이상의 검출부에서 검지신호를 수신하는 경우는 경보를 울리는 장소를 식별할 수 있는 수신회로로 설치한다.

해설 독성가스의 경보농도는 TLV-TWA 기준 농도 이하로 설정한다.

정답 11 ① 12 ④ 13 ③

14 과압안전장치에 대한 설명 중 옳은 것은?

① 릴리프밸브는 증기의 압력상승을 방지하기 위해 설치하는 장치이다.
② 안전밸브에 설치된 스톱밸브는 그 밸브의 수리 등을 위하여 특별히 필요한 때를 제외하고는 항상 완전히 열어 놓는다.
③ 급격한 압력상승에는 안전밸브 설치가 가장 효과적이다.
④ 토출측의 막힘으로 인한 압력상승이 설계압력을 초과할 우려가 있는 펌프의 흡입측에 과압안전장치를 설치한다.

해설 ① 안전밸브는 증기의 압력상승을 방지하기 위해 설치하는 장치이다.
③ 급격한 압력상승에는 파열판 설치가 가장 효과적이다.
④ 토출측의 막힘으로 인한 압력상승이 설계압력을 초과할 우려가 있는 펌프의 출구측에 과압안전장치를 설치한다.

15 다음 중 폭발과정에 해당하는 가스폭발의 종류는 무엇인가?

- 다량의 가연성 가스가 지표면에 누출되며 급격히 증발한다.
- 누출된 가스의 증기가 공기와 혼합되며 증기운을 형성한다.
- 외부의 점화원에 의해 연소가 시작된다.
- 폭연에서 폭굉 과정을 거쳐 화구로 발전하여 폭발한다.

① BLEVE　　② UVCE
③ Fire Ball　　④ Back draft

해설 증기운 폭발(UVCE ; Unconfined Vapor Cloud Explosion)에 대한 설명이다.

16 BLEVE 방지대책으로 옳은 것은?

① 가연성 액화가스가 들어있는 저장탱크는 보유 공지를 기준보다 좁게 유지한다.
② 방유제 내부 바닥은 평평하게 유지하여 누출된 유류가 모이지 않도록 한다.
③ 탱크에 안전밸브를 더해 폭발방산공을 설치한다.
④ 저장탱크를 절대로 지면 아래로 매설하지 않는다.

해설 ① 가연성 액화가스가 들어있는 저장탱크는 보유 공지를 기준보다 넓게 유지한다.
② 방유제 내부에 경사도를 유지하여 누출된 유류가 가급적 탱크 벽면으로부터 먼 방향으로 흐르게 한다.
④ 저장탱크를 지면 아래로 매설하는 방법을 통해 탱크가 화염에 직접 가열되는 것을 피할 수 있다.

14 ② 15 ② 16 ③ 정답

17 폭발 방지 대책으로 적절하지 않은 것은?

① 가연성 가스의 농도가 폭발범위 내에 존재하지 않도록 한다.
② 전기를 사용하는 설비는 접지한다.
③ 가연성 물질 근처에 화기 작업을 금지한다.
④ 가연물에 산소를 봉입하여 다른 공기와의 혼입을 차단한다.

해설 폭발 방지는 가연물을 제거하고, 산소공급원을 차단하고, 점화원을 냉각하며 연쇄반응을 억제하는 방법을 이용한다.

18 폭발위험장소에 대한 설명 중 옳은 것은?

① 사고로 인해 시스템이 파손되는 경우에 위험물 유출이 우려되는 지역은 제1종 위험장소이다.
② 일반적으로 안전밸브 벤트 주위는 제1종 위험장소이다.
③ 제2종 위험장소는 정상 상태에서 폭발성가스 또는 증기가 연속적으로 또는 장시간 존재하는 장소이다.
④ 제0종 위험장소에서 주로 비점화방폭구조를 많이 사용한다.

해설 ① 사고로 인해 시스템이 파손되는 경우에 위험물 유출이 우려되는 지역은 제2종 위험장소이다.
③ 제0종 위험장소는 정상 상태에서 폭발성가스 또는 증기가 연속적으로 또는 장시간 존재하는 장소이다.
④ 비점화방폭구조는 제2종 장소 전용 방폭기구로 이용된다.

정답 17 ④ 18 ②

19 방폭구조 중 기호 'q'로 나타내는 구조는?

① 비점화방폭구조
② 캡슐방폭구조
③ 특수방폭구조
④ 충전방폭구조

해설 ① n
② m
③ s

20 다음 방폭 전기기기의 성능 표기 중 틀린 것은?

EX d ⅡC T3

① 방폭구조는 내압방폭구조이다.
② T4의 장소에서도 사용할 수 있는 전기기기이다.
③ 폭발등급은 ⅡC이다.
④ 아세틸렌 또는 수소 관련 전기기기이다.

해설 T1~T3 장소에서 사용 가능한 전기기기이다.

19 ④ 20 ② 정답

PART 04 연구실 기계 · 물리 안전관리

Chapter 01 기계 안전관리 일반

Chapter 02 연구실 내 위험기계 · 기구 및 연구장비 안전관리

Chapter 03 연구실 내 레이저, 방사선 등 물리적 위험요인에 대한 안전관리

적중예상문제

Chapter 01

기계 안전관리 일반

1 기계 안전 일반

(1) 기계 · 기구의 종류

① 공구

수공구	해머(망치), 정, 렌치(스패너), 드라이버, 쇠톱, 바이스 등
동력공구	전동드릴(핸드드릴), 핸드그라인더(휴대용 연삭기), 금속절단기(고속절단기) 등

② 산업용 기계 · 기구

공작기계	선반, 드릴링머신, 밀링머신, 연삭기 등
금속가공기계	프레스, 절단기, 용접기 등
제철제강기계	압연기, 인발기, 제강로, 열처리로 등
전기기계	차단기, 발전기, 전동기 등
열유체기계	보일러, 내연기관, 펌프, 공기압축기, 터빈 등
섬유기계	제면기, 제사기, 방적기 등
목공기계	목공선반, 목공용 둥근톱기계, 기계대패, 띠톱기계 등
건설기계	해머, 포장기계, 준설기 등
화학기계	저장탱크, 증류탑, 열교환기 등
하역운반기계	양중기(호이스트, 리프트), 컨베이어, 엘리베이터 등

③ 실험 · 분석 · 안전장비 : 가스크로마토그래피, 만능재료시험기(UTM), 고압증기멸균기(auto-clave), 무균실험대(무균작업대, clean bench), 실험용 가열판, 연삭기, 오븐, 용접기, 원심분리기, 인두기, 전기로, 절단기, 조직절편기, 초저온용기, 펌프/진공펌프, 혼합기, 흄후드, 반응성 이온 식각장비, 가열/건조기, 공기압축기, 압력용기, 레이저, UV장비 등

(2) 기계 · 기구의 위험요소

① 운동하는 기계는 작업점을 가지고 있다.

② 기계의 작업점은 큰 힘을 가지고 있다.

③ 기계는 동력을 전달하는 부분이 있다.

④ 기계의 부품 고장은 반드시 일어난다.

(3) 위험점

① **협착점**(squeeze point) : 왕복운동을 하는 동작 부분과 움직임이 없는 고정 부분 사이에 형성되는 위험점

예 프레스, 절단기, 성형기, 조형기, 절곡기 등

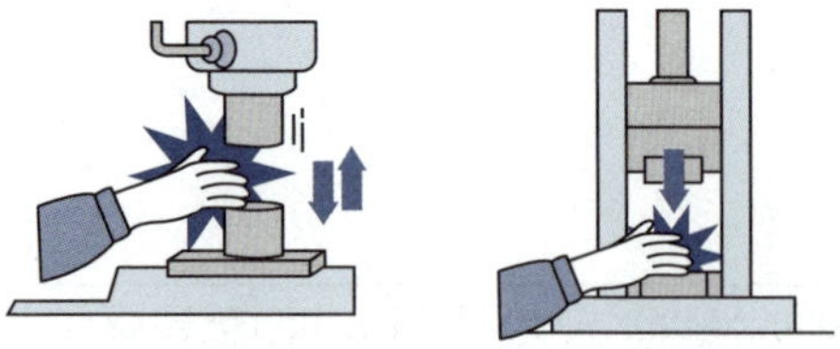

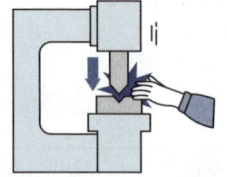

② **끼임점**(shear point) : 회전하는 동작부분과 움직임이 없는 고정부분 사이에 형성되는 위험점

예 연삭숫돌과 작업받침대, 교반기 날개와 하우스(몸체) 사이, 탈수기 회전체와 몸체 등 반복 왕복운동을 하는 기계 부분

③ **절단점**(cutting point) : 회전하는 운동부분과 고정되어 있는 기계 자체 사이에 형성되는 위험점

예 밀링커터, 둥근톱날, 회전대패날, 목공용 띠톱 등

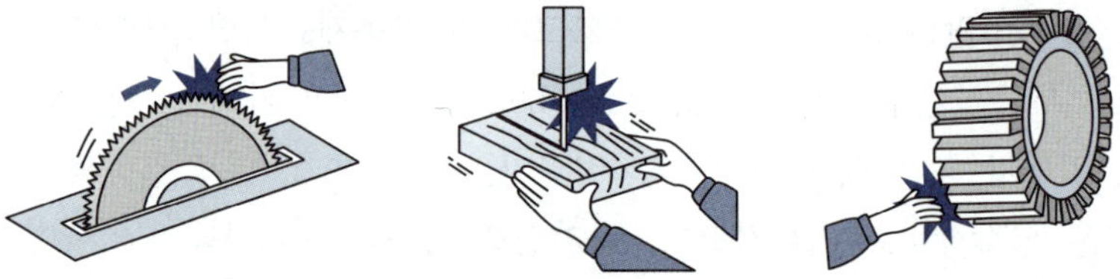

④ **물림점**(nip point) : 서로 반대방향으로 회전하는 2개의 회전체에 말려들어 가는 위험이 존재하는 점

예 롤러의 두 롤러 사이, 맞닿는 두 기어 사이 등

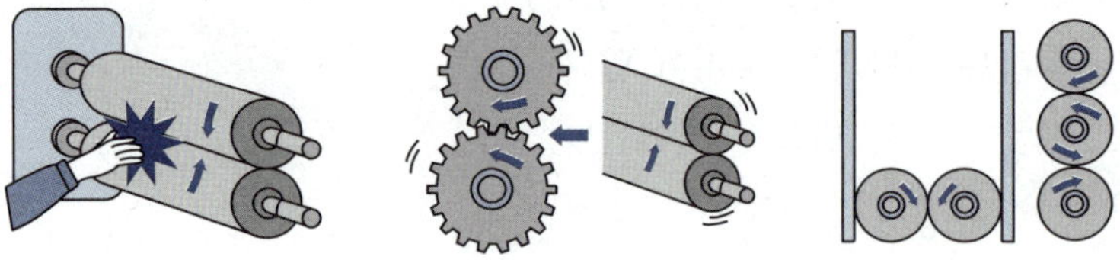

⑤ **접선 물림점(tangential nip point)** : 회전하는 부분의 접선 방향으로 물려 들어가는 위험이 존재하는 점

예 체인과 체인기어, 기어와 랙, 롤러와 평벨트, 풀리와 V-벨트 등

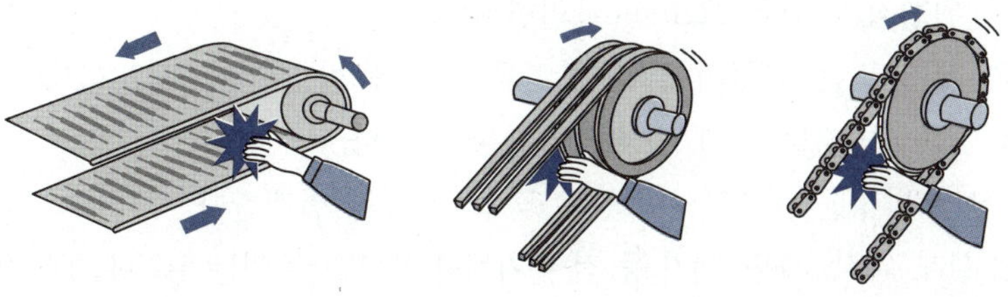

⑥ **회전 말림점(trapping point)** : 회전하는 물체에 장갑 및 작업복 등이 말려들어 갈 위험이 있는 점

예 밀링, 드릴, 나사 회전부 등

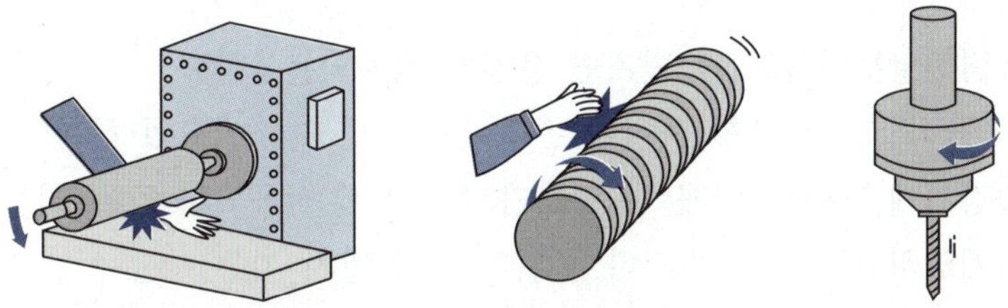

(4) 사고 체인의 5요소

① 1요소 – **함정(trap)** : 기계의 운동으로 인해 발생하는 함정

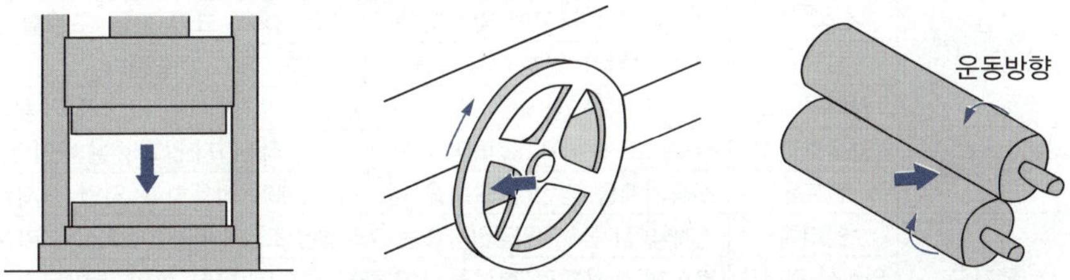

닫힘운동의 함정 회전이송운동의 함정 물림점의 함정

② 2요소 – **충격(impact)** : 기계의 움직이는 운동에너지가 작업자에게 가하는 충격

예 운동하는 물체가 사람에 충돌하는 경우, 고정된 물체에 사람이 이동 충돌하는 경우, 사람과 물체가 쌍방 충돌하는 경우

③ 3요소 – **접촉(contact)** : 날카롭거나 뜨겁거나 차갑거나 전류가 흐르는 등 작업자에게 상해를 입힐 수 있는 부분에 접촉

④ 4요소 – **얽힘 또는 말림(entanglement)** : 기계의 회전부에 머리카락, 옷소매, 장갑, 넥타이 등이 말림

⑤ 5요소 – **튀어나옴(ejection)** : 기계요소와 공작물 등이 기계로부터 튀어나옴

2 기계의 안전화

(1) 기계설비 안전화를 위한 기본원칙 순서

① 정확한 위험점과 위험 요소를 확인한다.

② 위험의 제거 또는 위험의 감소 방안을 설계에 반영한다.

③ 위험점 접근 방지를 위한 방호장치를 적용한다.

④ 위험 상황 발생을 방지할 수 있는 작업 방법을 선택한다.

⑤ 기계의 설계, 제작, 사용, 폐기 등 전 주기에서 발생할 수 있는 위험에 대한 안전화 방안을 마련한다.

(2) 기계설비의 본질적 안전조건(안전설계 방법)

① 풀 프루프(fool proof) : 인간이 기계 등을 잘못 취급해도 그것이 바로 사고나 재해와 연결되는 일이 없는 기능

예 • 동력전달부의 덮개를 벗기면 운전이 정지되는 기능
• 프레스의 상하 금형 사이에 손이 들어가면 슬라이드의 하강이 정지되는 기능
• 승강기에 과하중 적재 시 경보가 울리면서 작동되지 않는 기능
• 크레인의 과상승을 방지하기 위한 권과 방지 기능
• 로봇 작업장의 방책 문을 닫지 않으면 로봇이 작동되지 않는 기능
• 원심기의 덮개를 닫지 않으면 작동되지 않고 운전 중 개방하면 정지되는 기능

가드	고정가드	열리는 입구부(가드 개구부)에서 가공물, 공구 등은 들어가나 손은 위험영역에 미치지 않게 한다.
	조정가드	가공물이나 공구에 맞추어 형상 또는 길이, 크기 등을 조정할 수 있다.
	경고가드	신체 부위가 위험영역에 들어가기 전에 경고가 울린다.
	인터록가드	기계가 작동 중에는 열리지 않고 열려 있을 시는 기계가 가동되지 않는다.
조작기계	양수조작식	두 손으로 동시에 조작하지 않으면 기계가 작동하지 않고 손을 떼면 정지 또는 역전복귀한다.
	컨트롤	조작기계를 겸한 가드문을 닫으면 기계가 작동하고 열면 정지한다.
록기구	인터록	기계식, 전기식, 유압공압식 또는 그와 같은 조합에 따라 2개 이상의 부분이 서로 구속하게 된다.
	열쇠식 인터록	열쇠의 이용으로 한쪽을 시건하지 않으면 다른 쪽이 개방되지 않는다.
	키록	하나 또는 다른 몇 개의 열쇠를 가지고 모든 시건을 열지 않으면 기계가 조작되지 않는다.
트립기구	접촉식	접촉판, 접촉봉 등에 신체의 일부가 위험구역에 접근하면 기계가 정지 또는 역전복귀한다.
	비접촉식	광전자식, 정전용량식 등에 의해 신체의 일부가 위험구역에 접근하면 기계가 정지 또는 역전복귀한다. 신체의 일부가 위험구역 내에 들어가 있으면 기계는 가동되지 않는다.
오버런기구	검출식	스위치를 끈 후의 타성운동이나 잔류전하를 검지하여 위험이 있는 때에는 가드를 열지 않는다.
	타이밍식	기계식 또는 타이머 등에 의해 스위치를 끄고 일정 시간 후에 이상이 없어도 가드 등을 열지 않는다.
밀어내기 기구	자동가드식	가드의 가동 부분이 열려 있는 때에 자동적으로 위험지역으로부터 신체를 밀어낸다.
	손쳐내기식, 수인식	위험 상태가 되기 전에 손을 위험지역으로부터 떨쳐 버리거나 혹은 잡아당겨 되돌린다.
기동방지 기구	안전블록	기계의 기동을 기계적으로 방해하는 스토퍼 등으로, 통상은 안전 플러그 등과 병용한다.
	안전플러그	제어회로 등에 준비하여 접점을 차단하는 것으로 불의의 기동을 방지한다.
	레버록	조작 레버를 중립위치에 자동적으로 잠근다.

② 페일 세이프(fail safe) : 기계나 그 부품에 고장이나 기능 불량이 생겨도 항상 안전하게 작동하는 구조와 그 기능

㉠ 페일 패시브(fail passive) : 일반적 기계의 방식으로 성분의 고장 시 기계장치는 정지한다.

예 정전 시 승강기 긴급정지

㉡ 페일 액티브(fail active) : 기계의 부품 또는 기능 고장 시 경보를 울리며 일정 시간은 해당 장비가 운전하도록 한다.

예 압력용기에 직렬로 설치된 안전밸브와 파열판(파열판의 작동 압력을 안전밸브 작동 압력보다 조금 더 높게 설정하면 안전밸브가 작동된 상태에서도 파열판이 작동되는 압력에 도달할 때까지 일정 시간 운전 가능)

㉢ 페일 오퍼레이셔널(fail operational) : 병렬요소로 구성한 것으로 성분의 고장이 있어도 다음 정기점검까지는 운전이 가능하다.

예 항공기 엔진 고장 시 보조 엔진으로 운행할 수 있도록 설계한다.

(3) 기계설비의 안전조건

① 외관상 안전화

㉠ 회전 또는 왕복운동을 하는 동작부분이 기계 설비의 외부로 노출되지 않도록 하고 날카로운 돌출부는 제거한다.

㉡ 외관상 안전화 방법

ⓐ 가드(guard)의 설치 : 기계의 외형 부분, 회전체의 돌출 부분, 감전 우려 부분, 운동 부분 등

ⓑ 격리 : 별실 또는 구획된 장소에 설치(원동기, 동력전달장치 등)

ⓒ 안전색채 사용

기계장비	색상
시동 스위치	녹색
급정지 스위치	적색
대형기계	밝은 연녹색
고열기계	청녹색, 회청색
증기배관	암적색
가스배관	황색
기름배관	암황적색

② 기능상 안전화

㉠ 기계 설비에 이상 발생 시 위험상황이 발생하지 않도록 기능을 부여한다.

㉡ 기능상 안전화 방법

ⓐ 소극적 기능(1차적) : 기계 설비에 이상 발생 시 급정지시키거나 방호장치가 작동하도록 한다.

예 • 기계의 이상을 확인하고 급정지시켰다.
• 기계설비에 이상이 있을 때 방호장치가 작동되도록 하였다.
• 기계의 볼트 및 너트가 이완되지 않도록 다시 조립하였다.
• 원활한 작동을 위해 급유를 하였다.

ⓑ 적극적 기능(2차적) : 기계 설비에 이상 발생을 최소화하도록 안전 회로 또는 이중 안전 장치를 적용한다.

예 • 페일 세이프 및 풀 프루프의 기능을 가지는 장치를 적용하였다.
• 회로를 개선하여 오동작을 방지하도록 하였다.
• 회로를 별도의 안전한 회로에 의해 정상기능을 찾을 수 있도록 하였다.

③ 구조상 안전화

㉠ 구조상 안전화 방법

ⓐ 재료의 결함에 대응 : 양질의 재료를 선정한다.

ⓑ 설계상의 결함에 대응 : 적절한 안전율을 반영한다.

ⓒ 가공의 결함에 대응 : 가공 표준 및 절차를 준수하고, 가공의 용이성을 고려하여 설계한다.

㉡ 안전율

ⓐ 안전율

• 안전율은 재료가 안전을 유지하는 정도로, 항상 1보다 커야 한다.
• 안전율이 클수록 설계에 안전성이 있는 반면 경제성은 떨어지므로 적절한 범위에서 안전율을 택해야 한다.

$$\frac{\text{기준강도}}{\text{허용응력}} = \frac{\text{극한강도}}{\text{최대설계응력}} = \frac{\text{파괴하중}}{\text{최대사용하중}} = \frac{\text{파단강도}}{\text{안전하중}}$$

ⓑ 기초강도 결정

• 기초강도 : 설계를 위해 기준이 되는 재료강도

$$\text{기초강도} > \text{허용응력} \geq \text{사용응력}$$

상황	기초강도
상온에서 연성재료에 정하중이 작용할 때	항복점
상온에서 취성재료에 정하중이 작용할 때	극한강도
반복하중이 작용할 때	피로한도
고온에서 정하중이 작용할 때	크리프한도

* 연성재료(연강) : 파괴 전 큰 영구변형이 있는 재료(강철, 금속, 찰흙 등)
* 취성재료(주철) : 파괴 전 큰 영구변형이 없는 재료(유리, 콘크리트 등)

ⓒ 안전율 결정인자

• 계산 하중의 정확도 : 관성력, 잔류응력 등이 존재하는 경우에는 부정확성을 보완하기 위해 안전율을 크게 한다.

• 응력계산의 정확도 : 형상이 복잡하고 응력 작용 상태가 복잡한 경우에는 정확한 응력을 계산하기 곤란하므로 안전율을 크게 한다.
• 재료의 균질성 : 연성재료는 취성재료에 비해 결함에 의한 강도손실이 작고 탄성파손 시 바로 파괴되지 않으므로 신뢰도가 높다. 따라서 연성재료는 취성재료보다 안전율을 작게 한다.
• 응력의 종류 : 충격하중은 정하중보다 안전율을 크게 한다.
• 공작정도 : 공작물의 다듬질면, 공작의 정도 등 기계의 수명을 좌우하는 인자이기 때문에 안전율을 고려해야 한다.
• 불연속 부분의 존재 : 공작물의 불연속 부분에서 응력집중이 발생하므로 안전율을 크게 한다.
• 사용상의 예측할 수 없는 변화 : 사용수명 중에 생기는 특정 부분의 마모, 온도변화의 가능성이 있어 안전율을 고려하여 설계한다.

ⓓ Cardullo의 안전율

S(안전율) = A(탄성비) × B(충격률) × C(여유율)

• A(탄성비) : 정하중의 경우에는 인장강도와 항복점의 비, 반복하중일 경우에는 인장강도와 피로강도의 비
• B(충격률) : 하중이 충격적으로 작용할 때 생기는 응력과 같은 하중이 정적으로 작용할 때 생기는 응력과의 비
• C(여유율) : 재료의 결함, 응력의 선정 및 계산의 부정확도, 잔류응력, 열응력, 관성력 등의 우연적인 추가 응력의 산정 정도를 고려하여 두는 여유 값

④ 작업상 안전화
㉠ 작업자의 생리적, 신체적 특성을 고려한 기계·기구 사용
㉡ 불안전한 행동을 유발할 수 있는 주위 환경 제거
㉢ 무리한 작업 자세가 발생하지 않도록 기계·기구 배치

⑤ 보건상 안전화
㉠ 호환성이 높은 부품을 사용한다.
㉡ 교환 작업이 쉽도록 한다.
㉢ 점검 및 고장 발견이 쉽도록 한다.
㉣ 쉬운 주유 방법을 제공한다.
㉤ 주변 환경에 적합한 재료·부품을 사용한다.

⑥ 작업점 안전화
㉠ 방호장치 설치
㉡ 자동제어 방법 적용
㉢ 원격제어 방법 적용

3 방호장치

(1) 일반원칙

① **작업의 편의성** : 방호장치로 인하여 실험이 방해되어서는 안 된다. 실험에 방해가 된다는 것은 불안정한 행동의 원인을 제공하는 결과를 초래한다.

② **작업점 방호** : 방호장치는 사용자를 위험으로부터 보호하기 위한 것이므로 위험한 작업 부분이 완전히 방호되지 않으면 안 된다. 일부분이라도 노출되거나 틈을 주지 않도록 한다.

③ **외관의 안전화** : 구조가 간단하고 신뢰성을 갖추어야 한다. 외관상으로 불안전하게 설치되어 있는 기계의 모습은 사용자에게 심리적인 불안감을 줌으로써 불안전한 행동을 유발하게 되므로 외관상 안전화를 유지한다.

④ **기계 특성과 성능의 보장** : 방호장치는 해당 기계의 특성에 적합하지 않거나 성능이 보장되지 않으면 제 기능을 발휘하지 못한다.

(2) 방호장치 선정 시 고려사항

① **방호의 정도** : 위험을 예지하는 것인가, 방지하는 것인가를 고려한다.

② **적용 범위** : 기계 성능에 따라 적합한 것을 선정한다.

③ **보수성의 난이도** : 점검, 분해, 조립하기 쉬운 구조로 선정한다.

④ **신뢰성** : 가능한 한 구조가 간단하며 방호능력의 신뢰도가 높아야 한다.

⑤ **작업성** : 작업성을 저해하지 않아야 한다.

⑥ **경제성** : 성능대비 가격의 경제성을 확보해야 한다.

(3) 방호장치의 종류

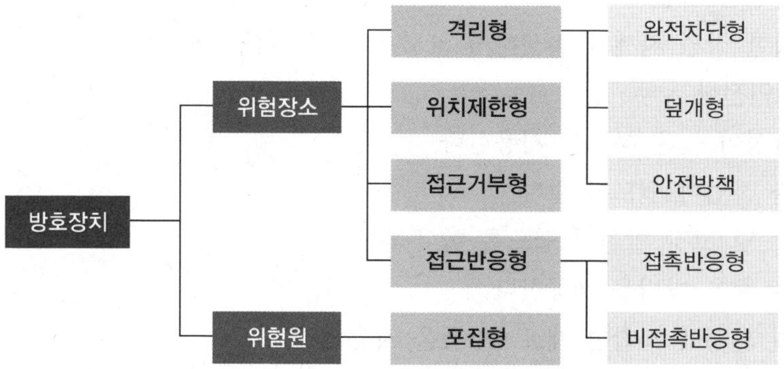

① **격리형 방호장치** : 사용자가 작업점에 접촉되어 재해를 당하지 않도록 기계설비 외부에 차단벽이나 방호망을 설치하여 사용하는 방식이다.

예 위험점을 완전격리시키는 완전격리형, 일부분을 덮는 덮개형, 울타리로 위험점을 감싸는 안전방책형 등

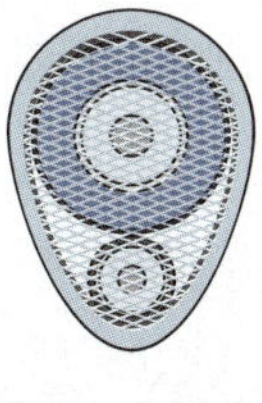

[완전 차단형]

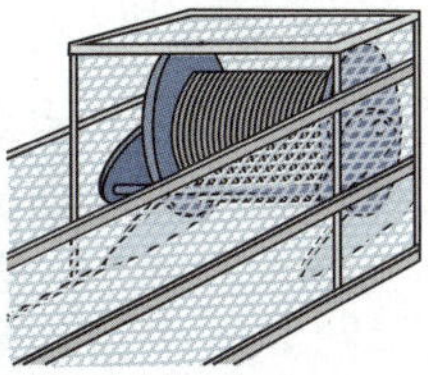

[안전방책(울)]

② **위치제한형 방호장치** : 위험점에 접근하지 못하도록 기계의 조작장치를 일정 거리 이상 떨어지게 설치하여 작업자를 방호하는 방법이다.

예 양수조작식 방호장치

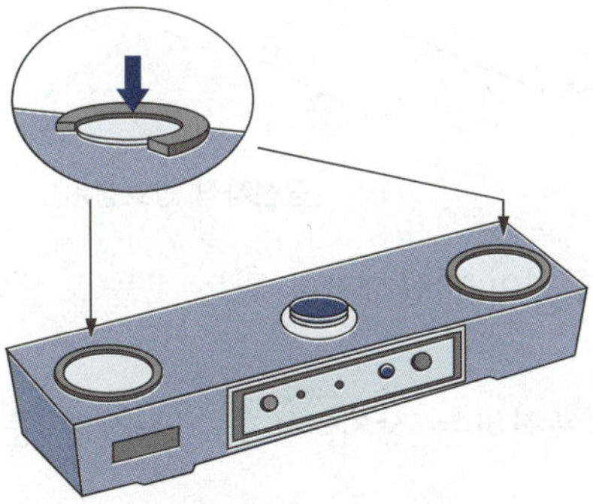

[양수조작식 방호장치]

③ **접근거부형 방호장치** : 사용자의 신체 부위가 위험한계 내로 접근하면 기계의 동작 위치에 설치해 놓은 기구가 접근하는 신체 부위를 강제로 밀어내거나 끌어내어 안전한 위치로 되돌리는 방식이다.

예 손쳐내기식 방호장치, 수인식 방호장치

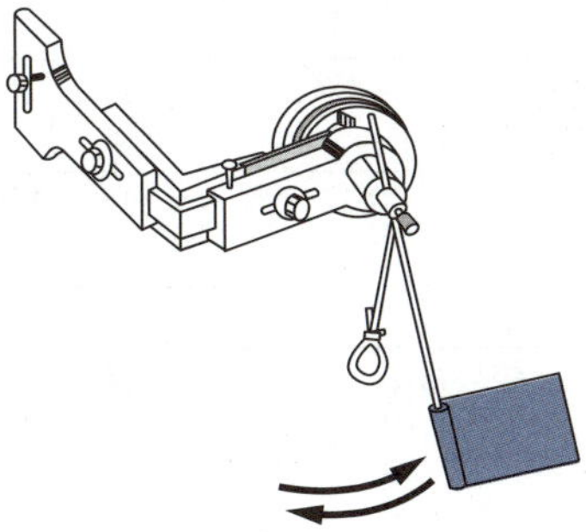

[손쳐내기식 방호장치]

[수인식 방호장치]

④ **접근반응형 방호장치** : 사용자의 신체 부위가 위험한계로 들어오게 되면 센서가 감지하여 작동 중인 기계를 즉시 정지시키는 방식이다.

예 광전자식 방호장치

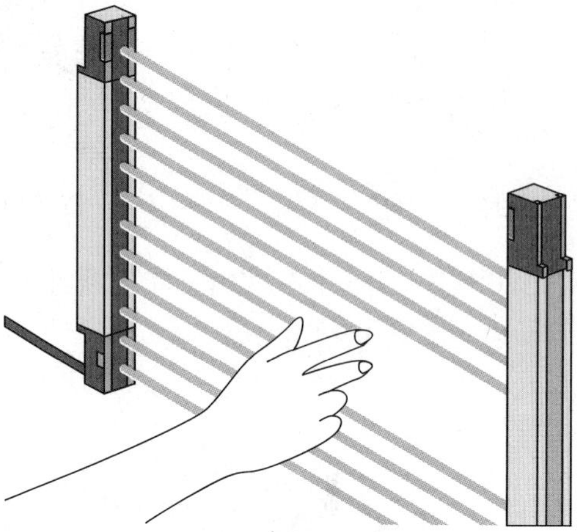

[광전자식 방호장치]

⑤ **포집형 방호장치** : 위험원이 비산하거나 튀는 것을 포집하여 사용자로부터 위험원을 차단하는 방식이다.

예 연삭숫돌 파석을 포집하는 장치, 목재 가공작업 중 발생하는 톱밥 포집장치 등

(4) 유해위험기계 · 기구의 방호장치

유해위험기계 · 기구	방호장치
프레스, 전단기	• 방호장치(광전자식, 양수조작식, 가드식, 손쳐내기식, 수인식 안전장치) • 페달의 U자형 덮개 • 안전블록 • 자동 송급장치 • 금형의 안전울
선반	• 칩 브레이커 • 척 커버 • 브레이크 • 실드
아세틸렌용접장치, 가스집합용접장치	수봉식 · 건식 역화방지장치(안전기)
폭발위험장소의 전기기계 · 기구	방폭구조 전기기계 · 기구
교류아크용접기	자동전격방지기
압력용기(공기압축기 등)	• 압력방출장치 • 언로드 밸브
보일러	• 압력방출장치 • 고저수위 조절장치 • 압력제한 스위치(온도제한 스위치)

유해위험기계 · 기구	방호장치
롤러기	• 급정지장치 • 안내 롤러 • 울(가드)
연삭기	• 덮개 또는 울 • 칩 비산방지장치
목재가공용 둥근톱	• 반발예방장치 • 날 접촉예방장치
띠톱	• 덮개 또는 울 • 날 접촉예방장치 또는 덮개
동력식 수동대패기계	날 접촉예방장치
복합동작을 할 수 있는 산업용 로봇	• 안전매트 • 방호울
정전 · 활선작업에 필요한 절연용 기구	• 절연용 방호구 • 활선 작업용 기구
추락 등 위험방호에 필요한 가설 기자재	• 비계 • 작업발판 등 • 안전난간
리프트	• 과부하방지장치 • 권과방지장치
크레인	• 과부하방지장치 • 비상정지장치 • 권과방지장치
곤돌라	• 과부하방지장치 • 권과방지장치
산업용 로봇	• 안전매트 • 광전자식 방호장치
승강기	• 과부하방지장치 • 조속기 • 비상정지장치 • 완충기 • 리밋 스위치 • 출입문 인터록 장치

(5) 방호장치의 관리

① 해당 기계 · 기구의 특성에 적합한 방호장치를 적용해야 한다.

② 방호장치를 임의로 제거하거나 개조해서는 아니 된다.

③ 방호장치의 설치 이유 및 보호범위 등에 대해 숙지해야 한다.

④ 방호장치는 반드시 설치하여야 한다.

⑤ 고장난 기계 · 기구는 사용을 금지한다.

⑥ 수리 등의 이유로 방호장치 기능 중지 시 반드시 연구실책임자의 허가를 받아야 한다.

⑦ 기계의 수리 · 정비 후 방호장치의 기능을 원상복구해야 한다.

4 안전표지

(1) 안전보건표지(산업안전보건법 시행규칙 별표 6)

1. 금지표지	101 출입금지	102 보행금지	103 차량통행금지	104 사용금지	105 탑승금지	106 금연
107 화기금지	108 물체이동금지	2. 경고표지	201 인화성물질 경고	202 산화성물질 경고	203 폭발성물질 경고	204 급성독성물질 경고
205 부식성물질 경고	206 방사성물질 경고	207 고압전기 경고	208 매달린 물체 경고	209 낙하물 경고	210 고온 경고	211 저온 경고
212 몸균형 상실 경고	213 레이저광선 경고	214 발암성·변이원성·생식독성·전신독성·호흡기과민성 물질 경고	215 위험장소 경고	3. 지시표지	301 보안경 착용	302 방독마스크 착용
303 방진마스크 착용	304 보안면 착용	305 안전모 착용	306 귀마개 착용	307 안전화 착용	308 안전장갑 착용	309 안전복 착용
4. 안내표지	401 녹십자표지	402 응급구호표지	403 들것	404 세안장치	405 비상용기구 (비상용 기구)	406 비상구
407 좌측비상구	408 우측비상구	5. 관계자외 출입금지	501 허가대상물질 작업장 **관계자외 출입금지** **(허가물질 명칭) 제조/사용/보관 중** 보호구/보호복 착용 흡연 및 음식물 섭취 금지	502 석면취급/해체 작업장 **관계자외 출입금지** **석면 취급/해체 중** 보호구/보호복 착용 흡연 및 음식물 섭취 금지	503 금지대상물질의 취급 실험실 등 **관계자외 출입금지** **발암물질 취급 중** 보호구/보호복 착용 흡연 및 음식물 섭취 금지	
6. 문자추가시 예시문	휘발유화기엄금 0.1d / 0.25d 이상 / d	▶ 내 자신의 건강과 복지를 위하여 안전을 늘 생각한다. ▶ 내 가정의 행복과 화목을 위하여 안전을 늘 생각한다. ▶ 내 자신의 실수로써 동료를 해치지 않도록 안전을 늘 생각한다. ▶ 내 자신이 일으킨 사고로 인한 회사의 재산과 손실을 방지하기 위하여 안전을 늘 생각한다. ▶ 내 자신의 방심과 불안전한 행동이 조국의 번영에 장애가 되지 않도록 하기 위하여 안전을 늘 생각한다.				

(2) 색상

표지		바탕색	도형색	테두리색
금지표지		흰색	검은색	빨간색
경고표지	화학물질	흰색	검은색	빨간색
	물리적 인자	노란색	검은색	검은색
지시표지		파란색	흰색	–
안내표지		초록색 / 흰색	흰색 / 초록색	– / 초록색

※ 레이저광선 경고 표지 : 레이저 안전등급 1등급은 제외한다.

5 기계 · 기구의 사고

(1) 사고 원인

① 연구실 기계의 안전특성

㉠ 기계 자체가 실험용, 개발용으로 변형·제작되어 안전성이 떨어진다.

㉡ 기계의 사용방식이 자주 바뀌거나 사용하는 시간이 짧다.

㉢ 기계의 사용자가 경험과 기술이 부족한 연구활동종사자이다.

㉣ 기계의 담당자가 자주 바뀌어 기술이 축적되기 어렵다.

㉤ 연구실 환경이 복잡하여 여러 가지 기계가 한곳에 보관된다.

㉥ 기계 자체의 결함으로 인해 사고가 발생할 수 있다.

㉦ 방호장치의 고장, 미설치 등으로 사고가 발생할 수 있다.

㉧ 보호구를 착용하지 않고 설비를 사용하여 사고가 발생할 수 있다.

② 물적원인

㉠ 설비 결함 : 방호 불충분, 설계 불량

㉡ 환경 불량 : 환기·조명·소음·정리정돈 불량 등

㉢ 작업절차 미확립 : 작업 방법, 절차에 대한 기준 미비 등

㉣ 작업복, 보호구의 결함 : 작업복, 보호구 등의 불량

③ 인적원인

㉠ 교육적 결함 : 안전교육의 결함, 교육의 불완전, 표준작업 방법 미숙지

㉡ 작업자의 능력 부족 : 무경험, 미숙련, 무지, 판단 착오

㉢ 규율 미흡 : 규칙이나 작업기준 미준수 분위기 등

㉣ 부주의 : 주의 산만 등

㉤ 불안전 동작 : 서두름, 중간행동 생략 등

㉥ 정신적 부적당 : 정신적 피로, 급한 성미 등

㉦ 육체적 부적당 : 육체적 결함, 육체적 피로 등

(2) 사고 시 조치 요령

① 1단계 : 사고가 발생한 기계・기구 또는 설비의 운전을 정지한다.

② 2단계 : 사고자를 구출한다.

③ 3단계 : 사고자에 대한 응급처치 후 병원으로 이송한다(필요시 119 신고).

④ 4단계 : 2차 재해가 발생하지 않도록 예방 조치한다(화재・폭발의 경우 소화 활동, 위험물 누출 방지 조치 등).

⑤ 5단계 : 기관 내 안전부서에 통보한다.

⑥ 6단계 : 경찰서, 과기부, 고용노동부 등 관계기관에 신고한다.

⑦ 7단계 : 사고 원인조사에 대비하여 현장을 보존한다.

※ 4단계와 6단계는 필요시 적용한다.

Chapter 02 연구실 내 위험기계 · 기구 및 연구장비 안전관리

1 기계 · 기구의 안전점검

(1) 연구실안전법 정기 · 특별안전점검(연구실 안전점검 및 정밀안전진단에 관한 지침 별표 3)

안전분야	점검항목	양호	주의	불량	해당없음
기계안전	위험기계 · 기구별 적정 안전방호장치 또는 안전덮개 설치 여부	□	NA	□	□
	위험기계 · 기구의 법적 안전검사 실시 여부	□	NA	□	□
	연구기기 또는 장비 관리 여부	□	□	NA	□
	기계 · 기구 또는 설비별 작업 안전수칙(주의사항, 작동 매뉴얼 등) 부착 여부	□	□	NA	□
	위험기계 · 기구 주변 울타리 설치 및 안전구획 표시 여부	□	NA	□	□
	연구실 내 자동화설비 기계 · 기구에 대한 이중 안전장치 마련 여부	□	□	NA	□
	연구실 내 위험기계 · 기구에 대한 동력차단장치 또는 비상정지장치 설치 여부	□	□	□	□
	연구실 내 자체 제작 장비에 대한 안전관리 수칙 · 표지 마련 여부	□	□	NA	□
	위험기계 · 기구별 법적 안전인증 및 자율안전확인신고 제품 사용 여부	□	NA	□	□
	기타 기계안전 분야 위험요소	□	□	□	□

(2) 산업안전보건법 안전검사대상기계 등의 안전검사

안전검사대상기계	최초안전검사	정기안전검사
크레인(이동식 크레인은 제외), 리프트(이삿짐운반용 리프트는 제외) 및 곤돌라	설치가 끝난 날부터 3년 이내에 실시	최초안전검사 이후부터 2년마다 실시(건설현장에서 사용하는 것은 최초로 설치한 날부터 6개월마다)
이동식 크레인, 이삿짐운반용 리프트 및 고소작업대	「자동차관리법」에 따른 신규등록 이후 3년 이내에 실시	최초안전검사 이후부터 2년마다 실시
프레스, 전단기, 압력용기, 국소배기장치, 원심기, 롤러기, 사출성형기, 컨베이어 및 산업용 로봇	설치가 끝난 날부터 3년 이내에 실시	최초안전검사 이후부터 2년마다 실시(공정안전보고서를 제출하여 확인을 받은 압력용기는 4년마다 실시)

(3) 비파괴검사

① 방사선투과검사(RT ; Radiographic Testing)

㉠ 방사선(X선 또는 γ선)을 투과시켜 투과된 방사선의 농도와 강도를 비교 · 분석하여 결함을 검출하는 방법이다.

㉡ 모든 재료에 적용 가능하고 내 · 외부 결함을 검출할 수 있다.

② 초음파탐상검사(UT ; Ultrasonic Testing)

㉠ 초음파가 음향 임피던스가 다른 경계면에서 굴절 · 반사하는 현상을 이용하여 재료의 결함 또는 불연속을 측정하여 결함부를 분석하는 방법이다.

㉡ 결함의 위치와 크기를 추정할 수 있고 표면·내부의 결함을 탐상할 수 있다.

③ 자분탐상검사(MT ; Magnetic Particle Testing)

㉠ 검사 대상을 자화시키고 불연속부의 누설자속이 형성되며, 이 부분에 자분을 도포하면 자분이 집속되어 이를 보고 결함부를 찾아내는 방법이다.

㉡ 강자성체만 검사가 가능하고 결함을 육안으로 식별 가능하다.

④ 침투탐상검사(PT ; Penetrating Testing)

㉠ 표면으로 열린 결함을 탐지하여 침투액의 모세관 현상을 이용하여 침투시킨 후 현상액을 도포하여 육안으로 확인하는 방법이다.

㉡ 장비나 방법이 단순하고 제품 크기에 영향을 받지 않는다.

⑤ 와류탐상검사(ET ; Electromagnetic Testing)

㉠ 전자유도에 의해 와전류가 발생하며 시험체 표층부에 발생하는 와전류의 변화를 측정하여 결함을 탐지한다.

㉡ 비접촉·고속·자동 탐상이며 각종 도체의 표면 결함을 탐상한다.

⑥ 음향 방출 검사(AE ; Acoustic Emission Testing)

㉠ 재료가 변형되면서 자체적으로 발생되는 낮은 탄성파(응력파)를 센서로 감지하여 공학적으로 이용하는 기술이다.

㉡ 미시 균열의 성장 유무와 회전체 이상을 진단할 수 있다.

⑦ 누설검사(LT ; Leak Testing)

㉠ 암모니아, 할로겐, 헬륨 등의 기체나 물 등을 이용, 누설을 확인하여 대상의 기밀성을 평가한다.

㉡ 관통된 불연속만 탐지 가능하다.

⑧ 육안검사(VT ; Visual Testing)

㉠ 육안을 이용하여 대상 표면의 결함이나 이상 유무를 검사한다.

㉡ 가장 기본적인 검사법이나 검사의 신뢰성 확보가 어렵다.

⑨ 적외선열화상검사(IRT ; Infrared Thermography Testing)

㉠ 시험부 표층부에서 방사되는 적외선을 전기신호로 변환하여 온도 정보로 분포 패턴을 열화상으로 표시하여 결함을 탐지한다.

㉡ 표면 상태에 따라 방사율의 편차가 크기 때문에 편차가 생기지 않도록 배경을 잡아야 한다.

⑩ 중성자투과검사(NRT ; Neutron Radiographic Testing)

㉠ 중성자를 투과시켜 방출되는 방사선에 의해 방사선 사진을 얻어 검사한다.

㉡ 방사선 투과가 곤란한(납처럼 비중이 높은 재료) 검사 대상물에 적용한다.

2 안전수칙

(1) 공통수칙

① 작동 전

㉠ 일상점검을 통한 기계의 이상 유무(기계 조정, 방호장치, 비상정지스위치 위치 등)를 확인한다.

㉡ 사용하지 않거나 고장난 기계는 '사용금지', '고장' 등의 표지를 부착한다.

㉢ 사용 매뉴얼 및 작업절차를 숙지한다.

② 작동 시

㉠ 가공 대상물을 바이스 등으로 단단히 고정한다.

㉡ 보안경, 안전화 등 사용 장비에 적합한 보호구를 착용한다.

㉢ 소매가 긴 옷, 넥타이, 장갑, 반지 등을 착용하지 않는다.

㉣ 지정된 자 1명만 작동하고, 그 외의 자는 기계 주변에 접근하지 못하도록 제한한다.

㉤ 작동 중인 장비의 조정이 필요한 경우 전원을 차단하고 기계의 작동이 완전히 멈춘 것을 확인한 후 조정한다(기계・기구 작동 중 손이나 막대기 등으로 조정・정지하는 행동 금지).

③ 작동 종료 후

㉠ 기계・기구의 전원을 차단한다.

㉡ 기계・기구 주변 정리 시 브러시 등 청소도구를 사용한다(손을 사용하여 잔여물 만지는 행동 금지).

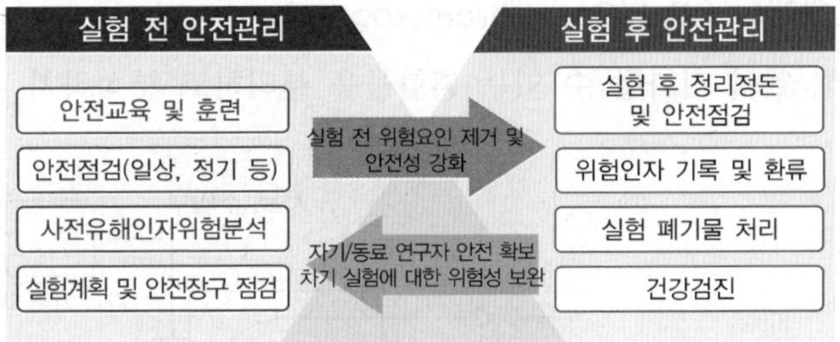

(2) 공구별 안전수칙

① 수공구

㉠ 수공구는 사용 전에 깨끗이 청소하고 점검한 후에 사용한다.

㉡ 정, 끌과 같은 기구는 때리는 부분이 버섯 모양과 같이 변하면 교체한다.

㉢ 자루가 망가지거나 헐거우면 바꾸어 끼우도록 한다.

㉣ 수공구는 사용 후 반드시 전용 보관함에 보관하도록 한다.

㉤ 끝이 예리한 수공구는 덮개나 칼집에 넣어서 보관 및 이동한다.

㉥ 파편이 튈 위험이 있는 실험에는 보안경을 착용한다.

㉦ 망치 등으로 때려서 사용하는 수공구는 손으로 수공구를 잡지 말고 고정할 수 있는 도구를 사용한다.

㉧ 각 수공구는 일정한 용도 이외에는 사용하지 않도록 한다.

㉨ 던지지 않는다.

② 동력공구

㉠ 동력공구는 사용 전에 깨끗이 청소하고 점검한 다음 사용한다.

㉡ 실험에 적합한 동력공구를 사용하고 사용하지 않을 때에는 적당한 상태를 유지한다.

㉢ 전기로 동력공구를 사용할 때에는 누전차단기에 접속하여 사용한다.

㉣ 스파크 등이 발생할 수 있는 실험 시에는 주변의 인화성 물질을 제거한 후 실험을 실시한다.

㉤ 전선의 피복에 손상된 부분이 없는지 사용 전 확인한다.

㉥ 철제 외함 구조로 된 동력공구 사용 시 손으로 잡는 부분은 절연조치를 하고 사용하거나 이중절연구조로 된 동력공구를 사용한다.

㉦ 동력공구 사용자는 보안경, 장갑 등 개인보호구를 반드시 착용한다.

㉧ 동력공구는 사용 후 반드시 지정된 장소에 보관할 수 있도록 한다.

㉨ 사용할 수 없는 동력공구는 꼬리표를 부착하고 수리될 때까지 사용하지 않는다.

3 기계 · 기구 · 연구장비별 안전관리

(1) 가스크로마토그래피(GC ; Gas Chromatography)

① 용도 : 분해 없이 기화될 수 있는 혼합물을 분리하고 분석하기 위해 사용하는 장비

② 구조

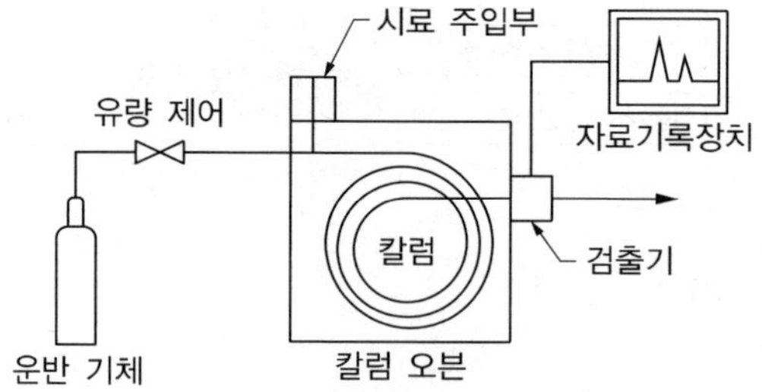

③ 주요 위험요소

㉠ 충전부 접촉에 따른 감전 위험

㉡ 누전에 의한 감전 위험

㉢ 오븐의 고열에 의한 화상 위험

㉣ 분석 대상 시료의 증기 등을 흡입하여 중독 또는 건강장해 위험

㉤ 운반 기체로 수소를 사용하는 경우 폭발 위험

④ 안전대책

㉠ 사용 전 가스 배관 연결부, 밸브 부분의 누설 여부를 점검할 것

㉡ 시료의 누출 방지 조치 철저 및 주입 전까지 밀봉 상태로 관리할 것

㉢ 칼럼 오븐 내부 점검 시에는 전원 차단 및 고온 접촉 방지를 위한 장갑을 착용할 것

㉣ 장비 미사용 시에는 캐리어가스를 차단할 것

⑤ 점검항목

㉠ 가스 배관, 밸브 등에서의 가스누출 여부

㉡ 운반기체가 수소일 때 기기 내부에 수소의 축적 여부 및 환기장치의 적정성

㉢ 미사용 시 가스 공급 차단 여부

㉣ 사용 종료 후 기기의 냉각 여부

㉤ 잔여 가스 존재 여부

⑥ 작업절차 안전관리

작업절차	위험요인	안전관리
1. 가스공급 등 기기 사용준비	가스로 인한 폭발	• 가스 연결라인, 밸브 등 누출 여부 확인 후 기기 작동 • 수소 등 가연성·폭발성 가스를 운반기체로 사용하는 경우 가스 누출 검지기 등 설치 • 스파크에 의한 가스 폭발을 방지하기 위해 전원 작동 전 가스 공급 차단(제품마다 상이하므로 사용설명서에 따라 수행)
	감전	기기 내부에 전류가 흐르기 때문에 전원 코드가 연결된 상태에서 기기 커버 등을 제거된 상태로 사용 금지
	컬럼 설치 등 취급으로 인한 상해	• 날카로운 부위를 조심하며 취급 필요 • 유리관 등 깨지기 쉬운 부품을 취급 시 주의 필요 • 장갑, 보호안경 등 개인보호구 착용
2. 분석 방법 등 기기 설정	–	–
3. 표준품 또는 시료주입	시료 등의 누출	• 주입구에 적합한 모드 및 주입기(syringe) 사용 • 주입 전까지 시료의 밀봉 확인 • 장갑, 보안경 등 개인보호구 착용 • 배기장치 등 환기 시스템 사용
	고온에 의한 화상	• 주입구, 오븐, 검출기, 밸브 상자, 냉각 팬 주위 등 고온 발생 부위 접촉 금지 • 장갑 등 개인보호구 착용
	오븐의 단열재, 흄 등으로 인한 호흡기 위험	방진마스크 등 개인보호구 착용
4. 분석	–	–
5. 전원차단	고온에 의한 화상	• 고온 발생 부위가 냉각된 후 접촉 및 취급 • 장갑 등 개인보호구 착용
	가스로 인한 폭발	• 전원 차단 전 가스 공급 차단 • 비정상 전원 차단 시 즉시 가스 공급 차단

(2) 고압증기멸균기(autoclave)

① **용도** : 실험폐기물 등을 고온·고압으로 살균하는 기구로서 멸균 온도, 시간 및 배기판이 자동으로 조절되는 장비

② **구조**

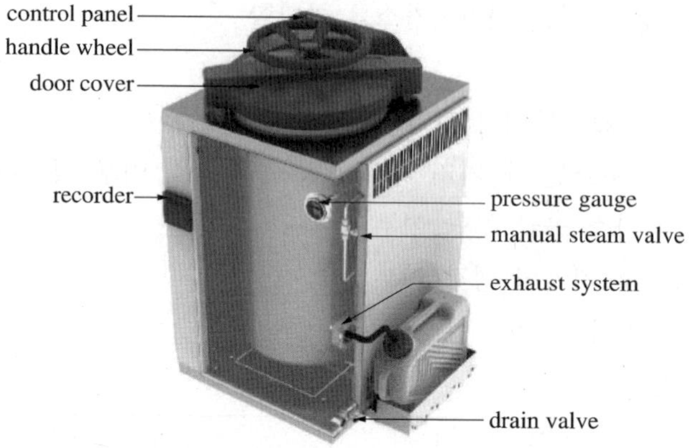

③ **종류** : 형태에 따라 수직형, 수평형, 양문형(멸균용량이 큰 경우)

④ **주요 위험요소**

㉠ 스팀 또는 고온의 재료 접촉에 따른 화상 위험

㉡ 누전에 의한 감전 위험

⑤ **안전대책**

㉠ 뚜껑을 완전히 닫지 않으면 작동하지 않는 연동 장치를 구비할 것

㉡ 방열장갑, 보안경, 장화, 고무 앞치마 등 적합한 보호구를 착용할 것

㉢ 위험물/폐기물은 열과 압력에 견디는 백(bag)이나 용기에 담아 사용할 것

㉣ 발화성, 반응성, 부식성, 독성, 방사성 물질의 고압멸균 작업 금지

㉤ 외함 접지 및 누전차단기 회로에 접속 사용할 것

⑥ **점검항목**

㉠ 인입 케이블의 피복 상태 및 콘센트 접속 상태, 접지 상태

㉡ 내부 및 바스켓(basket)의 이물질 존재 여부

㉢ 멸균 대상물에 가연성, 폭발성·인화성 화학물질의 포함 여부

㉣ 내부의 증류수 수위

㉤ 문(덮개)의 개스킷(gasket) 상태

㉥ 고압증기의 누출 여부

㉦ 안전밸브 기능의 정상 여부

㉧ 배출구 막힘 여부

㉨ 바퀴의 고정 상태

⑦ 작업절차 안전관리

작업절차	위험요인	안전관리
1. 재료 준비	가득 채운 트레이가 쏟아질 위험	• 멸균봉지의 제한 무게 초과 금지 • 멸균봉지를 가득 채우기 금지
	밀봉된 봉지 및 병 폭발 위험	• 멸균봉지를 느슨하게 봉하기 • 병이나 용기에 뚜껑을 조이기 금지 • 초자기구 등의 내열성 여부 확인
2. 고압멸균 물질 운반	물질이 카트에서 떨어질 위험	• 무리하게 카트로 운반 금지 • 2중 용기를 이용하여 운반
	무거운 물건으로 인한 부상 위험	• 등을 똑바로 펴고 작업 • 뒤틀림이나 과도한 힘 사용 금지 • 단단하게 잡기
3. 고압멸균 물질 적재	고압증기멸균기 문(뚜껑)을 열 때 독성 흄에 노출 위험	문(뚜껑)을 완전히 열기 전에 압력과 온도가 충분히 낮아진 후 수동밸브를 열어 남아 있는 증기 제거
	문(뚜껑)을 열 때 뜨거운 증기로 인한 화상 위험	• 보안경 또는 안면 마스크 및 내열장갑을 착용 • 고온증기가 발생하는 부위 앞에서 사용 금지
	증류수 추가 공급 시, 고온의 수증기 발생으로 화상 위험	• 보안경 또는 안면 마스크 및 내열장갑을 착용 • 증류수 보충 전에 안전온도 이하로 충분한 냉각되었는지 확인 필요
	고압증기멸균기 내부 접촉으로 인한 화상 위험	• 내열장갑과 실험복 착용 • 고압증기멸균기가 너무 뜨겁다고 판단되면 문(뚜껑)을 넓게 열어서 멸균 물질 적재 전에 냉각 필요
	무거운 물건으로 인한 부상 위험	등을 똑바로 펴고 작업
4. 고압멸균 종료 후 고압멸균 물질 내림	고압증기멸균기 문(뚜껑)을 열 때 독성 흄 노출 위험	문(뚜껑)을 완전히 열기 전에 압력과 온도가 충분히 낮아진 후 수동밸브를 열어 남아 있는 증기 제거
	문(뚜껑)을 열 때 뜨거운 증기로 인한 화상 위험	• 보안경 또는 안면 마스크 및 내열장갑 착용 • 고온증기가 발생하는 부위 앞에서 사용 금지
	고압증기멸균기 내부 접촉으로 인한 화상 위험	• 내열장갑과 실험복 착용 • 고압증기멸균기가 너무 뜨겁다고 판단되면 문(뚜껑)을 넓게 열어 냉각 필요
	무거운 물건으로 인한 부상 위험	등을 똑바로 펴고 작업
5. 쓰레기 처리	멸균물질 또는 재료가 쏟아질 위험	• 쓰레기를 옮기기 전에 강하게 밀봉 • 쓰레기를 옮기기 전에 새는 곳이 없는지 확인 • 만약 봉투가 샌다면, 다른 봉지에 넣기

(3) 무균실험대(무균작업대, clean bench)

① **용도** : 송풍기와 HEPA 필터 또는 ULPA 필터를 통과한 청정한 공기를 지속 공급함으로써 작업공간을 일정한 청정도로 유지하고 시료가 오염되지 않도록 보호하는 장비로, 내부에는 멸균을 위한 UV램프가 설치되어 있다.

② **구조**

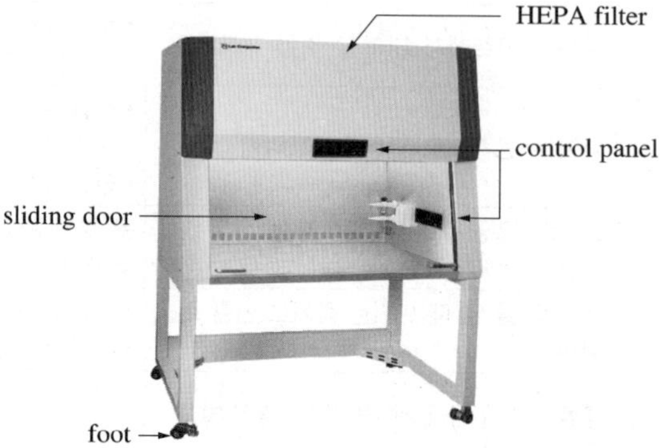

③ **주요 위험요소**

㉠ 내부 살균용 자외선에 의한 눈, 피부의 화상 위험

㉡ 무균실험대 내부의 실험기구 등 살균을 위한 알코올램프 등 화기에 의한 화재 위험

㉢ 누전 또는 전기 쇼트로 인한 감전 위험

④ **안전대책**

㉠ 무균실험대 사용 전 UV 램프 전원을 반드시 차단할 것

㉡ 기기의 UV 램프 작동 중에 유리창을 열지 않을 것

㉢ UV 램프를 직접 눈으로 바라보지 않을 것

㉣ 사용 후 기기 내부 소독을 위한 UV 램프 작동 시 UV 위험 표시를 할 것

㉤ 살균을 위한 가스버너 또는 알코올램프로 인한 화재사고를 조심할 것

㉥ 무균실험대에서는 절대로 인체감염균, 바이러스, 유해화학물질 등을 취급하지 않을 것

㉦ 누전을 방지하기 위해 접지를 할 것

㉧ 젖은 손으로 조작부 작동을 금지하여 감전사고를 예방할 것

⑤ **점검항목**

㉠ UV램프의 정상 작동 여부 확인

㉡ HEPA 필터 성능의 유지 여부

㉢ 무균실험대의 적절한 풍속(0.3~0.6m/s, 위치별 풍속 편차 ±20%) 유지 여부

㉣ 누전 여부

⑥ 작업절차 안전관리

작업절차	위험요인	안전관리
1. 내부소독 등 사용준비	UV에 의한 화상 위험	• 기기의 UV램프 작동 중 유리창(sash) 열기 금지 • UV램프를 직접 눈으로 바라보지 않기
	감전 위험	• 누전을 방지하기 위한 접지 필요 • 젖은 손으로 조작부 작동 금지
2. 기기 사용 중	UV에 의한 화상 위험	내부 소독 후 사용 전에 반드시 UV램프 전원 차단
	가스버너 또는 알코올램프로 인한 화상·화재 위험	• 알코올 등으로 손 소독 후 화기 접근 금지 • 소독용 알코올 등이 쏟아지거나 흐른 경우 즉시 제거 • 장시간 미사용 또는 자리 비움 시 불꽃 소화 • (가스버너) 사용 시에만 점화가 가능하도록 작동 페달 등 설치 및 사용 • 내부 전기 사용 시 허용전류량에 맞도록 사용 • 산, 유기용제, 유해 생물입자, 유해가스 등을 다루는 경우 무균실험대 사용 금지(흄후드나 생물안전작업대 사용)
3. 기기 사용 후	가스버너 또는 알코올램프로 인한 화상·화재 위험	• 기기 사용 후 반드시 가스버너 또는 알코올램프 소화 • (가스버너) 가스 누출 방지를 위한 가스 공급 밸브를 잠금
	UV에 의한 화상 위험	• 사용 후 기기 내부 소독을 위한 UV램프 작동 시 UV위험 표시 • 기기 내부 소독이 완료된 후 반드시 UV램프 전원 차단

(4) 밀링머신

① **용도** : 원판 또는 원통체의 외주 면이나 단면에 다수의 절삭날로 평면, 곡면 등을 절삭가공하는 기계로, 커터날(엔드밀 등)이 회전하여 바이스 등에 고정된 공작물을 가공

② 구조

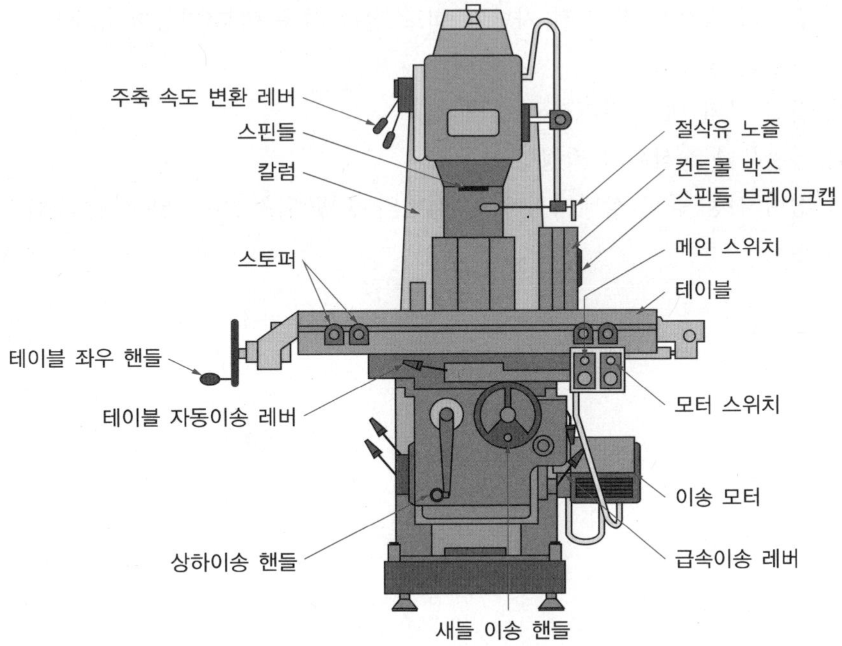

③ 주요 위험요소

㉠ 작업자가 엔드밀, 커터 등의 가공부에 접촉하여 말릴 위험

㉡ 비산되는 절삭 칩에 의한 눈 상해 및 분진 흡입에 의한 호흡기질환 발생 위험

㉢ 노출된 회전 절삭 날 접촉에 따른 장갑 또는 작업복이 말릴 위험

㉣ 운전 중 청소, 수리 또는 보수 작업으로 인한 회전체 접촉으로 작업복이 말릴 위험

④ 안전대책

㉠ 주축대가 회전하기 전에 방호장치가 먼저 하강하지 않으면 밀링머신이 작동되지 않는 구조의 연동장치를 설치할 것

㉡ 공작물 설치 시 절삭공구 회전을 정지할 것

㉢ 작업 전 밀링 테이블 위의 공작물을 정리할 것

㉣ 작업 테이블에 공작물을 단단히 고정한 후 작업할 것

㉤ 밀링커터의 이상 조치 또는 교체는 반드시 밀링머신을 정지한 상태에서 실시할 것

㉥ 반드시 귀마개, 보안경 및 방진 마스크를 착용 후 작업할 것

㉦ 작업 전 밀링커터의 손상 여부 등 상태를 확인할 것

㉧ 면장갑 착용을 제한할 것, 옷소매가 단정한 작업복을 착용할 것

㉨ 밀링커터 교환 시 너트를 확실히 체결하고 1분간 공회전시켜 이상 유무를 확인할 것

⑤ 점검항목

㉠ 방호장치의 설치 및 작동 상태

㉡ 비상정지스위치의 설치 및 작동 상태

㉢ 접지의 적정성 및 누전 차단기 회로 접속 사용 여부(가능한 경우)

㉣ 공구의 상태

㉤ 작업 구역 내의 정리정돈 상태

㉥ 윤활유나 절삭유의 적정성

㉦ 장비 사용 종료 상태에서 각종 레버의 중립 위치 여부 및 전원 차단 여부

⑥ 작업절차 안전관리

작업절차	위험요인	안전관리
1. 재료 설치	중량물에 의한 상해 위험	• 재료 설치 전에 반드시 전원 차단 • 재료를 떨어뜨리지 않도록 단단하게 잡기
	바이스(클램프) 또는 바이스에 손가락 끼임 위험	• 재료와 바이스(클램프) 사이에 손가락 삽입 금지 • 바이스(클램프) 고정 시 무리한 조작 금지
	재료 설치 시 작업 중 재료가 이탈하여 신체 상해 위험	• 재료 고정 시 바이스(클램프)의 직각도와 평행도 확인 • 재료가 바이스(클램프)에 단단하게 고정되었는지 확인 • 고정된 부분보다 돌출되어 있는 부분이 많은 재료는 클램프 등으로 보강하여 고정 • 둥근 형상의 재료는 V블록이나 V홈을 이용하여 고정
2. 가공	밀링 커터에 의한 손가락 등 상해 위험	• 밀링 커터의 안전가드 제거 금지 • 기계 조작 시 장갑 착용 금지 또는 손에 밀착이 잘되는 가죽장갑 등 착용 • 작업복의 소매나 옷자락이 밀링커터에 걸리지 않도록 소매 등을 여밈 • 밀링 커터 회전 시 절삭 칩 제거 금지
	장비작동 소음에 의한 난청 위험	기계 작동 시 귀마개 착용
	칩에 의한 눈 손상 위험	• 보안경 또는 안면보호구 착용 • 절삭 중 재료로부터 일정거리 떨어져 관찰
	분진에 의한 호흡기 위험	• 분진 마스크 등 개인보호구 착용 • 배기 장치 설치 또는 환기가 잘되는 곳에서 사용
3. 가공 후	밀링 커터에 의한 손가락 등 상해 위험	밀링 커터가 완전히 정지 후 가공물 제거
	칩 제거 또는 날카로운 가공부위에 의한 손가락 등 상해 위험	• 칩 제거 시 전용 용구(청소용 솔) 이용 • 날카로운 가공부위에 신체 접촉 금지
	바이스(클램프)에 손가락 끼임 위험	바이스(클램프) 해제 시 무리한 조작 금지

(5) 실험용 가열판(hot plate)

① **용도** : 실험용 가열판은 전열을 이용하여 판 위의 재료 등을 가열하기 위한 장비로, 물질의 용해, 시료의 건조 또는 일정 온도 유지를 목적으로 사용한다.

② 구조

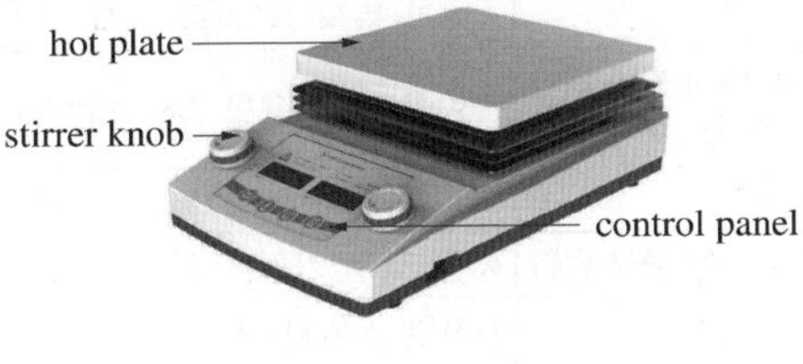

③ 주요 위험요소

㉠ 가열판의 고열에 의한 화상 위험과 알루미늄 포일 등으로 가열판을 감싸는 경우 과열로 인한 장비 손상 및 화재의 위험

㉡ 부적절한 재료 또는 방법으로 인한 폭발 또는 발화 위험

㉢ 제품에 물 등 액체로 인한 쇼트 감전 위험

④ 안전대책

㉠ 실험용 가열판에 고열주의 표시를 할 것

㉡ 적정 온도로 사용하고, 사용 후 전원을 차단하여 가열된 상태로 장시간 방치하지 않도록 주의할 것

㉢ 작업장 주변에 인화성 물질을 제거할 것

㉣ 인화성, 폭발성 재료를 사용하지 않을 것

㉤ 기기 동작 중에 가열판을 이동하지 않을 것

㉥ 교반 기능을 사용할 경우 교반속도를 급격히 높이거나 낮추어 고온의 액체 튐이 발생하지 않도록 주의할 것

㉦ 화학용액 등 액체가 넘치거나 흐른 경우 고온에 주의하여 즉시 제거할 것

㉧ 과열 방지를 위하여 통풍이 잘 되는 읏에 설치할 것

⑤ 점검항목

㉠ 인입 케이블의 피복 상태 및 콘센트 접속 상태, 접지 상태

㉡ 가열 대상물에 가연성, 폭발성, 인화성 화학물질의 포함 여부

㉢ 가열 대상물의 내열성 여부

㉣ 가열판 주위의 인화성·가연성 물질 존재 여부

㉤ 수평 상태 및 통풍의 적정성

㉥ 온도조절장치의 기능 유지 여부

⑥ 작업절차 안전관리

작업절차	위험요인	안전관리
1. 준비 및 가열	고온에 의한 화재·화상 위험	• 주변 인화성 물질 제거 • 인화성, 폭발성 재료 사용 금지 • 가열판에 손가락 등 접촉 금지
	감전 위험	• 전기코드 등 이상 여부 확인 • 전원 스위치 확인
2. 가열판 위에 재료 올리기	고온에 의한 화재·화상 위험	• 손가락 등이 화상을 입지 않도록 주의 • 적정온도 유지 여부 확인 • 기기 동작 중 이동 금지
	고온의 액체 튐에 의한 화상 위험	교반기능을 사용할 경우 교반속도를 급격히 높이거나 낮추지 않도록 주의
	감전위험	화학용액 등 액체가 넘치거나 흐른 경우 고온에 주의하여 즉시 제거
3. 사용 후	고온에 의한 화상 위험	사용 직후 가열판 접촉 금지
	감전 위험	• 전원 스위치 off 확인 • 화학용액 등 액체가 넘치거나 흐른 경우 고온에 주의하여 즉시 제거

(6) 연삭기

① **용도** : 연삭숫돌을 고속으로 회전시켜 가공물의 원통면이나 평면을 극히 소량씩 절삭가공하는 기계

② **구조**

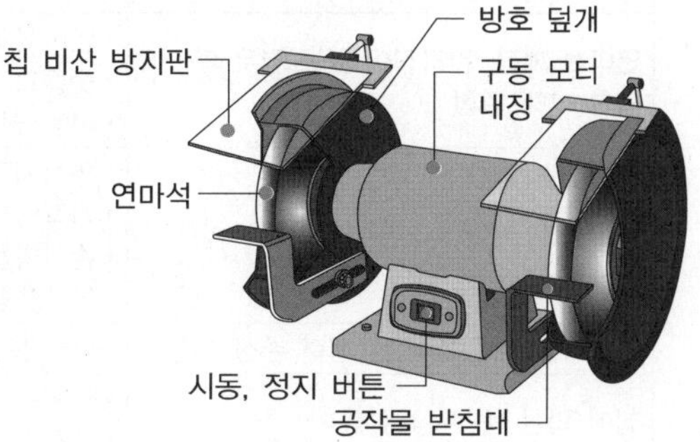

③ **주요 위험요소**

㉠ 파손되어 날아오는 연삭숫돌에 맞을 위험

㉡ 손상된 전원 케이블 충전부 접촉 또는 누전에 의한 감전 위험

㉢ 절단 작업 중 반발하는 소재에 맞을 위험

㉣ 작업 중 비산되는 불꽃에 의한 눈 상해 또는 분진 흡입에 따른 호흡기질환 발생 위험

④ **안전대책**

㉠ 파손된 숫돌의 비래를 방지하기 위한 방호덮개를 설치할 것

㉡ 조정편과 숫돌과의 간격은 10mm 이내로 조정할 것

㉢ 작업 받침대는 견고하게 고정하고 숫돌과의 간격은 3mm 이내로 조정할 것

㉣ 전원 케이블의 손상 여부를 확인할 것

㉤ 연삭숫돌의 균열 등 손상 여부를 확인할 것

㉥ 불티 비산 방지 조치(차단판 등)를 실시할 것

㉦ 연삭숫돌의 이상 조치 또는 교체는 반드시 연삭기를 정지한 상태에서 실시할 것

㉧ 반드시 귀마개, 보안경 및 방진 마스크를 착용 후 작업할 것

㉨ 연삭작업 시 숫돌에 충격이 가지 않도록 주의할 것

㉩ 연삭작업 시작 전 1분 이상, 연삭숫돌 교체 후 3분 이상 공회전 후 작업할 것

㉪ 연삭기의 회전속도에 상응하는 연삭숫돌을 사용할 것

⑤ **점검항목**

㉠ 방호 덮개 등 방호장치의 적정성(설치 상태, 노출 각도 등)

㉡ 접지의 적정성 및 누전 차단기 회로 접속 사용 여부

㉢ 연마석의 갈라짐, 깨짐 여부

㉣ 회전 시 연마석의 진동 발생 여부

㉤ 연마석과 공작물 받침대 간격 유지 상태(3mm 이내)

⑥ 작업절차 안전관리

작업절차	위험요인	안전관리
1. 연삭기 작업 준비	연마석이 느슨하게 고정된 경우 손가락 등 상해 위험	연마석을 단단하게 고정
	연마석 깨짐, 갈라짐이 있는 경우 파편에 의한 상해 위험	• 연마석의 깨짐, 갈라짐 확인 및 필요에 따라 교체 • 숫돌교체 후 3분 이상 공회전 필요 • 사용 전 1분 정도 공회전 필요
2. 연삭기 사용 중	연마석에 의한 손가락 등 상해 위험	• 연삭기의 방호덮개 제거 금지 • 가죽 장갑 등 보호구 착용 • 손가락을 연삭기로부터 멀리 유지 • 연삭면 등 마찰열이 발생할 수 있는 부위 접촉 금지
	장비작동 소음에 의한 청력 손상 위험	기계 작동 시 귀마개 착용
	칩에 의한 눈 손상 위험	• 보안경 또는 안면보호구 착용 • 연삭기 칩 비산 방지판 제거 금지
3. 연삭기 사용 후	연마석에 의한 손 부상 위험	• 연마석 회전이 완전히 멈춘 후 청소・정리 • 연마석 또는 공작물의 마찰열이 식기 전 접촉 금지

(7) 오븐

① **용도** : 시료의 열변성 실험 및 열경화 실험, 초자기구의 건조, 시료의 수분 제거 등 다양한 용도로 사용되는 기기이며, 진공 오븐은 용매의 끓는점을 낮추어 저온에서도 쉽게 용매의 증발을 유도하는 용도로 사용

② **구조**

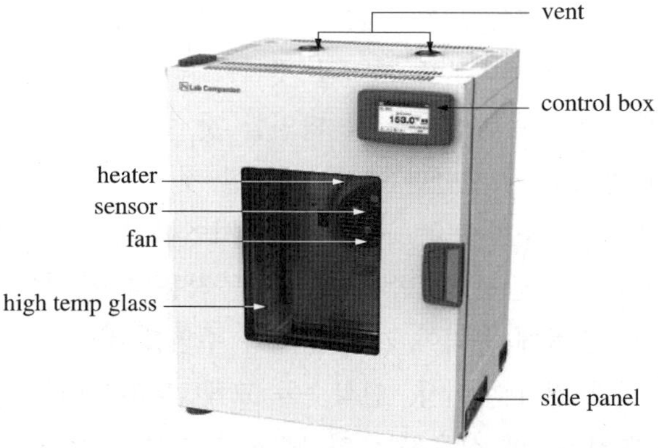

③ **주요 위험요소**

㉠ 오븐 내부의 고온에 의한 화재나 화상 위험

㉡ 부적절한 재료 사용 등으로 인한 폭발・발화 위험

㉢ 고전압 또는 제품에 물 등의 액체로 인한 쇼트로 감전 위험

④ **안전대책**

㉠ 반드시 내열 장갑 등 보호구를 착용할 것

㉡ 항상 설정온도를 확인하여 과열 등 이상이 발견되면 즉시 전원을 차단하고 수리할 것
㉢ 재료 등이 떨어지지 않게 장갑 또는 집게 등을 이용하여 단단히 잡을 것
㉣ 가연성, 인화성, 폭발성, 분말시료, 분진 발생 물질을 사용하지 않을 것
㉤ 열기로 인한 화상을 방지하기 위해 오븐 문 바로 앞에서 문을 열지 않아야 하고, 문을 천천히 열어 오븐의 열기를 충분히 배출할 것

⑤ 점검항목
㉠ 인입 케이블의 피복 상태 및 콘센트 접속 상태, 접지 상태
㉡ 오븐 주위의 인화성·가연성 물질 존재 여부
㉢ 수평 상태 및 통풍의 적정성
㉣ 온도조절장치의 기능 유지 여부

⑥ 작업절차 안전관리

작업절차	위험요인	안전관리
1. 재료 넣기	초자기구 또는 실험 재료를 떨어뜨림으로 인한 발 등 신체 부상 위험	• 초자기구를 오븐에 넣을 때 부딪히지 않게 주의 • 재료 등이 떨어지지 않게 장갑 또는 집게 등을 이용하여 단단히 잡기 • 재료 등이 떨어졌을 때 발등의 부상을 방지하기 위해 발가락을 보호할 수 있는 신발 착용
	오븐의 열기로 인한 화상 위험	• 내열성 장갑 등 보호구 착용 • 열기로 인한 화상을 방지하기 위해 오븐 문 바로 앞에서 문 열지 않기 • 오븐 문을 천천히 열어 오븐의 열기를 배출
	오븐의 고열로 인한 화재 및 폭발 위험	• 가연성, 인화성, 폭발성 물질 사용 금지(특히 분말 시료나 분진 발생의 위험이 있는 경우, 고온 작동이 아니더라도 내부 화재발생 위험이 크므로 내부에 팬이 작동하는 강제순환오븐에는 사용금지) • 초자기구 등의 내열성 여부 확인 후 사용
2. 재료 빼기	초자기구 또는 실험 재료가 떨어짐으로 인한 신체 부상 위험	• 초자기구를 오븐에서 꺼낼 때 부딪히지 않게 주의 • 재료 등이 떨어지지 않게 장갑 또는 집게 등을 이용하여 단단히 잡기 • 재료 등이 떨어졌을 때 발등의 부상을 방지하기 위해 발가락을 보호할 수 있는 신발 착용
	오븐의 열기로 인한 화상 위험	• 내열성 장갑 등 보호구 착용 • 열기로 인상 화상을 방지하기 위해 오븐 문 바로 앞에서 문 열지 않기 • 오븐 문을 천천히 열어 오븐의 열기를 배출

(8) 교류아크용접기

① **용도** : 2개 또는 그 이상의 금속 재료를 열로 접합하는 장비

② **구조**

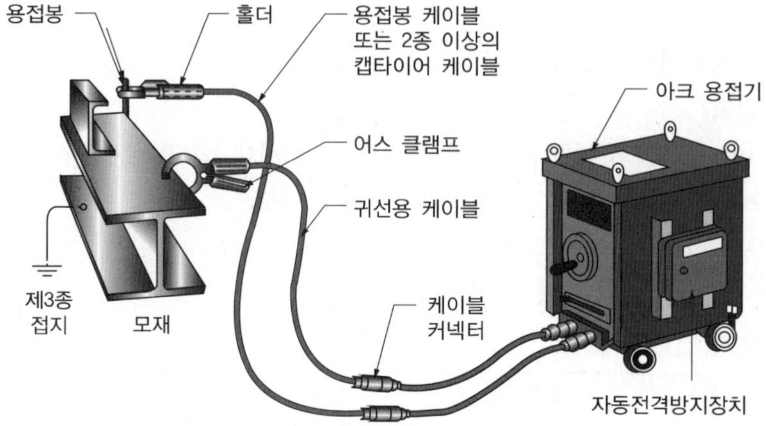

③ **주요 위험요소**

㉠ 용접봉 홀더의 노출된 충전부, 누전되는 교류아크용접기 외함 접촉에 따른 감전 위험

㉡ 용접 불티 등 비산물에 의한 화재 발생 위험

㉢ 용접 시 발생하는 오존 등 가스, 흄의 장기간 흡입에 따른 직업성 질환 발생 위험

㉣ 용접기 케이블, 배선 등의 손상에 의한 감전 위험

④ **안전대책**

㉠ 작업 시작 기기를 점검하고 파손, 손상 시 교체할 것

㉡ 습윤한 장소, 철골조, 밀폐된 좁은 장소 등에서의 용접 작업 시에는 자동전격방지기를 부착할 것

㉢ 작업장 주변 인화성 물질을 제거하고, 소화설비를 비치할 것

㉣ 용접 작업 시 개인보호구(앞치마, 보안경, 보안면, 방진마스크 등)를 착용할 것

㉤ 작업 장소를 떠날 때는 용접기의 전원 개폐기를 차단할 것

㉥ 도전성이 높은 장소, 습윤한 장소 등에서는 누전차단기 회로에 접속 사용할 것

⑤ **점검항목**

㉠ 자동전격방지기 부착 및 손상여부

㉡ 용접봉 홀더 파손 확인

㉢ 용접기 외함 등 접지 확인

㉣ 각종 케이블 손상 확인

⑥ 작업절차 안전관리

작업절차	위험요인	안전관리
1. 용접 장소 폐쇄	섬광에 의한 눈 상해 위험	주변 연구자에게 섬광에 의한 피해를 방지하기 위해 차광막 설치
2. 용접 준비	흄 발생 위험	• 환기 또는 배기장치 설치 • 마스크 착용
	섬광에 의한 눈 상해 위험	용접용 보안면 착용
	스파크에 의한 신체 상해 위험	용접용 보호복, 앞치마, 보호장갑, 작업화 등 보호구 착용
	슬러그의 튐, 떨어짐에 의한 신체 상해 위험	용접용 보호복, 앞치마, 보호장갑, 작업화 등 보호구 착용
3. 전원 작동 및 케이블 풀기	케이블에 발이 걸려 넘어짐 위험	주의해서 케이블이 꼬이지 않게 다리 아래에서 풀기
4. 용접봉 결합	손가락 끼임	용접봉을 끼울 때 손가락 끼임주의
5. 아크 발생	섬광, 스파크, 슬러그 위험	• 용접용 보호복, 앞치마, 보호장갑, 작업화 등 보호구 착용 • 용접기 주변에 인화성 물질 제거
6. 재료 냉각	손가락 등 화상 위험	• 보호 장갑 등 개인보호구 착용 • 고온 주의 표시 설치
7. 용접봉 분리	손가락 등 화상 위험	• 보호 장갑 등 개인보호구 착용 • 고온 주의 표시 설치
8. 케이블 정리	케이블에 발이 걸려 넘어짐 위험	케이블이 꼬이지 않게 다리 아래에서 정리
9. 칩 또는 슬러그 제거	칩 또는 슬러그 비산으로 눈 상해 위험	보안경 등 개인보호구 착용
	손가락 상해 위험	보호장갑 등 보호장비 착용 및 망치 등 슬러그 제거 도구 이용 시 주의 필요

(9) 원심분리기

① **용도** : 축을 중심으로 물질을 회전시켜 원심력을 가하는 장치로 혼합물을 밀도에 따라 분리하는 데 사용

② 구조

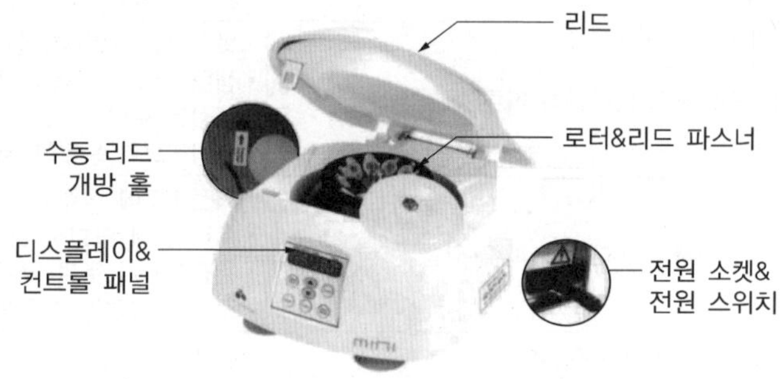

③ 주요 위험요소

㉠ 가동 중 동력 전달부에 끼일 위험

㉡ 회전 중인 내부 회전체에 말릴 위험

㉢ 누전에 의한 감전 위험

㉣ 내부 물체가 날아와 맞을 위험

④ 안전대책

㉠ 방호덮개 및 연동 장치를 설치할 것

㉡ 가동 전 연동 장치의 정상 작동 여부를 확인할 것

㉢ 외함의 접지 상태를 확인할 것

㉣ 최고 사용 회전수를 초과하여 사용금지

㉤ 정비, 수리 및 청소 등의 작업 시에 반드시 전원을 차단할 것

㉥ 원심기는 수평을 맞춰 설치할 것

㉦ 폭발성, 휘발성 증기를 발생할 수 있는 물질은 원심분리 금지

㉧ 회전 중인 내통을 손으로 감속 및 정지 금지

⑤ 점검항목

㉠ 수평 유지 및 고정 상태의 적정성

㉡ 최대 회전속도를 견딜 수 있는 튜브 또는 병 사용

㉢ 내부에 파손된 튜브 또는 병의 존재 여부 및 내부의 청소 상태

㉣ 도어(외통 덮개)의 체결 상태

㉤ 내통 덮개의 체결 상태

⑥ 작업절차 안전관리

작업절차	위험요인	안전관리
1. 로터 설치	로터 설치 중 손가락 끼임 등 상해	• 원심분리기와 로터 사이에 손가락이 끼이지 않도록 주의 필요 • 공구 사용 시 무리하지 않게 작업
	무거운 로터로 인한 상해	• 허리를 펴고 다리를 사용하여 로터 들기 • 로터를 떨어트리지 않게 단단히 잡기 • 혼자서 들기 힘든 경우 다른 사람의 도움 청하기
2. 샘플 설치	화학물질 쏟아짐에 따른 위험	• 보호장갑, 보안경, 실험복 등 보호구 착용 • 샘플 튜브, 병 등의 뚜껑을 확실히 잠금 • 설치된 로터에 적합한 샘플 튜브, 병 등을 사용 • 대칭적으로 동일한 무게로 로터에 샘플 설치
3. 가공 중	화학물질 쏟아짐에 따른 위험	• 회전속도에 적절한 튜브, 병 등을 사용 • 로터 덮개 확실히 닫기 • 원심분리기 뚜껑 확실히 닫기 • 로터가 설정된 회전속도에 도달할 때까지 확인
	원심분리기의 흔들림	원심분리기 작동을 정지 후 로터의 무게 균형 확인
4. 가공 후	감전위험회전체 접촉에 의한 손가락 상해	• 원심분리기의 회전이 완전히 멈춘 후 원심분리기의 도어 열기 • 저온 사용 시 냉각된 내부 접촉 금지
	화학물질 쏟아짐에 따른 위험	• 보호장갑, 보안경, 실험복 등 보호구 착용 • 샘플 튜브, 병 등의 뚜껑 열림 여부 확인 • 샘플 튜브, 병 등이 깨진 경우 즉시 제거

(10) 인두기

① 용도 : 가열된 인두로 금속(납)을 용해시켜 특정 물질을 접합시키는 장비

② 구조

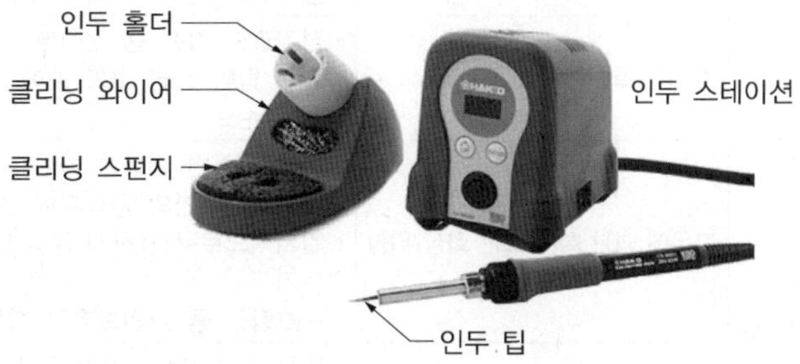

③ 주요 위험요소

㉠ 인두 부위의 고온에 의한 화재·화상 위험

㉡ 가열에 의한 기체화된 금속(납) 증기 흡입 위험

㉢ 누전·전기 쇼트로 인한 감전 위험

④ 안전대책

㉠ 인두기 주변의 인화성 물질을 제거할 것

㉡ 인두 팁 주변의 금속부에 손가락, 전원 코드 등의 접촉을 금지할 것

㉢ 젖은 손으로 사용하지 않을 것

㉣ 통풍이 잘 되는 곳 또는 국소배기장치 설치장소에서 사용할 것

㉤ 인두 팁이 충분히 식은 후 수납하거나 부품을 교환할 것

⑤ 점검항목

㉠ 인입 케이블의 피복 상태 및 콘센트 접속 상태

㉡ 누전차단기 회로 접속 사용 여부

㉢ 인두기 주위의 인화성 물질 존재 여부

㉣ 인두 작업대의 환기 적정성 여부

㉤ 인두 팁의 노후화 또는 청소 상태

⑥ 작업절차 안전관리

작업절차	위험요인	안전관리
1. 인두기 가열	고온에 의한 화재 또는 화상 위험	• 인두기 주변 인화성 물질 제거 • 인두 팁 주변의 금속부에 손가락 등 접촉 금지
	감전 위험	• 전기코드 합선 등 전원부의 이상 여부 확인 • 인두 팁이 전원 코드 등에 닿지 않도록 주의 • 젖은 손으로 사용 금지
2. 인두기 사용 중	고온에 의한 화재 또는 화상 위험	• 인두기 주변 인화성 물질 제거 • 인두 팁 주변의 금속부에 손가락 등 접촉 금지 • 일시적으로 사용하지 않을 때는 인두기를 전용 거치대에 세워 두기 • 보호장갑 등 개인보호구 착용
	납 흡입 위험	• 통풍이 잘되는 곳 또는 국소 배기장치가 설치된 곳에서 인두기 작업 실시 • 마스크, 장갑 등 보호 장비 착용 • 방진마스크 등 개인보호구 착용
3. 인두기 사용 후	고온에 의한 화재 또는 화상 위험	• 인두기 전원을 끄고 전원 코드 제거 • 인두 팁이 충분히 식은 후 수납 또는 부품 교환

(11) 전기로

① 용도 : 전열을 이용하여 1,000℃ 내외의 온도에서 재료를 용해, 제련하는 장비

② 구조

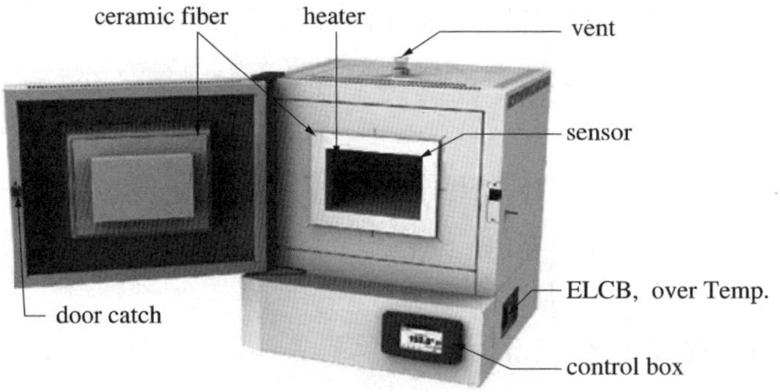

③ 주요 위험요소

㉠ 전기로 내부 고온에 의한 화재·화상 위험

㉡ 스파크·부적절한 재료 사용 등으로 폭발·발화 위험

㉢ 고전압, 누전, 전기 쇼트로 인한 감전 위험

④ 안전대책

㉠ 전기로 주변의 인화성 물질을 제거할 것

㉡ 누전을 방지하기 위한 접지를 할 것

㉢ 전기로 상부 가스 배출구의 증기·가스가 적절히 배출되도록 배기장치 또는 환기시설을 가동할 것

㉣ 전기로에 도가니 등을 넣을 때 집게를 사용할 것

㉤ 금속 집게 사용 시 전기 쇼트 방지를 위해 전기로를 접지하거나 일시적으로 전원을 차단할 것

㉥ 전기로는 방폭구조가 아니므로 가연성·폭발성·인화성 재료를 사용하지 않을 것

㉦ 전기로에서 재료를 꺼낼 시 재료를 충분히 냉각한 후 사용하고, 냉각 중에는 고온주의 표시를 할 것

⑤ 점검항목

㉠ 인입 케이블의 피복 상태 및 콘센트 접속 상태, 접지 상태

㉡ 전기로 주위의 인화성·가연성 물질 존재 여부

㉢ 수평 상태 및 통풍의 적정성

㉣ 사용 중 가스 발생 여부 및 배기장치의 작동 상태

㉤ 온도조절장치의 기능 유지 여부

⑥ 작업절차 안전관리

작업절차	위험요인	안전관리
1. 전기로 가열	고온에 의한 화재 위험	전기로 주변 인화성 물질 제거
	감전 위험	• 전기코드 등 주의 • 누전을 방지하기 위한 접지 필요
	유해가스 발생 위험	전기로 상부에 위치한 가스배출구에서 나오는 증기 또는 가스가 적절히 배출될 수 있도록 배기장치 또는 환기시설 가동
2. 전기로에 재료 넣기	고온에 의한 화재 및 화상 위험	• 전기로 주변 인화성 물질 제거 • 내열성 장갑 등 개인보호구 착용 • 도가니 등을 전기로에 넣을 때 집게 등 사용
	감전 위험	전기로에 금속집게를 이용하여 도가니 등을 넣을 때는 전기쇼크를 방지하기 위해 전기로를 접지하거나 일시적으로 전원 차단
	가연성, 폭발성, 인화성 물질에 의한 화재·폭발 위험	전기로는 방폭구조가 아니므로 가연성, 폭발성, 인화성 재료 사용 금지
3. 전기로에 재료 꺼내기	고온에 의한 화재 및 화상 위험	• 전기로 주변 인화성 물질 제거 • 내열성 장갑 등 개인보호구 착용 • 도가니 등을 전기로에서 꺼낼 때 집게 등을 사용 • 재료를 충분히 냉각 후 사용하고, 냉각 중에는 고온주의 표시 필요
	감전 위험	전기로에 금속집게를 이용하여 도가니 등을 꺼낼 때는 전기쇼크를 방지하기 위해 전기로 전원 차단

(12) 전동드릴(핸드드릴)

① 용도 : 전동기로 드릴 날을 회전시켜 가공물에 구멍을 만드는 기계

② 주요 위험요소

㉠ 회전하는 드릴 날에 손이 접촉되거나 옷 등이 감겨 신체 일부가 끼일 위험

㉡ 무리한 동작, 불편한 작업 자세로 인한 근골격계질환 발생 위험

㉢ 누전에 의한 감전 위험

㉣ 드릴 작업 시 발생하는 소음, 분진, 진동 등으로 인한 건강장해 위험
㉤ 회전하는 가공재에 부딪힐 위험

③ 안전대책

㉠ 가공작업 시 공작물을 바이스 등에 단단히 고정할 것
㉡ 철제 외함 접지 및 감전방지용 누전차단기 회로에 접속 사용할 것
㉢ 작업 전 인입 케이블 피복 등의 손상 여부를 확인할 것
㉣ 귀마개, 보안경 및 방진 마스크를 착용 후 작업할 것
㉤ 작업 전·중·후 스트레칭을 실시할 것
㉥ 작업복이 드릴 날에 말리지 않도록 단정히 착용할 것
㉦ 드릴 날에 말릴 수 있는 면장갑 대신 손에 밀착되는 장갑을 착용할 것

④ 점검항목

㉠ 인입 케이블의 피복 상태 및 콘센트 접속 상태
㉡ 접지의 적정성 및 누전 차단기 회로 접속 사용 여부
㉢ 드릴 날의 손상 여부
㉣ 공작물 재료와 공작 목적에 적합한 드릴 날 사용 여부
㉤ 수평 유지 및 고정 상태의 적정성

⑤ 작업절차 안전관리

작업절차	위험요인	안전관리
1. 전동드릴 사용 준비	감전 위험	• 전기쇼크 방지를 위해 접지 • 충전(무선 드릴), 설정 조정 전에는 전원 분리
	손가락 베임 위험	• 헝겊 등을 이용하여 드릴비트 조작 • 드릴비트의 날카로운 끝에 손 접촉금지
2. 전동드릴 사용 중	감전 위험	전기쇼크 방지를 위해 절연 처리된 표면을 잡고 작업
	난청 발생 위험	귀마개 등 청각보호 장비 착용
	눈 손상 위험	보안경 등 보호 장비 착용
	신체 손상 위험	• 작동 중인 드릴 또는 공작 후 날카로운 표면에 손 접촉 금지 • 바이스 등을 이용하여 공작물을 견고하게 고정
	호흡기 손상 위험	방진마스크 등 보호장비 착용 및 배기·환기 실시
	킥백(kickback) 위험	손목 부상 방지를 위해 무리한 압력 금지
3. 전동드릴 사용 후	감전 위험	전동드릴 청소를 위해 액체 사용 금지
	화상 위험	• 작업 직후 드릴비트, 공작물 등 접촉 금지 • 드릴비트, 공작물 등의 표면 온도가 내려간 후 작업 재개

(13) 절단기

① **용도** : 전동기로 절단 지석을 고속으로 회전시켜 파이프, 각종 형강, 석고보드 등의 재료를 자르는 기계

② **구조**

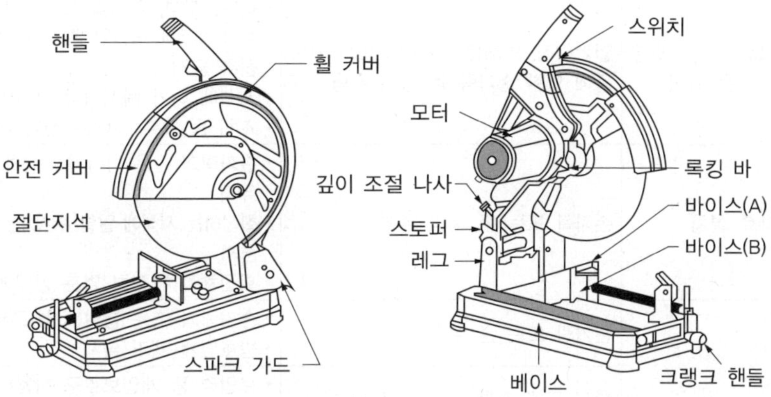

③ **주요 위험요소**

㉠ 파손된 절단석이 날아와 맞을 위험

㉡ 누전에 의한 감전 위험

㉢ 반발하는 소재에 맞을 위험

㉣ 작업 중 비산되는 불꽃 티에 의한 눈 상해, 분진 흡입에 의한 호흡기질환 발생 위험

④ **안전대책**

㉠ 절단석 및 동력전달부에 방호덮개를 설치할 것

㉡ 공작물은 고정장치(바이스 등)를 이용하여 견고하게 고정할 것

㉢ 전원 케이블의 손상 여부를 확인할 것

㉣ 절단석의 균열이나 이 빠짐 등 손상 여부를 확인할 것

㉤ 불티 비산 방지 조치(차단판 등)를 실시할 것

㉥ 공작물의 이상 조치 또는 교체는 반드시 절단기를 정지한 상태에서 실시할 것

㉦ 귀마개, 보안경 및 방진 마스크를 착용 후 작업할 것

㉧ 절단작업 시 절단석에 충격이 가지 않도록 주의할 것

㉨ 절단작업 시작 전 1분 정도 공회전시켜 이상 여부를 확인할 것

㉩ 절단기의 회전속도에 상응하는 절단석을 사용할 것

⑤ **점검항목**

㉠ 방호 덮개 등 방호장치의 적정성(설치 상태, 노출 각도 등)

㉡ 접지의 적정성 및 누전 차단기 회로 접속 사용 여부

㉢ 지석의 갈라짐, 깨짐 여부

㉣ 회전 시 지석의 진동 발생 여부

㉤ 절단 재료 고정 상태

⑥ 작업절차 안전관리

작업절차	위험요인	안전관리
1. 톱날, 지석, 적절한 가드 등 확인	헐거워짐, 방해물, 무딘 날 또는 가드 등에 의한 손가락 등 상해 위험	• 톱날, 지석, 가드를 조정하고 단단히 결합 • 절단 재료에 적합한 톱날, 지석 등 설치 및 설치 시 톱날 접촉 금지 • 지석에 이가 빠지거나 균열이 있는 경우 교체 • 교체 등 보수 시에는 전원 차단
2. 재료 설치	손가락 또는 손 끼임 위험	• 손가락과 손은 끼이거나 상해가 발생할 부위에서 멀리 유지 • 회전하는 지석에 말릴 수 있는 헐렁한 장갑, 옷 등은 착용 금지 • 회전체가 완전히 멈춘 상태에서 재료 설치
3. 절단기 사용 중	손가락 또는 손 절단 위험	• 손가락과 손은 톱날(지석)로부터 멀리 유지 • 방호덮개 제거 금지
	파편 등에 의한 눈 손상 위험	• 보안경 등 개인보호구 착용 • 적절한 방호장치 사용
	먼지, 흄 발생으로 인한 호흡기 손상 위험	• 분진 마스크 등 개인보호구 착용 • 배기 장치 설치 또는 환기가 잘되는 곳에서 절단기 사용
	소음에 의한 난청 발생 위험	귀마개 등 개인보호구 착용
	재료 이탈 등에 의한 신체 손상 위험	• 고정바이스 등을 이용하여 재료 고정 • 지석 등 회전 중에는 재료 고정 또는 제거 금지 • 지석 등이 최대 속도에 도달 후 절단 시작
	불티에 의한 화재 위험	• 절단기 주변 및 불티가 비산하는 방향에 인화물질 제거 • 불티 비산 방지막 설치
	감전 위험	• 접지 필요 • 젖은 손으로 조작 금지 • 연장 코드 사용 시 절단기에 필요 전력 공급이 가능한 연장 코드 사용
4. 절단기 사용 후	손가락 또는 손 절단 위험	• 손가락과 손은 톱날(지석)로부터 멀리 유지 • 먼지 제거 등 청소는 지석 등 회전체가 완전히 멈춘 후 실시
	화상 위험	절단 후 재료는 충분히 냉각 후 취급

(14) 조직절편기

① 용도 : 생물체의 조직, 기관 등을 얇은 판으로 자르는 장비로, 조직병리검사 등에 주로 활용

② 구조

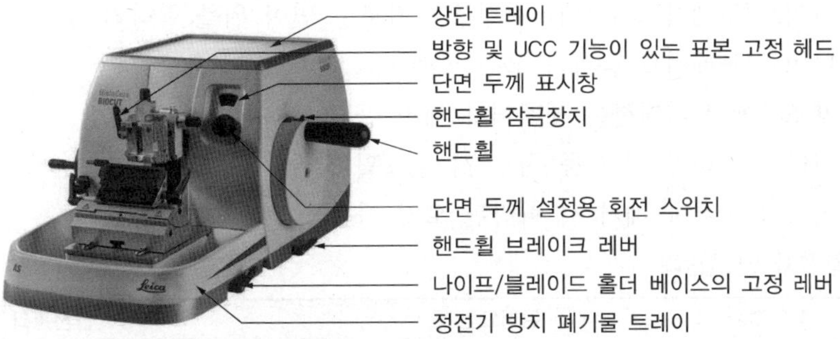

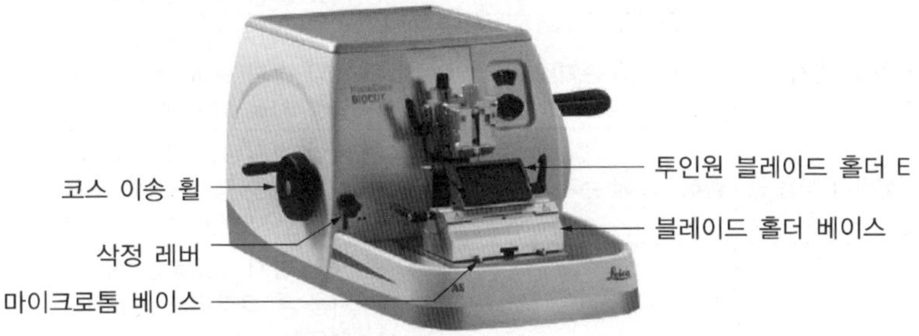

③ 주요 위험요소

㉠ 나이프/블레이드에 의해 신체 베임 위험

㉡ 부서지기 쉬운 시료의 파편에 의한 눈 등의 상해 위험

㉢ 파라핀 잔해물에 의한 미끄러져 넘어짐 등으로 인한 신체 상해 위험

㉣ 동결 시료를 다룰 시 저온에 의한 동상 위험

④ 안전대책

㉠ 시료와 고정 클램프 사이에 손가락이 끼지 않도록 주의할 것

㉡ 조직절편기 블레이드의 날카로운 면 접촉을 금지할 것

㉢ 시료를 고정한 후 블레이드를 설치할 것

㉣ 절편된 시료는 브러시 등을 이용하여 다룰 것

㉤ 절편기 사용 후 블레이드 안전가드로 덮을 것

㉥ 사용한 블레이드는 칼날 보관용기 등 적절한 곳에 폐기할 것

㉦ 조직절편기 청소 시 핸드휠을 잠글 것

㉧ 조직절편기의 세척액으로 아세톤이나 자일렌이 포함된 것을 사용하지 않을 것

㉨ 날카로운 공구로 제품 표면을 긁으며 청소하지 않을 것

㉩ 부속품을 세척제나 물에 담그지 않을 것

㉪ 파라핀 잔해물이 바닥 등에 떨어진 경우 청소하여 미끄럼을 방지할 것

㉫ 파라핀 제거 시 자일렌, 알코올성 세정액을 사용하지 않을 것

⑤ 점검항목

㉠ 나이프/블레이드의 보관 적정성(날카로운 면이 위를 향하지 않도록 보관)

㉡ 나이프/블레이드 홀더의 고정 상태

㉢ 제조사에서 지정하는 세척제와 세척 공구 사용 여부

㉣ 파라핀 잔해물 제거 등 청소 시 핸드휠 잠금 여부

㉤ 파라핀 잔류물 제거 시 파라핀 오일 사용

⑥ 작업절차 안전관리

작업절차	위험요인	안전관리
1. 시료 고정	클램프 등에 손가락 끼임 위험	• 시료와 고정클램프 사이에 손가락이 끼지 않도록 주의 • 시료 고정 헤드가 움직이지 않도록 핸드휠 등 고정
2. 블레이드 설치	블레이드에 손가락 등 베임 위험	• 조직절편기 블레이드의 날카로운 면 접촉 금지 • 베임 방지 보호장갑 등 착용 • 항상 시료 고정 후 블레이드 설치
3. 조직절편기 사용 중	블레이드에 손가락 등 베임 위험	• 베임 방지 보호장갑 등 착용 • 시료 절편 중 시료와 블레이드 사이에 손가락 접촉 금지 • 절편된 시료는 브러쉬 등을 이용하여 다루기
4. 조직절편기 사용 후	블레이드에 손가락 등 베임 위험	• 베임 방지 보호장갑 등 착용 • 사용 후 블레이드 안전가드로 덮기 • 핸드휠 고정 • 블레이드 제거 시 조직절편기 사용설명서에 따라 적절한 방법으로 제거 • 사용한 블레이드는 칼날보관 용기 등 적절한 곳에 폐기
	미끄러짐에 의한 신체 상해 위험	• 파라핀 잔해물이 작업대 또는 바닥에 떨어진 경우 청소하여 파라핀에 의한 미끄럼 방지 • 미끄럼방지 신발 착용

(15) 초저온용기

① **용도** : 임계 온도가 -50℃ 이하인 산소, 질소, 아르곤, 탄산, 아산화질소 및 천연가스 등을 액체 상태로 운반 및 저장하는 장비

② **구조**

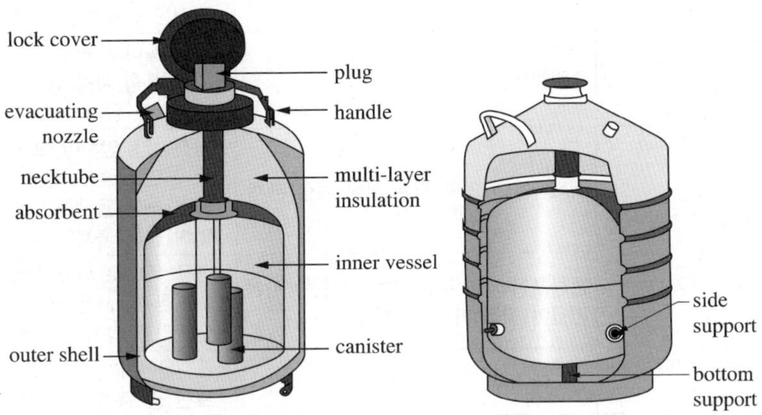

[storage type] [transport type]

③ **주요 위험요소**

㉠ 액체질소 등 액화가스에 의한 피부 등 저온 화상 위험

㉡ 초저온용기 이동 중 전도에 의한 신체 상해 위험

㉢ 질소 등 누출에 의한 산소결핍 위험

④ **안전대책**

㉠ 저온 화상으로부터 보호할 수 있는 개인보호구를 착용할 것

㉡ 밸브, 배관 등 액화가스가 이동하는 부품을 보호구 없이 접촉하지 않을 것

㉢ 초저온용기를 기울여 따르는 경우 용기를 단단히 잡고 등을 똑바로 펴고 작업할 것

㉣ 초저온용기가 전도되지 않도록 전도 방지조치를 할 것

㉤ 용기 보관 중 충격보호장치를 설치할 것

㉥ 가스누출감지경보기를 설치할 것

㉦ 밀폐된 공간에 보관하지 않을 것

㉧ 액화가스의 식별표를 부착할 것

⑤ **점검항목**

㉠ 용기의 변형 및 밸브의 손상 유무

㉡ 가스누출 감지장치의 작동 상태

㉢ 가스누출에 대비한 비상대응 절차 확립 여부

㉣ 액화가스 식별표지 부착 여부

㉤ 용기의 전도 방지 조치 적정성

⑥ 작업절차 안전관리

작업절차	위험요인	안전관리
1. 초저온용기를 이용한 액체질소 운반	액체질소에 의한 저온 화상 위험 존재	• 안전장갑, 앞치마, 발가락을 보호할 수 있는 신발 등 개인 보호구 착용 • 초저온용기 이동 시 뚜껑 닫기
	중량물에 의한 부상 위험	• 등을 똑바로 펴고 작업 • 과도한 힘 사용 금지 • 단단하게 잡기
2. 초저온용기 간의 액체 질소 이동	액체질소에 의한 저온 화상 위험 존재	• 안전장갑, 앞치마, 발가락을 보호할 수 있는 신발 등 개인 보호구 착용 • 밸브, 배관 등 액화가스가 이동하는 부품은 보호구 없이 접촉 금지
	중량물에 의한 부상 위험(초저온용기를 기울여 직접 따르는 경우)	• 등을 똑바로 펴고 작업 • 과도한 힘 사용 금지 • 단단하게 잡기
3. 초저온용기에 액체 질소 보관	전도에 따른 상해 위험	• 초저온용기가 전도되지 않도록 전도방지 조치 필요 • 보관 중 충격보호 장치 설치 필요

(16) 펌프

① 용도 : 압력을 이용하여 액체 또는 기체를 이동시키거나 압력을 조절하는 기계

② 구조

[진공 펌프]

[튜브연동 펌프]

③ 주요 위험요소

㉠ 동력전달부 또는 회전체에 접촉하여 신체가 말려 들어갈 위험

㉡ 누전에 따른 감전 위험

④ 안전대책

㉠ 동력전달부 또는 회전체에 방호덮개를 설치할 것

㉡ 외함 접지 및 누전차단기 회로에 접속 사용할 것

⑤ 점검항목

㉠ 인입 케이블의 피복 상태 및 콘센트 접속 상태

㉡ 접지의 적정성 및 누전 차단기 회로 접속 사용 여부

㉢ 펌프에 연결된 진공 용기 또는 순환 장치 등의 손상 여부

㉣ 부속 설비가 펌프 진동에 영향을 받지 않는 위치에 설치되었는지 여부

㉤ 오일펌프의 경우 누유 여부

⑥ 작업절차 안전관리

작업절차	위험요인	안전관리
1. 펌프 사용 준비	감전위험	• 누전을 방지하기 위한 접지 필요 • 젖은 손으로 전원부 등 작동 금지
	중량물에 의한 부상 위험	• 평평하고 진동이 없는 안전한 곳에 펌프 설치 • 등을 똑바로 펴고 작업 • 과도한 힘 사용 금지
2. 펌프 사용 중	압력에 의한 폭발위험	• 압축 · 진공 장비의 갈라짐 또는 형태 이상 여부 확인 • 연결 호수, 배관 등 이상 여부 확인 • 보안경 착용
	화학물질 튐 또는 유출에 의한 신체 상해 위험	보안경, 장갑, 실험복 등 개인보호구 착용
	(오일펌프) 펌프오일 누유에 따른 신체 상해 위험	• 작동을 멈춘 후 제조사 설명서에 따라 조치 • 누유방지 설비 조치
3. 펌프 사용 후	(오일펌프) 펌프오일에 의한 화재 위험	• 펌프오일 보관 장소에는 화기 사용 금지 • 펌프오일 교환 중 화기 사용 금지

(17) 프레스

① **용도** : 2개 이상의 서로 대응하는 공구(금형 등) 사이에 강한 힘을 발생시켜 금속 또는 비금속 재료에 압축, 전단, 천공, 굽힘, 드로잉 등의 가공(성형)을 하는 장비

② 주요 위험요소

㉠ 작업 중 금형 사이에 끼일 위험

㉡ 작업 중 파손된 금형 파편에 맞을 위험

㉢ 소재, 금형 등의 중량물 운반 작업 중 장해물에 걸려 넘어질 위험

㉣ 소음에 의한 난청 발생 위험

③ 안전대책

㉠ 프레스 성능에 상응하는 방호장치(광전자식, 양수조작식, 게이트 가드식 등)를 설치할 것

㉡ 이물질 제거 또는 정비·수리 작업 시 운전을 정지하고 전원을 차단할 것

㉢ 금형 교체 시 슬라이드의 하강을 방지하기 위한 안전블럭을 설치할 것

㉣ 풋스위치 사용 시 덮개를 설치하여 물건의 낙하 등으로 인한 오작동을 방지할 것

㉤ 안전화, 귀마개, 안전모 등 개인보호구를 착용 후 작업할 것

㉥ 작업장 주변의 재료, 부품 등의 정리정돈을 철저히 할 것

④ 점검항목

㉠ 설치 상태의 적정성

㉡ 접지 상태 및 누전차단기 회로 접속 사용 여부(가능한 경우)

㉢ 방호장치의 설치 및 기능 유지 여부

㉣ 가압 장치(기어, 베어링 또는 유압펌프, 압력계 등) 계통의 이상 여부

㉤ 금형 교체작업 절차의 적정성

⑤ 작업절차 안전관리

작업절차	위험요인	안전관리
1. 금형 부착(필요시)	오작동에 의한 신체 끼임 위험	• 금형 부착 시 프레스머신의 전원을 차단 • 프레스머신의 임의 작동 금지를 위한 표지 부착 • 금형 부착 시 손가락 끼임 주의 • 안전블럭 설치
	금형 등 중량물에 인한 상해 위험	• 금형 이동 시 단단하게 잡기 • 금형 부착 후 금형 고정 상태 등 재점검 필요 • 보호 장갑 착용
2. 프레스머신 사용 중	오작동에 의한 신체 끼임 위험	• 방호장치는 반드시 설치 • 압착기 사이에 손 등 신체 접근 금지 • 안전공구를 사용하여 재료 삽입 및 제거 • 프레스머신 내 이물질 제거 시 전원 차단 후 조치
	금형 또는 재료 파편 비산 위험	• 프레스머신 작동 전에 금형 또는 재료의 적절한 위치에 배치 후 사용 • 보호 장갑, 보안경 등 보호구 착용 • 사용 재료에 적정한 압력의 프레스머신 사용 • 방호장치 설치
3. 프레스머신 사용 후	오작동에 의한 신체 끼임 위험	• 프레스머신 전원 차단 후 이물질 제거 등 청소 • 안전블럭 설치 • 전원 조작부분에 '조작금지' 표시판 부착

(18) 혼합기

① 용도 : 회전축에 고정된 날개를 이용하여 내용물을 저어주거나 섞는 장비

② 구조

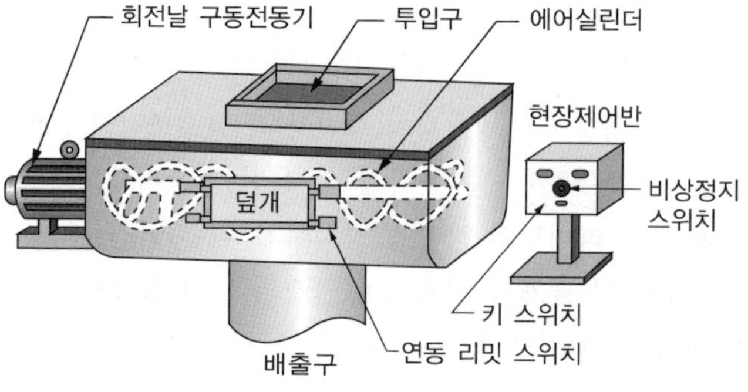

③ 주요 위험요소

㉠ 운전 또는 유지·보수 중 회전체에 끼임 위험

㉡ 제품에 물 등 액체로 인한 쇼트 감전 위험

㉢ 혼합재료가 튀거나 쏟아짐으로 인한 화학적 화상 또는 물리적 상해 등의 위험

④ 안전대책

㉠ 액체 재료 사용 시 감전에 주의할 것

㉡ 혼합할 재료가 쏟아지지 않도록 투입 전까지 밀봉할 것

㉢ 긴 머리는 반드시 묶고 옷소매 등을 여밀 것

㉣ 혼합기 회전날이 투입구에서 직접 접촉되지 않도록 방호장치 또는 덮개를 설치할 것

㉤ 혼합물 회수는 회전날이 완전히 멈춘 후에 할 것

㉥ 혼합기 청소 등 작업 시에는 혼합기 전원을 차단할 것

⑤ 점검항목

㉠ 방호장치의 설치 및 기능 유지 여부

㉡ 접지 상태 및 누전차단기 회로 접속 사용 여부(가능한 경우)

㉢ 회전 날, 축, 용기 등의 변형, 손상 여부

㉣ 유지·보수·청소 작업 절차의 적정

⑥ 작업절차 안전관리

작업절차	위험요인	안전관리
1. 혼합기 준비	재료 쏟아짐	혼합할 재료 등이 쏟아지지 않도록 주의 또는 혼합기에 넣기 전까지 밀봉
	감전 위험	• 전원 코드 등 이상여부 확인 • 액체 재료 사용 시 감전에 주의하여 조작 • 보호 장갑 착용
	시료 및 용기 이탈 또는 파손	• 혼합기 회전날(임펠러)의 결합상태 점검 • 스탠드 결합상태 점검 • 기타 부속품 결속 상태 점검
	신체일부, 머리카락 또는 장신구 끼임 발생	긴 머리는 반드시 묶고, 옷소매 등을 여밈
2. 혼합기 사용 중	혼합기 회전날에 손가락 등 상해	• 혼합기 회전날이 투입구에서 직접 접촉되지 않도록 방호장치 또는 덮개 설치 • (대형)혼합 재료를 혼합기에 주입 시 회전날에 신체 또는 옷자락 등이 말려들지 않도록 주의 필요 • (탁상용)혼합기에 혼합용기 설치 전에는 혼합기 작동 금지
	혼합 중 혼합물 비산에 의한 상해	• 보호 장갑, 보안경, 실험복 등 보호구 착용 • 무리하게 혼합기에 재료 투입 금지
3. 혼합기 사용 후	혼합기 회전날에 손가락 등 상해	• 혼합기 회전날이 완전히 멈춘 후 혼합물 회수 또는 잔여 혼합물 제거 • (대형)혼합기 배출구 청소 등 작업 시 혼합기 전원 차단

(19) 반응성 이온 식각장비

① 용도 : 반도체 제조에 사용하는 장비로, 기판(웨이퍼)에 식각(etching)을 하는 용도

② 구조

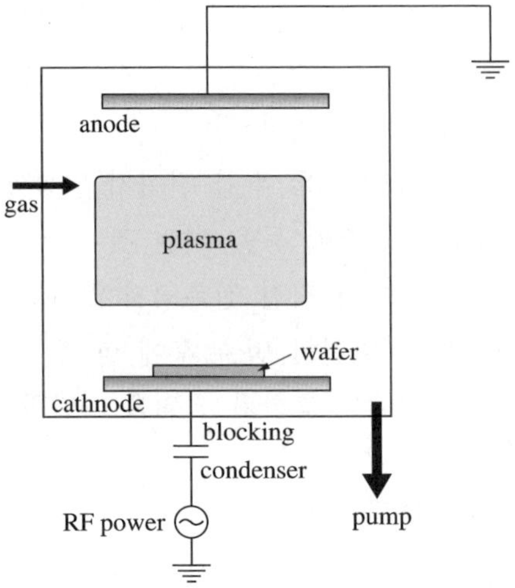

③ 주요 위험요소

㉠ 염소(Cl_2), 삼염화붕소(BCl_3), 염화수소(HCl) 등 독성가스 사용으로 인한 흡입 위험

㉡ 지속적인 라디오파 노출에 의한 두통 등 신체 이상 유발 위험

㉢ 고전압 또는 전기 쇼트로 인한 감전 위험

④ 안전대책

㉠ 해당 가스의 중화제독장치 상태를 점검하고 배기팬의 작동 여부를 확인할 것

㉡ 체임버에 기판 삽입 후 체임버 기밀을 확인할 것

㉢ 기판 삽입구가 열려 있는 동안은 장비를 작동하지 않을 것

㉣ 장비 작동이 완전히 정지한 후 기판을 꺼낼 것

㉤ 사용 전·후 체임버, 주입가스 공급 배관의 잔여가스를 배출할 것

⑤ 점검항목

㉠ 가스공급 배관 누설 여부

㉡ 인입 케이블의 피복 상태 및 콘센트 접속 상태

㉢ 접지 상태 및 누전차단기 회로 접속 사용 여부(가능한 경우)

㉣ 냉각계통의 이상 여부

㉤ 체임버(chamber) 내부 압력의 적정성

⑥ 작업절차 안전관리

작업절차	위험요인	안전관리
1. 사용 준비	가스 누출	• 주입가스 공급 배관 등의 누출 확인 • 체임버(chamber) 및 주입가스 공급 배관의 잔여 가스 확인 및 배출 필요 • 사용하고자 하는 가스와 해당 가스의 중화제독장치가 연결되어 있는지 확인 • 사용하고자 하는 가스의 중화제독장치의 상태 점검 및 배기팬 작동 여부 확인 • 체임버(chamber)가 고진공(5*10(−6) torr 이하)상태인지 확인 • 주입가스 공급 배관의 bypass 밸브를 비롯한 모든 밸브들이 모두 닫혀 있는지 확인
2. 작동 설정	수동 작업 시 부적절한 작동 설정에 의한 위험	해당 장비의 사용자설명서를 충분히 숙지, 시뮬레이션, 장비 담당자 관리하에 반복 교육 등을 통한 적절한 작동 설정 필요
3. 기판(웨이퍼) 넣기	가스 누출	• 체임버(chamber)에 기판 삽입 후 체임버 기밀 확인 • 기판 삽입구가 열려있는 동안은 장비 작동 금지
	라디오파 누출	• 체임버(chamber)에 기판 삽입 후 체임버 기밀 확인 • 기판 삽입구가 열려있는 동안은 장비 작동 금지
4. 사용 중	가스 누출	• 체임버(chamber) 기밀 확인 • 체임버(chamber)가 고진공 상태인지 확인하고 공정 진행 • 공정 시 사용하는 가스의 감지기를 항상 주시하며 가스누출 상황 대비 • 사용 후 장비 내 주입 가스 밸브들을 모두 닫아 체임버(chamber)로의 가스 유입 차단
	라디오파 누출	체임버(chamber) 기밀 확인
5. 기판(웨이퍼) 꺼내기	가스 누출	체임버(chamber)가 고진공 상태인지 확인 후 기판 꺼내기
	라디오파 누출	장비 작동이 완전히 정지한 후 기판 꺼내기
6. 사용 후	가스 누출	체임버(chamber) 및 주입가스 공급 배관의 잔여 가스 확인 및 배출 필요

(20) 흄후드

① **용도** : 화학실험 시 발생하는 유해한 화학물질로부터 연구자의 안전을 보장할 수 있도록 유해가스와 증기를 포집할 목적으로 설치되는 장비

② 구조

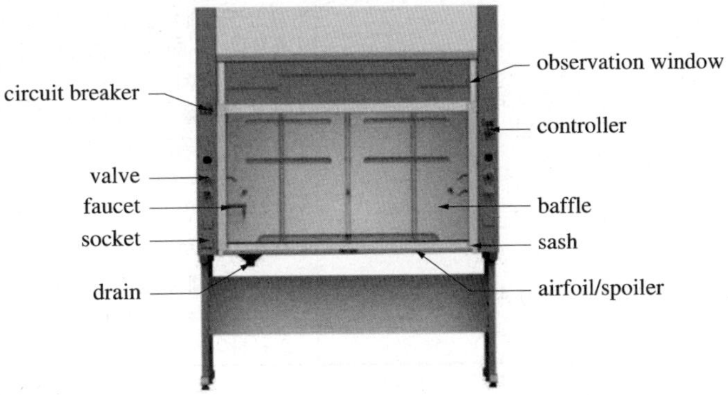

③ 주요 위험요소

㉠ 젖은 손으로 작동 시 감전 위험

㉡ 흄후드의 배기 기능 이상 등으로 인한 흄 흡입 위험

㉢ 부적절한 재료 사용 및 방법 등으로 인한 폭발·화재 위험

④ 안전대책

㉠ 흄후드 내부에 사용 재료만 넣고 기타 화학물질을 보관하지 않을 것

㉡ 가능한 새시를 낮은 위치로 유지할 것

㉢ 재료는 흄후드 입구에서 최소 15cm 이상 공간을 두고 넣을 것

㉣ 흄후드 정면의 움직임을 최소화하여 기류 방해를 억제할 것

㉤ 사용 후에는 새시를 닫고 잔류가스 배출을 위해 약 20분간 흄후드를 가동할 것

㉥ 반대편 흄후드와 최소 3m 이상 떨어진 위치에 배치할 것

⑤ 점검항목

㉠ 흄후드 제어풍속(0.4m/s 이상) 확인

㉡ 흄후드 내 400lx 이상의 조도 유지

㉢ 흄후드 배치의 적정성 확인

㉣ 불필요한 물건 방지 여부 확인

⑥ 작업절차 안전관리

작업절차	위험요인	안전관리
1. 새시(유리창문) 열기	불충분한 공기 흐름	• 흄후드 전원 확인 • 공기흐름 게이지 확인하여 0.4m/s 이상 유지 • 가능한 새시를 낮은 위치 유지 • 흄후드 앞쪽 또는 뒤쪽 끝에 있는 에어포일 막지 않기
2. 흄후드에 재료 넣기	화학병 등이 밀봉되어 있지 않으면 쏟아질 가능성 높음	화학병의 밀봉 상태 확인하며 사용
	흄(증기) 누출 위험	재료는 흄후드 입구에서 최소 15cm 이상 공간을 두고 넣기
	불충분한 공기 흐름	흄후드 안에 사용 재료만 넣고 기타 화학물질 보관 금지
	라벨 등 표시되지 않은 화학물 취급 시 위험	화학물질의 병, 튜브 등에 적절한 라벨 등 표시 부착
3. 흄후드 사용 중	화학물질에 의한 화상	장갑, 실험복 등 적절한 개인보호구 착용
	불충분한 공기 흐름으로 흄(증기) 흡입	• 실험 중 새시를 얼굴보다 낮게 유지하여 공기 흐름 확보 • 흄후드 내 재료, 기기 등이 공기 흐름을 막지 않도록 적절한 위치에 배치 • 공기 흐름을 막지 않도록 흄후드에 얼굴이나 몸을 기대지 않기 • 흄후드 내 공기 흐름을 방해하지 않기 위해 가열 장비는 흄후드 내 뒤쪽에 설치하여 사용 • 흄후드 정면 움직임 최소화하여 기류 방해 억제
4. 흄후드 사용 후	흄(증기) 누출	• 흄후드 내부에 화학물질 보관 금지 • 사용 후 새시 닫기 • 흄후드 내부에 화학물질이 쏟아지거나 흘린 경우 spill kit 등을 이용하여 제거

(21) 탁상용 드릴

① 용도 : 금속 물질 등의 소형 공작물에 드릴 날을 회전시켜 구멍을 뚫을 시 사용

② 구조

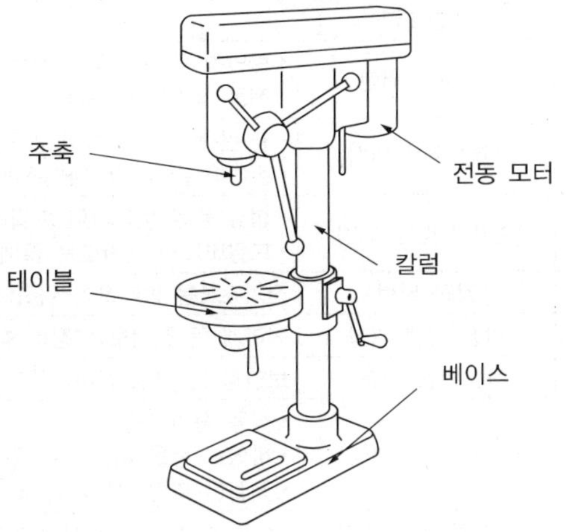

③ 주요 위험요소

㉠ 면장갑을 착용하고 작업 중 회전 드릴 날에 감겨 말릴 위험

㉡ 작업 중 비산되는 칩에 의한 눈 상해 위험

㉢ 칩을 걸레로 제거 중 손가락 베일 위험

㉣ 균열이 심한 드릴 또는 무디어진 날이 파괴되어 그 파편에 맞을 위험

㉤ 공작을 견고히 고정하지 않아 공작물이 복부를 강타할 위험

④ 안전대책

㉠ 방호 덮개를 설치하고 뒷면을 180° 개방하여 가공작업 시 발생되는 칩의 배출이 용이하게 설치할 것

㉡ 고정대에 가공 위치에 따라 전후로 이동시킬 수 있게 안내 홈을 만들고 바이스를 장착하여 작업을 실시할 것

㉢ 잡고 있던 레버가 일정 위치로 복귀 시 리밋 스위치에 의해 전원이 차단되고 드릴날 회전이 정지하는 회전정지장치를 설치할 것

㉣ 칩 제거 시 전용 수공구를 사용할 것

㉤ 장갑 착용 시 손에 밀착되는 가죽으로 된 재질의 안전장갑을 착용할 것

㉥ 칩 비산 시 눈을 보호할 수 있는 보안경을 착용할 것

⑤ 점검항목

㉠ 드릴날의 파손 상태 확인

㉡ 면장갑, 긴소매 옷 등 착용 금지 확인

㉢ 드릴날 방호 덮개 설치 여부

㉣ 칩 제거 전용 수공구 사용 여부

㉤ 본체 외함 접지, 누전차단기 접속 여부

⑥ 작업절차 안전관리

작업절차	위험요인	안전관리
1. 테이블 청소	눈 손상 위험	• 보안경 등 보호장비 착용 • 전용 청소용 솔 등을 이용하여 칩 등을 제거(에어건 사용금지)
2. 바이스로 공작물 고정	신체 손상 위험	• T-핀 등을 이용하여 안전하게 바이스 고정 • 손이나 손가락이 바이스에 끼이지 않도록 주의
3. 드릴비트 고정	손가락 베임 위험	• 헝겊 등을 이용하여 드릴비트 조작 • 드릴비트의 날카로운 끝에 손 접촉 금지
4. 탁상용드릴 사용 중	감전 위험	전기쇼크를 방지하기 위하여 절연 처리된 표면을 잡고 작업
	난청 발생 위험	귀마개 등 청각보호 장비 착용
	눈 손상 위험	보안경 등 보호 장비 착용
	신체 손상 위험	• 작동 중인 드릴 또는 공작 후 날카로운 표면에 손 접촉 금지 • 바이스 등을 이용하여 공작물을 견고하게 고정 • 적절한 드릴비트 사용 및 압력 확인
	호흡기 손상 위험	방진마스크 등 보호장비 착용 및 배기·환기 실시
5. 바이스 제거	신체 손상 위험	• 완전히 제거하기 전까지 T-핀 등을 이용하여 안전하게 바이스 고정 • 손이나 손가락이 바이스에 끼임 주의
6. 테이블 청소	눈 손상 위험	• 보안경 등 보호장비 착용 • 전용 청소용 솔 등을 이용하여 칩 등을 제거(에어건 사용금지)

(22) 만능재료시험기(UTM)

① 용도 : 재료의 인장강도, 압축강도 등을 측정할 때 사용

② 구조

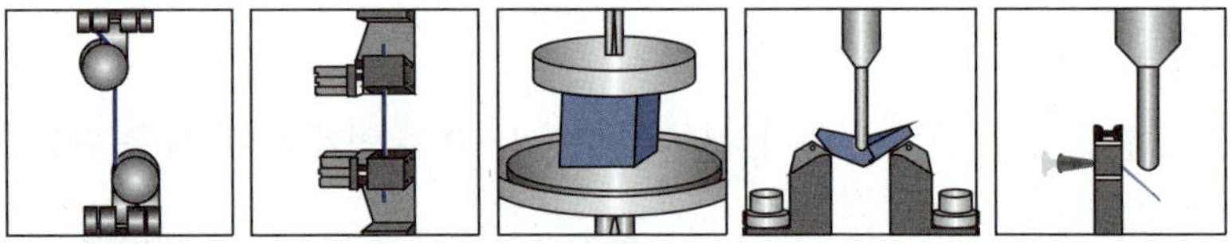

[인장] [인열] [압축] [굴곡] [탄성 복원]

③ 주요 위험요소

㉠ 시험 시 재료 파손으로 파편이 튈 위험

㉡ 고온 및 저온 실험 시 재료나 장치 표면에 의한 화상 위험

㉢ 압축 시 장비에 끼이는 상해 위험

④ 안전대책

㉠ 시험 재료의 끊어짐이 발생할 수 있는 부분에 보호면을 이용하거나 스크린(가드)을 설치할 것

㉡ 압축 모드로 가동 시 재료가 부서져 파편이 튈 수 있으므로 주의할 것

㉢ 장비 가동 전 해당 연구실 연구활동종사자들에게 알려 가동 중 접근을 금지할 것

㉣ 지정된 용량 범위를 넘거나 지정되지 않은 장치로 고정하여 실험하는 것을 금지할 것
㉤ 압축가스를 이용하여 시험한 경우에는 가스 공급을 차단하고 잔류가스를 제거한 후에 결합을 해제할 것

⑤ 점검항목
㉠ 작동 전 장비 주위에 다른 사람이 있는지 확인
㉡ 비상정지 버튼은 언제든 사용할 수 있는 위치에 설치되었는지 확인
㉢ 시험 전 주위 알림 및 접근금지 요청 실시여부

4 기계 · 기구 · 연구장비별 보호구

(1) 공구 · 중량물 운반 기계

① **해머, 줄, 렌치** : 보안경 및 안면보호구
② **천장크레인** : 안전모, 안전화

(2) 실험 · 분석 · 공작 · 가공 기계 · 기구

① **무균실험대, 실험용가열판, 원심분리기** : 보안경 또는 안면보호구, 실험복, 보호장갑
② **흄후드** : 보안경 또는 안면보호구, 실험복, 보호장갑, 보호마스크
③ **가스크로마토그래피, 인두기, 혼합기** : 보안경 또는 안면보호구, 실험복, 보호장갑, 방진마스크
④ **펌프/진공펌프** : 보안경 또는 안면보호구, 실험복, 보호장갑, 발가락을 보호할 수 있는 신발
⑤ **조직절편기** : 보안경 또는 안면보호구, 실험복, 보호장갑, 미끄럼 방지 신발
⑥ **고압증기멸균기, 오븐, 전기로** : 보안경 또는 안면보호구, 실험복, 내열성 안전장갑, 발가락을 보호할 수 있는 신발
⑦ **초저온용기** : 보안경 또는 안면보호구, 실험복, 초전용 보호장갑, 발가락을 보호할 수 있는 신발, 초저온 앞치마
⑧ **레이저** : 레이저 등급 및 파장에 적합한 보안경, 실험복, 보호장갑
⑨ **용접기** : 차광 보안경 또는 안면보호구, 용접용 보호장갑, 용접용 앞치마, 방진마스크
⑩ **프레스** : 보안경 또는 안면보호구, 방진마스크, 보호장갑(손에 밀착되는 가죽제품 등), 실험복
⑪ **전동드릴, 연삭기** : 보안경 또는 안면보호구, 방진마스크, 보호장갑(손에 밀착되는 가죽제품 등), 청력보호구
⑫ **밀링머신** : 보안경 또는 안면보호구, 방진마스크, 보호장갑(손에 밀착되는 가죽제품 등), 청력보호구, 발가락을 보호할 수 있는 신발
⑬ **절단기** : 보안경 또는 안면보호구, 방진마스크, 보호장갑(손에 밀착되는 가죽제품 등), 청력보호구, 내열성 안전장갑, 발가락을 보호할 수 있는 신발

Chapter 03

연구실 내 레이저, 방사선 등 물리적 위험요인에 대한 안전관리

1 물리적 위험요인

(1) 연구실 내 물리적 유해인자

① 종류 및 정의

㉠ 소음 : 소음성 난청을 유발할 수 있는 85데시벨(A) 이상의 시끄러운 소리

㉡ 진동 : 착암기, 손망치 등의 공구를 사용함으로써 발생되는 백랍병 · 레이노 현상 · 말초순환장애 등의 국소진동 및 차량 등을 이용함으로써 발생되는 관절통 · 디스크 · 소화장애 등의 전신진동

㉢ 분진 : 대기 중에 부유하거나 비산강하(飛散降下)하는 미세한 고체상의 입자상 물질

㉣ 방사선 : 직접 · 간접으로 공기 또는 세포를 전리하는 능력을 가진 α선 · β선 · γ선 · X선 · 중성자선 등의 전자선

㉤ 이상기압 : 게이지 압력이 cm^2당 1kg 초과 또는 미만인 기압

㉥ 이상기온 : 고열 · 한랭 · 다습으로 인하여 열사병 · 동상 · 피부질환 등을 일으킬 수 있는 기온

㉦ 레이저 : 전자기파의 유도방출현상을 통해 빛을 증폭하는 장치 및 시스템

※ 그 외 전기, 안전검사대상기계 등(산업안전보건법 시행령 제78조) 13종, 조립에 의한 기계 · 기구(설비 및 장비 포함) 등도 물리적 유해인자에 포함

(2) 물리적 유해인자의 사전유해인자위험분석

① 사전유해인자위험분석의 물리적 유해인자 항목

㉠ 연구실 안전현황분석

연구실 유해인자			
물리적 유해인자	□ 소음	□ 진동	□ 방사선
	■ 이상기온	□ 이상기압	□ 분진
	■ 전기	□ 레이저	□ 위험기계 · 기구
	□ 기타( )		

㉡ 연구개발활동별 유해인자 위험분석

	기구명	유해인자종류	크기	위험분석	필요 보호구
4) 물리적 유해인자	건조기	전기	–	인체에 전기가 흘러 일어나는 화상 또는 불구자가 되거나 심한 경우에는 생명을 잃게 됨	

㉢ 연구개발활동안전분석(R&DSA)

순서	연구·실험 절차	위험분석	안전계획	비상조치계획
1	실험 전 세척된 조사기구를 120℃에서 30분 동안 건조 및 운반	• 초자기구에 잔류한 화학물질에 의해 화재가 날 수 있다. [화학 화재 · 폭발]	• 기기에 넣기 전 초자기구에 화학물질이 남아 있지 않도록 깨끗이 세척한다.	• 화학물질 화재 발생 시 소화기로 초기진화할 시 및 2차 재해에 대비하여 안전한 지정된 장소로 대피한다. • 연기를 흡인한 경우 곧바로 신선한 공기를 마시게 한다. • 화재 발생 사고 상황신고(위치, 약품 종류 및 양, 부상자 유무 등) – 재난신고(119)
		• 전기기기에 감전될 수 있다. [감전]	• 전기기기 사용 시에는 필히 접지한다. • 전원부가 물에 닿지 않도록 주의하며 젖은 손으로 기기를 다루지 않는다.	• 감전사고 발생 시 2차 감전을 방지하기 위해 감전 부상자와 신체접촉이 안 되도록 주의하며 나무 또는 플라스틱 막대를 이용해 부상자를 구호한다. • 부상자의 상태(의식, 호흡, 맥박, 출혈 등)를 살피고 심폐소생술 등 응급처치를 한다. • 감전사고 상황 신고(부상자 유무 등)
		• 전기화재가 발생할 수 있다. [전기화재]	• 용량을 초과하는 문어발식 멀티콘센트 사용을 금지한다. • 전열기 근처에 가연물을 방치하지 않는다.	• 전기화재 발생 시 감전 위험이 있으므로 물분사를 금지하며 C급 소화기를 사용하여 초기진화한다. • 연기를 흡입한 경우 곧바로 신선한 공기를 마시게 한다. • 화재 발생 사고 상황 신고(위치, 부상자 유무 등) – 재난신고(119)
		• 건조 중 문을 열 경우 120℃의 고온에 의한 화상을 입을 수 있다. [화상]	• 온도가 떨어지지 않은 상태에서는 열지 않는다.	• 화상을 입은 경우 깨끗한 물에 적신 헝겊으로 상처 부위를 냉각하고 감염방지 응급처치를 한다. – 화상환자 : ○○병원(○○○○, ○○○○)
⋮	⋮	⋮	⋮	⋮

2 레이저(LASER ; Light Amplification by Stimulated Emission of Radiation)

(1) 특징

① 매질 없이 에너지를 전달한다.

② 특정 파장 부위를 강력하게 증폭시켜 얻은 복사선을 의미한다.

③ 파장이 좁고 출력이 강하며 쉽게 산란하지 않는다.

(2) 주요 위험요소

① **실명** : 레이저가 눈에 조사될 경우 실명될 위험이 있다.

② **화상·화재** : 레이저가 피부에 조사될 경우 화상의 위험이 있고, 레이저 가공 중 불꽃 발생으로 인한 화재의 위험이 있다.

③ **감전** : 누전 또는 전기 쇼트로 인한 감전의 위험이 있다.

(3) 레이저 안전등급(IEC 60825-1)

등급	설명	피폭방출한계치(AEL)	비고
1	장시간에 걸쳐 빔을 직접 관찰하거나 관찰용 광학기기를 사용하더라도 위험 수준이 매우 낮고 인체에 무해하다.	–	
1M	렌즈가 있는 광학기기를 통한 빔 관측 시 안구 손상 위험 가능성이 있다.		
2	가시영역 빛을 방출하며 반사적인 눈의 깜빡임(0.25초)으로 위험으로부터 보호 가능	• 등급 1 적용(0.25초 이하) • 최대 1mW(0.25초 이상)	
2M	렌즈가 있는 광학기기를 통한 빔 관측 시 안구 손상 위험 가능성이 있다.		
3R	눈이 빔에 직접 노출 시 안구 손상 위험	• 최대 5mW (가시광선 영역에서 0.35초 이상) • 최대 50mW (비가시광선 영역)	보안경 착용 권고
3B	눈이 빔에 직접 노출 또는 거울 등을 통한 정반사로 노출되어도 안구 손상 위험	500mW (315nm 이상의 파장에서 0.25초 이상)	보안경 착용 필수
4	직접적인 노출, 확산 반사 관찰 시 안구 손상 및 피부 화상 위험	500mW 초과	

(4) 레이저 안전관리

① 레이저 안전관리

㉠ 전원의 켜짐 여부와 상관없이 보호안경을 썼더라도 레이저광의 직접 응시를 금한다.

㉡ 연구실 문에 레이저 사용 표지를 부착하고, 장비 가동 시에는 안전교육을 받은 자만 출입한다.

㉢ 불필요하게 반사되는 표면이 없도록 하고 손이나 손목의 보석류를 제거한다.

㉣ 적외선, 자외선, 레이저 사용 시에는 반드시 보호안경 착용, 산란된 레이저도 위험할 수 있으므로 노출을 최소화한다.

㉤ 장비 사용 종료 전 빔을 차단하고 시스템 셔터를 폐쇄한다.

② 작업단계별 안전관리

작업단계	위험요인	안전관리
1. 레이저 발진 준비	레이저에 의한 실명 위험	• 레이저 등급 및 파장에 적합한 보안경 착용 • 레이저빔을 반사 또는 산란시킬 수 있는 물체는 빔이 통과하는 경로에서 제거
	레이저에 의한 화상 위험	• 레이저가 직접 피부에 닫지 않도록 실험복 착용 • 레이저빔을 반사시킬 수 있는 물체는 빔이 통과하는 경로에서 제거
2. 레이저 발진 중 (작동 중)	레이저에 의한 실명 및 화상 위험	• 레이저 작동 중에는 외부에서 접근 금지를 위한 표지 및 작업 구역 통제 필요 • 레이저 등급 및 파장에 적합한 보안경 착용 • 레이저가 직접 피부에 닫지 않도록 실험복 착용 • 레이저 출력이 나오는 부분을 직접 관찰 금지 • 레이저 출력 중 파이버 또는 콜리메이터(collimator) 설치 또는 분해 금지
	화재 또는 가스 등 발생 위험	• 레이저 가공 중 가스 발생을 대비하여 적절한 환기 및 마스크 등 개인보호구 착용 • 레이저 가공 중 불꽃 발생 가능성이 있는 경우 주변 인화 물질 제거 및 소화기 비치 • 레이저 가공 중 파편 발생 가능성이 있는 경우 방호 장치 설치 및 보안면 등 개인보호구 착용
3. 레이저 사용 후	레이저에 의한 실명 및 화상 위험	기기 사용 후 반드시 레이저 발생 장치 전원 차단

(5) 레이저 사고예방 · 대응 · 복구

① 사고예방 · 대비단계

㉠ 해당 연구실(연구실 책임자, 연구활동종사자)

ⓐ 발생원의 격리, 차폐

ⓑ 차광장치 설치

ⓒ 차광보호구 구입 및 비치

ⓓ 실험 중 차광보호구 착용

㉡ 안전담당 부서(연구실안전환경관리자)

ⓐ 차광, 차폐장치 이상 여부 점검

ⓑ 차광보호구 이상 여부 수시 점검

② 사고 대응단계

㉠ 해당 연구실(연구실 책임자, 연구활동종사자)

ⓐ 해당실험장치 작동 중지

ⓑ 사고 상황 파악 및 부상자를 안전이 확보된 장소로 옮기고 적절한 응급조치 시행

ⓒ 기관 내 보건소 또는 병원에 이송 조치

㉡ 안전담당 부서(연구실안전환경관리자)

ⓐ 사고접수 및 사고 장비의 위험성 확인

ⓑ 사고현장 출동 및 안전보호구 착용(보안경, 안전장갑 등)

ⓒ 2차 사고가 발생하지 않도록 전원 차단 여부 추가 확인

ⓓ 전원 재투입 전에 해당 실험장치의 안전상태 확보 및 사고 원인 제거 재차 확인

③ 사고 복구단계

㉠ 해당 연구실(연구실 책임자, 연구활동종사자)

ⓐ 사고원인 조사를 위한 현장은 보존하되, 2차 사고가 발생하지 않도록 조치하는 범위 내에서 사고현장 주변 정리 정돈

ⓑ 부상자 가족에게 사고 내용 전달 및 대응

ⓒ 피해복구 및 재발방지 대책마련·시행

㉡ 안전담당 부서(연구실안전환경관리자)

ⓐ 사고 장비에 대한 결함 여부 조사 및 안전조치

ⓑ 사고원인 조사

ⓒ 사고내용 과학기술정보통신부 보고

ⓓ 피해복구 및 재발방지 대책마련·시행

3 방사선

(1) 방사선 개요

① **원자력안전법상 방사선의 정의** : 전자파나 입자선 중 직접 또는 간접적으로 공기를 전리(電吏)하는 능력을 가진 것으로서 α선, 중양자선, 양자선, β선, 그 밖의 중하전입자선, 중성자선, γ선, X선 및 5만 전자볼트 이상의 에너지를 가진 전자선을 말한다.

② 특징

㉠ 전자기파 또는 입자의 방출로 인한 교란을 의미한다.

㉡ 세포 손상 가능성이 크니 주의가 필요하다.

③ 종류

㉠ 이온화방사선(전리 방사선)

ⓐ 특징 : 일반으로 말하는 방사선으로, 짧은 파장과 높은 에너지를 가지고 있어 방사선이 통과하는 물질의 어떤 원자에서 전자를 떨어지게 하여 이온화할 수 있다.

ⓑ 종류

- α선 : 두 개의 중성자와 양성자로 구성되는 것으로 헬륨과 동일한 입자방사선
- β선 : 불안정한 핵으로부터 방출되는 입자방사선

• γ선 : 핵전이로부터 생기는 광자로서 전자기방사선

• X선 : 자유전자의 상호작용으로 생기는 전자기방사선, 전자에서 에너지 변화에 따라 생기는 광자로서 전자기방사선

㉡ 비이온화방사선(비전리방사선)

ⓐ 특징 : 이온화를 일으킬 정도의 에너지는 아니지만 안정된 바닥 상태의 전자를 들뜨게 만드는 에너지를 가진 방사선이다(이온화 능력은 없음).

ⓑ 종류

• 자외선(Ultra Violet, UV) : 피부암을 유발

• 가시광선, 적외선, 라디오파, 저주파, 극저주파

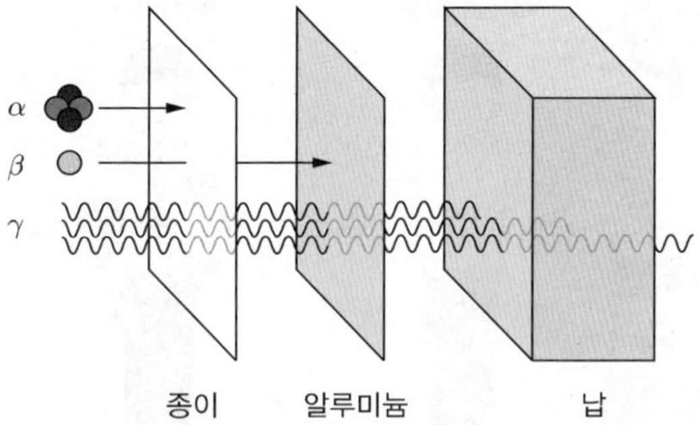

(2) 방사선 상해 유형(피폭의 종류)

① 외부피폭

㉠ 인체 외부의 방사성 물질(먼지, 기체 형태 등)에서 나오는 방사선에 노출되어 발생한다.

예 비행기 여행 중 우주방사선 쪼이는 것, 건강검진 중 엑스레이 촬영, 복수 CT 촬영

㉡ 방사선이 몸을 투과하여 지나갈 뿐 방사능 자체를 몸에 남기지 않기 때문에 주변 사람에게 방사능을 옮기지 않는다.

㉢ 오염이 없으므로 제염이나 격리가 불필요하며 일반 진료가 가능하고, 상태에 따라 방사선 전신피폭 가능성에 대한 진료가 필요할 수도 있다.

㉣ 사고 진압에 관련된 직원 및 일반인들은 치사선량을 포함하여 저선량에서 고선량에 이르는 외부피폭을 받을 수도 있다.

㉤ 국소피폭 및 전신피폭으로 나타난다.

※ 국소피폭의 가장 일반적인 형태 : 비파괴검사자의 밀봉선원에 대한 부적절한 취급이나 일반인이 분실 및 도난 밀봉선원을 소유함으로써 발생하는 방사선 화상

② 외부오염

㉠ 공기 중에 퍼져 있는 방사능이 옷이나 머리카락 등에 묻어 발생한다.

㉡ 오염은 주변 사람과 물건에 방사능을 묻히거나 피폭시킬 수 있다.

㉢ 외부오염은 옷을 갈아입거나 샤워 등 씻어내는 것으로 대부분 제거가 가능하다.

㉣ 베타 방출 핵종에 의한 고선량 외부오염은 심각한 방사선 화상을 초래할 수 있다.

③ 내부오염(내부피폭)

㉠ 호흡을 통해 방사능이 몸 안으로 들어와 신체 내부를 오염시켜 발생한다.

예 방사능에 오염된 음식물 섭취, 공기 중에 떠다니는 방사성 물질을 흡입, 개방성 상처를 통한 흡수

㉡ 치사선량을 받은 내부오염은 사망에 이를 수도 있다.

㉢ 방사선 피폭 진료와 더불어 제염이 요구된다.

④ 방사선의 영향

신체적 영향	급성	피부반점, 탈모, 백혈구 감소, 불임
	만성	백내장, 태아에 영향, 백혈병, 암
유전적 영향		대사 이상, 연골 이상

(3) 방사선량의 종류

① 조사선량

㉠ 엑스선 또는 감마방사선(또는 감마선)에 의하여 공기 단위 질량당 생성된 전하량

㉡ 단위 : 쿨롱/킬로그램(C/kg) 또는 렌트겐(Roentgen, R)

㉢ $1R = 2.58 \times 10^{-4} C/kg$

② 흡수선량

㉠ 물질의 단위 질량당 흡수된 방사선의 에너지

㉡ 단위 : 래드(Radiation Absorbed Dose, RAD), 그레이(Gray, Gy)

㉢ 100RAD = 1Gy = 1J/kg

③ 등가선량

㉠ 인체의 피폭선량을 나타낼 때 흡수선량에 해당 방사선의 방사선가중치를 곱한 양

㉡ 단위 : 시버트(Sievert, Sv)

④ 유효선량

㉠ 인체 내 조직 간 선량분포에 따른 위험 정도를 하나의 양으로 나타내기 위하여 각 조직의 등가선량에 해당 조직의 조직가중치를 곱하여 이를 모든 조직에 대해 합산한 양

㉡ 단위 : 시버트(Sievert, Sv)

⑤ 집단선량

㉠ 다수의 사람이 피폭되는 경우에 그 집단의 개인피폭방사선량의 총합

㉡ 단위 : 맨 시버트(man-Sv)

(4) 방사선 대처원칙

① 외부피폭 방어원칙

시간	• 노출시간을 최대로 단축한다(실험 시간 단축). • 충분한 시간 간격을 두고 방사능 취급작업을 한다(반감기가 짧은 방사능물질에서는 유용). • 방사선 피폭량은 피폭시간에 비례한다.
거리	• 가능한 한 방사선원으로부터 먼 거리를 유지해야 한다. • 원격조절장비 등을 이용하여 안전한 작업거리를 확보해야 한다. • 방사능은 거리의 제곱에 비례해서 감소한다.
차폐	• 선원과 작업자 사이에 차폐체로 몸을 보호한다. • 방사선원과 인체 사이에 방사선의 에너지를 대신 흡수할 수 있는 차폐체를 두어 방사선 피폭의 강도를 감소시킨다. • 큰 투과력을 갖는 방사선은 원자번호가 크고 밀도가 큰 물질의 차폐물을 사용한다. • α선과 같이 투과력이 약한 방사선은 얇은 알루미늄판을 사용한다.

② 내부피폭 방어원칙

격납	• 방사성 물질 취급을 격납설비 내에서 또는 후드나 글로브박스에서 함으로써 체내 섭취를 줄일 수 있다. • 격납설비의 경계에서 방사성 물질의 누설을 최소화하는 것이 중요하다.
희석	• 방사성 물질을 완벽히 격납하는 것은 불가능하므로 작업장 내에서 공기오염이나 표면오염이 발생하여 방사성 물질이 인체에 섭취될 수도 있다. • 배기설비를 설치하고 제염작업을 통하여 공기오염과 표면오염을 지속적으로 관리해야 한다. • 외부로 방출되는 유출물은 정화설비를 거쳐 환경 중 방사성 오염을 방지해야 한다.
차단	• 작업환경의 안전한 준위 유지가 어려울 때에는 방사성 물질의 섭취경로를 차단한다. • 방사성 물질의 인체 내 섭취경로는 호흡기, 소화기, 피부(상처)이다. • 공기오염도가 높은 방사선 작업장에서 작업을 할 경우 방독면, 마스크를 착용하고 작업하며, 작업장 내에서 음식물 및 음료수의 섭취, 흡연을 해서는 안 된다. • 방호복, 장갑 등을 착용하여 피부나 상처로 방사성 물질이 체내로 유입되는 것을 막아야 한다. • 원칙적으로 상처가 있는 경우 작업을 해서는 안 되며, 부득이한 경우 상처 부위를 밀봉한 후 작업을 수행해야 한다.

③ 방사능 제염(오염 제거)

㉠ 방사성 물질이 묻은 옷을 벗는다.

㉡ 샤워를 하고 깨끗한 옷으로 갈아입는다.

(5) 방사선 안전관리

① 방사선 관리구역

㉠ 방사선의 안전관리를 위하여 사람의 출입을 관리하고 출입자에 대하여 방사선의 장해(障害)를 방지하기 위한 조치가 필요한 구역

㉡ 게시사항

ⓐ 방사선량 측정용구의 착용에 관한 주의사항

ⓑ 방사선 업무상 주의사항

ⓒ 방사선 피폭(被曝) 등 사고 발생 시의 응급조치에 관한 사항

ⓓ 그 밖에 방사선 건강장해 방지에 필요한 사항

② 설치

㉠ 차폐물(遮蔽物) : 차폐벽(遮蔽壁), 방호물 또는 그 밖의 차폐물

㉡ 국소배기장치 : 방사성물질이 가스・증기 또는 분진으로 발생할 우려가 있을 경우에 발산원을 밀폐하거나 국소배기장치 등을 설치하여 가동

㉢ 경보시설

㉣ 세면・목욕・세탁 및 건조를 위한 시설

③ 착용장비

㉠ 개인선량계

㉡ 방사선 경보기

④ 방사선 발생장치・기기 게시사항

㉠ 입자가속장치 : 장치의 종류, 방사선의 종류와 에너지

㉡ 방사성 물질을 내장하고 있는 기기 : 기기의 종류, 내장하고 있는 방사성 물질에 함유된 방사성 동위원소의 종류와 양[단위 : Bq(베크렐)], 해당 방사성 물질을 내장한 연월일, 소유자의 성명 또는 명칭

⑤ 폐기

㉠ 방사성 물질의 폐기물은 방사선이 새지 않는 용기에 넣어 밀봉하고 용기 겉면에 그 사실을 표시한 후 적절하게 처리

㉡ 폐기물이 나온 시험번호, 방사성 동위원소, 폐기물의 물리적 형태 등으로 표시된 방사선의 양들을 기록・유지

⑥ 방사선 선량한도 기준

구분	유효선량한도(단위 : mSv)	등가선량한도(단위 : mSv)	
		수정체	손발 및 피부
방사선작업종사자	연간 50을 넘지 않는 범위에서 5년간 100	연간 150	연간 500
수시출입자, 운반종사자 및 교육훈련 등의 목적으로 위원회가 인정한 18세 미만인 사람	연간 6	연간 15	연간 50
이 외의 사람	연간 1	연간 15	연간 50

4 소음

(1) 특징 · 위험성

① 기계 · 기구 작동 시 상시 노출된다.

② 장기간 노출로 인해 소음성 난청 발생 위험이 존재한다.

③ 소음성 난청은 한 번 발병 후 회복이 불가능한 경우가 많으므로 주의가 필요하다.

④ **소음성 난청** : 85dB 이상의 소음에 장기간 노출 시 발생하며, 간혹 그보다 더 낮은 강도의 소음에 노출되어도 소음성 난청이 발생하는 경우가 존재한다.

⑤ **급성 청력 손실** : 120dB 이상의 큰 소음에 노출 시 발생한다.

⑥ **영구적인 청력 손실** : 130dB 이상의 소음에 한 번 노출 시에도 발생할 수 있다.

(2) 소음의 종류 및 기준(안전보건규칙 제512조)

소음작업	1일 8시간 작업을 기준으로 85dB 이상의 소음이 발생하는 작업
강렬한 소음작업	다음의 어느 하나에 해당하는 작업 • 90dB 이상의 소음이 1일 8시간 이상 발생하는 작업 • 95dB 이상의 소음이 1일 4시간 이상 발생하는 작업 • 100dB 이상의 소음이 1일 2시간 이상 발생하는 작업 • 105dB 이상의 소음이 1일 1시간 이상 발생하는 작업 • 110dB 이상의 소음이 1일 30분 이상 발생하는 작업 • 115dB 이상의 소음이 1일 15분 이상 발생하는 작업
충격소음작업	소음이 1초 이상의 간격으로 발생하는 작업으로서 다음의 어느 하나에 해당하는 작업 • 120dB을 초과하는 소음이 1일 10,000회 이상 발생하는 작업 • 130dB을 초과하는 소음이 1일 1,000회 이상 발생하는 작업 • 140dB을 초과하는 소음이 1일 100회 이상 발생하는 작업

(3) 음세기레벨(SIL ; Sound Intensity Level)

① 공식

$$SIL(\mathrm{dB}) = 10\log\frac{I}{I_r}$$

• $I(\mathrm{w/m^2})$: 음세기
• $I_r(\mathrm{w/m^2})$: 기준음세기, 10^{-12}

(4) 음압수준(SPL ; Sound Pressure Level)

① 공식

㉠ SPL

$$SPL(\mathrm{dB}) = 20\times\log\frac{P}{P_0}$$

• $P(\mathrm{N/m^2})$: 측정하고자 하는 음압
• $P_0(\mathrm{N/m^2})$: 기준음압 실효치, 2×10^{-5}

㉡ 거리에 따른 SPL

$SPL_1 - SPL_2 = 20 \times \log \frac{r_2}{r_1}$	• SPL_1 : 위치1에서의 dB • SPL_2 : 위치2에서의 dB • r_1 : 음원으로부터 위치1까지의 거리 • r_2 : 음원으로부터 위치2까지의 거리

㉢ 합성소음도

$$합성SPL = 10 \times \log(10^{\frac{SPL_1}{10}} + 10^{\frac{SPL_2}{10}} + \cdots + 10^{\frac{SPL_n}{10}})$$

② dB과 소음의 예

dB	30	40	70	80	90	130	140
예	아주 작은 속삭임	도서관	시끄러운 사무실	복잡한 도심의 교통	지하철	굴착기 소리	헬리콥터 소리

(5) 청력손실

① 유형

㉠ 일시적인 청력손실(일시적 역치이동) : 높은 소음에 노출되면 일시적 청력 변화를 경험하나 소음이 중지되면 다시 노출 전의 상태로 회복한다.

㉡ 영구적인 청력손실(영구적 난청) : 높은 소음에 반복해서 노출되면 일시적 청력 변화가 영구적 청력 변화로 변한다. 영구적 청력 변화는 청세포가 손상되어 회복되지 않는다.

㉢ 음향성 외상

㉣ 돌발성 소음성 난청 등

② **소음과의 관계** : 청력손실의 정도와 노출된 소음수준은 비례관계이다.

㉠ 강한 소음 : 노출기간에 따라 청력손실도가 증가한다.

㉡ 약한 소음 : 노출기간과 청력손실 간에 관계가 없다.

5 그 외의 물리적 유해인자의 안전관리

(1) 진동

① 정의

㉠ 진동 : 물체가 일정한 주기(period)를 가지고 반복적으로 움직이는 현상

㉡ 진동작업 : 착암기, 동력을 이용한 해머, 체인톱, 엔진 커터, 동력을 이용한 연삭기, 임팩트 렌치, 그 밖에 진동으로 인하여 건강 장해를 유발할 수 있는 기계나 기구를 사용하는 작업

② 특징

㉠ 직접 접촉을 통해 에너지를 전달한다.

㉡ 일정한 주기를 가진 반복적 움직임을 가진다.

㉢ 전신 진동 또는 국소 진동으로 나타난다.

㉣ 근육통, 혈액순환 장애, 신경 손상의 가능성이 있다.

㉤ 착암기, 동력을 이용한 해머, 체인톱, 동력을 이용한 연삭기, 엔진 커터 등 진동이 동반되는 기계·기구 취급 시 주의가 필요하다.

③ 진동의 분류

㉠ 전신진동

ⓐ 바닥, 등받이와 같이 몸을 받치고 있는 지지구조물을 통해 몸 전체에 진동이 전해지는 것

ⓑ 운송수단, 중장비 등에서 발견되는 형태로, 관절통·디스크·소화장애 등의 질환을 유발

㉡ 국소진동

ⓐ 동력공구를 사용할 때 손, 팔, 어깨에 해당하는 상지에 전달되는 진동

ⓑ 착암기, 손망치 등의 공구를 사용함으로써 발생되는 백랍병·레이노 현상·말초순환장애 등의 질환 유발

ⓒ 건강장해와 관련하여 주로 보고되는 진동

④ **진동증후군** : 진동장해를 총칭하는 용어로 주요 증상으로는 손목관절, 팔꿈치관절, 어깨, 다리 등에 나타나는 무력감, 감각저하, 떨림, 손톱변형, 운동범위 제한 등이 있음

㉠ 레이노 증후군(Raynaud) 발병 : 손가락이나 발가락 혈관에 허혈 발작이 생기고 피부 색조가 변하는 질환

㉡ 말초순환장애 발병

㉢ 피부의 전기저항 발생, 말초혈관 수축 및 혈압 상승, 관절통, 디스크, 소화장애 등 발병

⑤ 안전대책

㉠ 저진동공구를 사용한다.

㉡ 방진구를 설치한다.

㉢ 제진시설을 설치한다.

(2) 이상기온

① 위험성

㉠ 고온 : 간기능 저하, 초기 에너지 대사량 증가, 식욕부진 및 소화불량 유발, 피부혈관 확장, 심혈관, 위장, 신장장애 등 생리적 반응의 위험이 있다.

㉡ 저온 : 감염에 대한 저항력이 떨어지며 회복과정이 더딤. 피부혈관 수축 및 체표면적 감소, 근육긴장 증가 및 떨림, 화학적 대사(호르몬 분비) 증가, 혈압의 일시적 상승(혈류량 증가) 등 생리적 반응의 위험이 있다.

② 고열작업에 해당하는 장소

㉠ 용광로·평로·전로 또는 전기로에 의하여 광물 또는 금속을 제련하거나 정련하는 장소

㉡ 용선로 등으로 광물·금속 또는 유리를 용해하는 장소

㉢ 가열로 등으로 광물·금속 또는 유리를 가열하는 장소

㉣ 도자기 또는 기와 등을 소성하는 장소

㉤ 광물을 배소 또는 소결하는 장소

㉥ 가열된 금속을 운반·압연 또는 가공하는 장소

㉦ 녹인 금속을 운반 또는 주입하는 장소

㉧ 녹인 유리로 유리제품을 성형하는 장소

㉨ 고무에 황을 넣어 열처리하는 장소

㉩ 열원을 사용하여 물건 등을 건조시키는 장소

㉪ 갱내에서 고열이 발생하는 장소

㉫ 가열된 노를 수리하는 장소

㉬ 그밖에 고용노동부장관이 인정하는 장소

③ 이상기온 접촉 시 대응조치

㉠ 사고예방·대비 단계

ⓐ 해당 연구실(연구실책임자, 연구활동종사자)

- 안전보건표지 부착 및 준수
- 개인보호구 착용 후 실험

ⓑ 안전담당부서(연구실안전환경관리자)

- 연구실 내 고온, 저온 발생장치에 대한 작동 기능 확인
- 화상치료 전문병원 연락처 등 확보

㉡ 사고 대응단계

ⓐ 해당 연구실(연구실책임자, 연구활동종사자)

- 해당실험장치 작동 중지
- 사고 상황 파악 및 부상자를 안전이 확보된 장소로 옮기고 적절한 응급조치 시행
- 화학물질이 액체가 아닌 고형물질인 경우 물로 씻기 전에 털어냄
- 가벼운 화상의 경우 화상부위를 찬물에 담그거나 물에 적신 차가운 천을 대어 통증 감소
- 심한 화상인 경우 깨끗한 물에 적신 헝겊으로 상처부위를 덮어 냉각하고 감염 방지 등 응급조치 후 병원 이송 조치
- 화상부위나 물집은 건드리지 말고 2차 감염을 막기 위해 상처부위를 거즈로 덮음

ⓑ 안전담당부서(연구실안전환경관리자)
- 2차 사고가 발생하지 않도록 전원 차단 여부 추가 확인
- 부상자를 병원으로 이송 조치
- 전원 재투입 전에 기계별 안전상태 확보 및 사고 원인 제거 재차 확인

㉢ 사고 복구단계

ⓐ 해당 연구실(연구실책임자, 연구활동종사자)
- 사고원인 조사를 위한 현장은 보존하되, 2차 사고가 발생하지 않도록 조치하는 범위 내에서 사고현장 주변 정리 정돈
- 부상자 가족에게 사고 내용 전달 및 대응
- 피해복구 및 재발방지 대책마련 · 시행

ⓑ 안전담당부서(연구실안전환경관리자)
- 사고장비에 대한 결함 여부 조사 및 안전조치
- 사고내용 과학기술정보통신부 보고
- 피해복구 및 재발방지 대책마련 · 시행

(3) 이상기압

① **고압의 위험성** : 1차적으로 동통, 치통, 부종, 출혈 등이 발생할 수 있고, 2차적으로 대기 가스 성분에 의한 중독증상, 4기압 이상 시 질소의 마취 작용 위험이 있다.

(4) 자외선(UV)으로부터의 안전대책

① 연구실 문에 UV 사용 표지를 부착하고 장비 가동 시에는 안전교육을 받은 자만 출입한다.

② 작업 시에는 반드시 보호안경을 쓰고 장갑을 착용하고 손목 끝과 장갑 사이에 틈이 없도록 하며 UV 차단이 가능한 보안면을 착용한다.

③ UV 램프 작동 중에는 오존이 발생할 수 있으므로 배기장치를 가동한다(0.12ppm 이상의 오존은 인체에 유해함).

④ 전원을 차단하고 UV 전구를 청소한다.

적중예상문제

01 다음 중 사고 체인의 5요소에 해당하지 않는 것은?

① 튀어나옴
② 충격
③ 감전
④ 함정

해설 사고 체인의 5요소 : 함정, 충격, 접촉, 얽힘 또는 말림, 튀어나옴

02 다음 그림은 기계설비의 위험점 중 어떤 것에 해당하는가?

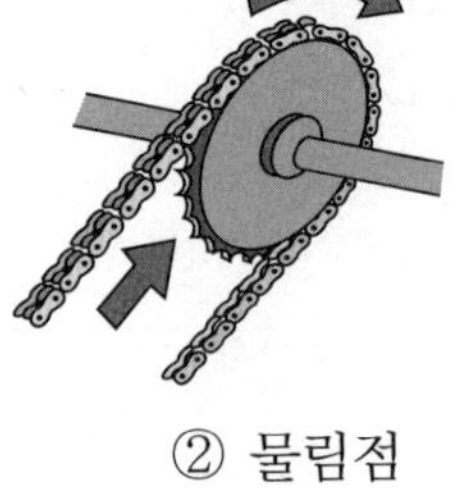

① 끼임점 ② 물림점
③ 접선 물림점 ④ 회전 말림점

해설 접선 물림점은 회전하는 부분의 접선 방향으로 물려 들어가는 위험이 존재하는 점이다.

1 ③ 2 ③ 정답

03 다음 중 풀 프루프의 예시로 가장 거리가 먼 것은?

① 두 손으로 동시에 조작하지 않으면 기계가 작동하지 않고 손을 떼면 정지하는 양수조작식 기계
② 열쇠의 이용으로 한쪽을 시건하지 않으면 다른 쪽이 개방되지 않는 열쇠식 인터록 장치
③ 정전 시 긴급 정지하는 승강기
④ 조작 레버를 중립 위치에 자동적으로 잠가 주는 레버록 기구

해설 ③ 페일 세이프의 페일 패시브에 관한 설명이다.

04 다음 중 기계설비 외형의 안전화에 대한 내용으로 옳지 않은 것은?

① 고열기계는 암적색, 급정지 스위치는 적색으로 표시한다.
② 기계의 돌출 부위에 가드를 설치한다.
③ 동력전달장치를 구획된 장소에 격리하여 설치한다.
④ 기계의 시동 스위치를 녹색으로 표시한다.

해설 ① 고열기계는 회청색, 급정지 스위치는 적색으로 표시한다.

05 다음 기계설비 기능의 안전화를 위한 대책 중 성격이 다른 하나는?

① 밸브계통의 고장 등에 따른 오작동 대책을 강구한다.
② 회로를 별도의 안전한 회로에 의해 정상기능을 찾을 수 있도록 하였다.
③ 기계의 이상을 확인하고 급정지시켰다.
④ 회로를 개선하여 오동작을 방지하도록 하였다.

해설 ③ 소극적인 대책
①·②·④ 적극적인 대책

정답 3 ③ 4 ① 5 ③

06 다음 중 안전율 결정인자에 관한 설명으로 옳지 않은 것은?

① 불연속 부분의 존재 여부 : 불연속 부분이 있는 공작물의 안전율은 작게 한다.
② 재료에 대한 신뢰도 : 연성재료는 취성재료보다 안전율을 작게 한다.
③ 응력 계산의 정확도 대소 : 형상이 복잡하고 응력 작용 상태가 복잡한 경우에는 안전율을 크게 한다.
④ 사용상에 있어서 예측할 수 없는 변화의 가능성 : 사용수명 중에 생기는 특정 부분의 마모 등의 가능성이 있을 경우에는 안전율을 크게 한다.

해설
- 불연속 부분의 존재 여부 : 공작물의 불연속 부분에서 응력집중이 발생하므로 안전율을 크게 한다.
- 재료 및 균질성에 대한 신뢰도 : 연성재료는 결함에 의한 강도손실이 작고 탄성파손 시 바로 파괴되지 않으므로, 취성재료보다 안전율을 작게 한다.
- 응력 계산의 정확도 대소 : 형상이 복잡하고 응력 작용 상태가 복잡한 경우에는 정확한 응력을 계산하기 곤란하므로 안전율을 크게 한다.
- 사용상에 있어서 예측할 수 없는 변화의 가능성 : 사용수명 중에 생기는 특정 부분의 마모, 온도 변화의 가능성이 있을 경우에는 안전율을 크게 한다.

07 방호장치의 일반 원칙에 대한 내용으로 옳지 않은 것은?

① 외관상 안전화 : 외관상으로 불안전하게 설치되지 않도록 외관상 안전화를 유지한다.
② 작업점 방호 : 방호장치는 사용자를 위험으로부터 보호하기 위한 것이므로, 작업점 노출부의 일부분이라도 방호해야 한다.
③ 기계 특성과 성능의 보장 : 방호장치는 해당 기계의 특성에 적합하지 않거나 성능이 보장되지 않으면 제 기능을 발휘하지 못하게 된다.
④ 작업의 편의성 : 방호장치로 인하여 실험에 방해가 되어서는 안 된다.

해설 **작업점 방호** : 방호장치는 사용자를 위험으로부터 보호하기 위한 것이므로 위험한 작업 부분이 완전히 방호되지 않으면 안 된다. 일부분이라도 노출되거나 틈을 주지 않도록 한다.

6 ① 7 ② 정답

08 다음 설명에 해당하는 것을 올바르게 묶은 것은?

㉠ 사용자의 신체 부위가 위험한계로 들어오게 되면 이를 감지하여 작동 중인 기계를 즉시 정지시키는 방식이다. ㉡ 사용자가 작업점에 접촉되어 재해를 당하지 않도록 기계설비 외부에 차단벽이나 방호망을 설치하여 사용하는 방식이다.

① ㉠ 접근반응형 방호장치, ㉡ 접근거부형 방호장치
② ㉠ 접근거부형 방호장치, ㉡ 접근반응형 방호장치
③ ㉠ 접근거부형 방호장치, ㉡ 격리형 방호장치
④ ㉠ 접근반응형 방호장치, ㉡ 격리형 방호장치

09 다음 중 방호장치의 설치기준 중 옳은 것은?

① 목재가공용 띠톱기계의 절단에 필요한 톱날 부위에는 덮개 또는 울 등을 설치해야 한다.
② 공작기계의 동력전달 부분 등의 덮개는 공구를 사용치 않고도 제거할 수 있어야 한다.
③ 목재가공용 둥근톱기계에 분할날 등을 설치해야 한다.
④ 공작기계의 동력차단장치는 쉽게 조작할 수 없어야 한다.

해설 ③ 목재가공용 둥근톱기계에 분할날 등 반발 예방장치 및 톱날 접촉예방장치를 설치해야 한다.
① 목재가공용 띠톱기계의 절단에 필요한 톱날 부위 외의 위험한 톱날 부위에 덮개 또는 울 등을 설치해야 한다.
② 공작기계의 동력전달 부분 등의 덮개는 공구를 사용치 않고는 제거하거나 열 수 없는 구조로 하여야 한다.
④ 공작기계의 동력차단장치는 쉽게 조작할 수 있어야 하며, 접촉・진동 등에 의하여 뜻하지 않게 공작기계가 가동할 우려가 없어야 한다.

10 다음 중 회전체 취급 시 착용해야 할 안전보호구로 거리가 먼 것은?

① 안전장갑
② 청력 보호구
③ 안전화
④ 보안면

해설 회전체 취급 시 장갑을 착용해서는 안 된다.

정답 8 ④ 9 ③ 10 ①

11 다음 중 고압증기멸균기의 취급 및 관리에 대한 내용으로 옳은 것은?

① 고온멸균기는 방폭구조를 갖추고 있다.
② 멸균봉지는 가득 채우되 제한 무게를 초과하지 않아야 한다.
③ 고온에 의한 화상 우려가 있으므로, 문을 열어 적정 온도로 냉각된 후 작업한다.
④ 정격소비전력이 3kW 이상인 고용량 고압증기멸균기는 단독회로로 구성해야 한다.

해설 ① 고온멸균기는 방폭구조가 아니므로 가연성, 폭발성, 인화성 물질을 사용하지 않는다.
② 멸균봉지의 제한 무게를 초과하지 않아야 하고, 가득 채워서도 안 된다.
③ 주로 작동 중 고온에 의한 화상 및 멸균기의 문을 열 때 고온 증기, 독성 흄 등에 의한 상해사고가 발생할 수 있으므로 사용 후 적정 온도로 냉각되기 전에 문을 열지 않는다.

12 다음 실험용 가열판의 취급 및 관리에 대한 내용으로 옳은 것은?

① 화학용액 등 액체가 넘치거나 흐른 경우 고온에 주의하여 식은 후 제거하여야 한다.
② 과열 방지를 위하여 통풍이 잘되는 곳에 설치해야 한다.
③ 기기 동작 중에 가열판을 이동하려면 설정온도를 10℃ 이상 낮춘 후 조심히 이동한다.
④ 교반기능을 사용할 경우 교반속도를 급격히 높혀서 교반회전이 빠르게 안정화되도록 한다.

해설 ① 화학용액 등 액체가 넘치거나 흐른 경우 고온에 주의하여 즉시 제거하여야 한다.
③ 기기 동작 중에 가열판을 이동하지 않는다.
④ 교반기능을 사용할 경우 교반속도를 급격히 높이거나 낮출 경우 고온의 액체 튐이 발생할 수 있으므로 주의한다.

13 다음 중 초저온용기의 취급 및 관리에 대한 내용으로 옳지 않은 것은?

① 초저온용기가 전도되지 않도록 전도방지조치가 필요하다.
② 질소 등 가스의 누출 여부를 확인하기 위해 가스누출감지 경보기 등을 설치해야 한다.
③ 밀폐된 공간에 보관하여 외부로 누출되지 않도록 한다.
④ 보관 가스의 종류에 적합한 식별표를 부착해야 한다.

해설 ③ 밀폐된 공간에 보관하지 않고, 가스가 누출된 경우 가스의 종류에 따라 환기 등 적절한 대응을 해야 한다.

11 ④ 12 ② 13 ③ 정답

14 다음 중 무균실험대의 취급 및 관리에 대한 내용으로 옳지 않은 것은?

① 기기 사용 후 반드시 가스버너 또는 알코올램프를 소화시킨다.
② 기기의 UV램프 작동 중에 유리창을 열지 않는다.
③ 무균실험대 사용 시에 UV램프를 켠다.
④ 무균실험대의 적절한 풍속은 0.3~0.6m/s이며, 작업공간의 평균풍속은 ±20% 범위인 경우 고른 풍속으로 판단한다.

해설 무균실험대 사용 전 UV램프 전원을 반드시 차단하여 눈, 피부 화상사고를 예방하여야 한다.

15 안전등급이 3B등급인 레이저의 피폭방출한계값은?(단, 315nm 이상의 파장에서 0.25초 이상의 노출시간인 경우)

① 1mW
② 5mW
③ 500mW
④ 1,000mW

16 다음 중 방사성 물질을 내장하고 있는 기기에 대하여 근로자가 보기 쉬운 장소에 게시해야 하는 내용으로 적절하지 않은 것은?

① 주사용자의 성명
② 기기의 종류
③ 내장하고 있는 방사성 물질에 함유된 방사성 동위원소의 종류와 양
④ 해당 방사성 물질을 내장한 연월일

해설 게시 등(산업안전보건기준에 관한 규칙 제579조)
사업주는 방사성 물질을 내장하고 있는 기기에 대하여 다음의 내용을 근로자가 보기 쉬운 장소에 게시하여야 한다.
- 기기의 종류
- 내장하고 있는 방사성 물질에 함유된 방사성 동위원소의 종류와 양(단위 : Bq)
- 해당 방사성 물질을 내장한 연월일
- 소유자의 성명 또는 명칭

정답 14 ③ 15 ③ 16 ①

17 다음 중 방사선 취급 · 관리에 대한 내용으로 적절하지 않은 것은?

① 방사선을 취급하고자 하는 자는 등록을 하고, 취급 허가를 받아야 한다.

② 관리구역에 출입한 자에 대하여 피폭 방사선량 및 방사성 동위원소에 의한 오염상황을 측정, 기록하고 보관하여야 한다.

③ 방사능 시설을 설치하려면 안전관리책임자를 선임하여야 한다.

④ 방사선 취급지역은 보호구역으로 설정하고, 출입해서는 안 된다.

해설 ④ 방사선 취급지역은 관리구역으로 설정하여 출입을 제한하여야 한다.

18 3N/m^2의 음압은 약 몇 dB의 음압수준인가?

① 95

② 104

③ 110

④ 1,115

해설

$$\text{SPL[dB]} = 20 \times \log \frac{P}{P_0} = 20 \times \log \frac{3\text{N/m}^2}{2 \times 10^{-5}\text{N/m}^2} \fallingdotseq 104$$

17 ④ 18 ② 정답

19 괄호에 들어갈 말로 알맞은 것은?

130dB을 초과하는 소음이 충격소음작업이 되기 위해서는 소음이 1초 이상의 간격으로 1일 (　)회 이상 발생하는 작업이어야 한다.

① 100

② 1,000

③ 10,000

④ 100,000

해설 충격소음작업의 기준

- 소음이 1초 이상의 간격으로 발생하는 작업으로 120dB을 초과하는 소음이 1일 10,000회 이상 발생하는 작업
- 소음이 1초 이상의 간격으로 발생하는 작업으로 130dB을 초과하는 소음이 1일 1,000회 이상 발생하는 작업
- 소음이 1초 이상의 간격으로 발생하는 작업으로 140dB을 초과하는 소음이 1일 100회 이상 발생하는 작업

20 다음의 안전관리대책을 사용하는 유해인자로 옳은 것은?

- 방진구 설치
- 제진시설 설치

① 진동

② 분진

③ 이상기온

④ 레이저

해설 진동 감소대책으로 저진동공구 사용, 방진구 설치, 제진시설 설치가 있다.

정답 19 ② 20 ①

합격의
공식
시대에듀
SDEDU

실패하는 게 두려운 게 아니라 노력하지 않는 게 두렵다.

– 마이클 조던 –

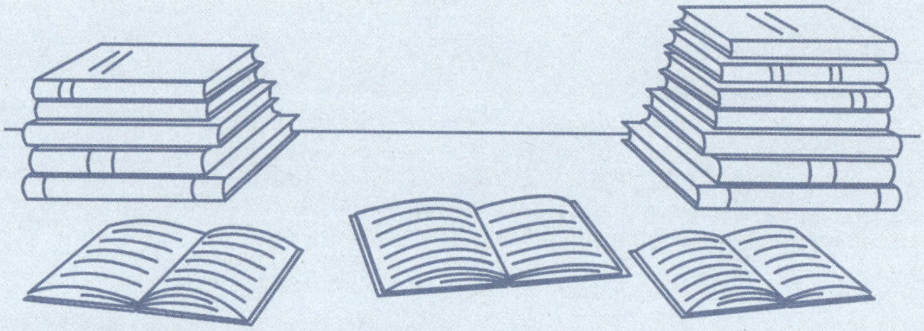

PART 05 연구실 생물 안전관리

Chapter 01 생물(유전자변형생물체 포함) 안전관리 일반

Chapter 02 생물시설(설비) 설치·운영 및 관리

Chapter 03 연구실 내 생물체 관련 폐기물 안전관리

Chapter 04 연구실 내 생물체 누출 및 감염 방지대책

적중예상문제

Chapter 01

생물(유전자변형생물체 포함) 안전관리 일반

1 생물 안전

(1) 생물안전

① 정의 : 연구실에서 병원성 미생물 및 감염성 물질 등 생물체를 취급함으로써 초래될 가능성이 있는 위험(생물재해)으로부터 연구활동종사자와 국민의 건강을 보호하기 위하여 적절한 지식과 기술 등을 바탕으로 제반 규정・지침 등 제도를 마련하고 안전장비・시설 등의 물리적 장치 등을 갖추는 포괄적 행위

② 목표 : 생물재해를 방지함으로써 연구활동종사자 및 국민의 건강한 삶을 보장하고 안전한 연구실 환경을 유지하는 것

③ 적용범위 : 감염성 미생물 및 유전자변형생물체(LMO ; Living Modified Organism)를 이용하는 기관 및 연구자

④ 구성요소

㉠ 인적 요소 : 연구자 또는 연구기관의 위해성평가 능력

ⓐ 위해성평가 : 위험 요소를 확인하고 특성을 분석한 후 관련 정보에 근거하여 발생 가능성이 있는 악영향 및 위해의 심각성을 측정하여 위해를 추정 평가하는 일련의 과정

ⓑ 생물안전 확보를 위하여 취급하는 감염성 물질 및 실험에 대한 위해수준을 스스로 평가・관리하고 각각의 연구실 상황에 맞게 적합한 안전규정 및 지침을 자체적으로 마련

㉡ 물리적 요소 : 취급물질에 대한 적합한 물리적 밀폐 확보

ⓐ 연구활동종사자 개인 및 해당 연구실 환경이 감염성 물질에 노출되는 것을 방지하기 위하여 정확한 미생물학적 기술의 확립 및 적절한 안전장비를 사용한 일차적 밀폐 확보

ⓑ 연구실 외부 환경이 감염성 물질에 오염되는 것을 방지하기 위한 안전시설의 설계 및 운영수칙 준수를 통한 이차적 밀폐 확보

㉢ 운영적 요소 : 안전관리를 위한 운영체계 구축

예 연구실 생물안전에 대한 제반사항을 적절히 운영・관리하기 위한 생물안전조직 구성 및 운영, 생물안전규정 및 지침 마련, 생물안전교육, 응급조치 및 대응방안 마련 등

⑤ 밀폐

㉠ 정의 : 미생물 및 감염성 물질 등을 취급 보존하는 실험환경에서 이들을 안전하게 관리하는 방법을 확립하는 데 있어 기본적인 개념이다.

㉡ 목적 : 연구활동종사자, 행정직원, 지원직원(시설관리용역 등) 등 기타 관계자, 그리고 연구실과 외부 환경 등이 잠재적 위해인자 등에 노출되는 것을 줄이거나 차단하는 것이다.

㉢ 분류

ⓐ 물리적 밀폐 : 실험의 생물안전확보를 위한 연구시설 및 장비의 공학적, 기술적 설치 및 관리·운영

- 물리적 밀폐의 핵심 3요소

안전시설	+	안전장비	+	안전한 실험절차 및 생물안전 준수사항

- 일차 밀폐 : 연구활동종사자와 실험환경이 감염성 병원체에 노출되는 것을 방지하는 것으로 정확한 미생물학적 기술의 확립과 적절한 안전장비를 사용하는 것이 중요
  예 생물안전작업대
- 이차 밀폐 : 연구실 외부환경이 감염성 병원체에 의해 오염되는 것을 방지하기 위한 것으로 연구시설의 올바른 설계 및 설치, 그리고 시설을 관리·운영하기 위한 수칙 등을 마련하고 준수하는 것이 중요
  ※ 감염성 에어로졸의 노출에 의한 감염 위험성이 클 경우 미생물이 외부환경으로 방출되는 것을 방지하기 위해 높은 수준의 일차밀폐와 더불어 여러 단계의 이차밀폐가 요구된다.

ⓑ 생물학적 밀폐 : 생물체의 환경 내 전파·확산 방지 및 실험의 안전 확보를 위하여 특수한 배양조건 이외에는 생존하기 어려운 숙주와 실험용 숙주 이외의 생물체로는 전달성이 매우 낮은 벡터를 조합시킨 숙주-벡터계를 이용하는 조치

[숙주-벡터계]

숙주-벡터계	숙주	벡터
EK계	대장균 K12균주(Escherichia coli K12)	그 플라스미드 또는 파지
BS계	그람양성균의 1종인 고초균(Bacillus subtilis) Marburg 168주	그 플라스미드 또는 파지
SC계	효모(Saccharomyces cerevisiae)	그 플라스미드

- 숙주 : 유전자재조합실험에서 유전자재조합분자 또는 유전물질이 도입되는 세포
- 벡터 : 숙주에 유전자를 운반하는 DNA
- 공여체 : 벡터에 삽입하려고 하는 DNA 또는 그 DAN가 유래된 생물체

(2) 생물보안

① 정의

㉠ 감염병의 전파, 격리가 필요한 유해동물, 외래종이나 유전자변형생물체의 유입 등에 의한 위해를 최소화하기 위한 일련의 선제적 조치 및 대책

㉡ 연구실 생물보안은 생물학적 물질과 독소의 분실, 도난, 오용, 확산 또는 의도적인 유출을 막기 위한 기관과 개인의 보안대책을 의미

② 구성요소

㉠ 물리적 보안 : 연구시설과 관련된 모든 것이 포함되며 실험 내용, 보관물질의 위협 정도에 따라 연구시설을 제한구역, 통제구역 등으로 구분하고 그 구역에 맞는 설비를 갖추고 있다.

㉡ 인적 보안 : 연구인력 채용 시 이력서에 의한 조사를 시행하되, 필요할 경우 해당자의 동의를 받아 인성조사 등 추가조사도 진행

㉢ 물질 통제 : 분실 및 기관 내부 종사자에 의한 악의적 사용을 예방하기 위하여 병원체와 독소 등 위험물질의 보관장소 및 수량 등에 대한 정보를 관리

㉣ 이동 보안 : 위험물질의 이동 시 관련 규정을 확인 및 준수해야 하며, 특히 국가 간 이동 시 국가별 규정 확인이 필요

㉤ 정보 보안 : 악의적 이용이 용이한 병원체나 독소를 보유하고 있는 기관은 테러의 목표가 될 수 있으므로 보유하고 있는 병원체와 독소의 목록, 보관 장소 및 수량 등에 관한 정보는 외부로 유출되지 않도록 대비 필요

㉥ 프로그램 관리 : 위해성평가 및 지도, 생물보안계획 및 사고대응계획, 대상자 교육 등 연구실 생물보안 프로그램을 이행하기 위한 지도 및 감독에 관한 사항으로 성공적인 생물보안 운영을 위한 핵심적 활동 실시

(3) 생물안전 법 · 제도

① 생물안전 관련 법 · 제도

분류	해당 법률	약칭
연구실 안전	연구실 안전환경 조성에 관한 법률	연구실안전법
	교육시설 등의 안전 및 유지관리 등에 관한 법률	-
생물안전 및 보안	유전자변형생물체의 국가 간 이동 등에 관한 법률	유전자변형생물체법, LMO법
	생명공학육성법	-
	감염병의 예방 및 관리에 관한 법률	감염병예방법
	화학무기 · 생물무기의 금지와 특정화학물질 · 생물작용제 등의 제조 · 수출입 규제 등에 관한 법률	생화학무기법
	국민보호와 공공안전을 위한 테러방지법	테러방지법
	가축전염병 예방법	-
	수산생물질병 관리법	수산생물질병법
	식물방역법	-
사업장	산업안전보건법	-
사업장, 공중이용시설 등	중대재해 처벌 등에 관한 법률	중대재해처벌법
생명윤리	생명윤리 및 안전에 관한 법률	생명윤리법
동물윤리	동물보호법	-
	실험동물에 관한 법률	실험동물법

분류	해당 법률	약칭
생명자원	생명연구자원의 확보·관리 및 활용에 관한 법률	생명연구자원법
	병원체자원의 수집·관리 및 활용 촉진에 관한 법률	병원체자원법
	농업생명자원의 보존·관리 및 이용에 관한 법률	농업생명자원법
	해양수산생명자원의 확보·관리 및 이용 등에 관한 법률	해양생명자원법
	생물다양성 보전 및 이용에 관한 법률	생물다양성법
폐기물	폐기물관리법	–

② 국내 바이오안전성 관리체계

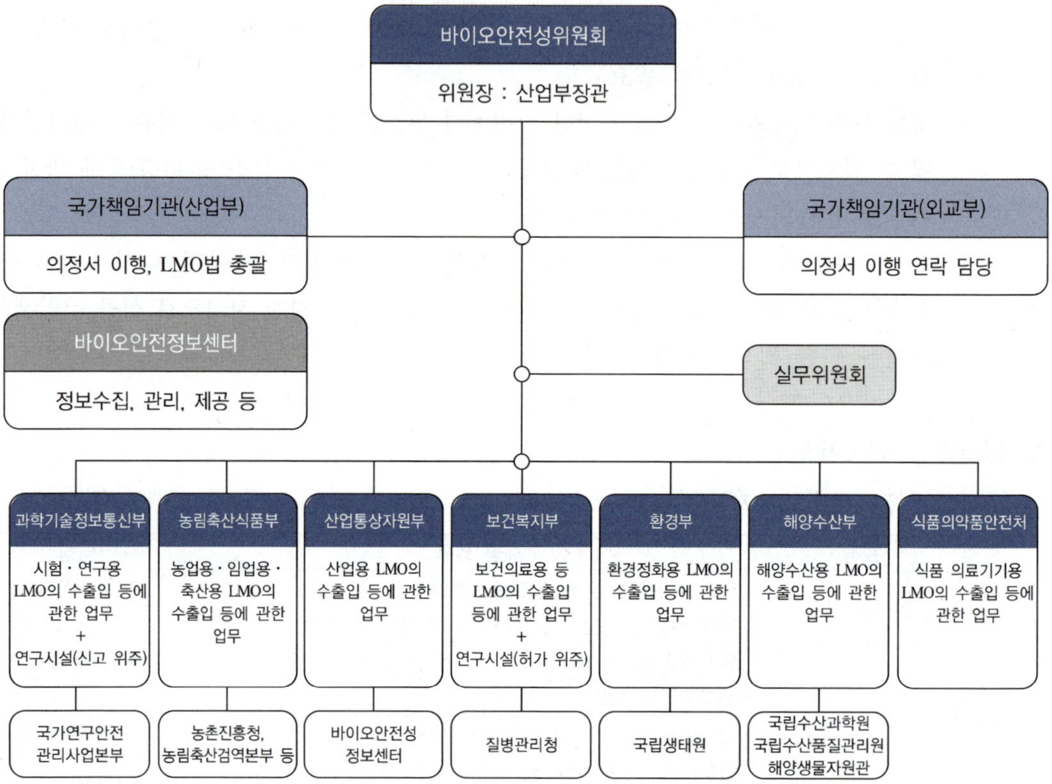

※ 출처 : 국가연구안전관리본부 시험·연구용 LMO 정보시스템

2 생물안전관리 조직

(1) 시험 · 연구기관장

① 역할

㉠ 기관생물안전위원회 구성 · 운영 및 생물안전관리책임자의 임명

㉡ 생물안전관리자 지정

㉢ 자체 생물안전관리규정의 제 · 개정

㉣ 연구시설의 설치 · 운영에 대한 관리 및 감독

㉤ 기관 내에서 수행되는 유전자재조합실험에 대한 관리 및 감독

㉥ 시험 · 연구종사자에 대한 생물안전교육 · 훈련 및 건강관리 실시

㉦ 기타 유전자재조합실험의 생물안전 확보에 관한 사항

㉧ 윤리적 문제 발생의 사전방지에 필요한 조치 강구

(2) 기관생물안전위원회(IBC ; Institutional Biosafety Committee)

① 정의 : 기관의 생물연구 심의 및 생물안전 확보에 관한 각종 업무를 수행하는 시험 · 연구기관장 자문기구

② 운영대상

㉠ 「유전자변형생물체의 국가간 이동 등에 관한 법률」 제22조의2 및 「유전자변형생물체의 국가간 이동 등에 관한 통합고시」 제9-9조에 따라 생물안전 2등급 이상의 연구시설을 운영하는 기관

㉡ 「감염병의 예방 및 관리에 관한 법률 시행령」 제19조의6 및 「고위험병원체 취급시설 및 안전관리에 관한 고시」 제10조에 따라 고위험병원체 취급시설을 운영하는 기관

③ 구성 : 위원장 1인, 생물안전관리책임자 1인, 외부위원 1인을 포함한 5인 이상의 내 · 외부위원

④ 회의주기 : 연 1회 이상 소집

⑤ 자문사항

㉠ 실험에 대한 위해성평가 심사 및 승인에 관한 사항

㉡ 생물안전교육 · 훈련 및 건강관리에 관한 사항

㉢ 생물안전관리규정의 제 · 개정에 관한 사항

㉣ 기타 기관 내 생물안전확보에 관한 사항

㉤ 고위험병원체 취급기관의 경우 고위험병원체를 불활성화하여 이용하려는 경우에 관한 사항

※ 필요시 관련 분야 외부전문가의 자문을 구할 수 있다.

※ 시험 · 연구책임자에게 실험의 생물안전확보에 관한 사항에 대하여 보고를 하게 할 수 있다.

⑥ **자체적으로 구성할 수 없는 타당한 사유가 있는 경우(규모 등)** : 기관생물안전위원회의 업무를 외부 기관생물안전위원회에 위탁 가능

(3) 생물안전관리책임자(IBO ; Institutional Biosafety Officer)

① **임명** : 기관장

② **역할** : 기관 내 연구실에 대한 총괄적인 생물안전관리를 수행 및 감독하는 책임자로서 다음 사항에 관하여 기관장을 보좌한다.

㉠ 기관생물안전위원회 운영에 관한 사항

㉡ 기관 내 생물안전 준수사항 이행 감독에 관한 사항

㉢ 기관 내 생물안전교육·훈련 이행에 관한 사항

㉣ 실험실 생물안전사고 조사 및 보고에 관한 사항

㉤ 생물안전에 관한 국내·외 정보수집 및 제공에 관한 사항

㉥ 기관 생물안전관리자 지정에 관한 사항

㉦ 기타 기관 내 생물안전 확보에 관한 사항

③ **자격요건**

학력	전공	학위	실무경력*	생물안전교육
대학 이상	생물학, 수의학, 의학 등 보건 관련 학과	석사 이상	–	8시간 이상 이수(3등급 이상 연구시설 보유 기관은 20시간 이상 이수)
전문대학 이상		전문학사 이상	2년 이상	
	이공계 학과	전문학사 이상	4년 이상	

* 실무경력 : 연구실 안전관리 업무에 한정

(4) 생물안전관리자(Divisional Biosafety Officer)

① **지정** : 기관장

② **역할** : 생물안전관리책임자 업무 사항(생물안전관리자 지정 제외)에 관하여 생물안전관리책임자를 보좌하고 관련 행정 및 실무를 담당한다.

③ **자격요건**

학력	자격증	실무경력*	생물안전교육
생물안전관리책임자 자격요건에 해당하거나 다음의 요건을 충족한 사람			
–	「국가기술자격법」의 안전관리분야 기사 이상	–	8시간 이상 이수(3등급 이상 연구시설 보유 기관은 20시간 이상 이수)
–	「국가기술자격법」의 안전관리분야 산업기사	1년 이상	
–	엔지니어링산업진흥법의 건축설비, 전기공사, 공조냉동, TAB 등 분야의 중급기술자 이상의 자격	–	
고등기술학교	–	6년 이상	

* 실무경력 : 연구실 안전관리 업무에 한정

(5) 고위험병원체 취급시설 설치 · 운영 책임자

① 임명 : 기관장

② 역할 : 다음의 사항에 관하여 기관의 장을 보좌한다.

㉠ 고위험병원체 취급시설 유지보수 관리

㉡ 고위험병원체 취급시설 설치 · 운영 상태 확인 및 관리

㉢ 고위험병원체 취급시설 출입통제 및 보안 관리

㉣ 고위험병원체 취급시설 설비 관련 기록 사항에 대한 관리

㉤ 고위험병원체 취급시설 안전관리에 필요한 사항

(6) 고위험병원체 전담관리자

① 임명 : 기관장

② 역할 : 다음의 사항에 관하여 기관의 장을 보좌한다.

㉠ 법률에 의거한 고위험병원체 반입허가 및 인수, 분리, 이동, 보존현황 등 시고절차 이행

㉡ 고위험병원체 취급 및 보존지역 지정, 지정구역 내 출입허가 및 제한조치

㉢ 고위험병원체 취급 및 보존장비의 보안관리

㉣ 고위험병원체 관리대장 및 사용내역대장 기록 사항에 대한 확인

㉤ 사고에 대한 응급조치 및 비상대처방안 마련

㉥ 안전교육 및 안전점검 등 고위험병원체 안전관리에 필요한 사항

(7) 의료관리자

① 역할

㉠ 기관 내 생물안전에 대한 의료 자문

㉡ 기관 내 생물안전사고에 대한 응급처치 및 자문

※ 기관 내 의료관리자를 둘 수 없다면 지역사회 병 · 의원과 연계하여 자문을 제공할 수 있는 의료관계자를 선임 및 연계된 병 · 의원과의 합동비상대응훈련 등을 통한 실질적인 대응능력 · 조치역량을 강화하는 프로그램의 운영을 권장

(8) 시험 · 연구책임자(PI ; Principal Investigator)

① 역할 : 시험 · 연구책임자는 생물안전관리규정을 숙지하고 생물안전사고의 발생을 방지하기 위한 지식 및 기술을 갖추어야 하며 다음의 임무를 수행한다.

㉠ 해당 유전자재조합실험의 위해성 평가

㉡ 해당 유전자재조합실험의 관리 · 감독

㉢ 시험 · 연구종사자에 대한 생물안전교육 · 훈련

㉣ 유전자변형생물체의 취급관리에 관한 사항의 준수
㉤ 기타 해당 유전자재조합실험의 생물안전 확보에 관한 사항

(9) 시험 · 연구종사자

① 역할

㉠ 생물안전교육 · 훈련 이수
㉡ 생물안전관리규정 준수
㉢ 자기 건강에 이상을 느낀 경우, 또는 중증 혹은 장기간의 병에 걸린 경우 시험 · 연구책임자 또는 시험 · 연구기관장에게 보고
㉣ 기타 해당 유전자재조합실험의 위해성에 따른 생물안전 준수사항의 이행

(10) 생물안전등급(BL)에 따른 안전조직 · 규정

구분	BL1	BL2	BL3	BL4
기관생물안전위원회 구성	권장	필수	필수	필수
생물안전관리책임자 임명	필수	필수	필수	필수
생물안전관리자 지정	권장	권장	필수	필수
생물안전관리규정 마련	권장	필수	필수	필수
생물안전지침 마련	권장	필수	필수	필수

(11) 교육 · 훈련

① 유전자변형생물체 연구시설의 관계자 교육시간

대상 및 조건 \ 연구시설		생물안전 1 · 2등급	생물안전 3 · 4등급
지정요건 (사전 교육)	생물안전관리책임자 및 생물안전관리자	8시간 이상	20시간 이상
	전문위탁기관의 생물안전관리자	해당사항 없음	20시간 이상
	전문위탁기관의 유지보수 관계자	해당사항 없음	연구시설 운영교육 12시간 이상 (생물안전분야 4시간 이상)
운영요건 (연간 교육)	생물안전관리책임자 및 생물안전관리자	4시간 이상	전문기관 운영교육 4시간 이상
	전문위탁기관의 생물안전관리자	해당사항 없음	8시간 이상(연 2회 이상)
	연구시설 사용자	2시간 이상	전문기관 운영교육 2시간 이상

② 고위험병원체 취급시설의 관계자 교육시간

대상 및 조건 \ 연구시설		생물안전 1·2등급	생물안전 3·4등급
지정교육	생물안전관리책임자	8시간	20시간
	시설 설치·운영 책임자	8시간	20시간
	고위험병원체 전담관리자	8시간	8시간
보수교육	생물안전관리책임자	4시간	4시간
	시설 설치·운영 책임자	4시간	4시간
	고위험병원체 전담관리자	4시간	4시간
	그 밖에 고위험병원체 취급자	2시간	2시간

3 위해성평가 및 연구계획 심의

(1) 위해성 관리

① 위해성 분석 및 위해성 심사에 의해 위해 요인을 판단하고 이러한 판단을 통해 관리과업을 도출하여 이행하는 통합적 과정

② 생물위해로 인한 재해 발생을 방지하기 위하여 생물안전 연구시설에서 위해성평가, 위해성 감소 대책 마련 및 실행, 위해정보 공유, 이행관리 점검 등의 절차로 허용 가능한 수준으로 관리와 방법을 마련하고, 생물재해 발생 시 비상대응체계 및 대책을 수립해야 한다.

(2) 위해요소

① 생물학적 위해요소

㉠ 세균, 바이러스, 진균 및 그 생산 독소

㉡ 기생충

㉢ 실험동물(곤충, 어류 포함)

㉣ 식물

㉤ 유전자변형생물체 등

② 위해성평가 시 고려해야 하는 위해요소

㉠ 병원성 미생물의 특성 : 복제 가능성, 잠재적 독성인자 방출력, 숙주와 환경의 상호작용에 따른 병원성 미생물의 동적 진화, 환경에서의 병원성 미생물안전성 및 다양성, 미생물 사이에서의 유전물질 전달성, 항생제 내성 및 병독성 인자 특성의 전이 가능성 등

㉡ 숙주의 특성 : 면역상태, 연령, 기저질환, 질병에 대한 과거력, 개별 숙주의 감수성, 상재균총의 특성 등

㉢ 환경적 특성 : 사용하는 병원성 미생물의 농도 및 양, 숙주 노출 빈도 및 기간, 전파경로 및 감염량, 실험과정 중 에어로졸 발생 여부, 병원성 미생물 매개체의 접촉, 동물실험 여부, 실험환경 등

(3) 위해성평가

① **정의** : 과학적 근거를 바탕으로 미생물 및 이들이 생산하는 독소 등으로 야기될 수 있는 질병의 심각성 및 발생 가능성을 평가하는 체계적인 과정

② **고려사항**

㉠ 숙주 및 공여체의 위험군

㉡ 숙주 및 공여체의 독소생산성 및 알레르기 유발성

㉢ 생물체의 숙주 범위 또는 감수성 변화 여부

㉣ 배양 규모 및 농도

㉤ 실험과정 중 발생 가능한 감염경로 및 감염량

㉥ 인정 숙주-벡터계의 사용 여부

㉦ 환경에서의 생물체 안정성

㉧ 유전자변형생물체의 효과적인 처리계획

㉨ 효과적인 예방 또는 치료의 효용성

③ **실시자** : 연구책임자(전문적인 판단이 중요하므로 사용을 고려하는 생물체의 특성과 사용할 장비 및 절차, 사용될 수 있는 동물 모델, 이용할 밀폐장비 및 시설 등을 가장 잘 알고 있는 사람이 수행)

④ **평가절차** : 위험요소 확인 → 노출평가 → 용량반응평가 → 위해특성 → 위해성 판단

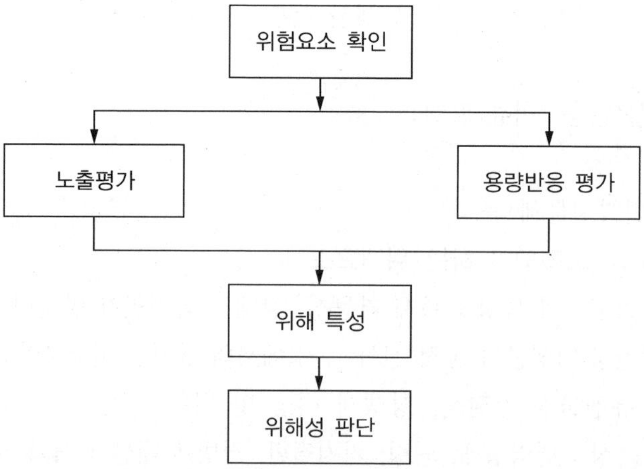

㉠ 위험요소 확인(hazard identification) : 인체에 질병을 유발할 수 있는 대상 병원성 미생물이나 실험활동을 정하고 미생물이나 실험활동에 존재하는 위험요소를 찾아내는 과정

㉡ 노출 평가(exposure assessment) : 병원성 미생물이 실험자에게 실질적으로 노출된 양 또는 노출 예상치에 대한 정성・정량적 평가를 하는 과정

㉢ 용량반응 평가(dose-response assessment) : 어떤 물질에 대한 위해성이 확인되었다면, 그 물질이 과연 어느 만큼의 위해성을 보이는지를 정량적으로 평가하는 단계

㉣ 위해 특성(risk characterization) : 병원성 미생물, 환경과 인간 집단 간의 상호관계의 평가가 포함되며 위험의 심각성이나 기간을 정성・정량적으로 기술하는 과정

㉤ 위해성 판단(risk evaluation) : 추정된 최종 위해신뢰도에 따라 복합적인 정책・관리적 결정을 내리는 과정

(4) 위해성평가에 따른 실험분류

① 실험의 분류

㉠ 국가승인실험

ⓐ 관계중앙행정기관의 장에게 사전승인을 얻어야 하는 실험

ⓑ 관리주체 : 관계중앙행정기관

ⓒ IBC의 관리 방법 : 기관승인 받은 이후 국가승인 절차를 진행하도록 안내

㉡ 기관승인실험

ⓐ 시험・연구기과장의 사전승인을 얻어야 하는 실험

ⓑ 관리주체 : IBC

ⓒ IBC의 관리 방법 : 연구자가 작성・제출한 서류 심사 및 승인(반려) 처리 등

㉢ 기관신고실험

ⓐ 시험・연구기관장에게 사전에 신고해야 하는 실험

ⓑ 관리주체 : IBC

ⓒ IBC의 관리 방법 : 연구자가 적성・제출한 서류 확인(내용이 부족하거나 실험구분이 잘못되어 있을 경우, 반려처리・보완요청 가능)

㉣ 면제실험

ⓐ 국가승인 또는 기관승인・신고 없이 수행가능한 실험

ⓑ 관리주체 : IBC

ⓒ IBC의 관리 방법 : 면제대상이 되는 유전자재조합실험 범위 고시(연구자는 필요 시 면제대상 여부를 판별하기 위해 기관생물안전위원회와 사전 상담 등 진행)

② 실험 분류 기준

㉠ 국가승인실험

ⓐ 종명(種名)이 명시되지 아니하고 인체위해성 여부가 밝혀지지 아니한 미생물을 이용하여 개발・실험하는 경우

ⓑ 척추동물에 대하여 몸무게 1kg당 50% 치사독소량이 100ng 미만인 단백성 독소를 생산할 능력을 가진 유전자를 이용하여 개발·실험하는 경우
ⓒ 자연적으로 발생하지 아니하는 방식으로 생물체에 약제내성 유전자를 의도적으로 전달하는 방식을 이용하여 개발·실험하는 경우
ⓓ 국민보건상 국가관리가 필요한 병원성 미생물의 유전자를 직접 이용하거나 해당 병원미생물의 유전자를 합성하여 개발·실험하는 경우
ⓔ 포장시험(圃場試驗) 등 환경 방출과 관련한 실험을 하는 경우
ⓕ 그 밖에 국가책임기관의 장이 바이오안전성위원회의 심의를 거쳐 위해가능성이 크다고 인정하여 고시한 유전자변형생물체를 개발·실험하는 경우

㉡ 기관승인실험
ⓐ 제2위험군 이상의 생물체를 숙주-벡터계 또는 DNA 공여체로 이용하는 실험
ⓑ 대량배양을 포함하는 실험(유전자재조합실험 중 10리터 이상의 배양용량 규모로 실시하는 실험)
ⓒ 척추동물에 대하여 몸무게 1kg당 50% 치사독소량(LD_{50})이 0.1μg 이상 100μg 이하인 단백성 독소를 생산할 수 있는 유전자를 이용하는 실험

㉢ 기관신고실험
ⓐ 제1위험군의 생물체를 숙주-벡터계 및 DNA 공여체로 이용하는 실험
ⓑ 기타 기관생물안전위원회에서 신고대상으로 정한 실험

㉣ 면제실험 : 「유전자재조합실험지침」 별표 11 참조

(5) IBC 심의

① 심의절차

㉠ 연구책임자가 아래의 제출서류와 함께 심의신청 서류를 IBC에 접수
ⓐ 기관신고실험 : 유전자재조합실험신고서, 연구계획서
ⓑ 기관승인실험 : 유전자재조합실험승인신청서, 연구계획서, 위해성평가서
ⓒ 국가승인실험 : 유전자재조합실험승인신청서, 연구계획서, 위해성평가서

㉡ IBC가 연구책임자에 의해 작성된 실험계획 및 위해성평가가 적절하게 이루어졌는지 심의
ⓐ 반려 또는 보완 : 연구책임자가 보완서류 제출
ⓑ 조건부 승인 또는 승인 : ㉢ 단계로

㉢ IBC에서 기관승인서 발급
ⓐ 기관승인실험 : 실험 시작
ⓑ 국가승인실험 : 국가승인 서류 제출 → 국가 실험 승인서 획득 → 실험 시작

② 검토내용

㉠ 연구계획서

ⓐ 연구원 인적정보, 안전교육 이수여부

- 비상연락체계 구성 여부 확인
- 안전교육 이수 여부 확인
- 사고발생 시 대처능력 등 검토

ⓑ 연구제목 및 목적, 연구내용, 연구방법

- 연구의 필요성
- 연구방법의 적합성 및 안전성
- 연구 행위를 통해 부가적으로 발생 가능한 위해 요소
- IRB(생명윤리심의위원회) 및 IACUC(동물실험윤리위원회) 승인 여부(선택)

ⓒ 연구시설등급(물리적밀폐)

- 시설 신고/허가 번호 확인
- 시설 등급 확인

㉡ 위해성평가서

ⓐ 생물체(LMO) 위해성 검토

- 공여체, 숙주의 위험군 검토 및 특성 파악
- 외래 유전자 도입 등 유전자변형이 LMO에 미치는 효과 검토・예측

ⓑ 생물체를 취급하는 연구시설 및 연구환경 검토

- 연구시설의 설치・운영기준을 바탕으로 연구실의 물리적 밀폐환경 검토
- 생물체 등 취급규모(대량배양 등) 확인
- 생물학적 불활성화 방법 및 폐기물 처리 절차 마련 여부 확인

ⓒ LMO 유출 시 예방 및 사고대응 체계 검토

- 인체위해성 생물체 취급 시 예방 및 사고대응체계 검토
- 환경위해성 생물체 취급 시 예방 및 사고대응체계 검토

③ **최종 밀폐 수준 결정** : IBC는 위험요소의 특성에 따라 실험과정에서 발생할 수 있는 위해성을 단계적으로 파악하고, 해당 실험에 적합한 물리적 밀폐 수준을 결정한 후 생물체의 특성에 따라 추가적인 밀폐 조치가 필요한지를 검토하여 최종 밀폐 수준을 결정한다.

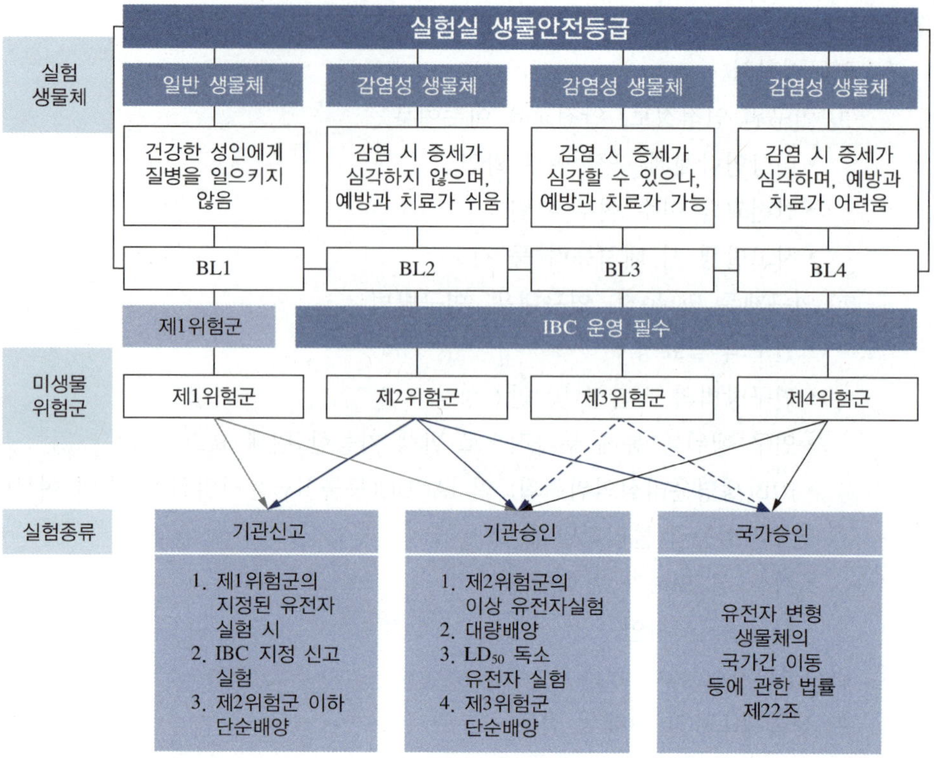

4 생물안전장비 및 개인보호구

(1) 생물안전작업대(BSC ; BioSafety Cabinet)

① **정의** : 병원성 미생물 및 감염성 물질을 다루는 연구실에서 취급물질, 연구활동종사자 및 연구환경을 안전하게 보호하기 위하여 사용하는 대표적인 일차적 물리적 밀폐 장비

② **원리** : 내부에 장착된 고효율 미세공기 정화 필터인 헤파필터(high efficiency particulate air filter)를 통해 유입된 공기를 처리하여, 공기 흐름의 방향을 안쪽으로, 위에서 아래로 일정하게 유지함으로써 등급에 따라 연구활동종사자, 연구환경 그리고 취급물질 등을 안전하게 보호할 수 있게 한다.

③ **무균작업대(clean bench, laminar flow cabinet)와의 구분**

㉠ 무균작업대는 취급물질을 보호하기 위한 청정한 공간을 제공하는 장비이다.

㉡ 외부 공기가 헤파필터에 걸러진 후 취급물질이 있는 작업구역을 통과해 연구자에게로 흘러나와 연구자와 환경을 보호하지는 못한다.

㉢ 생물안전작업대는 무균작업대와 공기흐름이 반대로, 작업구역에서 배출되는 공기가 주변 밀폐구역이나 외부 공기로 직접적으로 배출되지 않도록 헤파필터로 걸러서 내보내는 형태이다.

④ 생물안전작업대의 등급

㉠ Class Ⅰ

- 여과 배기, 작업대 전면부 개방
- 공기는 여과처리 없이 작업대 내부로 유입
- 배기는 헤파필터에 의해 실내로 방출
- 보호대상 : 연구자, 환경
- 일반 미생물 실험 등 위험도가 낮은 미생물을 취급하는데 적합(단, 취급물질 오염 가능성 존재)

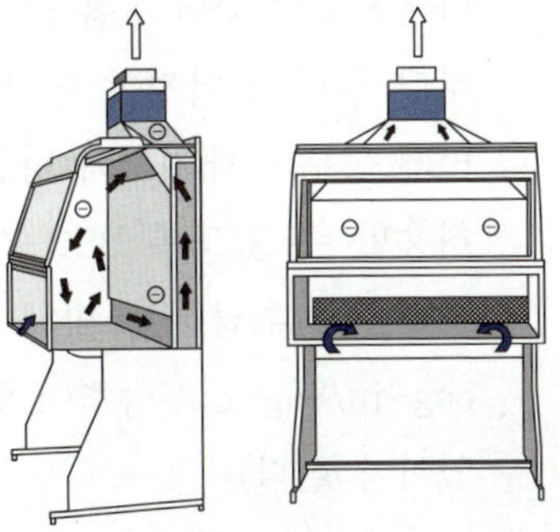

㉡ Class Ⅱ

- 여과 급·배기, 작업대 전면부 개방
- 보호대상 : 연구자, 환경, 취급물질
- 구조, 기류 속도, 흐름 양상, 배기 시스템에 따라 type A1, A2, B1, B2로 구분
- 제2·3 위험군에 해당하는 감염성 병원체를 다루는 작업에 적합

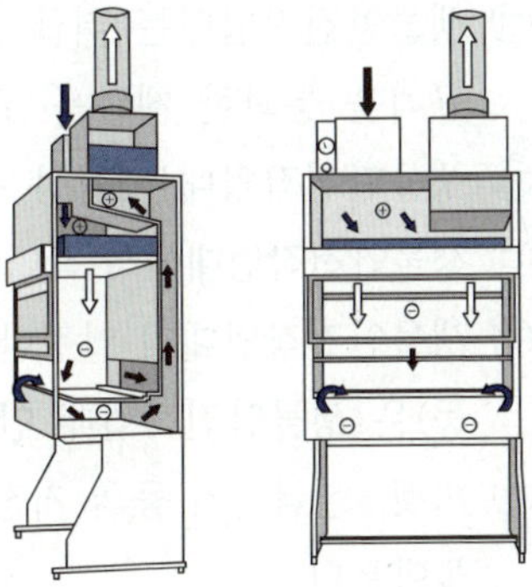

㉢ Class Ⅲ

- 완전 밀폐형, 작업대 포트에 설치된 장갑을 이용하여 실험 수행
- 보호대상 : 연구자, 환경, 취급물질
- 제4위험군 미생물 취급에 적합

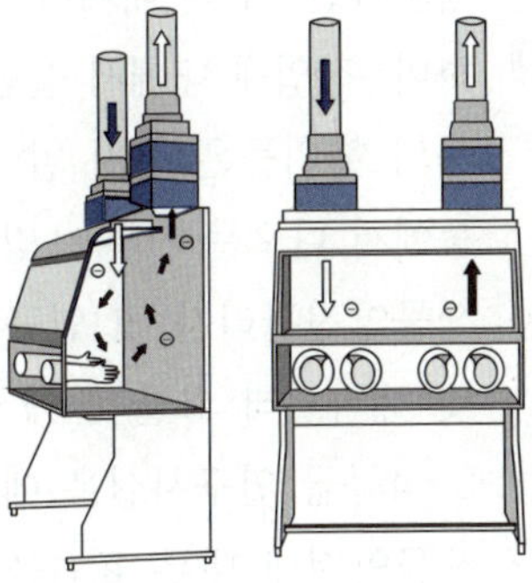

⑤ 설치 시 주의사항

㉠ 개방된 전면을 통해 BSC로 흐르는 기류의 속도는 약 0.45m/s를 유지할 수 있어야 한다.

㉡ 다른 BSC나 화학적 흄후드, 작업자의 이동이 많은 곳 등 기류를 방해받을 수 있는 지역으로부터 멀리 떨어져야 한다.

㉢ BSC 상부의 배기구와 다른 상부 장애물 사이에 적절한 간극이 제공되어야 하며, 접근을 허용할 수 있도록 BSC 각 측면부에 적절한 간극(30cm 이상)이 제공되어야 한다.

㉣ 프리온을 취급하는 밀폐구역의 헤파필터는 차후의 오염제거 및 off-site 폐기를 위한 bag-in/bag-out 능력이 있어야 한다(또는 필터를 안전하게 제거하기 위한 장소 내 절차가 있어야 한다).

㉤ 하드덕트가 있는 BSC는 배관의 말단에 배기 송풍기를 가지고 있어야 한다.

⑥ 사용 시 주의사항

㉠ 생물안전작업대는 취급 미생물 및 감염성 물질에 따라 적절한 등급을 선택하여 공인된 규격을 통과한 제품을 구매해야 한다.

㉡ 생물안전작업대는 항상 청결한 상태로 유지한다.

㉢ 생물안전작업대에서 작업하기 전·후에 손을 닦고 작업 시에는 실험복과 장갑을 착용한다.

㉣ 생물안전작업대의 일정한 공기 흐름을 방해할 수 있는 물체들(검사지, 실험 노트, 휴대폰 등)은 생물안전작업대 안에 두지 않는다.

㉤ 피펫, 실험기기 등의 저장을 최소화하고 생물안전작업대 근처에 실험에 필요한 물건들을 놓아둔다.

㉥ BSC 전면 도어를 열 때 셔터 레벨 이상으로 열지 않는다.

㉦ 생물안전작업대 내에서 실험하는 작업자는 팔을 크고 빠르게 움직이는 행위를 하지 말아야 하며, 작업대 내에서 실험 중인 작업자의 동료들은 작업자 뒤로 빠르게 움직이거나 달리는 등의 행위들은 하지 말아야 한다(연구실 문을 열 때 생기는 기류, 환기 시스템, 에어컨 등에서 나오는 기류는 방향 등에 따라 생물안전작업대의 공기 흐름에 영향을 줄 수 있다).

㉧ 생물안전관리자 및 연구(실)책임자 등은 일정 기간을 두고 생물안전작업대의 공기 흐름 및 헤파필터 효율 등에 대한 점검을 실시한다.

㉨ 3·4등급 연구시설은 매년 1회 이상 설비·장비의 적절성에 대한 자체평가를 실시한다.

㉩ 생물안전대 내부 표면을 70% 에탄올 등의 적절한 소독제에 적신 종이타월로 소독하고, 실험기구, 피펫, 소독제, 폐기물 용기 등 필요한 물품들도 작업대에 넣기 전 소독제로 잘 닦는다. 필요시 UV 램프를 이용하여 추가적으로 멸균을 실시한다.

㉪ 사용 전 최소 5분간 내부공기를 순환시킨다.

㉫ 작업대 내 팔을 넣어 에어커튼의 안정화를 위해 약 1분 정도 기다린 후 작업을 시작한다.

㉬ 작업은 청정구역에서 오염구역 순으로 진행한다.

(2) 고압증기멸균기(autoclave)

① 개요

㉠ 연구실 등에서 널리 사용되는 습열멸균법으로, 일반적으로 121℃에서 15분간 처리하여 생물학적 활성을 제거하는 방식이다.

㉡ 정확하고 올바른 실험과 미생물 등을 포함한 감염성물질들을 취급하면서 발생하는 의료폐기물을 안전하게 처리하기 위해 사용한다.

② 사용 시 주의사항

㉠ 고압증기멸균기의 작동 여부를 확인하기 위한 화학적·생물학적 지표인자(indicator)를 사용한다.

㉡ 멸균이 진행되는 동안 내용물을 안전하게 담은 상태로 유지할 수 있는 적절한 용기를 선택한다.

㉢ 멸균을 실시할 때마다 각 조건에 맞는 효과적인 멸균시간을 선택한다.

㉣ 고압증기멸균기 사용일지를 작성 및 관리한다.

㉤ 고압증기멸균기의 작동방법에 대한 교육을 실시한다.

㉥ 멸균할 물품들은 증기의 침투 및 자유순환을 원활히 할 수 있는 방식으로 배열되어야만 한다.

㉦ 고전력을 이용하기 때문에 별도의 콘센트를 이용한다.

㉧ 건조한 상태에서 사용하지 않도록 하며, 사용이 끝난 후 압력과 온도가 낮아진 후 멸균된 물건을 꺼낸다.

㉨ 뚜껑이나 마개 등으로 튜브 등 멸균용기를 꽉 막아 놓지 않도록 한다.

㉩ 주기적으로 멸균기의 상태를 점검하고 증류수를 교체해주며, 반드시 1차 증류수 이상의 물을 사용하여 멸균을 실시해야 한다.

㉪ 휘발성 물질은 고압증기멸균기를 사용할 수 없다(폭발의 위험이 있다).

㉫ 고압증기멸균기를 이용하기 전에 MSDS를 확인하여 고압증기멸균기 사용이 가능한지 여부를 확인해야 한다.

㉬ 멸균 종료 후 고압증기멸균기 뚜껑을 열기 전 반드시 압력계를 확인해야 한다. 압력이 완전히 떨어진 것을 확인한 후에 뚜껑을 열어야 한다.

㉭ 용액 멸균 시 끓어 넘침을 방지하기 위해 용액 부피보다 2~3배 이상의 큰 용기를 사용해야 한다.

㉮ 멸균기 뚜껑 잠금, 고무 패킹 마모 및 밀봉 상태, 기계 마모도 등을 확인해야 한다.

③ 멸균 지표인자

㉠ 화학적 지표인자 : 멸균 수행 여부는 확인할 수 있으나 실제 멸균시간 동안 사멸되었는지 증명하지 못하며 그 종류는 아래와 같다.

ⓐ 화학적 색깔 변화 지표인자

- 고압증기가 작동하기 시작하여 121℃의 적정 온도에서 수 분간 노출되면 색깔이 변한다.
- 멸균기 내의 열 침투에 대해 빠른 시간 내에 시각적으로 관찰이 가능하며 일반적으로 멸균대상의 중앙부위에 위치하도록 배치하여 사용한다.
- 멸균기의 온도가 121℃에 이르렀는지 확인시켜줄 뿐 실제로 미생물이 멸균시간 동안에 사멸되었다는 것을 증명하지는 못한다.

ⓑ 테이프 지표인자

- 열감지능이 있는 화학적 지표인자가 종이테이프에 부착되어 있다.
- 일반적으로 사용되는 것은 대각선 줄이 들어 있거나 sterile이라는 글씨가 들어 있다.
- 테이프가 고압증기멸균기 내에서 멸균하기 위해 설정한 온도에 수 분간 노출되면 줄/글씨가 나타나게 되는데, 이것으로 멸균기의 온도가 121℃에 이르렀는지 확인시켜줄 뿐 실제로 미생물이 멸균시간 동안 사멸되었다는 것을 증명하지는 못한다.
- 테이프 지표인자는 고압멸균기를 사용하는 모든 물건에 사용할 수 있고 고압멸균기용 통, 봉투 또는 개별 용기 등의 외부 표면에 부착하여 사용한다.

㉡ 생물학적 지표인자

ⓐ 생물학적 지표인자는 고압증기멸균기의 미생물을 사멸시키는 기능이 적절한지를 가늠하기 위해 만들어졌다(멸균기능 측정).

ⓑ 상용화된 생물학적 지표인자 중 대표적인 것은 geobacillus stearothermophilus 아포이다.

멸균 과정 동안 멸균이 잘 안 되는 곳에 geobacillus stearothermophilus를 포함한 생물학적 표지자를 멸균기에 넣고 멸균한다.

↓

멸균 후 생물학적 표지자 내의 세균을 배양하여 멸균 여부를 확인한다.

(3) 원심분리기

① 개요

㉠ 고속회전을 통한 원심력으로 물질을 구분하는 장치이다.

㉡ 안전 컵/로터의 잘못된 이용 또는 튜브의 파손에 따른 감염성 에어로졸 또는 에어로졸화된 독소의 방출과 같은 에어로졸 발생 위해성이 있다.

② 취급 주의사항

㉠ 설명서를 완전히 숙지한 후 사용한다.

㉡ 장비는 사용자가 불편하지 않은 높이로 설치한다.

㉢ 원심분리관 및 용기는 견고하고 두꺼운 재질로 제조된 것을 사용하며 원심분리할 때는 항상 뚜껑을 단단히 잠근다.

㉣ 버킷 채로 균형을 맞추어 사용하여야 하며, 동일한 무게의 버킷 내 원심관의 위치가 대각선 방향으로 서로 대칭되도록 조정하여야 하고, 로터에 직접 넣을 경우 제조사에서 제공하는 지침에 따라 그 양을 조절한다.

㉤ 사용하고자 하는 원심관이 홀수일 경우 증류수나 70% 알코올을 빈 원심분리관에 넣어 무게 조절용 원심분리관으로 사용한다.

③ 감염성 물질·독소 취급 시 주의사항

㉠ 반드시 버킷에 뚜껑이 있는 장비를 사용한다.

㉡ 컵/로터의 외부표면 오염을 제거한다.

㉢ 로터의 손상이나 폭발을 막기 위해 로터의 밸런스 조정을 포함하여 제조사의 지시에 따라 장비를 사용한다.

㉣ 원심분리기에 사용하기 적절한 플라스틱 튜브(외장 스크류 캡과 함께 사용하는 두꺼운 내벽 형태의 플라스틱 튜브)를 선택한다.

㉤ 원심분리 동안 에어로졸의 방출을 막기 위해 밀봉된 원심분리기 컵/로터를 사용하며, 정기적으로 컵/로터 밀봉의 무결성 검사를 실시한다.

㉥ 에어로졸 발생이 우려될 경우 생물안전작업대 안에서 실시한다.

㉦ 버킷에 시료를 넣을 때와 꺼낼 때는 반드시 생물안전작업대 안에서 수행한다.

㉧ 컵/로터를 열기 전에 에어로졸을 가라앉히기 위한 충분한 시간을 둔다.

㉨ 원심분리가 끝난 후에도 생물안전작업대를 최소 10분간 가동시키며 생물안전작업대 내부를 소독한다.

㉩ 사용한 후에는 로터, 버킷 및 원심분리기 내부를 알코올솜 등을 사용하여 오염을 제거하는 등 청소한다.

㉪ Class Ⅱ 생물안전작업대 내에서는 원심분리기를 사용하지 않는다.

(4) 개인보호구(PPE ; Personal Protective Equipment)

① 생물안전 개인보호구 종류

장비	관련 위해 요소	특성	비고
실험복 (laboratory gown)	의복의 오염	평상복 전체를 덮는 전신 실험복	실험 수행 시 항상 착용할 것
보호복 (protective clothing)	신체의 오염	위해물질로부터 신체를 보호	위해등급별로 적절한 보호복을 착용할 것
플라스틱 앞치마 (plastic apron)	의복의 오염	방수기능	–

장비	관련 위해 요소	특성	비고
신발류 (footwear)	충돌, 튀는 것 등	앞이 막힌 것 ※ 덧신 : 방수기능이 있는 부츠형	–
고글 (goggle)	충돌, 튀는 것 등	• 일반 안경 위로 덮어 쓰거나 바로 쓰고 볼 수 있는 것 • 측면 보호	–
보안경 (safety spectacle)	충돌, 튀는 것 등	• 바로 쓰고 볼 수 있는 것 • 측면 보호	–
보안면 (face shield)	충돌, 튀는 것 등	• 얼굴 전체를 덮을 수 있는 것 • 탈·착용이 용이한 것	–
장갑 (glove)	접촉찰과상, 절단, 화상 등	• 라텍스, 비닐 또는 나이트릴장갑 • 손 보호기능 • 내열성 특수 장갑 등	실험 수행 시 항상 착용할 것
호흡보호구 (respirators)	에어로졸 흡입	• 부위별 : 안면부 전체 또는 입·코를 덮는 것(full-face or half-face) • 일회용 또는 재사용 : 외과용 마스크(surgical masks) – 일회용 필터 호흡보호구(disposable particulate respirator) – 재사용 필터 호흡보호구(replaceable particulate respirator) – 전동식 공기정화 호흡보호구(PAPR ; Powered Air-Purifying Respirator	• 입자특성별 – N(non-oil aerosol) – P 또는 R(includes oil aerosol) • 필터 효율별 – 95% : N95, P95, R95 – 99% : N99, P99, R99 – 99.7% : N100, P100, R100

※ 출처 : 실험실 생물안전지침(2019)

② 개인보호구 사용 시 주의사항

㉠ 개인보호구를 선택할 때에는 취급하는 미생물 및 위해물질의 감염경로 및 신체 노출 부위를 고려한다(흡입, 섭취, 주사 또는 주입, 흡수 등).

㉡ 개인보호구는 연구활동종사자가 항상 착용하기 쉬운 곳, 접근이 용이한 곳에 보관·관리하며 깨지거나 오염된 개인보호구는 반드시 폐기한다.

㉢ 연구실책임자 및 생물안전관리자는 해당 연구실에서 진행하는 실험에 맞는 개인보호구를 선택·비치하고 올바른 사용 및 관리를 위해 연구활동종사자들에게 교육한다.

㉣ 개인보호구는 미생물 및 감염성 물질을 취급하거나 실험을 수행하기 전에 착용하고 실험종료 후 신속히 탈의한다.

㉤ 개인보호구를 착용한 상태로 일반구역(복도, 출입문 등)의 출입을 삼가고 비오염 물품, 공용장비(실험에 사용하지 않은 원심분리기, 배양기 등)를 만지는 등의 행위로 오염을 확산시키지 않도록 한다.

③ 생물안전 1·2등급 시설의 연구실 복장 및 착·탈의 순서

㉠ 올바른 연구실 복장

머리	얼굴	손	몸	발
단정	• 마스크 • 호흡보호구(필요할 시)	실험장갑	• 긴 소매 실험복 • 긴 하의	앞이 막힌 신발

㉡ 착·탈의 순서

착의순서		탈의순서
1	긴 소매 실험복	4
2	마스크, 호흡보호구(필요시)	3
3	고글/보안면	2
4	실험장갑	1

5 생물체 분류 및 안전관리

(1) 생물체 위험군(RG ; Risk Group)

① 위험군 분류「유전자재조합실험지침」

㉠ 제1위험군(RG 1) : 건강한 성인에게는 질병을 일으키지 않는 것으로 알려진 생물체

㉡ 제2위험군(RG 2) : 사람에게 감염되었을 경우 증세가 심각하지 않고 예방 또는 치료가 비교적 용이한 질병을 일으킬 수 있는 생물체

㉢ 제3위험군(RG 3) : 사람에게 감염되었을 경우 증세가 심각하거나 치명적일 수도 있으나 예방 또는 치료가 가능한 질병을 일으킬 수 있는 생물체

㉣ 제4위험군(RG 4) : 사람에게 감염되었을 경우 증세가 매우 심각하거나 치명적이며 예방 또는 치료가 어려운 질병을 일으킬 수 있는 생물체

② 위험군 분류 시 주요 고려사항

㉠ 해당 생물체의 병원성

㉡ 해당 생물체의 전파방식 및 숙주범위

㉢ 해당 생물체로 인한 질병에 대한 효과적인 예방 및 치료 조치

㉣ 인체에 대한 감염량 등 기타 요인

(2) 유전자변형생물체(LMO ; Living Modified Organism)

① 정의 : 다음의 현대생명공학기술을 이용하여 새롭게 조합된 유전물질을 포함하고 있는 생물체

㉠ 인위적으로 유전자를 재조합하거나 유전자를 구성하는 핵산을 세포 또는 세포 내 소기관으로 직접 주입하는 기술

㉡ 분류학에 의한 과(科)의 범위를 넘는 세포융합으로서 자연상태의 생리적 증식이나 재조합이 아니고 전통적인 교배나 선발에서 사용되지 아니하는 기술

② LMO의 위험군 분류 시 고려사항

㉠ 위해성평가에 따라 결정되며 도입유전자의 기능 및 특성, 숙주의 특성을 고려

㉡ 유전자변형의 결과가 위해성을 증가시키거나 또는 알 수 없는 경우 숙주의 위험군에 기초하여 변동할 수 있다.

㉢ 유전자변형생물체 특성에 대한 정의는 유해한 유전자 산물의 특성이 명확하게 밝혀지지 않은 경우에는 더욱 엄격하게 적용

㉣ 과학적 불확실성이 있는 경우 사전예방적 원칙에 의해 사안에 따라 상위 위험군으로 분류

③ 수입

㉠ 승인 : 시험・연구용으로 사용하거나 박람회 또는 전시회에 출품하기 위하여 다음에 해당하는 유전자변형생물체를 수입하고자 하는 자는 질병관리청장의 승인을 받아야 한다.

ⓐ 종명까지 명시되어 있지 아니하고 인체병원성 여부가 밝혀지지 아니한 미생물을 이용하여 얻어진 유전자변형생물체

ⓑ 척추동물에 대하여 몸무게 1kg당 50% 치사독소량이 100ng 미만인 단백성 독소를 생산할 능력을 가진 유전자변형생물체

ⓒ 의도적으로 도입된 약제내성 유전자를 가진 유전자변형미생물

ⓓ 국민보건상 국가관리가 필요한 병원성 미생물의 유전자를 직접 이용하거나 해당 병원미생물의 합성된 유전자를 이용하여 얻어진 유전자변형생물체

㉡ 신고 : 시험・연구용 유전자변형생물체를 수입하고자 하는 자는 다음의 서류와 함께 과학기술정보통신부장관에게 신고하여야 한다.

ⓐ 시험・연구용 유전자변형생물체 수입신고서

ⓑ 수입계약서 또는 주문서 사본

ⓒ 시험・연구용 유전자변형생물체 운반계획서

ⓓ 시험・연구용 유전자변형생물체 활용계획서

<table>
<tr><th colspan="2">LMO법 제24조에 의한 표시사항</th></tr>
<tr><td>
</td><td>• 명칭 : *OOOO*
• 종류 : *미생물*
• 용도 및 특성 : *시험・연구용/독소단백질 생성*</td></tr>
<tr><td colspan="2">(LMO의 안전한 취급을 위한 주의사항)
• *외부인 및 환경에 노출되지 않도록 유의할 것*
• *취급 시 안전보호구 착용*
• *관계자 외 취급금지*
(취급 LMO 종류에 따라 유의사항 추가 기입)
(LMO의 수출자 및 수입자 연락처)
• 수출자 : (기관명) *A사* (주 소) *3800 OOO OOOOO BOO*
(담당자) *OOO* (연락처) *000-0000-0000*
• 수입자 : (기관명) *B사* (주 소) *서울특별시 OO구 OOO로 1*
(담당자) *OOO* (연락처) *000-0000-0000*
(환경방출로 사용되는 LMO 해당 여부)
• *해당없음(시험・연구용으로 LMO 연구시설 내에서 사용됨)*</td></tr>
</table>

[LMO 수입송장 양식]

④ 수출

㉠ 수출통보 : 유전자변형생물체를 수출하려는 자는 다음의 서류와 함께 관계 중앙행정기관의 장에게 수출통보를 하여야 한다.

ⓐ 유전자변형생물체 수출통보서

ⓑ (환경방출용) 바이오안전성에 관한 카르타헤나 의정서 부속서 I에 명시된 정보

ⓒ (환경방출용이 아닌 경우) 바이오안전성에 관한 카르타헤나 의정서 부속서 II에 명시된 정보

㉡ 경유신고 : 유전자변형생물체를 국내의 항구, 공항 또는 대통령령으로 정하는 장소에서 하역한 후 다른 국가로 수출하려는 자는 관계 중앙행정기관의 장에게 그 내용(품목, 수량. 수출국가, 수입국가 등)을 신고해야 한다.

⑤ 취급관리

㉠ 보관

ⓐ 유전자변형생물체를 포함한 시료 및 폐기물은 "유전자변형생물체"라는 것을 표시하고, 정해진 수준의 물리적 밀폐 조건을 만족하는 실험실, 실험구역 또는 대량배양 실험구역에 안전하게 보관한다.

ⓑ 유전자변형생물체를 포함하는 시료를 보관하는 냉장고 및 냉동고 등에는 유전자변형생물체를 보관 중임을 표시한다.

ⓒ 시험・연구책임자는 해당 유전자변형생물체를 포함하는 시료 목록을 작성하여 보관한다.

㉡ 운반

ⓐ 시험・연구기관 내에서 유전자변형생물체를 포함하는 시료를 운반하는 경우에는 견고하고 새지 않는 용기에 넣어 안전하게 운반한다.

ⓑ 다른 시험・연구기관으로 운반하는 경우에는 쉽게 파손되지 않는 용기에 넣고 이중으로 밀봉 포장하여 용기가 파손되더라도 유전자변형생물체가 외부로 유출되지 않도록 하며 용기 또는 포장물 표면의 보이기 쉬운 곳에 "유전자변형생물체"라는 것을 표시한다.

㉢ 실험종료 후 처리

ⓐ 실험종료 후에는 각 유전자변형생물체에 적합한 방법으로 완전히 불활성화한 후 폐기한다.

ⓑ 해당 유전자변형생물체의 보존가치가 높거나 해당 유전자변형생물체를 이용하여 다른 실험을 수행하고자 하는 경우에는 실험의 종료보고서와 유전자변형생물체의 사용계획, 보관 장소 및 안전관리 방법에 대하여 시험・연구기관장에게 신고함으로써 유전자변형생물체를 보존할 수 있다.

<table>
<tr><th>생물안전표지 : 출입문 앞 부착</th><th>생물위해표시(생물재해표시) : 보관장소(냉장고, 냉동고 등) 부착</th></tr>
<tr><td>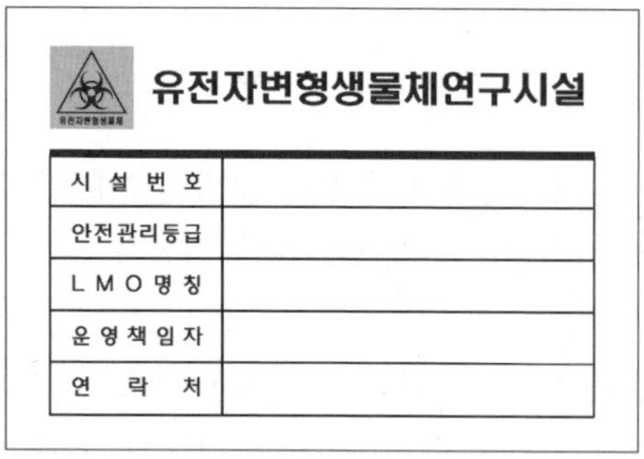
</td><td>
</td></tr>
</table>

(3) 고위험병원체

① 정의 : 생물테러의 목적으로 이용되거나 사고 등에 의하여 외부에 유출될 경우 국민건강에 심각한 위험을 초래할 수 있는 감염병병원체

② 국가관리

㉠ 고위험병원체를 분리한 자는 지체 없이 고위험병원체의 명칭, 분리된 검체명, 분리일자 등을 질병관리청장에게 신고해야 한다.

㉡ 감염병의 진단 및 학술연구 등을 목적으로 고위험병원체를 국내로 반입하려는 자는 질병관리청장의 허가를 받아야 한다.

㉢ 고위험병원체를 검사, 보유, 관리, 이동하려는 자는 그 검사, 보유, 관리, 이동에 필요한 시설(고위험병원체 취급시설)을 설치·운영하거나 고위험병원체 취급시설을 설치·운영하고 있는 자와 고위험병원체 취급시설을 사용하는 계약을 체결해야 한다.

㉣ 허가받은 사항을 변경하고자 하는 경우에는 질병관리청장의 허가를 받아야 한다(단, 경미한 사항을 변경하려는 경우에는 질병관리청장에게 변경신고를 한다).

(4) 생물테러감염병병원체

① 정의

㉠ 생물테러감염병 : 고의 또는 테러 등을 목적으로 이용된 병원체에 의하여 발생된 감염병 중 질병관리청장이 고시하는 감염병

㉡ 생물테러감염병병원체 : 생물테러감염병을 일으키는 병원체 중 보건복지부령으로 정하는 병원체

② 국가관리

㉠ 감염병의 진단 및 학술연구 등을 목적으로 생물테러감염병병원체를 보유하고자 하는 자는 사전에 질병관리청장의 허가를 받아야 한다.

㉡ 감염병의사환자로부터 생물테러감염병병원체를 분리한 후 보유하는 경우 등 대통령령으로 정하는 부득이한 사정으로 사전에 허가를 받을 수 없는 경우에는 보유 즉시 허가를 받아야 한다.

㉢ 허가받은 사항을 변경하고자 하는 경우에는 질병관리청장의 허가를 받아야 한다(단, 경미한 사항을 변경하려는 경우에는 질병관리청장에게 변경신고를 한다).

(5) 생물작용제

① 정의

㉠ 생물작용제 : 자연적으로 존재하거나 유전자를 변형하여 만들어져 인간이나 동식물에 사망, 고사, 질병, 일시적 무능화나 영구적 상해를 일으키는 미생물 또는 바이러스로서 대통령령으로 정하는 물질

㉡ 독소 : 생물체가 만드는 물질 중 인간이나 동식물에 사망, 고사, 질병, 일시적 무능화나 영구적 상해를 일으키는 것으로서 대통령령으로 정하는 물질

② 국가관리

㉠ 생물작용제 또는 독소를 제조하려는 자는 미리 제조 목적과 제조량 등을 산업통상자원부장관에게 신고해야 한다(신고한 사항을 변경하려는 경우에도 산업통상자원부장관에게 신고해야 한다).

㉡ 산업통상자원부장관은 신고제조자에게 생물작용제 등의 보안 유지를 위한 보호구역의 설정 등을 포함하는 보안관리계획을 작성・제출하게 하고 이를 실행하도록 권고할 수 있다.

Chapter

02 생물시설(설비) 설치 · 운영 및 관리

1 생물안전시설 설치 · 운영기준

(1) 생물안전시설

① 정의 : 감염성 물질을 취급하는 실험으로부터 사람과 환경을 보호하기 위해 생물안전장비와 물리적 밀폐가 조합된 연구시설 및 고위험병원체 취급시설

② 생물안전등급(BL ; Biosafety Level) : 취급하는 생물체와 실험의 특성에 따라 분류

㉠ 생물안전 1등급 : 제1위험군 생물체를 취급하는 데 적합

㉡ 생물안전 2등급 : 제2위험군 생물체를 취급하는 데 적합

㉢ 생물안전 3등급 : 제3위험군 생물체를 취급하는 데 적합

㉣ 생물안전 4등급 : 제4위험군 생물체를 취급하는 데 적합

※ 병원체 위험군과 생물안전관리등급이 반드시 일치하는 것은 아니다.

※ 생물안전관리등급은 취급 또는 개발하고자 숙주 및 공여체 중 가장 높은 위험군에 대응하여 결정하는 것을 원칙으로 하되, 위해성평가 결과에 따라 해당 생물안전시설의 생물안전관리 등급을 낮추거나 높일 수 있다.

(2) 생물안전 연구시설

① 안전관리 등급별로 실험절차, 안전장비 및 밀폐 수준이 높아짐에 따라 추가되는 생물위해를 관리하기 위하여 필요한 시설 설계 요구사항이 복합적으로 적용된다.

② 우리나라는 「유전자변형생물체의 국가간 이동 등에 관한 법률」과 「감염병의 예방 및 관리에 관한 법률」에 따라 생물안전관리등급별 유전자변형생물체 연구시설과 고위험병원체 취급시설에 대한 설치 · 운영기준이 지정되어 있다.

③ 생물안전 연구시설의 분류

㉠ 유전자변형생물체를 포함한 생물안전 연구시설의 분류

ⓐ 일반 연구시설 : 미생물 등 일반적인 유전자변형실험이 진행되는 연구시설

ⓑ 대량배양 연구시설 : 유전자재조합실험 중 10리터 이상의 배양용량 규모로 실시하는 실험을 수행하는 연구시설

ⓒ 동물(곤충 및 어류는 제외)이용 연구시설 : 유전자변형동물을 개발하거나 이를 이용하는 실험 및 기타 유전자재조합분자 또는 유전자변형생물체를 동물에 도입하는 실험을 수행하는 연구시설

ⓓ 식물이용 연구시설 : 유전자변형식물을 개발하거나 이를 이용하는 실험 및 기타 유전자 재조합분자 또는 유전자변형생물체를 식물에 도입하는 실험을 수행하는 연구시설

ⓔ 곤충이용 연구시설 : 유전자변형곤충을 개발하거나 이를 이용하는 실험 및 기타 유전자 재조합분자 또는 유전자변형생물체를 곤충에 도입하는 실험을 수행하는 연구시설

ⓕ 어류이용 연구시설 : 유전자변형어류를 개발하거나 이를 이용하는 실험 및 기타 유전자 재조합분자 또는 유전자변형생물체를 어류에 도입하는 실험을 수행하는 연구시설

ⓖ 격리포장시설 : 유전자변형생물체의 포장시험을 위하여 안전 기준에 적합한 시설·장치 그 밖의 구조물을 이용하여 주위와 물리적인 격리가 이루어진 것으로서 토양 등의 환경에 노출된 구조물을 포함한다.

ⓛ 고위험병원체 취급시설 분류

ⓐ 일반 취급시설

ⓑ 대량배양 취급시설(10리터 이상 배양하는 경우)

ⓒ 동물이용 취급시설(일반동물 및 곤충 이용)

2 LMO 연구시설 설치·운영기준

(1) LMO 연구시설의 안전관리등급 분류

등급	대상	허가/신고
1등급	건강한 성인에게는 질병을 일으키지 아니하는 것으로 알려진 유전자변형생물체와 환경에 대한 위해를 일으키지 아니하는 것으로 알려진 유전자변형생물체를 개발하거나 이를 이용하는 실험을 실시하는 시설	신고
2등급	사람에게 발병하더라도 치료가 용이한 질병을 일으킬 수 있는 유전자변형생물체와 환경에 방출되더라도 위해가 경미하고 치유가 용이한 유전자변형생물체를 개발하거나 이를 이용하는 실험을 실시하는 시설	신고
3등급	사람에게 발병하였을 경우 증세가 심각할 수 있으나 치료가 가능한 유전자변형생물체와 환경에 방출되었을 경우 위해가 상당할 수 있으나 치유가 가능한 유전자변형생물체를 개발하거나 이를 이용하는 실험을 실시하는 시설	허가
4등급	사람에게 발병하였을 경우 증세가 치명적이며 치료가 어려운 유전자변형생물체와 환경에 방출되었을 경우 위해가 막대하고 치유가 곤란한 유전자변형생물체를 개발하거나 이를 이용하는 실험을 실시하는 시설	허가

(2) 신고·허가

① LMO 연구시설 신고(BL 1~2)

㉠ 제출서류

ⓐ 연구시설 설치·운영 신고서

ⓑ 1, 2등급 연구시설 설치·운영 점검결과서

ⓒ 연구시설 평면도 또는 설계도서 사본
ⓓ 건축물대장 사본(임대 시 임대차계약서 사본)
ⓔ 사업자등록증 사본
ⓕ 폐기물 위탁처리 계약서
ⓖ 폐기물 처리규정
ⓗ 생물안전관리책임자 임명 증빙서류
ⓘ 생물안전관리책임자 교육 이수증
ⓙ (2등급) 기관생물안전관리규정 및 지침
ⓚ (2등급) 기관생물안전위원회 명단
ⓛ (격리포장) 시설 설계도 및 지적도

㉡ 신고 관할기관

대학, 연구기관, 기업(연), 병원 등	과학기술정보통신부
농림축산 식품부 소속 국공립연구기관, 도 농업기술원, 시군 농업기술센터, 도축산위생연구소	농림축산식품부 (농촌진흥청, 농림축산검역본부)
산업통상자원부 소속 국공립연구기관	산업통상자원부
보건복지부 소관 국공립연구기관, 보건의료기관, 시 · 도 보건환경연구원	질병관리청
환경부 소속 국공립연구기관	환경부
해양수산부 소속 국공립연구기관	해양수산부(국립수산과학원)
식품의약품안전처 소속 식품의약품안전평가원, 지방식품의약품안전청	식품의약품안전처

② LMO 연구시설 허가(BL 3~4)

㉠ 허가관청

환경위해성 관련 연구시설	과학기술정보통신부
인체위해성 관련 연구시설	질병관리청

③ 변경신고(BL 1~2)

㉠ 변경신고 대상 변경사항

ⓐ 기관장 및 기관정보
ⓑ 연구시설의 설치 · 운영책임자
ⓒ 생물안전관리책임자
ⓓ 연구시설의 내역 · 규모
ⓔ 안전관리등급

④ 폐쇄신고

㉠ 첨부서류

ⓐ 연구시설 폐쇄신고서
ⓑ 폐쇄 사유 및 유전자변형생물체의 폐기 처리를 증명하는 서류(단, 시설 이전은 유전자변형생물체 취급 · 관리대장 제출)

ⓒ 2등급 이상의 폐쇄 시 : 폐기물 처리에 관한 내용이 포함된(허가받은 시설은 훈증소독 포함) 폐쇄 계획서 및 결과서 등을 심의한 기관생물안전위원회 서류

⑤ **허가취소, 연구시설 폐쇄, 1년 이내 운영정지**

㉠ 속임수나 그 밖의 부정한 방법으로 허가를 받거나 신고한 경우(반드시 허가취소 또는 연구시설의 폐쇄)

㉡ 변경허가를 받지 아니하거나 변경신고를 하지 아니하고 허가 내용 또는 신고 내용을 변경한 경우

㉢ 연구시설 설치·운영의 준수사항을 지키지 아니한 경우

㉣ 허가 또는 신고의 기준에 미달한 경우

㉤ 개발·실험 승인을 받지 아니하고 개발·실험을 한 경우

㉥ 유전자변형생물체의 개발·실험승인의 변경승인을 받지 아니하거나 변경신고를 하지 아니하고 허가 내용 또는 신고 내용을 변경한 경우

(3) 안전규정·지침

① **작성 대상** : BL2 이상 연구시설 보유 기관

② **생물안전관리규정 포함사항**

㉠ 생물안전관리 조직체계 및 그 직무에 관한 사항

㉡ 연구(실) 또는 연구시설 책임자 및 운영자의 지정

㉢ 기관생물안전위원회의 구성과 운영에 관한 사항

㉣ 연구(실) 또는 연구시설의 안정적 운영에 관한 사항

㉤ 기본적으로 준수해야 할 연구실 생물안전수칙

㉥ 연구실 폐기물 처리절차 및 준수사항

㉦ 실험자의 건강 및 의료 모니터링에 관한 사항

㉧ 생물안전교육 및 관리에 관한 사항

㉨ 응급상황 발생 시 대응방안 및 절차

③ **생물안전지침 포함사항**

㉠ 기관 내 LMO 연구절차

㉡ LMO 연구시설 생물안전점검

㉢ 생물안전사고관리 등

참고

규정과 지침의 비교

구분	규정	지침
의미	• 반드시 이행해야 하는 조항을 정함 • 강제성 있음	• 안전관리 실무에 적용할 수 있는 구체적이고 세부적인 방법과 절차 • 규정의 세부사항(행동절차 등) 마련 • 강제성 없음(규정 위임사항은 강제성 있음)
마련	• 규정심의위원회가 규정(안) 마련 • 조직의 장이 승인·공포	• 생물 관련 부서·종사자가 마련 • 조직의 장이 승인(선택적)
구성	조항으로 구성	해설 형태

(4) LMO 관리대장 2종

① 종류

㉠ 유전자변형생물체 연구시설 관리·운영대장

㉡ 시험·연구용 등의 유전자변형생물체 취급·관리대장

② 보존기간 : 5년

(5) LMO 연구시설의 검사

① 과학기술정보통신부장관, 질병관리청장 및 관계 중앙행정기관의 장 또는 위임기관의 장은 유전자변형생물체의 안전관리를 위하여 연구시설의 설치·운영허가를 받거나 신고를 한 자로 하여금 보고를 하게 하거나 자료 또는 시료의 제출을 요구할 수 있다.

② 검사내용

㉠ 안전관리등급별 안전관리 준수사항의 이행 여부

㉡ 유전자변형생물체 연구시설 운영 관련 각종 대장의 기록 및 보관 여부

㉢ 유전자변형생물체의 종류, 수출·입 여부, 폐기물 처리 방법 등 기타 연구시설 안전관리 실태에 관련된 사항

㉣ 기타 과학기술정보통신부장관 및 관계 중앙행정기관의 장 또는 위임기관의 장이 필요하여 정하는 사항

(6) LMO 연구시설의 설치·운영기준

※ LMO 연구시설별 설치·운영기준은 「유전자변형생물체의 국가 간 이동 등에 관한 통합 고시」 참조(다음 양식은 '일반 연구시설' 기준표)

[별표 9-1]

연구시설의 설치 · 운영기준

(제9-2조제2항제1호관련)

1. 설치기준

준수사항		안전관리등급			
		1	2	3	4
실험실 위치 및 접근	실험실(실험구역) : 일반 구역과 구분(분리)	권장	권장	필수	필수
	주 출입구 잠금장치 설치(카드, 지문인식시스템, 보안시스템 등)	권장	권장	필수	필수
	실험실 출입 전 개인의류 및 실험복 보관 장소 설치	권장	권장	필수	필수
	실험실 출입 : 현관, 전실 등을 경유하도록 설치	–	권장	필수	필수
	기자재, 장비 등 반출입을 위한 문 또는 구역 설치	–	권장	필수	필수
	구역 내 문 상호열림 방지장치 설치(수동조작 가능)	–	–	필수	필수
	출입문 : 공기팽창 또는 압축밀봉이 가능한 문 설치	–	–	권장	필수
	공조기기실은 밀폐구역과 인접하여 설치	–	–	권장	필수
	밀폐시설 : 콘크리트벽에 둘러싸여진 별도의 실험전용건물(4등급 연구시설은 내진설계 반영)	–	–	권장	필수
	연구시설 유지보수에 필요한 공간 마련		–	필수	필수
실험 구역	밀폐구역 내부 : 화학적 살균, 훈증소독이 가능한 재질 사용	–	–	필수	필수
	밀폐구역 내부 벽체는 콘크리트 등 밀폐를 보장하는 재질 사용	–	–	권장	필수
	밀폐구역 내의 이음새 : 시설의 완전밀폐가 가능한 비경화성 밀봉제 사용	–	–	필수	필수
	외부에서 공급되는 진공펌프라인 설치 시 헤파 필터 장착	–	–	필수	필수
	내부벽 : 설계 시 설정 압력의 1.25배 압력에 뒤틀림이나 손상이 없도록 설치	–	–	–	필수
공기 조절	밀폐구역 내부 공기 : 상시 음압유지 및 재순환 방지	–	–	필수	필수
	외부와 최대 음압구역간의 압력차 : −24.5Pa 이상 유지(실간차압 설정 범위±30% 변동허용)	–	–	필수	필수
	시설 환기 : 시간당 최소 10회 이상(4등급 연구시설은 최소 20회 이상)	–	–	필수	필수
	배기시스템과 연동되는 급기시스템 설치	–	–	필수	필수
	급기 덕트에 헤파 필터 설치	–	–	권장	필수
	배기 덕트에 헤파 필터 설치(4등급 연구시설은 2단의 헤파 필터 설치)	–	–	필수	필수
	예비용 배기필터박스 설치	–	–	권장	필수
	급배기 덕트에 역류방지댐퍼(BDD ; Back Draft Damper) 설치			필수	필수
	배기 헤파 필터 전단 부분은 기밀형 댐퍼 설치(4등급 연구시설은 버블타이트형 댐퍼 또는 동급 이상의 댐퍼 설치)	–	–	필수	필수
	배기 헤파 필터 전단부분의 덕트 및 배기 헤파 필터 박스 : 3등급 연구시설은 1,000Pa 이상 압력 30분간 견딤(누기율 10% 이내), 4등급 연구시설은 2,500Pa 이상 압력 30분간 견딤(누기율 1% 이내)	–	–	필수	필수
실험자 안전 보호	실험구역 또는 실험실 내부에 손 소독기 및 눈 세척기(슈트형 4등급 연구시설은 눈세척기 제외) 설치	–	권장	필수	필수
	밀폐구역내 비상 샤워시설 설치(슈트형 4등급 연구시설은 제외)	–	–	필수	필수
	오염 실험복 탈의용 화학적 샤워장치 설치	–	–	–	필수
	양압복 및 압축공기 호흡장치 설치(캐비넷형 4등급 연구시설은 제외)	–	–	–	필수
실험 장비	고압증기멸균기 설치(3, 4등급 연구시설은 양문형 고압증기멸균기 설치)	필수	필수	필수	필수
	생물안전작업대 설치	–	권장	필수	필수
	에어로졸의 외부 유출 방지능이 있는 원심분리기 사용	–	권장	필수	필수
폐기물 처리	폐기물 : 고압증기멸균 또는 화학약품처리 등 생물학적 활성을 제거 할 수 있는 설비 설치	필수	필수	필수	필수
	실험폐수 : 고압증기멸균 또는 화학약품처리 등 생물학적 활성을 제거 할 수 있는 설비 설치(4등급 연구시설은 고압증기멸균 설비 설치)	필수	필수	필수	필수
	폐수탱크 설치 및 압력기준(고압증기멸균 방식 : 최대 사용압력의 1.5배, 화학약품처리 방식 : 수압 70kPa 이상)에서 10분 이상 견딤	–	–	필수	필수
	헤파 필터에 의한 배기(4등급 연구시설은 2단의 헤파 필터 처리)	–	권장	필수	필수
기타 설비	시설외부와 연결되는 통신 시설 및 시설 내부 모니터링 장치 설치	권장	권장	필수	필수
	배관의 역류 방지 장치 설치	–	권장	필수	필수
	헤파 필터 박스의 제독 및 테스트용 노즐 설치	–	–	필수	필수
	관찰 가능한 내부압력 측정 계기 및 경보장치 설치	–	–	필수	필수
	정전대비 공조용 및 필수설비에 대한 예비 전원 공급 설비 설치	–	–	필수	필수

2. 운영기준

준수사항		안전관리등급			
		1	2	3	4
실험 구역 출입	실험실 출입문은 항상 닫아 두며 승인받은 자만 출입	권장	필수	필수	필수
	출입대장 비치 및 기록	–	권장	필수	필수
	전용 실험복 등 개인보호구 비치 및 사용	권장	필수	필수	필수
	출입문 앞에 생물안전표지(유전자변형생물체명, 안전관리등급, 시설관리자의 이름과 연락처 등)를 부착	필수	필수	필수	필수
실험 구역내 활동	지정된 구역에서만 실험 수행하고, 실험 종료 후 또는 퇴실 시 손 씻기	필수	필수	필수	필수
	실험구역에서 실험복을 착용하고 일반구역으로 이동 시에 실험복 탈의	권장	필수	필수	필수
	실험 시 기계식 피펫 사용	필수	필수	필수	필수
	실험 시 에어로졸 발생 최소화	권장	필수	필수	필수
	실험구역에서 음식섭취, 식품 보존, 흡연, 화장 행위 금지	필수	필수	필수	필수
	실험구역 내 식물, 동물, 옷 등 실험과 관련 없는 물품의 반입 금지	권장	필수	필수	필수
	감염성물질 운반 시 견고한 밀폐 용기에 담아 이동	권장	필수	필수	필수
	외부에서 유입가능한 생물체(곤충, 설치류 등)에 대한 관리 방안 마련	필수	필수	필수	필수
	실험 종료 후 실험대 소독(실험 중 오염 발생 시 즉시 소독)	필수	필수	필수	필수
	퇴실 시 샤워로 오염제거	–	–	권장	필수
	주사바늘 등 날카로운 도구에 대한 관리방안 마련	필수	필수	필수	필수
생물 안전 확보	유전자변형생물체 보관 장소(냉장고, 냉동고 등) : "생물위해(biohazard)" 표시 등 부착	필수	필수	필수	필수
	생물안전위원회 구성	권장	필수	필수	필수
	생물안전관리책임자 임명	필수	필수	필수	필수
	생물안전관리자 지정	권장	권장	필수	필수
	생물안전교육(통합고시 제9-9조관련) 이수 및 기관 내 생물안전교육 실시	필수	필수	필수	필수
	유전자변형생물체 관리・운영에 관한 기록작성 및 보관	필수	필수	필수	필수
	실험 감염 사고에 대한 기록 작성, 보고 및 보관	필수	필수	필수	필수
	생물안전관리규정 마련 및 적용	권장	필수	필수	필수
	절차를 포함한 기관생물안전지침 마련 및 적용(3, 4등급 연구시설은 시설운영사항 포함)	권장	필수	필수	필수
	감염성물질이 들어있는 물건 개봉 : 생물안전작업대 등 기타 물리적 밀폐장비에서 수행	–	권장	필수	필수
	시험・연구종사자에 대한 정상 혈청 채취 및 보관(필요시 정기적인 혈청 채취 및 건강검진 실시)	–	권장	필수	필수
	취급 병원체에 대한 백신이 있는 경우 접종	–	권장	필수	필수
	비상 시 행동요령을 포함한 비상대응체계 마련(3, 4등급 연구시설은 의료체계 내용 포함)	필수	필수	필수	필수
폐기물 처리	처리 전 폐기물 : 별도의 안전 장소 또는 용기에 보관	필수	필수	필수	필수
	폐기물은 생물학적 활성을 제거하여 처리	필수	필수	필수	필수
	실험폐기물 처리에 대한 규정 마련	필수	필수	필수	필수

▌유전자변형생물체의 국가간 이동 등에 관한 법률 통합고시 [별지 제9-11호서식]

유전자변형생물체 연구시설 관리·운영대장

허가(신고)번호	연구시설 설치·운영책임자명
상호(법인명)	연구시설 소재지
대표자 성명	연구시설 안전관리등급
※ 작성방법 : 예 '○', 아니오 'X', 해당없음 '–'	연도 : 20

점검항목		월.일	월.일	월.일	월.일	월.일
공통 점검 사항	지정된 구역에서만 실험 수행하고, 실험 종료 후 또는 퇴실 시 손 씻기					
	실험 시 기계식 피펫 사용					
	실험구역에서 음식 섭취, 식품 보존, 흡연, 화장 행위 금지					
	유전자변형생물체 관리·운영에 관한 기록의 작성 및 보관					
	실험실 출입문은 항상 닫아두며 승인받은 자만 출입					
	실험구역에서 실험복을 착용하고 일반구역으로 이동 시에 실험복 탈의					
	실험 시 에어로졸 발생 최소화					
	실험 종료 후 실험대 소독(실험 중 오염 발생 시 즉시 소독)					
	처리 전 오염 폐기물 : 별도의 안전 장소 또는 용기에 보관					
	모든 폐기물은 생물학적 활성을 제거하여 처리					
	승인받지 않은 자의 출입 시 출입대장 비치 및 기록					
	전용 실험복 등 보호구 비치 및 사용					
	식물, 동물, 옷 등 실험과 관련 없는 물품의 반입 금지					
	감염성 물질 운반 시 견고한 밀폐용기에 담아 이동					
	실험 감염 사고 발생 시 기록 작성, 보고 및 보관					
	감염성 물질이 들어 있는 물건 개봉 : 생물안전작업대 등 기타 물리적 밀폐장치에서 수행					
	퇴실 시 실험복 탈의 및 샤워로 오염 제거					
대량배양, 동물이용, 식물이용 연구시설 등의 경우 다음의 항목을 추가						
대량 배양 연구 시설	대량배양실험이 진행 중인 배양장치 등에 각 등급에 맞는 표시 부착					
	배양장치, 배양액, 오염된 장치 및 기기와 대량배양실험에 관계된 생물에서 유래하는 모든 폐기물 및 폐액은 대량배양실험 종료 후 및 폐기 전에 불활성화					
	배양실험 진행 중일 경우, 매일 1회 이상 배양용기의 밀폐도 확인					
	배양장치에 접종, 시료 채취 및 이동 시 오염 발생 주의(오염 발생하는 경우 즉시 소독)					
	생물안전작업대 및 기타 장치의 제균용 필터 등은 교환직전 및 정기검사 시 멸균					
	실험실 내에서 대량배양 실험복을 착용, 퇴실 시 탈의 및 샤워로 오염제거					

동물 이용 연구 시설	유전자변형동물이 식별 가능토록 표시 : 태어난 지 72시간 내에 표시					
	실험동물의 사용 및 방출에 대한 사항 기록 관리 및 유지					
	동물 반입 시, 전용용기에 담아 반입					
	일회용 또는 일체형 주사기 사용(사용 후 전용 분리 용기에 넣어 멸균 후 폐기), 생물학적 활성을 제거하여 폐기					
	배양물, 조직, 체액 등 오염 폐기물 또는 잠재적 감염성 물질: 뚜껑이 있는 밀폐 용기에 보관					
	사용된 동물케이지 및 사육용 부자재는 사용 후 소독(3, 4등급 연구시설의 경우 훈증 또는 고압 열처리)					
	동물 운반 시 견고한 밀폐 용기에 담아 이동(중/대동물 제외)					
식물 이용 연구 시설	온실 운영(온실 설비 및 환경관리, 유전자변형식물 불활성화 및 입식 현황 등)에 관한 기록					
	온실바닥과 작업대의 주기적인 오염 제거					
	전용 실험복 비치 및 사용					
	밀폐온실 출입 시, 탈의실, 샤워실, 에어락 장치 통과					
곤충 이용 연구 시설	유전자변형곤충이 식별 가능토록 표시 : 유전자변형 유발 또는 확인 즉시 표시(개체식별 표식이 불가할 경우, 배양용기 또는 케이지에 표기)					
	곤충의 사용 및 반출에 대한 사항 기록 관리 및 유지					
	곤충 반입 시 전용 용기에 담아 반입					
	곤충 운반 시 견고한 밀폐용기에 담아 이동					
	배양물, 조직, 체액 등 오염 폐기물 또는 잠재적 감염성 물질 : 뚜껑이 있는 밀폐용기에 보관					
	사용된 케이지 및 사육용 부자재는 사용 후 소독(3, 4등급 연구시설의 경우 훈증 또는 고압증기멸균)					
어류 이용 연구 시설	유전자변형어류가 식별 가능토록 표시 : 유전자변형 유발 또는 확인 즉시 표시					
	어류의 사용 및 반출에 대한 사항 기록 관리 및 유지					
	실험어류 반입 및 이동 시 밀폐용기 이용					
	배양물, 조직, 체액 등 오염 폐기물 또는 잠재적 감염성 물질 : 뚜껑이 있는 밀폐 용기에 보관					
	일회용 또는 일체형 주사기 사용(사용 후 전용 분리 용기에 넣어 멸균 후 폐기), 생물학적 활성을 제거하여 폐기					
	환수 등 사육 수조 관리 시 방수 가능 보호장갑 착용					
	실험어류 뜰채 등 사육용 부자재는 사용 후 소독					
비고						

점검자 소속 : 성명 : (인)
확인자 성명 : (인)

※ 기재방법
연구시설의 종류 및 안전관리 등급에 따라 과학기술정보통신부장관 및 보건복지부장관이 관계 중앙행정기관의 장과 협의하여 공동으로 고시하는 연구시설의 설치·운영 기준을 점검합니다.

210㎜×297㎜(일반용지 60g/m^2(재활용품)

▮ 유전자변형생물체의 국가간 이동 등에 관한 법률 통합고시 [별지 제2-7호서식]

시험 · 연구용 등의 유전자변형생물체 취급 · 관리대장

일자	LMO정보				수입정보		국내 · 외 이동시 취급정보 (운반, 수출, 분양 등)			보관정보		수량정보			비고	서명	
연월일	명칭	숙주 생물체	삽입 유전자	공여 생물체	매도자 정보	수입신고 번호	취급 유형	출발지점 (기관명 및 시설번호)	도착지점 (기관명 및 시설번호)	보관장소 (시설번호)	시설등급	입고량	사용량	보관량		취급자	책임자 (부서장)

※ 기재방법

1. LMO 정보 : 관리하고자 하는 유전자변형생물체의 명칭 숙주생물체, 삽입 유전자 및 공여생물체 정보를 기재합니다.
2. 수입정보 : 수입을 하는 매도자 명(수입 대행 기관 또는 소속기관의 기관명, 또는 매도자 성명)과 과학기술정보통신부에서 부여한 수입신고번호를 기재합니다.
3. 국내 · 외 이동 시 취급정보
   ① 취급유형 – 유전자변형생물체 이동에 대한 유형(운반, 수출, 분양 등) 정보를 기입합니다.
   ② 출발지점(시설번호) / 도착지점(시설번호) : 유전자변형생물체의 이동 전 · 후 기관명 및 시설번호를 기재합니다(단, 해외 시설의 경우 기관명 및 담당자명 등 기재).
4. 보관정보 : 유전자변형생물체를 장기보관(냉동 보관 또는 액체질소 보관 등)할 경우에만 보관장소(시설번호) 및 시설등급을 기재합니다.
5. 수량정보 : 작성자가 소속되어 있는 시설을 기준으로 유전자변형생물체의 입고량(수입, 구매 등)/사용량(수출, 분양, 이동 등)/보관량을 기재합니다.
6. 비고 : 입 · 출고 및 보관량 변동 사유 등 부가적인 설명을 기재합니다.
7. 작성항목 중 해당되는 사항만 선택하여 기재합니다.

210㎜×297㎜(일반용지 60g/m^2)

3 고위험병원체 연구시설 설치 · 운영기준

(1) 고위험병원체 연구시설의 안전관리등급 분류

등급	대상	허가/신고
1등급	건강한 성인에게는 감염되더라도 질병을 일으키지 않는 것으로 알려진 고위험병원체를 취급하거나 이를 이용하는 실험을 실시하는 시설	신고
2등급	사람에게 감염되어 발병하더라도 치료가 용이한 질병을 일으킬 수 있는 고위험병원체를 취급하거나 이를 이용하는 실험을 실시하는 시설	신고
3등급	사람에게 감염되어 발병하였을 경우 증세가 심각할 수 있으나 치료가 가능한 질병을 일으킬 수 있는 고위험병원체를 취급하거나 이를 이용하는 실험을 실시하는 시설	허가
4등급	사람에게 감염되어 발병하였을 경우 증세가 치명적이며 치료가 어려운 질병을 일으킬 수 있는 고위험병원체를 취급하거나 이를 이용하는 실험을 실시하는 시설	허가

(2) 신고 · 허가(질병관리청장)

① 고위험병원체 취급시설 신고

㉠ 대상 : 안전관리등급이 1등급 또는 2등급인 고위험병원체 취급시설을 설치 · 운영하려는 자

㉡ 제출서류

ⓐ 고위험병원체 취급시설 설치 · 운영 신고서

ⓑ 고위험병원체 취급시설의 설계도서

ⓒ 사업자등록증 사본과 건축물대장(또는 임대차계약서)

ⓓ 인체위해방지시설의 기본설계도서(또는 폐기물위탁처리계약서 사본)

ⓔ 자체 생물안전관리규정(단, 2등급 취급시설에 한함)

ⓕ 고위험병원체 취급시설 설치 · 운영 점검 결과서

② 고위험병원체 취급시설 허가

㉠ 대상 : 안전관리등급이 3등급 또는 4등급인 고위험병원체 취급시설을 설치 · 운영하려는 자

㉡ 제출서류

ⓐ 고위험병원체 취급시설 설치 · 운영 허가신청서

ⓑ 고위험병원체 취급시설의 설계도서

ⓒ 사업자등록증 사본과 건축물대장(또는 임대차계약서)

ⓓ 인체위해방지시설의 기본설계도서

ⓔ 자체 생물안전관리규정(단, 2등급 취급시설에 한함)

ⓕ 고위험병원체 취급시설 설치 · 운영 점검 결과서(계측장비 검교정서 포함)

ⓖ 시설 검증 결과서(시설의 물리적 밀폐사항, 공기조화 및 배기시스템, 폐기물처리시스템, 양문형고압증기멸균기, 생물안전작업대, 동물케이지시스템, isolator, 빌트인 장비, 배관 · 전기 · 가스 등)

ⓗ 취급인력 및 기술능력 현황

③ **폐쇄신고** : 고위험병원체 취급시설을 폐쇄하려는 자는 폐쇄신고서에 고위험병원체의 폐기처리를 증명하는 서류를 첨부하여 신고

(3) 점검

① 고위험병원체 취급시설 자체 안전점검

㉠ 실시주기 : 연 2회(상반기, 하반기)

㉡ 점검내용

ⓐ 안전관리등급별 안전관리 준수사항의 이행 여부

ⓑ 기관별 사고대응 매뉴얼의 현행화(지역사회 내 경찰, 소방, 유사시 대비 지정 의료기관 등이 포함된 비상연락망 등)

② 질병관리청 점검

㉠ 실시주기 : 매 3년마다

㉡ 점검내용 : 고위험병원체 취급시설의 설치·운영 상태를 확인

(4) 고위험병원체 연구시설의 설치·운영기준

※ 고위험병원체 연구시설별 설치·운영기준은「고위험병원체 취급시설 및 안전관리 관한 고시」 참조(다음 양식은 '일반 취급시설' 기준표)

[별표 1]

일반 취급시설의 설치·운영 기준

① 설치기준

준수사항		안전관리등급			
		1	2	3	4
실험실 위치 및 접근	실험실(실험구역) : 일반구역과 구분(분리)	권장	필수	필수	필수
	주 출입구 잠금장치 설치(카드, 지문인식시스템, 보안시스템 등)	권장	필수	필수	필수
	실험실 출입 전 개인의류 및 실험복 보관장소 설치	권장	권장	필수	필수
	실험실 출입 : 현관, 전실 등을 경유하도록 설치	–	권장	필수	필수
	기자재, 장비 등 반출·입을 위한 문 또는 구역 설치	–	권장	필수	필수
	구역 내 문 상호열림 방지장치 설치(수동조작 가능)	–	–	필수	필수
	출입문 : 공기팽창 또는 압축밀봉이 가능한 문 설치	–	–	권장	필수
	공조기기실은 밀폐구역과 인접하여 설치	–	–	권장	필수
	밀폐시설 : 콘크리트 벽에 둘러싸인 별도의 실험전용건물(4등급 취급시설은 내진설계 반영)	–	–	권장	필수
	취급시설 유지보수에 필요한 공간 마련	–	–	필수	필수
실험 구역	밀폐구역 내부 : 화학적 살균, 훈증소독이 가능한 재질 사용	–	권장	필수	필수
	밀폐구역 내부 벽체는 콘크리트 등 밀폐를 보장하는 재질 사용	–	–	필수	필수
	밀폐구역 내의 이음새 : 시설의 완전밀폐가 가능한 비경화성 밀봉제 사용	–	–	필수	필수
	외부에서 공급되는 진공펌프라인 설치 시 헤파필터 장착	–	–	필수	필수
	내부벽 : 설계 시 설정 압력의 1.25배 압력에 뒤틀림이나 손상이 없도록 설치	–	–	–	필수
공기 조절	밀폐구역 내부 공기 : 상시 음압 유지 및 재순환 방지	–	–	필수	필수
	외부와 최대 음압구역간의 압력차 : −24.5Pa 이상 유지(실간차압 설정범위 ±30% 변동허용)	–	–	필수	필수
	시설 환기 : 시간당 최소 10회 이상(4등급 취급시설은 최소 20회 이상)	–	–	필수	필수
	배기시스템과 연동되는 급기시스템 설치	–	–	필수	필수
	급기 덕트에 헤파필터 설치	–	–	권장	필수
	배기 덕트에 헤파필터 설치(4등급 취급시설은 2단의 헤파필터 설치)	–	–	필수	필수
	예비용 배기필터박스 설치	–	–	권장	필수
	급배기 덕트에 역류방지댐퍼(BDD ; Back draft damper) 설치	–	–	필수	필수
	배기 헤파필터 전단 부분은 기밀형 댐퍼 설치(4등급 취급시설은 버블타이트형 댐퍼 또는 동급 이상의 댐퍼 설치)	–	–	필수	필수
	배기 헤파필터 전단 부분의 덕트 및 배기 헤파필터 박스 : 3등급 취급시설은 1,000Pa 이상 압력 30분간 견딤(누기율 10% 이내), 4등급 취급시설은 2,500Pa 이상 압력 30분간 견딤(누기율 1% 이내)	–	–	필수	필수

준수사항		안전관리등급			
		1	2	3	4
실험자 안전 보호	실험구역 또는 실험실 내부에 손 소독기 및 눈 세척기(슈트형 4등급 취급시설은 눈 세척기 제외) 설치	–	권장	필수	필수
	밀폐구역 내 비상샤워시설 설치(슈트형 4등급 취급시설은 제외)	–	–	필수	필수
	오염 실험복 탈의용 화학적 샤워장치 설치	–	–	–	필수
	양압복 및 압축공기 호흡장치 설치(캐비닛형 4등급 취급시설은 제외)	–	–	–	필수
실험 장비	고압증기멸균기 설치(3, 4등급 취급시설은 양문형 고압증기멸균기 설치)	필수	필수	필수	필수
	생물안전작업대 설치	–	필수	필수	필수
	에어로졸의 외부 유출 방지능이 있는 원심분리기 사용	–	권장	필수	필수
폐기물 처리	폐기물 : 고압증기멸균 또는 화학약품처리 등 생물학적 활성을 제거할 수 있는 설비 설치	필수	필수	필수	필수
	실험폐수 : 고압증기멸균 또는 화학약품처리 등 생물학적 활성을 제거할 수 있는 설비 설치(4등급 취급시설은 고압증기멸균 설비 설치)	필수	필수	필수	필수
	폐수탱크 설치 및 압력기준(고압증기멸균 방식 : 최대 사용압력의 1.5배, 화학약품처리 방식; 수압 70kPa)에서 10분 이상 견딤	–	–	필수	필수
	헤파필터에 의한 배기(4등급 취급시설은 2단의 헤파필터 처리)	–	권장	필수	필수
기타 설비	시설 외부와 연결되는 통신시설 및 시설 내부 모니터링 장치 설치	권장	권장	필수	필수
	배관의 역류 방지장치 설치	–	권장	필수	필수
	헤파필터 박스의 제독 및 테스트용 노즐 설치	–	–	필수	필수
	관찰 가능한 내부압력 측정계기 및 경보장치 설치	–	–	필수	필수
	정전대비 공조용 및 필수 설비에 대한 예비 전원 공급 설비 설치	–	–	필수	필수

② 운영기준

준 수 사 항		안전관리등급			
		1	2	3	4
실험 구역 출입	실험실 출입문은 항상 닫아두며 승인받은 자만 출입	권장	필수	필수	필수
	출입대장 비치 및 기록	–	권장	필수	필수
	전용 실험복 등 개인보호구 비치 및 사용	권장	필수	필수	필수
	출입문 앞에 생물안전표지(고위험병원체명, 안전관리등급, 시설관리자의 이름과 연락처 등)를 부착	필수	필수	필수	필수
실험 구역 내 활동	지정된 구역에서만 실험을 수행하고, 실험 종료 후 또는 퇴실 시 손 씻기	필수	필수	필수	필수
	실험구역에서 실험복을 착용하고 일반구역으로 이동 시에 실험복 탈의	권장	필수	필수	필수
	실험 시 기계식 피펫 사용	필수	필수	필수	필수
	실험 시 에어로졸 발생 최소화	권장	필수	필수	필수
	실험구역에서 음식 섭취, 식품 보존, 흡연, 화장 행위 금지	필수	필수	필수	필수
	실험구역 내 식물, 동물, 옷 등 실험과 관련 없는 물품의 반입 금지	권장	필수	필수	필수
	감염성 물질 운반 시 견고한 밀폐용기에 담아 이동	권장	필수	필수	필수
	외부에서 유입 가능한 생물체(곤충, 설치류 등)에 대한 관리방안 마련 및 운영	필수	필수	필수	필수
	실험 종료 후 실험대 소독(실험 중 오염 발생 시 즉시 소독)	필수	필수	필수	필수
	퇴실 시 샤워로 오염 제거	–	–	권장	필수
	주삿바늘 등 날카로운 도구에 대한 관리방안 마련	필수	필수	필수	필수

준 수 사 항		안전관리등급			
		1	2	3	4
생물 안전 확보	고위험병원체 취급 및 보존 장비(생물안전작업대, 원심분리기, 냉장고, 냉동고 등), 취급 및 보존구역 출입문 : '생물위해(biohazard)' 표시 등 부착	**필수**	**필수**	**필수**	**필수**
	생물안전위원회 구성	권장	**필수**	**필수**	**필수**
	고위험병원체 전담관리자 및 생물안전관리책임자 임명	**필수**	**필수**	**필수**	**필수**
	생물안전관리자 지정	권장	권장	**필수**	**필수**
	생물안전교육 이수 및 기관 내 생물안전교육 실시	**필수**	**필수**	**필수**	**필수**
	고위험병원체 관리·운영에 관한 기록의 작성 및 보관	**필수**	**필수**	**필수**	**필수**
	실험 감염사고에 대한 기록 작성, 보고 및 보관	**필수**	**필수**	**필수**	**필수**
	생물안전관리규정 마련 및 적용	권장	**필수**	**필수**	**필수**
	절차를 포함한 기관생물안전지침 마련 및 적용(3, 4등급 취급시설은 시설운영사항 포함)	권장	**필수**	**필수**	**필수**
	감염성 물질이 들어 있는 물건 개봉 : 생물안전작업대 등 기타 물리적 밀폐장비에서 수행	–	**필수**	**필수**	**필수**
	고위험병원체 취급자에 대한 정상 혈청 채취 및 보관(필요시 정기적인 혈청 채취 및 건강검진 실시)	–	**필수**	**필수**	**필수**
	취급 병원체에 대한 백신이 있는 경우 접종	–	권장	**필수**	**필수**
	비상시 행동요령을 포함한 비상대응체계 마련(3·4등급 취급시설은 의료체계 내용 포함)	**필수**	**필수**	**필수**	**필수**
폐기물 처리	처리 전 폐기물 : 별도의 안전 장소 또는 용기에 보관	**필수**	**필수**	**필수**	**필수**
	폐기물은 생물학적 활성을 제거하여 처리	**필수**	**필수**	**필수**	**필수**
	실험폐기물 처리에 대한 규정 마련	**필수**	**필수**	**필수**	**필수**

Chapter 03

연구실 내 생물체 관련 폐기물 안전관리

1 의료폐기물 종류

(1) 폐기물의 분류

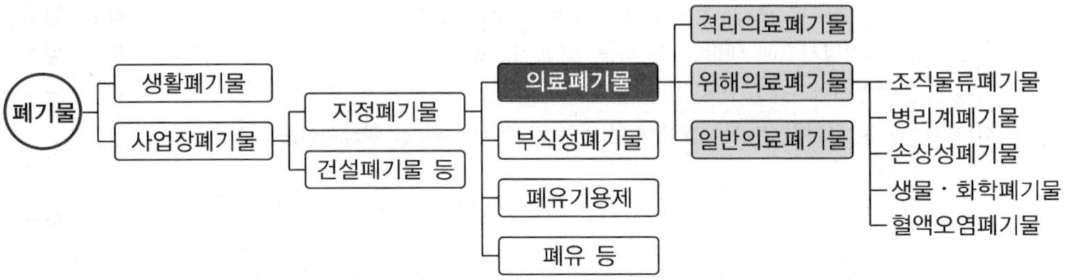

① 의료폐기물의 정의 : 보건·의료기관, 동물병원, 시험·검사기관 등에서 배출되는 폐기물 중 인체에 감염 등 위해를 줄 우려가 있는 폐기물과 인체 조직 등 적출물(摘出物), 실험동물의 사체 등 보건·환경보호상 특별한 관리가 필요하다고 인정되는 폐기물

※ 의료폐기물이 아닌 폐기물로서 의료폐기물과 혼합되거나 접촉된 폐기물은 혼합되거나 접촉된 의료폐기물과 같은 폐기물로 본다.

※ 의료폐기물은 환경부령으로 정하는 의료기관이나 시험검사 기관 등에서 발생하는 것으로 한정된다.

(2) 의료폐기물의 분류

격리의료폐기물	• 감염병으로부터 타인을 보호하기 위하여 격리된 사람에 대한 의료행위에서 발생한 일체의 폐기물 • 격리대상이 아닌 사람에 대한 의료행위에서 발생한 폐기물은 격리의료폐기물이 아님	
위해의료폐기물	조직물류폐기물	인체 또는 동물의 조직·장기·기관·신체의 일부, 동물의 사체, 혈액·고름 및 혈액생성물(혈청, 혈장, 혈액제제), 채혈진단에 사용된 혈액이 담긴 검사튜브·용기
	병리계폐기물	시험·검사 등에 사용된 배양액, 배양용기, 보관균주, 폐시험관, 슬라이드, 커버글라스, 폐배지, 폐장갑
	손상성폐기물	주삿바늘, 봉합바늘, 수술용 칼날, 한방침, 치과용침, 파손된 유리재질의 시험기구
	생물·화학폐기물	폐백신, 폐항암제, 폐화학치료제
	혈액오염폐기물	폐혈액백, 혈액투석 시 사용된 폐기물, 그 밖에 혈액이 유출될 정도로 포함되어 있어 특별한 관리가 필요한 폐기물
일반의료폐기물	• 혈액·체액분비물·배설물이 함유되어 있는 탈지면, 붕대, 거즈, 일회용 기저귀, 생리대, 일회용주사기, 수액세트 등 • 체액, 분비물, 배설물만 있는 경우 일반의료폐기물 액상으로 처리 • 기관에서 발생하는 인체, 환경 등에 질병을 일으키거나 감염가능성이 있는 감염성 물질에 대해서는 소독 및 멸균을 실시하여 오염원을 제거한 후 「폐기물관리법」에 따라 폐기하는 것을 권장	

(3) 의료폐기물 전용용기

① 전용용기 종류

㉠ 봉투형 용기 : 합성수지류 재질

㉡ 상자형 용기 : 골판지류 재질, 합성수지류 재질

② 전용용기 표시사항

이 폐기물은 감염의 위험성이 있으므로 주의하여 취급하시기 바랍니다.

배출자	○○○	**종류 및 성질과 상태**	병리계폐기물
사용개시 연월일	2024.○○.○○.	**수거자**	○○○○

※ 사용개시 연월일은 의료폐기물을 전용용기에 최초로 넣은 날을 적어야 한다. 단, 봉투형 용기에 담은 의료폐기물을 상자형 용기에 다시 담아 위탁하는 경우에는 봉투형 용기를 상자형 용기에 최초로 남은 날을 적을 수 있다.

③ 전용용기 안전관리

㉠ 사용 · 처리

ⓐ 의료폐기물은 발생한 때부터 전용용기에 넣어 내용물이 새어 나오지 않도록 보관한다.

ⓑ 사용 중인 모든 전용용기에 반드시 뚜껑을 장착하여 항상 닫아두며, 뚜껑은 주기적으로 소독하여 사용한다.

ⓒ 의료폐기물은 보관기간을 초과하여 보관하지 않는다.

ⓓ 감염 위험이 있는 폐기물은 고압증기멸균 등 적절한 방법으로 불활성화한 후 배출해야 한다.

ⓔ 사용이 끝난 전용용기는 내부 합성수지주머니를 밀봉한 후 외부용기를 밀폐하여 포장해야 하며 재사용은 금지한다.

㉡ 혼합배출

골판지류 용기	고상(병리계, 생물 · 화학, 혈액오염, 일반의료폐기물)의 경우 혼합보관이 가능
봉투형 용기	• 고상(병리계, 생물 · 화학, 혈액오염, 일반의료폐기물)의 경우 혼합보관이 가능 • 위탁처리 시 골판지류(또는 합성수지류) 용기에 담아 배출
합성수지류 용기	• 액상(병리계, 생물 · 화학, 혈액오염)의 경우 혼합보관이 가능 • 격리, 조직물류, 손상성, 액상폐기물은 서로 간 또는 다른 폐기물과의 혼합 금지 • 수술실과 같이 조직물류, 손상성류(수술용 칼, 주삿바늘 등), 일반의료(탈지면, 거즈 등) 등이 함께 발생할 경우는 혼합보관 허용
소형 합성수지 용기	• 대형 합성수지 용기에 담아 배출 가능 • 단, 처리업체에서 시각적으로 볼 수 없어 별도 분리가 어려운 경우는 혼합 금지
치아	치아는 부패 우려가 없으므로 상온 혹은 냉장보관 및 합성수지류 또는 골판지류 용기에 다른 의료폐기물과 혼합보관 가능

㉢ 혼합배출 시 용기 표기사항

ⓐ 의료폐기물 종류는 양이 가장 많은 것으로 표기하며 보관기간, 보관방법 등에 있어 엄격한 기준을 적용

ⓑ 사용개시일은 혼합된 것 중 가장 빠른 것으로 표기

ⓒ 보관방법은 상온이 아닌 냉장보관

ⓓ 용기는 골판지가 아닌 합성수지류를 사용

ⓔ 위해의료폐기물, 일반의료폐기물 혼합보관에 따른 용기 도형 색상은 새로 제작할 경우 노란색으로 하고, 이미 구입한 용기는 그대로 사용

(4) 의료폐기물 보관기준

<table>
<tr><th colspan="2">의료폐기물 종류</th><th>전용용기</th><th>도형 색상</th><th>보관시설</th><th>보관기간</th></tr>
<tr><td colspan="2">격리</td><td>상자형 합성수지류</td><td>붉은색</td><td>• 조직물류와 같은 성상 : 전용 보관시설(4℃ 이하)
• 그 외 : 전용 보관시설(4℃ 이하) 또는 전용 보관창고</td><td>7일</td></tr>
<tr><td rowspan="6">위해</td><td>조직물류</td><td>상자형 합성수지류</td><td>노란색</td><td>• 전용 보관시설(4℃ 이하)
• 치아 및 방부제에 담긴 폐기물은 밀폐된 전용 보관창고</td><td>15일
(치아 : 60일)</td></tr>
<tr><td>조직물류
(재활용하는 태반)</td><td>상자형 합성수지류</td><td>녹색</td><td>전용 보관시설(4℃ 이하)</td><td>15일</td></tr>
<tr><td>손상성</td><td>상자형 합성수지류</td><td>노란색</td><td rowspan="5">전용 보관시설(4℃ 이하) 또는 전용 보관창고</td><td>30일</td></tr>
<tr><td>병리계</td><td rowspan="4">• 봉투형
• 상자형 골판지류</td><td rowspan="4">• 검은색(봉투형)
• 노란색(상자형)</td><td rowspan="4">15일</td></tr>
<tr><td>생물화학</td></tr>
<tr><td>혈액오염</td></tr>
<tr><td colspan="2">일반</td></tr>
</table>

(5) 의료폐기물 보관시설

① 보관시설 표지판

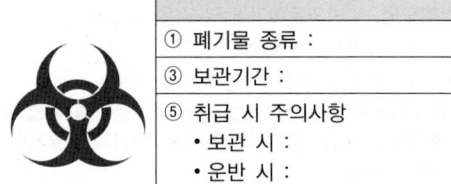

<table>
<tr><td rowspan="5"></td><th colspan="2">의료폐기물 보관표지</th></tr>
<tr><td>① 폐기물 종류 :</td><td>② 총보관량 : 킬로그램</td></tr>
<tr><td>③ 보관기간 :</td><td>④ 관리책임자 :</td></tr>
<tr><td colspan="2">⑤ 취급 시 주의사항
• 보관 시 :
• 운반 시 :</td></tr>
<tr><td colspan="2">⑥ 운반장소 :</td></tr>
</table>

㉠ 설치장소 : 보관창고와 냉장시설의 출입구 또는 출입문에 각각 부착

㉡ 규격 : 가로 60cm 이상, 세로 40cm 이상(냉장시설은 가로 30cm 이상, 세로 20cm 이상)

㉢ 색깔 : 흰색 바탕, 녹색 선・글자

② 보관시설(보관창고) 세부기준

㉠ 바닥, 안벽 : 타일·콘크리트 등 물에 견디는 성질의 자재로 세척이 쉽게 설치한다.

㉡ 냉장시설 : 내부온도를 측정하는 온도계를 부착하고, 4℃ 이하로 유지한다.

㉢ 소독장비 : 소독장비(소독약품, 분무기 등)와 이를 보관하는 시설을 갖춘다.

㉣ 구조 : 보관창고, 냉장시설은 의료폐기물이 밖에서 보이지 않는 구조로 되어 있어야 한다.

㉤ 출입제한 : 외부인의 출입을 제한한다.

㉥ 청결 : 보관창고, 보관장소, 냉장시설은 주 1회 이상 약물소독하고 항상 청결을 유지한다.

2 생물폐기물 안전지침

(1) 실험폐기물 처리 규정

① 유전자변형생물체 연구시설 및 고위험병원체 취급시설을 보유한 기관은 실험폐기물 처리에 대한 규정 마련이 필수이다(BL 1~4).

② 폐기물 처리 절차는 폐기물관리법에 따르며, 생물학적 활성을 제거한 후 종류에 따라 전용용기에 폐기하고 폐기물보관실에 보관해야 한다.

(2) 유전자재조합실험실의 폐기물 처리 규정

생물안전등급	규정
BL1	폐기물·실험폐수 : 고압증기멸균 또는 화학약품처리 등 생물학적 활성을 제거할 수 있는 설비에서 처리
BL2	• BL1 기준에 아래 내용 추가 • 폐기물 처리 시 배출되는 공기 : 헤파필터를 통해 배기할 것을 권장
BL3	• BL1 기준에 아래 내용 추가 • 폐기물처리시 배출되는 공기 : 헤파필터를 통해 배기 • 실험폐수 : 별도의 폐수탱크를 설치하고 압력기준(고압증기멸균 방식 : 최대 사용압력의 1.5배, 화학약품처리 방식: 수압 70kPa 이상)에서 10분 이상 견딜 수 있는지 확인
BL4	• BL3 기준에 아래 내용 추가 • 실험폐수 : 고압증기멸균을 이용하는 생물학적 활성을 제거할 수 있는 설비를 설치 • 폐기물 처리 시 배출되는 공기 : 2단의 헤파필터를 통해 배기

3 생물체 관련 폐기물 처리(세척, 소독, 멸균)

(1) 생물실험 폐기물 처리

① 생물안전 연구실이나 의료기관에서 발생하는 폐기물이 모두 의료폐기물인 것은 아니다.

② 「폐기물관리법」에 따라 의료폐기물에 부합하는 경우 의료폐기물로 구분하여 처리한다.

③ 의료폐기물은 불활성화하더라도 의료폐기물로 처리해야 한다.

④ 의료폐기물 여부와 관계없이 모든 유전자변형생물체 폐기물은 생물학적 활성을 제거해야 한다.

(2) 감염성폐기물의 처리

① 생물실험 폐기물 중 인체에 감염 등 위해를 줄 우려가 있는 감염성 폐기물을 의료폐기물로 분류한다.

② 병원체 특성 및 보존 형태를 고려하여 적합한 방법으로 불활성화한 후 「폐기물관리법」 및 「의료폐기물 분리배출 지침」에 따라 처리해야 한다.

③ 감염성폐기물의 불활성화 처리는 일반적으로 고압증기멸균법을 이용한다.

④ 실험동물사체 등 물리적 소독·멸균법이 적절하지 않은 폐기물의 경우, 화학적 소독·멸균법 등을 복합적으로 사용하여 처리한다.

⑤ 감염성폐기물은 소독·멸균 후 종류에 따라 적합한 전용용기에 넣어 RFID 태크 부착 후 배출한다.

⑥ 감염성폐기물의 처리는 폐기물종합관리시스템인 올바로(allbaro) 시스템의 절차에 따라 처리한다.

(3) 세척·소독·멸균

① 세척

㉠ 정의 : 물과 세정제 혹은 효소로 물품의 표면에 붙어있는 오물을 씻어내는 것으로 미생물이나 오염물질을 제거하는 과정

㉡ 목적 : 대상 물품의 외부표면 등에 부착된 유기물, 토양, 기타 이물질 등은 소독·멸균 효과를 저하시킬 수 있으므로 세척을 통해 효과적인 소독·멸균을 가능하게 한다.

㉢ 세척에 영향을 미치는 요소 : 물, 세제, 온도

㉣ 세척 시 고려요소 : 오염의 양과 형태, 수질, 세제의 형태와 농도, 산성도, 기계적인 세척 형태 및 세척시간 등

② 소독·멸균

㉠ 정의

ⓐ 소독 : 미생물의 생활력을 파괴하거나 약화시켜 감염 및 증식력을 없애는 조작

ⓑ 멸균 : 모든 형태의 생물, 특히 미생물을 파괴하는 물리적, 화학적 행위 또는 처리 과정

㉡ 소독·멸균 효과에 영향을 미치는 요소

ⓐ 유기물의 양, 혈액, 우유, 사료, 동물 분비물 등 : 소독액 입자가 유기물에 흡착된 후 불활성화되어 효율이 낮아진다.

ⓑ 표면 윤곽 : 표면이 거칠거나 틈이 있으면 소독이 충분히 될 수 없다.

ⓒ 소독제 농도 : 모든 종류의 소독제가 고농도일 때 미생물을 빨리 죽이거나 소독 효과가 높은 것은 아니며, 대상물의 조직, 표면 등의 손상을 일으킬 수도 있다.

ⓓ 시간 및 온도 : 적정 온도 및 시간은 소독제의 효과를 증대시킬 수 있으나, 고온 또는 장시간 처리할 경우 소독제 증발 및 소독 효과 감소의 원인이 된다.

ⓔ 상대습도 : 포름알데히드의 경우 70% 이상의 상대습도가 필요하다.

ⓕ 물의 경도 및 세균의 부착능

(4) 소독

① 소독 방법

자연적인 소독		• 자외선멸균법 : 자외선을 이용한 소독이나 살균법 • 여과멸균법 : 여과기로 걸러서 균을 제거시키는 방법 • 방사선멸균법 : 방사선 방출물질을 조사시켜 세균을 사멸하는 방법
물리적인 소독	건열	• 화염멸균법 : 물체를 직접 건열하여 미생물을 태워죽이는 방법(아포까지 제거) • 건열멸균법 : 건열멸균기를 이용하여 미생물을 산화시켜 미생물이나 아포 등을 멸균하는 방법(160℃ 이상에서 2~4시간 처리) • 소각법
	습열	• 자비멸균법 : 물을 끓인 후 10~30분간 처리하는 방법 • 고온증기멸균법 : 고압증기멸균기를 이용하여 121℃에서 15분 이상 멸균하는 방법(미생물 · 아포까지 제거)
화학적인 소독	소독제	• 연구실에서 주로 사용하는 소독방법 • 소독제는 가격이 싸고 소독효과가 높지만 인간 및 환경 위해가능성 때문에 저장, 취급 등에 주의하고 제조사의 사용설명서와 MSDS를 숙지해야 한다.
	살생물제	• 미생물의 성장을 억제하거나 물리화학적 변화를 만들어냄으로써 활성을 잃게 하거나, 또는 사멸하게 하는 작용기전을 가진다. • 살생물제의 효과는 활성물질과 미생물의 특정 표적 간의 상호작용에서 나타난다.

② 소독제 선정 시 고려사항

㉠ 병원체의 성상을 확인하고 통상적인 경우 광범위 소독제를 선정한다.

㉡ 피소독물에 최소한의 손상을 입히면서 가장 효과적인 소독제를 선정한다.

㉢ 소독방법(훈증, 침지, 살포 및 분무)을 고려한다.

㉣ 오염의 정도에 따라 소독액의 농도 및 적용시간을 조정한다.

㉤ 피소독물의 침투 가능 여부를 고려한다.

㉥ 소독액의 사용온도 및 습도를 고려한다.

㉦ 소독약은 단일약제로 사용하는 것이 효과적이다.

③ 소독제의 종류

소독제	장점	단점	실험실 사용 범위	상용 농도	반응 시간	세균			바이러스	비고
						영양 세균	결핵균	아포		
알코올 (alcohol)	낮은 독성, 부식성 없음. 잔류물 적고, 반응속도가 빠름	증발속도가 빨라 접촉시간 단축. 가연성, 고무・플라스틱 손상 가능	피부소독, 작업대 표면, 클린벤치 소독 등	70~95%	10~30 min	+++	++++	−	++	• ethanol : 70~80% • iso-propanol : 60~95%
석탄산 화합물 (phenolics)	유기물에 비교적 안정적	자극성 냄새, 부식성이 있음	실험장비 및 기구 소독, 실험실 바닥, 기타 표면 등	0.5~3%	10~30 min	+++	++	+	++	아포, 바이러스에 대한 효과가 제한적임
염소계 화합물 (액상의 경우) (chlorine compounds)	넓은 소독범위, 저렴한 가격, 저온에서도 살균효과가 있음	피부, 금속에 부식성, 빛・열에 약하며 유기물에 의해 불활성화됨	폐수처리, 표면, 기기 소독, 비상 유출사고 발생 시 등	4~5%	10~60 min	+++	++	++	++	유기물에 의해 중화되어 효과 감소
요오드 (iodine)	넓은 소독범위, 활성 pH 범위가 넓음	아포에 대한 가변적 소독효과, 유기물에 의해 소독력 감소	표면소독, 기기소독 등	75~100 ppm	10~30 min	+++	++	−/+	+	아포에 효과가 없거나 약함
제4가 암모늄 (quaternary ammonium compounds)	계면활성제와 함께 소독효과를 나타내고 비교적 안정적임	아포에 효과가 없음, 바이러스에 제한적 효과	표면소독, 벽, 바닥소독 등	0.5~1.5%	10~30 min	+++	−	−	+	경수에 의해 효과감소, 10~30분 반응
글루타알데히드 (glutaraldehyde)	넓은 소독범위, 유기물에 안정적, 금속 부식성이 없음	온도, pH에 영향을 받음. 가격이 비싸고 자극성 냄새	표면소독, 기기, 장비, 유리제품 소독 등	2%		++++	+++	++++	++	반응속도가 느림(침투속도). 부식성이 없음
산화에틸렌 (ethylene oxide)	넓은 소독범위, 열 또는 습기가 필요하지 않음	가연성, 돌연변이성, 잠재적 암 유발 가능성	가스멸균	50~1,200 mg/L	1~12 h (gas상)	++++	+++++	++++	++	가스멸균 시 사용, 인체접촉 : 화학적 화상 유발
과산화수소 (hydrogen peroxide)	빠른 반응속도, 잔류물이 없음, 독성이 낮고 친환경적임	폭발 가능성(고농도), 일부 금속에 부식 유발	표면소독, 기기 및 장비 소독 등	3~30%	10~60 min	++++	++++	++	++++	6%, 30분 처리 : 아포사멸 가능

※ 소독 효과 : ++++(highly effective) > +++ > ++ > + > − (ineffective)

④ 소독제에 대한 미생물의 저항성

㉠ 고유저항성

ⓐ 미생물의 고유한 특성(미생물의 구조, 형태 등의 특성, 균속, 균종 등)에 따라 갖게 되는 소독제에 대한 고유 저항성을 의미한다.

ⓑ 그람음성 세균은 그람양성 세균보다 소독제에 대한 저항성이 강하며, 아포의 경우 외막 등의 구조적 특성 때문에 영양세포보다 강한 저항성을 갖게 된다.

ⓛ 획득저항성

ⓐ 미생물이 환경, 소독제 등에 노출되는 시간이 경과함에 따라 발생할 수 있는 미생물의 염색체 유전자 변이 또는 치사농도보다 낮은 농도의 소독제를 지속적으로 사용하는 과정에서 획득되는 내성을 의미한다.

[소독과 멸균에 대한 미생물의 내성 수준]

미생물	필요한 소독수준	내성
프리온	프리온 소독방법	높음 ↓ 낮음
세균 아포	멸균	
Coccidia		
항상균	높은 수준의 소독	
비지질, 소형바이러스	중간 수준의 소독	
진균		
영양형 세균	낮은 수준의 소독	
지질, 중형 바이러스		

[소독수준]

낮은 수준의 소독	세균, 바이러스, 일부 진균을 죽이지만 결핵균이나 세균 아포 등과 같이 내성이 있는 미생물은 죽이지 못한다.
중간 수준의 소독	결핵균, 진균을 불활성화시키지만 세균 아포를 죽일 수 있는 능력은 없다.
높은 수준의 소독	노출시간이 충분하면 세균 아포까지 죽일 수 있으며 모든 미생물을 파괴할 수 있는 소독능이다.

(5) 멸균

① 멸균 방법

구분	장점	단점
증기멸균	• 환자, 직원, 환경에 독성이 없다. • 멸균 적용 대상이 광범위 • 짧은 시간에 멸균 가능 • 경제적이다. • 생물안전 연구시설에서 가장 널리 사용	• 열에 민감한 기구에 해를 끼친다. • 습열의 침투가 어려운 물품에는 부적합(바세린, 오일 등) • 물기가 남아 있을 경우 부식의 원인이 될 수 있다. • 화상 위험이 있다.
건열멸균	• 환자, 직원, 환경에 독성이 없다. • 전체 과정의 관리·감시가 쉽다. • 증기침투가 불가능하고 분해되지 않는 기구의 고온 멸균에 효과적이다. • 유리의 표면을 부식시키지 않는다.	• 열에 불안정한 기구에 해를 끼친다. • 침투시간이 길고 속도가 느리다.
E.O. 가스멸균	• 포장재질이나 기구의 관속으로 투과 • 일회용 cartridge의 경우 음압인 체임버에서 가스 누출이나 E.O. 노출 없이 위험을 최소화하면서 사용 가능 • 조작과 감시가 쉽다. • 대부분의 의료재질과 적합성이 높다.	• 잔재하는 E.O.가스 제거를 위해 정화 필요 • E.O.가스는 독성, 발암성, 가연성이다. • E.O.가스 방출에 대한 규정에 따라야 한다. • E.O.가스의 cartridge는 가연성 액체 보관장에 저장해야 한다. • 적용 주기와 정화시간이 길다.

과산화수소 플라즈마 가스멸균	• 환경과 의료인에게 안정 • 잔류독성이 없다. • 28~73분의 작용시간, 정화시간이 필요 없다. • 50°C 이하에서 작용한다. 열과 습도에 민감한 물품에 사용가능 • 조작과 감시가 쉬다. • 대부분의 의료기구 사용 가능	• 섬유질(종이), 리넨, 액체는 사용할 수 없다. • 모델에 따라 멸균용적 다양(1.8~9.4ft^3) • 관이 길거나 좁은 경우는 부적합(제조회사의 권장사항 확인) • 합성팩(polypropylene포장지, polyolefin봉투)이나 특수용기 필요 • 노출기간 중 pH의 농도가 1ppm 이상 되면 독성의 가능성이 있다.
과초산멸균	• 빠른 시간 • 낮은 온도(50~55℃)에서 침적 • 환경과 의료인에게 안전 • 광범위한 기구나 물건에 적합성이 좋다. • 기구 표면에 혈액이나 조직이 유착되게 하지 않는다. • 표준화된 소독주기(standardized cycle)	• 알루미늄으로 코팅된 것을 무디게 한다. • 침적할 수 있는 기구에만 사용 • 1회 1개의 내시경 혹은 적은 양만 멸균 가능하다. • 다른 소독제에 비해 고가의 비용 • 사용자의 눈과 피부 손상(특히 농축된 경우) • 사용 직전 멸균, 멸균 후 보관기간이 짧다.

② 멸균여부 확인

㉠ 기계적·물리적 확인 : 멸균 과정 동안의 멸균기의 진공, 압력, 시간 온도 등의 측정 기록을 확인

㉡ 화학적 확인 : 멸균 과정과 관련된 변수의 변화에 의해 시각적으로 반응하는 민감한 화학제(화학적 지표인자)를 이용하는 방법

㉢ 생물학적 확인 : 생물학적 지표인자를 이용하여 멸균 여부를 확인하는 방법

※ 적어도 두 가지 이상의 방법을 함께 사용하여 확인한다.

③ 멸균 시 주의사항

㉠ 멸균 전에 반드시 모든 재사용 물품을 철저히 세척해야 한다.

㉡ 멸균할 물품은 완전히 건조시켜야 한다.

㉢ 물품 포장지는 멸균제가 침투 및 제거가 용이해야 하며, 저장 시 미생물이나 먼지, 습기에 저항력이 있고, 유독성이 없어야 한다.

㉣ 멸균물품은 탱크 내 용적의 60~70%만 채우며 가능한 한 같은 재료들을 함께 멸균해야 한다.

Chapter 04

연구실 내 생물체 누출 및 감염 방지대책

1 생물안전사고

(1) 생물안전사고

① 정의 : 인간이나 환경에 해를 유발할 수 있는 생물체(유전자변형생물체 포함) 등이 인체에 노출되거나 환경으로 의도치 않게 유출되는 것

② 분류 : 사고 생물체의 위해도와 유출 정도에 따라 주의, 경보, 위험으로 분류

③ 획득감염(laboratory acquired infeciton)

㉠ 정의 : 생물안전 연구시설에서 발생하는 대표적인 생물안전사고로, 증상의 발현 여부와 관계없이 연구 관련 활동 또는 연구실을 통해 획득되는 모든 감염을 의미한다.

㉡ 발생원인 : 연구자의 감염에 대한 감수성, 병원체의 감염력, 연구자의 실수와 부실한 실험기법, 설비의 잘못된 사용, 기준에 적합하지 않은 작업환경, 부실한 감염관리 등

㉢ 예방조치 필요성 : 획득감염의 예방은 지역사회의 감염병 발생 및 전파예방뿐만 아니라 연구활동종사자 대상 안전한 실험환경 제공 및 연구의 질적 향상에도 도움을 준다.

④ 생물안전사고 비상계획 수립

㉠ 생물실험 시 발생할 수 있는 재해의 유형을 규정하고 비상상황 발생 시 대응절차를 세부적으로 수립한다.

㉡ 생물실험 시 발생할 수 있는 재해의 유형

ⓐ 유전자변형생물체 및 고위험병원체 취급·보존 과정 등에서 발생하는 사고

ⓑ 배양액 등 감염성 물질의 유출 사고로 인한 노출, 흡입, 섭취

ⓒ 오염된 도구에 찔림, 베임 등

ⓓ 화재, 폭발 등 물리적 사고

ⓔ 유실, 도난, 오용, 전용, 무단 접근 또는 고의적 무단 방출 등

㉢ 비상계획 수립 시 고려해야 하는 사항

ⓐ 비상대응시나리오 마련(감염성 물질 노출 사고, 화재, 자연재해, 테러 등)

ⓑ 비상대응인원에 대한 역할과 책임 규정

ⓒ 비상지휘체계 및 보고체계 마련

ⓓ 비상대응계획 수립 시 유관기관(의료, 소방, 경찰)과 협의

ⓔ 비상대응을 위한 의료기관 지정(병원, 격리시설 등)

ⓕ 정기적인 훈련 및 수립된 비상대응계획에 대한 평가를 실시하고 필요시 대응계획 개정

ⓖ 비상대응장비 및 개인보호구에 대한 목록화(위치, 개수 등)

ⓗ 비상탈출경로, 피난장소, 사고 후 제독에 대한 사항 명확화

ⓘ 피해구역 진입인원 규명

ⓙ 비상연락망을 수립하고 신속한 정보공유를 위한 무전기, 핸드폰 등 통신장비 사전 확보

ⓚ 재난 시 실험동물 관리 혹은 도태방안 마련

⑤ 생물안전사고 보고

㉠ 관련법률 : 「연구실 안전환경 조성에 관한 법률」, 「감염병의 예방 및 관리에 관한 법률」

㉡ 기관생물안전관리책임자에 의한 조치 및 보고체계를 운영(생물안전사고를 제외한 다른 사고는 연구실 안전환경관리자가 총괄하여 조치하고 보고)

㉢ 고위험병원체 취급기관의 사고 보고 체계 : 기관 자체의 사고대응 매뉴얼에 따라 응급처지 및 비상조치를 이행하고 그 결과를 '고위험병원체 생물안전사고 보고서'에 작성하여 피해가 발생한 일로부터 30일 이내에 질병관리청장에게 제출한다.

⑥ 생물안전사고 예방을 위한 기본수칙

㉠ 실험을 실시하기 전에 필요한 안전작업요령 및 사고 발생 시 비상대응조치 등을 충분히 숙지한다.

㉡ 취급하는 미생물 및 감염성 물질 등의 위험도를 고려한 연구시설의 생물안전등급에 따라 지정된 실험구역에서 실험을 수행한다.

㉢ 연구실의 주 출입문은 항상 닫아두며 허가받지 않은 사람이 임의로 연구실에 출입하지 않도록 한다.

㉣ 실행 수행 시 실험복은 항상 착용하고 실험의 위해도 등급에 따라 적합한 개인보호구를 선택하여 착용한다.

㉤ 모든 실험 조작은 가능한 에어로졸 발생을 최소화시키는 방법으로 실시하고 반드시 기계적 피펫팅을 수행한다.

㉥ 병원성 미생물을 포함한 감염성 물질의 취급은 반드시 생물안전작업대와 같은 물리적 밀폐가 가능한 실험장비에서 수행한다.

㉦ 주사기 등 날카로운 도구를 사용하는 실험의 경우 안전한 방법으로 사용한다.

㉧ 실험이 끝난 후에는 생물안전작업대 및 실험대를 정리·소독한다.

㉨ 실험 중 유출사고가 발생한 경우, 즉시 연구(실)책임자 및 기관생물안전관리책임자에게 보고하고 소독 등의 적절한 조취를 취한다.

㉩ 실험 종료 후 그리고 연구실을 나올 때는 반드시 손을 씻는다.

㉪ 병원성 미생물 및 감염성 물질을 취급하거나 보관하는 장소에는 생물재해표시를 부착한다.

㉫ 기관 내에서 감염성 물질 등을 이동할 때에는 2중 밀폐 포장하고 견고한 운반용기에 담아 안전하게 운반한다.

(2) 사고 유형별 예방 · 대응 · 복구방법

① 감염성 물질 유출 시 대응조치

㉠ 예방단계

ⓐ 생물안전관리책임자의 법정교육 이수

ⓑ 생물 위해성평가 실시 여부 감독

ⓒ 생물안전 연구시설 주변에 대한 정기 소독 등 감염 방지 대책 시행

ⓓ 의료폐기물 발생에 따른 적정한 폐기 지침 수립 및 시행

ⓔ 연구활동종사자에 대한 정기 건강검진 조치

㉡ 대응단계

ⓐ 사고 접수 후 응급치료도구와 생물안전사고 대응 유출처리키트를 가지고 사고 현장으로 출동

ⓑ 사고현장 출동 시 적절한 개인보호구 작용 후 사고 수습 지원

ⓒ 사고현장 접근금지 테이프 설치 및 현장 통제

ⓓ 필요시 생물안전위원회 소집 및 사고 대책위원회 구성

㉢ 복구단계

ⓐ 사고 조사 완료 전까지 해당 연구실 출입 통제

ⓑ 사고 발생지 탈 오염 처리 및 오염 확산 방지 확인 후 연구실 사용 재개 결정

ⓒ 부상자의 감염 완치 여부 확인

ⓓ 연구실사고 보험 청구

ⓔ 기관생물안전위원회에서 확립된 사고 방지(안) 실행을 연구(실)책임자 및 사고자에게 지시

ⓕ 기관 내 사고사례 전파

ⓖ 1개월 이내 사고조사표를 작성하여 과학기술정보통신부 사고 보고(단, 중대 연구실사고에 해당하는 경우 즉시 보고)

② 동물 물림, 바늘 등에 의한 부상 발생 시 대응조치

㉠ 예방단계

ⓐ 생물안전관리책임자의 법정교육 이수

ⓑ 생물 위해성평가 실시 여부 감독

ⓒ 생물안전 연구시설 주변에 대한 정기 소독 등 감염 방지 대책 시행

ⓓ 의료폐기물 발생에 따른 적정한 폐기 지침 수립 및 시행

ⓔ 연구활동종사자에 대한 정기 건강검진 조치

㉡ 대응단계

ⓐ 부상 정도 및 병원체 특성에 따라 적절한 처치 지시

ⓑ 실험동물 사고 시 파상풍 예방주사 접종 유무를 확인하고 파상풍 치료 조사 및 항생제 치료 안내

ⓒ 병원체 사용 중 찔림 사고는 병원체에 의한 2차 감염 관찰 및 예방 치료

ⓓ 사고 발생 직후 치료 외에도 2차 발병 가능성을 확인하여 추가치료 및 완전치료를 반드시 확인

㉢ 복구단계

ⓐ 부상자의 감염 완치 여부 확인

ⓑ 연구실사고 보험 청구

ⓒ 기관생물안전위원회에서 확립된 사고 방지(안) 실행을 연구(실)책임자 및 사고자에게 지시

ⓓ 1개월 이내 사고조사표를 작성하여 과학기술정보통신부 사고 보고(단, 중대 연구실사고에 해당하는 경우 즉시 보고)

(3) 사고 유형별 비상조치방법

① 실험구역 내에서 감염성 물질이 유출된 경우

㉠ 종이타월이나 소독제가 포함된 흡수물질 등으로 유출물을 천천히 덮어 에어로졸 발생 및 유출 부위 확산을 방지한다.

㉡ 유출 지역에 있는 사람들에게 사고 사실을 알려 연구활동종사자 등이 즉시 사고구역을 벗어나게 하고, 연구실책임자와 안전관리담장자(연구실안전환경관리자, 생물안전관리책임자 등)에게 즉시 보고하고 지시에 따른다.

㉢ 사고 시 발생한 에어로졸이 가라앉도록 20분 정도 방치한 후 개인보호구를 착용하고 사고지역으로 들어간다.

㉣ 장갑을 끼고 핀셋을 이용하여 깨진 유리조각 등을 집고, 날카로운 기기 등은 손상성의료폐기물 전용용기에 넣는다.

㉤ 유출된 모든 구역의 미생물을 비활성화시킬 수 있는 소독제로 처리하고 20분 이상 그대로 둔다.

㉥ 종이타월 및 흡수물질 등은 의료폐기물 전용용기에 넣고 소독제를 사용하여 유출된 모든 구역을 닦는다.

㉦ 청소가 끝난 후 처리작업에 사용했던 기구 등은 의료폐기물 전용용기에 넣어 처리하거나 재사용할 경우 소독 및 세척한다.

㉧ 장갑, 작업복 등 오염된 개인보호구는 의료폐기물 전용용기에 넣어 처리하고, 노출된 신체 부위를 비누와 물을 사용하여 세척하고 필요한 경우 소독 및 샤워 등으로 오염을 제거한다.

② 생물안전작업대 내에서 감염성 물질이 유출 된 경우

㉠ 생물안전작업대의 팬을 가동한 후 유출 지역에 있는 사람들에게 사고사실을 알리고 연구(실)책임자 및 기관생물안전관리책임자에게 보고한다.

㉡ 개인보호구를 착용하고 70% 에탄올 등의 효과적인 소독제를 사용하여 작업대 벽면, 작업표면 및 이용한 장비들에 뿌리고 적정 시간 동안 방치한다.

㉢ 종이타월을 사용하에 소독제와 유출물질을 치우고 모든 실험대 표면을 닦아낸다.

㉣ 생물안전작업대 안에 있는 모든 물품의 표면에 있는 오염물질을 살균처리하고 UV램프를 작동한다.

㉤ 청소 후 처리작업에 사용했던 기구 등은 의료폐기물 전용용기에 넣어 폐기하거나 재사용할 경우 소독·세척한다.

㉥ 오염된 개인보호구는 의료폐기물 전용용기에 넣어 처리하고, 노출된 신체부위를 비누와 물을 사용하여 세척하고, 필요한 경우 소독 및 사워 등으로 오염을 제거한다.

㉦ 유출된 물질이 생물안전작업대 내부로 들어간 경우 제조업체에 요청하여 제거한다.

③ 밀봉 가능한 버킷이 없는 원심분리기에서 감염성 물질이 들어 있는 튜브가 파손된 경우

㉠ 원심분리기 작동 중에 파손이 발생하거나 의심되는 경우, 모터를 끄고 기계를 닫아 침전되기를 기다린다.

㉡ 두꺼운 장갑을 착용하고(필요시 일회용 장갑을 추가 착용) 핀셋을 사용하거나 솜을 핀셋으로 들고 유리조각을 긁어모은다.

㉢ 깨진 튜브, 유리파편, 버킷, 트러니언, 로터를 해당 미생물에 대해 활성을 나타내는 것으로 알려진 비부식성 소독제에 담근다.

㉣ 깨지지 않고 마개가 닫힌 상태인 튜브를 별도의 소독액 용기에 담근 다음 회수한다.

㉤ 원심분리기 볼을 적절한 농도의 동일 소독제로 닦고, 물로 닦고 씻은 다음 말린다.

④ 밀봉 가능한 버킷 내부에서 튜브가 파손된 경우 : 안전컵을 느슨하게 풀고 버킷을 고압증기멸균하거나 화학적으로 소독한다.

⑤ 감염성 물질 등이 안면부에 접촉되었을 경우

㉠ 눈에 물질이 튀거나 들어간 경우 즉시 눈 세척기 또는 흐르는 깨끗한 물을 사용하여 15분 이상 세척하고 눈을 비비거나 압박하지 않도록 주의한다.

㉡ 필요한 경우 비상샤워기를 이용하여 전신을 세척한다.

㉢ 사고에 대해 연구(실)책임자에게 즉시 보고하고 필요한 조치를 시행한다.

㉣ 연구(실)책임자는 기관생물안전관리책임자 및 의료관리자에게 보고하고, 취급한 감염성 물질을 고려하여 적절한 의료 조치를 시행한다.

⑥ 안면부를 제외한 신체에 접촉되었을 경우

㉠ 장갑 또는 실험복 등 착용하고 있던 개인보호구를 신속히 탈의한다.

㉡ 흐르는 물로 세척·샤워 후 오염 부위를 소독한다.
㉢ 사고에 대해 연구(실)책임자에게 즉시 보고하고 필요한 조치를 시행한다.
㉣ 연구(실)책임자는 기관생물안전관리책임자 및 의료관리자에게 보고하고, 취급한 감염성 물질을 고려하여 적절한 의료 조치를 시행한다.

⑦ 감염성 물질 등을 섭취한 경우

㉠ 장갑 또는 실험복 등 착용하고 있던 개인보호구를 신속히 탈의한다.
㉡ 사고에 대해 연구(실)책임자에게 즉시 보고하고 필요한 조치를 시행한다.
㉢ 연구(실)책임자는 기관생물안전관리책임자 및 의료관리자에게 보고하고, 취급한 감염성 물질을 고려하여 적절한 의료 조치를 시행한다.
㉣ 연구(실)책임자는 섭취한 물질과 사고 사항을 즉시 기록하여 치료에 도움이 될 수 있도록 관련자들에게 전달한다.

⑧ 주사기에 찔렸을 경우

㉠ 신속히 찔린 부위의 보호구를 벗고 주변을 압박하여 방혈을 실시한다.
㉡ 흐르는 물 또는 생리식염수로 15분 이상 충분히 세척한다.
㉢ 사고에 대해 연구(실)책임자에게 즉시 보고하고 필요한 조치를 시행한다.
㉣ 연구(실)책임자는 기관생물안전관리책임자 및 의료관리자에게 보고하고, 취급한 감염성 물질을 고려하여 적절한 의료 조치를 시행한다.

⑨ 실험동물에 물렸을 경우

㉠ 상처부위를 압박하여 약간의 피를 짜낸 후 70% 알코올 및 기타 소독제를 이용하여 소독을 실시한다.
㉡ 래트(rat)에 물린 경우 : 서교증(rat bite fever) 등을 조기에 예방하기 위해 고초균(bacillus subtilis)에 효력이 있는 항생제를 투여한다.
㉢ 고양이가 물거나 할퀴었을 때 : 원인 물병의 피부질환 발생 우려가 있으므로 즉시 70% 알코올 및 기타 소독제를 이용하여 소독한다.
㉣ 개에 물린 경우 : 알코올 또는 기타 소독제를 이용하여 소독한 후, 동물의 광견병 예방접종 여부를 확인한다(광견병 예방접종 여부가 불확실한 경우 광견병 항독소를 투여한 후 개를 15일간 관찰하며, 광견병 증상이 나타날 경우 개를 안락사시키고 사육관리자 등 출입인원에 대해 광견병 백신을 추가로 접종한다).

⑩ 기타 물질 또는 실험 중 부상을 당했을 경우

㉠ 사고에 대해 연구(실)책임자에게 즉시 보고하고 필요한 조치를 실시한다.
㉡ 연구(실)책임자는 기관생물안전관리책임자 및 의료관리자에게 보고하고, 취급한 감염성 물질을 고려하여 적절한 의료 조치를 실시한다.

2 비상대응시설 및 장비

(1) 눈 세척기(eye shower)

① 눈 세척기 : 실험 중 감염성 물질 및 화학물질이 연구활동종사자의 눈에 튀었을 때는 즉시 눈을 씻을 수 있는 장비로 비상샤워시설과 함께 응급상황 시 사용할 수 있는 장비를 말한다.

② 설치위치

㉠ 강산이나 강염기를 취급하는 곳에는 바로 옆에, 그 외의 경우에는 10초 이내에 도달할 수 있는 위치에 설치한다.

㉡ 연구활동종사자들이 눈의 오염이나 부상으로 시력이 저하되거나 잃은 상황에서도 쉽게 이용할 수 있도록 접근 중 방해물이 없는 장소에 설치한다.

㉢ 확실히 알아볼 수 있는 표시와 함께 설치한다.

③ 취급 주의사항

㉠ 물 또는 세척제를 직접적으로 눈으로 향하게 하는 것보다는 코의 낮은 부분을 향하도록 하는 것이 좋으며, 코의 바깥쪽에서 귀 쪽으로 세척하여 씻긴 물질이 거꾸로 눈 안이나 오염되지 않은 눈으로 들어가지 않도록 주의한다.

㉡ 연구활동종사자들은 연구실 내에서 가능한 렌즈 착용을 피하고, 만약 렌즈를 착용하였다면 즉시 렌즈를 제거한다.

㉢ 눈 세척 시 부식성 화학물질이 남아있지 않도록 최소 15분에서 30분간 충분히 세척한다.

(2) 유출 처리 키트

① 유출 처리 키트

㉠ 연구실 내 용기 파손, 연구활동종사자의 부주의 등으로 발생할 수 있는 감염물질 유출사고에 신속히 대처할 수 있도록 처리물품 및 약제 등을 함께 마련해 놓은 키트를 말한다.

㉡ 처리대상물질, 용도, 처리 규모에 따라서 생물학적 유출 처리 키트(biological spill kit), 화학물질 유출 처리 키트(chemical spill kit), 범용 유출 처리 키트(universal spill kit) 등이 있다.

② 구성품

개인보호구	일회용 실험복, 장갑, 앞치마, 고글, 마스크, 신발 덮개 등
유출 확산방지 도구	확산방지 쿠션 또는 가드(guard), 고형제(리퀴드형 유출물질의 겔화), 흡습지
청소도구	소형 빗자루, 쓰레받기, 핀셋, 멸균 가능한 폐기물 봉투 등
그 외(부가물품)	소독제, 중화제, 손소독제, biohazard bag, 손상성폐기물 용기, 접근금지 테이프 등

③ 구비 위치 : 취급하는 유해물질 및 병원체를 고려하여 적절한 유출 처리 키트를 연구활동종사자가 쉽고 빠르게 이용할 수 있도록 눈에 잘 띄고 사용하기 편리한 곳에 비치한다.

④ 사용절차

㉠ 사고 전파

㉡ 개인보호구 착용

㉢ 주변 확산 방지

㉣ 응고제 도포 및 응고물질 제거

㉤ 오염 부위 소독

㉥ 보호구 탈의 및 폐기물 폐기

㉦ 손 소독

(3) 실험동물 탈출방지 장비

① **설치 이유** : 감염된 실험동물 또는 유전자변형생물체를 보유한 실험동물이 사육실 밖 또는 동물실험시설 밖으로 탈출하게 되면 그 감염원이 유출되어 지역사회의 감염병이 발생할 수 있으며, 다른 동물과 접촉(교미 등) 시 유전적 오염으로 인해 신종생물체가 발생할 우려가 있으므로 탈출 방지장치를 설치한다.

② **설치위치**

㉠ 모든 사육실 출입구 : 실험동물 탈출방지턱 설치

㉡ 동물실험구역과 일반구역 사이 출입문 : 탈출방지턱 또는 기밀문을 설치

③ **실험동물이 탈출 시**

㉠ 즉시 안락사 처리 후 고온고압증기멸균하여 사체를 폐기하고 시설관리자에게 보고해야 한다(사육동물 및 연구 특성에 따라 적용 조건이 다를 수 있음).

㉡ 시설관리자는 실험동물이 탈출한 호실과 해당 실험과제, 사용 병원체, 유전자재조합생물체 적용 여부 등을 확인하여야 한다.

Part 05

적중예상문제

01 **우리나라의 실험실 생물안전등급 중 사람에게 발병하였을 경우 증세가 심각할 수 있으나 치료가 가능한 유전자변형생물체와 환경에 방출되었을 경우 위해가 상당할 수 있으나 치유가 가능한 유전자변형생물체를 개발하거나 이를 이용하는 실험을 실시하는 실험실의 등급은?**

① BL1 ② BL2

③ BL3 ④ BL4

해설 ① BL1 : 건강한 성인에게는 질병을 일으키지 아니하는 것으로 알려진 유전자변형생물체와 환경에 대한 위해를 일으키지 아니하는 것으로 알려진 유전자변형생물체를 개발하거나 이를 이용하는 실험실
② BL2 : 사람에게 발병하더라도 치료가 용이한 질병을 일으킬 수 있는 유전자변형생물체와 환경에 방출되더라도 위해가 경미하고 치유가 용이한 유전자변형생물체를 개발하거나 이를 이용하는 실험실
④ BL4 : 사람에게 발병하였을 경우 증세가 치명적이며 치료가 어려운 유전자변형생물체와 환경에 방출되었을 경우 위해가 막대하고 치유가 곤란한 유전자변형생물체를 개발하거나 이를 이용하는 실험실

02 **다음 중 생물 보안 주요 요소가 아닌 것은?**

① 이동 보안
② 정보 보안
③ 인적 보안
④ 독소 보안

해설 주요 요소로는 물리적 보안, 인적 보안, 물질통제 보안, 정보 보안, 이동 보안, 프로그램 관리가 있다.

03 **다음의 위해성 평가 절차를 순서대로 나열하였을 때 네 번째 순서로 오는 절차로 옳은 것은?**

① 노출평가
② 위해특성
③ 용량반응평가
④ 위험요소 확인

해설 위험요소 확인 → 노출평가 → 용량반응평가 → 위해특성 → 위해성 판단

정답 1 ③ 2 ④ 3 ②

04 물리적 밀폐의 3요소가 아닌 것은?

① 안전한 실험절차 및 생물안전 준수사항

② 진공 조건

③ 안전시설

④ 안전장비

해설 물리적 밀폐의 3요소는 안전시설, 안전장비, 안전한 실험절차 및 생물안전 준수사항으로 구성되고, 이 3요소는 상호보완적이기 때문에 단계별 밀폐수준에 따른 필요에 따라 조합하여 적용된다.

05 생물안전작업대는 병원체 및 감염성물질을 다루는 실험실에서 취급물질, 연구자 및 연구 환경을 안전하게 보호하기 위해 사용하는 (　　)차적 밀폐장치이다. (　　)에 알맞은 말은?

① 1　　② 2

③ 3　　④ 4

해설 생물안전작업대는 병원체 및 감염성물질을 다루는 실험실에서 취급물질, 연구자 및 연구 환경을 안전하게 보호하기 위해 사용하는 1차적 밀폐장치이다.

06 (　　　) 안에 들어갈 숫자로 옳은 것은?

> 시험 · 연구기관장의 사전승인을 얻어야 하는 실험으로 해당 실험은 다음과 같다.
> - 제(㉠)위험군 이상의 생물체를 숙주-벡터계 또는 DNA 공여체로 이용하는 실험
> - 대량배양을 포함하는 실험
> - 척추동물에 대하여 몸무게 1kg당 50% 치사독소량(LD_{50})이 0.1μg 이상 (㉡)μg 이하인 단백성 독소를 생산할 수 있는 유전자를 이용하는 실험

	㉠	㉡
①	1	100
②	1	200
③	2	100
④	2	200

4 ② 5 ① 6 ③ 정답

07 다음에서 설명하는 연구시설 안전등급은?

- 기관생물안전관리위원회 구성 – 필수
- 생물안전관리자 지정 – 권장
- 생물안전관리책임자 임명 – 필수
- 생물안전관리규정 마련 · 적용 – 필수

① 1등급　② 2등급
③ 3등급　④ 4등급

해설 연구시설 안전등급

구분	BL1	BL2	BL3	BL4
기관생물안전위원회 구성	권장	필수	필수	필수
생물안전관리책임자 임명	필수	필수	필수	필수
생물안전관리자 지정	권장	권장	필수	필수
생물안전관리규정 마련	권장	필수	필수	필수
생물안전지침 마련	권장	필수	필수	필수

08 다음 중 인체에 감염 등 위해를 줄 우려가 있는 폐기물과 인체 조직 등 적출물, 실험동물의 사체 등 보건 · 환경보호상 특별한 관리가 필요하다고 인정되는 폐기물은 무엇인가?

① 감염폐기물
② 사체폐기물
③ 혈액오염폐기물
④ 의료폐기물

해설 의료폐기물이란 인체에 감염 등 위해를 줄 우려가 있는 폐기물과 인체 조직 등 적출물, 실험동물의 사체 등 보건 · 환경보호상 특별한 관리가 필요하다고 인정되는 폐기물이다.

정답 7 ② 8 ④

09 다음 위해의료폐기물 관련 내용 중 옳지 않은 것은?

① 조직물류폐기물에는 인체 또는 동물의 조직・장기・기관・신체의 일부, 동물의 사체, 혈액・고름 및 혈액생성물(혈청, 혈장, 혈액제제)이 있다.

② 병리계폐기물에는 시험・검사 등에 사용된 배양액, 배양용기, 보관균주, 폐시험관, 슬라이드, 커버글라스, 폐배지, 폐장갑이 있다.

③ 손상성폐기물에는 폐백신, 폐항암제, 폐화학치료제가 있다.

④ 혈액오염폐기물에는 폐혈액백, 혈액투석 시 사용된 폐기물, 그 밖에 혈액이 유출될 정도로 포함되어 있어 특별한 관리가 필요한 폐기물이 있다.

해설 ③ 폐백신, 폐항암제, 폐화학치료제는 생물・화학폐기물이다. 손상성폐기물에는 주삿바늘, 봉합바늘, 수술용 칼날, 한방침, 치과용침, 파손된 유리재질의 시험기구가 있다.

10 의료폐기물 종류와 도형의 색상을 올바르게 짝지은 것은?

① 재활용하는 태반 - 붉은색

② 일반의료폐기물 봉투형용기 - 녹색

③ 격리의료폐기물 - 검은색

④ 재활용하는 태반을 제외한 위해의료폐기물 골판지류 상자형 용기 - 노란색

해설 ① 재활용하는 태반 : 녹색
② 일반의료폐기물 봉투형용기 : 검은색
③ 격리의료폐기물 : 붉은색

11 조직물류폐기물에 대한 설명 중 옳지 않은 것은?

① 치아는 부패할 우려가 없으므로 보관기간의 제한이 없다.

② 포르말린과 같은 방부제에 조직물류를 담아 보관하는 경우는 부패할 우려가 없으므로 냉장보관을 하지 않아도 된다.

③ 100L를 초과하는 대형 조직물류폐기물은 전용용기에 넣기 어려우므로 내용물이 보이지 않도록 개별 포장하여 내용물이 나오지 않게 밀폐 포장한다.

④ 조직물류폐기물은 폐기물이 발생한 때부터 냉장시설(4℃ 이하)에 보관하여야 한다.

해설 ① 치아의 보관기간은 60일이다.

9 ③ 10 ④ 11 ① **정답**

12 요오드로 소독 시 가장 효과가 적은 것은?

① 아포
② 결핵균
③ 바이러스
④ 영양세균

해설

소독제	장점	단점	실험실 사용 범위	상용 농도	반응 시간	세균			바이러스	비고
						영양세균	결핵균	아포		
요오드 (iodine)	넓은 소독범위, 활성 pH 범위가 넓음	아포에 대한 가변적 소독효과, 유기물에 의해 소독력 감소	표면소독, 기기소독 등	75~100 ppm	10~30 min	+++	++	−/+	+	아포에 효과가 없거나 약함

※ 소독 효과 : ++++(highly effective) > +++ > ++ > + > − (ineffective)

13 병원성 물질 유출사고 발생 시 대처방법으로 옳지 않은 것은?

① 부상자의 오염된 보호구는 즉시 탈의하여 멸균봉투에 넣고 오염부위를 세척한 뒤 소독제 등으로 오염부위를 소독한다.
② 부상자가 있을 경우 연구실사고 보험을 청구한다.
③ 중대 연구실사고가 아닌 경우 1개월 이내에 사고조사표를 작성하여 과학기술정보통신부에 사고를 보고한다.
④ 사고 조사 진행 중이라도 사고현장은 즉시 탈 오염처리를 해야 하며, 탈 오염처리 후 연구실 사용을 재개한다.

해설 ④ 사고 조사 완료 전까지 해당 연구실 출입을 통제한다.

14 다음 조건은 어떤 생물안전작업대에 관한 설명인가?

- 휘발성 독소, 화학물질 및 방사성 핵종 취급이 가능하다.
- 취급물질 보호는 불가능하다.
- 전면개방을 통한 최소 평균 유입속도가 0.36m/s이다.
- 덕트와 통풍구는 음압을 유지한다.

① Class Ⅰ
② Class Ⅱ
③ Class Ⅲ
④ Class Ⅳ

정답 12 ① 13 ④ 14 ①

15 생물안전작업대의 사용·유지 관리에 관한 설명 중 틀린 것은?

① 작업대 내부에는 공기흐름을 방해할 수 있는 물품 저장을 최소화한다.
② 3등급 연구시설은 1년에 1회 이상 생물안전작업대의 안전성 검증을 위한 자체평가를 실시한다.
③ 생물안전대 내부 표면을 70% 에탄올 등의 적절한 소독제에 적신 종이타월로 소독한다.
④ 생물안전작업대의 전면도어를 열 때 최대한 열어 사용한다.

해설 ④ 생물안전작업대의 전면도어를 열 때 셔터레벨 이상으로 열지 않는다.

16 ClassⅡ에 대한 설명 중 옳은 것은?

① 구조, 공기속도 등에 따라 4가지로 분류한다.
② 유입공기속도는 0.38m/s이다.
③ 헤파필터로 여과되지 않은 실험실 내부 공기를 유입한다.
④ 120Pa 음압을 유지한다.

해설 ② 유입공기속도는 0.38~0.5m/s이다.
③ 헤파필터 처리된 유입공기는 위에서 아래로 내려오며 층류를 유지한다.
④ 120Pa 음압을 유지하는 것은 ClassⅢ이다.

17 고압증기멸균기는 생물학적 활성을 제거를 위해 일반적으로 (㉠)에서 (㉡)간 처리하는가?

① ㉠ 121℃, ㉡ 15분
② ㉠ 121℃, ㉡ 30분
③ ㉠ 161℃, ㉡ 15분
④ ㉠ 161℃, ㉡ 60분

해설 고압증기멸균기는 일반적으로 121℃에서 15분간 처리하여 생물학적 활성을 제거하는 방식이다.

15 ④ 16 ① 17 ① 정답

18 BL4에서 갖추어야 하는 안전장비가 아닌 것은?

① 양압복
② 양문형 고압멸균기
③ ClassⅡ BSC
④ 여과 공기

해설 생물안전등급에 따른 실험실 수준 및 안전장비

위험군 분류	생물안전 등급	실험실 수준	안전장비
1	BL1	일반 실험실	Open Bench
2	BL2	BL1 + 보호복, 생물재해 표지	Open Bench + BSC
3	BL3	BL2 + 특수 보호복, 사용통제, 음압 및 공기 제어	BSC + 실험을 위한 모든 기초 장비
4	BL4	BL3 + Air Lock, 퇴실 시 오염제거 샤워, 폐기물 특별관리	ClassⅢ BSC, 양압복, 양문형 고압멸균기, 여과 공기

※ BSC ; Biosafety Cabinet(생물안전작업대)

19 다음 중 일반연구시설(안전관리1등급)에서 필수사항인 것은?

① 고압증기멸균기 설치
② 생물안전작업대 설치
③ 에어로졸의 외부 유출 방지능이 있는 원심분리기 사용
④ 시설외부와 연결되는 통신 시설 및 시설 내부 모니터링 장치 설치

해설 ② 생물안전작업대 설치 : 2등급 이상 필수
③ 에어로졸의 외부 유출 방지능이 있는 원심분리기 사용 : 3등급 이상 필수
④ 시설 외부와 연결되는 통신시설 및 시설 내부 모니터링 장치 설치 : 3등급 이상 필수

20 고위험병원체 취급기관의 자체 안전점검 주기로 옳은 것은?

① 월 1회
② 반기 1회
③ 연 1회
④ 2년에 1회

해설 고위험병원체 취급기관의 자체 안전점검은 연 2회(상반기, 하반기) 실시한다.

정답 18 ③ 19 ① 20 ②

교육은 우리 자신의 무지를 점차 발견해 가는 과정이다.

– 윌 듀란트 –

PART 06 연구실 전기 · 소방 안전관리

Chapter 01 소방 안전관리

Chapter 02 전기 안전관리

Chapter 03 소방 · 전기 안전대책

적중예상문제

Chapter 01

소방 안전관리

1 연소

(1) 연소 관련 정의

연소	물질이 빛이나 열 또는 불꽃을 내면서 빠르게 산소와 결합하는 반응으로 가연물이 공기 중의 산소 또는 산화제와 반응하여 열과 빛을 발생하면서 산화하는 현상
인화점(flash point)	가연성 증기가 발생하고 이 증기가 대기 중에서 연소범위 내로 산소와 혼합될 수 있는 최저온도
연소점(fire point)	가연성 액체(고체)를 공기 중에서 가열하였을 때, 점화한 불에서 발열하여 계속적으로 연소하는 액체(고체)의 최저온도
발화점 (착화점, auto ignition point)	별도의 점화원이 존재하지 않는 상태에서 온도가 상승하여 스스로 연소를 개시하여 화염이 발생하는 최저온도
연소범위(폭발범위)	공기와 혼합되어 연소(폭발)가 가능한 가연성 가스의 농도 범위
한계산소농도(최소산소농도)	가연성 혼합가스 내에 화염이 전파될 수 있는 최소한의 산소농도
증기비중	증기의 밀도를 표준상태(0℃, 1atm) 공기의 밀도와 비교한 값

① 가연물의 인화점

가연물	인화점(℃)	가연물	인화점(℃)
아세트알데하이드	−37.7	메틸알코올	11
이황화탄소	−30	에틸알코올	13
휘발유	−43~−20	등유	30~60
아세톤	−18	중유	60~150
톨루엔	4.5	글리세린	160

② 가연물의 발화점

가연물	발화점(℃)	가연물	발화점(℃)
황린	34	에틸알코올	363
셀룰로이드	180	부탄	365
등유	245	중유	400
휘발유	257	목재	400~450
석탄	350	프로판	423

③ 가연물의 연소범위

가연물	연소범위(vol%)	가연물	발화점(vol%)
등유	0.7~5	아세틸렌	2.5~81
중유	1~5	에틸알코올	3.5~20
휘발유	1.4~7.6	수소	4~75
아세톤	2~13	메틸알코올	7~37
프로판	2.1~9.5	암모니아	15~28

④ 한계산소농도(MOC)

$MOC = LFL \times O_2$	• MOC(%) : 최소산소농도 • LFL(%) : 폭발하한계 • O_2 : 가연물 1mol 기준의 완전연소반응식에서의 산소의 계수

※ MOC는 작을수록 위험하다.

(2) 연소 구성요소

연소의 4요소	
연소의 3요소: 가연물, 산소공급원, 점화원	연쇄반응

① 가연물(가연성 물질)

㉠ 개념

ⓐ 불에 잘 타거나 또는 그러한 성질을 가지고 있는 물질

ⓑ 이연성 물질(쉽게 불에 탈 수 있는 물질)

ⓒ 환원성 물질(산화반응(연소반응)을 하는 물질)

㉡ 조건

ⓐ 열전도율이 작다.

ⓑ 발열량이 크다.

ⓒ 표면적이 넓다.

ⓓ 산소와 친화력이 좋다.

ⓔ 활성화 에너지가 작다.

㉢ 가연물이 될 수 없는 물질

ⓐ 산소와 더 이상 반응하지 않는 물질 : CO_2, H_2O, Al_2O_3 등

ⓑ 산소와 반응은 하나 흡열반응을 하는 물질 : 질소와 질소산화물, 불활성 기체(18족 원소)인 He, Ne, Ar, Kr, Xe, Rn 등

㉣ 가연물의 종류 : 목재, 종이, 기름, 페인트, 알코올, 인화성 가스, 가연성 가스 등

② 산소공급원

㉠ 개념 : 연소에는 산소가 필요하며, 일반적으로 산소의 농도가 높을수록 연소는 잘 일어난다.

ⓛ 종류

산소(O_2)		
공기		공기의 21vol%가 산소
조연성 가스 (자신은 연소하지 않고 가연물의 연소를 돕는 가스)		O_2, O_3, F_2, Cl_2, NO, N_2O, NO_2 등
산화제	제1류 위험물(산화성 고체)	아염소산염류, 염소산염류, 과염소산염류, 무기과산화물, 브로민산염류, 질산염류, 아이오딘산염류, 과망가니즈산염류, 다이크로뮴산염류 등
	제6류 위험물(산화성 액체)	과염소산, 과산화수소, 질산 등
자기반응성 물질(제5류 위험물)		• 분자 내에 가연물과 산소를 함유 • 유기과산화물, 질산에스터류, 나이트로글리세린, 셀룰로이드, 트라이나이트로톨루엔 등

③ 점화원

㉠ 개념 : 가연물이 연소를 시작할 때 필요한 열에너지 또는 불씨 등

ⓛ 종류

ⓐ 물리적 점화원 : 마찰열, 기계적 스파크, 단열압축 등

ⓑ 전기적 점화원 : 합선(단락), 누전, 반단선, 불완전접촉(접속), 과전류, 트래킹현상, 정전기방전 등

ⓒ 화학적 점화원 : 화학적 반응열, 자연발화 등

④ 연쇄반응

㉠ 개념

ⓐ 화학적 반응의 결과로 생긴 에너지나 생성 물질이 주변의 다른 반응 대상에게도 같은 반응을 촉발시켜 같은 반응이 계속적으로 진행되게 하는 것이다.

ⓑ 가연성 물질과 산소 분자가 점화에너지를 받으면 불안정한 과도기적 물질로 나뉘면서 라디칼을 생성한다.

ⓒ 한 개의 라디칼이 주변의 분자를 공격하면 두 개의 라디칼이 만들어지면서 라디칼의 수가 급격히 증가하며 연쇄반응이 발생한다.

ⓛ 라디칼

ⓐ 원자와 분자의 내부 전자가 기저상태에서 여기된 상태로, 다른 전자나 이온에 의하여 충돌되거나 혹은 촉매 등의 작용으로 여기되어 다른 물질과 반응하기 쉬운 것 같은 상태이다.

ⓑ 물질이 활성화된 상태이다.

(3) 연소의 형태

① 기체의 연소

예혼합연소	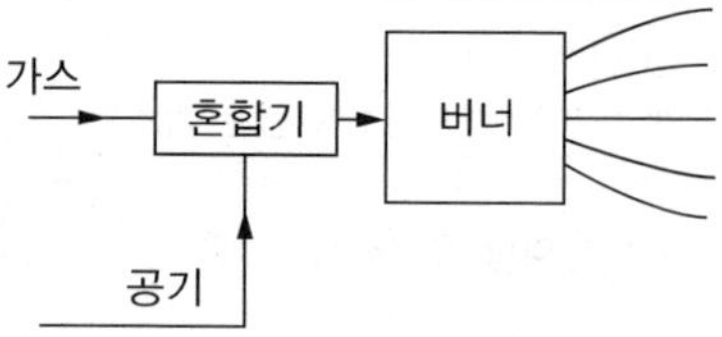 • 미리 연료(기체 연료)와 공기를 혼합하여 버너로 공급하여 연소시키는 방식이다. • 공기와 연료를 미리 혼합해 두어서 버너에서 연소반응이 신속히 행해질 수 있다. • 화염이 짧고 고온이다. • 고부하 연소가 용이하고 연소실 용적이 작아도 된다. • 역화(flash back)의 위험성이 있다. • 부상 화염(lifted flame)으로 되기 쉽다.
확산연소	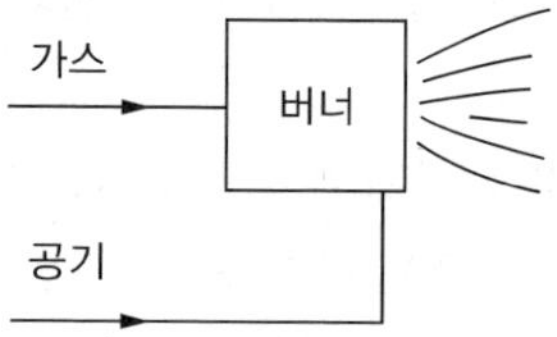 • 연료와 공기를 혼합시키지 않고, 연료만 버너로부터 분출시켜 연소에 필요한 공기는 모두 화염의 주변에서 확산에 의해 공기와 연료를 서서히 혼합시키면서 연소시키는 방식이다. • 역화의 위험이 전혀 없다. • 기체 연료의 연소법으로 많이 이용된다. • 연소 과정은 비교적 느려서 연소 부하율이 작다. • 확산 화염은 일반적으로 길게 늘어져 적황색을 띤다. • 화염 온도는 약 900℃로 가스 연소 중에서 가장 낮다. 예 메탄, 암모니아, 아세틸렌, 일산화탄소, 수소 등의 연소

② 액체의 연소

증발연소	가연성 물질을 가열했을 때 열분해를 일으키지 않고 액체 표면에서 그대로 증발한 가연성 증기가 공기와 혼합해서 연소하는 것 예 휘발유, 등유, 경유, 아세톤 등 가연성 액체의 연소
분해연소	점도가 높고 비휘발성인 액체가 고온에서 열분해에 의해 가스로 분해되고, 그 분해되어 발생한 가스가 공기와 혼합하여 연소하는 현상 예 중유, 아스팔트 등
분무연소(액적연소)	버너 등을 사용하여 연료유를 기계적으로 무수히 작은 오일 방울로 미립화(분무)하여 증발 표면적을 증가시킨 채 연소시키는 것 예 등유, 경유, 벙커C유

③ 고체의 연소

증발연소	가연성 물질(고체)을 가열했을 때 열분해를 일으키지 않고 액체로, 액체에서 기체로 상태가 변하여 그 기체가 연소하는 현상 예 왁스, 파라핀, 나프탈렌 등
분해연소	• 가연성 물질(고체)의 열분해에 의해 발생한 가연성 가스가 공기와 혼합하여 연소하는 현상 • 가연성 물질(고체)이 연소할 때 일정한 온도가 되면 열분해되며, 휘발분(가연성 가스)을 방출하는데, 이 가연성 가스가 공기 중의 산소와 화합하여 연소 예 목재, 석탄, 종이, 플라스틱, 고무 등
표면연소(무연연소)	• 가연성 고체가 그 표면에서 산소와 발열반응을 일으켜 타는 연소형식 • 기체의 연소에 특유한 불길은 수반하지 않음 • 열분해에 의한 가연성 가스를 발생하지 않고 그 물질 자체가 연소하는 현상 예 숯, 코크스, 목탄, 금속분
자기연소(내부연소)	• 외부의 산소 공급 없이 분자 내에 포함하고 있는 산소를 이용하여 연소하는 형태 • 제5류 위험물의 연소 예 질산에스터류, 나이트로셀룰로오스, 트라이나이트로톨루엔 등

2 화재

(1) 정의

① 통제를 벗어난 광적인 연소 확대현상이다.

② 사람의 의도에 반하여 발생하거나 고의로 발생시킨 연소현상으로 소화가 필요한 상황이다.

(2) 화재성립 3요소

① 인간의 의도에 반하여 또는 방화에 의하여 발생하여야 한다.

② 공익을 해치거나 인명피해·경제적 손실을 수반할 가능성을 방지하기 위하여 소화할 필요가 있어야 한다.

③ 소화시설 또는 이와 동등한 효과가 있는 물건을 이용할 필요가 있어야 한다.

(3) 화재의 분류(가연물에 따른 분류)

구분	화재 종류	표시색	가연물
A급 화재	일반화재	백색	나무, 섬유, 종이, 고무, 플라스틱류와 같은 일반 가연물
B급 화재	유류화재	황색	인화성 액체, 가연성 액체, 석유, 타르, 유성도료, 솔벤트, 래커, 알코올 및 인화성 가스와 같은 유류
C급 화재	전기화재	청색	전류가 흐르고 있는 전기기기, 배선
D급 화재	금속화재	무색	철분, 알루미늄분, 아연분, 안티몬분, 마그네슘분, 칼륨, 나트륨, 알킬알루미늄, 알킬리튬, 알칼리금속, 알칼리토금속 등과 같은 가연성 금속
K급 화재	주방화재 (식용유화재)	–	가연성 조리재료(식물성, 동물성 유지)를 포함한 조리기구

※ 화재 표시 의미 : A(Ash : 재가 남는 화재), B(Barrel : 기름통, 페인트통 화재), C(Current : 전류에 의한 화재), D(Dynamite : 금속성분에 의한 화재), K(Kitchen : 주방화재)

(4) 화재 분류별 안전관리

① A급 화재(Class A Fires)

특징	가연물이 타고 나서 재가 남는다.
발생원인	연소기 및 화기 사용 부주의, 담뱃불, 불장난, 방화, 전기 등 다양한 점화원이 존재한다.
예방대책	열원의 취급주의, 가연물을 열원으로부터 격리·보호 등
소화방법	소화수에 의한 냉각소화, 포(foam) 및 제3종 분말소화기를 이용한 질식소화가 유리하다.

② B급 화재(Class B Fires)

특징	가연물이 타고 나서 재가 남지 않는다.
발생원인	A급 화재에 비해 발열량이 커서 A급 화재의 점화원뿐만 아니라 정전기, 스파크 등 낮은 에너지를 가지는 점화원에서도 착화한다.
예방대책	환기나 통풍시설 작동, 방폭대책 강구, 가연물을 점화원으로부터 격리 및 보호, 저장시설의 지정
소화방법	포나 분말소화기를 이용, CO_2 등 불활성 가스 등으로 질식소화가 유리하다.

③ C급 화재(Class C Fires)

발생원인	절연피복 손상, 아크, 접촉저항 증가, 합선, 누전, 트래킹, 반단선 등 전기적인 발열에 의해 발화 가능
예방대책	전기기기의 규격품 사용, 퓨즈 차단기 등 안전장치 적용, 과열부 사전 검색 및 차단, 접속부 접촉상태 확인 및 보수·점검 등
소화방법	분말소화기 사용, CO_2 등 불활성 기체를 통한 질식소화를 한다.

④ D급 화재(Class D Fires)

특징	금속물질에 의한 고온(약 1,500℃ 이상) 화재이다.
발생원인	위험물의 수분 노출, 작업공정의 열발생, 처리·반응제어 과실, 공기 중 방치 등
예방대책	금속가공 시 분진 생성을 억제, 기계·공구 발생열 냉각, 환기시설 작동, 자연발화성 금속의 저장용기·저장액 보관, 수분접촉 금지, 분진에 대한 폭발 방지대책 강구
소화방법	가연물의 제거 및 분리, 건조사, 금속화재용 소화약제(dry powder)를 이용한 질식소화를 한다.

⑤ K급 화재(Class K Fires)

특징	• 식용기름의 비점이 발화점과 비슷하거나 더 높다. • 유면상의 화염을 제거해도 유온이 발화점 이상이어서 금방 재발화되기 때문에 일반 유류화재와 달리 유온을 50℃ 정도까지 냉각해야 한다.
발생원인	식용기름을 조리 중 과열 또는 방치에 의해 화재 발생
예방대책	조리기구 과열방지장치 장착, 조리 음식 방치 금지, 적절한 기름 온도 유지, 조리기구 근처 가연물을 제거, 조리시설 상방에 자동소화기 설치
소화방법	K급 소화기(제1종 분말소화약제)를 이용한다.

(5) 실내화재

① 단계별 화재 양상(성상)

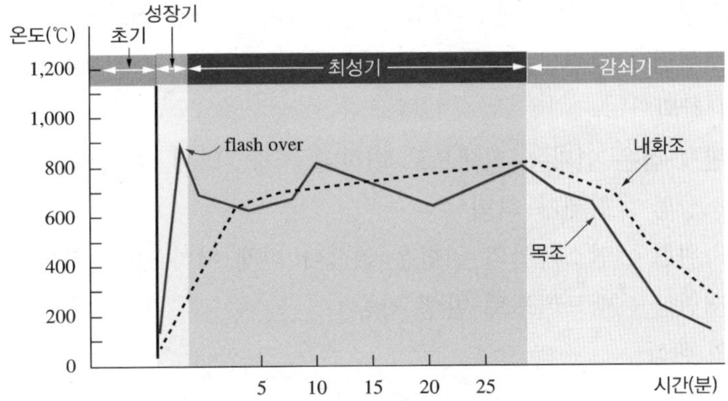

[실내화재의 진행상황]

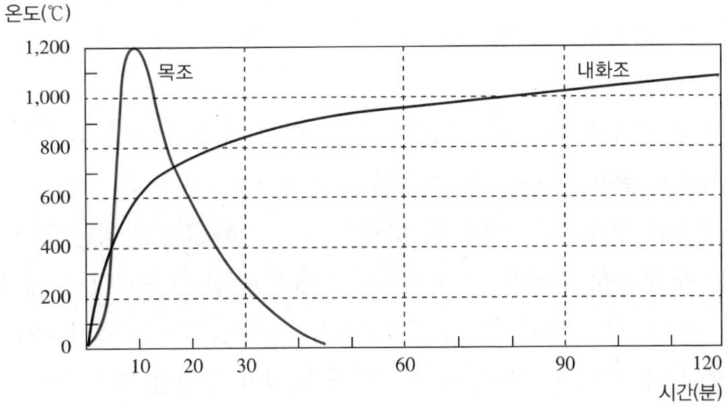

[실내화재의 진행과 온도변화]

㉠ 초기

ⓐ 외관 : 창 등의 개구부에서 하얀 연기가 나옴

ⓑ 연소상황 : 실내 가구 등 일부가 독립적으로 연소

㉡ 성장기

ⓐ 외관 : 개구부에서 세력이 강한 검은 연기가 분출

ⓑ 연소상황 : 가구에서 천장면까지 화재 확대, 실내 전체에 화염이 확산되는 최성기의 전초단계

ⓒ 연소위험 : 근접한 동으로 연소가 확산될 수 있음

ⓓ 화재현상 : 플래시오버 발생 가능(최성기 직전)

㉢ 최성기

ⓐ 외관 : 연기가 적어지고 화염의 분출이 강하며 유리가 파손됨

ⓑ 연소상황 : 실내 전체에 화염이 충만하며 연소가 최고조에 달함

ⓒ 연소위험 : 강렬한 복사열로 인해 인접 건물로 연소가 확산될 수 있음

㉣ 감쇠기(감퇴기)

ⓐ 외관 : 검은 연기는 흰색으로 변하고 지붕, 벽체, 대들보, 기둥 등이 타서 무너짐

ⓑ 연소상황 : 화세가 쇠퇴

ⓒ 연소위험 : 연소확산의 위험은 없으나 벽체 낙하 등의 위험은 존재

ⓓ 화재현상 : 백드래프트 발생 가능

② 실내화재의 현상

㉠ 훈소(smoldering)

ⓐ 공기 중의 산소와 고체의 표면 간에 발생하는 상대적으로 느린 연소 과정

ⓑ 연료의 표면에서는 작열(growing)과 탄화(charring) 현상이 발생

㉡ 플래시오버(flash over)

ⓐ 화재 초기단계에서 연소물로부터의 가연성 가스가 천장 부근에 모이고, 그것이 일시에 인화해서 폭발적으로 방 전체에 불꽃이 도는 현상

ⓑ 최성기로 진행되기 전에 열 방출량이 급격하게 증가하는 단계에 발생

ⓒ 환기가 부족하지 않은 구획실에서 화재가 발생하였을 때, 미연소가연물이 화염으로부터 멀리 떨어져 있더라도 천장으로부터 축적된 고온의 열기층이 하강함에 따라 그 복사열에 의해 가연물이 열분해되고 이때 발생한 가연성 가스 농도가 지속적으로 증가하여 연소범위 내에 도달하면 착화되어 화염에 덮이게 되는 현상

ⓓ 최초 화재 발생부터 플래시오버까지 일반적으로 약 5~10분가량 소요(구획실의 크기, 층고, 가연물 양, 가연물 높이, 개구부의 크기, 내장재 및 가구 등의 난연 정도 등에 따라 발생 소요시간은 다름)

㉢ 백드래프트(back draft)

ⓐ 연소에 필요한 산소가 부족하여 훈소상태에 있는 실내에 갑자기 산소가 다량 공급될 때 연소가스가 순간적으로 발화하는 현상

ⓑ 화염이 폭풍을 동반하여 산소가 유입된 곳으로 분출

ⓒ 일반적으로 감쇠기에 발생

ⓓ 음속에 가까운 연소속도를 보이며 충격파의 생성으로 구조물 파괴 가능

[플래시오버와 백드래프트의 비교]

구분	플래시오버	백드래프트
개념	화재 초기 단계에서 연소물로부터 가연성 가스가 천장 부근에 모이고, 그것이 일시에 인화해서 폭발적으로 방 전체가 불꽃이 도는 현상	연소에 필요한 산소가 부족하여 훈소상태에 있는 실내에 산소가 갑자기 다량 공급될 때 연소가스가 순간적으로 발화하는 현상으로, 화염이 폭풍을 동반하여 산소가 유입된 곳으로 분출
현상 발생 전 온도	인화점 미만	이미 인화점 이상
현상 발생 전 산소농도	연소에 필요한 산소가 충분	연소에 필요한 산소가 불충분
발생원인	온도상승(인화점 초과)	외부(신선한) 공기의 유입
연소속도	빠르게 연소하여 종종 압력파를 생성하지만 충격파는 생성되지 않음	음속에 가까운 연소속도를 보이며 충격파의 생성으로 구조물을 파괴할 수 있음
발생단계	• 일반적 : 성장기 마지막 • 최성기 시작점 경계	• 일반적 : 감쇠기 • 예외적 : 성장기
악화요인	열(복사열)	산소
핵심	중기상태 복사열의 바운스로 인한 전실 화재 확대	산소유입, 화학적 CO가스 폭발

③ 화재 진행에 영향을 미치는 요인

㉠ 배연구(환기구)의 크기 · 수 · 위치

㉡ 구획실의 크기

㉢ 구획실의 천장 높이

㉣ 구획실을 둘러싸고 있는 물질들의 열 특성

㉤ 최초 발화되는 가연물의 크기 · 합성물 · 위치

㉥ 추가적 가연물의 이용 가능성 · 위치

(6) 연소생성물

① 연소생성물 : 연소가스, 연기, 화염, 열

② 연소물질에 따른 연소생성물(연소가스)

연소물질	연소 가스
탄화수소류 등	일산화탄소 및 탄산가스
셀룰로이드, 폴리우레탄 등	질소산화물
질소 성분을 갖고 있는 모사, 비단, 피혁 등	시안화수소
나무, 종이 등	아황산가스
PVC, 방염수지, 플루오린화수지, 플루오린화수소 등의 할로겐화물	HF, HCl, HBr, 포스겐 등
멜라민, 나일론, 요소수지 등	암모니아
폴리스티렌(스티로폼) 등	벤젠

③ 연소가스의 특징

연소가스	특징
포스겐($COCl_2$)	• 염화카보닐, 옥시염화탄소라고도 함 • 폴리염화비닐(PVC), 수지류 등이 연소할 때 발생 • 무색기체 • 인명살상용 독가스 • 흡입할 경우 인후의 작열감, 가슴의 긴박감, 권태감, 호흡 곤란, 치아노제가 나타나고 호흡 순환이 곤란해지면 사망에 이름
이산화질소(NO_2)	• 질산셀룰로오스가 연소 또는 분해될 때 생성됨 • 독성이 매우 커서 200~700ppm 정도의 농도에 잠시 노출되어도 인체에 치명적
불화수소(HF)	• 합성수지인 불소수지가 연소할 때 발생함 • 무색의 자극성 기체 • 유독성이 강하며, 모래나 유리를 부식시키는 성질을 가짐
염화수소(HCl)	• 향료, 염료, 의약, 농약 등의 제조에 이용 • 폴리염화비닐(PVC) 등 염소함유물질 연소 시 발생 • 자극성이 아주 강하여 눈과 호흡기에 영향을 줌
이산화황(SO_2)	• 아황산가스라고도 함 • 황이 연소할 때 발생 • 달걀 썩은 냄새가 나는 무색의 기체 • 독성이 강해 공기 속에 0.003% 이상이 되면 식물이 죽고, 0.012% 이상일 경우 인체에 치명적임 • 폭발성은 없으나 유독가스로 공기 중에 섞여 있으면 눈과 목이 따까운 증상이 나타나고, 심할 경우 호흡곤란을 유발함
시안화수소(HCN)	• 청산가스라고도 함 • 질소 성분을 가진 합성수지, 동물의 털, 인조견 등의 섬유가 불완전연소할 때 발생 • 맹독성 가스로 0.3%의 농도에서 즉시 사망할 수 있음 • 대량 흡입할 경우 헤모글로빈과 결합하지 않고도 전신 경련, 호흡, 심박동 정지로 질식사를 유발
황화수소(H_2S)	• 황을 포함하는 유기화합물의 불완전연소로 발생 • 달걀 썩은 냄새가 나는 수용성의 무색 기체 • 맹독성이 강함 • 눈과 점막을 자극하는 등 신경계통에 영향을 줌
암모니아(NH_3)	• 질소 함유물이 연소할 때 발생함 • 독성이 있으며 강한 자극성을 가진 무색의 기체 • 흡입 시 점액질과 기도조직에 심한 손상을 초래하며 타는 듯한 느낌, 기침, 숨가쁨 등을 유발 • 냉동시설의 냉매로 많이 쓰이는데 냉동창고 화재 시 누출 가능성이 크므로 주의해야 함
일산화탄소(CO)	• 산소가 부족한 상태에서 연료가 연소할 때 불완전연소로 발생 • 무색, 무취의 환원성이 강한 기체 • 폐로 흡입 시 혈액 중의 헤모글로빈과 결합하여 산소 보급을 막아 심한 경우 사망에 이름
이산화탄소(CO_2)	• 탄소함유물의 완전연소 시 발생함 • 무색, 무취의 기체 • 일산화탄소와 달리 비교적 높은 농도에서도 특별한 독성을 띄지 않아 일상에서도 많이 사용 • 다량으로 존재하는 경우 사람의 호흡 속도를 증가시켜 혼합된 유해가스의 흡입을 가속화하여 위험성이 가중

④ 탄화수소의 완전연소반응식

$$C_nH_m + (n + \frac{m}{4})O_2 \rightarrow nCO_2 + \frac{m}{2}H_2O$$

(7) 연기

① **정의** : 가연물이 연소할 때 생성되는 물질인 고상의 미립자, 액상의 타르 등 액적입자, 무상의 증기 및 기상의 분자가 공기 중에서 부유 확산하는 복합혼합물로, 0.01~10μm 크기의 고체, 액체 미립자

② **성질**

㉠ 일반적으로 불완전연소가 발생하였을 때 발생한다.

㉡ 유독가스를 다량 함유하고 있다.

㉢ 상대적으로 산소농도를 낮추어 산소 결핍을 발생시킨다.

㉣ 고열의 연기로 인해 복사열 방사나 대류로 가연물에 열을 전달한다.

㉤ 특성감광의 특성이 있어 광선을 흡수한다.

㉥ 연기 종류에 따라 특성이 변하며, 독특한 냄새를 갖는 경우가 많다.

③ **연기의 확산·유동**

㉠ 연기의 확산

ⓐ 연기는 건물의 벽 및 천장을 따라 진행한다.

ⓑ 건물 내에서의 연기 확산은 주로 연기를 포함한 공기(농연)의 온도 영향을 받는다.

㉡ 연기의 일반적인 이동속도

ⓐ 수평방향 : 0.5~1m/sec

ⓑ 계단 등 수직방향(화재초기) : 1.5m/sec

ⓒ 계단 등 수직방향(화재중기 이후) : 3~4m/sec

ⓓ 굴뚝효과가 발생하는 건물 구조 : 5m/sec 이상

※ 수직방향의 확산은 인간의 보행속도(1~1.2m/sec)보다 빠르다.

④ **연기의 위험성**

㉠ 시계(視界)를 차단하여 신속한 피난이나 초기 진화를 방해하는 원인이 된다.

㉡ 연기의 유독가스(시안화수소, 일산화탄소 등)가 호흡기 계통 등에 장해를 준다.

㉢ 인간의 정신적인 긴장과 패닉을 유발한다.

㉣ 화재 시 사망자의 사망원인 대부분이 연기로 인한 중독·질식이다.

3 소화

(1) 소화의 원리

연소의 반대 개념으로, 연소의 4요소인 가연물, 산소공급원, 점화원, 연쇄반응 중 하나 이상 또는 전부를 제거할 시 소화가 이루어진다.

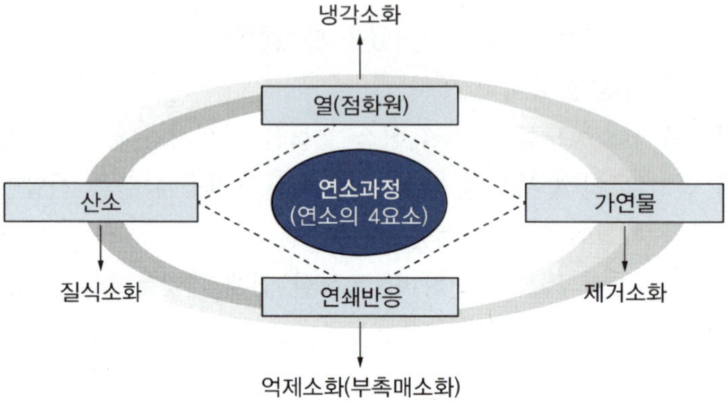

(2) 소화의 종류

① 제거소화

㉠ 가연물을 제거해서 소화하는 방법

㉡ 연소반응을 하는 연소물이나 화원을 제거하여 연소 반응을 중지시키는 소화방법

예 • 진행 방향의 나무를 잘라 제거하거나 맞불로 제거한다.
- 양초의 가연물(화염)을 불어서 날려 보낸다.
- 유류탱크 화재 시 질소폭탄으로 폭풍을 일으켜 증기를 날려 보낸다.
- 유류탱크 화재 시 탱크 밑으로 기름을 빼낸다.
- 가스화재 시 가스 밸브를 차단하여 가스의 흐름을 차단한다.
- 화재 시 창고 등에서 물건을 빼내어 신속하게 옮긴다.
- 전기화재 시 전원을 차단하고 전기 공급을 중지한다.

② 질식소화

㉠ 산소 공급을 차단하여 연소를 중지시키는 방법

㉡ 공기 중 산소농도를 15% 이하로 억제하여 소화시키는 방법

예 • 가연물이 들어 있는 용기를 밀폐하여 소화한다(알코올램프).
- 수건, 담요, 이불 등을 덮어서 소화한다.
- 공기보다 비중이 큰 소화약제(폼, 분말, CO_2 등)로 가연물의 구석구석까지 침투 · 피복하여 소화한다.
- 불활성 물질을 첨가하여 연소범위를 좁혀 소화한다.

③ 냉각소화

㉠ 연소물을 냉각하면 착화온도 이하가 되어서 연소할 수 없도록 하는 소화방법

㉡ 냉각소화는 물이 가장 보편적으로 사용되는데 물은 잠열이 커서 화점에서 물을 수증기로 변화시켜 많은 열을 빼앗아 착화 온도 이하로 낮춤

예 • 물 등의 액체를 뿌려 소화한다.

• CO_2 등 기체에 의한 방법 등으로 냉각하여 소화한다.

④ 억제소화(부촉매소화)

㉠ 주로 화염이 발생하는 연소반응을 주도하는 라디칼을 제거하여 연소반응을 중단시키는 방법

㉡ 가연물 내 활성화된 수소기와 수산화기에 부촉매 소화제(분말, 할로겐 등)를 반응시켜서 연소생성물(CO, CO_2, H_2O 등)의 생성을 억제시키는 방법

예 할로겐화합물, 분말소화약제, 강화액 소화약제를 사용하여 소화한다.

(3) 소화약제

① 소화약제의 조건

㉠ 소화성능이 뛰어나며, 연소의 4요소 중 한 가지 이상을 제거할 수 있어야 한다.

㉡ 독성이 없어 인체에 무해하며, 환경에 대한 오염이 적어야 한다.

㉢ 저장에 안정적이며, 가격이 저렴하여 경제적이어야 한다.

② 소화약제의 종류

㉠ 물

특성	• 침투성이 있고 적외선을 흡수하며 쉽게 구할 수 있어 주로 A급 화재에 사용 • 냉각효과 : 비열과 증발잠열이 높아 냉각효과가 있음 • 질식효과 : 물을 무상으로 분무 시 질식효과가 있음			
소화효과	• 냉각효과 • 유화효과	• 질식효과 • 희석효과		
적응화재	일반화재(무상주수 시 유류·전기화재에도 사용)			
주수형태	주수방법	적응화재	주소화효과	소화설비
	봉상주수(긴 봉 모양)	A급	냉각, 타격, 파괴	옥·내외 소화설비
	적상주수(물방울 모양)	A급	냉각, 질식	스프링클러설비
	무상주수(안개 모양)	A·B·C급	질식, 냉각, 유화	미분무·물분무설비

㉡ 강화액 소화약제

특성	• 소화 성능을 높이기 위해 물에 탄산포타슘(또는 인산암모늄) 등을 첨가 • 약 −30~−20℃에서도 동결되지 않기 때문에 한랭지역 화재 시 사용 • A급 화재 발생 시 봉상주수, B·C급 화재 시 무상주수 방법을 이용	
소화효과	• 냉각효과 • 질식효과	• 부촉매효과
적응화재	일반화재, 유류화재 등(무상주수 시 변전실 화재에 적응 가능)	

㉢ 포(foam) 소화약제

특성	• 화원에 다량의 포(거품)를 방사하여 화원의 표면을 덮어 공기 공급을 차단하고, 포의 수분이 증발하면서 냉각함 • 기계포는 팽창비가 커서 가연성(인화성) 액체의 화재인 옥외 등 대규모 유류탱크 화재에 적합하며 재착화 위험성이 작음 • 포는 주로 물로 구성되어 있기 때문에 변전실, 금수성 물질, 인화성 액화가스 등에는 사용이 제한 • 인체에 무해하며 약제 방사 후 독성 가스 발생의 우려가 없으나, 동절기에는 유동성을 상실하여 소화효과가 저하되고 약제 방사 후 잔류 물질이 남는다.
소화효과	• 질식효과 • 냉각효과 • 열의 이동 차단효과
적응화재	일반화재, 유류화재
종류	화학포: • $6NaHCO_3 + Al_2(SO_4)_3 \cdot 18H_2O \rightarrow 3Na_2SO_4 + 2Al(OH)_3 + 6CO_2 + 18H_2O$ • 화학반응에 의해 발생한 이산화탄소 가스의 압력에 의하여 발포 기계포: 약 90% 이상의 물과 포소화약제(계면활성제 등)를 기계적으로 교반시키면서 공기를 혼합하여 거품을 발포

㉣ 이산화탄소 소화약제

특성	• 상온에서 기체 상태로 존재하는 불활성 가스로 질식성을 갖고 있기 때문에 가연물의 연소에 필요한 산소 공급을 차단 • 액화 이산화탄소는 기화되면서 주위로부터 많은 열을 흡수하는 냉각작용이 있음 • 이산화탄소를 연소하는 면에 방사하면 가스의 질식작용에 의하여 소화되며 동시에 드라이아이스에 의한 냉각효과가 있기 때문에 유류화재에 적합하며, 이산화탄소는 전기에 대하여 절연성이 우수하기 때문에 전기화재에도 적합
소화효과	• 질식효과 • 냉각효과 • 피복효과
적응화재	전기화재, 통신실화재, 유류화재 등
농도계산	이산화탄소의 이론적 최소소화농도 $CO_2 = \frac{21 - O_2}{21} \times 100$ • CO_2(%) : 약제 방출 후 이산화탄소 농도 • O_2(%) : 약제 방출 후 산소농도

㉤ 할론 소화약제

특성	• 메탄, 에탄에 전기음성도가 강한 할로겐족 원소(F, Cl, Br, I)를 치환하여 얻은 소화약제 • 할로겐 원자의 억제 작용으로 연소 연쇄반응을 억제하며 질식작용과 냉각작용도 할 수 있는 우수한 화학적 소화약제 • 약제 중 독성이 강하고 오존층 파괴 문제 등의 이유로 현재 사용하지 않음
소화효과	• 억제효과 • 질식효과 • 냉각효과
적응화재	일반화재, 전기화재, 통신실화재, 유류화재 등
명명법	• 탄소를 맨 앞에 두고 할로겐 원소를 주기율표 순서(F → Cl → Br → I)의 원자수만큼 해당하는 숫자를 부여 • 맨 끝의 숫자가 0일 경우에는 생략

Halon No.	C	F	Cl	Br	분자식	특징
1301	1	3	0	1	CF_3Br	할론 중에서 소화효과가 가장 크고 독성이 가장 적음
1211	1	2	1	1	CF_2ClBr	• 증기압이 낮아 낮은 온도에도 쉽게 액화시켜 저장할 수 있음 • A·B·C급의 소화기에 사용
2402	2	4	0	2	$C_2F_4Br_2$	• 상온, 상압에서 액체로 존재 • 사람 없는 옥외 시설물 등에 국한되어 사용(독성 있음)

소화효과	Halon 1301 > 1211 > 2402

ⓑ 할로겐화합물 및 불활성기체 소화약제

<table>
<tr><th>특성</th><td colspan="2">• 할로겐화합물(할론소화약제 제외) 및 불활성 기체로서 비전도성이며 휘발성이 있거나 증발 후 잔여물을 남기지 않는 소화약제
• 할론 소화약제를 대신하여 만든 오존층을 보호하기 위한 친환경 소화약제
• 할론 소화약제와 소화효과가 유사하나 오존파괴지수(ODP), 지구온난화지수(GWP), 독성이 낮은 장점을 보유
• 전기실, 발전실, 전산실 등에 설치</td></tr>
<tr><th>적응화재</th><td colspan="2">일반화재, B급, C급 화재, 지하층, 무창층 사용 가능</td></tr>
<tr><th rowspan="2">소화효과</th><td>할로겐화합물 계열</td><td>• 질식효과 • 냉각효과
• 부촉매효과</td></tr>
<tr><td>불활성 기체 계열</td><td>• 질식효과 • 냉각효과</td></tr>
<tr><th rowspan="4">명명법</th><td rowspan="2">할로겐화합물 계열</td><td>C H F B Br
Br: Br 또는 I의 원자수 (없으면 생략)
B: B 또는 I
F: F의 원자수
H: H의 원자수 + 1
C: C의 원자수 − 1(0이면 생략)
※ 부족한 원소는 Cl로 채움</td></tr>
<tr><td>• HFC−227 (CF_3CHFCF_3)
• HFC−125 (CHF_2CF_3)
• HFC−23 (CHF_3)
• HFC−236 ($CF_3CH_2CF_3$)
• HCFC−124 ($CHClFCF_3$)
• FIC−13I1 (CF_3I)
• FC−3−1−10 (C_4F_{10})
※ 참고
− HCFC : Hydro Chloro Fluoro Carbons
− HFC : Hydro Fluoro Carbons
− FIC : Fluoro Iodo Carbons
− FC : Fluoro Carbons</td></tr>
<tr><td rowspan="2">불활성 기체 계열</td><td>□ □ □
세 번째 자리: CO_2의 농도(%)(생략 가능)
두 번째 자리: Ar의 농도(%)
첫 번째 자리: N_2의 농도(%)
※ 첫째 자리 반올림</td></tr>
<tr><td>• IG−01 (Ar)
• IG−100 (N_2)
• IG−55 (N_2 50%, Ar 50%)
• IG−541 (N_2 52%, Ar 40%, CO_2 8%) : 반올림</td></tr>
</table>

ⓢ 분말 소화약제

특성	• 4가지 종류의 분말이 있으며 무독성임 • 물과 같은 유동성이 없기 때문에 주로 유류화재에 사용되며, 전기적인 전도성이 없어 전기화재에서도 사용 • 빠른 소화성능을 이용하여 분출되는 가스나 일반화재를 포함한 화염화재에서도 사용 • 특히 제3종 분말은 메타인산의 방진효과 때문에 A급 화재에도 적용가능
소화효과	• 질식효과 • 부촉매효과 • 냉각효과
적응화재	유류, 전기화재(제3종 분말은 ABC급 화재에 적합)

종류		주성분	적응화재	착색
종류	제1종 분말	탄산수소나트륨($NaHCO_3$)	B, C, K	백색
종류	제2종 분말	탄산수소칼륨($KHCO_3$)	B, C	보라색
종류	제3종 분말	제1인산암모늄($NH_4H_2PO_4$)	A, B, C	담홍색
종류	제4종 분말	탄산수소칼륨+요소의 반응 생성물($KHCO_3$+$(NH_2)_2CO$)	B, C	회색

4 위험물

(1) 정의

① **위험물** : 인화성 또는 발화성 등의 성질을 가지는 것으로서 대통령령이 정하는 물품

② **지정수량** : 위험물의 종류별로 위험성을 고려하여 대통령령이 정하는 수량으로서 제조소등의 설치허가 등에 있어서 최저의 기준이 되는 수량

(2) 위험물의 종류

① **제1류 위험물** : 산화성 고체

㉠ 산화력의 잠재적인 위험성 또는 충격에 대한 민감성을 판단하기 위하여 소방청장이 정하여 고시하는 시험에서 고시로 정하는 성질과 상태를 나타내는 고체

㉡ 위험물 및 지정수량

품명	지정수량
㉠ 아염소산염류	50kg
㉡ 염소산염류	50kg
㉢ 과염소산염류	50kg
㉣ 무기과산화물	50kg
㉤ 브로민산염류	300kg
㉥ 질산염류	300kg
㉦ 아이오딘산염류	300kg
㉧ 과망가니즈산염류	1,000kg
㉨ 다이크로뮴산염류	1,000kg

② 제2류 위험물 : 가연성 고체

㉠ 화염에 의한 발화의 위험성 또는 인화의 위험성을 판단하기 위하여 고시로 정하는 시험에서 고시로 정하는 성질과 상태를 나타내는 고체

㉡ 위험물 및 지정수량

품명	지정수량
㉠ 황화린	100kg
㉡ 적린	100kg
㉢ 황	100kg
㉣ 철분	500kg
㉤ 금속분	500kg
㉥ 마그네슘	500kg
㉦ 인화성 고체	1,000kg

[비고]

- 황 : 순도가 60wt% 이상인 유황
- 철분 : 철의 분말로서 53㎛의 표준체를 통과하는 것이 50wt% 미만인 것은 제외
- 금속분 : 알칼리금속·알칼리토류금속·철 및 마그네슘 외의 금속의 분말로서, 구리분·니켈분 및 150㎛의 체를 통과하는 것이 50wt% 미만인 것은 제외
- 마그네슘 : 2mm의 체를 통과하지 아니하는 덩어리 상태의 것과 지름 2mm 이상의 막대 모양의 것은 제외
- 인화성 고체 : 고형알코올 그 밖에 1기압에서 인화점이 40℃ 미만인 고체

③ 제3류 위험물 : 자연발화성 물질 및 금수성 물질

㉠ 공기 중에서 발화의 위험성이 있거나 물과 접촉하여 발화하거나 가연성 가스를 발생하는 위험성이 있는 고체 또는 액체

㉡ 위험물 및 지정수량

품명	지정수량
㉠ 칼륨	10kg
㉡ 나트륨	10kg
㉢ 알킬알루미늄	10kg
㉣ 알킬리튬	10kg
㉤ 황린	20kg
㉥ 알칼리금속(칼륨 및 나트륨을 제외한다) 및 알칼리토금속	50kg
㉦ 유기금속화합물(알킬알루미늄 및 알킬리튬을 제외한다)	50kg
㉧ 금속의 수소화물	300kg
㉨ 금속의 인화물	300kg
㉩ 칼슘 또는 알루미늄의 탄화물	300kg

④ 제4류 위험물 : 인화성 액체

㉠ 인화의 위험성이 있는 액체(제3석유류, 제4석유류 및 동식물유류의 경우 1기압, 20℃에서 액체인 것만 해당)

㉡ 위험물 및 지정수량

품명		지정수량
㉠ 특수인화물		50L
㉡ 제1석유류	비수용성액체	200L
	수용성액체	400L
㉢ 알코올류		400L
㉣ 제2석유류	비수용성액체	1,000L
	수용성액체	2,000L
㉤ 제3석유류	비수용성액체	2,000L
	수용성액체	4,000L
㉥ 제4석유류		6,000L
㉦ 동식물유류		10,000L

[비고]

- 특수인화물 : 1기압에서 발화점이 100℃ 이하인 것 또는 인화점이 영하 20℃ 이하이고 비점이 40℃ 이하인 것
  예 이황화탄소, 디에틸에테르
- 제1석유류 : 1기압에서 인화점이 21℃ 미만인 것
  예 아세톤, 휘발유
- 알코올류 : 1분자를 구성하는 탄소원자의 수가 1개부터 3개까지인 포화1가 알코올(변성알코올 포함)
  ※ 알코올류에 해당하지 않는 것
  - 1분자를 구성하는 탄소원자의 수가 1개 내지 3개의 포화1가 알코올의 함유량이 60wt% 미만인 수용액
  - 가연성 액체량이 60wt% 미만이고 인화점 및 연소점이 에틸알코올 60wt% 수용액의 인화점 및 연소점을 초과하는 것
- 제2석유류 : 1기압에서 인화점이 21℃ 이상 70℃ 미만인 것. 다만, 도료류 그 밖의 물품에 있어서 가연성 액체량이 40wt% 이하이면서 인화점이 40℃ 이상인 동시에 연소점이 60℃ 이상인 것은 제외
  예 등유, 경유
- 제3석유류 : 1기압에서 인화점이 70℃ 이상 200℃ 미만인 것. 다만, 도료류 그 밖의 물품은 가연성 액체량이 40wt% 이하인 것은 제외
  예 중유, 크레오소트유
- 제4석유류 : 1기압에서 인화점이 200℃ 이상 250℃ 미만의 것. 다만, 도료류 그 밖의 물품은 가연성 액체량이 40wt% 이하인 것은 제외
  예 기어유, 실린더유
- 동식물유류 : 동물의 지육 등 또는 식물의 종자나 과육으로부터 추출한 것으로서 1기압에서 인화점이 250℃ 미만인 것

⑤ 제5류 위험물 : 자기반응성 물질

㉠ 폭발의 위험성 또는 가열분해의 격렬함을 판단하기 위하여 고시로 정하는 시험에서 고시로 정하는 성질과 상태를 나타내는 고체 또는 액체

㉡ 위험물 및 지정수량

품명	지정수량
㉠ 유기과산화물	10kg
㉡ 질산에스터류	10kg
㉢ 나이트로화합물	200kg
㉣ 나이트로소화합물	200kg
㉤ 아조화합물	200kg
㉥ 디아조화합물	200kg
㉦ 하이드라진 유도체	200kg
㉧ 하이드록실아민	100kg
㉨ 하이드록실아민염류	100kg

⑥ 제6류 위험물 : 산화성 액체

㉠ 산화력의 잠재적인 위험성을 판단하기 위하여 고시로 정하는 시험에서 고시로 정하는 성질과 상태를 나타내는 액체

㉡ 위험물 및 지정수량

품명	지정수량
㉠ 과염소산	300kg
㉡ 과산화수소	300kg
㉢ 질산	300kg

(3) 유별 특징

① 제1류 위험물(산화성 고체)

성질	• 대부분 무색 결정 또는 백색분말 • 대부분 물에 녹음(수용성) • 비중은 1보다 큼 • 불연성이며 산소를 많이 함유하고 있는 강산화제 • 반응성이 풍부하여 열・타격・충격・마찰 및 다른 약품과의 접촉으로 분해하여 많은 산소를 방출하여 다른 가연물의 연소를 돕는 조연성 물질	
위험성	• 가열 또는 제6류 위험물(산화성 액체)과 혼합 시 산화성이 증대 • 유기물과 혼합하면 폭발의 위험이 있음 • 열분해 시 산소 방출 • 무기과산화물은 물과 반응하여 산소를 방출하며 심하게 발열	
저장・취급 방법	• 가열・마찰・충격 등의 요인을 피해야 함 • 제2류 위험물(가연물, 환원물)과의 접촉을 피해야 함 • 강산류와의 접촉을 피해야 함 • 조해성(공기의 수분을 흡수하여 스스로 녹는 성질)이 있는 물질은 습기나 수분과의 접촉에 주의하며 용기는 밀폐하여 저장 • 화재 위험이 있는 곳으로부터 멀리 위치	
소화방법	제1류 위험물	물에 의한 냉각소화
	무기과산화물	마른 모래, 팽창질석, 팽창진주암, 탄산수소염류 분말약제

② 제2류 위험물(가연성 고체)

성질	• 비교적 낮은 온도에서 착화되기 쉬운 가연물 • 비중은 1보다 크고 물에 녹지 않음 • 대단히 연소속도가 빠른 고체(강력한 환원제) • 연소 시 유독가스를 발생하는 것도 있고 연소열이 크고 연소온도가 높음 • 철분, 금속분, 마그네슘은 물과 산의 접촉으로 발열
위험성	• 착화온도가 낮아 저온에서 발화가 용이 • 연소속도가 빠르고 연소 시 다량의 빛과 열을 발생(연소열 큼) • 가열·충격·마찰에 의해 발화·폭발 위험이 있음 • 금속분은 산, 할로겐원소, 황화수소와 접촉 시 발열·발화 • 황, 철분, 금속분, 마그네슘의 분진 폭발 위험성이 있음
저장·취급 방법	• 점화원으로부터 멀리하고 불티, 불꽃, 고온체와의 접촉을 피해야 함 • 산화제(제1류, 제6류)와의 접촉을 피해야 함 • 철분, 마그네슘, 금속분은 산·물과의 접촉을 피해야 함
소화방법	제2류 위험물: 물에 의한 냉각소화 철분, 금속분, 마그네슘, 오황화인, 칠황화인: 마른 모래, 팽창질석, 팽창진주암, 탄산수소염류 분말약제

③ 제3류 위험물(자연발화성 물질 및 금수성 물질)

성질	• 대부분 무기화합물이며, 일부(알킬알루미늄, 알킬리튬, 유기금속화합물)는 유기화합물 • 대부분 고체이고 일부(알킬알루미늄, 알킬리튬)는 액체 • 황린을 제외하고 금수성 물질 • 지정수량 10kg(칼륨, 나트륨, 알킬알루미늄, 알킬리튬)은 물보다 가볍고 나머지는 물보다 무거움
위험성	• 가열, 강산화성 물질 또는 강산류와 접촉에 의해 위험성이 증가 • 일부는 물과 접촉에 의해 발화 • 자연발화성 물질은 물·공기와 접촉하면 폭발적으로 연소하여 가연성 가스를 발생 • 금수성 물질은 물과 반응하여 가연성 가스[H_2(수소), C_2H_2(아세틸렌), PH_3(포스핀)]를 발생
저장·취급 방법	• 저장용기는 공기, 수분과의 접촉을 피해야 함 • 가연성 가스가 발생하는 자연발화성 물질은 불티, 불꽃, 고온체와 접근을 피해야 함 • 칼륨, 나트륨, 알칼리금속 : 산소가 포함되지 않은 석유류(등유, 경유, 유동파라핀)에 표면이 노출되지 않도록 저장 • 황린은 공기와 접촉 시 자연발화 위험성이 있어 물속에 저장 • 화재 시 소화가 어려우므로, 희석제를 혼합하거나 소량으로 분리하여 저장 • 자연발화를 방지(통풍, 저장실온도 낮춤, 습도 낮춤, 정촉매 접촉 금지)
소화방법	• 물에 의한 주수소화는 절대 금지(단, 황린은 주수소화 가능) • 소화약제 : 마른 모래, 팽창질석, 팽창진주암, 탄산수소염류 분말약제

④ 제4류 위험물(인화성 액체)

성질	• 대단히 인화하기 쉬움 • 연소범위의 하한이 낮아서, 공기 중 소량 누설되어도 연소 가능 • 증기는 공기보다 무거움(단, 시안화수소는 공기보다 가벼움) • 대부분 물보다 가볍고 물에 녹지 않음
위험성	• 인화위험이 높으므로 화기의 접근을 피해야 함 • 증기는 공기와 약간만 혼합되어도 연소함 • 발화점과 연소범위의 하한이 낮음 • 전기 부도체이므로 정전기 축적이 쉬워 정전기 발생에 주의 필요
저장 · 취급 방법	• 화기 · 점화원으로부터 멀리 저장 • 정전기의 발생에 주의하여 저장 · 취급 • 증기 및 액체의 누설에 주의하여 밀폐용기에 저장 • 증기의 축적을 방지하기 위해 통풍이 잘되는 곳에 보관 • 증기는 높은 곳으로 배출 • 인화점 이상 가열하여 취급하지 말 것
소화방법	• 봉상주수 소화 절대 금지(유증기 발생 및 연소면 확대 우려) • 포, 불활성 가스(이산화탄소), 할로겐 화합물, 분말소화약제로 질식소화 • 물에 의한 분무소화(질식소화)도 효과적 • 수용성 위험물은 알코올형 포소화약제를 사용

⑤ 제5류 위험물(자기반응성 물질)

성질	• 산소를 함유하고 있어 외부로부터 산소의 공급 없이도 가열 · 충격 등에 의해 연소폭발을 일으킬 수 있는 자기연소를 일으킴 • 연소속도가 대단히 빠르고 폭발적 • 물에 녹지 않고 물과의 반응 위험성이 크지 않음 • 비중이 1보다 큼 • 모두 가연성 물질이며 연소 시 다량의 가스 발생 • 시간의 경과에 따라 자연발화의 위험성이 있음 • 대부분이 유기화합물(하이드라진유도체 제외)이므로 가열, 충격, 마찰 등으로 폭발의 위험이 있음 • 대부분이 질소를 함유한 유기질소화합물(유기과산화물 제외)
위험성	• 외부의 산소공급 없이도 자기연소하므로 연소속도가 빠르고 폭발적 • 강산화제, 강산류와 혼합한 것은 발화를 촉진시키고 위험성도 증가 • 아조화합물, 디아조화합물, 하이드라진유도체는 고농도인 경우 충격에 민감하여 연소 시 순간적인 폭발로 이어짐 • 나이트로화합물은 화기, 가열, 충격, 마찰에 민감하여 폭발위험이 있음
저장 · 취급 방법	• 점화원 엄금 • 가열, 충격, 마찰, 타격 등을 피해야 함 • 강산화제, 강산류, 기타 물질이 혼입되지 않도록 해야 함 • 화재 발생 시 소화가 곤란하므로 소분하여 저장
소화방법	• 화재 초기 또는 소형화재 시 다량의 물로 주수소화(이 외에는 소화가 어려움) • 소화가 어려울 시 가연물이 다 연소할 때까지 화재의 확산을 막아야 함 • 물질 자체가 산소를 함유하고 있으므로 질식소화는 효과적이지 않음

⑥ 제6류 위험물(산화성 액체)

성질	• 부식성 및 유독성이 강한 강산화제 • 산소를 많이 포함하여 다른 가연물의 연소를 도움 • 비중이 1보다 크며, 물에 잘 녹음 • 가연물 및 분해를 촉진하는 약품과 접촉하면 분해 폭발 • 물과 접촉 시 발열 • 과산화수소를 제외하고 강산성 물질
위험성	• 자신은 불연성 물질이지만 산화성이 커 다른 물질의 연소를 도움 • 강환원제, 일반 가연물과 혼합한 것은 접촉발화하거나 가열 등에 의해 위험한 상태가 됨 • 과산화수소를 제외하고 물과 접촉하면 심하게 발열
저장 · 취급 방법	• 물 · 가연물 · 유기물 · 제1류위험물과 접촉을 피해야 함 • 내산성 저장용기를 사용
소화방법	• 마른모래, 분말소화약제 사용 • 질산과 과산화수소는 물과 반응하여 발열 등 위험성이 있으나, 소규모 화재의 경우 다량의 물로 주수소화 가능

(4) 유별을 달리하는 위험물의 혼재기준(위험물안전관리법 시행규칙 별표 19)

위험물의 구분	제1류	제2류	제3류	제4류	제5류	제6류
제1류		×	×	×	×	○
제2류	×		×	○	○	×
제3류	×	×		○	×	×
제4류	×	○	○		○	×
제5류	×	○	×	○		×
제6류	○	×	×	×	×	

비고
1. "X" 표시는 혼재할 수 없음을 표시한다.
2. "O" 표시는 혼재할 수 있음을 표시한다.
3. 이 표는 지정수량의 1/10 이하의 위험물에 대하여는 적용하지 아니한다.

(5) 위험물의 분리보관(위험물안전관리법 시행규칙 별표 18)

옥내저장소 · 옥외저장소에서 유별이 다른 위험물을 서로 1m 이상의 간격을 두고 함께 저장할 수 있는 경우

① 제1류 위험물(알칼리금속의 과산화물 또는 이를 함유한 것을 제외한다)과 제5류 위험물을 저장하는 경우

② 제1류 위험물과 제6류 위험물을 저장하는 경우

③ 제1류 위험물과 제3류 위험물 중 자연발화성 물질(황린 또는 이를 함유한 것에 한한다)을 저장하는 경우

④ 제2류 위험물 중 인화성 고체와 제4류 위험물을 저장하는 경우

⑤ 제3류 위험물 중 알킬알루미늄등과 제4류 위험물(알킬알루미늄 또는 알킬리튬을 함유한 것에 한한다)을 저장하는 경우

⑥ 제4류 위험물 중 유기과산화물 또는 이를 함유하는 것과 제5류 위험물 중 유기과산화물 또는 이를 함유한 것을 저장하는 경우

5 소방시설

(1) 소방시설의 종류(소방시설 설치 및 관리에 관한 법률 시행령 별표 1)

소화설비	물 또는 그 밖의 소화약제를 사용하는 기계·기구 또는 설비 예 소화기구(소화기, 간이소화용구, 자동확산소화기), 자동소화장치, 옥내소화전설비, 스프링클러설비등, 물분무등소화설비, 옥외소화전설비
경보설비	화재발생 사실을 통보하는 기계·기구 또는 설비 예 단독경보형 감지기, 비상경보설비, 자동화재탐지설비, 시각경보기, 화재알림설비, 비상방송설비, 자동화재속보설비, 통합감시시설, 누전경보기, 가스누설경보기
피난구조설비	화재가 발생할 경우 피난하기 위하여 사용하는 기구·설비 예 피난기구(피난사다리, 구조대, 완강기, 간이완강기 등), 인명구조기구(방열복·방화복, 공기호흡기, 인공소생기, 유도등(피난유도선, 피난구유도등, 통로유도등, 객석유도등, 유도표지), 비상조명등 및 휴대용비상조명등
소화용수설비	화재를 진압하는 데 필요한 물을 공급하거나 저장하는 설비 예 상수도소화용수설비, 소화수조·저수조, 그 밖의 소화용수설비
소화활동설비	화재를 진압하거나 인명구조활동을 위하여 사용하는 설비 예 제연설비, 연결송수관설비, 연결살수설비, 비상콘센트설비, 무선통신보조설비, 연소방지설비

(2) 소화설비

① 소화기

㉠ 약제에 따른 소화기 종류 및 구조

종류	구조	특징
분말소화기	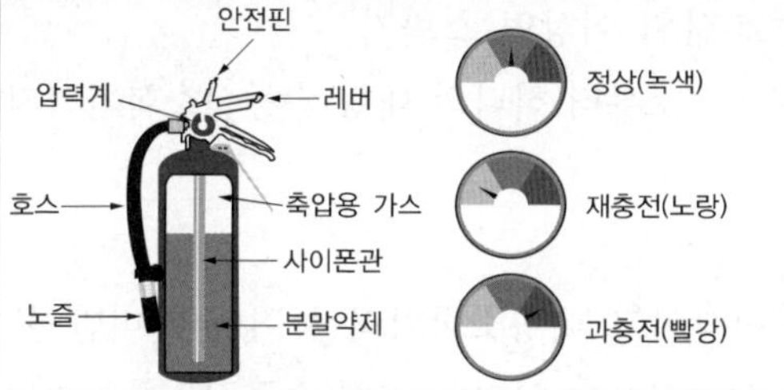	• 대중적으로 사용되는 소화기 • 가압된 가스(질소)를 이용하여 분출 • 방사 후 분말이 남아 소화대상이 훼손될 우려가 있음 • 장기보관 시 약제가 굳을 수 있음 • 개봉하여 사용 후 재사용 불가능 • 충전압력(녹색 범위) : 0.7~0.98MPa
이산화탄소 소화기	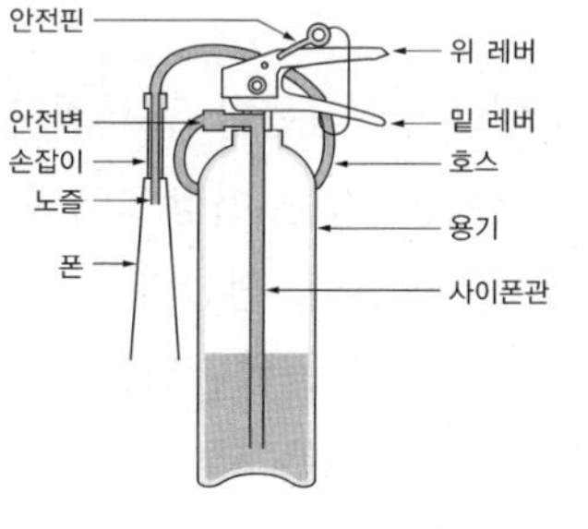	• 이산화탄소가 고압으로 압축되어 액상으로 충전되어 있음 • 방출되며 드라이아이스로 변하면서 이산화탄소가스로 화재면을 덮어 공기를 차단 • 이산화탄소를 공기 중에 혼입함으로써 산소 농도를 15%로 낮추어 질식 소화시킴 • 축압식 소화기의 일종으로 레버식 밸브(대형소화기는 핸들식)의 개폐에 의해 방사되므로 방사를 중지할 수 있음 • 밸브 본체에는 일정 압력에서 작동하는 안전밸브가 장치되어 있음 • 방출 시 노즐을 잡으면 동상 우려가 있어 반드시 손잡이를 잡아야 함 • 이산화탄소 소화기에는 압력계가 없음

종류	구조	특징
할론소화기	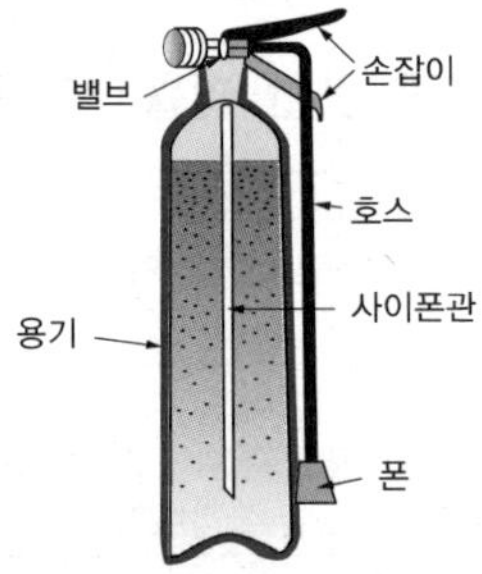	• 소화 후 약제 잔재물이 남지 않는 장점이 있으나 독성 등으로 사용 안 함 • Halon1211, 2404 : 지시압력계가 있음 • Halon1301 : 지시압력계가 없고, 고압가스 자체의 압력으로 방사
포소화기	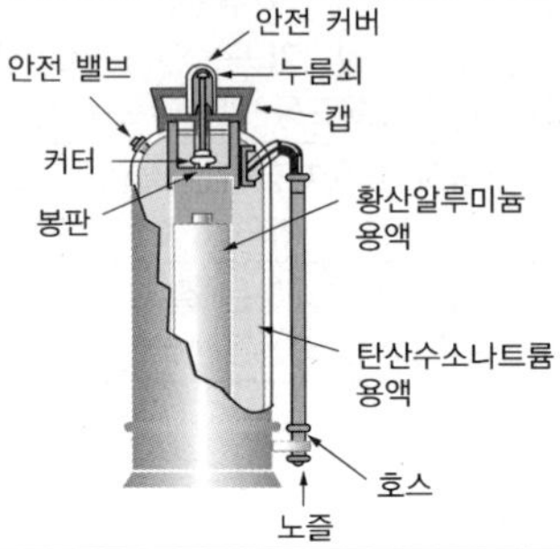	• 밀봉된 내통 용기를 뚫은 후 뒤집어서 격리된 두 용액(탄산수소나트륨, 황산알루미늄)을 혼합하여 사용 • 약제에 의한 부식 가능성이 높음

ⓛ 크기에 따른 소화기 종류

ⓐ 대형소화기

- 화재 시 사람이 운반할 수 있도록 운반대와 바퀴가 설치되어 있고 능력단위가 A급 10단위 이상, B급 20단위 이상인 소화기
- 방호대상물의 각 부분으로부터 하나의 대형 수동식소화기까지의 보행거리가 30m 이하가 되도록 설치

ⓑ 소형소화기

- 능력단위가 1단위 이상이고 대형소화기의 능력단위 미만인 소화기
- 방호대상물의 각 부분으로부터 하나의 소형 수동식소화기까지의 보행거리가 20m 이하가 되도록 설치

ⓒ 소화기구 설치기준

ⓐ 특정소방대상물의 설치 장소에 따라 적합한 종류의 것으로 한다.

ⓑ 특정소방대상물에 따라 능력단위를 기준 이상으로 한다.

ⓒ 보일러실, 교육연구시설, 발전실, 변전실, 전산기기실 등 부속 용도별로 사용되는 부분에 대해 소화기구 및 자동소화장치의 능력단위를 추가하여 설치한다.

ⓓ 각 층이 2 이상의 거실로 구획된 경우에는 각 층마다 설치하는 것 외에 바닥면적 $33m^2$ 이상으로 구획된 각 거실(각 세대)에도 배치한다.

ⓔ 능력단위 2 이상이 되도록 소화기를 설치해야 할 대상에는 간이소화용구의 능력단위가 전체 능력단위의 2분의 1을 초과하지 않도록 한다.

ⓕ 소화기구는 바닥으로부터 높이 1.5m 이하의 곳에 비치하고 “소화기”, “투척용소화용구”, “소화용 모래”, “소화질석”이라고 표시한 표지를 보기 쉬운 곳에 부착한다.

㉣ 사용방법

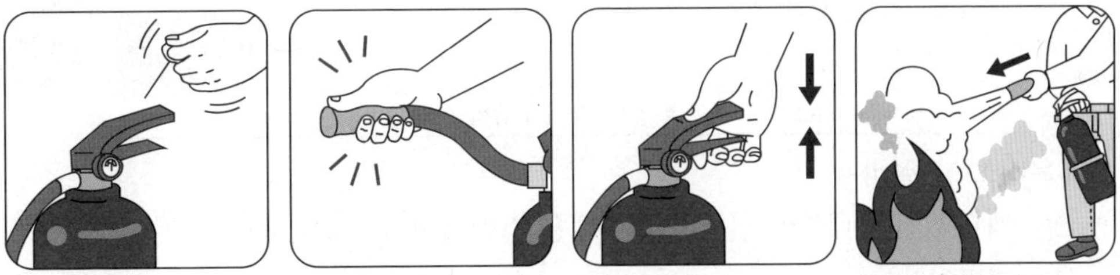

❶ 안전핀을 뽑는다. ❷ 노즐을 잡고 불 쪽을 향한다. ❸ 손잡이를 움켜쥔다. ❹ 분말을 골고루 쏜다.

㉤ 점검방법

구분	점검사항	비고
소화기 적응성	소화기는 화재의 종류에 따라 적응성 있는 소화기를 사용	• A 일반화재 • B 유류화재 • C 전기화재 • K 주방화재
본체 용기	본체 용기가 변형, 손상 또는 부식된 경우 교체 (가압식 소화기는 사용상 주의)	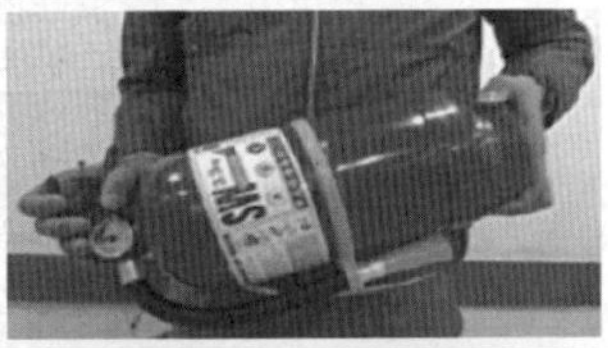
누름쇠·레버 등의 조작 장치	손잡이의 누름쇠가 변형되거나 파손되면 사용 시 손잡이를 눌러도 소화약제가 방출되지 않을 수 있음	
호스·혼·노즐	호스가 찢어지거나 노즐·혼이 파손되거나 탈락되면, 찢어진 부분이나 파손된 부분으로 소화약제가 새어 화점으로 약제를 방출할 수 없음	 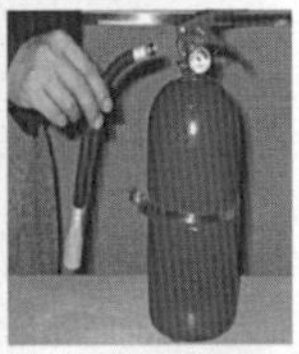
축압식 소화기 지시압력계	지시압력계 지침이 녹색범위에 있어야 정상(노란색(황색) 부분은 압력이 부족한 것으로 재충전이 필요하며, 적색 부분에 있으면 과압(압력이 높음) 상태를 나타냄)	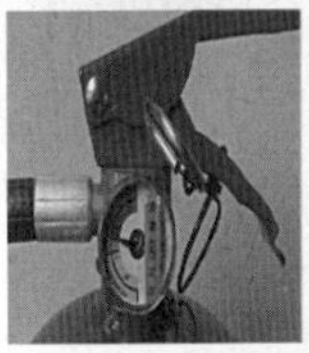 
안전핀	안전핀의 탈락 여부, 안전핀이 변형되어 있지 않은지 점검	

구분	점검사항	비고
자동확산소화기 점검방법	소화기의 지시압력계 상태를 확인, 지시압력계 지침이 녹색 범위 내에 있어야 적합	
약제	소화기를 거꾸로 들어 약제의 유동 여부 확인	월 1회 실시

② 옥내소화전설비

㉠ 개요 : 건물 내부에 설치하는 수계용 소방 설비로, 소방대 도착 전 미리 화재를 진압하는 설비이다.

㉡ 구조

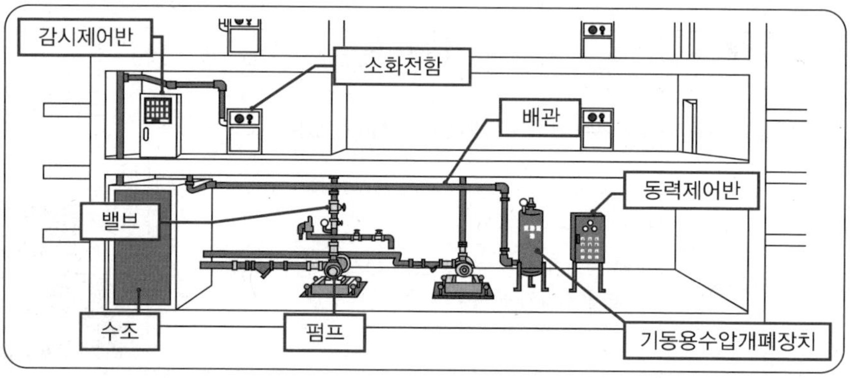

㉢ 원리

ⓐ 평상시 가압수가 차 있다가 소화전을 사용하면 배관 내에 압력이 낮아지고 배관과 연결된 기동용 수압개폐장치의 압력 스위치의 압력이 낮아져 압력 스위치의 접점이 붙는다.

ⓑ 압력스위치의 전기적인 신호가 MCC라고 불리는 동력제어반으로 전달되어 모터를 동작시켜 펌프를 자동 기동시킨다.

ⓒ 펌프에서 공급된 물은 배관을 통해 소화전으로 계속 공급된다.

㉣ 설치기준

ⓐ 소화전함

- 함 표면에 "소화전"이라고 표시한 표지 부착
- 함 표면에 사용요령(외국어 병기)을 기재한 표지판을 부착

ⓑ 방수구

- 층마다 바닥으로부터 1.5m 높이 이하에 설치
- 소방대상물의 각 부분으로부터 방수구까지 수평거리는 25m 이하

ⓒ 표시등

- 함 상부에 위치
- 부착면으로부터 15° 이상, 10m 이내의 어느 곳에서도 쉽게 식별 가능한 적색등

ⓓ 호스

- 구경 40mm 이상의 것(호스릴 옥내소화전 설비는 25mm 이상)
- 물이 유효하게 뿌려질 수 있는 길이로 설치

ⓔ 관창(노즐)

- 직사형 : 봉상으로 방수
- 방사형 : 봉상 및 분무 상태로 방사

ⓕ 수조 : 한 층에 설치된 옥내소화전 최대 설치개수(5개 이상인 경우 5) × 2.6m^3 이상

㉤ 사용방법

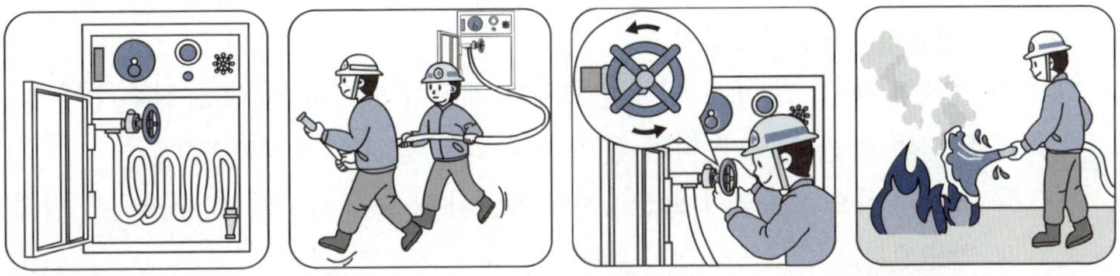

❶ 문을 연다. ❷ 호스를 빼고 노즐을 잡는다. ❸ 밸브를 돌린다. ❹ 불을 향해 쏜다.

㉥ 점검방법

구분	점검사항	비고
방수압력 · 방수량 측정	• 옥내소화전 2개(고층건물은 최대 5개)를 동시에 개방하여 방수압력 측정 • 노즐 선단으로부터 노즐구경의 2의 1 떨어진 위치에서 측정 • 직사형 관창 이용 • 봉상주수 상태에서 직각으로 측정 • 방수시간 3분 • 방사거리 8m 이상 • 방수압력 0.17MPa 이상 • 최상층 소화전 개방 시 소화펌프 자동 기동 및 기동표시등 확인	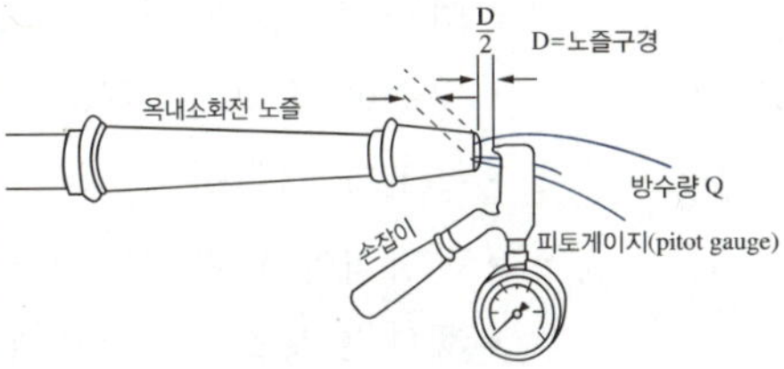
제어반 점검	• 펌프 운전선택 스위치의 자동위치 확인 • 위치표시등, 기동표시등의 색상과 상태 정상 여부 확인	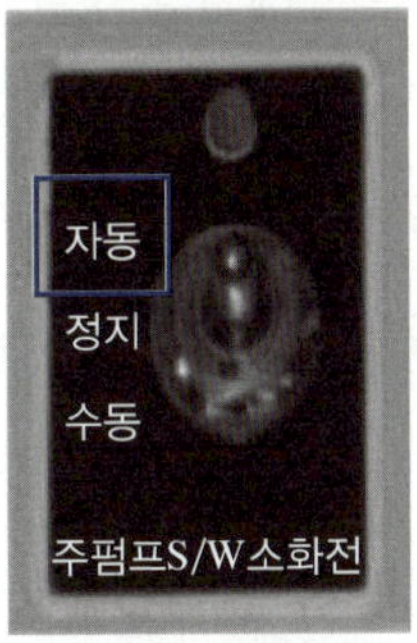

구분	점검사항	비고
소화전함 점검	• 함 외부의 "소화전" 표시 확인 • 함 표면의 사용요령 부착 상태 확인 • 함 주변 장애물 제거 • 결합부의 누수 여부 및 밸브 개폐조작 용이 여부 확인 • 호스 체결 여부 및 정리 상태 확인	

③ 스프링클러설비

㉠ 개요 : 배관에 의하여 천정 또는 벽에 열 감지 및 살수를 해 주는 설비로서 화재발생시 자동적으로 감지하고 천정 또는 천정속 등에 설치한 스프링클러 헤드에서 방수되는 설비

㉡ 스프링클러 헤드 적용방식

ⓐ 폐쇄형 헤드 : 화재로 인해 감열체가 개방이 되어 배관 내 소화수가 방출되는 것으로, 화염의 확산 정도에 따라 물이 방수되는 범위가 결정된다.

ⓑ 개방형 헤드 : 화염의 확산과는 관계없이 헤드가 설치된 전 구역에서 일제히 소화수가 방출된다.

㉢ 스프링클러설비 종류 및 특징

ⓐ 습식 스프링클러설비

- 폐쇄형 스프링클러 헤드 설치
- 자동경보밸브를 중심으로 1·2차측 배관이 소화수로 유지
- 화재 시 열에 의한 헤드의 개방으로 살수되어 소화하는 방식
- 신속한 소화가 가능
- 구조가 간단하고, 시공비 저렴
- 타방식에 비해 유지관리가 용이
- 헤드 오동작 시 수손피해 및 배관부식 촉진

ⓑ 건식 스프링클러설비

- 폐쇄형 스프링클러 헤드 설치
- 건식밸브를 중심으로 1차측에는 소화수, 2차측은 압축공기
- 화재 시 열에 의한 헤드 개방 후 압축공기의 방출로 인한 배관의 압력차로 살수되는 방식
- 동결 우려가 있는 연구실 또는 옥외에 설치
- 살수 개시시간이 지연되며 화재초기 압축공기에 의해 화재촉진이 우려

ⓒ 준비작동식 스프링클러설비
- 폐쇄형 스프링클러 헤드 설치
- 준비작동식밸브를 중심으로 1차측은 소화수, 2차측은 대기압 상태
- 화재 시 감지기 작동 후 2차측에 충수된 후 헤드 개방 시 살수되는 방식
- 동결우려장소에서 사용 가능
- 헤드 오동작 시 수손피해 우려 없음
- 스프링클러설비 작동용 감지기 시공 필요, 구조 복잡, 시공비 고가

ⓓ 일제살수식 스프링클러설비
- 개방형 스프링클러 헤드 설치
- 일제개방밸브를 중심으로 1차측은 소화수, 2차측은 대기압 상태
- 화재 시 감지기 작동 후 담당구역의 모든 헤드에서 살수되는 방식
- 초기화재 신속 대처 용이
- 층고 높은 장소에서도 소화 가능
- 스프링클러설비 작동용 감지기 시공 필요, 대량살수로 수손피해 우려

(3) 경보설비 – 자동화재탐지설비

① **개요** : 건축물 내에 발생한 화재 초기단계에서 발생하는 열 또는 연기 또는 불꽃 등을 자동적으로 감지하여 건물 내 관계자에게 발화장소를 알리고 동시에 경보를 내보내는 설비

② **구성** : 감지기, 수신기, 발신기, 음향장치

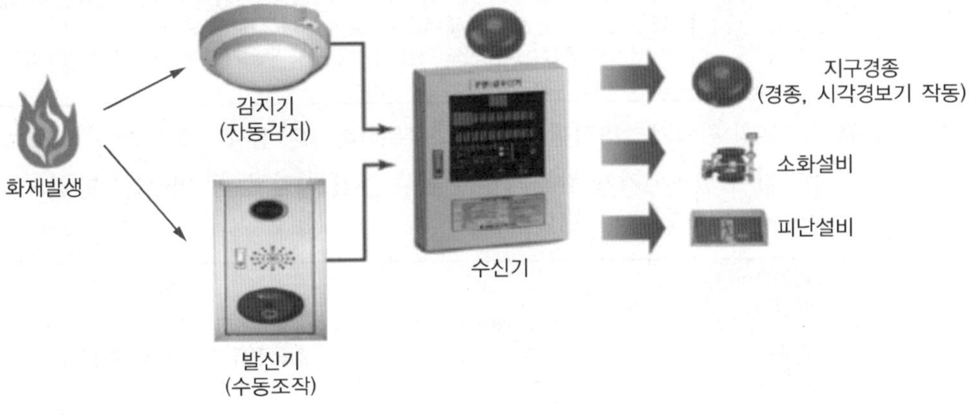

㉠ 감지기

- 열감지기
  - 차동식
  - 정온식
  - 보상식
- 연기감지기
  - 이온화식
  - 광전식
- 복합형감지기 — 열·연기·열연 복합형
- 불꽃감지기 — 자외선, 적외선 겸용

ⓐ 열감지기

차동식 스포트형 감지기 	• 주위 온도가 일정 상승률 이상 되었을 때 열 효과에 의해 작동 • 주로 거실, 사무실 등에 설치 • 화재 시 발생된 열에 의해 공기실 내 공기가 팽창하여 공기 압력에 의해 다이어프램이 밀어 올려져 접점이 붙으면서 동작되며, 이때 작동표시등이 점등 • 평상시 난방등에 의해 서서히 온도가 올라가는 경우 리크 구멍으로 공기가 빠져나가 비화재보를 방지
정온식 스포트형 감지기 	• 주위 온도가 일정 온도 이상 되었을 때 작동 • 주로 보일러실, 주방 등에 설치 • 바이메탈 활곡 : 일정 온도에 도달하면 바이메탈이 활곡 모양으로 휘면서 폐회로 시켜 신호를 보냄 • 금속팽창 : 팽창계수가 큰 외부 금속판과 팽창계수가 작은 내부 금속판을 조합하여 열에 대한 선팽창의 차에 의해 접점을 붙게 하여 신호를 보냄 • 액체(기체) 팽창 : 일정 온도 이상 시 반전판 내 액체가 기화되면서 팽창하여 접점을 폐회로시켜 신호를 보냄

※ 스포트형 감지기 : 바닥면과 수직으로 부착하거나 경사지게 부착 시 최소 45° 이내로 부착하여 열·연기가 감지기 내부에서 일정 시간 동안 머무를 수 있도록 해야 함

ⓑ 연기감지기

이온화식 연기감지기 	• 주로 계단, 복도 등에 설치 • 공기 중의 이온화 현상에 의해 발생되는 이온전류가 화재 시 발생되는 연기에 의해 그 양이 감소하는 것을 검출하여 화재 신호로 변환
광전식 연기감지기 	• 주로 계단, 복도 등에 설치 • 화재 시 연기 입자 침입에 의해 발광소자에 비추는 빛이 산란되어 산란광 일부가 수광소자에 비추게 되어 수광량 변화를 검출하여 수신기에 화재 신호를 보냄

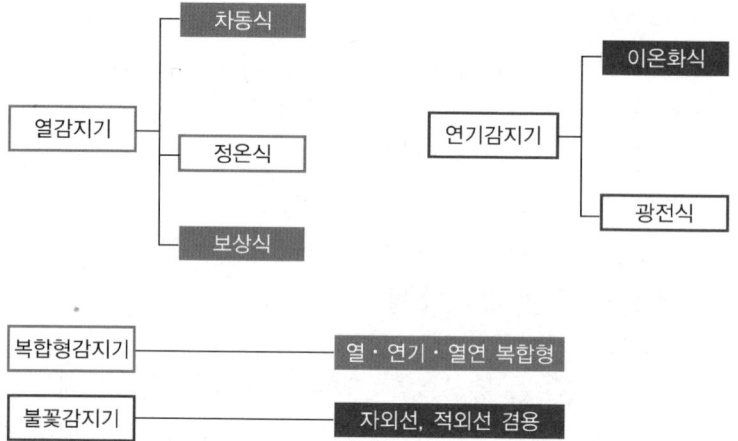

ⓒ 불꽃감지기

자외선 불꽃감지기	• 불꽃에서 방사되는 자외선의 변화가 일정량 이상으로 될 때 작동 • 일반적으로 0.18~0.26μm 파장을 검출하여 화재 신호 발신
적외선 불꽃감지기 	• 불꽃에서 방사되는 적외선의 변화가 일정량 이상으로 될 때 작동 • 일반적으로 2.5~2.8μm, 4.2~4.5μm 파장을 검출해서 화재 신호 발신

ⓓ 단독경보형 감지기

단독경보형 감지기 	• 감지기 자체에 건전지와 음향장치가 내장 • 화재 시 열에 의해 감지된 화재신호를 신속하게 실내 안에서 경보하여 인명 대피를 유도 • 별도의 수신기가 필요 없고, 내장된 음향장치에 의해 단독으로 화재 발생 상황을 알림 • 각 실마다 설치하되, 바닥면적이 150m^{2}을 초과하면 150m^{2}마다 1개 이상 설치 • 최상층의 계단실 천장에 설치 • 건전지가 주전원이므로 건전지를 교환

ⓛ 발신기

ⓐ 구조

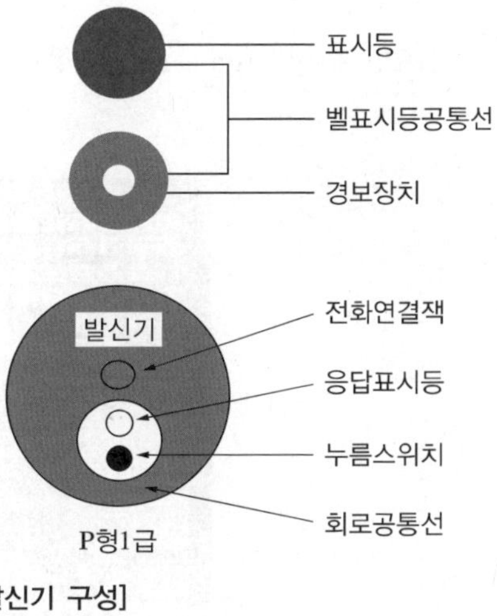

[발신기 구성]

ⓑ 동작원리

• 화재가 발생하는 천정에 부착된 감지기가 자동으로 화재를 감지하거나 발신기를 눌렀을 때 수신기에서 화재 정보를 받아 화재 발생 위치를 수신기에서 표시한다.

• 주경종과 화재층의 지구경종이 동시에 동작하여 재실자의 피난 및 초기대응에 도움을 준다.

㉢ 수신기

ⓐ 종류

- P형 수신기(proprietary형)
  - 일반적으로 사용
  - 감지기 또는 발신기에서 발신한 화재 신호는 직접 또는 중계기를 거쳐 공통신호로 수신하고 표시방법은 지구별로 되어 있음
  - P형 수신기가 화재 신호를 수신했을 경우 적색의 화재등과 화재 발생 장소를 각각 자동적으로 표시함과 동시에 주음향장치, 지구음향장치를 자동적으로 명동
- R형 수신기(record형)
  - 감지기, 발신기로부터 온 신호를 중계기를 통해 각 회선마다 고유신호로 수신
  - 사용신호방식은 주로 시분할 방식을 이용한 다중통신방식이용
  - P형 수신기보다 많은 선로를 절약할 수 있음
  - 초고층빌딩 등 회선 수가 매우 많은 대상물에 설치
- GP형 수신기(gas-proprietary형) : P형 수신기 기능과 가스누설경보기 수신부 기능을 겸한 것
- GR형 수신기(gas-record형) : R형 수신기 기능과 가스누설경보기 수신부 기능을 겸한 것

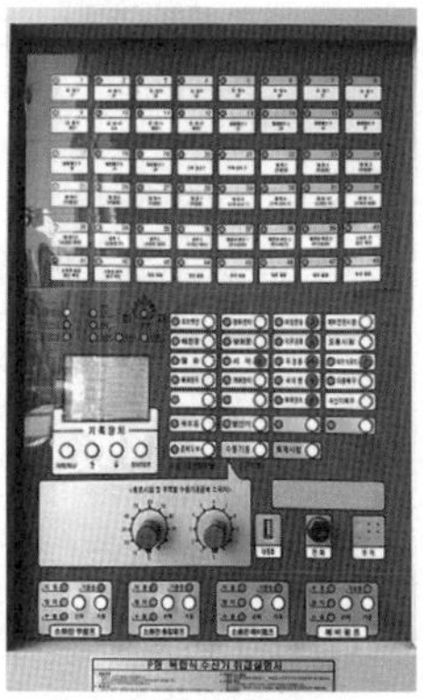

[P형 수신기]

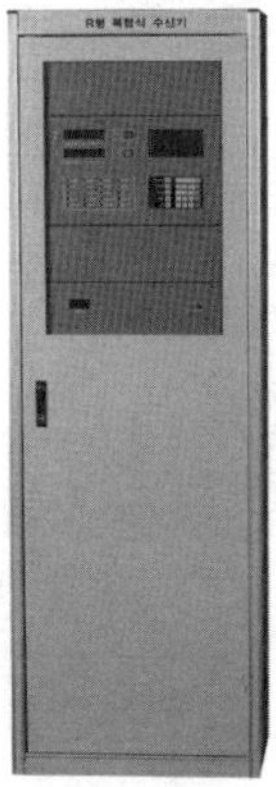

[R형 수신기]

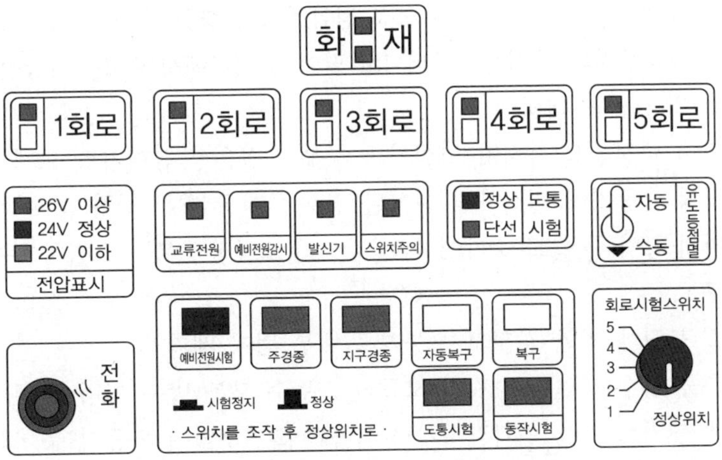

[수신기 표시등 및 스위치(P형1급)]

ⓑ 설치기준

- 수위실 등 상시 사람이 근무하는 장소에 설치한다(상시 근무장소가 없는 경우 관계인이 쉽게 접근하고 관리가 용이한 장소에 설치).
- 수신기 설치장소에는 경계구역 일람도를 비치한다.
- 수신기 음향기구는 그 음량 및 음색이 다른 기기의 소음 등과 명확히 구별될 수 있어야 한다.
- 수신기는 감지기 · 중계기 또는 발신기가 작동하는 경계구역을 표시할 수 있는 것을 선택한다.
- 화재 · 가스 · 전기 등에 대한 종합방재반을 설치한 경우에는 해당 조작반에 수신기의 작동과 연동하여 감지기 · 중계기 · 발신기가 작동하는 경계구역을 표시할 수 있는 것으로 설치한다.
- 하나의 경계구역은 하나의 표시등 또는 하나의 문자로 표시한다.
- 수신기 조작 스위치는 바닥으로부터 높이가 0.8m 이상 1.5m 이하인 장소에 설치한다.
- 하나의 특정소방대상물에 2 이상의 수신기를 설치하는 경우에는 수신기를 상호 간 연동하여 화재발생상황을 각 수신기마다 확인할 수 있도록 한다.

㉣ 음향장치

ⓐ 종류

- 주음향장치 : 수신기 내부 또는 직근에 설치
- 지구음향장치 : 각 경계구역 내 발신기함에 설치

ⓑ 설치기준

- 주음향장치는 수신기의 내부 또는 그 직근에 설치한다.
- 지구음향장치는 특정소방대상물의 층마다 설치하되, 해당 특정소방대상물의 각 부분으로부터 하나의 음향장치까지의 수평거리가 25m 이하가 되도록 하고, 해당 층의 각 부분에 유효하게 경보를 발할 수 있도록 설치한다.

• 음향장치는 정격전압의 80% 전압에서 음향을 발할 수 있는 것으로 음량은 부착된 음향장치의 중심으로부터 1m 떨어진 위치에서 90dB 이상이 되는 것으로 한다.

③ 비화재보의 원인과 대책

㉠ 주방에 비적응성 감지기가 설치된 경우 : 정온식 감지기로 교체

㉡ 천장형 온풍기에 밀접하게 설치된 경우 : 기류 흐름 방향 외 이격 설치

㉢ 장마철 공기 중 습도 증가에 의한 감지기 오동작 : 복구 스위치 누름 또는 동작된 감지기 복구

㉣ 청소 불량에 의한 감지기 오동작 : 내부 먼지 제거

㉤ 건축물 누수로 인한 감지기 오동작 : 누수 부분 방수 처리 및 감지기 교체

㉥ 담배 연기로 인한 연기감지기 오작동 : 흡연구역에 환풍기 등 설치

㉦ 발신기를 장난으로 눌러 발신기 동작 : 입주자 소방안전 교육을 통한 계몽

④ 고장 진단 및 보수

㉠ 수신기의 화재표시등, 지구표시등을 확인 후 지구표시등 점등 구역을 실제 확인하여 실제 화재인지 확인한다.

㉡ 비화재보로 판단될 경우 음향 장치를 정지시킨 후 오작동 원인을 파악하고 조치한 뒤 복구 스위치를 눌러 수신기 정상으로 전환한다.

㉢ 음향 장치를 정상 또는 연동으로 전환 후 스위치 주의등이 소등되었는지 확인한다.

(4) 피난구조설비

① 구조대

㉠ 개요 : 2층 이상의 층에 설치하고 비상 시 건물의 창, 발코니 등에서 지상까지 포대를 사용하여 그 포대 속을 활강하는 피난기구

㉡ 종류 및 사용방법

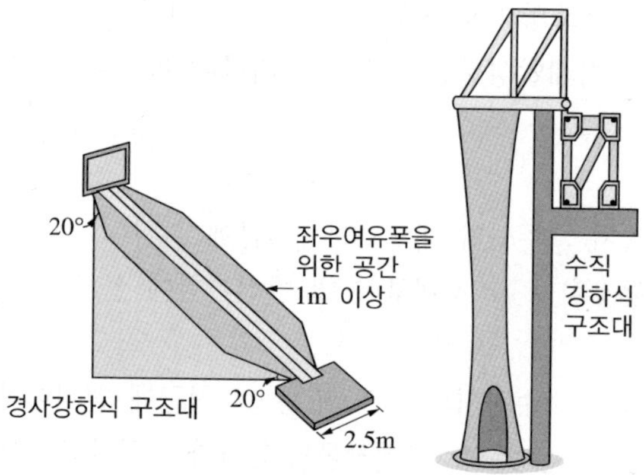

ⓐ 경사강하식

- 구조대의 커버를 들어 올린다.
- 창밖의 장애물을 확인한 후 유도선을 먼저 내리고 활강포를 천천히 내린다.
- 입구틀을 세우고 고정시킨다.
- 지상에서 하부지지대를 고리 등에 견고하게 고정하거나 구조인원이 보조한다.
- 발판 위에 올라가 로프를 잡고 입구에 발부터 집어넣는다.
- 붙잡고 있는 로프를 놓으면 자동으로 몸이 아래로 내려간다.
- 두 다리를 벌려 속도를 조절하면서 밑으로 내려간다.
- 감속하기 위해 팔과 다리를 벌리고, 가속하기 위해서는 팔다리를 몸 쪽으로 붙인다.
- 사람이 내려올 때 출구 양옆에서 손잡이를 들어 올려준다.
- 지상에 도달하면 신속히 구조대에서 탈출한다.

ⓑ 수직강하식

- 구조대의 덮개를 제거한다.
- 구조대의 안전벨트를 제거한다.
- 활강포와 로프를 지상으로 천천히 내려준다.
- 입구틀을 세워서 고정한 후 중간 발판을 세워준다.
- 중간 발판에 올라 입구틀 상단을 손으로 잡고 양발을 입구에 넣고 지상으로 천천히 내려간다(수직구조대는 지상에서 하부지지대를 고정할 필요가 없음).
- 지상에 도달하면 신속히 구조대에서 탈출한다.

② 완강기

㉠ 종류

ⓐ 완강기

- 사용자의 몸무게에 따라 자동적으로 내려올 수 있는 기구
- 조절기, 조속기의 연결부, 로프, 연결금속구, 벨트로 구성
- 3층 이상 10층 이하에 설치

ⓑ 간이완강기

- 지지대 또는 단단한 물체에 걸어서 사용자의 몸무게에 의해 자동적으로 내려올 수 있는 기구
- 사용자가 교대하여 연속적으로 사용할 수 없는 일회용의 것

㉡ 사용방법

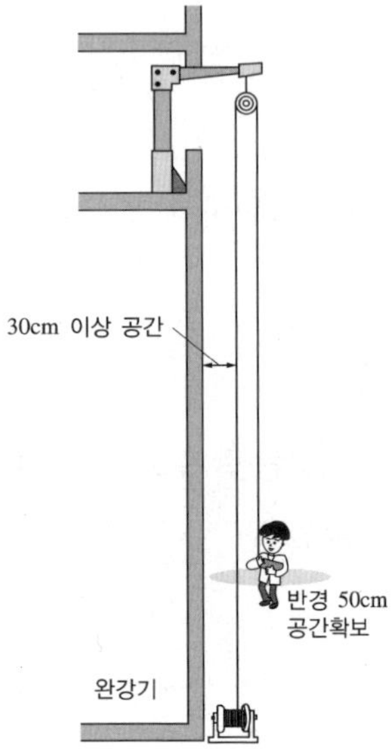

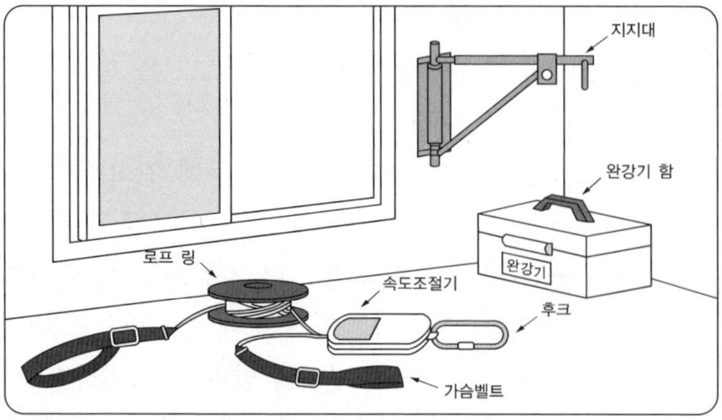

❶ 완강기 함 안의 구성품을 먼저 확인한다.

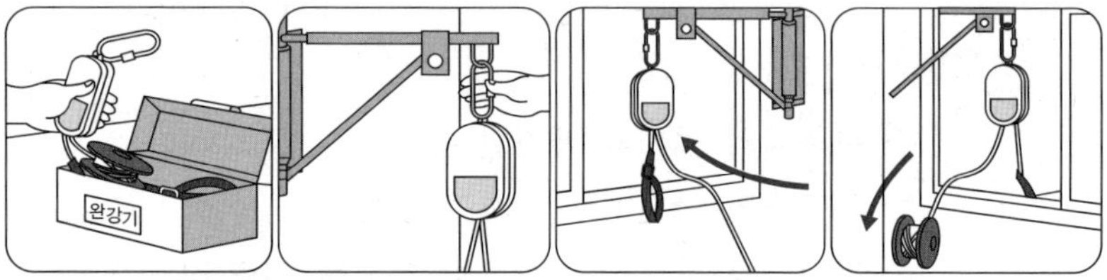

❷ 완강기 함 안에서 속도조절기와 벨트를 꺼낸다.
❸ 지지대 고리에 속도조절기의 후크를 걸고 나사를 조여 빠지지 않도록 한다.
❹ 지지대 고리가 창 밖으로 위치하도록 창 바깥쪽으로 민다.
❺ 줄이 감겨있는 릴을 창 밖으로 던진다.

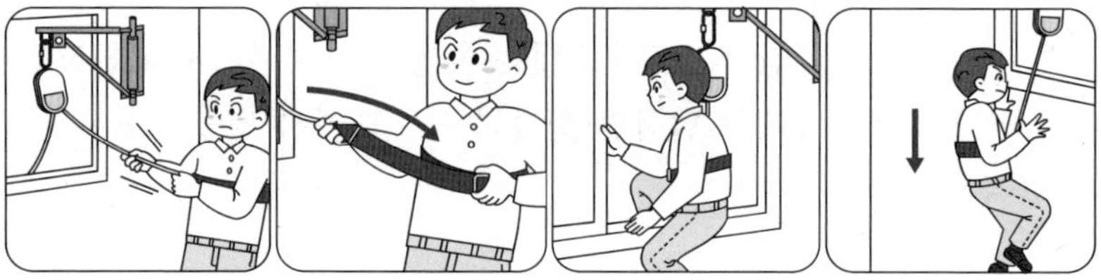

❻ 가슴벨트를 가슴높이까지 건다. 이때 팔을 들지 말고 겨드랑이 밑으로 꼭 맞도록 끼운다.
❼ 가슴벨트가 빠지지 않도록 자신의 가슴둘레만큼 충분히 조인다.
❽ 다리부터 창 밖으로 내밀어 바깥으로 나간다. 체중이 실려도 속도조절이 되어 추락하지 않는다.
❾ 처음 건물에서 떨어질 때는 손을 아래로 내리고 하강을 시작하고 이후 벽면에 손을 지지하면서 안전하게 내려간다.

③ 유도등

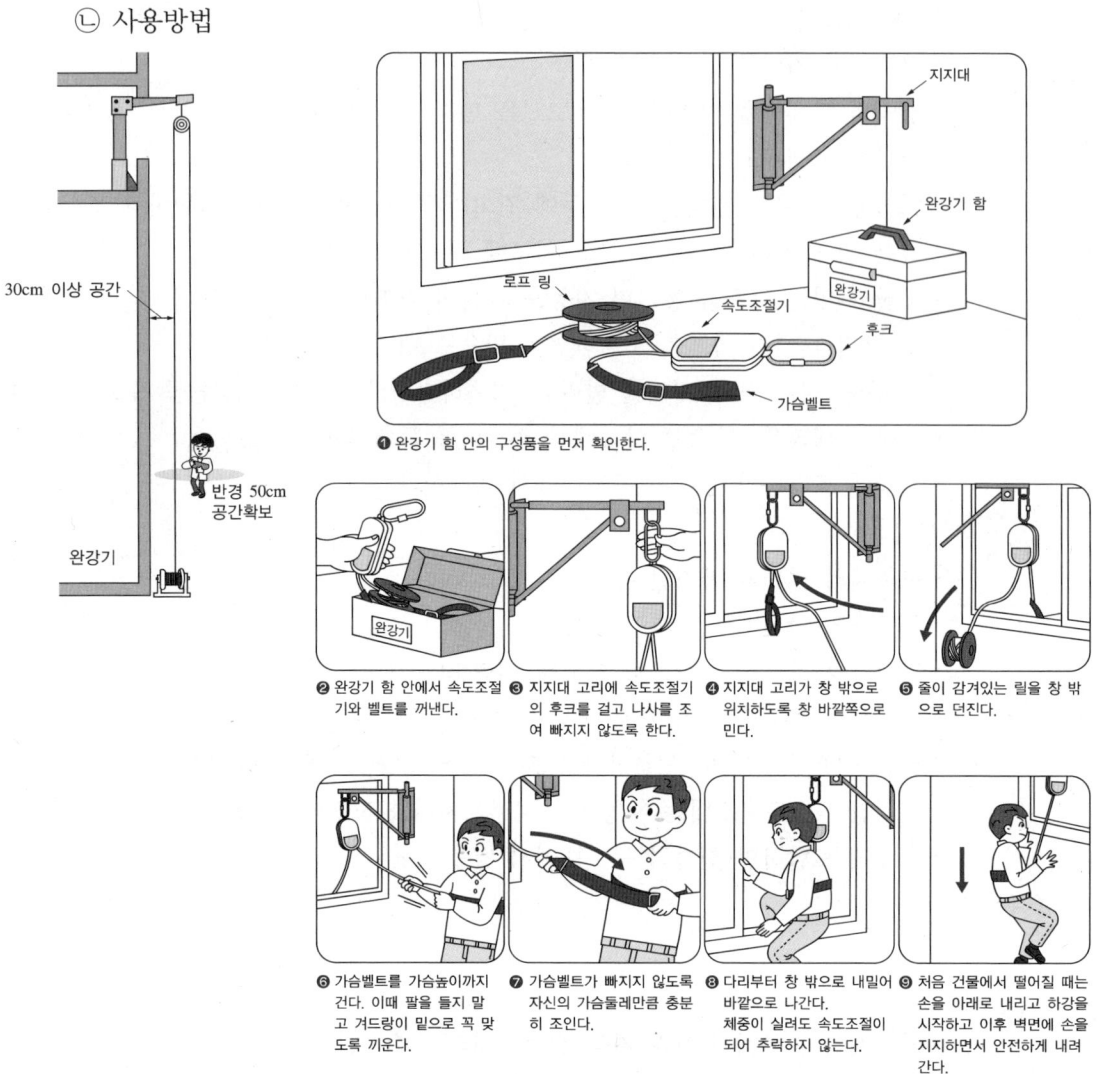

㉠ 개념 : 화재 시에 피난을 유도하기 위한 등으로서 정상상태에서는 상용전원에 따라 켜지고 상용전원이 정전되는 경우에는 비상전원으로 자동전환되어 켜지는 등

㉡ 종류 : 피난구유도등, 통로유도등(복도통로유도등, 거실통로유도등, 계단통로유도등), 객석유도등

㉢ 복도통로유도등 설치기준

ⓐ 설치위치

- 복도에 설치할 것
- 구부러진 모퉁이 및 보행거리 20m마다 설치할 것
- 바닥으로부터 높이 1m 이하의 위치에 설치할 것

• 바닥에 설치하는 통로유도등은 하중에 따라 파괴되지 않는 강도의 것으로 할 것

ⓑ 설치제외

• 구부러지지 아니한 복도 또는 통로로서 길이가 30m 미만인 복도 또는 통로

• 보행거리가 20m 미만이고 그 복도 또는 통로와 연결된 출입구 또는 그 부속실의 출입구에 피난구유도등이 설치된 복도 또는 통로

㉣ 거실통로유도등의 설치기준

ⓐ 거실의 통로에 설치할 것. 다만, 거실의 통로가 벽체 등으로 구획된 경우에는 복도통로유도등을 설치할 것

ⓑ 구부러진 모퉁이 및 보행거리 20m마다 설치할 것

ⓒ 바닥으로부터 높이 1.5m 이상의 위치에 설치할 것. 다만, 거실통로에 기둥이 설치된 경우에는 기둥 부분의 바닥으로부터 높이 1.5m 이하의 위치에 설치할 수 있다.

㉤ 계단통로유도등의 설치기준

ⓐ 각 층의 경사로 참 또는 계단참마다(1개 층에 경사로 참 또는 계단참이 2 이상 있는 경우에는 2개의 계단참마다) 설치할 것

ⓑ 바닥으로부터 높이 1m 이하의 위치에 설치할 것

ⓒ 통행에 지장이 없도록 설치할 것

ⓓ 주위에 이와 유사한 등화광고물·게시물 등을 설치하지 않을 것

④ **그 외 피난구조설비**

㉠ 피난사다리 : 화재 시 긴급대피를 위해 사용하는 사다리

㉡ 공기안전매트 : 화재 발생 시 사람이 건축물 내에서 외부로 긴급히 뛰어내릴 때 충격을 흡수하여 안전하게 지상에 도달할 수 있도록 포지에 공기 등을 주입하는 구조로 되어 있는 것

㉢ 다수인 피난장비 : 화재 시 2인 이상의 피난자가 동시에 해당 층에서 지상 또는 피난층으로 하강하는 피난기구

㉣ 승강식 피난기 : 사용자의 몸무게에 의하여 자동으로 하강하고 내려서면 스스로 상승하여 연속적으로 사용할 수 있는 무동력 승강식 피난기

㉤ 하향식 피난구용 내림식 사다리 : 하향식 피난구 해치에 격납하여 보관하고 사용 시에는 사다리 등이 소방대상물과 접촉되지 아니하는 내림식 사다리

(5) 소화활동설비 - 제연설비

① 개요 : 화재 시 연기가 다른 곳으로 새어 나가거나 침입하는 것을 방지하고, 외부의 신선한 공기의 유입을 원활하게 하여 인명을 신속하게 피난시킴으로써 피해를 줄이고, 소방대원의 소화활동을 돕는 설비

② 제연방법

㉠ 희석(dilution) : 외부로부터 신선한 공기를 대량 불어넣어 연기의 양을 일정 농도 이하로 낮추는 것

㉡ 배기(exhaust) : 건물 내의 압력차에 의해 연기를 외부로 배출시키는 것

㉢ 차단(confinement) : 연기가 일정한 장소 내로 들어오지 못하도록 하는 것

③ 제연방식

㉠ 자연제연 방식 : 화재 시 발생한 열기류의 부력 또는 외부 바람의 흡출효과에 의하여 실 상부에 설치된 전용의 배연구로부터 연기를 옥외로 배출하는 방식

㉡ 기계제연 방식

ⓐ 화재 시 발생한 연기를 송풍기나 배풍기를 이용하여 강제로 배출하는 방식

ⓑ 제1종 : 급기(송풍기)+배기(배풍기)

ⓒ 제2종 : 급기(송풍기)

ⓓ 제3종 : 배기(배출기)

㉢ 스모크타워 제연 방식 : 제연 전용 샤프트를 설치하여 난방 등에 의한 소방대상물 내・외의 온도 차이나 화재에 의한 온도상승에서 생기는 부력 등을 루프 모니터 등의 외풍에 의한 흡인력을 통기력으로 제연하는 방식으로서 고층빌딩에 적합

㉣ 밀폐제연 : 화재 발생 시 밀폐하여 연기의 유출 및 공기 등의 유입을 차단시켜 제연하는 방식

6 내화 · 방화(「건축물의 피난 · 방화구조 등의 기준에 관한 규칙」)

(1) 내화구조

① 내화구조 기준

㉠ 주요구조부(6가지) : 내력벽, 기둥, 바닥, 보(들보), 지붕틀, 주계단(옥내계단)

㉡ 내화구조 : 철근콘크리트조, 연와조, 기타 이와 유사한 구조(석조 등)로 최종적인 단계에서 내장 재료가 전소되더라도 수리하여 재사용할 수 있는 구조

② 벽 기준

㉠ 내화구조 벽

ⓐ 철근콘크리트조 또는 철골철근콘크리트조로서 두께가 10cm 이상인 것

ⓑ 고온·고압 증기로 양생된 경량 기포 또는 경량 기포 콘크리트 블록조 10cm 이상인 것

ⓒ 골구를 철골조로 하고 그 양면을 두께 4cm 이상의 철망 모르타르 또는 두께 5cm 이상의 철재콘크리트블록·콘크리트블록·벽돌·석재로 덮은 것 등 또는 벽돌조로서 두께 19cm 이상인 것

㉡ 내화구조 벽 중 비내력벽(외벽)

ⓐ (철골)콘크리트조, 무근콘크리트조, 콘크리트 블록조, 벽돌조, 석조로서 그 두께가 7cm 이상인 것

ⓑ 철재로 보강된 콘크리트 블록조·벽돌조 또는 석조로서 철재에 덮은 콘크리트블록 등 두께가 4cm 이상인 것

ⓒ 골구를 철골조로 하고 그 양면을 두께 3cm 이상의 철망 모르타르 또는 두께 4cm 이상의 콘크리트 블록·벽돌·석재로 덮은 것

③ 기둥 기준

㉠ 작은 지름이 25cm 이상인 것이다. 단, 고강도 콘크리트(설계기준강도가 50MPa 이상인 콘크리트)를 사용하는 경우에는 국토교통부장관이 정하여 고시하는 고강도 콘크리트 내화성능 관리기준에 적합해야 한다.

㉡ 철근콘크리트조 또는 철골철근콘크리트조

㉢ 철골을 두께 6cm(경량골재를 사용하는 경우에는 5cm) 이상의 철망 모르타르 또는 두께 7cm 이상의 콘크리트블록·벽돌·석재로 덮은 것

㉣ 철골을 두께 5cm 이상의 콘크리트로 덮은 것

④ 바닥 기준

㉠ 철근콘크리트조 또는 철골철근콘크리트조로서 두께가 10cm 이상인 것

㉡ 철재로 보강된 콘크리트 블록조·벽돌조 또는 석조로서 철재에 덮은 콘크리트블록 등의 두께가 5cm 이상인 것

㉢ 철재의 양면을 두께 5cm 이상의 철망 모르타르 또는 콘크리트로 덮은 것

⑤ 보(지붕틀을 포함) 기준

㉠ 고강도 콘크리트를 사용하는 경우에는 국토교통부장관이 정하여 고시하는 고강도 콘크리트 내화성능 관리기준에 적합해야 함

㉡ 철근콘크리트조 또는 철골철근콘크리트조

㉢ 철골을 두께 6cm(경량골재를 사용하는 경우에는 5cm) 이상의 철망 모르타르 또는 두께 5cm 이상의 콘크리트로 덮은 것

㉣ 철골조의 지붕틀(바닥으로부터 그 아랫부분까지의 높이가 4m 이상인 것에 한함)로서 바로 아래에 반자가 없거나 불연재료로 된 반자가 있는 것

⑥ 지붕 기준

㉠ 철근콘크리트조 또는 철골철근콘크리트조

㉡ 철재로 보강된 콘크리트 블록조·벽돌조 또는 석조

㉢ 철재로 보강된 유리블록 또는 망입유리(두꺼운 판유리에 철망을 넣은 것)로 된 것

⑦ 계단 기준

㉠ 철근콘크리트조 또는 철골철근콘크리트조

㉡ 무근콘크리트조·콘크리트블록조·벽돌조 또는 석조

㉢ 철재로 보강된 콘크리트블록조·벽돌조 또는 석조

㉣ 철골조

(2) 방화

① 방화구조

㉠ 개요

ⓐ 화염의 확산을 막을 수 있는 성능을 가진 구조로서, 건축법령이 정하는 구조

ⓑ 내화구조보단 강도가 약하여 화재에 오래 견딜 수 있는 성능에는 미치지 못한다.

㉡ 방화구조 기준

ⓐ 철망 모르타르로서 그 바름두께가 2cm 이상인 것

ⓑ 석고판 위에 시멘트 모르타르 또는 회반죽을 바른 것으로서 그 두께의 합계가 2.5cm 이상인 것

ⓒ 시멘트 모르타르 위에 타일을 붙인 것으로서 그 두께의 합계가 2.5cm 이상인 것

ⓓ 심벽에 흙으로 맞벽치기한 것 또는 「산업표준화법」에 따른 한국산업표준이 정하는 바에 따라 시험한 결과 방화 2급 이상에 해당하는 것을 모두 인정한다.

② 피난계단

㉠ 개요

ⓐ 5층 이상 또는 지하 2층 이하의 층으로부터 직통계단은 피난계단 또는 특별계단으로 한다(단, 법적으로 2개 이상의 계단을 필요로 하는 경우의 판매시설은 그중 1개소 이상을 특별피난계단으로 한다).

ⓑ 11층(공통주택은 16층) 이상 또는 지하 3층 이하의 층에 있는 직통계단은 특별피난 계단으로 한다.

㉡ 옥내피난계단(주 계단)의 설치 기준

ⓐ 계단실은 개구부 등을 제외하고는 내화구조의 벽으로 할 것

ⓑ 계단실의 벽 및 반자의 실내에 접하는 부분의 마감은 불연재료로 할 것

ⓒ 계단실에는 채광이 될 수 있는 개구부 등이 있거나 예비전원의 조명 설비를 할 것

③ 방화구획

㉠ 대상 : 주요구조부가 내화구조나 불연재로의 건축물로서 연면적이 1,000m^2를 넘는 것은 내화구조로 된 바닥, 벽, 60분+ 방화문 또는 60분 방화문 및 자동방화셔터로 방화구획을 한다.

㉡ 종류 : 층(수직), 면적(수평), 용도, 층별 면적단위로 구분한다.

㉢ 구획기준

ⓐ 각 층마다 구획할 것(단, 지하 1층에서 지상으로 연결된 경사로 제외)

ⓑ 10층 이하의 층 : 바닥면적 1,000m^2 이내마다 구획할 것(단, 스프링클러설비, 자동소화장치를 설치한 경우는 바닥면적 3,000m^2 이내)

ⓒ 11층 이상의 층 : 바닥면적 200m^2 이내마다 구획할 것(단, 스프링클러설비, 기타 유사한 자동소화 장치를 설치한 경우에는 600m^2 이내)

ⓓ 벽 및 반자의 실내에 접하는 부분의 마감을 불연재료로 한 경우 : 바닥면적 500m^2 이내마다 구획할 것(단, 스프링클러, 자동소화장치를 설치한 경우에는 1,500m^2 이내)

④ 방화벽 기준

㉠ 대상 : 주요구조부가 내화구조 또는 불연재료가 아닌 건축물로서 연면적 1,000m^2 이상인 건축물은 방화벽으로 구획한다.

㉡ 설치 기준

ⓐ 내화구조로서 홀로 설 수 있는(직립) 구조일 것

ⓑ 방화벽의 양쪽 끝과 위쪽 끝을 외벽면 및 지붕면으로부터 0.5m 이상 나오게 할 것

ⓒ 방화벽에 설치하는 개구부의 너비 및 높이는 2.5m 이하로 하고 60분+ 방화문 또는 60분 방화문을 설치

⑤ 비상용 승강기

㉠ 대상 : 높이 31m를 초과하는 건축물에는 승강기(엘리베이터)뿐만 아니라 화재 시 소방관이 소방활동 등을 하기 위한 비상용 승강기를 추가로 설치하여야 한다.

㉡ 설치 기준

ⓐ 높이 31m를 넘는 각 층 중 최대 바닥면적이 1,500m^2 이하인 건축물은 1대 이상

ⓑ 높이 31m를 넘는 각 층의 바닥면적 중 최대 바닥면적이 1,500m^2를 넘는 건축물은 1대에 1,500m^2를 넘는 3,000m^2 이내마다 1대씩 더한 대수 이상

7 방화문 · 셔터 · 하향식 피난구(「건축법」, 「건축자재등 품질인정 및 관리기준」)

(1) 방화문

① 정의

㉠ 방화문 : 화재의 확대, 연소를 방지하기 위해 방화구획의 개구부에 설치하는 문으로서 건축자재 등 품질인정기관이 이 기준에 적합하다고 인정한 제품

㉡ 60분+ 방화문 : 연기 및 불꽃을 차단할 수 있는 시간이 60분 이상이고, 열을 차단할 수 있는 시간이 30분 이상인 방화문

㉢ 60분 방화문 : 연기 및 불꽃을 차단할 수 있는 시간이 60분 이상인 방화문

㉣ 30분 방화문 : 연기 및 불꽃을 차단할 수 있는 시간이 30분 이상 60분 미만인 방화문

② 성능기준

㉠ 건축물의 용도 등 구분에 따라 화재 시의 가열에 건축물의 피난·방화구조 등의 기준에 관한 규칙 제14조제3항 또는 제26조에서 정하는 시간 이상을 견딜 수 있어야 한다.

ⓐ 규칙 제14조제3항 : 해당 제품의 품질시험을 실시한 결과 비차열 1시간 이상의 내화성능을 확보하였을 것

ⓑ 규칙 제26조 : 60분+ 방화문, 60분 방화문, 30분 방화문에 따른 성능

㉡ 차연성능, 개폐성능 등 방화문이 갖추어야 하는 세부 성능에 대해서는 국토교통부장관이 승인한 세부운영지침에서 정한다.

㉢ 방화문은 항상 닫혀있는 구조 또는 화재 발생 시 불꽃, 연기 및 열에 의하여 자동으로 닫힐 수 있는 구조이어야 한다.

(2) 셔터

① 정의

㉠ 셔터 : 방화구획의 용도로 화재 시 연기 및 열을 감지하여 자동 폐쇄되는 것으로서, 공항·체육관 등 넓은 공간에 부득이하게 내화구조로 된 벽을 설치하지 못하는 경우에 사용하는 방화셔터

㉡ 자동방화셔터 : 내화구조로 된 벽을 설치하지 못하는 경우 화재 시 연기 및 열을 감지하여 자동 폐쇄되는 셔터로서 건축자재등 품질인정기관이 이 기준에 적합하다고 인정한 제품

② 성능기준

㉠ 건축물 방화구획을 위해 설치하는 자동방화셔터는 건축물의 용도 등 구분에 따라 화재 시의 가열에 규칙 제14조제3항에서 정하는 성능 이상을 견딜 수 있어야 한다.

ⓐ 생산공장의 품질 관리 상태를 확인한 결과 국토교통부장관이 정하여 고시하는 기준에 적합할 것

ⓑ 해당 제품의 품질시험을 실시한 결과 비차열 1시간 이상의 내화성능을 확보하였을 것

㉡ 차연성능, 개폐성능 등 자동방화셔터가 갖추어야 하는 세부 성능에 대해서는 국토교통부장관이 승인한 세부운영지침에서 정한다.

㉢ 자동방화셔터는 규칙 제14조제2항제4호에 따른 구조를 가진 것이어야 하나, 수직방향으로 폐쇄되는 구조가 아닌 경우는 불꽃, 연기 및 열감지에 의해 완전폐쇄가 될 수 있는 구조여야 한다. 이 경우 화재감지기는 「자동화재탐지설비 및 시각경보장치의 화재안전기준(NFSC 203)」 제7조의 기준에 적합하여야 한다.

ⓐ 피난이 가능한 60분+ 방화문 또는 60분 방화문으로부터 3미터 이내에 별도로 설치할 것

ⓑ 전동방식이나 수동방식으로 개폐할 수 있을 것

ⓒ 불꽃감지기 또는 연기감지기 중 하나와 열감지기를 설치할 것

ⓓ 불꽃이나 연기를 감지한 경우 일부 폐쇄되는 구조일 것

ⓔ 열을 감지한 경우 완전 폐쇄되는 구조일 것

㉣ 자동방화셔터의 상부는 상층 바닥에 직접 닿도록 하여야 하며, 그렇지 않은 경우 방화구획 처리를 하여 연기와 화염의 이동통로가 되지 않도록 하여야 한다.

(3) 하향식 피난구(덮개, 사다리, 승강식 피난기 및 경보시스템을 포함)

① 정의 : 아파트 대피공간 대체시설로 발코니 바닥에 설치하는 피난설비

② 설치기준

㉠ 피난구의 덮개(덮개와 사다리, 승강식 피난기 또는 경보시스템이 일체형으로 구성된 경우에는 그 사다리, 승강식 피난기 또는 경보시스템을 포함한다)는 품질시험을 실시한 결과 비차열 1시간 이상의 내화성능을 가져야 하며, 피난구의 유효 개구부 규격은 직경 60cm 이상일 것

㉡ 상층·하층간 피난구의 수평거리는 15cm 이상 떨어져 있을 것

㉢ 아래층에서는 바로 위층의 피난구를 열 수 없는 구조일 것

㉣ 사다리는 바로 아래층의 바닥면으로부터 50cm 이하까지 내려오는 길이로 할 것

㉤ 덮개가 개방될 경우에는 건축물관리시스템 등을 통하여 경보음이 울리는 구조일 것

㉥ 피난구가 있는 곳에는 예비전원에 의한 조명설비를 설치할 것

Chapter 02

전기 안전관리

1 전기 기본 개념

(1) 전기 관련 물리량

① 개념

용어	단위	개념
전류(I)	A(암페어)	전자의 이동(흐름)
전압(V)	V(볼트)	전위의 차
저항(R)	Ω(옴)	전류의 흐름을 방해하는 것
리액턴스(X)	Ω(옴)	교류회로에서의 저항 이외에 전류를 방해하는 저항 성분
임피던스(Z)	Ω(옴)	교류회로에서의 저항과 리액턴스의 벡터합
전력(P)	W(와트), J/s	단위 시간당 사용한 전력량
전력량(W)	J(줄), W·h, kWh	일정 시간 동안 사용한 전력량

② 공식

전압	$V = IR$(직류) $= IZ$(교류)
전력	• 역률이 1일 경우 : $P = V \cdot I = I^2R = V^2/R = W/t$ • 역률이 1이 아닌 경우 : $P = V \cdot I \cdot \cos\theta$ ※ 역률 : 전체 전력에 대한 유효전력의 비율, $\cos\theta$
전력량	$W = Pt = I^2Rt = V^2t/R$
임피던스	$Z = R + jX = \sqrt{R^2 + X^2}$ ※ j : 허수부(벡터값을 나타내기 위한 계수)

(2) 배전 방식

① 단상(single phase) : 1개의 교류전원이 전압 크기와 방향이 시간에 따라 변하는 파형을 가지는 형태

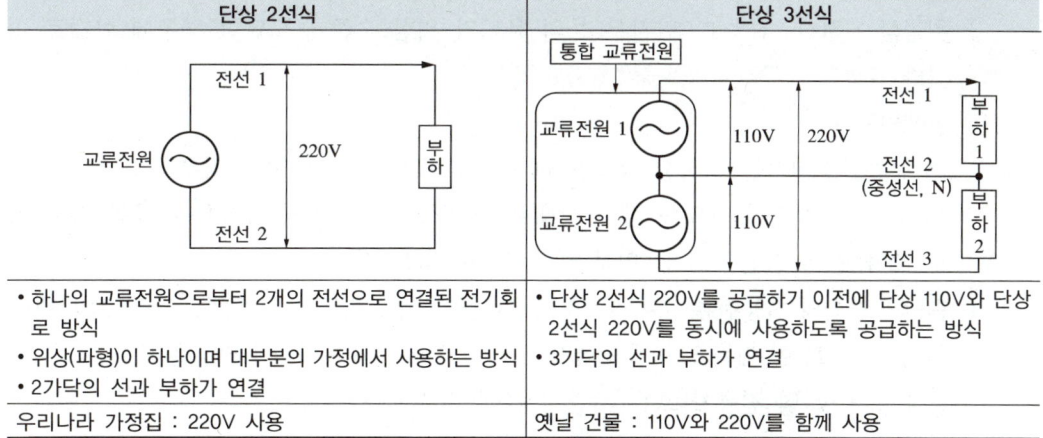

단상 2선식	단상 3선식
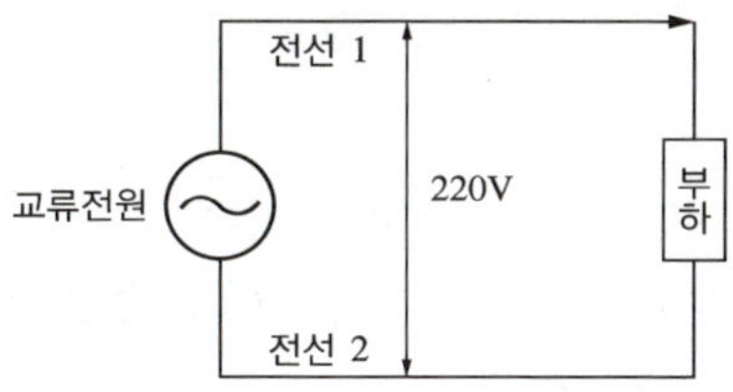	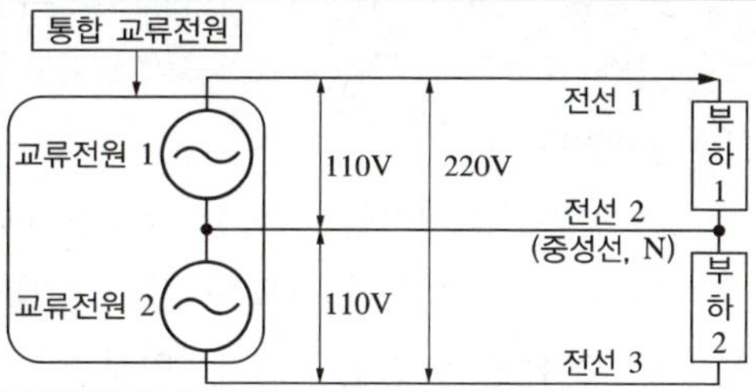
• 하나의 교류전원으로부터 2개의 전선으로 연결된 전기회로 방식 • 위상(파형)이 하나이며 대부분의 가정에서 사용하는 방식 • 2가닥의 선과 부하가 연결	• 단상 2선식 220V를 공급하기 이전에 단상 110V와 단상 2선식 220V를 동시에 사용하도록 공급하는 방식 • 3가닥의 선과 부하가 연결
우리나라 가정집 : 220V 사용	옛날 건물 : 110V와 220V를 함께 사용

② 3상(three phase)

㉠ 3개의 교류전원이 크기와 방향이 시간에 따라 변하는 3개의 파형을 가지는 형태

㉡ 3개의 전압(L1상, L2상, L3상)은 각각 120°의 위상차를 가진다.

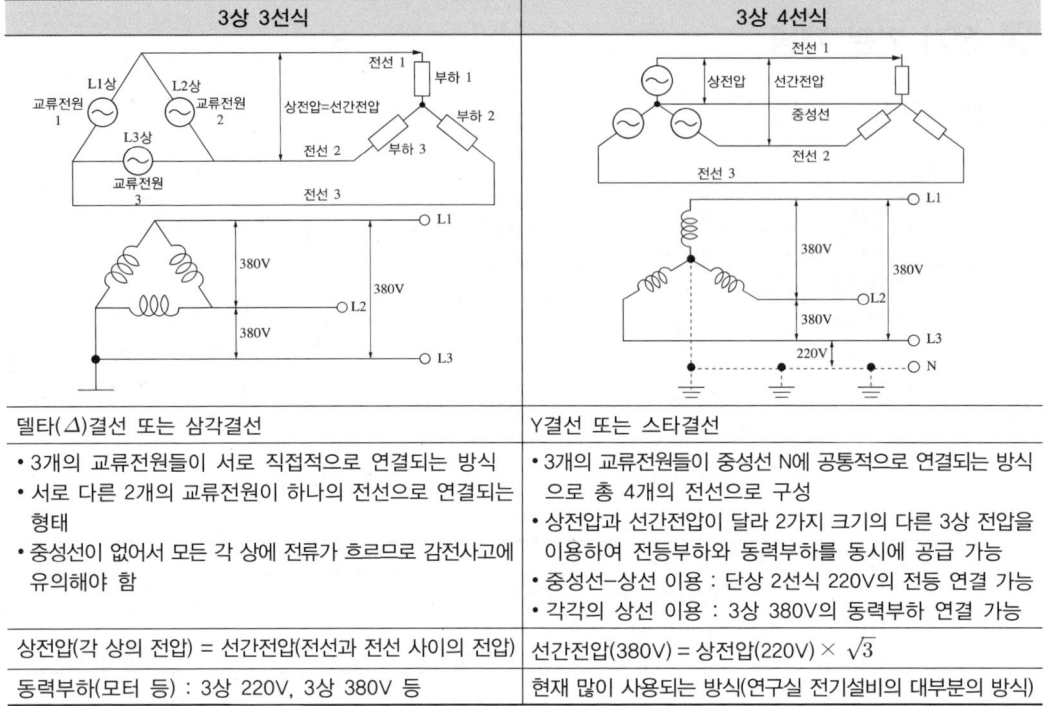

3상 3선식	3상 4선식
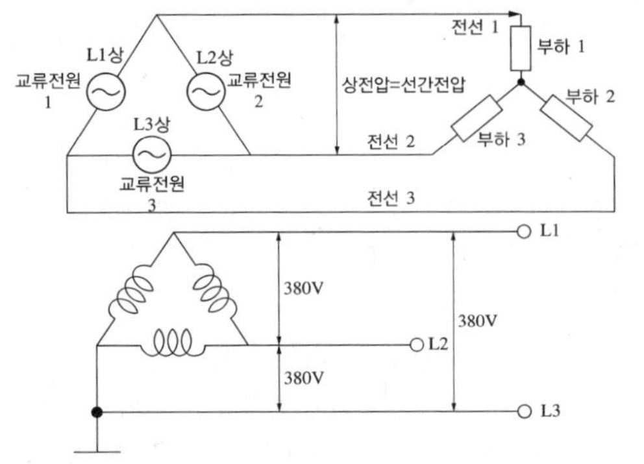	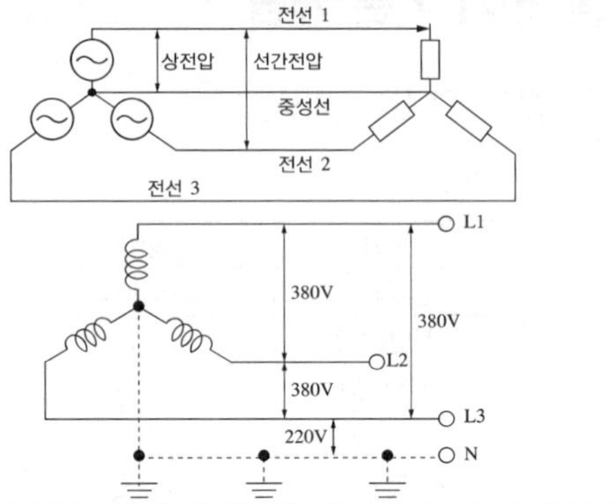
델타(Δ)결선 또는 삼각결선	Y결선 또는 스타결선
• 3개의 교류전원들이 서로 직접적으로 연결되는 방식 • 서로 다른 2개의 교류전원이 하나의 전선으로 연결되는 형태 • 중성선이 없어서 모든 각 상에 전류가 흐르므로 감전사고에 유의해야 함	• 3개의 교류전원들이 중성선 N에 공통적으로 연결되는 방식으로 총 4개의 전선으로 구성 • 상전압과 선간전압이 달라 2가지 크기의 다른 3상 전압을 이용하여 전등부하와 동력부하를 동시에 공급 가능 • 중성선-상선 이용 : 단상 2선식 220V의 전등 연결 가능 • 각각의 상선 이용 : 3상 380V의 동력부하 연결 가능
상전압(각 상의 전압) = 선간전압(전선과 전선 사이의 전압)	선간전압(380V) = 상전압(220V) × $\sqrt{3}$
동력부하(모터 등) : 3상 220V, 3상 380V 등	현재 많이 사용되는 방식(연구실 전기설비의 대부분의 방식)

2 전기 위험성

(1) 과부하/과전류

① **정의** : 정격전류를 초과한 전류로서 단락사고전류, 지락사고전류를 포함하는 것

② **위험성** : 전선, 접속부, 단자부 등의 온도가 위험 수준에 도달한 경우에 화재로 이어질 수 있다.

③ **발생원인**

㉠ 전류감소계수를 무시한 금속관 배선 및 경질비닐관 배선의 경우

㉡ 코드(cord)릴에 코드를 감은 상태로 코드의 허용전류에 가까운 전류를 흘린 경우

㉢ 꼬아 만든 전선의 소선 일부가 단선되어 있는 경우

④ **판단** : 전선의 허용전류, 부하의 크기, 배선의 상황, 회로 중의 문제, 코드 수의 사용 상황 등

⑤ **줄 열식** : 저항이 있는 도체에 전류를 흘리면 열이 발생한다. 이 열량은 흐르는 전류의 제곱과 도체의 저항 및 전류가 흐른 시간의 곱에 비례한다.

※ 줄열 : 전류에 의해서 도체 내에서 발생하는 열

$H = 0.24 I^2 Rt$	• H : 열량(cal) • I : 전류(A) • R : 저항(Ω) • t : 시간(sec)

(2) 아크방전

① 정의

㉠ 가스를 통한 연속적인 방전으로, 보통의 상태에서는 비전도성인 가스가 전위차이에 의해 이온화된 플라즈마가 되면서 빛을 방사하는 현상

㉡ 전류가 흐르고 있는 회로를 공기 중에서 열거나 닫으면 공기의 절연이 파괴될 만큼 높은 전계가 형성되어 불꽃(spark)이 발생하는데, 고압이나 특고압의 전로에서는 이러한 불꽃이 쉽게 소멸하지 않고 불꽃이 지속해서 이어지면 아크가 된다.

② 위험성 : 저압에 의한 전격 재해는 충전 부분에 인체의 일부가 직접 접촉하여 발생하는 경우가 대부분이나, 고압 이상이 되면 충전부에 인체가 직접 접촉하지 않더라도 어느 한계 이상 인체가 충전부에 가까워지면 인체와 충전부 사이에 있는 공기의 절연이 파괴되어 플래시오버(flash over)를 일으킬 수 있다.

③ 안전관리 : 고압 실험 시에는 충전부에 대한 접근 위험 표시 및 이격거리를 확보해야 한다.

④ 충전전로에 대한 접근 한계거리

충전전로의 선간전압(단위 : kV)	충전전로에 대한 접근 한계거리(단위 : cm)	충전전로의 선간전압(단위 : kV)	충전전로에 대한 접근 한계거리(단위 : cm)
0.3 이하	접촉금지	121 초과 145 이하	150
0.3 초과 0.75 이하	30	145 초과 169 이하	170
0.75 초과 2 이하	45	169 초과 242 이하	230
2 초과 15 이하	60	242 초과 362 이하	380
15 초과 37 이하	90	362 초과 550 이하	550
37 초과 88 이하	110	550 초과 800 이하	790
88 초과 121 이하	130		

(3) 합선/단락

① 정의 : 전선의 절연피복이 손상되는 등으로 두 전선이 이어져 전류가 의도하지 않은 매우 낮은 (0Ω에 가까운) 임피던스를 갖는 회로를 만드는 것으로 순간적으로 대전류가 흐르게 되는 현상

② **발생원인**

㉠ 전선에 외력이 가해져 절연피복이 파손되어 단락

ⓐ 가구류 등 중량물에 의한 압박, 스테이플 고정 시의 손상, 스테이플 고정 등 고정부와 가동부 경계에 반복적으로 가해지는 비틀림 및 굽힘에 의한 손상

ⓑ 밟거나 잡아당기는 등 거친 취급, 쥐에 의한 절연피복의 손상

ⓒ 경시적인 재질의 열화 등에 의해 최종적으로는 절연 파괴되어 단락으로 진행

㉡ 접촉불량 등 국부발열에 의해 절연열화가 진행되어 단락 : 비전문가 수리에 의한 비틀림 접속부분 및 빈번한 굴곡에 의해 생긴 반단선 부분 등의 접촉불량에 의해 전선이 국부적으로 발열하여 절연 열화되어 단락으로 진행

㉢ 화재열 등 외부 열에 의해 절연이 파괴되어 단락

※ ㉠, ㉡에 의해서 생긴 용융 흔적을 1차 용융 흔적, ㉢에 의해서 생긴 용융 흔적을 2차 용융 흔적이라고 일반적으로 분류하지만, 외형상 각각의 특징이 있고 판별할 수 있는 경우도 있다.

③ **합선/단락의 전력 및 열적 메커니즘** : 합선/단락은 상(phase)과 상(phase)에서 발생되며, 전력으로 보면 '$P = I^2R$'의 공식을 이용하며, 전선의 저항(R)이 대단히 적으므로 전류(I), 전력(P)은 대단히 크게 되어 순간적으로 막대한 에너지가 발생한다.

예 단상 220V, 전기배선의 저항을 0.01Ω으로 가정하면 상과 상의 단락시의 전류값은 $I = V/R$에서 $I = 220V/0.01\Omega$이며, 이를 계산하면 $I = 22{,}000A$가 도선에 흐르게 된다. 이를 줄 열식에 적용하면 대전류에 의하여 높은 열이 발생되어 회로의 심각한 영향을 초래하게 된다.

(4) 정전기

① **발생원인**

㉠ 2개의 다른 극성 물체가 접촉했다가 분리될 때 발생한다.

㉡ 2개의 물체가 접촉하면 그 계면에 전하의 이동이 발생하고, 전하가 상대적으로 나란히 늘어선 전기이중층이 형성된다. 그 후 물체가 분리되어 전기이중층의 전하분리가 일어나면 두 물체에 각각 극성이 다른 등량의 전하가 발생한다.

② **정전기 발생에 영향을 주는 요인**

㉠ 물체의 재질 : 물체의 재질에 따라 대전 정도가 달라진다. 대전 서열에서 서로 떨어져 있는 물체일수록 정전기 발생이 용이하고 대전량이 많다.

㉡ 물체의 표면 : 표면이 오염, 부식되고 거칠수록 정전기 발생이 용이하다.

㉢ 그 전 대전 이력 : 정전기 최초 대전 시 정전기 발생 크기가 가장 크다.

㉣ 접촉면적, 압력 : 물체 간의 접촉면적과 압력이 클수록 정전기가 많이 발생한다.

㉤ 분리속도 : 분리속도가 크면 발생된 전하의 재결합이 적게 일어나서 정전기의 발생량이 많아진다.

③ 정전기 발생현상

㉠ 서로 다른 두 물체가 접촉 후 분리될 때 두 물체에 반대 극성의 전하가 발생한다.

㉡ 두 물체의 접촉으로 인한 정전기 발생과정은 두 물체의 접촉으로 인한 접촉면에서의 전기이중층의 형성, 전기이중층의 분리에 의한 전위상승, 분리된 전하 소멸의 3단계로 나누어진다.

㉢ 대전현상은 3단계 과정이 연속적으로 일어날 때 발생한다.

㉣ 정전기는 시간이 지나면서 누설과 재결합의 과정을 통해 점차 소멸된다.

㉤ 정전기는 전하의 이동으로 인한 전계 효과가 주된 역할을 하고, 자계 효과는 무시할 정도로 미미하다.

④ 정전기 발생 요인에 따른 분류(대전 종류)

㉠ 마찰대전 : 고체・액체류 또는 분체류의 경우, 두 물질 사이의 마찰에 의한 접촉과 분리과정이 계속되면 이에 따른 기계적 에너지에 의해 자유전기가 방출・흡입되어 정전기가 발생한다.

㉡ 박리대전 : 서로 밀착되어 있던 두 물체가 떨어질 때 전하의 분리가 일어나서 정전기가 발생하는 현상이다. 접촉면적, 접촉면의 밀착력, 박리속도 등에 따라 변화하며 정전기 발생량이 가장 많다. 옷을 벗거나 박리할 경우 발생하는 정전기가 이에 속한다.

㉢ 유동대전 : 액체류가 배관 등을 흐르면서 고체와 접촉하면 액체류의 유동 때문에 정전기가 발생한다. 파이프 속을 절연이 높은 액체가 흐를 때 전하의 이동이 일어나며 액체가 (+)로 대전하면 파이프는 (−)로 대전하게 된다. 이 유동대전은 유속이 빠를수록 커지며, 흐름의 상태와 파이프의 재질과도 관계가 있다.

㉣ 분출대전 : 분체류, 액체류, 기체류 등이 단면적이 작은 분출구를 통해 공기 중으로 분출될 때 분출물질 입자들 간의 상호충돌 및 분출물질과 분출과의 마찰에 의해 정전기가 발생한다. 액체가 분사할 때 순수한 가스 자체는 대전현상을 나타내지 않지만 가스 내에 먼지나 미립자 등이 혼입되면 분출 시 대전이 일어난다.

㉤ 충돌대전 : 분체류 등의 입자 상호 간이나 입자와 고체의 충돌에 의해 빠른 접촉 분리가 일어나면서 정전기가 발생한다.

㉥ 파괴대전 : 고체나 분체류와 같은 물체가 파괴되었을 때 전하분리 또는 부전하의 균형이 깨지면서 정전기가 발생한다.

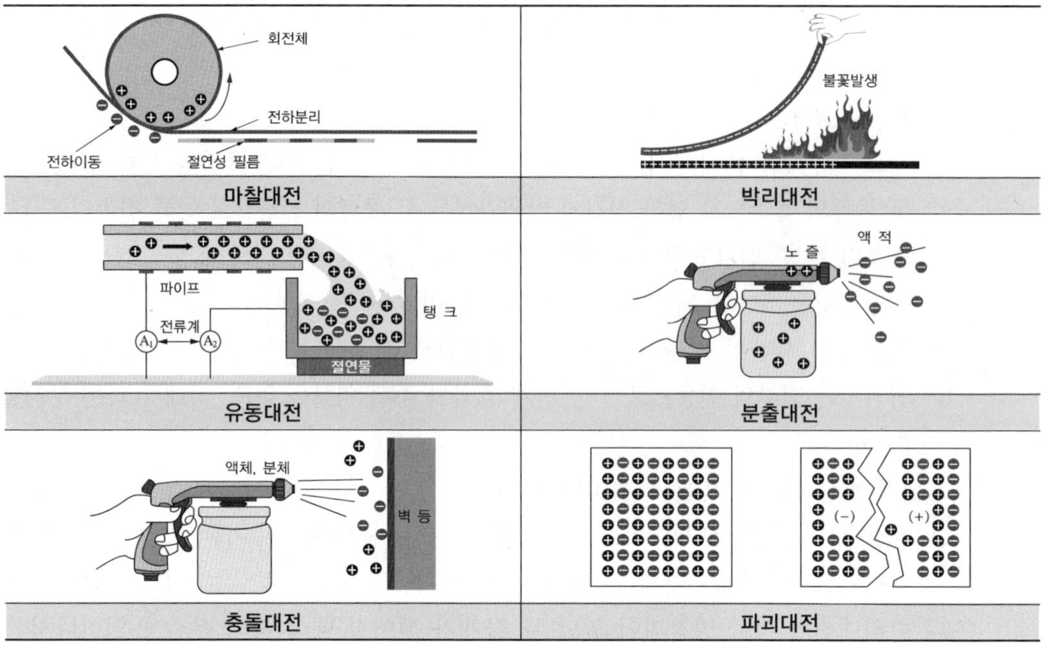

[정전기 대전의 종류]

⑤ 정전기 방전

㉠ 개념 : 정전기를 띠고 있는 물체가 전기를 잃는 현상

㉡ 종류

ⓐ 코로나 방전 : 대전된 부도체와 대전물체나 방전물체의 뾰족한 끝부분에서 전기장이 강해져 미약한 발광이 일어나는 현상으로, 방전에너지의 밀도가 낮아 재해의 원인이 되는 확률이 비교적 적다. 이처럼 낮은 방전에너지로 인해 수소 등 일부 가연성 가스를 제외하고는 발화원이 되지 않는다.

ⓑ 브러시 방전(스트리머 방전) : 코로나 방전보다 진전되어 수지상 발광과 펄스상의 파괴음을 동반하는 방전이다. 브러시 방전은 대전량을 많이 가진 부도체와 평평한 형상을 갖는 금속과의 기상 공간에서 발생하기 쉽다.

ⓒ 불꽃 방전 : 평면 전극 간에 전압을 인가할 경우 양극 간의 전위 경도가 균일해지는데, 이때 인가전압이 한도를 초과하면 그 공간 내의 공기 절연성이 파괴되어 강한 빛과 파괴음의 불꽃 방전이 발생한다. 불꽃 방전은 대전 물체에 축적된 정전에너지의 대부분이 공기중에서 소비되기 때문에 착화능력이 높고 거의 모든 가스·증기와 가연성 분진의 착화원이 된다.

ⓓ 연면 방전 : 정전기가 대전되어 있는 부도체에 접지체가 접근한 경우 대전물체와 접지체 사이에서 발생하는 방전과 거의 동시에 부도체의 표면을 따라서 방전하는데 이것을 연면 방전이라 말한다. 불꽃 방전과 마찬가지로 방전에너지가 높아 재해나 장해의 원인이 된다.

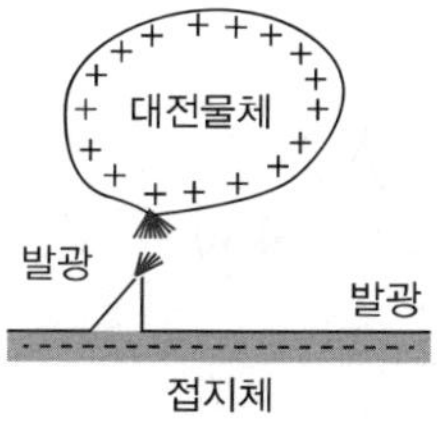

[코로나 방전]

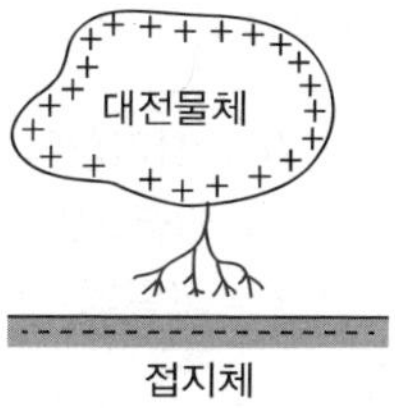

[브러시 방전]

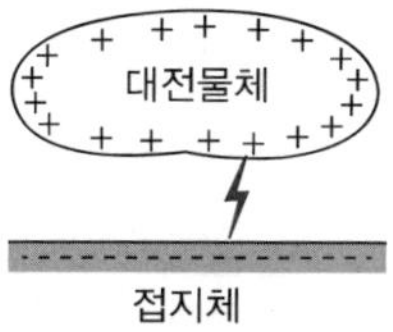

[불꽃 방전]

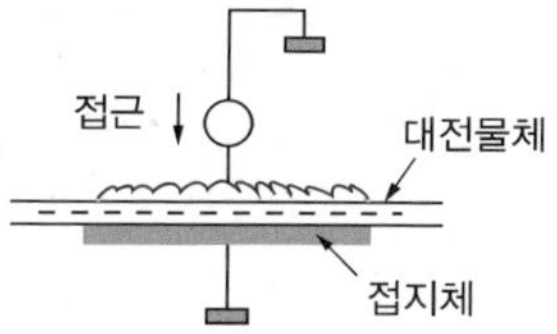

[연면 방전]

(5) 전자파

① 전자파

㉠ 정의 : 전기장과 자기장의 2가지 성분으로 구성된 파동으로서 공간상에서 광속으로 전파되어 나가는 것

㉡ 성질

ⓐ 전자파를 구성하는 전기장과 자기장은 상호 수직을 이루고 세기, 진동수, 파장에 상관없이 속력 3×10^5km/s로 일정하게 퍼져나간다.

ⓑ 전자파는 빛과 같이 굴절, 반사, 회절, 간섭, 중첩을 하며 각자의 운동량과 에너지를 갖고 있다.

㉢ 전자파에 의한 기계・설비의 오작동 방지

ⓐ 전기기계・기구에서 발생하는 전자파의 크기가 다른 기계・설비가 원래 의도된 대로 작동하는 것을 방해하지 않도록 할 것

ⓑ 기계・설비는 원래 의도된 대로 작동할 수 있도록 적절한 수준의 전자파 내성을 가지도록 하거나, 이에 준하는 전자파 차폐조치를 할 것

② 전기장

㉠ 정의

ⓐ 전하에 의해 변화된 그 위의 공간 상태

ⓑ 전하(Q)로부터 발생하는 단위 양전하에 가해지는 벡터 힘(vector force)

㉡ 단위 : 볼트/미터(V/m)

㉢ 특징 : 전기장은 거리의 제곱에 반비례한다.

$E=\dfrac{Q}{4\pi\varepsilon_0 r^2}$	• E : 전기장(V/m) • Q : 전하량(C) • ε_0 : 진공의 유전율(8.854×10^{-12}F/m) • r : 거리(m)

③ 자기장

㉠ 정의 : 자석상호간, 전류상호간 또는 자석과 전류사이에 힘이 작용하는 공간 상태

㉡ 단위 : 자계의 강도(A/m)와 자속밀도(μT 또는 mG)로 사용

㉢ 특징 : 자기장의 세기는 코일의 반경에 반비례한다.

$H = \frac{I}{2a}$	• H : 자기장의 세기(A/m) • I : 원형코일에 흐르는 전류(A) • a : 코일의 반경(m)

(6) 인체통전전류

① 정의

㉠ 통전전류 : 도체를 통해 흐르는 전류

㉡ 인체 통전전류 : 감전이 되어 인체에 회로를 형성하여 흐르는 전류

② 인체 저항

㉠ 인체가 전기회로를 형성하면 인체의 신체조건 및 환경에 따라 저항값이 달라 통전에 영향을 미친다.

㉡ 인체 저항은 피부 저항과 내부조직 저항이 있다.

ⓐ 피부 저항 : 전압, 주파수, 접촉 면적, 접촉 압력, 접촉 시간, 피부 상태, 습도 등에 따라 달라진다.

ⓑ 내부조직 저항 : 피부 저항과 다르게 거의 일정하다.

㉢ 인체 저항값

ⓐ 피부 저항 : 약 2,500Ω

ⓑ 내부조직저항 : 약 300Ω

ⓒ 전체 저항 : 약 5,000Ω

ⓓ 피부에 땀이 있을 때 : 건조 시보다 $\frac{1}{20} \sim \frac{1}{12}$로 저항 감소

ⓔ 물에 젖어 있을 때 : 건조 시보다 $\frac{1}{25}$로 저항 감소

③ 인체 통전전류

㉠ 인체 반응

ⓐ 최소감지전류 : 인체에 전압을 인가하여 통전전류의 값을 서서히 증가시켜 일정한 값에 도달하면 고통을 느끼지 않고 짜릿하게 전기가 흐르는 것을 감지하는 전륫값

예 건강한 성인 남자의 최소감지전류 : 60Hz에서 약 1mA 정도

ⓑ 고통한계전류

• 가수전류(고통전류, 해방전류(직류), 이탈전류(교류)) : 자력으로 충전부에서 이탈할 수 있는 전류

예 성인 남자 : 60Hz에서 약 9mA 이하, 성인 여자 : 60Hz에서 약 6mA 이하

• 불수전류(마비전류) : 자력으로 충전부에서 이탈하는 것이 불가능한 전류

예 성인 남자 : 60Hz에서 20~50mA

ⓒ 심실세동전류

• 개념

– 전류의 일부가 심장부로 흘러 심장의 기능이 장애를 받게 될 때의 전류

– 심실세동 상태가 되면 전류를 제거해도 자연적으로는 건강을 회복하지 못하고, 그대로 방치할 시 수 분 내에 사망

예 성인 남자 : 60Hz에서 50mA 이상

• Dalziel의 식 : 심실세동 전류와 통전시간의 관계식

$I = \frac{165}{\sqrt{t}} \times 10^{-3}$($\frac{1}{120}$~5초)	• I : 1,000명 중 5명 정도가 심실세동을 일으키는 전륫값(A) • t : 통전시간(s)

• 심실세동을 일으키는 전기에너지

$W = I^2Rt = \left(\frac{165}{\sqrt{t}} \times 10^{-3}\right)^2 \times Rt$	• W : 전기에너지(J) • I : 심실세동 전류(A) • R : 인체의 저항(Ω) • t : 통전시간(s) • 1J = 0.24cal

④ 감전피해의 위험도를 결정하는 요인

㉠ 통전전류의 크기

ⓐ 통전전류와 전류지속시간에 따른 인체의 영향

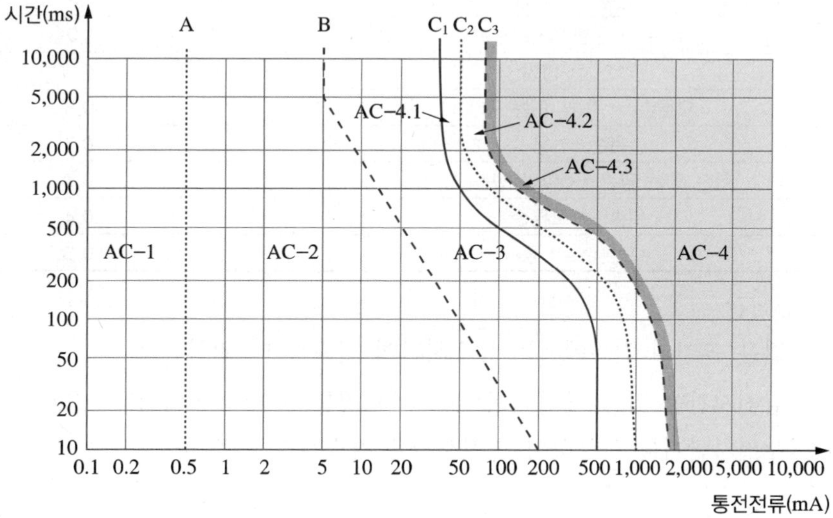

영역	생리학적 영향
AC-1	감지는 가능하나 놀라는 반응은 없음
AC-2	• 감지 및 비자의적 근육수축이 있을 수 있음 • 통상 유해한 생리학적 영향은 없음 • 인체감전방지용 누전차단기 : 정격감도전류 30mA, 동작시간 30ms
AC-3	• 강한 비자의적 근육수축과 호흡곤란 • 회복 가능한 심장기능 장애, 국부마비 가능 • 전류 증가에 따라 영향은 증가하며 통상 인체기관의 손상은 없음
AC-4	• 심장마비, 호흡정지, 화상, 다른 세포의 손상과 같은 병리·생리학적 영향이 있을 수 있음 • AC-4.1 : 심실세동 확률 약 5%까지 증가 • AC-4.2 : 심실세동 확률 약 50%까지 증가 • AC-4.3 : 심실세동 확률 50% 초과

ⓑ 옴의 법칙과 통전전류

• 접촉전압에 비례
  - 인체 내부저항은 거의 일정하므로 통전전류는 접촉전압에 비례한다.
  - 전기기기 접지, 자동전격방지기 설치 → V(심실세동 전압) 감소

• 접촉저항에 반비례
  - 접촉 당시의 인체 저항(피부의 습도 등)의 영향을 받는다.
  - 절연, 충전부 방호, 젖은 손 조작 금지 → R(인체 저항) 증가

ⓛ 통전경로 : 통전전류가 심장과 가까이 흐를수록 위험성이 높아진다.

통전경로	kill of heart(위험도)
왼손 → 가슴	1.5
오른손 → 가슴	1.3
왼손 → 한발 또는 양발	1.0
양손 → 양발	1.0
오른손 → 한발 또는 양발	0.8
왼손 → 등	0.7
한손 또는 양손 → 앉아 있는 자리	0.7
왼손 → 오른손	0.4
오른손 → 등	0.3

ⓒ 통전시간

ⓐ 같은 크기의 전류에서는 통전시간이 길수록 더 위험하다.

ⓑ 감전시간을 짧게 하여 심실세동 에너지를 줄여야 한다($W = I^2RT$).

ⓒ 누전차단기를 사용하여 통전시간을 감소시킬 수 있다.

3 전기안전관리

(1) 간선 및 분기회로

① 간선

㉠ 개념 : 전등, 콘센트, 전동기 등의 설비에 전기를 공급하기 위하여 일정한 구역으로 묶어 큰 용량의 배선으로 배전한 큰 용량의 배전선

㉡ 일반적으로 인입점, 수변전 설비 등의 전원 측에서 전등분전반, 동력제어반까지의 전로를 간선이라 부른다.

㉢ 간설설비로는 조명기구, 사무기기, 공기조하기, 펌프 등의 부하에 전기를 공급하는 전력간선(보통 간선설비라고 말함)과 통신・정보 등을 전속하는 통신간선이 있다.

㉣ 전력공급 신뢰도의 면에서 간선은 전원설비 다음으로 중요한 위치를 차지하므로 간선을 결정할 때 허용전류, 허용전압강하, 기계적 강도 등을 고려해야 한다.

② 분기회로

㉠ 개념 : 사용하고자 하는 전기기기(전등, 에어컨 등)에 전력을 공급해주는 선로

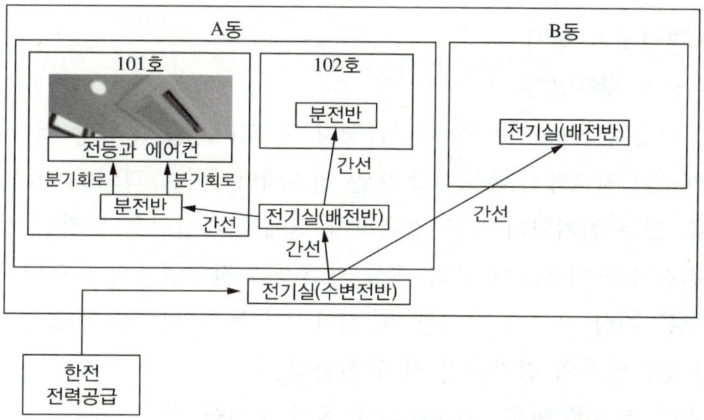

[연구실의 간선과 분기회로 예시]

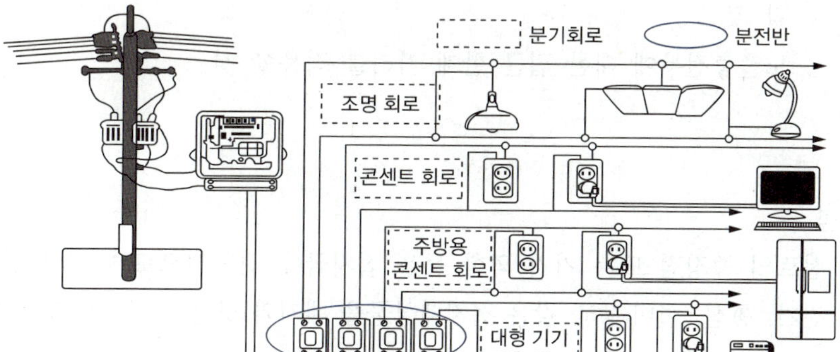

[분기회로 예시]

(2) 전기작업

① **전기작업** : 설치 · 해체 · 정비 · 점검(설비의 유효성을 장비, 도구를 이용하여 확인하는 점검으로 한정)

② **전기작업자** : 자격 · 면허 · 경험 또는 기능을 갖춘 사람이 작업을 수행할 것(제한적임)

③ **전기작업 안전관리**

㉠ 정전 전로에서의 전기작업 시 안전관리

ⓐ 작업 착수 전 반드시 다음의 사항을 포함하여 '정전 작업 요령'을 작성할 것

- 책임자의 임명, 정전범위 및 절연보호구, 작업 시작 전 점검 등 작업 시작 전에 필요한 사항
- 개폐기 관리 및 표지판 부착에 관한 사항
- 점검 또는 시운전을 위한 일시운전에 관한 사항
- 교대근무 시 근무인계에 필요한 사항
- 전로 또는 설비의 정전순서
- 정전 확인 순서
- 단락접지 실시
- 전원 재투입 순서

ⓑ 차단장치나 단로기 등에 잠금장치 및 꼬리표를 부착할 것

ⓒ 개로된 전로에서 유도전압 또는 전기에너지가 축적되어 연구자에게 전기위험을 끼칠 수 있는 전기기기 등은 접촉하기 전에 잔류전하를 완전히 방전할 것

ⓓ 검전기를 이용하여 작업 대상 기기가 충전되었는지 확인할 것

ⓔ 모든 이상 유무를 확인한 후 전기기기 등의 전원을 투입할 것

㉡ 충전 전로에서의 전기작업 시 안전관리

ⓐ 충전 전로를 방호, 차폐하거나 절연 조치할 것

ⓑ 충전 전로를 취급하는 연구자에게 해당 작업에 적합한 절연용·보호구를 착용하게 할 것

ⓒ 노출충전부에 대한 접근 한계 거리를 적용할 것

(3) 접지

① 개념

㉠ 전로의 중정점 또는 기기 외함 등을 접지극에 접지선으로 대지와 연결하는 것

㉡ 전기, 통신, 설비 등과 같은 접지대상물을 대지와 낮은 저항으로 전기적으로 접속하는 것

② 목적 및 필요성

㉠ 누전되고 있는 기기에 접촉되었을 때 감전방지

㉡ 낙뢰로부터 전기기기의 손상 방지

㉢ 지락사고 시 보호계전기 신속 동작 등

③ 접지시스템

㉠ 구성요소

ⓐ 접지극 : 토양 또는 콘크리트에 매입되는 금속체

ⓑ 접지도체 : 접지극과 연결되는 도체

ⓒ 보호도체 : 감전, 화재 등의 위험을 방지하기 위해 사용하는 도체(주접지 단자에서 기기로 직접 연결되는 선)

ⓓ 기타설비 : 접지단자 등

㉡ 구분

ⓐ 계통접지

- 전력계통의 이상 현상에 대비
- 중성점(저압측 1단자 접지 포함)을 대지에 접속하는 것

ⓑ 보호접지(외함접지)

- 고장 발생 시 감전보호를 목적으로 기기의 한 점 또는 여러 점을 접지하는 것
- 평상시 전류가 흐르지 않는 전기설비・기계・외함 등을 접지하는 것

ⓒ 피뢰시스템접지 : 수뢰부에 인입된 뇌전류를 대지로 전도하기 위해 대지와 수뢰부시스템을 연결하는 것

㉢ 시설의 종류

ⓐ 단독접지 : 고압・특고압 계통의 접지극과 저압 계통의 접지극이 독립적으로 설치된 것

ⓑ 공통접지 : 등전위가 형성되도록 고압・특고압 접지계통과 저압 접지계통을 공통으로 접지하는 방식

ⓒ 통합접지 : 전기설비의 접지계통・건축물의 피뢰설비・전자 통신설비 등의 접지극을 통합하여 접지하는 방식

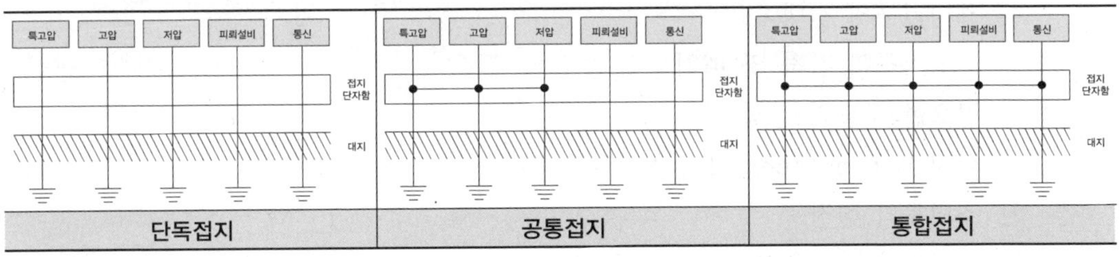

④ 등전위본딩

㉠ 정의 : 건축물의 공간에서 금속도체 상호 간의 접속으로 전위를 같게 하는 것

㉡ 목적 : 등전위를 통해 위험전압의 저감 및 등전위화를 도모하여 인체의 안전을 확보한다.

㉢ 종류

ⓐ 감전보호용 등전위본딩

- 보호등전위본딩
  - 감전에 대한 보호 등과 같은 안전을 목적으로 하는 등전위본딩
  - 건축물·구조물의 외부에서 내부로 들어오는 각종 금속제 배관을 메인 접지 단자대에 연결하는 것(내부로 인입된 수도관·가스관의 최초의 밸브 후단에서 등전위 함)
- 보조 보호등전위본딩
  - 전원자동차단에 의한 감전보호방식
  - 고장 시 자동차단시간이 계통별(TN 계통, TT 계통, IT 계통) 최대차단시간을 초과하는 경우에 시설
- 비접지 국부 등전위본딩 : 절연성 바닥으로 된 비접지 장소

ⓑ 피뢰시스템 등전위본딩

- 금속체 설비의 등전위본딩 : 구조물에 접속된 외부도전성 부분
- 인입설비의 등전위본딩 : 건축물·구조물의 외부에서 내부로 인입되는 설비
- 내부피뢰시스템 : 구조물 내부의 전지전자시스템

(4) 조명설비

① **채광 및 조명** : 명암의 차이가 심하지 않고 눈이 부시지 않은 방법으로 채광 및 조명을 설치한다.

② 조도

㉠ 초정밀작업 : 750lx 이상

㉡ 정밀작업 : 300lx 이상

㉢ 보통작업 : 150lx 이상

㉣ 그 밖의 작업(통로 등) : 75lx 이상

③ **조명 설계 시 고려사항**

㉠ 광원의 선택

㉡ 조명기구의 선택

㉢ 조명기구의 간격 및 배치

㉣ 필요한 조도의 결정

㉤ 실지수(room index)의 결정

㉥ 조명률의 결정

㉦ 감광보상률과 유지율

㉧ 위치설계 등

(5) 누전차단기

① **정의** : 누전이 발생될 때 그 이상현상을 감지하여 전원을 자동적으로 차단시키는 지락 차단장치

② **구성요소** : 영상변류기, 누출검출부, 트립 코일, 차단장치, 시험 버튼

※ 영상변류기 : 영상전류를 검출하기 위해 설치하는 변류기로, 영상 변류기 내부는 주회로 전선(전압선과 중성선)이 모두 관통되는 상태로 되어 있다.

③ 동작원리

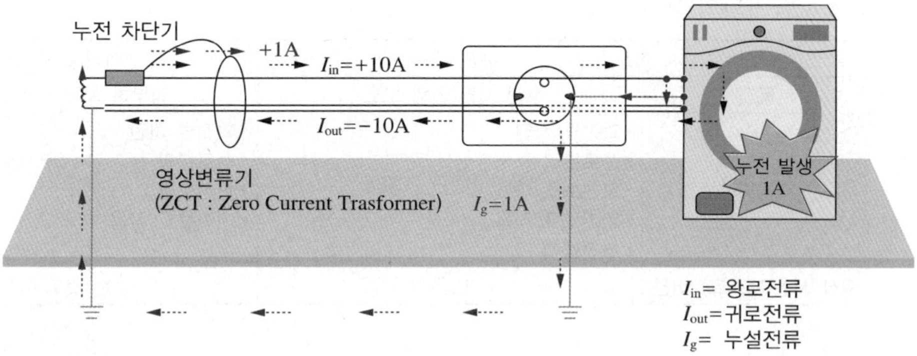

정상 상태	+10A(I_{in}) −10A(I_{out}) = 0A
	영상변류기 안에 통과하는 왕로전류와 귀로전류에 의한 자속의 합은 서로 상쇄되어 0이 되므로 영상변류기의 2차측(부하측)에는 누설전류의 출력이 발생하지 않음
누전사고 발생 (차단기 2차측)	+10A(I_{in}) −9A(I_{out}) = 1A → 차단기 작동
	• 누설전류(I_g)가 대지를 거쳐 전원으로 되돌아감 • 영상변류기를 통과하는 왕로전류와 귀로전류의 합에는 누설전류만큼의 차이가 생김 • 영상변류기 철심 중에 누설전류에 상당하는 자속이 발생, 영상변류기 2차 측에는 누설전류의 출력이 발생 • 이 출력 값의 차이에 의해 누전차단기 작동

④ 누전차단기의 시설

㉠ 설치대상 : 금속제 외함을 가지는 사용전압이 50V를 초과하는 저압의 기계기구로서 사람이 쉽게 접촉할 우려가 있는 곳에 시설하는 것에 전기를 공급하는 전로

㉡ 설치예외

ⓐ 기계기구를 발전소·변전소·개폐소 또는 이에 준하는 곳에 시설하는 경우

ⓑ 기계기구를 건조한 곳에 시설하는 경우

ⓒ 대지전압이 150V 이하인 기계기구를 물기가 있는 곳 이외의 곳에 시설하는 경우

ⓓ 「전기용품 및 생활용품 안전관리법」의 적용을 받는 이중절연구조의 기계기구를 시설하는 경우

ⓔ 그 전로의 전원측에 절연변압기(2차 전압이 300V 이하인 경우에 한한다)를 시설하고 또한 그 절연 변압기의 부하측의 전로에 접지하지 아니하는 경우

ⓕ 기계기구가 고무·합성수지 기타 절연물로 피복된 경우

ⓖ 기계기구가 유도전동기의 2차측 전로에 접속되는 것일 경우

ⓗ 기계기구가 131의 8에 규정하는 것일 경우

ⓘ 기계기구내에 「전기용품 및 생활용품 안전관리법」의 적용을 받는 누전차단기를 설치하고 또한 기계기구의 전원 연결선이 손상을 받을 우려가 없도록 시설하는 경우

⑤ 배선용차단기

㉠ 설치목적 : 과부하, 단락(합선) 등의 이상 현상이 발생된 경우에 회로를 차단하고 보호(누전차단은 불가)

㉡ 누전차단기와의 비교

구분	누전차단기	배선용차단기
목적	누전 차단(인체 보호)	과부하 차단(회로 보호)
용도	• 과전류 차단 • 선로분리 • 모선보호 • 기기보호 작용 • 누전감지	• 과전류 차단 • 선로분리 • 모선보호 • 기기보호 작용
동작 시험(테스트) 버튼	있음	없는 것도 있음

(6) 배전반/분전반

① 배전반실(변전실등) 설치기준

㉠ 가스폭발 위험장소 또는 분진폭발 위험장소에는 설치하지 않는다.

㉡ 예외사항

ⓐ 가스폭발 위험장소 또는 분진폭발 위험장소에 적합한 방폭성능을 갖는 전기 기계·기구를 변전실등에 설치·사용한 경우

ⓑ 변전실등의 실내기압이 항상 양압(25파스칼 이상의 압력)을 유지하도록 하고 다음의 조치를 한 경우

- 양압을 유지하기 위한 환기설비의 고장 등으로 양압이 유지되지 아니한 경우 경보를 할 수 있는 조치
- 환기설비가 정지된 후 재가동하는 경우 변전실 등에 가스 등이 있는지를 확인할 수 있는 가스검지기 등 장비의 비치
- 환기설비에 의하여 변전실등에 공급되는 공기는 가스폭발 위험장소 또는 분진폭발 위험장소가 아닌 곳으로부터 공급되도록 하는 조치

② 옥내에 시설하는 저압용 배·분전반 등의 시설

㉠ 노출된 충전부가 있는 배전반 및 분전반은 취급자 이외의 사람이 쉽게 출입할 수 없도록 설치하여야 한다.

㉡ 한 개의 분전반에는 한 가지 전원(1회선의 간선)만 공급하여야 한다. 다만, 안전 확보가 되도록 격벽을 설치하고 사용전압을 쉽게 식별할 수 있도록 그 회로의 과전류차단기 가까운 곳에 그 사용전압을 표시하는 경우에는 그러하지 아니하다.

㉢ 옥내에 설치하는 배전반 및 분전반은 불연성 또는 난연성(KS C 8326의 "8.10 캐비닛의 내연성 시험"에 합격한 것을 말한다)이 있도록 시설한다.

③ 충전부 방호(감전방지)

㉠ 충전부가 노출되지 않도록 폐쇄형 외함(外函)이 있는 구조로 한다.

㉡ 충전부에 충분한 절연효과가 있는 방호망이나 절연덮개를 설치한다.

㉢ 충전부는 내구성이 있는 절연물로 완전히 덮어 감싼다.

㉣ 발전소·변전소 및 개폐소 등 구획되어 있는 장소로서 관계 근로자가 아닌 사람의 출입이 금지되는 장소에 충전부를 설치하고, 위험표시 등의 방법으로 방호를 강화한다.

㉤ 전주 위 및 철탑 위 등 격리되어 있는 장소로서 관계 근로자가 아닌 사람이 접근할 우려가 없는 장소에 충전부를 설치한다.

㉥ 개폐되는 문, 경첩이 있는 패널 등(분전반 또는 제어반 문)을 견고하게 고정시킨다.

④ 직접 접촉에 대한 보호

㉠ 전기설비는 충전부에 무심코 접촉하거나 충전부 근처의 위험구역에 무심코 도달하는 것을 방지하도록 설치되어야 한다.

㉡ 계통의 도전성 부분(충전부, 기능상의 절연부, 위험전위가 발생할 수 있는 노출 도전성 부분 등)에 대한 접촉을 방지하기 위한 보호가 이루어져야 한다.

㉢ 보호는 그 설비의 위치가 출입제한 전기운전구역 여부에 의하여 다른 방법으로 이루어질 수 있다.

⑤ 간접 접촉에 대한 보호 : 전기설비의 노출도전성 부분은 고장 시 충전으로 인한 인축(사람과 가축)의 감전을 방지하여야 한다.

(7) 옥내배선

① 전선의 식별

상	L_1	L_2	L_3	중성선(N)	보호도체
색상	갈색	흑색	회색	청색	녹색-노란색

② 전선의 종류

㉠ 용도별 전선의 종류 : 나전선, 절연전선, 다심형전선, 케이블, 캡타이어케이블, 코드 등

㉡ 절연전선의 종류 : OW전선, DV전선, HIV전선, PDC전선 등

③ 전선관의 종류 : 금속제 전선관, 금속제 가요전선관, 합성수지제 전선관

④ 저압 옥내배선의 전선 굵기 기준

㉠ 사용 전선 : 단면적 2.5mm² 이상의 연동선 또는 이와 동등 이상의 강도 및 굵기

㉡ 중성선 : 다음의 경우 중성선의 단면적은 최소한 선도체의 단면적 이상

ⓐ 2선식 단상회로

ⓑ 선도체의 단면적이 구리선 16mm², 알루미늄선 25mm² 이하인 다상 회로

⑤ 절연저항 및 절연내력

㉠ 정의

ⓐ 절연저항 : 전류가 도체에서 절연물을 통하여 다른 충전부나 기기의 케이스 등에서 새는 경로의 저항(절연 저항이 저하하면 감전이나 과열에 의한 화재 및 쇼크 등의 사고가 뒤따름)

ⓑ 절연내력 : 절연파괴 전압을 절연 재료의 두께로 나눈 값(단위 : kV/mm)

ⓒ 절연파괴 전압 : 절연체에 가하는 전압을 순차적으로 높여 어느 전압에 도달하게 되면 갑자기 큰 전류가 흐르게 되는 전압

㉡ 저압전로의 절연성능

ⓐ 전기사용 장소의 사용전압이 저압인 전로의 전선 상호간 및 전로와 대지 사이의 절연저항은 개폐기 또는 과전류차단기로 구분할 수 있는 전로마다 다음 표에서 정한 값 이상이어야 한다(단, 정전이 어려운 경우 등 절연저항 측정이 어려울 경우에는 저항성분의 누설전류가 1mA 이하이면 그 전로의 절연성능을 적합한 것으로 인정).

ⓑ 누전이 발생했거나 상간 단락이 생기는 등 절연이 깨진 경우에는 낮은 절연저항값이 측정된다.

전로의 사용전압(V)	DC 시험전압(V)	절연저항(MΩ)
SELV 및 PELV	250	0.5
FELV, 500V 이하	500	1.0
500V 초과	1,000	1.0

ⓒ 특별저압 개념

- ELV(Extra-Low Voltage) : 특별저압, 2차 전압이 AC 50V, DC 120V 이하로 인체에 위험을 초래하지 않을 정도의 저압
- SELV(Separated Extra-Low Voltage) : 분리 초 저전압, 1차와 2차가 전기적으로 절연된 회로, 비접지회로 구성
- PELV(Protected Extra-Low Voltage) : 보호 초 저전압, 1차와 2차가 전기적으로 절연된 회로, 접지회로 구성
- FELV(Functional Extra-Low Voltage) : 기능 초 저전압, 1차와 2차가 전기적으로 절연되지 않은 회로

⑥ 배선 안전관리

㉠ 작업 중에나 통행하면서 접촉하거나 접촉할 우려가 있는 배선 또는 이동전선에 대하여 절연피복이 손상되거나 노화됨으로 인한 감전의 위험을 방지하기 위하여 필요한 조치를 하여야 한다.

㉡ 전선을 서로 접속하는 경우에는 해당 전선의 절연성능 이상으로 절연될 수 있는 것으로 충분히 피복하거나 적합한 접속기구를 사용하여야 한다.

㉢ 물 등의 도전성이 높은 액체가 있는 습윤한 장소에서 작업 중에나 통행하면서 이동전선 등에 접촉할 우려가 있는 경우에는 충분한 절연효과가 있는 것을 사용하여야 한다.

㉣ 통로바닥에 전선 또는 이동전선 등을 설치하여 사용해서는 아니 된다.

⑦ 배선기구

㉠ 종류 : 개폐기(텀블러 스위치, 매입용 스위치, 리밋스위치 등), 과전류 보호기(누전차단기, 배선용차단기, 전자개폐기 등), 접속재료

㉡ 개폐기의 위험성 : 개폐 시의 스파크에 의한 가연물의 착화, 과전류에 의한 발열

㉢ 배선기구 안전대책

ⓐ 가연성증기, 분진 등의 위험물이 있는 곳은 방폭형·방진형을 사용한다.

ⓑ 개폐기를 불연성상자 안에 수납하거나 또는 통형 퓨즈를 사용한다.

ⓒ 유입개폐기는 특히 절연유의 청정의 정도, 유량에 주의하여 사용한다.

ⓓ 접속 부분의 변형·산화·접속 불량에 유의한다.

ⓔ 사람이 쉽게 접촉할 우려가 있거나 손상을 받을 우려가 있는 부분은 금속관공사 또는 케이블공사(전선을 금속제의 관 기타의 방호 장치에 넣는 경우에 한함)에 의하여 시설한다.

ⓕ 전기기계기구에 시설하는 개폐기·접속기·점멸기 기타의 기구는 손상을 받을 우려가 있는 경우에는 이에 견고한 방호장치를 하고, 물기 등이 유입될 수 있는 곳에서는 방수형이나 이와 동등한 성능이 있는 것을 사용한다.

㉣ 꽂음접속기 안전관리

ⓐ 서로 다른 전압의 꽂음 접속기는 서로 접속되지 아니한 구조의 것을 사용한다.

ⓑ 습윤한 장소에 사용되는 꽂음 접속기는 방수형 등 그 장소에 적합한 것을 사용한다.

ⓒ 근로자가 해당 꽂음 접속기를 접속시킬 경우에는 땀 등으로 젖은 손으로 취급하지 않도록 한다.

ⓓ 해당 꽂음 접속기에 잠금장치가 있는 경우에는 접속 후 잠그고 사용한다.

(8) 임시전등·임시배선

① 임시전등 안전관리

㉠ 접속하여 임시로 사용하는 전등이나 가설의 배선 또는 이동 전선에 접속하는 가공매달기식 전등 등에 접촉함으로 인한 감전 및 전구의 파손에 의한 위험을 방지하기 위하여 보호망을 부착해야 한다.

㉡ 전구의 노출된 금속 부분에 연구자가 쉽게 접촉되지 아니하는 구조로 한다.

㉢ 재료는 쉽게 파손되거나 변형되지 아니하는 것으로 한다.

② 임시배선 안전관리

㉠ 접지형 콘센트를 사용하여야 한다.

㉡ 근로자가 착용하거나 취급하고 있는 도전성 공구·장비 등이 노출 충전부에 닿지 않도록 하여야 한다.

㉢ 사다리를 노출 충전부가 있는 곳에서 사용하는 경우에는 도전성 재질의 사다리를 사용하지 않도록 하여야 한다.

㉣ 젖은 손으로 전기기계·기구의 플러그를 꽂거나 제거하지 않도록 하여야 한다.

㉤ 전기회로를 개방, 변환 또는 투입하는 경우에는 전기 차단용으로 특별히 설계된 스위치, 차단기 등을 사용하도록 하여야 한다.

㉥ 차단기 등의 과전류 차단장치에 의하여 자동 차단된 후에는 전기회로 또는 전기기계·기구가 안전하다는 것이 증명되기 전까지는 과전류 차단장치를 재투입하지 않도록 하여야 한다.

(9) 콘센트

① 노출형 콘센트는 기둥과 같은 내구성이 있는 조영재에 견고하게 부착한다.

② 콘센트를 조영재에 매입할 경우는 매입형의 것을 견고한 금속제 또는 난연성 절연물로 된 박스 속에 시설한다.

③ 콘센트를 바닥에 시설하는 경우는 방수구조의 플로어박스에 설치하거나 또는 이들 박스의 표면 플레이트에 틀어서 부착할 수 있게 된 콘센트를 사용한다.

④ 습기가 많은 장소 또는 수분이 있는 장소에 시설하는 콘센트 및 기계기구용 콘센트는 접지용 단자가 있는 것을 사용한다.

⑤ 인체가 물에 젖어있는 상태에서 전기를 사용하는 장소에 콘센트를 시설하는 경우에는 다음에 따라 시설한다.

㉠ 인체감전보호용 누전차단기(정격감도전류 15mA 이하, 동작시간 0.03초 이하의 전류동작형의 것) 또는 절연변압기(정격용량 3kVA 이하인 것)로 보호된 전로에 접속하거나, 인체감전보호용 누전차단기가 부착된 콘센트를 시설한다.

㉡ 콘센트는 접지극이 있는 방적형 콘센트를 사용하여 접지하여야 한다.

(10) 방폭(Page. 251 참고)

① 화재 폭발 방지를 위한 전기방폭의 기본 원칙

㉠ 해당 장소에서 폭발 분위기가 생성되는 확률과 전기설비가 점화원으로 되는 확률과의 곱이 실질적으로 0에 가까운 작은 값을 가져야 한다.

㉡ 위험 분위기가 조성되지 않도록 하거나, 점화원이 접촉할 가능성이 없도록 해야 한다.

② 폭발 분위기의 생성 방지

㉠ 폭발성가스 누설 및 방출 방지

ⓐ 위험물질의 사용을 억제한다.

ⓑ 개방 상태에서의 사용을 피한다.

ⓒ 배관의 이음부분, 펌프의 ground부 등에서 누설을 방지한다.

ⓓ 이상반응, 장치의 열화, 파손, 오동작 등에 의한 누설을 방지한다.

㉡ 폭발성가스의 체류 방지 : 누설되기 쉬운 폭발성가스의 취급장소는 옥외 또는 외벽이 개방된 건물에 설치하고, 환기가 불충분한 장소에서는 강제 환기를 해야 한다.

③ 전기설비의 점화원 관리

㉠ 정상운전 중 항상 전기불꽃이 발하며 폭발 분위기에 점화원으로 작용하는 것으로 직류전동기의 정류자, 권선형 전동기의 슬립링이 있다.

㉡ 정상운전 중 작동 시마다 전기불꽃이 발하는 것으로 개폐기류, 제어기류의 전기접점 등이 있다.

㉢ 보호장치로 작동 중 전기불꽃을 발하여 점화원으로 작용하는 것으로는 기중차단기 개폐접점, 보호계전기 전기접점 등이 있다.

㉣ 정상상태에서 고온이 되는 것으로 전열기, 저항기, 전동 고온부 등이 있다.

㉤ 이상상태(고장, 파손 등)에서 전기불꽃 또는 고온을 발생할 위험이 있는 것으로 전동기권선, 변압기권선, 마크넷코일, 전등광원부, 케이블, 기타 배선 등이 있다.

④ 전기기기 방폭화의 기본적인 고안 방법

㉠ 점화능력의 본질적 억제

ⓐ 약전류 회로의 전기기기는 정상상태뿐만 아니라 이상상태(사고 등) 시에도 발생하는 전기불꽃 또는 고온부가 폭발성가스에 점화할 위험이 없다는 것을 시험 등 기타 방법으로 충분히 확인한다.

ⓑ 1개 또는 2개의 고장을 가정하여 안전율을 증가시키는 본질적 점화 능력이 억제된 기구(본질안전 방폭구조의 전기기기)를 사용한다.

㉡ 점화원의 방폭적 격리

ⓐ 전기기기에서 점화원이 될 수 있는 부분을 주위 폭발성가스와 격리하여 접촉하지 않도록 한다(유입방폭구조, 압력방폭구조, 충진형방폭구조 몰드형 방폭구조 등).

ⓑ 전기기기 내부에서 발생한 폭발이 전기기기 주위 폭발성가스에 파급되지 않도록 점화원을 실질적으로 격리한다(내압방폭구조 등).

㉢ 안전도 증가 : 정상상태에서 점화원인 전기불꽃 발생부 및 고온부가 존재할 가능성이 없는 전기기기에 특히 안전도를 증가시켜 고장을 일으키기 어렵게 함으로써 종합적으로 사고가 발생할 확률을 0에 가장 가까운 값으로 만든다(안전증방폭구조의 전기기기).

Chapter 03

소방 · 전기 안전대책

1 화재

(1) 연구실 화재

① 연구실별 화재 위험요인

㉠ 전기실험실

ⓐ 분전반 앞 물건 적재

ⓑ 실험기계 및 전원 플러그와 콘센트의 접지 미실시

ⓒ 환기팬의 분진

ⓓ 차단기 충전부 노출

ⓔ 전선 · 콘센트 미인증 물품의 사용

ⓕ 실험기기의 플러그와 콘센트의 접속 상태 불량

ⓖ 바닥에 전선 방치 등

㉡ 가스 취급 실험실

ⓐ 실험실 내부에 가스를 보관하여 사용

ⓑ 가스 성상별(가연성, 조연성, 독성) 구분 보관 미비

ⓒ 전도 방지 조치 미비

ⓓ 가스 탐지 설치 위치의 부적합

ⓔ 가스용기 충전기한 초과

ⓕ 가스누설경보장치 미설치 등

㉢ 화학 실험실

ⓐ 독성물질 시건 미비

ⓑ 성상별 분리 보관 미비

ⓒ 흄후드 사용 및 관리 미비

ⓓ MSDS 관리 미비

ⓔ 폐액 등 분리 보관 미비

ⓕ 세안기 · 샤워기 미설치 등

㉣ 폐액 · 폐기물 보관 장소

ⓐ 보관장소의 부적정(직사광선이 없고, 통풍이 원활하고, 주변에 화기 취급이 없는 장소여야 함)

ⓑ 게시판 미부착(금연, 화기엄금, 폐기물 보관 표지 등)

ⓒ 폐기물 특성·성상에 따른 분리 보관 미비
ⓓ 유독성 가스 등 배출 설비 미비
ⓔ 밀폐되지 않은 상태로 보관
ⓕ 보관 용량 초과 등

② 연구실 화재 주요 원인·예방대책

㉠ 전기화재

ⓐ 주요 원인(전기적 점화원의 발생 원인)
- 누전
- 합선과 단락
- 전극 간 방전 또는 불꽃 방전(스파크)
- 자계(磁界)에 의한 유도전류
- 정전기
- 과전류(과부하)에 의한 발열

ⓑ 예방대책
- 정전기 완화 대책
  - 접지와 본딩(bonding)한다.
  - 공기 중의 상대 습도를 70% 이상으로 높인다.
  - 공기를 이온화시킨다.
  - 전기의 도체를 사용한다.
- 정전기 억제 대책
  - 유속을 제한한다(1m/s).
  - 이물질을 제거한다.
  - 유체류의 분출을 방지한다.

㉡ 유류화재

ⓐ 주요 원인
- 가연물의 누출·확산 및 점화원과의 접촉
- 연소 기구 등의 취급 부주의
- 유류에서 발생한 증기가 공기와 혼합하여 연소 범위 내에 존재하는 상태에서 점화원과 접촉 시 발생

ⓑ 예방대책
- 가연성 기체의 축적을 방지하기 위해 환기한다.
- 저장용기를 밀폐시켜 공기와의 접촉을 차단한다.
- 불씨와 같은 점화원을 제거한다.
- 저장용기에 불연성가스(질소 등)를 봉입하거나 공기를 배출하여 진공 상태로 만든다.

㉢ 가스화재

ⓐ 주요 원인 : 도시가스, 천연가스, 가연성가스 등이 배관, 설비, 집기 등에서 누설 또는 착화하여 발생한다.

ⓑ 예방대책

- 가스 누출 시 환기팬, 배기팬의 전기 스위치 등을 동작시킬 때 전기스파크를 일으켜서 폭발할 수 있으니 절대 동작시키지 않아야 한다.
- LNG 누출 시 메르캡탄의 부취제(인공향료)가 첨가돼 있어 냄새로 확인 가능하며 창문 등을 열고 신문 등으로 휘저어 배출한다.
- LPG 누출 시 먼저 밸브를 잠그고 바닥에 깔린 가스를 신문이나 빗자루로 쓸고 물을 분사시켜 분산시키거나 가스 용기에 물을 뿌려 파열되지 않도록 한다.
- LPG를 저장할 때 저장용기 내용적의 85%가 초과되지 않도록 저장한다.
- 가스 화재 시 물로 저장탱크 외벽의 온도를 냉각해야 하며 화점에 주수할 경우 체류된 누출가스로 인해 대형 폭발의 가능성이 있으므로 주의해야 한다.

(2) 전기화재

① 발생원인

㉠ 누전

ⓐ 누전화재 발생 메커니즘

- 누전차단기의 접지선이 파손 → 누전차단기 미작동 → 누전경로 속 전류집중으로 저항이 비교적 큰 개소에 과열되어 출화 → 누전에 의한 화재 발생
- 누전이 차단기의 설치 위치보다 전단에서 발생하였을 때 → 누전차단기 미작동 → 누전경로 속 전류집중으로 저항이 비교적 큰 개소에 과열되어 출화 → 누전에 의한 화재 발생
- 비접지 측 전선로의 절연이 파괴되어 접지된 금속부재(금속 조영재, 전기기기의 금속 케이스, 금속관, 안테나 지선 등) 또는 유기재의 흑연화 부분을 경유하여 누전 → 누전경로 속 전류집중으로 저항이 비교적 큰 개소에 과열되어 출화 → 누전에 의한 화재 발생

ⓑ 누전화재의 3요소

- 누전점 : 전류가 누설되어 유입된 곳
- 출화점(발화점) : 누설전류의 전로에 있어서 발열 발화한 곳
- 접지점 : 누설전류가 대지로 흘러든 곳

㉡ 과부하(과전류)

ⓐ 발생원인 : 전기설비에 허용된 전류 및 정격전압·전류·시간 등의 값을 초과하여 발생

ⓑ 화재 발생 메커니즘
- 사용부하의 총합이 전선의 허용전류를 넘음 → 과부하 → 화재 발생
- 다이오드, 반도체, 코일, 콘덴서 등 전기부품의 전기적 파괴 → 임피던스 감소 → 전류 증가 → 다른 부품의 정격을 초과 → 과부하 → 화재 발생
- 전동기 회전 방해 발생 → 기계적 과부하 발생 → 화재 발생
- 전선에 정격을 넘은 전류 흘러옴 → 전기적 과부하 발생 → 화재 발생

㉢ 접촉 불량

ⓐ 화재 발생 메커니즘 : 진동에 의한 접속 단자부 나사의 느슨함, 접촉면의 부식, 개폐기의 접촉부 및 플러그의 변형 등 → 접촉 불량 발생 → 접촉저항 증가 → 줄열 증가, 접촉부에 국부적 발열, 2차적 산화피막 형성 → 접촉부의 온도상승 → 접촉 가연물 발화

ⓑ 접촉저항 증가 원인 : 접촉면적의 감소, 접촉압력의 저하, 산화피막의 형성

㉣ 단락(합선, 쇼트)

ⓐ 개념 : 전선의 절연피복이 손상되어 두 전선 심이 직접 접촉하거나 못, 철심 등의 금속을 매개로 두 전선이 이어진 경우

ⓑ 화재 발생 메커니즘 : 절연피복 손상 → 전기저항이 작아진 상태 또는 전혀 없는 상태 → 순간적으로 대전류가 흐름 → 고열 발생 → 전선의 용융, 인접한 가연물에 착화 → 화재 발생

ⓒ 전선 절연피복 손상 원인
- 외력으로 인한 절연피복 파손 : 스테이플 고정, 중량물에 의한 압박 등으로 절연피복의 손상 및 열화에 의해 절연파괴
- 국부 발열에 의한 절연열화 진행 : 비틀린 접속부분 및 빈번한 굴곡에 의해 생긴 반단선 등의 접촉 불량으로 전선이 국부적으로 발열하여 절연열화
- 외부 열에 의한 절연파괴

㉤ 과열

ⓐ 발생원인 : 전선에 전류가 흐르면 줄의 법칙에 의해 열이 발생하는데, 안전 허용전류 범위 내에서는 발열과 방열이 평형을 이루고 있으나 평형이 깨지면서 과열 발생
- 전기기구의 과열
  - 전열기구의 취급 불량
  - 통전된 채로 방치
  - 보수 불량
- 전기배선의 과열
  - 전기배선의 허용전류를 넘은 전동기나 콘센트의 과부하
  - 접속 불량에서 발생하는 접촉저항 증가

- 불완전 접촉에서 발생하는 스파크
- 전동기의 과열
  - 먼지, 분진 등의 부착으로 생기는 통풍냉각의 방해
  - 과부하에서의 운전 · 규정전압 이하에서의 장시간 운전
  - 단락 · 누설에 의한 과전류
  - 장기 사용 또는 기계적 손상에 의한 코일의 절연저하
  - 베어링의 급유 불충분으로 인한 마찰
- 전등의 과열 : 전등에 종이, 천, 셀룰로이드, 곡분 등의 가연물이 장시간 근접 · 접촉

ⓑ 발생장소 : 전기기구, 전기배선, 전동기, 전등 등을 설계된 정상동작 상태의 온도 이상으로 온도상승을 일으키거나, 피가열체를 위험온도 이상으로 가열하는 곳에서 발생

ⓗ 절연파괴와 열화

ⓐ 정의
- 절연열화 : 전기기기나 재료에 전기나 열이 통하지 않도록 하는 기능이 점차 약해지는 현상
- 절연파괴 : 절연체에 가해지는 전압의 크기가 어느 정도 이상에 달했을 때, 그 절연저항이 곧 열화하여 비교적 큰 전류를 통하게 되는 현상

ⓑ 절연체의 열화와 파괴 초래 원인
- 기계적 성질의 저하
- 취급 불량으로 발생하는 절연피복의 손상
- 이상(비정상)전압으로 인한 손상
- 허용전류를 넘는 전류에서 발생하는 과열
- 시간의 경과에 따른 절연물의 열화

ⓒ 사고 발생 메커니즘 : 절연체의 열화 → 절연저항 떨어짐 → 고온 상태에서 공기의 유통이 나쁜 곳에서 가열 → 절연파괴 → 단락, 누전 및 주위 가연물의 착화 → 감전, 화재 · 폭발

ⓢ 반단선

ⓐ 개념 : 전선이 절연피복 내부에서 단선되어 불시로 접속되는 상태 또는 완전히 단선되지 않을 정도로 심선의 일부가 끊어져 있는 상태

ⓑ 화재 발생 메커니즘 : 기구를 사용할 때 코드의 반복적인 구부림에 의해 심선이 끊어짐 → 반단선 발생 → 절연피복 내부에서 단선과 이어짐을 되풀이 → 심선이 이착할 때마다 불꽃 발생 → 절연피복을 녹이고 출화 → 전선 주위의 먼지, 가연성 물질에 착화 → 화재 발생

② 전기화재 방지대책

㉠ 전기배선기구의 전기화재 예방

ⓐ 코드는 가급적 짧게 사용하고, 연장 시 반드시 코드 커넥터를 활용한다.

ⓑ 코드 고정(못, 스테이플) 사용을 금지한다.

ⓒ 전기 용량을 고려하여 적정 굵기 전선을 갖는 배선기구를 사용한다.

ⓓ 단락·혼촉 방지를 위해 아래를 따른다.

- 고정 기기에는 고정배선을, 이동전선은 가공으로 시설·튼튼한 보호관 속에 시설
- 전선 인출부에 부싱(bushing)을 설치하여 손상 방지
- 전선의 구부림을 줄이도록 스프링 삽입
- 규격전선 사용, 비닐 코드를 옥내배선으로 사용 금지
- 전원 스위치 차단 후 점검·보수

ⓔ 접지형 콘센트를 사용한다.

ⓕ 정격전류를 초과하여 사용하지 않는다(문어발식 콘센트 등).

㉡ 누전 방지

ⓐ 배선기구로부터 누전방지

- 배선피복 손상의 유무, 배선과 건조재와의 거리, 접지배선 등을 정기점검한다.
- 습윤장소는 전기시설을 위해 방습 조치한다.
- 누전경보기·차단기를 설치한다.
- 절연 효력을 위해 전선 접속부에 접속기구 또는 테이프를 사용한다.

ⓑ 절연저항값 관리 : 절연저항을 정기적으로 측정하고 기준 이하로 떨어지면 즉시 보수 또는 교체한다(절연저항값이 낮으면 누전 가능성이 높다).

ⓒ ELV의 사용

- 감전위험을 줄이기 위해 저전압시스템을 사용한다.
- SELV(배터리, LED 조명 등), PELV(산업용 제어 시스템 등), FELV(전자기기의 내부 회로 등)

㉢ 과전류 방지

ⓐ 적정용량의 퓨즈 또는 배선용 차단기를 사용한다.

ⓑ 문어발식 배선 사용을 금지한다.

ⓒ 접촉 불량에 대해 정기적으로 점검을 한다.

ⓓ 고장·누전 전기기기는 사용을 금지한다.

㉣ 접촉 불량 방지

ⓐ 접속부나 배선기구 조임 부분을 철저히 시공한다.

ⓑ 전기설비 발열부를 철저하게 점검한다(열화상 등으로 인한 국부 발열 분석).

㉣ 전기기기의 전기화재 예방

ⓐ 전동기

• 사용 장소, 전동기의 형식

– 인화성 가스, 먼지 등 가연물이 있는 곳 : 방폭형, 방진형의 것을 선정

– 물방울이 떨어질 위험이 있는 장소 : 방적형을 채용하고 전동기실(상자)을 설치

– 개방형을 임시로 사용하거나 보호장치를 떼고 시운전을 하는 것은 아주 위험

• 외피 · 철대의 접지

– 정기적으로 접지선의 접속 상태와 접지저항을 점검

– 인화 또는 폭발위험이 큰 곳은 2개소 이상 접지

• 과열의 방지

– 청소 실시

– 통풍 철저

– 적정 퓨즈 · 과부하 보호장치의 사용

– 급유 등에 주의

– 정기적으로 절연저항을 시험

– 온도계를 사용하여 과열 여부 수시 점검

ⓑ 전열기

• 고정 전열기(전기로, 건조기, 적외선 건조장치 등)

– 가열부 주위에 가연성 물질 방치 금지

– 정기적으로 기구 내부 청소

– 전열기의 낙하 방지

– 열원과의 거리 확보

– 접속부 부근의 배선에 대한 피복의 손상 및 과열 주의

– 온도의 이상 상승 시 자동적으로 전원을 차단하는 장치 설치

• 이동 전열기

– 열판의 밑 부분에 차열판이 있는 것을 사용

– 인조석, 석면, 벽돌 등의 단열성 불연재료로 받침대 제작

– 주위 0.3~0.5m, 상방으로 1.0~1.5m 이내에 가연성 물질의 접근 방지

– 충분한 용량의 배선, 코드 사용으로 과열 방지

– 본래 용도 외의 목적으로 사용 금지

– 일반화기와 동일한 수준의 세심한 주의 및 조직적 관리 필요

• 전등

– 글로브 및 금속제 가드를 이용하여 전등 보호

- 위험물 보관소에서는 조명설비 수를 줄이거나 설치를 금지
- 방폭형 조명 설치
- 절연성능이 우수한 소켓, 캡타이어 코드 사용
- 전원 공급을 위해 사용된 코드의 접속 부분 노출 금지

• 임시전등
- 전구의 노출된 금속 부분에 근로자가 쉽게 접촉되지 않는 구조의 보호망 부착
- 보호망의 재료는 쉽게 파손되거나 변형되지 아니하는 것으로 선정

(3) 화재대응

① 화재 시 행동 요령

㉠ 빠른 상황전파 : 화재사실을 주위에 신속하게 알린다.

㉡ 초기소화 : 초기화재인 경우 현장 상황(불의 크기, 연기의 양, 소화시설 등)에 따라 진화를 시도하며, 여의치 않으면 신속히 대피한다.

ⓐ 전기화재 : 개폐기를 내려서 전기의 흐름을 차단한다.

ⓑ 유류화재 : 젖은 모포, 담요로 화재 면을 덮어 일시에 질식소화한다.

ⓒ 가스화재 : 신속하게 가스용기밸브를 잠그고 불로부터 멀리 옮겨 놓아 폭발을 방지한다.

㉢ 신속한 대피 : 건물 외부나 안전한 장소로 신속하게 대피한다(대피 요령 참고).

㉣ 119 신고 : 안전하게 대피한 후 119에 신고한다.

㉤ 대피 후 인원 확인 : 안전한 곳으로 대피한 후 인원을 확인할 것

② 화재 시 대피 요령

㉠ 피난이론

ⓐ 인간의 피난 본능

• 좌회본능 : 오른손잡이는 오른발을 축으로 좌측으로 행동하려는 특성
• 지광본능 : 주변이 어두운 경우 빛이 보이는 밝은 곳으로 피난하려는 특성
• 귀소본능 : 지나온 길로 되돌아가거나, 익숙한 경로로 이동하려는 특성
• 추종본능 : 앞선 사람 또는 무리를 뒤쫓아 행동하는 특성
• 퇴피본능 : 위험한 것으로부터 멀리 도망가려는 특성

ⓑ 피난 대책의 일반 원칙

• 풀프루프(fool proof) : 피난자가 패닉(어떠한 돌발 혹은 위험 요인으로 인해 극도의 긴장, 불안 등으로 인간이 정신적 공황 상태에 빠지는 것)에 빠져 발생하는 인지 능력의 저하에도 쉽게 인지하고 빠르게 판단 가능케 하는 것
• 페일세이프(fail safe) : 하나의 수단이 고장 등으로 실패하여도 또 다른 수단으로 목적이 이루어질 수 있도록 차선의 안전장치, 병렬화 등을 요구하는 것

ⓒ 피난동선

- 피난 경로는 단순명료하게 구성하며, 수단은 원시적이며 고정식으로 세분화한다.
- 피난 동선은 수직, 수평 동선으로 구분되며 계단의 배치는 집중화를 피하고 분산한다.
- 피난 동선은 상호 반대 방향으로 다수의 출입구와 연결되는 것이 좋다.

ⓓ 피난통로

- 거실로부터 이어지는 피난통로는 두 개 이상으로 분리되어야 한다.
- 피난의 마지막에는 안전이 확보되는 충분한 공간이 있어야 한다.
- 화재 시 계단으로부터의 연기 유입이 쉽기 때문에 상용의 직통계단보다는 피난계단 혹은 특별피난계단으로 피난하는 것이 좋다.

ⓔ 피난 방향의 설계

- X자형, Y자형 : 가장 확실한 피난통로를 확보한다.
- T자형, I자형 : 방향을 확실하게 분간하기 쉽다.
- Z자형, ZZ자형 : 중앙복도형으로 코어식 중 양호하다.
- H자형, CO자형 : 중앙코어식으로 피난자들의 집중으로 패닉현상이 우려된다.

ⓛ 대피 요령

ⓐ 엘리베이터를 절대 이용하지 말고 계단을 통하여 지상(지상으로 갈 수 없는 경우 옥상)으로 안전하게 대피한다.

ⓑ 화재가 발생한 연구실을 탈출할 때는 문을 반드시 닫고 나와야 하며 탈출하면서 열린 문이 있으면 닫는다.

ⓒ 연기가 가득 찬 장소를 지날 때는 신선한 공기는 아래쪽에 있으므로 자세를 낮추고 한 손으로 벽을 짚으며 한 방향으로 대피한다.

ⓓ 젖은 수건이나 옷 등으로 입과 코를 막고 호흡하여 연기흡입을 막는다.

ⓔ 손등으로 출입문 손잡이를 만져보아 손잡이가 뜨거우면 문 바깥쪽에 불이 난 것이므로 문을 열지 말고 다른 통로를 이용한다.

ⓕ 대피를 못 해 연구실에 남아있는 경우는 연기가 못 들어오게 문틈을 수건이나 커튼 등으로 막는다.

ⓖ 탈출 후에는 다시 건물 안으로 들어가지 않는다.

2 감전사고

(1) 감전사고 형태

① 직접 접촉 : 전압선과 중성선 접촉, 전압선 간 접촉, 전압선 접촉으로 인한 감전

② 간접 접촉 : 접촉전압으로 인한 감전

(2) 접촉전압

① 정의 : 사람이 전기적으로 활성화된 금속 부분(누전된 기기 외함 등)과 대지(땅) 사이에 걸리는 전압(e)

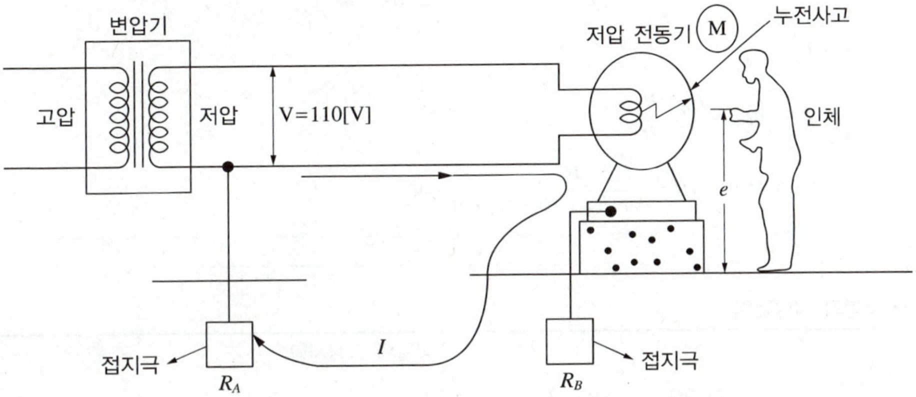

② 접촉전압의 계산

㉠ 인체가 접촉하지 않은 경우

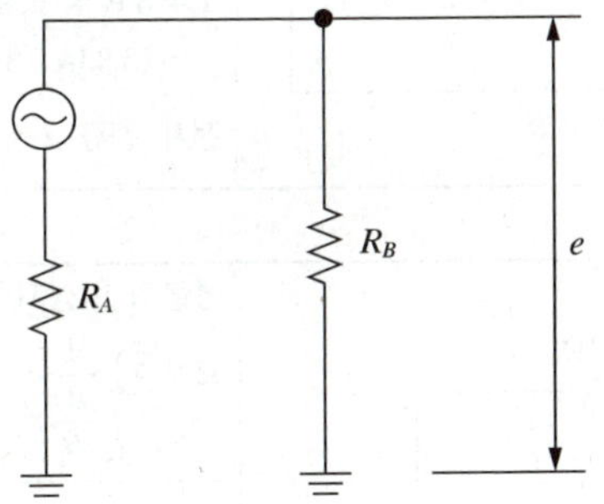

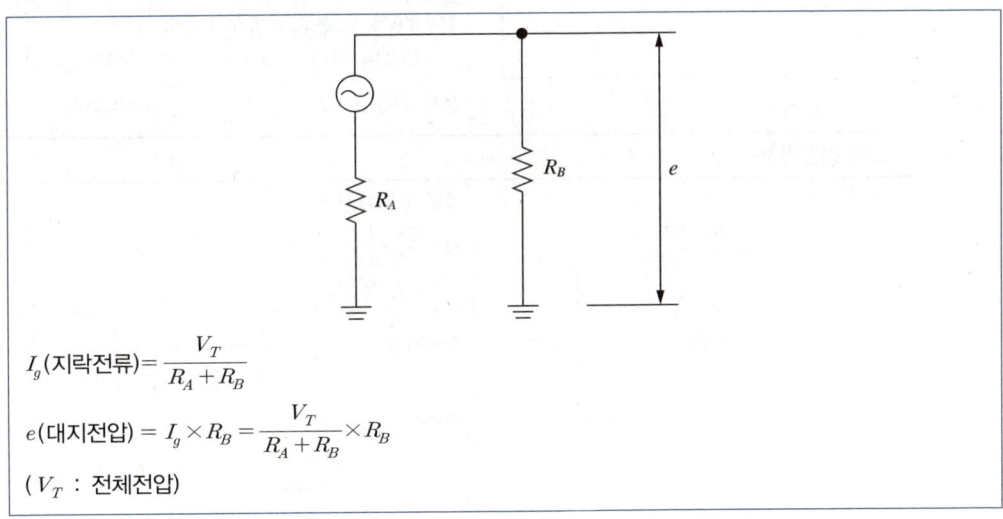

I_g(지락전류)$= \dfrac{V_T}{R_A + R_B}$

e(대지전압) $= I_g \times R_B = \dfrac{V_T}{R_A + R_B} \times R_B$

(V_T : 전체전압)

㉡ 인체가 접촉한 경우

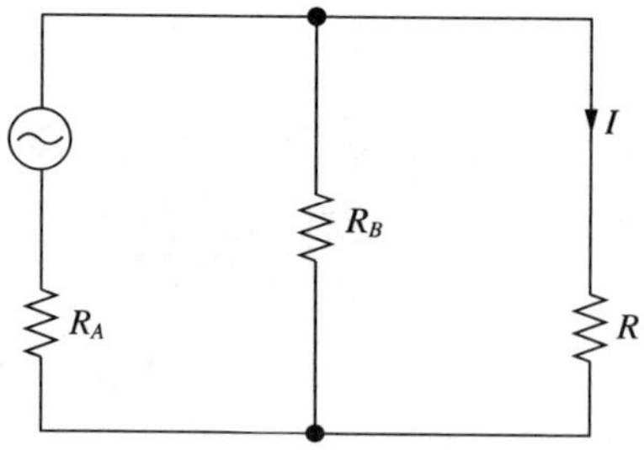

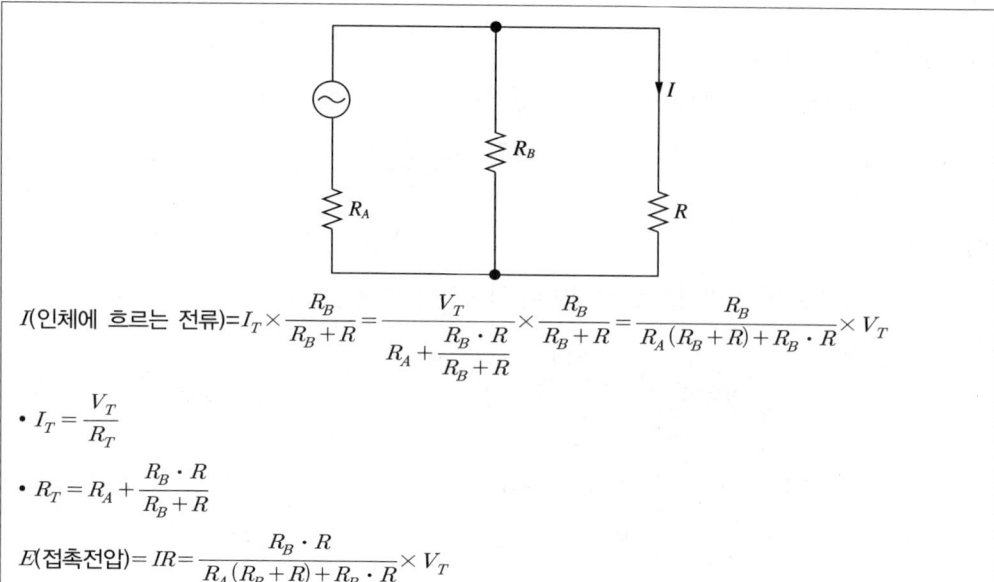

$$I(\text{인체에 흐르는 전류}) = I_T \times \frac{R_B}{R_B+R} = \frac{V_T}{R_A + \frac{R_B \cdot R}{R_B+R}} \times \frac{R_B}{R_B+R} = \frac{R_B}{R_A(R_B+R)+R_B \cdot R} \times V_T$$

- $I_T = \frac{V_T}{R_T}$
- $R_T = R_A + \frac{R_B \cdot R}{R_B+R}$

$$E(\text{접촉전압}) = IR = \frac{R_B \cdot R}{R_A(R_B+R)+R_B \cdot R} \times V_T$$

참고

- 저항의 직렬연결

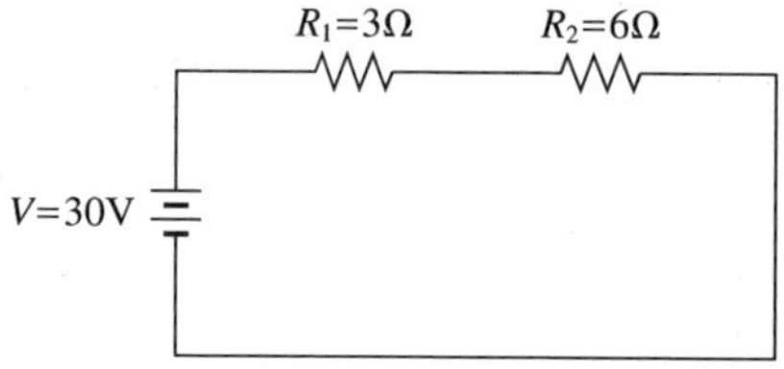

직렬의 합성저항

$$R = \sum_{i=1}^{n} R_i$$

전체 저항 $R = R_1 + R_2 = 3\Omega + 6\Omega = 9\Omega$

전체 전압

$$V = 30V = V_1 + V_2 = I_1R_1 + I_2R_2$$
$$= (3.33A)(3\Omega) + (3.33A)(6\Omega) = 30V$$

전체 전류 $I = I_1 = I_2 = \frac{V}{R} = \frac{30V}{9\Omega} = 3.33A$

- 저항의 병렬연결

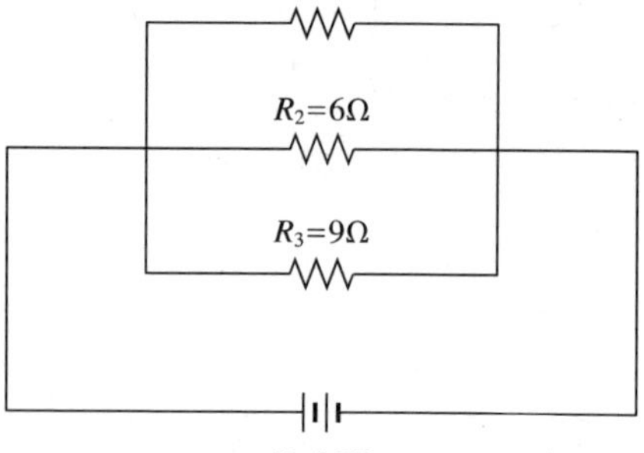

병렬의 합성저항

$$R = \sum_{i=1}^{n} \frac{1}{\frac{1}{R_i}}$$

전체저항 $R = \frac{1}{\frac{1}{R_1}+\frac{1}{R_2}+\frac{1}{R_3}} = \frac{1}{\frac{1}{3}+\frac{1}{6}+\frac{1}{9}} = 1.6364\Omega$

전체전압 $V = 30V = V_1 = V_2 = V_3$

전체전류 $I = \frac{30V}{1.6364\Omega} = 18.33A = I_1 + I_2 + I_3$

$$= \frac{V_1}{R_1} + \frac{V_2}{R_2} + \frac{V_3}{R_3} = \frac{30V}{3\Omega} + \frac{30V}{6\Omega} + \frac{30V}{9\Omega}$$
$$= 18.33A$$

(3) 감전사고 방지대책

① **분전반**

㉠ 전기충전부에 감전방지 조치(IP2X)를 한다.

㉡ 분전반 회로별 명판을 부착한다.

㉢ 분전반 앞 장애물이 없도록 관리한다.

② **전기배선**

㉠ 작업 중에나 통행하면서 접촉하거나 접촉할 우려가 있는 배선 또는 이동전선에 대하여 절연피복이 손상되거나 노화됨으로 인한 감전의 위험을 방지하기 위하여 필요한 조치를 한다.

㉡ 전선을 서로 접속하는 경우에는 해당 전선의 절연성능 이상으로 절연될 수 있는 것으로 충분히 피복하거나 적합한 접속기구를 사용한다.

㉢ 습윤 장소에서의 배선으로 인한 감전을 방지하지 위해 충분한 절연효과가 있는 것을 사용한다.

㉣ 이동형 배선에 도전성 물질이 닿지 않도록 하며, 젖은 손으로 만지지 않는다.

㉤ 보호접지를 설치한다.

㉥ 안전전압 이하의 기기를 사용한다(우리나라 안전전압 기준 : 30V).

③ **전기기계기구**

㉠ 감전사고 방지를 위한 기본 수칙을 준수한다.

㉡ 노출 도전부에 접지를 한다.

㉢ 해당 전로에 정격에 적합하고 감도가 양호하며 확실하게 작동하는 감전방지용 누전차단기를 설치한다.

㉣ 이중절연구조를 채택한다.

④ **콘센트・멀티탭**

㉠ 수시로 밀폐된 공간에서 스프레이 건을 사용하여 인화성 액체로 세척・도장 등의 작업을 하는 경우 콘센트 등의 전기기기는 밀폐 공간 외부에 설치되어 있어야 한다.

㉡ 비접지형 콘센트는 누전에 의한 감전의 위험을 방지하기 위하여 접지를 해야 한다.

⑤ **직접접촉에 의한 감전 방지(충전부 방호)**

㉠ 충전부가 노출되지 않도록 폐쇄형 외함(外函)이 있는 구조로 한다.

㉡ 충전부에 충분한 절연효과가 있는 방호망이나 절연덮개를 설치한다.

㉢ 충전부는 내구성이 있는 절연물로 완전히 덮어 감싼다.

㉣ 격리된 장소로서 관계 근로자가 아닌 사람이 접근할 우려가 없는 장소에 설치한다.

㉤ 출입이 금지되는 장소에 충전부를 설치하고, 위험표시 등의 방법으로 방호를 강화한다.

㉥ 안전전압 이하의 기기를 사용한다(우리나라 안전전압 기준 : 30V).

⑥ 간접접촉에 의한 감전 방지

㉠ 누전차단기를 설치한다.

㉡ 보호(기기)접지를 실시한다.

㉢ 안전전압 이하의 기기를 사용한다(우리나라의 안전전압 : 30V).

㉣ 이중절연구조를 채택한다.

3 정전기사고

(1) 정전기로 인한 화재 · 폭발

① **발생원인** : 정전기에 의한 방전에너지가 최소점화에너지보다 큰 경우, 가연성 · 폭발성 물질이 존재하면 화재 · 폭발이 발생할 수 있다.

② **최소점화에너지**

㉠ 개념 : 폭발성 기체를 발화시키는 데 필요한 최소 에너지

㉡ 용량불꽃 방전법 : 최소점화에너지 산출법으로 널리 이용되는 방법으로, 부여된 에너지의 95% 이상이 열에너지로 변환되어 점화과정에 유효하게 소비되는 것으로 추정

㉢ 최소점화에너지 공식

$$E = \frac{1}{2}CV^2$$

- E : 정전(방전)에너지(J)
- C : 정전용량, 콘덴서 용량(F)
- V : 방전 시 전압(V)

③ **방전에너지**

㉠ 간단히 계산할 수 없기 때문에 일반적으로 대전 전위나 대전 전하량으로 표현한다.

㉡ 대전상태가 같아도 대전물체가 도체인 경우와 부도체인 경우에 다른 특성을 보인다.

ⓐ 대전물체가 도체인 경우

- 방전이 발생할 때 대부분의 전하가 방출된다.
- 정전유도에 의해 축적되어 있던 정전기에너지가 최소점화에너지와 같은 경우 화재 · 폭발이 발생한다고 보고 대전 전위 혹은 대전 전하량을 구할 수 있다.

$$E = \frac{1}{2}CV^2 = \frac{1}{2}QV = \frac{1}{2}\frac{Q^2}{C}$$

- E : 정전(방전)에너지(J)
- C : 정전용량, 콘덴서 용량(F)
- V : 방전 시 전압(V)
- Q : 대전 전하량(C)

ⓑ 대전물체가 부도체인 경우

- 방전이 발생하더라도 축적되어 있던 모든 에너지가 전부 방출되는 것은 아니다.
- 화재 · 폭발에 대한 일반적인 지표는 얻을 수 없다(단, 30kV 정도로 대전된 대전물체가 기중방전을 일으켰을 때 수백 μJ의 방전에너지가 방출되어 착화원이 되는 경우가 있다).
- 일반적으로 부도체인 경우에는 대전 전하 및 대전 전위의 분포가 물체의 부분마다 달라지므로 과거의 자료를 조사하여 사용하거나 실측과 계속적인 감시를 통해 화재 · 폭발의 발생을 억제해야 한다.

(2) 정전기사고 방지 대책

① 도체의 정전기의 대전(축적) 방지 방법

㉠ 접지 : 물체에 발생된 1MΩ 이하의 정전기를 대지로 누설하여 완화시키는 방법이다.

㉡ 본딩 : 전기적으로 절연된 2개 이상의 도체를 전기적으로 접속하여 발생한 정전기를 완화시키는 방법이다.

② 부도체의 정전기의 대전(축적) 방지 방법

㉠ 부도체의 사용을 제한한다.

㉡ 도전율을 높인다(가습, 대전방지제 사용, 도전성 섬유 사용).

㉢ 제전기를 사용한다.

③ 인체의 대전 방지 방법

㉠ 정전화(대전방지화) 착용

ⓐ 일반 신발 바닥 저항이 1,012Ω 정도인데, 정전화 바닥 저항은 105~108Ω 정도이다.

ⓑ 특별고압 전압선 근접 작업이나 특별고압선로 부근의 건설 공사 시 정전유도에 의한 전격을 방지하기 위해 사용한다.

㉡ 제전복(안전복) 착용

ⓐ 도전성 안전복은 직경 50μm 실의 도전성 섬유(ECF)로 1~5cm 간격으로 짜서 만든다.

ⓑ 그 표면에 도전성 물질을 코팅하여 길이 1cm에 대해 100~1,000Ω 정도의 저항을 갖도록 하였다.

ⓒ 일반섬유보다 훨씬 작은 대전 전위를 가져 인체로의 정전기 대전 방지에 효과적이다.

㉢ 손목접지기구(wrist strap) 착용 : 인체 접지기구로 도전성 밴드에 1MΩ의 저항이 직렬로 삽입되어 인체에 대전 시 대지로 정전기를 흘려보낸다.

4 정전사고

(1) 전원공급 중단

① 전원의 고장이 발생한 경우에는 경보장치로 경보를 발할 수 있어야 하며, 정전을 대비하여 비상전원을 구비해야 한다.

② 정전에 의한 기계·설비의 갑작스러운 정지로 인하여 화재·폭발 등 재해가 발생할 우려가 있는 경우에 해당 기계·설비에 비상전원을 접속하여 정전 시 비상전력이 공급되도록 하여야 한다.

※ 피해예상설비 : 소방설비, 전자석 크레인의 전원회로, 주거침입에 대한 방범 설비, 가스 누출 경보설비 등

(2) 비상용 예비전원설비

① 조건

㉠ 상용전원이 정전되었을 때 사용하는 비상용 예비전원설비를 수용장소에 적합하도록 시설하여야 한다.

㉡ 비상용 예비전원으로 발전기 또는 이차전지 등을 이용한 전기저장장치 및 이와 유사한 설비를 시설하는 경우에는 해당 설비에 관련된 규정을 적용한다.

㉢ 비상전원의 용량은 연결된 부하를 각각의 필요에 따라 충분히 가동할 수 있어야 한다.

② 자동전원공급의 전환시간에 따른 분류

㉠ 무순단 : 과도시간 내에 전압 또는 주파수 변동 등 정해진 조건에서 연속적인 전원공급이 가능한 것

㉡ 순단 : 0.15초 이내 자동 전원공급이 가능한 것

㉢ 단시간 차단 : 0.5초 이내 자동 전원공급이 가능한 것

㉣ 보통 차단 : 5초 이내 자동 전원공급이 가능한 것

㉤ 중간 차단 : 15초 이내 자동 전원공급이 가능한 것

③ 종류

㉠ 비상발전기(emergency generator)

ⓐ 상용전원의 공급이 정지되었을 경우 비상전원을 필요로 하는 중요 기계·설비에 대하여 전원을 공급하기 위한 발전장치

ⓑ 디젤 엔진형, 가솔린 엔진형, 가스터빈 엔진형, 스팀터빈 엔진형, 연료전지 발전설비 등

㉡ 비상전원수전설비

ⓐ 화재 시 상용전원이 공급되는 시점까지만 비상전원으로 적용이 가능한 설비

ⓑ 상용전원의 안전성과 내화성능을 향상시킨 설비

㉢ 축전지 설비(battery system)

ⓐ 전기에너지를 화학에너지로 바꾸어 모아 두었다가 필요한 때에 전기에너지를 사용하는 전지(2차전지)

ⓑ 축전지, 충전장치, 기타 장치로 구성

㉣ 전기저장장치(ESS ; Energy Storage System)

ⓐ 전력을 전력계통(grid, 발전소·변전소·송전소 등)에 저장했다가 전력이 가장 필요한 시기에 공급하여 에너지 효율을 높이는 시스템

ⓑ 전기저장장치의 안전 요구사항

- 충전부 등 노출 부분은 설비의 안전확보 및 인체 감전보호를 위하여 절연하거나 접촉 방지를 위한 방호 시설물을 설치해야 한다.
- 전기저장장치의 고장이나 외부 환경요인으로 인하여 비상상황이 발생하거나 출력에 문제가 있을 경우 안전한 작동을 위한 비상정지스위치 등을 시설해야 한다.
- 전기저장장치의 모든 부품은 내열성을 확보해야 한다.
- 동일 구획 내에 직·병렬로 연결된 전기저장장치는 식별이 용이하도록 그룹별로 명판을 부착하고 이차전지, 전력변환장치 및 감시·보호장치가 잘못 연결되지 않도록 시설해야 한다.
- 부식환경에 노출되는 경우, 전기저장장치에 사용되는 금속제 및 부속품은 부식되지 아니하도록 녹 방지처리를 해야 하며, 절단가공 및 용접 부위는 방식처리를 해야 한다.

㉤ 무정전 전원공급장치(UPS ; Uninterruptible Power Supply)

ⓐ 축전지설비, 컨버터(교류/직류 변환장치), 인버터(직류/교류 변환장치)와 제한된 시간 동안에 전원을 확보할 수 있도록 설계된 제어회로로 구성된 설비

ⓑ 무정전 전원장치의 안전 요구사항

- 무정전 전원 장치는 감전 또는 전로나 기기의 손상 등으로 인한 사고가 발생하지 않도록 KS C IEC 62040-1(무정전 전원 장치 - 제1부 일반 및 안전 요구사항)에 따라 시설해야 한다.
- 무정전 전원 장치의 시설장소에는 확인하기 쉬운 위치에 '무정전 전원 장치 시설장소' 표지를 부착하고, 일반인이 출입할 수 없도록 잠금장치 등을 설치해야 한다.
- 고장이나 외부 환경요인으로 인하여 비상상황이 발생하거나 출력에 문제가 있을 경우 무정전 전원 장치가 전원공급을 방지 또는 차단할 수 있어야 한다.
- 이차전지를 이용한 무정전 전원 장치는 한국전기설비규정 511에 준하여 시설해야 한다.

ⓒ 20kWh를 초과하는 리튬·나트륨 계열의 이차전지를 이용한 무정전 전원 장치에 대한 안전관리

• 용량 : 수명보증기간 동안 정격방전용량(전기저장장치 설치 시 소유자가 요구하는 이차전지의 용량)이 확보되도록 하며, 정격방전용량 이하로 운영하여야 한다.
• 셀의 온도, 전압 등의 상태를 확인할 수 있는 전지관리시스템을 갖추어야 하고, 상용전원의 정전 시에도 동작할 수 있어야 한다.
• 열폭주 · 폭발 방지
  - 이차전지실 내부에는 제조사가 제시한 기준 이상의 가연성가스 농도 및 내부압력이 발생하는 경우 파열 또는 폭발을 방지하기 위한 급속공기배출장치를 시설하여야 한다.
  - 이차전지는 「전기용품 및 생활용품 안전관리법」에 적용을 받는 것 이외에는 한국산업표준(이하 "KS"라 한다)에 적합하거나 동등 이상의 성능의 것을 사용하여야 한다.
  - 이차전지 모듈 또는 랙에 화재확산을 방지할 수 있는 구조이거나 소화장치를 시설하여야 한다.
• 제어 · 보호장치 시설
  - 낙뢰 및 서지 등 과도과전압으로부터 주요 설비를 보호하기 위해 직류 전로에 직류 서지보호장치(SPD)를 설치하여야 한다.
  - 긴급상황이 발생하였을 때 전기저장장치를 자동 및 수동으로 정지시킬 수 있는 비상정지장치를 설치하여야 하며, 자동 비상정지는 5초 이내로 동작하여야 한다.
  - 수동 조작을 위한 비상정지장치는 신속한 접근 및 조작이 가능한 장소에 설치하여야 한다.
  - 이차전지를 시설하는 장소의 내부 및 외부에는 가능한 한 사각지대가 없도록 감시하기 위한 CCTV를 시설하여야 한다.
  - 전기저장장치는 정격 이내의 최대 충전범위를 초과하여 충전하지 않도록 하여야 하고 완전 충전 후 추가 충전은 금지하여야 한다.

Part **06**

적중예상문제

01 **연소와 관련된 용어와 정의가 올바르게 연결된 것은?**

① 연소점은 가연성 액체(고체)를 공기 중에서 가열하였을 때, 점화한 불에서 발열하여 계속적으로 연소하는 액체(고체)의 최저온도를 말한다.

② 발화점(착화점)은 가연성 증기가 발생하고 이 증기가 대기 중에서 연소범위 내로 산소와 혼합될 수 있는 최저온도를 말한다.

③ 인화점은 물질이 별도로 점화원이 존재하지 않는 상태에서 온도가 상승하면서 스스로 연소를 개시하게 되는 온도를 말한다.

④ 연소상한계는 연소범위에서 공기 중의 산소농도에 비하여 가연성 기체의 수가 너무 적어서 연소가 일어날 수 없는 한계를 말한다.

해설 ② 발화점(착화점)은 물질이 별도로 점화원이 존재하지 않는 상태에서 온도가 상승하면서 스스로 연소를 개시하게 되는 온도를 말한다.
③ 인화점은 가연성 증기가 발생하고 이 증기가 대기 중에서 연소범위 내로 산소와 혼합될 수 있는 최저온도를 말한다.
④ 연소상한계는 산소에 비하여 가연성 기체의 수가 너무 많아서 연소가 일어날 수 없는 한계를 말한다.

02 **화재 종류별 표시색 연결이 옳지 않은 것은?**

① A급 화재 : 적색

② B급 화재 : 황색

③ C급 화재 : 청색

④ D급 화재 : 무색

해설 A급 화재 : 백색

정답 1 ① 2 ①

03 다음의 화재 양상은 어떤 현상에 대한 설명인가?

> 화재 발생 시 산소공급이 원활하지 않아 불완전 연소상태가 지속될 때 점점 실내 온도가 높아지고 공기의 밀도 감소로 부피가 팽창하게 된다. 이때 실내 상부쪽으로 고온의 기체가 축적되고 외부에서 갑자기 유입된 신선한 공기 때문에 급격히 연소가 활발해져 그 결과 강한 폭풍과 함께 화염이 실외로 분출되는 화학적 고열가스 폭발 현상이 발생한다. 음속에 가까운 연소속도를 보이며 충격파의 생성으로 구조물을 파괴할 수 있다.

① 성장기　　② 플래시오버
③ 최성기　　④ 백드래프트

04 연소생성가스의 독성에 대한 설명 중 틀린 것은?

① 포스겐 : 맹독성 가스로 허용농도는 0.1ppm이다.
② 암모니아 : 유독성이 있고 강한 자극성을 가진 무색의 기체이다.
③ 시안화수소 : 맹독성 가스로 0.3%의 농도에서 즉시 사망할 수 있다.
④ 황화수소 : 무색·무미의 기체로 공기보다 무겁다.

해설 황화수소는 계란 썩은 냄새가 나는 무색의 악취 물질이다.

05 연기에 대한 설명 중 옳은 것은?

① 연기란 기체 중 완전 연소된 가연물이 고체 미립자가 되어 떠돌아다니는 상태를 말한다.
② 광선을 밀어내며 천장 부근 상층에서부터 축적되어 하층까지 이루어진다.
③ 연기 유동에 영향을 미치는 요인에는 공기유동의 영향도 있다.
④ 연기의 이동속도는 온도와 압력에 따라 다르지만 통상적인 수치는 실내계단에서는 0.3~0.5m/s로 알려져 있다.

해설 ③ 연기 유동에 영향을 미치는 요인으로는 연돌(굴뚝)효과, 외부에서의 풍력, 공기유동의 영향, 건물 내 기류의 강제이동, 비중차, 공조 설비 등이 있다.
① 연기란 기체 중 완전 연소가 되지 않는 가연물이 고체 미립자가 되어 떠돌아다니는 상태를 말한다.
② 광선을 흡수하며 천장 부근 상층에서부터 축적되어 하층까지 이루어진다.
④ 연기의 이동속도는 온도와 압력에 따라 다르지만 통상적인 수치는 실내계단에서는 3~4m/s로 알려져 있다.

3 ④ 4 ④ 5 ③ 정답

06 소화약제와 소화효과가 올바르게 연결된 것은?

① 강화액 소화약제 : 냉각효과, 부촉매효과, 질식효과

② 물 소화약제 : 냉각효과, 열의 이동 차단효과

③ 포 소화약제 : 질식효과, 피복효과

④ 이산화탄소 소화약제 : 냉각효과, 질식효과, 유화효과, 희석효과

해설 ② 물 소화약제 : 냉각효과, 질식효과, 유화효과, 희석효과
③ 포 소화약제 : 질식효과, 냉각효과, 열의 이동 차단효과
④ 이산화탄소 소화약제 : 질식효과, 냉각효과, 피복효과

07 할론-1211의 소화약제 분자식은?

① FCl_2BrI

② CF_2ClBr

③ $CClFBr_2$

④ $ClBr_2F$

해설 Halon 명명법
탄소를 맨 앞에 두고 할로겐 원소를 주기율표 순서(F → Cl → Br → I)의 원자수만큼 해당하는 숫자를 부여한다. 맨 끝의 숫자가 0일 경우에는 생략한다.

할론-1211	→	C 1개, F 2개, Cl 1개, Br 1개	→	CF_2ClBr

08 다음 중 산화성 물질이 아닌 것은?

① 과산화수소

② 무기과산화물

③ 과망간산염류

④ 황린

해설 ④ 황린 : 제3류 위험물(자연발화성 및 금수성 물질)
① 과산화수소 : 제6류 위험물(산화성 액체)
② 무기과산화물 : 제1류 위험물(산화성 고체)
③ 과망간산염류 : 제1류 위험물(산화성 고체)

정답 6 ① 7 ② 8 ④

09 소화기 및 소화전 설치기준에 관한 내용으로 옳은 것은?

① 옥내소화전의 방수구는 2개 층에 1개 이상 설치한다.

② 각 층마다 설치하되 특정소방대상물의 각 부분으로부터 1개의 소화기까지의 보행거리가 소형 소화기의 경우에는 30m 이내가 되도록 배치한다.

③ 소화기구는 바닥으로부터 높이 1.5m 이하의 곳에 비치한다.

④ 옥내소화전 호스는 구경 50mm 이상의 것으로 물이 유효하게 뿌려질 수 있는 길이로 설치해야 한다.

해설 ① 옥내소화전의 방수구는 층마다 설치하되 소방대상물의 각 부분으로부터 1개의 옥내소화전 방수구까지의 수평 거리는 25m 이하가 되도록 한다.
② 각 층마다 설치하되 특정소방대상물의 각 부분으로부터 1개의 소화기까지의 보행거리가 소형 소화기의 경우에는 20m 이내가 되도록 배치한다.
④ 옥내소화전 호스는 구경 40mm 이상의 것으로 물이 유효하게 뿌려질 수 있는 길이로 설치해야 한다.

10 유류화재의 방지대책으로 옳지 않은 것은?

① 석유난로, 버너 등은 사용 도중 넘어지지 않도록 고정시킨다.

② 휘발유 또는 시너는 휘발성이 극히 강해 낮은 온도에서도 조그마한 불씨와 접촉하게 되면 순식간에 인화하여 화재를 일으키기 때문에 절대로 담뱃불이나 불씨를 접촉해서는 안 된다.

③ 유류저장소는 공기가 통하지 않도록 밀폐해야 한다.

④ 급유 중 흘린 기름은 반드시 닦아내고 난로 주변에는 소화기나 모래 등을 준비한다.

해설 유류저장소는 환기가 잘 되도록 해야 한다.

9 ③ 10 ③ 정답

11 전기에 대한 설명으로 틀린 것은?

① 삼상의 전압들은 위상차가 120°이다.

② 3상 3선식은 델타결선이라고도 한다.

③ Y결선의 상전압은 선간전압의 $\sqrt{3}$ 배이다.

④ 연구실 전기설비는 대부분 3상 4선식이다.

해설 Y결선(3상 4선식)의 선간전압은 상전압의 $\sqrt{3}$ 배이다.

12 정전 작업요령 작성 시 반드시 포함시켜야 하는 내용이 아닌 것은?

① 단락접지 실시

② 개폐기 관리 및 표지판 부착에 관한 사항

③ 교대근무 시 근무인계에 필요한 사항

④ 휴게시간에 관한 사항

해설 정전 작업요령 작성 시 반드시 포함시켜야 하는 내용
- 책임자의 임명, 정전범위 및 절연보호구, 작업시간 전 점검 등 작업시작 전에 필요한 사항
- 개폐기 관리 및 표지판 부착에 관한 사항
- 점검 또는 시운전을 위한 일시운전에 관한 사항
- 교대근무 시 근무인계에 필요한 사항
- 전로 또는 설비의 정전 순서
- 정전확인 순서
- 단락접지 실시
- 전원재투입 순서

정답 11 ③ 12 ④

13 **아세톤을 취급하는 작업장에서 작업자의 정전기 방전으로 인한 화재폭발 재해를 방지하기 위하여 인체대전 전위는 약 몇 V 이하로 유지하여야 하는가?(단, 인체의 정전용량은 10pF이고, 아세톤의 최소 착화에너지는 2mJ로 하며 기타의 조건은 무시한다)**

① 20V

② 200V

③ 2,000V

④ 20,000V

해설

$$E = \frac{1}{2}CV^2$$

$$2 \times 10^{-3} = \frac{1}{2} \times 10 \times 10^{-12} \times V^2$$

$$V = 20{,}000\text{V}$$

14 **감전사고 방지대책으로 옳은 것은?**

① 관계자 외에 개폐할 수 없도록 분전반 앞에 장애물을 비치한다.

② 이동형 배선에 도전성 물질이 닿지 않도록 한다.

③ 안전전압 이상의 기기를 사용한다.

④ 밀폐된 공간에서 인화성 액체 스프레이 건을 사용할 경우 콘센트는 밀폐공간 내에 설치한다.

해설 ① 분전반 앞에는 장애물이 없도록 관리한다.
③ 안전전압 이하의 기기를 사용한다(우리나라 안전전압 기준 : 30V).
④ 밀폐된 공간에서 인화성 액체 스프레이 건을 사용할 경우 콘센트는 밀폐공간 외부에 설치한다.

13 ④ 14 ② 정답

15 **다음에서 설명하는 폭발 위험장소는?**

> • 정상상태에서 폭발성 분위기가 주기적 또는 간헐적으로 생성될 우려가 있는 장소이다.
> • 플로팅 루프 탱크 상의 Shell 내의 부분

① 제0종 위험장소
② 제1종 위험장소
③ 제2종 위험장소
④ 제3종 위험장소

해설 제1종 위험장소에 대한 설명이다.

16 **통전경로별 위험도가 가장 높은 것은?**

① 왼손→오른손
② 왼손→가슴
③ 오른손→가슴
④ 양손→양발

해설 통전경로별 위험도는 왼손→가슴, 오른손→가슴, 양손→양발, 왼손→오른손 순서이다.

정답 15 ② 16 ②

17 전기와 인체의 관계에 대한 설명 중 틀린 것은?

① 감전시간을 낮추면 인체에 흐르는 전류의 크기도 감소시킬 수 있다.

② 상용주파수(60Hz)의 교류에 건강한 성인 남자가 감전되었을 때 다른 손을 사용하지 않고 자력으로 손을 뗄 수 있는 최대 전류는 9mA이다.

③ 물에 젖어 있을 때의 인체 저항값은 건조 시 상태보다 감소한다.

④ 인체에 축적되는 정전기에너지(E)는 인체의 정전용량(C)과 전압(V)의 곱으로 구할 수 있다.

해설 인체에 축적되는 정전기에너지(E)는 정전용량과 전압, 인체의 표면적을 이용하여 구할 수 있다.

$$E = \frac{1}{2}CV^2A(\mathrm{J})$$

여기서, C : 단위면적당 정전용량(F/cm²)
V : 전압(V)
A : 인체의 표면적(cm²)

18 정전기 대전에 관한 설명 중 틀린 것은?

① 박리대전 : 서로 밀착되어 있던 두 물체가 떨어질 때 전하의 분리가 일어나서 정전기가 발생하는 현상이다.

② 파괴대전 : 분체류 등의 입자 상호 간이나 입자와 고체와의 충돌에 의해 빠른 접촉 분리가 일어나면서 정전기가 발생한다.

③ 마찰대전 : 고체·액체류 또는 분체류의 경우, 두 물질 사이의 마찰에 의한 접촉과 분리과정이 계속되면 이에 따른 기계적 에너지에 의해 자유전기가 방출·흡입되어 정전기가 발생한다.

④ 유동대전 : 액체류가 배관 등을 흐르면서 고체와 접촉에 따른 액체류의 유동 때문에 정전기가 발생한다.

해설 **파괴대전** : 고체나 분체류와 같은 물체가 파괴되었을 때 전하분리 또는 부전하의 균형이 깨지면서 정전기가 발생한다.

17 ④ 18 ② 정답

19 공기 중에 놓인 절연체 표면의 전계 강도가 클 때 접지체가 접근 시 절연체 표면을 따라서 발생하는 방전을 무슨 방전이라고 하는가?

① 불꽃 방전

② 연면 방전

③ 스트리머 방전

④ 브러시 방전

해설 ① 평면 전극 간에 전압을 인가할 경우, 양극 간의 전위 경도가 균일해지는데, 이때 인가전압이 한도를 초과하면 그 공간 내의 공기의 절연성이 파괴되어 강한 빛과 파괴음의 불꽃 방전이 발생한다.

③ · ④ 코로나 방전보다 진전되어 수지상 발광과 펄스상의 파괴음을 동반하는 방전을 브러시 방전 또는 스트리머 방전이라고 한다.

20 인체의 대전방지 중 손목접지기구로 도전성 밴드에 몇 Ω의 저항을 직렬로 삽입해야 하는가?

① 1MΩ

② 2MΩ

③ 5MΩ

④ 10MΩ

해설 손목접지기구는 인체 접지기구로 도전성 밴드에 1MΩ의 저항이 직렬로 삽입되어 인체에 대전 시 대지로 정전기를 흘려보낼 수 있다.

정답 19 ② 20 ①

교육이란 사람이 학교에서 배운 것을 잊어버린 후에 남은 것을 말한다.

– 알버트 아인슈타인 –

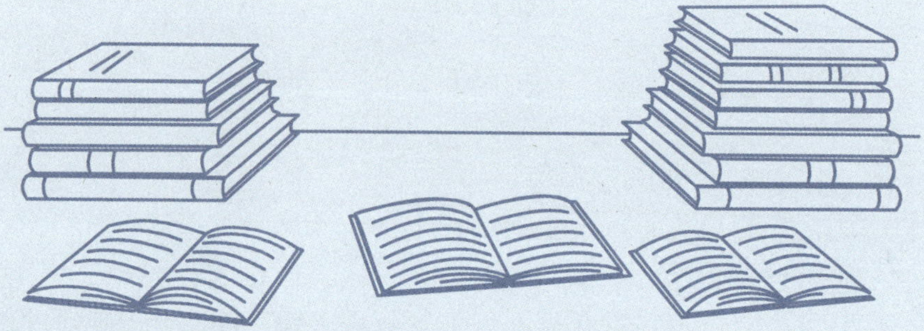

PART 07 연구활동종사자 보건 · 위생관리 및 인간공학적 안전관리

Chapter 01 보건 · 위생관리 및 연구활동종사자 질환 예방 · 관리

Chapter 02 인간공학적 안전관리 및 인적 과실(human error) 예방 · 관리

Chapter 03 안전보호구 및 연구환경 관리

Chapter 04 환기시설(설비) 설치 · 운영 및 관리

적중예상문제

Chapter 01 보건 · 위생관리 및 연구활동종사자 질환 예방 · 관리

1 작업환경측정

(1) 유해위험요인

① 물리적 유해인자(Page. 322, 326~335 참고)

㉠ 개념 : 인체에 에너지로 흡수되어 건강장해를 초래하는 물리적 특성으로 이루어진 유해인자이다.

㉡ 종류 : 소음, 진동, 고열, 이온화방사선(α선, β선, γ선, X선 등), 비이온화방사선(자외선, 가시광선, 적외선, 라디오파 등), 온열, 이상기압 등

② 화학적 유해인자

㉠ 개념

ⓐ 물질의 형태로 호흡기, 소화기, 피부를 통해 인체에 흡수되고 잠재적으로 건강에 영향을 끼치는 요인이 될 수 있는 유해인자이다.

ⓑ 연구활동 시 가장 흔한 유해인자로, 먼지와 같은 것도 포함한다.

㉡ 종류

ⓐ 가스상 물질

- 가스 : 상온에서 기체인 상태
  예 호흡기계 자극 가스, 혈액과 호흡기계 독성물질, 발암물질(라돈 등), 질식제와 마취제 등
- 증기 : 상온에서 액체이지만 공정의 환경적인 조건(온도) 등에 따라 공기 중으로 증발하여 기체로 존재하는 형태

ⓑ 입자상 물질

- 먼지 : 고체물질(경물질)이 파쇄, 분쇄, 연마, 마찰 등의 공정에 의해 공기 중으로 분산되어 떠다니는 고체미립자(1μm 이상)
- 흄 : 상온에서 고체상태 물질이 높은 온도로 증기화된 증기물이 응축, 산화되면서 생기는 고체미립자
- 미스트 : 상온에서 액체물질을 휘젓거나, 뿌리거나, 끓이거나, 거품을 낼 때 공기 중으로 발생되는 액체 미립자
- 섬유 : 공기 중에 있는 일정한 길이와 폭을 가진 형태의 고체(석면, 유리섬유 등)
- 유기용제 등

㉢ 입자상 물질의 크기에 따른 분류

분류	평균 입경(μm)	특징
흡입성 입자상 물질(IPM)	100	호흡기 어느 부위(비강, 인후두, 기관 등 호흡기의 기도 부위)에 침착하더라도 독성을 유발하는 분진
흉곽성 입자상 물질(TPM)	10	가스 교환 부위, 기관지, 폐포 등에 침착하여 독성을 나타내는 분진
호흡성 입자상 물질(RPM)	4	가스 교환 부위, 즉 폐포에 침착할 때 유해한 분진

㉣ 입자상 물질의 축적·제거기전

축적기전	관성충돌	입자가 공기 흐름으로 순행하다가 비강, 인후두 부위 등 공기 흐름이 변환되는 부위에 부딪혀 침착
	중력침강	폐의 심층부에서 공기 흐름이 느려져 중력에 의해 자연스럽게 낙하
	차단	지름에 비해 길이가 긴 석면섬유 등은 기도의 표면을 스치게 되어 침착
	확산	비강에서 폐포에 이르기까지 입자들이 기체 유선을 따라 운동하지 않고 기체분자들과 충돌하여 무질서한 운동을 하다가 주위 세포 표면에 침착
제거기전	점액섬모운동	폐포로 이동하는 중 입자상 물질이 제거
	대식세포에 의한 정화	면역 담당 세포인 대식세포가 방출하는 효소의 용해작용으로 입자상 물질이 제거

※ 입자상 물질은 전체 환기로 적용 시 완전제거가 불가능하여, 전체 환기 시 바닥에 침강된 입자상 물질이 2차 분진을 발생시킬 수 있기 때문에 국소배기 방식이 적합하다.

③ 생물학적 유해인자

㉠ 개념 : 생물학적 특성이 있는 유기체가 근원인 것으로, 생물체나 그 부산물이 작용하여 흡입, 섭취 또는 피부를 통해 건강상 장해를 유발하는 유해인자이다.

㉡ 종류

ⓐ 바이러스, 세균 및 세균포자 또는 세균의 세포 조각들, 곰팡이 또는 곰팡이 포자, 진드기, 독소 리케차, 원생동물 등

ⓑ 혈액 매개 감염인자 : 인간면역결핍바이러스, B형·C형 간염 바이러스, 매독 바이러스 등 혈액을 매개로 다른 사람에게 전염되어 질병을 유발하는 인자

ⓒ 공기매개 감염인자 : 결핵, 수두, 홍역 등 공기 또는 비말감염 등을 매개로 호흡기를 통하여 전염되는 인자

ⓓ 곤충 및 동물매개 감염인자 : 쯔쯔가무시증, 렙토스피라증, 유행성출혈열 등 동물의 배설물 등에 의하여 전염되는 인자 및 탄저병, 브루셀라병 등 가축 또는 야생동물로부터 사람에게 감염되는 인자

④ 인간공학적 유해인자

㉠ 개념 : 반복적인 작업, 부적합한 자세, 무리한 힘 등으로 손, 팔, 어깨, 허리 등을 손상(근골계질환)시키는 인자이다.

㉡ 근골격계질환의 대표적인 건강장해 : 요통, 내상과염, 손목터널증후군 등

⑤ 사회심리적 유해인자(직무 스트레스)

㉠ 개념 : 과중하고 복잡한 업무 등으로 정신건강은 물론 신체적 건강에도 영향을 주는 인자이다.

㉡ 종류 : 시간적 압박, 복잡한 대인관계, 업무처리속도, 부적절한 작업환경, 고용불안 등

(2) 유해인자의 개선대책

대책	내용
본질적 대책(근원적 대책)	위험한 작업의 폐지·변경, 유해·위험요인이 보다 적은 재료로의 대체, 설계나 계획단계에서 위험성을 제거·저감하는 조치이다. • 대치(대체) : 공정의 변경, 시설의 변경, 유해물질의 대치 • 격리(밀폐) : 저장물질의 격리, 시설의 격리, 공정의 격리, 작업자의 격리
⇩	
공학적 대책	안전장치, 방호문, 국소배기장치 등
⇩	
관리적 대책	매뉴얼 작성, 출입금지, 노출 관리, 교육훈련 등
⇩	
개인보호구 사용	개인보호구 착용(관리적 대책까지 취하더라도 유해인자 제거·감소 불가 시에 실시)

(3) 노출기준

① 개요

㉠ 연구자가 유해인자에 노출되는 경우 노출기준 이하 수준에서는 거의 모든 연구자에게 건강상 나쁜 영향을 미치지 아니하는 기준

㉡ 미국산업위생전문가협회(ACGIH)는 허용기준(TLV ; Threshold Limit Values)으로 정의

② ACGIH에서 권고하고 있는 허용농도(TLVs) 적용 시 주의사항

㉠ 대기오염 평가 및 관리에 사용하지 않는다.

㉡ 24시간 노출 또는 정상 작업시간을 초과한 노출에 대한 독성 평가는 적용하지 않는다.

㉢ 비정상 작업에 대한 허용농도의 보정이 필요하다.

㉣ 기존 질병이나 육체적 조건을 판단하기 위한 척도로 사용될 수 없다.

㉤ 작업 조건이 미국과 다른 나라에서는 ACGIH-TLV를 그대로 사용할 수 없다.

㉥ 허용기준(TLV)은 안전농도와 위험농도를 정확히 구분하는 경계선이 아니다.

㉦ 독성의 강도를 비교할 수 있는 자료가 아니다.

㉧ 반드시 산업위생전문가에 의하여 적용해야 한다.

③ 종류

㉠ TWA(시간가중평균노출기준, Time Weighted Average)

ⓐ 개념 : 1일 8시간 작업을 기준으로 하여 주 40시간 동안의 평균 노출농도

※ 거의 모든 근로자가 1일 8시간 또는 주 40시간의 작업 동안 나쁜 영향을 받지 않고 노출될 수 있는 농도

ⓑ 계산식

• TWA

$$TWA = \frac{C_1T_1 + C_2T_2 + \cdots + C_nT_n}{8}$$

• C : 유해인자 측정치(ppm, mg/m³ 또는 개/cm³)
• T : 유해인자 발생시간(h)

• 보정노출기준 : 1일 작업시간이 8시간을 초과하는 경우 보정노출기준을 산출한 후 측정농도와 비교·평가

$$보정노출기준 = 노출기준 \times \frac{8}{h}$$

h(시간) : 1일 기준 노출시간

ⓒ 측정방법

• 1일 작업시간 동안 6시간 이상 연속 측정하거나 작업시간을 등간격으로 나누어 6시간 이상 연속분리하여 측정한다.
• 단, 대상물질의 발생시간이 6시간 이하, 불규칙 작업으로 6시간 이하의 작업 실시 또는 발생원에서 발생시간이 간헐적인 경우에는 대상물질의 발생시간 동안 측정할 수 있다.

ⓛ STEL(단시간노출기준, Short Term Exposure Limit)

ⓐ 개념

• 1회 15분간의 시간가중평균 노출값
• 근로자가 작업능력·응급대처능력 저하 등을 초래할 정도의 마취를 일으키지 않는 단시간 동안의 노출농도
• 독성을 단시간 내에 나타내는 유해물질에 대한 장애를 예방하기 위한 농도 기준
• 노출농도가 STEL 이하이지만 TWA 초과할 시 관리방법 : 1회 노출 지속시간 15분 미만, 1일 4회 이하로 발생, 각 노출의 간격은 60분 이상이어야 함

ⓑ 측정방법

• 노출이 균일하지 않은 작업특성으로 인하여 단시간 노출평가가 필요할 시 TWA 측정에 추가하여 단시간 측정을 할 수 있다(STEL은 TWA 측정에 대한 보충적인 수단임).
• 1회에 15분간 측정, 1시간 이상의 간격(등간격일 필요는 없다)을 두고 4회 이상의 측정(유해인자에 따라 측정횟수 결정)한다.
• 4회 측정 시 각각 다른 시료로 포집하며 측정한 4회 중 1회다도 초과하면 초과로 판정한다.
• 측정값이 STEL과 TWA 사이인 경우 초과 판정 : 15분 이상 연속 노출되는 경우, 노출과 노출 사이 간격이 1시간 미만인 경우, 1일 4회 초과하여 발생하는 경우

ⓒ C(최고노출기준, Ceiling)

ⓐ 개념

• 1일 작업시간 동안 잠시라도 노출되어서는 안 되는 기준
• 노출기준값 앞에 "C"를 붙여 표기

ⓑ 측정방법

- 최고노출수준을 평가할 수 있는 최소한의 시간 동안 측정한다.
- 단, TWA이 함께 설정되어 있는 물질은 TWA 측정을 병행해야 한다.

㉣ 2종 이상의 유해인자가 혼재하는 경우 노출기준 평가

ⓐ 혼재하는 물질 간에 유해성이 인체의 서로 다른 부위에 작용한다는 증거가 없는 경우

$$\frac{C_1}{T_1}+\frac{C_2}{T_2}+\cdots+\frac{C_n}{T_n}<1$$

- C : 유해인자별 측정치
- T : 유해인자별 노출기준

※ 상가작용으로 유해성이 증가할 수 있으므로 혼재 노출기준 계산값이 1을 초과하지 않아야 함

ⓑ 혼재하는 물질 간에 유해성이 인체의 서로 다른 부위에 유해작용을 하는 경우

※ 유해성이 각각 작용하므로 혼재하는 물질 중 어느 한 가지라도 노출기준을 넘는 경우 노출기준을 초과하는 것으로 평가

참고

화학물질 및 물리적 인자의 노출기준 별표 1(일부)

일련번호	유해물질의 명칭		화학식	노출기준				비고 (CAS 번호 등)
	국문 표기	영문 표기		TWA		STEL		
				ppm	mg/m^3	ppm	mg/m^3	
1	가솔린	gasoline	–	300	–	500	–	[8006-61-9] 발암성 1B (가솔린 증기의 직업적 노출에 한정함), 생식세포 변이원성 1B
319	수산화나트륨	sodium hydroxide	NaOH	–	–	–	C 2	[1310-73-2]
321	수산화칼슘	calcium hydroxide	$Ca(OH)_2$	–	5	–	–	[1305-62-0]
596	톨루엔	toluene	$C_6H_5CH_3$	50	–	150	–	[108-88-3] 생식독성 2
723	황산	sulfuric acid (thoracic fraction)	H_2SO_4	–	0.2	–	0.6	[7664-93-9] 발암성 1A(강산 mist에 한정함), 흉곽성

(4) 작업환경측정

① 개념

㉠ 작업환경 실태를 파악하기 위하여 해당 근로자 또는 작업장에 대하여 사업주가 유해인자에 대한 측정계획을 수립한 후 시료(試料)를 채취하고 분석·평가하는 것을 말한다.

㉡ 노출기준값과 비교하여 초과여부를 평가하고, 결과에 따라 근로자의 건강을 보호하기 위하여 해당 시설·설비의 설치·개선 또는 건강진단의 실시 등의 조치를 하여야 한다.

② 목적

㉠ 역학조사를 통해 유해물질의 노출량을 파악한다.

㉡ 유해물질에 대한 연구자의 노출기준 초과 여부를 확인한다.

㉢ 유해물질에 대한 연구자 노출의 근원을 알아내어 평가하고 대책을 수립한다.

㉣ 노출기준을 초과하는 상황에서 연구자가 해당 유해물질에 더 이상 노출되지 않도록 보호한다.

㉤ 최소의 오차에서 최소의 시료 수를 가지고 최대의 연구자를 보호한다.

㉥ 작업공정, 물질, 노출요인의 변경으로 인한 연구자의 노출 가능성을 최소화한다.

㉦ 과거의 노출농도가 타당한지 확인한다.

③ 대상

㉠ 작업환경측정 대상 사업장 : 작업환경측정 대상 유해인자에 노출되는 근로자가 있는 작업장

㉡ 작업환경측정 예외 사업장

ⓐ 관리대상 유해물질의 허용소비량을 초과하지 않는 작업장(해당물질에 대한 작업환경측정만 예외)

ⓑ 안전보건규칙에 따른 분진작업의 적용 제외 작업장(분진에 대한 작업환경측정만 예외)

ⓒ 안전보건규칙에 따른 임시작업 및 단시간작업을 하는 작업장(단, 허가대상유해물질, 특별관리물질을 취급하는 임시·단시간 작업의 경우에는 작업환경측정 대상임)

참고

임시작업, 단시간작업

- 임시작업 : 일시적으로 하는 작업 중 월 24시간 미만인 작업(단, 월 10시간 이상 24시간 미만인 작업이 매월 행하여지는 작업은 임시작업이 아님)
- 단시간작업 : 관리대상 유해물질을 취급하는 시간이 1일 1시간 미만인 작업(단, 1일 1시간 미만인 작업이 매일 수행되는 경우는 단시간 작업이 아님)

㉢ 작업환경측정 대상 유해인자(산업안전보건법 시행규칙 별표 21)

ⓐ 화학적 유해인자

- 유기화합물(114종)
- 금속류(24종)
- 산 및 알칼리류(17종)
- 가스 상태 물질류(15종)
- 허가대상유해물질(12종)

ⓑ 물리적 유해인자(2종)

- 8시간 시간가중평균 80dB 이상의 소음
- 고열(열경련·열탈진·열사병 등의 건강장해를 유발할 수 있는 더운 온도)

ⓒ 분진(7종) : 광물성 분진, 곡물 분진, 면 분진, 목재 분진, 석면 분진, 용접 흄, 유리섬유

④ 작업환경측정자

㉠ 사업장 소속 : 산업위생관리산업기사 이상의 자격을 가진 사람

㉡ 작업환경측정기관

⑤ 실시시기

• 작업장 · 작업공정의 신규 가동 • 작업장 · 작업공정의 변경사항 발생		그날로부터 30일 이내 실시
정기측정	일반적	반기에 1회 이상(간격 3개월 이상)
	• 허가대상물질, 특별관리물질의 노출기준 초과 작업장 • 허가대상물질, 특별관리물질 외의 화학적 유해인자의 노출기준 2배 초과 작업장	3개월에 1회 이상(간격 45일 이상)
	• 변경사항 없고, 최근 2회 연속 모든 인자가 노출기준 미만인 작업장 • 변경사항 없고, 최근 2회 연속 소음이 85dB 미만인 작업장 ※ 허가대상, 특별관리물질은 해당 없음	연 1회 이상(간격 6개월 이상)

⑥ 절차

㉠ 예비조사

ⓐ 목적

- 동일한 유해인자에 대하여 통계적으로 비슷한 수준에 노출되는 그룹인 '유사노출그룹(similar exposure group)'을 설정할 수 있다.
- 정확한 시료 채취 전략을 수립할 수 있다(어떤 유해인자가 발생하는지 예측하고, 측정해야 할 유해인자를 파악하고, 얼마 동안 측정해야 하는지 확인하고, 어떤 매체를 이용하며 누구를 대상으로 측정하는지 파악).

ⓑ 주의사항

- 작업환경측정 전 예비조사를 실시해야 한다.
- 작업환경측정기관에 위탁 시 해당 기관에 공정별 작업내용, 화학물질의 사용실태 및 물질안전보건자료 등 작업환경측정에 필요한 정보를 제공해야 한다.
- 사업주는 근로자대표 또는 해당 작업공정을 수행하는 근로자가 요구하면 예비조사에 참석시켜야 한다.

㉡ 작업환경측정

ⓐ 작업이 정상적으로 이루어져 작업시간과 유해인자에 대한 근로자의 노출 정도를 정확히 평가할 수 있을 때 실시한다.

ⓑ 모든 측정은 개인 시료채취 방법으로 실시한다.

ⓒ 개인 시료채취 방법이 곤란한 경우에는 지역 시료채취 방법으로 실시한다(이 경우 그 사유를 작업환경측정 결과표에 분명하게 밝혀야 함).

㉢ 결과보고 및 알림

ⓐ 시료채취를 마친 날로부터 30일 이내에 관할 지방고용노동관서의 장에게 결과를 보고한다.

ⓑ 해당 작업장의 근로자에게 알린다(게시판 부착, 사보 게재, 집합교육 등).

ⓔ 서류 보존 : 5년 동안 보존한다(허가대상유해물질과 특별관리물질은 30년).

⑦ 시료채취

㉠ 채취 위치에 따른 구분

ⓐ 개인 시료(personal sample) 채취

- 정의 : 연구자의 호흡기 위치에서 채취하며, 유해물질에 노출된 양을 간접적으로 측정하는 방법이다.
- 채취 시료 수
  - 단위작업 장소에서 최고 노출근로자 2명 이상을 측정(근로자 1명인 경우는 예외)한다.
  - 동일 작업근로자 수가 10명을 초과하는 경우 : 매 5명당 1명 이상 추가하여 측정한다.
  - 동일 작업근로자 수가 100명을 초과하는 경우 : 최대 20명으로 조정할 수 있다.

ⓑ 지역 시료(area sample) 채취

- 정의 : 어떤 장소의 고정된 위치에서 채취하는 시료(유해인자의 배경농도, 시간별 변화, 특정공정의 농도 변화, 환기장치의 효율성 변화 등을 확인)
- 채취 시료 수
  - 단위작업 장소 내의 2개 이상의 지점을 동시 측정한다.
  - 단위작업 장소의 넓이가 50m^2 이상인 경우 : 매 30m^2마다 1개 지점 이상을 추가하여 측정한다.

㉡ 채취 시간에 따른 구분

ⓐ 장시간 시료 채취

- 전 작업시간 동안의 단일시료채취(full-period single sampling) : 전 작업시간 중 시료를 한번만 채취하는 것으로, 간단하고 편리하지만 유기용제가 파과(breakthrough)되거나 금속이나 먼지의 과부하 손실이 일어날 수 있고, 일정 기간별 농도변화 등을 알 수 없다는 단점이 있다.
- 전 작업시간 연속 시료 채취(full-period consecutive sampling) : 전 작업시간을 일정 시간별로 나누어 여러 개의 시료를 채취하는 것으로, 시간대별 농도변화를 연속적으로 추적할 수 있다.
- 부분 작업시간 연속 시료 채취(partial-period consecutive sampling) : 측정되지 않은 시간에 대한 농도를 알 수 없다는 단점이 있다.

ⓑ 단시간 시료 채취 : 시료 채취 시간이 1시간 이내로, 특정 시간 동안의 농도만 측정한다.

㉢ 시료 채취 도구

ⓐ 고체흡착관(solid adsorption tube) : 흡착

- 활성탄관(charcoal tube) : 비극성(non-polarity)의 유기용제류 등
- 실리카겔관(silicagel tube) : 극성(polarity)의 유기용제류·산류 등

ⓑ 여과지(filter paper) : 여과

- 유리섬유여과지(glass fiber filter) : 메르캅탄, 벤지딘, 디클로로벤지딘 등
- PVC(PolyVinyl Chloride) 여과지 : 석탄먼지, 유리규산, 먼지 등
- MCE(Mixed Cellulose Ester) 여과지 : 석면, 각종 금속류의 먼지 등

ⓒ 임핀저(impinger) : 충돌, 흡수

- 고체 흡착관으로 흡착되지 않는 증기, 가스, 산 등

㉣ 분석 용어

ⓐ 검출한계(LOD ; Limit Of Detection)

- 분석 대상 물질을 감지할 수 있는 최소량

ⓑ 정량한계(LOQ ; Limit Of Quantitation)

- 분석 대상 물질을 정확하게 정량할 수 있는 최소량
- 통계적인 개념보다 일종의 약속으로 LOD의 3배 또는 3.3배로 정의

ⓒ 회수율(recovery)

- 채취에 사용하지 않은 동일한 여재에 첨가된 양과 분석량의 비율
- 회수율 실험은 여과지를 이용하여 채취한 금속을 분석하는 데 보정하는 실험

ⓓ 탈착효율(desorption efficiency)

- 채취에 사용하지 않은 흡착관에 첨가된 양과 분석량의 비율
- 탈착효율 실험은 고체흡착관을 이용하여 채취한 유기용제를 분석하는 데 보정하는 실험

⑧ 노출기준 초과 시 조치

㉠ 사후조치

ⓐ 개선 증명서류 또는 개선계획 제출(→ 관할 지방고용노동관서)

ⓑ 시료채취를 마친 날로부터 60일 이내에 시설·설비의 개선 등 적절한 조치 실시

㉡ 청력보존프로그램 실시

ⓐ 개요 : 소음성 난청을 예방·관리하기 위한 종합적인 계획

ⓑ 실시대상

- 작업환경 측정 결과 소음의 노출기준(1일 8시간 기준 90dB)을 초과하는 사업장
- 소음으로 인하여 근로자에게 건강장해가 발생한 사업장(특수건강진단 : 소음성 난청 D1)

ⓒ 청력보존프로그램 포함 내용

- 노출평가, 노출기준 초과에 따른 공학적 대책
- 청력보호구의 지급과 착용
- 소음의 유해성과 예방에 관한 교육
- 정기적 청력검사

• 기록, 관리사항 등

ⓓ 개선대책 내용

• 공학적 대책 : 대상 공정의 시설·설비에 대한 차음 또는 흡음 조치
• 행정적 대책 : 청력손실노동자 업무(부서) 전환, 근무 시간 단축 또는 순환 근무
• 관리적 대책 : 청력 보호구 지급 및 착용 관리, 작업방법 개선

ⓔ 관련 문서

• 청력보존프로그램 수립 및 시행계획서
• 소음노출 평가 결과
• 청력검사 결과자료 및 평가에 따른 관리기록
• 청력 보호구 지급과 관리 및 착용실태
• 청력보존프로그램의 평가와 평가결과에 따른 대책

2 연구활동종사자 질환 예방·관리

(1) 화학물질 안전관리

① 건강장해 유발 주요 화학물질

㉠ 유기화합물 : 글루타르알데히드, N,N-디메틸아세트아미드, 디메틸포름아미드, 디에틸에테르, 1,4-디옥산, 디클로로메탄, o-디클로로벤젠, 메틸알코올, 메틸시클로헥사놀, 메틸에틸케톤, 무수프탈산, 벤젠, 벤지딘, 1-부탄올, 사염화탄소, 스티렌, 아닐린, 아세토니트릴, 아세톤, 아세트알데히드, 아크릴아미드, 이소프로필알코올, 크레졸, 크실렌, 톨루엔, 톨루엔 2,4-디이소시아네이트, 트리클로로메탄, 페놀, 포름알데히드, 피리딘, 헥산

㉡ 금속류 : 구리, 니켈 및 그 무기화합물, 니켈카르보닐, 코발트, 크롬

㉢ 산 및 알칼리류 : 불화수소, 질산, 트리클로로아세트산, 황산

㉣ 가스 상태 물질류 : 염소

② 발암물질

㉠ 고용노동부 고시에 의한 분류

ⓐ 1A : 사람에게 충분한 발암성 증거가 있는 물질

ⓑ 1B : 시험동물에서 발암성 증거가 충분히 있거나, 시험동물과 사람 모두에서 제한된 발암성 증거가 있는 물질

ⓒ 2 : 사람이나 동물에서 제한된 증거가 있지만, 구분1로 분류하기에는 증거가 충분하지 않은 물질

㉡ IARC(국제암연구기관)의 분류

Group 1	인체 발암성 물질	인체에 대한 발암성을 확인한 물질
Group 2A	인체 발암성 추정 물질	실험동물에 대한 발암성 근거는 충분하나, 인체에 대한 근거는 제한적인 물질
Group 2B	인체 발암성 가능 물질	실험동물에 대한 발암성 근거가 충분하지 못하고, 사람에 대한 근거도 제한적인 물질
Group 3	인체 발암성 비분류 물질	자료의 불충분으로 인체 발암물질로 분류되지 않은 물질
Group 4	인체 비발암성 추정 물질	인체에 발암성이 없는 물질

㉢ ACGIH(미국 산업위생전문가협의회)의 분류

A1	인체에 대한 발암성을 확인한 물질
A2	인체에 대한 발암성이 의심되는 물질
A3	동물실험 결과 발암성이 확인되었으나 인체에서는 발암성이 확인되지 않은 물질
A4	자료 불충분으로 인체 발암물질로 분류되지 않은 물질
A5	인체에 발암성이 있다고 의심되지 않는 물질

㉣ 유해인자별 발암물질 분류

물질	발암물질 분류			표적장기
	고용노동부고시	IARC	ACGIH	
벤젠	1A	1	A1	조혈기(백혈병, 림프종)
벤지딘	1A	1	A1	방광염
포름알데히드	1A	1, 2A	A2	비인두, 조혈기(1), 비강, 부비동(2A)
크롬	1A	1	A1	폐
석면	1A	1	A1	폐, 중피종
황산	1A	2A	A3	후두
아크릴아미드	1B	2A	A3	유방, 갑상선
납	1B	2A	A3	폐, 소화기
사염화탄소	1B	2B	A2	간암
가솔린	1B	2B	A3	비강, 유방

③ 경고표지 그림문자

그림문자	유해성 분류기준	그림문자	유해성 분류기준
	• 폭발성, 자기반응성, 유기과산화물 • 가열, 마찰, 충격 또는 다른 화학물질과의 접촉 등으로 인해 폭발이나 격렬한 반응을 일으킬 수 있음 • 가열, 마찰, 충격을 주지 않도록 주의		• 산화성 • 반응성이 높아 가열, 충격, 마찰 등에 의해 분해하여 산소를 방출하고 가연물과 혼합하여 연소 및 폭발할 수 있음 • 가열, 마찰, 충격을 주지 않도록 주의
	• 인화성(가스, 액체, 고체 에어로졸), 발화성, 물 반응성, 자기반응성, 자기발화성(액체, 고체), 자기발열성 • 인화점 이하로 온도와 기온을 유지하도록 주의		• 고압가스(압축, 액화, 냉동 액화, 용해 가스 등) • 가스 폭발, 인화, 중독, 질식, 동상 등의 위험이 있음

그림문자	유해성 분류기준	그림문자	유해성 분류기준
	• 급성독성 • 피부와 호흡기, 소화기로 노출될 수 있음 • 취급 시 보호장갑, 호흡기 보호구 등을 착용		• 호흡기 과민성, 발암성, 생식세포 변이원성, 생식독성, 특정 표적 장기 독성, 흡인 유해성 • 호흡기로 흡입할 때 건강장해 위험 있음 • 취급 시 호흡기 보호구 착용
	• 부식성 물질(금속, 피부) • 피부에 닿으면 피부 부식과 눈 손상을 유발할 수 있음 • 취급 시 보호장갑, 안면보호구 등을 착용		• 수생환경유해성 • 인체 유해성은 적으나, 물고기와 식물 등에 유해성이 있음

④ NFPA 704

※ Page. 191 참고

⑤ 화학물질 취급 주의사항

㉠ 사용 시 주의사항

ⓐ 정확한 절차, 관련된 잠재 위험, 사용되는 기술과 분석법 등을 알고 있는지 확인하고 연구실책임자의 지시를 따른다.

ⓑ 취급하는 물질의 유해인자에 대해 보호 성능이 있는 개인보호구를 착용한다(강산, 강염기 등 점막에 손상을 줄 수 있는 물질 사용 시 보안경을 반드시 착용).

ⓒ 긴 머리는 묶고, 흔들리는 보석류의 착용을 금지하는 등 화학약품으로부터 자신을 늘 청결히 유지한다.

ⓓ 피로는 판단에 영향을 줄 수 있으므로 적정한 휴식을 실시한다.

ⓔ 실험하는 물질이 올바른지 라벨을 주의 깊게 읽고 끝나면 뚜껑을 닫는다.

ⓕ 화학약품을 운반할 때 안전한 운반 장비를 이용한다.

ⓖ 휘발성이 있는 물질은 항시 후드에서 작업한다.

ⓗ 열이 발생하는 물질을 감시한다.

ⓘ 혼합금지(호환성이 없는) 물질은 분리한다.

ⓙ 화학물질 누출 시 주변 연구활동종사자들에게 위험을 알린다.

㉡ 저장 시 주의사항

ⓐ 저장소의 높이는 1.8m 이하로 힘들이지 않고 손이 닿을 수 있는 곳으로 하며, 이보다 위쪽이나 눈높이 위에 저장하지 않는다.

ⓑ 저장소나 캐비닛 내부에 체류한 증기를 흡기할 수 있도록 덕트 시설에 연결한다.

ⓒ 화학약품이 떨어지거나 넘어지지 않게 가드를 설치하고, 캐비닛이나 선반에 적절하게 저장한다.

ⓓ 용기 파손 등 화학물질 누출 시 주변으로 오염 확산을 막기 위해 누출 방지턱을 설치한다.

ⓔ 산성, 염기성, 산화제, 환원제, 과산화물, 금수성, 인화성, 발암성, 독성물질 등 종류가 서로 다른 화학약품은 분리하여 저장한다.

ⓕ 유통기한이 지난 화학물질, 변색 화학약품 등은 위험하므로 주기적으로 유통기한을 확인하여 안전하게 폐기하고, 필요한 양의 화학약품만 연구실 내에 저장한다.

㉢ 폐기 시 주의사항

ⓐ 처리해야 되는 폐기물에 대해 사전에 유해성·위험성을 평가하고 숙지한다.

ⓑ 화학물질의 성질 및 상태를 파악하여 분리·폐기한다(화학반응이 일어날 것으로 예상되는 물질은 혼합금지).

ⓒ 폐기하려는 화학물질은 반응이 완결되어 안정화되어 있어야 한다(가스가 발생하는 경우, 반응이 완료된 후 폐기 처리).

ⓓ 폐기 시 적절한 폐기물 용기를 사용한다.

ⓔ 수집 용기에 적합한 폐기물 스티커를 부착하고 라벨지를 이용하여 기록을 유지한다.

ⓕ 폐기물이 누출되지 않도록 뚜껑을 밀폐하고, 누출 방지를 위한 키트를 설치한다.

ⓖ 폐기물의 장기간 보관을 금지한다.

ⓗ 만약의 상황을 대비하여 개인보호구와 비상샤워장치, 세안장비, 소화기 등 응급안전장치 설비를 갖추어둔다.

(2) 안전점검 및 진단

※ Page. 23 참고

(3) 사전유해인자위험분석

※ Page. 41 참고

(4) 연구실사고

① 구분

㉠ 중대연구실사고 : 연구실사고 중 손해 또는 훼손의 정도가 심한 사고

ⓐ 사망자 또는 후유장애 부상자가 1명 이상 발생한 사고

ⓑ 3개월 이상의 요양을 요하는 부상자가 동시에 2명 이상 발생한 사고

ⓒ 3일 이상의 입원이 필요한 부상을 입거나 질병에 걸린 사람이 동시에 5명 이상 발생한 사고

ⓓ 연구실안전법에 따른 연구실의 중대한 결함으로 인한 사고(유해인자, 유해물질, 독성가스, 병원체, 전기설비 등의 균열, 누수 또는 부식 등)

㉡ 일반연구실사고 : 중대 연구실사고를 제외한 일반적인 사고

ⓐ 인적 피해 : 병원 등 의료기관 진료 시

ⓑ 물적 피해 : 100만원 이상의 재산 피해 시(취득가 기준)

㉢ 단순연구실사고 : 인적·물적 피해가 매우 경미한 사고로 일반연구실사고에 포함되지 않는 사고

② **연구실사고 대응단계별 수행업무**

㉠ 사고발생

㉡ 사고보고

ⓐ 최초 발견자 : 안전관리부서에 사고 발생 사항을 통보 및 소방서·병원 등 기관에 협조 요청

ⓑ 안전관리부서 : 연구주체의 장에게 사고 상황 즉시 보고

ⓒ 연구주체의 장 : 지체없이 과학기술정보통신부에 전화, 팩스, 전자우편이나 그 밖에 적절한 방법으로 사고 발생 개요 및 피해 상황, 사고 조치 내용, 사고 확산 가능성 및 향후 조치·대응계획 등을 보고(단, 천재지변 등 부득이한 사유가 발생한 경우에는 그 사유가 없어진 때에 지체없이 보고)하고, 사고발생일로부터 1개월 이내에 연구실사고 조사표를 작성하여 과학기술정보통신부장관에게 보고

㉢ 사고대응

ⓐ 필요 시 연구실사고대책본부 구성

ⓑ 사고피해 확대 방지 조치

ⓒ 연구실책임자에 의한 응급조치

㉣ 사고조사 : 사고원인 규명 및 사고로 인한 인명 및 재산 피해 확인

㉤ 재발 방지대책 수립·시행

ⓐ 연구실안전환경관리자 : 사고 방지대책 수립 후 연구주체의 장에게 보고

ⓑ 연구실책임자 : 재발 방지대책 시행

㉥ 사후관리 : 재발 방지대책 시행 여부 확인 및 사고분석 결과를 바탕으로 향후 안전관리 추진계획 수립

(5) 건강검진

※ Page. 50 참고

Chapter 02

인간공학적 안전관리 및 인적 과실(human error) 예방 · 관리

1 인간공학적 안전관리

(1) 인간공학의 개요

① 개요

㉠ 제품이나 환경을 설계하는 데 인간의 특성에 관한 정보를 응용함으로써 편리성 · 안전성 · 효율성을 제고하고자 하는 학문이다.

㉡ 물건, 설비, 환경 등을 설계하는 데 인간의 생리적 · 심리적 특성이나 한계점을 체계적으로 응용한다.

㉢ 인간공학 용어로는 ergonomics(육체적 측면)와 human factors(인지적 측면)가 주로 사용된다.

㉣ 작업(work)의 의미를 가진 그리스어 ergo와 법칙(rules, law)이라는 의미를 가진 nomos 두 단어로 만들어진 합성어이다.

㉤ 인간공학의 철학적 변화는 "기계중심" → "인간중심" → "인간-기계시스템"으로 변화하고 있다.

㉥ 인간공학의 궁극적인 목적은 안전성 향상과 효율성 향상이다.

② 인간공학의 목표 : '기능적 효과 및 효율' 제고 및 '인간 가치' 향상

㉠ 기능적 효과 및 효율 제고 : 사용 편의성 증대, 정확성 제고, 반응시간 경감, 사고나 오류감소, 생산성 향상

㉡ 인간 가치 향상 : 직무 만족도 및 생활의 질, 쾌적감 증가, 안전 향상, 스트레스 및 피로감소, 수용자의 수용도 향상

③ 인간의 정보처리 과정

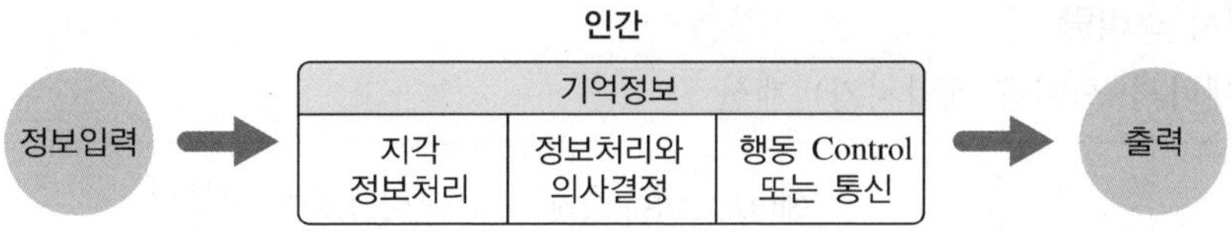

㉠ 정보입력 : 시각적, 청각적, 물리적 자극에 관한 정보가 신체 감각기관을 통해 감지된다.

㉡ 정보처리와 의사결정 : 감지된 정보에 대한 해석을 통해 의사결정을 한다.

㉢ 출력 : 신체활동기관에 명령하여 행동이 나타난다.

(2) 작업생리

① 작업생리학

㉠ 정의

ⓐ 생리학 : 일반적인 사람을 대상으로 신체 각 기관에 관한 기능을 다루는 학문

ⓑ 작업생리 : 신체 기관의 기능과 작업과 관련하여 영향을 줄 수 있는 요소를 다루는 학문

㉡ 작업생리학 개요

ⓐ 작업 및 작업환경이 작업을 수행하는 작업자에게 미치는 영향을 분석·평가하여 정량화 시키는 방법이다.

ⓑ 사람의 작업능력이 어느 정도인가와 어떤 작업과 행동에서 피로를 느끼고 작업 환경조건에 따라 신체 기능이 얼마나 영향을 받는지에 대한 정보를 제공한다.

② 대사작용

㉠ 근육의 구조 및 활동

ⓐ 골격근은 뼈를 움직이게 하는 근육으로 체중의 약 40% 이상을 차지한다.

ⓑ 신체가 움직이기 위해 근육의 수축·이완이 필요하다.

ⓒ 근육의 수축·이완은 에너지(ATP)가 필요하다.

ⓓ ATP는 탄수화물(근육의 기본 에너지원)과 지방의 분해과정을 통해 얻는다.

ⓔ 탄수화물을 섭취하면 분해되어 포도당이 되고, 포도당은 글리코젠 형태로 간·근육에 저장되었다가 필요시 포도당으로 전환·분해되어 ATP를 생성한다.

ⓕ 해당 근육 내부에 있던 포도당 또는 간에서 혈액을 통해 근육으로 공급된 포도당이 분해되어 ATP를 생성하고, ATP가 분해되면서 방출된 에너지가 근육 수축에 사용된다.

㉡ 대사 : 음식물을 섭취하여 기계적인 일과 열로 전환하는 화학적 과정

ⓐ 유기성대사 : 근육 내 포도당 + 산소 → CO_2 + H_2O + 열 + 에너지

ⓑ 무기성대사 : 근육 내 포도당 + 수소 → 젖산 + 열 + 에너지

③ 에너지 소비량

㉠ 에너지 소비량(에너지가) 계산

$$\text{에너지소비량(kcal/min)} = \text{산소소비량} \times \frac{5\text{kcal}}{1\text{L}}$$

※ 사람은 산소 1L를 소비할 때 5kcal의 에너지를 태운다(산소 1L = 5kcal).

㉡ 산소소비량 계산

$$\text{산소소비량(L/min)} = \frac{(21 \times V_1) - (O_2 \times V_2)}{100}$$

- V_1 : 흡기량(L/min)
- V_2 : 배기량(L/min)
- O_2 : 배기 시 산소농도(%)

$V_1 = \frac{V_2 \times (100 - O_2 - CO_2)}{79}$	CO_2 : 배기 시 이산화탄소농도(%)

[산소소비량의 측정원리]

구분	흡기	배기
O_2	21%	O_2%
CO_2	0%	CO_2%
N_2	79%	$N_2\% = 100 - O_2\% - CO_2\%$

※ 산소소비량 측정을 위해 호흡배기량 측정장비와 O_2 · CO_2 비율측정 가스분석기가 필요

④ 에너지대사율(RMR)

㉠ 정의 : 기초대사량에 대한 작업대사량의 비율

$$RMR = \frac{작업대사량}{기초대사량} = \frac{작업\ 시\ 에너지대사량 - 안정\ 시\ 에너지대사량}{기초대사량}$$

- 기초대사량 : 활동하지 않는 상태에서 생명을 유지하는데 필요한 대사량
- 작업 시 에너지대사량 : 휴식 후부터 작업 종료 시까지의 에너지대사량
- 안정 시 에너지대사량 : 의자에 앉아 편히 호흡할 때의 에너지대사량
- 총 에너지 소모량 = 기초대사량 + 안정 시 에너지대사량 + 작업 시 에너지대사량

㉡ 작업강도

RMR값	0~2	2~4	4~7	7 이상
작업강도	경작업	중(中)작업	중(重)작업	초중작업
작업 예	사무직	동작, 속도 낮은 작업	동작, 속도 빠른 작업	중량물 취급 등 전신작업

⑤ 피로 측정방법

㉠ 육체적 부하 측정

ⓐ 근전도(EMG ; Electromyography) : 근육 활동의 전위차를 기록

ⓑ 심전도(ECG ; Electrocardiogram) : 심장 근육 활동의 전위차를 기록

ⓒ 산소소비량(oxygen consumption) : 단위 시간에 체내에서 소비하는 산소의 양

ⓓ 에너지 소비량(energy expenditure) : 특정 작업 시 소요되는 에너지를 기록

㉡ 정신적인 부하 측정

ⓐ 뇌전도(EEG ; Electroencephalogram) : 뇌의 전기적 활동을 기록

ⓑ 점멸융합주파수(FFF ; Flicker Fusion Frequency) : 피검자가 점멸한다고 느낄 때까지 점멸률을 측정

ⓒ 부정맥 지수(cardiac arrhythmia) : 심장 박동이 비정상적으로 빨라지거나 늦어지거나 혹은 불규칙하게 뛰는 것을 기록

ⓓ 눈꺼풀의 깜박임(blink rate) : 눈꺼풀의 깜빡임 정도를 기록

ⓔ 동공지름(pupil diameter) 측정 : 동공의 크기를 기록

⑥ **작업능력과 휴식시간**

㉠ 신체작업능력

ⓐ 특성

- 활동하고 있는 근육에 산소를 전달해 주는 심장이나 폐의 최대 역량에 의해 결정된다.
- 작업의 지속시간이 증가함에 따라 급속히 감소한다.

ⓑ 최대 신체작업능력(MPWC ; Maximum Physical Work Capacity)

- 단시간 동안의 최대 에너지 소비능력
- 건강한 남성 : 15kcal/min, 건강한 여성 : 10.5kcal/min

㉡ 피로와 휴식시간

ⓐ 개요

- 작업의 에너지요구량이 작업자 MPWC의 40%를 초과하면 작업 종료시점에 전신피로를 경험한다.
- 전신피로를 줄이기 위해서는 작업 방법·설비를 재설계하는 공학적 대책을 제공해야 한다.

ⓑ Murrel의 권장평균에너지량 : 작업시간 동안 소비한 에너지의 총량과 특정 작업의 평균 소모 에너지의 총량의 합은 같다.

ⓒ 휴식시간

$R = T \times \frac{E-S}{E-1.5}$	• R : 휴식시간(min) • T : 총 작업시간(min) • E : 작업 중 에너지소비량 • S : 표준 에너지소비량(남자 : 5kcal/min, 여자 : 3.5kcal/min) • 1.5 : 휴식 중 에너지소비량(1.5kcal/min)

⑦ **산소부채** : 일시적인 작업이나 운동부하에 의해 산소섭취량이 증가할 때, 이들 부하를 중지한 후의 회복기에 필요량 이상의 산소를 섭취하는 것 또는 그 산소량

(3) 근골격계질환

① 개요

㉠ 정의

ⓐ 반복적이고 누적되는 특정한 일 또는 동작과 연관되어 신체 일부를 무리하게 사용하면서 나타나는 질환으로 신경, 근육, 인대, 관절 등에 문제가 생겨 통증과 이상감각, 마비 등의 증상이 나타나는 질환들을 총칭하여 말한다.

ⓑ 외부의 스트레스에 의하며 오랜 시간을 두고 반복적인 작업이 누적되어 질병이 발생하기 때문에 누적외상병 또는 누적손상장애라 불리기도 하며, 반복성 작업에 기인하여 발생하므로 RTS(Repetitive Trauma Syndrome)로도 알려져 있다.

㉡ 발생원인

작업 관련 요인	개인적 요인	사회심리적 요인
• 동작의 반복 • 과도한 힘 • 부적절한 자세 • 접속 스트레스 : 날카로운 면, 차가운 면과 접촉 • 정적 부하 • 진동이나 극한 온도 • 휴식시간의 부족	• 연령 : 고령 • 신체조건 • 성별 : 여성 • 작업 경력 • 유전적 요인 • 과거 병력 : 근골격계 관련 질환 • 작업 습관 : 자세, 작업시간 • 운동 및 취미활동 • 건강상태	• 작업 만족도 • 근무 조건에 대한 만족도 • 작업의 자율적 조절 • 상사 및 동료들과의 인간관계 • 업무적 스트레스 • 정신 · 심리 상태

㉢ 특징

ⓐ 발생 시 경제적 피해가 크므로 예방이 최우선 목표이다.

ⓑ 자각증상으로 시작되고 집단적으로 환자가 발생한다.

ⓒ 증상이 나타난 후 조치하지 않으면 근육 및 관절 부위의 장애, 신경 · 혈관장애 등 단일 형태 또는 복합적인 질병으로 악화되는 경향이 있다.

ⓓ 단순 반복작업이나 움직임이 없는 정적인 작업에 종사하는 사람에게 많이 발병한다.

ⓔ 업무상 유해인자와 비업무적인 요인에 의한 질환이 구별이 잘 안 된다.

ⓕ 근골격계질환에 영향을 주는 작업요인이 모호하다(작업환경 측정평가의 객관성 결여).

㉣ 근골격계질환의 단계별 증상

ⓐ 1단계

- 작업시간 동안에 통증이나 피로감을 호소한다.
- 하룻밤이 지나거나 휴식을 취하면 증상이 없어진다.
- 작업능력의 저하가 발생하지 않는다.

ⓑ 2단계

- 작업시간 초기부터 통증이 발생한다.
- 하룻밤이 지나도 통증이 계속되며, 통증 때문에 잠을 설친다.
- 작업을 수행하는 능력이 감소한다.

ⓒ 3단계

- 작업을 수행할 수 없을 정도의 통증이 발생한다.
- 작업시간 외에 휴식시간에도 계속하여 통증을 느낀다.
- 통증으로 잠을 잘 수 없을 정도로 고통이 계속되어 다른 일에도 어려움을 겪는다.

② 근골격계질환 부담작업

번호	내용	작업 예시
제1호	하루 4시간 이상 집중적으로 자료입력 등을 위한 키보드/마우스 조작 작업	컴퓨터 프로그래머
제2호	하루 총 2시간 이상 목, 어깨, 팔꿈치, 손목 또는 손을 사용하여 같은 동작을 반복하는 작업	컨베이어 라인 작업, 전화상담원
제3호	하루 총 2시간 이상 머리 위에 손이 있거나, 팔꿈치가 어깨 위 또는 몸 뒤쪽에 위치한 상태의 작업	천장 페인트 작업자
제4호	하루 총 2시간 이상 목이나 허리를 구부리거나 트는 상태에서 자세를 바꾸기 어려운 작업	
제5호	하루 총 2시간 이상 쪼그리고 앉거나 무릎을 굽힌 자세의 작업	
제6호	하루 총 2시간 이상 1kg 이상의 물건을 손가락으로 옮기거나 손가락에 2kg에 상응하는 힘을 가하는 작업	
제7호	하루 총 2시간 이상 4.5kg 이상의 물건을 한 손으로 들거나 동일한 힘으로 쥐는 작업	
제8호	하루 10회 이상 25kg 이상을 드는 작업	요양사, 용역 작업
제9호	하루 25회 이상 10kg 이상의 물건을 무릎 아래에서 또는 어깨 위에서 들거나, 팔을 뻗은 상태에서 드는 작업	택배 상하차 작업
제10호	하루 총 2시간 이상, 분당 2회 이상 4.5kg 이상의 물체를 드는 작업	
제11호	하루 총 2시간 이상 시간당 10회 이상 손 또는 무릎을 사용하여 반복적으로 충격을 가하는 작업	

※ 단, 2개월 이내에 종료되는 1회성 작업이나 연간 총 작업일수가 60일을 초과하지 않는 작업은 제외한다.

③ 근골격계질환 유해요인 조사

㉠ 개요

ⓐ 근골격계 부담작업이 있는 공정 · 부서 · 라인 · 팀 등 사업장 내 전체 작업을 대상으로 유해요인을 찾아 제거하거나 감소하는 데 목적을 둔다.

ⓑ 유해요인 조사결과는 근골격계질환의 이환을 부정하는 근거 또는 반증 자료로 사용할 수 없다.

㉡ 조사시기

ⓐ 최초조사 : 신설되는 사업장에서 신설일부터 1년 이내에 실시

ⓑ 정기조사 : 3년마다 실시

ⓒ 수시조사

- 산업안전보건법에 따른 임시건강진단 등에서 근골격계질환자가 발생하였거나 근로자가 근골격계질환으로 산업재해보상보험법 시행령 별표 3에 따라 업무상 질병으로 인정받은 경우
- 근골격계 부담작업에 해당하는 새로운 작업 · 설비를 도입한 경우
- 근골격계 부담작업에 해당하는 작업공정 · 업무량 등 작업환경을 변경한 경우

㉢ 유해요인 조사자(자격제한 없음)

ⓐ 직접 실시 : 사업주 또는 안전보건관리책임자

ⓑ 위탁 : 관리감독자, 안전담당자, 안전관리자(안전관리대행기관 포함), 보건관리자(보건관리대행기관 포함), 외부 전문기관, 외부 전문가

㉣ 유해요인 조사방법

ⓐ 근골격계 부담작업 전체에 대한 전수조사가 원칙이다.

ⓑ 동일한 작업형태, 작업조건의 근골격계 부담작업 존재 시 일부 작업에 대해서만 단계적 유해요인 조사를 수행할 수 있다.

ⓒ 유해요인 기본조사(조사표 양식 사용)와 근골격계질환 증상조사(조사표 양식 사용)를 실시하고 필요시 작업상황에 맞는 정밀평가(작업분석・평가도구 사용)를 추가한다.

ⓓ 조사결과 작업환경 개선이 필요한 경우 개선 우선순위 결정 및 개선대책 수립・실시 등의 절차를 추진한다.

㉤ 조사 절차

ⓐ 유해요인 기본조사

- 작업장 상황조사 : 작업공정, 작업설비, 작업량, 작업속도, 최근 업무의 변화 등
- 작업조건 조사 : 반복성, 부자연스러운 자세, 과도한 힘, 접촉 스트레스, 진동 등

ⓑ 근골격계질환의 징후 및 증상 설문조사

- 방법 : 유해요인 조사 대상 작업의 근로자 개인별 증상조사표 작성
- 목적 : 각 신체 부위별 통증에 대한 자각증상을 조사하여 증상호소율이 높은 작업이나 부서・라인 등을 선별하기 위함
- 특징 : 사업장의 전사적인 특성 파악에 활용(개인의 증상・징후를 판단하는 기준 아님)

ⓒ 정밀평가(작업부하분석・평가도구)

- NLE(NIOSH Lifting Equation)
  - 중량물 취급작업의 분석(미국산업안전보건원)
  - 반복적인 작업 등에는 평가가 어려움
  - 권장무게한계(RWL ; Recommended Weight Limit) : 건강한 작업자가 그 작업조건에서 작업을 최대 8시간 계속해도 요통의 발생 위험이 증대되지 않는 취급물 중량의 한계값

$RWL = LC(23kg) \times HM \times VM \times DM \times AM \times FM \times CM$	• LC : Load Constant • HM : 수평계수 • VM : 수직계수 • DM : 거리계수 • AM : 비대칭계수 • FM : 작업빈도계수 • CM : 커플링계수

– 들기지수(LI ; Lifting Index) : 특정 작업에서의 육체적 스트레스의 상대적인 양으로, 작을수록 좋고 1보다 크면 요통 발생위험이 높다.

$$LI = \frac{작업물\ 무게}{RWL}$$

- OWAS(Ovako Working-posture Analysis System)
  - 부자연스러운 힘(취하기 어려운 자세)과 중량물의 사용에 대해 평가
  - 작업을 비디오로 촬영하여 신체 부위별로 기록하여 코드화하여 분석
  - 작업자세(허리, 상지, 하지), 작업물 4가지 항목을 평가
  - 작업자세를 너무 단순화하여 세밀한 분석은 어려움
  - 움직임이 적으면서 반복적인 작업, 정밀한 작업자세, 유지자세 피로도는 평가가 어려움
- RULA(Rapid Upper Limb Assessment)
  - 상지평가기법으로 어깨, 손목, 목에 초점을 맞추어서 작업자세로 인한 작업부하를 쉽고 빠르게 평가
  - 특별한 장비 필요 없이 현장에서 관찰을 통해 작업자세를 분석
  - 상지(상완, 전완, 손목)와 체간(목, 몸통, 다리)의 자세 및 반복성과 힘도 평가
  - 상지에 초점을 둔 평가방법으로, 전신 작업자세 분석에는 한계
- REBA(Rapid Entire Body Assessment)
  - 몸 전체 자세를 분석하여 RULA의 단점을 보완
  - 다양한 자세에서 이루어지는 작업에 대해 신체에 대한 부담 정도를 평가
  - 반복성, 정적작업, 힘, 작업자세, 연속작업 시간 등이 고려되어 평가
  - 간호사 등과 같이 예측하기 힘든 다양한 자세의 작업을 분석하기 위해 개발
- QEC(Quick Exposure Checklist)
  - 근골격계질환을 유발하는 작업장 위험요소(작업시간, 부적절한 자세, 무리한 힘, 반복동작)를 평가하는 데 초점
  - 분석자의 분석결과와 작업자의 설문 결과가 조합되어 평가
  - 허리, 어깨/팔, 손/손목, 목 부분으로서 상지 질환을 평가하는 척도로 사용
  - 작업자의 주관적 평가과정이 포함
- SI(Strain Index)
  - 생리학, 생체역학, 상지질환에 대한 병리학을 기초로 한 정량적 평가 기법
  - 상지 말단(손, 손목, 팔꿈치)을 주로 사용하는 작업에 대한 자세와 노동량을 측정하는 도구
  - 비디오 테이프에 녹화하여 분석
  - 평가방법이 다소 복잡하고 상지 말단에 국한되어 평가하는 것이 단점

ⓗ 사후조치

ⓐ 사업주는 작업환경 개선의 우선순위에 따른 적절한 개선계획을 수립한다.

ⓑ 외부의 전문기관이나 전문가의 지도·조언을 통해 작업환경 개선계획의 타당성을 검토하거나 개선계획을 수립할 수 있다.

ⓒ 작업환경 개선계획에 따라 개선을 실시한다.

ⓓ 사업주는 근로자에게 다음의 근골격계 부담작업 사항을 알려야 한다.

- 유해요인조사 및 조사방법, 조사결과
- 근골격계부담작업의 유해요인
- 근골격계질환의 징후와 증상
- 근골격계질환 발생 시 대처요령
- 올바른 작업자세와 작업도구, 작업시설의 올바른 사용방법
- 그 밖에 근골격계질환 예방에 필요한 사항

ⓢ 근골격계질환 예방관리프로그램

ⓐ 개요

- 유해요인 조사, 작업환경 개선, 의학적 관리, 교육·훈련, 평가에 관한 사항 등이 포함된 근골격계질환을 예방관리하기 위한 종합적인 계획이다.
- 사업주는 근골격계질환 예방관리프로그램을 작성·시행할 경우에 노사협의를 거쳐야 한다.
- 분야별 전문가로부터 필요한 지도·조언을 받을 수 있다(인간공학·산업의학·산업위생·산업간호 등의 전문가).

ⓑ 근골격계질환 예방관리프로그램 수립 대상

- 근골격계질환을 업무상 질병으로 인정받은 근로자가 5명 또는 연간 10명 이상 발생한 사업장으로서 발생 비율이 그 사업장 근로자 수의 10% 이상인 경우
- 근골격계질환 예방과 관련하여 노사 간 이견이 지속되는 사업장으로서 고용노동부장관이 명령한 경우

ⓞ 문서 기록·보존

ⓐ 유해요인 조사표, 근골격계질환 증상조사표 : 5년 보존

ⓑ 시설·설비 관련 개선계획·결과보고서 : 해당 시설·설비가 작업장 내에 존재하는 동안 보존

[유해요인조사표(근골격계부담작업의 범위 및 유해요인조사 방법에 관한 고시 별지 1)]

유해요인조사표(제4조 관련)

가. 조사 개요

조사 일시		조 사 자	
부 서 명			
작업공정명			
작 업 명			

나. 작업장 상황 조사

작업 설비	□ 변화 없음	□ 변화 있음(언제부터)
작 업 량	□ 변화 없음	□ 줄음(언제부터) □ 늘어남(언제부터) □ 기타( )
작업 속도	□ 변화 없음	□ 줄음(언제부터) □ 늘어남(언제부터) □ 기타( )
업무 변화	□ 변화 없음	□ 줄음(언제부터) □ 늘어남(언제부터) □ 기타( )

다. 작업조건 조사(인간공학적인 측면을 고려한 조사)

1단계 : 작업별 주요 작업내용(유해요인 조사자)

작 업 명 :
작업내용(단위작업명) :
1)
2)
3)

2단계 : 작업별 작업부하 및 작업빈도(근로자 면담)

작업부하(A)	점수	작업빈도(B)	점수
매우 쉬움	1	3개월마다(연 2~3회)	1
쉬움	2	가끔(하루 또는 주 2~3일에 1회)	2
약간 힘듦	3	자주(1일 4시간)	3
힘듦	4	계속(1일 4시간 이상)	4
매우 힘듦	5	초과근무 시간(1일 8시간 이상)	5

단위작업명	부담작업(호)	작업부하(A)	작업빈도(B)	총점수(A×B)
1)				
2)				
3)				

3단계 : 유해요인평가

작 업 명	의자포장 및 운반	근로자명	홍길동

포장상자에 의자 넣기	포장된 상자 수레 당기기
사진 또는 그림	사진 또는 그림

작업별로 관찰된 유해요인에 대한 원인분석(*<작성방법> 유해요인 설명을 참조)

단위작업명	포장상자에 의자 넣기	부담작업(호)	2, 3, 9
유해요인	발생 원인		비고
반복동작(2호)	의자를 포장상자에 넣기 위해 어깨를 반복적으로 들어 올림		
부자연스런 자세(3호)	어깨를 들어 올려 뻗침		
과도한 힘(9호)	12kg 의자를 들어 올림		

단위작업명	포장된 상자 수레 당기기	부담작업(호)	3, 6
유해요인	발생 원인		비고
부자연스런 자세(3호)	포장상자를 잡기 위해 어깨를 뻗침		
과도한 힘(6호)	포장상자의 끈을 손가락으로 잡아당김		

작성방법

가. 조사 개요

- 작업공정명에는 해당 작업의 포괄적인 공정명을 적고(예, 도장공정, 포장공정 등), 작업명에는 해당 작업의 보다 구체적인 작업명을 적습니다(예, 자동차휠 공급작업, 의자포장 및 공급작업 등).

나. 작업장 상황 조사

- 근로자와의 면담 및 작업관찰을 통해 작업설비, 작업량, 작업속도 등을 적습니다.
- 이전 유해요인 조사일을 기준으로 작업설비, 작업량, 작업속도, 업무형태의 변화 유무를 체크하고, 변화가 있을 경우 언제부터/얼마나 변화가 있었는지를 구체적으로 적습니다.

다. 작업조건 조사 (앞장의 작성예시를 참고하여 아래의 방법으로 작성)

- (1단계) 가. 조사개요에 기재한 작업명을 적고, 작업내용은 단위작업으로 구분이 가능한 경우 각각의 단위작업 내용을 적습니다(예, 포장상자에 의자넣기, 포장된 상자를 운반수레로 당기기, 운반수레 밀기 등).
- (2단계) 단위작업명에는 해당 작업 시 수행하는 세분화된 작업명(내용)을 적고, 해당 부담작업을 수행하는 근로자와의 면담을 통해 근로자가 자각하고 있는 작업의 부하를 5단계로 구분하여 점수를 적습니다. 작업빈도도 5단계로 구분하여 해당 점수를 적고, 총점수는 작업부하와 작업빈도의 곱으로 계산합니다.
- (3단계) 작업 또는 단위작업을 가장 잘 설명하는 대표사진 또는 그림을 표시합니다. '유해요인'은 아래의 유해요인 설명을 참고하여 반복성, 부자연스런 자세, 과도한 힘, 접촉스트레스, 진동, 기타로 구분하여 적고, '발생 원인'은 해당 유해요인별로 그 유해요인이 나타나는 원인을 적습니다.

<유해요인 설명>

유해요인	설 명
반복동작	같은 근육, 힘줄 또는 관절을 사용하여 동일한 유형의 동작을 되풀이해서 수행함
부자연스런, 부적절한 자세	반복적이거나 지속적으로 팔을 뻗음, 비틂, 구부림, 머리 위 작업, 무릎을 꿇음, 쪼그림, 고정 자세를 유지함, 손가락으로 집기 등
과도한 힘	작업을 수행하기 위해 근육을 과도하게 사용함
접촉스트레스	작업대 모서리, 키보드, 작업공구, 가위사용 등으로 인해 손목, 손바닥, 팔 등이 지속적으로 눌리거나 손바닥 또는 무릎 등을 사용하여 반복적으로 물체에 압력을 가함으로써 해당 신체부위가 충격을 받게 되는 것
진 동	지속적이거나 높은 강도의 손-팔 또는 몸 전체의 진동
기타요인	극심한 저온 또는 고온, 너무 밝거나 어두운 조명 등

[근골격계질환 증상조사표(근골격계부담작업의 범위 및 유해요인조사 방법에 관한 고시 별지 2)]

근골격계질환 증상조사표(제4조 관련)

I. 아래 사항을 직접 기입해 주시기 바랍니다.

<table>
<tr><td>성 명</td><td></td><td>연 령</td><td>만 ________세</td></tr>
<tr><td>성 별</td><td>□ 남 □ 여</td><td>현 직장경력</td><td>____년 _____개월째 근무 중</td></tr>
<tr><td>작업부서</td><td>________부 __________라인
______________작업(수행작업)</td><td>결혼여부</td><td>□ 기혼 □ 미혼</td></tr>
<tr><td>현재 하고 있는 작업(구체적으로)</td><td colspan="3">작 업 내 용 : ______________________________
작 업 기 간 : _______년 __________개월째 하고 있음</td></tr>
<tr><td>1일 근무시간</td><td colspan="3">______시간 근무 중 휴식시간(식사시간 제외) ____분씩 ____회 휴식</td></tr>
<tr><td>현작업을 하기 전에 했던 작업</td><td colspan="3">작 업 내 용 : ______________________________
작 업 기 간 : _______년 __________개월 동안 했음</td></tr>
</table>

1. 규칙적인(한번에 30분 이상, 1주일에 적어도 2~3회 이상) 여가 및 취미활동을 하고 계시는 곳에 표시(∨)하여 주십시오.
   □ 게임 등 컴퓨터 관련 활동 □ 피아노, 트럼펫 등 악기연주 □ 뜨개질, 붓글씨 등
   □ 테니스, 축구, 농구, 골프 등 스포츠 활동 □ 해당사항 없음

2. 귀하의 하루 평균 가사노동시간(밥하기, 빨래하기, 청소하기, 2살 미만의 아이 돌보기 등)은 얼마나 됩니까?
   □ 거의 하지 않는다 □ 1시간 미만 □ 1~2시간 미만 □ 2~3시간 미만 □ 3시간 이상

3. 귀하는 의사로부터 다음과 같은 질병에 대해 진단을 받은 적이 있습니까?(해당 질병에 체크)
   (보기 : □ 류머티스 관절염 □ 당뇨병 □ 루프스병 □ 통풍 □ 알코올중독)
   □ 아니오 □ 예('예'인 경우 현재상태는? □ 완치 □ 치료나 관찰 중)

4. 과거에 운동 중 혹은 사고(교통사고, 넘어짐, 추락 등)로 인해 손/손가락/손목, 팔/팔꿈치, 어깨, 목, 허리, 다리/발 부위를 다친 적인 있습니까?
   □ 아니오 □ 예
   ('예'인 경우 상해 부위는 ? □손/손가락/손목 □팔/팔꿈치 □어깨 □목 □허리 □다리/발)

5. 현재 하시는 일의 육체적 부담 정도는 어느 정도라고 생각 합니까?
   □ 전혀 힘들지 않음 □ 견딜만 함 □ 약간 힘듦 □ 힘듦 □ 매우 힘듦

II. **지난 1년 동안** 손/손가락/손목, 팔/팔꿈치, 어깨, 목, 허리, 다리/발 중 어느 한 부위에서라도 귀하의 작업과 관련하여 통증이나 불편함(통증, 쑤시는 느낌, 뻣뻣함, 화끈거리는 느낌, 무감각 혹은 찌릿찌릿함 등)을 느끼신 적이 있습니까?

☐ 아니오(수고하셨습니다. 설문을 다 마치셨습니다.)

☐ 예("예"라고 답하신 분은 아래 표의 **통증부위**에 체크(∨)하고, 해당 통증부위의 **세로줄**로 내려가며 해당사항에 체크(∨)해 주십시오)

통증 부위	목 ( )	어깨 ( )	팔/팔꿈치 ( )	손/손목/손가락 ( )	허리 ( )	다리/발 ( )
1. 통증의 구체적 부위는?		☐ 오른쪽 ☐ 왼쪽 ☐ 양쪽 모두	☐ 오른쪽 ☐ 왼쪽 ☐ 양쪽 모두	☐ 오른쪽 ☐ 왼쪽 ☐ 양쪽 모두		☐ 오른쪽 ☐ 왼쪽 ☐ 양쪽 모두
2. 한번 아프기 시작하면 통증 기간은 **얼마 동안** 지속됩니까?	☐ 1일 미만 ☐ 1일~1주일 미만 ☐ 1주일~1달 미만 ☐ 1달~6개월 미만 ☐ 6개월 이상	☐ 1일 미만 ☐ 1일~1주일 미만 ☐ 1주일~1달 미만 ☐ 1달~6개월 미만 ☐ 6개월 이상	☐ 1일 미만 ☐ 1일~1주일 미만 ☐ 1주일~1달 미만 ☐ 1달~6개월 미만 ☐ 6개월 이상	☐ 1일 미만 ☐ 1일~1주일 미만 ☐ 1주일~1달 미만 ☐ 1달~6개월 미만 ☐ 6개월 이상	☐ 1일 미만 ☐ 1일~1주일 미만 ☐ 1주일~1달 미만 ☐ 1달~6개월 미만 ☐ 6개월 이상	☐ 1일 미만 ☐ 1일~1주일 미만 ☐ 1주일~1달 미만 ☐ 1달~6개월 미만 ☐ 6개월 이상
3. 그때의 아픈 정도는 **어느 정도** 입니까? (보기 참조)	☐ 약한 통증 ☐ 중간 통증 ☐ 심한 통증 ☐ 매우 심한 통증	☐ 약한 통증 ☐ 중간 통증 ☐ 심한 통증 ☐ 매우 심한 통증	☐ 약한 통증 ☐ 중간 통증 ☐ 심한 통증 ☐ 매우 심한 통증	☐ 약한 통증 ☐ 중간 통증 ☐ 심한 통증 ☐ 매우 심한 통증	☐ 약한 통증 ☐ 중간 통증 ☐ 심한 통증 ☐ 매우 심한 통증	☐ 약한 통증 ☐ 중간 통증 ☐ 심한 통증 ☐ 매우 심한 통증
	<보기>	**약한 통증** : 약간 불편한 정도이나 작업에 열중할 때는 못 느낀다 **중간 통증** : 작업 중 통증이 있으나 귀가 후 휴식을 취하면 괜찮다 **심한 통증** : 작업 중 통증이 비교적 심하고 귀가 후에도 통증이 계속된다 **매우 심한 통증** : 통증 때문에 작업은 물론 일상생활을 하기가 어렵다				
4. **지난 1년 동안** 이러한 증상을 얼마나 자주 경험하셨습니까?	☐ 6개월에 1번 ☐ 2~3달에 1번 ☐ 1달에 1번 ☐ 1주일에 1번 ☐ 매일	☐ 6개월에 1번 ☐ 2~3달에 1번 ☐ 1달에 1번 ☐ 1주일에 1번 ☐ 매일	☐ 6개월에 1번 ☐ 2~3달에 1번 ☐ 1달에 1번 ☐ 1주일에 1번 ☐ 매일	☐ 6개월에 1번 ☐ 2~3달에 1번 ☐ 1달에 1번 ☐ 1주일에 1번 ☐ 매일	☐ 6개월에 1번 ☐ 2~3달에 1번 ☐ 1달에 1번 ☐ 1주일에 1번 ☐ 매일	☐ 6개월에 1번 ☐ 2~3달에 1번 ☐ 1달에 1번 ☐ 1주일에 1번 ☐ 매일
5. **지난 1주일 동안**에도 이러한 증상이 있었습니까?	☐ 아니오 ☐ 예	☐ 아니오 ☐ 예	☐ 아니오 ☐ 예	☐ 아니오 ☐ 예	☐ 아니오 ☐ 예	☐ 아니오 ☐ 예
6. **지난 1년 동안** 이러한 통증으로 인해 어떤 일이 있었습니까?	☐ 병원 · 한의원 치료 ☐ 약국치료 ☐ 병가, 산재 ☐ 작업 전환 ☐ 해당사항 없음 기타 ( )	☐ 병원 · 한의원 치료 ☐ 약국치료 ☐ 병가, 산재 ☐ 작업 전환 ☐ 해당사항 없음 기타 ( )	☐ 병원 · 한의원 치료 ☐ 약국치료 ☐ 병가, 산재 ☐ 작업 전환 ☐ 해당사항 없음 기타 ( )	☐ 병원 · 한의원 치료 ☐ 약국치료 ☐ 병가, 산재 ☐ 작업 전환 ☐ 해당사항 없음 기타 ( )	☐ 병원 · 한의원 치료 ☐ 약국치료 ☐ 병가, 산재 ☐ 작업 전환 ☐ 해당사항 없음 기타 ( )	☐ 병원 · 한의원 치료 ☐ 약국치료 ☐ 병가, 산재 ☐ 작업 전환 ☐ 해당사항 없음 기타 ( )

유의사항

- 부담작업을 수행하는 근로자가 직접 읽어보고 문항을 체크합니다.
- 증상조사표를 작성할 경우 증상을 과대 또는 과소 평가 해서는 안됩니다.
- 증상조사 결과는 근골격계질환의 이환을 부정 또는 입증하는 근거나 반증자료로 활용할 수 없습니다.

(4) 직무 스트레스

① 정의 : 직무요건이 근로자의 능력이나 자원, 욕구와 일치하지 않을 때 생기는 유해한 신체적 또는 정서적 반응

② 직무 스트레스가 주는 영향

건강상의 많은 문제를 일으키고 사고를 발생시킬 수 있는 위험인자로 작용한다.

㉠ 극심한 스트레스 상황에 노출되거나 성격적 요인으로 신체에 구조적·기능적 손상이 발생한다(심혈관계, 위장관계, 호흡기계, 생식기계, 내분비계, 신경계, 근육계, 피부계).

㉡ 육체적·심리적 변화 외에도 흡연, 알코올 및 카페인 음용의 증가, 신경안정제, 수면제 등의 약물 남용, 대인관계 기피, 자기학대 및 비하, 수면장애 등의 행동 변화가 발생한다.

㉢ 업무수행 능력이 저하되고 생산성이 떨어지며 일에 대한 책임감을 상실하고 결근하거나 퇴직, 사고를 일으킬 위험이 커진다.

㉣ 심할 경우 자살과 같은 극단적이고 병리적인 행동으로 발전할 수 있다.

③ 직무 스트레스의 특징

㉠ 적절한 수준의 스트레스는 각성 수준을 향상시켜 연구활동 수행에 긍정적인 영향을 줄 수 있다.

㉡ 과도한 스트레스는 주의 감소, 작업 기억 능력 감소 등 전반적인 인지 과정에 영향을 주어 연구활동 수행 능력을 감소시킨다.

㉢ 인간은 스트레스를 받으면 자율 신경계의 교감신경이 항진되고 부교감 신경이 억제되며, 지속적인 스트레스는 신체의 자율 신경계 균형을 무너뜨린다.

㉣ 스트레스 상황에서 인간은 근육에 사용될 당분과 산소를 보내기 위하여 불필요한 에너지소비를 중지하고, 심박·호흡 등을 증가시켜 근육으로 혈액을 보내는 등 생리적 활동을 하여 근육이 낼 수 있는 에너지를 극대화한다(단, 육체적 방식으로 모든 스트레스가 해결되는 것은 아니다).

㉤ 현대 사회에서 발생하는 주요 스트레스의 원인인 환경적, 정신적 요인은 스트레스로 인한 생리적 반응으로 해결되는 것이 아니다.

④ 직무 스트레스의 발생원인

요인	예
환경 요인	• 사회, 경제, 정치 및 기술적인 변화로 인한 불확실성 등 • 경기침체, 정리해고, 노동법, IT기술의 발전 등(고용과 관련되어 근로자에게 위협이 될 수 있음)
조직 요인	조직구조나 분위기, 근로조건, 역할갈등 및 모호성 등
직무 요인	장시간의 근로시간, 물리적으로 유해·쾌적하지 않은 작업환경 등(소음, 진동, 조명, 온열, 환기, 위험한 상황)
인간적 요인	상사나 동료, 부하 직원과의 상호관계에서 오는 갈등이나 불만 등

⑤ NIOSH 직무 스트레스 모델

㉠ 직무 스트레스의 원인

ⓐ 작업 요구 요인 : 작업부하, 작업속도 · 과정에 대한 통제, 교대근무 등

ⓑ 조직적 측면 요인 : 역할 갈등 및 모호성, 경영방침, 경력 · 직무의 관련성, 고용의 불확실성, 대인관계

ⓒ 물리적 환경 : 소음, 한랭, 환기, 조명, 공간의 열악함

㉡ 중재 요인

ⓐ 개인적 요인 : 개인특성(성격), 훈련발달단계(교육수준)

ⓑ 직장 외 요인 : 재정상태, 가정상황

ⓒ 완충작용 요인 : 사회적 지지, 대처능력

㉢ 반응

ⓐ 심리적 : 직무 불만족 및 사기 저하 등

ⓑ 신체적 : 심박수, 혈압, 두통, 피로, 소화불량 등

ⓒ 행동적 : 수면장애, 약물 오남용, 흡연, 음주증가 등

㉣ 장기적으로 건강에 미치는 영향 : 고혈압, 심혈관질환, 알코올중독, 정신질환, 근골격계질환 등

⑥ 스트레스에 대한 인간의 반응(Selye의 일반적응증후군)

1단계	경고 반응	두통, 발열, 피로감, 근육통, 식욕감퇴, 허탈감 등의 현상이 나타난다.
2단계	신체 저항 반응	호르몬 분비로 인하여 저항력이 높아지는 저항 반응과 긴장, 걱정 등의 현상이 수반된다.
3단계	소진 반응	생체 적응 능력이 상실되고 질병으로 이환되기도 한다.

⑦ 직무 스트레스 관리

㉠ 개인차원

ⓐ 자기 인식의 증대 : 자신의 한계와 문제의 징후를 인식하여 해결 방안을 도출한다.

ⓑ 건강검사 및 조리 : 신체검사를 통하여 스트레스성 질환을 평가하고 건강상태, 흡연 · 음주 · 식사 습관을 종합하여 스트레스 감내 수준을 평가하고 대처한다.

ⓒ 운동과 직무 외 관심 : 규칙적인 운동은 스트레스를 줄이고, 직무 외적인 일(취미, 휴식, 즐거운 활동 참여 등)은 대처능력을 기른다.

ⓓ 긴장 이완훈련 : 명상, 요가 등의 긴장 이완훈련을 통하여 생리적 휴식 상태를 경험할 수 있다. 심장 박동이 느려지고, 호흡 횟수가 줄어들고, 신진 대사율이 낮아져 스트레스를 덜어준다.

ⓔ 기타 : 신체 단련, 작업 변경, 사회적 도움, 스트레스 감소 훈련 참가, 생활스타일 관리 등

㉡ 집단차원

ⓐ 개인의 적응 수준 제고 : 종업원의 건강상태나 스트레스 수준을 정기적으로 평가하고 직무의 적합도를 평가하여 개인의 감수 능력과 비교한다.

ⓑ 사회적 지원 제공 : 직장 내 사회적 지원시스템을 가동하여 동료, 부하, 상관의 직무 수행, 요구, 제약에 도움을 준다. 특히 경영자의 스트레스 감소 의지가 중요하다.

ⓒ 조직구조와 기능의 변화 : 권한을 분산하여 무력감과 통제감을 경감시킨다. 보상 체계를 조정하고 훈련, 선발, 배치를 조정한다. 의사결정과정에 종업원이 참여하게 하고, 작업 집단의 응집성 구축 및 소통(communication) 개방으로 조직의 정보를 공유한다.

ⓓ 직무설계 : 직무를 확대·충실화하고 직무를 순환시킨다. 직무를 조정하고 직무 요구를 명확하게 설정한다.

(5) 표시장치 및 조정장치

① **표시장치** : 인간은 감각기관(시각, 청각, 촉각, 후각 등)을 통하여 받아들인 정보를 처리하여 판단·반응하므로 감각기관의 특성과 전하고자 하는 정보의 특성 및 역할을 고려하여 설계해야 한다.

② **시각적 표시장치**

㉠ 정량적 표시장치 : 온도와 속도 같이 동적으로 변화하는 변수나 자로 재는 길이와 같은 정적변수의 계량값에 관한 정보를 제공하는 데 사용한다.

예 속도계, 전력계

ⓐ 정량적인 동적 표시장치

- 동침형(oving ointer) : 눈금(scale)이 고정되고 지침(pointer)이 움직인다.
- 동목형(oving cale) : 지침이 고정되고 눈금이 움직인다.
- 계수형 : 전력계나 택시요금계와 같이 기계·전자식으로 숫자가 표시되는 형식이다.

㉡ 정성적 표시장치 : 온도, 압력, 속도와 같이 연속적으로 변하는 변수의 대략적인 값이나 변화추세, 비율 등을 알고자 할 때 주로 사용하며, 상태 점검(나타내는 값이 정상상태인지 여부를 판정)하는 데도 사용한다.

예 횡단보도의 삼색신호등, 연료량 게이지

ⓐ 정성적 표시장치의 암호화 방법

- 색을 이용하여 각 범위값을 따로 암호화하여 설계를 최적화한다.
- 색채 암호가 부적합한 경우에는 구간을 형상 암호화할 수 있다.

㉢ 묘사적 표시장치 : 배경에 변화되는 상황을 중첩하여 나타내는 표시장치로, 상황 파악을 효과적으로 할 수 있다.

예 항공기 표시장치와 게임 시뮬레이터의 3차원 표현 장치 등

③ **청각적 표시장치**

㉠ 청각적 표시장치 : 데이터를 청각으로 표시하는 장치로, 청각에 의한 정보전달을 목적으로 한다.

㉡ 청각적 표시장치의 설계

ⓐ 신호음은 배경 소음과는 다른 주파수를 사용한다.

ⓑ 신호는 최소한 0.5~1초 동안 지속되게 한다.

ⓒ 소음은 양쪽 귀에, 신호는 한쪽 귀에만 들리도록 한다.

ⓓ 주변 소음은 주로 저주파이므로 은폐효과를 막기 위해 500~1,500Hz 신호를 사용한다.

ⓔ 주변 소음과 적어도 30dB 이상 차이를 둔다.

ⓕ 300m 이상 멀리 보내는 신호에서는 1,000Hz 이하의 주파수를 사용한다.

ⓖ 신호가 장애물을 돌아가야 할 때는 500Hz 이하의 주파수를 사용한다.

㉢ 시각장치와 청각장치의 사용 특성 비교

시각장치가 이로운 경우	청각장치가 이로운 경우
• 전달 정보가 복잡하고 길 때 • 전달 정보가 후에 재참조 되는 경우 • 전달 정보가 공간적인 위치를 다룰 때 • 전달 정보가 즉각적인 행동을 요구하지 않을 때 • 수신자의 청각 계통이 과부하 상태일 때 • 수신장소가 시끄러울 때 • 직무상 수신자가 한 곳에 머무르는 경우	• 전달 정보가 간단하고 짧을 때 • 전달 정보가 후에 재참조 되지 않는 경우 • 전달 정보가 시간적인 사건을 다룰 때 • 전달 정보가 즉각적인 행동을 요구할 때 • 수신자의 시각 계통이 과부하 상태인 경우 • 수신장소가 너무 밝거나 어두운 경우 • 직무상 수신자가 자주 움직이는 경우

④ 촉각적 표시장치

㉠ 피부감각 : 피부에는 압력 수용, 고통, 온도 변화에 반응하는 감각 계통이 있으며, 신경 말단 사이의 복잡한 상호작용을 통하여 만짐, 접촉, 간지럼, 누름 등을 느낀다.

㉡ 촉각적 표시장치 : 기계적 진동이나 전기적 자극을 이용한다.

㉢ 햅틱(haptic)

ⓐ 사람의 피부가 물체에 닿아서 느끼는 촉감과 관절과 근육이 움직일 때 느껴지는 근감각적인 힘의 두 가지를 모두 합쳐서 부르는 말이다.

ⓑ 사용자에게 힘, 진동, 모션을 적용함으로써 터치의 느낌을 구현하는 기술이다.

⑤ 후각적 표시장치

㉠ 반복적 노출에 따라 민감성이 가장 쉽게 떨어지는 표시장치로, 긴급용 정보전달수단으로 사용하기도 한다.

예 천연가스에 냄새나는 물질을 첨가하여 가스가 누출되는 것을 감지
지하 갱도에 있는 광부들에게 긴급대피 상황이 발생하는 경우 악취를 환기구로 주입

㉡ 단점 : 냄새의 확산을 통제하기 힘들고, 자극물질과 개인마다 민감도가 다르다.

⑥ 암호화(코딩)의 종류

㉠ 색 암호화 : 서로 관련된 조종장치와 표시장치를 색 암호화할 때는 같은 색을 사용한다.

예 비상용 조종장치 : 적색

㉡ 형상 암호화 : 조종장치는 시각뿐만 아니라 촉각으로도 구분 가능해야 한다.

예 촉감으로 조종장치의 손잡이나 핸들을 식별

㉢ 크기 암호화 : 조종장치를 촉감으로 구별하지 못할 때는 조종장치의 크기를 두 종류 혹은 많아야 세 종류만 사용하되, 조종장치를 절대적 크기에 의해서만 식별할 때는 크기를 세 종류 이상 사용하는 것을 금지한다. 다른 기기에서 같은 작용을 하는 조종장치는 같은 크기로 설계한다. 크기 암호화 시 혼동하지 않도록 충분히 차이를 주는 것이 중요하다.

㉣ 촉감 암호화 : 조종장치의 표면의 촉감을 달리하여 식별할 수 있다.

예 매끄러운 면, 세로 홈, 깔쭉면

㉤ 위치 암호화 : 유사한 기능을 가진 조종장치는 모든 패널에서 상대적으로 같은 위치에 있어야 한다. 조종장치가 사용자의 정면에 있을 때 위치를 좀 더 정확하게 구별할 수 있다.

㉥ 작동 방법에 의한 암호화 : 하나는 밀고 당기는 종류, 하나는 회전식으로 함으로써 작동방법에 의해 조종장치를 암호화한다.

(6) 작업환경 설계 및 개선

① 인체 특성을 고려한 설계방법

㉠ 설비·기구의 설계 시 인체 특성을 반영한다.

㉡ 설계 적용 순서 : 조절식 설계 → 극단치 설계 → 평균치 설계

ⓐ 조절식 설계

- 물건이나 설비의 치수를 그것을 사용하는 개인의 신체 치수에 맞게 조절 가능하도록 설계한다.
- 제품·작업장 설계 시 인간공학적 설계로 가장 이상적인 방법이다.
- 생산 비용이 증가하고 고정식에 비해 제품의 견고성이 떨어진다는 단점이 있다.
- 조절범위 : 5~95%tile(퍼센타일) 값의 90% 범위를 수용 대상으로 한다.

  예 자동차 좌석의 전후 조절, 사무실 의자의 상하 조절 등

ⓑ 극단치 설계

- 최대치 설계 혹은 최소치 설계로 나뉜다.
- 어떤 인체 측정 특성의 한 극단에 속하는 사람을 대상으로 설계했을 때 거의 모든 사람을 수용할 수 있는 경우에 극단치 설계기법을 사용한다.
- 남녀가 공용으로 사용하는 경우에는 여성의 5%tile에서 남성의 95%tile를 사용하는 것이 일반적이다.
- 최대치 설계 : 통상 대상집단에 대한 관련 인체측정변수의 상위 백분위수를 기준으로 하여 90%tile, 95%tile, 99%tile 값을 사용한다.

  예 비상구, 점검구, 통로, 여유공간, 줄사다리의 강도 등
- 최소치 설계 : 관련 인체측정 변수 분포의 1%tile, 5%tile, 10%tile 등과 같은 하위 백분위수를 기준으로 산정한다.

  예 선반의 높이, 조종장치까지의 거리, 작업역 등

• 극단치 구하는 방법(정규분포를 따를 경우)

1%tile	평균 – (2.326 × 표준편차)
5%tile	평균 – (1.645 × 표준편차)
95%tile	평균 + (1.645 × 표준편차)
99%tile	평균 + (2.326 × 표준편차)

ⓒ 평균치 설계

• 인체측정학 관점에서 모든 면에서 보통인 사람이란 있을 수 없으나, 조절식, 극단치 설계가 부적절한 경우에 평균치 설계를 적용한다.

• 머무는 시간이 짧은 곳에 적용한다.

예 공공장소의 의자, 화장실 변기, 은행의 접수대 높이 등

② 인지특성을 고려한 설계방법

㉠ 도구, 기기, 설비 사용 중 발생하는 여러 실수를 줄이기 위해서 기기 또는 설비 등의 설계 시 인간의 인지적 특성을 고려하여 사용자 중심의 설계를 해야 한다.

㉡ 인지 특성을 고려한 설계 원리

ⓐ 좋은 개념 모형의 제공 : 사용자와 설계자의 모형이 일치되어야 실수가 적어진다.

ⓑ 양립성 : 조작, 작동, 지각 등 관계가 인간이 기대하는 바와 일치한다.

• 개념양립성 : 사람들이 가지고 있는 개념적 연상의 양립성(코드나 심벌)

예 • 냉수는 파란색, 온수는 빨간색
• 지도에서 비행기 모형은 비행장을 의미

• 운동양립성 : 표시장치와 조종장치, 그리고 체계 반응의 운동 방향 간의 관련을 나타내는 것

예 • 자동차 핸들을 오른쪽으로 움직이면, 자동차가 우회전 한다.
• 라디오의 음량을 줄일 때 조절장치를 반시계 방향으로 회전한다.
• 조종기를 조작하거나 화면(display) 상의 정보가 움직일 때 반응 결과도 조작대로 나타난다.

• 공간양립성 : 표시장치나 조종장치에서 물리적 형태나 공간적인 배치의 양립성

예 가스 버너에서 오른쪽 조리대는 오른쪽 조절장치로, 왼쪽 조리대는 왼쪽 조절장치로 조정하도록 배치

ⓒ 제약과 행동 유도성 : 제품을 다루는 법에 대한 단서를 제공하여 사용방법을 유인한다.

• 물리적 제약 : 가능한 조작을 제한하는 것으로, 한정된 수의 행동만 할 수 있다.

예 • 열쇠 구멍이 수직이면 열쇠를 수직 방향으로만 밀어넣을 수 있다.
• 전기 콘센트 삽입구, USB 투입구는 다르게 생겼고, 알맞은 코드만 꼽을 수 있다.

• 의미적 제약 : 주어진 상황의 의미에 따라서 가능한 행위를 통제한다.

예 자동차의 중앙선은 운전자가 넘지 않고 운전하도록 한다.

• 문화적 제약 : 공유하는 문화적 관습에 의존한다.

예 자동차의 통행 방향은 나라에 따라 좌측, 우측통행으로 나뉜다.

• 논리적 제약 : 자연스러운 대응에 의존한다.

예 부품을 분해하고 재조립할 때, 부품이 남아 있다면 어디에선가 잘못된 것을 논리적으로 알 수 있다.

ⓓ 가시성 : 작동상태, 작동방법 등을 쉽게 파악할 수 있도록 중요 기능을 노출한다.

예 건전지 사용량 표시, 야간의 자동차 창문조절장치 표시불

ⓔ 피드백 제공 : 작동 결과의 정보를 알려준다.

• 시각적 피드백 : 경고등, 점멸, 문자 등

• 촉각적 피드백 : 버튼을 누르면 눌러지는 느낌의 촉감의 피드백을 제공

• 후각적 피드백 : 가스누출 여부를 알려줄 수 있도록 냄새나는 물질을 첨가하여 누출 시 냄새를 통해 피드백을 제공

ⓕ 단순화 : 가급적 제품의 사용방법을 단순하게 제공하고, 무관한 항목을 5개 이상 한번에 기억하도록 요구해서는 안된다.

ⓖ 오류 방지를 위한 강제적 기능 : 에러 방지를 위해 강제적으로 사용순서를 제한하는 기능을 한다.

• 인터록(interlock, 맞잠금) : 안전을 확보하기 위하여 모든 조건이 만족할 경우에만 작동되도록 설계한다.

예 • 전자레인지 도어가 열리면 기능을 멈춘다.
• 소화기 및 수류탄의 안전핀을 뽑아야 기능을 할 수 있게 한다.

• 록인(lock-in, 내부잠금) : 작동하던 제품의 작동을 계속 유지하여 작동의 정지로 인한 피해를 막기 위한 기능으로, 시스템 내부에서 접근을 방지하는 장치이다.

예 문서 작업 종료 버튼을 누를 경우 '저장' 여부를 확인하는 기능

• 록아웃(lock-out, 바깥잠금) : 위험한 상태로 들어가거나 사건이 일어나는 것을 방지하기 위하여 들어가는 것을 제한 또는 방지하는 기능으로, 기계조작 장치를 외부에서 잠그는 것이다.

예 대형건물 에스컬레이터 설계 시 1층까지 내려오는 경로는 같은 형태로 배치하다가 지하로 내려가는 것은 다른 쪽으로 돌아가서 내려가도록 설치하여, 화재나 위급상황 시 1층까지 내려온 후 더 이상 지하로 들어가지 않도록 진행을 막아준다.

③ 안전 설계 원리

㉠ 풀 프루프(fool proof) : 사용자가 조작 실수를 하더라도 사용자에게 피해를 주지 않도록 설계

예 • 프레스의 광전자식 방호장치
• HDMI 코드(극성이 다르게 삽입되는 것을 방지하기 위하여 플러그의 모양을 극성이 올바른 경우에만 삽입될 수 있도록 설계)

㉡ 페일 세이프(fail safe) : 고장이나 오류가 발생하는 경우(fail)에도 안전한 상태(safe)를 유지하는 방식

ⓐ fail passive : 일반적인 산업기계 방식의 구조로, 부품 고장 시 기계장치는 정지함

ⓑ fail active : 부품이 고장나면 기계는 경보를 울리는 가운데 짧은 시간 동안의 운전이 가능함

ⓒ fail operational : 병렬 또는 대기 여분계의 부품을 구성한 경우이며, 부품의 고장이 있어도 다음 정기점검까지 운전이 가능한 구조로 운전상 제일 선호하는 방법

예 비행기 엔진을 2개 이상 장착하여 1개 엔진이 고장 나더라도 다른 엔진을 이용하여 당분간 운항한 뒤 착륙할 수 있도록 하는 병렬체계 방식을 선정

㉢ 탬퍼 프루프(tamper proof) : 안전장치를 제거하면 작동이 안 되는 예방 설계

예 프레스의 안전장치를 고의로 제거하는 경우 프레스가 아예 작동하지 않도록 설계

④ 인간공학적 작업환경 개선

㉠ 작업공간 영역

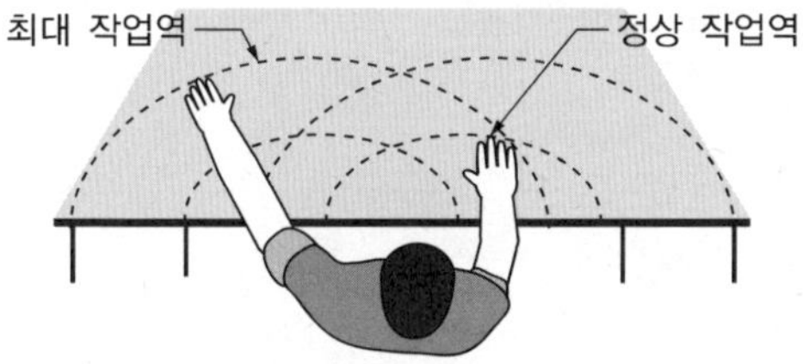

작업공간포락면	사람이 작업을 하는 데 사용하는 공간
정상작업역 (최소작업역)	• 상완을 자연스럽게 몸에 붙인 채로 전완을 움직일 때 도달하는 영역 • 주요 부품 · 도구들 위치
최대작업역	• 어깨에서부터 팔을 뻗쳐 도달하는 최대 영역 • 모든 부품 · 도구들 위치

㉡ 공간 배치 원리

ⓐ 중요도의 원리 : 시스템의 목적을 달성하는 데 상대적으로 더 중요한 요소들은 사용하기 편리한 지점에 위치

ⓑ 사용빈도의 원리 : 빈번히 사용되는 요소들은 가장 사용하기 편리한 곳에 배치

ⓒ 사용순서의 원리 : 연속해서 사용하여야 하는 구성 요소들은 서로 옆에 놓고, 조작의 순서를 반영하여 배열

ⓓ 기능적 집단화 원리 : 밀접하게 관련된 기능을 갖는 요소들은 서로 가까운 곳에 배치

㉢ 작업 자세

ⓐ 앉아서 작업 : 팔을 좀 더 정확하게 움직일 수 있고, 신체 안정감이 증가하여 정밀한 작업을 할 때는 앉은 자세가 바람직하다.

ⓑ 장시간 앉아서 작업 : 허리에 무리를 줄 수 있으므로 작업자의 신체 치수에 따라 높이를 조절할 수 있는 의자와 발판이 제공되어야 하며, 발이나 무릎이 움직일 수 있는 여유 공간을 제공해야 한다.

ⓒ 장시간 서서 작업 : 입식용 의자, 바닥매트, 쿠션이 좋은 신발을 통해 작업자의 피로를 감소시킨다.

㉣ 작업대

ⓐ 작업대나 의자는 가능하면 조절식으로 제공하여 다양한 신체 크기를 갖는 작업자들이 맞도록 한다.

ⓑ 작업대의 높이는 팔꿈치가 편안한게 놓일 수 있는 높이 기준으로 설계한다.

ⓒ 정밀한 동작이 요구되는 작업은 팔꿈치 기준보다 높게 설계하여 허리를 앞으로 굽히지 않고도 작업면을 볼 수 있도록 한다.

ⓓ 큰 힘을 주거나 중량물을 취급하는 작업은 중량물의 높이를 감안하여 팔꿈치 기준보다 낮게 설계한다.

㉤ 책상과 의자의 설계

ⓐ 설계에 필요한 인체 치수를 결정한다.

ⓑ 설비를 사용할 집단을 정의한다.

ⓒ 적용할 인체자료 응용 원리(조절식, 극단적, 평균치 설계)를 결정한다.

ⓓ 적절한 인체 측정 자료를 선택한다.

ⓔ 특수 복장 착용에 대한 적절한 여유를 고려한다.

ⓕ 설계할 치수를 결정한다.

ⓖ 모형을 제작하여 모의실험을 한다.

2 휴먼에러 예방 · 관리

(1) 개요

① **정의** : 인간은 심리적 · 신체적 · 정신적으로 불완전한 존재이며, 이러한 한계로 인해 일상생활에서나 산업현장 등에서 많은 에러(error)를 범하는 데 이를 휴먼에러라고 한다.

② **결과** : 작은 불편부터 산업현장에서의 인명피해 및 재산 손실을 가져와 대형 사고의 원인이 되기도 한다.

(2) 휴먼에러의 분류

① **행동 차원에서의 휴먼에러 분류(Swain)**

㉠ 생략오류(omission error) : 수행해야 할 작업을 빠트리는 에러

예 가스밸브를 잠그는 것을 잊어서 사고가 난 경우

㉡ 작위적 오류(commission error)

ⓐ 수행해야 할 작업을 부정확하게 수행하는 에러

ⓑ 다른 것으로 착각하여 실행한 에러

예 주차금지 구역에 주차하여 스티커를 발부받은 경우

㉢ 시간지연 오류(time error) : 수행해야 할 작업을 정해진 시간동안 완수하지 못하는 에러

예 프레스 작업 중 금형 내에 손이 오랫동안 남아 있어 발생한 재해

㉣ 순서 오류(sequential error) : 수행해야 하는 작업의 순서를 틀리게 수행하는 에러, 순서 에러

예 자동차 출발 시 사이드 브레이크를 내리지 않고 엑셀을 밟는 경우

㉤ 부적절한 수행 오류(extraneous error) : 작업 완수에 불필요한 작업(과잉행동)을 수행하는 에러, 불필요한 수행에러

예 자동차 운전 중 손을 창문 밖으로 내놓다가 다친 경우

② 원인 차원에서의 휴먼에러 분류(rasmussen)

휴먼에러 분류			내용
비의도적 행동	기술기반 에러 (skill-based error)	실수(slips)	부주의에 의한 실수나 주의력이 부족한 상태에서 발생하는 에러 예 "단순 실수였어요." 예 자동차에서 내릴 때 창문을 열어놓고 내림
		건망증(lapse)	단기기억의 한계로 인해 기억하지 못해서 해야 할 일을 못해 발생하는 에러 예 "깜빡했어요." 예 전화 통화 중에 상대의 번호를 기억했으나 전화를 끊고 펜을 찾는 도중 번호를 잊어버림
의도적 행동	착오 (mistake)	규칙기반착오 (rule-based mistake)	처음부터 잘못된 규칙을 기억하고 있거나, 정확한 규칙이라 해도 상황에 맞지 않게 잘못 적용하는 경우의 에러 예 "앗! 그게 아니었어요." 예 일본에서 우측 운행하다 사고(일본은 좌측 운행)
		지식기반착오 (knowledge-based mistake)	추론 혹은 유추 과정에서 실패해 오답을 찾는 경우의 에러 예 "정말 몰랐어요." 예 외국에서 자동차 운전 시 그 나라의 교통 표지판 문자를 몰라서 규칙을 위반하는 경우
	위반 (violation)		작업 수행 과정에 대한 올바른 지식을 가지고 있고, 이에 맞는 행동을 할 수 있음에도 일부러 바람직하지 않은 의도를 가지고 발생시키는 에러 예 "다들 그렇게 해요." 예 정상인임에도 고의로 장애인 주차구역에 주차

(3) 휴먼에러 예방기법

① **설계방법** : 도구, 기기, 설비 사용 중 발생하는 여러 실수(휴먼에러)를 줄이기 위해서 기기 또는 설비 등의 설계 시 인간의 인지적 특성을 고려하여 사용자 중심의 설계를 해야 한다.

※ 541 page 참고

② **휴먼에러 예방을 위한 잠금장치의 종류** : 록아웃, 록인, 인터록

Chapter 03

안전보호구 및 연구환경 관리

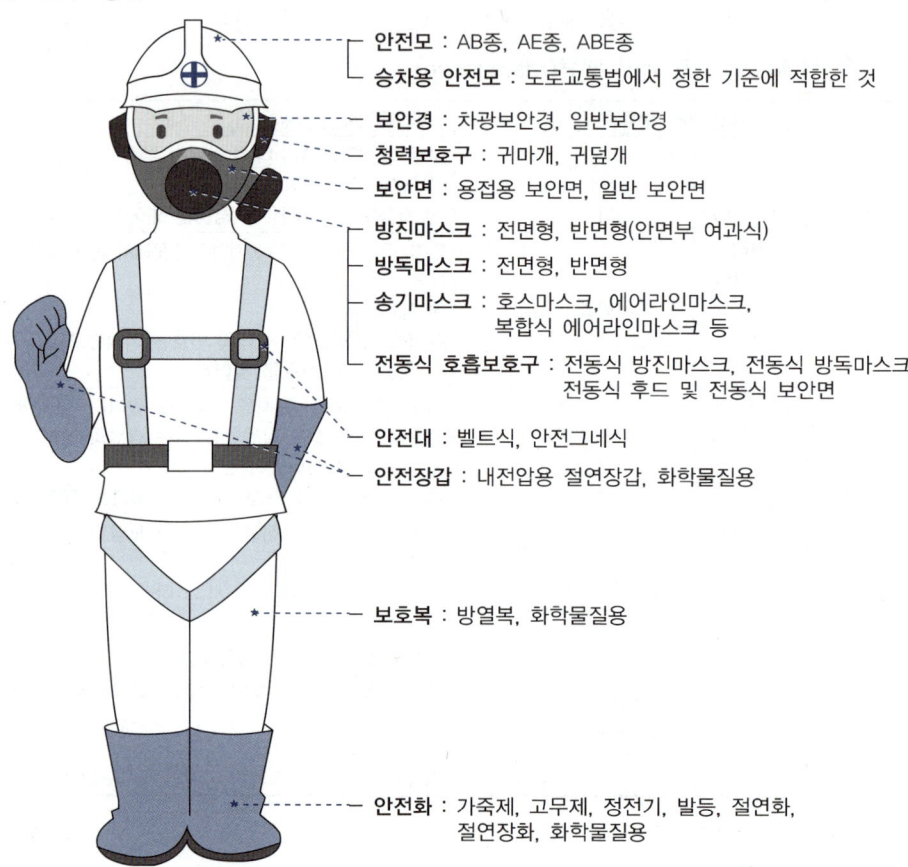

1 안전보호구

(1) 개요

① 개인보호구 종류

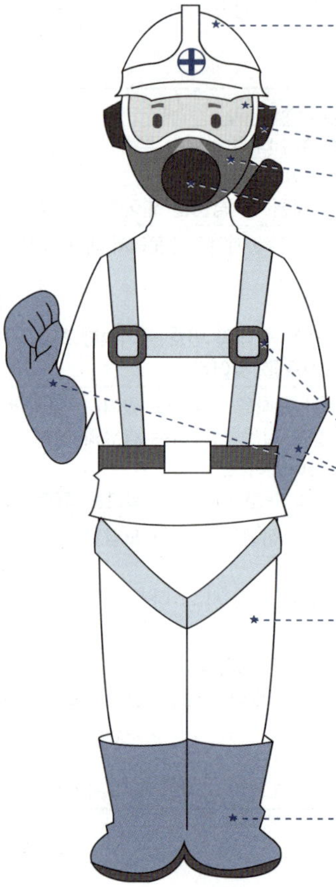

② 용도 · 한계

㉠ 개인보호구는 유해 · 위험인자로 인한 충격 · 충돌에 따른 부상 · 사망을 막고, 이들의 침입에 따른 질환, 질병, 불편, 불쾌감 등을 방지하는 수단이다. 유해물질을 완전히 줄이거나 제거하지 못하는 경우에 착용하여 유해물질이 인체에 침입하지 못하게 하는 수단이다.

㉡ 보호구는 공학적인 대책이나 행정적인 대책 등 다른 대책을 실행하기 불가능한 경우나 실행하기 전에 사용되며 어떤 경우에는 병행해서 사용할 수 있다(보호구는 유해 · 위험인자를 근본적으로 제거하려는 노력을 계속하면서 착용하는 보조수단).

㉢ 보호구에 결함이 있으면 해를 입을 수 있으므로 보호구 사용자나 관리자는 보호구의 성능과 관리방법, 착용방법 등에 대한 충분한 지식을 갖고 사용해야 한다.

㉣ 보호구는 아무리 성능이 좋아도 유해·위험인자를 완전히 제거하지 못하는 한계점이 있으므로 보호구만 사용하면 유해·위험인자로부터 완전히 보호된다고 믿어서는 안 된다.

㉤ 연구활동에 따라 필요한 개인보호구를 선택하여 착용해야 하며, 실험복과 장갑은 반드시 착용해야 한다.

(2) 보호구의 종류

① 안전모

종류(기호)	사용 구분	비고
AB	물체의 낙하 또는 비래 및 추락에 의한 위험을 방지 또는 경감시키기 위한 것	
AE	물체의 낙하 또는 비래에 의한 위험을 방지 또는 경감하고, 머리부위 감전에 의한 위험을 방지하기 위한 것	내전압성
ABE	물체의 낙하 또는 비래 및 추락에 의한 위험을 방지 또는 경감하고, 머리부위 감전에 의한 위험을 방지하기 위한 것	내전압성

※ 내전압성 : 7,000V 이하의 전압에 견디는 것

② 안면보호구

㉠ 보안경(sfety glasses)

ⓐ 차광보안경(안전인증대상 보안경)

종류	사용장소
자외선용	자외선이 발생하는 장소
적외선용	적외선이 발생하는 장소
복합용	자외선 및 적외선이 발생하는 장소
용접용	산소용접작업 등과 같이 자외선, 적외선, 강렬한 가시광선이 발생하는 장소
※ 차광보안경의 성능 : 차광번호 숫자가 클수록 차광능력이 좋다.	

ⓑ 일반 보안경

종류	사용장소
유리 보안경	비산물로부터 눈을 보호하기 위한 것으로 렌즈의 재질이 유리인 것
플라스틱 보안경	비산물로부터 눈을 보호하기 위한 것으로 렌즈의 재질이 플라스틱인 것
도수렌즈 보안경	비산물로부터 눈을 보호하기 위한 것으로 도수가 있는 것

㉡ 고글(goggle)

ⓐ 유해성이 높은 분진이나 액체로부터 눈을 보호하기 위해 사용한다.

ⓑ 유해물질의 성상에 따라 통풍구가 없거나, 기체만 통과 가능한 통풍구가 있거나 액체까지 통과하는 통풍구가 있는 고글 중에서 선택한다.

ⓒ 유해성이 높은 분진·분말, 가스 등으로부터 눈을 보호하기 위해서는 조절 가능한 머리끈이 있고 고무 처리가 되어 안면에 밀착력이 높은 고글을 착용해야 한다.

ⓓ 안경 위에 착용 가능하며 내화학성을 지녀야 한다.

㉢ 보안면(face shield)

ⓐ 안면 전체를 보호하기 위해 사용해야 하는 상황에 착용한다.

ⓑ 생물 실험용 보안면은 일회용으로 사용하고 작업 후 폐기한다.

ⓒ 탈의 시 오염되지 않은 부분을 장갑 끼지 않은 손으로 잡고 그대로 앞으로 빼야 한다.

예 • 다량의 위험한 유해성 물질이나 기타 파편이 튐으로 인한 위해가 발생할 우려가 있을 때
- 고압멸균기에서 가열된 액체를 꺼낼 때
- 액체질소를 취급할 때
- 반응성이 매우 크거나 고농도의 부식성 화학물질을 다룰 때
- 진공 및 가압을 이용하는 유리 기구를 다룰 때

③ 청력보호구

㉠ 착용장소 : 소음이 85dB을 초과하는 장소

㉡ 종류

ⓐ 귀마개 : 외이도에 삽입 또는 반삽입함으로서 차음 효과를 나타내는 귀마개이다.
- EP-1(1종 귀마개) : 저음부터 고음까지 차음하는 것이다.
- EP-2(2종 귀마개) : 주로 고음을 차음하고 저음(회화음 영역)은 차음하지 않는 것으로, 큰 소음이 발생하는 기계 또는 환경에 노출된 연구활동종사자에게 주로 지급한다.

ⓑ 귀덮개(EM) : 양쪽 귀 전체를 완전히 감싸는 형태의 덮개형 보호구로, 귀에 질병이 있어 귀마개를 착용할 수 없는 경우 또는 일관된 차음효과를 필요로 할 때 착용한다.

④ 호흡용 보호구

㉠ 기능별 분류

분류	공기정화식		공기공급식	
종류	비전동식	전동식	송기식	자급식
안면부 등의 형태	전면형, 반면형, 1/4형	전면형, 반면형	전면형, 반면형, 페이스실드, 후드	전면형
보호구	방진마스크, 방독마스크, 방진·방독 겸용마스크	전동팬 부착 방진마스크, 방독마스크, 방진·방독 겸용마스크	송기마스크, 호스마스크	공기호흡기(개방식), 산소호흡기(폐쇄식)

ⓐ 공기정화식 : 오염공기를 여과재 또는 정화통을 통과시켜 오염물질을 제거하는 방식
- 비전동식 : 별도의 송풍장치 없이 오염공기가 여과재·정화통을 통과한 뒤 정화된 공기가 안면부로 가도록 고안된 형태
- 전동식 : 송풍장치를 사용하여 오염공기가 여과재·정화통을 통과한 뒤 정화된 공기가 안면부로 가도록 고안된 형태

ⓑ 공기공급식 : 보호구 안면부에 연결된 관을 통하여 신선한 공기를 공급하는 방식

• 송기식 : 공기호스 등으로 호흡용 공기를 공급할 수 있도록 설계된 형태

• 자급식 : 사용자의 몸에 지닌 압력공기실린더, 압력산소실린더 또는 산소발생장치가 작동하여 호흡용 공기가 공급되도록 한 형태

㉡ 사용장소별 분류

ⓐ 방진마스크

• 착용장소

- 분진, 미스트, 흄 등의 입자상 오염물질이 발생하는 연구실에서 착용한다.
- 산소결핍장소(산소농도가 18% 이하인 장소)에서는 절대 착용해서는 안 된다.
- 가스나 증기 상태의 유해물질이 존재하는 곳에서는 절대 착용해서는 안 된다.
- 배기밸브가 없는 안면부여과식 마스크는 특급 및 1급 장소에서 착용해서는 안 된다.

• 등급

등급	사용장소
특급	• 베릴륨(Be) 등과 같이 독성이 강한 물질들을 함유한 분진 등 발생장소 • 석면 취급장소
1급	• 특급마스크 착용장소를 제외한 분진 등 발생장소 • 금속 흄 등과 같이 열적으로 생기는 분진 등 발생장소 • 기계적으로 생기는 분진 등 발생장소(규소 등은 제외)
2급	특급 및 1급 마스크 착용장소를 제외한 분진 등 발생장소

ⓑ 방독마스크

• 착용장소

- 가스 및 증기의 오염물질이 발생하는 연구실에서 착용한다.
- 황산, 염산, 질산 등의 산성 물질이 발생하는 연구실, 각종 복합 유기용제 등이 존재하는 연구실 및 고온에 의해서 증기가 발생하는 연구실 등에서 착용한다.
- 산소결핍장소(산소농도가 18% 이하인 장소)에서는 절대 착용해서는 안 된다.
- 고농도 연구실이나 밀폐공간 등에서는 절대 사용해서는 안 된다.

• 방독마스크(필터)의 종류

종류	표시색
유기화합물용	갈색
할로겐용	회색
황화수소용	
시안화수소용	
아황산용	노란색
암모니아용	녹색
복합용	해당 가스 모두 표시
겸용	백색과 해당 가스 모두 표시

• 주의사항

– 정화통의 종류에 따라 사용한도시간(파과시간)이 있으므로 마스크 사용 시간을 기록한다.

– 마스크 착용 중 가스 냄새가 나거나 숨쉬기가 답답하다고 느낄 때는 즉시 사용을 중지하고 새로운 정화통으로 교환해야 한다.

– 정화통은 사용자가 쉽게 이용할 수 있는 곳에 보관한다.

ⓒ 호흡보호구 성능·관리

• 재료

– 안면에 밀착하는 부분은 피부에 장해를 주지 않아야 한다.

– 여과재는 여과성능이 우수하고 인체에 장해를 주지 않아야 한다.

– 마스크에 사용하는 금속부품은 내식성을 갖거나 부식방지를 위한 조치가 되어 있어야 한다.

– 충격을 받을 수 있는 부품은 마찰 스파크를 발생하여 가스혼합물을 점화시킬 수 있는 알루미늄, 마그네슘, 티타늄 또는 이의 합금을 사용하지 않아야 한다.

• 구조

– 착용 시 안면부가 안면에 밀착되어 공기가 새지 않도록 한다.

– 흡기밸브는 미약한 호흡에 확실하고 예민하게 작동하도록 한다.

– 배기밸브는 방진마스크 내·외부의 압력이 같을 때 항상 닫혀 있도록 한다. 또한 덮개 등으로 보호하여 외부의 힘에 의하여 손상되지 않도록 한다.

– 연결관은 신축성이 좋고 여러 모양의 구부러진 상태에도 통기에 지장이 없어야 한다.

– 머리끈은 적당한 길이 및 탄성력을 갖고 길이를 쉽게 조절할 수 있어야 한다.

• 착용·관리

– 사용자의 얼굴에 적합한 마스크를 선정하고, 올바르게 착용하였는지 확인하기 위한 밀착도 검사(fit test)를 실시하고 착용하여야 한다.

– 착용 시 코, 입, 뺨 위로 잘 배치하여 호흡기를 덮도록 하고, 연결 끈은 귀 위와 목덜미로 위치되게 묶고 코 부분의 클립을 눌러 코에 밀착시켜야 한다.

– 필터의 유효기간을 확인하고 정기적인 교체가 필요하다.

– 필터 교체일 또는 교체 예정일을 표기해야 한다(보관함 전면에 유효기간 및 수량 표기).

ⓒ 호흡용 보호구 선정절차

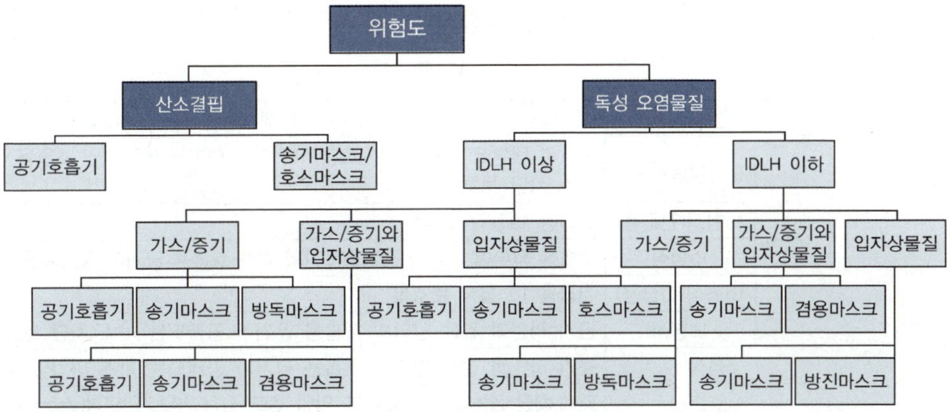

※ IDLH(immediately dangerous to life or health) : 생명 또는 건강에 즉각적인 위험을 초래할 수 있는 농도

⑤ 안전장갑

㉠ 1회용 장갑 : 연구실에서 가장 일반적으로 사용하는 장갑

폴리글로브(poly glove)	• 가벼운 작업에 적합하다. • 물기 있는 작업이나 마찰, 열, 화학물질에 취약하다.
니트릴글로브(nitrile glove)	• 기름 성분에 잘 견딘다. • 높은 온도에 잘 견딘다.
라텍스글로브(latex glove)	탄력성이 제일 좋고 편하다.

㉡ 재사용 장갑

액체질소 글로브(cryogenic glove)	액체질소 자체를 다루거나 액체질소 탱크의 시료를 취급할 때 또는 초저온냉동고 시료를 취급할 때 사용한다.
클로로프렌 혹은 네오프렌글로브(chloroprene, neoprene glove)	화학물질이나 기름, 산, 염기, 세제, 알코올이나 용매를 많이 다루는 화학 관련 산업 분야에서 많이 사용한다.
테플론글로브(teflon glove)	내열 및 방수성 우수하다.
방사선동위원소용 장갑	납이 포함된 장갑과 납이 없는 장갑 등이 있다.
내전압용 절연장갑	• 고압전기를 취급하는 실험을 할 때 사용한다. • 사용전압에 맞는 등급의 장갑을 선택한다. • 00등급(갈색, 500V), 0등급(빨간색, 1,000V), 1등급(흰색, 7,500V), 2등급(노란색, 17,000V), 3등급(녹색, 26,500V), 4등급(등색, 36,000V)

※ 장갑 착용 주의사항 : 실험복을 장갑 목 부분 아래로 넣어 틈이 생기지 않도록 착용한다.

⑥ 보호복

㉠ 일반 실험복

ⓐ 일반적인 실험 시 착용하고 일상복과 분리하여 보관한다.

ⓑ 평상복을 모두 덮을 수 있는 긴소매의 것으로 선택한다.

ⓒ 세탁은 연구기관 내에서 직접 세탁 혹은 위탁 세탁을 해야 한다.

ⓓ 사무실, 화장실 등 일반 구역에는 실험복을 탈의하고 출입한다.

㉡ 화학물질용 보호복

ⓐ 착용장소 : 화학물질 취급 실험실, 동물·특정 생물실험실 등

ⓑ 형식

형식		형식 구분 기준
1형식	1a형식	보호복 내부에 개방형 공기호흡기와 같은 대기와 독립적인 호흡용 공기가 공급되는 가스 차단 보호복
	1a형식(긴급용)	긴급용 1a형식 보호복
	1b형식	보호복 외부에 개방형 공기호흡기와 같은 호흡용 공기가 공급되는 가스 차단 보호복
	1b형식(긴급용)	긴급용 1b 형식 보호복
	1c형식	공기 라인과 같은 양압의 호흡용 공기가 공급되는 가스 차단 보호복
2형식		공기 라인과 같은 양압의 호흡용 공기가 공급되는 가스 비차단 보호복
3형식		액체 차단 성능을 갖는 보호복. 만일 후드, 장갑, 부츠, 안면창(visor) 및 호흡용 보호구가 연결되는 경우에도 액체 차단 성능을 가져야 한다.
4형식		분무 차단 성능을 갖는 보호복. 만일 후드, 장갑, 부츠, 안면창 및 호흡용 보호구가 연결되는 경우에도 분무 차단 성능을 가져야 한다.
5형식		분진 등과 같은 에어로졸에 대한 차단 성능을 갖는 보호복
6형식		미스트에 대한 차단 성능을 갖는 보호복

ⓒ 화학물질 보호성능 표시

㉢ 앞치마

ⓐ 특별한 화학물질, 생물체, 방사성동위원소 또는 액체질소 등을 취급할 때 추가적으로 신체를 보호하거나 방수 등을 하기 위하여 필요시 실험복 위에 착용한다.

ⓑ 차단되어야 하는 물질에 따라 소재와 종류를 구분하여 선택한다.

㉣ 방열복

ⓐ 착용장소 : 화상, 열 피로 등의 방지가 필요한 고열작업장소

ⓑ 종류 : 방열상의, 방열하의, 방열일체복, 방열장갑, 방열두건

⑦ 안전화

㉠ 연구실 안전화

ⓐ 연구실에서는 앞이 막히고 발등이 덮이면서 구멍이 없는 신발을 착용해야 한다.

ⓑ 구멍이 뚫린 신발, 슬리퍼, 샌들, 천으로 된 신발 등은 유해물질이나 날카로운 물체에 노출될 가능성이 많으므로 착용해서는 안 된다.

㉡ 종류

ⓐ 가죽제 안전화 : 물체의 낙하, 충격 또는 날카로운 물체에 의한 찔림 위험으로부터 발을 보호하기 위한 것

ⓑ 고무제 안전화 : 물체의 낙하, 충격 또는 날카로운 물체에 의한 찔림 위험으로부터 발을 보호하고 내수성을 겸한 것
ⓒ 정전기 안전화 : 물체의 낙하, 충격 또는 날카로운 물체에 의한 찔림 위험으로부터 발을 보호하고 정전기의 인체대전을 방지하기 위한 것
ⓓ 발등안전화 : 물체의 낙하, 충격 또는 날카로운 물체에 의한 찔림 위험으로부터 발 및 발등을 보호하기 위한 것
ⓔ 절연화 : 물체의 낙하, 충격 또는 날카로운 물체에 의한 찔림 위험으로부터 발을 보호하고 저압의 전기에 의한 감전을 방지하기 위한 것
ⓕ 절연장화 : 고압에 의한 감전을 방지 및 방수를 겸한 것
ⓖ 화학물질용 안전화 : 물체의 낙하, 충격 또는 날카로운 물체에 의한 찔림 위험으로부터 발을 보호하고 화학물질로부터 유해위험을 방지하기 위한 것

(3) 보호구 선정방법

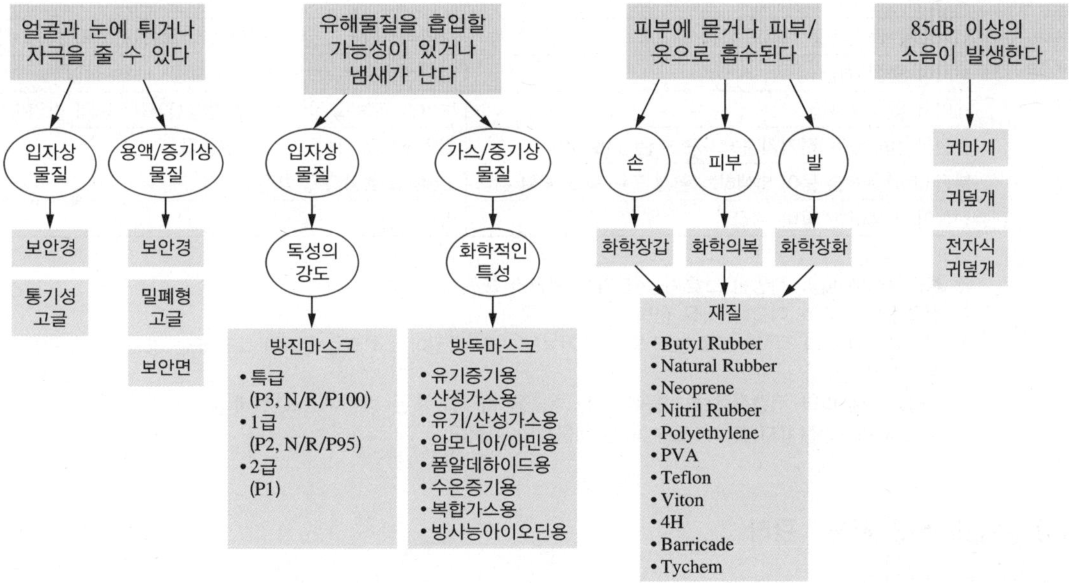

① 화학・가스

연구활동	보호구
다량의 유기용제 및 부식성 액체 및 맹독성 물질 취급	보안경 또는 고글[1)], 내화학성 장갑[2)], 내화학성 앞치마[2)], 호흡보호구[3)]
인화성 유기화합물 및 화재・폭발 가능성 있는 물질 취급	보안경 또는 고글[1)], 보안면, 내화학성 장갑[2)], 방진마스크, 방염복
독성가스 및 발암물질, 생식독성물질 취급	보안경 또는 고글[1)], 내화학성 장갑[2)], 호흡보호구[3)]

② 생물

연구활동	보호구
감염성 또는 잠재적 감염성이 있는 혈액, 세포, 조직 등 취급	보안경 또는 고글[1], 일회용 장갑[2], 수술용 마스크 또는 방진마스크[4]
감염성 또는 잠재적 감염성이 있으며 물릴 우려가 있는 동물 취급	보안경 또는 고글[1], 일회용 장갑[2], 수술용 마스크 또는 방진마스크[4], 잘림방지 장갑, 방진모, 신발덮개
제1위험군[5]에 해당하는 바이러스, 세균 등 감염성 물질 취급	보안경 또는 고글[1], 일회용 장갑[2]
제2위험군[5]에 해당하는 바이러스, 세균 등 감염성 물질 취급	보안경 또는 고글[1], 일회용 장갑[2], 호흡보호구[3]

③ 물리(기계, 방사선, 레이저 등)

연구활동	보호구
고온의 액체, 장비, 화기 취급	보안경 또는 고글[1], 내열장갑
액체질소 등 초저온 액체 취급	보안경 또는 고글[1], 방한 장갑
낙하 또는 전도 가능성 있는 중량물 취급	보호장갑[2], 안전모, 안전화
압력 또는 진공 장치 취급	보안경 또는 고글[1], 보호장갑[2], 안전모, (필요에 따라 보안면 착용)
큰 소음(85dB 이상)이 발생하는 기계 또는 초음파기기 취급 및 환경	귀마개 또는 귀덮개
날카로운 물건 또는 장비 취급	보안경 또는 고글[1], (필요에 따라 잘림방지 장갑 착용)
방사성 물질 취급	방사선보호복, 보안경 또는 고글[1], 보호장갑[2]
레이저 및 UV 취급	보안경 또는 고글[1], 보호장갑[2], (필요에 따라 방염복 착용)
감전위험이 있는 전기기계・기구 또는 전로 취급	절연보호복, 보호장갑[2], 절연화
분진・미스트・흄 등이 발생하는 환경 또는 나노 물질 취급	고글, 보호장갑[2], 방진마스크
진동이 발생하는 장비 취급	방진장갑

비고
1) 취급물질에 따라 적합한 보호기능을 가진 보안경 또는 고글 선택
2) 취급물질에 따라 적합한 재질 선택
3) 취급물질에 따라 적합한 정화능력 및 보호기능을 가진 방진마스크 또는 방독마스크 또는 방진・방독 겸용 마스크 등 선택
4) 취급물질에 따라 적합한 보호기능을 가진 수술용 마스크 또는 방진마스크 선택
5) 「유전자재조합실험지침」 제5조에 따른 생물체의 위험군

(4) 개인보호구 사용・관리

① 착・탈의

㉠ 착용 : 실험복 → 호흡보호구 → 고글 → 장갑

㉡ 탈의 : 장갑 → 고글 → 호흡보호구 → 실험복

② 개인보호구 사용 시 주의사항

㉠ 청결하고 깨끗하게 관리하여 사용자가 착용했을 때 불쾌함이 없어야 한다.

㉡ 다른 사용자들과 공유하지 아니하여야 한다.

㉢ 사용 후 지정된 보관함에 청결하게 배치하여 다른 유해물질에 노출되지 않도록 한다.

㉣ 개인보호구 보관장소는 명확하게 표기되어 있어야 한다.

ⓜ 구체적인 제조사 안내에 따라 개인보호구의 용도를 표기해 놓아야 한다.

ⓑ 용도를 정확하게 표기하는 스티커와 로고가 부착되어야 한다.

③ 관리 · 유지

㉠ 모든 개인보호구는 사용 전 육안점검을 통해 파손 여부를 확인해야 한다.

㉡ 개인보호구가 파손됐을 경우 보호구를 교체하거나 폐기해야 한다.

㉢ 개인보호구는 제조사의 안내에 따라 보관해야 한다.

㉣ 개인보호구는 쉽게 파손되지 않는 자리에 배치해두어야 한다.

㉤ 개인보호구는 연구활동종사자, 방문자들이 쉽게 찾을 수 있는 장소에 배치해야 한다.

④ 점검

개인보호구 종류		점검 시점	주의사항
실험복	내화학 보호복	사용 전, 후의 정기적인 육안점검	• 주기적인 확인 필요 – 제조사의 사용 시간 가이드를 참조해야 함 – 위험한 물질(생물, 농약 포함)에 의한 오염, 손상되거나 변색되었을 경우
	특수기능성 보호복	사용 전, 후의 정기적인 육안점검	• 주기적인 확인 필요 – 제조사의 사용 시간 가이드를 참조해야 함 – 위험한 물질(생물, 농약 포함)에 의한 오염, 물리적 손상(낡거나 찢긴 부분), 열에 의한 손상(탄화, 탄 구멍, 변색, 부서지거나 변형된 부분) • 방화복에 대한 지속적인 평가
눈 및 안면 보호구	보안경, 고글, 보안면	–	• 주기적인 육안검사를 통해 렌즈 부분의 흠집, 깨짐, 거품, 선줄, 물질 자국이 없는지 검토 • 검토 중에는 빛이 잘 보이는 곳에서 진행하면서 검사 중에도 보호구를 착용하고 검토 • 자동 용접 기계를 활용해 렌즈 검토 진행
신발	안전하고 보호 가능한 신발	사용 전, 후의 육안점검	뚫림, 변형 등의 손상이 있으면 즉시 교체
장갑	절연 장갑	사용 전 육안점검	장갑의 입구 부분을 막고 공기를 주입한 뒤 구멍이 있는지 확인하고, 구멍이 발견되면 폐기

2 연구실 설치 · 운영기준

(1) 주요 구조부 설치기준

구분		준수사항	연구실위험도		
			저위험	중위험	고위험
공간분리	설치	연구 · 실험공간과 사무공간 분리	권장	권장	**필수**
벽 및 바닥	설치	기밀성 있는 재질과 구조로 천장, 벽 및 바닥 설치	권장	권장	**필수**
		바닥면 내 안전구획 표시	권장	**필수**	**필수**
출입통로	설치	출입구에 비상대피표지(유도등 또는 출입구 · 비상구 표지) 부착	**필수**	**필수**	**필수**
		사람 및 연구장비 · 기자재 출입이 용이하도록 주 출입통로 적정 폭, 간격 확보	**필수**	**필수**	**필수**
조명	설치	연구활동 및 취급물질에 따른 적정 조도값 이상의 조명장치 설치	권장	**필수**	**필수**

① **공간 분리** : 연구공간과 사무공간은 별도의 통로나 방호벽으로 구분

② **벽 및 바닥**

㉠ 천장 높이 : 2.7m 이상 권장

㉡ 벽 및 바닥 : 기밀성 있고 내구성이 좋으며 청소가 쉬운 재질로 하며 안전구획 표시

③ **출입통로** : 비상대피 표지(유도등, 비상구 등), 적정 폭(90cm 이상) 확보

④ **조명** : 일반연구실은 최소 300lx, 정밀작업 수행 연구실 최소 600lx 이상

(2) 안전설비 · 안전장비 설치 · 운영기준

① 안전설비 설치 · 운영기준

구분		준수사항	연구실위험도		
			저위험	중위험	고위험
환기설비	설치	기계적인 환기설비 설치	권장	권장	**필수**
		국소배기설비 배출공기에 대한 건물 내 재유입 방지 조치	권장	권장	**필수**
	운영	주기적인 환기설비 작동 상태(배기팬 훼손 상태 등) 점검	권장	권장	**필수**
가스설비	설치	조연성 가스와 가연성 가스 분리보관	–	**필수**	**필수**
		가스용기 전도방지장치 설치	–	**필수**	**필수**
		취급 가스에 대한 경계, 식별, 위험표지 부착	–	**필수**	**필수**
		가스누출검지경보장치 설치	–	**필수**	**필수**
	운영	사용 중인 가스용기와 사용 완료된 가스용기 분리보관	–	**필수**	**필수**
		가스배관 내 가스의 종류 및 방향 표시	–	**필수**	**필수**
		주기적인 가스누출검지경보장치 성능 점검	–	**필수**	**필수**
전기설비	설치	분전반 접근 및 개폐를 위한 공간 확보	권장	**필수**	**필수**
		분전반 분기회로에 각 장치에 공급하는 설비목록 표기	권장	**필수**	**필수**
		고전압장비 단독회로 구성	권장	**필수**	**필수**
		전기기기 및 배선 등의 모든 충전부 노출방지 조치	권장	**필수**	**필수**
	운영	콘센트, 전선의 허용전류 이내 사용	**필수**	**필수**	**필수**

구분		준수사항	연구실위험도		
			저위험	중위험	고위험
소방설비	설치	화재감지기 및 경보장치 설치	필수	필수	필수
		취급 물질로 인해 발생할 수 있는 화재유형에 적합한 소화기 비치	필수	필수	필수
		연구실 내부 또는 출입문, 근접 복도 벽 등에 피난안내도 부착	필수	필수	필수
	운영	주기적인 소화기 충전 상태, 손상 여부, 압력저하, 설치불량 등 점검	필수	필수	필수

② 안전장비 설치·운영기준

구분		준수사항	연구실위험도		
			저위험	중위험	고위험
긴급 세척장비	설치	연구실 및 인접 장소에 긴급세척장비(비상샤워장비 및 세안장비) 설치	–	필수	필수
		긴급세척장비 안내표지 부착	–	필수	필수
	운영	주기적인 긴급세척장비 작동기능 점검	–	필수	필수
시약장[1]	설치	강제배기장치 또는 필터 등이 장착된 시약장 설치	–	권장	필수
		충격, 지진 등에 대비한 시약장 전도방지조치	–	필수	필수
	운영	시약장 내 물질 물성이나 특성별로 구분 저장(상호 반응물질과 함께 저장 금지)	–	필수	필수
		시약장 내 모든 물질 명칭, 경고표지 부착	–	필수	필수
		시약장 내 물질의 유통기한 경과 및 변색 여부 확인·점검	–	필수	필수
		시약장별 저장 물질 관리대장 작성·보관	–	권장	필수
국소배기 장비 등[2]	설치	흄후드 등의 국소배기장비 설치	–	필수	필수
		적합한 유형, 성능의 생물안전작업대 설치	–	권장	필수
	운영	흄, 가스, 미스트 등의 유해인자가 발생되거나 병원성 미생물 및 감염성 물질 등 생물학적 위험 가능성이 있는 연구개발 활동은 적정 국소배기장비 안에서 실시	–	필수	필수
		주기적인 흄후드 성능(제어풍속) 점검	–	필수	필수
		흄후드 내 청결 상태 유지	–	필수	필수
		생물안전작업대 내 UV램프 및 헤파필터 점검	–	필수	필수
폐기물 저장장비	설치	「폐기물관리법」에 적합한 폐기물 보관 장비·용기 비치	–	필수	필수
		폐기물 종류별 보관표지 부착	–	필수	필수
	운영	폐액 종류, 성상별 분리 보관	–	필수	필수
		연구실 내 폐기물 보관 최소화 및 주기적인 배출·처리	–	필수	필수

1) 연구실 내 화학물질 등 보관 시 적용
2) 연구실 내 화학물질, 생물체 등 취급 시 적용

③ 그 밖의 연구실 설치·운영기준

구분		준수사항	연구실위험도		
			저위험	중위험	고위험
연구·실험 장비*	설치	취급하는 물질에 내화학성을 지닌 실험대 및 선반 설치	권장	권장	필수
		충격, 지진 등에 대비한 실험대 및 선반 전도방지 조치	권장	필수	필수
		레이저장비 접근 방지장치 설치	–	필수	필수
		규격 레이저 경고표지 부착	–	필수	필수
		고온장비 및 초저온용기 경고표지 부착 장비	–	필수	필수
		불활성 초저온용기의 지하실 및 밀폐된 공간에 보관·사용 금지	–	필수	필수
		불활성 초저온용기 보관장소 내 산소농도측정기 설치	–	필수	필수
	운영	레이저장비 사용 시 보호구 착용	–	필수	필수
		고출력 레이저 연구·실험은 취급·운영 교육·훈련을 받은 자에 한해 실시	–	권장	필수
일반적 연구실 안전수칙	운영	연구실 내 음식물 섭취 및 흡연 금지	필수	필수	필수
		연구실 내 취침 금지(침대 등 취침도구 반입 금지)	필수	필수	필수
		연구실 내 부적절한 복장 착용 금지(반바지, 슬리퍼 등)	권장	필수	필수
화학물질 취급·관리	운영	취급하는 물질에 대한 물질안전보건자료(MSDS) 게시·비치	–	필수	필수
		성상(유해 특성)이 다른 화학물질 혼재보관 금지	–	필수	필수
		화학물질과 식료품 혼용 취급·보관 금지	–	필수	필수
		유해화학물질 주변 열, 스파크, 불꽃 등의 점화원 제거	–	필수	필수
		연구실 외 화학물질 반출 금지	–	필수	필수
		화학물질 운반 시 트레이, 버킷 등에 담아 운반	–	필수	필수
		취급물질별로 적합한 방제약품 및 방제장비, 응급조치 장비 구비	–	필수	필수
기계·기구 취급·관리	설치	기계·기구별 적정 방호장치 설치	–	필수	필수
	운영	선반, 밀링장비 등 협착 위험이 높은 장비 취급 시 적합한 복장 착용(긴 머리는 묶고 헐렁한 옷, 불필요 장신구 등 착용 금지 등)	–	필수	필수
		연구·실험 미실시 시 기계·기구 정지	–	필수	필수
생물체 취급·관리	설치	출입구 잠금장치(카드, 지문인식, 보안시스템 등) 설치	–	권장	필수
		출입문 앞 생물안전표지 부착	–	필수	필수
		고압증기멸균기 설치	–	권장	필수
		에어로졸의 외부 유출 방지기능이 있는 원심분리기 설치	–	권장	필수
	운영	출입대장 비치 및 기록	–	권장	필수
		연구·실험 시 기계식 피펫 사용	–	필수	필수
		연구·실험 폐기물은 생물학적 활성을 제거한 후 처리	–	필수	필수

* 연구실 내 해당 연구·실험장비 사용 시 적용

(3) 안전보건표지

① 제작

㉠ 크기 : 표시 내용을 연구자가 빠르고 쉽게 알아볼 수 있는 크기

㉡ 그림・부호 크기 : 안전보건표지의 크기와 비례하여야 하며, 안전보건표지 전체 규격의 30% 이상이 되어야 한다.

㉢ 재료 : 쉽게 파손되거나 변형되지 아니하는 재료(야간에 필요한 안전보건표지는 야광 물질을 사용하는 등 쉽게 알아볼 수 있도록 제작)

② 부착위치 : 출입문 밖에 부착하여 연구실 내로 들어오는 출입자에게 경고의 의미를 부여하여야 하며, 또한 각종 위험 기구에 별도로 부착해야 한다.

㉠ 출입문에 부착

㉡ 연구실 건물의 현관 또는 연구실이 밀집된 층의 중앙 복도에 공통적인 표지 부착

㉢ 각 연구실 출입문에 필요한 위험표지 부착

㉣ 각 실험장비의 특성에 따라 안전표지 부착

㉤ 각 실험 기구 보관함에 보관 물질 특성에 따라 안전표지 부착

③ 종류

※ Page. 282 참고

환기시설(설비) 설치 · 운영 및 관리

1 환기시설

(1) 전체환기

① 정의

㉠ 희석환기(dilution ventilation)라고도 함

㉡ 자연적 또는 기계적인 방법에 따라 작업장 내의 열, 수증기 및 유해물질을 희석 · 환기시키는 장치 또는 설비

㉢ 유해물질을 오염원에서 완전히 제거하는 것이 아니라 희석하거나 치환시켜 농도를 낮추는 방법

② 종류

㉠ 자연환기

ⓐ 작업장의 창 등을 통하여 작업장 내외의 바람, 온도, 기압 차에 의한 대류작용으로 행해지는 환기로, 설치비 및 유지보수비가 적다.

ⓑ 에너지비용을 최소화할 수 있어서 냉방비 절감효과가 크다.

ⓒ 소음 발생이 적다.

ⓓ 외부 기상조건과 내부 조건에 따라 환기량이 일정하지 않아 제한적이다.

ⓔ 환기량 예측 자료를 구하기 힘들다.

㉡ 강제환기

ⓐ 기계적인 힘을 이용하여 강제적으로 환기하는 방식이다.

ⓑ 기상변화 등과 관계없이 작업환경을 일정하게 유지할 수 있다.

ⓒ 환기량을 기계적으로 결정하므로 정확한 예측이 가능하다.

ⓓ 소음 발생이 크고 설치 및 유지보수비가 많이 소요된다.

③ 적용조건

㉠ 유해물질의 발생량이 적고 독성이 비교적 낮은 경우

㉡ 동일한 작업장에 다수의 오염원이 분산되어 있는 경우

㉢ 소량의 유해물질이 시간에 따라 균일하게 발생할 경우

㉣ 유해물질이 가스나 증기로 폭발 위험이 있는 경우

㉤ 배출원이 이동성인 경우

㉥ 오염원이 작업자가 작업하는 장소로부터 멀리 떨어져 있는 경우

㉦ 국소배기장치로 불가능할 경우

④ 설치 시 유의사항

㉠ 배풍기만을 설치하여 열, 수증기 및 오염물질을 희석·환기하고자 할 때는 희석공기의 원활한 환기를 위하여 배기구를 설치해야 한다.

㉡ 배풍기만을 설치하여 열, 수증기 및 유해물질을 희석·환기하고자 할 때는 발생원 가까운 곳에 배풍기를 설치하고, 근로자의 후위에 적절한 형태·크기의 급기구나 급기시설을 설치하여야 하며, 배풍기 작동 시에는 급기구를 개방하거나 급기시설을 가동하여야 한다.

㉢ 외부 공기의 유입을 위하여 설치하는 배풍기나 급기구에는 외부로부터 열, 수증기 및 유해물질의 유입을 막기 위한 필터나 흡착설비 등을 설치해야 한다.

㉣ 작업장 외부로 배출된 공기가 당해 작업장 또는 인접한 다른 작업장으로 재유입되지 않도록 필요한 조치를 하여야 한다.

⑤ 필요환기량 산정

㉠ 희석을 위한 필요환기량

$$Q=\frac{24.1\times S\times G\times K\times 10^6}{M\times TLV}$$

㉡ 화재·폭발 방지를 위한 필요환기량

$$Q=\frac{24.1\times S\times G\times S_f\times 100}{M\times LEL\times B}$$

㉢ 수증기 제거를 위한 필요환기량

$$Q=\frac{W}{\rho\times \Delta G}$$

㉣ 열배출을 위한 필요환기량

$$Q=\frac{H_s}{\rho\times C_p\times \Delta T}$$

㉤ 단위기호

Q : 필요환기량(m^3/h)
S : 유해물질의 비중
G : 유해물질 시간당 사용량(L/h)
M : 유해물질의 분자량
TLV : 유해물질의 노출기준(ppm)
LEL : 폭발하한계(%)
W : 수증기 부하량(kg/h)
H_s : 작업장 내 발열량(kcal/h)
ΔT : 작업장 내 공기와 외부공기의 온도차(℃)
ρ : 공기의 밀도(1.2kg/m^3)
K : 안전계수(작업장 내 공기혼합 정도)
$K=1$(원활), $K=2$(보통), $K=3$(불완전)
B : 온도상수
$B=1$(121℃ 이하), $B=0.7$(121℃ 초과)
S_f : 공정안전계수
$S_f=4$(연속공정), $S_f=10\sim12$(회분식공정)
ΔG : 작업장 내 공기와 급기의 절대습도 차(kg/kg 건기)
C_p : 공기의 비열(0.24kcal/kg℃)

⑥ ACH(1시간당 공기 교환횟수)

$$ACH = \frac{\text{필요환기량}(m^3/h)}{\text{실험실용적}(m^3)}$$

(2) 국소배기장치

① 정의 : 발생원에서 발생되는 유해물질을 후드, 덕트, 공기정화장치, 배풍기 및 배기구를 설치하여 배출하거나 처리하는 장치

② 적용조건

㉠ 유해물질의 독성이 강하고 발생량이 많은 경우

㉡ 높은 증기압의 유기용제를 취급하는 경우

㉢ 작업자의 작업 위치가 유해물질 발생원에 가까이 근접해 있는 경우

㉣ 발생 주기가 균일하지 않은 경우

㉤ 발생원이 고정된 경우

㉥ 법적 의무설치 사항인 경우

③ 국소배기의 특징

㉠ 발생원에서 직접 유해물질을 제거할 수 있기 때문에 작업자 호흡영역을 보호할 수 있다.

㉡ 발생원에 근접하여 배기시키기 때문에 방해기류나 부적절한 급기 흐름의 영향을 적게 받는다.

㉢ 필요배기량과 실내로 보충되어야 할 급기량이 적어 냉난방 비용면에서 전체환기보다 경제적이다.

㉣ 유해물질이 소량의 공기 중에 고농도로 포함되어 있으므로 공기정화기 설치비가 저렴하다.

㉤ 유해물질이 작업장 내로 배출되지 않으므로 기계·기구, 제품 등이 손상 또는 부식되지 않는다.

④ 강제 환기 적용 시 고려할 점

㉠ 오염물질 사용량을 조사한다(필요환기량 계산 시 사용).

㉡ 송풍기 위치는 발생원에 가깝게 설치한다.

㉢ 배출원과 연구자 위치를 파악하여 송풍기와 급기구를 설치한다.

㉣ 보충공기의 급기 위치 및 급기량을 고려한다.

⑤ 설치순서 : 후드→ 덕트 → 공기정화장치 → 배풍기(송풍기) → 배기구

※ 단, 배풍기의 케이싱이나 임펠러가 유해물질에 의하여 부식, 마모, 폭발 등이 발생하지 않는다고 인정되면 배풍기의 설치위치를 공기정화장치 전단에 둘 수 있다.

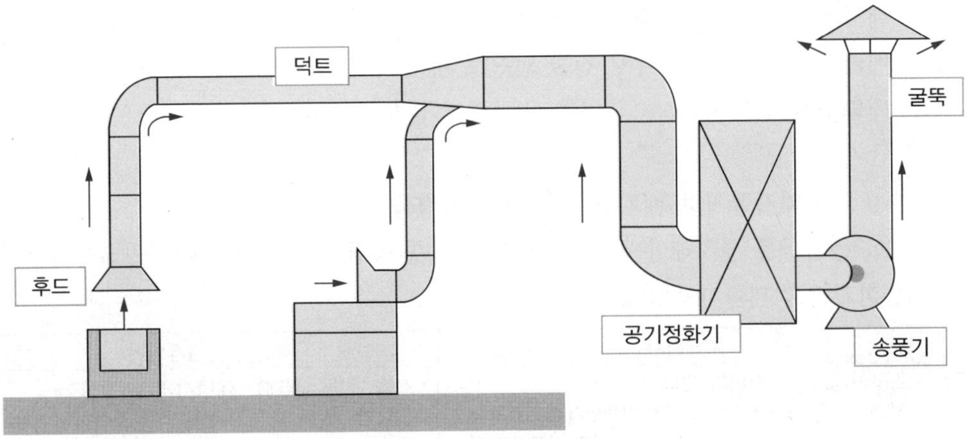

[국소배기장치의 설치 계통도]

⑥ 환기 설계 순서 및 기본원칙

㉠ 발생원 : 오염물질의 성장 및 발원의 위치를 파악한다.

㉡ 후드

ⓐ 후드를 설치하는 장소와 후드의 유형을 결정한다.(가능한 한 오염물질 발생공정을 많이 에워싸는 것이 바람직하다.)

ⓑ 제어속도를 결정한다.

ⓒ 필요송풍량을 계산한다.

㉢ 덕트

ⓐ 덕트 배치·설치하는 장소를 결정한다.

ⓑ 덕트의 크기를 결정한다(직경, 재질의 두께, 형태 등).

ⓒ 덕트 내 압력손실을 줄이기 위해서 플렉시블 덕트 사용을 줄이고 사용 시에는 가능한 한 일직선이 되도록 한다.

ⓓ 반송속도를 계산한다.

㉣ 공기정화장치

ⓐ 공기정화장치나 송풍기를 설치할 장소를 결정한다(보수점검의 편리성과 소음 등의 문제를 생각해서 되도록 후드를 설치할 건물 가까운 지면에 설치하고 싶지만 부지관계로 옥상에 설치해야 할 때도 있다).

ⓑ 유해물질에 적절한 공기정화장치를 선정한다.

ⓒ 후드 정압, 덕트, 공기정화장치 등의 총 압력손실을 계산한다.

㉤ 송풍기 : 총 압력손실과 총 배기량을 통해 송풍기의 풍량, 풍압, 소요동력을 결정하고, 적절한 송풍기를 선정한다.

ⓑ 배기구 : 오염물질 배출구는 가능한 한 오염원으로부터 가까운 곳에 설치하되, 건물 밖으로 배출된 오염 공기가 다시 건물 안으로 유입되지 않도록 배출구 높이를 적절히 설계하고 배출구가 창문이나 문 근처에 위치하지 않도록 한다.

ⓢ 급기구

ⓐ 국소배기장치로 배기한 만큼의 급기량을 결정해야 한다.

ⓑ 급기구를 설치해야 하며, 청정한 공기를 공급하기 위하여 에어필터를 설치해야 한다.

⑦ 자연환기와 강제환기의 비교

자연환기	강제환기
• 소음이 없고, 운전비가 없다. • 적당한 온도 차와 바람이 있다면 기계환기보다 효율적(기상조건, 작업장 내부조건에 따라 환기량의 변화가 심하다) • 환기량 예측자료가 없다. • 벤틸레이터 형태에 따른 효율 평가 자료가 없다.	• 소음, 진동, 막대한 에너지 비용 발생 • 필요환기량을 송풍기 용량으로 조절하여 일정하게 유지

2 국소배기장치 운영 · 안전검사

(1) 후드

① 정의 : 유해물질을 포집, 제거하기 위해 해당 발생원의 가장 근접한 위치에 다양한 형태로 설치하는 구조물로 국소배기장치의 개구부

② 형식 및 종류

포위식(부스식)	• 유해물질을 전부 혹은 부분적으로 포위한다. • 종류 : 포위형, 장갑부착상자형, 드래프트 체임버형, 건축부스형
외부식	• 유해물질을 포위하지 않고 가까운 위치에 설치한다. • 종류 : 슬로트형, 그리드형, 푸시-풀형
레시버식	• 유해물질이 일정 방향 흐름을 가지고 발생할 때 설치한다. • 종류 : 그라인더 커버형, 캐노피형

③ 흄후드(포위식 포위형)

㉠ 구조

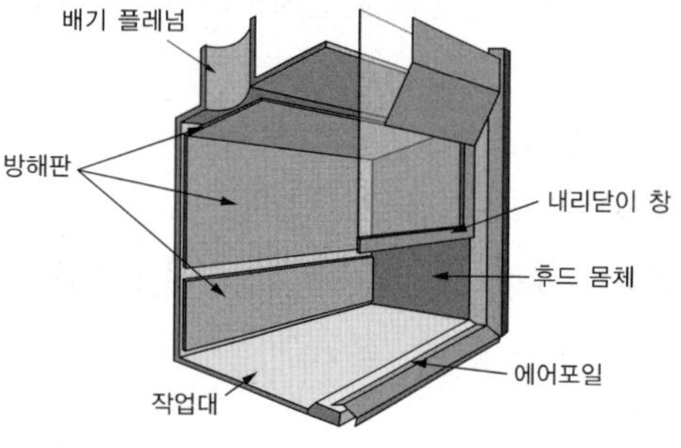

배기 플레넘(exhaust plenum)	• 유입 압력과 공기 흐름을 균일하게 형성 • 후드 바로 뒤쪽에 위치
방해판(baffle)	• 정체 없는 균일한 배기 유로 형성 • 후드 몸체의 후면을 따라 위치
작업대	실험 및 반응공정이 진행되는 곳
내리닫이창(sash)	• 후드 전면의 슬라이딩 도어 • 튐, 스프레이, 화재 등으로부터 인체 보호
에어포일(airfoil)	• 유입기류의 난류화를 억제 • sash 완전 폐쇄 시 후드에 공기 공급 • 후드 하부와 측부 모서리를 따라서 위치

㉡ 설치·운영기준

ⓐ 면속도 확인 게이지가 부착되어 수시로 기능 유지 여부를 확인할 수 있어야 한다.

ⓑ 후드 안의 물건은 입구에서 최소 15cm 이상 떨어져 있어야 한다.

ⓒ 후드 안에 머리를 넣지 말아야 한다.

ⓓ 필요시 추가적인 개인보호장비를 착용한다.

ⓔ 후드 sash는 실험 조작이 가능한 최소 범위만 열려 있어야 한다.

ⓕ 미사용 시 창을 완전히 닫아야 한다.

ⓖ 콘센트나 다른 스파크가 발생할 수 있는 원천은 후드 내에 두지 않아야 한다.

ⓗ 흄후드에서의 스프레이 작업은 금지한다(화재·폭발 위험).

ⓘ 흄후드를 화학물질의 저장 및 폐기 장소로 사용해서는 안 된다.

ⓙ 가스 상태 물질은 0.4m/s 이상, 입자상 물질은 0.7m/s 이상의 최소 면속도(제어풍속)를 유지한다.

④ **제어풍속** : 후드 전면 또는 후드 개구면에서 유해물질이 함유된 공기를 당해 후드로 흡입시킴으로써 그 지점의 유해물질을 제어할 수 있는 공기속도

[관리대상 유해물질 관련 국소배기장치 후드의 제어풍속]

물질의 상태	후드 형식	제어풍속(m/s)
가스상태 (가스, 증기)	포위식 포위형	0.4
	외부식 측방흡인형	0.5
	외부식 하방흡인형	0.5
	외부식 상방흡인형	1.0
입자상태 (흄, 분진, 미스트)	포위식 포위형	0.7
	외부식 측방흡인형	1.0
	외부식 하방흡인형	1.0
	외부식 상방흡인형	1.2

㉠ 제어풍속 측정위치

ⓐ 포위식 후드 : 후드 개구면에서의 풍속

ⓑ 외부식 후드 : 후드 개구면으로부터 가장 먼 거리의 작업위치(유해물질 발생원)에서의 풍속

⑤ 후드 배풍량 계산

포위식 부스형	외부식 장방형	외부식 장방형(플랜지 부착)
$Q = V \times A$	$Q = V(10X^2 + A)$	$Q = 0.75V(10X^2 + A)$
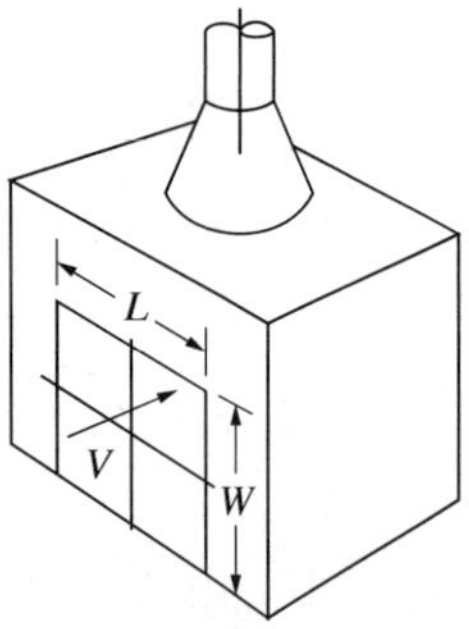	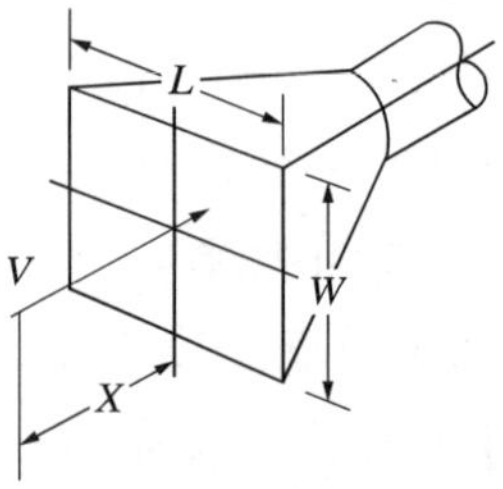	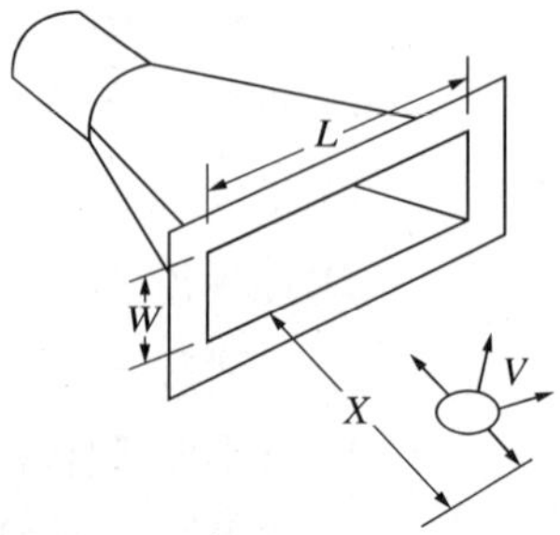

Q(m^3/s) : 후드 배풍량　　　　V(m/s) : 제어속도

A(m^2) : 후드 단면적 = $L \times W$　　　　X(m) : 제어거리(후드 중심선으로부터 발생원까지의 거리)

⑥ 후드 방해기류 영향 억제 부품

㉠ 플랜지

ⓐ 후드의 개구부에 부착하는 판

ⓑ 후드 뒤쪽 공기의 흐름을 차단하여 제어효율을 증가(적은 환기량으로 오염된 공기를 동일하게 제거할 수 있음)

ⓒ 플랜지 부착 시 제어거리가 길어짐

ⓓ 장치 가동 비용 절감

㉡ 플래넘

ⓐ 유입 압력과 공기 흐름을 균일하게 형성

ⓑ 후드 바로 뒤쪽에 위치

⑦ 후드의 재질선정

㉠ 후드는 내마모성 · 내부식성 등의 재료 또는 도포한 재질을 사용한다.

㉡ 변형 등이 발생하지 않는 충분한 강도를 지닌 재질로 한다.

㉢ 후드 입구 측에 강한 기류음이 발생하는 경우 흡음재를 부착한다.

⑧ 후드 설치 시 주의사항

㉠ 후드는 유해물질을 충분히 제어할 수 있는 구조와 크기로 선택해야 한다.

㉡ 후드의 형태와 크기 등 구조는 후드에서 유입 손실이 최소화되도록 해야 한다.

㉢ 후드는 발생원을 가능한 한 포위하는 형태인 포위식 형식의 구조로 설치한다.

㉣ 발생원을 포위할 수 없을 때는 발생원과 가장 가까운 위치에 후드를 설치한다.

㉤ 후드의 흡입 방향은 가급적 비산 · 확산된 유해물질이 작업자의 호흡 영역을 통과하지 않도록 한다.

ⓑ 후드 뒷면에서 주 덕트 접속부까지의 가지 덕트 길이는 가능한 한 가지 덕트 지름의 3배 이상 되도록 해야 한다(가지 덕트가 장방형 덕트인 경우에는 원형 덕트의 상당 지름을 이용).

ⓢ 후드가 설비에 직접 연결된 경우 후드의 성능 평가를 위한 정압 측정구를 후드와 덕트의 접합 부분에서 주 덕트 방향으로 1~3 직경 정도 거리에 설치해야 한다.

⑨ 추가 설치 시 고려사항(기 설치된 국소배기장치에 후드를 추가로 설치)

㉠ 후드의 추가 설치로 인한 국소배기장치의 전반적인 성능을 검토하여 모든 후드에서 제어풍속을 만족할 수 있을 때만 추가 설치한다.

㉡ 성능 검토 : 후드의 제어풍속 및 배기풍량, 덕트의 반송속도 및 압력평형, 압력손실, 배풍기의 동력과 회전속도, 전지정격용량 등

⑩ 신선한 공기 공급

㉠ 국소배기장치를 설치할 때 배기량과 같은 양의 신선한 공기가 작업장 내부로 공급되도록 공기유입구 또는 급기시설을 설치해야 한다.

㉡ 신선한 공기의 공급 방향은 유해물질이 없는 깨끗한 지역에서 유해물질이 발생하는 지역으로 향하도록 하여야 한다.

㉢ 가능한 한 근로자 뒤쪽에 급기구가 설치되어 신선한 공기가 근로자를 거쳐서 후드 방향으로 흐르도록 해야 한다.

㉣ 신선한 공기의 기류속도는 근로자 위치에서 가능한 0.5m/s를 초과하지 않도록 해야 한다.

㉤ 후드 근처에서 후드의 성능에 지장을 초래하는 방해기류를 일으키지 않도록 해야 한다.

⑪ 후드의 안전검사 기준

㉠ 설치

ⓐ 유해물질 발산원마다 후드가 설치되어 있어야 한다.

ⓑ 후드 형태가 해당 작업에 방해를 주지 않고 유해물질을 흡인하기에 적절한 형식, 크기를 갖추어야 한다.

ⓒ 작업자의 호흡 위치가 오염원과 후드 사이에 위치하지 않아야 한다.

ⓓ 후드가 유해물질 발생원 가까이에 위치하여야 한다.

㉡ 표면상태 : 후드 내·외면은 흡기의 기능을 저하시키는 마모, 부식, 흠집, 기타 손상이 없어야 한다.

㉢ 흡입기류 방해 여부

ⓐ 흡입기류를 방해하는 기둥, 벽 등의 구조물이 없어야 한다.

ⓑ 후드 내부 또는 전처리 필터 등의 퇴적물로 인한 제어풍속의 저하 없이 기준치를 만족해야 한다.

㉣ 흡인성능

ⓐ 발연관을 이용하여 흡인기류가 완전히 후드 내부로 흡인되어 후드 밖으로 유출되지 않아야 한다.

ⓑ 레시버식 후드는 유해물질이 후드 밖으로 비산하지 않고 완전히 후드 내로 흡입되어야 한다.

ⓒ 후드의 제어풍속이 산업안전보건기준에 관한 규칙에 따른 제어풍속 이상을 유지해야 한다.

⑫ 후드의 검사방법

㉠ 안전검사 대상 물질을 취급하는 단위작업 공정마다 후드가 설치되어 있는지 검사

㉡ 후드 형태 적절성 검사

ⓐ 유해물질 발생 형태 및 작업 형태를 고려한 후드 형식 및 모양 확인

ⓑ 작업 특성과 유해물질 발생 특성을 고려하여 후드 개구면 크기의 적절 여부 확인

㉢ 후드의 설치 위치의 적절성 검사

ⓐ 작업자가 유해물질 발생원과 후드 사이에서 작업을 수행하는지 여부 확인

ⓑ 유해물질 포착 거리(제어 거리)의 적절 여부 확인

㉣ 후드 표면 상태의 부식·파손 등으로 인한 제어 성능 저하 여부 검사

㉤ 후드 주변 흡인기류의 방해물 존재 여부 또는 필터 막힘 여부 검사

㉥ 후드 개구면 주변에 후드 제어 성능을 저하하는 방해물 존재 여부 확인

㉦ 후드 내부 또는 도장부스 등의 후드 개구면 전처리 필터의 막힘 유무 확인

㉧ 후드 흡인 상태의 육안 확인 : 발연관, 스모크 건, 스모크 캔들 등 이용

㉨ 측정기기를 활용한 후드 제어풍속 검사 : 열선풍속계 등 공기유속 측정기기를 활용하여 제어풍속을 측정하고, 법정 제어풍속 기준과 비교

(2) 덕트

① **정의** : 후드에서 흡인한 유해물질을 배기구까지 운반하는 관

② **구성** : 주 덕트, 보조 덕트 또는 가지 덕트, 접합부 등

③ 설치기준

㉠ 가능한 한 길이는 짧게, 굴곡부의 수는 적게 설치한다.

㉡ 가능한 후드에 가까운 곳에 설치한다.

㉢ 접합부의 안쪽은 돌출된 부분이 없도록 한다.

㉣ 덕트 내 오염물질이 쌓이지 않도록 이송속도를 유지한다.

㉤ 연결 부위 등은 외부 공기가 들어오지 않도록 설치한다.

㉥ 덕트의 진동이 심한 경우, 진동전달을 감소시키기 위하여 지지대 등을 설치한다.

㉦ 덕트끼리 접합 시 가능하면 비스듬하게 접합하는 것이 직각으로 접합하는 것보다 압력손실이 적다.

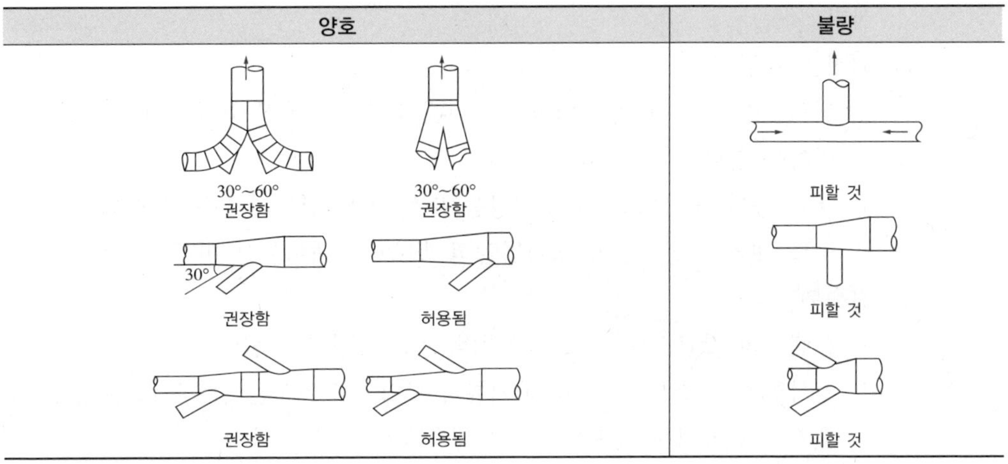

④ 재질

취급 유해인자	덕트의 재질
유기용제(부식이나 마모의 우려가 없는 곳)	아연도금 강판
강산, 염소계 용제	스테인리스스틸 강판
알칼리	강판
주물사, 고온가스	흑피 강판
전리방사선	중질 콘크리트

⑤ 반송속도

㉠ 정의 : 덕트를 통하여 이동하는 유해물질이 덕트 내에서 퇴적이 일어나지 않는 상태로 이동시키기 위하여 필요한 최소 속도

㉡ 반송속도 기준

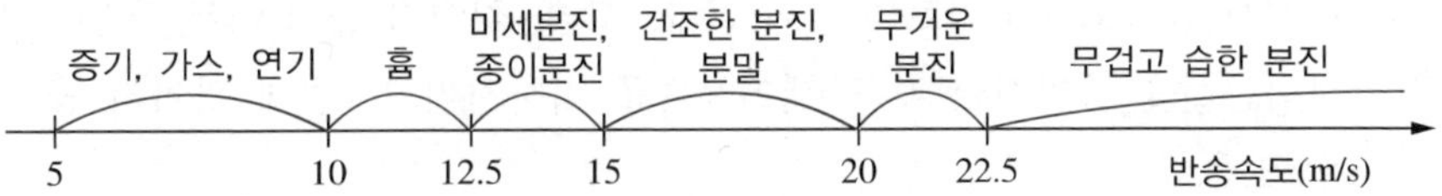

⑥ 화재·폭발 예방조치

㉠ 화재·폭발의 우려가 있는 유해물질을 이송하는 덕트의 경우, 작업장 내부로 화재·폭발의 전파방지를 위한 방화댐퍼를 설치하는 등 기타 안전상 필요한 조치를 해야 한다.

㉡ 국소배기장치 가동 중지 시 덕트를 통하여 외부 공기가 유입되어 작업장으로 역류할 우려가 있는 경우에는 덕트에 기류의 역류방지를 위한 역류방지댐퍼를 설치해야 한다.

⑦ 덕트의 안전검사 기준

㉠ 덕트의 표면 상태

ⓐ 덕트 내·외면의 변형 등으로 인한 설계 압력손실 증가가 없어야 한다.

ⓑ 파손 부분 등에서의 공기 유입 또는 누출이 없고, 이상음 또는 이상진동이 없어야 한다.

㉡ 플렉시블 덕트 : 심한 굴곡, 꼬임 등으로 인해 설계 압력손실 증가에 영향을 주지 않아야 한다.

㉢ 퇴적물 여부

ⓐ 덕트 내면의 분진 등의 퇴적물로 인해 설계 압력손실 증가 등 배기 성능에 영향을 주지 않아야 한다.

ⓑ 분진 등의 퇴적으로 인한 이상음 또는 이상 진동이 없어야 한다.

ⓒ 덕트 내의 측정정압이 초기정압의 ±10% 이내이어야 한다.

㉣ 접속부

ⓐ 플랜지의 결합볼트, 너트, 패킹의 손상이 없어야 한다.

ⓑ 정상작동 시 스모크테스터의 기류가 흡입 덕트에서는 접속부로 흡입되지 않아야 하고, 배기 덕트에서는 접속부로부터 배출되지 않아야 한다.

ⓒ 공기의 유입이나 누출에 의한 이상음이 없어야 한다.

㉤ 댐퍼

ⓐ 댐퍼가 손상되지 않고 정상적으로 작동되어야 한다.

ⓑ 댐퍼가 해당 후드의 적정 제어풍속 또는 필요 풍량을 가지도록 적절하게 개폐되어 있어야 한다.

ⓒ 댐퍼 개폐 방향이 올바르게 표시되어 있어야 한다.

⑧ **덕트의 검사방법**

㉠ 덕트 표면 상태에 대한 육안 검사

ⓐ 덕트 압력손실 증가, 공기유실(air leak) 등을 발생시키는 덕트의 파손, 변형 유무 확인

ⓑ 덕트의 심한 떨림이나 이상 소음의 발생 여부 확인

㉡ 플렉시블(flexible) 덕트의 심한 굴곡, 꼬임, 찢어짐 등의 여부 검사 : 해당 요인으로 인해 압력손실을 증가시켜 후드 제어풍속을 저하시키고, 쉽게 찢어져 공기 유실을 발생시킬 수 있음

㉢ 덕트 내 퇴적물로 인한 압력손실 증가 여부 검사

ⓐ 무거운 분진, 오일미스트 등이 발생하는 공정의 경우 덕트에 설치된 점검구의 육안 검사를 통한 덕트 내 퇴적물 유무 확인

ⓑ 점검구가 없는 경우 분진, 오일미스트 등의 유해물질이 퇴적되기 쉬운 곳(곡관, 확대관, 접속부 등)의 정압측정(측정정압이 초기정압의 ±10% 이내여야 함)

ⓒ 테스트 함마를 이용하여 분진, 오일미스트 등의 유해물질이 퇴적되기 쉬운 곳(곡관, 확대관, 접속부 등)을 타격하여 타성음으로 확인

㉣ 플랜지(flange) 등 접속부 상태에 대한 검사

ⓐ 플랜지의 결합볼트, 너트, 패킹 등의 손상 여부에 대해 육안으로 확인

ⓑ 접속부에서 스모크를 발생시켜(스모크테스터 사용) 스모크가 덕트 내부로 유입되는지를 확인(유입이 있다면 배풍량 손실이 발생하는 것임)

ⓒ 청각을 활용하여 접속부에서 공기가 새는 소리를 확인

㉤ 유량조절용 댐퍼(damper) 상태에 대한 검사

ⓐ 댐퍼를 작동시켜 고정 장치, 개폐 장치 등이 정상적으로 작동되고 있는지를 확인

ⓑ 댐퍼의 개폐 방향이 올바르게 표시되었는지, 개폐율이 적절한지에 대해 육안으로 확인

(3) 공기정화장치

① **정의** : 후드 및 덕트를 통해 반송된 유해물질을 정화시키는 고정식 또는 이동식의 제진, 집진, 흡수, 흡착, 연소, 산화, 환원 방식 등의 처리장치

② 종류

㉠ 입자상 물질의 처리

전기집진장치	• 전기적인 힘을 이용하여 오염물질을 포집 • 넓은 범위의 입경과 분진농도에 집진효율이 높음 • 고온가스를 처리할 수 있어 보일러와 철강로 등에 설치 가능 • 가연성 입자의 집진 시 처리 곤란 • 설치 공간이 넓어야 해서 초기 설치비용이 높지만 운전·유지비가 저렴 • 압력손실이 낮아 송풍기 가동 비용이 저렴
원심력집진장치 (사이클론)	• 원심력을 이용하여 분진을 제거하는 것 • 비교적 적은 비용으로 집진 가능 • 입자의 크기가 크고 모양이 구체에 가까울수록 집진효율 증가 • 블로다운(blow down) : 사이클론의 집진효율을 높이는 방법(집진된 분진의 가교현상을 억제시켜 재비산 방지, 분진의 축적 및 장치 폐쇄 방지, 난류현상 억제, 유효원심력 증대)
관성력집진장치	• 관성을 이용하여 입자를 분리·포집 • 원리가 간단하고 후단의 미세입자 집진을 위한 전처리용으로 사용 • 비교적 큰 입자의 제거에 효율적 • 고온 공기 중의 입자상오염물질 제거 가능 • 덕트 중간에 설치할 수 있음
세정집진장치	• 함진가스를 액적·액막·기포 등으로 세정하여 입자를 응집하거나 부착하여 제거 • 가연성, 폭발성 분진, 수용성의 가스상 오염물질도 제거 가능 • 유출수로 인해 수질오염 발생 가능
여과집진장치	• 고효율 집진이 필요할 때 흔히 사용 • 직접차단, 관성충돌, 확산, 중력침강, 정전기력 등이 복합적으로 작용하는 장치
중력집진장치	• 중력 이용하여 분진 제거 • 구조가 간단하고 압력손실이 비교적 적으며 설치·가동비 저렴 • 미세분진에 대한 집진효율이 높지 않아 전처리로 이용

㉡ 가스상 물질의 처리

흡수법	흡수액에 가스 성분을 용해하여 제거
흡착법	• 다공성 고체 표면에 가스상 오염물질을 부착하여 처리 • 산업현장에서 가장 널리 사용하는 기술 • 주로 유기용제, 악취물질 제거에 사용
연소법	• 가연성 오염가스 및 악취물질을 연소하여 제거 • 가연성가스나 유독가스에 널리 이용 • 종류 : 직접연소법(불꽃연소법), 직접가열산화법, 촉매산화법 등

③ 설치 시 주의사항

㉠ 유해물질의 종류(입자상, 가스상), 발생량, 입자의 크기, 형태, 밀도, 온도 등을 고려하여 장치를 선정한다.

㉡ 마모, 부식과 온도에 충분히 견딜 수 있는 재질로 선정한다.

㉢ 공기정화장치에서 정화되어 배출되는 배기 중 유해물질의 농도는 법에서 정한 바에 따른다.

㉣ 압력손실이 가능한 한 작은 구조로 설계해야 한다.

㉤ 공기정화장치 막힘에 의한 유량 감소를 예방하기 위해 공기정화장치는 차압계를 설치하여 상시 차압을 측정해야 한다.

㉥ 화재폭발의 우려가 있는 유해물질을 정화하는 경우에는 방산구를 설치하는 등 필요한 조치를 해야 하고 방산구를 통해 배출된 유해물질에 의한 근로자의 노출이나 2차 재해의 우려가 없도록 해야 한다.

㉦ 접근과 청소 및 정기적인 유지보수가 용이한 구조여야 한다.

④ 공기정화장치의 안전검사 기준

㉠ 형식 : 제거하고자 하는 오염물질의 종류, 특성을 고려한 적합한 형식 및 구조를 가져야 한다.

㉡ 상태

ⓐ 처리성능에 영향을 줄 수 있는 외면 또는 내면의 파손, 변형, 부식 등이 없어야 한다.

ⓑ 구동장치, 여과장치 등이 정상적으로 작동되고 이상음이 발생하지 않아야 한다.

㉢ 접속부 : 볼트, 너트, 패킹 등의 이완 및 파손이 없고 공기의 유입 또는 누출이 없어야 한다.

㉣ 성능 : 여과재의 막힘 또는 파손이 없고, 정상 작동상태에서 측정한 차압과 설계차압의 비(측정/설계)가 0.8~1.4 이내이어야 한다.

⑤ 공기정화장치의 검사 방법

㉠ 공기정화장치의 형식 검사 : 제거하고자 하는 유해물질에 적합한 형식과 구조를 갖추고 있는지를 확인

㉡ 공기정화장치 표면 상태의 검사

ⓐ 공기정화장치 외면·내면 상태의 부식, 파손 등으로 처리 성능 저하가 발생하지 않는지를 육안으로 확인

ⓑ 공기정화장치의 부대장치 등의 작동상태 및 이상 소음 발생 여부 확인

㉢ 접속부 상태 검사 : 볼트, 너트, 패킹 등의 파손 또는 이완으로 공기가 새지 않는지를 육안 또는 스모크테스터를 활용하여 확인

㉣ 압력손실의 측정 : 공기정화장치 전후 지점에서 마노미터를 사용하여 차압 측정 후 적정 차압의 범위 이내인지를 확인(적정 차압 범위 : 0.8~1.4 이내)

(4) 송풍기(배풍기)

① **정의** : 유해물질을 후드에서 흡인하여 덕트를 통하여 외부로 배출할 수 있는 힘을 만드는 설비

② **종류**

㉠ 축류식 송풍기

ⓐ 흡입 방향과 배출 방향이 일직선이다.

ⓑ 국소배기용보다는 비교적 작은 전체 환기용으로 사용한다.

ⓒ 종류

프로펠러	효율은 낮으나(25~50%), 설치비용이 저렴하며 전체 환기에 적합
튜브형	모터를 덕트 외부에 부착할 수 있고, 날개의 마모, 오염의 청소가 용이
베인형	저풍압, 다풍량의 용도로 적합하고, 효율은 낮으나(25~50%) 설치비용 저렴

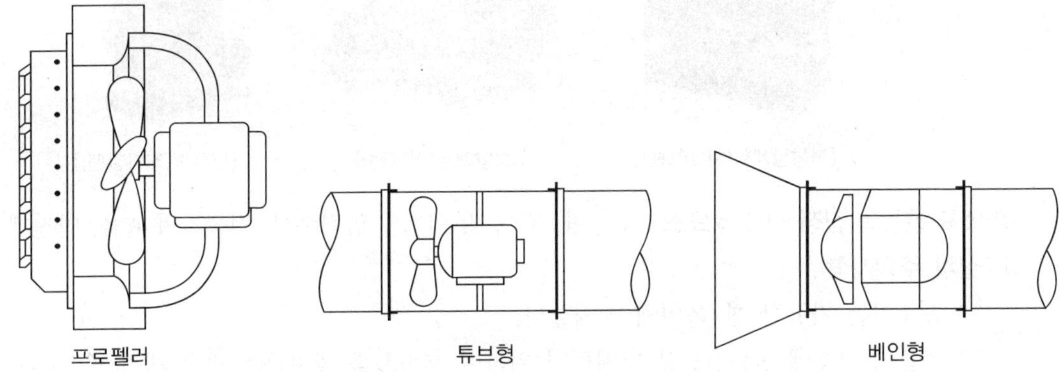

㉡ 원심력식 송풍기

ⓐ 흡입 방향과 배출 방향이 수직으로 되어 있다.

ⓑ 국소배기장치에 필요한 유량속도와 압력 특성에 적합하다.

ⓒ 설치비가 저렴하고 소음이 비교적 작아서 많이 사용한다.

ⓓ 종류

다익형 (전향날개형, sirocco fan)	• 임펠러가 다람쥐 쳇바퀴 모양이며 깃이 회전 방향과 동일한 방향 • 비교적 저속회전이어서 소음 적음 • 회전날개에 유해물질이 쌓이기 쉬워 청소 곤란 • 효율이 낮으며(35~50%), 큰 마력의 용도에 부적합
터보형(후향날개형)	• 깃이 회전 방향 반대편으로 경사짐 • 장소의 제약을 받지 않고 사용할 수 있으나 소음이 큼 • 고농도의 분진 함유 공기를 이송시킬 시 집진기 후단에 설치 • 효율은 높으며(60~70%), 압력손실의 변동이 있는 경우에 사용 적합
평판형(방사날개형)	• 깃이 평판이어서 분진을 자체 정화 가능 • 마모나 오염되었을 때 취급·교환 용이 • 효율은 40~55% 정도

[전향날개형(시로코팬)]

[후향날개형(터보팬)]

[평판형(레디얼팬)]

③ 소요 축동력 산정 시 고려요소 : 송풍량, 후드 및 덕트의 압력손실, 전동기의 효율, 안전계수 등

④ 설치 주의사항

㉠ 송풍기는 가능한 한 옥외에 설치한다.

㉡ 송풍기 전후에 진동전달을 방지하기 위하여 캔버스를 설치하는 경우 캔버스의 파손 등이 발생하지 않도록 조치한다.

㉢ 송풍기의 전기제어반을 옥외에 설치하는 경우 옥내작업장의 작업영역 내에 국소배기장치를 가동할 수 있는 스위치를 별도로 부착한다.

㉣ 옥내작업장에 설치하는 송풍기는 발생하는 소음·진동에 대한 밀폐시설, 흡음시설, 방진시설 등을 설치한다.

㉤ 송풍기 설치 시 기초대는 견고하게 하고 평형상태를 유지하되, 바닥으로의 진동 전달을 방지하기 위하여 방진스프링이나 방진고무를 설치한다.

㉥ 송풍기는 구조물 지지대, 난간 등과 접속하지 않아야 한다.

ⓢ 강우, 응축수 등에 의한 송풍기의 케이싱과 임펠러의 부식을 방지하기 위하여 송풍기 내부에 고인 물을 제거할 수 있도록 밸브를 설치해야 한다.

ⓞ 송풍기의 흡입 부분 또는 토출 부분에 댐퍼를 사용하면 반드시 댐퍼 고정장치를 설치하여 작업자가 송풍기의 송풍량을 임의로 조절할 수 없는 구조로 해야 한다.

⑤ 송풍기의 안전검사 기준

㉠ 상태

ⓐ 배풍기 또는 모터의 기능을 저하하는 파손, 부식, 기타 손상 등이 없어야 한다.

ⓑ 배풍기 케이싱(casing), 임펠러(impaller), 모터 등에서의 이상음 또는 이상진동이 발생하지 않아야 한다.

ⓒ 각종 구동장치, 제어반(control panel) 등이 정상적으로 작동되어야 한다.

㉡ 벨트 : 벨트의 파손, 탈락, 심한 처짐 및 풀리의 손상 등이 없어야 한다.

㉢ 회전수 : 배풍기의 측정 회전수 값과 설계 회전수 값의 비(측정/설계)가 0.8 이상이어야 한다.

㉣ 회전 방향 : 배풍기의 회전 방향은 규정의 회전 방향과 일치하여야 한다.

㉤ 캔버스

ⓐ 캔버스의 파손, 부식 등이 없어야 한다.

ⓑ 송풍기 및 덕트와의 연결 부위 등에서 공기의 유입 또는 누출이 없어야 한다.

ⓒ 캔버스의 과도한 수축 또는 팽창으로 배풍기 설계 정압 증가에 영향을 주지 않아야 한다.

㉥ 안전덮개 : 전동기와 배풍기를 연결하는 벨트 등에는 안전덮개가 설치되고 그 설치부는 부식, 마모, 파손, 변형, 이완 등이 없어야 한다.

㉦ 배풍량 등

ⓐ 배풍기의 측정풍량과 설계풍량의 비(측정/설계)가 0.8 이상이어야 한다.

ⓑ 배풍기의 성능을 저하시키는 설계정압의 증가 또는 감소가 없어야 한다.

⑥ 송풍기의 검사 방법

㉠ 송풍기 및 모터의 상태 검사

ⓐ 송풍 성능을 저하할만한 외면상태 파손, 부식 등의 유무를 육안으로 확인

ⓑ 송풍기 정상 가동 시 임펠러, 모터 등에서의 이상음 또는 이상 진동 발생 여부를 확인

ⓒ 기타 배풍기 및 모터의 구동장치의 정상작동 여부 확인

㉡ V-belt의 상태 검사(배풍기 가동을 중지한 상태에서 검사)

ⓐ 벨트의 파손, 탈락 및 풀리의 손상 여부에 대해 육안으로 확인

ⓑ 벨트의 처짐을 벨트 중간부분에 손으로 눌러 처짐의 정도를 확인

㉢ 송풍기 회전수 검사 : 풀리(pulley) 또는 V-belt 지점에서 회전수 측정기를 사용하여 측정
㉣ 송풍기 회전 방향 검사 : 회전 방향이 송풍기 형식별 규정의 방향으로 회전하고 있는지 확인
㉤ 캔버스(canvas)의 상태 검사
ⓐ 송풍기와 덕트를 연결하는 캔버스의 파손, 부식 등으로 공기가 새지 않는지를 육안으로 확인
ⓑ 송풍기 입구 측에서의 캔버스가 과도하게 수축하였는지, 배풍기 출구 측에서의 캔버스가 과도하게 팽창되었는지를 육안으로 확인
㉥ 송풍기 안전장치 설치여부 검사 : 송풍기의 풀리와 모터 구동부에 협착방지를 위한 방호덮개가 적절하게 설치되어 있는지를 육안으로 확인
㉦ 송풍량 및 정압 측정
ⓐ 송풍기 토출구 또는 최종 배기구(stack)의 점검구에서 피토관이나 열선풍속계를 사용하여 송풍량을 측정
ⓑ 송풍량 측정이 어려울 경우 각 후드측정 풍량을 합산한 전체값을 그 송풍기의 송풍량으로 간주할 수 있음(단, 접속부 등에서의 공기 유실이 없어야 함)
ⓒ 송풍량의 감소 등 성능저하의 원인을 파악하기 위한 송풍기의 입구와 출구측에 송풍기 정압측정 및 동압을 측정하여 팬정압(FSP)를 구함

팬정압(FSP) = 송풍기 입구정압(SP_{out}) – 출구정압(SP_{in}) – 입구동압(VP_{in})

ⓓ 초기 배풍량이 불확실한 경우 설계를 통해 배풍량 성능을 판단(설계 방법은 ACGIH의 설계계산 sheet를 활용)

(5) 배기구

① 설치

㉠ 옥외에 설치하는 배기구는 지붕으로부터 1.5m 이상 높게 설치한다.
㉡ 배출공기가 주변 지역에 영향을 미치지 않도록 상부 방향으로 10m/s 이상 속도로 배출한다.
㉢ 배출된 유해물질이 작업장으로 재유입되거나 인근 다른 작업장으로 확산되어 영향을 미치지 않는 구조로 설치한다.
㉣ 내부식성·내마모성이 있는 재질로 설치한다.
㉤ 공기 유입구와 배기구는 서로 일정 거리만큼 떨어지게 설치한다.

② 배기구의 안전검사 기준

㉠ 구조 : 분진 등을 배출하기 위하여 설치하는 국소배기장치(공기정화장치가 설치된 이동식 국소 배기장치를 제외)의 배기구는 직접 외기로 향하도록 개방하여 실외에 설치하는 등 배출되는 분진 등이 작업장으로 재유입되지 않는 구조로 해야 한다.

㉡ 비마개 : 최종배기구에 비마개 설치 등 배풍기 등으로의 빗물 유입방지조치가 되어 있어야 한다.

③ 배기구의 검사 방법

㉠ 옥외로 배출되는 작업장 공기가 작업장 내로 재유입 되지 않도록 최종 배기구의 높이 또는 구조가 적절한지를 육안으로 확인

㉡ 최종배기구의 토출구 위치가 공기조화설비(AHU ; Air Handling Unit)의 입구 근처에 설치되어 있지 않는지를 육안으로 확인

㉢ 최종 배기구에 비마개 등이 설치되어 빗물 유입 방지조치가 적절한지를 확인

적중예상문제

01 **MSDS에 대한 설명 중 옳은 것은?**

① 「농약관리법」 제2조제1호에 따른 농약은 MSDS 작성 대상에 포함된다.
② 각 작성항목은 빠짐없이 작성하여야 하지만, 자료가 없는 경우에는 공란으로 둔다.
③ 구성 성분의 함유량을 기재하는 경우에는 함유량의 ±5퍼센트포인트(%P) 범위 내에서 함유량을 대신하여 표시할 수 있다.
④ 물질안전보건자료는 한글로만 작성하여야 한다.

해설 ① MSDS 작성 제외 대상 화학물질(농약, 건강기능식품, 비료, 사료, 화장품, 의약품 등)
② 각 작성항목은 빠짐없이 작성하여야 한다. 다만, 부득이 어느 항목에 대해 관련 정보를 얻을 수 없는 경우에는 작성란에 "자료 없음"이라고 기재하고, 적용이 불가능하거나 대상이 되지 않는 경우에는 작성란에 "해당 없음"이라고 기재한다.
④ 물질안전보건자료는 한글로 작성하는 것을 원칙으로 하되 화학물질명, 외국기관명 등의 고유명사는 영어로 표기할 수 있다.

02 **다음의 경고표지의 작성 방법 중 옳지 않은 것은?**

① 물질안전보건자료 대상물질의 신호어가 "위험"과 "경고"에 모두 해당되는 경우에는 "경고"만을 표시한다.
② 부식성 그림문자와 피부 자극성 또는 눈 자극성 그림문자에 모두 해당되는 경우에는 부식성 그림문자만을 표시한다.
③ 호흡기 과민성 그림문자와 피부 과민성, 피부 자극성 또는 눈 자극성 그림문자에 모두 해당되는 경우에는 호흡기 과민성 그림문자만을 표시한다.
④ 그림문자는 모두 표시한다. 다만, 5개 이상의 그림문자에 해당되는 경우에는 4개의 그림문자만을 표시할 수 있다.

해설 물질안전보건자료 대상물질의 신호어가 "위험"과 "경고"에 모두 해당되는 경우에는 "위험"만을 표시한다.

1 ③ 2 ① 정답

03 다음 빈칸에 들어갈 숫자를 다 더한 값은?

분류	평균입경	특징
흡입성 입자상물질(IPM)	(　)μm	호흡기 어느 부위(비강, 인후두, 기관 등 호흡기의 기도부위)에 침착하더라도 독성을 유발하는 분진
흉곽성 입자상물질(TPM)	(　)μm	가스교환부위, 기관지, 폐포 등에 침착하여 독성을 나타내는 분진
호흡성 입자상물질(RPM)	(　)μm	가스교환부위, 즉 폐포에 침착하면 유해한 분진

① 80
② 114
③ 136
④ 310

해설 100 + 10 + 4 = 114
- 흡입성 입자상물질(IPM)의 평균입경 : 100
- 흉곽성 입자상물질(TPM)의 평균입경 : 10
- 호흡성 입자상물질(RPM)의 평균입경 : 4

04 특별관리물질의 노출기준을 초과한 작업장의 작업환경측정 주기로 옳은 것은?

① 3개월에 1회 이상
② 4개월에 1회 이상
③ 6개월에 1회 이상
④ 1년에 1회 이상

해설 일반적으로 반기(6개월)에 1회 이상이나, 허가대상물질 · 특별관리물질 노출기준을 초과한 작업장은 3개월에 1회 이상 작업환경측정을 실시하여야 한다.

정답 3 ② 4 ①

05 다음 빈칸에 들어갈 말로 옳은 것은?

> 시간가중평균노출기준은 1일 (㉠)시간 작업을 기준으로 하여 주 40시간 동안의 평균 노출농도이고, 단시간노출기준은 근로자가 1회에 (㉡)분간 유해인자에 노출되는 경우의 기준을 말한다.

① ㉠ 6, ㉡ 15
② ㉠ 8, ㉡ 15
③ ㉠ 6, ㉡ 50
④ ㉠ 8, ㉡ 50

06 다음 중 연구실안전법에 따라 올해 정기점검을 수행하여야 하는 연구실은?

① 「유전자변형생물체법」에 따른 안전관리등급 3등급 연구실이면서 고위험연구실
② 중위험연구실
③ 올해 정밀안전진단 실시완료한 연구실
④ 올해 초 안전관리 우수연구실 인증 유효기간이 끝난 안전관리 우수연구실

해설 정기점검의 예외
- 저위험연구실
- 안전관리 우수연구실(인증 유효기간의 만료일이 속하는 연도의 12월 31일까지)
- 해당 연도 정밀안전진단 실시 연구실
- 「유전자변형생물체법」에 따른 안전관리등급 3・4등급 연구실
- 「감염병예방법」 제23조(고위험병원체의 안전관리 등)를 적용받는 연구실

5 ② 6 ② 정답

07 건강검진결과 건강관리구분에 대한 설명 중 틀린 것은?

① "B"는 건강관리상 질병으로 진전될 우려가 있어 관찰이 필요한 근로자이다.
② "C1"은 직업성 질병으로 진전될 우려가 있어 추적검사 등 관찰이 필요한 근로자이다.
③ "C2"는 일반질병 요관찰자이다.
④ "R"은 건강진단 1차 검사결과 건강수준의 평가가 곤란하거나 질병이 의심되는 근로자이다.

해설 건강관리구분 판정

건강관리구분		건강관리 구분내용
A		건강관리상 사후관리가 필요 없는 근로자(건강한 근로자)
C	C1	직업성 질병으로 진전될 우려가 있어 추적검사 등 관찰이 필요한 근로자(직업병 요관찰자)
	C2	일반질병으로 진전될 우려가 있어 추적관찰이 필요한 근로자(일반질병 요관찰자)
D1		직업성 질병의 소견을 보여 사후관리가 필요한 근로자(직업병 유소견자)
D2		일반질병의 소견을 보여 사후관리가 필요한 근로자(일반질병 유소견자)
R		건강진단 1차 검사결과 건강수준의 평가가 곤란하거나 질병이 의심되는 근로자(제2차 건강진단 대상자)

08 다음에서 설명하는 사고에 해당하는 것은?

- 사고장소 : 연구실
- 인적 피해 : 없음
- 물적 피해 : 취득가 기준 79만원 상당의 피해

① 중대연구실사고
② 일반연구실사고
③ 단순연구실사고
④ 소규모연구실사고

해설 중대연구실사고
- 사망자 또는 후유장애 부상자가 1명 이상 발생한 사고
- 3개월 이상의 요양을 요하는 부상자가 동시에 2명 이상 발생한 사고
- 3일 이상의 입원이 필요한 부상을 입거나 질병에 걸린 사람이 동시에 5명 이상 발생한 사고
- 연구실안전법에 따른 연구실의 중대한 결함으로 인한 사고(유해인자, 유해물질, 독성가스, 병원체, 전기설비 등의 균열, 누수 또는 부식 등)

일반연구실사고 : 중대 연구실사고를 제외한 일반적인 사고
- 인적 피해 : 병원 등 의료기관 진료 시
- 물적 피해 : 100만원 이상의 재산 피해 시(취득가 기준)

단순연구실사고 : 인적・물적 피해가 매우 경미한 사고로 일반연구실 사고에 포함되지 않는 사고

정답 7 ① 8 ③

09 시각적 표시장치보다 청각적 표시장치를 사용하는 것이 더 유리한 경우는?

① 정보의 내용이 복잡하고 긴 경우

② 정보가 공간적인 위치를 다룬 경우

③ 직무상 수신자가 한 곳에 머무르는 경우

④ 수신 장소가 너무 밝거나 암순응이 요구될 경우

해설 ①, ②, ③은 시각장치가 유리한 경우이다.

10 인간공학적 설계에서 가장 이상적인 설계방법은?

① 최소치 설계 ② 최대치 설계

③ 평균치 설계 ④ 조절식 설계

해설 여러 사람에게 맞도록 조절이 가능한 방식으로 설계하는 것으로 가장 이상적이다.

9 ④ 10 ④ 정답

11 대사작용에 대한 설명으로 틀린 것은?

① 여자의 기초대사율은 1kcal/min이다.
② 골격근은 신체의 40%를 차지한다.
③ 근육을 너무 많이 사용하여 피로를 느끼면 ATP를 소모한다.
④ 1분당 1리터의 산소 소비는 5kcal의 에너지를 소비한다.

해설 근육을 너무 많이 사용하여 피로를 느끼면 젖산이 분비되고, 이 젖산이 쌓이면 쥐가 나기도 한다.

12 근골격계질환 유해요인 조사에 대한 설명 중 옳은 것은?

① 조사자는 안전보건관리책임자로 지정되어 있다.
② 정기조사는 3년마다 실시한다.
③ 조사순서는 유해요인 기본조사, 정밀평가, 근골격계질환 증상조사 순서대로 진행한다.
④ RULA는 몸 전체 자세를 분석하는 평가방법이다.

해설 ① 조사자는 특별히 자격을 제한하지 않고 있다.
③ 유해요인 기본조사와 근골격계질환 증상조사를 실시하고, 필요한 경우 정밀평가를 실시한다.
④ RULA는 상지평가기법이다.

정답 11 ③ 12 ②

13 '지침이 고정되고 눈금이 움직이는 표시장치'는 무엇인가?

① 계수형 표시장치
② 동침형 표시장치
③ 정침형 표시장치
④ 동목형 표시장치

해설 동목형 표시장치는 지침(pointer)이 고정되고 눈금(scale)이 움직인다.

14 다음에서 설명하는 휴먼에러는 무엇인가?

외국에서 자동차 운전 시 그 나라의 교통 표지판 문자를 몰라서 규칙 위반하는 경우

① 실수(slips)
② 규칙기반착오(Rule-based Mistake)
③ 건망증(lapse)
④ 지식기반착오(Knowledge-based Mistake)

해설 ④ 지식기반착오 : 추론 혹은 유추 과정에서 실패해 오답을 찾는 경우의 에러

13 ④ 14 ④ 정답

15 산소결핍 환경에서 사용해야 하는 호흡용 보호구 선정 시 올바르지 않은 것은?

① 공기호흡기
② 호스마스크
③ 에어라인마스크
④ 방진마스크

해설 방진마스크는 산소농도 18% 이상인 장소에서만 사용해야 한다.

16 다음 중 보호구에 대한 설명으로 틀린 것은?

① 배기밸브가 없는 안면부 여과식 마스크는 특급·1급 장소에 사용해서는 안 된다.
② 유기용제와 아황산가스를 동시에 정화하는 정화통의 측면 표시색은 갈색과 노란색을 2층 분리하여 표시한다.
③ 유해성이 높은 가스로부터 눈을 보호하기 위해서는 고무처리가 되어 안면에 밀착력이 높은 고글을 착용해야 한다.
④ 생물 실험용으로 보안면을 착용할 때 사용하고 살균·소독이 잘되는 재질로 선정한다.

해설 생물 실험용은 일회용 보안면을 사용하고 작업 후 폐기하여야 한다.

정답 15 ④ 16 ④

17 알코올이나 용매를 많이 다루는 연구실에서 유용한 장갑은?

① 라텍스 글로브
② 테플론 글로브
③ 클로로프렌 글로브
④ 폴리 글로브

해설 클로로프렌(chloroprene) 혹은 네오플랜 글로브(neoprene glove)는 화학물질이나 기름, 산·염기, 세제, 알코올이나 용매를 많이 다루는 화학 관련 산업 분야에서 많이 사용한다.

18 실험실에서 수증기가 시간당 2kg씩 발생할 때, 수증기 제거를 위한 환기량(m^3/h)을 구한 것으로 옳은 것은?(실험실 내 절대습도가 0.08kg/kg건기, 실험실 외부의 절대습도가 0.06kg/kg건기이다)

① 63
② 73
③ 83
④ 93

해설

$$Q = \frac{W}{\rho \times \Delta G}$$

$$= \frac{2\text{kg/h}}{(1.2\text{kg/m}^3)[(0.08-0.06)\text{kg/kg건기}]}$$

$$= 83.33\text{m}^3/\text{h}$$

17 ③ 18 ③ 정답

19 **실험실 내 열 발생량이 10,000kcal/h이고, 실험식 외의 온도는 20℃, 실험실 내부 온도는 34℃이다. 이때, 열배출을 위한 환기량(m^3/h)을 구한 것으로 옳은 것은?**

① 1,480

② 2,480

③ 3,480

④ 4,480

해설

$$Q = \frac{H_s}{\rho \times C_p \times \Delta t}$$

$$= \frac{10{,}000\text{kcal/h}}{(1.2\text{kg/m}^3)(0.24\text{kcal/kg℃})[(34-20)\text{℃}]}$$

$$= 2{,}480.16\text{m}^3/\text{h}$$

20 **국소배기장치의 덕트에 대한 설명으로 옳지 않은 것은?**

① 청소구를 설치하는 등 청소하기 쉬운 구조로 한다.

② 굴곡부의 수는 적게 하기 위해 길이는 길게 한다.

③ 덕트 내부에 오염물질이 쌓이지 않도록 이송속도를 유지한다.

④ 접속부의 안쪽은 돌출된 부분이 없도록 한다.

해설 가능하면 길이는 짧게 하고 굴곡부의 수는 적게 한다.

정답 19 ② 20 ②

우리 인생의 가장 큰 영광은 결코 넘어지지 않는 데 있는 것이 아니라

넘어질 때마다 일어서는 데 있다.

– 넬슨 만델라 –

부록 01 실전모의고사

제1회 실전모의고사

제2회 실전모의고사

제3회 실전모의고사

제4회 실전모의고사

제5회 실전모의고사

제 1 회 실전모의고사

제1과목 연구실 안전 관련 법령

01 **사전유해인자위험분석의 R&DSA에 작성해야 하는 항목이 아닌 것은?**

① 위험분석
② 비상조치계획
③ 안전계획
④ 화학물질 GHS 등급

해설 R&DSA 작성항목
- 연구목적
- 연구・실험 절차
- 위험분석
- 안전계획
- 비상조치계획

02 **｢연구실안전법｣상 용어의 정의에 대한 설명으로 틀린 것은?**

① 연구실사고 : 연구실 또는 연구활동이 수행되는 공간에서 연구활동과 관련하여 연구활동종사자가 부상・질병・신체장해・사망 등 생명 및 신체상의 손해를 입거나 연구실의 시설・장비 등이 훼손되는 것
② 연구실안전관리사 : 연구실안전관리사 자격시험에 합격하여 자격증을 발급받은 사람
③ 연구실책임자 : 각 대학・연구기관 등에서 연구실 안전과 관련한 기술적인 사항에 대하여 연구주체의 장을 보좌하고 연구활동종사자에게 조언・지도하는 업무를 수행하는 사람
④ 유해인자 : 화학적・물리적・생물학적 위험요인 등 연구실 사고를 발생시키거나 연구활동종사자의 건강을 저해할 가능성이 있는 인자

해설 연구실책임자 : 연구실 소속 연구활동종사자를 직접 지도・관리・감독하는 연구활동종사자

정답 1 ④ 2 ③

03 다음 중 사전유해인자위험분석 연구개발활동별 유해인자 위험분석 보고서의 작성항목이 아닌 것은?

① 위험물의 유별 및 성질
② 연구실 배치도
③ 해당 실험에 참여하는 모든 연구활동종사자명
④ 해당 연구과제 기간

해설 연구실 배치도는 연구실 안전현황표에 작성된다.

04 「연구실안전법」상 연구실안전환경관리자의 지정에 대한 설명으로 옳지 않은 것은?

① 연구활동종사자가 3천명인 경우 3명 이상의 연구실안전환경관리자를 지정하여야 한다.
② 「전기안전관리법」에 따른 전기안전관리자로 선임되어 연구실 안전관리 업무 실무경력이 1년 이상인 사람은 연구실안전환경관리자로 선임될 수 있다.
③ 본교와 분교 또는 본원과 분원 간의 직선거리가 10km인 경우에는 별도로 연구실안전환경관리자를 지정하지 아니할 수 있다.
④ 분교 또는 분원의 연구활동종사자 총 인원이 10명 이하일 경우에는 별도로 연구실안전환경관리자를 지정하지 아니할 수 있다.

해설 분교 또는 분원의 연구활동종사자 총 인원이 10명 미만에 해당하는 등 대통령령으로 정하는 경우에는 별도로 연구실안전환경관리자를 지정하지 아니할 수 있다.
※ 연구실안전환경관리자의 지정기준(법 제10조제1항)
- 연구활동종사자가 1천명 미만인 경우 : 1명 이상
- 연구활동종사자가 1천명 이상 3천명 미만인 경우 : 2명 이상
- 연구활동종사자가 3천명 이상인 경우 : 3명 이상

3 ② 4 ④ 정답

05 「연구실안전법 시행령」에 따라 연구실안전정보시스템을 구축하는 경우 안전정보시스템에 포함되는 정보가 아닌 것은?

① 대학·연구기관 등의 현황

② 분야별 연구실사고 발생현황, 연구실사고 원인 및 피해 현황 등 연구실사고에 관한 통계

③ 기본계획 및 연구실 안전 정책에 관한 사항

④ 연구활동종사자의 학력사항

해설 **연구실안전정보시스템에 포함되는 정보(영 제6조)**

- 대학·연구기관 등의 현황
- 분야별 연구실사고 발생현황, 연구실사고 원인 및 피해 현황 등 연구실사고에 관한 통계
- 기본계획 및 연구실 안전 정책에 관한 사항
- 연구실 내 유해인자에 관한 정보
- 안전점검지침 및 정밀안전진단지침
- 안전점검 및 정밀안전진단 대행기관의 등록 현황
- 안전관리 우수연구실 인증 현황
- 권역별연구안전지원센터의 지정 현황
- 연구실안전환경관리자 지정 내용 등 법 및 이 시행령에 따른 제출·보고 사항
- 그 밖에 연구실 안전환경 조성에 필요한 사항

06 연구실 검사에 대한 설명으로 옳은 것은?

① 검사 전 2주 이내에 사전증빙자료를 온라인으로 제출한다.

② 검사 후속조치 결과는 검사결과 통보 후 3개월 이내에 제출해야 한다.

③ 고위험연구실을 보유한 10인 이상의 기업부설연구소는 집중관리대상으로 검사 대상에 해당된다.

④ 법 이행 서류검사 8개 항목과 표본연구실 검사 8개 분야를 실시하며, 체크리스트를 활용한 검사가 이루어진다.

해설 ① 검사 전 1주 이내에 사전증빙자료를 온라인으로 제출한다.
② 검사 후속조치 결과는 검사결과 통보 후 2개월 이내에 제출해야 한다.
③ 고위험연구실을 보유한 50인 이상의 기업부설연구소는 집중관리대상으로 검사 대상에 해당된다.

정답 5 ④ 6 ④

07 「연구실안전법」상 1천만원 이하의 과태료 부과에 해당하지 않는 경우는?

① 연구실의 안전관리를 위하여 안전점검지침에 따라 소관 연구실에 대하여 안전점검을 실시하지 아니하거나 성실하게 수행하지 아니한 자

② 연구실사고가 발생한 경우 과학기술정보통신부장관에게 보고를 하지 아니하거나 거짓으로 보고한 자

③ 연구활동종사자에 대하여 연구실사고 예방 및 대응에 필요한 교육·훈련을 실시하지 아니한 자

④ 유해인자에 노출될 위험성이 있는 연구활동종사자에 대하여 정기적으로 건강검진을 실시하지 아니한 자

해설 ②는 500만원 이하의 과태료 부과에 해당한다.

08 「연구실안전법」상 과학기술정보통신부장관의 권한을 관계 중앙행정기관의 장에게 위임 또는 권역별연구안전지원센터에 위탁할 수 있다. 권역별연구안전지원센터에 위탁할 수 있는 업무가 아닌 것은?

① 안전점검 및 정밀안전진단 대행기관의 등록·관리 및 지원에 관한 업무

② 연구실 안전관리에 관한 교육·훈련 및 전문교육의 기획·운영에 관한 업무

③ 연구실 안전관리 현황과 관련 서류 등의 검사 지원에 관한 업무

④ 연구활동종사자에 대한 정기적인 건강검진의 업무

해설 **과학기술정보통신부장관이 권역별연구안전지원센터에 위탁할 수 있는 업무(법 제41조제2항)**

- 연구실안전정보시스템 구축·운영에 관한 업무
- 안전점검 및 정밀안전진단 대행기관의 등록·관리 및 지원에 관한 업무
- 연구실 안전관리에 관한 교육·훈련 및 전문교육의 기획·운영에 관한 업무
- 연구실사고 조사 및 조사 결과의 기록 유지·관리 지원에 관한 업무
- 안전관리 우수연구실 인증제 운영 지원에 관한 업무
- 연구실 안전관리 현황과 관련 서류 등의 검사 지원에 관한 업무
- 그 밖에 연구실 안전관리와 관련하여 필요한 업무로서 대통령령으로 정하는 업무

※ 대통령령으로 정하는 업무(시행령 제32조제1항)
  - 연구실 안전환경 확보·조성을 위한 연구개발 및 필요 시책 수립 지원에 관한 업무
  - 연구실 안전환경 및 안전관리 현황 등에 대한 실태조사
  - 대학·연구기관 등에 대한 지원 업무
  - 연구실안전환경관리자 지정 내용 제출의 접수

7 ② 8 ④ 정답

09 「연구실안전법」상 연구실안전환경관리자가 이수해야 하는 전문교육 중 신규교육 시간은?

① 6시간 이상 ② 12시간 이상

③ 18시간 이상 ④ 24시간 이상

해설 연구실안전환경관리자 전문교육의 시간(규칙 제10조제2항 관련 별표 4)

신규교육	연구실안전환경관리자로 지정된 후 6개월 이내	18시간 이상
보수교육	신규교육을 이수한 후 매 2년이 되는 날을 기준으로 전후 6개월 이내	12시간 이상

10 연구실 안전환경 조성 기본계획에 포함되지 않는 사항은?

① 연구실 정밀안전진단의 실시

② 연구활동종사자의 안전 및 건강 증진

③ 안전관리 우수연구실 인증제 운영

④ 연구실 안전교육 교재의 개발·보급 및 안전교육 실시

해설 연구실 정밀안전진단 실시 계획 수립은 연구실안전관리위원회의 협의사항이다.

11 정밀안전진단을 실시할 때 유해인자별 노출도 평가를 해야 하는 연구실로 가장 거리가 먼 것은?

① 연구활동종사자가 연구활동을 수행하는 중에 CMR물질을 인지하여 노출도평가를 요청한 경우

② 중대연구실 사고가 발생할 위험이 있다고 인정되어 과학기술정보통신부장관의 명령을 받은 경우

③ 정기점검 실시자가 점검결과로 노출도평가의 필요성을 제기한 경우

④ 사전유해인자위험분석 결과에 근거하여 연구실책임자가 노출도평가를 요청한 경우

해설 유해인자별 노출도평가 대상 연구실 선정 기준(연구실 안전점검 및 정밀안전진단에 관한 지침 제12조 제1항)

- 연구실책임자가 사전유해인자위험분석 결과에 근거하여 노출도평가를 요청할 경우
- 연구활동종사자(연구실책임자 포함)가 연구활동을 수행하는 중에 CMR물질(발암성 물질, 생식세포 변이원성 물질, 생식독성 물질), 가스, 증기, 미스트, 흄, 분진, 소음, 고온 등 유해인자를 인지하여 노출도평가를 요청할 경우
- 정밀안전진단 실시 결과 노출도평가의 필요성이 전문가(실시자)에 의해 제기된 경우
- 중대연구실 사고나 질환이 발생하였거나 발생할 위험이 있다고 인정되어 과학기술정보통신부장관의 명령을 받은 경우
- 그 밖에 연구주체의 장, 연구실안전환경관리자 등에 의해 노출도평가의 필요성이 제기된 경우

정답 9 ③ 10 ① 11 ③

12 다음 중 정기점검 실시자의 인적 자격 요건으로 옳지 않은 것은?

① 기계분야 : 전기기사 자격 취득 후 관련 경력 3년 이상인 사람
② 전기분야 : 인간공학기술사
③ 가스분야 : 화공 분야의 박사학위 취득 후 안전 업무 경력이 1년 이상인 사람
④ 산업위생분야 : 연구실안전환경관리자

해설 화공 분야의 박사학위 취득 후 안전 업무 경력이 1년 이상인 사람은 일반안전, 기계, 전기, 화공 분야의 점검을 할 수 있다.

13 〈보기〉의 보존기간의 합을 구하면?

보기	
• 일상점검표	• 정밀안전진단 결과보고서
• 특별안전점검 결과보고서	• 노출도평가 결과보고서
• 정기점검 결과보고서	

① 13년　② 15년
③ 16년　④ 23년

해설 1 + 3 + 3 + 3 + 3 = 13년
• 일상점검표 : 1년
• 정기점검, 특별안전점검, 정밀안전진단 결과보고서, 노출도평가 결과보고서 : 3년

14 특수건강검진의 판정에 대한 설명으로 옳은 것은?

① 건강관리 구분 코드가 "C_2"인 연구활동종사자는 현재 조건하에서 현재 업무가 가능하다.
② 건강관리 구분 코드가 "U"인 연구활동종사자는 제2차 건강진단대상자이다.
③ 업무수행 적합 여부가 "다"인 연구활동종사자는 한시적으로 현재의 업무가 불가하다.
④ 업무수행 적합 여부가 "라"인 연구활동종사자는 환경을 개선하고 개인보호구를 착용하는 등의 일정 조건하에서 현재의 업무가 가능하다.

해설 ① 건강관리 구분 코드가 "A"인 연구활동종사자는 현재 조건하에서 현재 업무가 가능하다.
② 건강관리 구분 코드가 "R"인 연구활동종사자는 제2차 건강진단대상자이다.
④ 업무수행 적합 여부가 "나"인 연구활동종사자는 환경을 개선하고 개인보호구를 착용하는 등의 일정 조건하에서 현재의 업무가 가능하다.

12 ③　13 ①　14 ③ 정답

15 사전유해인자위험분석 실시 순서를 옳게 나타낸 것은?

> ㉠ 연구실안전계획 수립
> ㉡ 해당 연구실의 유해인자별 위험 분석
> ㉢ 비상조치계획 수립
> ㉣ 해당 연구실의 안전 현황 분석

① ㉠ → ㉡ → ㉣ → ㉢
② ㉠ → ㉣ → ㉡ → ㉢
③ ㉣ → ㉡ → ㉢ → ㉠
④ ㉣ → ㉡ → ㉠ → ㉢

해설 ㉣ 해당 연구실의 안전 현황 분석 → ㉡ 해당 연구실의 유해인자별 위험 분석 → ㉠ 연구실안전계획 수립 → ㉢ 비상조치계획 수립

16 연구실책임자의 역할로 가장 거리가 먼 것은?

① 연구실안전관리담당자를 지정한다.
② 사전유해인자위험분석을 실시한다.
③ 안전점검 실시계획을 수립하고 실시한다.
④ 연구실 내에서 이루어지는 연구활동이 진행되는 동안 발생하는 안전에 관한 책임을 진다.

해설 ③은 연구실안전환경관리자의 역할이다.

17 「연구실안전법」상 과학기술정보통신부장관은 2년마다 연구실 안전환경 및 안전관리 현황 등에 대한 실태조사를 실시한다. 실태조사에 포함되어야 할 사항으로 틀린 것은?

① 연구실 및 연구활동종사자 현황
② 연구실 및 연구활동종사자의 연구현황
③ 연구실 안전관리 현황
④ 연구실사고 발생 현황

해설 실태조사에 포함되어야 할 사항(시행령 제3조)
- 연구실 및 연구활동종사자 현황
- 연구실 안전관리 현황
- 연구실사고 발생 현황
- 그 밖에 연구실 안전환경 및 안전관리의 현황 파악을 위하여 과학기술정보통신부장관이 필요하다고 인정하는 사항

정답 15 ④ 16 ③ 17 ②

18 표본연구실 검사 중 화공분야의 주요 지적사항이 아닌 것은?

① 특별관리물질 관리대장 미작성
② 개인보호구 청결상태 미흡
③ 안전보건공단의 MSDS 또는 요약본 비치
④ 유해화학물질 시약병 경고표지 미부착

해설 ② 위생분야의 주요 지적사항이다.

19 연구실 일상점검 내용 중 화공안전에 관한 내용이 아닌 것은?

① 실험폐액 및 폐기물 관리상태
② 배관 표시사항 부착 상태
③ MSDS 비치
④ 성상별 분류

해설 **연구실 일상점검 – 화공안전(연구실 안전점검 및 정밀안전진단에 관한 지침 별표 2)**

- 유해인자 취급 및 관리대장, MSDS의 비치
- 화학물질의 성질 및 상태별 분류 및 시약장 등 안전한 장소에 보관 여부
- 소량을 덜어서 사용하는 통, 화학물질의 보관함 · 보관용기에 경고표시 부착 여부
- 실험폐액 및 폐기물 관리상태(폐액분류표시, 적정용기 사용, 폐액용기덮개체결상태 등)
- 발암물질, 독성물질 등 유해화학물질의 격리보관 및 시건장치 사용 여부

20 (　　) 안에 들어갈 숫자로 옳은 것은?

> 연구과제 수행을 위한 연구비를 책정할 때 그 연구과제 인건비 총액의 (　　)% 이상에 해당하는 금액을 안전 관련 예산으로 배정해야 한다.

① 0.1　　② 0.5
③ 1　　④ 2

해설 연구주체의 장은 법 연구과제 수행을 위한 연구비를 책정할 때 그 연구과제 인건비 총액의 1% 이상에 해당하는 금액을 안전 관련 예산으로 배정해야 한다.

18 ② 19 ② 20 ③ 정답

21 **다음 (   ) 안에 들어갈 용어로 옳은 것은?**

> 1986년 1월 28일 발사된 우주왕복선 챌린저호는 발사 후 73초 만에 대서양 상공에서 폭발하였고 탑승한 7명의 우주비행사 모두 목숨을 잃었다.
> 사고의 직접적인 원인은 로켓 부스터 내 연료의 누출을 막아주는 오링 실이었는데, 추운 날씨의 영향으로 오링 실이 파손되었고 이에 연료가스가 빠져나가면서 화재·폭발이 일어나게 되었다.
> 하지만 이 사고의 근본적인 원인은 조직의 문제에 있었다.
> 로켓 설계·생산 엔지니어들은 오링의 문제점을 파악하여 챌린저호의 발사 전까지도 발사 연기를 요청하였지만 나사 관계자들은 그대로 감행하였다. 결국 조직의 (   ) 때문에 최악의 참사가 발생하고 말았다.

① 집단규범
② 집단사고
③ 동료압력
④ 동조현상

해설 보기는 집단사고의 예이다. 집단사고(groupthink)란 강한 응집력을 가진 집단 내에서 의사결정 시 객관적이고 비판적인 생각을 하지 않아 획일적인 방향성만을 가지게 되는 현상을 말한다.

22 **다음에서 설명하는 안전리더십으로 옳은 것은?**

> 과업의 요구사항과 구성원의 역할을 명확히 하고, 성취한 결과에 상응하는 조치를 취한다.

① 수동적 리더십
② 남용적 리더십
③ 변혁적 리더십
④ 거래적 리더십

해설 거래적 리더십에 대한 설명이다.

정답 21 ② 22 ④

23 연구실 PDCA 사이클에서 'P'에 해당하는 활동은?

① 성과측정
② 연구실 안전관련 규정 검토
③ 교육・훈련의 실시
④ 사고관리체계 구축 및 훈련

해설 'P'에 해당하는 활동
- 연구실 안전관련 규정 검토 및 안전환경방침 마련
- 연간 안전환경 구축활동 목표 및 추진계획 수립

24 연구실 사전유해인자위험분석 연구활동별 유해인자 위험분석 보고서 내용 중 화학물질 기본정보에 작성하는 항목이 아닌 것은?

① CAS NO.
② 필요보호구
③ 제조연도
④ 해당 화학물질 취급 기자재・설비

해설 연구활동별 유해인자 위험분석 보고서 – 화학물질 기본정보
- CAS NO.
- 보유수량(제조연도)
- GHS등급(위험, 경고)
- 화학물질의 유별 및 성질(제1~6류)
- 위험분석
- 필요보호구

25 에디슨이 흔들리는 기차에서 실험을 계속하여 화재가 발생한 것은 매슬로의 욕구위계설 중 몇 번째 단계를 소홀하였기 때문인가?

① 1단계
② 2단계
③ 3단계
④ 4단계

해설 2단계(안전의 욕구) : 육체적・감정적 해로움으로부터의 보호 욕구

23 ② 24 ④ 25 ② 정답

26 연구실의 특성으로 옳지 않은 것은?

① 다품종 소량의 유해물질을 취급한다.
② 개발이 완료된 물질을 이용한다.
③ 소규모 공간에서 다수의 물질과 장비를 취급한다.
④ 연구활동종사자가 연구장치를 변경할 수 있다.

해설 ② 개발이 완료된 물질·공정을 이용하는 것은 사업장이다.

27 〈보기〉는 어떤 용어의 정의인가?

보기
안전에 관하여 조직 구성원들이 공유하는 태도, 신념, 인식, 가치(Cox & Cox, 1991)

① 집단사고
② 집단규범
③ 안전문화
④ 안전목표

해설 〈보기〉는 안전문화에 대한 Cox & Cox의 정의이다.

28 안전관리 조직의 기본방향으로 거리가 먼 것은?

① 각 계층 간의 수평적 유대
② 각 계층 간의 기능적 유대
③ 조직 구성원의 전원 참여
④ 조직기능의 충분한 발휘

해설 안전관리 조직의 기본방향
- 조직 구성원의 전원 참여
- 각 계층 간의 종횡적·기능적 유대
- 조직기능의 충분한 발휘

정답 26 ② 27 ③ 28 ①

29 위험보상(risk compensation) 이론에서 안전을 이끌어내는 방법으로 옳은 것은?

① 제도의 수정 · 보완
② 안전장비 · 도구 설치 · 보급
③ 연구활동종사자의 자발적 참여 확산
④ 관리자의 관리 · 감독 강화

해설 위험보상(risk compensation) 이론은 장비, 도구 혹은 다른 보장을 통해 보호받고 있고, 더 안전해졌다고 판단하거나 느끼면 위험 수준을 낮게 지각하여 더 위험하게 행동한다는 이론으로, 연구활동종사자들의 자발적 참여를 이끌고 확산시킬 수 있을 때 궁극적인 안전문화를 이끌어낼 수 있다.

30 정상사상을 설정한 후 하향식 방법으로 인과관계를 나타내는 방법은?

① FTA
② ETA
③ THERP
④ HAZOP

해설 FTA(결함수 분석, Fault Tree Analysis) 분석에 대한 내용이다.

31 위험성감소대책 우선순위 순으로 올바르게 정렬된 것은?

㉠ 관리적 통제	㉡ 대체
㉢ 개인보호구	㉣ 공학적 통제
㉤ 제거	

① 관리적 통제 → 개인보호구 → 대체 → 제거 → 공학적 통제
② 공학적 통제 → 관리적 통제 → 개인보호구 → 대체 → 제거
③ 제거 → 대체 → 공학적 통제 → 관리적 통제 → 개인보호구
④ 개인보호구 → 관리적 통제 → 대체 → 제거 → 공학적 통제

해설 제거 → 대체 → 공학적 통제 → 관리적 통제 → 개인보호구

29 ③ 30 ① 31 ③ 정답

32 일본 토요타 자동차회사의 품질관리 활동의 원칙을 활용하여 사고의 근본적인 원인을 찾는 방법과 관련 있는 것은?

① 3E　　② 5W
③ Ask Why 5 Times　　④ 6sigma

해설 Ask Why 5 Times 원칙 : 사고전개를 거슬러 가장 배후에 있는 근본적인 원인을 찾는 방법이다. 이 방법은 일본 토요타 자동차회사의 품질관리 활동에서 불량품의 근본 원인을 찾도록 한 데에서 유래한다.

33 사고연쇄이론에 대한 설명 중 틀린 것은?

① 고전적 사고연쇄이론에서의 사고의 발단은 유전적이거나 사회적 환경이다.
② 수정된 사고연쇄이론에서의 사고의 발생의 원인은 기본원인이다.
③ 하인리히는 불안전한 행동 및 불안전한 상태 차단을 강조하였다.
④ 버드는 기본원인을 제거하는 것이 사고예방에 가장 효과적이라고 하였다.

해설 ② 수정된 사고연쇄이론에서의 사고의 발생의 원인은 관리의 실패이다.

34 「연구실안전법」상 사고조사반에 대한 설명으로 옳지 않은 것은?

① 연구실 안전 관련한 관계 공무원 외에도 연구주체의 장이 추천하는 안전분야 전문가도 사고조사반원이 될 수 있다.
② 사고조사반장은 과학기술정보통신부장관이 해당 사고조사반원 중에서 지명 또는 위촉한다.
③ 사고조사반은 연구실 사용제한 등 긴급한 조치 필요여부 등의 검토를 수행한다.
④ 조사반장이 작성하는 보고서 포함사항으로 문제점에 대한 개선계획 또는 개선실적을 포함하여야 한다.

해설 사고조사보고서 포함사항
- 조사 일시
- 사고개요
- 문제점
- 결론 및 건의사항
- 해당 사고조사반 구성
- 조사내용 및 결과
- 복구 시 반영 필요사항 등 개선대책

정답 32 ③ 33 ② 34 ④

35 레빈의 법칙에 대한 설명으로 옳지 않은 것은?

① 레빈은 인간의 불안전한 행동은 3개의 변수로 인해 나타난다고 한다.
② 불안전한 행동을 방지하기 위해서는 인간관계도 중요하다.
③ 불안전한 행동은 연령에도 관련이 있다.
④ B = f(P, E)

해설 ① 레빈은 인간의 불안전한 행동은 2개의 변수(P, E)로 인해 나타난다고 한다.

36 다음에서 설명하는 불안전한 행동의 심리적 원인은?

돌발 위기 발생 시 주변 상황을 분별하지 못하고 그 위기에만 집중하는 것으로, 주의의 1점 집중 행동이라고도 부른다.

① 주연행동
② 장면행동
③ 억측판단
④ 착오

37 다음은 무엇에 해당하는 교육·훈련 방법인가?

현장감이 부족하고, 비용과 작업시간 소모가 큰 교육·훈련 방법이다.

① OJT
② Off-JT
③ 토의법
④ 시청각교육법

해설 Off-JT(Off the Job Training, 집체교육)는 계층별, 직무별 집합교육으로 주로 이론적 교육을 실시하며, 현장감 부족하고 구체성이 결여되는 단점이 있다.

35 ① 36 ② 37 ② 정답

38 인지행동과정에서의 휴먼에러 분류에 해당하지 않은 것은?

① 의사결정 에러
② 행동 에러
③ 정보피드백 에러
④ 실패 에러

해설 실패 에러는 행동 차원에서의 휴먼에러 분류에 속한다.

39 연구실 안전관리 시스템(P－D－C－A)의 검토 및 개선단계에 대한 설명으로 옳지 않은 것은?

① 연구실안전환경관리자가 연구실 안전관리 시스템 전반에 관하여 검토한다.
② 검토 자료 포함 사항으로 내부심사 지적사항 및 시정결과 등이 있다.
③ 검토 결과 지시된 사항은 사후조치 및 관리되어야 한다.
④ 검토를 통해 연구실 안전관리 시스템의 적합성, 적절성, 유효성을 지속적으로 보증할 수 있다.

해설 연구주체의 장이 연구실 안전관리 시스템 전반에 관하여 검토한다.

40 인간의 의식수준 단계 중 α파의 뇌파가 보이는 단계는?

① Ⅰ단계
② Ⅱ단계
③ Ⅲ단계
④ Ⅳ단계

해설 Ⅱ단계는 α파의 뇌파를 보이며 휴식 중의 정상적인 의식 상태이다.

정답 38 ④ 39 ① 40 ②

제3과목 연구실 화학 · 가스 안전관리

41 메탄의 위험도를 구하시오.

① 2

② 3.52

③ 5.7

④ 31.4

해설 $H=\frac{U-L}{L}=\frac{15-5}{5}=2$

42 23℃를 랭킨온도로 환산하시오.

① 73.4°R

② 92.2°R

③ 164.4°R

④ 532.8°R

해설 23℃ = (23 + 273)K = 296K = (296 × 1.8)°R = 532.8°R

43 〈보기〉에서 설명하는 유해성 · 위험성으로 옳은 것은?

보기

열적으로 불안정하여 산소의 공급이 없이도 강렬하게 발열 · 분해하기 쉬운 물질

① 자기발화성 물질

② 자기반응성 물질

③ 산화성 물질

④ 자기발열성 물질

해설 자기반응성 물질의 정의이다.

41 ① 42 ④ 43 ② 정답

44 가스검지경보장치의 설치위치로 옳은 것은?

① 공기보다 가벼운 가연성 가스 – 천장에서 30cm 이내
② 공기보다 무거운 가연성 가스 – 바닥에서 45cm 이내
③ 공기보다 가벼운 독성가스 – 천장에서 20cm 이내
④ 공기보다 무거운 독성가스 – 바닥에서 25cm 이내

해설 공기보다 가벼우면 천장에서 30cm 이내, 무거우면 바닥에서 30cm 이내에 설치한다.

45 지정폐기물 중 유기성 오니의 최대 보관기간은?

① 30일
② 45일
③ 60일
④ 1년

해설 폐산·폐알칼리·폐유·폐유기용제·폐촉매·폐흡착제·폐흡수제·폐농약, 폴리클로리네이티드비페닐 함유 폐기물, 폐수처리 오니 중 유기성 오니는 45일 초과하여 보관 금지

46 증기운 폭발에 대한 설명으로 옳지 않은 것은?

① 증기운은 크기가 커질수록 착화 확률이 높아지게 된다.
② 증기운 폭발의 충격파는 최대 약 1psi 정도이다.
③ 증기운 폭발은 주변 공정 및 시설물에도 막대한 피해를 준다.
④ 방지 대책으로 인화성 액체의 누액 감지기를 설치한다.

해설 ② 증기운 폭발의 충격파는 최대 약 1atm(=14.7psi) 정도이며, 폭발 효율이 낮다.

정답 44 ① 45 ② 46 ②

47 NFPA 704에 대한 설명으로 옳지 않은 것은?

① 기타 위험성은 흰색으로 나타낸다.
② 지수는 1~4까지 4개의 등급으로 나뉜다.
③ 지수는 클수록 위험성이 높다.
④ 기타위험성은 숫자 대신 코드로 나타낸다.

해설 지수는 0~4까지 5개의 등급으로 나뉜다.

48 다음 중 다른 압력을 나타내는 것은?

① 11.76psi
② 0.709275bar
③ 70.9275kPa
④ 532mmHg

해설 ① 11.76psi = 0.8atm
②·③·④ 0.7atm

49 다음 중 가스 용기 취급 주의사항으로 옳지 않은 것은?

① 액화암모니아 가스 용기의 색은 백색, 액화염소 가스 용기의 색은 갈색이다.
② 밸브 조작으로 심각하게 안전상 문제가 있는 경우에는 핸들을 제거한다.
③ 고압가스 보관장소 주위 1m 이내에는 인화성 물질을 두지 않는다.
④ 가스 용기는 반드시 40℃ 이하의 직사광선이 없는 곳에서 보관해야 한다.

해설 ③ 고압가스 보관장소 주위 2m 이내에는 화기 또는 인화성 물질이나 발화성 물질을 두지 않는다.

47 ② 48 ① 49 ③ 정답

50 다음 그림문자의 의미와 거리가 먼 것은?

① 자기발열성
② 물반응성
③ 산화성
④ 유기과산화물

해설

산화성

51 화학물질 취급기준으로 옳지 않은 것은?

① 라벨이 손상된 화학약품은 내용물이 남아 있더라도 폐기한다.
② 인화물질을 다량 보관할 시에는 별도의 보관장소를 마련한다.
③ 저장소의 높이는 1.8m 이하로 한다.
④ 직사광선이 들지 않고 화학물질이 외부로 누출되지 않는 밀폐된 공간에 보관한다.

해설 직사광선이 들지 않고 환기가 잘 되는 공간에 보관한다.

52 과압안전장치에 대한 설명 중 옳은 것은?

① 릴리프밸브는 증기의 압력상승을 방지하기 위해 설치하는 장치이다.
② 안전밸브에 설치된 스톱밸브는 닫아 놓아야 한다.
③ 급격한 압력상승에는 파열판 설치가 가장 효과적이다.
④ 토출 측의 막힘으로 인한 압력상승이 설계압력을 초과할 우려가 있는 펌프의 흡입 측에 과압안전장치를 설치한다.

해설 ① 안전밸브는 증기의 압력상승을 방지하기 위해 설치하는 장치이다.
② 안전밸브에 설치된 스톱밸브는 그 밸브의 수리 등을 위하여 특별히 필요한 때를 제외하고는 항상 완전히 열어 놓는다.
④ 토출 측의 막힘으로 인한 압력상승이 설계압력을 초과할 우려가 있는 펌프의 출구 측에 과압안전장치를 설치한다.

정답 50 ③ 51 ④ 52 ③

53 폭발위험장소에 대한 설명으로 옳은 것은?

① 사고로 인해 시스템이 파손되는 경우에 위험물 유출이 우려되는 지역은 제1종 위험장소이다.

② 일반적으로 안전밸브 벤트 주위는 제0종 위험장소이다.

③ 제2종 위험장소는 정상 상태에서 폭발성 가스 또는 증기가 연속적으로 또는 장시간 존재하는 장소이다.

④ 제2종 위험장소에서 주로 비점화방폭구조를 많이 사용한다.

해설 ① 사고로 인해 시스템이 파손되는 경우에 위험물 유출이 우려되는 지역은 제2종 위험장소이다.
② 일반적으로 안전밸브 벤트 주위는 제1종 위험장소이다.
③ 제0종 위험장소는 정상 상태에서 폭발성 가스 또는 증기가 연속적으로 또는 장시간 존재하는 장소이다.

54 다음은 연소한계곡선이다. ㉠에 들어갈 용어로 옳은 것은?

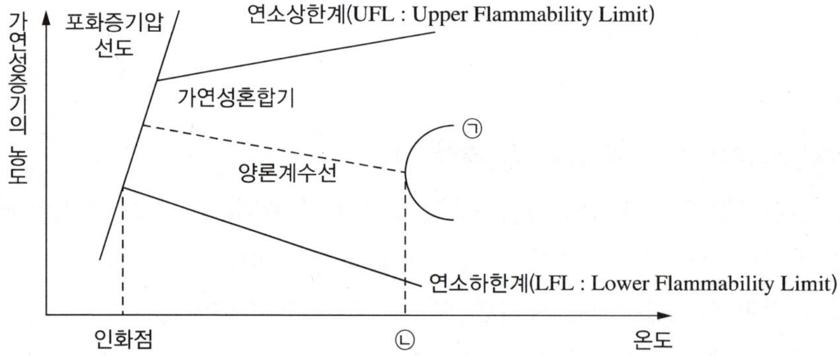

① 평균연소곡선

② 완전연소곡선

③ 자연발화곡선

④ 연소발열곡선

해설 ㉠은 자연발화곡선이다. ㉡은 자연발화점(AIT)이다.

53 ④ 54 ③ 정답

55 가스 저장 · 보관 주의사항으로 옳지 않은 것은?

① 발화성 · 독성 가스 용기는 환기가 잘 되는 장소에 구분 보관한다.
② 고압가스 보관장소 주위 2m 이내에는 화기 또는 인화성 · 발화성 물질을 두지 않는다.
③ 가스 용기가 넘어지지 않도록 벽 등에 고정하고 쇠사슬 등으로 확실히 고정한다.
④ 조연성 가스와 가연성 가스는 5m 이상의 거리를 두거나 2m 높이 이상의 불연성 · 내화성 장애물을 설치하여 분리 보관한다.

해설 조연성 가스와 가연성 가스는 6m 이상의 거리를 두거나 1.5m 높이 이상의 불연성 · 내화성 장애물을 설치하여 분리 보관한다.

56 다음에서 설명하는 것으로 옳은 것은?

물질이 액체로 존재할 수 있는 가장 낮은 온도

① 임계온도
② 삼중점
③ 인화점
④ 위험점

해설 삼중점은 물질의 증기 · 액체 · 고체 상태가 평형을 이루는 점으로, 물질이 액체로 존재할 수 있는 가장 낮은 온도이다.

57 다음 중 MSDS 게시장소로 적절하지 않은 곳은?

① 작업자 휴게실 내 쉽게 접근할 수 있는 장소에 설치된 전산장비
② 물질안전보건자료대상물질을 취급하는 작업공정이 있는 장소
③ 작업장 내 근로자가 가장 보기 쉬운 장소
④ 근로자가 작업 중 쉽게 접근할 수 있는 장소에 설치된 전산장비

정답 55 ④ 56 ② 57 ①

58 MSDS에서 〈보기〉의 항목을 확인하는 것은 어떠한 상황일 때인가?

보기
• 7번 항목(취급 및 저장방법) • 8번 항목(노출방지 및 개인보호구) • 13번 항목(폐기 시 주의사항)

① 화학물질이 외부로 누출되고 근로자에게 노출된 상황
② 화학물질로 인하여 폭발·화재 사고가 발생한 상황
③ 사업장 내 화학물질을 처음 취급·사용하거나, 폐기 또는 타 저장소 등으로 이동시키려는 상황
④ 화학물질 규제현황 및 제조·공급자에게 MSDS에 대한 문의사항이 있을 경우

59 가연성 가스이면서, 독성가스, 부식성 가스인 것은?

① 아세틸렌
② 아황산가스
③ 일산화탄소
④ 암모니아

해설 **가스의 종류**
- 가연성 가스 : 수소, 일산화탄소, 암모니아, 황화수소, 아세틸렌, 메탄, 프로판, 부탄 등
- 독성가스 : 일산화탄소, 염소, 포스겐, 황화수소, 암모니아 등
- 부식성 가스 : 염소, 불소, 암모니아, 염화수소, 아황산가스 등

60 가스 용기의 압력조절기에 대한 설명으로 옳지 않은 것은?

① 가스(가연성 가스 제외)를 사용하지 않을 때는 배출 압력 조절 놉을 반시계 방향으로 돌려 느슨하게 한다.
② 체크 밸브에 가까이 있는 압력계는 사용 압력계이다.
③ 압력 조절기는 가스 용기의 출구와 연결한다.
④ 가연성 가스와 일반 가스 용기의 나사선은 반대 방향으로 만들어져 있다.

해설 ② 체크 밸브에 가까이 있는 압력계는 실린더 압력계이다.

58 ③ 59 ④ 60 ② 정답

61 **다음 중 위험기계·기구의 방호장치의 목적으로 적절하지 않은 것은?**

① 기계·기구의 고장을 방지한다.
② 인적 손실을 방지한다.
③ 비산으로 인한 위험을 방지한다.
④ 위험 부위와 신체의 접촉을 방지한다.

해설 **방호장치의 목적**
- 작업자의 보호를 위한다.
- 인적·물적 손실을 방지한다.
- 기계 위험 부위의 접촉을 방지한다.
- 가공물 등의 낙하에 의한 위험을 방지한다.
- 위험 부위와 신체의 접촉을 방지한다.
- 비산으로 인한 위험을 방지한다.

62 **동력공구 안전수칙에 대한 설명으로 거리가 먼 것은?**

① 동력공구는 사용 전에 깨끗이 청소하고 점검한 다음 사용한다.
② 실험에 적합한 동력공구를 사용하고 사용하지 않을 때에는 적당한 상태를 유지한다.
③ 스파크 등이 발생할 수 있는 실험 시에는 인화성 물질을 제거한 후 실험을 실시한다.
④ 사용 후 전선의 피복 손상 여부를 확인한다.

해설 ④ 사용 전 전선의 피복이 손상된 부분이 없는지 확인한다.

63 **보건상 안전화 방법으로 보기 어려운 것은?**

① 호환성이 높은 부품을 사용한다.
② 작업점의 원격제어 방법을 적용한다.
③ 쉬운 주유 방법을 제공한다.
④ 주변 환경에 적합한 재료·부품을 사용한다.

해설 ②는 작업점의 안전화 방법이다.

정답 61 ① 62 ④ 63 ②

64 선반에 대한 설명으로 옳지 않은 것은?

① 기계 운전 중 백기어(back gear)의 사용을 금한다.
② 공구는 반드시 선반의 베드 위에 놓아야 한다.
③ 절삭칩의 제거는 반드시 브러시를 사용한다.
④ 센터작업을 할 때에는 심압센터에 자주 절삭유를 공급하여 열 발생을 막는다.

해설 ② 선반의 베드 위에는 공구를 놓아서는 안 된다.

65 다음 중 공작·가공기계 안전수칙 중 밀링에 대한 설명으로 옳지 않은 것은?

① 주축속도를 변속시킬 때는 반드시 주축이 정지한 후에 변환한다.
② 발생된 칩은 기계를 정지시킨 다음에 브러시 등으로 제거한다.
③ 급속이송은 양방향으로 할 수 있다.
④ 상하좌우 이송장치의 핸들은 사용 후 반드시 빼 두어야 한다.

해설 ③ 급속이송은 한 방향으로만 하고, 백래시 제거장치가 동작하지 않고 있음을 확인한 다음 행한다.

66 다음 중 고압멸균기(autoclave)의 주요 위험요소에 대한 설명으로 옳지 않은 것은?

① 감전 : 고전압을 사용하는 기기이며, 제품에 물 등 액체로 인한 쇼트 감전 위험이 있다.
② 고온 : 기기의 상부 접촉 또는 뚜껑의 개폐 시 고온에 의한 화상 위험이 있다.
③ 폭발·화재 : 부적절한 재료 또는 방법 등으로 인한 폭발 또는 화재 위험이 있다.
④ UV : 내부 살균용 자외선에 의한 눈, 피부의 화상 위험이 있다.

해설 ④ UV는 고압멸균기의 주요 위험요소에 해당하지 않는다.

64 ② 65 ③ 66 ④ 정답

67 다음 중 무균실험대의 안전수칙에 대한 설명으로 옳지 않은 것은?

① UV램프를 직접 눈으로 바라보지 않는다.

② 살균을 위한 가스버너 또는 알코올램프로 인한 화재사고를 조심하여야 한다.

③ 무균실험대 사용 중에는 UV램프를 상시 켜놓아야 한다.

④ 소독용 알코올 등이 쏟아지거나 흐른 경우 즉시 제거한다.

해설 ③ 무균실험대 사용 전 UV램프 전원을 반드시 차단하여 눈, 피부 화상사고를 예방하여야 한다.

68 다음 중 연삭숫돌에서 발생하는 현상으로 옳지 않은 것은?

① dressing

② loading

③ glazing

④ melting

해설 연삭숫돌에서 발생하는 현상으로 dressing, loading, glazing, shedding이 있다.

69 다음 중 원심분리기의 주요 위험요소로만 묶인 것은?

㉠ 고온	㉡ 끼임
㉢ 폭발	㉣ 충돌
㉤ 감전	㉥ 낙상

① ㉠, ㉢, ㉤

② ㉡, ㉢, ㉤

③ ㉡, ㉣, ㉤

④ ㉣, ㉤, ㉥

해설 ㉡ 끼임 : 덮개 또는 잠금장치 사이에 손가락 등이 끼일 위험이 있다.
㉣ 충돌 : 로터 등 회전체에 충돌하거나 접촉에 의한 신체 상해 위험이 있다.
㉤ 감전 : 제품에 물 등 액체로 인한 쇼트 감전이나 젖은 손으로 작동 시 감전될 위험이 있다.

정답 67 ③ 68 ④ 69 ③

70 다음 중 혼합기의 주요 위험요소에 대한 설명으로 옳지 않은 것은?

① 끼임 : 운전 또는 유지·보수 중 회전체에 끼일 위험이 있다.
② 감전 : 제품에 물 등 액체로 인한 쇼트 감전의 위험이 있다.
③ 쏟아짐 : 혼합기 작동 시 혼합재료가 튀거나 쏟아짐으로 인해 화학적 화상 또는 물리적 상해 등의 위험이 있다.
④ 충돌 : 회전체에 충돌하거나 접촉에 의한 신체 상해 위험이 있다.

해설 ④ 충돌은 혼합기의 주요 위험요소에 해당하지 않는다.

71 다음 중 조직절편기의 안전수칙에 대한 설명으로 옳지 않은 것은?

① 시료를 고정하기 전 블레이드를 설치한다.
② 사용 후에는 블레이드 안전가드로 덮는다.
③ 조직절편기에 적합한 장갑을 착용한다.
④ 파라핀 잔해물이 떨어진 경우 청소하여 미끄럼을 방지한다.

해설 ① 블레이드를 설치할 때 항상 시료부터 고정한다.

72 레이노 증후군과 관련 있는 물리적 위험요인으로 옳은 것은?

① 소음
② 진동
③ 레이저
④ 고열

해설 레이노 증후군(Raynaud)은 손가락이나 발가락 혈관에 허혈 발작이 생기고 피부 색조가 변하는 질환으로 진동과 관련 있는 질환이다.

70 ④ 71 ① 72 ② 정답

73 정전 시 승강기가 긴급 정지하는 것은 어떤 기능과 가장 관련이 있는가?

① 풀 프루프
② 페일 액티브
③ 페일 오퍼레이셔널
④ 페일 패시브

해설 ④ 기계 고장 시 즉시 장비가 멈추는 것은 페일 패시브이다.

74 고압(이상기압)의 위험성에 대한 설명으로 옳지 않은 것은?

① 1차적으로 치통이 발생할 수 있다.
② 1차적으로 출혈이 발생할 수 있다.
③ 2차적으로 질소의 마취작용 위험이 있다.
④ 4기압 이상 시 질소의 마취작용 위험이 있다.

해설 2차적으로 대기 가스 성분에 의한 중독증상이 발생할 수 있다.

75 〈보기〉는 무엇에 관한 예시인가?

보기
압력용기에 직렬로 설치된 안전밸브와 파열판

① 풀프루프
② 페일 패시브
③ 페일 오퍼레이셔널
④ 페일 액티브

해설 기계의 부품 또는 기능의 고장 시 경보를 울리며 일정 시간 해당 장비를 운전하도록 하는 시스템인 페일 액티브에 관한 예시이다.

정답 73 ④ 74 ③ 75 ④

76 Cardullo의 안전율을 구하는 공식에 사용되는 변수가 아닌 것은?

① 탄성률
② 반복률
③ 충격률
④ 여유율

해설 Cardullo의 안전율 : S = A(탄성률) × B(충격률) × C(여유율)

77 다음 중 연구실 내 물리적 유해인자에 대한 설명으로 옳지 않은 것은?

① 소음은 소음성 난청을 유발할 수 있는 80dB(A) 이상의 시끄러운 소리이다.
② 이상기압은 게이지압력이 cm^2당 1kg 초과 또는 미만인 기압이다.
③ 분진은 대기 중에 부유하거나 비산강하(飛散降下)하는 미세한 고체상의 입자상 물질이다.
④ 이상기온은 고열・한랭・다습으로 인하여 열사병・동상・피부질환 등을 일으킬 수 있는 기온이다.

해설 ① 소음은 소음성 난청을 유발할 수 있는 85dB(A) 이상의 시끄러운 소리이다.

76 ② 77 ① 정답

78 다음 중 레이저의 안전등급에 대한 설명으로 옳지 않은 것은?

① 1M등급 레이저는 특정 광학계 사용을 제외한 보통의 사용 조건에서는 안전하고 위해성이 없는 레이저이다.

② 2M등급 레이저는 직접적으로 레이저 광선에 노출되는 경우 잠재적인 위해성이 있고 가시광선 영역(400~700nm)에서 동작하는 경우에는 2등급 레이저 노출한계의 5배 이하의 출력을 가지고, 비가시광선 영역에서 동작하는 경우에는 1등급 레이저 노출한계의 5배 이하의 출력을 가지는 레이저이다.

③ 3B등급 레이저는 난반사되거나 산란된 레이저 광선에 의한 노출에는 안전하지만 직접적으로 레이저 광선에 노출되는 경우에는 위해성이 있는 레이저이다.

④ 4등급 레이저는 직접적인 노출뿐만 아니라 난반사 및 산란 등에 의한 간접적인 노출에도 위해성이 있고 안구 및 피부 손상, 화재 등의 사고를 야기할 수 있어 사용에 각별한 주의가 요구되는 레이저이다.

해설 ②는 3R등급 레이저에 대한 설명이다.

※ 2M등급 레이저 : 1/1M등급 레이저보다 더 높은 위해성을 가지는 레이저로서, 가시광선 영역(400~700 nm)의 파장에서 동작하고, 특정 광학계 사용을 제외한 보통의 사용조건에서 안구가 레이저 광선에 노출되었을 때 가시광선 특성상 유발된 눈 깜박임과 같은 반사작용을 통해 안구가 보호될 수 있는 수준까지의 출력 특성을 갖는 레이저이다. 이 경우 특정 광학계를 사용하여 레이저 광선을 관찰하는 경우 위해성이 있을 수 있다.

79 $2N/m^2$의 음압은 약 몇 dB의 음압수준인가?

① 85　　② 90

③ 100　　④ 110

해설

$$SPL[dB] = 20 \times \log\frac{P}{P_0} = 20 \times \log\frac{2N/m^2}{2 \times 10^{-5} N/m^2} = 100$$

80 내부피폭 방어 원칙에 해당되는 것은?

① 차단　　② 시간

③ 거리　　④ 차폐

해설
- 외부피폭 방어 원칙 : 시간, 거리, 차폐
- 내부피폭 방어 원칙 : 격납, 희석, 차단

정답 78 ② 79 ③ 80 ①

81 **생물체에 대한 국가관리 내용이 옳지 않은 것은?**

① 생물테러 감염병원체는 보건복지부령으로 규정한다.
② 인간이나 동식물에 사망, 고사, 질병, 일시적 무능화나 영구적 상해를 일으키는 생물체가 만드는 물질은 생물작용제이다.
③ 생물작용제와 독소는 「화학무기・생물무기의 금지와 특정화학물질・생물작용제 등의 제조・수출입 규제 등에 관한 법률」에서 규정한다.
④ 고위험병원체를 이용하는 유전자재조합실험을 실시하고자 하는 경우에는 반드시 실험 전에 질병관리청의 실험 승인을 획득해야 한다.

해설 ② 인간이나 동식물에 사망, 고사, 질병, 일시적 무능화나 영구적 상해를 일으키는 생물체가 만드는 물질은 독소이다.

82 **고압증기멸균기에 대한 설명으로 옳지 않은 것은?**

① 연구실 등에서 널리 사용되는 습열멸균법으로, 일반적으로 121℃에서 15분간 처리하여 생물학적 활성을 제거하는 방식이다.
② 정확하고 올바른 실험과 미생물 등을 포함한 감염성 물질들을 취급하면서 발생하는 의료폐기물을 안전하게 처리하기 위해 사용한다.
③ 고압증기에 의한 오염제거 효과는 대상물질의 온도 및 노출시간에 따라 달라진다.
④ 멸균 시, 멸균 수행여부를 확인하기 위해 보통 테이프 지표인자를 사용한다.

해설 ④ 화학적 지표인자는 고압증기멸균기의 작동 유무는 확인할 수 있으나 실제 멸균시간 동안 사멸되었는지 증명하지 못한다.

81 ② 82 ④ 정답

83 위해의료폐기물이 아닌 것은?

① 조직물류폐기물
② 손상성폐기물
③ 격리의료폐기물
④ 혈액오염폐기물

해설

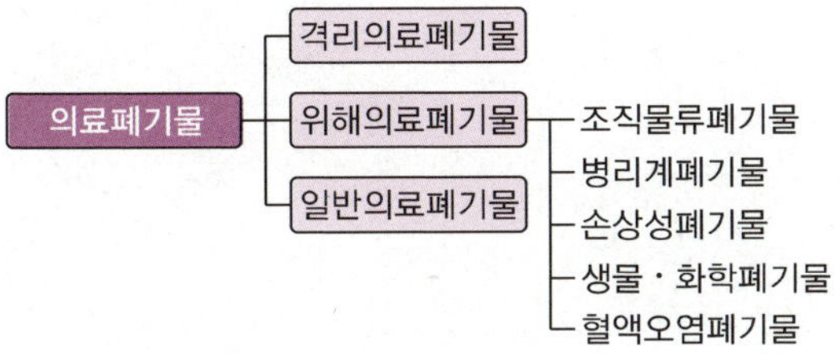

84 다음에서 설명하는 개념은?

> 모든 형태의 생물, 특히 미생물을 파괴하거나 제거하는 물리적 · 화학적 행위 또는 처리 과정을 의미한다.

① 세척 ② 소독
③ 멸균 ④ 제거

85 생물안전 조직에 대한 설명으로 옳지 않은 것은?

① 생물안전관리책임자가 될 수 있는 자격요건을 갖춘 사람은 생물안전관리자가 될 수 있다.
② 고위험병원체 취급시설에 대한 안전관리는 고위험병원체 전담관리자의 역할이다.
③ 유전자재조합실험의 위해성 평가는 시험 · 연구책임자의 역할이다.
④ 기관 내 의료관리자를 둘 수 없을 시 지역사회 병 · 의원과 연계하여 자문을 제공할 수 있는 의료관계자를 선임한다.

해설 ② 고위험병원체 취급시설에 대한 안전관리는 고위험병원체 취급시설 설치 · 운영 책임자의 역할이다.

정답 83 ③ 84 ③ 85 ②

86 연구실 내 감염성 물질 유출 사고 예방대책으로 옳지 않은 것은?

① 감염성 물질을 수송하는 동안에도 여러 가지 물리적 변화에 견딜 수 있도록 튼튼하게 포장한다.

② 감염성 물질 보관 시 시건장치 등 유실, 도난, 유출 등에 대한 예방조치를 한다.

③ 연구실 관련자 모두 법정안전교육을 이수한다.

④ 매일 특별안전점검을 실시한다.

해설 ④ 일상점검을 실시한다.

87 다음에서 설명하는 연구시설 안전등급은?

- 기관생물안전위원회 구성 – 필수
- 생물안전관리자 지정 – 권장
- 생물안전관리책임자 임명 – 필수
- 생물안전관리 규정 마련 – 필수

① 1등급

② 2등급

③ 3등급

④ 4등급

해설 안전등급별 생물안전 조직·관리

구분	BL1	BL2	BL3	BL4
기관생물안전위원회 구성	권장	필수	필수	필수
생물안전관리책임자 임명	필수	필수	필수	필수
생물안전관리자 지정	권장	권장	필수	필수
생물안전관리규정 마련	권장	필수	필수	필수
생물안전지침 마련	권장	필수	필수	필수

86 ④ 87 ② 정답

88 다음 중 LMO법 적용대상이 아닌 것은?

① LMO를 연구하는 시설을 설치하고자 하는 자
② 인체용 의약품으로 사용되는 LMO를 개발하고자 하는 자
③ 연구용 LMO를 생산하고자 하는 자
④ LMO법 적용 대상인 LMO를 운반하고자 하는 자

해설 LMO법 적용대상
- 「유전자변형생물체법」 적용 대상 유전자변형생물체를 수입・수출・운반・판매・보관하고자 하는 자
- 유전자변형생물체를 개발・실험・생산하고자 하는 자
- 유전자변형생물체를 연구하는 시설을 설치・운영하고자 하는 자

※ 인체용 의약품으로 사용되는 유전자변형생물체에 대하여는 적용하지 아니한다.

89 생물 연구시설 설치・운영 기준 중 안전관리 1등급에서는 '권장'이면서, 안전관리 2등급에서는 '필수'인 기준에 대한 설명으로 옳지 않은 것은?

① 실험실 출입문은 항상 닫아 두며 승인받은 자만 출입
② 전용 실험복 등 개인보호구 비치 및 사용
③ 실험구역에서 실험복을 착용하고 일반구역으로 이동 시에 실험복 탈의
④ 취급 병원체에 대한 백신이 있는 경우 접종

해설 ④는 안전관리 2등급에서는 '권장'이면서, 안전관리 3등급에서는 '필수'인 기준이다.

90 혼합 불가능한 의료폐기물의 조합은?

① 골판지류 용기 : 고상의 병리계폐기물 + 고상의 생물・화학폐기물
② 봉투형 용기 : 고상의 생물・화학폐기물 + 고상의 일반의료폐기물
③ 합성수지류 용기 : 손상성폐기물 + 액상의 혈액오염폐기물
④ 골판지류 용기 : 치아 + 고상의 혈액오염폐기물

해설 ③ 합성수지류 용기 : 액상(병리계, 생물・화학, 혈액오염)의 경우 혼합보관이 가능

정답 88 ② 89 ④ 90 ③

91 **LMO 관리대장 2종의 보존기간으로 옳은 것은?**

① 20년
② 15년
③ 10년
④ 5년

해설 LMO 관리대장 2종의 보존기간은 5년이다.

92 **생물안전관리책임자 지정을 위한 교육은 몇 시간 이수해야 하는가?(단, 생물안전 3등급의 연구시설이다)**

① 4시간 이상
② 8시간 이상
③ 12시간 이상
④ 20시간 이상

해설 ④ 생물안전관리책임자 지정을 위한 사전교육은 3등급 이상 연구시설 보유 기관의 경우 20시간 이상 이수하여야 한다.

93 **생물안전 관리 조직·인력 중 생물안전관리책임자의 업무로 옳지 않은 것은?**

① 윤리적 문제발생의 사전방지에 필요한 조치 사항
② 기관 내 생물안전 준수사항 이행 감독에 관한 사항
③ 기관 내 생물안전 교육·훈련 이행에 관한 사항
④ 실험실 생물안전 사고 조사 및 보고에 관한 사항

해설 ①은 시험·연구기관장의 업무이다.

91 ④ 92 ④ 93 ① 정답

94 IBC에 대한 설명으로 옳지 않은 것은?

① 생물안전 관련사항 자문기구로, 기관 내에서 수행되는 유전자재조합실험의 생물안전을 확보하기 위해 구성·운영된다.
② 생물안전 2등급 이상을 보유한 기관은 기관생물안전위원회를 설치·운영해야 한다.
③ 위원장 1인, 생물안전관리책임자 1인, 외부위원 1인을 포함한 10인 이상의 위원으로 구성한다.
④ 기관 내 생물안전 확보에 관한 사항에 대해 시험·연구기관장의 자문에 응한다.

해설 ③ 위원장 1인, 생물안전관리책임자 1인, 외부위원 1인을 포함한 5인 이상의 위원으로 구성한다.

95 다음 중 생물체의 위험군 분류 시 고려할 사항으로 가장 거리가 먼 것은?

① 생물체의 병원성
② 생물체의 항상성
③ 생물체로 인한 질병의 효과적인 치료 조치
④ 인체에 대한 감염량

해설 위험군 분류 시 주요고려사항
- 해당 생물체의 병원성
- 해당 생물체의 전파방식 및 숙주범위
- 해당 생물체로 인한 질병에 대한 효과적인 예방 및 치료 조치
- 인체에 대한 감염량 등 기타 요인

96 고위험병원체 취급시설 허가받은 자가 질병관리청장으로부터 받는 점검의 주기로 옳은 것은?

① 매 2년　　② 매 3년
③ 매 4년　　④ 매 5년

해설 질병관리청장은 고위험병원체의 안전관리를 위하여 고위험병원체 취급시설의 설치·운영 허가를 받거나 신고를 한 자로 하여금 보고를 하게 하거나 자료 또는 시료의 제출을 요구할 수 있으며, 매 3년마다 고위험병원체 취급시설의 설치·운영 상태를 확인하여, 그 결과를 취급시설의 설치·운영자에게 통보해야 한다.

정답 94 ③ 95 ② 96 ②

97 생물학적 위해요소의 위해수준을 증가시키는 요소와 거리가 먼 것은?

① 에어로졸 발생실험

② 대량배양실험

③ 물리적 밀폐실험

④ 실험실-획득 감염 병원체 이용

해설 위해수준을 증가시키는 요소

- 에어로졸 발생실험
- 대량배양실험
- 실험동물 감염실험
- 실험실-획득 감염 병원체 이용
- 미지 또는 해외 유입 병원체 취급
- 새로운 실험방법・장비 사용
- 주사침 또는 칼 등 날카로운 도구 사용 등

98 BS계의 숙주로 옳은 것은?

① 대장균 K12균주

② 고초균 Marburg 168주

③ 효모

④ 슈도모나스 퓨티다

해설 숙주-벡터계

숙주-벡터계	숙주	벡터
EK계	대장균 K12균주(*Escherichia coli* K12)	그 플라스미드* 또는 파지
BS계	그람양성균의 1종인 고초균(*Bacillus subtilis*) Marburg 168주	그 플라스미드* 또는 파지
SC계	효모(*Saccharomyces cerevisiae*)	그 플라스미드*

* 플라스미드 : 세포 내에서 세대를 통하여 안정하게 자손에게 유지・전달됨에도 불구하고 염색체와는 별개로 존재하여 자율적으로 증식하는 유전자의 총칭

97 ③ 98 ② 정답

99 **LMO 시설 안전관리 등급에 대한 설명으로 옳지 않은 것은?**

① LMO와 이를 이용하는 실험의 위해 가능성을 고려하여 등급을 결정한다.

② LMO를 만들기 위해 사용되는 숙주생물체와 공여생물체의 특성을 파악한다.

③ 운반체의 종류와 기능, 도입유전자의 기능, 도입유전자에 의해서 새롭게 부여되는 특성을 고려한다.

④ 시설 등급이 작을수록 위험한 생물체를 취급할 수 있다.

해설 ④ 시설 등급이 클수록 위험한 생물체를 취급할 수 있다.

100 **생물 보안의 주요 요소에 대한 설명으로 옳지 않은 것은?**

① 출입자 관리, 경보 등 침입에 대한 인지는 물리적 보안이다.

② 인력 채용 시 근무할 연구시설이나 구역의 정도에 따라 다르게 조사하는 것은 정보 보안이다.

③ 병원체와 독소를 관리하는 것은 물질통제 보안이다.

④ 출입 허가자 명단은 정보보안과 관련이 있다.

해설 ② 인력 채용 시 근무할 연구시설이나 구역의 정도에 따라 다르게 조사하는 것은 인적 보안이다.

정답 99 ④ 100 ②

제6과목 연구실 전기 · 소방 안전관리

101 다음 물질 중 35℃에서 발화할 수 있는 것은?

① 에탄올

② 황린

③ 휘발유

④ 부탄

해설 화학물질의 발화점 : 에탄올 : 363℃, 황린 : 34℃, 휘발유 : 257℃, 부탄 : 365℃

102 프로판 가스의 MOC를 구하시오.

① 9.5 ② 10.5

③ 12 ④ 14.5

해설 $C_3H_8 + 5O_2 \rightarrow 3CO_2 + 4H_2O$

프로판의 LFL = 2.1%

$MOC = LFL \times O_2 = 2.1 \times 5 = 10.5$

103 연기의 유동에 대한 설명으로 옳지 않은 것은?

① 고층일수록 굴뚝효과가 크게 나타난다.

② 온도의 상승으로 공기가 팽창하고, 이는 연기의 확산을 가중시켜 열팽창 효과도 증가한다.

③ 피스톤 효과로 인해 연기의 유동이 발생할 수 있다.

④ 화재로 발생된 고온의 연기는 부피가 팽창하여 부력을 가지고 상승기류를 형성한다.

해설 ② 온도상승에 따른 열팽창 효과는 적어진다.

101 ② 102 ② 103 ② 정답

104 다음은 무엇에 대한 설명인가?

> • 미리 연료(기체 연료)와 공기를 혼합하여, 버너로 공급하여 연소시키는 방식이다.
> • 화염은 짧고 고온으로 되며, 고부하 연소가 용이하고 연소실 용적이 작아도 된다는 장점이 있다.

① 확산연소 ② 예혼합연소
③ 증발연소 ④ 분무연소

해설 **예혼합연소**
- 미리 연료(기체 연료)와 공기를 혼합하여 버너로 공급하여 연소시키는 방식이다.
- 공기와 연료를 미리 혼합해 두어서 버너에서 연소반응이 신속히 행해질 수 있다.
- 화염이 짧고 고온이다.
- 고부하 연소가 용이하고 연소실 용적이 작아도 된다.
- 역화(flash back)의 위험성이 있다.
- 부상 화염(lifted flame)으로 되기 쉽다.

105 고체의 연소의 종류가 아닌 것은?

① 분해연소 ② 증발연소
③ 표면연소 ④ 분무연소

해설 ④는 액체의 연소이다.

106 소화의 종류 중 제거소화에 대한 예시로 가장 거리가 먼 것은?

① 가연물이 들어 있는 용기를 밀폐하여 소화한다.
② 양초의 가연물(화염)을 불어서 날려 보낸다.
③ 유류탱크 화재 시 탱크 밑으로 기름을 빼내어 탈 수 있는 물질을 제거한다.
④ 진행방향의 나무를 잘라 제거하거나 맞불로 제거한다.

해설 ①은 질식소화에 대한 예시이다.

정답 104 ② 105 ④ 106 ①

107 다음 그래프 중 flash over가 발생한 지점은?

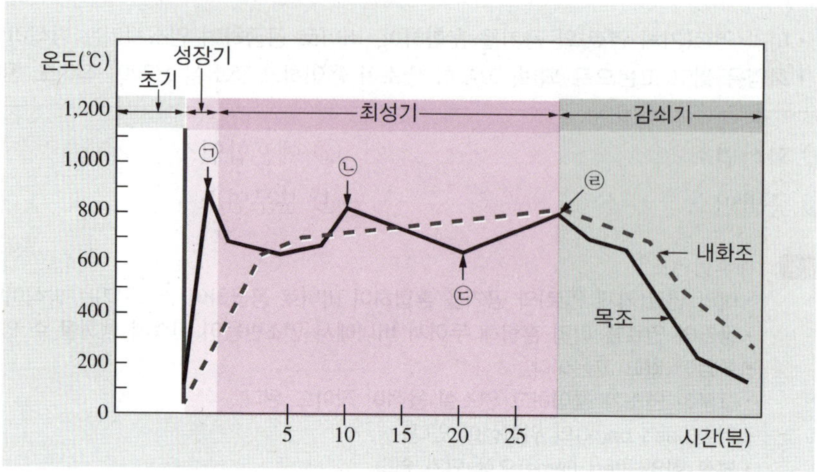

① ㉠ ② ㉡

③ ㉢ ④ ㉣

해설 성장기와 최성기 직전 갑자기 온도가 상승한 ㉠ 지점에서 flash over가 발생하였다.

108 전기를 물에 비유했을 때 알맞게 짝지은 것은?

① 전압 – 수류

② 저항 – 수위의 높이 차이

③ 전선 – 수로

④ 전류 – 수로 내부의 마찰

해설 ① 전류 – 수류
② 전압 – 수위의 높이 차이
④ 저항 – 수로 내부의 마찰

107 ① 108 ③ 정답

109 연소범위가 2.1~9.5%인 가연성가스로 옳은 것은?

① 수소
② 암모니아
③ 프로판
④ 아세틸렌

해설 프로판의 연소범위는 2.1~9.5%이다.

110 다음 중 피난구조설비가 아닌 것은?

① 통합감시시설
② 유도등
③ 휴대용 비상조명등
④ 인명구조기구

해설 ①은 경보설비이다.

정답 109 ③ 110 ①

111 다음은 어떤 접지시스템 시설인가?

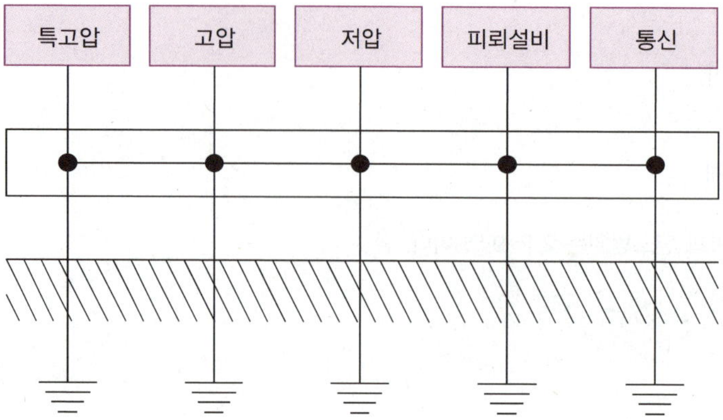

① 단독접지　　② 통합접지
③ 공통접지　　④ 공유접지

112 전기기계 작업을 하는 작업자가 전압이 300V인 충전부분에 땀에 젖은 손이 닿아 감전되어 사망하였다. 이때 인체에 통전된 심실세동전류의 통전시간(ms)을 구하면?(단, 땀에 젖은 손의 저항은 30Ω 이라고 가정한다)

① 0.17
② 0.27
③ 0.37
④ 0.47

해설 Dalziel의 식(심실세동 전류, 통전시간)

$$I=\frac{165}{\sqrt{T}}\times 10^{-3}\ \left(\frac{1}{120}\sim 5\text{초}\right)$$

[I : 1,000명 중 5명 정도가 심실세동을 일으키는 전류 값(A), T : 통전시간(s)]

$V=IR$에 대입하면 300V = $I\times$ 30Ω에서 I = 10A

$I=\frac{165}{\sqrt{T}}\times 10^{-3}$에 대입하면 10A$=\frac{165}{\sqrt{T}}\times 10^{-3}$에서 $T=2.7225\times 10^{-4}$s ≒ 0.27ms

111 ② 112 ② 정답

113 **주로 진동에 의한 접속 단자부 나사의 느슨함, 접촉면의 부식, 개폐기의 접촉부 및 플러그의 변형 등에 의해 발생하는 전기화재의 원인은 무엇인가?**

① 단락 ② 누전
③ 합선 ④ 접촉불량

114 **정전 작업 시 안전조치 중 전로차단 절차로 옳지 않은 것은?**

① 전기기기 등에 공급되는 모든 전원을 관련 도면, 배선도 등으로 확인할 것
② 전원을 차단한 후 각 단로기 등을 개방하고 확인할 것
③ 차단장치나 단로기 등에 잠금장치 및 꼬리표를 부착할 것
④ 모든 이상 유무를 확인한 후 전기기기 등의 전원을 투입할 것

해설 ④는 전원 공급 전 안전조치이다.

115 **제5류 위험물의 화재 초기 소화방법으로 가장 적절한 것은?**

① 마른 모래, 팽창질석, 팽창진주암 사용
② 이산화탄소로 질식소화
③ 알코올형 포 소화약제 사용
④ 다량의 물로 주수소화

해설 **제5류 위험물의 소화방법**
- 화재 초기 또는 소형화재 시 다량의 물로 주수소화(이 외에는 소화가 어려움)
- 소화가 어려울 시 가연물이 다 연소할 때까지 화재의 확산을 막아야 함
- 물질 자체가 산소를 함유하고 있으므로 질식소화는 효과적이지 않음

정답 113 ④ 114 ④ 115 ④

116 저장 시 산소가 포함되지 않은 석유류에 저장해야 하는 것은?

① 황린
② 질산
③ 과망가니즈산포타슘
④ 소듐

117 B급 대형소화기의 능력단위 기준으로 옳은 것은?

① 10단위 이상
② 15단위 이상
③ 20단위 이상
④ 25단위 이상

해설 ③ 대형소화기의 능력단위 기준은 A급 10단위, B급 20단위 이상이다.

118 자동화재탐지설비의 수신기 설치기준에 대한 설명으로 옳지 않은 것은?

① 발신기 기준 20m 이내의 장소에 설치한다.
② 수신기가 설치된 장소에는 경계구역 일람도를 비치해야 한다.
③ 수신기의 음향기구는 그 음량 및 음색이 다른 기기의 소음 등과 명확히 구별될 수 있는 것으로 한다.
④ 하나의 경계구역은 하나의 표시등 또는 하나의 문자로 표시되도록 한다.

해설 ① 수위실 등 상시 사람이 근무하는 장소에 설치한다.

116 ④ 117 ③ 118 ① 정답

119 **교류전압 중 3상 3선식에 대한 설명으로 옳지 않은 것은?**

① 델타결선이라고도 한다.

② 3개의 교류전원들이 서로 직접적으로 연결되는 방식이다.

③ 서로 다른 2개의 교류전원이 하나의 전선으로 연결되며, 이러한 선들이 3개인 형태이다.

④ 선간전압 = 상전압 × $\sqrt{3}$

해설 ④ 선간전압 = 상전압

120 **포 소화약제에 대한 설명으로 옳지 않은 것은?**

① 일반적으로 기계포 소화설비는 약 90% 이상의 물과 계면활성제 등의 혼합물에서 다시 공기를 혼합하여 포를 일으켜 발포한다.

② 화원에 다량의 포를 방사하여 화원의 표면을 덮으면 공기 공급이 차단되기 때문에 주소화효과는 질식효과이며 포의 수분이 증발하면서 냉각소화 효과도 있다.

③ 기계포는 팽창비가 커서 옥외 대규모 유류탱크 화재에 적합하다.

④ 포 소화약제는 주로 변전실에서 사용된다.

해설 ④ 포 소화약제는 주로 변전실, 금수성 물질, 인화성 액화가스 등에는 사용이 제한된다.

정답 119 ④ 120 ④

121 다음 중 물리적 유해인자로 분류되는 것이 아닌 것은?

① 먼지
② 진동
③ 온열
④ 방사선

해설 ① 먼지는 화학적 유해인자이다. 물리적 유해인자는 인체에 에너지로 흡수되어 건강장해를 초래하는 물리적 특성으로 이루어진 유해인자로, 소음, 진동, 고열, 이온화방사선(α선, β선, γ선, X선 등), 비이온화방사선(자외선, 가시광선, 적외선, 라디오파 등), 온열, 이상기압 등이 있다.

122 희석에 필요한 전체환기량(m^3/h)을 계산하면?

- 유해물질의 비중 : 0.88
- 유해물질의 사용량 : 8L/h
- 분자량 : 78
- 노출기준 : 15ppm
- 작업장 내 : 온도 21℃, 공기혼합 불완전

① 약 415,000m^3/h
② 약 435,000m^3/h
③ 약 455,000m^3/h
④ 약 475,000m^3/h

해설 희석 $Q = \dfrac{24.1 \times S \times G \times K \times 10^6}{M \times TLV}$

$S = 0.88$, $G = 8$(L/h), $K = 3$, $M = 78$, $TLV = 15$를 식에 대입하면

$Q = 435,036$(m^3/h)이다.

121 ① 122 ② 정답

123 정화통 외부 측면의 표시색이 노란색인 정화통의 대상 유해물질은?

① 금속흄
② 암모니아 가스
③ 사이안화수소 증기
④ 아황산 가스

해설 정화통의 종류

정화통 종류	대상 유해물질	정화통 외부 측면의 표시색
유기화합물용	유기용제 등의 가스나 증기	갈색
할로겐용	할로겐 가스나 증기	회색
황화수소용	황화수소 가스	
사이안화수소용	사이안화수소 가스나 사이안산 증기	
아황산용	아황산 가스나 증기	노란색
암모니아용	암모니아 가스나 증기	녹색
복합용 및 겸용	• 복합용 : 해당 가스 모두 표시한다. • 겸용 : 백색과 해당 가스 모두 표시한다.	

124 보호장갑에 대한 설명으로 옳지 않은 것은?

① 기름성분에 잘 버티는 일회용 장갑은 니트릴글로브이다.
② 화학물질을 다룰 때 사용하는 재사용 장갑은 클로로프렌글로브이다.
③ 화학물질용 안전장갑은 1~6의 성능수준이 있고, 1에 가까울수록 보호성능이 우수하다.
④ 테플론글로브는 내열성이 좋다.

해설 ③ 화학물질용 안전장갑은 1~6의 성능수준이 있고, 숫자가 클수록 보호성능이 우수하다.

125 교류에서 최대사용전압이 7,500V인 내전압용 절연장갑은 몇 등급인가?

① 00등급 ② 0등급
③ 1등급 ④ 2등급

해설 내전압용 절연장갑 등급

등급	00등급	0등급	1등급	2등급	3등급	4등급
장갑 색상	갈색	빨간색	흰색	노란색	녹색	등색
최대사용전압(교류, V)	500	1,000	7,500	17,000	26,500	36,000

정답 123 ④ 124 ③ 125 ③

126 STEL에 대한 설명으로 옳지 않은 것은?

① 4회 측정 시 각각 다른 시료로 포집하며 측정한 4회 중 2회 이상 초과하면 초과로 판정한다.
② 노출이 균일하지 않은 작업특성으로 인하여 단시간 노출평가가 필요할 시 TWA 측정에 추가하여 단시간 측정을 할 수 있다.
③ 독성을 단시간 내에 나타내는 유해물질에 대한 장애를 예방하기 위한 농도 기준이다.
④ STEL은 TWA 측정에 대한 보충적인 수단이다.

해설 ① 4회 측정 시 각각 다른 시료로 포집하며 측정한 4회 중 1회라도 초과하면 초과로 판정한다.

127 벤젠의 발암성에 대한 설명으로 옳지 않은 것은?

① 표적장기는 조혈기이다.
② 고용노동부고시에 따르면 1A로 분류된다.
③ IARC에 따르면 Group 1에 속한다.
④ ACGIH에 따르면 A2이다.

해설 ④ ACGIH에 따르면 A1이다.

128 상온에서 액체물질을 휘젓거나, 뿌리거나, 끓이거나, 거품을 낼 때 공기 중으로 발생되는 액체 미립자라는 정의를 가진 용어는?

① 먼지
② 흄
③ 미스트
④ 섬유

해설 미스트에 대한 설명이다.

126 ① 127 ④ 128 ③ 정답

129 근골격계질환 예방관리 프로그램을 수립해야 하는 경우로 옳지 않은 것은?

① 근골격계질환을 업무상 질병으로 인정받은 근로자가 5명 발생한 사업장으로서 발생 비율이 그 사업장 근로자 수의 13%인 경우
② 근골격계질환 예방과 관련하여 노사 간 이견이 지속되는 사업장으로서 고용노동부장관이 필요하다고 인정하여 근골격계질환 예방관리 프로그램을 수립하여 시행할 것을 명령한 경우
③ 근골격계질환을 업무상 질병으로 인정받은 근로자가 연간 10명 발생한 사업장으로서 발생 비율이 그 사업장 근로자 수의 10%인 경우
④ 근골격계질환을 업무상 질병으로 인정받은 근로자가 10명 이상 발생한 사업장으로서 발생 비율이 그 사업장 근로자 수의 5%인 경우

해설 근골격계질환 예방관리 프로그램을 수립해야 하는 경우

- 근골격계질환을 업무상 질병으로 인정받은 근로자가 연간 10명 이상 발생한 사업장으로서 발생 비율이 그 사업장 근로자 수의 10% 이상인 경우
- 근골격계질환을 업무상 질병으로 인정받은 근로자가 5명 이상 발생한 사업장으로서 발생 비율이 그 사업장 근로자 수의 10% 이상인 경우
- 근골격계질환 예방과 관련하여 노사 간 이견이 지속되는 사업장으로서 고용노동부장관이 필요하다고 인정하여 근골격계질환 예방관리 프로그램을 수립하여 시행할 것을 명령한 경우

130 Selye의 일반적응 징후군에 대한 설명으로 옳지 않은 것은?

① 호르몬 분비로 인하여 저항력이 높아지는 저항 반응을 수반하는 것은 2단계 반응이다.
② 3단계는 소진반응이다.
③ 두통, 근육통, 식욕감퇴는 경고반응이다.
④ 스트레스에 대한 인간의 반응을 4단계로 분류하였다.

해설 ④ 스트레스에 대한 인간의 반응을 3단계로 분류하였다.

정답 129 ④ 130 ④

131 스트레스에 의한 건강장해 예방조치 사항에 대한 설명으로 가장 거리가 먼 것은?

① 뇌혈관 및 심장질환 발병위험도를 평가하여 금연 프로그램을 시행한다.
② 작업량·작업일정 등 작업계획 수립 시 해당 근로자의 의견을 반영한다.
③ 작업과 휴식을 적절하게 배분하는 등 근로시간과 관련된 근로조건을 개선한다.
④ 직무스트레스 요인, 건강문제 발생가능성 등을 근로자들을 관리하는 직책의 사람에게 충분히 교육시킨다.

해설 ④ 근로자에게 해당 작업에 대한 직무스트레스 요인, 건강문제 발생가능성 및 대비책 등에 대하여 충분히 설명한다.

132 청각적 표시장치 설계에 관한 사항으로 옳지 않은 것은?

① 신호음은 배경 소음과는 다른 주파수를 사용한다.
② 신호는 최소한 0.5~1초 동안 지속한다.
③ 소음은 한쪽 귀에, 신호는 양쪽 귀에만 들리도록 한다.
④ 주변 소음은 주로 저주파이므로 은폐효과를 막기 위해 500~100Hz 신호를 사용한다.

해설 ③ 소음은 양쪽 귀에, 신호는 한쪽 귀에만 들리도록 한다.

133 MSDS 작성원칙으로 가장 적절하지 않은 것은?

① MSDS 항목 입력값은 해당 국가의 우수실험실기준(GLP) 및 국제공인시험기관 인정(KOLAS)에 따라 수행한 시험결과를 우선적으로 고려하여야 한다.
② 외국어로 되어 있는 MSDS는 반드시 한글로 번역하여야 한다.
③ 부득이하게 작성 불가 시 "자료 없음" 또는 "해당 없음"을 기재한다.
④ 구성성분의 함유량 기재 시 함유량의 ±5%P 내에서 범위(하한값~상한값)로 함유량을 대신하여 표시할 수 있다.

해설 ② 실험실에서 시험·연구목적으로 사용하는 시약으로서 MSDS가 외국어로 작성된 경우는 한국어로 번역하지 않을 수 있다.

131 ④ 132 ③ 133 ② 정답

134 휴먼에러에 대한 설명으로 틀린 것은?

① 시스템의 기능을 열화시킬 가능성이 있는 인간의 작업요소이다.
② 업무의 단조로움은 휴먼에러 발생의 외적 요인이다.
③ 시간지연오류, 생략오류는 휴먼에러를 원인 차원에서 분류한 것이다.
④ 스트레스가 심할 때 휴먼에러가 나타날 수 있다.

해설 시간지연오류, 생략오류는 휴먼에러를 행동 차원에서 분류한 것이다.

135 다음 중 경고표지의 예방·조치문구로 옳은 것은?

①

② P403 + P233
③ H290
④ Cas no. 7664-93-9

해설 ② 예방·조치문구 : 환기가 잘 되는 곳에 보관하시오. 용기를 단단히 밀폐하시오.
① 그림문자 : 수생환경 유해성
③ 유해·위험문구 : 금속을 부식시킬 수 있음
④ 물질명 : 황산

136 연구실에 폭이 90cm 이상인 문을 설치하는 것은 인체특성 설계방법 중 무엇을 이용한 것인가?

① 조절식 설계
② 최대치 설계
③ 최소치 설계
④ 평균치 설계

해설 인체 특성의 최대치(폭 90cm)를 사용한 설계방법이다.

137 근골격계질환 유해요인 조사의 정밀평가 방법으로 옳지 않은 것은?

① NLE

② RULA

③ REBA

④ ETA

해설 ④ ETA(사상수 분석, Event Tree Analysis)는 시스템이나 기기의 인과관계를 도시하여 유해위험요인을 확률적으로 분석하는 정량적 분석방법이다.

138 인간공학에 대한 설명으로 옳지 않은 것은?

① 인간의 특성을 응용하여 편리성, 안전성, 효율성을 제고하고자 하는 학문이다.

② 인간의 생리적 · 심리적 한계점을 체계적으로 응용하여 안전하고 효율적으로 사용할 수 있도록 노력한다.

③ 인간공학의 철학은 과거 기계중심이었던 것이, 현재는 인간중심으로 바뀌었다.

④ 인간공학 용어로 ergonomics를 주로 사용하는데, 작업의 의미를 가진 그리스어 ergo와 법칙이라는 의미를 가진 nomos의 두 단어로부터 만들어진 합성어이다.

해설 ③ 인간공학의 철학적 변화는 기계중심 → 인간중심 → 인간-기계 시스템으로 변화하고 있다.

137 ④ 138 ③ 정답

139 ㉠의 작업공간을 지칭하는 용어는?

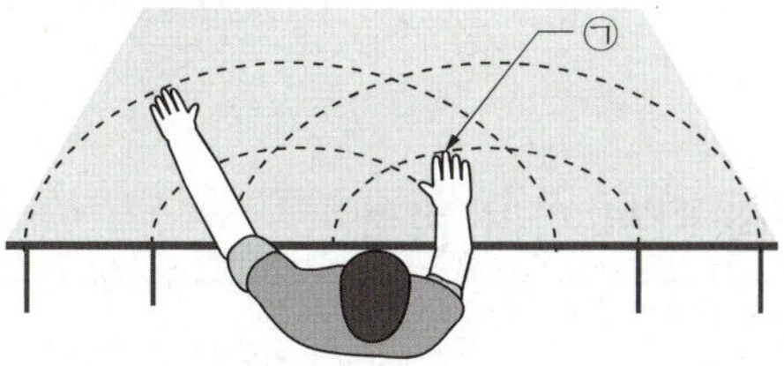

① 최대작업역
② 정상작업역
③ 작업포락면
④ 최적작업역

해설 작업공간 영역

작업포락면	사람이 작업을 하는 데 사용하는 공간
정상작업역 (최소작업역)	• 상완을 자연스럽게 몸에 붙인 채로 전완을 움직일 때 도달하는 영역 • 주요 부품·도구들 위치
최대작업역	• 어깨에서부터 팔을 뻗쳐 도달하는 최대영역 • 모든 부품·도구들 위치

140 NFPA 704의 기타위험성의 표시 문자의 해석이 옳지 않은 것은?

① COR : 부식성
② OX : 산화제 주의
③ ₩ : 물 주의
④ BIO : 생물학적 위험성

해설 ② OX : 산화제

정답 139 ② 140 ②

제 2 회 실전모의고사

제1과목 연구실 안전 관련 법령

01 **「연구실안전법」상 연구실안전관리사가 될 수 없는 사람의 기준으로 틀린 것은?**

① 미성년자, 피성년후견인

② 금고 이상의 실형을 선고받고 그 집행을 받지 아니하기로 확정된 날부터 3년이 지나지 아니한 사람

③ 금고 이상의 형의 집행유예를 선고받고 그 유예기간 중에 있는 사람

④ 연구실안전관리사 자격이 취소된 후 3년이 지나지 아니한 사람

해설 결격사유 – 연구실안전관리사가 될 수 없는 사람(법 제36조)

- 미성년자, 피성년후견인
- 금고 이상의 실형을 선고받고 그 집행이 끝나거나(집행이 끝난 것으로 보는 경우를 포함) 집행을 받지 아니하기로 확정된 날부터 2년이 지나지 아니한 사람
- 금고 이상의 형의 집행유예를 선고받고 그 유예기간 중에 있는 사람
- 연구실안전관리사 자격이 취소된 후 3년이 지나지 아니한 사람

※ 부정행위자에 대한 제재처분 : 과학기술정보통신부장관은 안전관리사시험에서 부정한 행위를 한 응시자에 대하여는 그 시험을 정지 또는 무효로 하고, 그 처분을 한 날부터 2년간 안전관리사시험 응시자격을 정지한다(법 제37조).

02 **연구실안전환경관리자 중 1명 이상에게 연구실안전환경관리자 업무만을 전담하게 하는 기준으로 옳은 것은?**

① 연구활동종사자(상시 연구활동종사자 포함)가 2,000명 이상인 경우

② 연구활동종사자(상시 연구활동종사자 포함)가 3,000명 이상인 경우

③ 상시 연구활동종사자가 100명 이상인 경우

④ 상시 연구활동종사자가 300명 이상인 경우

해설 상시 연구활동종사자가 300명 이상이거나 연구활동종사자(상시 연구활동종사자 포함)가 1,000명 이상인 경우 지정된 연구실안전환경관리자 중 1명 이상에게 연구실안전환경관리자 업무만을 전담하도록 해야 한다.

1 ② 2 ④ 정답

03 연구실안전환경관리자로 선임될 수 있는 자격기준이 아닌 것은?

① 「국가기술자격법」에 따른 안전관리 분야의 기사 이상 자격을 취득한 사람

② 「국가기술자격법」에 따른 안전관리 분야의 산업기사 자격을 취득한 후 연구실 안전관리 업무 실무경력이 1년 이상인 사람

③ 「고등교육법」에 따른 전문대학 또는 이와 같은 수준 이상의 학교에서 산업안전, 소방안전 등 안전 관련 학과를 졸업한 후 또는 법령에 따라 이와 같은 수준 이상으로 인정되는 학력을 갖춘 후 연구실 안전관리 업무 실무경력이 2년 이상인 사람

④ 「고등교육법」에 따른 전문대학 또는 이와 같은 수준 이상의 학교에서 이공계학과를 졸업한 후 또는 법령에 따라 이와 같은 수준 이상으로 인정되는 학력을 갖춘 후 연구실 안전관리 업무 실무경력이 5년 이상인 사람

해설 ④ 「고등교육법」에 따른 전문대학 또는 이와 같은 수준 이상의 학교에서 이공계학과를 졸업한 후 또는 법령에 따라 이와 같은 수준 이상으로 인정되는 학력을 갖춘 후 연구실 안전관리 업무 실무경력이 4년 이상인 사람

04 「연구실안전법」에 따른 연구실안전심의위원회에서 심의하는 사항으로 가장 거리가 먼 것은?

① 연구실 안전점검 및 정밀안전진단 지침에 관한 사항

② 기본계획 수립·시행에 관한 사항

③ 연구실사고 예방 및 대응에 관한 사항

④ 안전관리규정의 작성

해설 ④ 안전관리규정은 연구실안전관리위원회에서 협의한다.

※ 연구실안전심의위원회에서 심의하는 사항(법 제7조)

- 기본계획 수립·시행에 관한 사항
- 연구실 안전환경 조성에 관한 주요정책의 총괄·조정에 관한 사항
- 연구실사고 예방 및 대응에 관한 사항
- 연구실 안전점검 및 정밀안전진단 지침에 관한 사항
- 그 밖에 연구실 안전환경 조성에 관하여 위원장이 회의에 부치는 사항

정답 3 ④ 4 ④

05 연구실사고를 예방하기 위하여 잠재적 위험성의 발견과 그 개선대책의 수립을 목적으로 실시하는 조사·평가는 무엇인가?

① 정밀안전진단 ② 안전점검
③ 사전유해인자위험분석 ④ 위험성평가

해설 ② 안전점검 : 연구실 안전관리에 관한 경험과 기술을 갖춘 자가 육안 또는 점검기구 등을 활용하여 연구실에 내재된 유해인자를 조사하는 행위
③ 사전유해인자위험분석 : 연구활동 시작 전 유해인자를 미리 분석하는 것으로 연구실책임자가 해당 연구실의 유해인자를 조사·발굴하고 사고예방 등을 위하여 필요한 대책을 수립하여 실행하는 일련의 과정
④ 위험성평가 : 사업주가 스스로 유해·위험요인을 파악하고 해당 유해·위험요인의 위험성 수준을 결정하여, 위험성을 낮추기 위한 적절한 조치를 마련하고 실행하는 과정

06 연구실책임자 지정 시 갖추지 않아도 되는 요건은?

① 대학·연구기관 등에서 연구책임자 또는 조교수 이상의 직에 재직하는 사람일 것
② 해당 연구실의 사용 및 안전에 관한 권한과 책임을 가진 사람일 것
③ 「국가기술자격법」에 따른 국가기술자격 중 안전관리 분야의 기사 이상 자격을 취득한 사람일 것
④ 해당 연구실의 연구활동과 연구활동종사자를 직접 지도·관리·감독하는 사람일 것

해설 연구주체의 장은 다음의 요건을 모두 갖춘 사람 1명을 연구실책임자로 지정해야 한다.
- 대학·연구기관 등에서 연구책임자 또는 조교수 이상의 직에 재직하는 사람일 것
- 해당 연구실의 연구활동과 연구활동종사자를 직접 지도·관리·감독하는 사람일 것
- 해당 연구실의 사용 및 안전에 관한 권한과 책임을 가진 사람일 것

07 정기적으로 정밀안전진단을 실시해야 하는 연구실이 아닌 것은?

① 「화학물질관리법」에 따른 유해화학물질을 취급하는 연구실
② 「산업안전보건법」에 따른 유해인자를 취급하는 연구실
③ 「원자력안전법」에 따른 방사성물질을 취급하는 연구실
④ 과학기술정보통신부령으로 정하는 독성가스를 취급하는 연구실

해설 정기적으로 정밀안전진단을 실시해야 하는 연구실
- 「화학물질관리법」에 따른 유해화학물질을 취급하는 연구실
- 「산업안전보건법」에 따른 유해인자를 취급하는 연구실
- 과학기술정보통신부령으로 정하는 독성가스를 취급하는 연구실

5 ① 6 ③ 7 ③ 정답

08 다음 중 중대연구실사고로 옳은 것끼리 묶인 것은?

> ㉠ 연구실 설비 고장으로 부품이 낙하하여 연구활동종사자 1명 사망
> ㉡ 연구활동 중 사용한 화학물질로 인해 연구활동종사자 2명이 동시에 70일의 요양을 요하는 화상 발생
> ㉢ 연구활동으로 인해 후유장애 부상자가 1명 발생
> ㉣ 질병에 걸린 연구활동종사자가 동시에 4명 발생

① ㉠
② ㉠, ㉡
③ ㉠, ㉢
④ ㉠, ㉡, ㉣

해설 중대연구실사고는 연구실사고 중 손해 또는 훼손의 정도가 심한 사고로서 사망 또는 후유장애 부상자가 1명 이상 발생한 사고, 3개월 이상의 요양을 요하는 부상자가 동시에 2명 이상 발생한 사고, 부상자 또는 질병에 걸린 사람이 동시에 5명 이상 발생한 사고 또는 연구실의 중대한 결함으로 인한 사고를 말한다.

09 다음 중 고위험연구실에 대한 설명으로 옳은 것은?

① 정밀안전진단 대상 연구실 중 '화학물질 및 물리적 인자의 노출기준'을 초과하지 않는 물질을 사용하는 연구실이다.
② 중점관리대상이다.
③ 세균이나 바이러스를 취급하지 않는다.
④ BL1~BL2에 해당되는 바이러스를 취급한다.

해설 고위험연구실
- 정밀안전진단 대상 연구실 중 '화학물질 및 물리적 인자의 노출기준' 이상 물질을 사용하는 연구실이다.
- BL3~BL4에 해당되는 세균・바이러스를 취급하는 연구실 또는 고위험병원체를 취급하는 연구실이다.

정답 8 ③ 9 ②

10 「연구실안전법」상 연구실안전관리사의 직무로 옳지 않은 것은?

① 연구시설・장비・재료 등에 대한 안전점검・정밀안전진단 및 관리
② 연구실 내 유해인자에 관한 취급 관리 및 기술적 지도・조언
③ 연구실 안전관리 및 연구활동종사자에 대한 복리후생 관리
④ 연구실사고 대응 및 사후 관리 지도

해설 연구실안전관리사의 직무(법 제35조)
- 연구시설・장비・재료 등에 대한 안전점검・정밀안전진단 및 관리
- 연구실 내 유해인자에 관한 취급 관리 및 기술적 지도・조언
- 연구실 안전관리 및 연구실 환경 개선 지도
- 연구실사고 대응 및 사후 관리 지도
- 그 밖에 연구실 안전에 관한 사항으로서 대통령령으로 정하는 사항

※ 대통령령으로 정하는 사항(시행령 제30조)
- 사전유해인자위험분석 실시 지도
- 연구활동종사자에 대한 교육・훈련
- 안전관리 우수연구실 인증 취득을 위한 지도
- 그 밖에 연구실 안전에 관하여 연구활동종사자 등의 자문에 대한 응답 및 조언

11 「연구실안전법」상 일상점검에 대한 내용으로 옳지 않은 것은?

① 연구실책임자는 일상점검 결과기록 및 미비사항을 매일 확인하여야 한다.
② 일상점검표의 법적양식은 변형해서는 아니 된다.
③ 일상점검 실시 시 별도의 장비는 불필요하다.
④ 일상점검을 실시하는 자는 사고 및 위험 가능성이 있는 사항 발견 즉시 해당 연구실책임자에게 보고하여야 한다.

해설 연구실 특성에 맞게 일상점검 항목을 추가・수정할 수 있다.

12 연구실 소속 연구활동종사자를 직접 지도・관리・감독하는 연구활동종사자는 누구인가?

① 연구주체의 장
② 연구실책임자
③ 연구실안전환경관리자
④ 연구실안전관리담당자

해설 연구실책임자는 연구실 소속 연구활동종사자를 직접 지도・관리・감독한다.

10 ③ 11 ② 12 ② 정답

13 다음 중 사전유해인자위험분석에 대한 설명으로 옳은 것은?

① 연구실 안전계획 수립 시 유해인자의 폐기방법을 포함해야 한다.
② 연구주체의 장이 필요하다고 인정하는 경우 실시한다.
③ R&DSA를 통해 연구실 안전현황을 분석한다.
④ 연구실안전관리담당자가 실시한다.

해설 ① 유해인자에 대한 안전한 취급 및 보관 등을 위한 조치, 폐기방법, 안전설비 및 개인보호구 활용방안 등을 연구실 안전계획에 포함해야 한다.
② 연구실책임자가 필요하다고 인정하는 경우 실시한다.
③ 연구실 안전현황은 기계 등의 사양서, MSDS, 연구방법 등을 통해 분석한다.
④ 연구실책임자가 실시한다.

14 벤젠을 다루는 근로자의 특수건강진단의 실시 주기는?

① 6개월
② 12개월
③ 24개월
④ 32개월

해설 특수건강진단의 시기 및 주기(산업안전보건법 시행규칙 제202조제1항 관련 별표 23)

구분	대상 유해인자	시기 (배치 후 첫 번째 특수 건강진단)	주기
1	• N,N-디메틸아세트아미드 • 디메틸포름아미드	1개월 이내	6개월
2	벤젠	2개월 이내	6개월
3	• 1,1,2,2-테트라클로로에탄 • 사염화탄소 • 아크릴로니트릴 • 염화비닐	3개월 이내	6개월
4	석면, 면 분진	12개월 이내	12개월
5	• 광물성 분진 • 목재 분진 • 소음 및 충격소음	12개월 이내	24개월
6	제1호부터 제5호까지의 대상 유해인자를 제외한 별표 22의 모든 대상 유해인자	6개월 이내	12개월

정답 13 ① 14 ①

15 **연구활동에 신규로 참여하는 연구활동종사자(근로자)는 채용 시점을 기준으로 몇 개월 이내에 신규교육·훈련을 받아야 하는가?**

① 3개월 ② 4개월

③ 5개월 ④ 6개월

해설 연구활동에 신규로 참여하는 연구활동종사자는 채용(등록) 시점을 기준으로 6개월 이내에 8시간 이상 수료해야 한다.

16 **건강검진에 대한 내용으로 옳지 않은 것은?**

① 특수건강검진 대상 업무로 배치된 이직 근로자는 전 사업장에서 6개월 이내에 동일한 유해인자에 대한 특수건강검진을 받았더라도 배치 전 건강진단을 받아야 한다.

② 특수건강검진 시기 외에 직업 관련 증상 호소자가 발생 시 해당 근로자에 대한 수시건강진단을 실시해야 한다.

③ CMR 물질 외의 특수건강검진 대상 화학물질을 월 20시간 작업하는 근로자는 특수건강검진 대상에서 제외된다.

④ 사무직의 일반건강검진 주기는 2년에 1회 이상이다.

해설 최근 6개월 이내 해당 사업장 또는 다른 사업장에서 동일 유해인자에 대해 배치 전 건강진단에 준하는 건강진단을 받은 경우에는 배치 전 건강진단이 면제된다.

15 ④ 16 ① 정답

17 **연구활동종사자에 대하여 연구실 안전에 관한 교육·훈련을 실시할 수 있는 교육·훈련 담당자의 자격조건으로 가장 거리가 먼 것은?**

① 연구주체의 장

② 연구실책임자

③ 대학의 조교수 이상으로서 안전에 관한 경험과 학식이 풍부한 사람

④ 연구실안전관리사

해설 교육·훈련 담당자의 자격 요건

- 안전점검 실시자의 인적 자격 요건 중 어느 하나에 해당하는 사람으로서 해당 기관의 정기점검 또는 특별안전점검을 실시한 경험이 있는 사람. 단, 연구활동종사자는 제외한다.
- 대학의 조교수 이상으로서 안전에 관한 경험과 학식이 풍부한 사람
- 연구실책임자
- 연구실안전환경관리자
- 권역별연구안전지원센터에서 실시하는 전문강사 양성 교육·훈련을 이수한 사람
- 연구실안전관리사

18 **「연구실안전법」상 연구주체의 장 등의 책무에 관한 설명으로 옳지 않은 것은?**

① 연구주체의 장은 연구실의 안전에 관한 유지·관리 및 연구실사고 예방을 철저히 함으로써 연구실의 안전환경을 확보할 책임을 지며, 연구실사고 예방시책에 적극 협조하여야 한다.

② 연구주체의 장은 연구활동종사자가 연구활동 수행 중 발생한 상해·사망으로 인한 피해를 구제하기 위하여 노력하여야 한다.

③ 연구주체의 장은 과학기술정보통신부장관이 정하여 고시하는 연구실 설치·운영 기준에 따라 연구실을 설치·운영하여야 한다.

④ 연구주체의 장은 연구실 내에서 이루어지는 교육 및 연구활동의 안전에 관한 책임을 지며, 연구실사고 예방시책에 적극 참여하여야 한다.

해설 ④는 연구실책임자의 책무이다.

정답 17 ① 18 ④

19 「연구실안전법」상 과태료의 부과기준으로 1차 위반 시 금액으로 옳지 않은 것은?

① 연구실책임자를 지정하지 않은 경우 – 250만원
② 연구실안전환경관리자를 지정하지 않은 경우 – 250만원
③ 연구실안전환경관리자의 대리자를 지정하지 않은 경우 – 250만원
④ 안전점검을 실시하지 않거나 성실하게 수행하지 않은 경우 – 250만원

해설 ④의 경우는 500만원의 과태료를 부과한다.

20 「연구실안전법」상 연구활동의 범위로 옳지 않은 것은?

① 연구설계 단계
② 시제품 검사 결과검증 단계
③ 제품품질 분석 단계
④ 연구관련 현장시료 채취 단계

해설 제품품질 분석은 연구활동범위에서 제외된다.

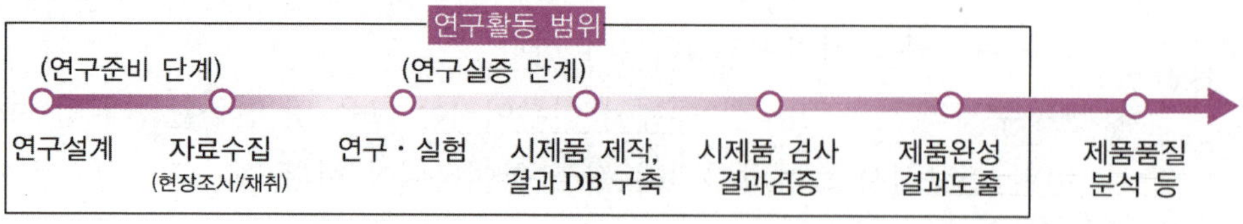

※ 대학의 교과과정에 따른 실험실습 포함

19 ④ 20 ③ 정답

제2과목 연구실 안전관리 이론 및 체계

21 **<보기>에서 설명하는 의식의 상태로 옳은 것은?**

보기

피로하거나 단조로운 작업을 하여 의식이 둔화된 현상

① 의식의 중단
② 의식의 우회
③ 의식의 혼란
④ 의식수준의 저하

해설 ① 의식의 중단 : 의식의 흐름에 단절이 생기고 공백이 나타나는 현상
② 의식의 우회 : 의식의 흐름 중 다른 생각을 하게 되는 현상
③ 의식의 혼란 : 외적 자극에 문제가 있어서 유발되는 의식이 분산되는 현상

22 **FTA에 대한 설명으로 옳지 않은 것은?**

① 연역적 분석방법이다.
② 정량적 평가가 가능하다.
③ 시작사상으로부터 결함사상들을 아래로 열거한다.
④ Boole 대수를 이용하며, 미니멀 컷셋과 고장확률을 계산한다.

해설 시작사상은 ETA에 나오는 개념이다.

정답 21 ④ 22 ③

23 다음에서 설명하는 인간의 의식수준 단계는 무엇인가?

- 과긴장
- 당황 → 패닉
- 신뢰성 0.9 이하

① Phase 0　　② Phase Ⅰ
③ Phase Ⅲ　　④ Phase Ⅳ

해설 인간의 의식수준

단계	생리적 상태	의식 상태	신뢰성	뇌파
Phase 0	수면, 뇌발작	무의식	0	δ파
Phase Ⅰ	졸음, 피로, 취중	의식 둔화	0.9 이하	θ파
Phase Ⅱ	일상, 휴식, 안정, 정상작업 중	정상, 안정	0.99~0.99999	α파
Phase Ⅲ	적극 활동 중	분명, 집중	0.999999 이상	β파
Phase Ⅳ	과긴장, 긴급방위반응, 당황 → 패닉	흥분, 과긴장	0.9 이하	β파, 간질파

24 다음은 연구실 안전관리 시스템 단계 중 어느 것에 해당되는가?

연구실 안전관리 시스템 실행을 위한 세부 계획별로 담당자를 정하고 역할, 책임, 권한을 문서화하여 연구활동종사자들과 공유함

① P　　② D
③ C　　④ A

해설 ② D는 Do의 약자로, 계획을 실행하는 단계이다.
① P는 Plan의 약자로, 계획을 수립하는 단계이다.
③ C는 Check의 약자로, 점검 및 시정조치하는 단계이다.
④ A는 Act의 약자로, 개선을 수행하는 단계이다.

25 바람직한 리더로서의 연구실책임자의 설명으로 옳지 않은 것은?

① 연구실의 생산성과 안전 중에 안전 가치가 우선한다.
② 연구실안전환경관리자에게 작업표준 및 안전작업절차에 대한 제/개정을 보고한다.
③ 연구활동종사자로부터 안전 관련 개선 필요사항을 제안 받는다.
④ 연구활동종사자에게 'i care 메시지'를 전달한다.

해설 연구실안전환경관리자로부터 작업표준(SOP ; Standard of Performance) 및 안전작업절차에 대한 제/개정을 보고받고 승인한다.

23 ④　24 ②　25 ②　정답

26 Swiss Cheese Model에 대한 설명으로 옳지 않은 것은?

① 치즈 모델의 구멍은 각각의 사고 예방 활동이 정상적으로 기능하지 못하는 실패 요인을 가리킨다.
② 낱장의 치즈들이 공교롭게 우연한 기회에 구멍들이 하나의 방향으로 정렬하게 될 때 사고가 발생한다는 이론이다.
③ 사고가 발생하는 근본적인 문제는 조직에서부터 비롯된다.
④ 조직의 문제 바로 다음 단계는 불안전행위이다.

해설 조직의 문제 바로 다음 단계는 감독의 문제이다.

27 위험성평가의 종류와 실시시기 연결로 옳지 않은 것은?

① 최초평가 : 사업 개시일로부터 1개월 내 실시
② 정기평가 : 매년 실시
③ 수시평가 : 설비의 신규 도입 시 변경되는 유해·위험요인에 대하여 작업 개시 전 실시
④ 상시평가 : 산업재해 발생 시 재해발생 작업을 재개하기 전 실시

해설 상시평가 실시주기 : 다음의 사항을 이행하는 경우 수시평가 및 정기평가를 갈음한다.
- (매월) 노사합동 순회점검, 아차사고 분석, 제안제도 → 위험성 결정, 위험성 감소대책 수립·실행
- (매주) 합동안전점검회의(안전보건관리책임자, 안전관리자 등) → 이행확인 및 점검
- (매일) TBM(작업 전 안전점검회의) → 준수사항·주의사항을 근로자에게 공유·주지

28 다음에서 설명하는 유해·위험요인 분석 기법은?

- 원인으로부터 결과를 찾아나가는 귀납적 분석 방법이다.
- 확률적 분석이 가능한 정량적 분석방법이다.
- 재해의 확대 요인의 분석(나뭇가지가 갈라지는 형태)에 적합하다.
- 초기사건(Initiation event)이 발생했다고 가정한 후 후속 사건이 성공(success) 또는 실패(fail)했는지를 가정하고, 이를 최종 결과가 나타낼 때까지 계속적으로 분지해나가는 방식으로 작성한다.

① FTA ② ETA
③ THERP ④ HAZOP

해설 ETA(사상수 분석, Event Tree Analysis)에 대한 설명이다.

정답 26 ④ 27 ④ 28 ②

29 **연구실 안전관리 시스템 운영 중 P단계에서 해야 할 연구실책임자의 역할로 가장 거리가 먼 것은?**

① 운영법규, 안전규정, 안전환경방침을 연구활동종사자에게 이해시키고 준수하도록 교육한다.

② 정기적으로 안전환경방침이 연구실에 적합한지 확인한다.

③ 안전환경 목표 및 추진계획을 최소 연 1회 이상 검토한다.

④ 운영법규, 안전규정, 안전환경방침에 연구실책임자의 성과개선 등에 대한 의지를 분명히 제시한다.

해설 운영법규·안전규정·안전환경방침에는 연구주체의 장의 정책, 목표, 성과개선에 대한 의지가 분명히 제시되고 모든 연구활동종사자에게 공표되어야 한다.

30 **사고조사항목 중 사고의 간접원인을 조사하는 방법으로 사용되는 기법은?**

① 3E ② 4M

③ 5W ④ 6sigma

해설 3E를 이용한 간접원인 조사

- 기술적 결함(Engineering 측면)
- 교육적 결함(Education 측면)
- 관리적 결함(Enforcement 측면)

31 **사전유해인자위험분석 보고서 관리대장 항목으로 옳지 않은 것은?**

① 연구실책임자 성명

② 주요변경사항

③ 연구실명

④ 유해인자 구분

해설 보고서 관리대장의 작성항목 : 문서번호, 접수일, 연구실명, 연구실책임자(성명, 직위), 연구활동명(연구기간), 주요변경사항, 조치내용(개선사항, 개선완료날짜)

29 ④ 30 ① 31 ④ 정답

32 학습지도의 원리 중 능력별로 반을 편성하여 교육하는 것으로 옳은 것은?

① 사회화의 원리
② 목적의 원리
③ 개별화의 원리
④ 통합의 원리

해설 개별화의 원리 : 학습자를 개별적 존재로 인정하며, 각자의 요구와 능력 등에 알맞은 학습활동의 기회를 제공해야 한다.

33 다음 중 정량적으로 평가하는 것이 어려운 분석방법은?

① PHA
② FTA
③ THERP
④ ETA

해설 위험성 평가기법
- 정성적 평가기법 : HAZOP(Hazard and Operability studies), PHA(Preliminary Hazards Analysis)
- 정량적 평가기법 : FTA(Fault Tree Analysis), ETA(Event Tree Analysis), THERP(Technique for Human Error Rate Prediction)

34 하인리히의 재해 구성비율에 따라 경미한 사고가 145건 발생하였다면 무상해 사고는 몇 건 발생하였는가?

① 14건
② 1,500건
③ 4,205건
④ 14,500건

해설 하인리히의 재해 구성비율
중대한 사고 : 경미한 사고 : 무상해 사고 = 1:29:300
29 : 300 = 145 : X
∴ X = 1,500건

정답 32 ③ 33 ① 34 ②

35 HAZOP의 이탈에 대한 설명으로 옳지 않은 것은?

① action left out : 조작 생략
② extraction included : 한 단계 조작 중 불필요한 다른 단계의 조작을 행함
③ no time : 사건 또는 조치가 이루어지지 않음
④ less time : 허용범위(시간, 조건)보다 늦게 시작함

해설 ④ less time : 조작 또는 행위가 예상보다 짧게 지속됨

36 빈칸 중 ㉡에 들어갈 평가항목으로 옳은 것은?

평가항목 \ 평가방법	질문법	평정법	시험법
㉠	○	◎	◎
㉡		○	◎
㉢		○	○

※ ◎ : 효과가 매우 큼, ○ : 효과가 큼

① 태도
② 사고력
③ 지식
④ 기능

해설 ㉠ 지식, ㉡ 기능, ㉢ 태도

37 명령 및 지시가 신속 정확한 안전관리 조직의 형태는 무엇인가?

① 라인형
② 스태프형
③ 참모형
④ 라인스태프형

해설 라인형(직계형)은 명령 및 지시가 신속·정확한 장점이 있지만 안전정보가 불충분하고 라인에 과도한 책임을 부여한다는 단점이 있다.

35 ④ 36 ④ 37 ① 정답

38 **연구실 안전관리 시스템의 성과측정 및 모니터링 단계에서 행해지는 일로 거리가 먼 것은?**

① 연구실 안전예산 대비 집행 실적 확인
② 연구실 맞춤형 계획 마련
③ 안전환경 구축·개선 활동 계획 및 실적의 적정성과 이행여부 확인
④ 연구실 안전환경 목표 및 추진계획이 계획대로 달성되고 있는가를 주기적으로 측정

해설 연구실 맞춤형 계획 마련은 성과측정 및 모니터링 단계 이후인 시정조치·예방조치에서 이루어진다.

39 **안전교육에 대한 설명 중 옳지 않은 것은?**

① 생산기술의 급속한 변화 때문에 안전교육은 필요하다.
② 망각을 예방하고, 위험에 대한 대응능력 수준을 유지하기 위해 실시한다.
③ 지식교육, 기능교육, 태도교육의 순서로 안전교육이 이루어져야 한다.
④ 오감을 활용하여 교육하되 청각을 활용한 교육이 효과가 가장 크다.

해설 ④ 오감을 활용하여 교육하되 시각을 활용한 교육이 효과가 가장 크다.

40 **연구실사고 조사표 항목에 포함되지 않는 것은?**

① 연구실 보험가입 여부
② 피해금액
③ 피해자의 치료기간
④ 피해자의 기저질환

해설 피해자의 기저질환은 사고조사표 항목에 포함되지 않는다.

정답 38 ② 39 ④ 40 ④

41 **제3류 위험물과 혼재하여 운반할 수 있는 위험물은?**

① 산화성 고체
② 인화성 액체
③ 자기반응성물질
④ 가연성 고체

해설 제3류 위험물(자연발화성 및 금수성 물질)과 혼재할 수 있는 위험물 : 제4류 위험물(인화성 액체)

42 **지정폐기물의 처리방법에 대한 설명 중 틀린 것은?**

① 흩날릴 우려가 있는 폐석면은 습도 조절 등의 조치 후 고밀도 내수성 재질의 포대로 2중 포장하거나 견고한 용기에 밀봉하여 흩날리지 않도록 보관한다.
② 폐산 · 폐알칼리는 30일을 초과하여 보관하지 않아야 한다.
③ 폴리클로리네이티드비페닐 함유폐기물을 보관하려는 배출자 및 처리업자는 시 · 도지사나 지방환경관서의 장의 승인을 받아 1년 단위로 보관기간을 연장할 수 있다.
④ 과산화물 생성물질은 개봉 후 3개월 이내에 폐기 처리하는 것이 안전하다.

해설 폐산 · 폐알칼리는 45일을 초과하여 보관하지 않아야 한다.

43 **다음 중 노출기준이 낮은 것부터 큰 것의 순서대로 나열했을 때 두 번째로 배치되는 것은?**

① 암모니아
② 불화수소
③ 포스겐
④ 황화수소

해설 포스겐(0.1ppm) – 불화수소(0.5ppm) – 황화수소(10ppm) – 암모니아(25ppm)

41 ② 42 ② 43 ② 정답

44 **GHS에 따른 화학물질 분류 중 그 자체로는 연소하지 않더라도, 일반적으로 산소를 발생시켜 다른 물질을 연소시키거나 연소를 촉진하는 액체는 무엇인가?**

① 자연발화성 액체
② 유기과산화물
③ 인화성 액체
④ 산화성 액체

해설 산화성 액체에 대한 설명이다.

45 **MSDS 작성항목에 대한 내용으로 옳지 않은 것은?**

① 5개 이상의 그림문자에 해당되는 경우에는 4개의 그림문자만을 표시할 수 있다.
② 구성성분의 명칭 및 함유량에 대한 내용을 작성한다.
③ 개정 횟수 및 최종 개정일자를 작성한다.
④ 누출사고 시 환경을 보호하기 위해 필요한 조치사항을 작성한다.

해설 ① 그림문자는 모두 표시한다.

46 **MSDS를 통해 알 수 있는 정보가 아닌 것은?**

① UN No.
② CAS No.
③ TLV-TWA
④ MOC

해설 ① UN No. : 14번 항목
② CAS No. : 3번 항목
③ TLV-TWA : 8번 항목

정답 44 ④ 45 ① 46 ④

47 다음에서 설명하는 현상은 무엇인가?

- 다량의 가연성 가스가 지표면에 누출되며 급격히 증발한다.
- 외부의 점화원에 의해 연소가 시작된다.
- 폭연에서 폭굉 과정을 거쳐 폭발한다.

① UVCE

② BLEVE

③ fire ball

④ flash over

해설 증기운폭발(UVCE)에 대한 설명이다.

48 아세틸렌 50vol%, 부탄 20vol%, 프로판 30vol%이 혼합된 가스가 있을 때, 이 혼합가스의 폭발하한계를 구하시오.

① 1.8

② 2.2

③ 2.4

④ 3.9

해설

$$\frac{100}{L} = \frac{V_1}{L_1} + \frac{V_2}{L_2} + \frac{V_3}{L_3} + \cdots$$

$$\frac{100}{L} = \frac{50}{2.5} + \frac{20}{1.8} + \frac{30}{2.1}$$

$$\frac{100}{L} = 45.397$$

$$\therefore L = 2.2$$

49 다음 중 화학물질의 사고형태로 거리가 먼 것은?

① 파열사고

② 화재사고

③ 폭발사고

④ 누출사고

해설 화학물질의 사고형태 : 누출사고, 화재사고, 폭발사고

47 ① 48 ② 49 ① 정답

50 다음 빈칸에 들어갈 숫자로 옳은 것은?

인화성 가스란 20℃, 표준압력 101.3kPa에서 공기와 혼합하여 인화되는 범위에 있는 가스와 (   )℃ 이하 공기 중에서 자연발화하는 가스를 말한다.

① 30
② 35
③ 54
④ 70

해설 인화성 가스란 20℃, 표준압력 101.3kPa에서 공기와 혼합하여 인화되는 범위에 있는 가스와 54℃ 이하 공기 중에서 자연발화하는 가스를 말한다.

51 산소가 과잉상태이지만 연료가 부족하여 연소가 일어날 수 없는 한계를 무엇이라고 하는가?

① 연소상한계
② 연소하한계
③ 불연상한계
④ 불연하한계

해설 연소하한계란 공기 중의 산소농도에 비하여 가연성 기체의 수가 너무 적어서 연소가 일어날 수 없는 한계를 말한다.

52 누출감지경보장치에 대한 설명 중 옳지 않은 것은?

① 발신 소요시간은 경보농도 1.6배에서 보통 30초 이내이다.
② 암모니아, 일산화탄소의 발신 소요시간은 1분 이내이다.
③ 건축물 내부에 설치하려면 가스누출 관련 설비군 바닥면 둘레 20m마다 1개 이상의 비율로 설치한다.
④ 가스의 밀도가 공기보다 작은 경우 천장 쪽에 설치한다.

해설 ③ 건축물 내부에 설치하려면 가스누출 관련 설비군 바닥면 둘레 10m마다 1개 이상의 비율로 설치한다.

정답 50 ③ 51 ② 52 ③

53 화학물질의 위험성에 대한 설명으로 옳지 않은 것은?

① 아세톤은 독성과 가연성 증기를 가지므로 적절한 환기시설에 취급해야 한다.
② 강산은 농도가 클수록 해로운 증기 등의 유해성이 크므로 빠르게 희석하여 사용한다.
③ 산화제는 매우 적은 양으로도 심한 폭발을 일으킬 수 있다.
④ 벤젠은 발암물질이며 피부를 통해 침투되기도 한다.

해설 강산은 급격히 희석하면 희석할 때 생겨나는 열로 인해 화재·폭발이 발생할 수 있다.

54 다음의 가스 조합 중 같은 캐비닛에 보관할 수 없는 것은?

① CO, H_2S
② C_2H_2, H_2S
③ Cl_2, O_2
④ CH_4, Cl_2

해설 가연성 가스와 조연성 가스가 같은 캐비닛에 보관되지 않도록 각별히 주의해야 한다.
- 가연성 가스 : CO, C_2H_2, H_2S, CH_4
- 조연성 가스 : Cl_2, O_2

55 다음 중 상태가 다른 고압가스는?

① 아르곤 가스
② 수소 가스
③ 아세틸렌 가스
④ 산소 가스

해설 상태에 따라 압축가스, 액화가스, 용해가스로 분류할 수 있고 아세틸렌 가스는 용해가스, 나머지는 압축가스이다.

53 ② 54 ④ 55 ③ 정답

56 가스농도 검지기 경보방식의 종류로 가장 거리가 먼 것은?

① 반도체식
② 격막갈바니전지식
③ 접촉연소식
④ 공기관식

해설 ④ 공기관식은 화재감지기이다(화재 발생 시 공기관 내의 공기가 팽창하여 팽창된 공기의 압력으로 접점을 붙여 수신기로 화재신호를 발신).
※ 가스농도 검지기 종류 : 반도체식, 접촉연소식, 격막갈바니전지식 등

57 다음은 폭발방지 안전장치 중 무엇에 대한 설명인가?

건물에 설계 강도보다 낮은 부분을 만들어 폭발압력을 방출하게 한다.

① 파열판
② 안전밸브
③ 폭발방산구
④ 가용합금 안전판

58 폐기물에 대한 설명으로 옳은 것은?

① 폐액은 pH를 측정하여 폐기물 정보 스티커에 pH를 기록한다.
② 폐기물 용기 내부의 압력으로 인해 용기가 터지지 않도록 뚜껑은 열어둔다.
③ 화학반응이 일어날 것으로 예상되는 종류가 다른 물질들은 미리 혼합·반응시킨 후 폐기물 용기에 모은다.
④ 폐기물의 양은 용기의 90%를 초과하지 않는다.

해설 ② 폐기물이 누출되지 않도록 뚜껑을 밀폐하고, 누출 방지를 위한 장치를 설치해야 한다.
③ 화학반응이 일어날 것으로 예상되는 물질은 혼합하지 않아야 한다.
④ 적절한 폐기물 용기를 사용해야 하고, 폐기물의 양은 용기의 90% 이상을 초과하지 않는다.

정답 56 ④ 57 ③ 58 ①

59 **다음 중 화학적 폭발의 에너지 조건이 아닌 것은?**

① 발화온도
② 폭발범위 이내의 농도
③ 충격감도
④ 발화에너지

해설 ②는 물적 조건이다.

60 **〈보기〉에서 설명하는 법칙으로 옳은 것은?**

보기
온도가 일정할 때, 일정한 양의 기체에 가해진 압력은 기체의 부피에 반비례한다.

① 돌턴의 법칙(Dalton's law)
② 샤를-게이뤼삭의 법칙(Charles's and Gay-Lussac's law)
③ 아보가드로 법칙(Avogadro's law)
④ 보일의 법칙(Boyle's law)

해설 〈보기〉는 보일의 법칙에 대한 설명이다.

59 ② 60 ④ 정답

61 안전보건표지에 대한 설명으로 옳지 않은 것은?

① 화학물질 관련 경고표지의 색상은 바탕은 노란색이고 도형과 테두리는 검정색이다.
② 보호구 착용과 관련된 것은 지시표지에 해당된다.
③ 안내표지는 흰색과 초록색의 조합으로 이루어져 있다.
④ 레이저 안전등급 1등급은 레이저 광선 경고표지를 부착하지 않아도 된다.

해설 경고표지는 2가지 종류가 있다. 화학물질과 관련된 경고표지는 바탕–흰색, 도형–검정색, 테두리–빨간색이고, 물리적 인자와 관련된 경고표지는 바탕–노란색, 도형·테두리–검정색이다.

62 다음 중 레이저의 주요 위험요소가 아닌 것은?

① 실명 ② 화상
③ 감전 ④ 피부질환

해설 레이저의 주요 위험요소
- 실명 : 레이저가 눈에 조사될 경우 실명될 위험이 있다.
- 화상·화재 : 레이저가 피부에 조사될 경우 화상의 위험이 있고, 레이저 가공 중 불꽃 발생으로 인한 화재의 위험이 있다.
- 감전 : 누전 또는 전기 쇼트로 인한 감전의 위험이 있다.

63 다음 중 기계사고의 물적 원인으로 옳지 않은 것은?

① 기계 자체의 결함
② 작업환경 불량
③ 규율 미흡
④ 보호구의 결함

해설 ③은 인적 원인에 해당한다.

정답 61 ① 62 ④ 63 ③

64 다음 중 공기압축기의 안전수칙에 대한 설명으로 옳지 않은 것은?

① 운전 중에는 어떠한 부품도 건드려서는 안 된다.
② 정지할 때는 언로드 밸브를 무부하 상태로 한 후 정지시킨다.
③ 고온반응의 압력용기의 경우에는 용기를 단열재로 보호한다.
④ 공기압축기의 분해는 압축공기를 충분히 충전한 뒤 해야 한다.

해설 ④ 공기압축기의 분해는 모든 압축공기를 완전히 배출한 뒤에 해야 한다.

65 안전율 결정인자가 아닌 것은?

① 하중견적의 정확도 대소
② 응력계산의 정확도 대소
③ 재료 및 균질성에 대한 신뢰도
④ 재료 수급의 어려움 정도

해설 안전율 결정인자
- 하중견적의 정확도 대소
- 응력계산의 정확도 대소
- 재료 및 균질성에 대한 신뢰도
- 응력의 종류와 성질의 상이
- 공작 정도의 양부
- 불연속 부분의 존재
- 사용상에 있어서 예측할 수 없는 변화의 가능성 대소

66 다음 중 펌프/진공펌프의 주요 위험요소에 대한 설명으로 옳지 않은 것은?

① 유해물질 : 이물질, 공기 유입 등으로 펌프 파손 시 유해물질 누출 위험이 있다.
② 끼임 : 운전 또는 유지·보수 중 회전체에 끼일 위험이 있다.
③ 화재 : 장기간 가동 또는 파손 시 과열로 인해 화재가 발생할 수 있다.
④ 폭발 : 압축장비 또는 진공용기와 함께 사용 시 장비 또는 용기의 폭발 위험이 있다.

해설 ② 끼임의 경우 펌프/진공펌프의 주요 위험요소에 해당하지 않는다.

64 ④ 65 ④ 66 ② 정답

67 **다음 중 기계·기구의 위험성에 대한 설명으로 옳지 않은 것은?**

① 기계는 운동하고 있는 작업점을 가지고 있다.
② 기계의 작업점은 큰 힘을 가지고 있다.
③ 기계는 동력을 전달하는 부분이 있다.
④ 기계의 부품 고장은 예방할 수 있다.

해설 ④ 기계의 부품 고장은 반드시 발생한다.

68 **다음 중 무균실험대의 주요 위험요소에 대한 설명으로 옳지 않은 것은?**

① UV : 내부 살균용 자외선에 의한 눈, 피부의 화상 위험이 있다.
② 폭발 : 부적절한 재료 또는 방법으로 인한 폭발 또는 발화 위험이 있다.
③ 화재 : 무균실험대 내부에 위치한 실험기구 등의 살균을 위한 화기(알코올램프 등)에 의한 화재 위험이 있다.
④ 감전 : 누전 또는 전기 쇼트로 인한 감전 위험이 있다.

해설 ② 폭발은 무균실험대의 주요 위험요소에 해당하지 않는다.

69 **물리적 위험성 중 소음에 대한 설명으로 옳지 않은 것은?**

① 기계·기구 작동 시 상시 소음에 노출된다.
② 90dB 이상의 큰 소음에 노출 시 급성 청력 손실이 발생한다.
③ 소음성 난청은 한 번 발병 후 회복이 불가능한 경우가 많다.
④ 장기간 노출로 인해 소음성 난청 발생 위험이 존재한다.

해설 120dB 이상의 큰 소음에 노출 시 급성 청력 손실이 발생한다.

정답 67 ④ 68 ② 69 ②

70 다음 중 연삭기의 주요 위험요소에 대한 설명으로 옳지 않은 것은?

① 말림 : 연마석 회전부에 손가락 등이 말릴 위험이 있다.
② 파편 : 파편 비산 또는 접촉에 의해 눈이나 피부가 손상될 수 있다.
③ 폭발 : 부적절한 재료 사용에 따른 폭발 또는 발화 위험이 있다.
④ 분진 : 분진에 의해 피부나 호흡기의 손상을 초래할 수 있다.

해설 ③ 폭발은 연삭기의 주요 위험요소에 해당하지 않는다. 연삭기의 주요 위험요소에는 감전이 포함된다.

71 다음 중 (　) 안에 들어갈 말로 옳은 것은?

방사선이란 전자파나 입자선 중 직접 또는 간접적으로 공기를 전리(電吏)하는 능력을 가진 것으로서 알파선, 중양자선, 양자선, 베타선, 그 밖의 중하전입자선, 중성자선, 감마선, 엑스선 및 (　) 전자볼트 이상의 에너지를 가진 전자선을 말한다.

① 5천
② 1만
③ 5만
④ 1억

해설 방사선이란 전자파나 입자선 중 직접 또는 간접적으로 공기를 전리(電吏)하는 능력을 가진 것으로서 알파선, 중양자선, 양자선, 베타선, 그 밖의 중하전입자선, 중성자선, 감마선, 엑스선 및 5만 전자볼트 이상의 에너지를 가진 전자선을 말한다.

72 다음 중 양수조작식 방호장치는 어디에 해당되는가?

① 위치제한형 방호장치
② 포집형 방호장치
③ 접근거부형 방호장치
④ 격리형 방호장치

해설 위치제한형 방호장치는 위험점에 접근하지 못하도록 기계의 조작장치를 일정 거리 이상 떨어지게 설치하여 작업자를 방호하는 방법으로 양수조작식 방호장치가 이에 해당된다.

70 ③ 71 ③ 72 ① 정답

73 **다음 중 실험용 가열판의 안전수칙에 대한 설명으로 옳지 않은 것은?**

① 실험용 가열판에 고열주의 표시를 한다.
② 교반기능 사용을 중지할 경우 교반속도를 빠르게 낮추어 추가적인 회전을 방지하며 액체의 튐을 예방한다.
③ 기기 동작 중에 가열판을 이동하지 않는다.
④ 화학용액 등 액체가 넘쳐 흐른 경우 고온에 주의하여 즉시 제거한다.

해설 ② 교반기능을 사용할 경우 교반속도를 급격히 높이거나 낮추어 고온의 액체 튐이 발생하지 않도록 주의한다.

74 **다음 중 기계 연구실 일반 안전수칙에 대한 설명으로 옳지 않은 것은?**

① 기계, 공구 등을 제조 목적 외로 사용하지 않는다.
② 기계를 작동시킨 채 자리를 비워야 하는 경우 매뉴얼을 숙지한 1인에게 맡기고 다녀온다.
③ 기계에 이상이 없는지 수시로 확인한다.
④ 실험 전 안전점검, 실험 후 정리정돈을 실시한다.

해설 ② 혼자 실험하지 않는다.

75 **기계설비 안전조건 중 기초강도(기준강도) 결정에 대한 설명으로 옳지 않은 것은?**

① 반복하중이 작용할 때는 피로한도를 기초강도로 한다.
② 상온에서 취성 재료에 정하중이 작용할 때는 극한강도를 기초강도로 한다.
③ 고온에서 정하중이 작용할 때는 크리프한도를 기초강도로 한다.
④ 고온에서 연성 재료에 정하중이 작용할 때는 항복점을 기초강도로 한다.

해설 ④ 상온에서 연성재료(연강)에 정하중이 작용할 때는 항복점을 기초강도로 한다.

정답 73 ② 74 ② 75 ④

76 다음 중 혼합기의 안전수칙에 대한 설명으로 옳지 않은 것은?

① 긴 머리는 반드시 묶고, 옷소매 등을 여미어 신체 일부나 머리카락, 장신구 등이 끼지 않도록 해야 한다.
② 이물질이 들어가지 않도록 전단에 스트레이너를 설치한다.
③ 혼합기 배출구 청소 등의 작업 시 혼합기 전원을 차단한다.
④ 혼합기 회전날이 완전히 멈춘 후 혼합물을 회수한다.

해설 ②는 펌프/진공펌프의 안전수칙에 해당한다.

77 띠톱에 대한 설명으로 옳지 않은 것은?

① 작업에 사용되지 않는 톱날 부위는 방호 덮개를 설치한다.
② 띠톱 기계에 접근할 경우 톱날이 완전히 정지한 후 출입한다.
③ 작업 시 발생되는 소음, 분진 등에 의한 건강 장해를 예방하기 위해 귀마개, 보안경 및 방진 마스크 등의 개인보호구를 착용 후 작업을 실시한다.
④ 절삭유가 바닥으로 잘 떨어지고 있는지 확인한다.

해설 ④ 절삭유가 바닥에 떨어지거나 흘러내리지 않도록 조치한다.

78 밀링머신에서 재료 설치 시 작업 중 재료가 이탈하여 신체 상해 위험이 있을 때의 안전관리 방법으로 보기 어려운 것은?

① 재료가 바이스(클램프)에 단단하게 고정되었는지 확인한다.
② 둥근 형상의 재료는 V블록이나 V홈을 이용하여 고정한다.
③ 보안경을 착용한다.
④ 재료 고정 시 바이스(클램프)의 직각도와 평행도를 확인한다.

해설 보안경 착용은 밀링머신에서 가공 중 칩에 의한 눈 손상위험을 방지하고자 하는 안전관리 방법이다.

76 ② 77 ④ 78 ③ 정답

79 다음 중 원심분리기의 안전수칙에 대한 설명으로 옳지 않은 것은?

① 로터가 설정된 회전속도에 도달할 때까지 확인한다.

② 원심분리기의 회전이 완전히 멈춘 후 원심분리기의 문을 열어야 한다.

③ 샘플 튜브 등이 깨진 경우 즉시 제거한다.

④ 휘발성 물질은 방폭 튜브에 담아 원심분리한다.

해설 휘발성 물질은 원심분리를 금지한다.

80 다음에서 설명하는 기계 · 기구의 동작 형태로 옳은 것은?

- 접촉이나 말림의 위험성이 있다.
- 이러한 동작 형태를 보이는 예로는 팬, 풀리, 축 등이 있다.

① 횡축동작

② 회전동작

③ 왕복동작

④ 진동

해설 회전동작에 대한 설명이다.

정답 79 ④ 80 ②

제5과목 연구실 생물 안전관리

81 **생물안전작업대에 대한 설명으로 옳지 않은 것은?**

① 생물안전작업대 전면도어를 열 때 공기흐름을 방해하지 않도록 완전히 개방한다.
② 개방된 전면을 통해 생물안전작업대로 흐르는 기류의 속도는 약 0.45m/s를 유지한다.
③ 사용 전 최소 5분간 내부공기를 순환시킨다.
④ 하드덕트가 있는 생물안전작업대는 배관의 말단에 배기 송풍기를 가지고 있어야 한다.

해설 ① 생물안전작업대 전면도어를 열 때 셔터 레벨 이상으로 열지 않는다.

82 **소독제의 종류 및 특성에 대한 설명으로 옳지 않은 것은?**

① 알코올은 낮은 독성을 가지며 부식성이 없다.
② 석탄산 화합물은 유기물에 비교적 안정적이다.
③ 염소계 화합물은 넓은 소독범위를 가지지만 가격이 비싼 편이다.
④ 요오드는 넓은 소독범위와 활성 pH 범위가 넓다.

해설 ③ 염소계 화합물은 넓은 소독범위를 가지며, 저렴한 가격과 저온에서도 살균효과가 있다는 장점이 있다.

83 **고압증기멸균기 사용 시 주의사항에 대한 설명으로 옳지 않은 것은?**

① 휘발성 물질을 사용할 시 고압증기멸균기의 온도를 낮추어 세팅한다.
② 고압증기멸균기를 이용하기 전에 MSDS를 확인하여 고압증기멸균기 사용이 가능한지 여부를 확인해야 한다.
③ 멸균 종료 후 고압증기멸균기 뚜껑을 열기 전 반드시 압력계를 확인해야 하며, 압력이 완전히 떨어진 것을 확인한 후에 뚜껑을 열어야 한다.
④ 용액 멸균 시 끓어 넘침을 방지하기 위해 용액 부피보다 2~3배 이상의 큰 용기를 사용해야 한다.

해설 ① 휘발성 물질은 고압증기멸균기를 사용할 수 없다(폭발의 위험이 있다).

81 ① 82 ③ 83 ① 정답

84 유전자재조합실험실의 폐기물 처리 관련 규정으로 옳지 않은 것은?

① BL1 : 폐기물은 고압증기멸균 또는 화학약품처리 등 생물학적 활성을 제거할 수 있는 설비에서 처리한다.

② BL2 : 폐기물 처리 시 배출되는 공기는 헤파 필터를 통해서만 배기해야 한다.

③ BL3 : 별도의 폐수탱크를 설치한다.

④ BL4 : 폐기물 처리 시 배출되는 공기는 2단의 헤파 필터를 통해 배기해야 한다.

해설 ② BL2 : 폐기물 처리 시 배출되는 공기는 헤파 필터를 통해 배기할 것을 권장한다.

85 〈보기〉의 의료폐기물들의 보관기간 기준을 모두 더한 값으로 옳은 것은?

보기

- 폐백신
- 재활용하는 태반
- 격리의료폐기물
- 주삿바늘

① 52일

② 60일

③ 67일

④ 112일

해설
- 폐백신 : 생물화학의료폐기물(15일)
- 재활용하는 태반 : 조직물류폐기물(15일)
- 격리의료폐기물(7일)
- 주삿바늘 : 손상성폐기물(30일)

86 생물안전관리책임자의 업무에 대한 설명으로 가장 거리가 먼 것은?

① 기관생물안전위원회 운영에 관한 사항

② 기관 내 생물안전 준수사항 이행 감독에 관한 사항

③ 기관 내 생물안전 교육·훈련 이행에 관한 사항

④ 실험실 사고에 대한 응급조치 및 비상대처방안 마련

해설 ④는 고위험병원체 전담관리자의 업무이다.

정답 84 ② 85 ③ 86 ④

87 **생물안전관리책임자와 연구시설 사용자는 연구시설 운영을 위해 매년 몇 시간 이상 교육을 이수해야 하는가?(단, 생물안전 2등급의 연구시설이다)**

	생물안전관리책임자	연구시설 사용자
①	2시간 이상	해당사항 없음
②	2시간 이상	2시간 이상
③	4시간 이상	해당사항 없음
④	4시간 이상	2시간 이상

해설 **연구시설 등급에 따른 생물안전 관계자의 교육요건**

대상 및 조건 \ 연구시설		생물안전 1·2등급	생물안전 3·4등급 이상
지정요건(사전 교육)	생물안전관리책임자 및 생물안전관리자	8시간 이상	20시간 이상
	전문위탁기관의 생물안전관리자	해당사항 없음	20시간 이상
	전문위탁기관의 유지보수 관계자	해당사항 없음	연구시설 운영교육 12시간 이상(생물안전분야 4시간 이상)
운영요건(연간 교육)	생물안전관리책임자 및 생물안전관리자	4시간 이상	전문기관 운영교육 4시간 이상
	전문위탁기관의 생물안전관리자	해당사항 없음	8시간 이상(연 2회 이상)
	연구시설 사용자	2시간 이상	전문기관 운영교육 2시간 이상

88 **생물안전 조직 중 시험·연구기관장이 준수해야 하는 사항으로 옳지 않은 것은?**

① 기관생물안전위원회의 구성·운영 및 생물안전관리책임자의 임명
② 시험·연구종사자에 대한 생물안전 교육·훈련 및 건강관리 실시
③ 자체 생물안전관리규정의 제·개정
④ 기관 내 생물안전 준수사항 이행 감독

해설 ④는 생물안전관리책임자의 업무이다.

87 ④ 88 ④ 정답

89 LMO 연구시설의 종류에 포함되지 않는 것은?

① 격리포장 연구시설
② 대량배양 연구시설
③ 세포이용 연구시설
④ 곤충이용 연구시설

해설 LMO 연구시설의 종류에는 일반・대량배양・동물・식물・곤충・어류・격리포장 연구시설이 있다.

90 고위험병원체 취급시설 설치・운영 책임자의 업무에 대한 설명으로 옳지 않은 것은?

① 고위험병원체 취급시설 유지보수 관리
② 고위험병원체 취급시설 설치・운영 상태 확인 및 관리
③ 고위험병원체 취급시설 출입통제 및 보안관리
④ 법률에 의거한 고위험병원체 반입허가 이행

해설 ④는 고위험병원체 전담관리자의 업무이다.

91 의료폐기물의 종류와 도형의 색상을 올바르게 짝지은 것은?

① 재활용하는 태반 – 붉은색
② 일반의료폐기물 봉투형 용기 – 녹색
③ 격리의료폐기물 – 검정색
④ 재활용하는 태반을 제외한 위해의료폐기물 골판지류 상자형 용기 – 노란색

해설 ① 재활용하는 태반 – 녹색
② 일반의료폐기물 봉투형 용기 – 검정색
③ 격리의료폐기물 – 붉은색

정답 89 ③ 90 ④ 91 ④

92 다음 중 생물안전 교육 · 훈련의 내용으로 적절하지 않은 것은?

① 생물안전사고 발생 시 비상조치에 관한 사항
② 취급 생물체의 최신 실험기술
③ 유전자재조합실험의 위해성 평가에 관한 사항
④ 물리적 밀폐 및 생물학적 밀폐에 관한 사항

해설 **교육 · 훈련 내용**
- 생물체의 위험군에 따른 안전한 취급기술
- 물리적 밀폐 및 생물학적 밀폐에 관한 사항
- 해당 유전자재조합실험의 위해성 평가에 관한 사항
- 생물안전사고 발생 시 비상조치에 관한 사항
- 생물안전관리규정 내용 및 준수사항

93 생물안전사고와 관련한 대처방법으로 옳지 않은 것은?

① 원심분리기가 작동 중인 상황에서 튜브의 파손이 의심되는 경우, 모터를 끄고 기계를 닫아 30분 정도 침전되기를 기다린 후 처리한다.
② 감염 가능성이 있는 물질이 유출되면 소독제가 포함된 흡수물질로 유출물을 천천히 덮어준다.
③ 래트(rat)에 물린 경우에는 고초균에 효력이 있는 항생제를 투여한다.
④ 찔린 상처를 입은 자는 보호복을 입은 채로 손과 해당 부위를 씻어낸다.

해설 찔린 상처를 입은 자는 보호복을 벗고 손과 해당 부위를 씻는다.

94 LMO(유전자변형생물체)의 위험군 분류에 대한 설명으로 옳지 않은 것은?

① LMO는 위해성평가에 따라 위험군이 결정된다.
② LMO의 생물안전등급은 유전자변형의 결과가 알 수 없는 경우 4등급을 부여한다.
③ 위해성평가에는 도입유전자의 기능 및 특성, 숙주의 특성 등이 고려된다.
④ 생물체 위해등급(RG)은 숫자가 커질수록 위험하다.

해설 LMO의 생물안전등급은 유전자 변형의 결과가 알 수 없는 경우 숙주의 위험군에 기초하여 정해진다.

92 ② 93 ④ 94 ② 정답

95 의료폐기물 보관창고에 대한 설명으로 옳지 않은 것은?

① 내부온도를 측정하는 온도계를 부착하고 4℃ 이하로 유지한다.
② 보관창고 표지판의 색상은 흰색 바탕에 선과 글자는 빨간색으로 한다.
③ 보관창고는 주 1회 이상 약물소독한다.
④ 보관창고 표지판은 보관창고와 냉장시설 출입구에 각각 부착한다.

해설 보관창고 표지판의 색상은 흰색 바탕에 선과 글자는 녹색으로 한다.

96 생물학적(미생물학적) 위해성평가 절차 순으로 옳은 것은?

ㄱ 위험요소 확인(hazard identification)
ㄴ 노출평가(exposure assessment)
ㄷ 용량반응 평가(dose-response assessment)
ㄹ 위해 특성(risk characterization)

① ㄱ → ㄴ → ㄷ → ㄹ
② ㄱ → ㄹ → ㄴ → ㄷ
③ ㄴ → ㄷ → ㄱ → ㄹ
④ ㄷ → ㄴ → ㄱ → ㄹ

해설 ㄱ 1단계 : 위험요소 확인(hazard identification)
ㄴ 2단계 : 노출평가(exposure assessment)
ㄷ 3단계 : 용량반응 평가(dose-response assessment)
ㄹ 4단계 : 위해 특성(risk characterization)

97 다음 중 생물 보안 주요 요소가 아닌 것은?

① 물리적 보안
② 정보 보안
③ 물질통제 보안
④ 독소 보안

해설 생물 보안 주요 요소로는 물리적 보안, 인적 보안, 물질통제 보안, 정보 보안, 이동 보안, 프로그램 관리가 있다.

정답 95 ② 96 ① 97 ④

98 다음 중 의료폐기물에 대한 설명으로 옳은 것은?

① 감염병으로 격리된 사람에 대한 의료행위에서 발생한 폐기물은 병리계폐기물이다.
② 신체의 일부, 혈액생성물은 혈액오염폐기물이다.
③ 의료폐기물 봉투형 용기에는 75% 미만으로 폐기물을 넣을 수 있고, 위탁처리시에는 상자형 용기에 담아 배출해야 한다.
④ 손상성폐기물은 골판지류 상자용기에 담아 30일까지 보관할 수 있다.

해설 ① 감염병으로 격리된 사람에 대한 의료행위에서 발생한 폐기물은 격리의료폐기물이다.
② 신체의 일부, 혈액생성물은 조직물류폐기물이다.
④ 손상성폐기물은 합성수지류 상자용기에 담아 30일까지 보관할 수 있다.

99 밀폐에 대한 설명으로 옳지 않은 것은?

① 생물안전의 기본적인 개념이다.
② 연구활동종사자 등 기타 관계자, 그리고 연구실과 외부 환경 등이 잠재적 위해 인자 등에 노출되는 것을 줄이거나 차단하는 것이다.
③ 생물학적 밀폐는 전달성이 매우 높은 벡터를 조합시킨 숙주-벡터계를 이용한다.
④ 물리적 밀폐는 실험의 생물안전 확보를 위한 연구시설의 공학적・기술적 설치 및 관리・운영을 말한다.

해설 생물학적 밀폐는 유전자변형생물체의 환경 내 전파・확산 방지 및 실험의 안전 확보를 위하여 특수한 배양조건 이외에는 생존하기 어려운 숙주와 실험용 숙주 이외의 생물체로는 전달성이 매우 낮은 벡터를 조합시킨 숙주-벡터계를 이용하는 조치를 말한다.

100 물리적 밀폐의 3요소가 아닌 것은?

① 안전시설
② 안전장비
③ 안전교육
④ 연구실 준수사항 및 안전 관련 기술

해설 물리적 밀폐의 3요소는 안전시설, 안전장비, 연구실 준수사항 및 안전 관련 기술로 구성되고, 이 3요소는 상호보완적이기 때문에 단계별 밀폐수준에 따른 필요에 따라 조합하여 적용된다.

98 ③ 99 ③ 100 ③ 정답

제6과목 연구실 전기 · 소방 안전관리

101 소형소화기의 설치기준으로 옳은 것은?

① 보행거리 5m 이하마다 1개 이상
② 보행거리 10m 이하마다 1개 이상
③ 보행거리 20m 이하마다 1개 이상
④ 보행거리 30m 이하마다 1개 이상

해설 소형소화기는 20m마다, 대형소화기는 30m마다 설치한다.

102 가연물의 조건으로 옳지 않은 것은?

① 열전도율이 크다.
② 발열량이 크다.
③ 표면적이 넓다.
④ 산소와 친화력이 좋다.

해설 ① 열전도율이 작다.

정답 101 ③ 102 ①

103 인체가 외함에 접촉했을 때 흐르게 되는 감전전류(mA)를 구하시오(단, 인체의 저항은 3,000 Ω 이다).

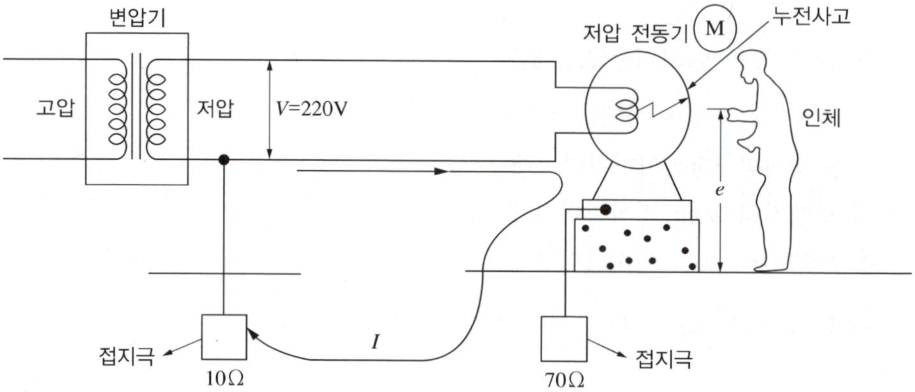

① 57.33mA
② 61.19mA
③ 63.98mA
④ 68.02mA

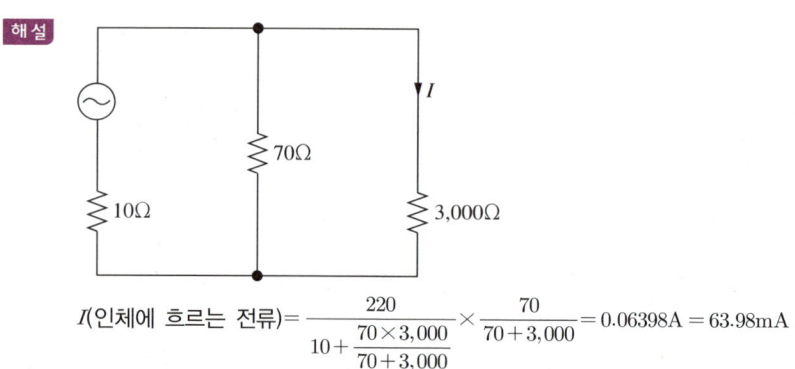

해설

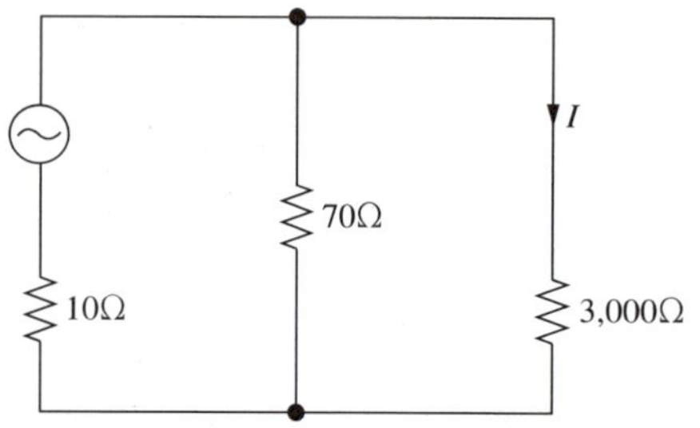

$$I(\text{인체에 흐르는 전류}) = \frac{220}{10 + \frac{70 \times 3,000}{70 + 3,000}} \times \frac{70}{70 + 3,000} = 0.06398A = 63.98mA$$

104 인체감전감지용 누전차단기의 기준으로 옳은 것은?

① 정격감도전류 10mA 이하, 동작시간 0.03초 이하의 전류동작형의 것
② 정격감도전류 15mA 이하, 동작시간 0.3초 이하의 전류동작형의 것
③ 정격감도전류 30mA 이하, 동작시간 0.03초 이하의 전류동작형의 것
④ 정격감도전류 30mA 이하, 동작시간 0.3초 이하의 전류동작형의 것

해설 인체감전감지용 누전차단기(정격감도전류 30mA 이하, 동작시간 0.03초 이하의 전류동작형의 것)

103 ③ 104 ③ 정답

105 연구실별 화재 위험요인을 짝지은 것으로 옳지 않은 것은?

① 전기실험실 – 환기팬 분진, 차단기 충전부 노출 등

② 가스 취급 실험실 – 흄후드 사용 및 관리 미비, MSDS 관리 미비 등

③ 화학실험실 – 독성물질 시건 미비, 성상별 분리 보관 미비 등

④ 폐액, 폐기물 보관장소 – 성상에 따른 분리 보관 미비, 유독성 가스 등 배출 설비 미비 등

해설 가스 취급 실험실 : 전도 방지 조치 미비, 가스용기 충전기한 초과 등

106 연소에 필요한 산소가 부족하여 훈소상태에 있는 실내에 갑자기 다량의 산소가 공급되어 화염이 폭풍을 동반하며 분출하는 현상을 무엇이라고 하는가?

① flash over

② UVCE

③ BLEVE

④ back draft

107 로프링, 속도조절기, 지지대 등으로 이루어진 피난구조설비는?

① 구조대

② 미끄럼대

③ 완강기

④ 공기안전매트

해설 완강기는 로프링, 속도조절기, 가슴벨트, 후크, 지지대 등으로 이루어져 있다.

정답 105 ② 106 ④ 107 ③

108 정전기재해의 원인으로 옳지 않은 것은?

① 절연물에서 접지금속으로의 방전으로 가연성 가스의 착화에너지가 되어 화재 및 폭발이 일어날 수 있다.

② 절연된 도체(인체)로부터 방전되며 불꽃 발생 및 화재폭발이 일어날 수 있다.

③ 지연성 가스와 공기가 혼합될 시 정전기로 인한 화재 및 분진 폭발이 일어날 수 있다.

④ 인체에 대전된 정전기가 방전되어 전격현상 발생이 일어날 수 있다.

해설 ③ 수소나 프로판 가스와 같은 가연성 가스와 공기가 혼합될 시 정전기로 인한 화재 및 분진 폭발이 정전기재해의 원인이 될 수 있다.

109 강력한 환원성 물질이며, 제1류와 제6류 위험물과의 접촉을 피해야 하는 위험물은?

① 자연발화성 및 금수성 물질

② 산화성 액체

③ 자기반응성 물질

④ 가연성 고체

110 유류탱크 화재 시 질소폭탄으로 폭풍을 일으켜 소화하는 것은 어떤 소화방법인가?

① 질식소화

② 억제소화

③ 제거소화

④ 냉각소화

해설 유류탱크 화재 시 질소폭탄으로 폭풍을 일으켜 증기(가연물)를 날려보내 가연물을 제거하여 소화하는 방법은 제거소화이다.

108 ③ 109 ④ 110 ③ 정답

111 조리에 사용되는 유지류(식용유 등)의 과열에 의한 화재는?

① A급 화재
② B급 화재
③ C급 화재
④ K급 화재

해설 K급 화재는 주방화재이다.

112 분말 소화약제 종류와 주성분의 연결이 올바른 것은?

① 제1종 분말 : $LiHCO_3$
② 제2종 분말 : $NaHCO_3$
③ 제3종 분말 : $NH_4H_2PO_4$
④ 제4종 분말 : $KHCO_3 + NH_4H_2PO_4$

해설 ① 제1종 분말 : $NaHCO_3$
② 제2종 분말 : $KHCO_3$
④ 제4종 분말 : $KHCO_3 + (NH_2)_2CO$

113 연소의 3요소가 아닌 것은?

① 가연물
② 산소공급원
③ 점화원
④ 발화반응

해설 연소의 3요소 : 가연물(가연성 물질), 산소공급원, 점화원

정답 111 ④ 112 ③ 113 ④

114 다음 중 열감지기의 유형이 아닌 것은?

① 보상식

② 이온화식

③ 정온식

④ 차동식

해설 ② 연기감지기에는 이온화식과 광전식이 있다.

115 아래 그림을 보고 이 복도에 설치해야 하는 복도통로유도등의 최소 개수를 산정하시오.

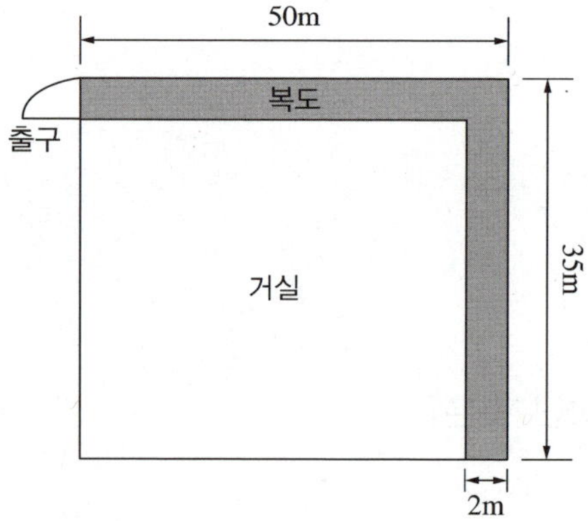

① 3개　　② 4개

③ 5개　　④ 6개

해설 • 구부러진 모퉁이 및 보행거리 20m마다 바닥으로부터 높이 1m 이하의 위치에 설치한다.
• 모퉁이에 먼저 하나 배치하고, 모퉁이를 기준으로 각 통로별로 20m당 1개씩 배치한다.

114 ② 115 ② 정답

116 실내 화재 현상 중 플래시오버에 대한 설명으로 옳지 않은 것은?

① 화재 초기단계에서 연소물로부터의 가연성 가스가 천장 부근에 모이고, 그것이 일시에 인화해서 폭발적으로 방 전체에 불꽃이 도는 현상이다.

② 성장기로 진행되기 전에 열 방출량이 급격하게 증가하는 단계에 발생한다.

③ 미연소가연물이 천장으로부터의 복사열에 의해 열분해되고, 가연성 가스의 농도가 지속적으로 증가하여 연소범위 내에 도달하면 착화되어 화염에 덮이게 되는 현상이다.

④ 최초 화재 발생부터 플래시오버까지 일반적으로 약 5~10분가량 소요된다.

해설 ② 최성기로 진행되기 전에 열 방출량이 급격하게 증가하는 단계에 발생한다.

117 산소공급원의 종류로 옳지 않은 것은?

① 산소를 포함하고 있는 공기

② 조연성 가스

③ 제1류 위험물

④ 제3류 위험물

118 다음 중 물리적 점화원에 해당되는 것은?

① 트래킹 현상

② 과전류

③ 자연발화

④ 단열압축

해설 ①, ②는 전기적 점화원, ③은 화학적 점화원이다.

정답 116 ② 117 ④ 118 ④

119 화재 진행에 영향을 미치는 요인으로 옳지 않은 것은?

① 최종 발화되는 가연물의 위치
② 구획실의 천장 높이
③ 환기구의 크기
④ 구획실의 크기

해설 **화재 진행에 영향을 미치는 요인**
- 배연구(환기구)의 크기 · 수 · 위치
- 구획실의 크기
- 구획실의 천장 높이
- 구획실을 둘러싸고 있는 물질들의 열 특성
- 최초 발화되는 가연물의 크기 · 합성물 · 위치
- 추가적 가연물의 이용 가능성 · 위치

120 화재발생 시 행동요령을 순서대로 올바르게 나열한 것은?

㉠ 신속한 대피 ㉡ 빠른 상황전파 ㉢ 119 신고 ㉣ 초기소화 ㉤ 대피 후 인원 확인

① ㉠ → ㉢ → ㉣ → ㉡ → ㉤
② ㉡ → ㉣ → ㉠ → ㉢ → ㉤
③ ㉢ → ㉡ → ㉠ → ㉤ → ㉣
④ ㉣ → ㉡ → ㉢ → ㉠ → ㉤

해설 ㉡ 빠른 상황전파 : 화재사실을 주위에 신속하게 알린다.
㉣ 초기소화 : 초기화재인 경우 현장 상황(불의 크기, 연기의 양, 소화시설 등)에 따라 진화를 시도한다. 여의치 않으면 신속히 대피한다.
㉠ 신속한 대피 : 건물 외부나 안전한 장소로 신속하게 대피한다. 엘리베이터를 절대 이용하지 말고 계단을 통하여 지상(지상으로 대피할 수 없는 경우는 옥상)으로 안전하게 대피한다.
㉢ 119 신고 : 안전하게 대피한 후 119에 신고한다.
㉤ 대피 후 인원 확인 : 안전한 곳으로 대피한 후 인원을 확인한다.

119 ① 120 ② 정답

121 다음 조건을 통해 1분당 에너지소비량(kcal)을 구하시오.

- 10분간 배기량 : 200(L)
- 배기 시 이산화탄소 농도 : 4(%)
- 배기 시 산소농도 : 16(%)

① 3.265kcal/min

② 4.265kcal/min

③ 5.265kcal/min

④ 6.265kcal/min

해설

- 흡기량 = 배기량 $\times \frac{100 - CO_2 - O_2}{79} = \frac{200L}{10min} \times \frac{100 - 4 - 16}{79}$ = 20.253L/min
- 산소소비량(L/min) = $(0.21 \times V_1) - (O_2 \times V_2)$ = (0.21 × 20.253L/min) − (0.16 × 20L/min)
  = 1.053L/min
- 에너지소비량 = 1.053L/min × 5kcal/L = 5.265kcal/min

122 공기정화장치에 대한 설명으로 옳지 않은 것은?

① 압력손실이 가능한 한 작은 구조로 설계한다.

② 입자상 물질 집진장치의 종류로는 전기 · 원심력 · 관성력 · 세정 · 여과 · 중력집진장치가 있다.

③ 다공성 고체 표면에 가스상 오염물질을 부착하여 처리하는 방법은 흡수법이다.

④ 함진가스를 세정하여 입자를 부착하여 제거하는 장치는 세정집진장치이다.

해설 ③ 다공성 고체 표면에 가스상 오염물질을 부착하여 처리하는 방법은 흡착법이다.

정답 121 ③ 122 ③

123 유기성대사를 통해 생성되는 것으로 옳지 않은 것은?

① 열

② 물

③ 이산화탄소

④ 젖산

해설 젖산은 무기성대사를 통해 생성된다.

124 경고표지 작성원칙으로 옳지 않은 것은?

① 그림문자는 최대 4개까지 표시할 수 있다.

② 예방조치 문구가 7개 이상일 경우에는 6개까지만 표시한다.

③ 신호어는 위험과 경고 모두 해당 시 둘 다 기재한다.

④ 유해 · 위험문구는 중복되는 문구는 생략하거나 조합하여도 된다.

해설 신호어는 위험과 경고 둘 다 해당 시 "위험"만 표시한다.

125 NIOSH Lifting Equation에서 제시한 중량상수의 값으로 옳은 것은?

① 20kg

② 23kg

③ 25kg

④ 27kg

해설 LC = 23kg

123 ④ 124 ③ 125 ② 정답

126 주요 구조부의 설치기준에서 저위험 연구실에서도 필수로 설치해야 하는 사항은?

① 연구·실험공간과 사무공간은 별도의 통로나 방호벽으로 구분
② 바닥면 내 안전구획 표시
③ 출입구에 비상대피표지(유도등 또는 출입구·비상구 표지) 부착
④ 일반연구실은 최소 300lx, 정밀작업 수행 연구실 최소 600lx 이상의 조명장치 설치

해설 주요 구조부 설치기준

구분		준수사항	연구실위험도		
			저위험	중위험	고위험
공간분리	설치	연구·실험공간과 사무공간 분리	권장	권장	필수
벽 및 바닥	설치	기밀성 있는 재질, 구조로 천장, 벽 및 바닥 설치	권장	권장	필수
		바닥면 내 안전구획 표시	권장	필수	필수
출입통로	설치	출입구에 비상대피표지(유도등 또는 출입구·비상구 표지) 부착	필수	필수	필수
		사람 및 연구장비·기자재 출입이 용이하도록 주 출입통로 적정 폭, 간격 확보	필수	필수	필수
조명	설치	연구활동 및 취급물질에 따른 적정 조도값 이상의 조명장치 설치	권장	필수	필수

127 입자상물질의 축적 기전에 대한 설명으로 옳지 않은 것은?

① 관성충돌 : 입자가 공기흐름으로 순행하다가 비강, 인후두 부위 등 공기흐름이 변환되는 부위에 부딪혀 침착한다.
② 중력침강 : 구강 내에서 공기흐름이 느려져 중력에 의해 자연스럽게 낙하한다.
③ 차단 : 지름에 비해 길이가 긴 석면섬유 등은 기도의 표면을 스치게 되어 침착한다.
④ 확산 : 비강에서 폐포에 이르기까지 입자들이 기체유선을 따라 운동하지 않고 기체분자들과 충돌하여 무질서한 운동을 하다가 주위 세포 표면에 침착한다.

해설 ② 중력침강 : 폐의 심층부에서 공기흐름이 느려져 중력에 의해 자연스럽게 낙하한다.

정답 126 ③ 127 ②

128 금속 흄이 생기는 장소에서 착용하는 방진마스크의 등급으로 옳은 것은?

① 특급　　② 1급

③ 2급　　④ 3급

해설 금속 흄이 생기는 장소에서는 1급 방진마스크를 착용한다.

129 작업시간 초기부터 근골격계 관련 통증이 발생하는 것은 근골격계질환의 몇 단계 증상인가?

① 2단계

② 3단계

③ 4단계

④ 5단계

해설 2단계 증상이다.

130 색채암호를 사용하는 표시장치로 옳은 것은?

① 정량적 표시장치

② 정성적 표시장치

③ 묘사적 표시장치

④ 촉각적 표시장치

해설 정성적 표시장치 : 온도, 압력, 속도와 같이 연속적으로 변하는 변수의 대략적인 값이나 변화추세, 비율 등을 알고자 할 때 주로 사용하며, 색체암호화 또는 구간 형상 암호화 등을 사용한다.

128 ② 129 ① 130 ② 정답

131 **자연환기에 대한 설명으로 옳지 않은 것은?**

① 설치비 및 유지보수비가 적다.
② 에너지비용을 최소화할 수 있어서 냉방비 절감 효과가 크다.
③ 소음 발생이 크다.
④ 외부 기상 조건과 내부 조건에 따라 환기량이 일정하지 않아 제한적이다.

해설 ③ 자연환기는 소음 발생이 적다.

132 **근골격계질환 유해요인 조사에 대한 설명으로 적절하지 않은 것은?**

① 정기조사는 3년마다 실시한다.
② 유해요인 조사는 3단계로, 기본조사, 근골격계질환 증상조사, 정밀평가 순으로 진행된다.
③ 외부 전문기관을 통해 조사를 의뢰할 수 있다.
④ 근골격계질환 유해요인 조사 시 근골격계 부담작업 전체에 대한 전수조사를 실시한다.

해설 ② 유해요인 조사는 기본조사와 근골격계질환 증상조사로 진행되고, 필요시 정밀 평가를 추가한다.

133 **대사에 대한 설명으로 옳지 않은 것은?**

① 음식물을 섭취하여 기계적인 일과 열로 전환하는 화학적 과정을 말한다.
② 호기성 대사는 산소를 필요로 하는 대사로 열, 에너지, 이산화탄소, 물을 배출한다.
③ 무기성 대사는 산소가 필요하지 않은 대사로 열, 에너지, 이산화탄소, 물, 젖산을 배출한다.
④ 기초대사율은 남자는 2kcal/min, 여자는 1.5kcal/min이다.

해설 ④ 기초대사율은 남자는 1.2kcal/min, 여자는 1kcal/min이다.

정답 131 ③ 132 ② 133 ④

134 실험실 내 수증기가 시간당 3kg씩 발생하고, 실내 중량 절대습도가 80%일 때 수증기 제거를 위한 필요환기량(m^3/min)은 얼마인가?(단, 외부 중량 절대습도는 50%이다)

① 0.0014

② 0.08

③ 0.14

④ 8.33

해설

$$Q = \frac{W}{\rho \times \Delta G}$$

$$= \frac{3\text{kg/h}}{(1.2\text{kg/m}^3)((0.8-0.5)\text{kg/kg건기})} \times \frac{1\text{h}}{60\text{min}}$$

$$= 0.1389\text{m}^3/\text{min}$$

135 NFPA 704의 각 위험성의 배경색에 대한 설명으로 옳지 않은 것은?

① Health Hazard – 청색

② Flammability Hazard – 적색

③ Instability Hazard – 황색

④ Special Hazard – 녹색

해설 ④ Special Hazard – 백색

136 호흡보호구 착용·관리방법에 대한 설명으로 옳지 않은 것은?

① 매번 착용 후 밀착도 검사(Fit Test)를 실시한다.

② 착용 시 코, 입, 뺨 위로 잘 배치하여 호흡기를 덮도록 하고, 연결 끈은 귀 아래와 뒷목으로 위치되게 묶는다.

③ 유해인자를 다량으로 쓰는 작업자는 필터유효기간이 남았어도 더 자주 교체한다.

④ 필터 교체일, 교체 예정일을 표기해야 하고, 보관함 전면에 유효기간과 수량을 표기한다.

해설 ② 착용 시 코, 입, 뺨 위로 잘 배치하여 호흡기를 덮도록 하고, 연결 끈은 귀 위와 뒷목으로 위치되게 묶는다.

134 ③ 135 ④ 136 ② 정답

137 **시각적 표시장치가 다른 감각 표시장치보다 유리한 경우에 대한 설명으로 옳지 않은 것은?**

① 전언이 복잡한 경우
② 전언이 재참조되는 경우
③ 즉각적인 행동을 요구하지 않는 경우
④ 정보의 내용이 시각적인 사건을 다루는 경우

해설 ④는 청각적 표시장치가 유리한 경우이다.

138 **NIOSH 직무 스트레스 모델에 대한 설명으로 옳은 것은?**

① 사회적 지지는 완충작용을 한다.
② 작업공간의 열악함은 직무 스트레스의 작업요구요인에 해당한다.
③ 직무 스트레스로 인한 심리적 반응으로 피로가 있다.
④ 장기적인 직무 스트레스는 두통을 가져올 수 있다.

해설 ② 작업공간의 열악함은 직무 스트레스의 물리적환경에 해당한다.
③ 직무 스트레스로 인한 심리적 반응으로 직무 불만족, 사기저하 등이 있다.
④ 장기적인 직무 스트레스는 고혈압, 심혈관질환, 알콜중독, 정신질환, 근골격계 질환을 가져올 수 있다.

정답 137 ④ 138 ①

139 근골격계질환 부담작업으로 판단하지 않는 것은?

① 매일 8회 20kg 이상의 물체를 드는 작업
② 매일 총 2시간 이상 무릎을 굽히는 작업
③ 하루 4시간 이상 집중적으로 키보드와 마우스를 조작하는 작업
④ 매일 총 2시간 이상 머리 위로 손이 올라가는 작업

해설 ① 매일 10회 이상 25kg 이상의 물체를 드는 작업 기준에 미달한다.

140 경고표지 그림문자와 유해성이 올바르게 연결된 것은?

	그림문자	유해성
①		산화성
②		생식세포 변이원성
③		눈 자극성
④		발암성

해설 ① 그림문자 : 인화성
③ 그림문자 : 부식성
④ 그림문자 : 급성독성

139 ① 140 ② 정답

제 3 회 실전모의고사

제1과목 연구실 안전 관련 법령

01 다음은 중대연구실사고의 정의이다. ㉠~㉥을 모두 더한 값은?

> 중대연구실사고의 정의(「연구실안전법 시행규칙」 제2조)
> - 사망자 또는 과학기술정보통신부장관이 정하여 고시하는 후유장해(부상 또는 질병 등의 치료가 완료된 후 그 부상 또는 질병 등이 원인이 되어 신체적 또는 정신적 장해가 발생한 것을 말한다. 이하 같다) 1급부터 ㉠급까지에 해당하는 부상자가 ㉡명 이상 발생한 사고
> - ㉢개월 이상의 요양이 필요한 부상자가 동시에 ㉣명 이상 발생한 사고
> - ㉤일 이상의 입원이 필요한 부상을 입거나 질병에 걸린 사람이 동시에 ㉥명 이상 발생한 사고
> - 법 제16조제2항 및 「연구실 안전환경 조성에 관한 법률 시행령」에 따른 연구실의 중대한 결함으로 인한 사고

① 21　　② 22
③ 23　　④ 24

해설 ㉠ 9, ㉡ 1, ㉢ 3, ㉣ 2, ㉤ 3, ㉥ 5

02 중위험연구실의 설치·운영기준에 대한 설명으로 옳지 않은 것은?(단, 보기에 나오는 유해물질·기계·기구 등을 취급하는 중위험연구실이다)

① 반드시 충격, 지진 등에 대비한 실험대 및 선반 전도방지조치를 하여야 한다.
② 반드시 레이저 장비 사용 시 보호구를 착용하여야 한다.
③ 반드시 시약장별 저장 물질 관리대장을 작성·보관해야 한다.
④ 반드시 연구·실험 시 기계식 피펫을 사용해야 한다.

해설 '시약장별 저장 물질 관리대장 작성·보관' 항목은 중위험연구실에 대해 필수가 아니라 권장사항이다.

정답 1 ③ 2 ③

03 연구활동종사자를 위한 연구실 특별안전교육·훈련의 최소 교육시간은?

① 1시간 ② 2시간
③ 3시간 ④ 6시간

해설 연구실사고가 발생했거나 발생할 우려가 있다고 연구주체의 장이 인정하는 연구활동종사자는 2시간 이상 특별안전교육·훈련을 실시해야 한다.

04 연구실안전정보시스템에 대한 설명 중 옳지 않은 것은?

① 안전정보시스템에 입력된 정보에 대한 확인 및 점검을 해야 하는 책임은 연구주체의 장에게 있다.
② 연구실사고에 관한 통계를 볼 수 있다.
③ 연구실안전정보시스템은 지정된 권역별연구지원센터가 운영하여야 한다.
④ 안전관리 우수연구실 인증 현황을 확인할 수 있다.

해설 안전정보시스템에 입력된 정보의 신뢰성과 객관성을 확보하기 위하여 과학기술정보통신부장관은 그 정보에 대한 확인 및 점검을 해야 한다.

05 다음 ㉠, ㉡에 들어갈 숫자로 올바르게 짝지어진 것은?

심의위원회의 회의는 정기회의와 임시회의로 구분하며, 정기회의는 연 (㉠)회, 임시회의는 위원장이 필요하다고 판단할 때 또는 재적위원 (㉡)분의 1 이상이 요구할 때 실시한다.

	㉠	㉡
①	1	2
②	1	3
③	2	2
④	2	3

해설 「연구실안전심의위원회 운영규정」 제10조제2항, 제3항제1호

3 ② 4 ① 5 ④ 정답

06 안전점검 및 정밀안전진단 대행기관에 대한 설명으로 옳은 것은?

① 대행기관 등록사항의 변경이 있은 날부터 6개월 이내에 변경등록을 하지 아니한 경우에는 등록취소, 6개월 이내의 업무정지 또는 시정명령을 할 수 있다.

② 대행기관으로 등록하려는 자는 기술인력 보유 현황 및 안전관리규정을 제출해야 한다.

③ 거짓으로 대행기관을 등록한 경우에는 6개월 이내의 업무정지 또는 시정명령을 할 수 있다.

④ 대행기관의 신규교육은 기술인력이 등록된 날부터 3개월 이내에 받아야 한다.

해설 ② 대행기관으로 등록하려는 자는 기술인력 보유 현황 및 장비 명세서를 제출해야 한다.
③ 거짓으로 대행기관을 등록한 경우에는 등록을 취소하여야 한다.
④ 대행기관의 신규교육은 기술인력이 등록된 날부터 6개월 이내에 받아야 한다.

07 정밀안전진단의 진단분야와 물적 장비요건이 알맞게 짝지어진 것은?

① 전기 분야 – 일산화탄소농도측정기

② 산업위생 분야 – 조도계

③ 가스 분야 – 산소농도측정기

④ 소방 분야 – 접지저항측정기

해설 정밀안전진단의 진단분야에 따른 물적 장비요건
- 산업위생 분야 : 분진측정기, 소음측정기, 산소농도측정기, 풍속계, 조도계
- 소방 및 가스 분야 : 가스누출검출기, 가스농도측정기, 일산화탄소농도측정기
- 전기 분야 : 정전기 전하량 측정기, 접지저항측정기, 절연저항측정기

08 연구실안전환경관리자 대리자의 최대 직무대행 기간으로 옳은 것은?(단, 직무대행 사유는 출산휴가이다)

① 30일 ② 60일
③ 90일 ④ 120일

해설 대리자의 직무대행 기간은 30일을 초과할 수 없다. 단, 출산휴가를 사유로 대리자를 지정한 경우에는 90일을 초과할 수 없다.

정답 6 ① 7 ② 8 ③

09 「연구실안전법 시행령」에 따른 연구실 안전환경 등에 대한 실태조사에 대한 내용으로 틀린 것은?

① 실태조사는 5년마다 정기적으로 실시한다.
② 실태조사 시 연구실사고 발생 현황도 포함한다.
③ 과학기술정보통신부장관은 실태조사를 하려는 경우 해당 연구주체의 장에게 사전에 조사 계획을 통보해야 한다.
④ 필요한 경우에 수시로 실태조사를 할 수 있다.

해설 ① 실태조사는 2년마다 정기적으로 실시한다.

10 「연구실안전법」상 5년 이하의 징역 또는 5천만원 이하의 벌금에 처하는 경우로 옳은 것은?

① 연구실사고 조사 결과에 따른 긴급한 조치를 이행하지 아니하여 공중의 위험을 발생하게 한 자
② 안전점검 또는 정밀안전진단을 실시하지 아니하여 사람을 사상에 이르게 한 자
③ 연구실사고 조사 결과에 따른 긴급한 조치를 이행하지 아니하여 사람을 사상에 이르게 한 자
④ 안전점검 또는 정밀안전진단을 성실하게 실시하지 아니함으로써 사람을 사상에 이르게 한 자

해설 ②·③·④는 3년 이상 10년 이하의 징역에 해당한다.
※ 벌칙(「연구실안전법」 제43조)
1. 5년 이하의 징역 또는 5천만원 이하의 벌금에 처하는 경우
㉠ 안전점검 또는 정밀안전진단을 실시하지 아니하거나 성실하게 실시하지 아니함으로써 연구실에 중대한 손괴를 일으켜 공중의 위험을 발생하게 한 자
㉡ 제25조제1항(연구실사고 조사 결과에 따른 긴급한 조치)에 따른 조치를 이행하지 아니하여 공중의 위험을 발생하게 한 자
2. 위 ㉠, ㉡의 죄를 범하여 사람을 사상에 이르게 한 자는 3년 이상 10년 이하의 징역에 처한다.

9 ① 10 ① 정답

11 **제4차(2023~2027) 연구실안전환경 기본계획의 추진전략으로 옳지 않은 것은?**

① 현장중심 안전관리 기반 강화
② 안전취약기관 선제적 안전확보
③ 연구 안전의 산업화·전문화
④ 신속한 사고대응체계 확립

해설 ③은 제3차(2018~2022) 연구실안전환경 기본계획의 3대 핵심전략이다.

12 **안전관리규정의 작성 시 주의사항으로 거리가 먼 것은?**

① 조직 구성원의 자발적 참여를 이끌어낼 수 있도록 작성한다.
② 법 적용에 초점을 맞추어 법적 기준 준수를 우선한다.
③ 조직 내 모든 안전관리활동이 안전관리규정을 중심으로 전개되도록 작성한다.
④ 단순히 책임자를 지정하는 것이 아니라 책임자의 업무 내용을 중심으로 작성한다.

해설 단순한 법 적용에 초점을 두기보다는 각 조직의 실정에 맞도록 작성한다.

13 **「연구실안전법 시행규칙」 별표 1에 따른 연구활동별 보호구로 올바르게 연결된 것은?**

① 독성가스 및 발암성 물질, 생식독성 물질 취급 : 보안경 또는 고글, 내화학성 장갑, 방진마스크
② 액체질소 등 초저온 액체 취급 : 보안경 또는 고글, 내열장갑
③ 감염성 또는 잠재적 감염성이 있는 혈액, 세포, 조직 등 취급 : 보안경 또는 고글, 일회용 장갑, 수술용 마스크 또는 방진마스크
④ 감전위험이 있는 전기기계·기구 또는 전로 취급 : 절연보호복, 보호장갑, 보안경 또는 고글

해설 ① 독성가스 및 발암성 물질, 생식독성 물질 취급 : 보안경 또는 고글, 내화학성 장갑, 호흡보호구
② 액체질소 등 초저온 액체 취급 : 보안경 또는 고글, 방한장갑
④ 감전위험이 있는 전기기계·기구 또는 전로 취급 : 절연보호복, 보호장갑, 절연화

정답 11 ③ 12 ② 13 ③

14 연구실안전관리위원회에 대한 설명 중 옳지 않은 것은?

① 연구실안전환경관리자는 위원에 반드시 포함되어야 한다.
② 연구활동종사자는 전체 위원 인원의 절반 이상이어야 한다.
③ 관리위원회에서 의결된 내용은 30일 이내에 연구활동종사자에게 알려야 한다.
④ 재적의원의 과반수가 출석하면 개의한다.

해설 관리위원회에서 의결된 내용 등 회의 결과를 신속히 연구활동종사자에게 알려야 한다.

15 「연구실안전법」상 연구주체의 장은 연구실사고 조사 결과에 따라 긴급한 조치가 필요하다고 판단되는 경우에는 조치를 취하여야 한다. 취해야 할 조치에 해당하지 않는 것은?

① 안전점검 실시
② 정밀안전진단 실시
③ 연구실의 사용금지
④ 연구실의 철거

해설 연구주체의 장이 취해야 할 조치(법 제25조제1항)
- 정밀안전진단 실시
- 유해인자의 제거
- 연구실 일부의 사용제한
- 연구실의 사용금지
- 연구실의 철거
- 그 밖에 연구주체의 장 또는 연구활동종사자가 필요하다고 인정하는 안전조치

14 ③ 15 ① 정답

16 〈보기〉에서 안전관리 우수연구실 인증의 ㉠ 안전환경 시스템분야에 포함되는 항목과 ㉡ 안전환경 활동 수준분야에 포함되는 항목을 올바르게 짝지은 것은?

보기

ⓐ 비상시 대비·대응 관리 체계
ⓑ 개인보호구 지급 및 관리
ⓒ 연구실 환경·보건 관리
ⓓ 사전유해인자위험분석
ⓔ 연구실의 안전점검 및 정밀안전진단 상태 확인

	㉠	㉡
①	ⓐ, ⓑ	ⓒ, ⓓ, ⓔ
②	ⓐ, ⓓ	ⓑ, ⓒ, ⓔ
③	ⓑ, ⓓ, ⓔ	ⓐ, ⓒ
④	ⓑ, ⓔ	ⓐ, ⓒ, ⓓ

해설

연구실 안전환경 시스템분야 (12개 항목)	• 운영법규 등 검토 • 목표 및 추진계획 • 조직 및 업무분장 • 사전유해인자위험분석 • 교육 및 훈련, 자격 등 • 의사소통 및 정보제공 • 문서화 및 문서관리 • 비상시 대비·대응 관리 체계 • 성과측정 및 모니터링 • 시정조치 및 예방조치 • 내부심사 • 연구주체의 장의 검토 여부
연구실 안전환경 활동 수준분야 (13개 항목)	• 연구실의 안전환경 일반 • 연구실의 안전점검 및 정밀안전진단 상태 확인 • 연구실 안전교육 및 사고 대비·대응 관련 활동 • 개인보호구 지급 및 관리 • 화재·폭발 예방 • 가스안전 • 연구실 환경·보건 관리 • 화학안전 • 실험 기계·기구 안전 • 전기안전 • 생물안전
연구실 안전환경 관계자 안전의식 분야 (4개 항목)	• 연구주체의 장 • 연구실책임자 • 연구활동종사자 • 연구실안전환경관리자

정답 16 ②

17 연구실안전심의위원회에 대한 설명으로 옳지 않은 것은?

① 심의위원회의 의결은 재적위원 과반수의 찬성으로 의결된다.

② 연구실 안전환경 조성에 관한 주요 정책에 관한 사항을 심의한다.

③ 위원은 15명 이내로 구성된다.

④ 민간위원은 과학기술정보통신부장관이 위촉한다.

해설 심의위원회의 의결은 출석위원 과반수의 찬성으로 의결된다.

18 연구실안전환경관리자 대리자의 자격요건 기준으로 옳지 않은 것은?

① 타법(고압가스법, 산업안전보건법 등)의 안전관리자로 선임되어 있는 사람

② 연구실 안전관리 업무 실무경력이 3년 이상인 사람

③ 「국가기술자격법」에 따른 안전관리 분야의 국가기술자격을 취득한 사람

④ 연구실 안전관리 업무에서 연구실안전환경관리자를 지휘·감독하는 지위에 있는 사람

해설 연구실안전환경관리자 대리자의 자격요건

1. 「국가기술자격법」에 따른 안전관리 분야의 국가기술자격을 취득한 사람
2. 타법의 안전관리자(연구실안전환경관리자 자격요건에 해당)로 선임되어 있는 사람
3. 연구실 안전관리 업무 실무경력이 1년 이상인 사람
4. 연구실 안전관리 업무에서 연구실안전환경관리자를 지휘·감독하는 지위에 있는 사람

17 ① 18 ② 정답

19 일상점검의 일반안전 분야의 점검내용으로 옳지 않은 것은?

① 유해인자 취급 및 관리대장, MSDS의 비치

② 사전유해인자위험분석 보고서 게시

③ 연구실(실험실) 내 흡연 및 음식물 섭취 여부

④ 안전수칙, 안전표지, 개인보호구, 구급약품 등 실험장비(흄후드 등) 관리 상태

해설 유해인자 취급 및 관리대장, MSDS의 비치는 화공안전분야의 점검내용이다.

20 「연구실안전법」상 부상 또는 질병 등이 발생한 사람에게 후유장해가 발생한 경우 보험급여의 지급기준은?

① 요양급여, 장해급여 및 입원급여를 합산한 금액

② 유족급여 및 장의비에서 장해급여를 공제한 금액

③ 요양급여, 입원급여, 유족급여 및 장의비를 합산한 금액

④ 요양급여, 입원급여, 및 장의비를 합산한 금액

해설 연구활동종사자의 보험급여 중 두 종류 이상의 보험급여를 지급해야 하는 경우 그 지급기준

- 부상 또는 질병 등이 발생한 사람이 치료 중에 그 부상 또는 질병 등이 원인이 되어 사망한 경우 : 요양급여, 입원급여, 유족급여 및 장의비를 합산한 금액
- 부상 또는 질병 등이 발생한 사람에게 후유장해가 발생한 경우 : 요양급여, 장해급여 및 입원급여를 합산한 금액
- 후유장해가 발생한 사람이 그 후유장해가 원인이 되어 사망한 경우 : 유족급여 및 장의비에서 장해급여를 공제한 금액

정답 19 ① 20 ①

제2과목 연구실 안전관리 이론 및 체계

21 **한곳에 집중하면 다른 곳에는 소홀해진다는 주의의 특성은?**

① 선택성

② 방향성

③ 단속성

④ 변동성

해설 ② 방향성 : 한쪽 방향에 집중하면 다른 방향에서 입력된 정보는 무시되기 쉽다.
③ 단속성 : 주의집중의 깊이가 깊을수록 오래 지속될 수 없다.
④ 변동성 : 주의집중의 정도는 시간에 따라 변화한다.

22 **「연구실안전법」상의 신규교육·훈련의 교육내용으로 거리가 먼 것은?**

① 안전표지에 관한 사항

② 물질안전보건자료에 관한 사항

③ 안전 및 유지·관리비 계상 및 사용에 관한 사항

④ 연구실 안전환경 조성 관련 법령에 관한 사항

해설 ③은 연구실안전환경관리자 전문교육의 교육내용이다.

21 ① 22 ③ 정답

23 사고의 특성으로 옳지 않은 것은?

① 위험 상태라고 해서 바로 사고로 이어지지는 않지만, 직접원인이 위험을 사고로 발전시킨다.
② 같은 사고가 발생하더라도 피해 정도는 다를 수 있는 우연성이 존재한다.
③ 모든 유해인자가 위험으로 변화하는 데에는 촉발 사상이 필요하다.
④ 인적 · 물적 피해가 없는 아주 경미한 사고라도 반복발생 시 피해가 발생한 사고처럼 대응하여야 한다.

해설 피해가 무시할만한 사고가 발생하더라도 이미 사고가 발생한 것으로 판단하고 대응하여야 한다.

24 사고발생과정을 설명하는 데 쓰인 모델은?

① SHELL 모델
② Swiss Cheese 모델
③ Pizza 모델
④ 피라미드 모델

해설 사고발생과정을 설명하는 데는 Swiss Cheese 모델(Reason)이 사용된다.

25 연구활동종사자의 의식수준은 어떤 단계를 유지하는 것이 중요한가?

① Phase 0
② Phase Ⅰ
③ Phase Ⅲ
④ Phase Ⅳ

해설 연구활동종사자의 의식수준은 항상 적정 수준(Phase Ⅲ)을 유지하는 것이 중요하며, 너무 낮거나 너무 높은 것은 옳지 않다.

정답 23 ④ 24 ② 25 ③

26 다음에서 설명하는 2가지의 매슬로우의 욕구의 단계를 합한 값으로 옳은 것은?

> • 안전과 육체적 및 감정적인 해로움으로부터의 보호 욕구
> • 자기존중, 자율성, 인정의 욕구

① 5
② 6
③ 7
④ 8

해설 • 2단계 안전의 욕구 : 안전과 육체적 및 감정적인 해로움으로부터의 보호 욕구
• 4단계 존경의 욕구 : 자기존중, 자율성, 인정의 욕구

27 SHELL 모델에서의 연구활동 대상과 범위에 대한 설명으로 옳지 않은 것은?

① environment : 의도하는 결과를 얻기 위한 환경적 요소들을 말한다. 특히 화학이나 생물학, 의학 분야에서는 어떤 상황에 놓이느냐에 따라 연구 결과를 얻을 수 있기도 하고 결과가 달라질 수도 있으므로 중요한 요소이다.
② software : 컴퓨터의 소프트웨어는 물론, 시스템 내의 작업지시, 정보교환 등 구성 요소 간 영향을 주고받는 모든 무형적인 요소들을 말한다.
③ hardware : 기계, 설비, 장치, 도구 등 유형적인 요소를 말한다.
④ learning : 연구활동종사자 본인은 물론, 소속된 집단의 주변 구성원들의 인적 요인을 통한 학습 요소를 말한다.

해설 ④ liveware : 연구활동종사자 본인은 물론, 소속된 집단의 주변 구성원들의 인적 요인, 나아가 인간관계를 포함하는 상호작용까지도 포함된다.

26 ② 27 ④ 정답

28 안전과 생산을 별개로 취급하고, 생산부문은 안전에 대한 책임이 없는 안전관리 조직의 모형은 무엇인가?

① 참모형 안전관리 조직
② 라인형 안전관리 조직
③ 혼합형 안전관리 조직
④ 직계형 안전관리 조직

해설 안전 전담 스태프가 안전관리 방안을 모색하고 경영자의 조언·자문 역할을 수행하는 것은 스태프형 모형이다.

29 위험성 평가의 사전준비 단계에서 평가에 활용하는 자료로 가장 거리가 먼 것은?

① 근로자 건강진단 결과
② MSDS
③ 공정 흐름도
④ 안전 관련 규정

해설 평가에 활용하는 자료 종류 : 작업표준·절차, 유해·위험요인에 관한 정보(MSDS, 기계·기구·설비 사양서 등), 공정 흐름, 재해사례·통계, 작업환경 측정 결과, 근로자 건강진단 결과 등

30 연구실 사고관리체계 구축과 관련한 설명 중 옳지 않은 것은?

① 연구활동 중 사고발생 시 즉각 대응할 수 있도록 훈련한다.
② 사고관리체계에 연구실 위치와 보유 유해인자 리스트를 작성한다.
③ 발생 가능한 평균 수준의 사고 상황을 가정하여 사고대응 매뉴얼을 작성하고 정기적으로 교육·훈련을 실시한다.
④ 비상조치 교육·훈련 후 성과를 평가한다.

해설 ③ 최악의 상황을 가정하여 사고대응 매뉴얼을 작성하고 정기적으로 교육·훈련을 실시한다.

정답 28 ① 29 ④ 30 ③

31 4M 원칙에 대한 설명으로 옳지 않은 것은?

① 각 분야에 대해 유해·위험요인을 도출하고 위험 감소대책을 수립할 수 있다.

② Man, Machine, Method, Management의 4가지 분야로 리스크를 파악한다.

③ 인적 요인은 생리적, 심리적, 관계적, 기술적으로 분류할 수 있다.

④ 위험성 평가 기법이지만 사전유해인자위험분석에도 사용되는 방법이다.

해설 ② 작업 내에 잠재하고 있는 사고요인을 Man(인적), Machine(설비적), Media(작업적), Management(관리적)의 4가지 분야로 파악한다.

32 경제협력개발기구의 원자력기구에서 제시한 안전문화 달성을 위한 가이드라인 10가지에 해당되지 않는 것은?

① 연구실안전환경관리자의 몰입과 관여

② 계획, 모니터링 및 평가

③ 적극적인 구성원 참여

④ 올바른 전문지식 사용

해설 안전문화 달성 가이드라인 10가지

- 안전문화의 중요성 이해
- 연구실책임자의 몰입과 관여
- 적극적인 구성원 참여
- 다른 사람의 경험에서 배우기
- 시작하기
- 초기 성공 창출
- 올바른 전문지식 사용
- 방법, 도구 및 접근법의 결합
- 계획, 모니터링 및 평가
- 지속적인 개선

33 사전유해인자위험분석 실시 시 연구실안전환경관리자의 역할로 옳은 것은?

① 연구실 안전현황 작성

② R&DSA 실시 및 작성

③ 사전유해인자위험분석 작성 시 조언

④ 연구개발활동별 유해인자위험분석 실시

해설 ①, ②, ④ 연구실책임자의 역할

31 ② 32 ① 33 ③ 정답

34 다음 중 알더퍼의 ERG이론 중 "E"에 대한 설명으로 옳은 것은?

① 대부분의 사람은 적절한 동기부여가 있으면, 기본적으로 직무에서 자율적 · 창의적으로 활동한다.
② 존재 욕구는 매슬로의 생리적 욕구나 안전 욕구에 해당한다.
③ 동기부여는 생리적 욕구나 안전 욕구의 계층에서만 가능하다.
④ 개인적 발전과 잠재력의 개발 · 충족에 해당하는 욕구에 해당한다.

해설 알더퍼의 ERG이론은 존재(Existence) 욕구, 관계(Relation) 욕구, 성장(Growth) 욕구를 제시한 것으로, 존재 욕구(E)는 매슬로의 생리적 욕구나 안전 욕구에 해당한다.

35 다음 상황과 가장 관련 있는 불안전한 행동의 심리적 원인은 무엇인가?

실험을 하는 과정 매 1분마다 수시로 핸드폰에 메신저가 왔는지 확인한다.

① 억측판단
② 주연행동
③ 장면행동
④ 숙련

해설 ② 주연행동은 특정 작업 도중 습관적 동작으로 다른 행위를 하는 경우이다.

36 FTA의 컷셋과 패스셋에 관한 설명으로 옳지 않은 것은?

① 동일한 시스템에서 컷셋과 패스셋의 개수는 다를 수 있다.
② 컷셋은 결함이 발생했을 때 정상사상을 일으키는 기본사상의 집합이다.
③ 일반적으로 시스템에서 미니멀 컷셋의 수가 늘어나면 위험수준이 낮아진다.
④ 미니멀 패스셋은 시스템의 신뢰성을 나타낸다.

해설 일반적으로 시스템에서 미니멀 컷셋의 수가 늘어나면 위험수준이 높아진다.

정답 34 ② 35 ② 36 ③

37 안전행동 변화 4단계 중 3단계에 대한 설명으로 옳은 것은?

① 어떤 행동이 안전한 행동인지 알고 있지만 불안전하게 행동을 한다.
② 안전행동이 왜 중요하고 가치가 있는 것인지를 인식하면서 의식적으로 행동을 변화시킨다.
③ 안전훈련을 받았음에도 불안전하게 행동을 한다.
④ 의식하지 않아도 자동적으로 작업 과정에서 안전절차와 규정을 준수한다.

해설 ① 2단계(의식적 불안전 행동)
③ 2단계(의식적 불안전 행동)
④ 4단계(무의식적 안전행동)

38 다음은 어떤 연구활동의 주요형태를 나타낸 것인가?

> 지식을 이용하여 주로 특수한 실용적인 목적과 목표하에 새로운 과학적 지식을 획득하기 위하여 행해지는 독창적인 연구

① 융합연구
② 기초연구
③ 개발연구
④ 응용연구

해설 ② 기초연구(basic research) : 어떤 특정한 응용이나 사용을 계획하지 않고 현상들이나 관찰 가능한 사실들의 근본 원리에 대한 새로운 지식을 얻기 위해 행해진 실험적 또는 이론적 연구활동을 의미한다.
③ 개발연구(experimental development) : 기초연구, 응용연구 및 실제 경험으로부터 얻어진 지식을 이용하여 새로운 재료, 공정, 제품 장치를 생산하거나, 이미 생산 또는 설치된 것을 실질적으로 개선함으로써 추가 지식을 생산하기 위한 체계적인 활동을 의미한다.

37 ② 38 ④ 정답

39 **연간 안전환경 구축활동 목표 수립 시 반영되어야 하는 사항으로 거리가 먼 것은?**

① 사전유해인자위험분석 결과

② 안전교육 · 훈련

③ 운영법규 및 안전규정

④ 연구안전조직의 업무 분장

해설 **연간 안전환경 구축활동 목표 수립 시 반영되어야 하는 사항**
- 연구실 안전환경 방침
- 사전유해인자위험분석 결과
- 운영법규 및 안전규정
- 연구실 안전환경 구축활동상의 필수사항(교육, 훈련, 성과측정, 내부심사)
- 해당 연구활동종사자가 동의한 그 밖의 요구사항 등

40 **다음 ET를 보고 화재 발생 시 결과로 사망 / 부상이 일어날 확률을 구하시오.**

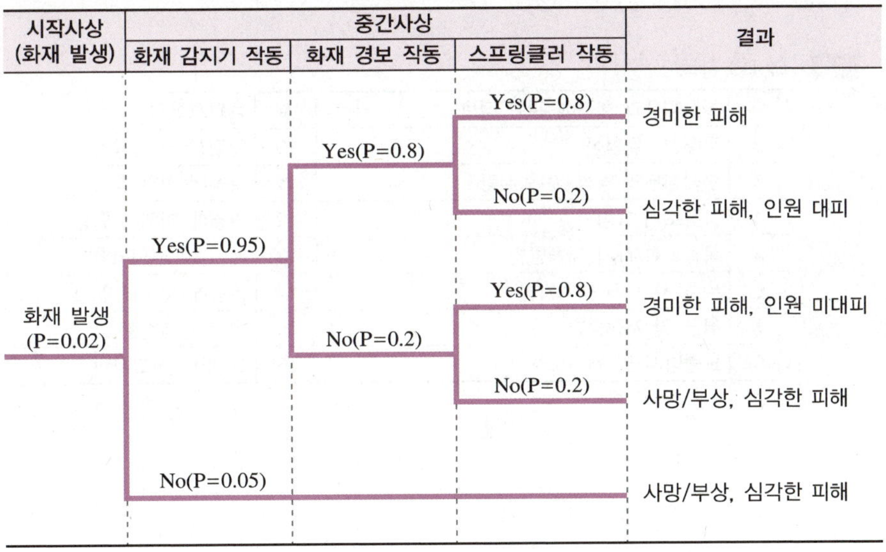

① 0.001

② 0.00176

③ 0.0048

④ 0.00556

해설 사망 / 부상이 발생되는 경우의 확률을 구하여 더해준다.
$(0.02 \times 0.95 \times 0.2 \times 0.2) + (0.02 \times 0.05) = 0.00176$

제3과목 연구실 화학 · 가스 안전관리

41 다음 ㉠, ㉡에 들어갈 말로 올바르게 짝지어진 것은?

MSDS
• 2번 항목 (㉠)
• 5번 항목 (㉡)

보기
ⓐ 화학제품과 회사에 관한 정보
ⓑ 유해성 · 위험성
ⓒ 누출 사고 시 대처방법
ⓓ 폐기 시 주의사항
ⓔ 응급조치 요령
ⓕ 노출방지 및 개인보호구
ⓖ 폭발 · 화재 시 대처방법

	㉠	㉡
①	ⓐ	ⓓ
②	ⓑ	ⓕ
③	ⓑ	ⓖ
④	ⓒ	ⓔ

해설 MSDS 항목

1	화학제품과 회사에 관한 정보	9	물리화학적 특성
2	유해성 · 위험성	10	안정성 및 반응성
3	구성성분의 명칭 및 함유량	11	독성에 관한 정보
4	응급조치 요령	12	환경에 미치는 영향
5	폭발 · 화재 시 대처방법	13	폐기 시 주의사항
6	누출 사고 시 대처방법	14	운송에 필요한 정보
7	취급 및 저장방법	15	법적 규제현황
8	노출방지 및 개인보호구	16	그 밖의 참고사항

41 ③ 정답

42 독성가스와 부식성 가스의 예가 올바르게 짝지어진 것은?

독성가스	부식성 가스
① 수소	불소
② 염소	염화수소
③ 암모니아	메탄
④ 메탄	불소

해설
- 독성가스 : 일산화탄소, 염소, 암모니아 등
- 부식성 가스 : 염소, 불소, 암모니아, 염화수소 등

43 다음 NFPA 704(Fire Diamond)를 보고 해석한 것으로 옳은 것은?

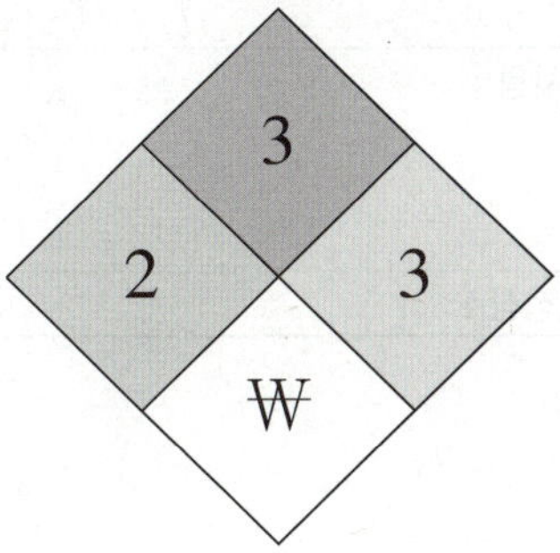

① 물속에 넣어 보관해야 한다.
② 열에 안정한 물질이다.
③ 건강에 유해하다.
④ 인화점이 93.3℃ 이상이다.

해설
- 좌측 2(건강위험성) : 유해함
- 상측 3(화재위험성) : 인화점 22.8～37.8℃
- 우측 3(반응위험성) : 충격이나 열에 폭발 가능함
- 하측 ₩(기타위험성) : 물 반응성

정답 42 ② 43 ③

44 다음의 건강 유해성 및 환경 유해성 물질 중 그림문자가 다른 하나는?

① 눈 자극성　　② 특정표적 장기독성 - 1회 노출
③ 피부 자극성　　④ 피부 과민성

해설
②의 그림문자는 , ①·③·④의 그림문자는 이다.

45 지정폐기물 보관창고 표지판에 대한 설명 중 틀린 것은?

① 표지의 색깔은 노란색 바탕에 검은색 선, 검은색 글자이다.
② 표지판은 사람들이 쉽게 볼 수 있는 위치에 부착한다.
③ 표지판 내용에 작성해야 할 항목은 총 8개이다.
④ 표지의 크기는 세로 40cm 이상이다.

해설 ③ 표지판 내용에 작성해야 할 항목은 총 6개이다.
※ 지정폐기물 보관창고 표지판

지정폐기물 보관표지	
① 폐기물의 종류 :	② 보관가능용량 :　　　　톤
③ 관리책임자 :	④ 보관기간 :　　　～　　　(일간)
⑤ 취급 시 주의사항 • 보관 시 : • 운반 시 : • 처리 시 :	
⑥ 운반(처리) 예정장소 :	

46 가스의 안전한 관리를 위해 준수해야 하는 사항과 거리가 먼 것은?

① 초저온가스 등을 취급하는 경우에는 안면보호구 및 단열장갑을 착용한다.
② 연구실에 설치된 배관에는 가스명, 흐름 방향 등을 표시해야 한다.
③ 가스는 끝까지 다 사용하고 빈 가스용기는 공급자에게 반납한다.
④ 산화성 가스를 사용하는 경우에는 밸브나 압력조절기를 서서히 개폐하도록 한다.

해설 가스는 약간의 압력이 남아 있을 때 공기가 들어가지 않도록 교체하고, 다 사용한 가스용기는 공급자에게 바로 반납한다.

44 ② 45 ③ 46 ③ 정답

47 다음 물질의 가스비중을 올바르게 나열한 것은?

	수소	부탄
①	0.03	1.14
②	0.03	2
③	0.07	1.14
④	0.07	2

해설

수소(H_2)의 가스비중 $= \frac{1 \times 2}{29} = 0.07$

부탄(C_4H_{10})의 가스비중 $= \frac{12 \times 4 + 1 \times 10}{29} = 2$

48 다음 중 지정폐기물이 아닌 것은?

① 수은을 함유한 온도계

② 액체 폐합성수지

③ pH 12의 폐알칼리

④ 수분함량 80%인 오니류

해설 ③ 폐알칼리는 pH 12.5 이상의 액체상태의 폐기물로 한정하며, 수산화칼륨 및 수산화나트륨을 포함한다.

49 다음에서 설명하는 현상은 무엇인가?

- 액체가 들어있는 탱크 주위에서 화재가 발생하고, 화재열에 의해 탱크 벽이 가열된다.
- 용기의 일부분이 파열되고, 과열된 액체가 폭발적으로 증발한다.
- 이 팽창력으로 액체가 외부로 폭발적으로 분출된다.

① UVCE ② BLEVE

③ flash over ④ back draft

해설 BLEVE에 대한 설명이다.

정답 47 ④ 48 ③ 49 ②

50 화학물질 화재·폭발사고 발생 시 사고 발생 연구실의 연구실책임자가 취해야 할 행동으로 가장 적절한 것은?

① 방송을 통해 사고를 전파하여 신속한 대피를 유도한다.
② 2차 사고에 대비하여 현장에서 멀리 떨어진 안전한 장소에서 물을 분무한다.
③ 소화를 하는 경우 중화, 희석 등 사고조치를 병행한다.
④ 부상자 발생 시 응급조치 및 인근 병원으로 후송한다.

해설 화재·폭발사고 발생 시 역할별 비상조치 요령

사고 발생 연구실의 연구실책임자, 연구활동종사자	연구실안전환경관리자
• 주변 연구활동종사자들에게 사고가 발생한 것을 알린다. • 위험성이 높지 않다고 판단되면 초기진화를 실시한다. • 2차 사고에 대비하여 현장에서 멀리 떨어진 안전한 장소에서 물을 분무한다. • 금수성 물질이 있는 경우 물과의 반응성을 고려하여 화재 진압을 실시한다. • 유해가스 또는 연소생성물의 흡입방지를 위한 개인보호구를 착용한다. • 유해물질에 노출된 부상자의 노출부위를 깨끗한 물로 20분 이상 씻어준다. • 초기진화가 힘든 경우 지정대피소로 신속히 대피한다.	• 방송을 통해 사고를 전파하여 신속한 대피를 유도한다. • 호흡이 없는 부상자 발생 시 심폐소생술을 실시한다. • 사고현장에 접근금지테이프 등을 이용하여 통제구역을 설정한다. • 필요시 전기 및 가스설비의 공급을 차단한다. • 사고물질의 누설, 유출방지가 곤란한 경우 주변의 연소방지를 중점적으로 실시한다. • 유해화학물질의 확산, 비산 및 용기의 파손, 전도방지 등의 조치를 강구한다. • 소화를 하는 경우 중화, 희석 등 사고조치를 병행한다. • 부상자 발생 시 응급조치 및 인근 병원으로 후송한다.

51 비중에 대한 설명으로 옳은 것은?

① 액비중은 아세톤의 밀도를 기준으로 구한다.
② 액비중이 10보다 크면 수용성 물질이다.
③ 가스비중은 1보다 크면 공기보다 가볍다.
④ 가스비중은 가스의 분자량을 공기의 분자량으로 나누어 계산한다.

해설 ① 액비중은 물의 밀도를 기준으로 구한다.
② 액비중이 1보다 크면 물보다 무거운 물질이다.
③ 가스비중은 1보다 크면 공기보다 무겁다.

50 ② 51 ④ 정답

52 다음 중 고압가스에 해당되지 않는 가스는?

① 35℃에서 0.2MPa의 액화 산소가스
② 15℃에서 0.1Pa의 아세틸렌가스
③ 35℃에서 0.1Pa의 액화브롬화메탄
④ 35℃에서 0.2MPa의 수소

해설 고압가스 판단기준
- 상용의 온도에서 압력(게이지압력, 이하 같음)이 1MPa 이상이 되는 압축가스로서 실제로 그 압력이 1MPa 이상이 되는 것 또는 섭씨 35℃에서 압력이 1MPa 이상이 되는 압축가스(아세틸렌가스는 제외)
- 상용의 온도에서 압력이 0.2MPa 이상이 되는 액화가스로서 실제로 그 압력이 0.2MPa 이상이 되는 것 또는 압력이 0.2MPa이 되는 경우의 온도가 섭씨 35℃ 이하인 액화가스
- 섭씨 35℃의 온도에서 압력이 0Pa을 초과하는 액화가스 중 액화시안화수소, 액화브롬화메탄, 액화산화에틸렌가스
- 섭씨 15℃의 온도에서 압력이 0Pa을 초과하는 아세틸렌가스

53 다음 중 CMR 물질이 아닌 것은?

① 생식세포 변이원성 물질
② 급성 독성물질
③ 발암성 물질
④ 생식 독성물질

해설 CMR 물질 : 발암성 물질, 생식세포 변이원성 물질, 생식 독성물질

정답 52 ④ 53 ②

54 다음 중 실험폐기물의 분류가 잘못된 것은?

① 비할로겐 유기용제 : 아세톤, 벤젠, 클로로벤젠
② 무기물질 : 폐촉매, 폐흡착제
③ 폐산 : 황산, 염산
④ 폐유 : 연료유, 윤활유

해설 클로로벤젠은 할로겐 유기용제이다.

55 다음 빈칸에 들어갈 숫자로 옳은 것은?

> 독성가스란 공기 중에 일정량 이상 존재하는 경우 인체에 유해한 독성을 가진 가스로서 허용농도가 100만분의 ( ) 이하인 것을 말한다.

① 50 ② 100
③ 500 ④ 5,000

해설 독성가스란 공기 중에 일정량 이상 존재하는 경우 인체에 유해한 독성을 가진 가스로서 허용농도가 100만분의 5,000 이하인 것을 말한다.

56 최소산소농도에 대한 설명으로 옳지 않은 것은?

① MOC라고도 부른다.
② 연소상한계에 의해 최소산소농도가 결정된다.
③ 프로판의 최소산소농도는 10.5%이다.
④ 메탄의 최소산소농도는 10%이다.

해설 연소하한계(폭발하한계)에 의해 최소산소농도가 결정된다.

54 ① 55 ④ 56 ② 정답

57 증기압에 대한 설명으로 옳은 것은?

① 온도가 상승하면 증기압은 낮아진다.

② 물의 끓는점은 100℃이고, 이때의 물의 증기압은 대기압과 같다.

③ 증기압력이 작다는 것은 증발하려는 경향이 크다는 것을 의미한다.

④ 종류에 상관없이 모든 액체는 같은 온도에서 같은 증기압을 갖는다.

해설 ① 온도가 상승하면 증기압은 높아진다.
③ 증기압력이 크다는 것은 증발하려는 경향이 크다는 것을 의미한다.
④ 물질에 따라 분자 간 인력이 다르기 때문에, 같은 온도에서도 각 액체는 서로 다른 증기압을 가진다.

58 다음은 급성 독성 물질에 관한 정의이다. ( ) 안에 들어갈 숫자로 옳은 것은?

> 급성 독성 물질은 입 또는 피부를 통하여 1회 투여 또는 ( )시간 이내에 여러 차례로 나누어 투여하거나 호흡기를 통하여 4시간 동안 흡입하는 경우 유해한 영향을 일으키는 물질을 말한다.

① 6

② 12

③ 24

④ 48

정답 57 ② 58 ③

59 다음 중 혼재 가능한 위험물끼리 짝지어진 것은?(단, 각 위험물별 지정수량이 10배이다)

① 제2류 위험물 - 제5류 위험물
② 제3류 위험물 - 제6류 위험물
③ 제4류 위험물 - 제1류 위험물
④ 제5류 위험물 - 제3류 위험물

해설 위험물의 혼재기준

위험물의 구분	제1류	제2류	제3류	제4류	제5류	제6류
제1류		×	×	×	×	○
제2류	×		×	○	○	×
제3류	×	×		○	×	×
제4류	×	○	○		○	×
제5류	×	○	×	○		×
제6류	○	×	×	×	×	

비고
1. '×' 표시는 혼재할 수 없음을 표시한다.
2. '○' 표시는 혼재할 수 있음을 표시한다.
3. 이 표는 지정수량의 1/10 이하의 위험물에 대하여는 적용하지 아니한다.

60 다음 ㉠, ㉡에 들어갈 말로 올바르게 짝지어진 것은?

지정폐기물배출자는 그의 사업장에서 발생하는 지정폐기물 중 폐산·폐알칼리·폐유·폐유기용제·폐촉매·폐흡착제·폐흡수제·폐농약, 폴리클로리네이티드비페닐 함유폐기물, 폐수처리 오니 중 유기성 오니는 보관이 시작된 날부터 (㉠)을 초과하여 보관하여서는 아니 되며, 그 밖의 지정폐기물은 (㉡)을 초과하여 보관하여서는 아니 된다.

	㉠	㉡
①	30일	30일
②	30일	45일
③	45일	45일
④	45일	60일

59 ① 60 ④ 정답

제4과목 연구실 기계·물리 안전관리

61 **다음 중 방사선의 단위로 옳지 않은 것은?**

① lx ② Sv
③ Gy ④ Bq

해설 lx(럭스)는 조도의 단위이다.

62 **기계와 방호장치의 연결 중 옳지 않은 것은?**

① 교류아크용접기 : 자동전격방지기
② 연삭기 : 칩 비산방지장치
③ 공기압축기 : 고저수위 조절장치
④ 프레스 : 안전블록

해설 공기압축기 : 압력방출장치, 언로드 밸브

63 **흄후드의 최초안전검사 실시시기로 올바른 것은?**

① 사업장에 설치가 끝난 날부터 1년 이내에 실시
② 사업장에 설치가 끝난 날부터 2년 이내에 실시
③ 사업장에 설치가 끝난 날부터 3년 이내에 실시
④ 사업장에 설치가 끝난 날부터 4년 이내에 실시

해설 최초안전검사는 설치가 끝난 날부터 3년 이내에 실시한다.

정답 61 ① 62 ③ 63 ③

64 방사선 작업종사자의 손에 대한 연간 등가선량한도는 몇 mSv인가?

① 15　　② 50

③ 150　　④ 500

해설 방사선 작업종사자의 손·발·피부의 연간 등가선량한도는 500mSv이다.

65 다음에서 설명하는 방호장치는?

> 기계의 조작장치를 위험구역으로부터 떨어진 곳에 설치하여 위험원으로부터 안전거리를 확보하여 작업자를 보호하는 방식이다.

① 위치제한형 방호장치　　② 격리형 방호장치

③ 접근거부형 방호장치　　④ 접근반응형 방호장치

해설 ② 격리형 방호장치 : 작업자가 위험점에 접근할 수 없도록 차단벽이나 방호망을 설치하는 것으로, 가장 많이 사용되는 방식이다.
③ 접근거부형 방호장치 : 작업자의 신체부위가 위험한계 내로 접근하면 기계의 동작부위에 설치해놓은 안전판 등이 강제로 밀쳐내어 작업자를 안전한 위치로 되돌리는 방식이다.
④ 접근반응형 방호장치 : 작업자의 신체부위가 위험한계로 들어왔을 때를 감지하여 작동 중인 기계를 즉시 정지시키는 방식이다.

66 기계사고 발생 시 일반적인 비상조치 순서로 올바르게 나열하였을 때 ㉢에 배치되는 것은?

> ㉠ → ㉡ → ㉢ → ㉣ → 폭발이나 화재의 경우 소화 활동을 개시함과 동시에 2차 재해의 확산 방지에 노력하고 현장에서 다른 연구활동종사자를 대피 → 사고 원인조사에 대비하여 현장 보존

① 사고자 구출

② 사고자에 대하여 응급처치 및 병원 이송, 경찰서·소방서 등에 신고

③ 사고가 발생한 기계기구, 설비 등의 운전 중지

④ 기관 관계자에게 통보

해설 ㉢ : 사고자에 대하여 응급처치 및 병원 이송, 경찰서·소방서 등에 신고
㉠ : 사고가 발생한 기계기구, 설비 등의 운전 중지
㉡ : 사고자 구출
㉣ : 기관 관계자에게 통보

64 ④　65 ①　66 ② 정답

67 3B등급 레이저의 피폭방출한계치로 옳은 것은?

① 5mW : 가시광선 영역에서 0.35초 이상 노출

② 500mW : 가시광선 영역에서 0.35초 이상 노출

③ 1mW : 0.25초 이상의 노출

④ 500mW : 315nm 이상의 파장에서 0.25초 이상 노출

해설 3B등급의 피폭방출한계치는 500mW(315nm 이상의 파장에서 0.25초 이상)이다.

68 가스크로마토그래피의 주요 위험요소로 가장 거리가 먼 것은?

① 감전 ② 충돌

③ 화상 ④ 폭발

해설 가스크로마토그래피

- 고전압을 사용하는 기기이며, 전기 쇼트로 인한 감전 위험이 있다.
- 가스크로마토그래피 컬럼 오븐의 고열에 의해 화상의 위험이 있다.
- 사용 재료에서 발생한 흄 등으로 인한 호흡기 위험과 단열재의 세라믹 섬유 입자로 인한 호흡기 위험이 있다.
- 운반 기체로 수소를 사용할 시 폭발의 위험이 있다.

69 안전색채의 연결이 옳지 않은 것은?

① 고열기계 - 회적색 ② 시동 스위치 - 녹색

③ 증기배관 - 암적색 ④ 급정지 스위치 - 적색

해설 ① 고열기계 - 회청색

정답 67 ④ 68 ② 69 ①

70 UV 가동시 발생되는 인체유해가스로 옳은 것은?

① 포스겐

② 황화수소

③ 질산

④ 오존

해설 UV 램프 작동 중에는 오존이 발생할 수 있으므로 배기장치를 가동한다.

71 기계의 안전화를 위한 원칙의 순서로 알맞도록 나열했을 때 세 번째로 배치되는 것은?

① 방호장치의 사용

② 안전작업방법의 설정과 실시

③ 위험의 분류 및 결정

④ 설계에 의한 위험 제거 또는 감소

해설 위험의 분류 및 결정 → 설계에 의한 위험 제거 또는 감소 → 방호장치의 사용 → 안전작업방법의 설정과 실시

72 다음 중 기능의 안전화 중 소극적인 대책은?

① 회로의 개선

② 인터록 기능 적용

③ 페일 세이프 기능 적용

④ 작동 전 사전 정비

해설 작동 전 사전 정비(청소, 급유 등)는 소극적인 안전대책이다. ①·②·③은 근원적 또는 적극적인 안전대책이다.

70 ④ 71 ① 72 ④ 정답

73 전동드릴 작업 시 위험요인으로 보기 어려운 것은?

① 감전 위험
② 킥백 위험
③ 저온화상 위험
④ 난청 발생 위험

해설 **전동드릴 작업 시 위험요인** : 감전, 손가락 베임, 난청, 눈 손상, 신체 손상, 호흡기 손상, 킥백, 화상

74 원심분리기의 관리방법으로 적절하지 않은 것은?

① 원심분리기로부터 30cm 이내에 위험물질 및 불필요한 신체를 접근하지 않아야 한다.
② 비상전원차단 스위치를 연결해야 한다.
③ 청소·유지보수 시 원심분리기 도어가 닫힌 상태에서 전원을 분리한다.
④ 원심분리기 내부에 화학물질이 튄 경우 즉시 제거한다.

해설 ③ 청소·유지보수 시 원심분리기 도어가 열린 상태에서 전원을 분리한다.

75 일이 물체에 행해지는 점 또는 공정이 수행되는 공작물의 부위를 뜻하는 기계안전의 용어는?

① 조작점
② 작업점
③ 실행점
④ 단행점

정답 73 ③ 74 ③ 75 ②

76 수공구 안전수칙으로 거리가 먼 것은?

① 끝이 예리한 수공구는 칼집이나 덮개에 넣어 보관한다.
② 자루가 망가지거나 헐거우면 바꾸어 끼운다.
③ 망치 등으로 때려서 사용하는 수공구는 손으로 수공구를 잡지 않고 고정할 수 있는 도구를 사용한다.
④ 정, 끌과 같은 기구는 때리는 부분이 끝이 날카로워지면 교체한다.

해설 ④ 정, 끌과 같은 기구는 때리는 부분이 버섯모양같이 되면 교체한다.

77 다음 중 비이온화 방사선은?

① β선
② 우주선
③ 중성자선
④ 적외선

해설 ①, ②, ③ : 이온화방사선

78 다음 중 방사성물질을 내장하고 있는 기기에 게시해야 하는 내용으로 적절하지 않은 것은?

① 주 사용자의 성명
② 기기의 종류
③ 내장하고 있는 방사성물질에 함유된 방사성 동위원소의 종류와 양
④ 해당 방사성물질을 내장한 연월일

해설 방사성물질을 내장하고 있는 기기에는 소유자의 성명 또는 명칭, 기기의 종류, 내장하고 있는 방사성물질에 함유된 방사성 동위원소의 종류와 양, 해당 방사성물질을 내장한 연월일을 게시해야 한다.

76 ④ 77 ④ 78 ① 정답

79 다음에서 설명하는 위험점으로 옳은 것은?

> • 기계의 고정 부분과 회전하는 동작 부분이 함께 만드는 위험점
> • 탈수기 회전체와 몸체 사이

① nip point

② tangential point

③ shear point

④ trapping point

해설 끼임점(shear point)에 대한 설명이다.

80 방사선 피폭 방어 원칙 중 분류가 다른 하나는?

① 거리

② 희석

③ 시간

④ 차폐

해설
• 외부피폭 방어 원칙 : 시간, 거리, 차폐
• 내부피폭 방어 원칙 : 격납, 희석, 차단

정답 79 ③ 80 ②

제5과목 연구실 생물 안전관리

81 **최소 120Pa의 음압 상태를 유지하는 생물안전작업대는?**

① Class Ⅰ BSC
② Class Ⅱ A1 BSC
③ Class Ⅱ B2 BSC
④ Class Ⅲ BSC

해설 Class Ⅲ BSC에 대한 설명이다.

82 **폐기물 처리규정에 대한 내용으로 옳지 않은 것은?**

① 폐기물 위탁수거처리 확인서를 보관해야 한다.
② BL3의 연구시설은 별도의 폐수탱크를 설치하고 압력기준에서 10분 이상 견딜 수 있는지 확인해야 한다.
③ BL2 이상 연구시설을 보유한 기관에서는 실험폐기물 처리 규정을 마련해야 한다.
④ BL2 연구시설은 폐기물이나 실험폐수를 고압증기멸균 또는 화학약품처리 등 생물학적 활성을 제거할 수 있는 설비에서 처리해야 한다.

해설 BL1 이상 연구시설을 보유한 기관에서는 실험폐기물 처리 규정을 마련해야 한다.

83 **다음에서 설명하는 생물안전등급으로 옳은 것은?**

> 사람에게 발병하더라도 치료가 용이한 질병을 일으킬 수 있는 유전자변형생물체와 환경에 방출되더라도 위해가 경미하고 치유가 용이한 유전자변형생물체를 개발하거나 이를 이용하는 실험

① BL1　　② BL2
③ BL3　　④ BL4

81 ④ 82 ③ 83 ② 정답

84 다음 중 일반 연구시설(안전관리 1등급) 설치기준에서 필수사항인 것은?

① 고압증기멸균기 설치

② 생물안전작업대 설치

③ 에어로졸의 외부 유출 방지능이 있는 원심분리기 사용

④ 헤파 필터에 의한 배기

해설 일반 연구시설의 설치기준 – 실험장비

준수사항		안전관리등급			
		1	2	3	4
실험장비	고압증기멸균기 설치(3, 4등급 연구시설은 양문형 고압증기멸균기 설치)	필수	필수	필수	필수
	생물안전작업대 설치	–	필수	필수	필수
	에어로졸의 외부 유출 방지능이 있는 원심분리기 사용	–	권장	필수	필수

85 유전자변형생물체 취급·관리 내용으로 옳지 않은 것은?

① 승인받지 않은 자가 출입할 시 출입대장에 기록한다.

② LMO 실험 시에는 기계식 피펫을 사용한다.

③ 감염성 물질이 들어 있는 물건을 개봉할 시 생물안전작업대에서 수행한다.

④ 생물안전 2등급 이상의 연구시설에서 사용하는 시료는 시료목록을 작성할 필요 없이 그 실험기록만으로 대체할 수 있다.

해설 시험·연구책임자는 해당 유전자변형생물체를 포함하는 시료 목록을 작성하여 보관해야 한다. 단, 생물안전 2등급 이하의 연구시설에서 사용하는 시료는 그 실험기록만으로 대체할 수 있다.

정답 84 ① 85 ④

86 병원성 물질 유출사고 발생 시 대처방법으로 옳지 않은 것은?

① 부상자의 오염된 보호구는 즉시 탈의하여 멸균봉투에 넣고 오염부위를 세척한 뒤 소독제 등으로 오염부위를 소독한다.

② 연구실사고 보험을 청구한다.

③ 중대연구실사고가 아닌 경우 1개월 이내에 사고조사표를 작성하여 과학기술정보통신부에 사고를 보고한다.

④ 사고현장은 즉시 탈 오염처리를 해야 하며 연구주체의 장의 확인 후 연구실 사용을 재개할 수 있다.

해설 ④ 사고 조사 완료 전까지 해당 연구실 출입을 통제한다.

87 생물안전 4등급 실험실에 적합한 생물안전작업대는?

① Class Ⅰ

② Class Ⅱ A2

③ Class Ⅱ B1

④ Class Ⅲ

해설 생물안전 3~4등급 실험실은 Class Ⅲ의 생물안전작업대가 적합하다.

88 다음 중 폐기물의 종류와 예시의 연결이 적절한 것은?

① 생물・화학폐기물 – 폐백신

② 조직물류폐기물 – 혈액 투석 시 사용된 폐기물

③ 손상성폐기물 – 검사 등에 사용된 배양액

④ 병리계폐기물 – 수술용 칼날

해설 ② 혈액오염폐기물 – 혈액 투석 시 사용된 폐기물
③ 병리계폐기물 – 검사 등에 사용된 배양액
④ 손상성폐기물 – 수술용 칼날

86 ④ 87 ④ 88 ① 정답

89 생물안전 관련 개인보호구에 대한 설명으로 옳지 않은 것은?

① 개인보호구는 미생물 및 감염성 물질을 취급하거나 실험을 수행하기 전에 착용하고 실험종료 후 신속히 탈의한다.

② 착의순서는 실험복, 마스크, 고글, 실험장갑 순서이다.

③ 개인보호구는 연구활동종사자가 접근이 용이한 곳에 보관·관리한다.

④ 감염성이 있는 세포를 취급하는 연구활동 시 보안경 또는 고글, 일회용 장갑, 방진마스크, 잘림방지장갑을 착용한다.

해설 잘림방지장갑은 물릴 우려가 있는 동물을 취급할 때 착용한다.

90 비상대응장비에 대한 설명으로 옳지 않은 것은?

① 눈 세척기는 강산이나 강염기를 취급하는 곳 바로 옆에 설치한다.

② 유출 처리 키트는 감염물질 유출사고에 신속히 대처할 수 있는 키트로 개인보호구, 유출확산 방지도구, 경보도구로 구성된다.

③ 실험동물 탈출방지 장치로 탈출방지턱, 끈끈이가 있다.

④ 탈출동물을 포획장비로 포획 시 반드시 장갑을 착용하고, 경우에 따라 마취총을 사용한다.

해설 유출 처리 키트는 감염물질 유출사고에 신속히 대처할 수 있는 키트로 개인보호구, 유출확산 방지도구, 청소도구로 구성된다.

91 의료폐기물의 전용용기에 대한 설명 중 틀린 것은?

① 사용한 전용용기는 살균·세척 후 재사용한다.

② 전용용기는 봉투형 용기 및 상자형 용기로 구분한다.

③ 봉투형 용기에는 그 용량의 75% 미만으로 의료폐기물을 넣어야 한다.

④ 의료폐기물을 넣은 봉투형 용기를 이동할 때에는 반드시 뚜껑이 있고 견고한 전용 운반구를 사용한다.

해설 ① 한 번 사용한 전용용기는 다시 사용하여서는 안 된다.

정답 89 ④ 90 ② 91 ①

92 다음 중 생물안전관리규정에 반드시 포함해야 하는 내용으로 적절하지 않은 것은?

① 연구시설의 안정적 운영에 관한 사항
② 실험자의 건강 및 의료 모니터링에 관한 사항
③ 연구시설의 연구활동종사자의 실험관련 전문학력 사항
④ 연구실 폐기물 처리절차 및 준수사항

해설 생물안전관리규정 포함 사항
- 생물안전관리 조직체계 및 그 직무에 관한 사항
- 연구(실) 또는 연구시설 책임자 및 운영자의 지정
- 기관생물안전위원회의 구성과 운영에 관한 사항
- 연구(실) 또는 연구시설의 안정적 운영에 관한 사항
- 기본적으로 준수해야 할 연구실 생물안전수칙
- 연구실 폐기물 처리절차 및 준수사항
- 실험자의 건강 및 의료 모니터링에 관한 사항
- 생물안전교육 및 관리에 관한 사항
- 응급상황 발생 시 대응방안 및 절차

93 고압증기멸균기의 멸균 지표인자로 옳지 않은 것은?

① 디지털 지표인자
② 화학적 색깔 변화 지표인자
③ 생물학적 지표인자
④ 테이프 지표인자

해설 고압증기멸균기의 멸균 지표인자로는 화학적 지표인자(테이프 지표인자, 화학적 색깔 변화 지표인자)와 생물학적 지표인자가 있다.

92 ③ 93 ① 정답

94 생물 취급·관리에 대한 내용으로 옳지 않은 것은?

① 동물 실험 시 실험자의 손가락이 바늘에 찔리는 사고나 에어로졸의 발생을 막기 위해서도, 다른 기구로 대용할 수 있는 조작이라면 가능한 한 주사기의 사용을 피한다.
② 취급 미생물 및 감염성 물질에 효과적인 화학(살균)소독제를 선택하여 실험 시작 전과 후에 생물안전작업대 및 실험대를 소독한다.
③ 콘택트렌즈를 착용하고 취급할 경우 고글, 보안면 등을 사용한다.
④ 동결건조 물질이 담긴 앰플은 내용물이 감압상태에 있기 때문에 외기로 확산될 우려가 있으므로 흄후드 안에서 개봉한다.

해설 ④ 동결건조 물질이 담긴 앰플은 내용물이 감압상태에 있기 때문에 외기로 확산될 우려가 있으므로 생물안전작업대에서 개봉한다.

95 의료폐기물 전용용기 포장 바깥쪽 취급 시 주의사항에 대한 설명 중 틀린 것은?

① 주의사항 문구는 "이 폐기물은 의료폐기물로, 관계자 외 접근을 금지합니다."이다.
② 배출자명을 적어야 한다.
③ 사용개시 연월일을 작성하여야 한다.
④ 수거자가 누구인지 이름을 적어야 한다.

해설 ① 주의사항 문구는 "이 폐기물은 감염의 위험성이 있으므로 주의하여 취급하시기 바랍니다."이다.

96 LMO 2등급 연구시설의 신고 시 제출할 서류로 옳지 않은 것은?

① 기관 자체 생물안전관리규정
② 연구시설 설치·운영 점검 결과서
③ 폐기물위탁처리계약서
④ 위해방지시설의 기본설계도서

해설 위해방지시설의 기본설계도서는 허가신청 시 필요한 서류이다.

정답 94 ④ 95 ① 96 ④

97 **동물을 이용하여 백신을 제조하는 국가승인실험을 수행할 때 통과해야 하는 위원회로 거리가 먼 것은?**

① IBC ② NSSC

③ IACUC ④ IRB

해설 NSSC는 원자력안전위원회로 관련이 없다.
• IBC(생물안전위원회), IACUC(동물실험윤리위원회), IRB(생명윤리심의위원회)

98 **LMO 수입 송장에 표시해야 하는 사항으로 거리가 먼 것은?**

① LMO 수출자의 담당자 연락처

② 환경방출로 사용되는 LMO 해당 여부

③ LMO의 위험군 등급

④ LMO의 안전한 취급을 위한 주의사항

해설 LMO 명칭, 종류, 용도·특성, 안전 취급 주의사항, 환경방출 해당여부, LMO 수출·수입자, LMO에 해당하는 사실을 표시한다.

97 ② 98 ③ 정답

99 **의료폐기물에 따른 생물재해 색상이 옳게 표현된 것은?**

① 재활용하는 태반 : 노란색
② 생물화학폐기물 : 붉은색
③ 손상성폐기물 : 노란색
④ 격리의료폐기물 : 녹색

해설 ① 재활용하는 태반 : 녹색
② 생물화학폐기물 : 봉투형 용기를 사용하면 검정색, 상자형 용기를 사용하면 노란색
④ 격리의료폐기물 : 붉은색

100 **생물안전관리자를 지정하는 사람은?**

① 생물안전위원회
② 기관의 장
③ 고위험병원체 전담관리자
④ 고위험병원체 취급시설 설치·운영 책임자

정답 99 ③ 100 ②

제6과목 연구실 전기 · 소방 안전관리

101 전기 기본 개념에 대한 설명으로 옳지 않은 것은?

① 리액턴스는 직류회로에서의 저항 이외에 전류를 방해하는 저항 성분
② 전력량의 단위는 줄이다.
③ 단상은 2선식과 3선식이 있다.
④ 스타결선은 선간전압과 상전압이 같지 않다.

해설 리액턴스는 교류회로에서의 저항 이외에 전류를 방해하는 저항 성분이다.

102 분말 소화약제의 종류와 착색의 연결이 틀린 것은?

① 제1종 분말 : 노란색
② 제2종 분말 : 보라색
③ 제3종 분말 : 담홍색
④ 제4종 분말 : 회색

해설 ① 제1종 분말 : 백색

103 연소물질과 생성가스가 올바르게 연결된 것은?

① 나무, 종이 - 아황산가스
② 질소성분을 갖고 있는 피혁 - 탄산가스
③ 탄화수소류 - 벤젠
④ 멜라민 - 시안화수소

해설 ② 질소성분을 갖고 있는 모사, 비단, 피혁 등 - 시안화수소
③ 탄화수소류 등 - 일산화탄소 및 탄산가스
④ 멜라민, 나일론, 요소수지 등 - 암모니아

101 ① 102 ① 103 ① 정답

104 정전작업 요령 작성 시 반드시 포함시켜야 하는 내용이 아닌 것은?

① 단락접지 실시

② 개폐기 관리 및 표지판 부착에 관한 사항

③ 교대근무 시 근무인계에 필요한 사항

④ 휴게시간에 관한 사항

해설 정전작업 요령 작성 시 반드시 포함시켜야 하는 내용

- 책임자의 임명, 정전범위 및 절연보호구, 작업시간 전 점검 등 작업시작 전에 필요한 사항
- 개폐기 관리 및 표지판 부착에 관한 사항
- 점검 또는 시운전을 위한 일시운전에 관한 사항
- 교대근무 시 근무인계에 필요한 사항
- 전로 또는 설비의 정전순서
- 정전확인 순서
- 단락접지 실시
- 전원재투입 순서

105 다음에서 설명하는 폭발위험장소는?

- 이상상태에서 폭발성 분위기가 생성될 우려가 있는 장소
- 강제환기방식이 설치된 장소에서 환기설비의 고장이나 이상 시에 위험분위기가 생성될 수 있는 경우

① 제0종 위험장소

② 제1종 위험장소

③ 제2종 위험장소

④ 제3종 위험장소

정답 104 ④ 105 ③

106 전기와 인체의 관계에 대한 설명 중 틀린 것은?

① 감전시간을 낮추면 인체에 흐르는 전류의 크기도 감소시킬 수 있다.

② 상용 주파수(60Hz)의 교류에 건강한 성인 남자가 감전되었을 때 다른 손을 사용하지 않고 자력으로 손을 뗄 수 있는 최대 전류는 9mA 정도이다.

③ 심실세동 전류가 통전되면 사망할 수 있다.

④ 인체에 축적되는 정전기에너지(E)는 정전용량(C)과 전압(V)의 곱으로 구할 수 있다.

해설 ④ 인체에 축적되는 정전기에너지(E)는 정전용량과 전압, 인체의 표면적을 이용하여 구할 수 있다.

$$E=\frac{1}{2}CV^2A[\text{J}]$$

(C : 단위면적당 정전용량[F/cm^2], V : 전압[V], A : 인체의 표면적[cm^2])

107 물 소화약제의 주수방법에 대한 설명으로 틀린 것은?

① 적상주수는 A급 화재에만 적응성이 있다.

② 적상주수는 냉각효과, 질식효과가 있다.

③ 무상주수는 A급·C급 화재에만 적응성이 있다.

④ 무상주수는 미분무설비와 물분무설비를 통해 주수한다.

해설 무상주수는 A급·B급·C급 화재에 적응성이 있다.

108 방폭 전기설비 선정 시 고려해야 하는 사항이 아닌 것은?

① 방폭구조의 종류

② 무정전 전원장치의 용량

③ 방폭지역 등급

④ 설치될 환경조건

해설 방폭 전기설비 선정 시 방폭지역 등급, 방폭구조의 종류, 설치될 환경조건 등을 고려해야 한다.

106 ④ 107 ③ 108 ② 정답

109 화재가 발생되었을 시 연기가 황색 또는 흑색인 화재의 종류는?

① A급 화재
② B급 화재
③ C급 화재
④ D급 화재

해설 ② B급 화재(유류화재)에 대한 설명이다.

110 할로겐화합물 계열 소화약제 중 HCFC-124의 분자식은?

① CF_3CHFCF_3
② CHF_2CF_3
③ $CF_3CH_2CF_3$
④ $CHClFCF_3$

해설 할로겐화합물 계열 소화약제의 명명법은 기본 5자리 구성이다(1·5칸은 없으면 생략).

C의 원자 수－1 (0이면 생략)	H의 원자 수＋1	F의 원자 수	B 또는 I	Br 또는 I의 원자 수 (없으면 생략)

- '124'라는 숫자 중 B 또는 I가 없기 때문에, 1·2·3칸에 대한 숫자라는 것을 알 수 있다.
- 1＝C의 원자 수－1
- 2＝H의 원자 수＋1
- 4＝F의 원자 수

따라서 C 2개, H 1개, F 4개로 구성된 분자식을 찾으면 된다(부족한 원소는 Cl로 채움).

111 다음에서 설명하는 연소가스로 옳은 것은?

> 달걀 썩은 냄새가 나며 공기 속에 0.012% 이상일 경우 인체에 치명적이다.

① 시안화수소　　② 포스겐
③ 황화수소　　④ 이산화황

해설 이산화황에 대한 설명이다.

정답 109 ② 110 ④ 111 ④

112 다음 중 지정수량이 다른 하나는?

① 황화린 ② 철분
③ 황 ④ 적린

해설 ②는 500kg, ①·③·④는 100kg이다.

113 2층 이상의 층에 설치하고 비상시 건물의 창, 발코니 등에서 지상까지 포대를 사용하여 그 포대 속을 활강하는 피난기구의 명칭은?

① 피난사다리
② 구조대
③ 완강기
④ 제연설비

해설 ① 피난사다리 : 건축물 개구부에 설치하는 것으로 고정식 사다리, 올림식 사다리 및 내림식 사다리로 분류한다.
③ 완강기 : 사용자의 몸무게에 의해 자동적으로 내려올 수 있는 기구로 조절기, 조속기의 연결부, 로프, 연결금속구, 벨트로 구성된다.
④ 제연설비 : 화재가 발생하였을 때 연기가 피난 경로인 복도, 계단 전실 및 사무실에 침입하는 것을 방지하고, 거주자를 유해한 연기로부터 보호하여 안전하게 피난시킴과 동시에 소화 활동을 유리하게 할 수 있도록 돕는 설비이다.

114 정전용량이 10μF, 방전 시 전압이 4kV일 때 정전에너지는 몇 J인가?

① 40
② 80
③ 400
④ 800

해설 $E=\frac{1}{2}CV^2=\frac{1}{2}\times 10\times 10^{-6}\times(4,000)^2=80\text{J}$

112 ② 113 ② 114 ② 정답

115 **제6류 위험물에 대한 설명 중 틀린 것은?**

① 제1류 위험물과 접촉을 피한다.
② 이산화탄소에 의한 소화가 적합하다.
③ 과산화수소를 제외하고 강산성 물질이다.
④ 다른 물질의 연소를 돕는다.

해설 ② 주수소화가 적합하다.

116 **자동화재탐지설비의 수신기 종류 중 일반적으로 사용하며, 화재신호를 공통신호로 수신하는 것은 무엇인가?**

① R형 수신기
② P형 수신기
③ M형 수신기
④ G형 수신기

해설 P형 수신기에 대한 설명이다.

117 **분체류 등의 입자 상호 간이나 입자와 고체와의 충돌에 의해 빠른 접촉 분리가 일어나면서 정전기가 발생하는 것을 무엇이라고 하는가?**

① 파괴대전
② 박리대전
③ 분출대전
④ 충돌대전

해설 충돌대전에 대한 설명이다.

정답 115 ② 116 ② 117 ④

118 연소의 구성요소에 대한 설명 중 틀린 것은?

① 활성화 에너지가 작으면 좋은 가연물이다.
② N_2O는 조연성 가스로, 산소공급원이 될 수 있다.
③ 최소점화에너지 이상의 에너지는 점화원이 될 수 있다.
④ 라디칼이 불활성화될 때 연소가 활발히 일어날 수 있다.

해설 라디칼의 수가 급격히 증가해야 연소의 연쇄반응이 발생한다.

119 전기화재와 관련된 내용으로 옳지 않은 것은?

① 주로 진동에 의한 접속 단자부 나사의 느슨함, 접촉면의 부식, 개폐기의 접촉부 및 플러그의 변형 등에 의해 접촉불량이 발생한다.
② 누전이 차단기의 설치 위치보다 전단에서 발생하였을 때는 누전차단기가 작동하지 않는다.
③ 단락은 완전히 단선되지 않을 정도로 심선의 일부가 끊어져 있는 상태를 말한다.
④ 절연체에 가해지는 전압의 크기가 어느 정도 이상에 달했을 때, 그 절연 저항이 곧 열화하여 비교적 큰 전류를 통하게 되는 현상을 절연파괴라고 한다.

해설 ③ 단락은 합선이라고도 말하며, 전선의 절연피복이 손상되어 두 전선 심이 직접 접촉하거나, 못, 철심 등의 금속을 매개로 두 전선이 이어진 경우를 말한다.

120 「건축물의 피난·방화구조 등의 기준에 관한 규칙」상 방화구조 기준으로 옳지 않은 것은?

① 철망 모르타르로서 그 바름두께가 2cm 이상인 것
② 석고판 위에 시멘트 모르타르 또는 회반죽을 바른 것으로서 그 두께의 합계가 5cm 이상인 것
③ 시멘트 모르타르 위에 타일을 붙인 것으로서 그 두께의 합계가 2.5cm 이상인 것
④ 심벽에 흙으로 맞벽치기한 것

해설 석고판 위에 시멘트 모르타르 또는 회반죽을 바른 것으로서 그 두께의 합계가 2.5cm 이상인 것

118 ④ 119 ③ 120 ② 정답

121 다음 그림에서 ㉠이 지칭하는 것은?

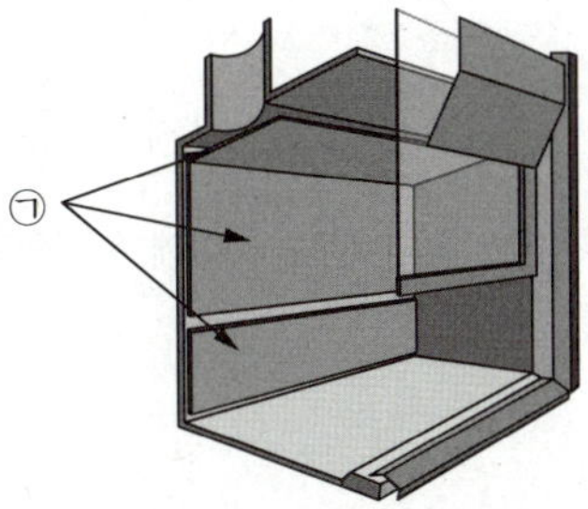

① 에어포일
② 후드 몸체
③ 배기 플레넘
④ 방어판

해설

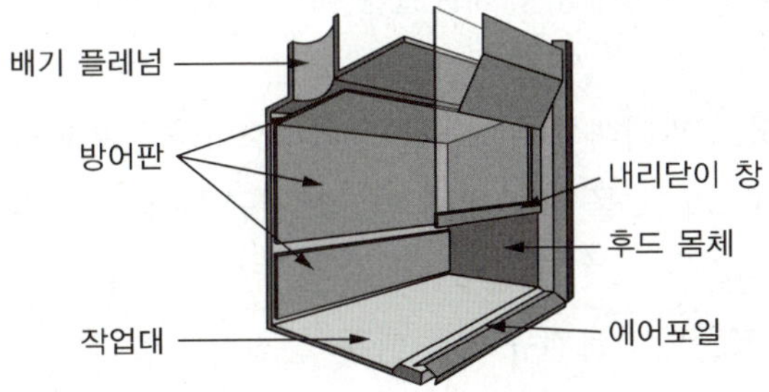

122 작업공정이 변경되어 작업환경측정 대상 작업장이 된 경우 작업환경측정의 정기측정 주기로 올바른 것은?

① 3개월에 1회 이상
② 6개월에 1회 이상
③ 1년에 1회 이상
④ 2년에 1회 이상

해설 작업장 또는 작업공정이 신규로 가동되거나 변경되는 등으로 작업환경측정 대상 작업장이 된 경우에는 그 날부터 30일 이내에 작업환경측정을 하고, 그 후 반기(半期)에 1회 이상 정기적으로 작업환경을 측정해야 한다.

정답 121 ④ 122 ②

123 후드의 안전검사 기준으로 옳지 않은 것은?

① 유해물질 발산원마다 후드가 설치되어 있어야 한다.
② 후드가 유해물질 발생원 가까이에 위치하여야 한다.
③ 발연관을 이용하여 흡인기류가 완전히 후드 내부로 흡인되어 후드 밖으로의 유출이 없어야 한다.
④ 유해물질 발산원이 작업자의 호흡 위치와 후드 사이에 위치하지 않아야 한다.

해설 작업자의 호흡 위치가 오염원과 후드 사이에 위치하지 않아야 한다.

124 다음 중 작업환경측정을 해야 하는 사업장은?

① 허가대상 유해물질만 취급하고 허가대상 유해물질에 대해 산업안전보건규칙에 따른 단시간 작업을 하는 작업장
② 관리대상 유해물질만 취급하고 관리대상 유해물질의 허용소비량을 초과하지 않는 작업장
③ 관리대상 유해물질만 취급하고 그 물질에 대해 안전보건규칙에 따른 임시작업을 하는 작업장
④ 분진만 취급하는 작업장으로, 안전보건규칙에 따른 분진작업의 적용 제외 작업장

해설 안전보건규칙에 따른 임시작업 및 단시간작업을 하는 작업장은 작업환경측정 예외이나, 허가대상유해물질 · 특별관리물질을 취급하는 작업을 하는 경우는 작업환경측정 대상이다.

125 단시간노출기준은 1회 ( )간의 시간가중평균 노출값으로 노출농도가 TWA를 초과하고 STEL 이하인 경우에는 1회 노출 지속시간이 ( ) 미만이어야 함을 의미한다. ( ) 안에 공통으로 들어갈 시간으로 알맞은 것은?

① 15분
② 30분
③ 45분
④ 60분

해설 단시간노출기준(STEL ; Short Term Exposure Limit)은 1회 15분간의 시간가중평균 노출값으로 노출농도가 TWA를 초과하고 STEL 이하인 경우에는 1회 노출 지속시간이 15분 미만이어야 함을 의미한다.

123 ④ 124 ① 125 ① 정답

126 **연구활동종사자가 석면을 취급하는 작업장에 배치되었을 때, 배치 후 첫 번째 특수건강검진은 몇 개월 이내에 받아야 하며, 특수건강검진의 주기는 몇 개월인지 올바르게 묶인 것은?**

① 1개월 이내, 3개월 주기
② 3개월 이내, 6개월 주기
③ 6개월 이내, 6개월 주기
④ 12개월 이내, 12개월 주기

해설 석면이나 면 분진은 12개월 이내에 첫 특수건강검진을 받고, 12개월 주기로 특수건강검진을 받아야 한다.

127 **방진마스크의 성능 및 관리에 대한 내용으로 옳지 않은 것은?**

① 배기밸브는 방진마스크 내・외부의 압력이 같을 때 항상 열려 있도록 한다.
② 마스크에 사용하는 금속부품은 내식성을 갖거나 부식방지를 위한 조치가 되어 있어야 한다.
③ 안면에 밀착하는 부분은 피부에 장해를 주지 않아야 한다.
④ 흡기밸브는 미약한 호흡에 확실하고 예민하게 작동하도록 한다.

해설 배기밸브는 방진마스크 내・외부의 압력이 같을 때 항상 닫혀 있도록 한다.

128 **육체적 부하 측정 시 사용하는 것으로 거리가 먼 것은?**

① 산소소비량
② 눈 깜빡임
③ 심전도
④ 근전도

해설 육체적 부하 측정 시 근전도, 심전도, 산소소비량, 에너지소비량을 사용

정답 126 ④ 127 ① 128 ②

129 **연구실 설치 · 운영기준으로 옳지 않은 것은?**

① 연구실의 천장 높이는 2.7m 이상을 권장한다.

② 일반연구실의 조명은 최소 300lx, 정밀작업을 수행하는 연구실은 최소 500lx 이상의 조도를 확보해야 한다.

③ 출입통로의 적정 폭은 90cm 이상이다.

④ 고위험연구실은 필수로 연구공간과 사무공간을 별도의 통로나 방호벽으로 구분하여야 한다.

해설 일반연구실의 조명은 최소 300lx, 정밀작업을 수행하는 연구실은 최소 600lx 이상의 조도를 확보해야 한다.

130 **실험실 내 온도가 35℃, 실험실 외 온도가 20℃일 때 열배출을 위한 필요환기량(m^3/min)은 얼마인가?(단, 실험실 내 열부하량은 20,000kcal/h이다)**

① 66

② 77

③ 3,630

④ 4,630

해설

$$Q=\frac{H_s}{\rho\times C_p\times \Delta t}=\frac{20{,}000\text{kcal/h}}{(1.2\text{kg/m}^3)(0.24\text{kcal/kg℃})((35-20)\text{℃})}\times\frac{1\text{h}}{60\text{min}}=77.16\text{m}^3/\text{min}$$

131 **소음이 크지만 효율이 높고, 국소배기장치에 적합한 송풍기는 무엇인가?**

① 프로펠러형 축류식 송풍기

② 다익형 원심력식 송풍기

③ 터보형 원심력식 송풍기

④ 평판형 원심력식 송풍기

해설 터보형 송풍기에 대한 설명이다.

129 ② 130 ② 131 ③ 정답

132 NLE의 권장무게한계 공식에 대한 설명으로 옳지 않은 것은?

① DM은 거리계수이다.
② HM은 수평계수이다.
③ AM은 작업빈도계수이다.
④ CM은 커플링계수이다.

해설 AM은 비대칭계수이다.

133 흄의 덕트 반송속도 기준으로 옳은 것은?

① 5~10m/s
② 2.5m/s 이상
③ 10~12.5m/s
④ 0.4m/s 이상

해설 반송속도 기준

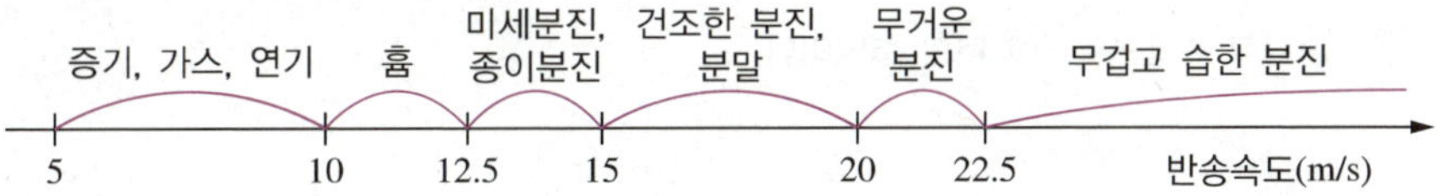

134 일반연구실사고로 판단하는 물적 피해액의 기준은?(취득가 기준이다)

① 50만원 이상
② 1백만원 이상
③ 5백만원 이상
④ 1천만원 이상

해설 1백만원 이상의 재산 피해 시 일반연구실사고로 판단한다.

정답 132 ③ 133 ③ 134 ②

135 **다음 중 안전인증대상 보안경이 아닌 것은?**

① 용접용 보안경
② 유리 보안경
③ 복합용 보안경
④ 적외선용 보안경

해설 안전인증대상 보안경은 차광보안경이며, 자외선용 · 적외선용 · 복합용 · 용접용으로 나뉜다.

136 **호흡용 보호구 중 보호구 안면부에 연결된 관을 통하여 신선한 공기를 공급하는 방식으로, 공기호스 등으로 호흡용 공기를 공급할 수 있도록 설계된 형태는?**

① 전동식
② 비전동식
③ 자급식
④ 송기식

해설 송기식 호흡보호구에 대한 설명이다.

137 **최고노출기준은 1일 작업시간 동안 잠시라도 노출되어서는 안 되는 기준을 의미하는데, 노출기준 앞에 어떤 문자를 붙여 표시하는가?**

① A
② C
③ E
④ H

해설 최고노출기준(C ; Ceiling)은 1일 작업시간 동안 잠시라도 노출되어서는 안 되는 기준을 의미하고, 노출기준 앞에 'C'를 붙여 표시한다.

135 ② 136 ④ 137 ② 정답

138 작업환경측정에 관한 설명으로 틀린 것은?

① 모든 측정은 지역 시료채취방법으로 실시한다.
② 작업환경측정을 실시하기 전에 예비조사를 한다.
③ 사업주는 해당 작업공정을 수행하는 근로자가 요구하면 예비조사에 참석시켜야 한다.
④ 작업환경측정기관에 위탁하여 예비조사를 실시하는 경우에는 해당 작업환경측정기관에 공정별 작업내용, 화학물질의 사용실태 및 물질안전보건자료 등 작업환경측정에 필요한 정보를 제공해야 한다.

해설 모든 측정은 개인 시료채취방법으로 하되, 개인 시료채취방법이 곤란한 경우에는 지역 시료채취방법으로 실시해야 한다. 이 경우 그 사유를 작업환경측정 결과표에 분명하게 밝혀야 한다.

139 상지평가기법으로 어깨, 손목, 목에 초점을 맞추어서 작업자세로 인한 작업부하를 쉽고 빠르게 평가하는 방법은?

① REBA ② RULA
③ OWAS ④ QEC

해설 RULA(Rapid Upper Limb Assessment)에 대한 설명이다.

140 다음 ( ) 안에 들어갈 말로 옳은 것은?

분류	평균입경	특징
	100μm	호흡기 어느 부위(비강, 인후두, 기관 등 호흡기의 기도부위)에 침착하더라도 독성을 유발하는 분진
( )	10μm	가스교환부위, 기관지, 폐포 등에 침착하여 독성을 나타내는 분진
	4μm	가스교환부위, 즉 폐포에 침착할 때 유해한 분진

① IPM ② CPM
③ RPM ④ TPM

해설 입자상 물질의 크기에 따른 분류

분류	평균입경	특징
흡입성 입자상 물질(IPM)	100μm	호흡기 어느 부위(비강, 인후두, 기관 등 호흡기의 기도부위)에 침착하더라도 독성을 유발하는 분진
흉곽성 입자상 물질(TPM)	10μm	가스교환부위, 기관지, 폐포 등에 침착하여 독성을 나타내는 분진
호흡성 입자상 물질(RPM)	4μm	가스교환부위, 즉 폐포에 침착할 때 유해한 분진

정답 138 ① 139 ② 140 ④

제 4 회 실전모의고사

제1과목 연구실 안전 관련 법령

01 「연구실안전법」의 목적으로 옳지 않은 것은?

① 연구실사고로 인한 피해를 적절하게 보상
② 대학 및 연구기관 등에 설치된 과학기술분야 연구실의 안전을 확보
③ 연구실 종사자의 기술의 향상 및 홍보
④ 연구활동종사자의 건강과 생명을 보호

해설 「연구실안전법」은 대학 및 연구기관 등에 설치된 과학기술분야 연구실의 안전을 확보하고, 연구실사고로 인한 피해를 적절하게 보상하여 연구활동종사자의 건강과 생명을 보호하며, 안전한 연구환경을 조성하여 연구활동 활성화에 기여함을 목적으로 한다.

02 다음 중 연구주체의 장이 매년 연구실 안전 및 유지·관리비로 예산에 계상하여야 하는 비용으로 가장 거리가 먼 것은?

① 안전관리에 관한 정보제공 비용
② 건강검진 비용
③ 연구실안전관리담당자의 인건비
④ 연구활동종사자의 보호장비 구입 비용

해설 연구주체의 장이 매년 연구실 안전 및 유지·관리비로 예산에 계상하여야 하는 비용
- 안전관리에 관한 정보제공 및 연구활동종사자에 대한 교육·훈련
- 연구실안전환경관리자에 대한 전문교육
- 건강검진
- 보험료
- 연구실의 안전을 유지·관리하기 위한 설비의 설치·유지 및 보수
- 연구활동종사자의 보호장비 구입
- 안전점검 및 정밀안전진단
- 그 밖에 연구실의 안전환경 조성을 위하여 필요한 사항으로서 과학기술정보통신부장관이 고시하는 용도

1 ③ 2 ③ 정답

03 연구실안전관리사 자격이 취소되는 경우와 가장 거리가 먼 것은?

① 다른 사람에게 자기의 이름으로 연구실안전관리사의 직무를 하게 한 경우
② 연구실안전관리사의 자격이 정지된 상태에서 연구실안전관리사 업무를 수행한 경우
③ 거짓이나 그 밖의 부정한 방법으로 연구실안전관리사 자격을 취득한 경우
④ 미성년자나 피성년후견인인 사람

해설 과학기술정보통신부장관은 연구실안전관리사가 다음의 어느 하나에 해당하면 그 자격을 취소하거나 2년의 범위에서 그 자격을 정지할 수 있다. 단, 1·4·6에 해당하면 그 자격을 취소하여야 한다.

1. 거짓이나 그 밖의 부정한 방법으로 연구실안전관리사 자격을 취득한 경우
2. 자격증을 다른 사람에게 빌려주거나, 다른 사람에게 자기의 이름으로 연구실안전관리사의 직무를 하게 한 경우
3. 고의 또는 중대한 과실로 연구실안전관리사의 직무를 거짓으로 수행하거나 부실하게 수행하는 경우
4. 다음의 어느 하나의 결격사유에 해당하게 된 경우

   「연구실안전법」 제36조
   - 미성년자, 피성년후견인
   - 금고 이상의 실형을 선고받고 그 집행이 끝나거나(집행이 끝난 것으로 보는 경우를 포함) 집행을 받지 아니하기로 확정된 날부터 2년이 지나지 아니한 사람
   - 금고 이상의 형의 집행유예를 선고받고 그 유예기간 중에 있는 사람
   - 연구실안전관리사 자격이 취소된 후 3년이 지나지 아니한 사람

5. 직무상 알게 된 비밀을 제3자에게 제공 또는 도용하거나 목적 외의 용도로 사용한 경우
6. 연구실안전관리사의 자격이 정지된 상태에서 연구실안전관리사 업무를 수행한 경우

04 다음 중 안전관리 우수연구실 인증을 반드시 취소해야 하는 경우는?

① 인증서를 반납하는 경우
② 정당한 사유 없이 1년 이상 연구활동을 수행하지 않은 경우
③ 인증 기준에 적합하지 아니하게 된 경우
④ 거짓이나 그 밖의 부정한 방법으로 인증을 받은 경우

해설 ①·②·③·④ 모두 인증을 취소할 수 있는 경우이나 ④의 경우는 반드시 취소해야 한다.

정답 3 ① 4 ④

05 〈보기〉의 기능을 하는 위원회의 위원 구성기준으로 옳은 것은?

보기
• 심의위원회에 상정될 안건의 발굴 및 사전검토 • 연구실안전관리사 자격시험 및 교육·훈련과 관련된 전문적인 조사·분석·연구

① 5명 이내

② 7명 이내

③ 10명 이내

④ 15명 이내

해설 〈보기〉에서 설명하는 위원회는 전문위원회이다. 전문위원회는 심의위원회 위원 일부와 관련 전문가로, 7명 이내로 구성된다.

06 연구실 실태조사에 포함되어야 하는 항목으로 가장 거리가 먼 것은?

① 연구실 사고 발생 현황

② 연구실 안전관리 현황

③ 연구실 MSDS 관리 현황

④ 연구실 및 연구활동종사자 현황

해설 실태조사에 포함되어야 하는 사항
- 연구실 및 연구활동종사자 현황
- 연구실 안전관리 현황
- 연구실 사고 발생 현황
- 그 밖에 연구실 안전환경 및 안전관리의 현황 파악을 위하여 과학기술정보통신부장관이 필요하다고 인정하는 사항

5 ② 6 ③ 정답

07 「연구실안전법」상 안전점검 실시장비의 검·교정 주기로 옳은 것은?

① 6개월

② 12개월

③ 24개월

④ 36개월

해설 안전점검·정밀안전진단 실시장비의 검·교정 주기는 12개월이다.

08 연구실책임자에 대한 설명으로 옳지 않은 것은?

① 연구실 안전교육계획을 수립하고 실시한다.

② 사전유해인자위험분석을 실시한다.

③ 해당 연구실의 연구실안전관리담당자를 지정한다.

④ 해당 연구실에 보호구를 비치하고 착용하도록 지도한다.

해설 ①은 연구실안전환경관리자에 대한 설명이다.

09 다음 중 연구실안전심의위원회의 위원장은?

① 행정안전부 장관

② 교육부 차관

③ 과학기술정보통신부차관

④ 과학기술정보통신부 미래인재정책국장

해설 연구실안전심의위원회의 위원장은 과학기술정보통신부차관이 되며, 위원은 연구실 안전 분야에 관한 학식과 경험이 풍부한 사람 중에서 과학기술정보통신부장관이 위촉하는 사람으로 한다.

정답 7 ② 8 ① 9 ③

10 연구활동종사자가 2천명일 경우 연구실안전환경관리자를 최소 몇 명 지정해야 하는가?

① 1명

② 2명

③ 3명

④ 5명

해설 연구주체의 장은 다음의 기준에 따라 연구실안전환경관리자를 지정하여야 한다.

- 연구활동종사자가 1천명 미만인 경우 : 1명 이상
- 연구활동종사자가 1천명 이상 3천명 미만인 경우 : 2명 이상
- 연구활동종사자가 3천명 이상인 경우 : 3명 이상

11 ㉠ – ㉡을 계산한 값으로 옳은 것은?

[안전점검 · 정밀안전진단 대행기관 기술인력 교육]

구분	교육시간
신규교육	(㉠)시간 이상
보수교육	(㉡)시간 이상

① −6

② −3

③ 3

④ 6

해설 ㉠ 18, ㉡ 12

12 연구실안전관리담당자에 대한 설명으로 옳지 않은 것은?

① 연구실안전환경관리자가 연구실별로 해당 연구실의 연구활동종사자 중에서 지정한다.

② 연구실안전관리담당자는 연구실 안전점검표를 작성하고 보관해야 한다.

③ 연구실안전관리담당자는 물질안전보건자료(MSDS)를 작성하고 보관해야 한다.

④ 연구실안전관리담당자는 화학물질 및 보호장구를 관리해야 한다.

해설 연구실책임자가 해당 연구실의 연구활동종사자 중에서 지정한다.

10 ② 11 ④ 12 ① 정답

13 안전관리규정에 들어갈 내용으로 가장 거리가 먼 것은?

① 연구실 유형별 안전관리에 관한 사항
② 연구실안전관리담당자의 지정에 관한 사항
③ 중대연구실사고 및 그 밖의 연구실사고의 발생을 대비한 긴급대처 방안과 행동요령
④ 연구실별 유해인자 현황

해설 안전관리규정
- 안전관리 조직체계 및 그 직무에 관한 사항
- 연구실안전환경관리자 및 연구실책임자의 권한과 책임에 관한 사항
- 연구실안전관리담당자의 지정에 관한 사항
- 안전교육의 주기적 실시에 관한 사항
- 연구실 안전표식의 설치 또는 부착
- 중대연구실사고 및 그 밖의 연구실사고의 발생을 대비한 긴급대처 방안과 행동요령
- 연구실사고 조사 및 후속대책 수립에 관한 사항
- 연구실 안전 관련 예산 계상 및 사용에 관한 사항
- 연구실 유형별 안전관리에 관한 사항
- 그 밖의 안전관리에 관한 사항

14 연구실안전관리위원회에 대한 설명으로 옳지 않은 것은?

① 위원회의 위원은 연구실안전환경관리자가 지명한다.
② 해당 대학·연구기관 등의 연구활동종사자가 전체 연구실안전관리위원회 위원의 2분의 1 이상이어야 한다.
③ 안전관리규정의 작성 또는 변경을 협의한다.
④ 정밀안전진단 실시 계획 수립에 대한 내용을 협의한다.

해설 ① 위원회의 위원은 연구주체의 장이 지명한다.

15 연구실안전환경관리자를 지정하거나 변경한 경우 연구주체의 장은 그 날부터 며칠 이내에 과학기술정보통신부장관에게 그 내용을 제출해야 하는가?

① 즉시 ② 7일 이내
③ 14일 이내 ④ 30일 이내

해설 연구주체의 장은 연구실안전환경관리자를 지정하거나 변경한 경우에는 그 날부터 14일 이내에 과학기술정보통신부장관에게 그 내용을 제출해야 한다.

정답 13 ④ 14 ① 15 ③

16 안전점검 관련 내용으로 틀린 것은?

① 저위험연구실은 일상점검을 매주 1회 이상 실시한다.
② 연구실안전환경관리자는 정기점검의 모든 점검분야를 실시할 수 있는 자격 요건을 갖추고 있다.
③ 정밀안전진단을 실시한 연구실은 해당 연도의 정기점검을 면제받는다.
④ 인간공학기술사는 산업위생 분야의 정기점검을 실시할 수 있다.

해설 인간공학기술사는 일반안전, 기계, 전기 및 화공 분야의 정기점검을 실시할 수 있다.

17 위험기계·기구만을 취급하는 연구실에 근무하는 연구활동종사자의 정기 교육·훈련 주기로 옳은 것은?

① 연간 3시간 이상
② 반기별 6시간 이상
③ 반기별 3시간 이상
④ 매월 2시간 이상

해설 위험 기계·기구만을 취급하는 연구실(중위험연구실)의 정기 교육·훈련 주기는 반기별 3시간 이상이다.

18 사전유해인자위험분석 실시대상으로 가장 거리가 먼 것은?

① 「고압가스 안전관리법 시행규칙」에 따른 독성가스를 취급하는 연구실
② 「화학물질관리법」에 따른 유해화학물질을 취급하는 연구실
③ 「위험물안전관리법」에 따른 위험물을 취급하는 연구실
④ 「산업안전보건법」에 따른 유해인자를 취급하는 연구실

해설 사전유해인자위험분석 실시대상은 「화학물질관리법」에 따른 유해화학물질, 「산업안전보건법」에 따른 유해인자, 「고압가스 안전관리법 시행규칙」에 따른 독성가스를 취급하는 모든 연구실이다.

16 ④ 17 ③ 18 ③ 정답

19 「연구실안전법」 제31조에 따른 검사에 대한 설명으로 옳지 않은 것은?

① 과학기술정보통신부장관은 관계공무원으로 하여금 연구기관에 연구실 안전관리 현황과 관련 서류 등을 검사하게 할 수 있다.

② 검사원은 2~5인으로 구성되고, 불시에 방문한다.

③ 현장 검사는 일반분야, 기계분야, 전기분야, 화공분야, 소방분야, 가스분야, 위생분야, 생물분야로 실시한다.

④ 안전관리규정 관련한 서류검사 시 안전관리규정 제·개정 전문을 제출하여야 한다.

해설 과학기술정보통신부장관은 검사를 하는 경우에는 연구주체의 장에게 검사의 목적, 필요성 및 범위 등을 사전에 통보하여야 한다. 다만, 연구실사고 발생 등 긴급을 요하거나 사전 통보 시 증거인멸의 우려가 있어 검사 목적을 달성할 수 없다고 인정되는 경우에는 그러하지 아니한다.

20 「연구실안전법」에 따른 일반건강검진의 검사항목으로 옳지 않은 것은?

① 심전도 검사

② 혈압, 혈액 및 소변 검사

③ 신장, 체중, 시력 및 청력 측정

④ 흉부방사선 촬영

해설 일반건강검진의 검사항목 : 문진과 진찰, 혈압·혈액·소변 검사, 신장·체중·시력·청력 측정, 흉부방사선 촬영

정답 19 ② 20 ①

21 1,000명 이상의 대규모 조직에 적합한 안전관리 조직 형태는?

① 참모형 안전관리 조직

② 라인형 안전관리 조직

③ 라인스태프형 안전관리 조직

④ 직계형 안전관리 조직

해설 **라인스태프형(혼합형) 안전관리 조직** : 라인형과 스태프형의 장점을 취한 형태로, 스태프는 안전을 계획・평가・조사하고 라인을 통해 안전대책 및 기술을 전달한다.

22 다음 상황과 가장 관련 있는 불안전한 행동의 심리적 원인은 무엇인가?

> "소량 사용하니까 괜찮아~"하고 화학물질용 장갑을 끼지 않고 맨손으로 실험을 하다 화학물질 1방울이 손등에 튀어 화상을 입었다.

① 억측판단

② 지름길 반응

③ 장면행동

④ 숙련

해설 **억측판단**

- 연구활동종사자의 안전 유무를 확인하지 않고, 이 정도면 괜찮다는 주관적인 판단과 희망적 관찰로 행동하는 경우이다.
- 안전한 연구활동이라고 확신이 들 때까지는 실행에 옮기지 않는 신중함이 필요하고, 개인의 주관적 판단보다는 객관적인 데이터나 안전 전문가의 의견을 따라 연구활동을 실시하여야 한다.

21 ③ 22 ① 정답

23 파커(Parker)등이 제안한 5단계 성숙모델 내용으로 옳지 않은 것은?

① 능동적인 단계에서의 연구활동종사자들은 스스로와 동료의 안전에 대한 책임이 자신에게 있음을 인정한다.
② 타산적인 단계에서의 대부분 안전교육은 법적 의무교육에만 투자한다.
③ 발전적인 단계에서 모든 의사결정의 최우선순위는 안전이고, 핵심가치로 인정된다.
④ 병적인 단계에서는 단속을 피할 수 있을 정도로만 조치한다.

해설 수동적인 단계에서의 대부분 안전교육은 법적 의무교육에만 투자한다.

24 다음 그림은 Hierarchy of Controls이다. ㉠에 들어갈 말은 무엇인가?

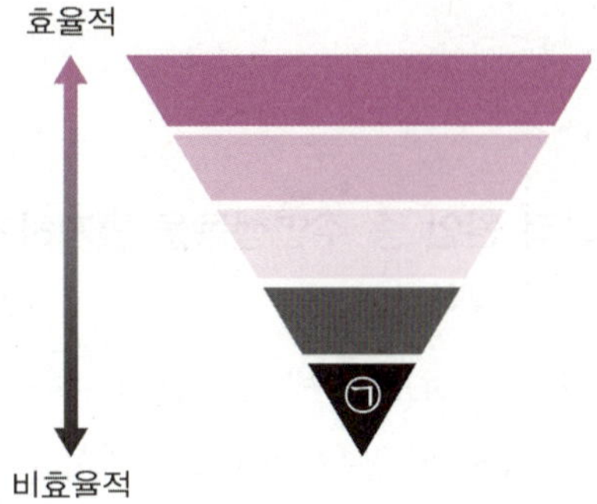

① 관리적 통제
② 개인보호구
③ 공학적 통제
④ 제거

해설 (효율적) 제거 → 대체 → 공학적 통제 → 관리적 통제 → 개인보호구(비효율적)

정답 23 ② 24 ②

25 불안전한 행동에 관한 설명으로 옳지 않은 것은?

① 불안전한 행동이 직·간접적인 사고원인인 경우는 93%를 차지한다.
② 불안전한 행동으로 인해 사고가 발생하지 않도록 팀워크를 형성하는 것이 좋다.
③ 불안전한 행동의 원인이 되는 태도 불량은 잠재적인 것으로 이성적 교육 실시 후 해결되어야 한다.
④ 지식이 부족한 것은 교육을 통해 이성적으로 개선하여 불안전한 행동을 개선할 수 있다.

해설 불안전한 행동의 원인이 되는 태도 불량은 잠재적인 것으로 이성적 교육 실시 전에 해결되어야 한다.

26 위험성 평가에 대한 설명으로 옳지 않은 것은?

① 유해·위험요인 파악 시 사업장 순회점검에 의한 방법을 반드시 포함하여야 한다.
② 위험성 평가의 보존기한은 5년이다.
③ 위험성 감소대책 수립 시 가장 먼저 고려될 사항은 위험한 작업의 폐지이다.
④ 위험성 평가 결과 중대재해로 이어질 수 있는 유해·위험요인에 대해서는 TBM 등을 통해 근로자에게 상시적으로 주지시켜야 한다.

해설 위험성 평가의 보존기한은 3년이다.

27 불안전한 행동의 심리적 원인 중 주연행동을 방지하기 위해서 해야 할 일로 가장 적절한 것은?

① 위험대상에 접근하지 못하도록 방호 조치를 한다.
② 피로가 크거나 유증상자의 경우 연구활동에서 배제한다.
③ 선택의 실수가 일어나지 않도록 계통에 따라 색깔, 위치, 크기 등을 설정하며 연구실을 정리정돈한다.
④ 무의식적인 습관으로 사고가 발생하지 않도록 안전보건표지 등을 활용한다.

해설 ① 장면행동 방지
② 피로, 질병 등으로 인한 불안전한 행동 방지
③ 착시와 착오 방지

25 ③ 26 ② 27 ④ 정답

28 **다음은 「연구실안전법」의 인적 구성요소(관리체계)에 관한 그림이다. 다음 보기 중 ㉠에 대한 설명으로 옳은 것은?**

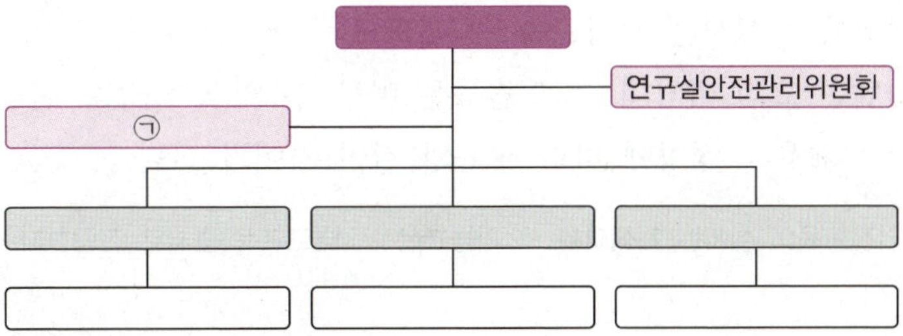

① 사전유해인자위험분석을 실시한다.

② 각 연구실에서 안전관리 및 연구실사고 예방 업무를 수행한다.

③ 연구실 안전과 관련된 주요사항을 협의하기 위하여 연구실안전관리위원회를 구성・운영한다.

④ 연구실 안전환경 및 안전관리 현황에 관한 통계의 유지・관리

해설 ㉠은 연구실안전환경관리자이다.
①은 연구실책임자, ②는 연구실안전관리담당자, ③은 연구주체의 장에 대한 설명이다.

29 **다음 FT도의 정상사상의 고장 발생확률로 옳은 것은?(단, 발생확률은 $X_1 = 0.1$, $X_2 = 0.2$, $X_3 = 0.3$이다)**

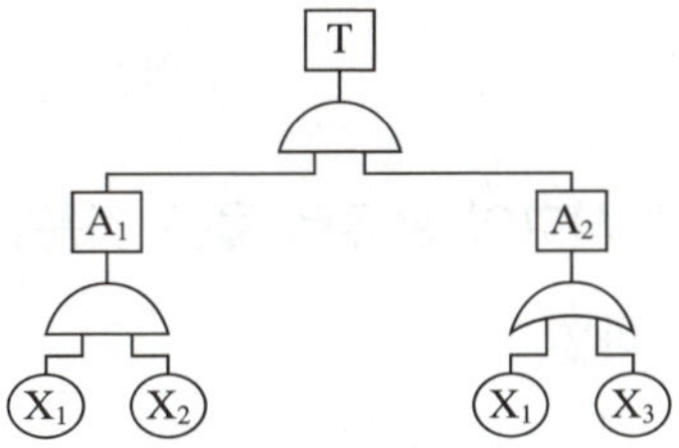

① 0.01 ② 0.02

③ 0.03 ④ 0.06

해설 $T = A_1 \cdot A_2 = (X_1 \cdot X_2)\begin{pmatrix} X_1 \\ X_3 \end{pmatrix} = (X_1,\ X_2),\ (X_1,\ X_2,\ X_3)$

• 미니멀 컷셋 : $(X_1,\ X_2)$

• 고장확률(미니멀 컷셋의 확률)$=0.1\times0.2=0.02$

30 안전교육에 대한 설명으로 옳지 않은 것은?

① 피교육자가 중심이 되어야 한다.
② 안전교육의 실시는 지식교육 → 태도교육 → 기능교육 순서로 진행한다.
③ 실습법은 요점 파악이 쉽고 습득은 빠를 수 있으나 장소 선정이 어렵다.
④ OJT는 교육자 성향에 따라 교육의 질이 차이가 난다.

해설 안전교육의 실시는 지식교육 → 기능교육 → 태도교육 순서로 진행한다.

31 연구실 사전유해인자위험분석 연구활동별 유해인자 위험분석 보고서 내용 중 물리적 유해인자 기본정보에 작성하는 항목이 아닌 것은?

① 기구명
② 유해인자 종류
③ 위험 분석
④ 관련 화학물질

해설 물리적 유해인자 작성항목 : 기구명, 유해인자 종류, 크기, 위험분석, 필요보호구

32 사고 발생 형태에 따른 사고의 분류로 옳은 것은?

① 에너지와의 충돌 : 파열
② 에너지 활동구역에 사람이 침입하여 발생 : 화상
③ 에너지 폭주형 : 부딪힘
④ 유해물에 의한 재해 : 감전

해설 ② 에너지 활동구역에 사람이 침입하여 발생 : 화상, 감전
① 에너지와의 충돌 : 부딪힘
③ 에너지 폭주형 : 파열
④ 유해물에 의한 재해 : 질식 등

30 ② 31 ④ 32 ② 정답

33 안전심리에 대한 설명 중 틀린 것은?

① 주의집중의 깊이가 깊으면 주의를 오래 지속할 수 있다.
② 안전과 안심은 같은 것이 아니다.
③ 부주의는 원인이 아니라 결과이다.
④ 인간의 사고 특성으로 인지편향이 발생할 수 있다.

해설 주의의 단속성 : 주의집중의 깊이가 깊을수록 오래 지속될 수 없다.

34 가연성 가스 누출사고가 발생했을 때 연구실안전환경관리자의 역할로 옳은 것은?

① 방송을 통한 사고 전파로 연구활동종사자의 신속한 대피를 유도한다.
② 사고 사실을 전파하여 건물 내에 체류하는 사람이 대피하도록 알린다.
③ 안전이 확보되는 범위 내에서 가스 공급 밸브를 차단한다.
④ 누출 규모가 커서 대응이 불가능할 경우 즉시 대피한다.

해설 ②, ③, ④ 연구실책임자 및 연구활동종사자의 역할이다.

35 THERP에 대한 설명으로 옳은 것은?

① 100만 시간당 인간의 과오도수를 기본 과오율로 하여 인간의 실수를 정량적으로 분석하는 방법이다.
② FTA와 비슷하게 연역적 방법으로 나무를 작성한다.
③ 인간의 성격적 결함이 시스템에 미치는 영향을 나타내었다.
④ 논리기호를 사용하여 인간-기계시스템의 국부적인 분석을 실시한다.

해설 ② ETA와 비슷하게 사건나무를 작성하고, 각 작업의 성공·실패에 확률을 부여하여 각 경로의 확률을 계산한다.
③ 인간의 동작이 시스템에 미치는 영향을 나타내었다.
④ 논리기호를 사용하는 것은 FTA이다.

정답 33 ① 34 ① 35 ①

36 HAZOP 분석 시 기본 가정으로 옳지 않은 것은?

① 작업자는 휴먼에러를 일으킬 수 있다.
② 2개 이상의 기기가 동시에 고장나지 않는다.
③ 장치 · 설비는 설계 및 제작 사양에 적합하게 제작되었다.
④ 안전장치의 이탈은 없고, 항상 정상 작동한다.

해설 HAZOP 분석 시 기본 가정
- 2개 이상의 기기가 동시에 고장나지 않는다.
- 안전장치의 이탈은 없고, 항상 정상 작동한다.
- 장치 · 설비는 설계 및 제작 사양에 적합하게 제작되었다.
- 작업자는 공정에 대한 충분한 숙련도가 있고, 위험상황 시 적절한 조치가 가능하다.

37 연구실 조직에 대한 설명으로 옳지 않은 것은?

① 연구실책임자 : 연구실 소속 연구활동종사자를 직접 지도 · 관리 · 감독하는 연구활동종사자
② 연구관리직원 : 기업부설연구소, 연구개발 전담 부서 안에 근무하면서 연구개발과제의 수행 보조 및 행정업무를 겸하는 연구활동종사자
③ 연구전담요원 : 연구개발활동과 관련된 연구업무를 하면서 다른 업무를 겸하지 않는 연구활동종사자
④ 연구실안전관리담당자 : 각 연구실에서 안전관리 및 사고예방 업무를 수행하는 연구활동종사자

해설 ② 연구관리직원 : 연구전담요원이나 연구보조원이 아닌 사람으로서 기업부설연구소, 연구개발 전담 부서 안에 근무하면서 연구활동과 관련된 행정업무 및 관리업무를 담당하는 사람

38 유해 · 위험요인 중 인적 유해 · 위험요인에 해당하지 않는 것은?

① 부주의 ② 생물체
③ 피로 ④ 지식의 부족

해설 ② 생물체는 물적 유해 · 위험요인에 해당한다.

36 ① 37 ② 38 ② 정답

39 위험성과 운전성을 정해진 규칙과 설계도면에 의해 체계적으로 분석 및 평가하는 방법은?

① FTA

② ETA

③ THERP

④ HAZOP

해설 플랜트 또는 한 설비에 대해서 위험성과 운전성을 정해진 규칙과 설계도면에 의해 체계적으로 분석 및 평가하는 방법은 HAZOP(Hazard and Operability studies)이다.

40 ㉠에 들어갈 말로 알맞은 것은?

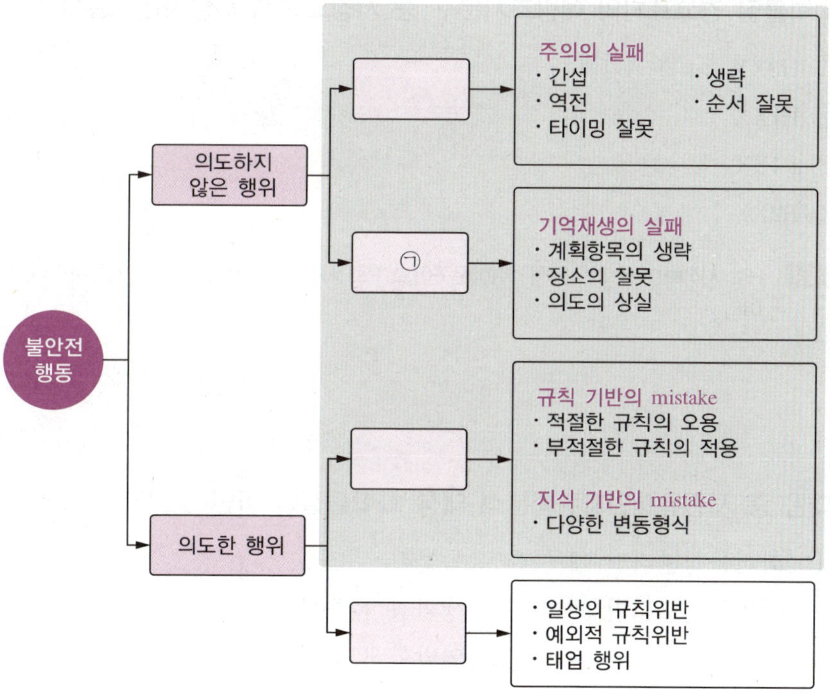

① violation

② slip

③ lapse

④ mistake

해설 기억재생의 실패는 lapse(건망증)이다.

정답 39 ④ 40 ③

제3과목 연구실 화학 · 가스 안전관리

41 **실린더캐비닛에 대한 설명 중 옳지 않은 것은?**

① 캐비닛은 내부를 볼 수 있는 창이 부착된 것으로 한다.

② 캐비닛 내부의 충전용기 등에는 전도 등에 따른 충격과 밸브의 손상방지를 위해 체인 등을 설치한다.

③ 캐비닛 내부 배관의 긴급차단장치는 외부에서 조작할 수 없는 구조로 설계한다.

④ 캐비닛 내의 공기를 항상 옥외로 배출하고, 내부의 압력이 외부의 압력보다 항상 낮도록 유지해야 한다.

해설 ③ 캐비닛 내부 배관에는 외부에서 조작이 가능한 긴급차단장치를 설치해야 한다.

42 **화학물질 경고표지의 예방조치문구 중 저장코드에 해당하는 것은?**

① H3XX

② H1XX

③ P4XX

④ P2XX

해설 H로 시작하는 코드는 유해 · 위험문구이고, P로 시작하는 코드는 예방조치문구이다. 그 중 P4XX가 저장코드이다.

43 **다음 중 사전유해인자위험분석 대상 화학물질이 아닌 것은?**

① 「화학물질관리법」에 따른 유독물질

② 「산업안전보건법」에 따른 수생환경 유해성 물질

③ 「산업안전보건법」에 따른 자연발화성 고체

④ 「고압가스 안전관리법 시행규칙」에 따른 가연성 가스

해설 사전유해인자위험분석 대상 : 「화학물질관리법」에 따른 유해화학물질(유독물질, 사고대비물질 등), 「산업안전보건법」에 따른 유해인자(수생환경 유해성 물질, 자연발화성 고체 등), 「고압가스 안전관리법 시행규칙」에 따른 독성가스

41 ③ 42 ③ 43 ④ 정답

44 화학물질이 외부로 누출되고 근로자에게 노출된 상황에 반드시 확인해야 하는 MSDS 항목으로 거리가 먼 것은?

① 2번 항목

② 4번 항목

③ 12번 항목

④ 15번 항목

해설 화학물질이 외부로 누출되고 근로자에게 노출된 상황에 반드시 확인해야 하는 MSDS 항목은 다음과 같다.

- 2번 항목(유해성 · 위험성)
- 4번 항목(응급조치 요령)
- 6번 항목(누출 사고 시 대처방법)
- 12번 항목(환경에 미치는 영향)

45 폐기물 유해성 정보자료에 포함되는 정보가 아닌 것은?

① 폐기물의 수집기간

② 폐기물의 발열량

③ 폐기물의 유해물질 함량

④ 폐기물의 유해특성(폭발성, 인화성 등)

해설 **폐기물 유해성 정보자료 항목 중 중요한 정보**

- 안정성 · 반응성의 유해특성
- 물리적 · 화학적 성질
- 성분정보(조성, 함량)
- 취급 시 주의사항(피해야 할 조건)

46 실험폐기물에 대한 설명으로 옳지 않은 것은?

① 실험폐기물은 모두 지정폐기물이다.

② 혼합 폐액은 과량으로 혼합된 물질을 기준으로 분류하며 폐기물 스티커에 기록한다.

③ 화학반응이 일어날 것으로 예상되는 물질은 혼합하지 않아야 한다.

④ 적절한 폐기물 용기를 사용해야 하고, 용기의 70% 정도를 채워야 한다.

해설 ① 실험폐기물의 종류로는 일반 폐기물, 화학 폐기물, 생물 폐기물, 의료 폐기물, 방사능 폐기물, 배기가스 등이 있고, 모두 지정폐기물인 것은 아니다.

정답 44 ④ 45 ① 46 ①

47 허용농도와 독성가스의 연결이 올바른 것은?

① 황화수소 : 10ppm

② 일산화탄소 : 20ppm

③ 포스겐 : 1ppm

④ 불화수소 : 1ppm

해설 일산화탄소(30ppm), 포스겐(0.1ppm), 불화수소(0.5ppm)

48 가스 보관 시 주의사항으로 옳지 않은 것은?

① 실린더 캐비닛은 내부를 볼 수 있는 창이 부착된 것으로 한다.

② 가스용기는 반드시 40℃ 이하에서 보관해야 하고 환기가 항상 잘 되도록 한다.

③ 가연성, 조연성, 독성가스는 항상 따로 저장하거나 방호벽을 세워 3m 이상 떨어뜨려 저장한다.

④ 가스용기의 전도방지를 위하여 다수의 가스용기를 하나의 스트랩으로 동시에 체결한다.

해설 다수의 가스용기를 하나의 스트랩으로 동시에 체결하지 않는다.

49 다음 중 반드시 고압가스설비의 과압안전장치를 설치해야 하는 구역은?

① 압력 조절 실패로 압력상승이 최고상용압력을 초과할 우려가 있는 고압가스설비

② 토출 측의 막힘으로 인한 압력상승이 설계압력을 초과할 우려가 있는 압축기의 입구 측

③ 액화가스 저장능력이 200kg 이상이고 용기 집합장치가 설치된 고압가스설비

④ 배관 내의 액체가 2개 이상의 밸브로 차단되어 외부 열원으로 인한 액체의 열팽창으로 파열이 우려되는 배관

해설 ① 압력 조절 실패로 압력상승이 설계압력을 초과할 우려가 있는 고압가스설비
② 토출 측의 막힘으로 인한 압력상승이 설계압력을 초과할 우려가 있는 압축기의 출구 측
③ 액화가스 저장능력이 300kg 이상이고 용기 집합장치가 설치된 고압가스설비

47 ① 48 ④ 49 ④ 정답

50 **급격한 압력상승이 우려되는 배관에 설치하는 과압안전장치로 가장 적절한 것은?**

① 안전밸브
② 릴리프 밸브
③ 파열판
④ 자동압력제어장치

해설 ③ 파열판은 급격한 압력상승, 독성가스의 누출, 유체의 부식성 또는 반응생성물의 성상 등에 따라 안전밸브를 설치하는 것이 부적당한 경우에 설치한다.

51 **공기 중에 누출되었을 때 점화원 없이 스스로 연소될 수 있는 가스는?**

① 포스겐
② 실란
③ 황화수소
④ 아세틸렌

해설 ② 실란은 자기발화가스이다.

52 **가스 누출 검지경보장치에 대한 설명으로 옳지 않은 것은?**

① 건물 내부에 설치하는 경우에는 가스 누출 우려 설비군의 바닥 둘레 10m마다 1개 이상의 비율로 설치한다.
② 가스비중이 1보다 작은 경우 천장면에서 30cm 이내의 높이에 설치한다.
③ 경보부는 관계자가 상주하는 곳에 설치한다.
④ 독성가스는 TWA 기준 농도 이하로 설정하고, 경보 정밀도는 경보 농도 설정치에 대해 ±25% 이하로 한다.

해설 독성가스는 TWA 기준 농도 이하로 설정하고, 경보 정밀도는 경보농도 설정치에 대해 ±30% 이하로 한다.

정답 50 ③ 51 ② 52 ④

53 (　) 안에 들어갈 말로 올바르게 나열한 것은?

최소점화전류비의 범위	(㉠) 초과	(㉡) 이상 (㉠) 이하	㉡ 미만
가연성 가스의 폭발등급	A	B	C
방폭 전기기기의 폭발등급	ⅡA	ⅡB	ⅡC

	㉠	㉡
①	0.8	0.5
②	0.8	0.45
③	0.9	0.5
④	0.9	0.45

54 방폭구조 중 기호 'e'로 나타내는 구조는?

① 비점화방폭구조
② 캡슐방폭구조
③ 안전증방폭구조
④ 충전방폭구조

해설 ①은 n, ②는 m, ④는 q로 나타낸다.

55 폐기물의 안전관리로 옳지 않은 것은?

① 실험기자재를 닦은 세척수도 화학폐기물로 분류하여 폐기한다.
② 처리해야 되는 폐기물에 대한 유해·위험성을 사전에 평가하고 숙지한다.
③ 혼합 폐액은 과량으로 혼합된 물질을 기준으로 분류하며 폐기물 스티커에 기록한다.
④ 폐기물 용기 내 압력으로 폭발하지 않도록 뚜껑을 완전히 밀폐하지 않아야 한다.

해설 폐기물이 누출되지 않도록 뚜껑을 밀폐해야 한다.

53 ② 54 ③ 55 ④ 정답

56 화학물질 성상별 안전장비에 대한 설명으로 옳지 않은 것은?

① 인화성 물질은 흄후드 내에서 취급한다.
② 부식성 물질을 취급하는 곳 가까이에 비상샤워장치 및 세안장치를 설치하여야 한다.
③ 유기화합물은 증기 발생을 막기 위해 밀폐된 공간에서 취급한다.
④ 독성물질은 누출감지경보설비를 설치한다.

해설 유기화합물은 증기 발산원을 밀폐한다(증기 누출부에 국소배기장치를 설치하여 유증기 발산을 최소화한다).

57 그림의 ㉠에 대한 설명으로 옳은 것은?

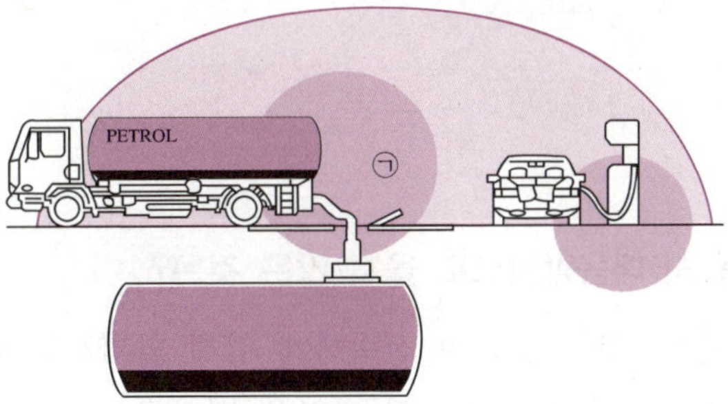

① 주변보다 지역이 낮아 인화성 가스나 증기가 체류할 수 있는 부분도 ㉠에 해당한다.
② 통상 상태에서의 지속적인 위험 분위기가 있는 장소이다.
③ 사고로 인해 용기나 시스템이 파손되는 경우에만 위험물 유출이 우려되는 지역이다.
④ 깨끗한 공기가 적절하게 순환되지 않을 때 위험한 증기가 때때로 유입될 수 있는 지역이다.

해설 ㉠은 제1종 위험장소이다.

정답 56 ③ 57 ①

58 「연구실안전법」에 따른 화공안전분야 정기점검 항목으로 옳지 않은 것은?

① 소량 기준 이상의 화학물질을 취급하는 시설에 누출 시 감지·경보할 수 있는 설비 설치 여부(CCTV 등)

② 사고대비물질, CMR 물질, 특별관리물질 파악 및 관리 여부

③ 가연성 화학물질 취급시설과 화기취급시설 8m 이상 우회거리 확보 여부(단, 안전조치를 취하고 있는 경우 제외)

④ 화염을 사용하는 가연성 가스(LPG 및 아세틸렌 등) 용기 및 분기관 등에 역화방지장치 부착 여부

해설 ④는 가스안전 분야의 항목이다.

59 화학물질을 취급하는 실험실 문 안쪽 15cm 이내에서 환기장치 소음 기준으로 옳은 것은?

① 90dBA 이하

② 85dBA 이하

③ 70dBA 이하

④ 60dBA 이하

해설 환기장치 가동 시 실험자가 소음으로 인한 지장을 받지 않도록 가능한 문 안쪽 15cm 이내에서 60dBA 이하가 되도록 해야 한다.

60 연료가스 누출 시 대응방안으로 옳지 않은 것은?

① 환풍기나 선풍기를 사용하여 신속하게 강제 환기시킨다.

② LPG가 누출된 경우에는 침착히 바닥을 빗자루로 쓸어낸다.

③ 대형화재가 발생했을 경우 도시가스회사에 전화하여 그 지역에 보내지는 가스를 차단하도록 한다.

④ 가스기구의 콕을 잠그고 밸브까지 잠근다.

해설 ① 환풍기나 선풍기를 사용하면 스위치 조작 시 발생하는 스파크 때문에 점화될 수 있으므로 전기 기구는 절대 조작해서는 안 된다.

58 ④ 59 ④ 60 ① 정답

61 **다음 중 충격소음작업의 기준이 아닌 것은?**

① 120dB을 초과하는 소음이 1일 1만회 이상 발생하는 작업
② 130dB을 초과하는 소음이 1일 1천회 이상 발생하는 작업
③ 140dB을 초과하는 소음이 1일 1백회 이상 발생하는 작업
④ 150dB을 초과하는 소음이 1일 1십회 이상 발생하는 작업

해설 충격소음작업 : 소음이 1초 이상의 간격으로 발생하는 작업으로서 다음의 어느 하나에 해당하는 작업
- 120dB을 초과하는 소음이 1일 1만회 이상 발생하는 작업
- 130dB을 초과하는 소음이 1일 1천회 이상 발생하는 작업
- 140dB을 초과하는 소음이 1일 1백회 이상 발생하는 작업

62 **사고체인의 5요소에 해당되지 않는 것은?**

① Entanglement ② Pressure
③ Impact ④ Ejection

해설 사고체인의 5요소
- 1요소 : 함정(Trap)
- 2요소 : 충격(Impact)
- 3요소 : 접촉(Contact)
- 4요소 : 얽힘, 말림(Entanglement)
- 5요소 : 튀어나옴(Ejection)

63 **진동의 안전관리 대책으로 옳은 것은?**

① 방진복을 착용한다.
② 제진시설을 설치한다.
③ 방진마스크를 착용한다.
④ 흡음제를 설치한다.

해설 진동의 안전관리 대책 : 저진동공구 사용, 방진구 설치, 제진시설 설치

정답 61 ④ 62 ② 63 ②

64 **다음 중 무균실험대의 취급 및 관리에 대한 내용으로 옳지 않은 것은?**

① 기기 사용 후 반드시 가스버너 또는 알코올램프를 소화시킨다.

② 기기의 UV램프 작동 중에 유리창을 열지 않는다.

③ 무균실험대 사용 전 UV램프 전원을 반드시 차단하여 눈과 피부의 화상사고를 예방하여야 한다.

④ 무균실험대의 적절한 풍속은 0.7m/s 이상이며, 작업공간의 평균풍속은 ±20% 범위인 경우 고른 풍속으로 판단한다.

해설 ④ 무균실험대의 적절한 풍속은 0.3 ~ 0.6m/s이며, 작업공간의 평균풍속은 ±20% 범위인 경우 고른 풍속으로 판단한다.

65 **다음 중 안전율 결정인자에 관한 설명으로 옳지 않은 것은?**

① 불연속부분의 존재 여부 : 불연속부분이 있는 공작물은 안전율을 작게 한다.

② 재료에 대한 신뢰도 : 연성재료는 취성재료보다 안전율을 작게 한다.

③ 응력계산의 정확도 대소 : 형상이 복잡하고 응력 작용상태가 복잡한 경우에는 안전율을 크게 한다.

④ 사용상에 있어서 예측할 수 없는 변화의 가능성 : 사용수명 중에 생기는 특정 부분의 마모 등의 가능성이 있을 경우에는 안전율을 크게 한다.

해설 불연속부분의 존재 여부 : 공작물의 불연속부분에서 응력집중이 발생하므로 안전율을 크게 한다.

66 **다음 조건에 따라 위치B에서의 SPL을 구하시오(단, 소수점 첫째 자리에서 반올림한다).**

- 음원에서부터 위치A까지의 거리 : 3m
- 음원에서부터 위치B까지의 거리 : 6m
- 위치A에서의 SPL : 85dB

① 75dB　　② 77dB

③ 79dB　　④ 81dB

해설

$$SPL_1 - SPL_2 = 20 \times \log \frac{r_2}{r_1}$$

$$85dB - SPL_B = 20 \times \log \frac{6m}{3m}$$

$$SPL_B = 85 - 6.02 = 79dB$$

64 ④ 65 ① 66 ③ 정답

67 기계설비 외형의 안전화 방법으로 옳지 않은 것은?

① 증기배관을 암적색으로 칠한다.

② 기계의 돌출 부분에 가드를 설치한다.

③ 원동기 등을 별실에 설치한다.

④ 안전율이 높은 재료로 만든 기계를 설치한다.

해설 안전율은 구조의 안전화와 관련있는 개념이다.

68 방사선량의 종류 중 인체의 피폭선량을 나타낼 때 사용하는 단위는?

① 렌트겐

② 그레이

③ 시버트

④ 쿨롱/킬로그램

해설 등가선량(인체의 피폭선량을 나타낼 때 흡수선량에 해당 방사선의 방사선가중치를 곱한 양)으로, 단위는 시버트(Sv)이다.

69 풀 프루프의 가드에 대한 설명으로 옳지 않은 것은?

① 고정가드 : 열리는 입구부(가드의 개구부)에서 가공물, 공구 등은 들어가나 손은 위험영역에 미치지 않게 한다.

② 조정가드 : 가공물이나 공구에 맞추어 형상 또는 길이, 크기 등을 조절할 수 있다.

③ 경고가드 : 손은 위험영역에 들어가나 그 전에 경고를 발생한다.

④ 인터록 가드 : 기계가 작동 중에만 열리게 된다.

해설 ④ 인터록 가드 : 기계가 작동 중에는 열리지 않고 열려 있을 시는 기계가 가동되지 않는다.

정답 67 ④ 68 ③ 69 ④

70 기동방지 기구에 대한 설명으로 옳지 않은 것은?

① 안전플러그 : 제어회로 등에 준비하여 접점을 차단하는 것으로 불의의 기동을 방지한다.
② 안전블록 : 기계의 기동을 기계적으로 방해하는 스토퍼 등으로, 통상은 안전플러그 등과 병용한다.
③ 타이밍식 : 기계식 또는 타이머 등에 의해 스위치를 끄고 일정 시간 후에 이상이 없어도 가드 등을 열지 않는다.
④ 레버록 : 조작레버를 중립위치에 자동적으로 잠근다.

해설 ③은 오버런 기구에 대한 설명이다.

71 다음 중 연삭기의 안전수칙에 대한 설명으로 옳지 않은 것은?

① 연삭기 작업 준비 시 연마석을 단단하게 고정하고, 연마석을 점검하여 갈라짐 등을 확인하면 교체한다.
② 사용 전 3분 정도 공회전을 하고, 숫돌 교체 시에는 1분 이상 공회전을 한다.
③ 연삭기 사용 중에는 가죽장갑 등을 착용하고, 방호덮개를 제거하지 않는다.
④ 기계 작동 시 귀마개, 보안경(안면보호구) 등을 착용한다.

해설 ② 사용 전 1분 정도 공회전을 하고, 숫돌 교체 시에는 3분 이상 공회전을 한다.

72 다음 중 기계의 6대 위험점에 해당하지 않는 것은?

① 회전물림점
② 절단점
③ 협착점
④ 끼임점

해설 위험점 : 협착점, 끼임점, 절단점, 물림점, 접선물림점, 회전말림점

70 ③ 71 ② 72 ① 정답

73 회전체 취급 시 착용해야 하는 보호구로 가장 거리가 먼 것은?

① 청력보호구
② 호흡용 보호구
③ 장갑
④ 안전화

해설 회전체 취급 시 장갑을 착용해서는 안 된다.

74 프레스에 대한 설명으로 옳지 않은 것은?

① 전원을 켜고 금형의 설치·조정을 실시한다.
② 안전블록을 사용한다.
③ 금형의 하중 중심은 프레스의 하중 중심과 일치하도록 한다.
④ 풋스위치 사용 시 풋스위치 상부에 덮개를 설치한다.

해설 ① 금형의 설치·조정은 전원을 끄고 실시한다.

75 연구실 장비 종류의 연결이 옳지 않은 것은?

① 안전장비 – 고압멸균기(autoclave), 흄후드
② 실험장비 – 인두기, 전기로
③ 실험분석 장비 – 가스크로마토그래피, 조직절편기
④ 광학기기 – 레이저, UV장비

해설 ③ 조직절편기는 실험장비이다.

정답 73 ③ 74 ① 75 ③

76 다음은 무엇의 주요 위험요소에 대한 설명인가?

> • 폭발 : 부적절한 재료 사용에 따른 폭발 또는 발화 위험이 있다.
> • 감전 : 고전압을 사용하는 기기이며, 제품에 물 등 액체로 인한 쇼트 감전 위험이 있다.
> • 고온 : 내부의 고온에 의해 화재나 화상의 위험이 있다.

① 오븐
② 무균실험대
③ 연삭기
④ 초저온용기

77 방사선이 몸을 투과하여 지나갈 뿐 방사능 자체를 몸에 남기지 않는 피폭은?

① 내부피폭
② 외부피폭
③ 내부오염
④ 외부오염

해설 외부피폭에 대한 설명이다.

78 A음원의 음세기가 $10^{-10}W/m^2$일 때, 음세기레벨(SIL)로 옳은 것은?

① 10
② 20
③ 30
④ 40

해설 $SIL(\mathrm{dB}) = 10\log\frac{I}{I_r} = 10\log\frac{10^{-10}}{10^{-12}} = 20$

76 ① 77 ② 78 ② 정답

79 압축 혹은 진공상태의 유리가공에 대비한 보호구로 옳지 않은 것은?

① 안전화
② 내화학성 앞치마
③ 보안면
④ 초저온 장갑

해설 압축 혹은 진공상태의 유리가공에 대비한 보호구 : 고글과 보안면, 내화학성 앞치마, 내화학성 장갑, 안전화, 공학적 제어 시 방폭 실드

80 기계안전 보호구에 대한 설명으로 옳은 것은?

① 기계작업으로 인해 발에 상해 위험이 있으면 발덮개 또는 안전화를 착용한다.
② 유해물질의 입자상 물질을 흡입할 수 있으면 방독마스크를 착용한다.
③ 얼굴에 용액이 튈 위험이 있으면 통기성 고글을 착용한다.
④ 소음작업 시에는 EP-1를 착용한다.

해설 ② 유해물질의 입자상 물질을 흡입할 수 있으면 방진마스크를 착용한다.
③ 얼굴에 용액이 튈 위험이 있으면 밀폐형 고글을 착용한다.
④ 소음작업 시 상황에 따라 귀마개 또는 귀덮개를 착용한다.

정답 79 ④ 80 ①

제5과목 연구실 생물 안전관리

81 **밀폐구역 내 비상샤워시설을 필수로 설치해야 하는 최소 안전등급은?**

① BL1

② BL2

③ BL3

④ BL4

해설 3등급부터는 필수로 밀폐구역 내에 비상샤워시설을 설치하여야 한다.

82 **생물학적 위해성 평가에 대한 설명으로 옳지 않은 것은?**

① 생물체를 비롯한 연구시설 내 위험요소를 바탕으로 실험의 위해가 어느 정도인지 추정하고 평가하는 과정이다.

② 과학적 근거를 바탕으로 미생물 및 이들이 생산하는 독소 등으로 야기될 수 있는 질병의 심각성 및 발생 가능성을 한 번에 평가하는 효율적인 평가방법이다.

③ 평가하고자 하는 대상 및 목적에 따라 위험요소, 위해성의 특성, 노출의 종류 등이 달라질 수 있다.

④ 연구책임자는 위해성 평가를 시기에 맞게 적절히 수행하게 하고, 안전위원회와 생물안전 담당자 간에 긴밀히 협조하여 적합한 장비와 시설을 이용하여 작업을 진행하도록 지원할 책임이 있다.

해설 ② 과학적 근거를 바탕으로 미생물 및 이들이 생산하는 독소 등으로 야기될 수 있는 질병의 심각성 및 발생 가능성을 여러 단계에 걸쳐 평가하는 체계적인 과정이다.

81 ③ 82 ② 정답

83 폐기물 처리방법에 대한 내용으로 옳지 않은 것은?

① 소독약은 단일약제로 사용하는 것이 효과적이다.
② 세척은 미생물의 영양세포를 사멸시킬 수 있으나 아포는 파괴하지 못한다.
③ 중간 수준의 소독은 결핵균, 진균을 불활성화시키지만, 세균 아포를 죽일 수 있는 능력은 없다.
④ 멸균물품은 탱크 내 용적의 60~70%만 채우며, 가능한 한 같은 재료들을 함께 멸균해야 한다.

해설 소독은 미생물의 영양세포를 사멸시킬 수 있으나 아포는 파괴하지 못한다.

84 ClassⅡ의 B2 type BSC에서 유입되는 공기가 200m^3/h라면 배기되는 공기량은?

① 60m^3/h
② 70m^3/h
③ 140m^3/h
④ 200m^3/h

해설 ClassⅡ의 B2 type BSC는 배기량이 100%이므로 유입량과 같다.

85 신고 · 허가에 대한 내용으로 옳지 않은 것은?

① 1등급 연구시설이 2등급 연구시설로 변경되었을 때에는 변경허가 대상이다.
② 2등급 연구시설을 폐쇄하는 경우에는 폐기물 처리에 관한 내용이 포함된 폐쇄 계획서 및 결과서 등을 심의한 기관생물안전위원회 서류를 제출하여야 한다.
③ 연구시설 이전 시 유전자변형생물체 취급 · 관리대장도 제출하여야 한다.
④ 1등급 연구시설의 폐쇄 시 폐기물 관리대장 등 폐기처리 증빙자료를 제출하여야 한다.

해설 1등급 연구시설이 2등급 연구시설로 변경되었을 때에는 변경신고 대상이다.

정답 83 ② 84 ④ 85 ①

86 유출 처리 키트의 사용절차로 알맞도록 나열한 것은?

사고 전파 → (㉠) → (㉡) → (㉢) → (㉣) → (㉤)

	㉠	㉡	㉢	㉣	㉤
①	보호구 착용	오염 부위 소독	손 소독	주변 확산방지	보호구 탈의 및 폐기물 폐기
②	오염 부위 소독	손 소독	보호구 착용	주변 확산방지	보호구 탈의 및 폐기물 폐기
③	보호구 착용	주변 확산방지	오염 부위 소독	보호구 탈의 및 폐기물 폐기	손 소독
④	보호구 착용	주변 확산방지	손 소독	오염 부위 소독	보호구 탈의 및 폐기물 폐기

해설 ㉠ 보호구 착용
㉡ 주변 확산방지
㉢ 오염 부위 소독
㉣ 보호구 탈의 및 폐기물 폐기
㉤ 손 소독

87 생물안전규정과 생물안전지침에 대한 설명으로 옳지 않은 것은?

① 생물안전규정과 생물안전지침은 강제성이 있다.
② 규정은 조항으로 구성한다.
③ BL2 이상의 연구시설 보유 기관은 규정과 지침을 모두 작성하여야 한다.
④ 생물안전지침은 부서 또는 종사자가 마련한다.

해설 생물안전지침은 강제성이 없다(단, 생물안전규정의 위임사항은 강제성이 있다).

86 ③ 87 ① 정답

88 고위험병원체 전담관리자의 업무에 대한 설명으로 옳지 않은 것은?

① 법률에 의거한 고위험병원체 반입허가 및 인수, 분리, 이동, 보존현황 등 신고절차 이행
② 고위험병원체 취급 및 보존지역 지정, 지정구역 내 출입 허가 및 제한 조치
③ 고위험병원체 취급 및 보존 장비의 보안관리
④ 고위험병원체 취급시설 안전관리에 필요한 사항

해설 ④는 고위험병원체 취급시설 설치·운영 책임자의 업무이다.

89 다음 중 출입문 앞에 부착하는 생물안전표지에 들어가는 항목이 아닌 것은?

① LMO 명칭
② 운영책임자
③ 안전관리등급
④ 시설명

해설 생물안전표지 항목 : 시설번호, 안전관리등급, LMO 명칭, 운영책임자, 연락처

90 다음 중 올바르게 짝지은 것은?

구분	1등급	2등급	3등급	4등급
㉠	필수	필수	필수	필수
㉡	권장	권장	필수	필수

① ㉠ – 생물안전관리자 지정
② ㉠ – 생물안전관리책임자 임명
③ ㉡ – 생물안전관리 규정 마련
④ ㉡ – 기관생물안전위원회 구성

해설 생물안전 조직·관리

구분	BL1	BL2	BL3	BL4
기관생물안전위원회 구성	권장	필수	필수	필수
생물안전관리책임자 임명	필수	필수	필수	필수
생물안전관리자 지정	권장	권장	필수	필수
생물안전관리규정 마련	권장	필수	필수	필수
생물안전지침 마련	권장	필수	필수	필수

정답 88 ④ 89 ④ 90 ②

91 중간 수준의 소독이 필요한 미생물로 옳은 것은?

① 소형 바이러스
② 세균 아포
③ 영양형 세균
④ 항산균

해설 ② 세균 아포 : 멸균
③ 영양형 세균 : 낮은 수준의 소독
④ 항산균 : 높은 수준의 소독

92 LMO 관리대장 2종에 해당하는 것은?

① 유전자변형생물체 관리대장, 유전자변형생물체 취급·관리대장
② 유전자변형생물체 관리대장, 유전자변형생물체 연구시설 관리·운영대장
③ 유전자변형생물체 취급·관리대장, 유전자변형생물체 연구시설 관리·운영대장
④ 유전자변형생물체 관리대장, 유전자변형생물체 연구시설 외부인 출입대장

해설 LMO 관리대장 2종은 유전자변형생물체 취급·관리대장, 유전자변형생물체 연구시설 관리·운영대장을 말한다.

93 소독제 선정 방법에 대한 고려사항으로 옳지 않은 것은?

① 병원체의 성상을 확인하고, 통상적인 경우 광범위한 소독제를 선정한다.
② 피소독물에 최소한의 손상을 입히면서 가장 효과적인 소독제를 선정한다.
③ 소독방법(훈증, 침지, 살포 및 분무)을 고려한다.
④ 오염의 정도가 심할수록 소독액의 농도를 높인다.

해설 ④ 오염의 정도에 따라 소독액의 농도 및 적용시간을 조정한다.

91 ① 92 ③ 93 ④ 정답

94 질병관리청에 수입승인을 받아야 하는 유전자변형생물체로 옳지 않은 것은?

① 분류학에 의한 종(種)의 이름까지 명시되어 있지 아니하고 인체병원성 여부가 밝혀지지 아니한 미생물을 이용하여 얻어진 유전자변형생물체
② 의도적으로 도입된 약제내성 유전자를 가진 유전자변형생물체
③ 국민보건상 국가관리가 필요하다고 과학기술정보통신부장관이 고시하는 병원성미생물을 이용하여 얻어진 유전자변형생물체
④ 척추동물에 대하여 보건복지부장관이 고시하는 단백성 독소를 생산할 능력을 가진 유전자변형생물체

해설 과학기술정보통신부장관이 아니라 보건복지부장관이 고시하는 병원성미생물이다.

95 생물학적 위해성 평가에 대한 설명으로 옳지 않은 것은?

① 실시자는 보통 연구책임자가 담당한다.
② 연구에 변화가 없더라도 정기적으로 실시한다.
③ 위해특성은 위해성이 확인된 물질이 어느 만큼의 위해성을 보이는지 정량적으로 평가하는 단계이다.
④ 위해성 평가를 통해 연구시설의 밀폐등급을 결정하는 데 활용한다.

해설 용량반응 평가는 위해성이 확인된 물질이 어느 만큼의 위해성을 보이는지 정량적으로 평가하는 단계이다.

96 연구실 내 감염성 물질 유출 사고에 대한 대응조치로 옳지 않은 것은?

① 눈에 감염성 물질 등이 들어간 경우 즉시 눈 세척기를 이용하여 15분 이상 세척하고 눈을 비비거나 압박하지 않도록 주의한다.
② 사고 조사 완료 전까지 해당 연구실의 출입을 통제하고, 사고 원인조사에 협조한다.
③ 부상자의 오염된 보호구는 즉시 탈의하여 멸균봉투에 넣고 오염부위를 세척한 뒤 소독제 등으로 오염부위를 소독한다.
④ 유출 지역에 있는 사람들에게도 사고사실을 알려 즉시 사고지역을 벗어나게 하고, 안전관리 담당자 등에게 즉시 보고하고 지시를 따른다.

해설 ②는 사고복구에 대한 설명이다.

정답 94 ③ 95 ③ 96 ②

97 **유출처리키트의 구성으로 가장 거리가 먼 것은?**

① 청소도구
② 개인보호구
③ MSDS
④ 유출확산 방지도구

해설 유출처리키트는 개인보호구, 유출확산 방지도구, 청소도구 등으로 구성되어 있다.

98 **대량배양연구시설의 배양용량 규모 기준으로 옳은 것은?**

① 10리터 이상
② 15리터 이상
③ 20리터 이상
④ 25리터 이상

해설 대량배양 연구시설은 유전자재조합실험 중 10리터 이상의 배양용량 규모로 실시하는 실험을 수행하는 연구시설이다.

97 ③ 98 ① 정답

99 **반응시간이 길고 인체접촉 시 화학적 화상을 유발할 수 있지만 넓은 소독범위와 열·습기가 필요하지 않은 소독제는 무엇인가?**

① 요오드
② 석탄산 화합물
③ 과산화수소
④ 산화에틸렌

해설 산화에틸렌 소독제에 대한 설명이다.

100 **㉠ × ㉡ ÷ ㉣ + ㉢을 계산하면?**

> [의료폐기물의 기준]
> • 격리의료폐기물의 보관시설은 (㉠)℃ 이하
> • 손상성폐기물의 보관기간은 (㉡)일
> • 생물화학폐기물의 보관기간은 (㉢)일
> • 치아의 보관기간은 (㉣)일

① 13
② 17
③ 20
④ 28

해설 ㉠ 4, ㉡ 30, ㉢ 15, ㉣ 60

정답 99 ④ 100 ②

101 **전기적 점화원 중 누전의 위험 관리방안으로 옳지 않은 것은?**

① 누전차단기를 설치한다.

② 도체의 절연피복 · 절연체의 손상을 방지한다.

③ 가연물 관리 방폭구조를 적용한다.

④ 진동을 유발한다.

102 **연기의 위험성으로 옳지 않은 것은?**

① 모든 연기는 시계(視界)를 차단하여 신속한 피난이나 초기 진화를 방해하는 원인이 된다.

② 화재로 인해 발생하는 연기는 흡입 시 호흡기 계통 등에 장해를 준다.

③ 인간의 정신적인 패닉을 유발한다.

④ 화재로 인한 희생자의 대부분은 연기보다는 화상으로 인해 사망에 이른다.

해설 ④ 화재 시 사망자의 사망원인 대부분이 연기로 인한 중독 · 질식이다.

103 **다음에서 설명하는 위험물의 유별로 옳은 것은?**

- 연소범위의 하한이 낮아서 공기 중 소량 누설되어도 연소가 가능하다.
- 대부분 물보다 가볍고 물에 녹지 않는다.
- 전기 부도체이므로 정전기 축적이 쉬워 정전기 발생에 주의해야 한다.
- 봉상 주수소화는 절대 금지해야 한다.

① 제2류 위험물

② 제3류 위험물

③ 제4류 위험물

④ 제5류 위험물

해설 제4류 위험물(인화성 액체)에 대한 설명이다.

101 ④ 102 ④ 103 ③ 정답

104 연기의 확산에 대한 설명으로 옳지 않은 것은?

① 연기는 공기의 유동에 따라서 자연스럽게 함께 이동한다.
② 화재가 발생한 개소에서 계단이 연기의 통로가 되어 위층으로 올라간다.
③ 연기는 매끄러운 부분보다는 거친 부분에 부착 및 축적이 용이하다.
④ 연기의 통상 이동속도는 수평방향으로 1.5m/s 정도이다.

해설 연기의 통상 이동속도는 수평방향으로 0.5~1m/s 정도이다.

105 폐쇄형헤드이며, 신속한 소화가 가능하고 시공비가 저렴한 스프링클러설비는?

① 건식 스프링클러설비
② 준비작동식 스프링클러설비
③ 습식 스프링클러설비
④ 일제살수식 스프링클러설비

해설 습식 스프링클러설비에 대한 설명이다.

106 방화문에 대한 설명으로 옳지 않은 것은?

① 방화문은 항상 닫혀있는 구조 또는 화재발생 시 불꽃, 연기 및 열에 의하여 자동으로 닫힐 수 있는 구조이어야 한다.
② 건축물의 용도 등 구분에 따라 화재 시의 가열에 건축물의 피난·방화구조 등의 기준에 관한 규칙 제14조제3항 또는 제26조에서 정하는 시간 이상을 견딜 수 있어야 한다.
③ 차연성능, 개폐성능 등 방화문이 갖추어야 하는 세부 성능에 대해서는 국토교통부장관이 승인한 세부운영지침에서 정한다.
④ 60분+ 방화문은 연기 및 불꽃을 차단할 수 있는 시간이 60분 이상인 방화문이다.

해설 60분+ 방화문은 연기 및 불꽃을 차단할 수 있는 시간이 60분 이상이고, 열을 차단할 수 있는 시간이 30분 이상인 방화문이다.

정답 104 ④ 105 ③ 106 ④

107 다음 자료를 통해 전력량(J)을 구하면?

- 전류 = 3A
- 저항 = 2.5Ω
- 시간 = 40초

① 800

② 900

③ 1,000

④ 1,100

해설 $W[\text{J 또는 W}\cdot\text{s}] = Pt = IVt = I^2Rt = \frac{V^2t}{R}$

$W = I^2Rt = (3\text{A})^2 \times 2.5\,\Omega \times 40\text{s} = 900\text{J}$

108 석탄의 연소형태로 옳은 것은?

① 증발연소

② 표면연소

③ 분해연소

④ 자기연소

해설 석탄은 분해연소를 한다.

109 제전복을 착용하는 이유는?

① 화학물질의 튐 방지

② 인체의 대전 방지

③ 분진의 부착 방지

④ 방열

107 ② 108 ③ 109 ② 정답

110 다음 중 위험물 유별이 다른 하나는?

① 칼륨
② 알킬알루미늄
③ 황화린
④ 탄화칼슘

해설 황화린은 제2류 위험물, ①・②・④는 제3류 위험물이다.

111 배전반・분전반의 안전기준으로 옳지 않은 것은?

① 폐쇄형 외함(外函)이 있는 구조로 설치한다.
② 옥내에 설치하는 배전반・분전반은 불연성 또는 난연성이 있도록 시설한다.
③ 노출된 충전부가 있는 배전반・분전반은 취급자 이외의 사람이 쉽게 출입할 수 없도록 설치한다.
④ 분전반 문마다 문 앞에 명판을 부착하여야 한다.

해설 분전반 각 회로별로 명판을 부착하여야 한다.

112 소방시설이 알맞게 짝지어진 것은?

① 소화활동설비 - 무선통신보조설비, 제연설비
② 경보설비 - 완강기, 유도등
③ 피난구조설비 - 소화기, 스프링클러설비
④ 소화용수설비 - 비상콘센트설비, 연결살수설비

해설 ② 피난구조설비 - 완강기, 유도등
③ 소화설비 - 소화기, 스프링클러설비
④ 소화활동설비 - 비상콘센트설비, 연결살수설비

정답 110 ③ 111 ④ 112 ①

113 바이메탈이 활곡모양으로 휘면서 신호를 보내는 감지기는 무엇인가?

① 차동식 스포트형 감지기
② 정온식 스포트형 감지기
③ 불꽃 감지기
④ 보상식 스포트형 감지기

114 전기배선 감전사고 방지에 대한 설명으로 옳지 않은 것은?

① 보호접지를 설치한다.
② 전선을 서로 접속하는 경우에는 해당 전선의 절연성능 이상으로 절연될 수 있는 것으로 충분히 피복한다.
③ 통로바닥에 전선 또는 이동전선 등을 설치한다.
④ 안전전압 이하의 기기를 사용한다.

해설 ③ 통로바닥에 전선 또는 이동전선 등을 설치하여 사용해서는 안 된다.

115 발생화재별 소화기가 가장 올바르게 연결된 것은?

① A급 화재 – 불활성 기체 소화기
② B급 화재 – 옥내소화전
③ C급 화재 – 이산화탄소 소화기
④ D급 화재 – 분말 소화기

해설 **발생화재별 소화기**

- A급 화재(일반화재) : 분말(제3종) 소화기, 옥내소화전 등을 이용하여 화재를 소화한다.
- B급 화재(유류화재) : 분말 소화기, 이산화탄소 소화기, 할론 소화기, 할로겐화합물 및 불활성 기체 소화기 등을 이용하여 신속하게 소화한다.
- C급 화재(전기화재) : 이산화탄소 소화기, 할론 소화기, 할로겐화합물 및 불활성 기체 소화기 등을 이용하여 신속하게 소화한다.
- D급 화재(금속화재) : 팽창질석, 팽창진주암, 건조사 등을 이용하여 소화한다.

113 ② 114 ③ 115 ③ 정답

116 실내화재의 연소 진행단계에 대한 설명으로 옳지 않은 것은?

① 초기에는 실내 가구 일부가 독립적으로 연소한다.
② 성장기의 화재는 연기의 양이 적다.
③ 최성기에는 화염의 분출이 강하고 유리가 파손된다.
④ 감쇠기에는 벽체 낙하 등의 위험이 존재한다.

해설 ② 성장기의 화재는 세력이 강한 검은 연기가 분출된다.

117 연소가스별 특징으로 옳지 않은 것은?

① 포스겐($COCl_2$)은 폴리염화비닐이 고온 연소할 때 발생할 수 있다.
② 염화수소(HCl)는 폐혈관계에 손상을 가져온다.
③ 이산화황(SO_2)은 황색의 가스이다.
④ 시안화수소(HCN)는 맹독성 가스로, 0.3% 농도에서 즉사시킨다.

해설 ③ 이산화황(SO_2)은 무색이다.

118 다음 중 화재 시 2인 이상의 피난자가 동시에 해당 층에서 지상 또는 피난층으로 하강하는 피난기구설비는?

① 공기안전매트
② 승강식 피난기
③ 피난사다리
④ 다수인 피난장비

해설 다수인 피난장비는 화재 시 2인 이상의 피난자가 동시에 해당 층에서 지상 또는 피난층으로 하강하는 피난기구이다.

정답 116 ② 117 ③ 118 ④

119 **다음 중 가연물이 될 수 있는 것은?**

① CO

② Al_2O_3

③ 질소산화물

④ Ne

해설 일산화탄소는 가연성 가스이다.

120 **다음 중 통전경로 위험도를 높은 것에서 낮은 것 순으로 나열했을 때 두 번째로 배치되는 것은?**

① 왼손 → 가슴

② 오른손 → 가슴

③ 왼손 → 한발 또는 양발

④ 양손 → 양발

해설 위험도 높은 것 → 낮은 것 : ① → ② → ③ → ④

119 ① 120 ② 정답

121 다음 연구실사고의 보고방법으로 옳은 것은?

균열로 인해 연구실 시설의 일부가 붕괴되어 연구활동종사자의 심각한 부상이 발생하는 사고가 발생하였다.

① 즉시 과학기술정보통신부에 전화로 보고한다.
② 사고발생 1개월 이내에 온라인 사고조사표를 작성하여 과학기술정보통신부에 온라인으로 제출한다.
③ 사고발생 7일 이내에 사고조사표를 작성하여 과학기술정보통신부에 서면으로 제출한다.
④ 보고할 의무가 없다.

해설 ① 중대연구실사고로 즉시 과학기술정보통신부에 전화, 팩스, 전자우편, 그 밖의 적절한 방법으로 보고해야 한다(연구실안전법 시행규칙 제14조).

122 건강관리구분코드에 대한 설명으로 옳은 것은?

① 'A'는 건강진단 1차 검사결과 건강수준의 평가가 곤란하거나 질병이 의심되는 근로자로, 제2차 건강진단 대상자이다.
② 'D2'는 일반질병의 유소견자이다.
③ 'B1'은 직업병 요관찰자이다.
④ 'C1'은 일반질병 요관찰자이다.

해설 **건강관리구분코드**

건강관리구분		건강관리 구분 내용
A		건강관리상 사후관리가 필요 없는 근로자(건강한 근로자)
C	C1	직업성 질병으로 진전될 우려가 있어 추적검사 등 관찰이 필요한 근로자(직업병 요관찰자)
	C2	일반질병으로 진전될 우려가 있어 추적관찰이 필요한 근로자(일반질병 요관찰자)
D1		직업성 질병의 소견을 보여 사후관리가 필요한 근로자(직업병 유소견자)
D2		일반질병의 소견을 보여 사후관리가 필요한 근로자(일반질병 유소견자)
R		건강진단 1차 검사결과 건강수준의 평가가 곤란하거나 질병이 의심되는 근로자(제2차 건강진단 대상자)

정답 121 ① 122 ②

123 **정밀안전진단 지침의 유해인자별 노출도평가에 대한 설명 중 옳지 않은 것은?**

① 연구활동종사자가 연구활동을 수행하는 중에 CMR 물질을 인지하여 노출도평가를 요청할 경우 유해인자별 노출도평가를 실시하여야 한다.

② 노출도평가는 작업환경측정기관의 요건이 충족된 기관이 측정하여야 한다.

③ 연구주체의 장은 노출도평가 실시 결과를 연구활동종사자에게 알려야 한다.

④ 노출도평가는 연구활동이 끝난 직후에 실시한다.

해설 ④ 노출도평가는 연구실의 노출 특성을 고려하여 노출이 가장 심할 것으로 우려되는 연구활동 시점에 실시하여야 한다.

124 **액체 차단 성능을 가지고 있어 강산 등을 취급할 때 착용하는 화학물질용 보호복의 형식은?**

① 6형식

② 5형식

③ 4형식

④ 3형식

해설 화학물질용 보호복의 형식

형식		형식구분 기준
1형식	1a형식	보호복 내부에 개방형 공기호흡기와 같은 대기와 독립적인 호흡용 공기공급이 있는 가스 차단 보호복
	1a형식(긴급용)	긴급용 1a형식 보호복
	1b형식	보호복 외부에 개방형 공기호흡기와 같은 호흡용 공기공급이 있는 가스 차단 보호복
	1b형식(긴급용)	긴급용 1b형식 보호복
	1c형식	공기라인과 같은 양압의 호흡용 공기가 공급되는 가스 차단 보호복
2형식		공기라인과 같은 양압의 호흡용 공기가 공급되는 가스 비차단 보호복
3형식		액체 차단 성능을 갖는 보호복. 만일 후드, 장갑, 부츠, 안면창(Visor) 및 호흡용 보호구가 연결되는 경우에도 액체 차단 성능을 가져야 한다.
4형식		분무 차단 성능을 갖는 보호복. 만일 후드, 장갑, 부츠, 안면창(Visor) 및 호흡용 보호구가 연결되는 경우에도 분무 차단 성능을 가져야 한다.
5형식		분진 등과 같은 에어로졸에 대한 차단 성능을 갖는 보호복
6형식		미스트에 대한 차단 성능을 갖는 보호복

123 ④ 124 ④ 정답

125 인체특성을 고려한 설계로 극단치 설계를 활용할 때, 5%tile의 값을 구하는 방법으로 옳은 것은?(단, 정규분포를 따른다)

① 평균 − (2.326 × 표준편차)
② 평균 − (1.645 × 표준편차)
③ 평균 + (1.645 × 표준편차)
④ 평균 + (2.326 × 표준편차)

해설 극단치 구하는 방법(정규분포를 따를 경우)

- 1%tile = 평균 − (2.326 × 표준편차)
- 5%tile = 평균 − (1.645 × 표준편차)
- 95%tile = 평균 + (1.645 × 표준편차)
- 99%tile = 평균 + (2.326 × 표준편차)

126 분석용어인 LOD와 LOQ 사이의 관계로 옳은 것은?

① LOD = 10LOQ
② 10LOD = LOQ
③ LOD = 3LOQ
④ 3LOD = LOQ

해설 LOQ는 LOD의 3배 또는 3.3배이다.

127 조건이 다음과 같은 후드 형식별 배풍량을 옳게 계산한 것은?

- 제어속도 : 0.7m/s
- 후드 단면적 : $20m^2$
- 후드 중심선으로부터 유해물질 발생원까지의 거리 : 1.5m

① 흄후드 : $840m^3/s$
② 장갑부착상자형 : $14m^3/min$
③ 외부식 장방형 : $29.75m^3/min$
④ 외부식 플랜지 부착 장방형 : $22.31m^3/s$

해설
- 포위식 부스형(흄후드, 장갑부착상자형)
  $Q = V \times A = (0.7m/s) \times (20m^2) = 14m^3/s = 840m^3/min$
- 외부식 장방형
  $Q = V \times (10X^2 + A) = (0.7m/s)(10 \times (1.5m)^2 + 20m^2) = 29.75m^3/s = 1{,}785m^3/min$
- 외부식 플랜지 부착 장방형
  $Q = 0.75 \times V \times (10X^2 + A) = 0.75 \times 29.75m^3/s ≒ 22.31m^3/s$

정답 125 ② 126 ④ 127 ④

128 국소배기장치의 배기구 및 덕트에 대한 설명으로 옳지 않은 것은?

① 강산, 염소계 용제를 사용하면 스테인리스스틸 강판 재질의 덕트를 사용한다.
② 덕트는 가능한 한 길이는 짧게, 굴곡수는 적게 설치한다.
③ 가스·증기를 이송하는 덕트의 반송속도는 5~10m/s이다.
④ 옥외에 설치하는 배기구는 지붕으로부터 0.5m 이상 높게 설치한다.

해설 ④ 옥외에 설치하는 배기구는 지붕으로부터 1.5m 이상 높게 설치한다.

129 사전유해인자위험분석에 대한 설명으로 옳지 않은 것은?

① 연구활동과 관련된 주요 변경사항이 발생 시 실시한다.
② 고위험 연구실이 분석 적용 대상이다.
③ 결과를 보고서로 작성하고 연구활동 전에 연구활동종사자에게 보고한다.
④ 절차는 연구실 안전현황분석, 연구개발활동별 유해인자 위험분석, R&DSA, 보고·관리 순으로 진행된다.

해설 ③ 결과를 보고서로 작성하고 연구활동 전에 연구주체의 장에게 보고한다.

130 후각적 표시장치에 대한 설명으로 옳은 것은?

① 반복적 노출에도 민감도는 일정하다.
② 냄새의 확산을 통제하기 쉽다.
③ 긴급용 정보전달수단으로 사용하기도 한다.
④ 개인별 민감도는 비슷하다.

해설 **후각적 표시장치**
- 지하 갱도에 있는 광부들에게 긴급 대피 상황이 발생하는 경우 악취를 환기구로 주입한다.
- 반복적 노출에 따라 민감성이 가장 쉽게 떨어지는 표시장치이다.
- 냄새의 확산을 통제하기 힘들고, 개인마다 민감도가 다르다.

128 ④ 129 ③ 130 ③ 정답

131 근골격계질환에 대한 설명으로 옳지 않은 것은?

① 발생 시 경제적 피해가 크므로 예방이 최우선 목표이다.
② 자각증상으로 시작되고, 같은 작업을 하는 집단이라도 개별로 환자가 발생한다.
③ 단순 반복작업이나 움직임이 없는 정적인 작업에 종사하는 사람에게 많이 발병한다.
④ 업무상 유해인자와 비업무적인 요인에 의한 질환이 구별이 잘 안 된다.

해설 ② 자각증상으로 시작되고, 집단적으로 환자가 발생한다.

132 작업능력에 대한 설명으로 옳지 않은 것은?

① 최대 신체작업능력은 근육이 단시간 내에 최대로 에너지를 낼 수 있는 능력을 말한다.
② 작업능력은 활동하고 있는 근육에 산소를 전달해 주는 혈관 두께에 의해 결정된다.
③ 건강한 남성과 여성의 경우에 최대 신체작업능력은 15kcal/min과 10.5kcal/min 정도이다.
④ 신체작업능력은 작업의 지속시간이 증가함에 따라 급속히 감소한다.

해설 ② 작업능력은 활동하고 있는 근육에 산소를 전달해 주는 심장이나 폐의 최대 역량에 의해 결정된다.

133 〈보기〉 조건의 작업강도를 올바르게 나타낸 것은?

보기
- 안정 시 에너지대사량 : 6,000kg/day
- 작업 시 에너지대사량 : 20,000kg/day
- 기초대사량 : 7,000kg/day

① 초중작업
② 중(重)작업
③ 중(中)작업
④ 경작업

해설 $\text{RMR} = \frac{20,000-6,000}{7,000} = 2$, RMR이 0~2일 때는 경작업에 해당된다.

정답 131 ② 132 ② 133 ④

134 유해인자 개선대책의 실시 순서로 옳은 것은?

㉠ 본질적 대책	㉡ 개인보호구 사용
㉢ 공학적 대책	㉣ 관리적 대책

① ㉠ → ㉡ → ㉢ → ㉣
② ㉠ → ㉢ → ㉣ → ㉡
③ ㉡ → ㉣ → ㉢ → ㉠
④ ㉡ → ㉠ → ㉣ → ㉢

해설 ㉠ 본질적 대책 → ㉢ 공학적 대책 → ㉣ 관리적 대책 → ㉡ 개인보호구 사용

135 휴먼에러를 방지하기 위한 기능으로, 안전을 확보하기 위하여 모든 조건이 만족할 경우에만 작동되도록 설계하는 것을 무엇이라고 하는가?

① 록다운
② 록아웃
③ 록인
④ 인터록

해설 인터록에 대한 설명이다.

134 ② 135 ④ 정답

136 흄후드의 부품에 대한 설명으로 틀린 것은?

① 내리닫이 창은 후드 전면의 슬라이딩 도어로서 화학물질의 튐, 스프레이, 화재, 소규모 폭발로부터 인체를 보호한다.
② 방해판은 후드의 하부와 측부 모서리를 따라서 유입기류의 난류화를 억제하는 목적으로 설치된다.
③ 배기 플레넘은 후드 내의 균일한 배기유동을 형성한다.
④ 작업대는 실험 및 반응공정이 진행되는 곳으로 일반실험대상판과 달리 외부로 노출된 상태가 아니다.

해설 ② 방해판은 후드 몸체의 후면을 따라서 유해가스를 배출하는데 유해가스의 정체구역 없이 효과적으로 배출하기 위한 균일한 배기가스의 유로를 형성하는 역할을 한다.

137 동일 작업근로자 수가 35명인 장소의 작업환경측정 시료채취 시 최소 몇 명의 개인 시료를 채취해야 하는가?

① 6명
② 7명
③ 8명
④ 9명

해설 단위작업 장소에서 최고 노출근로자 2명 이상 측정하며, 동일 작업근로자 수가 10명을 초과하는 경우는 매 5명당 1명 이상 추가하여 측정해야 한다.
35명 / 5명 = 7

138 입자상 물질의 제거 기전으로 옳은 것은?

① 중력침강
② 점액섬모운동
③ 관성충돌
④ 차단

해설 입자상 물질의 제거 기전

점액섬모운동	폐포로 이동하는 중 입자상 물질 제거
대식세포에 의한 정화	면역담당세포인 대식세포가 방출하는 효소의 용해작용으로 입자상 물질 제거

정답 136 ② 137 ② 138 ②

139 석면시료를 채취할 때 사용하기 적합한 도구는?

① 유리섬유여과지
② 임핀저
③ 활성탄관
④ MCE 여과지

해설 MCE(Mixed Cellulose Ester) 여과지는 석면, 각종 금속류의 먼지 등의 채취에 적합하다.

140 시각적 표시장치 분류의 연결이 옳지 않은 것은?

① 정량적 표시장치 – 소화기 압력 눈금
② 정성적 표시장치 – 횡단보도의 삼색신호등
③ 정성적 표시장치 – 자동차 연료 표시장치
④ 묘사적 표시장치 – 항공기 이동표시장치

해설 ① 소화기 압력 눈금은 정성적 표시장치이다.

139 ④ 140 ① 정답

제 5 회 실전모의고사

제1과목 연구실 안전 관련 법령

01 **「연구실안전법」에 따른 연구실 안전환경 조성 기본계획에 대한 설명으로 옳은 것은?**

① 정부는 연구실사고를 예방하고 안전한 연구환경을 조성하기 위하여 2년마다 연구실 안전환경 조성 기본계획을 수립·시행하여야 한다.

② 과학기술정보통신부장관은 기본계획이 확정되면 15일 이내로 중앙행정기관의 장 및 지방자치단체의 장에게 통보해야 한다.

③ 기본계획은 연구실안전관리위원회의 심의를 거쳐 확정한다.

④ 기본계획에는 안전관리 우수연구실 인증제 운영에 대한 내용이 포함된다.

해설 ① 정부는 연구실사고를 예방하고 안전한 연구환경을 조성하기 위하여 5년마다 연구실 안전환경 조성 기본계획을 수립·시행하여야 한다.
② 과학기술정보통신부장관은 기본계획이 확정되면 지체 없이 중앙행정기관의 장 및 지방자치단체의 장에게 통보해야 한다.
③ 기본계획은 연구실안전심의위원회의 심의를 거쳐 확정한다.

02 **「산업안전보건법」의 중대재해로 판단할 수 있는 것은?**

① 부상자가 동시에 10명 발생한 재해

② 3일 이상의 요양이 필요한 부상자가 동시에 2명 발생한 재해

③ 직업성 질병자가 동시에 2명 이상 발생한 재해

④ 3개월 이상의 요양이 필요한 부상자가 1명 발생한 재해

해설 중대재해
- 사망자가 1명 이상 발생한 재해
- 3개월 이상의 요양이 필요한 부상자가 동시에 2명 이상 발생한 재해
- 부상자 또는 직업성 질병자가 동시에 10명 이상 발생한 재해

정답 1 ④ 2 ①

03 「연구실안전법」상 일반안전, 기계, 전기 및 화공 분야 안점점검을 실시할 때 물적 장비 요건으로 옳은 것은?

① 정전기 전하량 측정기, 접지저항측정기, 절연저항측정기
② 가스누출검출기, 가스농도측정기, 일산화탄소농도측정기
③ 분진측정기, 소음측정기, 산소농도측정기, 풍속계, 조도계(밝기측정기)
④ 정전기 전하량 측정기, 가스누출검출기, 분진측정기

해설 ① 일반안전, 기계, 전기 및 화공 분야 장비 요건 : 정전기 전하량 측정기, 접지저항측정기, 절연저항측정기

04 연구실 일상점검 실시를 위한 점검항목으로 옳지 않은 것은?

① 세척시설 및 고압멸균기 등 살균 장비의 관리 상태
② 기기의 외함 접지 또는 정전기 장애방지를 위한 접지 실시 상태
③ 기계 및 공구의 조임부 또는 연결부 이상 여부
④ 유해화학물질 보관 시약장 작동성능 유지 등 관리 여부

해설 ④는 정기점검・특별안전점검 실시항목이다.

05 「연구실안전법」상 연구활동종사자에 해당하지 않는 사람은?

① 기업부설 연구소장
② 연구소 행정, 회계업무를 하고 있는 연구관리직원
③ 연구원이 아닌 회사 임원
④ 화학연구실에서 자료조사만 수행하는 연구원

해설 연구소장이 연구소 내 선임연구원인 경우 연구활동종사자에 해당하나 연구원이 아닌 회사임원(대표, 이사)이 연구소장을 할 경우 해당하지 않는다.

3 ① 4 ④ 5 ③ 정답

06 연구실 안전점검 대행기관 등록에 대한 설명으로 옳지 않은 것은?

① 안전점검과 정밀안전진단의 등록요건을 중복으로 갖춘 경우에는 각각의 등록요건을 갖춘 것으로 본다.

② 안전점검 및 정밀안전진단 대행기관이 등록된 사항을 변경하려는 경우에는 변경사유가 발생한 날부터 30일 이내에 과학기술정보통신부장관에게 제출해야 한다.

③ 대행기관의 기술인력은 권역별연구안전지원센터에서 실시하는 교육을 받아야 한다.

④ 타인에게 대행기관 등록증을 대여한 경우 등록취소, 6개월 이내의 업무정지 또는 시정명령을 받을 수 있다.

해설 안전점검 및 정밀안전진단 대행기관이 등록된 사항을 변경하려는 경우에는 변경사유가 발생한 날부터 20일 이내에 과학기술정보통신부장관에게 제출해야 한다.

07 「연구실안전법」상 연구주체의 장은 연구활동종사자의 상해·사망에 대비하여 연구활동종사자를 피보험자 및 수익자로 하는 보험에 가입하여야 한다. 옳지 않은 것은?

① 요양급여는 연구활동종사자가 연구실사고로 후유장해가 발생한 경우에 지급한다.

② 연구실사고로 인한 연구활동종사자의 부상·질병·신체상해·사망 등 생명 및 신체상의 손해를 보상하는 내용이 포함된 보험이어야 한다.

③ 보상금액은 과학기술정보통신부령으로 정하는 보험급여별 보상금액 기준을 충족해야 한다.

④ 보험급여에는 요양급여, 장해급여, 입원급여, 유족급여, 장의비 등이 있다.

해설 연구활동종사자가 연구실사고로 후유장해가 발생한 경우에 지급하는 것은 장해급여에 해당한다.

정답 6 ② 7 ①

08 안전점검 및 정밀안전진단 결과에 따른 연구실 안전등급의 설명으로 옳게 연결된 것은?

① 2등급 : 연구실 안전환경 및 연구시설에 결함이 일부 발견되었으나, 안전에 크게 영향을 미치지 않으며 개선이 필요한 상태

② 3등급 : 연구실 안전환경 또는 연구시설에 결함이 심하게 발생하여 사용에 제한을 가하여야 하는 상태

③ 4등급 : 연구실 안전환경 또는 연구시설의 심각한 결함이 발생하여 안전상 사고발생위험이 커서 즉시 사용을 금지하고 개선해야 하는 상태

④ 6등급 : 연구실 안전환경 또는 연구시설의 심각한 결함이 발생하여 안전상 사고발생위험이 커서 즉시 사용을 금지하고 개선해야 하는 상태

해설 연구실 안전등급

- 1등급 : 연구실 안전환경에 문제가 없고 안전성이 유지된 상태
- 2등급 : 연구실 안전환경 및 연구시설에 결함이 일부 발견되었으나, 안전에 크게 영향을 미치지 않으며 개선이 필요한 상태
- 3등급 : 연구실 안전환경 또는 연구시설에 결함이 발견되어 안전환경 개선이 필요한 상태
- 4등급 : 연구실 안전환경 또는 연구시설에 결함이 심하게 발생하여 사용에 제한을 가하여야 하는 상태
- 5등급 : 연구실 안전환경 또는 연구시설에 심각한 결함이 발생하여 안전상 사고발생위험이 커서 즉시 사용을 금지하고 개선해야 하는 상태

09 「연구실안전법」에 따른 연구실 안전예산 배정 · 집행에 관한 내용으로 옳지 않은 것은?

① 연구실 안전예산의 계상 · 집행계획은 연구실심의위원회에서 정한다.

② 연구실 안전과 관련한 여비 및 회의비를 안전예산 용도로 사용할 수 있다.

③ 연구실 안전관련 예산 계상 및 사용에 관한 사항을 안전관리규정에 작성해야 한다.

④ 연구주체의 장은 매년 4월 30일까지 계상한 해당 연도 연구실 안전 및 유지 · 관리비의 내용과 전년도 사용 명세서를 과학기술정보통신부장관에게 제출해야 한다.

해설 연구실 안전예산의 계상 · 집행계획은 연구실관리위원회에서 협의한다.

8 ① 9 ① 정답

10 「연구실안전법」에 따른 연구활동종사자 대상 특별안전교육 · 훈련의 교육내용으로 가장 거리가 먼 것은?

① 안전한 연구활동에 관한 사항
② 연구실 안전환경 조성 관련 법령에 관한 사항
③ 연구실 유해인자에 관한 사항
④ 연구실 안전관리에 관한 사항

해설 「연구실 안전환경 조성 관련 법령」에 관한 사항은 신규 · 정기교육 훈련의 교육내용으로 포함되어야 한다.

11 「연구실안전법」에 따른 연구실사고조사반에 대한 내용으로 옳은 것은?

① 사고조사반의 조사반장은 사고조사 종료 후 15일 이내에 사고조사보고서를 작성하여 과학기술정보통신부장관에게 제출해야 한다.
② 사고조사보고서 작성 시 개선대책을 포함하여야 한다.
③ 조사반원의 임기는 2년이고 연임은 불가하다.
④ 과학기술정보통신부장관은 사고조사가 효율적이고 신속히 수행될 수 있도록 해당 조사반원에게 임무를 부여하고 조사업무를 총괄한다.

해설 ① 사고조사반의 조사반장은 사고조사 종료 후 지체 없이 사고조사보고서를 과학기술정보통신부장관에게 제출해야 한다.
③ 조사반원의 임기는 2년이고 연임 가능하다.
④ 조사반장은 사고조사가 효율적이고 신속히 수행될 수 있도록 해당 조사반원에게 임무를 부여하고 조사업무를 총괄한다.

12 연구 중단으로 연구실이 폐쇄되어 1년 이상 방치된 연구실의 사용을 재개하기 위한 조치로 옳은 것은?

① 연구 재개 전에 정밀안전진단 대행기관으로부터 연구실의 기기 · 시설물 전반에 대해 정밀안전진단을 실시한다.
② 연구 재개 전에 연구주체의 장과 연구실책임자가 함께 연구실의 기기 · 시설물 전반에 대해 정기점검에 준하는 점검을 실시한다.
③ 연구 재개 전에 연구실책임자가 연구실의 기기 · 시설물 중 변경된 사항에 대해 사전유해인자위험분석을 실시한다.
④ 연구 재개 전에 과학기술정보통신부가 실시하는 현장검사를 받는다.

해설 연구주체의 장은 연구실책임자와 함께 연구 재개 전에 연구실의 기기 · 시설물 전반에 대해 정기점검에 준하는 점검을 실시하고, 점검결과에 따라 적절한 안전조치를 취한 후 연구를 재개한다.

정답 10 ② 11 ② 12 ②

13 **다음 중 과학기술정보통신부장관이 권역별연구안전지원센터로 위탁하는 업무로 거리가 먼 것은?**

① 연구실사고 조사 및 조사 결과의 기록 유지·관리 지원에 관한 업무
② 안전관리 우수연구실 인증제 운영 지원에 관한 업무
③ 안전관리사 교육·훈련의 실시 및 관리
④ 안전점검 및 정밀안전진단 대행기관의 등록·관리 및 지원에 관한 업무

해설 안전관리사 교육·훈련의 실시 및 관리는 관계 전문기관·단체 등에 위탁할 수 있다.

14 **연구실사고가 발생한 경우 과학기술정보통신부장관에게 사고 보고를 해야 하는 주체로 거리가 먼 것은?**

① 연구실사고가 발생한 연구실의 연구주체의 장
② 다른 대학·연구기관 등과 공동으로 연구활동을 수행하는 경우 공동 연구활동을 주관하여 수행하는 연구주체의 장
③ 사고피해 연구활동종사자가 소속된 대학·연구기관 등의 연구주체의 장
④ 사고를 목격한 인근 지역의 연구주체의 장

해설 연구실사고가 발생한 경우 다음의 어느 하나에 해당하는 연구주체의 장은 과학기술정보통신부장관에게 보고하고 이를 공표하여야 한다.
- 사고피해 연구활동종사자가 소속된 대학·연구기관 등의 연구주체의 장
- 대학·연구기관 등이 다른 대학·연구기관 등과 공동으로 연구활동을 수행하는 경우 공동 연구활동을 주관하여 수행하는 연구주체의 장
- 연구실사고가 발생한 연구실의 연구주체의 장

15 **「연구실안전법」에 따른 중대한 결함에 해당되는 사유로 거리가 먼 것은?**

① 연구실 시설물의 구조안전에 영향을 미치는 부식
② 연구활동에 사용되는 위험설비의 균열
③ 독성가스의 누출 또는 관리 부실
④ 생물체 제1위험군의 누출

해설 생물체 제1위험군은 건강한 성인에게는 질병을 일으키지 않는 것으로 알려진 생물체로, 해당 생물체의 누출은 중대한 결함에 해당되지 않는다.

13 ③ 14 ④ 15 ④ 정답

16 **「연구실안전법」에 따른 교육·훈련의 내용으로 옳지 않은 것은?**

① 연구실안전관리사가 연구활동종사자 교육·훈련을 담당할 수 있다.
② 연구실사고가 발생한 연구실의 연구활동종사자는 특별안전교육·훈련을 받아야 한다.
③ 신규 교육·훈련은 사이버교육의 형태로 실시할 수 있다.
④ 정기 교육·훈련을 사이버교육의 형태로 실시할 경우 평가를 실시하여 100점을 만점으로 60점 이상 득점한 사람에 대해서만 교육을 이수한 것으로 인정한다.

해설 신규 교육·훈련은 집합교육으로 실시해야 한다.

17 **「연구실안전법」 제40조 비밀유지에 따라 업무상(직무상) 알게 된 비밀을 제3자에게 제공 또는 누설하면 안 되는 사람으로 거리가 먼 것은?**

① 연구실안전관리사
② 정밀안전진단 실시자
③ 연구실안전환경관리자
④ 안전점검 실시자

해설 비밀유지(법 제40조)
- 안전점검 또는 정밀안전진단을 실시하는 사람은 업무상 알게 된 비밀을 제3자에게 제공 또는 도용하거나 목적 외의 용도로 사용하여서는 아니 된다. 다만, 연구실의 안전관리를 위하여 과학기술정보통신부장관이 필요하다고 인정할 때에는 그러하지 아니하다.
- 자격을 취득한 연구실안전관리사는 그 직무상 알게 된 비밀을 누설하거나 도용하여서는 아니 된다.

18 **「연구실안전법」에 따른 보험의 보상금액 기준으로 옳은 것은?**

① 유족급여 : 1인당 1억원 이상
② 장의비 : 1천만원 이상
③ 입원급여 : 1일당 3만원 이상
④ 요양급여 : 최고한도 10억원 이상

해설 ① 유족급여 : 1인당 2억원 이상
③ 입원급여 : 1일당 5만원 이상
④ 요양급여 : 최고한도 20억원 이상

정답 16 ③ 17 ③ 18 ②

19 **「연구실안전법」에 따른 긴급조치에 대한 내용으로 옳지 않은 것은?**

① 과학기술정보통신부장관은 연구주체의 장에게 긴급조치를 요구할 수 있다.
② 연구실의 안전에 중대한 문제가 발생할 가능성이 있을 경우 연구활동종사자가 연구주체의 장에게 보고한 후 직접 긴급조치를 실시할 수 있다.
③ 긴급조치의 방법으로 연구실을 철거할 수 있다.
④ 긴급조치를 실시한 경우 과학기술정보통신부장관에게 즉시 보고하여야 한다.

해설 연구실의 안전에 중대한 문제가 발생할 가능성이 있을 경우 연구활동종사자가 직접 긴급조치를 실시할 수 있다. 이 경우 연구주체의 장에게 그 사실을 지체없이 보고하여야 한다.

20 **「연구실안전법 시행규칙」 별지 제6호서식의 연구실사고 조사표에 작성해야 하는 내용으로 거리가 먼 것은?**

① 사고 재발 방지 대책
② 피해자의 치료 예상 기간
③ 연구실의 안전교육 실시 여부
④ 사전유해인자위험분석 실시 여부

해설 사전유해인자위험분석 실시 여부는 작성항목에 포함되지 않는다.

19 ② 20 ④ 정답

제2과목 연구실 안전관리 이론 및 체계

21 연구실사고 조사에 대한 내용으로 옳지 않은 것은?

① 기인물은 직접 위해를 가한 기계, 물질 등을 의미한다.
② 사고 결과로 인한 상해 유형, 상해 부위 등을 조사한다.
③ 사고의 간접원인은 3E의 결함 측면으로 조사한다.
④ 사고조사는 FTA 등의 수학적 분석방법을 사용할 수 있다.

해설 가해물은 직접 위해를 가한 기계, 물질 등을 의미한다.

22 위험성 평가기법의 종류로 옳지 않은 것은?

① ETA
② FTB
③ THERP
④ HAZOP

해설 위험성 평가기법 : FTA, ETA, THERP, HAZOP 등

정답 21 ① 22 ②

23 연구실 안전관리 시스템의 내부심사에 대한 설명으로 옳은 것은?

① 반기에 1회 이상 실시한다.
② 내부심사는 해당 연구실책임자 및 연구실안전환경관리자가 중심이 되어 실시한다.
③ 내부심사 계획서에는 심사의 목적 및 범위, 심사팀 구성 사항을 포함하여야 한다.
④ 내부심사 결과는 보고서로 작성하여 과학기술정보통신부장관에게 제출하여야 한다.

해설 ① 1년에 1회 이상 실시한다.
② 내부심사는 연구실안전환경관리자 및 해당 연구실과 이해관계가 없는 인원에 의해 수행되어야 한다.
④ 내부심사 결과는 보고서로 작성하여 연구주체의 장 및 해당 연구실 연구활동종사자 등에게 전달하고, 시정조치는 요구사항대로 신속히 이행되어야 한다.

24 다음에서 설명하는 용어는 무엇인가?

사업주가 스스로 유해·위험요인을 파악하고 해당 유해·위험요인의 위험성 수준을 결정하여, 위험성을 낮추기 위한 적절한 조치를 마련하고 실행하는 과정을 말한다.

① 사전유해인자위험분석
② 위험성 평가
③ PSM
④ 화학사고예방계획서

해설 위험성 평가 : 사업주가 스스로 유해·위험요인을 파악하고 해당 유해·위험요인의 위험성 수준을 결정하여, 위험성을 낮추기 위한 적절한 조치를 마련하고 실행하는 과정이다.

25 지식교육의 4단계 중 2단계에 해당하는 것은?

① 구체적인 상황에 대해 시범을 보인다.
② 교육내용을 체계적으로 설명한다.
③ 교육내용을 총정리하여 이해시키고 습관화하도록 한다.
④ 교육내용에 대해 동기를 부여한다.

해설 ④ 1단계 : 도입 → ② 2단계 : 제시 → ① 3단계 : 적용 → ③ 4단계 : 확인

23 ③ 24 ② 25 ② 정답

26
연구실 사전유해인자위험분석 연구활동별 유해인자위험분석 보고서 내용 중 생물체 기본정보에 작성하는 항목이 아닌 것은?

① 생물체 취급 설비명
② 고위험병원체 해당 여부
③ 위험군 분류
④ 필요보호구

해설 생물체 기본정보 작성 항목 : 생물체명, 고위험병원체 해당 여부, 위험군 분류, 위험 분석, 필요보호구

27
연구실안전관리규정의 일반적인 내용으로 가장 거리가 먼 것은?

① 사고조사 및 후속대책
② 안전교육
③ 안전관리 조직체계와 그 직무
④ 연구실 노출도 평가

해설 안전관리규정의 일반적 내용 : 총칙, 안전관리 조직체계와 직무, 연구실안전환경관리자 및 연구실책임자의 권한과 책임, 안전교육, 안전관리업무, 사고조사 및 대책 수립, 보칙

28
4M 원칙에 의한 분류 중 다른 하나는?

① 실험 자세의 부적합
② 연구실 내 인간관계
③ 고령
④ 면허의 유무

해설 ① 작업적(Media) 요인
②, ③, ④ 인적(Man) 요인

정답 26 ① 27 ④ 28 ①

29 최초의 인간신뢰도 분석도구로 시스템에 있어서 휴먼에러를 정량적으로 평가하기 위해서 개발되었으며 루프(loop), 바이패스(bypass)를 가질 수 있고 인간-기계 시스템의 국부적인 분석에 효과적인 분석 기법은?

① FTA　　② ETA

③ THERP　　④ HAZOP

해설 THERP(Technique for Human Error Rate Prediction)에 대한 설명이다.

30 BBS 안전관리의 특징으로 옳은 것은?

① 정기적으로 피드백한다.

② 관리 계층을 대상으로 훈련한다.

③ 과정보다 결과를 강조한다.

④ 연구실책임자에 의해 설계된다.

해설 BBS(행동기반 안전관리, Behavior-Based Safety)는 안전행동 증가에 초점을 맞춘 긍정적 방식을 사용한다.

31 다음 그림은 사고요인의 관계에 따른 분류 중 무엇에 해당하는가?

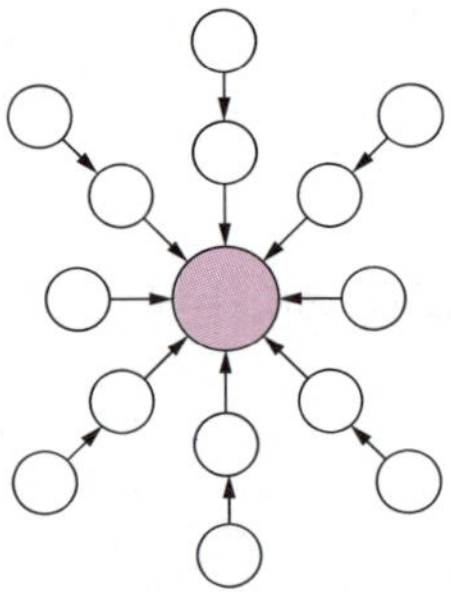

① 집중형　　② 단순연쇄형

③ 단순자극형　　④ 복합형

해설 복합형을 나타낸 그림이다.

32 연구실사고 예방대책 수립 시 공학적 대책으로도 유해인자를 완벽히 해결하지 못했다면 그다음으로 수행해야 하는 것으로 가장 옳은 것은?

① 유해인자의 제거
② 개인보호구 착용
③ 유해인자의 저감 설계
④ 유해인자 경고표지 부착

해설 사고 예방대책 수립 순서 : 유해인자 제거·최소화 설계 → 공학적 대책(안전장치) → 관리적 대책(경고장치, 경고표지, 작업절차서 등) → 특수절차(교육·훈련, 개인보호구 등)

33 비상조치체계 구축 시 작성하는 사고대응 매뉴얼에 포함해야 하는 사항으로 가장 거리가 먼 것은?

① 관련 기관과의 비상연락체계
② 연구실의 보유 유해인자
③ 연구실 위치
④ SOP

해설 사고대응 매뉴얼 포함 사항
- 연구실 특성(보유 유해인자, 연구실 위치 등)
- 사고 발생 시 비상조치를 위한 연구실 구성원의 역할 및 수행절차
- 사고 발생 시 각 부서·관련 기관과의 비상연락체계
- 비상시 대피절차와 재해자에 대한 구조·응급조치 절차
- 비상조치계획에 따른 연간 연구실 교육·훈련 계획 및 훈련 실시 결과서(사진자료 첨부)

34 연구실안전환경관리자로 지정된 후 몇 개월 이내에 몇 시간 이상 교육을 받아야 하는가?

① 3개월 이내, 12시간 이상
② 6개월 이내, 12시간 이상
③ 6개월 이내, 18시간 이상
④ 12개월 이내, 18시간 이상

해설 연구실안전환경관리자는 지정된 후 6개월 이내에 18시간 이상의 신규 교육을 받아야 한다.

정답 32 ④ 33 ④ 34 ③

35 선진국에서 사고발생을 예측하는 등의 안전사고를 관리하는 선행지표로 사용하는 것으로 옳은 것은?

① 근로손실일수　　② 사망률
③ 재해 발생율　　④ 안전문화

해설 선진국에서는 안전문화 평가와 같은 선행지표를 활용하여 안전사고를 관리한다.

36 재해예방의 4원칙에 대한 설명 중 옳지 않은 것은?

① 예측불가의 원칙 : 재난 발생을 예측하는 것은 불가능하다.
② 손실우연의 법칙 : 사고 결과로 생긴 재해손실은 사고 당시 조건에 따라 우연히 발생한다.
③ 원인연계의 원칙 : 사고 발생에는 반드시 원인이 있고, 대부분 복합적으로 연계되므로 모든 원인은 종합적으로 검토되어야 한다.
④ 대책선정의 원칙 : 사고의 원인 또는 불안전한 요소가 발견되면 반드시 대책을 선정하고 실시해야 한다.

해설 재해예방의 4원칙에 예측불가의 원칙이라는 것은 없고, 예방가능의 원칙(천재지변을 제외한 모든 재난은 원칙적으로 예방이 가능하다)이 옳은 표현이다.

37 〈보기〉는 원인 차원의 휴먼에러 분류의 예시이다. 예시에서 설명하지 않는 휴먼에러는?

보기
㉠ 일본은 좌측운행이 원칙인데 한국에서 운전하듯 일본 여행에서 우측운전을 함 ㉡ 자동차에서 내릴 때 창문을 연 채로 내림 ㉢ 정상인이지만 장애인 주차구역에 주차함

① 규칙기반착오
② 실수
③ 위반
④ 지식기반착오

해설 ㉠ 규칙기반착오(rule-based mistake)
㉡ 실수(slips)
㉢ 위반(violation)

35 ④ 36 ① 37 ④ 정답

38 다음 중 FT도의 미니멀 패스셋으로 옳은 것은?

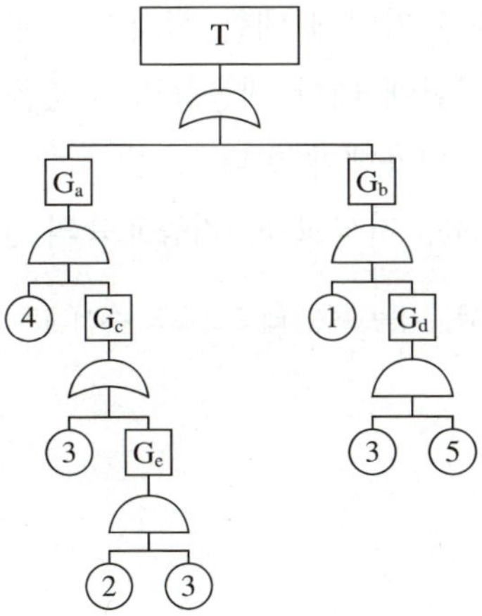

① {②}　　② {③}

③ {⑤}　　④ {③,④}

해설 미니멀 패스셋을 구하기 위해 게이트를 모두 반대로 그린 것의 미니멀 컷셋을 구한다.

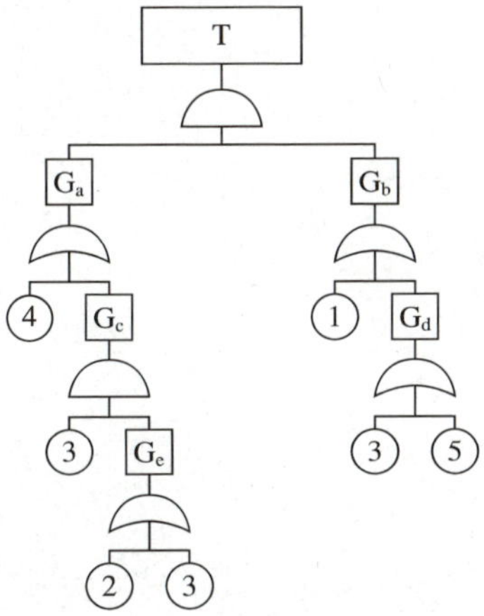

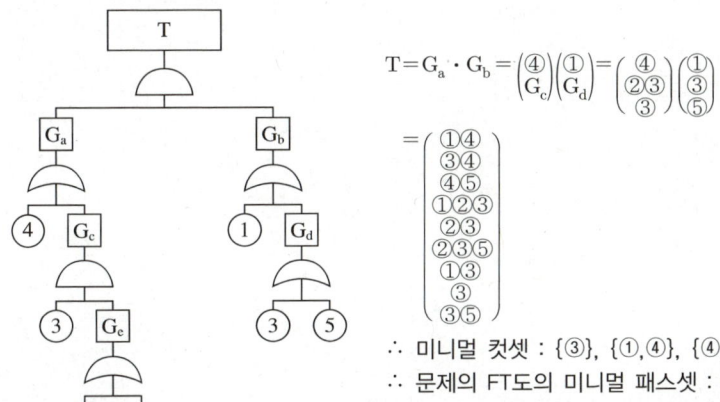

$$T = G_a \cdot G_b = \begin{pmatrix} \text{④} \\ G_c \end{pmatrix}\begin{pmatrix} \text{①} \\ G_d \end{pmatrix} = \begin{pmatrix} \text{④} \\ \text{②③} \\ \text{③} \end{pmatrix}\begin{pmatrix} \text{①} \\ \text{③} \\ \text{⑤} \end{pmatrix}$$

$$= \begin{pmatrix} \text{①④} \\ \text{③④} \\ \text{④⑤} \\ \text{①②③} \\ \text{②③} \\ \text{②③⑤} \\ \text{①③} \\ \text{③} \\ \text{③⑤} \end{pmatrix}$$

∴ 미니멀 컷셋 : {③}, {①,④}, {④,⑤}

∴ 문제의 FT도의 미니멀 패스셋 : {③}, {①,④}, {④,⑤}

[참고 1] 미니멀 패스셋은 게이트를 모두 반대로 그린 것의 미니멀 컷셋과 같다.

[참고 2] ③을 포함하는 2개 이상의 원소인 집합은 미니멀 컷셋에서 제외한다. 미니멀 컷셋은 정상사상을 발생시키는 최소집합으로 {③}이 이미 미니멀 컷셋이므로 ③을 원소로 가지는 다른 집합은 최소집합으로 볼 수 없다.

39 안전교육에 대한 설명으로 옳지 않은 것은?

① 안전교육을 실시하면 기업에 대한 신뢰감을 부여하는 데 도움이 된다.
② 망각을 예방하고 위험에 대한 대응능력 수준을 유지하기 위해 안전교육이 필요하다.
③ 안전교육 시 5관을 활용해야 한다.
④ 안전교육은 태도교육, 지식교육, 기능교육의 순서대로 진행한다.

해설 안전교육은 지식교육, 기능교육, 태도교육의 순서대로 진행한다.

40 사고조사에 대한 설명으로 옳지 않은 것은?

① 사고조사 시 직접원인을 확인한 후에 근본원인을 결정한다.
② 사고의 전개과정은 Why 5 Times 원칙을 활용한다.
③ 사고의 직접원인으로 불안전행동과 불안전상태를 조사한다.
④ 사고조사의 목적은 원인규명을 통한 동종 및 유사 사고의 재발 방지이다.

해설 사고의 전개과정은 5W1H 원칙을 준수한다.

39 ④ 40 ② 정답

41 NFPA 704의 화재위험성 3등급의 인화점 범위로 옳은 것은?

① 37.8~95.3℃

② 38.7~93.3℃

③ 25.2~38.7℃

④ 22.8~37.8℃

해설 화재위험성 3등급의 인화점 범위는 22.8~37.8℃이다.

42 A가스가 포함된 혼합가스의 자료를 통해 A가스의 폭발하한계를 구하시오.

- 혼합가스 부피 조성 : A 40%, 아세틸렌 30%, 부탄 30%
- 혼합가스 폭발하한계 : 1.86%

① 1.0%

② 1.4%

③ 1.6%

④ 2.0%

해설

$$\frac{100}{L}=\frac{V_1}{L_1}+\frac{V_2}{L_2}+\frac{V_3}{L_3}+\cdots$$

$$\frac{100}{1.86}=\frac{40}{L_A}+\frac{30}{2.5}+\frac{30}{1.8}$$

$$\frac{40}{L_A}=25.0968$$

$$\therefore L_A=1.6$$

정답 41 ④ 42 ③

43 인화성물질 저장 캐비닛의 안전기준으로 옳지 않은 것은?

① UL(Underwriters Laboratories) 규격과 NFPA의 요구사항을 만족해야 한다.
② 여러 인화성 액체의 총량으로 약 500L를 초과하지 않는 부피로 설계되어야 한다.
③ 아세트산은 다른 인화성 물질과 동일한 캐비닛에 함께 보관하지 않는다.
④ 인화성 물질을 보관하는 캐비닛은 노란색으로 도장한다.

해설 여러 인화성 액체의 총량으로 약 450L를 초과하지 않는 부피로 설계되어야 한다.

44 GHS에 따른 화학물질 분류 중 성격이 다른 하나는?

① 에어로졸
② 자기반응성 물질
③ 피부 자극성 물질
④ 금속 부식성 물질

해설 ③은 건강 유해성 물질, 나머지는 물리적 위험성 물질

45 액화시안화수소는 35℃에서 몇 Pa를 초과하여야 「고압가스 안전관리법」에 따른 고압가스로 볼 수 있는가?

① 0 ② 0.2
③ 1,000 ④ 2,500

해설 액화시안화수소, 액화브롬화메탄, 액화산화에틸렌가스는 35℃에서 압력이 0Pa을 초과해야 고압가스로 볼 수 있다.

43 ② 44 ③ 45 ① 정답

46 성상에 따른 화학물질 취급기준으로 옳지 않은 것은?

① 인화성 액체는 마찰, 충격을 가하지 않아야 한다.
② 유기과산화물은 가열 또는 마찰, 충격을 가하지 않아야 한다.
③ 인화성 가스는 화기나 그 밖의 점화원에 접근시키지 않아야 한다.
④ 부식성 물질을 인체에 접촉시키는 행위를 하지 않아야 한다.

해설 산화성 액체는 마찰, 충격을 가하지 않아야 한다.

47 가스 취급 주의사항으로 옳지 않은 것은?

① 가연성 가스와 조연성 가스를 같은 캐비닛에 보관하지 않도록 한다.
② 초저온 가스용기는 밀폐된 공간에서 보관·사용을 금지한다.
③ 충전기한이 임박하였을 경우 가스의 사용을 중지하고 제조사에 연락하여 수거하도록 한다.
④ 고정장치(스트랩)는 가스용기의 중심높이에 설치하고 불연성 재질로 선정한다.

해설 고정장치(스트랩)는 가스용기의 바닥으로부터 3분의 1, 3분의 2 지점 2개소에 설치하고, 불연성 재질로 선정한다.

48 아세틸렌화염을 사용하는 시설의 분기되는 배관에 설치해야 하는 것은 무엇인가?

① 역류방지장치
② 긴급차단장치
③ 가스 검지경보장치
④ 역화방지장치

해설 수소화염, 산소, 아세틸렌화염을 사용하는 시설의 분기되는 배관에는 가스가 역화되는 것을 효과적으로 차단할 수 있는 역화방지장치를 설치한다.

정답 46 ① 47 ④ 48 ④

49 방폭기기의 온도등급이 T4일 경우 최대표면온도는 몇 ℃ 이하인가?

① 200 ② 150
③ 135 ④ 100

해설 T4의 전기기기 최대표면온도 : 100℃ 초과 135℃ 이하

50 'ERPG-3'에 해당하는 설명으로 가장 옳은 것은?

① 어떤 작업시간에서도 넘어서는 안 되는 농도이다.
② 사망에 이르지 않는 최대농도이다.
③ 통상 사고가 발생하였을 때 대피하는 농도이다.
④ 불쾌하거나 자극적인 느낌을 받는 농도이다.

해설 ERPG-3은 사망에 이르지 않는 최대농도로, 이 농도를 넘게 되면 인명사고가 발생할 수 있다.

51 보호기기를 고체로 차단시켜 폭발성 가스와 점화원의 접촉을 차단하여 열적 안정을 유지하는 방폭구조는 무엇인가?

① 비점화 방폭구조
② 충전 방폭구조
③ 몰드 방폭구조
④ 압력 방폭구조

해설 몰드 방폭구조(캡슐 방폭구조) : 폭발성 가스·증기에 점화시킬 수 있는 전기불꽃이나 고온 발생 부분을 콤파운드로 밀폐시킨 구조 등을 말한다.

49 ③ 50 ② 51 ③ 정답

52 「산업안전보건기준에 관한 규칙」에 따른 안전밸브 설치대상으로 옳지 않은 것은?

① 정변위 압축기
② 2개 이상의 밸브에 의하여 차단되어 대기 온도에서 액체의 열팽창에 의하여 파열될 우려가 있는 배관
③ 흡입 축에 차단밸브가 설치된 정변위 펌프
④ 안지름이 150mm 초과이며, 압력용기 중 관형 열교환기의 경우에는 관의 파열로 인하여 상승한 압력이 압력용기의 최고 사용압력을 초과할 우려가 있는 압력용기

해설 토출 축에 차단밸브가 설치된 정변위 펌프

53 ㉠×㉡의 값으로 옳은 것은?

가스검지경보장치의 검지에서 발신까지 걸리는 시간은 경보농도의 (㉠)배 농도에서 (㉡)초 이내이다(단, 암모니아나 일산화탄소 등은 제외한다).

① 45
② 48
③ 90
④ 96

해설 ㉠ 1.6, ㉡ 30

54 다음에서 설명하는 폭발의 종류는 무엇인가?

고압의 유압설비 일부가 파손되어 내부의 가연성 액체가 공기 중에 분출되고 이것의 미세한 방울이 공기 중에 부유하고 있을 때 착화에너지가 주어지면 발생한다.

① 분해폭발
② 가스폭발
③ 분진폭발
④ 분무폭발

해설 분무폭발에 대한 설명이다.

정답 52 ③ 53 ② 54 ④

55 BLEVE 방지대책으로 옳은 것은?

① 가연성 액화가스가 들어있는 저장탱크는 보유 공지를 기준보다 넓게 한다.
② 방유제 내부 바닥은 평평하게 유지하여 누출된 유류가 모이지 않도록 한다.
③ 탱크에 안전밸브에 더해 릴리프밸브를 설치한다.
④ 저장탱크를 절대로 지면 아래로 매설하지 않는다.

해설 ② 방유제 내부에 경사도를 유지하여 누출된 유류가 가급적 탱크 벽면으로부터 먼 방향으로 흐르게 한다.
③ 탱크에 안전밸브에 더해 폭발방산구를 설치한다.
④ 저장탱크를 지면 아래로 매설하는 방법을 통해 탱크가 화염에 직접 가열되는 것을 피할 수 있다.

56 위험물의 종류와 정의가 잘못 연결된 것은?

① 1류 위험물 : 가연성 고체
② 3류 위험물 : 자연발화성 및 금수성 물질
③ 4류 위험물 : 인화성 액체
④ 6류 위험물 : 산화성 액체

해설 1류 위험물 : 산화성 고체

57 화학실험실 설치기준으로 옳지 않은 것은?

① 경우에 따라 실험장비에 펜스를 설치한다.
② 실험공간과 데이터 처리 시 필요한 사무공간은 별도 분리한다.
③ 고압가스 실린더를 사용하는 장비가 있으면 반드시 안전한 통행로를 확보한다.
④ 유해화학물질을 취급하는 장소에는 유해화학물질 표지를 부착한다.

해설 유해화학물질을 보관하는 장소(보관창고, 캐비닛, 진열장 등)에는 유해화학물질 표지를 부착한다.

55 ① 56 ① 57 ④ 정답

58 자손에게 유전될 수 있는 사람의 생식세포에 돌연변이를 일으킬 수 있는 물질은 무엇인가?

① 발암성 물질
② 흡인 유해성 물질
③ 생식독성 물질
④ 생식세포 변이원성 물질

해설 ④ 생식세포 변이원성 물질 : 자손에게 유전될 수 있는 사람의 생식세포에 돌연변이를 일으키는 물질
① 발암성 물질 : 암을 일으키거나 그 발생을 증가시키는 물질
② 흡인 유해성 : 액체나 고체 화학물질이 직접적으로 구강이나 비강을 통하거나 간접적으로 구토에 의하여 기관 및 하부호흡기계로 들어가 나타나는 화학적 폐렴, 다양한 단계의 폐손상 또는 사망과 같은 심각한 급성 영향을 끼치는 물질
③ 생식독성 물질 : 생식기능 · 생식능력에 대한 유해영향을 일으키거나 태아의 발생 · 발육에 유해한 영향을 주는 물질

59 지정폐기물 보관창고 표지판에 작성되는 항목으로 옳지 않은 것은?

① 보관 가능 용량
② 운반(처리) 예정장소
③ 관리책임자
④ 화학물질명

해설 지정폐기물 보관창고 표지판 작성 항목 : 폐기물의 종류, 보관 가능 용량, 관리책임자, 보관기간, 취급 시 주의사항, 운반(처리) 예정장소

60 다음 중 지정폐기물에 해당되지 않는 것은?

① 의료폐기물
② 폐유
③ 실험폐기물
④ 폐알칼리

해설 실험폐기물은 일반폐기물, 화학폐기물, 생물폐기물, 의료폐기물, 방사능폐기물, 배기가스 등이 있고, 모두 지정폐기물에 해당하는 것은 아니다.

정답 58 ④ 59 ④ 60 ③

제4과목 연구실 기계 · 물리 안전관리

61 다음 중 레이저사고 시 긴급 조치사항에 대한 설명으로 옳지 않은 것은?

① 사고 시 가능한 경우 레이저 전원은 차단하지 않는다.
② 사고원인이 조사될 때까지 연구실은 사고 상황을 그대로 유지하여야 한다.
③ 안구가 레이저 광선에 노출되었거나 레이저에 의한 화상 등의 중상을 입은 경우 119에 전화하여 구급차를 요청한다.
④ 화상인 경우 최대한 빠른 응급처치가 선행되어야 한다.

해설 사고 시 레이저는 즉시 동작을 정지시키고 가능한 경우 전원을 차단한다.

62 탈모, 백내장, 백혈병이 발생할 수 있는 영향을 끼치는 물리적 유해인자로 옳은 것은?

① 레이저
② 진동
③ 방사선
④ 소음

해설 방사선의 영향으로 백내장, 탈모, 백혈병, 연골 이상 등이 발생할 수 있다.

63 fail safe에 대한 설명을 고르시오.

① 두 손으로 동시에 조작하지 않으면 기계가 작동하지 않고 손을 떼면 정지하는 양수조작식 기계
② 열쇠의 이용으로 한쪽을 시건하지 않으면 다른 쪽이 개방되지 않는 열쇠식 인터록 장치
③ 정전 시 긴급정지하는 승강기
④ 조작 레버를 중립 위치에 자동적으로 잠가주는 레버록 기구

해설 ③ 페일 세이프(fail safe)의 페일 패시브에 관한 설명이다.

61 ① 62 ③ 63 ③ 정답

64 연삭기의 작업받침대와 숫돌과의 간격은 몇 mm 이내이어야 하는가?

① 3mm

② 5mm

③ 10mm

④ 12mm

해설 연삭기의 작업받침대는 견고하게 고정하고 숫돌과의 간격은 3mm 이내로 설치한다.

65 다음의 안전표지가 의미하는 것은?

① 낙하물 경고

② 탑승 금지

③ 위험장소 경고

④ 매달린 물체 경고

해설 매달린 물체 경고에 대한 안전보건표지이다.

66 구조의 안전화를 적용하는 데 고려해야 하는 사항으로 옳지 않은 것은?

① 재료의 결함

② 가공의 결함

③ 설계상의 결함

④ 위험점의 결함

해설 구조의 안전화를 적용하는 데 고려해야 하는 사항 : 재료의 결함, 가공의 결함, 설계상의 결함

정답 64 ① 65 ④ 66 ④

67 **연구실안전법에 따른 중위험연구실에서 필수로 준수해야 하는 설치·운영기준이 아닌 것은?**

① 충격, 지진 등에 대비한 실험대 및 선반 전도방지조치
② 취급하는 물질에 내화학성을 지닌 실험대 및 선반 설치
③ 고온장비 및 초저온용기 경고표지 부착
④ 레이저 장비 사용 시 보호구 착용

해설 '취급하는 물질에 내화학성을 지닌 실험대 및 선반 설치'는 고위험연구실에만 필수 항목이다.

68 **다음 중 가스크로마토그래피 안전수칙에 대한 설명으로 옳지 않은 것은?**

① 전원 차단 후에 가스 공급을 차단한다.
② 가스 공급 등 기기 사용 준비 시에는 가스에 의한 폭발 위험에 대비해 가스 연결 라인, 밸브 누출 여부 등을 확인한 후 기기를 작동하여야 한다.
③ 표준품 또는 시료 주입 시 시료의 누출위험에 대비해 주입 전까지 시료를 밀봉한다.
④ 장비 미사용 시에는 가스를 차단한다.

해설 전원 차단 전에 가스 공급을 차단한다.

69 **위험원이 비산하는 것을 방호하여 사용자로부터 위험원을 차단하는 방식은?**

① 격리형 방호장치
② 위치제한형 방호장치
③ 접근거부형 방호장치
④ 포집형 방호장치

해설 위험원이 비산하는 것을 방호하여 사용자로부터 위험원을 차단하는 방식은 포집형 방호장치이다.

67 ② 68 ① 69 ④ 정답

70 허용응력과 안전율의 관계를 올바르게 표현한 것은?

① 허용응력=기초강도×안전율
② 허용응력=안전율/기초강도
③ 허용응력=기초강도/안전율
④ 허용응력=기초강도−안전율

해설 $안전율 = \frac{기초강도}{허용응력}$

71 다음 중 분쇄기의 안전수칙에 대한 설명으로 옳지 않은 것은?

① 방호 덮개에 리밋 스위치를 설치하여 덮개를 열면 전원이 차단되도록 연동장치를 설치한다.
② 내부 칼날부 청소 작업 시 전원을 차단하고 수공구를 사용하여 작업한다.
③ 배출구역 하부는 칼날부에 손이 접촉되지 않도록 조치한다.
④ 분쇄작업 중 과부하가 발생하면 전원을 차단하고 강제로 분쇄물을 빼낸다.

해설 분쇄작업 중 과부하가 발생하면 역회전시켜 분쇄물을 빼낼 수 있도록 자동·수동 역회전장치를 설치한다.

72 기계·물리 분야 연구실 운영기준에 대한 설명으로 옳지 않은 것은?

① 대형 장비들이 설치된 연구실의 경우 안전을 고려하여 제어실을 설치하고, 실험이 진행되는 동안 실험공간 내로 연구활동종사자들만 출입할 수 있도록 출입제한조치를 하여야 한다.
② 공작기계, 측정기기를 사용할 때에는 정해진 공구를 사용하여야 한다.
③ 매우 더운 장소에서 작업을 수행하는 경우에는 방열장갑, 방열복 등을 착용하여야 한다.
④ 기계기구(선반, 톱 등) 및 수공구를 취급하는 연구실에서는 작업 시 끼일 수 있는 긴 머리, 수염 등을 제한하고 헐렁한 옷이나 장신구 등도 착용하지 않아야 한다.

해설 실험이 진행되는 동안 실험 공간 내로 연구활동종사자들이 출입할 수 없도록 출입제한조치를 하여야 한다.

정답 70 ③ 71 ④ 72 ①

73 다음 중 비파괴검사에 대한 설명으로 옳지 않은 것은?

① 방사선투과검사 : 방사선(X선 또는 γ선)을 투과시켜 투과된 방사선의 농도와 강도를 비교・분석하여 결함을 검출하는 방법이다.

② 자분탐상검사 : 표면으로 열린 결함을 탐지하여 침투액의 모세관 현상을 이용하여 침투시킨 후 현상액을 도포하여 육안으로 확인하는 방법이다.

③ 와류탐상검사 : 전자유도에 의해 와전류가 발생하며 시험체 표층부에 발생하는 와전류의 변화를 측정하여 결함을 탐지한다.

④ 음향방출검사 : 재료가 변형되면서 자체적으로 발생되는 낮은 탄성파(응력파)를 센서로 감지하여 공학적으로 이용하는 기술이다.

해설 자분탐상검사(MT : Magnetic particle Testing)는 검사 대상을 자화시키고 불연속부의 누설자속에 자분이 집속되는 것을 보고 결함부를 찾아내는 방법이다.

74 절단기에 대한 설명으로 옳지 않은 것은?

① 절단작업 시작 전 1분 정도 덮개를 연 상태로 공회전한다.

② 회전체가 완전히 멈춘 상태에서 재료를 설치한다.

③ 절단 후 재료는 충분히 냉각한 후에 취급한다.

④ 절단기 손잡이 부분이 금속인 경우 절연조치를 실시한다.

해설 절단작업 시작 전 1분 정도 덮개를 설치한 상태로 공회전한다.

75 소음A(55dB)와 소음B(77dB)의 합성소음도를 구하시오.

① 약 66dB

② 약 70dB

③ 약 77dB

④ 약 80dB

해설

합성$SPL = 10 \times \log(10^{\frac{SPL_1}{10}} + 10^{\frac{SPL_2}{10}} + \cdots + 10^{\frac{SPL_n}{10}})$

합성$SPL = 10 \times \log(10^{\frac{55}{10}} + 10^{\frac{77}{10}}) = 77.03\text{dB}$

73 ② 74 ① 75 ③ 정답

76 **다음 중 기계·기구의 종류에 대한 분류로 옳지 않은 것은?**

① 열유체기계 : 보일러, 내연기관, 펌프, 공기압축기, 터빈 등
② 전기기계 : 차단기, 발전기, 전동기 등
③ 섬유기계 : 제면기, 제사기, 연삭기 등
④ 공작기계 : 선반, 드릴링머신, 밀링머신 등

해설 연삭기는 공작기계이다.

77 **조직절편기의 안전관리와 관련한 내용으로 옳지 않은 것은?**

① 조직절편기 사용 후 블레이드 안전가드로 덮는다.
② 조직절편기 청소 시 핸드휠을 연다.
③ 조직절편기의 세척액으로 아세톤이나 자일렌이 포함된 것을 사용하지 않는다.
④ 시료를 고정한 후 블레이드를 설치한다.

해설 조직절편기 청소 시 핸드휠을 잠근다.

78 **용접기 사용 중 감전으로 인한 사망사고가 발생하였을 때 재발방지대책으로 가장 거리가 먼 것은?**

① 금속제 외함 외피 및 철대 등에 접지를 실시한다.
② 감전방지용 누전차단기를 설치한다.
③ 정기적으로 절연저항 및 접지저항 등을 측정하여 기준치 이하를 유지하도록 정기점검을 실시한다.
④ 용접봉 홀더의 절연 상태를 확인하여 교체·수리한다.

해설 정기적으로 절연저항 및 접지저항 등을 측정하여 기준치 이상을 유지하도록 정기점검을 실시한다.

정답 76 ③ 77 ② 78 ③

79 **온수 순환탱크 펌프 교체 시 물 대신 부동액을 투입하고 시험가동 중 부동액 누수로 내부전선이 단락된 후 순환펌프 외함으로 누전되어 감전사한 사고가 있었다. 이 사고의 원인으로 보기 힘든 것은?**

① 전원을 차단하지 않았다.

② 금속제 외함에 접지를 실시하지 않았다.

③ 몸에 물이 젖었을 때 전기기계 취급 금지를 실시하지 않았다.

④ 사용 전 전선·기기 외함의 절연 피복 상태를 점검하지 않았다.

해설 수리·점검 등의 작업 시에 전원 차단은 옳지만, 시험가동 중이었으므로 전원을 차단할 수 없는 상황이다.

80 **다음 중 고열작업에 해당하는 장소로 거리가 먼 것은?**

① 가열된 금속을 운반하는 장소

② 화학물질을 가열하는 장소

③ 광물을 소결하는 장소

④ 열원을 사용하여 물건 등을 건조시키는 장소

해설 고열작업에 해당하는 장소

- 용광로·평로·전로 또는 전기로에 의하여 광물 또는 금속을 제련하거나 정련하는 장소
- 용선로 등으로 광물·금속 또는 유리를 용해하는 장소
- 가열로 등으로 광물·금속 또는 유리를 가열하는 장소
- 도자기 또는 기와 등을 소성하는 장소
- 광물을 배소 또는 소결하는 장소
- 가열된 금속을 운반·압연 또는 가공하는 장소
- 녹인 금속을 운반 또는 주입하는 장소
- 녹인 유리로 유리제품을 성형하는 장소
- 고무에 황을 넣어 열처리하는 장소
- 열원을 사용하여 물건 등을 건조시키는 장소
- 갱내에서 고열이 발생하는 장소
- 가열된 로를 수리하는 장소
- 그밖에 법에 따라 노동부장관이 인정하는 장소, 또는 고열작업으로 인해 근로자의 건강에 이상이 초래될 우려가 있는 장소

79 ① 80 ② 정답

81 **살균소독에 대한 미생물의 저항성을 설명한 것 중 옳지 않은 것은?**

① 그람음성 세균은 그람양성 세균보다 소독제에 대한 저항성이 강하다.
② 아포는 영양세포보다 저항성이 강하다.
③ 소독제는 내성 없이 미생물의 생활력을 파괴시킨다.
④ 소독제에 대해 지질 바이러스가 가장 쉽게 파괴된다.

해설 치사농도보다 낮은 농도의 소독제를 지속적으로 사용하는 과정에서 내성을 획득한다.

82 **물리적 소독 중 건열에 의한 방법이 아닌 것은?**

① 화염멸균법
② 건열멸균법
③ 소각법
④ 자비멸균법

해설 자비멸균법은 습열에 의한 방법이다.

83 **연구책임자가 기관승인실험을 실시하기 위해 IBC에 심의를 신청할 때 제출하는 서류로 거리가 먼 것은?**

① 연구계획서
② 유전자재조합실험신고서
③ 심의신청서
④ 위해성평가서

해설 기관승인실험은 IBC에 유전자재조합실험승인신청서, 연구계획서, 위해성평가서를 제출하여야 한다. 유전자재조합실험신고서는 기관신고실험의 경우 제출하는 서류이다.

정답 81 ③ 82 ④ 83 ②

84 **국내 바이오안전성 관리체계에서 연구시설 허가 위주의 업무를 담당하는 정부기관은?**

① 과학기술정보통신부
② 산업통상자원부
③ 보건복지부
④ 환경부

해설 **보건복지부** : 보건의료용 등 LMO의 수출입 등에 관한 업무 및 연구시설(허가위주)

85 **유전자변형생물체 연구시설 관리·운영대장 중 공통 점검사항에 대한 내용으로 옳지 않은 것은?**

① 실험 중 오염 발생 시 즉시 소독
② 실험 시 기계식 피펫 사용
③ 승인받지 않은 자의 출입 시 출입대장 비치 및 기록
④ 생물안전작업대 및 기타 장치의 제균용 필터 등은 교환 직전 및 정기검사 시 멸균

해설 ④는 대량배양 연구시설에 대한 점검사항이다.

86 **소독·멸균에 영향을 미치는 요소로 옳지 않은 것은?**

① 표면 윤곽
② 상대습도
③ 물과 세제
④ 유기물의 양

해설 물과 세제는 세척에 영향을 미치는 요소이다.

84 ③ 85 ④ 86 ③ 정답

87 고위험병원체의 자체 안전점검 실시주기로 옳은 것은?

① 매달
② 분기별
③ 반기별
④ 매년

해설 연 2회(상반기, 하반기) 실시

88 멸균 시 주의사항에 대한 설명으로 옳지 않은 것은?

① 멸균 전에 반드시 모든 재사용 물품을 철저히 세척해야 한다.
② 멸균할 물품은 완전히 건조시켜야 한다.
③ 물품 포장지는 멸균제가 침투 및 제거도 어려울 정도로 견고해야 한다.
④ 멸균물품은 탱크 내 용적의 60~70%만 채우며, 가능한 한 같은 재료들을 함께 멸균해야 한다.

해설 물품 포장지는 멸균제의 침투 및 제거가 용이해야 하며, 저장 시 미생물이나 먼지, 습기에 저항력이 있고 유독성이 없어야 한다.

89 LMO의 수입·수출에 대한 설명으로 옳지 않은 것은?

① 수입승인은 질병관리청에 받는다.
② 시험·연구용으로 사용하거나 박람회·전시회에 출품하기 위하여 수입하는 유전자변형생물체는 수입승인을 받아야 한다.
③ LMO를 수출하려는 자는 관계 중앙행정기관의 장에게 수출통보를 하면 된다.
④ 수입신고는 과학기술정보통신부에 한다.

해설 시험·연구용으로 사용하거나 박람회·전시회에 출품하기 위하여 수입하는 유전자변형생물체는 수입신고를 해야 한다.

정답 87 ③ 88 ③ 89 ②

90 주사기 바늘 찔림 및 날카로운 물건에 베임에 대한 사고복구로 옳지 않은 것은?

① 주사기나 날카로운 물건 사용을 최소화한다.
② 연구실사고는 보험을 청구하고, 부상자 가족에게 사고 내용을 전달하고 대응한다.
③ 피해복구 및 재발방지대책을 마련하고 시행한다.
④ 1개월 이내에(중대연구실 사고의 경우 즉시) 과학기술정보통신부로 사고를 보고한다.

해설 ① 찔림/베임에 대한 예방대책이다.

91 산화에틸렌으로 소독했을 때 효과가 가장 적은 것은?

① 영양세균
② 결핵균
③ 아포
④ 바이러스

해설

소독제	영양세균	결핵균	아포	바이러스
산화에틸렌	++++	+++++	++++	++

※ 소독효과 : +가 많을수록 소독효과가 좋다.

92 원심분리기의 감염성 물질·독소 취급 시 주의사항에 대한 설명으로 옳지 않은 것은?

① 컵·로터의 외부표면에 오염이 있으면 즉시 제거한다.
② 로터의 손상이나 폭발을 막기 위해 로터들의 밸런스 조정을 포함한 제조사 지시에 따라 장비를 이용한다.
③ 원심분리기 이용에 적절하고 소독 가능한 STS316 소재의 튜브를 이용한다.
④ 에어로졸 발생이 우려될 경우 BSC 안에서 실시한다.

해설 원심분리기 이용에 적절한 플라스틱 튜브를 이용한다.

90 ① 91 ④ 92 ③ 정답

93 생물체 관련 폐기물 처리에 관한 내용으로 옳지 않은 것은?

① 모든 유전자변형생물체 폐기물은 생물학적 활성을 제거해야 한다.
② 생물안전 연구실이나 의료기관에서 발생하는 폐기물은 모두 의료폐기물로 처리해야 한다.
③ 의료폐기물은 불활성화하더라도 의료폐기물로 처리해야 한다.
④ 감염성폐기물의 처리는 폐기물종합관리시스템인 올바로(allbaro) 시스템의 절차에 따라 처리한다.

해설 생물안전 연구실이나 의료기관에서 발생하는 폐기물이 모두 의료폐기물인 것은 아니다.

94 생물안전 4등급의 인체위해 관련 연구시설의 허가・신고 및 관련 기관을 옳게 짝지은 것은?

① 신고 : 질병관리청
② 신고 : 과학기술정보통신부
③ 허가 : 질병관리청
④ 허가 : 과학기술정보통신부

해설 생물안전 3・4등급 LMO 연구시설(허가)
• 인체위해 관련 연구시설 : 질병관리청장의 허가
• 환경위해 관련 연구시설 : 과학기술정보통신부장관의 허가

95 에어로졸에 대한 내용으로 옳지 않은 것은?

① 장시간 오랫동안 공중에 남아 넓은 거리에 퍼져 쉽게 흡입된다.
② 에어로졸이 대량으로 발생하기 쉬운 기기를 사용할 때는 멸균된 유리 용기를 사용한다.
③ 전기영동 같은 실험과정에서 인체에 해로운 에어로졸이 발생할 수 있다.
④ 에어로졸이 발생할 수 있을 경우 생물안전작업대와 같은 물리적 밀폐가 가능한 실험장비 내에서 작업하도록 한다.

해설 에어로졸이 대량으로 발생하기 쉬운 기기를 사용할 때는 파손에 안전한 플라스틱 용기를 사용한다.

정답 93 ② 94 ③ 95 ②

96 국가사전승인이 필요한 LMO로 옳지 않은 것은?

① 국민보건상 국가관리가 필요하다고 보건복지부 장관이 고시하는 병원미생물을 이용하여 개발・실험하여 얻어진 LMO

② 척추동물에 대하여 몸무게 1kg당 50% 치사독소량이 10ng 미만인 단백성 독소를 생산할 능력을 가진 LMO

③ 의도적으로 도입된 약제내성 유전자를 가진 LMO(보건복지부장관이 고시한 약제내성 유전자를 가진 LMO는 제외)

④ 분류학에 의한 종(種)의 이름까지 명시되어 있지 아니하고 인체병원성 여부가 밝혀지지 아니한 미생물을 이용하여 얻어진 LMO

해설 국가사전승인이 필요한 LMO

- 분류학에 의한 종(種)의 이름까지 명시되어 있지 아니하고 인체병원성 여부가 밝혀지지 아니한 미생물을 이용하여 얻어진 LMO
- 척추동물에 대하여 몸무게 1kg당 50% 치사독소량이 100ng 미만인 단백성 독소를 생산할 능력을 가진 LMO
- 의도적으로 도입된 약제내성 유전자를 가진 LMO(단, 보건복지부장관이 고시하는 약제내성 유전자를 가진 LMO는 제외)
- 국민보건상 국가관리가 필요하다고 보건복지부 장관이 고시하는 병원미생물을 이용하여 개발・실험하여 얻어진 LMO

97 무균작업대에 대한 설명으로 옳지 않은 것은?

① 작업환경을 보호하지 못한다.

② 취급물질을 보호하지 못한다.

③ 작업자를 보호하지 못한다.

④ laminar flow cabinet이라고도 부른다.

해설 작업공간의 무균적 유지를 목적으로 하며 취급물질을 보호할 수 있다.

96 ② 97 ② 정답

98 **BL2 실험실의 안전관리 · 장비로 옳지 않은 것은?**

① 생물재해 표지를 부착하여야 한다.

② 특수 보호복을 착용해야 한다.

③ BSC를 설치해야 한다.

④ open bench를 설치해야 한다.

해설 특수 보호복 착용은 BL3 이상이다.

99 **동물 교상 및 응급처치에 대한 대응조치로 옳지 않은 것은?**

① 실험동물에 물리면 우선 상처 부위를 압박하여 약간의 피를 짜낸 다음 70% 알코올 및 기타 소독제을 이용하여 소독을 실시한다.

② 래트(rat)에 물린 경우에는 고초균(Bacillus subtilis)에 효력이 있는 항생제를 투여한다.

③ 개에 물린 경우에는 70% 알코올 또는 기타 소독제(povidone–iodine 등)를 이용하여 소독한 후, 동물의 광견병 예방접종 여부를 확인한다.

④ 광견병 예방접종 여부가 불확실한 개의 경우에는 시설관리자에게 광견병 항독소를 일단 투여한 후, 개를 7일간 관찰하여 광견병 증상을 나타내는 경우 개는 안락사시키며 사육관리자 등 관련 출입인원에 대해 광견병 백신을 추가로 투여한다.

해설 광견병 예방접종 여부가 불확실한 개의 경우에는 시설관리자에게 광견병 항독소를 일단 투여한 후, 개를 15일간 관찰한다.

100 **자연적 소독의 종류가 아닌 것은?**

① 자외선멸균법

② 여과멸균법

③ 방사선멸균법

④ 소각법

해설 소각법은 물리적 소독(건열에 의한 방법)이다.

정답 98 ② 99 ④ 100 ④

제6과목 연구실 전기 · 소방 안전관리

101 통전전류에 대한 설명으로 옳지 않은 것은?

① 보통 사람의 피부저항은 약 2,500Ω 정도이다.

② 감전이 되어 인체에 회로를 형성하여 흐르는 전류를 인체 통전전류라고 한다.

③ 피부에 땀이 젖으면 저항이 건조 시보다 $\frac{1}{20}\sim\frac{1}{12}$배 증가한다.

④ 건강한 성인 남성의 최소감지전류는 60Hz에서 약 1mA 정도이다.

해설

피부에 땀이 젖으면 저항이 건조 시보다 $\frac{1}{20}\sim\frac{1}{12}$배 감소한다.

102 심실세동을 일으키는 에너지(cal)를 계산하시오.

- 인체의 전기저항값 : 350Ω
- 통전시간 : 1s

① 1.29

② 2.29

③ 7.53

④ 9.53

해설

$$W=I^2RT=(\frac{165}{\sqrt{T}}\times10^{-3})^2\times RT$$

$$W=(\frac{165}{\sqrt{T}}\times10^{-3})^2\times RT$$

$$W=(\frac{165}{\sqrt{1}}\times10^{-3})^2\times350\times1=9.52875\text{Ws}=9.52875\text{J}$$

$$9.52875\text{J}\times\frac{0.24\text{cal}}{1\text{J}}=2.29\text{cal}$$

101 ③ 102 ② 정답

103 다음 중 6류 위험물이 아닌 것은?

① 과염소산염류
② 과산화수소
③ 질산
④ 과염소산

해설 과염소산염류는 1류 위험물이다.

104 자동화재탐지설비의 비화재보의 원인에 대한 대책으로 옳지 않은 것은?

① 주방에 비적응성 감지기가 설치된 경우 정온식 감지기로 교체한다.
② 천장형 온풍기에 밀접하게 설치된 경우 기류 흐름 방향 외로 이격하여 설치한다.
③ 장마철 공기 중 습도 증가에 의한 감지기 오동작은 내부 먼지를 제거한다.
④ 건축물 누수로 인한 감지기 오동작은 누수 부분을 방수처리하고 감지기를 교체한다.

해설 장마철 공기 중 습도 증가에 의한 감지기 오동작은 복구 스위치를 누른다.

105 전기배선기구의 전기화재 방지대책으로 옳지 않은 것은?

① 절연 효력을 위해 전선 접속부에 접속기구 또는 테이프를 사용한다.
② 코드를 못이나 스테이플 등으로 박아 고정하지 않는다.
③ 코드는 가급적 연장하지 않도록 길게 사용한다.
④ 비닐 코드를 옥내배선으로 사용하는 것을 금하고 규격 전선을 용도에 맞게 사용한다.

해설 코드는 가급적 짧게 사용하되, 연장할 경우 임의로 꼬아서 접속하지 않고 반드시 코드 커넥터를 활용한다.

정답 103 ① 104 ③ 105 ③

106 임시전등이나 임시배선의 안전한 사용에 대한 설명으로 옳지 않은 것은?

① 사용전압이 저압인 전로의 절연성능시험에서 전로의 사용전압이 380V인 경우의 절연저항은 1.0MΩ 이상이어야 한다.

② 임시전등에는 보호망을 부착한다.

③ 전선을 서로 접속하는 경우에는 해당 전선의 절연성능 이하로 절연될 수 있는 것으로 충분히 피복한다.

④ 통로바닥에 이동전선 등을 설치하여 사용하지 않아야 한다.

해설 전선을 서로 접속하는 경우에는 해당 전선의 절연성능 이상으로 절연될 수 있는 것으로 충분히 피복하거나 접속한 접속기구를 사용한다.

107 충전전로의 선간전압이 0.3kV일 때, 충전전로에 대한 접근 한계거리 기준으로 옳은 것은?

① 60cm ② 45cm

③ 30cm ④ 접촉금지

해설

충전전로의 선간전압(단위 : kV)	충전전로에 대한 접근 한계거리(단위 : cm)	충전전로의 선간전압(단위 : kV)	충전전로에 대한 접근 한계거리(단위 : cm)
0.3 이하	접촉금지	121 초과 145 이하	150
0.3 초과 0.75 이하	30	145 초과 169 이하	170
0.75 초과 2 이하	45	169 초과 242 이하	230
2 초과 15 이하	60	242 초과 362 이하	380
15 초과 37 이하	90	362 초과 550 이하	550
37 초과 88 이하	110	550 초과 800 이하	790
88 초과 121 이하	130		

108 옥내소화전설비의 설치기준으로 옳지 않은 것은?

① 소화전함 : 함 표면에 사용요령을 기재한 표지판을 외국어와 병기하여 부착한다.

② 방수구 : 각 층마다 바닥으로부터 1.5m 높이 이하에 설치하고, 소방대상물의 각 부분으로부터 1개의 옥내소화전 방수구까지의 수평거리는 25m 이하가 되도록 한다.

③ 표시등 : 옥내소화전함의 상부에 위치하고, 부착면으로부터 15° 이상의 범위 안에서 부착지점으로부터 5m 이내의 어느 곳에서도 쉽게 식별 가능한 적색등으로 부착한다.

④ 호스 : 구경 40mm 이상의 것으로 물이 유효하게 뿌려질 수 있는 길이로 설치한다.

해설 표시등 : 옥내소화전함의 상부에 위치하고, 부착면으로부터 15° 이상의 범위 안에서 부착지점으로부터 10m 이내의 어느 곳에서도 쉽게 식별 가능한 적색등으로 부착한다.

106 ③ 107 ④ 108 ③ 정답

109 누전차단기 의무 설치 대상으로 옳지 않은 것은?

① 대지전압이 150V를 초과하는 이동형 또는 휴대형 전기기계・기구
② 물 등 도전성이 높은 액체가 있는 습윤장소에서 사용하는 1.5천V 이하 직류전압용 전기기계・기구
③ 철판・철골 위 등 도전성이 높은 장소에서 사용하는 이동형 또는 휴대형 전기기계・기구
④ 「전기용품 및 생활용품 안전관리법」이 적용되는 이중절연 또는 이와 같은 수준 이상으로 보호되는 구조로 된 전기기계・기구

해설 ④는 비적용 대상이다.

110 정전기 발생을 억제・제거하는 방법으로 옳지 않은 것은?

① 접촉면을 줄인다.
② 분리속도를 낮춘다.
③ 유사한 유전(절연)계수를 이용한다.
④ 공기 중의 습도를 낮춘다.

해설 공기 중의 습도를 높인다.

111 옥내배선 안전기준에 따른 전선 색상의 연결이 옳지 않은 것은?

① L1 : 갈색
② N : 흑색
③ L3 : 회색
④ 보호도체 : 녹색-노란색

해설 N : 청색

정답 109 ④ 110 ④ 111 ②

112 저항이 10Ω 인 도체에 1A의 전류를 5분간 흘렸을 때 발생하는 열량(cal)은?

① 130
② 270
③ 540
④ 720

해설 $H = 0.24I^2Rt = 0.24(1\text{A})^2(10\Omega)(5\times 60\text{s}) = 720\text{cal}$

113 작열연소의 한 종류로 유염착화에 이르기에 온도가 낮거나 산소가 부족한 상황 때문에 화염 없이 가연물 표면에서 작열하며 소극적으로 연소하는 현상을 무엇이라고 하는가?

① 백드래프트
② 플래시오버
③ 파이어볼
④ 훈소

해설 훈소에 대한 설명이다.

114 연소의 4요소 중 순조로운 연쇄반응에 대한 설명이다. (　) 안에 공통적으로 들어갈 단어는?

> 가연성 물질과 산소 분자가 점화에너지를 받으면 불안정한 과도기적 물질로 나뉘면서 활성화되는데 이렇게 물질이 활성화된 상태를 (　)이라고 한다. 한 개의 (　)이 주변의 분자를 공격하면 두 개의 (　)이 만들어지면서 (　)의 수가 급격히 증가하는데 이것을 연쇄반응이라고 한다.

① 공유전자쌍
② 원자핵
③ 라디칼
④ 중성자

해설 라디칼은 원자와 분자의 내부 전자가 기저상태에서 여기된 상태로, 다른 전자나 이온에 의하여 충돌되거나 혹은 촉매 등의 작용으로 여기되어 다른 물질과 반응하기 쉬운 것 같은 상태를 말한다.

112 ④ 113 ④ 114 ③ 정답

115 **지구온난화지수(GWP)와 독성이 낮고 할론 소화약제와 소화효과가 유사한 소화약제는 무엇인가?**

① 이산화탄소 소화약제
② 포소화약제
③ 할로겐화합물 및 불활성기체 소화약제
④ 물소화약제

해설 할로겐화합물 및 불활성기체 소화약제는 할론 소화약제와 소화효과가 유사하며, GWP와 독성이 낮다.

116 **소화약제에 대한 설명으로 틀린 것은?**

① 물을 이용하여 무상주수를 하면 A, B, C급 화재에 적응성 있다.
② 이산화탄소 소화약제는 질식, 냉각효과가 있다.
③ 할론 소화약제는 오존층 파괴문제가 있다.
④ 분말 소화약제는 B, C급 화재에만 적응성 있다.

해설 분말 소화약제 중 제3종 분말은 A, B, C급 화재에 적응성 있다.

117 **옥내소화전 점검사항으로 옳지 않은 것은?**

① 방수시간은 5분, 방사거리 측정 시 10m가 나오는지 확인한다.
② 소화전함 표면의 사용요령 부착상태를 확인한다.
③ 방수압력 측정 시 0.17MPa 이상 나와야 한다.
④ 고층건물의 방수압력과 방수량 측정 시 설치 개수가 5개 미만인 경우에는 설치된 수를 동시에 개방시켜 놓고 측정한다.

해설 방수시간은 3분, 방사거리 측정 시 8m가 나오는지 확인한다.

정답 115 ③ 116 ④ 117 ①

118 **D급 화재의 소화방법으로 가장 적절한 것은?**

① 옥내소화전을 활용하여 화재를 소화한다.
② 포소화약제를 이용하여 소화한다.
③ 팽창질석, 팽창진주암, 건조사 등을 이용하여 소화한다.
④ 주수소화한다.

해설 D급 화재(금속화재)는 팽창질석, 팽창진주암, 건조사 등을 이용하여 소화한다.

119 **레버식 밸브로 방사를 중지할 수 있고 소화약제 방출 시 노즐을 잡으면 동상 우려가 있는 소화기는 무엇인가?**

① 분말소화기
② 할론소화기
③ 이산화탄소소화기
④ 포소화기

해설 이산화탄소소화기에 대한 설명이다.

120 **내화구조의 주요구조부로 옳지 않은 것은?**

① 내력벽
② 지붕
③ 바닥
④ 기둥

해설 내화구조의 주요구조부(6가지) : 내력벽, 기둥, 바닥, 보(들보), 지붕틀, 주계단(옥내계단)

118 ③ 119 ③ 120 ② 정답

121 **청력보존프로그램에 대한 내용으로 옳지 않은 것은?**

① 프로그램 내용 : 소음의 유해성과 예방에 관한 교육 실시

② 개선대책 : 대상 공정의 시설·설비에 대한 차음 조치

③ 대상 : 소음으로 인하여 근로자에게 건강장해가 발생한 사업장과 작업환경측정 결과 소음의 노출기준을 2배로 초과한 사업장에서 실시

④ 개선대책 : 청력손실노동자 업무 전환

해설 대상 : 소음으로 인하여 근로자에게 건강장해가 발생한 사업장과 작업환경측정 결과 소음의 노출기준을 초과한 사업장에서 실시

122 **남성이 8시간 근무하며 대사량을 측정한 결과 산소소비량이 1.5L/min이었다. Murrell의 공식을 이용하여 8시간 근로시간 안에 포함되어야 할 휴식시간(min)은?**

① 100 ② 200

③ 300 ④ 400

해설

- $R = T \times \frac{E-S}{E-1.5}$

T : 총 작업시간 = 8시간 = (8hr)(60min/hr) = 480min

E : 작업 에너지소비량 = (1.5L/min)(5kcal/L) = 7.5kcal/min

S : 표준에너지소비량(남자는 5kcal/min, 여자는 3.5kcal/min) = 5kcal/min

1.5 : 휴식 중 에너지소비량

T, E, S 대입

$R = 480 \times \frac{7.5-5}{7.5-1.5} = 200\text{min}$

정답 121 ③ 122 ②

123 유해인자의 개선대책과 실시 예가 잘못 연결된 것은?

① 관리적 대책 : 위험물질 취급 공정을 변경
② 공학적 대책 : 흄후드 설치
③ 개인보호구 사용 : 취급 물질에 적합한 보호구 비치・착용
④ 본질적 대책 : 위험물질 취급 설비를 격리

해설 **관리적 대책** : 매뉴얼 작성, 출입금지, 노출 관리, 교육훈련 등

124 스트레스 관리에 대한 설명으로 옳지 않은 것은?

① 스트레스 이완방법을 익히고 스트레스를 받을 때 활용한다.
② 가끔씩 규칙적인 삶에서 벗어나 취미 등을 즐긴다.
③ 친한 사람들과 교류한다.
④ 긴장을 풀고 많이 웃는다.

해설 규칙적인 생활을 하고 잠을 충분히 잔다.

125 인지특성을 고려한 설계로 가장 거리가 먼 것은?

① 양립성
② 피드백 제공
③ 행동자율성
④ 단순화

해설 **인지특성을 고려한 설계 원리**

- 좋은 개념 모형의 제공 : 사용자와 설계자의 모형이 일치되어야 실수가 적어진다.
- 양립성 : 조작, 작동, 지각 등 관계가 인간이 기대하는 바와 일치시킨다.
- 제약과 행동 유도성 : 제품 다루는 법에 대한 단서를 제공하여 사용방법을 유인한다.
- 가시성 : 작동상태, 작동방법 등 쉽게 파악할 수 있도록 중요기능을 노출한다.
- 피드백 제공 : 작동 결과의 정보를 알려준다.
- 단순화 : 5가지 이내의 보조물 사용하여 기억의 부담을 줄인다.
- 강제적 기능 : 에러방지를 위해 강제적으로 사용순서를 제한하는 기능을 한다.

123 ① 124 ② 125 ③ 정답

126 ACGIH(미국 산업위생전문가협의회)의 발암물질 분류에 대한 설명으로 옳지 않은 것은?

① A1 : 인체에 대한 발암성을 확인한 물질
② A2 : 인체에 대한 발암성이 의심되는 물질
③ A3 : 동물실험 결과 발암성이 확인되었으나 인체에서는 발암성이 확인되지 않은 물질
④ A5 : 자료 불충분으로 인체 발암물질로 분류되지 않은 물질

해설 A5 : 인체에 발암성이 있다고 의심되지 않는 물질

127 〈보기〉에서 설명하는 것은?

보기
- 간단하고 편리하다.
- 유기용제가 파과(breakthrough)될 수 있다.
- 일정 기간별 농도변화 등을 알 수 없다.

① 전 작업시간 연속 시료 채취
② 단시간 시료 채취
③ 전 작업시간 동안의 단일시료채취
④ 부분 작업시간 연속 시료 채취

해설 전 작업시간 동안의 단일시료채취에 대한 설명이다.

128 산소결핍 환경에서 착용할 수 있는 호흡용 보호구가 아닌 것은?

① 특급 방진마스크
② 공기호흡기
③ 송기마스크
④ 호스마스크

해설 방진마스크는 산소농도 18% 미만인 장소에서 절대 착용을 금지한다.

정답 126 ④ 127 ③ 128 ①

129 다음 조건을 통해 ACH를 구하면?

- 실험실의 크기 : 가로 5m, 세로 4.8m, 높이 2.5m
- 필요환기량 : 80m^3/min

① 60 ② 70
③ 80 ④ 90

해설 ACH : 시간당 공기 교환횟수

$$ACH = \frac{\text{필요환기량}}{\text{실험실 용적}}$$

$$ACH = \frac{80m^3/min}{(5m)(4.8m)(2.5m)} \times \frac{60min}{1hr} = 80$$

130 노출기준에 대한 설명으로 옳지 않은 것은?

① 미국산업위생전문가협회(ACGIH)는 허용기준으로 정의한다.
② 대기오염 평가 및 관리에 사용하지 않는다.
③ 비정상 작업에 대한 허용농도의 보정이 필요하다.
④ 노출기준이 낮을수록 독성의 강도가 비교적 세다고 판단할 수 있다.

해설 독성의 강도를 비교할 수 있는 자료가 아니다.

131 암모니아 취급 사업장의 1일 작업시간이 10시간일 경우의 보정노출기준을 구하면?(단, 암모니아의 노출기준은 25ppm이다)

① 15 ② 20
③ 26.1 ④ 31.25

해설 $$\text{보정노출기준} = \text{노출기준} \times \frac{8}{h} = 25ppm \times \frac{8}{10} = 20ppm$$

129 ③ 130 ④ 131 ② 정답

132 휴먼에러의 연결이 잘못된 것은?

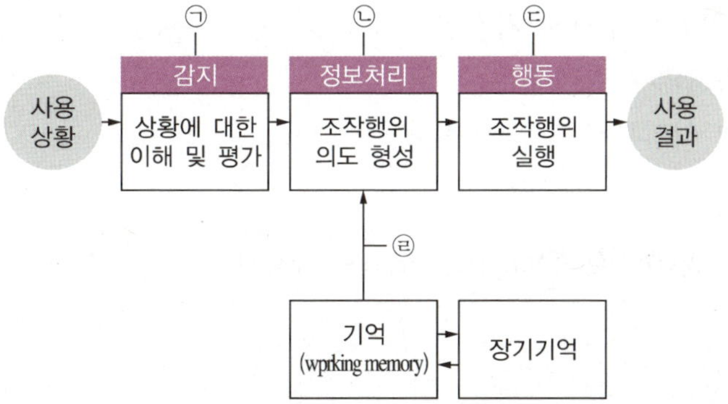

① ㉠ mistake　　② ㉡ mistake

③ ㉢ violation　　④ ㉣ lapse

해설 ㉢ slip

133 인화성 물질로 인한 화재·폭발을 방지하기 위한 시간당 전체 필요환기량(m^3/h)을 구하면?

• 유해물질 비중 : 0.66	• 유해물질 사용량 : 0.1(L/min)
• 유해물질 분자량 : 86	• 유해물질 폭발하한계 : 1.1(%)
• 작업장 온도 : 21(℃)	• 안전계수(S_f) : 10

① 909(m^3/h)　　② 1,009(m^3/h)

③ 1,109(m^3/h)　　④ 1,209(m^3/h)

해설 화재·폭발방지 $Q = \dfrac{24.1 \times S \times G \times S_f \times 100}{M \times LEL \times B}$

$S = 0.66$, $G = 0.1(L/min) = 6(L/h)$, $S_f = 10$, $M = 86$, $LEL = 1.1$, $B = 1$을 식에 대입하면 $Q = 1,009(m^3/h)$이다.

134 비슷한 기능을 갖는 구성요소끼리 한데 모아서 배치한 것은 공간 배치 원리 중 무엇에 대한 설명인가?

① 사용빈도의 원리　　② 기능성의 원리

③ 일관성의 원리　　④ 양립성의 원리

해설 기능성의 원리에 대한 설명이다.

135 **근골격계질환 유해요인 조사표에 들어가는 항목이 아닌 것은?**

① 해당 작업 작업자의 기저질환
② 작업속도의 변화내용
③ 작업별 작업부하 및 작업빈도
④ 작업공정명 및 부서명

해설 ① 근골격계질환 증상조사표에 해당하는 내용이다.

136 **근골격계질환의 작업부하 평가방법에 대한 설명으로 옳지 않은 것은?**

① 들기지수를 이용하는 평가방법은 NLE이다.
② RULA는 상지평가기법으로 작업자세로 인한 작업부하를 빠르게 평가할 수 있다.
③ 상지 말단(손, 손목, 팔꿈치)을 주로 사용하는 작업에 대한 자세와 노동량을 측정하는 도구는 SI이다.
④ 분석자의 분석결과와 작업자의 설문결과를 조합해서 평가하는 것으로 작업자의 주관이 반영되는 평가기법은 OWAS이다.

해설 ④ QEC에 대한 설명이다.

137 **다음 중 물체의 낙하 또는 비래에 의한 위험을 방지 또는 경감하고, 머리 부위 감전에 의한 위험을 방지하는 안전모의 종류로 옳은 것은?**

① AB ② ABE
③ AE ④ ABC

해설 AE 안전모에 대한 설명이다.

135 ① 136 ④ 137 ③ 정답

138 송풍기에 대한 설명으로 옳지 않은 것은?

① 송풍기 깃의 구조가 분진을 자체 정화할 수 있게 되어 있는 것은 평판형 송풍기이다.
② 원심력 송풍기는 설치비가 저렴하고 소음이 비교적 작아서 많이 사용한다.
③ 프로펠러 송풍기는 전체 환기에 적합하고 고효율이다.
④ 축류식 송풍기는 흡입 방향과 배출 방향이 일직선이다.

해설 프로펠러 송풍기는 설치비용이 저렴하며 전체환기에 적합하나 효율이 낮다.

139 국소배기장치 설치순서를 옳게 나열하였을 때 네 번째 순서인 것은?(단, 배풍기의 케이싱이나 임펠러가 유해물질에 의하여 부식이 발생할 수 있다고 가정)

㉠ 공기정화기	㉡ 후드
㉢ 송풍기	㉣ 덕트
㉤ 굴뚝	

① ㉠　　② ㉢
③ ㉣　　④ ㉤

해설 설치순서 : 후드 → 덕트 → 공기정화장치 → 배풍기(송풍기) → 배기구

140 후드에 대한 설명으로 옳지 않은 것은?

① 흄후드는 포위식 후드로, 입자 상태의 제어풍속 기준은 0.7m/s이다.
② 리시버식에는 그라인더 커버형과 캐노피형이 있다.
③ 슬로트형은 외부식 후드로 유해물질을 포위하지 않고 가까운 위치에 설치한다.
④ 포위식 및 부스식 후드의 제어풍속은 후드의 개구면으로부터 가장 먼 유해물질 발생원 또는 작업 위치에서 후드 쪽으로 흡인되는 기류의 속도를 측정한다.

해설 ④는 외부식 및 리시버식 후드의 측정방법이다.

정답 138 ③ 139 ② 140 ④

얼마나 많은 사람들이 책 한권을 읽음으로써

인생에 새로운 전기를 맞이했던가.

– 헨리 데이비드 소로 –

부록 02 과년도 + 최근 기출문제

2022년 제1회 과년도 기출문제

2023년 제2회 과년도 기출문제

2024년 제3회 최근 기출문제

2022년 제1회 과년도 기출문제

제1과목

연구실 안전 관련 법령

01

「연구실 안전환경 조성에 관한 법률 시행규칙」에 따른 연구실안전관리위원회에 대한 설명으로 옳지 않은 것은?

① 위원장 1명을 포함한 10명 이내의 위원으로 구성한다.

② 위원회의 위원장은 위원 중에서 호선한다.

③ 위원회의 위원장은 연구활동종사자에게 위원회에서 의결된 내용 등 회의 결과를 게시 또는 그 밖의 적절한 방법으로 신속하게 알려야 한다.

④ 「연구실 안전환경 조성에 관한 법률」에서 규정한 사항 외에 위원회 운영에 필요한 사항은 위원회의 의결을 거쳐 위원장이 정한다.

해설

① 위원장 1명을 포함한 15명 이내의 위원으로 구성한다.

02

(   ) 안에 들어갈 말로 옳은 것은?

보기

「연구실 안전환경 조성에 관한 법률 시행규칙」에 따르면, 연구활동종사자가 보고대상에 해당하는 연구실사고가 발생한 경우에는 사고가 발생한 날부터 (   ) 이내에 연구실사고 조사표를 작성하여 과학기술정보통신부장관에게 보고해야 한다.

① 1주　② 2주
③ 1개월　④ 2개월

03

「연구실 안전환경 조성에 관한 법률 시행령」에 따른 연구실안전심의위원회의 운영에 대한 설명으로 옳지 않은 것은?

① 위원장이 부득이한 사유로 직무를 수행할 수 없을 때에는 위원장이 미리 지명한 위원이 그 직무를 대행한다.

② 정기 회의는 연 4회 이상 해야 한다.

③ 임시 회의는 위원장이 필요하다고 인정할 때 또는 재적위원 3분의 1 이상이 요구할 때 가능하다.

④ 회의는 재적 위원 과반수의 출석으로 개의하고, 출석 위원 과반수의 찬성으로 의결한다.

해설

② 정기 회의는 연 2회 실시한다.

정답 1 ① 2 ③ 3 ②

04

「연구실 안전환경 조성에 관한 법률 시행령」에 따른 연구실 안전점검지침 및 정밀안전진단지침 작성 시 포함해야 하는 사항이 아닌 것은?

① 안전점검・정밀안전진단의 점검시설 및 안전성 확보방안에 관한 사항
② 안전점검・정밀안전진단을 실시하는 자의 유의사항
③ 안전점검・정밀안전진단의 실시에 필요한 장비에 관한 사항
④ 안전점검・정밀안전진단 결과의 자체평가 및 사후조치에 관한 사항

해설

연구실 안전점검지침 및 정밀안전진단지침 작성 시 포함해야 하는 사항

- 안전점검・정밀안전진단 실시 계획의 수립 및 시행에 관한 사항
- 안전점검・정밀안전진단을 실시하는 자의 유의사항
- 안전점검・정밀안전진단의 실시에 필요한 장비에 관한 사항
- 안전점검・정밀안전진단의 점검대상 및 항목별 점검방법에 관한 사항
- 안전점검・정밀안전진단 결과의 자체평가 및 사후조치에 관한 사항
- 그 밖에 연구실의 기능 및 안전을 유지・관리하기 위하여 과학기술정보통신부장관이 필요하다고 인정하는 사항

05

「연구실 안전환경 조성에 관한 법률 시행규칙」에 따르면, 「산업안전보건법 시행규칙」 제146조에 따른 임시 작업과 단시간 작업을 수행하는 연구활동종사자에 대해서는 특수건강검진을 실시하지 않을 수 있다. 이에 해당하는 연구활동종사자는?

① 발암성 물질을 취급하는 연구활동종사자
② 생식세포 변이원성 물질을 취급하는 연구활동종사자
③ 생식독성 물질을 취급하는 연구활동종사자
④ 알레르기 유발물질을 취급하는 연구활동종사자

해설

임시 작업과 단시간 작업을 수행하는 연구활동종사자(발암성 물질, 생식세포 변이원성 물질, 생식독성 물질을 취급하는 연구활동종사자는 제외)에 대해서는 특수건강검진을 실시하지 않을 수 있다.

4 ① 5 ④ 정답

06

「연구실 안전환경 조성에 관한 법률 시행규칙」에 따른 안전관리 우수연구실 인증을 받으려는 연구주체의 장이 과학기술정보통신부장관에게 제출해야 하는 서류가 아닌 것은?

① 연구실 안전 관련 예산 및 집행 현황
② 연구과제 수행 현황
③ 연구실 배치도
④ 연구실 안전환경 관리체계

해설

안전관리 우수연구실 인증을 받으려는 연구주체의 장이 과학기술정보통신부장관에게 제출해야 하는 서류

- 「기초연구진흥 및 기술개발지원에 관한 법률」 제14조의2 제1항에 따라 인정받은 기업부설연구소 또는 연구개발전담부서의 경우에는 인정서 사본
- 연구활동종사자 현황
- 연구과제 수행 현황
- 연구장비, 안전설비 및 위험물질 보유 현황
- 연구실 배치도
- 연구실 안전환경 관리체계 및 연구실 안전환경 관계자의 안전의식 확인을 위해 필요한 서류(과학기술정보통신부장관이 해당 서류를 정하여 고시한 경우만 해당)

07

「연구실 안전환경 조성에 관한 법률 시행령」에 따른 안전점검의 종류가 아닌 것은?

① 일상점검
② 수시점검
③ 정기점검
④ 특별안전점검

08

「연구실 안전환경 조성에 관한 법률 시행령」에 따른 연구실책임자의 지정에 관한 설명으로 옳지 않은 것은?

① 대학・연구기관 등에서 연구책임자 또는 조교수 이상의 직에 재직하는 사람이어야 한다.
② 해당 연구실의 연구활동과 연구활동종사자를 직접 지도・관리・감독하는 사람이어야 한다.
③ 해당 연구실의 사용 및 안전에 관한 권한과 책임을 가진 사람이어야 한다.
④ 연구실안전관리사 자격을 취득하거나 안전관리기술에 관한 국가기술자격을 취득한 사람이어야 한다.

해설

연구주체의 장은 연구실사고 예방 및 연구활동종사자의 안전을 위하여 각 연구실에 다음의 요건을 모두 갖춘 사람 1명을 연구실책임자로 지정해야 한다.

- 대학・연구기관 등에서 연구책임자 또는 조교수 이상의 직에 재직하는 사람일 것
- 해당 연구실의 연구활동과 연구활동종사자를 직접 지도・관리・감독하는 사람일 것
- 해당 연구실의 사용 및 안전에 관한 권한과 책임을 가진 사람일 것

정답 6 ① 7 ② 8 ④

09

「연구실 안전환경 조성에 관한 법률 시행규칙」에 따른 연구실안전관리위원회의 위원이 될 수 있는 대상이 아닌 것은?

① 연구실책임자
② 연구활동종사자
③ 연구실 안전 관련 예산 편성 부서의 장
④ 연구주체의 장

해설

위원회의 위원은 연구실안전환경관리자와 다음의 사람 중에서 연구주체의 장이 지명하는 사람으로 한다.

- 연구실책임자
- 연구활동종사자
- 연구실 안전 관련 예산 편성 부서의 장
- 연구실안전환경관리자가 소속된 부서의 장

10

「연구실 안전환경 조성에 관한 법률 시행규칙」에 따른 중대연구실사고의 보고 및 공표에 대한 설명으로 옳지 않은 것은?

① 중대연구실사고가 발생한 경우에는 사고 발생 개요 및 피해 상황을 보고해야 한다.
② 중대연구실사고가 발생한 경우에는 사고 조치 내용, 사고 확산 가능성 및 향후 조치·대응 계획을 보고해야 한다.
③ 중대연구실사고가 발생한 경우에는 해당 내용을 과학기술정보통신부장관에게 전화, 팩스, 전자우편이나 그 밖의 적절한 방법으로 보고해야 한다.
④ 연구활동종사자는 연구실사고의 발생 현황을 연구실의 인터넷 홈페이지나 게시판 등에 공표해야 한다.

해설

④ 연구주체의 장은 연구실사고의 발생 현황을 대학·연구기관 등 또는 연구실의 인터넷 홈페이지나 게시판 등에 공표해야 한다.

11

(　　) 안에 들어갈 말로 옳은 것은?

보기

「연구실 안전환경 조성에 관한 법률 시행규칙」에 따르면 연구실에 신규로 채용된 근로자에 대한 교육 시기 및 최소 교육기간은 (　　)이다.

① 채용 후 6개월 이내 4시간 이상
② 채용 후 6개월 이내 8시간 이상
③ 채용 후 1년 이내 4시간 이상
④ 채용 후 1년 이내 8시간 이상

해설

연구활동종사자 교육·훈련의 시간 및 내용 – 신규 교육·훈련

교육대상		교육시간 (교육시기)	교육내용
근로자	가. 영 제11조제2항에 따른 연구실에 신규로 채용된 연구활동종사자	8시간 이상 (채용 후 6개월 이내)	• 연구실 안전환경 조성 관련 법령에 관한 사항 • 연구실 유해인자에 관한 사항 • 보호장비 및 안전장치 취급과 사용에 관한 사항 • 연구실사고 사례, 사고 예방 및 대처에 관한 사항 • 안전표지에 관한 사항 • 물질안전보건자료에 관한 사항 • 사전유해인자위험분석에 관한 사항 • 그 밖에 연구실 안전관리에 관한 사항
근로자	나. 영 제11조제2항에 따른 연구실이 아닌 연구실에 신규로 채용된 연구활동종사자	4시간 이상 (채용 후 6개월 이내)	
근로자가 아닌 사람	다. 대학생, 대학원생 등 연구활동에 참여하는 연구활동종사자	2시간 이상 (연구활동 참여 후 3개월 이내)	

저자의견 : 문제를 통해 정밀안전진단 대상 연구실인지 알 수 없으므로 ①, ②가 복수 정답이 되어야 한다.

9 ④ 10 ④ 11 ② 정답

12

「연구실 안전환경 조성에 관한 법률 시행령」에 따른 사전유해인자위험분석 절차 중 마지막 순서는?

① 해당 연구실의 유해인자별 위험 분석
② 비상조치계획 수립
③ 연구실안전계획 수립
④ 해당 연구실의 안전 현황 분석

해설

사전유해인자위험분석 절차
해당 연구실의 안전 현황 분석 → 해당 연구실의 유해인자별 위험 분석 → 연구실안전계획 수립 → 비상조치계획 수립

13

「연구실 안전환경 조성에 관한 법령」에 따른 연구실 사고조사반의 구성 및 운영에 관한 설명으로 옳지 않은 것은?

① 사고조사반을 구성할 때에는 연구실 안전사고 조사의 객관성을 확보하기 위하여 연구실 안전과 관련한 업무를 수행하는 관계 공무원이 포함되어야 한다.
② 사고조사반의 활동과 관련하여 규정한 사항 외에 사고조사반의 구성 및 운영에 필요한 사항은 사고조사반의 책임자가 정한다.
③ 조사반원은 사고조사 과정에서 업무상 알게 된 정보를 외부에 제공하고자 하는 경우 사전에 과학기술정보통신부장관과 협의하여야 한다.
④ 과학기술정보통신부장관은 조사가 필요하다고 인정되는 안전사고 발생 시 지명 또는 위촉된 조사반원 중 5명 내외로 사고조사반을 구성한다.

해설

② 사고조사반의 활동과 관련하여 규정한 사항 외에 사고조사반의 구성 및 운영에 필요한 사항은 과학기술정보통신부장관이 정한다.

14

「고압가스 안전관리법」에 따른 안전관리자에 관한 설명으로 옳지 않은 것은?

① 특정고압가스 사용신고자는 사업 개시 전이나 특정고압가스의 사용 전에 안전관리자를 선임하여야 한다.
② 안전관리자를 선임한 자는 안전관리자를 선임 또는 해임하거나 안전관리자가 퇴직한 경우에는 지체 없이 신고하여야 한다.
③ 안전관리자를 선임한 자는 안전관리자를 해임하거나 안전관리자가 퇴직한 경우에는 해임 또는 퇴직한 날부터 60일 이내에 다른 안전관리자를 선임하여야 한다.
④ 안전관리자가 여행·질병으로 일시적으로 그 직무를 수행할 수 없는 경우에는 대리자를 지정하여 일시적으로 안전관리자의 직무를 대행하게 하여야 한다.

해설

③ 안전관리자를 선임한 자는 안전관리자를 선임 또는 해임하거나 안전관리자가 퇴직한 경우에는 지체 없이 이를 허가관청·신고관청·등록관청 또는 제20조제1항에 따른 신고를 받은 관청(이하 '사용신고관청'이라 함)에 신고하고, 해임 또는 퇴직한 날부터 30일 이내에 다른 안전관리자를 선임하여야 한다. 단, 그 기간 내에 선임할 수 없으면 허가관청·신고관청·등록관청 또는 사용신고관청의 승인을 받아 그 기간을 연장할 수 있다.

정답 12 ② 13 ② 14 ③

15

「연구실 안전환경 조성에 관한 법률」에 따른 사전유해인자위험분석에 대한 설명으로 옳지 않은 것은?

① 연구실책임자는 사전유해인자위험분석 결과를 연구활동 시작 전에 연구실안전환경관리자에게 보고하여야 한다.

② 연구주체의 장은 사고발생 시 유해인자 위치가 표시된 배치도를 사고대응기관에 즉시 제공하여야 한다.

③ 연구활동과 관련하여 주요 변경사항이 발생하거나 연구실책임자가 필요하다고 인정하는 경우에는 사전유해인자위험분석을 추가적으로 실시해야 한다.

④ 연구실책임자는 사전유해인자위험분석 보고서를 연구실 출입문 등 해당 연구실의 연구활동종사자가 쉽게 볼 수 있는 장소에 게시할 수 있다.

해설

① 연구실책임자는 사전유해인자위험분석 결과를 연구주체의 장에게 보고하여야 한다.

16

「연구실 안전환경 조성에 관한 법률」에 따른 일반건강검진의 검사 항목이 아닌 것은?

① 신장, 체중, 시력 및 청력 측정

② 심전도 검사

③ 혈압, 혈액 및 소변 검사

④ 흉부방사선 촬영

해설

일반건강검진의 검사 항목

- 문진과 진찰
- 혈압, 혈액 및 소변 검사
- 신장, 체중, 시력 및 청력 측정
- 흉부방사선 촬영

17

「연구실 안전환경 조성에 관한 법률 시행령」에 따른 연구실안전환경관리자의 업무가 아닌 것은?

① 안전점검・정밀안전진단 실시 계획의 수립 및 실시

② 연구실 안전교육계획 수립 및 실시

③ 연구실 안전환경 및 안전관리 현황에 관한 통계의 유지・관리

④ 연구실 안전관리 및 연구실사고 예방 업무 수행

해설

④는 연구실안전관리담당자의 업무이다.

15 ① 16 ② 17 ④ 정답

18

「연구실 안전환경 조성에 관한 법령」에 따른 정밀안전진단에 관한 설명으로 옳지 않은 것은?

① 연구주체의 장은 중대연구실사고가 발생한 경우 정밀안전진단을 실시하여야 한다.

② 연구주체의 장은 유해인자를 취급하는 등 위험한 작업을 수행하는 연구실에 대하여 정기적으로 정밀안전진단을 실시하여야 한다.

③ 연구주체의 장은 정밀안전진단을 실시하는 경우 과학기술정보통신부장관에 등록된 대행기관으로 하여금 이를 대행하게 할 수 있다.

④ 정기적으로 정밀안전진단을 실시해야 하는 연구실은 3년마다 1회 이상 정밀안전진단을 실시해야 한다.

해설

④ 정기적으로 정밀안전진단을 실시해야 하는 연구실은 2년마다 1회 이상 정밀안전진단을 실시해야 한다.

19

「연구실 안전환경 조성에 관한 법률」에 따른 중대연구실사고가 아닌 것은?

① 사망자가 1명 이상 발생한 사고

② 후유장해 1급부터 9급까지에 해당하는 부상자가 2명 이상 발생한 사고

③ 3개월 이상의 요양이 필요한 부상자가 동시에 2명 이상 발생한 사고

④ 3일 이상의 입원이 필요한 부상을 입거나 질병에 걸린 사람이 동시에 5명 이상 발생한 사고

해설

중대연구실사고

- 사망자 또는 과학기술정보통신부장관이 정하여 고시하는 후유장해(부상 또는 질병 등의 치료가 완료된 후 그 부상 또는 질병 등이 원인이 되어 신체적 또는 정신적 장해가 발생한 것을 말함. 이하 같음) 1급부터 9급까지에 해당하는 부상자가 1명 이상 발생한 사고
- 3개월 이상의 요양이 필요한 부상자가 동시에 2명 이상 발생한 사고
- 3일 이상의 입원이 필요한 부상을 입거나 질병에 걸린 사람이 동시에 5명 이상 발생한 사고
- 법 제16조제2항 및 「연구실 안전환경 조성에 관한 법률 시행령」 제13조에 따른 연구실의 중대한 결함으로 인한 사고

저자의견 : 「연구실 안전환경 조성에 관한 법률」에 따른 중대연구실사고의 기준이 아닌 것은?이라는 문제로 수정하면 ②가 답이 된다.

정답 18 ④ 19 모두 정답

20

「연구실 안전환경 조성에 관한 법률」에 따른 용어 정의로 옳지 않은 것은?

① 안전점검은 연구실사고를 예방하기 위하여 잠재적 위험성의 발견과 그 개선대책의 수립을 목적으로 실시하는 조사·평가를 말한다.

② 연구실은 대학·연구기관 등이 연구활동을 위하여 시설·장비·연구재료 등을 갖추어 설치한 실험실·실습실·실험준비실을 말한다.

③ 연구활동은 과학기술분야의 지식을 축적하거나 새로운 적용방법을 찾아내기 위하여 축적된 지식을 활용하는 체계적이고 창조적인 활동(실험·실습 등을 포함)을 말한다.

④ 유해인자는 화학적·물리적·생물학적 위험요인 등 연구실사고를 발생시키거나 연구활동종사자의 건강을 저해할 가능성이 있는 인자를 말한다.

해설

①은 정밀안전진단에 대한 정의이다.

제2과목

연구실 안전관리 이론 및 체계

21

호킨스(Hawkins)가 제안한 SHELL 모델의 구성요소에 관한 설명으로 옳은 것은?

① 하드웨어(Hardware) : 의도하는 결과를 얻기 위한 무형적인 요소를 말한다. 특히 화학, 생물학, 의학 분야에서 시스템 내의 작업지시, 정보교환 등과 관계된다.

② 소프트웨어(Software) : 기계, 설비, 장치, 도구 등 유형적인 요소를 말한다. 특히 기계, 전기 분야에서는 연구 결과에 크게 영향을 미칠 수 있다.

③ 환경(Environment) : 의도하지 않은 결과를 얻기 위한 무형적인 요소를 말한다. 특히 공학 분야에서 시스템 내의 작업지시, 정보교환 등과 관계된다.

④ 인간(Liveware) : 연구활동종사자 본인은 물론, 소속된 집단의 주변 구성원들의 인적요인, 나아가 인간관계 등 상호작용까지도 포함된다.

해설

① 하드웨어(Hardware) : 기계, 설비, 장치, 도구 등 유형적인 요소를 말한다.
② 소프트웨어(Software) : 컴퓨터의 소프트웨어는 물론, 시스템 내의 작업지시, 정보교환 등 구성요소 간 영향을 주고받는 모든 무형적인 요소들을 말한다.
③ 환경(Environment) : 의도하는 결과를 얻기 위한 환경적 요소들을 말한다. 특히 화학이나 생물학, 의학 분야에서는 어떤 상황에 놓이느냐에 따라 연구 결과를 얻을 수 있기도 하고 결과가 달라질 수도 있으므로 중요한 요소이다.

20 ① 21 ④ 정답

22

매슬로우(Maslow)의 인간 욕구 5단계 중 3단계는?

① 존경 욕구
② 안전의 욕구
③ 자아 실현의 욕구
④ 사랑, 사회 소속감 추구 욕구

해설

인간의 욕구위계설(Maslow)

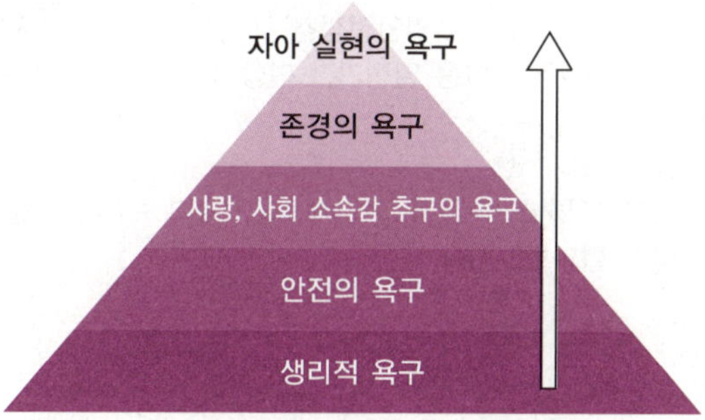

23

뇌파의 형태에 따른 인간의 의식수준 5단계 모형에 대한 설명으로 옳은 것은?

① 0 단계는 과도 긴장 시나 감정 흥분 시의 의식수준으로 대뇌의 활동력은 높지만 주의가 눈앞의 한 곳에 집중되고 냉정함이 결여되어 판단은 둔화한다.
② Ⅰ 단계는 적극적인 활동 시의 명쾌한 의식으로 대뇌가 활발히 움직이므로 주위의 범위도 넓고, 과오를 일으키는 일도 거의 없다.
③ Ⅱ 단계는 의식이 가장 안정된 상태이나 작업을 수행하기에는 미처 준비되지 못한 상태로, 숙면을 취하고 깨어난 상태를 가리킨다.
④ Ⅲ 단계는 과로했을 때나 야간작업을 했을 때 볼 수 있는 의식수준으로 부주의 상태가 강해서 인적 오류(human error)가 빈발한다.

해설

인간의 의식수준 5단계

단계	생리적 상태	의식 상태	신뢰성	뇌파
Phase 0	수면, 뇌발작	무의식	0	δ파
Phase Ⅰ	졸음, 피로, 취중	의식 둔화	0.9 이하	θ파
Phase Ⅱ	일상, 휴식, 안정, 정상작업 중	정상, 안정	0.99~0.99999	α파
Phase Ⅲ	적극 활동 중	분명, 집중	0.999999 이상	β파
Phase Ⅳ	과긴장, 긴급방위반응, 당황 → 패닉	흥분, 과긴장	0.9 이하	β파, 간질파

24

(　　) 안에 들어갈 숫자로 옳은 것은?

보기

「연구실 안전환경 조성에 관한 법률 시행규칙」에 따르면, 연구주체의 장은 연구과제 수행을 위한 연구비를 책정할 때 그 연구과제 인건비 총액의 (　　)% 이상에 해당하는 금액을 안전 관련 예산으로 배정해야 한다.

① 1　　② 2
③ 3　　④ 4

해설

연구주체의 장은 법 연구과제 수행을 위한 연구비를 책정할 때 그 연구과제 인건비 총액의 1% 이상에 해당하는 금액을 안전 관련 예산으로 배정해야 한다.

25

「연구실 안전환경 조성에 관한 법률 시행령」에 따른 연구실안전정보시스템을 구축할 때 포함해야 하는 정보가 아닌 것은?

① 기본계획 및 연구실 안전 정책에 관한 사항
② 연구실 내 유해인자에 관한 정보
③ 연구실 내 보유 연구장비 현황
④ 대학 및 연구기관 등의 현황

해설

연구실안전정보시스템을 구축할 때 포함해야 하는 정보

- 대학·연구기관 등의 현황
- 분야별 연구실사고 발생 현황, 연구실사고 원인 및 피해 현황 등 연구실사고에 관한 통계
- 기본계획 및 연구실 안전 정책에 관한 사항
- 연구실 내 유해인자에 관한 정보
- 안전점검지침 및 정밀안전진단지침
- 안전점검 및 정밀안전진단 대행기관의 등록 현황
- 안전관리 우수연구실 인증 현황
- 권역별연구안전지원센터의 지정 현황
- 연구실안전환경관리자 지정 내용 등 법 및 이 영에 따른 제출·보고 사항
- 그 밖에 연구실 안전환경 조성에 필요한 사항

26

「연구실 안전점검 및 정밀안전진단에 관한 지침」에 따른 노출도평가 결과보고서의 서류 보존·관리기간은?

① 1년
② 2년
③ 3년
④ 5년

해설

일상점검, 정기점검, 특별안전점검 및 정밀안전진단 실시 결과 보고서 등은 다음 일정기간 이상 보존·관리하여야 한다.

- 일상점검표 : 1년
- 정기점검, 특별안전점검, 정밀안전진단 결과보고서, 노출도평가 결과보고서 : 3년

27

「연구실 안전환경 조성에 관한 법률」에 따른 안전관리 우수연구실 인증 취소 사유로 옳지 않은 것은?

① 거짓이나 그 밖의 부정한 방법으로 인증을 받은 경우
② 정당한 사유 없이 6개월 이상 연구활동을 수행하지 않은 경우
③ 인증서를 반납하는 경우
④ 인증 기준에 적합하지 아니하게 된 경우

해설

안전관리 우수연구실 인증 취소 사유

- 거짓이나 그 밖의 부정한 방법으로 인증을 받은 경우
- 정당한 사유 없이 1년 이상 연구활동을 수행하지 않은 경우
- 인증서를 반납하는 경우
- 인증 기준에 적합하지 아니하게 된 경우

24 ① 25 ③ 26 ③ 27 ② 정답

28

「안전관리 우수연구실 인증제 운영에 관한 규정」에 따른 연구실 안전환경시스템 분야의 세부항목으로 옳지 않은 것은?

① 조직 및 업무분장
② 교육 및 훈련, 자격 등
③ 연구실 환경·보건 관리
④ 의사소통 및 정보제공

해설
③은 연구실 안전환경 활동 수준 분야의 세부항목이다.

29

( ) 안에 들어갈 말로 옳은 것은?

보기
( )은 연구활동을 주요 단계로 구분하여 단계별 유해인자의 제거, 최소화 및 사고를 예방하기 위한 대책을 마련하는 기법을 말한다.

① 비상조치계획
② 결함수 분석
③ 연구개발활동안전분석
④ 연구실 안전현황 분석

해설
연구개발활동안전분석은 연구활동을 주요 단계로 구분하여 단계별 유해인자의 제거, 최소화 및 사고를 예방하기 위한 대책을 마련하는 기법을 말한다.

30

〈보기〉에서 지름길 반응 또는 생략행위에 해당하는 사례를 모두 고른 것은?

보기
ㄱ. 고압가스 등의 위험물에 접근을 제한하기 위해 통로에 노란색 선을 표시하였으나, 이를 무시하고 빠른 길을 가려고 이동 중 위험물을 건드려 발생한 사고
ㄴ. 골무를 손에 끼고 뾰족한 기구를 압입하여 작업을 할 경우, 골무가 멀리 있거나 찾을 수 없어서 근처의 손수건으로 대체하여 작업하다가 손을 다치는 사고
ㄷ. 개인보호구를 착용하지 않은 상태에서 뜨겁게 달아오른 시편을 잡아 화상을 당한 사고
ㄹ. 습관적으로 스마트폰을 보는 연구활동종사자가 실험 도중에 스마트폰을 계속 확인하여 오염원에 접촉된 사고

① ㄱ, ㄴ
② ㄱ, ㄹ
③ ㄴ, ㄷ
④ ㄷ, ㄹ

해설
지름길 반응 또는 생략행위는 정해진 절차를 따르지 않고 빠르게 진행하려고 하는 행동이다.

정답 28 ③ 29 ③ 30 ①

31

위험성평가(risk assessment)에 대한 설명으로 옳지 않은 것은?

① 위험성이란 유해·위험요인이 부상 또는 질병으로 이어질 수 있는 가능성과 중대성을 조합한 것이다.

② 유해위험요인 파악 방법에는 순회점검에 의한 방법, 안전보건 자료에 의한 방법, 안전보건 체크리스트에 의한 방법 등이 있다.

③ 위험성 추정은 위험성의 크기가 허용 가능한 범위인지 여부를 판단하는 것을 말한다.

④ 위험성 감소대책 수립 시 작업절차서 정비와 같은 관리적 대책보다는 환기장치 설치 등과 같은 공학적 대책을 우선적으로 고려하여야 한다.

해설

③은 위험성 결정에 대한 설명이다.

32

FTA(Fault Tree Analysis)에 대한 설명으로 옳은 것은?

① 1962년 미국 벨전화연구소의 H.A.Waston에 의해 군용으로 고안되어 개발된 귀납적 분석방법이다.

② 상향식(bottom-up) 방법으로 고장 발생의 인과관계를 AND Gate나 OR Gate를 사용하여 논리표(logic diagram)의 형으로 나타내는 시스템 안전 해석 방법이다.

③ 시스템에 있어서 휴먼에러를 정량적으로 평가하기 위해서 개발한 예측 기법이다.

④ 정상사상(top event)의 선정 시 가능한 다수의 하위 레벨 사상을 포함하고, 설계상·기술상 대처 가능한 사상이 되도록 고려해야 한다.

해설

① 1962년 미국 벨전화연구소의 H.A.Waston에 의해 군용으로 고안되어 개발된 연역적 분석방법이다.

② 하향식(top-down) 방법으로 고장 발생의 인과관계를 AND Gate나 OR Gate를 사용하여 논리표(logic diagram)의 형으로 나타내는 시스템 안전 해석 방법이다.

③ 시스템에 있어서 휴먼에러를 정량적으로 평가하기 위해서 개발한 예측 기법은 THERP이다.

31 ③ 32 ④ 정답

33

〈보기〉는 연구실사고 재발방지대책 수립 시 안전확보 방법이다. 우선순위가 높은 것부터 순서대로 나열한 것은?

보기	
ㄱ. 사고확대 방지	ㄴ. 위험제거
ㄷ. 위험회피	ㄹ. 자기방호

① ㄴ-ㄷ-ㄹ-ㄱ

② ㄴ-ㄹ-ㄷ-ㄱ

③ ㄷ-ㄴ-ㄹ-ㄱ

④ ㄷ-ㄹ-ㄴ-ㄱ

해설

1. 위험제거 : 가장 근본적인 해결방법으로 위험원 자체를 제거한다.
2. 위험회피 : 위험원 제거가 불가능할 경우 위험원을 시간적, 공간적으로 회피할 수 있는 방법을 찾는다.
3. 자기방호 : 위험회피가 불가능할 경우 자기를 보호할 수 있는 개인보호구, 방호벽 등으로 방호한다.
4. 사고확대 방지 : 사고 발생 이후 피해가 확대되지 않도록 초동대응한다.

34

(　　) 안에 들어갈 말로 옳은 것은?

보기

안전교육의 방법 중 (　　)은 사고력을 포함한 종합능력을 육성하는 교육을 말한다.

① 문제해결교육　　② 지식교육

③ 기술교육　　④ 태도교육

해설

② 지식교육 : 법규, 규정, 기준, 수칙의 숙지를 위한 교육이다.
③ 기술교육 : 작업방법, 조작행위를 체득한다.
④ 태도교육 : 안전의식을 향상시키는 등 동기를 부여하고, 안전 습관을 형성한다.

35

〈보기〉의 설명에 해당하는 교육 기법은?

보기

- 장점
  - 흥미를 일으킨다.
  - 요점파악이 쉽고 습득이 빠르다.
- 단점
  - 교육장소 섭외나 선정이 어렵다.
  - 학습과 작업을 구별하기 곤란할 수 있다.
  - 교육 중 작업자 실수나 사고의 위험성이 있다.

① 실습

② 시청각교육

③ 토의법

④ 프로젝트법

해설

② 시청각교육 : 학습속도가 빠르나, 적절한 자료를 확보하기 어렵다.
③ 토의법 : 지식경험을 자유롭게 공유할 수 있으나, 학습자 간에 학습능력 차이가 클 경우 효과적이지 않다.
④ 프로젝트법 : 프로젝트를 진행하는 과정에서 학생에게 학습이 일어난다.

36

(　　) 안에 들어갈 말로 옳은 것은?

보기

지식교육의 진행과정은 '도입 → 제시 → (　　) → 확인' 순으로 이루어진다.

① 청취　　② 이해

③ 적용　　④ 평가

해설

지식교육의 진행과정은 '도입 → 제시 → 적용 → 확인' 순으로 이루어진다.

정답 33 ① 34 ① 35 ① 36 ③

37

안전교육 효과의 평가에 대한 설명으로 옳지 않은 것은?

① 교육을 실시했다고 해서 반드시 교육효과가 나타나는 것은 아니다.

② 태도교육의 효과는 시험이나 실습을 통해 확인할 수 있다.

③ 안전심리학적 측면에서 가장 중요한 것은 안전동기부여(safety motivation)이다.

④ 장기간에 걸쳐 행동이나 태도의 변화가 일어나는지를 모니터링할 필요가 있다.

해설

② 태도교육의 효과는 시험이나 실습을 통해 확인할 수 없다.

38

리즌(Reason)의 스위스 치즈 모델(swiss cheese model)에 따른 실패요인 또는 사고를 차단하지 못한 요인이 아닌 것은?

① 조직의 문제

② 감독의 문제

③ 사고대응의 문제

④ 불완전 행위

해설

실패요인 또는 사고를 차단하지 못한 요인

조직의 문제, 감독의 문제, 불안전 행위의 유발조건, 불안전 행위

39

3E 원칙 중 기술적(Engineering) 대책이 아닌 것은?

① 안전설계

② 작업환경 개선

③ 설비 개선

④ 적합한 기준 설정

해설

④는 관리적 대책에 포함되는 내용이다.

3E 원칙

- 기술적(Engineering) 대책 : 안전설계, 설비·환경 개선 등
- 관리적(Enforcement) 대책 : 규정, 수칙을 통한 규제 등
- 교육적(Education) 대책 : 작업방법 교육, 안전의식 고취, 부정적인 태도 시정 등

40

불안전한 행동에 관한 설명으로 옳지 않은 것은?

① 불안전한 상태에 의한 사고 비율이 불안전한 행동에 의한 사고 비율보다 낮다.

② 태도의 불량 및 의욕부진, 인적 특성에 의한 불안전한 행동은 잠재적인 위험 요인이므로 이성적 교육 후에 해결되어야 한다.

③ 기능 미숙에 의한 불안전한 행동은 교육이나 훈련에 의해 이성적으로 개선될 수 있다.

④ 지식 부족에 의한 불안전한 행동은 교육에 의해 이성적으로 개선될 수 있다.

해설

② 이성적 교육 전에 해결되어야 한다.

37 ② 38 ③, ④ 39 ④ 40 ② 정답

제3과목

연구실 화학 · 가스 안전관리

41

(　　) 안에 들어갈 말로 옳은 것은?

> 보기
>
> (　　)은/는 액화가스의 형태로 저장하며, 가연성, 독성 및 부식성의 성질을 모두 가지고 있다.

① 아르곤(Ar)

② 암모니아(NH_3)

③ 염소(Cl_2)

④ 수소(H_2)

해설

가스의 분류

- 가연성 가스 : 암모니아, 수소
- 독성가스 : 암모니아, 염소
- 부식성가스 : 암모니아, 염소

42

다음 중 고압가스가 아닌 것은?

① 15℃에서 게이지 압력이 0.2MPa인 아세틸렌

② 25℃에서 게이지 압력이 0.8MPa인 기체질소

③ 35℃에서 게이지 압력이 0.3MPa인 액화프로판

④ −40℃에서 게이지 압력이 0.9MPa인 기체산소

해설

고압가스의 종류와 범위

- 상용의 온도에서 압력(게이지 압력, 이하 같음)이 1MPa 이상이 되는 압축가스로서 실제로 그 압력이 1MPa 이상이 되는 것 또는 섭씨 35도에서 압력이 1MPa 이상이 되는 압축가스(아세틸렌가스는 제외)
- 상용의 온도에서 압력이 0.2MPa 이상이 되는 액화가스로서 실제로 그 압력이 0.2MPa 이상이 되는 것 또는 압력이 0.2MPa이 되는 경우의 온도가 섭씨 35도 이하인 액화가스
- 섭씨 35℃의 온도에서 압력이 0Pa을 초과하는 액화가스 중 액화시안화수소, 액화브롬화메탄, 액화산화에틸렌가스
- 섭씨 15℃의 온도에서 압력이 0Pa을 초과하는 아세틸렌가스

43

화학물질의 증기압에 관한 설명으로 옳지 않은 것은?

① 부피가 고정된 용기에 액상의 가스(예 LPG)를 넣어 일정온도에서 밀폐시키면 액체의 일부는 기화하고, 용기 내의 증기압은 상승한다.

② 증기압은 밀폐된 용기 내에서 액체가 기체로 되는 양과 기체가 액체로 되는 양이 같게 되어 액체와 기체가 평형을 이루었을 때의 기체가 나타내는 압력을 말한다.

③ 증기압은 액체의 종류에 따라 다르며, 같은 물질일 경우 온도에 상관없이 용기에 들어있는 액체의 증기압은 일정하다.

④ 물의 끓는점은 대기압하에서 100℃이며, 이때의 증기압은 대기압과 동일하다.

해설

③ 액체의 온도가 올라가면 분자의 운동 에너지도 증가하기 때문에 증발하는 분자의 수 또한 많아져서 증기압이 증가하며, 일반적으로 온도가 상승하면 증기압도 올라간다.

정답 41 ② 42 ② 43 ③

44

어떤 화학물질의 경고표지가 훼손되어 일부 정보만 확인할 수 있다. 다음 〈자료〉를 이해한 내용으로 옳은 것은?

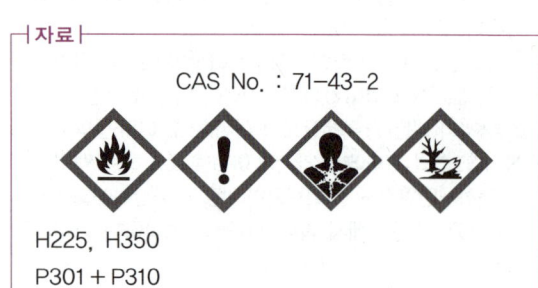

자료

CAS No. : 71-43-2

H225, H350
P301 + P310

① 화학물질의 명칭을 확인할 수 있는 정보가 없다.

② 다른 물질의 연소를 더 잘 일으키거나 촉진할 수 있다.

③ 물리적 위험성과 건강유해성 정보를 확인할 수 있다.

④ 예방조치에 관한 5개 이상의 정보를 확인할 수 있다.

해설

③ 물리적 위험성과 건강유해성 정보를 확인할 수 있다. : 물리적 위험성에 대한 코드는 'H2●●', 건강유해성은 'H3●●', 환경유해성은 'H4●●'으로 표현된다.

① 화학물질의 명칭을 확인할 수 있는 정보 : Cas No.(미국 화학회에서 운영하는 서비스로, 이제까지 알려진 모든 화학 물질을 중복 없이 기록한 번호)

② 다른 물질의 연소를 더 잘 일으키거나 촉진할 수 있다. : 산화성에 대한 설명으로, 산화성의 그림문자는 다음과 같다.

④ 예방조치에 관한 5개 이상의 정보를 확인할 수 있다. : 예방조치는 'P●●●' 코드로 나타내며, 보기에 나온 코드는 1개로, 1개의 정보를 확인할 수 있다.

- P301 : 삼켰다면;
- P310 : 즉시 의료기관/의사/…의 진찰을 받으시오.

45

폐기물 안전관리에 대한 설명으로 옳은 것은?

① 화학폐기물은 화학실험 후 발생한 액체, 고체, 슬러지 상태의 화학물질로 더 이상 연구 및 실험 활동에 필요하지 않게 된 화학물질이다.

② 부식성 폐기물은 폐산의 경우 pH 3 이상인 것, 폐알칼리의 경우 pH 11 이하인 것을 말한다.

③ 실험실 폐기물은 모두 지정폐기물에 해당한다.

④ 화학폐기물은 화학물질 본래의 인화성, 부식성, 독성 등의 특성을 유지하거나 합성 등으로 새로운 화학물질이 생성되지 않는다.

해설

② 부식성 폐기물은 폐산의 경우 pH 2 이하인 것, 폐알칼리의 경우 pH 12.5 이상인 것을 말한다.

③ 실험실 폐기물은 모두 지정폐기물인 것은 아니다.

④ 화학폐기물은 화학물질 본래의 인화성, 부식성, 독성 등의 특성을 유지하거나 합성 등으로 새로운 화학물질이 생성되어 유해·위험성이 더 커질 수 있어 혼합에 주의해야 한다.

44 ③ 45 ① 정답

46

폐기물의 유해특성에 대한 설명으로 옳은 것은?

① 인화성은 그 자체로 반드시 연소성이 없지만 산소를 생성시켜 다른 물질을 연소시키는 물질의 특성을 말한다.

② 폭발성은 공기에 접촉하여 짧은 시간에 자연적으로 발화되는 특성을 말한다.

③ 가연성은 쉽게 연소하거나 또는 발화하거나 발화를 돕는 특성을 말한다.

④ 산화성은 열적인 면에서 불안정하여 산소가 공급되지 않아도 강렬하게 발열·분해하는 특성을 말한다.

해설

① 인화성은 쉽게 연소되거나 마찰에 의하여 화재를 일으키거나 촉진할 수 있는 특성이다.
② 폭발성은 자체의 화학반응에 따라 주위환경에 손상을 줄 수 있는 정도의 온도·압력 및 속도를 가진 가스를 발생시키는 특성이다.
④ 산화성은 그 자체로는 연소하지 않더라도, 일반적으로 산소를 발생시켜 다른 물질을 연소시키거나 연소를 촉진하는 특성이다.

47

다음 중 가스 누출 시 상호반응성이 가장 높은 조합은?

① C_2H_2, NH_3　　② H_2, CO

③ H_2S, Cl_2　　④ CH_4, H_2

해설

보기 중 Cl_2만 조연성(지연성) 가스이고, 나머지는 가연성 가스이다. 조연성 가스와 가연성 가스는 상호반응 시 폭발할 수 있어서 6m 이상의 거리를 두거나 1.5m 높이 이상의 불연성, 내화성 장애물을 설치하여 분리 보관해야 한다.

48

지정폐기물 수집 및 보관에 관한 설명으로 옳은 것은?

① 지정폐기물의 보관창고에는 보관 중인 지정폐기물의 종류, 보관가능 용량, 취급 시 주의사항 등을 하얀색 바탕에 검은색 선 및 검은색 글자의 표지로 설치한다.

② 흩날릴 우려가 있는 폐석면은 폴리에틸렌, 그 밖에 이와 유사한 재질의 포대로 포장하여 보관한다.

③ 액상의 화학폐기물은 휘발되지 않도록 수집용기를 밀폐하여 보관하며, 수집용기의 최대 90%까지 수집하여 보관한다.

④ 폴리클로리네이티드비페닐 함유폐기물을 보관하려는 배출자 및 처리업자는 시·도지사나 지방환경관서의 장의 승인을 받아 1년 단위로 보관기간을 연장할 수 있다.

해설

① 지정폐기물의 보관창고에는 보관 중인 지정폐기물의 종류, 보관가능 용량, 취급 시 주의사항 등을 노란색 바탕에 검은색 선 및 검은색 글자의 표지로 설치한다.
② 흩날릴 우려가 있는 폐석면은 습도 조절 등의 조치 후 고밀도 내수성재질의 포대로 이중포장하거나 견고한 용기에 밀봉하여 흩날리지 않도록 보관하며, 흩날릴 우려가 없는 폐석면(고형화)은 폴리에틸렌, 그 밖에 이와 유사한 재질의 포대로 포장하여 보관한다.
③ 액상의 화학폐기물은 휘발되지 않도록 수집용기를 밀폐하여 보관하며, 수집용기의 80% 이상 초과하지 않는다.

정답 46 ③ 47 ③ 48 ④

49

물질안전보건자료(Material Safety Data Sheets)의 구성항목이 아닌 것은?

① 화학제품과 회사에 관한 정보
② 제조일자 및 유효기간
③ 운송에 필요한 정보
④ 법적규제 현황

해설

MSDS 구성항목

1	화학제품과 회사에 관한 정보
2	유해성·위험성
3	구성성분의 명칭 및 함유량
4	응급조치 요령
5	폭발·화재 시 대처방법
6	누출 사고 시 대처방법
7	취급 및 저장방법
8	노출방지 및 개인보호구
9	물리화학적 특성
10	안정성 및 반응성
11	독성에 관한 정보
12	환경에 미치는 영향
13	폐기 시 주의사항
14	운송에 필요한 정보
15	법적규제 현황
16	그 밖의 참고사항

50

폐기물 처리에 관한 설명으로 옳지 않은 것은?

① 염산과 포름산은 폐기 시 구분하여 별도의 용기에 수거한다.
② 크레졸은 내부식성이 있는 용기에 수거해야 한다.
③ 적린은 자연발화의 위험성이 크므로 폐기 시 주의한다.
④ 사용한 아세트산은 폐기 시 가연성이 있으므로 주의하여 처리한다.

해설

③ 적린은 제2류 위험물(가연성 고체)이고, 황린이 제3류 위험물(자연발화성 물질)이다.

51

가연성 가스 누출 시 가스누출경보기가 작동하는 경보농도 기준으로 옳은 것은?

① 폭발하한계(Lower Explosion Limit)의 1/4 이하
② LC_{50}(50% Lethal Concentration) 기준 농도의 1/4 이하
③ TLV-TWA(Threshold Limit Value-Time Weighted Average, 8시간) 기준 농도의 1/4 이하
④ IDLH(Immediately Dangerous to Life or Health) 기준 농도의 1/4 이하

해설

가스누출경보기가 작동하는 경보농도 기준

- 가연성 가스 : 폭발하한계의 1/4 이하
- 독성가스 : TLV-TWA 기준 농도 이하

49 ② 50 ③ 51 ① 정답

52

가스 폭발 위험에 관한 설명으로 옳지 않은 것은?

① 폭발범위의 상한 값과 하한 값의 차이가 클수록 폭발 위험은 커진다.

② 폭발범위의 하한 값이 낮을수록 폭발 위험은 커진다.

③ 온도와 압력이 높아질수록 폭발범위가 넓어진다.

④ 산소 중에서의 폭발범위보다 공기 중에서의 폭발범위가 넓다.

해설

④ 공기 중에서의 폭발범위보다 산소 중에서의 폭발범위가 넓다.

53

(　　) 안에 들어갈 말로 옳은 것은?

보기

(　　) 방폭구조란, 가스 누출로 인한 화재·폭발을 방지하기 위하여 용기 내부에 보호가스(신선한 공기 또는 불활성가스)를 압입하여 내부압력을 유지함으로써 가연성 가스가 용기 내부로 유입되지 않도록 한 전기기기를 말한다.

① 내압　　② 압력

③ 유입　　④ 본질안전

해설

① 내압방폭구조 : 방폭형 기기에 폭발성 가스가 내부로 침입하여 내부에서 폭발이 발생하여도 이 압력에 견디도록 제작한 방폭구조

③ 유입방폭구조 : 전기기기의 불꽃, 아크, 고온이 발생하는 부분을 기름 속에 넣고, 기름면 위에 존재하는 폭발성 가스 또는 증기에 인화되지 않도록 한 구조

④ 본질안전방폭구조 : 정상 시 및 사고 시(단선, 단락, 지락 등)에 발생하는 전기불꽃, 아크 또는 고온에 의하여 폭발성 가스 또는 증기에 점화되지 않는 것이 점화시험 등으로 확인된 구조

54

화재·폭발 방지 및 피해저감 조치로 옳지 않은 것은?

① 정전기가 점화원으로 되는 것을 방지하기 위해 상대습도를 30% 이하로 유지한다.

② 불꽃 등 연구실 내 점화원을 제거 또는 억제한다.

③ 공기 또는 산소의 혼입을 차단한다.

④ 가연성 가스, 증기 및 분진이 폭발범위 내로 축적되지 않도록 환기시킨다.

해설

① 상대습도가 낮을수록(건조할수록) 정전기에 의한 스파크 위험이 커진다. 가스 공급실의 경우 상대습도를 50±10%를 유지하고, 분석용 가스저장시설은 65% 이상을 유지한다.

55

폭발위험장소 종류 구분 및 방폭형 전기기계·기구의 선정에 대한 설명으로 옳지 않은 것은?

① 0종장소란, 상용의 상태에서 가연성 가스의 농도가 연속해서 폭발하한계 이상으로 되는 장소를 의미한다.

② 2종장소란, 밀폐된 용기 또는 설비 안에 밀봉된 가연성 가스가 그 용기 또는 설비의 사고로 인하여 파손되거나 오조작의 경우에만 누출할 위험이 있는 장소를 의미한다.

③ 방폭설비의 온도등급은 인화점으로 선정한다.

④ 수소, 아세틸렌의 경우 내압방폭구조의 폭발등급은 ⅡC 등급을 적용한다.

해설

③ 방폭설비의 온도등급은 발화도로 선정한다.

정답 52 ④ 53 ② 54 ① 55 ③

56

( ) 안에 들어갈 숫자로 옳은 것은?

> 보기
>
> 메탄 70vol%, 프로판 20vol%, 부탄 10vol%인 혼합가스의 공기 중 폭발하한계 값은 약 ( )vol%이다(단, 각 성분의 하한계 값은 메탄 5vol%, 프로판 2.1vol%, 부탄 1.8vol%임).

① 1.44 ② 2.44

③ 3.44 ④ 4.44

해설

르샤틀리에 공식을 이용하여 폭발하한계(L)를 계산할 수 있다.

$$\frac{100}{L}=\frac{V_1}{L_1}+\frac{V_2}{L_2}+\frac{V_3}{L_3}$$

$$\frac{100}{L}=\frac{70}{5}+\frac{20}{2.1}+\frac{10}{1.8}$$

$$\frac{100}{L}=\frac{1,832}{63}$$

$$\therefore\ L=3.44$$

57

고압가스용 실린더캐비닛의 구조 및 성능에 대한 설명으로 옳지 않은 것은?

① 고압가스용 실린더캐비닛의 내부압력이 외부압력보다 항상 높게 유지될 수 있는 구조로 할 것

② 고압가스용 실린더캐비닛의 내부 중 고압가스가 통하는 부분은 안전율 4 이상으로 설계할 것

③ 질소나 공기 등 기체로 상용압력의 1.1배 이상의 압력으로 내압시험을 실시하여 이상팽창과 균열이 없을 것

④ 고압가스용 실린더캐비닛에 사용하는 가스는 상호반응에 의한 재해가 발생할 우려가 없을 것

해설

① 캐비닛 내부의 압력이 외부의 압력보다 항상 낮도록 유지해야 한다.

③ 캐비닛 내부 설비 중 고압가스가 통하는 부분은 질소나 공기 등의 기체로 상용압력의 1.5배 이상의 압력으로 실시한 내압시험과, 상용압력 이상의 압력으로 행하는 기밀시험에 합격한 것으로 설치한다.

58

독성가스 누출 시 위험제어 방안으로 옳지 않은 것은?

① 가스 용기는 안전한 이송이 가능하다면, 통풍이 양호한 장소로 이송해 격리한다.

② 배출가스는 적절한 처리장치 또는 강제통풍시스템으로 유도하여 안전하게 희석, 배출한다.

③ 독성가스 용기에 접근할 때에는 내화학복, 자급식 공기호흡기(SCBA)를 착용하여야 한다.

④ 누설을 초기에 감지하기 위한 독성가스감지기를 설치하며, 감지기 설정값은 「고압가스안전관리법」에 따른 독성가스 기준인 5,000 ppm이다.

해설

④ 독성가스 경보농도 기준 : TLV-TWA 기준 농도 이하

56 ③ 57 ①, ③ 58 ④ 정답

59

다음 중 허용농도(TLV-TWA)가 가장 낮은 가스는?

① 황화수소

② 암모니아

③ 일산화탄소

④ 포스겐

해설

독성가스의 노출기준

독성가스	노출기준(ppm)
포스겐($COCl_2$), 불소(F_2)	0.1
염소(Cl_2), 불화수소(HF)	0.5
황화수소(H_2S)	10
암모니아(NH_3)	25
일산화탄소(CO)	30

60

「고압가스 안전관리법」에 따른 특정고압가스 사용신고대상을 〈보기〉에서 모두 고른 것은?

보기

ㄱ. 액화산소(O_2) 저장설비로서 저장능력이 250kg인 경우

ㄴ. 수소(H_2) 저장설비로서 저장능력이 100m^{3}인 경우

ㄷ. 액화암모니아(NH_3) 저장설비로서 저장능력이 10L인 경우

ㄹ. 불화수소(HF) 저장설비로서 저장능력이 47L인 경우

① ㄱ, ㄴ　　② ㄱ, ㄹ

③ ㄴ, ㄷ　　④ ㄷ, ㄹ

해설

특정고압가스 사용신고 기준

- 저장능력 500kg 이상인 액화가스저장설비를 갖추고 특정고압가스를 사용하려는 자
  예 액화산소(O_2) 저장설비로서 저장능력이 501kg 이상인 경우
- 저장능력 50m^3 이상인 압축가스저장설비를 갖추고 특정고압가스를 사용하려는 자
  예 수소(H_2) 저장설비로서 저장능력이 55m^{3}인 경우
- 압축모노실란・압축디보레인・액화알진・포스핀・셀렌화수소・게르만・디실란・오불화비소・오불화인・삼불화인・삼불화질소・삼불화붕소・사불화유황・사불화규소・액화염소・액화암모니아를 사용하려는 자(시험용 혹은 시장・구청장 등이 지정하는 지역에서 사료용으로 볏짚 등 발효용의 사용은 제외)
  예 액화암모니아(NH_3) 저장설비로서 저장능력이 10L인 경우
- 배관으로 특정고압가스(천연가스는 제외)를 공급받아 사용하려는 자
- 자동차 연료용으로 특정고압가스를 공급받아 사용하려는 자

정답 59 ④ 60 ③

제4과목

연구실 기계 · 물리 안전관리

61

기기를 이용한 실험 중 사고가 발생한 경우, 사고 복구 단계에서 해당 연구실(연구실책임자, 연구실 활동종사자)과 안전담당 부서(연구실안전환경관리자)가 공통으로 조치해야 하는 사항으로 옳은 것은?

① 사고원인 조사를 위한 현장은 보존하되 2차 사고가 발생하지 않도록 조치하는 범위 내에서 사고현장 주변 정리 정돈
② 피해복구 및 재발방지 대책 마련 · 시행
③ 부상자 가족에게 사고내용 전달 및 대응
④ 사고 기계에 대한 결함 여부 조사 및 안전 조치

해설

하단 표 참조

62

연구실 기계 설비의 정리정돈 요령에 대한 설명으로 옳지 않은 것은?

① 수공구, 계측기, 재료나 도구류 등을 날 끝에 가깝고 불안전하게 놓아두는 것은 위험하다.
② 치공구나 계측기, 재료 등을 넣어두는 서랍장이나 작업대 등을 구동부 근처에 두어 작업을 용이하게 한다.
③ 원자재와 가공물을 종류별로 구분하고 놓거나 쌓을 장소를 지정하여 출입하기가 쉽게 한다.
④ 연구활동종사자 주위나 작업대는 청소상태가 불량하기 쉬우며, 청결한 연구실로 만들지 않으면 예상치 못한 사고가 발생할 수 있다.

해설

② 구동부는 위험점으로 근처에 물건을 두지 않는다.

구분	해당 연구실 (연구실책임자, 연구활동종사자)	안전부서 (연구실 안전환경관리자)
사고 예방 · 대비 단계	• 기계 안전장치를 설치한다(방호덮개, 비상정지 장치 등). • 기계별 방호조치 수립 • 기계 사용 시 적정 개인보호구를 착용한다.	• 보유하고 있는 주요 위험 기계 목록을 작성하고 유지 · 점검한다. • 방호장치 작동 여부를 확인한다.
사고 대응 단계	• 안전이 확보된 범위 내에서 사고 발견 즉시 사고기계의 작동을 중지한다(전원 차단). • 사고 상황 파악 및 부상자를 안전이 확보된 장소로 옮기고 적절한 응급조치를 실시한다. • 손가락이나 발가락 등이 잘렸을 때 출혈이 심하므로 상처에 깨끗한 천이나 거즈를 두툼하게 댄 후 단단히 매어서 지혈조치한다. • 절단된 손가락이나 발가락은 깨끗이 씻은 후 비닐에 싼 채로 얼음을 채운 비닐봉지에 젖지 않도록 넣어 빨리 접합전문 병원에서 수술을 받을 수 있도록 조치한다.	• 2차 사고가 발생하지 않도록 전원 차단 여부를 추가로 확인한다. • 의식이 있는 부상자는 담요, 외투 등을 덮어서 따뜻하게 유지한다. • 의식이 없는 부상자는 기도를 확보하고 호흡 유무를 체크하여 심폐소생술(CPR) 혹은 자동심장제세동기(AED)를 실시하고, 부상자를 병원으로 이송한다. • 전원 재투입 전에 기계별 안전 상태를 확보하고, 사고원인 제거를 재차 확인한다.
사고 복구 단계	• 사고원인 조사를 위한 현장은 보존하되, 2차 사고가 발생하지 않도록 조치하는 범위 내에서 사고현장 주변을 정리 정돈한다. • 부상자 가족에게 사고내용을 전달하고 대응한다.	• 사고기계에 대한 결함 여부를 조사하고 안전조치한다. • 사고내용을 과학기술정보통신부에 보고한다.
	피해복구 및 재발방지 대책을 마련하고 시행한다.	

61 ② 62 ② 정답

63

( ) 안에 들어갈 말로 옳은 것은?

보기

( ) 방호장치는 연구활동종사자의 신체부위가 위험한계 또는 그 인접한 거리 내로 들어오면 이를 감지하여 그 즉시 기계의 동작을 정지시키고 경보 등을 발하는 방호장치이다.

① 위치제한형 ② 접근거부형
③ 접근반응형 ④ 격리형

해설

① 위치제한형 : 사용자의 신체 부위가 의도적으로 위험한계 밖에 있도록 기계의 조작장치를 기계로부터 일정거리 이상 떨어지게 설치하고, 조작하는 두 손 중에서 어느 하나가 떨어져도 기계의 가동이 중지되게 하는 방식이다.
② 접근거부형 : 사용자의 신체 부위가 위험한계 내로 접근하면 기계의 동작 위치에 설치해 놓은 기구가 접근하는 신체 부위를 안전한 위치로 되돌리는 방식이다.
④ 격리형 : 사용자가 작업점에 접촉되어 재해를 당하지 않도록 기계설비 외부에 차단벽이나 방호망을 설치하여 사용하는 방식이다.

64

허용응력을 결정할 때 상황에 따라 고려해야 하는 기초강도로 옳지 않은 것은?

① 상온에서 연성재료가 정하중을 받을 경우 : 극한강도 또는 항복점
② 상온에서 취성재료가 정하중을 받을 경우 : 인장강도
③ 고온에서 정하중을 받을 경우 : 크리프 강도
④ 반복응력을 받을 경우 : 피로한도

해설

② 상온에서 취성재료(주철)에 정하중이 작용할 때는 극한강도를 기초강도로 한다.

65

연구실 실험·분석·안전 장비의 종류 중 안전장비이면서 실험장비인 것은?

① 초저온용기
② 펌프/진공펌프
③ 오븐
④ 흄후드

해설

흄후드는 안전장비이면서 실험장비이며, 초저온용기, 펌프/진공펌프, 오븐은 실험장비이다.

66

페일세이프(fail safe) 방식 중 페일오퍼레이셔널(fail operational)에 관한 설명으로 옳은 것은?

① 일반적 기계의 방식으로 구성요소의 고장 시 기계장치는 정지 상태가 된다.
② 병렬 요소를 구성한 것으로 구성요소의 고장이 있어도 다음 정기점검 시까지는 운전이 가능하다.
③ 구성요소의 고장 시 기계장치는 경보를 내며 단시간에 역전된다.
④ 인간이 기계 등의 취급을 잘못해도 그것이 바로 사고나 재해와 연결되는 일이 없는 방식이다.

해설

①은 페일패시브, ③은 페일액티브, ④는 풀프루프에 대한 설명이다.

정답 63 ③ 64 ② 65 ④ 66 ②

67

가공기계의 가드에 쓰이는 풀프루프(fool proof) 방식 및 기능에 대한 설명으로 옳지 않은 것은?

① 고정가드 : 가드의 개구부(opening)를 통해서 가공물, 공구 등은 들어가나 신체부위는 위험영역에 닿지 않는다.

② 조정가드 : 가공물이나 공구에 맞추어 가드의 위치를 조정할 수 있다.

③ 타이밍가드 : 신체부위가 위험영역에 들어가기 전에 경고가 울린다.

④ 인터록가드 : 기계가 작동 중에는 가드가 열리지 않고, 가드가 열려 있으면 기계가 작동되지 않는다.

해설

경고가드 : 신체부위가 위험영역에 들어가기 전에 경고를 발생한다.

68

( ) 안에 들어갈 말로 옳은 것은?

보기

( )은 숫돌결합도가 강할 때 무뎌진 입자가 탈락하지 않아 연삭성능이 저하되는 현상이다.

① 자생현상

② 글레이징(glazing) 현상

③ 세딩(shedding) 현상

④ 눈메꿈현상

해설

① 자생현상 : 연삭이 진행됨에 따라 마모된 입자는 탈락하고 새로운 예리한 날이 생성되며 장시간 좋은 가공면을 유지한다.

③ 세딩(shedding) 현상 : 과도한 자생작용 발생 시 눈이 탈락하는 현상이다.

④ 눈메꿈현상 : 숫돌의 표면이나 기공에 칩이 차 있는 상태로 막히는 현상으로, 연삭성이 불량하고 숫돌 입자가 마모되기 쉽고, 연한 재료의 연삭 시 많이 보이는 현상이다.

69

위험기계 · 기구와 방호장치의 연결이 옳은 것은?

	위험기계 · 기구	방호장치
①	연삭기	과부하방지장치
②	띠톱	권과방지장치
③	목재가공용 대패	날 접촉예방장치
④	선반	리밋스위치

해설

위험기계 · 기구의 방호장치

위험기계 · 기구	방호장치
연삭기	덮개 또는 울, 칩 비산방지장치
띠톱	• 덮개 또는 울 • 날 접촉예방장치 또는 덮개
목재가공용 대패 (동력식 수동대패기계)	날 접촉예방장치
선반	• 칩 브레이커 • 척 커버 • 브레이크 • 실드

67 ③ 68 ② 69 ③ 정답

70

UV 장비에 관한 설명으로 옳지 않은 것은?

① UV 장비는 박테리아 제거나 형광 생성에 널리 이용되고 있다.

② UV 램프 작동 중에 오존이 발생할 수 있으므로 배기장치를 가동한다(0.12ppm 이상의 오존은 인체에 유해).

③ 연구실 문에 UV 사용표지를 부착하고, UV 램프 청소 시에는 램프 전원을 차단한다.

④ 짧은 파장의 UV에 장시간 노출되더라도 눈이 상할 위험이 없으나, 파장에 따라 100nm 이상의 광원은 심각한 손상위험이 있다.

해설

④ 짧은 파장의 UV라도 장시간 노출되더라도 눈이 상할 위험이 있다.

71

(　　) 안에 들어갈 말로 옳은 것은?

보기

(　　)는 고온 증기 등에 의한 화상, 독성 흄에 노출 등을 주요 위험요소로 가진 연구 기기·장비를 말한다.

① 가스크로마토그래피(gas chromatography)

② 오토크레이브(autoclave)

③ 무균실험대

④ 원심분리기

해설

고온 증기와 관련 있는 장비는 autoclave(고압멸균기)이다.

72

(　　) 안에 들어갈 말로 옳은 것은?

보기

(　　　) 등급은 레이저 안전등급 분류(IEC 60825-1)에서 노출한계가 500mW(315nm 이상의 파장에서 0.25초 이상 노출)이며, 직접 노출 또는 거울 등에 의한 정반사 레이저빔에 노출되면 안구 손상 위험이 있어 보안경 착용이 필수인 등급을 말한다.

① 1M　　② 2M

③ 3B　　④ 3R

해설

레이저 안전등급 분류(IEC 60825-1)

등급	노출한계	설명	비고
1	–	위험 수준이 매우 낮아 인체에 무해한 수준	
1M		특정 광학계(렌즈가 있는 광학기기)를 통해 레이저 광선을 관측하는 경우 안구 손상의 가능성이 있음	
2	1mW (0.25초 이상의 노출시간인 경우)	0.25초 미만의 노출에는 위험성이 작지만 장시간 노출될 경우 안구 손상을 야기할 수 있음	
2M		특정 광학계(렌즈가 있는 광학기기)를 통해 레이저 광선을 관측하는 경우 안구 손상의 가능성이 있음	
3R	5mW (가시광선 영역에서 0.35초 이상의 노출시간인 경우)	직접적인 노출이나 특정 광학계를 통해 레이저 광선을 관측하는 경우 안구 손상을 야기할 수 있음	보안경 착용 권고
3B	500mW (315nm 이상의 파장에서 0.25초 이상의 노출시간인 경우)	직접적인 노출뿐만 아니라 거울 등에 의해 정반사되어 오는 레이저 광선에 노출되어도 안구 손상을 야기할 수 있음	보안경 착용 필수
4	500mW 초과	직접적인 노출뿐만 아니라 반사, 산란된 레이저 광선에 의한 노출에도 안구 손상 및 피부 화상을 야기할 수 있음	

정답 70 ④ 71 ② 72 ③

73

분쇄기에 관한 주요 유해·위험 요인이 아닌 것은?

① 분쇄기에 원료 투입, 내부 보수, 점검 및 이물질 제거 작업 중 회전날에 끼일 위험
② 전원 차단 후 수리 등 작업 시 다른 연구활동종사자의 전원 투입에 의해 끼일 위험
③ 모터, 제어반 등 전기 기계 기구의 충전부 접촉 또는 누전에 의한 감전 위험
④ 분쇄 작업 시 발생되는 분진, 소음 등에 의해 사고성 질환 발생 위험

해설

④ 분쇄 작업 시 발생되는 분진, 소음 등에 의해 직업성 질환 발생 위험

74

펌프 및 진공펌프 사용 시 주요 유해·위험 요인 및 안전대책에 대한 설명으로 옳지 않은 것은?

① 장시간 가동 시 가열로 인한 화재 위험이 있다.
② 펌프의 움직이는 부분(벨트 및 축 연결 부위 등)은 덮개를 설치한다.
③ 압력이 형성되지 않을 때에는 모터 회전방향을 반대로 한다.
④ 이물질이 들어가지 않도록 전단에 스트레이너를 설치하는 등의 조치를 실시한다.

해설

③ 압력이 형성되지 않을 때는 회전체의 종류에 따라 이물질이 들어갔는지 살펴보거나, 모터 회전방향을 확인한다.

75

안전율을 결정하는 인자에 관한 설명으로 옳지 않은 것은?

① 하중집중 정확도의 대소 : 관성력, 잔류응력 등이 존재하는 경우에는 안전율을 작게 하여 부정확함을 보완하여야 한다.
② 사용상의 예측할 수 없는 변화의 가능성 대소 : 사용수명 중에 생길 수 있는 특정부분의 마모, 온도변화의 가능성이 있을 경우에는 안전율을 크게 한다.
③ 불연속부분의 존재 : 불연속부분이 있는 경우에는 응력집중이 생기므로 안전율을 크게 한다.
④ 응력계산의 정확도 대소 : 형상이 복잡한 경우 및 응력의 적용 상태가 복잡한 경우에는 정확한 응력을 계산하기 곤란하므로 안전율을 크게 한다.

해설

① 관성력, 잔류응력 등이 존재하는 경우에는 부정확성을 보완하기 위해 안전율을 크게 한다.

73 ④ 74 ③ 75 ① 정답

76

(　　) 안에 들어갈 말로 옳은 것은?

> 보기
>
> (　　)는 재료 변형 시에 외부응력이나 내부의 변형과정에서 방출되는 낮은 응력파를 감지하여 공학적으로 이용하는 기술이다.

① 음향탐상검사
② 초음파탐상검사
③ 자분탐상검사
④ 와류탐상검사

해설

② 초음파탐상검사 : 초음파가 음향임피던스가 다른 경계면에서 굴절・반사하는 현상을 이용하여 재료의 결함 또는 불연속을 측정하여 결함부를 분석하는 방법이다.
③ 자분탐상검사 : 검사 대상을 자화시키면 불연속부의 누설자속이 형성되며, 이 부분에 자분을 도포하면 자분이 집속되어 이를 보고 결함부를 찾아내는 방법이다.
④ 와류탐상검사 : 전자유도에 의해 와전류가 발생하며, 시험체 표층부에 발생하는 와전류의 변화를 측정하여 결함을 탐지한다.

77

압력용기의 안전관리 대책으로 옳지 않은 것은?

① 압력용기에 안전밸브 또는 파열판을 설치한다.
② 압력용기 및 안전밸브는 안전인증품을 사용한다.
③ 안전밸브 전・후단에 차단 밸브를 설치한다.
④ 안전밸브는 용기 본체 또는 그 본체의 배관에 밸브축을 수직으로 설치한다.

해설

③ 안전밸브 전・후단에 차단 밸브를 설치하면 안 된다.

78

방진마스크의 구비요건에 대한 설명으로 옳지 않은 것은?

① 안면에 밀착하는 부분은 피부에 장해를 주지 않아야 한다.
② 여과재는 여과성능이 우수하고 인체에 장해를 주지 않아야 한다.
③ 방진마스크에 사용하는 금속부품은 부식되지 않아야 한다.
④ 경량성을 확보하기 위해 알루미늄, 마그네슘, 티타늄 또는 이의 합금 재질로 구비하여야 한다.

해설

④ 경량성을 확보하기 위해 알루미늄, 마그네슘, 티타늄 또는 이의 합금 재질로 제작할 시 마찰스파크로 인해 가연성 물질을 점화할 수 있어 위험하다.

정답 76 ① 77 ③ 78 ④

79

방사선 종사자 3대 준수사항 중 피폭방호원칙이 아닌 것은?

① 거리
② 희석
③ 차폐
④ 시간

해설

방사선 방어 원칙
- 외부피폭방호(시간, 거리, 차폐)
- 내부피폭방호(격리, 희석, 차단)

저자의견 : 외부인지 내부인지 문제에 주어지지 않았기 때문에 모두 정답 처리되었다.

80

〈보기〉는 소음의 크기를 측정하기 위한 음압수준에 관한 식이다. (   ) 안에 들어갈 숫자로 옳은 것은?

보기

음압수준[dB] = (㉠)$\log_{(㉡)}\frac{P}{P_0}$

여기서,
P : 측정하고자 하는 음압[N/m^2]
P_0 : 기준음압으로 2×10^{-5}[N/m^2]

	㉠	㉡
①	10	10
②	20	10
③	10	20
④	20	20

제5과목

연구실 생물 안전관리

81

「유전자변형생물체의 국가 간 이동 등에 관한 통합고시」에 따른 생물안전관리책임자가 기관장을 보좌해야 하는 사항이 아닌 것은?

① 기관 내 생물안전 교육·훈련 이행에 관한 사항
② 고위험병원체 전담관리자 지정에 관한 사항
③ 실험실 생물안전 사고 조사 및 보고에 관한 사항
④ 생물안전에 관한 국내·외 정보수집 및 제공에 관한 사항

해설

생물안전관리책임자가 기관장을 보좌해야 하는 사항
- 기관생물안전위원회 운영에 관한 사항
- 기관 내 생물안전 준수사항 이행 감독에 관한 사항
- 기관 내 생물안전교육·훈련 이행에 관한 사항
- 실험실 생물안전사고 조사 및 보고에 관한 사항
- 생물안전에 관한 국내·외 정보수집 및 제공에 관한 사항
- 기관 생물안전관리자 지정에 관한 사항
- 기타 기관 내 생물안전 확보에 관한 사항

79 모두 정답 80 ② 81 ② 정답

82

( ) 안에 들어갈 말로 옳은 것은?

보기

( )는 유전자재조합실험에서 유전자재조합분자 또는 유전물질(합성된 핵산 포함)이 도입되는 세포를 말한다.

① 벡터
② 숙주
③ 공여체
④ 숙주-벡터계

해설

① 벡터 : 숙주에 외래 DNA를 운반하는 DNA
③ 공여체 : 벡터에 삽입하려는 유전물질이 유래된 생물체

83

( ) 안에 들어갈 말로 옳은 것은?

보기

「유전자변형생물체의 국가 간 이동 등에 관한 통합고시」에 따라 기관의 장은 생물안전관리책임자 및 생물안전관리자에게 연 (㉠) 이상 생물안전관리에 관한 교육·훈련을 받도록 하여야 하며, 연구시설 사용자에게 연 (㉡) 이상 생물안전교육을 받도록 하여야 한다.

	㉠	㉡
①	2시간	1시간
②	4시간	2시간
③	8시간	2시간
④	8시간	4시간

해설

기관의 장은 생물안전관리책임자 및 생물안전관리자에게 연 4시간 이상 생물안전관리에 관한 교육·훈련을 받도록 하여야 하며, 연구시설 사용자에게 연 2시간 이상 생물안전교육을 받도록 하여야 한다. 다만, 허가시설의 경우에는 해당 중앙행정기관 또는 안전관리전문기관에서 운영하는 교육을 이수하여야 한다(유전자변형생물체의 국가 간 이동 등에 관한 통합고시 제9-9 제4항).

정답 82 ② 83 ②

84

「유전자재조합실험지침」에 따른 생물체의 위험군 분류 시 주요 고려사항을 〈보기〉에서 모두 고른 것은?

보기

ㄱ. 해당 생물체의 병원성
ㄴ. 해당 생물체의 전파방식 및 숙주범위
ㄷ. 해당 생물체로 인한 질병에 대한 효과적인 예방 및 치료 조치
ㄹ. 해당 생물체의 유전자 길이

① ㄱ, ㄴ, ㄷ
② ㄱ, ㄴ, ㄹ
③ ㄱ, ㄷ, ㄹ
④ ㄴ, ㄷ, ㄹ

해설

생물체의 위험군 분류 시 주요 고려사항

- 해당 생물체의 병원성
- 해당 생물체의 전파방식 및 숙주범위
- 해당 생물체로 인한 질병에 대한 효과적인 예방 및 치료 조치
- 인체에 대한 감염량 등 기타 요인

85

「유전자변형생물체의 국가 간 이동 등에 관한 법률 시행령」에 따른 국가사전승인 대상 연구에 해당하는 유전자변형생물체 개발 · 실험이 아닌 것은?

① 종명이 명시되지 아니하고 인체위해성 여부가 밝혀지지 아니한 미생물을 이용하여 개발 · 실험하는 경우
② 포장시험 등 환경방출과 관련한 실험을 하는 경우
③ 척추동물에 대하여 몸무게 1kg당 50% 치사독소량(LD_{50})이 0.1μg 이상 100μg 이하인 단백성 독소를 생산할 수 있는 유전자를 이용하는 실험을 하는 경우
④ 국민보건상 국가관리가 필요하다고 보건복지부장관이 고시하는 병원미생물을 이용하여 개발 · 실험하는 경우

해설

국가사전승인을 얻어야 하는 실험

- 종명(種名)이 명시되지 아니하고 인체위해성 여부가 밝혀지지 아니한 미생물을 이용하여 개발 · 실험하는 경우
- 척추동물에 대하여 몸무게 1kg당 50% 치사독소량(특정한 시간 내에 실험동물군 중 50%를 죽일 수 있는 단백성 독소의 접종량)이 100ng 미만인 단백성 독소를 생산할 능력을 가진 유전자변형생물체를 이용하여 개발 · 실험하는 경우
- 자연적으로 발생하지 아니하는 방식으로 생물체에 약제내성 유전자를 의도적으로 전달하는 방식을 이용하여 개발 · 실험하는 경우. 다만, 보건복지부장관이 안전하다고 인정하여 고시하는 경우는 제외한다.
- 국민보건상 국가관리가 필요하다고 보건복지부장관이 고시하는 병원미생물을 이용하여 개발 · 실험하는 경우
- 포장시험(圃場試驗) 등 환경방출과 관련한 실험을 하는 경우
- 그 밖에 국가책임기관의 장이 바이오안전성위원회의 심의를 거쳐 위해가능성이 크다고 인정하여 고시한 유전자변형생물체를 개발 · 실험하는 경우

84 ① 85 ③ 정답

86

(　　) 안에 들어갈 말로 옳은 것은?

보기

「유전자변형생물체의 국가 간 이동 등에 관한 법률 시행령」에 따르면, 생물안전 1, 2등급 연구시설을 설치·운영하고자 하는 자는 관계 중앙행정기관의 장에게 (㉠)를 해야/받아야 하고, 인체위해성 관련 생물안전 3, 4등급 연구시설을 설치·운영하고자 하는 자는 보건복지부장관에게 (㉡)를 해야/받아야 한다.

	㉠	㉡
①	신고	신고
②	신고	허가
③	허가	신고
④	허가	허가

해설

LMO 시설 안전관리 등급

등급	대상	허가/신고
1등급	건강한 성인에게는 질병을 일으키지 아니하는 것으로 알려진 유전자변형생물체와 환경에 대한 위해를 일으키지 아니하는 것으로 알려진 유전자변형생물체를 개발하거나 이를 이용하는 실험을 실시하는 시설	신고
2등급	사람에게 발병하더라도 치료가 용이한 질병을 일으킬 수 있는 유전자변형생물체와 환경에 방출되더라도 위해가 경미하고 치유가 용이한 유전자변형생물체를 개발하거나 이를 이용하는 실험을 실시하는 시설	신고
3등급	사람에게 발병하였을 경우 증세가 심각할 수 있으나 치료가 가능한 유전자변형생물체와 환경에 방출되었을 경우 위해가 상당할 수 있으나 치유가 가능한 유전자변형생물체를 개발하거나 이를 이용하는 실험을 실시하는 시설	허가
4등급	사람에게 발병하였을 경우 증세가 치명적이며 치료가 어려운 유전자변형생물체와 환경에 방출되었을 경우 위해가 막대하고 치유가 곤란한 유전자변형생물체를 개발하거나 이를 이용하는 실험을 실시하는 시설	허가

87

동물교상(물림)에 의한 응급처치 시 고초균(*Bacillus subtilis*)에 효력이 있는 항생제를 투여해야 하는 상황은?

① 원숭이에 물린 경우
② 개에 물린 경우
③ 고양이에 물린 경우
④ 래트(Rat)에 물린 경우

해설

④ Rat에 물린 경우에는 Rat bite fever 등을 조기에 예방하기 위해 고초균(*Bacillus subtilis*)에 효력이 있는 항생제를 투여한다.

88

감염된 실험동물 또는 유전자변형생물체를 보유한 실험동물의 탈출방지 장치에 대한 설명 및 탈출방지 대책으로 옳지 않은 것은?

① 동물실험시설에서는 실험동물이 사육실 밖으로 탈출할 수 없도록 모든 사육실 출입구에 실험동물 탈출방지턱을 설치해야 한다.
② 각 동물실험구역과 일반구역 사이의 출입문에 탈출방지턱 또는 기밀문을 설치하여 탈출한 동물이 시설 외부로 유출되지 않도록 한다.
③ 실험동물사육구역, 처치구역 등에 개폐가 가능한 창문을 설치 시 실험동물이 밖으로 탈출할 수 없도록 방충망을 설치해야 한다.
④ 탈출한 실험동물을 발견했을 때에는 즉시 안락사 처리 후 고온고압증기멸균한다(단, 사육동물 및 연구 특성에 따라 적용 조건이 다를 수 있음).

해설

③ 실험도중 동물이 탈출할 수 없도록 사육실 출입구, 동물실험구역과 일반구역 사이 등에 탈출방지턱, 끈끈이, 기밀문 등을 설치하여야 한다.

정답 86 ② 87 ④ 88 ③

89

(　　) 안에 들어갈 말로 옳은 것은?

보기

「유전자변형생물체의 국가 간 이동 등에 관한 법률 시행령」에 따르면, LMO 연구시설 안전관리등급 분류에서 (　　)은 사람에게 발병하더라도 치료가 용이한 질병을 일으킬 수 있는 유전자변형생물체와 환경에 방출되더라도 위해가 경미하고 치유가 용이한 유전자변형생물체를 개발하거나 이를 이용하는 실험을 실시하는 시설을 말한다.

① 1등급　② 2등급

③ 3등급　④ 4등급

해설

LMO 시설 안전관리 등급

등급	대상	허가/신고
1등급	건강한 성인에게는 질병을 일으키지 아니하는 것으로 알려진 유전자변형생물체와 환경에 대한 위해를 일으키지 아니하는 것으로 알려진 유전자변형생물체를 개발하거나 이를 이용하는 실험을 실시하는 시설	신고
2등급	사람에게 발병하더라도 치료가 용이한 질병을 일으킬 수 있는 유전자변형생물체와 환경에 방출되더라도 위해가 경미하고 치유가 용이한 유전자변형생물체를 개발하거나 이를 이용하는 실험을 실시하는 시설	신고
3등급	사람에게 발병하였을 경우 증세가 심각할 수 있으나 치료가 가능한 유전자변형생물체와 환경에 방출되었을 경우 위해가 상당할 수 있으나 치유가 가능한 유전자변형생물체를 개발하거나 이를 이용하는 실험을 실시하는 시설	허가
4등급	사람에게 발병하였을 경우 증세가 치명적이며 치료가 어려운 유전자변형생물체와 환경에 방출되었을 경우 위해가 막대하고 치유가 곤란한 유전자변형생물체를 개발하거나 이를 이용하는 실험을 실시하는 시설	허가

90

70% 알코올 소독제로 생물학적 활성 제거가 가능한 대상이 아닌 것은?

① 영양세균

② 결핵균

③ 아포

④ 바이러스

해설

소독제		알코올(alcohol)
장점		낮은 독성, 부식성 없음, 잔류물 적고, 반응속도가 빠름
단점		증발속도가 빨라 접촉시간 단축, 가연성, 고무·플라스틱 손상 가능
실험실 사용 범위		피부소독, 작업대 표면, 클린벤치 소독 등
상용 농도		70~95%
반응 시간		10~30min
세균	영양 세균	+++
	결핵균	++++
	아포	−
바이러스		++
비고		Ethanol : 70~80% Isopropanol : 60~95%

※ 소독 효과 : ++++(highly effective) > +++ > ++ > + > − (ineffective)

89 ② 90 ③ 정답

91

「유전자변형생물체의 국가 간 이동 등에 관한 통합고시」에 따른 LMO 연구시설 중 일반 연구시설 출입문 앞에 부착해야 하는 생물안전표지의 필수표시 항목이 아닌 것은?

① 유전자변형생물체명
② 시험・연구종사자 수
③ 연구시설 안전관리등급
④ 시설관리자의 이름과 연락처

해설

생물안전표지(연구시설 출입구 부착)

유전자변형생물체연구시설

시 설 번 호	
안 전 관 리 등 급	
L M O 명 칭	
운 영 책 임 자	
연 락 처	

92

감염성물질 관련 사고 및 신체손상에 관한 응급조치로 옳은 것은?

① 실험구역 내에서 감염성물질 등이 유출된 경우에는 소독제를 유출부위에 붓고 즉시 닦아내어 감염확산을 막는다.
② 원심분리기가 작동 중인 상황에서 튜브의 파손이 발생되거나 의심되는 경우, 모터를 끄고 즉시 원심분리기 내부에 소독제를 처리하여 감염확산을 막는다.
③ 감염성물질 등이 눈에 들어간 경우, 즉시 세안기나 눈 세척제를 사용하여 15분 이상 눈을 세척하고, 비비거나 압박하지 않도록 주의한다.
④ 주사기에 찔렸을 경우, 찔린 부위의 보호구를 착용한 채 15분 이상 충분히 흐르는 물 또는 생리식염수에 세척 후 보호구를 벗는다.

해설

① 실험구역 내에서 감염성물질 등이 유출된 경우에는 종이타월이나 소독제가 포함된 흡수물질 등으로 유출물을 천천히 덮어서 에어로졸 발생 및 유출부위 확산을 최소화한다.
② 원심분리기가 작동 중에 튜브 파손이 발생한 경우 모터를 즉시 끄고 기계를 닫아 30분 정도 침전되길 기다린 후 적절한 방법으로 처리한다.
④ 주사기에 찔렸을 경우, 즉시 실험을 멈추고 부상부위의 보호구를 벗고 15분 이상 충분한 물 또는 생리식염수로 세척한다.

정답 91 ② 92 ③

93

연구실 내 감염성물질 취급 시 에어로졸 발생을 최소화하는 방법이 아닌 것은?

① 생물안전작업대 내에서 초음파 파쇄기 사용
② 에어로졸이 발생하기 쉬운 기기를 사용할 시 플라스틱 용기 사용
③ 버킷에 뚜껑(혹은 캡)이 있는 원심분리기 사용
④ 고압증기멸균기 사용

해설

④는 에어로졸 발생 최소화와 관계없다.

94

다음 중 생물분야 연구실사고의 효율적 대응을 위해서 비상 계획을 수립할 때 가장 우선적으로 수립되어야 할 사항은?

① 해당 시설에서 발생 가능한 비상상황에 대한 시나리오 마련
② 비상대응 계획 시 대응에 참여하는 인원들의 역할과 책임 부여
③ 비상대응을 위한 의료기관 지정(병원, 격리시설 등)
④ 비상지휘체계 및 보고체계 마련

해설

① 발생 가능한 비상상황에 대한 시나리오 마련을 가장 먼저 실시한다.

95

감염성물질 유출처리키트(Spill Kit)의 구성품이 아닌 것은?

① 긴급의약품
② 개인보호구
③ 유출확산 방지도구
④ 청소도구

해설

유출처리키트의 구성품은 개인보호구, 유출확산 방지도구, 청소도구 등으로 이루어져 있다.

96

( ) 안에 들어갈 말로 옳은 것은?

보기

「폐기물관리법 시행령」에 따르면 의료폐기물 중에서 주삿바늘, 봉합바늘, 수술용 칼날, 한방침, 치과용침, 파손된 유리재질의 시험기구는 (㉠)이라 하며, 폐백신, 폐항암제, 폐화학치료제는 (㉡)이라 한다.

	㉠	㉡
①	손상성폐기물	조직물류폐기물
②	병리계폐기물	생물·화학폐기물
③	손상성폐기물	생물·화학폐기물
④	병리계폐기물	일반의료폐기물

해설

- 병리계폐기물 : 시험·검사 등에 사용된 배양액, 배양용기, 보관균주, 폐시험관, 슬라이드, 커버글라스, 폐배지, 폐장갑
- 조직물류폐기물 : 인체 또는 동물의 조직·장기·기관·신체의 일부, 동물의 사체, 혈액·고름 및 혈액생성물(혈청, 혈장, 혈액제제)

93 ④ 94 ① 95 ① 96 ③ 정답

97

「유전자변형생물체의 국가 간 이동 등에 관한 통합고시」에 따른 유전자변형생물체 연구시설 변경신고 사항이 아닌 것은?

① 기관의 대표자 및 생물안전관리책임자 변경
② 연구시설의 설치·운영 책임자 변경
③ 연구시설 내 사용 동물 종 변경
④ 연구시설의 내역 및 규모 변경

해설

연구시설 내 사용 동물 종 변경은 변경허가 사항이다.

98

물리적 밀폐 확보에 관한 설명으로 옳지 않은 것은?

① 밀폐는 미생물 및 감염성 물질 등을 취급·보존하는 실험 환경에서 이들을 안전하게 관리하는 방법을 확립하는 데 있어 기본적인 개념이다.
② 밀폐의 목적은 시험 연구종사자, 행정직원, 지원직원(시설관리 용역 등) 등 기타 관계자 그리고 실험실과 외부환경 등이 잠재적 위해인자 등에 노출되는 것을 줄이거나 차단하기 위함이다.
③ 밀폐의 3가지 핵심 요소는 안전시설, 안전장비, 연구실 준수사항·안전관련 기술이다.
④ 감염성 에어로졸의 노출에 의한 감염 위험성이 클 경우에는 미생물이 외부환경으로 방출되는 것을 방지하기 위해서 일차적 밀폐를 사용할 수 없고, 이차적 밀폐가 요구된다.

해설

④ 감염성 에어로졸의 노출에 의한 감염 위험성이 클 경우에는 미생물이 외부환경으로 방출되는 것을 방지하기 위해서 일차적 밀폐 및 이차적 밀폐가 요구된다.

99

「폐기물관리법 시행규칙」에 따른 의료폐기물 전용용기 및 포장의 바깥쪽에 표시해야 하는 취급 시 주의사항 항목이 아닌 것은?

① 배출자

② 종류 및 성질과 상태

③ 사용개시 연월일

④ 부피

해설

이 폐기물은 감염의 위험성이 있으므로 주의하여 취급하시기 바랍니다.

배출자	○○○	종류 및 성질과 상태	병리계폐기물
사용개시 연월일	2024.○○.○○.	수거자	○○○○

100

〈보기〉에서 「폐기물관리법 시행규칙」에 따른 의료폐기물의 처리에 관한 기준 및 방법으로 옳은 것을 모두 고른 것은?

보기

ㄱ. 한 번 사용한 전용용기는 소독 또는 멸균 후 다시 사용할 수 있다.

ㄴ. 손상성폐기물 처리 시 합성수지류 상자형 용기를 사용한다.

ㄷ. 합성수지류 상자형 의료폐기물 전용용기에는 다른 종류의 의료폐기물을 혼합하여 보관할 수 없다.

ㄹ. 봉투형 용기에 담은 의료폐기물의 처리를 위탁하는 경우에는 상자형 용기에 다시 담아 위탁하여야 한다.

① ㄱ, ㄴ　　② ㄱ, ㄷ

③ ㄴ, ㄹ　　④ ㄷ, ㄹ

해설

ㄱ. 의료폐기물 전용용기의 재사용을 금지한다.

ㄷ. 합성수지류 상자형 의료폐기물 전용용기에는 다른 종류의 의료폐기물을 혼합하여 보관할 수 있다.

※ 합성수지류 용기 : 액상(병리계, 생물 · 화학 · 혈액오염)의 경우 혼합보관이 가능

- 단, 보관기간 및 방법이 상이하므로 합성수지류 용기에 보관하는 격리 · 조직물류 · 손상성 · 액상 폐기물은 서로 간 또는 다른 폐기물과 혼합 금지
- 단, 수술실과 같이 조직물류, 손상성류(수술용 칼, 주사바늘 등), 일반의료(탈지면, 거즈 등) 등이 함께 발생할 경우는 혼합보관 허용

99 ④ 100 ③ 정답

제6과목

연구실 전기 · 소방 안전관리

101

누전차단기를 설치하는 목적으로 옳은 것은?

① 전기기계·기구를 보호하기 위해서 설치한다.
② 인체의 감전을 예방하기 위해서 설치한다.
③ 전기회로를 분리하기 위해서 설치한다.
④ 스위치 작동을 점검하기 위해서 설치한다.

해설

② 전기기기 등에 발생하기 쉬운 누전, 감전 등의 재해를 방지하기 위해 설치한다.

102

다음 중 공기 중에서 폭발범위의 상한계와 하한계의 차이가 가장 큰 가스는?

① 메탄(CH_4)
② 일산화탄소(CO)
③ 아세틸렌(C_2H_2)
④ 암모니아(NH_3)

해설

가연성 가스별 연소범위

가연성 가스	연소범위 (vol%)	가연성 가스	연소범위 (vol%)
아세틸렌	2.5~81	아세톤	2~13
수소	4.1~75	프로판	2.1~9.5
메틸알코올	7~37	휘발유	1.4~7.6
에틸알코올	3.5~20	중유	1~5
암모니아	15~28	등유	0.7~5
메탄	5~15	일산화탄소	12.5~74

103

「위험물안전관리법 시행규칙」에 따른 제4류 위험물과 혼재가 가능한 위험물이 아닌 것은?(단, 각 위험물의 수량은 지정수량의 2배수임)

① 제2류 위험물
② 제3류 위험물
③ 제5류 위험물
④ 제6류 위험물

해설

위험물의 혼재기준

위험물의 구분	제1류	제2류	제3류	제4류	제5류	제6류
제1류		×	×	×	×	○
제2류	×		×	○	○	×
제3류	×	×		○	×	×
제4류	×	○	○		○	×
제5류	×	○	×	○		×
제6류	○	×	×	×	×	

비고
1. "X" 표시는 혼재할 수 없음을 표시한다.
2. "O" 표시는 혼재할 수 있음을 표시한다.
3. 이 표는 지정수량의 1/10 이하의 위험물에 대하여는 적용하지 아니한다.

정답 101 ② 102 ③ 103 ④

104

〈그림〉의 상황에서 발생할 수 있는 위험으로 옳은 것은?

그림

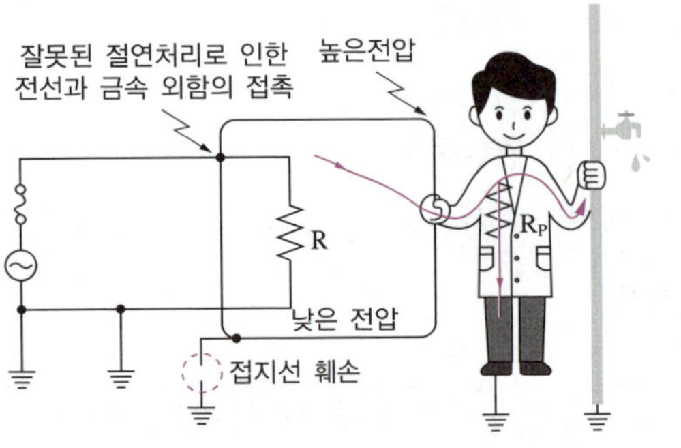

① 접촉자의 심실세동 발생
② 주변 인화물질의 화재 발생
③ 사용기기의 열화
④ 사용기기의 절연파괴

해설

① 금속 외함으로 흐르는 전기가 사람의 몸에 타고 들어와 감전을 일으켜 심실세동이 발생할 수 있다.

105

〈그림〉에 해당하는 접지방식은?

그림

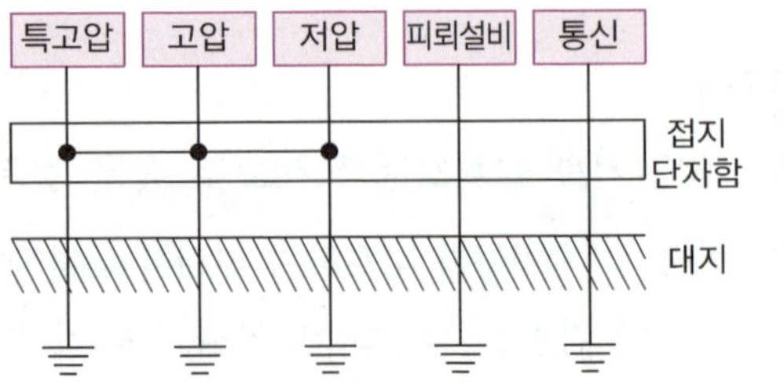

① 단독접지
② 공통접지
③ 통합접지
④ 보호접지

해설

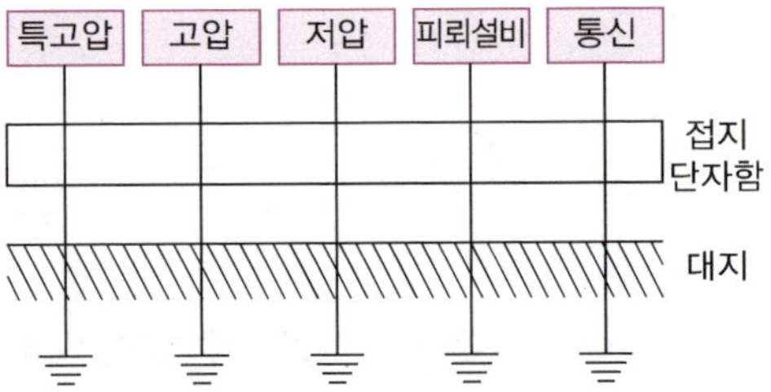

[단독접지]

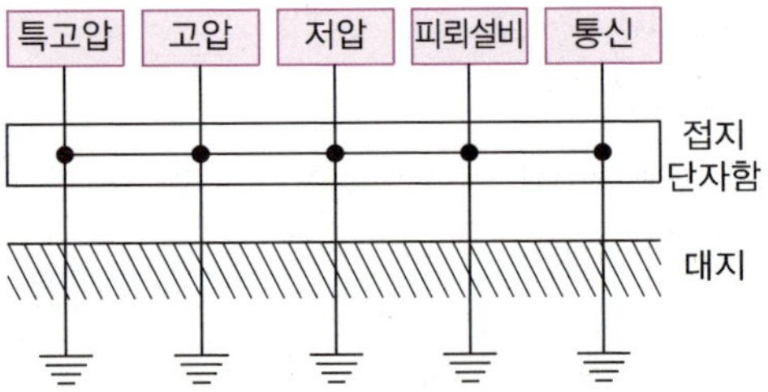

[통합접지]

104 ① 105 ② 정답

106

(　　) 안에 들어갈 숫자로 옳은 것은?

보기

사용전압이 저압인 전로의 절연성능 시험에서 전로의 사용전압이 380V인 경우, 전로의 전선 상호간 및 전로와 대지 사이의 절연저항은 (　　)MΩ 이상이어야 한다(단, 전기설비기술기준에 준함).

① 0.2
② 0.3
③ 0.5
④ 1.0

해설

절연성능 시험(절연저항) : 사용전압이 저압인 전로의 전선 상호 간 및 전로와 대지 사이의 절연저항은 개폐기 또는 전류차단기로 구분할 수 있는 전로마다 다음 표에서 정한 값 이상이어야 한다(전기설비기술기준).

전로의 사용전압(V)	DC시험전압(V)	절연저항(MΩ)
SELV 및 PELV	250	0.5
FELV, 500V 이하	500	1.0
500V 초과	1,000	1.0

※ 특별저압(extra low voltage : 2차 전압이 AC 50V, DC 120V 이하)으로 SELV(비접지회로 구성) 및 PELV(접지회로 구성)은 1차와 2차가 전기적으로 절연된 회로, FELV는 1차와 2차가 전기적으로 절연되지 않은 회로

107

「위험물안전관리법령」에서 정한 위험물에 관한 설명으로 옳지 않은 것은?

① 나트륨은 공기 중에 노출되면 화재의 위험이 있으므로 물속에 저장하여야 한다.
② 철분, 마그네슘, 금속분의 화재 시 건조사, 팽창질석 등으로 소화한다.
③ 인화칼슘은 물과 반응하여 유독성의 포스핀(PH_3) 가스가 발생하므로 물과의 접촉을 피하도록 한다.
④ 제1류 위험물은 가열, 충격, 마찰 시 산소가 발생하므로 가연물과의 접촉을 피하도록 한다.

해설

① 나트륨은 수분에 노출되면 화재의 위험이 있다.

108

연구실 전기누전으로 인한 누전화재의 3요소가 아닌 것은?

① 출화점
② 접지점
③ 누전점
④ 접촉점

정답 106 ④ 107 ① 108 ④

109

(　　) 안에 들어갈 말로 옳은 것은?

보기

220V 전압에 접촉된 사람의 인체저항을 1,000Ω 이라고 할 때, 인체의 통전전류는 (㉠)mA이며, 위험성 여부는 (㉡)이다(단, 통전경로상의 기타 저항은 무시하며, 통전시간은 1초로 함).

	㉠	㉡
①	10	안전
②	45	안전
③	100	위험
④	220	위험

해설

㉠ $I = V/R = 0.22\text{A} = 220\text{mA}$

㉡ 220mA로 심실세동전류(교류) 50mA보다 크므로 위험하다.

110

정전기 대전에 관한 설명으로 옳지 않은 것은?

① 마찰대전은 두 물체의 마찰에 의한 접촉위치의 이동으로 접촉과 분리의 과정을 거쳐 전하의 분리 및 재배열에 의한 정전기가 발생하는 현상이다.

② 유동대전은 액체류가 배관 등을 흐르면서 고체와의 접촉으로 정전기가 발생하는 현상이다.

③ 충돌대전은 입자와 고체와의 충돌에 의해 빠른 접촉 분리가 일어나면서 정전기가 발생하는 현상이다.

④ 박리대전은 분체류와 액체류 등이 작은 구멍으로 분출될 때 물질의 분자 충돌로 정전기가 발생하는 현상이다.

해설

④ 박리대전은 서로 밀착되어 있던 두 물체가 떨어질 때 전하의 분리가 일어나서 정전기가 발생하는 현상이다.

111

(　　) 안에 들어갈 말로 옳은 것은?

보기

(　　)는 건축물의 실내에서 화재 발생 시 산소공급이 원활하지 않아 불완전연소인 훈소상태가 지속될 때 외부에서 갑자기 유입된 신선한 공기로 인하여 강한 폭발로 이어지는 현상을 말한다.

① 플래시오버(flash over)

② 백드래프트(back draft)

③ 굴뚝효과

④ 스모크오버(smoke over)

해설

① 플래시오버(flash over) : 화재 초기단계에서 연소물로부터의 가연성 가스가 천장 부근에 모이고, 그것이 일시에 인화해서 폭발적으로 방 전체가 불꽃이 도는 현상

③ 굴뚝효과 : 건물 내·외부 온도차에 의한 압력차로 급격히 연기가 이동하는 현상

109 ④　110 ④　111 ②　정답

112

「산업안전보건 기준에 관한 규칙」에서 규정하는 안전전압은?

① 20V
② 30V
③ 50V
④ 60V

해설

우리나라의 안전전압(「산업안전보건 기준에 관한 규칙」에서 규정하는 안전전압)은 30V이다.

113

(　　) 안에 들어갈 말로 옳은 것은?

보기

피난기구의 화재안전기준에 따르면, (　　)는 포대 등을 사용하여 자루형태로 만든 것으로서 화재 시 사용자가 그 내부에 들어가서 내려옴으로써 대피할 수 있는 기구를 말한다.

① 완강기
② 구조대
③ 미끄럼대
④ 승강식피난기

114

(　　) 안에 들어갈 숫자로 옳은 것은?

보기

정전기에 대전된 두 물체 사이의 극간 정전용량이 10μF이고, 주변에 최소착화에너지가 0.2mJ인 폭발한계에 도달한 메탄가스가 있다면 착화한계 전압은 (　　)V이다.

① 6.325　② 5.225
③ 4.125　④ 3.135

해설

최소착화에너지

$E=\frac{1}{2}CV^2$

E : 착화에너지(J)
C : 정전용량(F)
V : 대전전위(V)

$(0.2\times10^{-3}\text{J})=\frac{1}{2}\times(10\times10^{-6}\text{F})\times V^2$

$\therefore\ V=6.325\text{V}$

115

전기에 대한 절연성이 우수하여 전기화재의 소화에 적합하며, 질식소화가 주된 소화작용인 소화약제는?

① 포
② 강화액
③ 이산화탄소
④ 할론

해설

전기화재에는 이산화탄소소화기, 할론소화기, 할로겐화합물 및 불활성 기체 소화기 등을 이용하여 신속하게 소화한다. 할론소화기, 할로겐화합물 및 불활성 기체 소화기는 억제효과가 주효과이다.

정답 112 ② 113 ② 114 ① 115 ③

116

「소방시설 설치 및 관리에 관한 법률 시행령」에 따른 소방시설 중 소화설비가 아닌 것은?

① 자동확산 소화기
② 옥내소화전설비
③ 상수도 소화용수설비
④ 캐비닛형 자동 소화장치

해설

③은 소화용수설비에 해당한다.

117

( ) 안에 들어갈 말로 옳은 것은?

보기

소화기구 및 자동소화장치의 화재안전기술기준에 따르면, 주방에서 동식물유류를 취급하는 조리기구에서 일어나는 화재에 대한 소화기의 적응 화재별 표시는 ( )로 표시한다.

① A ② B
③ C ④ K

해설

「소화기구 및 자동소화장치의 화재안전기술기준」상 화재의 분류

일반화재 (A급 화재)	나무, 섬유, 종이, 고무, 플라스틱류와 같은 일반 가연물이 타고 나서 재가 남는 화재를 말한다. 일반화재에 대한 소화기의 적응 화재별 표시는 'A'로 표시한다.
유류화재 (B급 화재)	인화성 액체, 가연성 액체, 석유 그리스, 타르, 오일, 유성도료, 솔벤트, 래커, 알코올 및 인화성 가스와 같은 유류가 타고 나서 재가 남지 않는 화재를 말한다. 유류화재에 대한 소화기의 적응 화재별 표시는 'B'로 표시한다.
전기화재 (C급 화재)	전류가 흐르고 있는 전기기기, 배선과 관련된 화재를 말한다. 전기화재에 대한 소화기의 적응 화재별 표시는 'C'로 표시한다.
주방화재 (K급 화재)	주방에서 동식물유를 취급하는 조리기구에서 일어나는 화재를 말한다. 주방화재에 대한 소화기의 적응 화재별 표시는 'K'로 표시한다.

118

〈보기〉를 통전경로별 위험도가 높은 것부터 순서대로 나열한 것은?

보기

ㄱ. 오른손 – 가슴
ㄴ. 왼손 – 가슴
ㄷ. 왼손 – 등
ㄹ. 양손 – 양발

① ㄱ–ㄴ–ㄷ–ㄹ
② ㄱ–ㄴ–ㄹ–ㄷ
③ ㄴ–ㄱ–ㄷ–ㄹ
④ ㄴ–ㄱ–ㄹ–ㄷ

해설

통전경로별 위험도(위험도 높은 것 → 위험도 낮은 것 순)

- 왼손 → 가슴
- 오른손 → 가슴
- 왼손 → 한발 또는 양발
- 양손 → 양발
- 오른손 → 한발 또는 양발
- 왼손 → 등
- 왼손 → 오른손
- 오른손 → 등

116 ③ 117 ④ 118 ④ 정답

119

자동화재탐지설비의 구성요소 중 열감지기가 아닌 것은?

① 보상식 스포트형감지기
② 이온화식 스포트형감지기
③ 정온식 스포트형감지기
④ 차동식 스포트형감지기

해설

열감지기는 차동식, 정온식, 보상식이 있다.

120

(   ) 안에 들어갈 숫자로 옳은 것은?

보기
옥내소화전설비 화재안전기준 중 설치기준에 따르면, 옥내소화전설비의 방수구는 바닥으로부터의 높이가 (   )m 이하가 되도록 해야 한다.

① 0.5
② 1.0
③ 1.5
④ 2.0

해설

각 층마다 바닥으로부터 1.5m 높이 이하에 설치한다.

제7과목

연구활동종사자 보건 · 위생관리 및 인간공학적 안전관리

121

「화학물질의 분류 · 표시 및 물질안전보건자료에 관한 기준」에 따른 화학물질 경고표지의 기재 항목이 아닌 것은?

① 신호어
② 그림문자
③ 법적규제 현황
④ 예방조치 문구

해설

경고표지 6항목
명칭, 그림문자, 신호어, 유해 · 위험문구, 예방조치문구, 공급자정보

122

인간공학에 관한 설명으로 옳지 않은 것은?

① 인간중심의 설계 방법을 말한다.
② 작업자를 일에 맞추려는 노력을 하는 방식이다.
③ 인간의 특성과 한계를 고려한 설계를 말한다.
④ 편리성, 안전성, 효율성 등을 고려한 환경 구축을 하는 방식이다.

정답 119 ② 120 ③ 121 ③ 122 ②

123

「산업안전보건기준에 관한 규칙」에 따른 근골격계질환 예방관리 프로그램을 수립해야 하는 경우가 아닌 것은?

① 근골격계질환을 업무상 질병으로 인정받은 근로자가 연간 10명 이상 발생한 사업장으로서 발생 비율이 그 사업장 근로자 수의 10% 이상인 경우

② 근골격계질환 예방과 관련하여 노사 간 이견이 지속되는 사업장으로서 고용노동부장관이 필요하다고 인정하여 근골격계질환 예방관리 프로그램을 수립하여 시행할 것을 명령한 경우

③ 근골격계질환을 업무상 질병으로 인정받은 근로자가 5명 이상 발생한 사업장으로서 발생 비율이 그 사업장 근로자 수의 10% 이상인 경우

④ 근골격계질환 예방을 위한 근골격계부담작업 유해요인조사 결과 개선사항이 전체 공정의 10% 이상인 경우

해설

근골격계질환 예방관리 프로그램을 수립해야 하는 경우

- 근골격계질환을 업무상 질병으로 인정받은 근로자가 연간 10명 이상 발생한 사업장으로서 발생 비율이 그 사업장 근로자 수의 10% 이상인 경우
- 근골격계질환을 업무상 질병으로 인정받은 근로자가 5명 이상 발생한 사업장으로서 발생 비율이 그 사업장 근로자 수의 10% 이상인 경우
- 근골격계질환 예방과 관련하여 노사 간 이견이 지속되는 사업장으로서 고용노동부장관이 필요하다고 인정하여 근골격계질환 예방관리 프로그램을 수립하여 시행할 것을 명령한 경우

124

직무스트레스에 의한 건강장해 예방조치 사항으로 옳지 않은 것은?

① 작업환경・작업내용・근로시간 등 직무스트레스 요인에 대하여 평가하고 근로시간 단축, 장・단기 순환작업 등의 개선대책을 마련하여 시행할 것

② 작업량・작업일정 등 작업계획 수립 시 해당 관리감독자만의 의견을 반영할 것

③ 작업과 휴식을 적절하게 배분하는 등 근로시간과 관련된 근로조건을 개선할 것

④ 뇌혈관 및 심장질환 발병위험도를 평가하여 금연, 고혈압 관리 등 건강증진 프로그램을 시행할 것

해설

② 작업량・작업일정 등 작업계획 수립 시 해당 근로자의 의견을 반영할 것

125

(　　) 안에 들어갈 말로 옳은 것은?

보기

(　　)은/는 신체적 조건이나 정신적 능력이 낮은 사용자라 하더라도 사고를 낼 확률을 낮게 설계해 주는 디자인을 말한다.

① 풀프루프(Fool Proof)

② 페일세이프(Fail Safe)

③ 피드백(Feedback)

④ 록아웃(Lock Out)

123 ④ 124 ② 125 ① 정답

126

「연구실 사전유해인자위험분석 실시에 관한 지침」에 따른 연구활동별 유해인자위험분석 보고서에 포함되는 화학물질의 기본정보가 아닌 것은?

① 보유수량(제조연도)

② NFPA 지수

③ 필요보호구

④ 화학물질의 유별 및 성질(1~6류)

해설

하단 표 참조

127

「연구실 안전점검 및 정밀안전진단에 관한 지침」에서 규정하는 연구실 일상점검표의 일반안전 점검 내용이 아닌 것은?

① 연구활동종사자 건강 상태

② 연구실 정리정돈 및 청결 상태

③ 연구실 내 흡연 및 음식물 섭취 여부

④ 안전수칙, 안전표지, 개인보호구, 구급약품 등 실험장비(흄후드 등) 관리 상태

해설

구 분	점검 내용	점검 결과		
		양 호	불 량	미해당
일반안전	연구실(실험실) 정리정돈 및 청결 상태			
	연구실(실험실) 내 흡연 및 음식물 섭취 여부			
	안전수칙, 안전표지, 개인보호구, 구급약품 등 실험장비(품후드 등) 관리 상태			
	사전유해인자 위험분석 보고서 게시			

유해인자	유해인자 기본정보					
	CAS NO / 물질명	보유수량(제조연도)	GHS등급(위험, 경고)	화학물질의 유별 및 성질(1~6류)	위험분석	필요보호구
화학물질	7664-93-9	1kg × 4병	위험	-	H290 : 금속을 부식시킬 수 있음 H314 : 피부에 심한 화상과 눈에 손상을 일으킴 H318 : 눈에 심한 손상을 일으킴 H330 : 흡입하면 치명적임 H350 : 암을 일으킬 수 있음 H370 : 장기에 손상을 일으킴 H412 : 장기적인 영향에 의해 수생생물에게 유해함	
	황산					
	○○-○○-○					
	○○					
	○○○-○○-○					
	○○○○					

정답 126 ② 127 ①

128

연구실에 부착하는 안전정보표지에 대한 설명으로 옳지 않은 것은?

① 안전정보표지를 연구실 출입문 밖에 부착하여 연구실 내로 들어오는 출입자에게 경고의 의미를 부여해야 한다.

② 각 실험장비의 특성에 따른 안전표지를 부착해야 한다.

③ 연구실에서 자체적으로 반제품용기나 작은 용기에 화학물질을 소분하여 사용하는 경우에는 안전정보표지(경고표지)를 생략할 수 있다.

④ 각 실험 기구 보관함에 보관 물질 특성에 따라 안전표지를 부착해야 한다.

해설

③ 연구실에서 자체적으로 반제품용기나 작은 용기에 화학물질을 소분하여 사용하는 경우에도 안전정보표지(경고표지)를 부착하여야 한다.

129

(　　) 안에 들어갈 말로 옳은 것은?

보기

(　　)은/는 우리나라 화학물질 노출 기준 중 '1회 15분간의 시간가중평균 노출값'을 의미한다.

① IARC

② TLV-STEL

③ TLV-C

④ NFPA

130

연구실 화학물질 관리 방법으로 옳지 않은 것은?

① 빛에 민감한 화학약품은 갈색 병, 불투명 용기에 보관한다.

② 후드 안에 화학약품을 저장한다.

③ 공기 및 습기에 민감한 화학약품은 2중 병에 보관하고, 독성 화학약품은 캐비닛에 저장하고 캐비닛을 잠근다.

④ 화학약품을 혼합하여 저장하면 위험하므로 혼합하여 보관하지 않는다.

해설

② 후드 안에 화학약품을 저장하지 말아야 한다.

128 ③ 129 ② 130 ② 정답

131

생명이나 건강에 즉각적인 위험을 초래할 수 있는 농도(IDLH) 이상의 환경에서 사용할 수 있는 호흡보호구가 아닌 것은?

① 송기마스크
② 호스마스크
③ 방진마스크
④ 공기호흡기

해설

하단 표 참조

132

개인보호구 관리방법에 대한 설명으로 옳지 않은 것은?

① 개인보호구는 사용 전에 육안점검을 통해 이상 여부를 확인해야 한다.
② 개인보호구는 연구활동종사자가 쉽게 찾을 수 있는 장소에 비치해야 한다.
③ 개인보호구는 다른 사용자와 공유해서 사용해서는 안 된다.
④ 개인보호구 중 방독마스크는 보관유효기간이 없으므로 개봉하지 않는 이상 계속 보관할 수 있다.

해설

④ 개인보호구 중 방독마스크는 보관유효기간이 있으므로 사용하지 않았더라도 주기적으로 교체해주어야 한다.

호흡용 보호구 선정절차

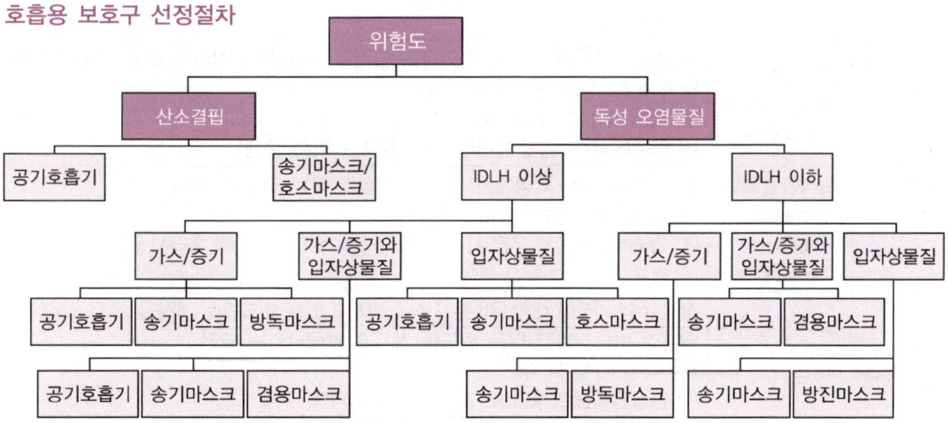

정답 131 ③ 132 ④

133

(　　) 안에 들어갈 말로 옳은 것은?

보기

(　　)은/는 원인 차원에서의 휴먼에러 분류(Rasmussen, 1983) 중 추론 혹은 유추 과정에서 실패해 오답을 찾는 경우의 에러를 말한다.

① 실수(Slips)
② 착오(Mistake)
③ 건망증(Lapse)
④ 위반(Violation)

해설

하단 표 참조

134

자연환기에 대한 설명으로 옳지 않은 것은?

① 효율적인 자연환기는 에너지 비용을 최소화할 수 있다.
② 외부 기상조건과 내부 작업조건에 따라 환기량이 일정하지 않다.
③ 정확한 환기량 예측자료를 구하기가 쉽다.
④ 소음 발생이 적다.

해설

③ 정확한 환기량 예측자료를 구하기가 어렵다.

원인 차원에서의 휴먼에러 분류(Rasmussen, 1983)

휴먼에러 분류			내용
비의도적 에러	기술 기반 에러 (Skill-based error)	실수(slips)	부주의에 의한 실수나 주의력이 부족한 상태에서 발생하는 에러 예 "단순 실수였어요." 예 자동차에서 내릴 때 창문을 열어놓고 내림
		건망증(lapse)	단기 기억의 한계로 인해 기억을 잊어서 해야 할 일을 못 해서 발생하는 에러 예 "깜빡했어요." 예 전화 통화 중에 상대의 번호를 기억했으나 전화 끊고 펜을 찾는 도중 번호를 잊어버림
의도적 에러	착오 (Mistake)	규칙기반착오 (Rule-based Mistake)	처음부터 잘못된 규칙을 기억하고 있거나, 정확한 규칙이라 해도 상황에 맞지 않게 잘못 적용하는 경우의 에러 예 "앗! 그게 아니었어요." 예 일본에서 우측 운행하다 사고(일본은 좌측 운행)
		지식기반착오 (Knowledge-based Mistake)	추론 혹은 유추 과정에서 실패해 오답을 찾는 경우의 에러 예 "정말 몰랐어요." 예 외국에서 자동차 운전 시 그 나라의 교통 표지판 문자를 몰라서 규칙을 위반하는 경우
	위반 (Violation)		작업 수행 과정에 대한 올바른 지식을 가지고 있고, 이에 맞는 행동을 할 수 있음에도 일부러 바람직하지 않은 의도를 가지고 발생시키는 에러 예 "다들 그렇게 해요." 예 정상인임에도 고의로 장애인 주차구역에 주차

133 ② 134 ③ 정답

135

국소배기장치를 적용할 수 있는 상황으로 옳지 않은 것은?

① 유해물질의 발생주기가 균일하지 않은 경우
② 유해물질의 독성이 강하고, 발생량이 많은 경우
③ 유해물질의 발생원이 작업자가 근무하는 장소에서 멀리 떨어져 있는 경우
④ 유해물질의 발생원이 고정되어 있는 경우

해설

국소배기장치 적용 조건
- 유해물질의 독성이 강하고, 발생량이 많은 경우
- 높은 증기압의 유기용제가 발생하는 경우
- 작업자의 작업 위치가 유해물질 발생원에 가까이 근접해 있는 경우
- 발생주기가 균일하지 않은 경우
- 발생원이 고정된 경우
- 법적 의무 설치사항인 경우

136

「연구실 안전점검 및 정밀안전진단에 관한 지침」에 따른 유해인자별 취급 및 관리대장 작성 시 반드시 포함해야 할 사항이 아닌 것은?

① 물질명(장비명)
② 보관장소
③ 사용용도
④ 취급 유의사항

해설

유해인자별 취급 및 관리대장 작성 시 반드시 포함해야 할 사항
- 물질명(장비명)
- 보관장소
- 현재 보유량
- 취급 유의사항
- 그 밖에 연구실책임자가 필요하다고 판단한 사항

137

환기시설 설치·운영 및 관리 중 후드 설치 시 주의사항에 대한 설명으로 옳지 않은 것은?

① 후드의 형태와 크기 등 구조는 후드에서 유입 손실이 최소화되도록 해야 한다.
② 작업자의 호흡위치가 오염원과 후드 사이에 위치해야 한다.
③ 작업에 방해를 주지 않는 한 포위식 후드를 설치하는 것이 좋다.
④ 후드가 유해물질 발생원 가까이에 위치하여야 한다.

해설

② 작업자의 호흡위치가 오염원과 후드 사이에 위치하면 작업자가 오염원을 흡입하게 되어 위험하다.

138

후드의 제어속도를 결정하는 인자가 아닌 것은?

① 후드의 모양
② 덕트의 재질
③ 오염물질의 종류 및 확산상태
④ 작업장 내 기류

정답 135 ③ 136 ③ 137 ② 138 ②

139

〈보기〉를 국소배기장치의 설계 순서대로 나열한 것은?

보기

ㄱ. 반송속도를 정하고 덕트의 직경을 정한다.
ㄴ. 송풍기를 선정한다.
ㄷ. 후드를 설치하는 장소와 후드의 형태를 결정한다.
ㄹ. 제어속도를 정하고 필요송풍량을 계산한다.
ㅁ. 덕트를 배치·설치할 장소를 정한다.
ㅂ. 공기정화장치를 선정하고 덕트의 압력손실을 계산한다.

① ㄷ → ㄱ → ㅁ → ㄹ → ㅂ → ㄴ
② ㄷ → ㄹ → ㄱ → ㅁ → ㅂ → ㄴ
③ ㄷ → ㅁ → ㄹ → ㅂ → ㄱ → ㄴ
④ ㄷ → ㄹ → ㅁ → ㄱ → ㅂ → ㄴ

해설

하단 표 참조

140

환기시설 설치·운영 및 관리 중 흄후드의 설치 및 운영기준에 대한 설명으로 옳지 않은 것은?

① 후드 안에 머리를 넣지 말아야 한다.
② 콘센트나 다른 스파크가 발생할 수 있는 원천은 후드 내에 두지 않아야 한다.
③ 입자상 물질은 최소 면속도 0.4m/sec 이상, 가스상 물질은 최소 면속도 0.7m/sec 이상으로 유지한다.
④ 후드 내부를 깨끗하게 관리하고, 후드 안의 물건은 입구에서 최소 15cm 이상 떨어져 있어야 한다.

해설

③ 입자상 물질은 최소 면속도 0.7m/sec 이상, 가스상 물질은 최소 면속도 0.4m/sec 이상으로 유지한다.

국소배기장치 설계순서

1. 후드 형식 선정	작업형태, 공정, 유해물질 비산방향 등을 고려하여 후드의 형식, 모양, 배기방향, 설치 위치 등을 결정한다.
2. 제어풍속 결정	유해물질의 비산거리, 방향을 고려하여 제어풍속을 결정한다.
3. 필요 송풍량 계산	후드 개구부 면적과 제어속도로 필요 송풍량(Q)을 계산한다.
4. 반송속도 결정	후드로 흡인한 오염물질을 덕트 내에 퇴적시키지 않고 이송하기 위한 기류의 최소속도를 결정한다.
5. 덕트 직경 산출	필요 송풍량을 반송속도로 나누어 덕트의 직경을 산출한다.
6. 후드 크기 결정	작업형태, 오염물질 특성, 작업공간 크기를 고려하여 결정한다.
7. 덕트의 배치와 설치장소 선정	덕트 길이, 연결부위, 곡관의 수, 형태 등을 고려하여 덕트 배치와 설치장소를 선정한다.
8. 공기정화장치 선정	유해물질에 적절한 공기정화장치를 선정하고 압력손실을 계산한다.
9. 국소배기장치 계통도 작성	후드, 덕트, 공기정화장치, 송풍기, 배기구의 설계길이를 결정하고, 이를 통해 배치도를 작성한다.
10. 총 압력손실 계산	후드 정압, 덕트·공기정화장치 등의 총 압력손실을 계산한다.
11. 송풍기 선정	총 압력손실과 총 배기량을 통해 송풍기의 풍량, 풍압, 소요동력을 결정하고 적절한 송풍기를 선정한다.

139 ② 140 ③ 정답

2023년 제2회 과년도 기출문제

제1과목

연구실 안전 관련 법령

01

「연구실 안전환경 조성에 관한 법률」에서 규정하는 국가의 책무가 아닌 것은?

① 연구실 안전관리기술 고도화 및 연구실사고 예방을 위한 연구개발 추진

② 연구실 안전 및 관련 단체 등에 대한 지원 및 지도·감독

③ 연구 안전에 관한 지식·정보의 제공 등 연구실 안전문화의 확산을 위한 노력

④ 대학·연구기관 등의 연구실 안전환경 및 안전관리 현황 등에 대한 실태 조사

해설

②는 국가의 책무에 해당되지 않는다.

02

「연구실 안전환경 조성에 관한 법률 시행령」에서 규정하는 연구실책임자가 실시해야 하는 사전유해인자위험분석의 단계를 순서대로 나열한 것은?

ㄱ. 해당 연구실의 유해인자별 위험 분석
ㄴ. 해당 연구실의 안전 현황 분석
ㄷ. 비상조치계획 수립
ㄹ. 연구실안전계획 수립

① ㄱ → ㄴ → ㄷ → ㄹ

② ㄱ → ㄴ → ㄹ → ㄷ

③ ㄴ → ㄱ → ㄷ → ㄹ

④ ㄴ → ㄱ → ㄹ → ㄷ

해설

해당 연구실의 안전 현황 분석 → 해당 연구실의 유해인자별 위험 분석 → 연구실안전계획 수립 → 비상조치계획 수립

정답 1 ② 2 ④

03

「연구실 안전환경 조성에 관한 법률 시행규칙」에서 규정하는 연구활동종사자의 교육시간(교육시기)로 옳지 않은 것은?

① 고위험연구실에 신규 채용된 연구활동종사자의 신규 교육시간은 8시간 이상(채용 후 6개월 이내)이다.

② 중위험연구실에 신규 채용된 연구활동종사자의 신규 교육시간은 3시간 이상(채용 후 6개월 이내)이다.

③ 고위험연구실 연구활동종사자의 정기 교육시간은 반기별 6시간 이상이다.

④ 저위험연구실 연구활동종사자의 정기 교육시간은 연간 3시간 이상이다.

해설

중위험연구실에 신규 채용된 연구활동종사자의 신규 교육시간은 4시간 이상(채용 후 6개월 이내)이다.

04

〈보기〉는 「연구실 안전환경 조성에 관한 법률 시행령」에서 규정하는 적용범위에 관한 설명이다. (　　) 안에 들어갈 말로 옳은 것은?

보기

- 대학·연구기관 등이 설치한 각 연구실의 연구활동종사자를 합한 인원이 (㉠)명 미만인 경우에는 각 연구실에 대하여 「연구실 안전환경 조성에 관한 법률」의 전부를 적용하지 않는다.
- 상시 근로자 (㉡)명 미만인 연구기관, 기업부설연구소 및 연구개발전담부서는 「연구실 안전환경 조성에 관한 법률」에 따른 연구실안전환경관리자를 지정하지 않아도 된다.

	㉠	㉡
①	10	50
②	10	100
③	20	50
④	20	100

해설

상시 근로자 50명 미만인 연구기관, 기업부설연구소 및 연구개발전담부서는 법 제10조(연구실안전환경관리자의 지정), 제20조제3항 및 제4항(연구실안전환경관리자의 전문교육 이수)을 적용하지 않는다.

3 ② 4 ① 정답

05

〈보기〉는 「연구실 안전환경 조성에 관한 법률 시행규칙」에서 규정하는 연구활동종사자의 신규 교육·훈련의 교육내용이다. (   ) 안에 들어갈 말로 옳은 것은?

보기
- 연구실 (㉠)에 관한 사항
- 안전표지에 관한 사항
- 보호장비 및 안전장치 취급과 사용에 관한 사항
- 연구실사고 사례, (㉡)에 관한 사항
- 물질안전보건자료에 관한 사항
- (㉢)에 관한 사항

	㉠	㉡	㉢
①	유해인자	위험 기계·기구	사전유해인자 위험분석
②	사고 예방 및 대처	위험 기계·기구	정밀안전진단
③	유해인자	사고 예방 및 대처	사전유해인자 위험분석
④	위험 기계·기구	사고 예방 및 대처	정밀안전진단

해설

신규 교육·훈련 내용
- 「연구실 안전환경 조성 관련 법령」에 관한 사항
- 연구실 유해인자에 관한 사항
- 보호장비 및 안전장치 취급과 사용에 관한 사항
- 연구실사고 사례, 사고 예방 및 대처에 관한 사항
- 안전표지에 관한 사항
- 물질안전보건자료에 관한 사항
- 사전유해인자위험분석에 관한 사항
- 그 밖에 연구실 안전관리에 관한 사항

06

「연구실 사고조사반 구성 및 운영 규정」에 따른 설명으로 옳은 것은?

① 사고조사반은 연구실 사용제한 등 긴급한 조치 필요 여부 등을 결정할 수 있다.
② 사고조사가 효율적이고 신속히 수행될 수 있도록 해당 조사반원에게 임무를 부여할 권한은 과학기술정보통신부장관에게 있다.
③ 조사반원은 사고조사 과정에서 업무상 알게 된 정보를 외부에 제공하고자 하는 경우 사전에 연구실안전심의위원회와 협의하여야 한다.
④ 과학기술정보통신부장관은 국가기술자격 법령에 따른 인간공학기술사의 자격을 취득한 사람을 사고조사반으로 위촉할 수 있다.

해설

① 사고조사반은 연구실 사용제한 등 긴급한 조치 필요 여부 등을 검토한다.
② 조사반장은 사고조사가 효율적이고 신속히 수행될 수 있도록 해당 조사반원에게 임무를 주고 조사업무를 총괄한다.
③ 조사반원은 사고조사 과정에서 업무상 알게 된 정보를 외부에 제공하고자 하는 경우 사전에 과학기술정보통신부장관과 협의하여야 한다.

정답 5 ③ 6 ④

07

「연구실 안전환경 조성에 관한 법령」에 따라 과학기술정보통신부장관에게 지체 없이 보고하여야 하는 연구실사고의 사례가 아닌 것은?

① 연구실의 중대한 결함으로 인해 발생한 사고
② 3개월 이상의 요양이 필요한 부상자가 동시에 3인 발생한 사고
③ 3일 이상의 입원이 필요한 부상을 입은 사람이 동시에 3인 발생한 사고
④ 사망자가 3인 발생한 사고

해설

지체 없이 보고하여야 하는 연구실 사고는 중대연구실 사고이다.

제2조(중대연구실 사고의 정의) : 「연구실 안전환경 조성에 관한 법률」 제2조제13호에서 "사망사고 등 과학기술정보통신부령으로 정하는 사고"란 연구실에서 발생하는 다음의 어느 하나에 해당하는 사고를 말한다.

- 사망자 또는 과학기술정보통신부장관이 정하여 고시하는 후유장해(부상 또는 질병 등의 치료가 완료된 후 그 부상 또는 질병 등이 원인이 되어 신체적 또는 정신적 장해가 발생한 것을 말한다. 이하 같다) 1급부터 9급까지에 해당하는 부상자가 1명 이상 발생한 사고
- 3개월 이상의 요양이 필요한 부상자가 동시에 2명 이상 발생한 사고
- 3일 이상의 입원이 필요한 부상을 입거나 질병에 걸린 사람이 동시에 5명 이상 발생한 사고
- 법 제16조제2항 및 「연구실 안전환경 조성에 관한 법률 시행령」 제13조에 따른 연구실의 중대한 결함으로 인한 사고

08

「연구실 안전환경 조성에 관한 법령」에서 규정하는 연구실안전관리사의 직무를 〈보기〉에서 모두 고른 것은?

보기

ㄱ. 연구실 사고 대응 및 사후관리 지도
ㄴ. 연구실안전환경관리자의 지정
ㄷ. 연구실 안전관리 및 연구실 환경개선 지도
ㄹ. 연구실 내 유해인자에 관한 취급 관리 및 기술적 지도・조언
ㅁ. 연구시설・장비・재료 등에 대한 안전점검・정밀안전진단 및 관리
ㅂ. 연구실 안전관리 기술 및 기준의 개발

① ㄱ, ㄴ, ㄷ, ㄹ
② ㄱ, ㄴ, ㅁ, ㅂ
③ ㄱ, ㄷ, ㄹ, ㅁ
④ ㄷ, ㄹ, ㅁ, ㅂ

해설

제35조(연구실안전관리사의 직무) : 연구실안전관리사는 다음의 직무를 수행한다.

- 연구시설・장비・재료 등에 대한 안전점검・정밀안전진단 및 관리
- 연구실 내 유해인자에 관한 취급 관리 및 기술적 지도・조언
- 연구실 안전관리 및 연구실 환경 개선 지도
- 연구실사고 대응 및 사후 관리 지도
- 그 밖에 연구실 안전에 관한 사항으로서 대통령령으로 정하는 사항

7 ③ 8 ③ 정답

09

「연구실 안전환경 조성에 관한 법률」에 따른 안전관리규정에 관한 설명으로 옳지 않은 것은?

① 안전관리규정을 성실하게 준수하지 아니한 자에 대해서는 벌금 부과 대상이다.

② 안전관리규정에는 안전교육의 주기적 실시에 관한 사항이 포함되어야 한다.

③ 연구실사고 조사 및 후속대책 수립에 관한 사항이 포함되어야 한다.

④ 연구주체의 장은 안전관리규정을 작성하여 각 연구실에 게시하여야 한다.

해설

안전관리규정을 성실하게 준수하지 아니한 자에 대해서는 과태료 부과(500만원 이하) 대상이다.

10

〈보기〉는 「연구실 안전환경 조성에 관한 법령」에서 규정하는 연구실안전관리위원회와 안전관리규정에 관한 설명이다. ( ) 안에 들어갈 말로 옳은 것은?

보기

- 연구실안전관리위원회를 구성할 경우에는 해당 대학·연구기관 등의 연구활동종사자가 전체 연구실안전관리위원회 위원의 (㉠) 이상이어야 한다.
- 연구주체의 장이 안전관리규정을 작성해야 하는 연구실의 종류·규모는 대학·연구기관 등에 설치된 각 연구실의 연구활동종사자를 합한 인원이 (㉡)명 이상인 경우로 한다.

	㉠	㉡
①	2분의 1	5
②	2분의 1	10
③	3분의 1	5
④	3분의 1	10

11

〈보기〉는 「연구실 안전환경 조성에 관한 법률」에서 규정하는 용어에 관한 설명이다. ( ) 안에 들어갈 말로 옳은 것은?

보기

- '정밀안전진단'이란 연구실 사고를 예방하기 위하여 (㉠)의 발견과 그 개선대책의 수립을 목적으로 실시하는 조사·평가를 말한다.
- '(㉡)'란 화학적·물리적·생물학적 위험요인 등 연구실 사고를 발생시키거나 연구활동종사자의 건강을 저해할 가능성이 있는 인자를 말한다.

	㉠	㉡
①	잠재적 위험성	유해인자
②	잠재적 유해성	유해인자
③	객관적 유해성	위험인자
④	객관적 위험성	위험인자

12

「연구실 설치운영에 관한 기준」에서 규정하는 중위험연구실의 안전설비·장비 설치 및 운영 기준의 준수사항에 관한 설명으로 옳지 않은 것은?

① 가스설비의 가스용기 전도방지장치 설치는 필수사항이다.

② 환기설비의 국소배기설비 배출공기에 대한 건물 내 재유입 방지조치는 권장사항이다.

③ 긴급세척장비의 안내표지 부착은 권장사항이다.

④ 폐기물저장장비의 종류별 보관표지 부착은 필수사항이다.

해설

긴급세척장비의 안내표지 부착은 필수사항이다.

정답 9 ① 10 ② 11 ① 12 ③

13

「연구실 안전환경 조성에 관한 법령」에서 규정하는 연구실안전심의위원회에 관한 설명으로 옳은 것을 〈보기〉에서 모두 고른 것은?

보기

ㄱ. 기본계획 수립 · 시행에 관한 사항을 심의한다.
ㄴ. 연구실 안전환경 조성에 관한 주요 정책의 총괄 · 조정에 관한 사항을 심의한다.
ㄷ. 연구실 안전관리규정의 작성 및 변경을 심의할 수 있다.
ㄹ. 연구실 안전점검 및 정밀안전진단 지침에 관한 사항을 심의한다.
ㅁ. 연구실안전심의위원회 위원의 임기는 3년으로, 계속적으로 연임이 가능하다.

① ㄱ, ㄴ, ㄷ
② ㄱ, ㄴ, ㄹ
③ ㄴ, ㄷ, ㅁ
④ ㄷ, ㄹ, ㅁ

해설

ㄷ. 연구실 안전관리규정의 작성 및 변경을 협의하는 것은 연구실안전관리위원회이다.
ㅁ. 연구실안전심의위원회 위원의 임기는 3년으로 하며, 한 차례만 연임할 수 있다.

14

「연구실 안전환경 조성에 관한 법률 시행령」에서 규정하는 연구실안전정보시스템 구축 정보가 아닌 것은?

① 연구실 사고에 관한 통계
② 대학 · 연구기관 등의 현황
③ 대학교 전체의 유해인자 정보
④ 연구실 안전 정책에 관한 사항

해설

제6조(연구실안전정보시스템의 구축 · 운영 등) : 과학기술정보통신부장관은 법 제8조제2항에 따른 연구실안전정보시스템(이하 "안전정보시스템"이라 한다)을 구축하는 경우 다음의 정보를 포함해야 한다.

- 대학 · 연구기관 등의 현황
- 분야별 연구실사고 발생 현황, 연구실 사고원인 및 피해현황 등 연구실 사고에 관한 통계
- 기본계획 및 연구실 안전 정책에 관한 사항
- 연구실 내 유해인자에 관한 정보
- 법 제13조에 따른 안전점검지침 및 정밀안전진단지침
- 법 제17조에 따른 안전점검 및 정밀안전진단 대행기관의 등록 현황
- 법 제28조에 따른 안전관리 우수연구실 인증 현황
- 법 제30조에 따른 권역별연구안전지원센터의 지정 현황
- 제8조제6항에 따른 연구실안전환경관리자 지정 내용 등 법 및 이 영에 따른 제출 · 보고 사항
- 그 밖에 연구실 안전환경 조성에 필요한 사항

13 ② 14 ③ 정답

15

「연구실 안전환경 조성에 관한 법률 시행령」에서 규정하는 연구실의 중대한 결함이 있는 경우에 해당하는 사유가 아닌 것은?

① 연구활동에 사용되는 유해·위험설비의 부식·균열 또는 파손

② 연구실 시설물의 구조안전에 영향을 미치는 지반침하·균열·누수 또는 부식

③ 인체에 심각한 위험을 끼칠 수 있는 병원체의 누출

④ 설비기준을 위반하여 연구장비의 허용오차에 영향을 미치는 파손

해설

제13조(연구실의 중대한 결함) : 법 제16조제2항에서 "연구실에 유해인자가 누출되는 등 대통령령으로 정하는 중대한 결함이 있는 경우"란 다음의 어느 하나에 해당하는 사유로 연구활동종사자의 사망 또는 심각한 신체적 부상이나 질병을 일으킬 우려가 있는 경우를 말한다.

- 「화학물질관리법」 제2조제7호에 따른 유해화학물질, 「산업안전보건법」 제104조에 따른 유해인자, 과학기술정보통신부령으로 정하는 독성가스 등 유해·위험물질의 누출 또는 관리 부실
- 「전기사업법」 제2조제16호에 따른 전기설비의 안전관리 부실
- 연구활동에 사용되는 유해·위험설비의 부식·균열 또는 파손
- 연구실 시설물의 구조안전에 영향을 미치는 지반침하·균열·누수 또는 부식
- 인체에 심각한 위험을 끼칠 수 있는 병원체의 누출

16

다음 중 「연구실 안전환경 조성에 관한 법률」에 따라 과학기술정보통신부장관이 안전관리 우수연구실 인증을 반드시 취소해야 하는 경우는?

① 거짓이나 그 밖의 부정한 방법으로 인증을 받은 경우

② 정당한 사유 없이 1년 이상 연구활동을 수행하지 않은 경우

③ 인증서를 반납하는 경우

④ 안전관리 우수연구실 인증 기준에 적합하지 아니하게 된 경우

해설

거짓이나 그 밖의 부정한 방법으로 우수연구실 인증을 받은 경우 반드시 인증을 취소한다.

17

「연구실 안전환경 조성에 관한 법률 시행령」에서 규정하는 연구주체의 장이 기계 분야의 정밀안전진단을 직접 실시하는 경우 반드시 갖춰야 하는 물적 장비 요건을 〈보기〉에서 모두 고른 것은?

보기

ㄱ. 정전기 전하량 측정기
ㄴ. 가스누출검출기
ㄷ. 절연저항측정기
ㄹ. 가스농도측정기
ㅁ. 접지저항측정기
ㅂ. 소음측정기

① ㄱ, ㄷ, ㅁ　　② ㄱ, ㄷ, ㅂ

③ ㄴ, ㄹ, ㅁ　　④ ㄴ, ㄹ, ㅂ

해설

일반안전, 기계, 전기 및 화공분야의 물적 장비 요건 : 정전기 전하량 측정기, 접지저항측정기, 절연저항측정기

정답 15 ④ 16 ① 17 ①

18

다음은 「연구실 안전환경 조성에 관한 법률 시행규칙」에서 규정하는 연구실안전환경관리자의 전문교육에 관한 내용이다. ( ) 안에 들어갈 말로 옳은 것은?

구분	교육시기 및 주기	교육시간
신규교육	연구실안전환경관리자로 지정된 후 (㉠)개월 이내	(㉢)시간 이상
보수교육	신규교육을 이수한 후 매 2년이 되는 날을 기준으로 전후 (㉡)개월 이내	(㉣)시간 이상

	㉠	㉡	㉢	㉣
①	3	6	20	12
②	6	6	18	12
③	6	12	18	8
④	12	12	12	8

19

「연구실 안전환경 조성에 관한 법령」에서 규정하는 연구주체의 장이 과학기술정보통신부장관에게 보고해야 하는 사항이 아닌 것은?

① 연구실 사고
② 연구실책임자 지정 현황
③ 연구활동종사자 상해·사망을 대비한 보험의 가입 현황
④ 연구활동종사자 보호를 위해 실시하는 연구실 사용제한 조치

해설

① 연구주체의 장은 연구실 사고가 발생한 경우에는 과학기술정보통신부령으로 정하는 절차 및 방법에 따라 과학기술정보통신부장관에게 보고하고 이를 공표하여야 한다.
③ 연구주체의 장은 영 제19조제3항 본문에 따라 보험가입내용의 제출을 요청받은 경우에는 매년 4월 30일까지 별지 제7호서식의 보험가입보고서에 보험증서 사본을 첨부하여 과학기술정보통신부장관에게 제출한다.
④ 연구실 사용제한 조치(긴급한 조치)가 있는 경우 연구주체의 장은 그 사실을 과학기술정보통신부장관에게 즉시 보고하여야 한다. 이 경우 과학기술정보통신부장관은 이를 공고하여야 한다.

20

「연구실 안전환경 조성에 관한 법률」에서 규정하는 연구활동종사자의 건강검진에 관한 설명으로 옳은 것을 〈보기〉에서 모두 고른 것은?

보기

ㄱ. 연구주체의 장은 유해인자에 노출될 위험성이 있는 연구활동종사자에 대하여 정기적으로 건강검진을 실시하여야 한다.
ㄴ. 연구주체의 장은 연구활동종사자의 건강을 보호하기 위하여 필요하다고 인정할 때에는 연구실책임자에게 특정 연구활동종사자에 대한 임시건강검진의 실시나 연구장소의 변경, 연구시간의 단축 등 필요한 조치를 명할 수 있다.
ㄷ. 연구활동종사자는 법률에서 정하는 바에 따라 건강검진 및 임시건강검진 등을 받아야 한다.
ㄹ. 연구주체의 장은 연구활동에 필요한 경우에는 건강검진 및 임시건강검진 결과를 연구활동종사자의 건강 보호 외의 목적으로 사용할 수 있다.
ㅁ. 건강검진·임시건강검진의 대상, 실시기준, 검진항목 및 예외 사유는 과학기술정보통신부령으로 정한다.

① ㄱ, ㄴ, ㄷ ② ㄱ, ㄷ, ㅁ
③ ㄴ, ㄹ, ㅁ ④ ㄷ, ㄹ, ㅁ

해설

ㄴ. 과학기술정보통신부장관은 연구활동종사자의 건강을 보호하기 위하여 필요하다고 인정할 때에는 연구주체의 장에게 특정 연구활동종사자에 대한 임시건강검진의 실시나 연구장소의 변경, 연구시간의 단축 등 필요한 조치를 명할 수 있다.
ㄹ. 연구주체의 장은 건강검진 및 임시건강검진 결과를 연구활동종사자의 건강 보호 외의 목적으로 사용하여서는 아니 된다.

18 ② 19 ② 20 ② 정답

제2과목

연구실 안전관리 이론 및 체계

21

연구실과 사업장의 일반적인 특성을 비교한 설명으로 옳지 않은 것은?

① 연구실은 다품종 소량의 유해물질을 취급하고, 사업장은 소품종 다량의 유해물질을 취급하는 경향이 있다.

② 연구실에서는 주로 새로운 장치, 물질, 공정에 관한 연구개발 활동이 이루어지고, 사업장에서는 개발 완료된 물질, 공정을 이용하는 활동이 주로 이루어진다.

③ 연구실은 사업장에 비해 유해인자의 위험 범위 및 크기 예측이 상대적으로 쉽다.

④ 연구실은 소규모 공간에서 다수의 연구활동종사자가 기구 및 물질을 취급하는 경우가 많고, 사업장은 대규모 공간에서 근로자가 장비 및 물질을 취급하는 경우가 많다.

해설

연구실은 새로운 장치와 공정 연구·개발로 위험의 범위와 크기를 예측하기 힘들다.

22

〈보기〉는 유해·위험요인의 감소 대책이다. 효과가 큰 것부터 순서대로 나열한 것은?

보기

ㄱ. 유해·위험요인에 관한 교육 및 훈련 실시
ㄴ. 유해·위험요인에 대응하기 위한 설명서, 절차서, 표지 등을 게시
ㄷ. 유해·위험요인의 제거
ㄹ. 유해·위험요인에 관한 안전장치 설치
ㅁ. 유해·위험요인을 저감시키는 부품, 물질 등으로 대체

① ㄷ-ㅁ-ㄹ-ㄱ-ㄴ

② ㄷ-ㅁ-ㄹ-ㄴ-ㄱ

③ ㄹ-ㄷ-ㅁ-ㄱ-ㄴ

④ ㄹ-ㄷ-ㅁ-ㄴ-ㄱ

해설

시스템 안전 우선순위

1. 유해인자의 제거 또는 최소화 설계
2. 안전장치(공학적 대책)
3. 경고장치(관리적 대책)
4. 특수절차

정답 21 ③ 22 ②

23

인간의 의식수준 5단계 모형에서 Ⅰ단계(Phase Ⅰ)에서의 동작·조작 에러 사례를 〈보기〉에서 모두 고른 것은?

보기

ㄱ. 귀찮은 기분이 앞서 점검·확인을 생략한다.
ㄴ. 지시사항을 깜박 잊어버린다.
ㄷ. 돌출적인 습관동작을 컨트롤하지 못한다.
ㄹ. 감정적으로 난폭하게 다룬다.
ㅁ. 성급하게 작업을 마감한다.

① ㄱ, ㄴ ② ㄱ, ㄷ
③ ㄷ, ㅁ ④ ㄹ, ㅁ

해설

ㄱ : Phase 1의 인지확인에러
ㄴ : Phase 1의 기억판단에러
ㄷ : Phase 2의 동작조작에러
ㄹ : Phase 1의 동작조작에러
ㅁ : Phase 1의 동작조작에러

24

「안전관리 우수연구실 인증제 운영에 관한 규정」에 따른 심사기준의 세부항목 중 시스템 분야에 해당하는 사항이 아닌 것은?

① 비상시 대비·대응 관리 체계
② 개인보호구 지급 및 관리
③ 운영법규 검토
④ 시정조치 및 예방조치

해설

개인보호구 지급 및 관리는 연구실 안전환경 활동 수준 분야에 해당하는 사항이다.

25

〈보기〉는 연구실 안전관리시스템에 관한 설명이다. ( ) 안에 들어갈 말로 옳은 것은?

보기

(㉠)이/가 안전환경방침을 선언하고, P-D-C-A (Plan-Do-Check-Action) 과정을 통하여 지속적인 (㉡)이 이루어지도록 하는 체계적이고 자율적인 연구실안전관리 활동을 말한다.

① ㉠ 연구실안전환경관리자
 ㉡ 개선
② ㉠ 연구주체의 장(또는 연구실책임자)
 ㉡ 개선
③ ㉠ 연구실안전환경관리자
 ㉡ 교육
④ ㉠ 연구주체의 장(또는 연구실책임자)
 ㉡ 교육

26

연구실 안전환경 목표를 달성하기 위한 활동 추진계획 수립 시 반영·검토해야 하는 항목을 〈보기〉에서 모두 고른 것은?

보기

ㄱ. 업무 특성 및 연구개발 활동 특성
ㄴ. 전체목표 및 세부목표
ㄷ. 목표달성을 위한 안전환경 구축활동 계획(수단·방법·일정 등)
ㄹ. 목표별 성과지표

① ㄱ, ㄴ ② ㄱ, ㄷ, ㄹ
③ ㄴ, ㄷ, ㄹ ④ ㄱ, ㄴ, ㄷ, ㄹ

해설

연간 세부추진계획 수립 시 반영 사항 : 연구실의 규모·업무·연구개발활동 특성, 연구실의 전체목표 및 세부목표와 추진책임자 지정, 목표달성을 위한 활동계획, 목표별 성과지표 등

23 ④ 24 ② 25 ② 26 ④ 정답

27

연구실 사고 발생 시 피해 최소화를 위한 비상시 대비·대응 관리체계 구축에 관한 설명으로 옳지 않은 것은?

① 연구실에서 발생할 수 있는 최악의 상황을 가정한 비상사태별 대응 시나리오 및 대책을 포함한 비상조치계획을 작성하고 교육·훈련을 실시하여야 한다.

② 비상조치계획에는 비상연락체계, 구조·응급조치 절차, 사전유해인자위험분석 절차가 포함되어야 한다.

③ 비상사태 대응 훈련 후에는 성과를 평가하여 필요시 비상조치계획을 개정·보완하여야 한다.

④ 연구실 사고 기록을 작성 및 관리하고, 사고 발생 시 대책을 수립 및 이행하여야 한다.

해설

사고대응매뉴얼(비상조치계획)에 포함하여야 하는 사항

- 연구실의 보유 유해인자(독성, 발암성, 자연발화성 물질 등), 연구실 위치(고층, 지하 등)
- 사고 발생 시 비상조치를 위한 연구실 안전조직의 역할 및 수행절차
- 사고 발생 시 각 부서, 관련 기관과의 비상연락체계
- 비상시 대피절차와 재해자에 대한 구조·응급조치 절차
- 비상조치계획에 따른 연간 연구실 교육·훈련 계획 및 실시 결과서(사진 첨부)

28

P-D-C-A(Plan-Do-Check-Action) 과정의 단계별 설명으로 옳은 것을 〈보기〉에서 모두 고른 것은?

보기

ㄱ. P는 안전보건 리스크, 안전보건 기회를 결정 및 평가하고, 안전보건 목표 및 프로세스를 수립하는 단계이다.
ㄴ. D는 계획대로 프로세스를 실행하는 단계이다.
ㄷ. C는 의도된 결과를 달성하기 위해 안전보건 성과를 지속적으로 개선하기 위한 조치를 시행하는 단계이다.
ㄹ. A는 안전보건 방침과 목표에 관한 활동 및 프로세스를 모니터링 및 측정하고, 그 결과를 보고하는 단계이다.

① ㄱ, ㄴ
② ㄷ, ㄹ
③ ㄱ, ㄴ, ㄷ
④ ㄱ, ㄷ, ㄹ

해설

ㄷ. C는 안전보건 방침과 목표에 관한 활동 및 프로세스를 모니터링 및 측정하고, 그 결과를 보고하는 단계이다.
ㄹ. A는 의도된 결과를 달성하기 위해 안전보건 성과를 지속적으로 개선하기 위한 조치를 시행하는 단계이다.

정답 27 ② 28 ①

29

「연구실 사전유해인자위험분석 실시에 관한 지침」에서 규정하는 연구개발활동별 유해인자 위험분석보고서의 '화학물질 유해인자의 기본정보'에 기재해야 되는 항목을 <보기>에서 모두 고른 것은?

보기

ㄱ. CAS(Chemical Abstracts Service) NO.
ㄴ. 물질명
ㄷ. 보유수량, GHS(Globally Harmonized System) 등급
ㄹ. 위험군 분류
ㅁ. 위험분석
ㅂ. 필요 보호구

① ㄱ, ㄷ, ㅂ　② ㄴ, ㄷ, ㄹ, ㅁ
③ ㄱ, ㄴ, ㄷ, ㅁ, ㅂ　④ ㄱ, ㄴ, ㄹ, ㅁ, ㅂ

해설

연구활동별 유해인자위험분석 보고서의 화학물질 작성 항목 : CAS No., 물질명, 보유수량(제조연도), GHS 등급, 화학물질의 유별 및 성질, 위험분석, 필요보호구

30

위험성평가 기법 중 사고 발생의 확률 추정이 곤란한 정성적 평가기법으로만 짝지어진 것은?

① THERP(Technique for Human Error Rate Prediction), FTA(Fault Tree Analysis)
② HAZOP(Hazard and Operability studies), FTA(Fault Tree Analysis)
③ HAZOP(Hazard and Operability studies), ETA(Event Tree Analysis)
④ HAZOP(Hazard and Operability studies), PHA(Preliminary Hazards Analysis)

해설

THERP(Technique for Human Error Rate Prediction), FTA(Fault Tree Analysis), ETA(Event Tree Analysis)는 확률 추정이 가능한 정량적 평가기법이다.

31

(　) 안에 들어갈 말로 옳은 것은?

(　)는 최초의 인간신뢰도 분석 도구로, 인간의 동작이 시스템에 미치는 영향을 그래프적으로 나타내는 특징이 있으며, 시스템에 있어서 인간의 과오를 평가하기 위하여 개발된 기법이다.

① ETA(Event Tree Analysis)
② FTA(Fault Tree Analysis)
③ THERP(Technique for Human Error Rate Prediction)
④ HAZOP(Hazard and Operability studies)

32

연구개발활동안전분석(R&DSA) 보고서에 포함되는 내용을 <보기>에서 모두 고른 것은?

보기

ㄱ. 연구・실험 절차
ㄴ. 위험분석
ㄷ. 안전계획
ㄹ. 비상조치계획

① ㄱ, ㄴ　② ㄷ, ㄹ
③ ㄱ, ㄴ, ㄷ　④ ㄱ, ㄴ, ㄷ, ㄹ

해설

R&DSA 작성 항목 : 연구・실험절차, 위험분석, 안전계획, 비상조치계획

29 ③　30 ④　31 ③　32 ④ 정답

33

(　) 안에 들어갈 말로 옳은 것은?

(　)은 돌발적으로 위기적 상황이 발생하면 그것에 집중하여 그 외의 상황을 분별하지 못하고, 특정 방향으로 강한 욕구가 있으면 그 방향에만 몰두하여야 하는 불안전한 행동을 말한다.

① 장면행동
② 주연행동
③ 억측판단행동
④ 지름길 반응행동

해설

장면행동 : 돌발 위기가 발생 시 주변 상황을 분별하지 못하고 그 위기에만 집중하는 것으로, 주의의 1점 집중 행동이라고도 부른다.

34

다음 중 (　) 안에 들어갈 말로 가장 적절한 것은?

안전교육을 통해 안전수칙 준수에 관한 동기부여와 안전의욕 고취를 도모하고자 할 때 효과적인 교육은 (　)이다.

① 태도교육
② 기능교육
③ 지식교육
④ 문제풀이형 교육

해설

② 기능교육 : 현장실습교육을 통해 이루어지고 작업방법, 조작행위를 체득한다.
③ 지식교육 : 법규, 규정, 기준, 수칙의 숙지를 위한 교육이다.

35

「연구실 안전환경 조성에 관한 법률 시행규칙」에 따른 교육 대상별 교육 과정에 대한 설명으로 옳은 것을 〈보기〉에서 모두 고른 것은?

보기

ㄱ. 장기 근속 연구활동종사자는 전문교육 대상이다.
ㄴ. 저위험연구실에 신규 채용된 연구활동종사자는 신규 교육·훈련 대상이다.
ㄷ. 연구실 사고가 발생한 연구실의 연구활동종사자는 특별안전 교육·훈련 대상이다.
ㄹ. 정밀안전진단 대행기관 기술인력은 특별안전 교육·훈련 대상이다.

① ㄱ, ㄴ
② ㄱ, ㄹ
③ ㄴ, ㄷ
④ ㄷ, ㄹ

해설

ㄱ. 연구실안전환경관리자로 지정된 사람이 전문교육 대상이다.
ㄹ. 정밀안전진단 대행기관 기술인력은 기술인력에 대한 교육 대상이다.

정답 33 ① 34 ① 35 ③

36

다음은 안전교육의 평가항목별 효과적인 평가방법을 정리한 것이다. (   ) 안에 들어갈 말로 옳은 것은?

평가방법 / 평가항목	(㉠)	(㉡)	(㉢)
지식	○	○	
기능	○		◎
태도	◎	◎	

◎ : 효과가 매우 큼, ○ : 효과가 큼

	㉠	㉡	㉢
①	관찰법	면접법	질문법
②	관찰법	면접법	결과평가
③	질문법	면접법	결과평가
④	질문법	관찰법	결과평가

해설

사례연구법은 학습진도 측정과 체계적인 지식 습득이 쉽지 않다.

37

안전교육 기법 중 사례연구법에 관한 설명으로 옳지 않은 것은?

① 일반적으로 사례 제시, 자료 및 정보수집, 해결방안을 위한 연구와 준비, 해결방안의 발견과 검토의 순서로 진행된다.

② 조직이나 사회가 당면한 문제에 대한 학습이 가능하며, 의사소통을 통한 사고력 향상이 가능하다.

③ 적절한 사례를 확보하기 어려우나 학습진도 측정과 체계적인 지식 습득이 용이하다.

④ 교육효과는 리더의 역량에 따라 큰 차이가 발생할 수 있으며, 해당 사례에 적절한 해결책을 도출하기 위해서는 부가적인 자료가 계속 제공되어야 한다.

38

사람과 에너지와의 상관관계에 따라 분류한 사고 유형에 관한 설명으로 옳은 것은?

① 에너지 폭주형의 사고 유형에는 폭발, 무너짐 사고가 있다.

② 에너지 활동 구역에 사람이 침입하여 발생하는 사고 유형에는 질식사고가 있다.

③ 에너지와의 충돌에 의해 발생하는 사고 유형에는 감전사고가 있다.

④ 유해·위험물에 의한 사고 유형에는 부딪힘 사고가 있다.

해설

② 질식사고는 유해·위험물에 의한 재해이다.
③ 감전사고는 에너지 활동 구역에 침입하여 발생하는 사고이다.
④ 부딪힘사고는 에너지와의 충돌에 의해 발생하는 사고이다.

36 ② 37 ③ 38 ① 정답

39

연구실 사고조사에 관한 설명으로 옳지 않은 것은?

① 관리 및 조직상의 장애요인을 밝혀야 한다.
② 해당 사고에 관한 객관적인 원인 규명을 하여야 한다.
③ 기인물은 직접 위해를 준 기계, 장치, 물체 등을 의미한다.
④ 사고조사의 목적은 원인 규명을 통한 동종 및 유사 사고의 재발 방지이다.

해설

기인물(initiating object)은 사고의 근원이 되었던 기계, 장치, 기타 물건 또는 환경을 의미한다. 사고를 일으킨 직접적인 것은 가해물(harmed object)이다.

40

연구실 내 병원성 물질 유출사고 발생 단계에서 연구실책임자 및 연구활동종사자의 사고대응 요령을 〈보기〉에서 모두 고른 것은?

보기

ㄱ. 부상자의 오염된 보호구는 즉시 탈의하여 멸균봉투에 넣고 오염 부위를 세척한 후 소독제 등으로 오염 부위를 소독한다.
ㄴ. 부상자 발생 시 부상 부위 및 2차 감염성 확인 후 기관 내 안전관리 업무를 수행하는 자에게 알리고, 필요시 소방서에 신고한다.
ㄷ. 흡수지로 오염 부위를 덮은 후 그 위에 소독제를 충분히 부어 오염의 확산을 방지한다.
ㄹ. 1차 피해 우려 시 접근금지 표시를 하여 1차 유출 확대를 방지한다.
ㅁ. 사고 발생지 탈 오염 처리 및 오염 확산 방지 확인 후 연구실 사용 재개를 결정한다.

① ㄱ, ㄴ, ㄷ　　② ㄴ, ㄷ, ㄹ
③ ㄱ, ㄴ, ㄹ, ㅁ　　④ ㄱ, ㄷ, ㄹ, ㅁ

해설

ㄹ. 2차 피해 우려 시 접근금지 표시를 하여 2차 유출 확대를 방지해야 한다.
ㅁ. 사고 발생지 탈 오염 처리 및 오염 확산 방지한 뒤 퇴실한다. 사고조사 완료 전까지 사고현장은 출입통제한다.

제3과목
연구실 화학 · 가스 안전관리

41

방폭구조에 관한 설명으로 옳은 것을 〈보기〉에서 모두 고른 것은?

보기

ㄱ. '안전증방폭구조'는 정상운전 중에 가연성 가스의 점화원이 될 수 있는 전기 불꽃 · 아크의 발생이나 과열을 방지하기 위해 기계적 · 전기적 구조와 온도상승에 관한 안전도를 증가시킨 구조이다.
ㄴ. '유입방폭구조'는 방폭전기기기의 용기 내부에서 가연성 가스의 폭발이 발생할 경우 그 용기가 폭발압력에 견딜 수 있는 구조이며, 접합면이나 개구부 등을 통해 외부의 가연성 가스에 의해 인화되지 않도록 한 구조이다.
ㄷ. '내압방폭구조'는 용기 내부에 절연유를 주입하여 불꽃 · 아크 또는 고온발생분이 기름 속에 잠기게 함으로써 기름면 위에 존재하는 가연성 가스에 의해 인화되지 않도록 한 구조이다.
ㄹ. '압력방폭구조'는 용기 내부에 보호가스를 압입하여 내부 압력을 유지함으로써 가연성가스가 용기 내부로 유입하는 것을 방지하는 구조이다.

① ㄱ, ㄴ　　② ㄱ, ㄹ
③ ㄴ, ㄷ　　④ ㄷ, ㄹ

해설

ㄴ. '내압방폭구조'에 대한 설명이다.
ㄷ. '유입방폭구조'에 대한 설명이다.

정답 39 ③ 40 ① 41 ②

42

다음 중 가연성 가스이면서 독성가스인 것은?

① 불화수소(HF)　　② 프로판(C_3H_8)

③ 황화수소(H_2S)　　④ 브롬화수소(HBr)

해설

- 가연성가스 : 프로판, 황화수소
- 독성가스 : 불화수소, 황화수소, 브롬화수소

43

화학물질 보관·저장방법에 관한 설명으로 옳은 것을 〈보기〉에서 모두 고른 것은?

보기

ㄱ. 화학물질의 특성을 고려하지 않고 알파벳순이나 가나다순으로 저장한다.
ㄴ. 열과 빛을 차단할 수 있는 곳에 보관한다.
ㄷ. 화학물질을 소분하여 사용하는 경우에는 화학물질의 정보가 기입된 라벨(경고표지) 부착이 필요 없다.
ㄹ. 용량이 큰 화학물질은 취급 시 파손에 대비하기 위해 추락 방지 가드가 설치된 선반의 상단에 보관한다.
ㅁ. 인화성 액체는 발열체, 스파크, 직사광선 등 점화원을 피하여 보관하고, 소화기를 함께 비치한다.

① ㄴ, ㄷ　　② ㄴ, ㅁ

③ ㄱ, ㄷ, ㄹ　　④ ㄴ, ㄹ, ㅁ

해설

ㄱ. 화학물질의 특성을 고려하여 저장하고, 알파벳순이나 가나다순으로 분류하여 저장하면 안 된다.
ㄷ. 화학물질을 소분하여 사용하는 경우에도 화학물질의 정보가 기입된 라벨(경고표지) 부착이 필요하다.
ㄹ. 용량이 큰 화학물질은 취급 시 파손에 대비하기 위해 선반의 하단에 보관한다.

44

〈그림〉의 분류 표지가 부착된 화학물질의 유해·위험성에 관한 설명으로 옳지 않은 것은?

그림

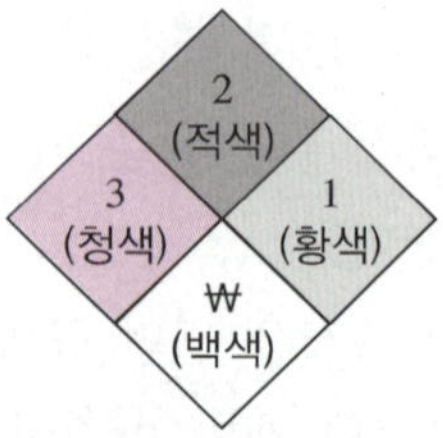

① 열에 불안정한 물질이다.

② 인화점이 상온(20℃) 이하인 물질이다.

③ 신체 노출 시 심각하거나 영구적인 부상을 유발할 수 있는 물질이다.

④ 물과 반응할 수 있으며, 반응 시 심각한 위험을 수반할 수 있는 물질이다.

해설

화재위험성이 2등급이므로, 인화점이 37.8~93.9℃인 물질이다.

45

화학폐기물의 종류와 폐기물 구분의 연결이 옳지 않은 것은?

	화학 폐기물의 종류	폐기물 구분
①	백금(Pt)/산화알루미늄(Al_2O_3) 폐촉매	기타폐기물
②	아세톤(C_3H_6O)	비할로겐 유기용제
③	수산화나트륨(NaOH)	폐알칼리
④	불산(HF)	폐산

해설

기타폐기물 : 시약 공병, 오염된 장갑 등

42 ③　43 ②　44 ②　45 ① 정답

46

( ) 안에 들어갈 말로 옳은 것은?

> 「폐기물관리법 시행규칙」에 따라 지정폐기물 배출자는 연구실에서 발생되는 지정폐기물 중 폐산, 폐알칼리를 보관개시일로부터 최대 ( )일까지 보관할 수 있다.

① 45 ② 60
③ 90 ④ 120

해설

지정폐기물은 폐기물관리법에서 정한 날짜를 초과하여 보관하여서는 안 된다.

㉠ 45일 초과 보관 금지 : 폐산 · 폐알칼리 · 폐유 · 폐유기용제 · 폐촉매 · 폐흡착제 · 폐흡수제 · 폐농약, 폴리클로리네이티드비페닐 함유 폐기물, 폐수처리 오니 중 유기성 오니

㉡ 60일 초과 보관 금지 : 그 밖의 지정폐기물

47

「폐기물관리법 시행규칙」에 따라 지정폐기물 보관창고(의료폐기물은 제외)에 설치해야 하는 지정폐기물 보관표지의 항목이 아닌 것은?

① 폐기물의 종류
② 보관 가능 용량
③ 보관기간
④ 보관방법

해설

지정폐기물 보관표지의 항목 : 폐기물의 종류, 보관 가능 용량, 관리책임자, 보관기간, 취급 시 주의사항, 운반(처리) 예정 장소

48

「폐기물관리법 시행규칙」에 따른 지정폐기물의 처리기준에 관한 설명으로 옳지 않은 것은?

① 폐유기용제는 휘발되지 아니하도록 밀폐된 용기에 보관하여야 한다.
② 지정폐기물은 지정폐기물에 의하여 부식되거나 파손되지 아니하는 재질로 된 보관시설 또는 보관용기를 사용하여 보관하여야 한다.
③ 지정폐기물 보관표지를 드럼 등 소형용기에 붙이는 경우, 표지의 규격은 가로 60cm 이상, 세로 40cm 이상이다.
④ 지정폐기물 보관표지의 색깔은 노란색 바탕에 검은색 선 및 검은색 글자로 한다.

해설

드럼 등 소형용기에 붙이는 경우에는 가로 15cm 이상, 세로 10cm 이상으로 한다(기본규격이 가로 60cm 이상, 세로 40cm 이상).

정답 46 ① 47 ④ 48 ③

49

연구실에서 발생하는 폐기물 처리에 관한 설명으로 옳지 않은 것은?

① 벤젠과 황산은 같은 폐기용기에 폐기하면 안 된다.

② 과염소산과 황산은 같은 폐기용기에 폐기하여도 된다.

③ 염소산칼륨은 갑작스런 충격이나 고온 가열 시 폭발 위험이 있으므로 폐기물 처리 시 주의하여야 한다.

④ 폐산, 폐알칼리, 폐유기용제 등 다른 폐기물이 혼합된 액체상태의 폐기물은 소각시설에 지장이 생기지 않도록 중화 등으로 처리하여 소각 후 매립한다.

해설

과염소산과 황산은 같은 폐기용기에 폐기하면 안 된다.

50

「폐기물관리법 시행규칙」에 따라 지정폐기물로 인한 사고예방을 위하여 작성해야 하는 폐기물 유해성 정보자료의 항목을 〈보기〉에서 모두 고른 것은?

보기
ㄱ. 폐기물의 물리적 · 화학적 성질 ㄴ. 폐기물의 성분 정보 ㄷ. 폐기물의 안정성 · 반응성 ㄹ. 취급 시 주의사항

① ㄱ, ㄴ

② ㄱ, ㄷ, ㄹ

③ ㄴ, ㄷ, ㄹ

④ ㄱ, ㄴ, ㄷ, ㄹ

해설

유해성 정보자료 항목 중 중요한 정보

- 폐기물의 안정성 · 유해성
- 폐기물의 물리적 · 화학적 성상
- 폐기물의 성분 정보
- 취급 시 주의사항

51

가스용기나 저장탱크의 폭발사고 예방장치가 아닌 것은?

① 파열판(rupture disk)

② 안전밸브(safety valve)

③ 글로브밸브(glove valve)

④ 릴리프밸브(relief valve)

해설

글로브밸브는 유체의 개폐를 실행하는 밸브로 압력을 방출시키는 밸브와는 거리가 멀다.

52

연구실 사고예방을 위한 장치가 아닌 것은?

① 긴급차단장치 ② 역류방지장치

③ 역화방지장치 ④ 비상샤워장치

해설

비상샤워장치는 누출사고 발생 후 씻어내는 용도로 예방장치와는 거리가 멀다.

정답 49 ② 50 ④ 51 ③ 52 ④

53

「고압가스 저장의 시설 · 기술 · 검사 · 안전성 평가 기준」에 따른 과압안전장치의 설치 위치에 관한 설명으로 옳지 않은 것은?

① 배관 내의 액체가 2개 이상의 밸브로 차단되어 외부 열원으로 인한 액체의 열팽창으로 파열이 우려되는 배관에 설치해야 한다.

② 내 · 외부의 요인에 따른 압력상승이 설계압력을 초과할 우려가 있는 압력용기에 설치해야 한다.

③ 토출 측의 막힘으로 인한 압력상승이 설계압력을 초과할 우려가 있는 다단 압축기의 입구 측에 설치해야 한다.

④ 액화가스 저장능력이 300kg 이상이고 용기 집합장치가 설치된 고압가스설비에 설치해야 한다.

해설

토출 측의 막힘으로 인한 압력상승이 설계압력을 초과할 우려가 있는 다단 압축기의 각 단에 설치해야 한다.

54

실린더 캐비닛에 관한 설명으로 옳지 않은 것은?

① 실린더 캐비닛은 불연성 재질이어야 한다.

② 실린더 캐비닛 내 공기는 항상 옥외로 배출하고 내부의 압력이 외부의 압력보다 낮도록 유지한다.

③ 실린더 캐비닛 내의 충전용기 또는 배관에는 캐비닛 내부에서 수동 조작이 가능한 긴급차단장치를 설치한다.

④ 상호반응에 의해 재해가 발생할 우려가 있는 가스는 동일 실린더 캐비닛 내에 함께 보관하지 않는다.

해설

③ 캐비닛 내의 충전용기 또는 배관에는 캐비닛의 외부에서 조작이 가능한 긴급차단장치를 설치한다.

55

〈보기〉는 가스 폭발범위에 관한 설명이다. (   ) 안에 들어갈 말로 옳은 것은?

보기

- 가연성 가스가 연소할 수 있는 (㉠)의 농도 범위이다.
- 압력이 높을수록 폭발범위가 (㉡).
- 폭발범위가 (㉢)는 것은 그 가스가 위험하다는 것을 뜻한다.
- 불활성 가스를 혼합하면 폭발하한계는 (㉣)하며, 폭발상한계는 (㉤)한다.

① ㉠ 가연성 가스, ㉡ 넓어진다, ㉢ 넓다, ㉣ 상승, ㉤ 하강

② ㉠ 산소, ㉡ 좁아진다, ㉢ 좁다, ㉣ 상승, ㉤ 하강

③ ㉠ 가연성 가스, ㉡ 넓어진다, ㉢ 넓다, ㉣ 하강, ㉤ 상승

④ ㉠ 가연성 가스, ㉡ 좁아진다, ㉢ 좁다, ㉣ 하강, ㉤ 상승

정답 53 ③ 54 ③ 55 ①

56

가스 누출 검지경보장치의 설치기준으로 옳은 것을 〈보기〉에서 모두 고른 것은?

보기

ㄱ. 가연성 가스의 경보 농도는 폭발하한계의 4분의 1 이하로 한다.
ㄴ. 독성가스의 경보 농도는 TLV-TWA(Threshold Limit Value-Time Weighted Average) 기준 농도 이하로 한다.
ㄷ. 경보는 램프의 점등 또는 점멸과 동시에 경보를 울리는 것이어야 한다.
ㄹ. 암모니아의 가스 누출 검지경보장치는 「고압가스 안전관리법」에 따른 방폭 성능을 갖는 것이어야 한다.
ㅁ. 암모니아 누출경보기는 누출 가능 지점으로부터 가까운 바닥으로부터 30cm 이내에 설치한다.

① ㄱ, ㄴ, ㄷ　　② ㄱ, ㄴ, ㄹ
③ ㄱ, ㄹ, ㅁ　　④ ㄴ, ㄷ, ㄹ

해설

ㄹ. 가연성 가스(암모니아 제외)의 검지경보장치는 방폭성능을 갖는 것이어야 한다.
ㅁ. 암모니아 누출경보기는 누출 가능 지점에서 가까운 천장으로부터 30cm 이내에 설치한다(암모니아의 비중은 0.59로 공기보다 가벼워 누출 시 천장면부터 쌓이는 경향을 보인다).

57

파열판을 설치해야 하는 경우가 아닌 것은?

① 반응폭주 등 급격한 압력상승의 우려가 있는 경우
② 화학물질의 부식성이 강하여 안전밸브 재질의 선정에 문제가 있는 경우
③ 가연성 물질의 누출로 인해 장치 외부에서 심각한 폭발위험이 우려되는 경우
④ 운전 중 안전밸브에 이상 물질이 누적되어 안전밸브의 기능을 저하시킬 우려가 있는 경우

해설

파열판을 설치하여야 하는 경우
- 반응폭주 등 급격한 압력 상승의 우려가 있는 경우
- 운전 중 안전밸브에 이상물질이 누적되어 안전밸브의 기능을 저하시킬 우려가 있는 경우
- 화학물질의 부식성이 강하여 안전밸브 재질의 선정에 문제가 있는 경우 등

58

「특정고압가스 사용의 시설 · 기술 · 검사기준」에 따른 가스 누출 검지경보장치의 설치 위치에 관한 설명으로 옳지 않은 것은?

① 연구실 안에 설치하는 경우 설비군의 둘레 20m마다 2개 이상 설치한다.
② 연구실 밖에 설치하는 경우 설비군의 둘레 20m마다 1개 이상 설치한다.
③ 감지 대상가스가 공기보다 무거운 경우 바닥에서 30cm 이내에 설치한다.
④ 감지 대상가스가 공기보다 가벼운 경우 천장에서 30cm 이내에 설치한다.

해설

① 연구실 안에 설치하는 경우 설비군의 둘레 10m마다 1개 이상 설치한다.

56 ① 57 ③ 58 ① 정답

59

폭발위험장소에 관한 설명으로 옳지 않은 것은?

① KS C IEC 60079-10에 따르면 가스와 증기의 폭발 위험장소 종별은 0종(zone 0), 1종(zone 1), 2종(zone 2)으로 구분한다.

② '0종 장소'란 폭발성 가스분위기가 연속적으로 장기간 또는 빈번하게 존재할 수 있는 장소를 말한다.

③ '1종 장소'란 비정상상태에서 위험분위기가 간헐적, 주기적으로 생성될 우려가 있는 장소로서 운전, 유지, 보수 등에 의해 위험분위기가 발생되기 쉬운 장소를 말한다.

④ '2종 장소'란 폭발성 가스 분위기가 정상작동(운전) 중 조성되지 않거나 조성된다 하더라도 짧은 기간에만 지속될 수 있는 장소를 말한다.

해설

'1종 장소'란 정상상태에서 위험 분위기가 간헐적·주기적으로 생성될 우려가 있는 장소로서 운전, 유지, 보수 등에 의해 위험 분위기가 발생되기 쉬운 장소를 말한다.

60

화재 등으로 인한 압력상승을 방지하기 위한 압력방출장치에 관한 설명으로 옳지 않은 것은?

① '파열판'은 독성물질의 누출로 인해 주위 작업 환경을 오염시킬 우려가 있는 경우에 적합하다.

② '가용합금 안전밸브'는 아세틸렌(C_2H_2), 염소(Cl_2) 용기에 적합하다.

③ '폭압방산공'은 건조기 등 폭발방호가 필요한 경우에 적합하다.

④ '스프링식 안전밸브'는 반응기 내에 폭발압력 발생 우려가 있는 경우에 적합하다.

해설

반응기 내에 폭발 압력 발생 우려가 있는 경우에는 파열판이 적합하다.

제4과목

연구실 기계 · 물리 안전관리

61

방호장치에 관한 설명으로 옳지 않은 것은?

① 방호장치는 구조가 간단하고 신뢰성을 갖추어야 한다.

② 방호장치로 인하여 작업에 방해가 되어서는 안 된다.

③ 방호장치 작동 시 해당 기계가 자동적으로 정지되어서는 안 된다.

④ 방호장치는 사용자에게 심리적 불안감을 주지 않도록 외관상 안전화를 유지하여야 한다.

해설

방호장치 작동 시 해당 기계가 자동적으로 정지되는 종류도 있다.

※ 접근반응형 방호장치 : 사용자의 신체 부위가 위험한계로 들어오게 되면 이를 감지하여 작동 중인 기계를 즉시 정지시키는 방식

정답 59 ③ 60 ④ 61 ③

62

연구실 기계설비의 공통적인 위험요인으로 옳지 않은 것은?

① 운동하는 기계는 반응점을 가지고 있다.
② 기계의 작업점은 큰 힘을 가지고 있다.
③ 기계는 동력을 전달하는 부분이 있다.
④ 기계는 부품 고장의 가능성이 있다.

해설

운동하는 기계는 작업점을 가지고 있다.

63

〈보기〉의 기계 재해를 방지하기 위한 대책을 순서대로 나열한 것은?

보기

ㄱ. 방호조치
ㄴ. 본질안전설계 조치
ㄷ. 안전작업방법의 설정과 실시
ㄹ. 위험요인의 파악 및 위험성 결정

① ㄴ → ㄱ → ㄷ → ㄹ
② ㄴ → ㄷ → ㄱ → ㄹ
③ ㄹ → ㄱ → ㄴ → ㄷ
④ ㄹ → ㄴ → ㄱ → ㄷ

해설

기계 · 기구설비의 안전화를 위한 기본원칙
• 위험의 분류 및 결정
• 설계에 의한 위험 제거 또는 감소
• 방호장치의 사용
• 안전작업방법의 설정과 실시

64

연구실 기계 · 기구의 주요 사고원인으로 옳지 않은 것은?

① 기계 자체가 실험용이나 개발용으로 변형 · 제작되어 안전성이 떨어진다.
② 기계의 사용방식이 자주 바뀌지 않고 사용하는 시간이 길다.
③ 기계의 사용자가 경험과 기술이 부족한 연구활동종사자이다.
④ 기계의 담당자가 자주 바뀌어 기술이 축적되기 어렵다.

해설

기계의 사용방식이 자주 바뀌고 사용시간도 짧아 안전에 대한 고려가 간과되기 쉽다.

65

〈그림〉의 안전보건표지의 의미로 옳은 것은?

그림

① 장갑 착용금지　　② 출입금지
③ 사용금지　　④ 손 조심

해설

출입금지

그 외의 보기는 안전보건표지가 없다.

62 ① 63 ④ 64 ② 65 ③ 정답

66

연구실에서 취급하는 기기·장비와 안전점검항목의 연결이 옳지 않은 것은?

	기기·장비	안전점검항목
①	오븐	수평, 통풍 상황 등 적절한 설치 상태 확인
②	교류아크용접기	안전기 설치 및 작동 유무 확인
③	무균작업대 (무균실험대, clean bench)	풍속 확인
④	실험용 가열판	적정 온도 유지 여부 확인

해설

교류아크용접기 안전점검 항목

- 자동전격방지기 설치 및 작동 여부
- 용접봉 홀더의 절연 상태
- 소화 준비물 비치 여부
- 케이블의 용접기와 접속부의 부착·절연 상태
- 케이블의 피복 손상 여부
- 용접기 본체 등에 접지 여부
- 정기적 절연 측정
- 주변 가연물 제거
- 통풍·환기 상황
- 보호구 착용 여부 등

67

「연구실 안전점검 및 정밀안전진단에 관한 지침」에서 규정하는 기계 안전 분야의 정기점검·특별안전점검항목이 아닌 것은?

① 연구실 소음 및 진동에 관한 대비책 마련 여부
② 기계·기구 또는 설비별 작업안전수칙 부착 여부
③ 연구실 내 자체 제작 장비에 대한 안전관리 수칙·표지 마련 여부
④ 연구실 내 자동화설비 기계·기구에 대한 이중안전장치 마련 여부

해설

연구실 소음 및 진동에 관한 대비책 마련 여부는 산업위생 분야의 점검항목이다.

68

원심기 취급 시 안전대책으로 옳은 것을 〈보기〉에서 모두 고른 것은?

보기
ㄱ. 휘발성 물질은 원심분리 금지
ㄴ. 감전 예방을 위한 접지 실시
ㄷ. 최고 사용 회전수 초과 사용 금지
ㄹ. 광전자식 및 손쳐내기식 방호장치 설치

① ㄱ　　② ㄴ, ㄷ
③ ㄱ, ㄴ, ㄷ　　④ ㄱ, ㄴ, ㄷ, ㄹ

해설

ㄹ. 원심기에는 회전체 접촉 예방장치(덮개)를 설치한다.

정답 66 ② 67 ① 68 ③

69

페일 세이프(fail safe)의 정의와 종류에 관한 설명으로 옳은 것은?

① 페일 세이프(fail safe) : 인간이 기계 등의 취급을 잘못하더라도 사고나 재해로 연결되지 않는 기능이다.

② 페일 패시브(fail passive) : 부품 고장 시 기계는 정지상태가 된다.

③ 페일 오퍼레이셔널(fail operational) : 부품 고장 시 기계는 경보를 울리며 짧은 시간 동안 운전이 가능하다.

④ 페일 액티브(fail active) : 부품 고장이 있어도 기계는 보수가 될 때까지 운전이 가능하다.

해설

① 풀 프루프(fool proof) : 인간이 기계 등의 취급을 잘못해도 그것이 바로 사고나 재해와 연결되는 일이 없도록 작동되는 기능이다.

③ 페일 액티브(fail active) : 부품 고장 시 기계는 경보를 울리며 짧은 시간 동안 운전이 가능하다.

④ 페일 오퍼레이셔널(fail operational) : 부품 고장이 있어도 기계는 보수가 될 때까지 운전이 가능하다.

70

무균작업대(무균실험대, clean bench)의 위험요소 및 취급 주의사항에 관한 설명으로 옳지 않은 것은?

① UV에 의한 눈이나 피부 화상 사고에 주의해야 한다.

② 무균작업대 사용 전에 UV 램프의 전원을 반드시 차단해야 한다.

③ 무균작업대 내 알코올램프 사용으로 인한 화재 위험에 주의해야 한다.

④ 인체감염균, 유해화학물질, 바이러스 등은 반드시 무균작업대에서 취급해야 한다.

해설

무균실험대에서는 절대로 인체감염균, 바이러스, 유해화학물질 등을 사용하지 않아야 한다.

71

기계설비의 안전조건 중 구조의 안전화에 관한 고려사항으로 옳지 않은 것은?

① 가공의 결함

② 가드(guard)의 결함

③ 재료의 결함

④ 설계상의 결함

해설

구조의 안전화에 관한 고려사항으로는 재료의 결함, 설계상의 결함, 가공의 결함이 있다.

69 ② 70 ④ 71 ② 정답

72

다음은 「연구실 설치운영에 관한 기준」 중 연구·실험장비의 설치에 관한 내용의 일부이다. ( ) 안에 들어갈 말로 옳은 것은?

구분		준수사항	연구실 위험도		
			저위험	중위험	고위험
연구·실험장비	설치	취급하는 물질에 내화학성을 지닌 실험대 및 선반 설치	㉠	㉡	㉢
		충격, 지진 등에 대비한 실험대 및 선반 전도방지조치	㉣	㉤	㉥

① ㉠ 권장, ㉡ 권장, ㉢ 필수, ㉣ 권장, ㉤ 필수, ㉥ 필수
② ㉠ –, ㉡ 권장, ㉢ 권장, ㉣ –, ㉤ 권장, ㉥ 권장
③ ㉠ 권장, ㉡ 필수, ㉢ 필수, ㉣ 권장, ㉤ 권장, ㉥ 필수
④ ㉠ 권장, ㉡ 필수, ㉢ 필수, ㉣ –, ㉤ 권장, ㉥ 필수

해설

③ 유체를 가열하는 히터의 경우 유체의 수위가 히터 위치 이하로 떨어지지 않도록 수시로 확인한다.

73

가열/건조기 사용 시 안전대책으로 옳지 않은 것은?

① 사용 전 주위에 인화성 및 가연성 물질이 없는지 확인한다.
② 가동 중 자리를 비우지 않고 수시로 온도를 확인한다.
③ 유체를 가열하는 히터의 경우 유체의 수위가 히터 위치 이상으로 올라가지 않도록 수시로 확인한다.
④ 발생 가능한 화재의 종류에 따라 적응성이 있는 소화기를 구비하여 지정된 위치에 보관하고, 소화기의 위치와 사용법을 숙지한다.

74

( ) 안에 들어갈 말로 옳은 것은?

> '방사선'이란 전자파나 입자선 중 직접 또는 간접적으로 (㉠)을/를 전리하는 능력을 가진 것으로서 알파선, 중양자선, 양자선, 베타선, 그 밖의 중하전입자선, 중성자선, 감마선, 엑스선 및 (㉡) 전자볼트 이상(엑스선 발생장치의 경우에는 5천 전자볼트 이상)의 에너지를 가진 전자선을 말한다.

	㉠	㉡
①	공기	5만
②	물	5만
③	공기	10만
④	물	10만

정답 72 ① 73 ③ 74 ①

75

3D 프린터의 주요 유해 · 위험요인이 아닌 것은?

① 고온의 압축된 물질에 신체 접촉으로 인한 화상 위험
② 가공 중 유해화학물질의 흡입에 의한 건강 장해 위험
③ 접지 불량에 의한 감전 및 화재 위험
④ 안전문의 불량에 의한 칩 또는 스크랩 비산

해설

3D 프린터의 주요 위험요소

- 고온 : 고온으로 압축된 물질에 신체 접촉으로 인한 화상 위험
- 흄 : 가공 중 유해화학물질 흄 흡입으로 건강 장해 위험
- 감전 · 화재 : 접지 불량에 의한 감전, 화재 위험
- 끼임 : 안전문의 불량에 의한 손 끼임 위험

76

고압증기멸균기의 안전대책으로 옳지 않은 것은?

① 멸균이 종료되면 문을 열기 전에 압력이 0점(zero)에 간 것을 확인한다.
② 발화성, 반응성, 부식성, 독성 및 방사성 물질은 주의하여 사용한다.
③ 고압증기멸균기 주변에 연소성 물질을 제거한다.
④ 문을 열고 30초 이상 기다린 후 시험물을 천천히 제거한다.

해설

고온멸균기는 방폭구조가 아니므로 가연성, 폭발성, 인화성 물질 등을 사용하지 않는다.

77

가스크로마토그래피(gas chromatography) 취급 시 주의사항으로 옳지 않은 것은?

① 가연성 · 폭발성 가스에 의한 화재 및 폭발 위험이 있으므로 주의해야 한다.
② 액체질소에 의한 저온 화상 위험이 있으므로 주의해야 한다.
③ 세라믹 섬유로 만들어진 크로마토그래피 단열재의 섬유입자로 인한 호흡기 위험에 주의해야 한다.
④ 압축가스와 가연성 및 독성 화학물질 등을 사용하는 경우에 있어서 해당 MSDS를 참고하여 취급하여야 한다.

해설

②는 초저온용기에 대한 설명이다.

78

레이저에 관한 설명으로 옳은 것을 〈보기〉에서 모두 고른 것은?

보기

ㄱ. 레이저 안전등급 분류(IEC 60825-1) 중 3B 등급은 보안경 착용을 권고한다.
ㄴ. 가시광선 영역에서 4mW로 0.4초 노출 시 레이저 안전등급 분류(IEC 60825-1)는 3R 등급이다.
ㄷ. 레이저가 눈 또는 피부에 조사될 경우 실명이나 화상 등의 사고 위험이 있다.
ㄹ. 레이저 발진 준비단계에서 레이저빔을 반사시킬 수 있는 물체는 빔이 통과하는 경로에서 제거해야 한다.

① ㄴ, ㄷ　　② ㄷ, ㄹ
③ ㄱ, ㄴ, ㄹ　　④ ㄴ, ㄷ, ㄹ

해설

ㄱ. 레이저 안전등급 분류(IEC 60825-1) 중 3B 등급은 보안경 착용이 필수이다.

75 ④　76 ②　77 ②　78 ④ 정답

79

연구활동 중 고열작업에 해당하는 작업 장소가 아닌 것은?

① 도자기나 기와 등을 소성하는 장소
② 고무에 황을 넣어 열처리하는 장소
③ 녹인 금속을 운반하거나 주입하는 장소
④ 금속에 전기아연도금을 하는 장소

해설

고열작업에 해당하는 장소

- 용광로·평로·전로 또는 전기로에 의하여 광물 또는 금속을 제련하거나 정련하는 장소
- 용선로 등으로 광물·금속 또는 유리를 용해하는 장소
- 가열로 등으로 광물·금속 또는 유리를 가열하는 장소
- 도자기 또는 기와 등을 소성하는 장소
- 광물을 배소 또는 소결하는 장소
- 가열된 금속을 운반·압연 또는 가공하는 장소
- 녹인 금속을 운반 또는 주입하는 장소
- 녹인 유리로 유리제품을 성형하는 장소
- 고무에 황을 넣어 열처리하는 장소
- 열원을 사용하여 물건 등을 건조시키는 장소
- 갱내에서 고열이 발생하는 장소
- 가열된 로를 수리하는 장소
- 그밖에 법에 따라 노동부장관이 인정하는 장소, 또는 고열작업으로 인해 근로자의 건강에 이상이 초래될 우려가 있는 장소

80

「연구실 사전유해인자위험분석 실시에 관한 지침」에서 규정하는 연구실 내 물리적 유해·위험요인에 관한 설명으로 옳지 않은 것은?

① '소음'은 소음성 난청을 유발할 수 있는 80dB 이상의 시끄러운 소리를 말한다.
② '이상기온'은 고열·한랭·다습으로 인하여 열사병·동상·피부질환 등을 일으킬 수 있는 기온을 말한다.
③ '이상기압'은 게이지 압력이 cm^2당 1kg 초과 또는 미만인 기압을 말한다.
④ '분진'은 대기 중에 부유하거나 비산강하하는 미세한 고체상의 입자상 물질을 말한다.

해설

'소음'은 소음성 난청을 유발할 수 있는 85dB 이상의 시끄러운 소리를 말한다.

정답 79 ④ 80 ①

제5과목

연구실 생물 안전관리

81

다음은 「유전자변형생물체의 국가 간 이동 등에 관한 통합고시」에서 규정하는 연구시설의 생물안전등급에 따른 기관생물안전위원회 설치 및 운영, 생물안전관리책임자의 임명, 생물안전관리자의 지정에 관한 사항이다. ( ) 안에 들어갈 말로 옳은 것은?

구분	기관생물 안전위원회 설치 및 운영	생물안전 관리책임자 임명	생물안전 관리자 지정
생물안전 1등급 시설	㉠	㉡	권장
생물안전 2등급 시설	필수	필수	㉢
생물안전 3·4등급 시설	필수	필수	필수

	㉠	㉡	㉢
①	권장	권장	권장
②	권장	필수	권장
③	권장	필수	필수
④	필수	필수	필수

82

기관 내 연구책임자가 제2위험군에 속하는 감염병 백신 개발을 위한 비임상 및 임상시험연구를 진행하고자 한다. 연구 개시 전에 심의를 통해 연구승인을 득해야 하는 위원회를 〈보기〉에서 모두 고른 것은?

보기

ㄱ. 기관생물안전위원회
ㄴ. 동물실험윤리위원회
ㄷ. 감염병관리위원회
ㄹ. 생명윤리위원회
ㅁ. 위해성평가위원회

① ㄱ, ㄴ, ㄷ
② ㄱ, ㄴ, ㄹ
③ ㄴ, ㄷ, ㅁ
④ ㄷ, ㄹ, ㅁ

해설

감염병 백신 개발을 위한 연구는 연구 개시 전 IBC(기관생물안전위원회), IACUC(동물실험윤리위원회), IRB(생명윤리위원회)의 심의를 통과하여야 한다.

81 ② 82 ② 정답

83

고압증기멸균기 사용에 관한 설명으로 옳은 것을 〈보기〉에서 모두 고른 것은?

보기
ㄱ. 고압증기멸균기를 사용하여 멸균을 실시할 때마다 해당 조건에 효과적인 멸균시간을 선택한다.
ㄴ. 테이프 지표인자는 열감지능이 있는 화학적 지표인자로, 병원성 미생물들이 실제로 멸균시간 동안에 사멸되었다는 것을 증명하지 못한다.
ㄷ. 생물학적 지표인자 중 대표적인 것은 Geobacillus stearothermophilus(ATCC #7953) 아포이며, 고압증기멸균기의 멸균기능을 측정하기 위하여 사용할 수 있다.
ㄹ. 액체물질의 멸균 시에는 내용물이 유출되는 것을 방지하기 위하여 액체 컨테이너의 뚜껑을 꽉 닫도록 한다.

① ㄱ, ㄴ, ㄷ ② ㄱ, ㄴ, ㄹ
③ ㄱ, ㄷ, ㄹ ④ ㄴ, ㄷ, ㄹ

해설

ㄹ. 뚜껑이나 마개 등으로 튜브 등 멸균용기를 꽉 막아 놓지 않도록 한다.

84

「고위험병원체 취급시설 및 안전관리에 관한 고시」에 따라 생물안전 2등급 취급시설 구축을 위한 필수 실험장비를 〈보기〉에서 모두 고른 것은?

보기
ㄱ. 고압증기멸균기(autoclave)
ㄴ. 무균작업대(무균실험대, clean bench)
ㄷ. 생물안전작업대(biosafety cabinet)
ㄹ. 원심분리기(centrifuge)

① ㄱ, ㄴ ② ㄱ, ㄷ
③ ㄴ, ㄷ ④ ㄷ, ㄹ

해설

장비	BL1	BL2	BL3	BL4
고압증기 멸균기	필수	필수	필수 (양문형)	필수 (양문형)
생물안전 작업대	–	필수	필수	필수
에어로졸 외부 유출 방지능이 있는 원심분리기	–	권장	필수	필수

85

「유전자재조합실험지침」에서 규정하는 유전자재조합실험 시 국가승인 또는 기관승인 · 신고 없이 수행 가능한 실험은?

① 포장시험(圃場試驗) 등 환경방출과 관련한 실험
② 제2위험군 이상의 생물체를 숙주 – 벡터계 또는 DNA 공여체로 이용하는 단순 배양실험
③ 고초균(Bacillus subtilis) 숙주 – 벡터계를 사용하고 제1위험군 생물체를 공여체로 사용하는 대량 배양실험
④ 대장균(Escherichia coli) K12 숙주 – 벡터계를 사용하고 제1위험군 생물체를 공여체로 사용하는 실험

해설

면제실험 대상

- Escherichia coli K12 숙주 – 벡터계를 사용하고 제1위험군에 해당하는 생물체만을 공여체로 사용하는 실험
- Saccharomyces cerevisiae 숙주 – 벡터계를 사용하고 제1위험군에 해당하는 생물체만을 공여체로 사용하는 실험
- Bacillus subtilis(또는 licheniformis) 숙주 – 벡터계를 사용하고 제1위험군에 해당하는 생물체만을 공여체로 사용하는 실험

정답 83 ① 84 ② 85 ④

86

「고위험병원체 취급시설 및 안전관리에 관한 고시」에서 규정하는 고위험병원체 취급기관의 자체 안전점검 실시주기로 옳은 것은?

① 분기별 1회
② 상반기, 하반기 연 2회
③ 매년 1월 15일까지 1회
④ 매년 1월 31일까지 1회

해설

고위험병원체 취급기관의 자체 안전점검은 연 2회(상・하반기) 실시한다.

87

「유전자변형생물체의 국가 간 이동 등에 관한 법률 시행령」에서 규정하는 유전자변형생물체 취급 연구시설 중 취급 생물체 및 실험특성에 따른 연구시설 분류가 아닌 것은?

① 격리포장시설
② 대량배양 연구시설
③ 어류이용 연구시설
④ 바이러스이용 연구시설

해설

LMO 연구시설 종류

- 일반 연구시설
- 대량배양 연구시설
- 동물 연구시설
- 곤충 연구시설
- 어류 연구시설
- 식물 연구시설
- 격리포장 연구시설

88

( ) 안에 들어갈 말로 옳은 것은?

> 환경위해관련 생물안전 3, 4등급 유전자변형생물체(LMO) 연구시설을 설치・운영하고자 할 때에는 ( )의 허가를 받아야 한다.

① 환경부장관
② 질병관리청장
③ 산업통상자원부장관
④ 과학기술정보통신부장관

해설

연구시설에 따른 허가관청

- 환경위해성 관련 연구시설 : 과학기술정보통신부
- 인체위해성 관련 연구시설 : 질병관리청

89

「유전자변형생물체의 국가 간 이동 등에 관한 통합고시」에서 규정하는 연구시설 설치・운영 기준 중 2등급 일반 연구시설의 필수사항으로 옳은 것은?

① 생물안전작업대 설치
② 생물안전관리자의 지정
③ 생물안전관리규정 마련 및 적용
④ 실험실(실험구역) : 일반 구역과 구분(분리)

해설

③ 생물안전관리규정 마련 및 적용 : 2등급 이상 필수
① 생물안전작업대 설치 : 3등급 이상 필수(고위험병원체 취급시설 및 안전관리에 관한 고시 기준으로는 2등급 이상 필수)
② 생물안전관리자의 지정 : 3등급 이상 필수
④ 실험실(실험구역) : 일반구역과 구분(분리) : 3등급 이상 필수(고위험병원체 취급시설 및 안전관리에 관한 고시 기준으로는 2등급 이상 필수)

86 ② 87 ④ 88 ④ 89 ③ 정답

90

「유전자변형생물체의 국가 간 이동 등에 관한 법률」에서 규정하는 과태료 대상이 아닌 것은?

① 시험·연구용으로 사용할 유전자변형생물체를 신고하지 아니하고 수입한 자
② 유전자변형생물체의 수출입 등 연구시설의 관리·운영기록을 작성·보관하지 아니한 자
③ 유전자변형생물체 연구시설을 신고한 사항을 변경신고하지 아니하고 변경 설치·운영한 자
④ 연구시설을 폐쇄하는 경우 그 내용을 관계 중앙행정기관의 장에게 신고하지 아니한 자

해설

① 2년 이하의 징역 또는 3천만원 이하의 벌금
② 1천만원 이하의 과태료
③ 1천만원 이하의 과태료
④ 1천만원 이하의 과태료

91

다음은 「유전자변형생물체의 국가 간 이동 등에 관한 통합고시」에서 규정하는 유전자재조합실험실 폐기물 처리를 위한 준수사항이다. ( ) 안에 들어갈 말로 옳은 것은?

준수사항	안전관리등급			
	1	2	3	4
처리 전 폐기물 : 별도의 안전 장소 또는 용기에 보관	㉠	필수	필수	필수
폐기물은 생물학적 활성을 제거하여 처리	㉡	필수	필수	필수
실험폐기물 처리에 대한 규정 마련	㉢	필수	필수	필수

	㉠	㉡	㉢
①	권장	권장	권장
②	필수	권장	필수
③	권장	필수	필수
④	필수	필수	필수

해설

폐기물처리와 관련해서는 모든 안전관리등급이 필수이다.

92

최대 보관 가능 기간이 같은 의료폐기물의 종류끼리 짝지어진 것은?

① 격리의료폐기물, 병리계폐기물
② 격리의료폐기물, 손상성폐기물
③ 혈액오염폐기물, 병리계폐기물
④ 혈액오염폐기물, 손상성폐기물

해설

- 격리의료폐기물 : 7일
- 병리계폐기물 : 15일
- 손상성폐기물 : 30일
- 혈액오염폐기물 : 15일

정답 90 ① 91 ④ 92 ③

93

「폐기물관리법 시행령」에서 규정하는 의료폐기물에 관한 설명으로 옳은 것을 〈보기〉에서 모두 고른 것은?

보기

ㄱ. 채혈 진단에 사용된 혈액이 담긴 검사 튜브, 용기 등은 혈액오염폐기물로 본다.
ㄴ. 폐백신, 폐항암제, 폐화학치료제는 생물・화학폐기물이다.
ㄷ. 의료폐기물이 아닌 폐기물로서 의료폐기물과 혼합되거나 접촉된 폐기물은 혼합되거나 접촉된 의료폐기물과 같은 폐기물로 본다.
ㄹ. 주삿바늘, 봉합바늘, 수술용 칼날, 한방침, 치과용 침, 파손된 유리재질의 시험기구는 손상성폐기물이다.

① ㄱ, ㄴ, ㄷ
② ㄱ, ㄴ, ㄹ
③ ㄱ, ㄷ, ㄹ
④ ㄴ, ㄷ, ㄹ

해설

ㄱ. 채혈 진단에 사용된 혈액이 담긴 검사 튜브, 용기 등은 조직물류폐기물이다.

94

(　　) 안에 들어갈 말로 옳은 것은?

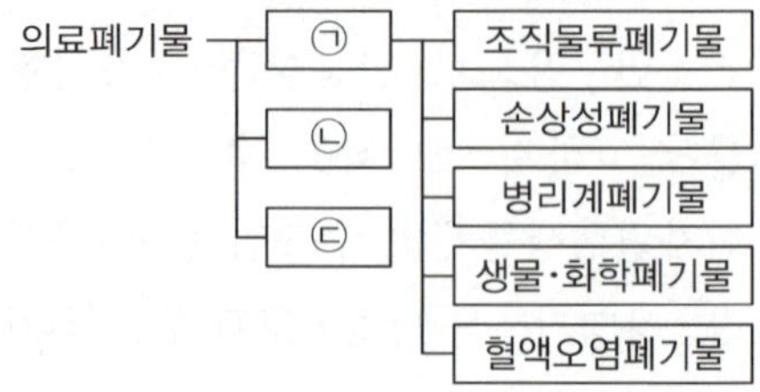

① ㉠ 일반의료폐기물, ㉡ 위해의료폐기물, ㉢ 격리의료폐기물
② ㉠ 위해의료폐기물, ㉡ 격리의료폐기물, ㉢ 일반의료폐기물
③ ㉠ 격리의료폐기물, ㉡ 위해의료폐기물, ㉢ 일반의료폐기물
④ ㉠ 인체유래폐기물, ㉡ 위해의료폐기물, ㉢ 격리의료폐기물

93 ④ 94 ② 정답

95

〈그림〉은 「폐기물관리법 시행규칙」에 따라 의료폐기물 전용용기의 바깥쪽에 의료폐기물임을 나타내기 위하여 표시하여야 하는 도형이다. 〈표〉의 (　) 안에 들어갈 말로 옳은 것은?

그림

표

의료폐기물의 종류	도형 색상	
격리의료폐기물	(㉠)	
위해의료폐기물(재활용하는 태반은 제외한다) 및 일반의료폐기물	봉투형 용기	(㉡)
	상자형 용기	(㉢)

	㉠	㉡	㉢
①	노란색	붉은색	붉은색
②	녹색	검정색	붉은색
③	붉은색	녹색	노란색
④	붉은색	검정색	노란색

96

다음 중 생물안전작업대 내에서 감염성 물질 등이 유출된 경우의 대응방법으로 가장 거리가 먼 것은?

① 유출 지역에 있는 사람들에게 사고 사실을 알리고 연구실책임자에게 보고한다.

② 개인보호구를 착용하고 효과적인 소독제를 작업대 벽면, 작업 표면 및 이용한 장비들에 뿌리고 적정 시간 동안 방치한다.

③ 에어로졸이 발생하여 확산될 수 있으므로 가라앉을 때까지 그대로 20~30분 정도 방치한 후 보호구를 착용하고 사고구역으로 들어간다.

④ 오염된 장갑이나 실험복 등은 적절하게 폐기하고, 손 등의 노출된 신체 부위는 소독한다.

해설

종이타월이나 소독제가 포함된 흡수물질 등으로 유출물을 천천히 덮어서 에어로졸 발생 및 유출 부위 확산을 최소화한다.

97

「유전자변형생물체의 국가 간 이동 등에 관한 통합고시」에 따른 동물이용 연구시설에서 발생하는 사고에 대응하기 위한 실험동물 탈출방지장치를 〈보기〉에서 모두 고른 것은?

보기

ㄱ. 기밀문　　ㄴ. 끈끈이

ㄷ. 에어커튼　　ㄹ. 탈출방지턱

① ㄱ, ㄴ, ㄷ　　② ㄱ, ㄴ, ㄹ

③ ㄱ, ㄷ, ㄹ　　④ ㄴ, ㄷ, ㄹ

해설

실험동물 탈출방지장치로는 탈출방지턱, 끈끈이, 기밀문이 있다.

정답 95 ④ 96 ③ 97 ②

98

연구활동종사자가 생물 분야 연구 시 감염성 물질 등이 안면부를 제외한 신체에 접촉되었을 때 응급처치 단계를 순서대로 나열한 것은?

① 개인보호구 탈의 → 즉시 흐르는 물로 세척 또는 샤워 → 오염 부위 소독 → 연구실책임자에게 즉시 보고

② 즉시 흐르는 물로 세척 또는 샤워 → 개인보호구 탈의 → 오염 부위 소독 → 연구실책임자에게 즉시 보고

③ 개인보호구 탈의 → 즉시 흐르는 물로 세척 또는 샤워 → 의료관리자에게 즉시 보고 → 오염 부위 소독

④ 즉시 흐르는 물로 세척 또는 샤워 → 개인보호구 탈의 → 오염 부위 소독 → 의료관리자에게 즉시 보고

99

생물 분야 주요 연구실 사고 유형에 따른 대응조치로 옳은 것을 〈보기〉에서 모두 고른 것은?

보기

ㄱ. 감염성 물질에 오염된 용기가 깨지거나 감염성 물질이 엎질러진 경우, 천이나 종이타월로 덮고 그 위로 소독제를 처리하고 즉시 제거한다.

ㄴ. 밀봉이 가능한 버킷이 없는 원심분리기가 작동 중인 상황에서 튜브의 파손이 발생한 경우, 모터를 끄고 기계를 닫아 침전되기를 기다린 후 적절한 방법으로 처리한다.

ㄷ. 감염 가능성이 있는 물질을 섭취한 경우 보호복을 벗고 의사의 진찰을 받는다.

ㄹ. 밀봉이 가능한 원심분리기 버킷 내부에서 감염성 물질이 들어 있는 튜브의 파손이 일어난 경우, 무균작업대(clean bench)에서 버킷을 열고 소독한다.

① ㄱ, ㄷ

② ㄱ, ㄹ

③ ㄴ, ㄷ

④ ㄴ, ㄹ

해설

ㄱ. 감염성 물질에 오염된 용기가 깨지거나 감염성 물질이 엎질러진 경우, 종이타월이나 소독제가 포함된 흡수물질 등으로 유출물을 천천히 덮고 에어로졸이 가라앉도록 방치한다.

ㄹ. 밀봉이 가능한 원심분리기 버킷 내부에서 감염성 물질이 들어 있는 튜브의 파손이 일어난 경우, 생물안전작업대와 같은 물리적 밀폐가 가능한 실험장비 내에서 작업한다.

98 ① 99 ③ 정답

100

연구실 내 '주사기 바늘 찔림 및 날카로운 물건에 베임' 사고의 예방대책으로 옳은 것을 〈보기〉에서 모두 고른 것은?

보기

ㄱ. 가능한 한 주사기에 캡을 다시 씌우지 않도록 하며, 캡이 바늘에 자동으로 씌워지는 제품을 사용한다.
ㄴ. 손상성폐기물 전용용기에 폐기하고 손상성의료폐기물 용기는 70% 이상 차지 않도록 한다.
ㄷ. 여러 개의 날카로운 기구를 사용할 때는 트레이 위의 공간을 분리하고, 주변 연구자의 안전을 위해 기구의 날카로운 방향은 조작자의 방향으로 향하게 한다.
ㄹ. 주사기를 재사용해서는 안 되며, 주사기 바늘을 손으로 접촉하지 않고 폐기할 수 있는 수거장치를 사용한다.

① ㄱ, ㄴ, ㄷ
② ㄱ, ㄴ, ㄹ
③ ㄱ, ㄷ, ㄹ
④ ㄴ, ㄷ, ㄹ

해설

ㄷ. 여러 개의 날카로운 기구를 사용할 때는 트레이 위의 공간을 분리하고, 주변 연구자의 안전을 위해 기구의 날카로운 방향은 조작자의 반대 방향으로 향하게 한다.

제6과목

연구실 전기 · 소방 안전관리

101

〈그림〉에 해당하는 접지시스템의 종류는?

그림

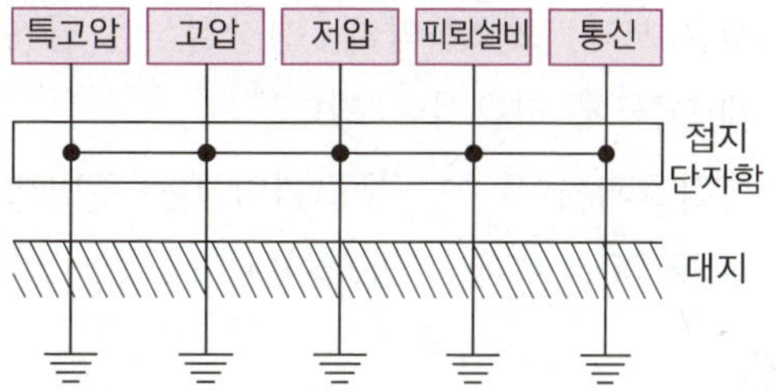

① 단독접지
② 공통접지
③ 계통접지
④ 통합접지

해설

통합접지에 관한 그림이다.

102

연구실에서 사용하는 소화약제에 관한 설명으로 옳은 것은?

① ABC급 분말소화약제의 주성분은 제1인산암모늄($NH_4H_2PO_4$)이다.

② HFC-125(CHF_2CH_3)는 Halon 1301(CF_3Br)보다 오존층을 파괴하는 성질이 크다.

③ 젖은 모래, 포소화약제, 팽창질석은 금속화재(D급)에 적응성이 있다.

④ 냉각효과가 우수한 물소화약제는 주방화재(K급)의 소화에 효과적이다.

해설

① ABC급 분말소화약제(제3종 분말)의 주성분은 제1인산암모늄($NH_4H_2PO_4$)이다.
② Halon 1301(CF_3Br)는 HFC-125(CHF_2CH_3)보다 오존층을 파괴하는 성질이 크다.
③ 마른 모래, 팽창질석, 팽창진주암은 금속화재(D급)에 적응성이 있다.
④ 냉각효과가 우수한 물소화약제는 일반화재(A급)의 소화에 효과적이다.

103

연구활동종사자가 부주의하여 전기기기의 노출된 충전부에 직접 접촉할 때 발생하는 감전사고의 방지대책이 아닌 것은?

① 설치장소의 제한

② 보호(기기)접지 실시

③ 안전전압 이하의 기기 사용

④ 충전부 전체를 절연하는 방법

해설

보호접지는 간접 접촉 시 발생하는 감전사고의 방지대책이다.

104

이산화탄소(CO_2) 소화기의 특징을 〈보기〉에서 모두 고른 것은?

보기
ㄱ. 마그네슘(Mg) 화재에 적응성이 있다. ㄴ. 반응성이 매우 낮아 부식성이 거의 없다. ㄷ. 전기화재 및 유류화재에 적응성이 있다. ㄹ. 주된 소화효과는 질식소화이다.

① ㄱ, ㄷ　　② ㄴ, ㄹ

③ ㄱ, ㄴ, ㄷ　　④ ㄴ, ㄷ, ㄹ

해설

ㄱ. 마그네슘(Mg) 화재에 적응성이 없다.
금속화재의 적응성 있는 소화약제는 분말(탄산수소염류), 마른 모래, 팽창질석 또는 팽창진주암이다.

105

제4류 위험물과 지정수량의 연결이 옳은 것을 〈보기〉에서 모두 고른 것은?

보기
ㄱ. 제1석유류(수용성 액체) - 200L ㄴ. 알코올류 - 400L ㄷ. 제2석유류(수용성 액체) - 2,000L ㄹ. 제3석유류(수용성 액체) - 2,000L

① ㄱ, ㄴ　　② ㄱ, ㄹ

③ ㄴ, ㄷ　　④ ㄷ, ㄹ

해설

ㄱ. 제1석유류(수용성액체) : 400L
ㄹ. 제3석유류(수용성액체) : 4,000L

102 ① 103 ② 104 ④ 105 ③ 정답

106

〈보기〉에서 (   ) 안에 들어갈 말로 옳은 것은?

그림

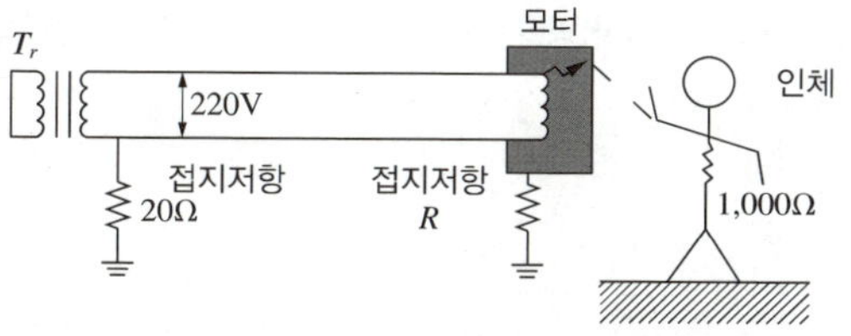

보기

〈그림〉의 모터 회로에서 누전이 발생하였을 때 모터 외함에 인체가 접촉한 경우 인체전류가 20mA 이하가 되는 접지저항 R의 최댓값은 약 (   )이다(단, 다른 저항은 무시한다).

① 1Ω　　② 2Ω

③ 3Ω　　④ 4Ω

해설

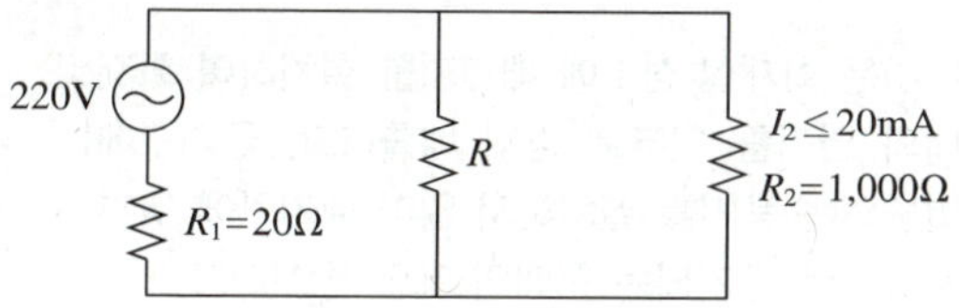

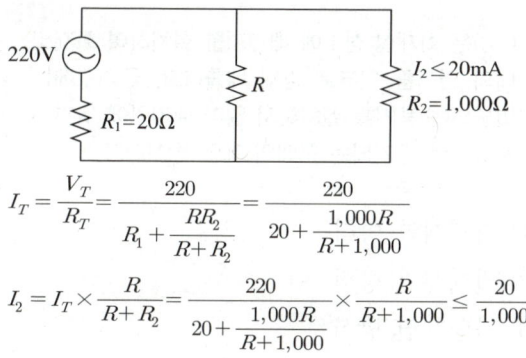

$$I_T = \frac{V_T}{R_T} = \frac{220}{R_1 + \frac{RR_2}{R+R_2}} = \frac{220}{20 + \frac{1,000R}{R+1,000}}$$

$$I_2 = I_T \times \frac{R}{R+R_2} = \frac{220}{20 + \frac{1,000R}{R+1,000}} \times \frac{R}{R+1,000} \le \frac{20}{1,000}$$

$\therefore R \le 2.004\Omega$

107

연구실에서 전기화재를 예방할 수 있는 방법을 〈보기〉에서 모두 고른 것은?

보기

ㄱ. 누전을 예방하기 위하여 정기적으로 사용전압을 측정한다.
ㄴ. 단락사고를 방지하기 위하여 전선 인출부에 부싱(bushing)을 설치한다.
ㄷ. 전기 용량을 고려하여 적정 굵기 전선을 갖는 배선기구를 사용한다.
ㄹ. 과전류를 방지하기 위하여 적정 용량의 퓨즈 또는 배선용 차단기를 설치한다.

① ㄱ, ㄷ　　② ㄴ, ㄹ

③ ㄱ, ㄴ, ㄷ　　④ ㄴ, ㄷ, ㄹ

해설

ㄱ. 누전을 방지하기 위하여 정기적으로 절연저항을 측정한다.

108

연소의 4요소에 관한 설명으로 옳지 않은 것은?

① 가연성 물질은 열전도율이 높을수록 연소가 쉽다.

② 제1류 및 제6류 위험물은 산소공급원 역할을 한다.

③ 점화에너지에는 고온표면, 충격・마찰, 복사열, 단열압축 등이 있다.

④ 반응성이 매우 높은 라디칼(radical)에 의하여 연쇄반응이 발생한다.

해설

가연성 물질은 열전도율이 낮을수록 연소가 쉽다.

정답 106 ② 107 ④ 108 ①

109

( ) 안에 들어갈 말로 옳은 것은?

> 특별저압(extra-low voltage)은 2차 전압이 AC (㉠)V 이하, DC (㉡) V 이하인 것을 말한다(단, 전기설비기술기준에 준한다).

	㉠	㉡
①	50	120
②	60	130
③	70	140
④	80	150

해설

AC-3 영역
- 강한 비자의적 근육수축과 호흡곤란
- 회복 가능한 심장기능 장애, 국부마비 가능
- 전류 증가에 따라 영향은 증가하며 통상 인체기관의 손상은 없음

110

〈그림〉은 통전경로가 왼손-양발 전류 경로일 때 교류(15~100Hz)전류가 인체에 미치는 영향을 나타낸 것이다. 강한 비자의적 근육의 수축, 호흡곤란, 회복 가능한 심장기능의 장애 등이 발생할 수 있는 영역은?

그림

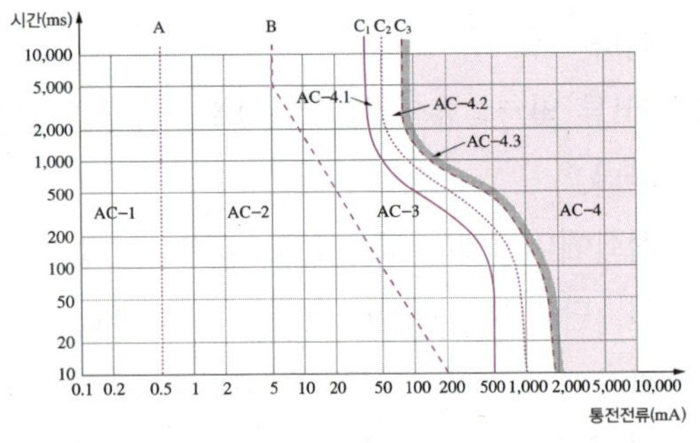

① AC-1　　② AC-2

③ AC-3　　④ AC-4

111

( ) 안에 들어갈 말로 옳은 것은?

> ( )은 화재실 상부에 배연기를 설치하여 화재실 내의 연기를 외부로 강제 배출하고, 급기구에는 별도의 송풍기를 설치하지 않아 배기량에 맞추어 자동으로 급기되는 형태의 제연 방식이다.

① 기계제연 방식

② 밀폐제연 방식

③ 자연제연 방식

④ 스모크타워 제연 방식

해설

② 밀폐제연 방식 : 화재 발생 시 밀폐하여 연기의 유출 및 공기 등의 유입을 차단시켜 제연하는 방식이다.

③ 자연제연 방식 : 화재 시 발생한 열기류의 부력 또는 외부 바람의 흡출효과에 의하여 실 상부에 설치된 전용의 배연구로부터 연기를 옥외로 배출하는 방식이다.

④ 스모크타워 제연 방식 : 제연 전용 샤프트를 설치하여 난방 등에 의한 소방대상물 내·외의 온도 차이나 화재에 의한 온도상승에서 생기는 부력 등을 루프 모니터 등의 외풍에 의한 흡인력을 통기력으로 제연하는 방식으로 고층빌딩에 적합하다.

109 ① 110 ③ 111 ① 정답

112

정전기 발생에 영향을 주는 요인에 관한 설명으로 옳은 것은?

① 물체의 특성 : 물체의 재질에 따라 대전 정도가 달라지며, 대전 서열에 서로 가까이 있는 물체일수록 정전기 발생이 용이하고 대전량이 많다.

② 물체의 표면 상태 : 표면의 오염, 부식, 표면의 거친 정도에 따라 정전기 발생의 정도가 다르며, 매끄러운 표면에서 정전기의 발생이 적다.

③ 물체의 이력 : 정전기 발생은 그 전에 일어났던 물체의 대전 이력에 영향을 받으며, 정전기 최초 대전 시의 크기가 가장 작다.

④ 분리속도 : 분리속도가 느리면 발생된 전하의 재결합이 적게 일어나 정전기의 발생량이 많아진다.

해설

① 물체의 특성 : 물체의 재질에 따라 대전 정도가 달라지며, 대전 서열에서 서로 떨어져 있는 물체일수록 정전기 발생이 용이하고 대전량이 많다.

③ 물체의 이력 : 정전기 발생은 그 전에 일어났던 물체의 대전 이력에 영향을 받으며, 정전기 최초 대전 시에 가장 크다.

④ 분리속도 : 분리속도가 크면 발생된 전하의 재결합이 적게 일어나서 정전기의 발생량이 많아진다.

113

〈그림〉과 같은 구조의 건축물 복도에 설치해야 하는 복도통로유도등의 최소 수량은?(단, 〈그림〉에 생략된 요소는 무시한다)

그림

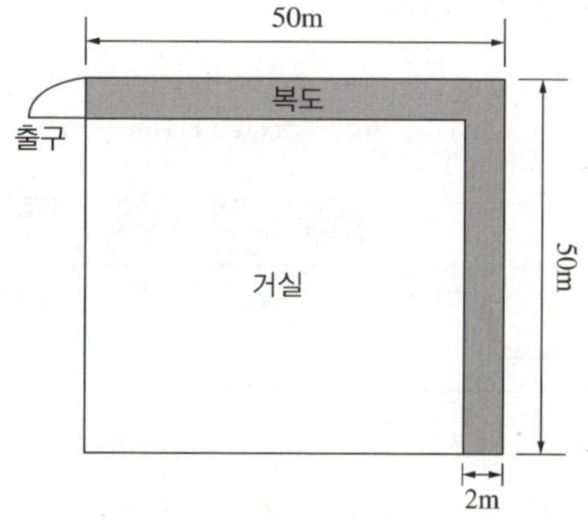

① 3개　　② 4개

③ 5개　　④ 6개

해설

- 구부러진 모퉁이 및 보행거리 20m마다 바닥으로부터 높이 1m 이하의 위치에 설치한다.
- 모퉁이에 먼저 하나 배치하고, 모퉁이를 기준으로 각 통로별로 20m당 1개씩 배치한다.

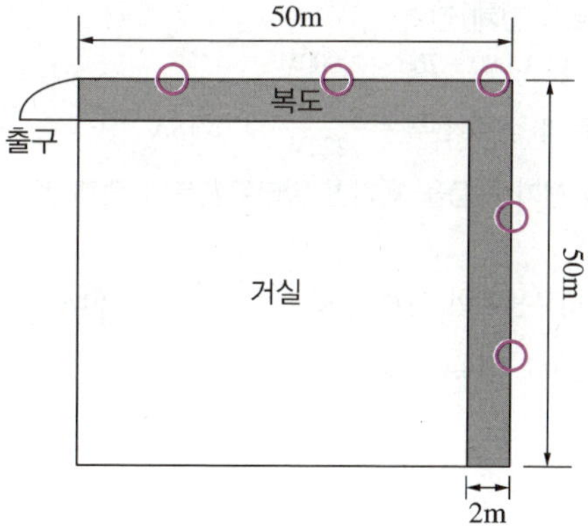

114

〈그림〉은 연구실의 멀티콘센트(단상 220V)에 문어발식으로 접속하여 연결된 모든 전기제품을 동시에 사용하는 상황을 나타낸 것이다. 〈그림〉의 상황에 관한 설명으로 옳은 것은?(단, 역률은 모두 1이다)

그림

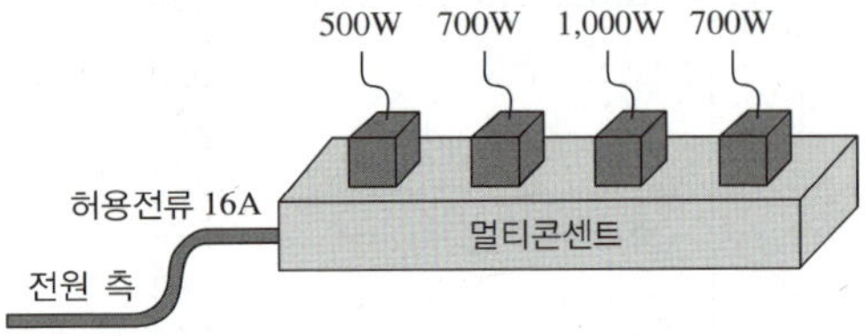

① 전체 전류는 허용전류를 초과한다.
② 전체 전류는 허용전류와 동일하다.
③ 전체 전류는 허용전류의 80% 이상이다.
④ 500W의 전기제품을 제거할 경우에는 허용전류의 60% 이하이다.

해설

①, ②, ③ $P = V \cdot I \cdot \cos\theta = V \cdot I$ ($\because$ 역률 $= 1$)
- 허용전류 $= 16\text{A}$
- 허용전류의 $80\% = 16\text{A} \times 0.8 = 12.8\text{A}$
- 멀티콘센트의 전체 전력 $= 500 + 700 + 1{,}000 + 700 = 2{,}900\text{W}$
- 멀티콘센트의 전체 전류 $= \dfrac{2{,}900\text{W}}{220\text{V}} = 13.18\text{A}$

④ 500W의 전기 제품을 제거한 멀티콘센트의 전체 전력 $= 2{,}400\text{W}$
그 때의 멀티콘센트의 전체 전류 $= \dfrac{2{,}400\text{W}}{220\text{V}} = 10.91\text{A}$
허용전류의 $60\% = 16\text{A} \times 0.6 = 9.6\text{A}$

115

다음은 한국전기설비규정(KEC)에서 전선의 색상을 구분한 것이다. ( ) 안에 들어갈 말로 옳은 것은?

상(문자)	색상
L1	(㉠)
L2	(㉡)
L3	(㉢)
N	(㉣)
보호도체	녹색-노란색

	㉠	㉡	㉢	㉣
①	흑색	청색	회색	갈색
②	흑색	회색	청색	갈색
③	갈색	흑색	회색	청색
④	갈색	회색	흑색	청색

116

( ) 안에 들어갈 말로 옳은 것은?

> 자동화재탐지설비의 스포트형 감지기는 ( )° 이상 경사되지 않도록 부착해야 한다.

① 15　② 25
③ 35　④ 45

해설

스포트형 감지기를 경사진 천장면을 따라 부착하면 수직으로 상승하는 열 또는 연기가 감지기 내부로 유입되어 체류하지 못하고 감지기 내부를 통과하여 지나가게 된다. 그러므로 감지기 지지대를 부착하여 바닥면과 수직으로 부착하거나 또는 경사지게 부착할 경우는 최소 45° 이내로 하여 열 또는 연기가 감지기 내부에서 일정 시간 동안 머무를 수 있도록 해야만 신속한 화재감지가 가능해진다.

114 ③ 115 ③ 116 ④ 정답

117

옥내소화전 방수압력 측정방법으로 옳은 것을 〈보기〉에서 모두 고른 것은?

보기

ㄱ. 반드시 직사형 관창을 이용하여 측정해야 한다.
ㄴ. 방수압력은 어느 층에서든 2개 이상 설치된 경우에는 2개(1개만 설치된 경우에는 1개)를 동시에 개방시켜 놓고 측정해야 한다(고층 건축물 제외).
ㄷ. 방수압력측정계를 노즐 선단으로부터 노즐 구경의 2분의 1만큼 떨어진 위치에서 측정하며, 방수압력측정계의 압력계상 눈금을 확인한다.
ㄹ. 방수압력측정계는 무상주수 상태에서 직각으로 측정해야 한다.

① ㄱ, ㄹ
② ㄴ, ㄷ
③ ㄱ, ㄴ, ㄷ
④ ㄱ, ㄴ, ㄹ

해설

ㄹ. 방수압력측정계(피토게이지)는 봉상 주수상태에서 직각으로 측정해야 한다.

118

연구실안전환경관리자가 이동 및 휴대장치를 사용한 전기작업을 할 때 조치사항을 〈보기〉에서 모두 고른 것은?

보기

ㄱ. 착용하거나 취급하고 있는 도전성 공구・장비 등이 노출 충전부에 닿지 않도록 할 것
ㄴ. 사다리를 노출 충전부가 있는 곳에서 사용하는 경우에는 절연성 재질의 사다리를 사용하지 않도록 할 것
ㄷ. 전기회로를 개방, 변환 또는 투입하는 경우에는 전기 차단용으로 특별히 설계된 스위치, 차단기 등을 사용하도록 할 것
ㄹ. 차단기 등의 과전류 차단장치에 의하여 자동차단된 후에는 전기회로 또는 전기기계・기구가 안전하다는 것이 증명되기 전까지는 과전류 차단장치를 재투입하지 않도록 할 것

① ㄱ, ㄷ
② ㄴ, ㄹ
③ ㄱ, ㄴ, ㄷ
④ ㄱ, ㄷ, ㄹ

해설

ㄴ. 사다리를 노출 충전부가 있는 곳에서 사용하는 경우에는 도전성 재질의 사다리를 사용하지 않도록 할 것

정답 117 ③ 118 ④

119

〈그림〉은 보호(기기)접지를 한 저압 전동기 회로에서 누전이 발생한 경우를 나타낸 것이다. 전동기 외함에 걸리는 전압의 크기에 관한 설명으로 옳은 것은?(단, 누전전류가 흐르는 경로상에 변압기 접지저항과 기기 접지저항 이외의 다른 저항은 무시한다)

그림

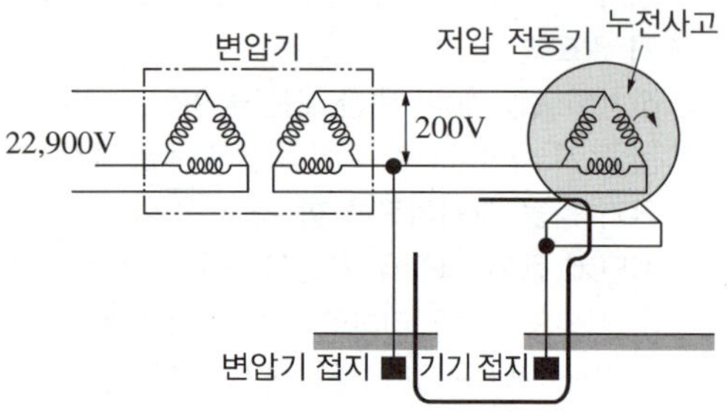

① 전동기 외함에 걸리는 전압은 누전전류와 변압기 접지저항의 곱으로 계산한다.

② 전동기 외함에 걸리는 전압은 변압기 접지저항과 기기 접지저항의 비율에 따라 결정된다.

③ 기기 접지저항이 일정할 때 변압기 접지저항이 클수록 외함에 걸리는 전압은 높아진다.

④ 변압기 접지저항이 일정할 때 기기 접지저항이 작을수록 전동기 외함에 걸리는 전압은 높아진다.

120

한국전기설비규정(KEC)에서는 저압 옥내배선의 중성선 단면적에 관한 사항을 〈보기〉와 같이 규정하고 있다. (   ) 안에 들어갈 말로 옳은 것은?

보기

다음의 경우는 중성선의 단면적은 최소한 선도체의 단면적 이상이어야 한다.

- 2선식 단상회로
- 선도체의 단면적이 구리선 (㉠)mm^2, 알루미늄선 (㉡)mm^2 이하인 다상 회로

	㉠	㉡
①	12	20
②	16	25
③	20	30
④	24	35

119 ② 120 ② 정답

제7과목

연구활동종사자 보건 · 위생관리 및 인간공학적 안전관리

121

「화학물질 및 물리적 인자의 노출기준」에서 규정하는 노출기준 용어가 아닌 것은?

① C(Ceiling)

② TWA(Time Weighted Average)

③ PEL(Permissible Exposure Limit)

④ STEL(Short Term Exposure Limit)

해설

- 시간가중평균노출기준(TWA) : 1일 8시간 작업을 기준으로 하여 주 40시간 동안의 평균 노출농도를 말한다.
- 단시간노출기준(STEL) : 1회 15분간의 시간가중평균노출값으로 노출농도가 TWA를 초과하는 STEL 이하면 1회 노출 지속시간이 15분 미만이어야 함을 의미한다.
- 최고노출기준(C) : 1일 작업시간 동안 잠시라도 노출되어서는 아니 되는 기준으로 노출기준 앞에 "C"를 붙여 표기한다.

122

입자상 물질의 크기가 큰 것부터 순서대로 나열한 것은?

① 호흡성 – 흉곽성 – 흡입성

② 흉곽성 – 흡입성 – 호흡성

③ 흡입성 – 호흡성 – 흉곽성

④ 흡입성 – 흉곽성 – 호흡성

해설

분류	평균 입경 (μm)	특징
흡입성 입자상 물질(IPM)	100	호흡기 어느 부위(비강, 인후두, 기관 등 호흡기의 기도 부위)에 침착하더라도 독성을 유발하는 분진
흉곽성 입자상 물질(TPM)	10	가스 교환 부위, 기관지, 폐포 등에 침착하여 독성을 나타내는 분진
호흡성 입자상 물질(RPM)	4	가스 교환 부위, 즉 폐포에 침착할 때 유해한 분진

123

다음은 상황별 표시장치를 정리한 것이다. (   ) 안에 들어갈 말로 옳은 것은?

상황	표시장치 설치
수신장소가 너무 어둡거나 밝은 경우	(㉠)적 표시장치
수신자가 자주 움직이는 경우	(㉡)적 표시장치
전달정보가 즉각적 행동을 요구하지 않는 경우	(㉢)적 표시장치
전달정보가 공간적인 위치를 다룰 경우	(㉣)적 표시장치

	㉠	㉡	㉢	㉣
①	시각	청각	시각	청각
②	시각	시각	청각	청각
③	청각	시각	청각	청각
④	청각	청각	시각	시각

해설

시각적 표시장치가 유리한 경우(청각적 표시장치가 유리한 경우는 아래의 반대)

- 전언(메시지)이 복잡한 경우
- 전언이 재참조되는 경우
- 즉각적인 행동을 요구하지 않는 경우
- 수신자가 한곳에 머무르는 경우
- 수신장소가 시끄러운 경우
- 전언이 긴 경우
- 정보가 어렵고 추상적인 경우
- 전언이 공간적인 위치를 다루는 경우
- 정보의 영구적인 기록이 필요할 때
- 여러 종류의 정보를 동시에 제시해야 할 때

정답 121 ③ 122 ④ 123 ④

124

(　　) 안에 들어갈 말로 옳은 것은?

> 「산업안전보건법」에 따라 작업환경측정을 실시해야 하는 연구주체의 장은 연구실 또는 연구공정이 신규로 가동되거나 변경되어 작업환경측정 대상 작업장이 된 날부터 (㉠)일 이내에 작업환경측정을 하고, 그 후 (㉡)에 1회 이상 정기적으로 작업환경을 측정해야 한다.

	㉠	㉡
①	30	반기(半期)
②	30	연(年)
③	60	반기(半期)
④	60	연(年)

125

기기장치에 사용되는 조종장치의 손잡이를 암호화하여 설계하고자 할 때 고려사항이 아닌 것은?

① 사용할 정보의 종류
② 암호화 방법의 분산화
③ 수행해야 하는 과제의 성격과 수행조건
④ 암호화의 중복 또는 결합에 관한 필요성

해설

암호화 설계 시 고려사항
- 사용할 정보의 종류
- 이미 사용된 코딩의 종류
- 수행해야 하는 과제의 성격과 수행조건
- 사용 가능한 코딩 단계나 범주의 수
- 암호화의 중복 또는 결합에 관한 필요성
- 암호화 방법의 표준화

126

「연구실 사전유해인자위험분석 실시에 관한 지침」에서 규정하는 연구활동별 유해인자위험분석 보고서상의 유해인자 항목이 아닌 것은?

① 제1위험군 생물체
② 물리적 유해인자
③ 화학물질
④ 가스

해설

생물체는 고위험병원체 및 제3·4위험군 생물체가 유해인자 항목에 포함된다.

127

벤젠(C_6H_6)의 건강장해 및 유해성에 관한 설명으로 옳지 않은 것은?

① 영구적 혈액장애를 일으킨다.
② 만성중독일 경우 조혈장애를 일으킨다.
③ 국제암연구소(IARC)에서의 발암성은 Group2에 해당된다.
④ 미국산업위생전문가협회(ACGIH)에서는 인간에 관한 발암성이 확인된 물질군(A1)에 포함된다.

해설

국제암연구소(IARC)에서의 발암성은 Group1에 해당된다.

124 ① 125 ② 126 ① 127 ③ 정답

128

톨루엔($C_6H_5CH_3$)의 건강장해 및 유해성에 관한 설명으로 옳은 것을 〈보기〉에서 모두 고른 것은?

보기

ㄱ. 피부로 흡수될 수 있다.
ㄴ. 미나마타병을 발생시킬 수 있다.
ㄷ. 주로 간에서 마뇨산으로 대사되어 뇨로 배출된다.
ㄹ. 방향성 무색 액체로 인화, 폭발의 위험성이 있다.

① ㄱ, ㄴ, ㄷ
② ㄱ, ㄴ, ㄹ
③ ㄱ, ㄷ, ㄹ
④ ㄴ, ㄷ, ㄹ

해설

ㄴ. 미나마타병은 수은 중독으로 인해 발생하는 다양한 신경학적 증상과 징후를 특징으로 하는 증후군이다.

129

호흡기 과민성, 발암성 및 생식세포 변이원성의 유해성을 표시하는 그림문자는?

① 

② 

③ 

④ 

해설

① 급성독성
③ 금속부식성, 피부부식성, 심한 눈손상성
④ 수생환경유해성

130

( ) 안에 들어갈 말로 옳은 것은?

( )는 국제암연구소(IARC)의 발암물질 분류 중 '인체발암성 추정물질–실험동물에 대한 발암성 근거는 충분하지만, 사람에 대한 근거는 제한적'물질 등급이다.

① Group 1A
② Group 1B
③ Group 2A
④ Group 2B

해설

IARC(국제암연구기관)의 발암물질 분류

Group 1	인체 발암성 물질	인체에 대한 발암성을 확인한 물질
Group 2A	인체 발암성 추정 물질	실험동물에 대한 발암성 근거는 충분하나, 인체에 대한 근거는 제한적인 물질
Group 2B	인체 발암성 가능 물질	실험동물에 대한 발암성 근거가 충분하지 못하고, 사람에 대한 근거도 제한적인 물질
Group 3	인체 발암성 비분류 물질	자료의 불충분으로 인체 발암물질로 분류되지 않은 물질
Group 4	인체 비발암성 추정 물질	인체에 발암성이 없는 물질

정답 128 ③ 129 ② 130 ③

131

〈그림〉의 안전표지가 나타내는 의미로 옳은 것은?

그림

① 인화성 물질 경고
② 산화성 물질 경고
③ 폭발성 물질 경고
④ 급성독성 물질 경고

해설

①

③

④

132

중위험연구실 위험도에 따른 주요 구조부의 설치기준 중 필수사항이 아닌 것은?

① 바닥면 내 안전구획 표시
② 출입구에 비상대피표지 부착
③ 기밀성 있는 재질 구조로 천장, 벽 및 바닥 설치
④ 연구활동 및 취급물질에 따른 적정 조도값 이상의 조명장치 설치

해설

기밀성 있는 재질 구조로 천장, 벽 및 바닥 설치는 고위험연구실의 필수사항이다.

133

유해인자가 발생되는 실험 종류와 실험자가 착용해야 하는 방진마스크의 연결이 옳은 것을 〈보기〉에서 모두 고른 것은?(단, 노출 수준에 따라 등급이 달라지는 경우는 제외한다)

보기

ㄱ. 금속 흄 등과 같이 열적으로 생기는 분진 발생 실험 – 1급 방진마스크
ㄴ. 베릴륨(Be) 등과 같이 독성이 강한 물질을 함유한 분진 발생 실험 – 1급 방진마스크
ㄷ. 결정형 유리규산 취급 실험 – 1급 방진마스크
ㄹ. 기계적으로 생기는 분진 발생 실험 – 2급 방진마스크

① ㄱ, ㄷ　　② ㄱ, ㄹ
③ ㄴ, ㄷ　　④ ㄴ, ㄹ

해설

ㄴ. 특급 방진마스크
ㄹ. 1급 방진마스크

134

〈그림〉과 같은 표지가 부착된 연구실에 관한 설명으로 옳지 않은 것은?

그림

① 유해광선을 취급하는 연구실이다.
② 부식성 물질을 취급하는 연구실이다.
③ 안전장갑을 착용해야 하는 연구실이다.
④ 방독마스크를 착용해야 하는 연구실이다.

해설

방진마스크를 착용해야 하는 연구실이다.

131 ② 132 ③ 133 ① 134 ④ 정답

135

방독마스크 정화통의 종류와 외부 측면 표시 색의 연결이 옳지 않은 것은?

	정화통의 종류	표시 색
①	유기화합물용	갈색
②	할로겐용	회색
③	암모니아용	녹색
④	황화수소용	노란색

해설

- 황화수소용 : 회색
- 아황산용 : 노란색

136

( ) 안에 들어갈 말로 옳은 것은?

> ( )는 덕트를 통하여 이동하는 유해물질이 덕트 내에서 퇴적이 일어나지 않는 상태로 이동시키기 위하여 필요한 최소 속도를 말한다.

① 반송속도
② 배기속도
③ 제어속도
④ 배풍속도

137

관리대상 유해물질 관련 국소배기장치 후드의 제어풍속에 관한 설명으로 옳지 않은 것은?

① 포위식 후드 제어풍속은 후드에서 가장 먼 지점의 유해물질 발생원에서 후드 방향으로 측정한다.
② 가스 상태의 관리대상 유해물질 관련 외부식 하방흡인형 후드의 제어풍속은 0.5m/sec 이상으로 유지한다.
③ 입자 상태의 관리대상 유해물질 관련 외부식 하방흡인형 후드의 제어풍속은 1.0m/sec 이상으로 유지한다.
④ 열선풍속계 등 공기유속 측정기기를 활용하여 후드 형식별 적절한 측정방법으로 후드 제어풍속을 측정한다.

해설

포위식 후드 제어풍속은 후드 개구면에서 측정한다.

138

전체 환기에 비해 국소배기를 할 경우의 장점으로 옳지 않은 것은?

① 동력이 적게 사용된다.
② 침강성이 큰 분진도 제거할 수 있다.
③ 유해물질의 배출원이 이동성일 때 효과적이다.
④ 배출원으로부터 유해물질을 완전히 제거할 수 있다.

해설

유해물질의 배출원이 이동성일 때 효과적인 것은 전체 환기이다.

정답 135 ④ 136 ① 137 ① 138 ③

139

국소배기장치 중 후드 설치 시의 주의사항으로 옳지 않은 것은?

① 후드는 유해물질을 충분히 제어할 수 있는 구조와 크기로 선택해야 한다.

② 발생원을 포위할 수 없을 때는 발생원과 가장 가까운 위치에 후드를 설치한다.

③ 후드와 덕트 사이에 충만실(plenum chamber)을 설치할 경우, 충만실의 깊이는 연결 덕트 지름의 0.7배 이하로 설치해야 한다.

④ 후드가 설비에 직접 연결된 경우, 후드의 성능 평가를 위한 정압 측정구를 후드와 덕트의 접합 부분에서 주 덕트 방향으로 덕트 직경의 1~3배 떨어진 위치에 설치해야 한다.

해설

후드와 덕트 사이에 충만실을 설치할 경우, 충만실의 깊이는 연결 덕트 지름의 0.75배 이상으로 하거나 충만실의 기류속도를 슬롯 개구면 속도의 0.5배 이내로 하여야 한다.

140

외부식 후드의 필요 환기량(m^3/min)은?(단, 소수점 첫째 자리에서 반올림한다)

- 후드로부터 유해물질 발생원까지의 거리 : 20cm
- 후드 제어속도 : 4m/sec
- 자유공간에 떠 있는 원형 후드의 직경 : 40cm (단, $\pi = 3.14$)
- 후드의 플랜지 부착 여부 : 부착되지 않음

① 96

② 126

③ 156

④ 186

해설

아래 식에 대입하여 계산한다.

$$Q = V \times (10X^2 + A)$$

Q : 시간당 필요환기량

V : 제어속도

A : 후드 단면적

X : 후드 중심선으로부터 발생원까지의 거리, 제어거리(m)

- $V = 4\text{m/s} = \dfrac{4\text{m}}{\text{s}} \times \dfrac{60\text{s}}{1\text{min}} = 240\text{m/min}$
- $A = \dfrac{\pi D^2}{4} = \dfrac{3.14 \times (0.4\text{m})^2}{4} = 0.1256\text{m}^2$
- $X = 20\text{cm} = 0.2\text{m}$

$\therefore Q = \dfrac{240\text{m}}{\text{min}} \times [10 \times (0.2\text{m})^2 + 0.1256\text{m}^2]$

$= 126.144\text{m}^3/\text{min}$

2024년 제3회 최근 기출문제

제1과목

연구실 안전 관련 법령

01

〈보기〉는 「연구실 안전환경 조성에 관한 법률 시행규칙」에 따라 연구주체의 장이 가입하여야 하는 보험의 보험급여 종류 및 보상금액에 관한 내용이다. ( ) 안에 들어갈 말로 옳은 것은?

보기

- 요양급여 : 최고한도[(㉠) 이상으로 한다]의 범위에서 실제로 부담해야 하는 의료비
- 유족급여 : (㉡) 이상

	㉠	㉡
①	20억원	2억원
②	20억원	1억원
③	10억원	2억원
④	10억원	1억원

해설

보험급여별 보상금액(「연구실안전법 시행규칙」 제15조)

종류	보상금액
요양급여	최고한도 20억원 이상
장해급여	후유장해 등급별로 고시하는 금액 이상
입원급여	입원 1일당 5만원 이상
유족급여	2억원 이상
장의비	1천만원 이상

02

〈보기〉는 「연구실 안전환경 조성에 관한 법령」에서 규정하는 사전유해인자위험분석에 관한 설명이다. ( ) 안에 들어갈 말로 옳은 것은?

보기

(㉠)은/는 다음의 과정으로 이루어지는 사전유해인자위험분석을 실시해야 한다.

- 연구실 안전현황 분석
- (㉡) 유해인자 위험분석
- 연구실 안전계획 수립
- 비상조치계획 수립

	㉠	㉡
①	연구실책임자	연구활동별
②	연구주체의 장	연구활동별
③	연구실책임자	연구실별
④	연구주체의 장	연구실별

해설

사전유해인자위험분석의 실시절차

- 연구실 안전현황 분석
- 연구활동별 유해인자 위험분석
- 연구실 안전계획 수립
- 비상조치계획 수립

정답 1 ① 2 ①

03

「연구실 안전환경 조성에 관한 법령」에 따라 연구활동에 포름알데히드(formaldehyde)를 취급하는 연구실에서 실시하여야 하는 안전관리 활동에 관한 설명으로 옳지 않은 것은?

① 매주 1회 일상점검을 실시하여야 한다.
② 사전유해인자위험분석을 실시하여야 한다.
③ 매년 1회 이상 정기점검을 실시하여야 한다.
④ 2년마다 1회 이상 정기적으로 정밀안전진단을 실시하여야 한다.

해설

포름알데히드 취급 연구실은 고위험연구실이며, 고위험연구실은 일상점검을 매일 1회, 정기점검을 매년 1회, 정밀안전진단을 2년마다 1회 실시해야 하고, 사전유해인자위험분석을 실시해야 한다.

04

〈보기〉는 「연구실 안전환경 조성에 관한 법률 시행규칙」에서 규정하는 안전 관련 예산의 배정에 관한 설명이다. (　)에 들어갈 말로 옳은 것은?

보기
연구주체의 장은 연구과제 수행을 위한 연구비를 책정할 때 그 연구과제 인건비 총액의 (　) 이상에 해당하는 금액을 안전 관련 예산으로 배정해야 한다.

① 1%　　② 2%
③ 3%　　④ 5%

해설

「연구실안전법 시행규칙」 제13조

05

「연구실 안전환경 조성에 관한 법령」에서 규정하는 연구실안전관리사에 관한 설명으로 옳지 않은 것은?

① 안전관리 우수연구실 인증 취득을 위한 지도는 연구실안전관리사의 직무에 해당한다.
② 연구실안전관리사 자격이 취소된 후 3년이 지나지 않은 사람은 연구실안전관리사가 될 수 없다.
③ 연구실 내 유해인자에 관한 취급 관리 및 기술적 지도・조언은 연구실안전관리사의 직무에 해당한다.
④ 거짓이나 그 밖의 부정한 방법으로 연구실안전관리사 자격을 취득한 경우 과학기술정보통신부장관은 그 자격을 정지할 수 있다.

해설

④ 거짓이나 그 밖의 부정한 방법으로 연구실안전관리사 자격을 취득한 경우 과학기술정보통신부장관은 그 자격을 취소하여야 한다(「연구실안전법」 제38조).

3 ① 4 ① 5 ④ 정답

06

「연구실 안전환경 조성에 관한 법률」에서 규정하는 보험 가입 등에 관한 설명으로 옳지 않은 것은?

① 연구주체의 장은 연구활동종사자가 지급받은 보험금으로 치료비를 부담하기에 부족하다고 인정하는 경우 정해진 기준에 따라 해당 연구활동종사자에게 치료비를 지원할 수 있다.

② 연구주체의 장은 정해진 기준에 따라 연구활동종사자의 상해・사망에 대비하여 연구활동종사자를 피보험자 및 수익자로 하는 보험에 가입하여야 한다.

③ 연구주체의 장은 보험에 가입하는 경우 매년 정해진 기준에 따라 보험 가입에 필요한 비용을 예산에 계상하여야 한다.

④ 연구주체의 장은 가입된 보험의 보험급 지급 청구권을 양도 또는 압류하거나 담보로 제공할 수 있다.

해설

④ 연구주체의 장은 가입된 보험의 보험급 지급 청구권을 양도 또는 압류하거나 담보로 제공할 수 없다(「연구실안전법」 제26조).

07

「연구실 안전환경 조성에 관한 법령」에서 규정하는 연구실의 안전 및 유지・관리비로 계상할 수 있는 항목이 아닌 것은?

① 안전점검 및 정밀안전진단 실시에 필요한 비용

② 연구실험장치의 교체, 시설공사 및 개조 비용

③ 연구실안전관리담당자에 대한 교육 비용

④ 연구활동종사자의 보호장비 구입 비용

해설

연구실의 안전 및 유지・관리비로 계상할 수 있는 항목(「연구실안전법 시행령」 제17조)

- 안전관리에 관한 정보제공 및 연구활동종사자에 대한 교육・훈련
- 연구실안전환경관리자에 대한 전문교육
- 건강검진
- 보험료
- 연구실의 안전을 유지・관리하기 위한 설비의 설치・유지 및 보수
- 연구활동종사자의 보호장비 구입
- 안전점검 및 정밀안전진단
- 그 밖에 연구실의 안전환경 조성을 위하여 필요한 사항으로서 과학기술정보통신부장관이 고시하는 용도

정답 6 ④ 7 ②

08

「연구실 안전환경 조성에 관한 법률 시행령」에서 규정하는 안전관리 우수연구실 인증 기준으로 옳지 않은 것은?

① 연구실 운영규정, 연구실 안전환경 목표 및 추진계획 등 연구실 안전환경 관리체계가 우수하게 구축되어 있을 것
② 연구주체의 장, 연구실책임자 및 연구활동종사자 등 연구실 안전환경 관계자의 안전의식이 형성되어 있을 것
③ 연구실 안전점검 및 교육 계획·실시 등 연구실 안전환경 구축·관리 활동 실적이 우수할 것
④ 안전관리 우수연구실 인증심사일 기준으로 이전 2년 동안 연구실사고가 없을 것

해설

안전관리 우수연구실 인증 기준(「연구실안전법 시행령」 제20조)

- 연구실 운영규정, 연구실 안전환경 목표 및 추진계획 등 연구실 안전환경 관리체계가 우수하게 구축되어 있을 것
- 연구실 안전점검 및 교육 계획·실시 등 연구실 안전환경 구축·관리 활동 실적이 우수할 것
- 연구주체의 장, 연구실책임자 및 연구활동종사자 등 연구실 안전환경 관계자의 안전의식이 형성되어 있을 것

09

〈보기〉는 「연구실 안전환경 조성에 관한 법률 시행령」에서 규정하는 안전점검 및 정밀안전진단 대행기관 기술인력 교육에 관한 내용이다. ( ) 안에 들어갈 숫자로 옳은 것은?

보기

- 신규교육 : 기술인력이 등록된 날부터 (㉠)개월 이내에 받아야 하는 교육이다.
- 보수교육 : 기술인력이 신규교육을 이수한 날을 기준으로 (㉡)년마다 받아야 하는 교육이다. 이 경우 매 (㉡)년이 되는 날을 기준으로 전후 (㉢)개월 이내에 보수교육을 받도록 하여야 한다.

	㉠	㉡	㉢
①	6	2	6
②	6	2	3
③	3	3	6
④	3	2	6

10

「연구실 안전환경 조성에 관한 법률 시행령」에서 규정하는 연구실 정밀안전진단의 직접 실시 요건 중 물적 장비 요건이 아닌 것은?

① 분진측정기 ② 두께측정기
③ 접지저항측정기 ④ 가스누출검출기

해설

물적 장비 요건(「연구실안전법 시행령」 별표 5)

- 정전기 전하량 측정기
- 절연저항측정기
- 가스농도측정기
- 분진측정기
- 산소농도측정기
- 조도계(밝기측정기)
- 접지저항측정기
- 가스누출검출기
- 일산화탄소농도 측정기
- 소음측정기
- 풍속계

8 ④ 9 ① 10 ② 정답

11

「연구실 안전환경 조성에 관한 법령」에서 규정하는 건강검진에 관한 설명으로 옳은 것은?

① 발암성 물질을 취급하더라도 「산업안전보건법 시행규칙」 제146조에 따른 임시작업과 단시간작업을 수행하는 연구활동종사자는 특수건강검진을 받지 않을 수 있다.

② 임시건강검진 실시 명령을 받은 연구활동종사자는 건강검진기관 의사의 소견과 관계없이 임시건강검진을 받아야 한다.

③ 연구실 내에서 유소견자가 발생한 경우 근접한 연구실에 종사하는 연구활동종사자는 특수건강검진을 받아야 한다.

④ 연구활동종사자가 「학교보건법」에 따른 건강검사를 받은 경우에는 일반건강검진을 받은 것으로 본다.

해설

① 발암성 물질을 취급하면 「산업안전보건법 시행규칙」 제146조에 따른 임시작업과 단시간작업을 수행하더라도 특수건강검진을 받아야 한다.
② 임시건강검진의 대상자 중 건강검진기관의 의사로부터 임시건강검진이 필요하지 않다는 소견을 받은 연구활동종사자는 임시건강검진을 받지 않을 수 있다.
③ 연구실 내에서 유소견자가 발생한 경우 같은 연구실에 종사하거나, 같은 유해인자에 노출되어 유사한 질병·장해가 의심되는 연구활동종사자는 임시건강검진을 실시할 수 있다.
※ 「연구실안전법 시행규칙」 제11조, 제12조

12

「연구실 안전환경 조성에 관한 법률」에서 규정하는 용어의 정의로 옳지 않은 것은?

① '연구실안전관리담당자'란 각 연구실에서 안전관리 및 연구실사고 예방 업무를 수행하는 연구활동종사자를 말한다.

② '연구실책임자'란 연구실 소속 연구활동종사자를 직접 지도·관리·감독하는 연구활동종사자를 말한다.

③ '정밀안전진단'이란 연구실 안전관리에 관한 경험과 기술을 갖춘 자가 육안 또는 점검기구 등을 활용하여 연구실에 내재된 유해인자를 조사하는 행위를 말한다.

④ '유해인자'란 화학적·물리적·생물학적 위험요인 등 연구실사고를 발생시키거나 연구활동종사자의 건강을 저해할 가능성이 있는 인자를 말한다.

해설

'정밀안전진단'이란 연구실사고를 예방하기 위하여 잠재적 위험성의 발견과 그 개선대책의 수립을 목적으로 실시하는 조사·평가를 말한다.

13

「연구실 안전환경 조성에 관한 법령」에서 규정하는 연구실안전환경관리자에 관한 설명으로 옳은 것을 〈보기〉에서 모두 고른 것은?

ㄱ. 연구활동종사자가 900명인 연구기관인 경우, 연구실안전환경관리자를 2명 이상 지정하여야 한다.
ㄴ. 분원의 연구활동종사자 총인원이 10명인 경우 분원에 별도의 연구실안전환경관리자를 지정하지 않을 수 있다.
ㄷ. 「국가기술자격법」에 따른 국가기술자격 중 안전관리 분야의 산업기사 자격을 취득한 후 연구실 안전관리 실무경력이 1년 이상인 사람은 연구실안전환경관리자의 자격기준을 충족한다.
ㄹ. 연구실안전환경관리자가 여행을 가서 일시적으로 그 직무를 수행할 수 없는 경우, 연구주체의 장은 대리자를 지정해서 연구실안전환경관리자 직무를 대행하게 하여야 한다.

① ㄱ, ㄴ
② ㄱ, ㄷ
③ ㄴ, ㄹ
④ ㄷ, ㄹ

해설

ㄱ. 연구활동종사자가 1,000명 미만으로 연구실안전환경관리자를 1명 이상 지정하여야 한다(「연구실안전법」 제10조).
ㄴ. 분원의 연구활동종사자가 10명 이상이므로 별도의 연구실안전환경관리자를 지정하여야 한다(「연구실안전법」 제10조).

14

「연구실 안전환경 조성에 관한 법령」에서 규정하는 연구실안전관리위원회에 관한 설명으로 옳은 것을 〈보기〉에서 모두 고른 것은?

보기

ㄱ. 해당 대학·연구기관 등의 연구활동종사자가 전체 위원의 3분의 1 이상이어야 한다.
ㄴ. 위원장 1명을 포함한 15명 이내의 위원으로 구성한다.
ㄷ. 위원장은 위원 중에서 연구주체의 장이 지명한다.
ㄹ. 회의는 재적위원 과반수의 출석으로 개의하고, 출석위원 과반수의 찬성으로 의결한다.
ㅁ. 정기회의는 연 1회 이상 개최한다.

① ㄱ, ㄴ, ㄷ
② ㄱ, ㄷ, ㄹ
③ ㄴ, ㄷ, ㅁ
④ ㄴ, ㄹ, ㅁ

해설

ㄱ. 해당 대학·연구기관 등의 연구활동종사자가 전체 위원의 2분의 1 이상이어야 한다(「연구실안전법」 제11조).
ㄷ. 위원장은 위원 중에서 호선한다(「연구실안전법 시행규칙」 제5조).

13 ④ 14 ④ 정답

15

「연구실 안전환경 조성에 관한 법령」에서 규정하는 연구활동종사자에 대한 교육·훈련에 관한 설명으로 옳은 것을 〈보기〉에서 모두 고른 것은?

보기

ㄱ. 근로자인 연구활동종사자에 대한 신규교육·훈련은 채용 후 1년 이내에 실시하여야 한다.
ㄴ. 연구실안전관리사는 연구활동종사자에 대한 교육·훈련을 담당할 수 없다.
ㄷ. 근로자가 아닌 연구활동종사자에 대한 신규교육·훈련은 연구활동 참여 후 3개월 이내에 실시하여야 한다.
ㄹ. 연구실사고가 발생한 연구실의 연구활동종사자에 대한 특별안전교육·훈련은 2시간 이상 실시하여야 한다.

① ㄱ, ㄴ ② ㄴ, ㄷ
③ ㄴ, ㄹ ④ ㄷ, ㄹ

해설

ㄱ. 근로자인 연구활동종사자에 대한 신규 교육·훈련은 채용 후 6개월 이내에 실시하여야 한다(「연구실안전법 시행규칙」 별표 3).
ㄴ. 연구실안전관리사는 연구활동종사자에 대한 교육·훈련을 담당할 수 있다(「연구실안전법 시행령」 제30조).

16

「연구실 설치운영에 관한 기준」에 따라 저위험 연구실에서 준수해야 할 사항에 관한 설명으로 옳은 것은?

① 고전압장비 단독회로 구성은 필수사항이다.
② 주기적인 소화기 충전상태 점검은 권장사항이다.
③ 전기기기 및 배선 등의 모든 충전부 노출방지 조치는 권장사항이다.
④ 주기적인 환기설비 작동상태 점검은 필수사항이다.

해설

① 고전압장비 단독회로 구성은 권장사항이다(중위험·고위험 필수).
② 주기적인 소화기 충전상태 점검은 필수사항이다(모두 필수).
④ 주기적인 환기설비 작동상태 점검은 권장사항이다(고위험 필수).

정답 15 ④ 16 ③

17

「연구실 안전환경 조성에 관한 법령」에서 규정하는 연구주체의 장 및 연구실책임자의 책무에 관한 설명으로 옳지 않은 것은?

① 연구주체의 장은 연구실사고 예방을 위하여 각 연구실에 연구실안전환경관리자를 지정하여야 한다.

② 연구실책임자는 연구활동종사자를 대상으로 해당 연구실의 유해인자에 관한 교육을 실시하여야 한다.

③ 연구실책임자는 해당 연구실의 안전관리 업무를 효율적으로 수행하기 위하여 연구실안전관리담당자를 지정할 수 있다.

④ 연구주체의 장은 대학·연구기관 등에서 연구책임자 또는 조교수 이상의 직에 재직하는 사람을 연구실책임자로 지정할 수 있다.

해설

① 연구주체의 장은 연구실사고 예방 및 연구활동종사자의 안전을 위하여 각 연구실에 연구실책임자를 지정하여야 한다(「연구실안전법」 제9조).

18

〈보기〉는 「연구실 안전환경 조성에 관한 법령」에서 규정하는 연구실안전심의위원회에 관한 설명이다. ( ) 안에 들어갈 말로 옳은 것은?

보기

- 연구실안전심의위원회의 정기회의는 연 (㉠)회 개최한다.
- 연구실안전심의위원회의 위원장은 (㉡)이 된다.

	㉠	㉡
①	1	과학기술정보통신부장관
②	1	과학기술정보통신부차관
③	2	과학기술정보통신부장관
④	2	과학기술정보통신부차관

해설

심의위원회의 정기회의는 연 2회, 관리위원회의 정기회의는 연 1회 개최한다.

17 ① 18 ④ 정답

19

「연구실 안전환경 조성에 관한 법령」에서 규정하는 연구실사고 등에 관한 설명으로 옳은 것은?

① 중대연구실사고가 발생한 연구실의 연구주체의 장은 7일 이내 과학기술정보통신부장관에게 보고해야 한다.

② 연구활동종사자는 연구실의 안전에 중대한 문제가 발생하여 긴급한 조치가 필요하다고 판단되는 경우 연구실의 사용금지 조치를 직접 취할 수 있다.

③ 연구활동종사자가 연구활동을 수행하던 과정에서 부상을 입더라도 해당 공간이 연구실이 아니라면 연구실사고에 해당하지 않는다.

④ 연구실사고의 원인을 조사하기 위한 사고조사반의 책임자는 연구실사고 보고서를 작성하여 연구주체의 장에게 제출해야 한다.

해설

① 중대연구실사고가 발생한 연구실의 연구주체의 장은 지체 없이 과학기술정보통신부장관에게 보고해야 한다(「연구실안전법 시행규칙」 제14조).

③ 연구실사고란 연구실 또는 연구활동이 수행되는 공간에서 연구활동과 관련하여 연구활동종사자가 부상·질병·신체장해·사망 등 생명 및 신체상의 손해를 입거나 연구실의 시설·장비 등이 훼손되는 것을 말한다(「연구실안전법」 제2조).

④ 사고조사반의 책임자는 연구실사고 조사가 끝났을 때에는 지체 없이 연구실사고 조사보고서를 작성하여 과학기술정보통신부장관에게 제출해야 한다(「연구실안전법 시행령」 제18조).

20

「연구실 안전환경 조성에 관한 법령」에서 규정하는 안전점검 및 정밀안전진단 등에 관한 설명으로 옳은 것을 〈보기〉에서 모두 고른 것은?

보기

ㄱ. 연구주체의 장은 정밀안전진단을 실시한 경우 그 결과를 지체 없이 공표하여야 한다.

ㄴ. 정기점검은 폭발사고·화재사고 등 연구활동종사자의 안전에 치명적인 위험을 야기할 가능성이 있을 것으로 예상되는 경우에 실시하는 점검으로서, 연구주체의 장이 필요하다고 인정하는 경우에 실시한다.

ㄷ. 일상점검은 연구활동에 사용되는 기계·기구·전기·약품·병원체 등의 보관상태 및 보호장비의 관리실태 등을 안전점검기기를 이용하여 실시하는 세부적인 점검이다.

ㄹ. 「화학물질관리법」에 따른 유해화학물질 등 유해·위험물질의 관리 부실로 연구활동종사자가 심각한 질병을 일으킬 우려가 있는 경우는 연구실의 중대한 결함에 포함된다.

① ㄱ, ㄴ

② ㄱ, ㄹ

③ ㄴ, ㄷ

④ ㄷ, ㄹ

해설

ㄴ. 특별안전점검은 폭발사고·화재사고 등 연구활동종사자의 안전에 치명적인 위험을 야기할 가능성이 있을 것으로 예상되는 경우에 실시하는 점검으로서, 연구주체의 장이 필요하다고 인정하는 경우에 실시한다(「연구실안전법 시행령」 제10조).

ㄷ. 정기점검은 연구활동에 사용되는 기계·기구·전기·약품·병원체 등의 보관상태 및 보호장비의 관리실태 등을 안전점검기기를 이용하여 실시하는 세부적인 점검이다(「연구실안전법 시행령」 제10조).

정답 19 ② 20 ②

제2과목

연구실 안전관리 이론 및 체계

21

「연구실 설치운영에 관한 기준」에 따라 〈보기〉의 '연구실'이 해당하는 유형은?

보기

연구활동에 「화학물질관리법」에 따른 유해화학물질을 취급하는 '연구실'로서 연구활동종사자의 건강상에 나쁜 영향을 미치지 않는 수준으로 관리하고 있다.

① 무위험연구실
② 저위험연구실
③ 중위험연구실
④ 고위험연구실

해설

고위험연구실은 「화학물질관리법」에 따른 유해화학물질, 「산업안전보건법」에 따른 유해인자, 과학기술정보통신부령으로 정하는 독성가스를 취급하는 연구실이다.

22

( ) 안에 들어갈 말로 옳은 것은?

보기

( )은 휴먼에러의 추정기법 중 특정 직무에서 하나의 착오가 발생할 확률을 계산하는 기법을 말한다.

① 결함나무분석(FTA)
② 위급사건기법(CIT)
③ 인간실수확률기법(HEP)
④ 직무위급도분석기법(TCRAM)

23

스웨인(Swain)의 휴먼에러 분류 중 〈보기〉에 해당하는 것은?

보기

자동차 부품을 개발하는 연구소에서 연구개발활동 중 자동차의 사이드 브레이크를 해제하지 않고 연구장비를 가동하여 브레이크 라이닝 마모 및 열화로 인한 연구활동종사자의 부상 위험이 발생하였다.

① 작위오류(commission error)
② 부적절한 행동 오류(extraneous error)
③ 생략오류(omission error)
④ 시간오류(time error)

24

「안전관리 우수연구실 인증제 운영에 관한 규정」에서 규정하는 연구실 안전환경시스템 분야의 인증심사 세부항목이 아닌 것은?

① 시정조치 및 예방조치
② 사전유해인자위험분석
③ 연구주체의 장의 검토 여부
④ 연구실 안전교육 및 사고 대비·대응 관련 활동

해설

연구실 안전환경시스템 분야 인증심사 세부항목(「안전관리 우수연구실 인증제 운영에 관한 규정」 별표 1)
운영법규 등 검토, 목표 및 추진계획, 조직 및 업무분장, 사전유해인자위험분석, 교육 및 훈련, 자격 등, 의사소통 및 정보제공, 문서화 및 문서관리, 비상 시 대비·대응 관리체계, 성과측정 및 모니터링, 시정조치 및 예방조치, 내부심사, 연구주체의 장의 검토 여부

21 ④ 22 ③ 23 ③ 24 ④ 정답

25

「안전관리 우수연구실 인증제 운영에 관한 규정」에서 규정하는 인증심사의 실시 방법으로 옳지 않은 것은?

① 인증 운영 매뉴얼, 절차서 등에 대한 문서자료 및 현황 조사

② 연구실 현장의 안전환경 활동 확인

③ 연구실책임자의 안전환경시스템 지침서 작성 및 현장 적용 수준 측정

④ 연구주체의 장 및 연구실책임자 등의 면담, 인터뷰

해설

인증심사 실시방법(「안전관리 우수연구실 인증제 운영에 관한 규정」 제9조)

- 인증 운영 매뉴얼, 절차서 등에 대한 문서자료 및 현황 조사
- 연구실 현장의 안전환경 활동 확인
- 연구주체의 장 및 연구실책임자 등의 면담, 인터뷰 등의 방법

26

연구실 비상대응 매뉴얼에 반드시 포함되어야 하는 내용만을 〈보기〉에서 모두 고른 것은?

보기

ㄱ. 연구활동종사자의 사전 교육
ㄴ. 적절한 안전보호구 착용 방법
ㄷ. 연구실 사고조사표 작성 요령
ㄹ. 내·외부와의 연락 및 통신 체계

① ㄱ, ㄴ, ㄷ　　② ㄱ, ㄴ, ㄹ

③ ㄱ, ㄷ, ㄹ　　④ ㄴ, ㄷ, ㄹ

27

중대연구실사고가 아닌 것은?

① 한 손의 엄지손가락을 포함하여 2개의 손가락을 잃은 부상자가 1명 발생한 사고

② 3개월의 요양이 필요한 부상자가 동시에 3명 발생한 사고

③ 연구실 시설물 지반 침하에 따른 불안전한 구조로 인하여 발생한 사고

④ 4개의 치아에 치아 보철 치료가 필요한 부상자가 1명 발생한 사고

해설

④ 3개 이상의 치아 보철 치료가 필요한 부상자는 후유장해 14급에 해당하며 중대연구실사고로 볼 수 없다(중대연구실사고는 후유장해 1~9급까지에 해당).

① 한 손의 엄지손가락을 포함하여 2개의 손가락을 잃은 부상자는 후유장해 8급에 해당하며 중대연구실사고이다.

② 3개월의 요양이 필요한 부상자가 동시에 2명 이상 발생한 사고는 중대연구실사고이다.

③ 연구실 시설물 지반 침하에 따른 불안전한 구조로 인하여 발생한 사고는 중대한 결함으로 인한 사고로 중대연구실사고이다.

정답 25 ③ 26 ② 27 ④

28

「안전관리 우수연구실 인증제 운영에 관한 규정」에서 규정하는 심사항목과 세부항목의 연결이 옳은 것을 〈보기〉에서 모두 고른 것은?

> 보기
>
> ㄱ. 성과측정 및 모니터링 – 연구실의 안전환경 위험 특성 및 연구실 규모에 적합
> ㄴ. 목표 및 추진계획 – 연구환경 구축활동별 성과지표
> ㄷ. 교육 및 훈련, 자격 등 – 연구실 사고에 대한 비상대응 관련 교육·훈련
> ㄹ. 문서화 및 문서관리 – 연구실 안전환경 관련 내·외부 문서 접수처리 및 회신
> ㅁ. 내부심사 – 연구실 안전환경 시스템을 통해 제시된 안전환경 목표의 달성 여부

① ㄱ, ㄴ, ㄹ

② ㄱ, ㄹ, ㅁ

③ ㄴ, ㄷ, ㄹ

④ ㄴ, ㄷ, ㅁ

해설

ㄱ. 운영법규 등 검토 – 연구실의 안전환경 위험 특성 및 연구실 규모에 적합

ㄹ. 의사소통 및 정보제공 – 연구실 안전환경 관련 내·외부 문서 접수처리 및 회신

29

사전유해인자위험분석을 실시하는 연구실에서 연구실 안전현황표에 반드시 작성하여야 하는 내용을 〈보기〉에서 모두 고른 것은?

> 보기
>
> ㄱ. 연구실안전환경관리자 비상연락처
> ㄴ. 주요 기자재명
> ㄷ. 연구실 보유 주요 유해인자 위험설비 사진
> ㄹ. 화학물질 GHS등급

① ㄱ, ㄴ　　② ㄷ, ㄹ

③ ㄱ, ㄴ, ㄷ　　④ ㄱ, ㄴ, ㄷ, ㄹ

해설

화학물질 GHS등급은 '연구개발활동별 유해인자 위험분석 보고서'에 작성한다.

30

(　) 안에 공통으로 들어갈 말로 옳은 것은?

> 보기
>
> '연구개발활동안전분석(R&DSA)'이란 연구활동을 주요 단계로 구분하여 각 단계별 (　)을/를 파악하고 (　)의 제거, 최소화 및 사고를 예방하기 위한 대책을 마련하는 기법을 말한다.

① 유해인자　　② 위험분석

③ 질병요인　　④ 재해상황

28 ④　29 ③　30 ①　정답

31

「연구실 사전유해인자위험분석 실시에 관한 지침」에서 규정하는 연구개발활동안전분석(R&DSA) 보고서의 보존 기간으로 옳은 것은?

① 작성완료일로부터 1년
② 작성완료일로부터 5년
③ 연구종료일로부터 2년
④ 연구종료일로부터 3년

32

( ) 안에 공통으로 들어갈 말로 옳은 것은?

보기

( )은/는 사회적 문제 및 동기 부여 문제이다. ( )에 관한 최선의 대책은 한편으로는 사람들의 규범, 신념, 태도 및 문화를 바꾸는 것이고, 다른 한편으로는 절차서의 신뢰성, 적용성, 가용성 및 정확성을 향상시키는 것이다.

① 착오(mistake)
② 실수(slip)
③ 망각(lapse)
④ 위반(violation)

해설

위반은 작업 수행 과정에 대한 올바른 지식을 가지고 있고, 이에 맞는 행동을 할 수 있음에도 일부러 바람직하지 않은 의도를 가지고 발생시키는 에러이다.

33

( ) 안에 들어갈 말로 옳은 것은?

보기

- (㉠)은/는 인간이 돌발적으로 위기적 상황에 직면하면 그것에 집중하여 다른 사항을 의식하지 못하고 분별없이 행동(동작)하는 것을 말한다.
- (㉡)은/는 인간이 어떤 것을 의식의 중심에서 고려하며 행동(동작)을 하면서도 도중에 일상적인 습관이 의식의 한쪽 구석에서 나타나는 것을 말한다.

	㉠	㉡
①	장면행동	주연적 동작
②	주연적 동작	생략행위
③	장면행동	지름길 반응
④	주연적 동작	장면행동

해설

- 장면행동 : 돌발 위기 발생 시 주변 상황을 분별하지 못하고 그 위기에만 집중하는 것, 특정방향으로 강한 욕구가 있으면 그 방향에만 몰두하여 행동
- 주연행동(주변적 동작) : 특정 작업을 하는 동안 습관적 동작으로 의식의 한쪽 구석에서 다른 행위를 하는 경우
- 지름길 반응과 생략행위 : 정해진 길을 따르지 않고 되도록 가까운 길을 걸어서 빨리 목적지에 도달하려고 하는 행동, 규정된 길로 걸으면 헛수고로 인식하여 안전사고가 발생하지 않는 선에서 연구활동종사자가 스스로 허용하여 규정된 길을 미준수하거나, 실험 절차, 안전수칙 등을 생략하는 행위

정답 31 ④ 32 ④ 33 ①

34

「연구실 안전환경 조성에 관한 법률 시행규칙」에서 규정하는 특별안전교육 · 훈련 내용이 아닌 것은?(단, '그 밖의 연구실 안전관리에 관한 사항'은 제외한다)

① 안전한 연구활동에 관한 사항

② 연구활동종사자 보험에 관한 사항

③ 물질안전보건자료에 관한 사항

④ 연구실 유해인자에 관한 사항

해설

특별안전교육 · 훈련 내용(「연구실안전법 시행규칙」 별표 3)

- 연구실 유해인자에 관한 사항
- 안전한 연구활동에 관한 사항
- 물질안전보건자료에 관한 사항
- 그 밖에 연구실 안전관리에 관한 사항

35

「연구실 안전환경 조성에 관한 법령」에서 규정하는 연구활동종사자에 대한 교육 · 훈련을 담당할 수 있는 사람이 아닌 것은?

① 대학의 조교수 이상으로서 안전에 관한 경험과 학식이 풍부한 사람

② 정기점검을 실시한 경험이 있는 연구실안전관리담당자

③ 연구실안전환경관리자

④ 연구실책임자

해설

연구활동종사자에 대한 교육 · 훈련을 담당할 수 있는 사람(「연구실안전법 시행령」 제16조)

- 안전점검 실시자의 인적 자격 요건 중 어느 하나에 해당하는 사람으로서 해당 기관의 정기점검 또는 특별안전점검을 실시한 경험이 있는 사람. 단, 연구활동종사자는 제외한다.
- 대학의 조교수 이상으로서 안전에 관한 경험과 학식이 풍부한 사람
- 연구실책임자
- 연구실안전환경관리자
- 권역별연구안전지원센터에서 실시하는 전문강사 양성 교육 · 훈련을 이수한 사람
- 연구실안전관리사

36

다음은 「연구실 안전환경 조성에 관한 법률 시행규칙」에서 규정하는 연구실안전환경관리자 보수교육의 주기 및 시간에 관한 사항이다. (   ) 안에 들어갈 숫자로 옳은 것은?

교육주기	교육시간
신규교육을 이수한 후 매 (㉠)년이 되는 날을 기준으로 전후 (㉡)개월 이내	(㉢)시간 이상

	㉠	㉡	㉢
①	3	3	12
②	2	6	12
③	3	6	12
④	2	6	18

해설

신규교육은 지정 6개월 이내에 18시간, 보수교육은 매 2년이 되는 날을 기준으로 전후 6개월 이내에 12시간 이상의 교육을 수료해야 한다(「연구실안전법 시행규칙」 별표 4).

34 ② 35 ② 36 ② 정답

37

〈보기〉에 해당하는 학습지도의 원리는?

보기
LMO 연구시설의 연구실책임자가 연구활동종사자인 대학생을 대상으로 병원체 생물안전정보와 관련한 강의식 교육을 수행하였다. 그리고 연구활동종사자인 박사과정의 대학원생을 대상으로 같은 주제의 토론식 교육을 수행하였다.

① 통합의 원리　　② 직관의 원리
③ 개별화의 원리　　④ 사회화의 원리

해설

학습지도의 원리

- 자발성의 원리 : 학습자 자신이 자발적으로 내적 동기가 유발된 학습을 할 수 있도록 장려해야 한다.
- 개별화의 원리 : 학습자를 개별적 존재로 인정하며, 각자의 요구와 능력 등에 알맞은 학습활동의 기회를 제공해야 한다.
- 사회화의 원리 : 협력적이고 우호적인 공동학습을 진행하여 사회화를 돕는다.
- 통합의 원리 : 학습자의 특정 부분 발전만이 아니라 모든 능력을 조화적으로 발달시키기 위해 종합적으로 지도한다.
- 직관의 원리 : 언어 위주의 설명보다는 구체적인 사물을 직접 제시하거나 경험시킴으로써 큰 효과를 볼 수 있다.
- 목적의 원리 : 학습 목표를 분명하게 인식시켜 적극적인 학습활동 참여를 유발한다.

38

4M 기법을 적용하여 연구실사고를 분석하였다. 〈보기〉에 해당하는 4M 요소는?

보기
연구실사고를 분석하던 중, 연구와 관련된 정보를 충분히 수집하지 않고, 연구방법이 부적합한 것을 발견하였다.

① Man　　② Machine
③ Media　　④ Management

해설

4M의 4분야 중 Media(작업적)의 유해 · 위험요인

- 연구공간 부족
- 연구환경의 부적합
- 연구 관련 정보의 미흡
- 연구방법, 실험 자세 · 태도 부적합

39

(　　) 안에 들어갈 말로 옳은 것은?

보기
(　　)은 사고의 원인이 될 수 있는 불안전한 요소가 발견되어도 연구실사고를 예방하기 위한 개선 · 관리 방안이 반드시 존재한다는 재해예방의 원칙을 말한다.

① 예방가능의 원칙
② 손실우연의 원칙
③ 원인계기의 원칙
④ 대책선정의 원칙

해설

재해예방 4원칙

- 예방가능의 원칙 : 천재지변을 제외한 모든 재난은 원칙적으로 예방 가능하다.
- 손실우연의 원칙 : 사고의 결과로써 생긴 재해손실은 사고 당시 조건에 따라 우연히 발생하며, 재해방지의 대상은 우연성에 좌우되는 손실의 방지보다, 사고 발생 자체의 방지가 우선시 되어야 한다(사고 재발 방지가 우선).
- 원인연계의 원칙 : 사고 발생에는 반드시 원인이 있고, 대부분 복합적으로 연계되므로 모든 원인은 종합적으로 검토되어야 한다.
- 대책선정의 원칙 : 사고의 원인 또는 불안전한 요소가 발견되면 반드시 대책을 선정, 실시해야 한다(사고예방 대책은 3E 원칙 적용). 사고 예방을 위한 안전대책은 반드시 존재한다.

정답 37 ③　38 ③　39 ④

40

버드(Bird)의 사고연쇄이론에서 제어부족의 단계에 해당하는 사항으로 옳은 것은?

① 지식·기능의 부족
② 작업 절차의 정비 불량
③ 부적절한 작업 절차
④ 부적당한 기계·기구의 사용

제3과목

연구실 화학·가스 안전관리

41

'NFPA 704'에 따른 기타위험성 표기에 관한 설명으로 옳지 않은 것은?

① OX : 산화제에 관한 위험성 표기이다.
② ALK : 염기성에 관한 위험성 표기이다.
③ COR : 부식성에 관한 위험성 표기이다.
④ ₩ : 자연발화성에 관한 위험성 표기이다.

해설

④ 물반응성에 관한 위험성 표기이다.

42

「고압가스 안전관리법 시행규칙」에 따라 가연성가스이면서 독성가스로 분류되는 것을 〈보기〉에서 모두 고른 것은?

보기

ㄱ. 염화메탄
ㄴ. 에틸렌
ㄷ. 일산화탄소
ㄹ. 이황화탄소
ㅁ. 염소

① ㄱ, ㄴ, ㅁ ② ㄱ, ㄷ, ㄹ
③ ㄴ, ㄷ, ㅁ ④ ㄷ, ㄹ, ㅁ

해설

• 가연성가스 : 염화메탄, 에틸렌, 일산화탄소, 이황화탄소
• 독성가스 : 염화메탄, 일산화탄소, 이황화탄소, 염소
※ 「고압가스 안전관리법 시행규칙」 제2조

43

〈보기〉에서 설명하는 물질은?

보기

• 인화성이며 독성가스이다.
• 공기와 혼합하면 폭발 위험성이 있다.
• 공기 중에서 자연발화한다(공기와 유사조건(O_2–N_2계의 산소농도 10%에서 자연발화온도 –162℃).
• 할로겐류와 혼합하지 않아야 한다.
• 내부 물질의 잔류 여부는 플랜지를 개방하는 방법이 아니라 작업 구간의 게이지나 가스누출검지경보기를 사용하여 확인하여야 한다.

① 암모니아(NH_3) ② 포스겐($COCl_2$)
③ 실란(SiH_4) ④ 알진(AsH_3)

해설

①~④ 모두 독성가스이나, 공기 중에서 자연발화성질을 가지며 할로겐류와 혼합을 금지해야 하는 가스는 실란이다.

40 ② 41 ④ 42 ② 43 ③ 정답

44

( ) 안에 들어갈 숫자로 옳은 것은?

보기

「고압가스 안전관리법 시행규칙」에서 규정하는 '독성가스'란 공기 중에 일정량 이상 존재하는 경우 인체에 유해한 독성을 가진 가스로서 허용농도가 (㉠)만분의 (㉡) 이하인 것을 말한다. 또한 '가연성가스'란 공기 중에서 연소하는 가스로서 폭발한계 하한이 (㉢)% 이하인 것과 폭발한계 상한과 하한의 차가 (㉣)% 이상인 것을 말한다.

	㉠	㉡	㉢	㉣
①	10	2,500	5	10
②	10	5,000	10	20
③	100	2,500	5	10
④	100	5,000	10	20

해설

제출서류(「폐기물관리법」 제17조)

- 폐기물처리계획서[상호, 사업장 소재지 및 업종, 폐기물의 종류, 배출량 및 배출주기, 폐기물의 운반 및 처리 계획, 폐기물의 공동 처리에 관한 계획(공동 처리하는 경우만 해당), 그 밖에 환경부령으로 정하는 사항 작성]
- 폐기물분석전문기관이 작성한 폐기물분석결과서
- 지정폐기물의 처리를 위탁하는 경우에는 수탁처리자의 수탁확인서

45

「폐기물관리법」에 따라 지정폐기물 배출자가 지정폐기물을 위탁 처리하기 전에 환경부장관에게 제출하여야 하는 서류가 아닌 것은?

① 폐기물분석기관이 작성한 폐기물분석결과서
② 지정폐기물 처리 위탁 시 수탁처리자의 수탁확인서
③ 폐기물에 포함되어 있는 유해화학물질의 영업등록증
④ 폐기물의 종류, 배출량 및 배출주기 등을 적은 폐기물처리계획서

46

「폐기물관리법 시행령」에서 규정하는 지정폐기물이 아닌 것은?

① 고체상태의 폐합성 고분자화합물
② 「화학물질관리법」 제2조제2호의 유독물질에 해당하는 폐유독물질
③ 액체상태의 수소이온 농도지수가 2.0 이하인 폐산
④ 액체상태의 폴리클로리네이티드비페닐 함유 폐기물(1L당 2mg 이상 함유한 것)

해설

① 고체상태의 것은 제외한다.

정답 44 ④ 45 ③ 46 ①

47

「폐기물관리법 시행규칙」에서 규정하는 지정폐기물 보관표지에 관한 설명으로 옳은 것은?

① 표지의 색깔은 흰색 바탕에 빨간색 선 및 검은색 글자로 한다.
② 표지의 규격은 가로 50cm 이상×세로 40cm 이상으로 한다.
③ 보관창고에는 표지판을 사람이 쉽게 볼 수 있는 위치에 설치하여야 한다.
④ 드럼 등 소형용기에 붙이는 표지는 가로 20cm 이상×세로 10cm 이상으로 한다.

해설

① 표지의 색깔은 노란색 바탕에 검은색 선 및 글자로 한다.
② 표지의 규격은 가로 60cm 이상×세로 40cm 이상으로 한다.
④ 드럼 등 소형용기에 붙이는 표지는 가로 15cm 이상×세로 10cm 이상으로 한다.
※ 「폐기물관리법 시행규칙」 별표 5

48

폐액 처리 시 혼합적재 가능한 것끼리 짝지어진 것은?

① 질산(HNO_3), 황산(H_2SO_4)
② 질산(HNO_3), 시안화수소(HCN)
③ 아세트산(CH_3COOH), 포름산(CH_2O_2)
④ 과망간산칼륨($KMnO_4$), 황산(H_2SO_4)

해설

• 질산 : 황산, 시안화물과 혼재 금지
• 황산 : 과망간산염류와 혼재 금지

49

「폐기물관리법 시행규칙」에서 규정하는 지정폐기물 보관 방법으로 옳은 것은?

① 폐유기용제는 휘발이 가능한 개방된 용기에 보관하여야 한다.
② 폐유독물질 보관시설에는 70lx 이상의 조도가 확보될 수 있도록 채광설비 또는 조명설비를 갖추어야 한다.
③ 흩날릴 우려가 있는 폐석면은 폴리에틸렌, 그 밖에 이와 유사한 재질의 포대로 포장하여 보관하여야 한다.
④ 수은함유폐기물 및 수은함유폐기물 처리 잔재물은 폴리에틸렌 등 고밀도 내수성 재질로 이중 포장한 후 밀봉하여 보관하여야 한다.

해설

① 폐유기용제는 휘발되지 않도록 밀폐된 용기에 보관하여야 한다.
② 폐유독물질 보관시설에는 75lx 이상의 조도가 확보될 수 있도록 채광설비 또는 조명설비를 갖추어야 한다.
③ 흩날릴 우려가 있는 폐석면은 습도 조절 등의 조치 후 고밀도 내수성 재질의 포대로 2중포장하거나 견고한 용기에 밀봉하여 흩날리지 않도록 보관하여야 한다.
※ 「폐기물관리법 시행규칙」 별표 5

50

〈보기〉에서 설명하는 유해물질은?

보기

• 인체 피해 : 단기(급성) 노출 시 호흡곤란, 심장박동 이상, 심혈관성 쇼크, 급성 신부전 등, 장기(만성) 노출 시 중추신경계 영향, 간장장애, 피부백반증 등
• 고용노동부 고시 제2020-48호에 따른 노출기준(TWA) : 5ppm

① 수은(Hg)
② 페놀(C_6H_5OH)
③ 톨루엔($C_6H_5CH_3$)
④ 카드뮴(Cd)

47 ③ 48 ③ 49 ④ 50 ② 정답

51

「고압가스 특정제조의 시설 · 기술 · 검사 · 감리 · 정밀안전검진 기준」에서는 가스누출검지경보장치의 검출부 설치장소 및 설치 개수를 규정하고 있다. ( ) 안에 들어갈 숫자로 옳은 것은?

보기

- 누출한 화학물질이 체류하기 쉬운 장소 중 건축물 안에 설치하는 경우에는 이들 설비군의 바닥면 둘레 (㉠)m마다 1개 이상의 비율로 설치해야 한다.
- 누출한 화학물질이 체류하기 쉬운 장소 중 건축물 밖에 설치하는 경우에는 이들 설비군의 바닥면 둘레 (㉡)m마다 1개 이상의 비율로 설치해야 한다.

	㉠	㉡
①	10	20
②	10	30
③	20	20
④	20	30

해설

- 누출한 화학물질이 체류하기 쉬운 장소 중 건축물 안에 설치하는 경우에는 이들 설비군의 바닥면 둘레 10m마다 1개 이상의 비율로 설치해야 한다.
- 누출한 화학물질이 체류하기 쉬운 장소 중 건축물 밖에 설치하는 경우에는 이들 설비군의 바닥면 둘레 20m마다 1개 이상의 비율로 설치해야 한다.

52

연구실 화학물질 사고 예방을 위한 시약보관시설의 설치 및 운영 기준으로 옳은 것을 〈보기〉에서 모두 고른 것은?

보기

ㄱ. 항상 통풍이 잘 되도록 설비하고, 외부 공기와 원활하게 환기될 수 있도록 한다.
ㄴ. 조명은 시약에 기재된 사항을 볼 수 있도록 보통작업 기준 150lx 이상이어야 한다.
ㄷ. 바닥은 유해화학물질이 노출되었을 때 잘 스며들 수 있는 재료를 사용하여야 한다.
ㄹ. 여러 종류의 시약을 보관할 때는 찾기 쉽도록 시약명을 ABC순 또는 가나다순으로 구분하여 보관하여야 한다.

① ㄱ, ㄴ
② ㄱ, ㄷ
③ ㄴ, ㄹ
④ ㄷ, ㄹ

해설

ㄷ. 바닥은 유해화학물질이 노출되었을 때 스며들지 못하고 해당 물질에 견딜 수 있는 재료를 사용하여야 한다.
ㄹ. 여러 종류의 시약을 보관할 때는 화학물질 성상별로 분류하여 보관하여야 한다.

정답 51 ① 52 ①

53

「연구실 설치운영에 관한 기준」에 따른 가연성 및 조연성가스 용기를 사용하는 연구실의 준수 사항으로 옳지 않은 것은?

① 가연성가스와 조연성가스는 한곳에 모아 보관한다.

② 사용 중인 가스용기와 사용 완료된 가스용기는 분리하여 보관한다.

③ 가스용기는 전도방지장치를 설치하여 보관한다.

④ 가스누출검지경보장치를 설치하여 가스 유출 시 즉각 조치할 수 있도록 한다.

해설

① 가연성가스와 조연성가스는 분리하여 보관한다(「연구실 설치운영에 관한 기준」 별표 1).

54

고압가스용 실린더캐비닛에 관한 설명으로 옳지 않은 것은?

① 내부 설비 중 고압가스가 통하는 부분은 안전율이 4 이상으로 설계된 것으로 한다.

② 내부의 충전 용기 또는 배관에는 외부에서 조작이 가능한 긴급차단장치가 설치된 것으로 한다.

③ 내부 배관에 가스의 종류와 유체의 흐름 방향이 표시된 경우, 밸브에 개폐 방향과 개폐 상태를 표시하지 않을 수 있다.

④ 내부의 누출된 가스를 항상 제독설비 등으로 이송할 수 있고 내부 압력을 외부 압력보다 항상 낮게 유지할 수 있는 구조로 한다.

해설

③ 실린더 캐비닛 내의 배관에는 가스의 종류 및 유체의 흐름 방향을 표시하고, 밸브에는 개폐 방향 및 개폐 상태를 표시한다.

55

다음은 「고압가스 안전관리법 시행규칙」에서 규정하는 가스 구분 및 용기 색상에 관한 내용이다. (　) 안에 들어갈 말로 옳은 것은?

가스명	가스 구분	가스용기 색상
수소	(㉠)	주황색
아세틸렌	가연성가스	(㉡)
산화에틸렌	(㉢)	(㉣)

	㉠	㉡	㉢	㉣
①	특정고압가스	황색	가연성가스	갈색
②	특정고압가스	주황색	특정고압가스	갈색
③	가연성가스	황색	가연성가스	회색
④	가연성가스	주황색	독성가스	회색

해설

가연성가스 용기 색상

가스 종류	수소	아세틸렌	액화 암모니아	액화 염소	액화 석유가스	그 밖의 가스
도색	주황색	황색	백색	갈색	밝은 회색	회색

53 ① 54 ③ 55 ③ 정답

56

「연구실 설치운영에 관한 기준」에 따른 '연구활동에 독성가스를 취급하는 연구실'의 준수사항으로 옳지 않은 것은?

① 바닥면 내 안전구획을 표시해야 한다.
② 출입구에 비상대피표지를 부착해야 한다.
③ 연구・실험공간과 사무공간을 통합하여 사용할 수 있다.
④ 기계적인 환기설비를 설치해야 한다.

해설

'연구활동에 독성가스를 취급하는 연구실'은 고위험연구실이며, 고위험연구실은 연구・실험공간과 사무공간을 필수로 분리하여야 한다.

57

고압가스설비 운전 중 가연성 가스 누출 시 안전조치로 옳지 않은 것은?

① 불활성 가스로 치환한다.
② 가스 공급을 즉시 정지시킨다.
③ 점화원이 될 수 있는 화기의 사용을 금지한다.
④ 소석회, 가성소다, 탄산소다 수용액을 살포한다.

해설

소석회, 가성소다, 탄산소다 수용액은 염기성 물질로 가연성 가스 누출과 관계 없다.

58

(　　) 안에 들어갈 말로 옳은 것은?

보기

(　　)은/는 발열반응이 일어나는 반응기에서 냉각 실패로 인해 반응속도가 급격히 증대되어 용기 내부의 온도 및 압력이 비정상적으로 상승하는 이상 반응을 말한다.

① 폭연　　② 폭굉
③ 반응폭주　　④ 증기운 폭발

59

〈보기〉는 이상기체의 성질 및 법칙에 관한 설명이다. (　　) 안에 들어갈 말로 옳은 것은?

보기

- 이상기체에 대한 일반적인 가정에 따르면, 기체분자는 끊임없이 여러 방향으로 직선운동을 하고, 분자 사이에는 인력이 거의 작용하지 않는다.
- 이상기체에서 기체분자의 충돌은 (㉠)이다.
- 이상기체의 압력이 증가하기 위해서는 기체의 몰수가 증가하거나, 부피가 (㉡)하거나, 절대온도가 (㉢)하여야 한다.
- 이상기체 상태방정식은 아보가드로의 법칙(Avogadro's Law)과 (㉣)을 조합한 것이다.

① ㉠ 비탄성체, ㉡ 감소, ㉢ 증가, ㉣ 게이뤼삭의 법칙(Gay-Lussac's Law)
② ㉠ 완전탄성체, ㉡ 증가, ㉢ 감소, ㉣ 게이뤼삭의 법칙(Gay-Lussac's Law)
③ ㉠ 비탄성체, ㉡ 증가, ㉢ 감소, ㉣ 보일-샤를의 법칙(Boyle-Charles's Law)
④ ㉠ 완전탄성체, ㉡ 감소, ㉢ 증가, ㉣ 보일-샤를의 법칙(Boyle-Charles's Law)

정답 56 ③　57 ④　58 ③　59 ④

60

수소가스를 사용하는 연구실에서 폭발사고가 발생하였다. 사고의 원인이 된 수소의 특성에 관한 설명으로 옳은 것을 〈보기〉에서 모두 고른 것은?

보기

ㄱ. 메탄가스보다 연소 속도가 빠르다.
ㄴ. 수소가스를 액화하면 부피가 1/300로 감소한다.
ㄷ. 고온·고압 조건에서 수소가 재료를 손상시키는 수소침식을 일으킬 수 있다.
ㄹ. 공기 중에 3% 이상 존재 시 가연성 혼합기를 형성하여 정전기에도 폭발할 수 있다.
ㅁ. 수소는 연소될 때 수증기가 발생한다.

① ㄴ, ㄷ
② ㄹ, ㅁ
③ ㄱ, ㄴ, ㄹ
④ ㄱ, ㄷ, ㅁ

해설

ㄴ. 수소가스를 액화하면 부피가 1/800로 감소한다.
ㄹ. 공기 중에 4% 이상 존재 시 가연성 혼합기를 형성하여 정전기에도 폭발할 수 있다.

제4과목

연구실 기계·물리 안전관리

61

〈보기〉의 기계요소가 가지는 위험점으로 옳은 것은?

보기

벨트와 풀리, 체인과 스프로킷, 랙과 피니언의 맞물리는 부분

① 회전 말림점 ② 접선 물림점
③ 협착점 ④ 끼임점

해설

① 회전 말림점 : 회전하는 물체에 장갑 및 작업복 등이 말려들어 갈 위험이 있는 점
③ 협착점 : 왕복운동을 하는 동작부분과 움직임이 없는 고정부분 사이에 형성되는 위험점
④ 끼임점 : 회전하는 동작부분과 움직임이 없는 고정부분 사이에 형성되는 위험점

62

기계·기구와 방호장치의 연결이 옳은 것을 〈보기〉에서 모두 고른 것은?

보기

ㄱ. 교류아크용접기 – 자동전격방지기
ㄴ. 크레인 – 과부하방지장치, 비상정지장치
ㄷ. 압력용기 – 압력제한스위치
ㄹ. 산업용 로봇 – 안전매트

① ㄱ, ㄴ, ㄷ ② ㄱ, ㄴ, ㄹ
③ ㄱ, ㄷ, ㄹ ④ ㄴ, ㄷ, ㄹ

해설

압력용기의 방호장치는 압력방출장치이다.

60 ④ 61 ② 62 ② 정답

63

기계 · 기구 설비의 안전화 방법과 예시의 연결이 옳지 않은 것은?

방법 — 예시

① 기능의 안전화 – 밸브 고장 시 오동작 방지
② 구조의 안전화 – 안전율을 고려하여 강도 확보
③ 작업의 안전화 – 구성부품의 신뢰도 향상
④ 외관의 안전화 – 안전 색채 적용

해설

③ 구조의 안전화 – 구성부품의 신뢰도 향상

64

연구기기 및 장비 취급 시 주의사항으로 옳은 것을 〈보기〉에서 모두 고른 것은?

보기

ㄱ. 전기로의 주변에는 인화성 물질을 제거해야 한다.
ㄴ. 초저온용기 취급 시에는 액화가스로 인한 저온 화상 사고에 유의해야 한다.
ㄷ. 분쇄기의 비상정지스위치(비상정지버튼)에는 덮개를 설치하여 실수에 의한 오동작을 방지해야 한다.
ㄹ. 인체감염균, 바이러스, 유해화학물질 취급 시에는 무균작업대(무균실험대, clean bench)를 사용한다.

① ㄱ, ㄴ ② ㄱ, ㄹ
③ ㄴ, ㄷ ④ ㄷ, ㄹ

해설

ㄷ. 비상정지스위치(비상정지버튼)에는 언제든지 누를 수 있도록 덮개를 설치하지 않는다.
ㄹ. 무균실험대에서는 절대로 인체감염균, 바이러스, 유해화학물질 등을 취급하지 않아야 한다.

65

교류아크용접기 사용 시 착용해야 하는 개인보호구를 〈보기〉에서 모두 고른 것은?

보기

ㄱ. 차광보안경
ㄴ. 용접용 앞치마
ㄷ. 용접용 보호장갑
ㄹ. 방진마스크

① ㄱ, ㄹ ② ㄴ, ㄷ
③ ㄱ, ㄴ, ㄷ ④ ㄱ, ㄴ, ㄷ, ㄹ

해설

교류아크용접기 사용 시 착용해야 하는 개인보호구에는 차광보안경, 용접용 앞치마, 용접용 보호장갑, 방진마스크 등이 있다.

66

만능재료시험기(UTM)의 안전 수칙으로 옳지 않은 것은?

① 말림 위험을 방지하기 위하여 면장갑 착용을 금지한다.
② 시험 재료의 끊어짐이 발생할 수 있는 부분에 스크린(가드)을 설치한다.
③ 압축 모드로 가동 시 재료가 부서져 파편이 튈 수 있으므로 주의한다.
④ 장비 가동 전 해당 연구실 연구활동종사자들에게 알려 가동 중 접근을 금지한다.

해설

① 말림의 위험은 UTM과 거리가 멀다.

정답 63 ③ 64 ① 65 ④ 66 ①

67

연구실에서 사용하는 오븐에 고온 위험을 경고하기 위하여 부착하는 안전보건표지로 옳은 것은?

① 

② 

③ 

④ 

해설

② 레이저광선 경고
③ 위험장소 경고
④ 사용금지

68

큰 소음이 발생하는 기계 또는 환경에 노출된 연구활동종사자에게 주로 고음을 차음하고 저음(회화음영역)은 차음하지 않는 성능의 귀마개를 지급할 때, 지급하는 귀마개의 기호로 옳은 것은?

① PNC　　② EP-1
③ EP-2　　④ EM

해설

방음용 귀마개 또는 귀덮개의 성능기준(「보호구 안전인증 고시」 별표 12)

종류	등급	기호	성능
귀마개	1종	EP-1	저음부터 고음까지 차음하는 것
	2종	EP-2	주로 고음을 차음하고 저음(회화음영역)은 차음하지 않는 것
귀덮개	–	EM	–

69

탁상용 연삭기의 사용 전 점검 내용 및 조치 대책으로 옳지 않은 것은?

① 연삭숫돌과 조정편의 간격은 10mm 이내로 조정한다.
② 작업대(워크레스트)와 연삭숫돌과의 간격은 3mm 이내로 조정한다.
③ 방호덮개 등 방호장치 설치 상태를 확인하고 미설치 시 적절한 보호구를 착용한다.
④ 작업 시작 전 1분 이상, 연삭숫돌 교체 후 3분 이상 시험 운전을 하고 이상 유무를 확인한다.

해설

③ 방호덮개 등 방호장치를 설치해야 하며, 적절한 보호구도 착용해야 한다.

70

다음은 연구실 주요 기계설비의 종류별 위험성에 관한 내용이다. ( ) 안에 들어갈 말로 옳은 것은?

종류	위험성
프레스	(㉠)
가스용접장치	(㉡)
롤러기	(㉢)
탁상용 드릴	(㉣)

	㉠	㉡	㉢	㉣
①	물림	폭발	물림	끼임
②	물림	과열	충격	끼임
③	협착	폭발	물림	말림
④	협착	과열	충격	말림

해설

기계설비 종류별 위험요소

종류	주요 위험요소
프레스	끼임, 파편, 소음
가스용접장치	화재·폭발, 고온·고열, 금속증기, 소음
롤러기	물림
탁상용 드릴	말림, 파편, 베임

67 ① 68 ③ 69 ③ 70 ③ 정답

71

연구실 주요기기와 해당 주요 위험요소의 연결이 옳지 않은 것은?

	기기	위험요소
①	무균작업대	자외선, 화재, 감전
②	실험용 가열판	고온, 폭발, 감전
③	반응성 이온 식각장비	가스, 라디오파, 감전
④	가스크로마토그래피	고온, 고압, 감전, 분진

해설

④ 가스크로마토그래피 – 고온, 감전, 분진·흄, 폭발

72

[지문]에서 설명하는 실험기구에 관한 내용으로 옳은 것을 〈보기〉에서 모두 고른 것은?

지문

- 고온·고압으로 살균을 행하는 기구로서 멸균 온도, 시간 및 배기판이 자동으로 조절된다.
- 단시간 내에 배지, 초자기구, 실험폐기물의 멸균 처리 등에 사용되는 기기이다.

보기

ㄱ. 종류 : 형태에 따라 수직형, 수평형, 양문형(멸균용량이 큰 경우)
ㄴ. 주요 구성요소 : 온도조절부, 고온·고압을 견디는 멸균용기
ㄷ. 주요 위험요소 : 감전, 고온에 의한 화상, 폭발·화재
ㄹ. 보호구 : 보안경 또는 안면보호구, 내열성 안전장갑, 실험복, 발가락을 보호할 수 있는 신발

① ㄱ, ㄴ
② ㄱ, ㄷ, ㄹ
③ ㄴ, ㄷ, ㄹ
④ ㄱ, ㄴ, ㄷ, ㄹ

해설

[지문]은 고압증기멸균기에 대한 내용으로 모두 옳다.

73

기계·기구 취급 중 끼임 및 절단 사고 발생 시 사고 대응 단계에서 해야 할 조치로 옳지 않은 것은?

① 119 신고
② 사고 원인 조사
③ 상처 부위 지혈 조치
④ 작동 중인 기계 중지 및 전원 차단

해설

사고 원인 조사는 사고 복구 단계에 해당한다.

74

연구실에서 사용하는 레이저의 위험요인에 의한 사고 유형으로 옳지 않은 것은?

① 실명
② 감전
③ 화상
④ 질식

해설

레이저의 주요 위험요소는 실명, 화상·화재, 감전이다.

정답 71 ④ 72 ④ 73 ② 74 ④

75

「산업안전보건기준에 관한 규칙」에서 규정하는 충격소음작업이 아닌 것은?(단, 소음은 1초 이상 간격으로 발생한다)

① 110dB을 초과하는 소음이 1일 50,000회 이상 발생하는 작업

② 120dB을 초과하는 소음이 1일 10,000회 이상 발생하는 작업

③ 130dB을 초과하는 소음이 1일 1,000회 이상 발생하는 작업

④ 140dB을 초과하는 소음이 1일 100회 이상 발생하는 작업

해설

충격소음작업(「산업안전보건기준에 관한 규칙」 제512조)

소음이 1초 이상의 간격으로 발생하는 작업으로서 다음 어느 하나에 해당하는 작업을 말한다.

- 120dB을 초과하는 소음이 1일 10,000회 이상 발생하는 작업
- 130dB을 초과하는 소음이 1일 1,000회 이상 발생하는 작업
- 140dB을 초과하는 소음이 1일 100회 이상 발생하는 작업

76

「연구실 사전유해인자위험분석 실시에 관한 지침」에서 규정하는 물리적 유해인자 중 이상기압의 정의로 옳은 것은?

① 절대압력이 cm^2당 1kg 초과 또는 미만인 기압

② 절대압력이 cm^2당 2kg 초과 또는 미만인 기압

③ 게이지압력이 cm^2당 1kg 초과 또는 미만인 기압

④ 게이지압력이 cm^2당 2kg 초과 또는 미만인 기압

해설

「연구실 사전유해인자위험분석 실시에 관한 지침」 별지 2

77

(　　) 안에 들어갈 숫자로 옳은 것은?

보기

> 「연구실 사전유해인자위험분석 실시에 관한 지침」에서 규정하는 물리적 유해인자 중 소음이란 소음성 난청을 유발할 수 있는 (　)dB(A) 이상의 시끄러운 소리를 말한다.

① 80　　② 85

③ 90　　④ 95

해설

「연구실 사전유해인자위험분석 실시에 관한 지침」 별지 2

78

방사선 업무를 하는 경우에는 건강장해를 예방하기 위하여 방사선 관리구역을 지정하여야 한다. 「산업안전보건기준에 관한 규칙」에서 규정하는 방사선 관리구역에 게시하여야 할 사항이 아닌 것은?(단, '그 밖에 방사선 건강장해 방지에 필요한 사항'은 제외한다)

① 방사선 업무상 주의사항

② 방사선 예방 업무 계획 및 절차

③ 방사선량 측정용구의 착용에 관한 주의사항

④ 방사선 피폭 등 사고 발생 시의 응급조치에 관한 사항

해설

「산업안전보건기준에 관한 규칙」 제575조

75 ① 76 ③ 77 ② 78 ② 정답

79

'IEC 60825-1'에서 규정하는 레이저빔의 등급에 따른 위험성에 관한 설명으로 옳은 것은?

① 3R등급 : 눈이 레이저빔에 노출되면 안구 손상 위험이 있다.
② 3B등급 : 직간접적으로 레이저빔에 노출되면 안구 손상 및 피부 화상 위험이 있다.
③ 2등급 : 직접 노출되거나 또는 거울 등에 의한 정반사 레이저빔에 노출되면 안구 손상 위험이 있다.
④ 1등급 : 노출한계가 최대 1mW이며, 눈을 깜박여서 위험으로부터 안구를 보호할 수 있다.

해설

② 4등급 : 직간접적으로 레이저빔에 노출되면 안구 손상 및 피부 화상 위험이 있다.
③ 3B등급 : 직접 노출되거나 또는 거울 등에 의한 정반사 레이저빔에 노출되면 안구 손상 위험이 있다.
④ 2등급 : 노출한계가 최대 1mW이며, 눈을 깜박여서 위험으로부터 안구를 보호할 수 있다.

80

( ) 안에 들어갈 말로 옳은 것은?

보기

「방사선방호 등에 관한 기준」에 따르면, ( )이란 엑스선 또는 감마방사선(또는 감마선)에 의하여 공기 단위 질량당 생성된 전하량을 말한다. 단위로는 쿨롱/킬로그램(C/kg) 또는 렌트겐(Roentgen, R)이 사용되며, 1R은 2.58×10^{-4}C/kg과 같다.

① 조사선량 ② 등가선량
③ 유효선량 ④ 집단선량

제5과목

연구실 생물 안전관리

81

생물안전 관련 법적 용어의 정의가 옳지 않은 것은?

① '유전자변형생물체(LMO)'란 현대생명공학기술을 이용하여 새롭게 조합된 유전물질을 포함하고 있는 생물체를 말한다.
② '생물작용제'란 생물체가 만드는 물질 중 인간이나 동식물에 사망, 고사, 질병, 일시적 무능화나 영구적 상해를 일으키는 것을 말한다.
③ '고위험병원체'란 생물테러의 목적으로 이용되거나 사고 등에 의하여 외부에 유출될 경우 국민건강에 심각한 위험을 초래할 수 있는 감염병병원체로서 보건복지부령으로 정하는 것을 말한다.
④ '생물안전'이란 잠재적으로 위해 가능성이 있는 생물체 또는 생물재해로부터 실험자 및 국민의 건강을 보호하기 위한 지식과 기술, 그리고 장비 및 시설을 적절히 사용하도록 하는 조치를 말한다.

해설

②는 독소에 관한 설명이다.
※ 「연구실안전 및 생물안전 관리 등에 관한 규정」 제2조

정답 79 ① 80 ① 81 ②

82

「유전자재조합실험지침」에서 규정하는 위해수준에 따른 실험 종류가 아닌 것은?

① 기관신고실험 ② 기관승인실험
③ 국가신고실험 ④ 국가승인실험

해설

실험종류 : 면제실험, 기관신고실험, 기관승인실험, 국가승인실험

83

다음은 「연구실안전 및 생물안전 관리 등에 관한 규정」에 따른 대상별 생물안전 관련 법정교육시간에 관한 내용이다. ( ) 안에 들어갈 숫자로 옳은 것은?

대상	지정(신규)교육	보수교육
1·2등급 생물안전관리(책임)자	8시간 이상	매년 4시간 이상
3·4등급 생물안전관리(책임)자	(㉠)시간 이상	매년 (㉡)시간 이상
고위험병원체 전담관리자	(㉢)시간 이상	매년 (㉣)시간 이상

	㉠	㉡	㉢	㉣
①	8	4	8	4
②	8	4	20	8
③	20	4	8	4
④	20	8	20	8

84

「고위험병원체 취급시설 및 안전관리에 관한 고시」에 따른 고위험병원체 전담관리자의 역할로 옳은 것은?

① 사고에 대한 응급조치 및 비상대처방안 마련
② 기관 또는 연구실 내 생물안전사고 조사 및 보고 실무
③ 고위험병원체 취급시설 유지보수 관리
④ 고위험병원체 취급시설 설치·운영 상태 확인 및 관리

해설

② 생물안전관리자
③·④ 고위험병원체 취급시설 설치·운영 책임자
※ 「고위험병원체 취급시설 및 안전관리에 관한 고시」 제9조

85

기관생물안전위원회(IBC)의 역할이 아닌 것은?

① 생물안전관리규정 제·개정
② 생물안전관리책임자 지정
③ 연구시설 폐쇄 계획 및 결과서 심의
④ 실험계획 및 생물학적 위해성평가 심의

해설

② 시험·연구기관장이 생물안전관리책임자를 임명한다.

82 ③ 83 ③ 84 ① 85 ② 정답

86

LMO 연구시설에 관한 설명으로 옳지 않은 것은?

① '대량배양 연구시설'이란 유전자재조합실험 중 10L 이상의 배양용량 규모로 실시하는 실험을 수행하는 연구시설을 말한다.

② '동물이용 연구시설'이란 유전자변형동물을 개발하거나 이를 이용하는 실험 및 기타 유전자재조합분자 또는 유전자변형생물체를 동물(곤충 및 어류 제외)에 도입하는 실험을 수행하는 연구시설을 말한다.

③ '식물이용 연구시설'이란 유전자변형식물을 개발하거나 이를 이용하는 실험 및 기타 유전자재조합분자 또는 유전자변형생물체를 식물에 도입하는 실험을 수행하는 연구시설을 말한다.

④ '격리포장시설'이란 유전자재조합분자 또는 유전자변형생물체를 이용하여 유전자치료제나 세포치료제로 사용되는 유전자재조합 의약품을 생산하는 시설을 말한다.

해설

격리포장시설은 유전자변형생물체의 포장시험을 위하여 안전 기준에 적합한 시설·장치 그 밖의 구조물을 이용하여 주위와 물리적인 격리가 이루어진 것으로서 토양 등의 환경에 노출된 구조물을 포함한다.

87

「유전자변형생물체의 국가간 이동 등에 관한 법률」에 따라 관계 중앙행정기관의 장이 반드시 연구시설 허가를 취소하거나 폐쇄를 명하여야 하는 경우는?

① 변경 신고를 하지 않고 신고 내용을 변경한 경우

② 속임수나 그 밖의 부정한 방법으로 허가를 받거나 신고한 경우

③ 연구시설의 안전관리 등급에 따라 대통령령으로 정하는 준수사항을 지키지 않은 경우

④ 관계 중앙행정기관의 승인을 받지 않고 대통령령으로 정한 위해 가능성이 큰 유전자변형생물체 개발·실험을 한 경우

88

「고위험병원체 취급시설 및 안전관리에 관한 고시」에서 규정하는 고위험병원체 취급시설의 종류가 아닌 것은?

① 일반 취급시설

② 동물이용 취급시설

③ 어류이용 취급시설

④ 대량배양 취급시설

해설

고위험병원체 취급시설의 종류는 일반 취급시설, 대량배양 취급시설(10L 이상 배양하는 경우를 말한다), 동물이용 취급시설(일반동물이용, 곤충이용)로 구분한다(「고위험병원체 취급시설 및 안전관리에 관한 고시」 제4조).

정답 86 ④ 87 ② 88 ③

89

대학교에서 미생물 연구를 위하여 시험·연구용 LMO 연구시설 운영 시 「유전자변형생물체의 국가간 이동 등에 관한 통합고시」에 따라 필수적으로 작성 및 보관해야 하는 서류만을 〈보기〉에서 모두 고른 것은?

보기

ㄱ. 유전자변형생물체 연구시설 관리·운영대장
ㄴ. 시험·연구용 등의 유전자변형생물체 취급·관리대장
ㄷ. 유전자변형생물체 운반·관리대장
ㄹ. 유전자변형생물체 보관·관리대장

① ㄱ, ㄴ　　② ㄱ, ㄷ, ㄹ
③ ㄴ, ㄷ, ㄹ　　④ ㄱ, ㄴ, ㄷ, ㄹ

해설

LMO 관리대장 2종으로 시험·연구용 등의 유전자변형생물체 취급·관리대장과 유전자변형생물체 연구시설 관리·운영대장이 있다.

90

「고위험병원체 취급시설 및 안전관리에 관한 고시」에서 규정하는 생물안전 2등급 고위험병원체 취급시설의 설치·운영신고 시 제출해야 하는 서류를 〈보기〉에서 모두 고른 것은?

보기

ㄱ. 자체 생물안전관리규정
ㄴ. 고압증기멸균기 검증 결과서
ㄷ. 고위험병원체 취급시설의 설계도서
ㄹ. 고위험병원체 취급시설 설치·운영 점검결과서

① ㄱ, ㄴ, ㄷ　　② ㄱ, ㄴ, ㄹ
③ ㄱ, ㄷ, ㄹ　　④ ㄴ, ㄷ, ㄹ

해설

안전관리 등급이 1등급 또는 2등급인 고위험병원체 취급시설을 설치·운영 시 첨부 서류

- 고위험병원체 취급시설의 설계도서
- 고위험병원체 취급시설의 범위와 그 소유 또는 사용에 관한 권리를 증명하는 서류로서 사업자등록증 사본과 건축물대장(임대의 경우 임대차계약서)
- 인체위해방지시설의 기본설계도서(폐기물을 위탁처리하는 경우에는 폐기물위탁처리계약서 사본으로 갈음)
- 고위험병원체 취급시설 운영 절차를 포함한 자체 생물안전관리규정(2등급 취급시설에 한함)
- 고위험병원체 취급시설 설치·운영 점검 결과서

91

연구실에서 발생하는 폐기물에 관한 설명으로 옳지 않은 것은?

① 「폐기물관리법 시행규칙」에 따라 지정된 의료기관 및 시험·검사기관 등 연구시설에서 발생한 모든 폐기물은 의료폐기물에 해당한다.
② 연구실에서 발생하는 폐기물 중 감염성물질과 접촉·혼합되는 폐기물은 모두 의료폐기물로 구분한다.
③ 시험·연구기관 내에서 발생하는 모든 의료폐기물은 「폐기물관리법」에서 정한 의료폐기물의 기준 및 방법에 따라 안전하게 처리해야 한다.
④ 모든 연구활동종사자는 「폐기물관리법」 관련 규정을 충분히 숙지하고 처리 절차를 준수하여 안전한 폐기물 처리를 위해 노력해야 한다.

해설

「폐기물관리법 시행규칙」에 따라 지정된 의료기관 및 시험·검사기관 등 연구시설에서 발생한 모든 폐기물이 의료폐기물에 해당하는 것은 아니다.

89 ① 90 ③ 91 ① 정답

92

( ) 안에 들어갈 말로 옳은 것은?

보기

혈액·고름 및 혈액생성물은 「폐기물관리법 시행령」에서 규정하는 위해의료폐기물 중 ( )에 해당한다.

① 병리계폐기물
② 조직물류폐기물
③ 혈액오염폐기물
④ 생물·화학폐기물

해설

조직물류폐기물에는 인체 또는 동물의 조직·장기·기관·신체의 일부, 동물의 사체, 혈액·고름 및 혈액생성물(혈청, 혈장, 혈액제제), 채혈진단에 사용된 혈액이 담긴 검사튜브·용기 등이 있다(「폐기물관리법 시행령」 별표 2).

93

「폐기물관리법 시행규칙」에 따라 의료폐기물의 종류, 양, 보관 기간 등을 기재한 보관창고 표지판의 글자색으로 옳은 것은?

① 붉은색 ② 노란색
③ 검정색 ④ 녹색

해설

보관창고 표지판의 바탕색은 흰색, 글자와 선은 녹색이다(「폐기물관리법 시행규칙」 별표 5).

94

( ) 안에 들어갈 말로 옳은 것은?

보기

「유전자재조합실험지침」에 따라 실험 종료 후에는 각 유전자변형생물체에 적합한 방법으로 완전히 불활성화한 후 폐기해야 한다. 다만, 해당 유전자변형생물체의 보존가치가 높거나 해당 유전자변형생물체를 이용하여 다른 실험을 수행하고자 하는 경우에는 실험의 종료보고서와 유전자변형생물체의 사용계획, 보관 장소 및 안전관리 방법에 대하여 ( )에(게) 신고함으로써 유전자변형생물체를 보존할 수 있다.

① 시험·연구기관의 장
② 기관생물안전위원회
③ 과학기술정보통신부장관
④ 유전자재조합실험자문위원회

95

〈그림〉의 의료폐기물 전용용기에 배출 가능한 폐기물이 아닌 것은?

그림

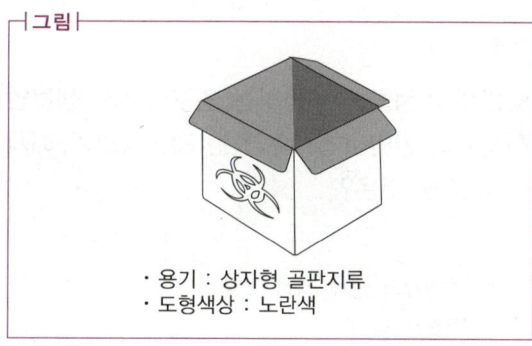

· 용기 : 상자형 골판지류
· 도형색상 : 노란색

① 폐백신
② 보관균주
③ 주삿바늘
④ 슬라이드, 커버글라스

해설

주삿바늘(손상성폐기물)은 합성수지류 상자형 용기를 사용해야 한다.

정답 92 ② 93 ④ 94 ① 95 ③

96

실험 중 감염성물질이 들어 있는 주사기에 찔렸을 때 해당 연구활동종사자가 취해야 할 대응조치로 옳은 것은?

① 신속히 찔린 부위의 보호구를 벗고 15분 이상 충분히 흐르는 물 또는 생리식염수로 세척한다.
② 추가적인 피해를 방지하기 위하여 새로운 장갑을 착용하고 주사기의 바늘에 캡을 씌운다.
③ 생물학적 유출물 처리 키트를 이용하여 주사기 내부에 남아 있는 감염성물질을 처리한다.
④ 사용한 주삿바늘 및 폐기물을 봉투형 폐기물 용기에 담아 고압증기멸균기로 생물학적 활성을 제거한 후 폐기한다.

해설

주사기에 찔렸을 경우 신속히 찔린 부위의 보호구를 벗고 15분 이상 충분히 흐르는 물 또는 생리식염수로 세척하고, 발생 사고에 대해 연구실책임자에게 즉시 보고하고 필요한 조치를 받는다.

97

병원성 미생물을 취급하는 연구실에서 생물안전사고의 원인이 될 수 있는 것을 〈보기〉에서 모두 고른 것은?

보기

ㄱ. 병원체의 신체 직접 노출
ㄴ. 병원체 흡입
ㄷ. 병원성 미생물을 접종한 실험동물에 물림
ㄹ. 예방접종

① ㄱ, ㄴ, ㄷ　② ㄱ, ㄴ, ㄹ
③ ㄱ, ㄷ, ㄹ　④ ㄴ, ㄷ, ㄹ

해설

예방접종은 안전성을 확보하는 방안으로 사고원인으로 보기 어렵다.

98

감염성 물질을 섭취한 사고 발생에 대한 조치로 옳지 않은 것은?

① 사고가 발생하면 연구실책임자에게 즉시 보고한다.
② 사고가 발생하면 장갑 또는 실험복 등 개인보호구 착용 상태로 즉시 병원으로 가서 진료를 받는다.
③ 연구실책임자는 안전관리담당자 또는 의료관리자에게 보고하고, 사고자가 적절한 의료조치를 받도록 한다.
④ 연구실책임자는 섭취한 물질과 사고 사항을 상세히 기록하여 치료에 도움이 될 수 있도록 관련자들에게 전달한다.

해설

② 사고 발생 시 보호복을 신속히 벗고 의사의 진찰을 받는다.

96 ① 97 ① 98 ② 정답

99

다음 중 미생물 배양액 유출 사고 시 배양액 처리를 위한 생물학적 유출물 처리 키트 사용절차를 순서대로 나열한 것은?

보기

ㄱ. 사고 전파
ㄴ. 보호구 착용
ㄷ. 오염 부위 소독
ㄹ. 주변 확산 방지
ㅁ. 응고제 도포 및 응고물질 제거
ㅂ. 보호구 탈의 및 폐기물 폐기

① ㄱ → ㄴ → ㄹ → ㅁ → ㄷ → ㅂ

② ㄱ → ㄹ → ㄷ → ㄴ → ㅁ → ㅂ

③ ㄴ → ㄱ → ㅁ → ㄷ → ㄹ → ㅂ

④ ㄴ → ㄷ → ㅁ → ㄹ → ㄱ → ㅂ

해설

유출 처리 키트 사용절차

사고 전파 → 개인보호구 착용 → 주변 확산 방지 → 응고제 도포 및 응고물질 제거 → 오염 부위 소독 → 보호구 탈의 및 폐기물 폐기 → 손 소독

100

다음은 시험·연구용 LMO의 정보이다. 이를 사용하여 실험을 수행할 때 생물안전 확보를 위하여 준수해야 하는 사항으로 옳지 않은 것은?

공여체	제3위험군, 세균(감염 경로 : 호흡기 및 피부점막)
숙주	제3위험군, 세균(감염 경로 : 소화기계 경구감염)
도입유전자	위해성 여부 밝혀지지 않음
벡터	인정 숙주-벡터계 사용
LMO	제3위험군, 세균

① 전용 실험복 등 개인보호구를 비치 및 사용한다.

② 기관생물안전위원회를 구성하고 생물안전관리규정을 마련한다.

③ 취급 병원체에 대한 백신이 있는 경우 접종받는다.

④ LMO 취급은 무균작업대(무균실험대, clean bench)에서 실시한다.

해설

④ LMO 취급은 생물안전작업대에서 실시한다.

제6과목

연구실 전기 · 소방 안전관리

101

실내에 구획된 연구실에서 화재가 발생한 경우 화재 진행에 영향을 미치는 요인으로 옳지 않은 것은?

① 연구실의 방향
② 연구실의 면적
③ 연구실의 천장 높이
④ 최초 발화되는 가연물의 크기

102

「비상경보설비 및 단독경보형감지기의 화재안전성능기준」에서 규정하는 비상경보설비 설치 기준에 관한 설명으로 옳지 않은 것은?

① 음향장치의 음량은 부착된 음향장치의 중심으로부터 1m 떨어진 위치에서 70dB 이상이 되는 것으로 하여야 한다.
② 특정소방대상물의 각 부분으로부터 하나의 음향장치까지의 수평거리가 25m 이하가 되도록 한다.
③ 부식성가스 또는 습기 등으로 인하여 부식의 우려가 없는 장소에 설치하여야 한다.
④ 음향장치는 정격전압의 80% 전압에서 음향을 발할 수 있어야 한다.

해설

① 음향장치의 음량은 부착된 음향장치의 중심으로부터 1m 떨어진 위치에서 90dB 이상이 되는 것으로 해야 한다.

103

실내 연구실 화재의 진행 과정 중 감쇠기(decay)에 관한 설명으로 옳지 않은 것은?

① 백드래프트(back draft)가 일어나기도 한다.
② 화세가 부분적으로 소멸하고, 다른 곳으로의 연소 위험이 없다.
③ 실내 전체의 화염이 충만하여 연소가 최고조에 달한다.
④ 지붕이나 벽체, 대들보나 기둥이 무너져 떨어지고, 연기는 흑색에서 백색으로 변한다.

해설

③은 최성기에 대한 설명이다.

104

(　　) 안에 들어갈 말로 옳은 것은?

보기

(　　)(으)로 인한 전기화재 위험을 방지하기 위해서는 절연전선 또는 코드의 종별 굵기 및 공사 방법에 따라 절연물의 손상 없이 안전하게 흐를 수 있는 허용전류 이하의 안전한 값으로 유지해야 한다.

① 누전　　② 단락
③ 과부하　　④ 접촉불량

해설

과부하를 방지하기 위해 허용전류 이하의 안전한 값으로 전류를 유지한다.

101 ①　102 ①　103 ③　104 ③ 정답

105

〈보기〉는 「산업안전보건기준에 관한 규칙」 중 '충전전로에서의 전기작업'에 관한 내용의 일부이다. ( ) 안에 들어갈 숫자로 옳은 것은?

보기

유자격자가 충전전로 인근에서 작업하는 경우에는 다음 경우를 제외하고는 노출 충전부에 다음 표에 제시된 접근한계거리 이내로 접근하거나 절연 손잡이가 없는 도전체에 접근할 수 없도록 할 것
- 근로자가 노출 충전부로부터 절연된 경우 또는 해당 전압에 적합한 절연장갑을 착용한 경우
- 노출 충전부가 다른 전위를 갖는 도전체 또는 근로자와 절연된 경우
- 근로자가 다른 전위를 갖는 모든 도전체로부터 절연된 경우

충전전로의 선간전압(kV)	충전전로에 대한 접근한계거리(cm)
0.3 이하	접촉금지
0.3 초과 0.75 이하	30
0.75 초과 2 이하	(㉠)
2 초과 15 이하	(㉡)

	㉠	㉡		㉠	㉡
①	40	50	②	40	55
③	45	55	④	45	60

106

「위험물안전관리법 시행령」에서 규정하는 위험물의 유별, 성질, 품명의 연결이 옳은 것은?

	유별	성질	품명
①	제1류 위험물	- 산화성 고체	- 적린
②	제2류 위험물	- 자연발화성물질 및 금수성물질	- 마그네슘
③	제3류 위험물	- 가연성고체	- 나트륨
④	제5류 위험물	- 자기반응성물질	- 아조화합물

해설

적린과 마그네슘은 제2류 위험물(가연성고체), 나트륨은 제3류 위험물(자연발화성물질 및 금수성물질)이다.

107

전기설비의 방폭구조에 관한 설명으로 옳지 않은 것은?

① '본질안전방폭구조'는 정상 상태에서 착화될 부분에 안전도를 증가시켜 위험을 방지하는 구조이다.

② '압력방폭구조'는 전기설비 용기 내에 불활성 기체를 봉입시켜 가연성가스의 침입을 방지하는 구조이다.

③ '내압방폭구조'는 폭발 압력에 견디는 특수한 구조로, 가연성가스의 전파를 차단하기 위하여 용기 내부를 압력에 견디도록 전폐 구조로 한 것이다.

④ '유입방폭구조'는 전기불꽃이 발생할 수 있는 부분(스위치, 전기기기 등)을 절연유 속에 잠기게 하여 외부에 존재하는 가연성가스에 점화될 우려가 없도록 하는 구조이다.

해설

본질안전방폭구조는 위험한 장소에서 사용되는 전기회로에서 정상 시 및 사고 시에 발생하는 전기불꽃 또는 열이 폭발성 가스에 점화되지 않는 것이 점화시험 등에 의해 확인된 구조이다.

정답 105 ④ 106 ④ 107 ①

108

( ) 안에 들어갈 말로 옳은 것은?

보기

( )은 어두운 곳에서 밝은 불빛을 따라 행동하려는 인간의 피난 본능을 말한다.

① 퇴피본능 ② 귀소본능
③ 추종본능 ④ 지광본능

해설

① 퇴피본능 : 위험한 것으로부터 멀리 도망가려는 특성
② 귀소본능 : 지나온 길로 되돌아가거나, 익숙한 경로로 이동하려는 특성
③ 추종본능 : 앞선 사람 또는 무리를 뒤쫓아 행동하는 특성

109

완강기 사용 시 주의사항으로 옳은 것은?

① 릴을 건물 내에 놓고 하강한다.
② 지지대를 건물 내부로 향하게 한다.
③ 완강기를 타고 내려가면서 두 팔을 위로 들지 않는다.
④ 벨트를 머리에서부터 뒤집어쓰고, 가슴 압박이 되지 않도록 고정링을 풀어놓는다.

해설

① 하강 전 릴을 창밖으로 던진다.
② 지지대를 건물 외부로 향하게 한다.
④ 벨트를 가슴높이까지 올리고 겨드랑이 밑으로 꼭 맞도록 끼우고 가슴둘레만큼 충분히 조여준다.

110

누전으로 인한 화재를 방지하기 위한 대책으로 옳지 않은 것은?

① 실외 전기시설물의 경우 빗물이나 습기에 노출되지 않도록 관리한다.
② 전선 상태(절연 피복, 압착 여부)를 주기적으로 점검한다.
③ 누전경보기 및 누전차단기를 설치한다.
④ 배선용차단기를 설치한다.

해설

④ 배선용차단기는 누전에 의한 고장전류를 차단할 수 없다.

111

전동기로 인한 화재를 예방하기 위한 대책으로 옳지 않은 것은?

① 정기적으로 접지선의 접속 상태 및 접지저항을 점검한다.
② 인화성가스 등의 가연성물질이 있는 곳에는 방폭형을 사용한다.
③ 먼지, 분진 등의 부착으로 통풍냉각이 방해되지 않도록 주기적으로 청소한다.
④ 과부하를 고려하여 규정전압의 80%에서 운전하고, 온도계를 사용하여 과열 여부를 수시로 점검한다.

해설

④ 규정전압 이하에서의 장시간 운전도 전동기의 과열을 발생시킬 수 있다.

108 ④ 109 ③ 110 ④ 111 ④ 정답

112

연구실 내 전기화재를 방지하기 위한 대책으로 옳지 않은 것은?

① 과전류 차단장치를 설치한다.
② 누전차단기를 설치하고 월 1~2회 동작 여부를 확인한다.
③ 고열이 발생하는 전열기구에는 비닐 전선을 사용한다.
④ 규격 퓨즈를 사용하고, 퓨즈가 끊어질 경우 그 원인을 조치한다.

해설

③ 규격전선을 사용해야 하고, 비닐 코드는 사용하지 않는다.

113

폭발위험장소의 종별(zone)을 추정할 때 포함해야 하는 요소를 〈보기〉에서 모두 고른 것은?

보기

ㄱ. 누출 등급
ㄴ. 환기유효성
ㄷ. 누출률과 가스 특성
ㄹ. 환기이용도
ㅁ. 누출 형상 및 주위의 기하학적 구조

① ㄱ, ㄴ, ㄹ　② ㄱ, ㄷ, ㅁ
③ ㄴ, ㄷ, ㄹ　④ ㄴ, ㄹ, ㅁ

114

정전기 현상에 관한 설명으로 옳지 않은 것은?

① 서로 다른 두 물체가 접촉 후 분리될 때 두 물체에 반대 극성의 전하가 발생한다.
② 전하로 인한 전계 효과에 비하여 자계 효과가 작아 전하의 이동으로 인한 자계 효과를 무시할 수 있는 전기이다.
③ 두 물체가 접촉 후 분리되는 과정에서 전위와 정전용량이 모두 상승한다.
④ 분리된 두 물체에서 발생하는 전하는 누설과 재결합의 과정을 통해 점차 소멸된다.

115

「소화기구 및 자동소화장치의 화재안전성능기준」에 따라 연구기관의 신축 건축물에 소화기구를 설치하려고 할 때, 설치방법으로 옳지 않은 것은?

① 소화기는 층마다 설치한다.
② 설치 장소에 따라 화재 종류별로 적응성을 가진 소화약제를 선택한다.
③ 특정소방대상물의 각 부분으로부터 1개의 소형 소화기까지의 보행거리는 30m로 한다.
④ 이산화탄소를 방출하는 소화기구는 바닥면적 20m^2 미만의 지하층에 설치할 수 없다. 단, 배기를 위한 유효한 개구부가 있는 장소는 예외로 한다.

해설

③ 특정소방대상물의 각 부분으로부터 1개의 소형 소화기까지의 보행거리는 20m 이내가 되도록 배치한다.

정답 112 ③　113 ①　114 ③　115 ③

116

「한국전기설비규정(KEC)」에서 규정하는 콘센트의 시설에 관한 설명으로 옳지 않은 것은?

① 콘센트를 바닥에 시설하는 경우 방수 구조의 플로어박스에 설치하여야 한다.

② 매입형 콘센트를 조영재에 매입할 경우 견고한 금속제로 된 박스 속에 시설하여야 한다.

③ 습기가 많은 장소 또는 수분이 있는 장소에 시설하는 콘센트는 접지용 단자가 있는 것을 사용한다.

④ 인체가 물에 젖어 있는 상태에서 전기를 사용하는 장소에는 접지극이 있는 노출형 콘센트를 견고하게 시설하여야 한다.

해설

④ 인체가 물에 젖어 있는 상태에서 전기를 사용하는 장소에 콘센트를 시설하는 경우에는 접지극이 있는 방적형 콘센트를 사용하여 접지하여야 한다.

117

소화기의 점검 방법으로 옳지 않은 것은?

① 레버의 변형 및 파손 유무를 확인한다.

② 분말소화기는 약제가 굳어 있는지를 확인한다.

③ 호스가 찢어져 약제가 누설될 우려가 없는지를 확인한다.

④ 지시압력계가 노란색에 위치하여 과압 상태가 아님을 확인한다.

해설

④ 지시압력계가 녹색(정상범위)에 위치하는지 확인해야 한다.

118

〈보기〉는 「한국전기설비규정(KEC)」 중 '누전차단기의 시설'에 관한 내용의 일부이다. 다음의 어느 하나에 해당하는 경우가 아닌 것은?

보기

211.2.4 누전차단기의 시설

1. 전원의 자동차단에 의한 저압전로의 보호대책으로 누전차단기를 시설해야 할 대상은 다음과 같다. 누전차단기의 정격 동작전류, 정격 동작시간 등은 211.2.6의 3 등과 같이 적용대상의 전로, 기기 등에서 요구하는 조건에 따라야 한다.
   가. 금속제 외함을 가지는 사용전압이 50V를 초과하는 저압의 기계·기구로서 사람이 쉽게 접촉할 우려가 있는 곳에 시설하는 것에 전기를 공급하는 전로. 다만, 다음의 어느 하나에 해당하는 경우에는 적용하지 않는다.

① 기계·기구를 건조한 곳에 시설하는 경우

② 기계·기구가 고무, 합성수지 기타 절연물로 피복된 경우

③ 대지전압이 150V 이하인 기계·기구를 물기가 있는 곳에 시설하는 경우

④ 기계·기구를 발전소·변전소·개폐소 또는 이에 준하는 곳에 시설하는 경우

해설

③ 대지전압이 150V 이하인 기계·기구를 물기가 있는 곳 이외의 곳에 시설하는 경우

116 ④ 117 ④ 118 ③ 정답

119

〈조건〉을 모두 충족하는 스프링클러설비는?

조건
• 동결 우려가 있는 연구실에 설치 • 폐쇄형 스프링클러 헤드 설치 • 스프링클러설비 작동용 감지기 없음

① 습식 스프링클러설비

② 건식 스프링클러설비

③ 준비작동식 스프링클러설비

④ 일제살수식 스프링클러설비

120

「한국전기설비규정(KEC)」에 따라 안전을 위하여 과부하 보호장치를 생략할 수 있는 회로를 〈보기〉에서 모두 고른 것은?

보기
ㄱ. 회전기의 여자회로 ㄴ. 전자석 크레인의 전원회로 ㄷ. 소방설비의 전원회로 ㄹ. 가스누출경보설비의 전원회로 ㅁ. 전류변성기의 2차회로

① ㄱ, ㄴ, ㅁ

② ㄴ, ㄷ, ㄹ

③ ㄱ, ㄷ, ㄹ, ㅁ

④ ㄱ, ㄴ, ㄷ, ㄹ, ㅁ

해설

「한국전기설비규정」 212.4.3

제7과목

연구활동종사자 보건 · 위생관리 및 인간공학적 안전관리

121

연구실의 환경 및 기계 · 기구설비를 설계할 때, 인간중심설계를 하는 장점으로 옳지 않은 것은?

① 인간중심설계는 안전성을 증가시킴

② 인간중심설계는 작업 시간을 증가시킴

③ 인간중심설계는 작업 환경의 쾌적성을 향상시킴

④ 인간중심설계는 기계 · 기구설비 조작의 효율성을 향상시킴

해설

② 인간중심설계는 작업 시간을 증가시킨다고 볼 수 없다.

122

「산업안전보건법 시행규칙」에서 규정하는 작업환경측정 대상 유해인자가 아닌 것은?

① 8시간 시간가중평균 80dB 이상의 소음

② 「안전보건규칙」 제558조에 따른 고열

③ 유리섬유

④ 라돈

해설

「산업안전보건법 시행규칙」 별표 21

정답 119 ② 120 ④ 121 ② 122 ④

123

정보를 제공하는 표시장치에 관한 설명으로 옳은 것은?

① 정량적 표시장치는 바람직한 범위를 유지하는 경우 또는 변화 추세, 변화율 등을 알고자 하는 경우에 사용한다.
② 정보(표시값)가 계속 변하는 경우나 변화 방향이나 변화 속도를 관찰하는 경우에는 아날로그 장치가 디지털 장치보다 유용하다.
③ 정보가 즉각적인 행동을 요구하는 경우에는 정보를 전송하기 위해 청각적 표시장치보다 시각적 표시장치를 사용하는 것이 효과적이다.
④ 후각적 표시장치는 경보장치로서 실용성이 없기 때문에 사용되지 않는다.

해설

① 정성적 표시장치는 바람직한 범위를 유지하는 경우 또는 변화 추세, 변화율 등을 알고자 하는 경우에 사용한다.
③ 정보가 즉각적인 행동을 요구하는 경우에는 정보를 전송하기 위해 시각적 표시장치보다 청각적 표시장치를 사용하는 것이 효과적이다.
④ 후각적 표시장치는 경보장치로도 사용된다(지하 갱도에 있는 광부들에게 긴급대피 상황이 발생하는 경우 악취를 환기구로 주입).

124

근골격계질환을 예방하기 위한 인간공학적 접근방법으로 옳은 것은?

① 반복을 증대한다.
② 가변성을 제공한다.
③ 중립자세를 회피한다.
④ 힘이 필요할 때는 집게쥐기(pinch grip)를 한다.

125

인간공학에 관한 설명으로 옳지 않은 것은?

① ergonomics는 인지적 측면의 연구에서, human factors는 육체적 측면에서 주로 사용한다.
② 사용환경, 시스템 · 과업, 인간이 연구의 대상이다.
③ 기계와 일을 인간에 맞추려는 설계를 한다.
④ 인간의 특성과 한계를 설계에 반영한다.

해설

① ergonomics는 육체적 측면의 연구에서, human factors는 인지적 측면에서 주로 사용한다.

126

「화학물질 및 물리적 인자의 노출기준」에서 규정하는 생식독성물질이 아닌 것은?

① 납(Pb)
② 비소(As)
③ 일산화탄소(CO)
④ 2-브로모프로판[$(CH_3)_2CHBr$]

123 ② 124 ② 125 ① 126 ② 정답

127

「화학물질 및 물리적 인자의 노출기준」에서 규정하는 발암물질의 분류에서 사람에게 충분한 발암성 증거가 있는 물질을 〈보기〉에서 모두 고른 것은?

> ㄱ. 벤젠(benzene)
> ㄴ. 포름알데히드(formaldehyde)
> ㄷ. 아크릴아미드(acrylamide)
> ㄹ. 석면(asbestos)

① ㄱ, ㄴ, ㄷ ② ㄱ, ㄴ, ㄹ
③ ㄱ, ㄷ, ㄹ ④ ㄴ, ㄷ, ㄹ

128

휴먼에러의 분류별 예시가 옳지 않은 것은?

① 연구실에서 실험을 진행할 때, A 시약, B 시약, C 시약 순서로 투입하여야 하는데 A 시약, C 시약, B 시약 순서로 투입하는 경우는 부적절한 행동오류(extraneous error)에 해당한다.
② 연구실에 부착된 표지판의 문자를 몰라 안전규칙을 위반하는 경우는 지식기반오류(knowledge based error)에 해당한다.
③ 연구실에서 흡연을 하지 말아야 한다는 것을 알고 있음에도 불구하고 고의로 무시하는 경우는 위반(violation)에 해당한다.
④ 연구실 설비를 작동할 때, A 버튼을 눌러야 하는데 B 버튼을 누르는 경우는 실수(slip)에 해당한다.

해설

①은 순서적 과오(sequential error)에 해당한다.

129

「연구실 안전환경 조성에 관한 법령」에서 규정하는 특수건강검진 대상 유해인자를 취급하는 연구활동종사자는 특수건강검진을 받아야 한다. 연구활동종사자가 유해인자를 취급한 후 특수건강검진을 받아야 하는 유해인자와 첫 번째 특수건강검진 시기의 연결이 옳지 않은 것은?

	유해인자	시기
①	벤젠	2개월 이내
②	사염화탄소	3개월 이내
③	염화비닐	6개월 이내
④	목재분진	12개월 이내

해설

염화비닐은 3개월 이내에 첫 번째 특수건강검진을 실시하여야 한다.

130

(　　) 안에 들어갈 말로 옳은 것은?

> 보기
>
> (　　)은/는 연구활동종사자가 고의로 안전장치를 제거하면 시스템이 작동하지 않도록 설계하는 것을 말한다.

① 풀 프루프(fool proof)
② 페일 세이프(fail safe)
③ 다중성(multiplicity)
④ 템퍼 프루프(tamper proof)

정답 127 ② 128 ① 129 ③ 130 ④

131

다음은 「연구실 안전환경 조성에 관한 법률 시행규칙」에서 규정하는 연구활동별 적합한 보호구에 관한 내용이다. ( ) 안에 들어갈 말로 옳은 것은?

연구활동	보호구
독성가스 및 발암물질, 생식독성물질 취급	보안경 또는 고글, (㉠), 내화학성 장갑
액체질소 등 초저온 액체 취급	보안경 또는 고글, (㉡)
감전 위험이 있는 전기기계·기구 또는 전로 취급	절연보호복, 보호장갑, (㉢)
진동이 발생하는 장비 취급	(㉣)

	㉠	㉡	㉢	㉣
①	보안면	내열장갑	안전화	방진모
②	호흡보호구	방한장갑	절연화	방진장갑
③	보안면	방한장갑	절연화	방진모
④	호흡보호구	내열장갑	안전화	방진장갑

132

보호구의 구비조건에 관한 설명으로 옳지 않은 것은?

① 외관이 양호하여야 한다.
② 품질이 양호하여야 한다.
③ 연구활동에 방해 여부는 중요하지 않다.
④ 유해·위험요소에 관한 충분한 방호 성능이 있어야 한다.

해설

③ 연구활동에 방해되지 않아야 한다.

133

호흡보호구 선정 시 고려해야 할 사항으로 옳지 않은 것은?

① 호흡보호구 선정 전 공기 중 오염물질의 농도를 측정한다.
② 밀착형 호흡보호구는 정성 또는 정량 밀착도 검사를 권고한다.
③ 유해물질의 평균농도를 고려하여 호흡보호구를 선정해야 한다.
④ 오염물질의 물리화학 및 독성 특성을 이해하고 호흡보호구를 선정해야 한다.

134

「연구실 설치운영에 관한 기준」에서 규정하는 중위험연구실의 안전장비 설치·운영기준 중 권장사항으로 옳은 것은?

① 흄후드 등의 국소배기장치 설치
② 적합한 유형, 성능의 생물안전작업대 설치
③ 생물안전작업대 내 UV 램프 및 헤파필터 점검
④ 연구실 내 폐기물 보관 최소화 및 주기적인 배출·처리

해설

①·③·④는 중위험연구실 필수사항이다(「연구실 설치운영에 관한 기준」 별표 1).

131 ② 132 ③ 133 ③ 134 ② 정답

135

「연구실 안전환경 조성에 관한 법률 시행규칙」에서는 연구활동에 적합한 보호구를 규정하고 있다. 감염성 또는 잠재적 감염성이 있는 혈액, 세포, 조직 등을 취급하는 연구활동에서 착용해야 하는 적합한 보호구가 아닌 것은?

① 보안경　② 재사용 장갑
③ 실험복　④ 수술용 마스크

해설

보호구의 종류

- 연구실책임자는 실험복, 발을 보호할 수 있는 신발을 연구실에 갖춰 두고, 연구활동종사자로 하여금 착용하도록 해야 한다.
- 감염성 또는 잠재적 감염성이 있는 혈액, 세포, 조직 등을 취급하는 연구활동 시 적합한 보호구 : 보안경 또는 고글, 일회용 장갑, 수술용 마스크 또는 방진마스크

136

연구실에 반드시 전체환기를 적용해야 하는 경우는?

① 배출원이 이동성일 경우
② 유해물질의 발생량이 많을 경우
③ 동일한 작업장에 다수의 오염원이 모여 있는 경우
④ 오염원이 작업자의 작업장소로부터 가까이 있는 경우

해설

②・③・④는 국소배기를 적용한다.

137

연구활동종사자를 오염원으로부터 보호하기 위하여 국소배기장치를 설치하려고 한다. 국소배기장치의 구성요소 설치를 순서대로 나열한 것은?

① 후드 → 덕트 → 공기정화장치 → 송풍기
② 덕트 → 후드 → 공기정화장치 → 송풍기
③ 덕트 → 공기정화장치 → 후드 → 송풍기
④ 후드 → 공기정화장치 → 덕트 → 송풍기

138

연구실 내 국소배기장치의 후드 선택에 관한 설명으로 옳지 않은 것은?

① 작업자가 사용하기 편리하도록 한다.
② 작업자의 호흡 영역을 보호한다.
③ 필요환기량을 최대화한다.
④ 추천 설계사양을 따른다.

해설

③ 필요환기량을 최소화한다.

정답　135 ②　136 ①　137 ①　138 ③

139

(   ) 안에 들어갈 숫자로 옳은 것은?

보기

외부식 상방흡인형 후드 형식으로 입자 상태를 제어하기 위한 최소한의 제어풍속은 (   )m/sec이다.

① 0.5
② 0.7
③ 1.0
④ 1.2

해설

외부식 상방흡인형 후드 형식은 가스상태 1.0m/s, 입자상태 1.2m/s의 제어풍속 기준을 가진다.

140

전기집진장치에 관한 설명으로 옳은 것은?

① 고온가스를 처리할 수 있어 보일러와 철강로 등에 설치가 가능하다.
② 넓은 범위의 입경에 있어서는 집진효율이 낮다.
③ 가연성 입자의 집진 시 처리가 쉽다.
④ 운전 및 유지 비용이 비싸다.

해설

② 넓은 범위의 입경과 분진농도에 집진효율이 높다.
③ 가연성 입자의 집진 시 처리 곤란하다.
④ 운전 및 유지 비용이 저렴하다.

139 ④ 140 ① 정답

지식에 대한 투자가 가장 이윤이 많이 남는 법이다.

– 벤자민 프랭클린 –

작은 기회로부터 종종 위대한 업적이 시작된다.

– 데모스테네스 –

모든 전사 중 가장 강한 전사는 이 두가지, 시간과 인내다.

– 레프 톨스토이 –

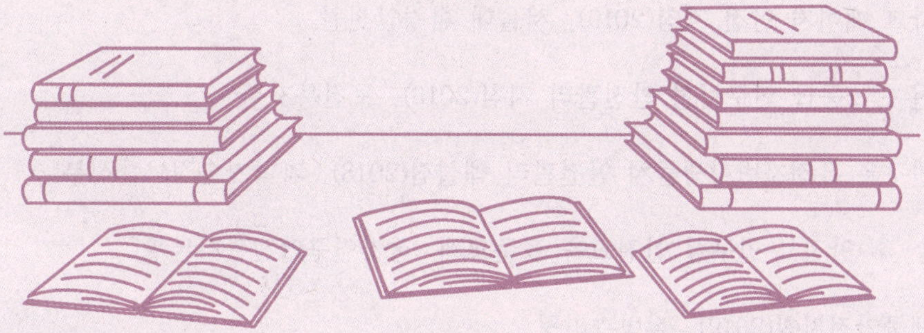

참고문헌 및 자료

- 2023 새로운 위험성평가 안내서(2023). 고용노동부.
- **가스시설 전기방폭 기준(KGS GC201 2018)**. 한국가스안전공사.
- **국민행동요령 – 화재**. 소방청.
- 김종인, 이동호(2008). **4M 방식에 의한 화학실험실 위험성 평가 기법**. 대한안전경영과학회 춘계학술대회.
- 박병호(2023). **Win-Q 산업안전기사 필기**. 시대고시기획.
- 박지은(2023). **Win-Q 화학분석기사 필기 단기완성**. 시대고시기획.
- **보호구의 종류와 사용법(2013)**. 고용노동부.
- **서울대학교 레이저 안전 지침(2019)**. 서울대 환경안전원.
- **생물안전 1, 2등급 연구시설 안전관리 지침(2016)**. 보건복지부.
- **시험 · 연구용 유전자변형생물체 안전관리 해설집(2018)**. 과학기술정보통신부.
- **실험 전 · 후 안전 : 연구실 안전교육 표준교재**. 국가연구안전관리본부.
- **실험실생물안전지침(2019)**. 질병관리청.
- **실험실 안전관리 매뉴얼(2019)**. 국립보건연구원.
- **안전검사 매뉴얼**. 산업안전보건인증원.
- **연구실 기계안전 사고대응 매뉴얼**. 과학기술정보통신부.
- **연구실 설치운영 가이드라인(2017)**. 과학기술정보통신부.
- **연구실 생물안전 사고대응 매뉴얼(2020)**. 과학기술정보통신부.
- **연구실안전관리사 학습가이드(2022)**. 과학기술정보통신부 · 국가연구안전관리본부 · 한국생산성본부.

- **연구실 안전교육 표준교재**. 과학기술정보통신부 · 국가연구안전관리본부.
- **연구실안전법 해설집**(2017). 과학기술정보통신부 · 국가연구안전관리본부.
- **연구실 주요 기기 · 장비 취급관리 가이드라인**(2020). 과학기술정보통신부.
- **의료폐기물 처리 매뉴얼**(2021). 질병관리청.
- **이달의 안전교실 협착재해예방**(2006). 대한산업보건협회.
- 정재희(1998). **위험요인별 안전관리 요령**. 한국산업간호협회지.
- **한국생물안전안내서 2판**(2021). 한국생물안전안내서 발간위원회.
- **현장작업자를 위한 전기설비 작업안전**(2019). 한국산업안전보건공단.
- **환경실험실 운영관리 및 안전 제3판**(2015). 국립환경과학원.
- **휴먼에러의 원인과 예방대책**(2011). 한국산업안전보건공단.
- KOSHA GUIDE
  - D-44-2016 세안설비 등의 성능 및 설치에 관한 기술지침
  - G-24-2011 기계류의 방사성 물질로부터 위험을 줄이기 위한 안전가이드
  - G-82-2018 실험실 안전보건에 관한기술지침
  - G-96-2012 인적오류 예방에 관한 인간공학적 안전보건관리 지침
  - G-120-2015 인적에러 방지를 위한 안전가이드
  - M-39-2012 작업장내에서 인간공학에 관한 기술지침
  - P-76-2011 화학물질을 사용하는 실험실 내의 작업 및 설비안전 기술지침
  - W-3-2021 생물안전 1, 2등급 실험실의 안전보건에 관한 기술지침

참고사이트

• 국가연구안전정보시스템

• 네이버 지식백과

• 두산백과

• 미국산업안전보건연구원(NIOSH)

• 법제처 국가법령정보센터(연구실 안전환경 조성에 관한 법률, 산업안전보건법 등)

• 보건복지부

• 산업안전보건공단

• 한국소방안전원

• https://www.labs.go.kr(과학기술정보통신부 국가연구안전정보시스템)

• https://blog.naver.com/koshablog(안전보건공단 공식블로그)

• https://smartstore.naver.com

• https://blog.naver.com/autodog

• https://blog.naver.com/hskorea2994

• https://cafe.naver.com/anjun/

• https://blog.naver.com/prologue/PrologueList.naver?blogId=nagaja_2003

김찬양 교수의 연구실안전관리사 1차 한권으로 끝내기

개정3판1쇄 발행	2025년 06월 10일 (인쇄 2025년 04월 25일)
초 판 발 행	2022년 06월 03일 (인쇄 2022년 04월 18일)
발 행 인	박영일
책 임 편 집	이해욱
편 저	김찬양
편 집 진 행	윤진영 · 오현석
표지디자인	권은경 · 길전홍선
편집디자인	정경일 · 박동진
발 행 처	(주)시대고시기획
출 판 등 록	제10-1521호
주 소	서울시 마포구 큰우물로 75 [도화동 538 성지 B/D] 9F
전 화	1600-3600
팩 스	02-701-8823
홈 페 이 지	www.sdedu.co.kr

I S B N	979-11-383-9145-0(13530)
정 가	37,000원

안전이
곧
경쟁력!
산업안전
시리즈

산업안전(산업)기사란?

제조 및 서비스업 등 각 산업현장에 소속되어 산업재해 예방계획 수립에 관한 사항을 수행하여 작업환경의 점검 및 개선에 관한 사항, 사고사례 분석 및 개선에 관한 사항, 근로자의 안전교육 및 훈련 등을 수행하는 직무이다.

산업안전지도사란?

외부전문가인 지도사의 객관적이고도 전문적인 지도 · 조언을 통하여 사업장 내에서의 기존의 안전상의 문제점을 규명하여 개선하고 생산라인 관계자에게 생산현장의 생산방식이나 공법 도입에 따른 안전대책 수립에 도움을 주는 직무이다.

무단뽀 산업안전기사 필기
+무료 동영상(기출) 강의

단기합격을 위한 핵심요약 이론
실제 기출 선지를 활용한 OX/빈칸문제
과년도+최근 기출(복원)문제 및 상세한 해설

기출이 답이다 산업안전산업기사
필기 9개년 기출문제집

최근 9개년 기출(복원)문제 수록
2025년 최신 출제기준 반영
개정 산업안전보건법 반영

기출이 답이다 산업안전지도사 1차
10개년 기출문제집

시험에 자주 나오는 문제를 분석한 핵심이론
최근 10개년 기출(복원)문제 수록
이론서가 필요 없는 자세한 해설 수록

기출이 답이다 산업안전지도사
2차+3차 건설안전공학

시험에 자주 나오는 문제를 분석한 핵심이론
2차 실기 12개년 기출문제 수록
3차 면접 기출복원문제 및 예상문제 수록

※ 도서의 구성 및 이미지는 변경될 수 있습니다.

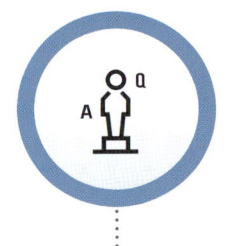